水利行业职业技能培训教材

泵站运行工

主　编　李端明

黄河水利出版社

内 容 提 要

本书依据人力资源和社会保障部、水利部制定的《泵站运行工国家职业技能标准》的内容要求编写。全书分为水利职业道德、基础知识和操作技能及相关知识三大部分。基础知识部分介绍了机械工程基本知识,电气设备基本知识和相关法律、法规等。操作技能及相关知识部分按初级工、中级工、高级工、技师和高级技师职业技能标准要求分级、分模块组织材料,包括泵站机电设备检查、操作、运行巡视及维护等实用内容。

本书和《泵站运行工》试题集(电子版,可联系出版社发行部索取,电话:0371-66026940)构成泵站运行工较完整配套的资料体系,可供泵站运行工职业技能培训、职业技能竞赛和职业技能鉴定业务使用。

图书在版编目(CIP)数据

泵站运行工/李端明主编. —郑州:黄河水利出版社,2014. 12

水利行业职业技能培训教材

ISBN 978-7-5509-0914-4

Ⅰ.①泵… Ⅱ.①李… Ⅲ.①泵站-运行-技术培训-教材 Ⅳ.①TV675

中国版本图书馆 CIP 数据核字(2014)第 213923 号

出 版 社:黄河水利出版社

地址:河南省郑州市顺河路黄委会综合楼 14 层　　邮政编码:450003

发行单位:黄河水利出版社

发行部电话:0371-66026940、66020550、66028024、66022620(传真)

E-mail:hhslcbs@126.com

承印单位:河南承创印务有限公司

开本:787 mm×1 092 mm　1/16

印张:47.5

字数:1 098 千字　　印数:1—4 000

版次:2014 年 12 月第 1 版　　印次:2014 年 12 月第 1 次印刷

定价:98.00 元

水利行业职业技能培训教材及试题集编审委员会

水利行业职业技能培训教材及试题集编审委员会办公室

《泵站运行工》编写和审查人员

主　　　　编　李端明(中国灌溉排水发展中心)

副　主　编　徐跃增(浙江同济科技职业学院)

参加编写人员(按姓氏笔画排列)

广东省水利厅　古智生

中国灌溉排水发展中心　李　娜

广东省佛山市顺德区水务局　陈容新

安徽省巢湖管理局水利处　罗仕宏

中国灌溉排水发展中心　孟伟超

广东省水利水电科学研究院　袁世娟

广东省佛山市水务局　渠　斌

扬州大学　储　训

浙江同济科技职业学院　蒋　帆

主　　　　审　刘景植(武汉大学)

副　主　审　许建中(中国灌溉排水发展中心)

前 言

为了适应水利改革发展的需要，进一步提高水利行业从业人员的技能水平，根据2009年以来人力资源和社会保障部、水利部颁布的河道修防工等水利行业特有工种的国家职业技能标准，水利部组织编写了相应工种的职业技能培训教材及试题集。

各工种职业技能培训教材的内容包括职业道德，基础知识，初级工、中级工、高级工、技师、高级技师的理论知识和操作技能，还包括该工种的国家职业技能标准和职业技能鉴定理论知识模拟试卷两套。随书赠送试题集电子版。

本套教材和试题集具有专业性、权威性、科学性、整体性、实用性和稳定性，可供水利行业相关工种从业人员进行职业技能培训和鉴定使用，也可作为相关工种职业技能竞赛的重要参考。

本次教材编写的技术规范或规定均采用最新的标准，涉及的个别计量单位虽属非法定计量单位，但考虑到这些计量单位与有关规定、标准的一致性和实际使用的现状，本次出版时暂行保留，在今后修订时再予以改正。

编写全国水利行业职业技能培训教材及试题集，是水利人才培养的一项重要工作。由于时间紧，任务重，不足之处在所难免，希望大家在使用过程中多提宝贵意见，使其日臻完善，并发挥重要作用。

水利行业职业技能培训教材及试题集
编审委员会
2011年12月

编写说明

泵站运行工职业技能培训教材是依据人力资源和社会保障部、水利部制定的《泵站运行工国家职业技能标准》(见本书附录)编写的。按照该标准体系和《泵站运行工》职业技能的特点,本书以水利职业道德,基础知识,初级工、中级工、高级工、技师、高级技师的操作技能为分篇级,操作技能以职业功能为模块级,以工作内容为章级,由技能要求和相关知识结合确定节级。各知识模块均涵盖操作技能要求和相关理论知识。各技术等级之间的内容从初级工的具体、简单操作,逐步向高级技师的宏观全局发展,依次递进,高级别涵盖低级别的要求。编写时力求做到深入浅出、循序渐进、内容精练、重点突出、注重理论知识与实践操作的有机结合。

本书第1篇水利职业道德包括职业道德基本知识和职业守则;第2篇基础知识包括11个与泵站运行工职业相关的基础知识模块:机械工程基本知识,水工、机械和电气识图,工程常用材料,电工基础知识,电气设备基本知识,水泵基础知识,泵站工程基础知识,泵站维护知识,泵站管理知识,安全生产与环境保护知识,质量管理知识;第3篇初级工和第4篇中级工分别包括3个操作技能及相关知识模块:机械设备运行,电气设备运行,金属结构设备运行;第5篇高级工包括4个操作技能及相关知识模块:机械设备运行,电气设备运行,金属结构设备运行,监控系统运行;第6篇技师包括6个操作技能及相关知识模块:机械设备运行,电气设备运行,金属结构设备运行,计算机监控系统运行,培训与指导,技术改造与实验;第7篇高级技师包括5个操作技能及相关知识模块:机械设备运行,电气设备运行,泵站计算机监控系统,培训与指导,技术改造与试验。

泵站运行工是从事泵站机械设备、电气设备、金属结构及计算机监控系统等的检查、操作、巡视,处理运行中出现的各种情况和问题的人员。泵站运行工职业涉及的专业知识范围广,跨越了多个不同学科;由于我国幅员辽阔,自然环境复杂多样,形成了各具特色的地理区域,泵站工程的功能及设备差异很大,因此本书编写过程中强调技术发展的先进性,同时兼顾设备的普遍性和通用性,尽量做到通俗易懂。

本书的编写严格遵守了国家和水利部有关泵站工程运行管理的最新标准及规范;充分反映了当前从事泵站运行职业活动所需要的最新核心知识与技能要求,较好地体现了科学性、先进性与超前性;突出了适应职业技能培训和技能鉴定的特色,按技术等级及知识模块单元编写,有助于在职职工培训学习,更能帮助职工有针对性地系统自学,不仅能够有助于通过职业技能鉴定考核,更能使得泵站运行的实用技术与操作技能得以巩固和提高。

与本书配套的《泵站运行工》试题集由黄河水利出版社同时出版发行。《泵站运行工》国家职业技能标准、《泵站运行工》职业技能培训教材、《泵站运行工》试题集三者构成泵站运行工职业技能培训和职业技能鉴定实施较完整配套的资料体系,其中《泵站运行工》国家职业技能标准起着统领指导和依据作用,也是本书编写的提纲。本书是支撑培训学习和技能鉴定的实施;试题集与本书配套使用,可加深理解教材内容,提高培训效果,支持选题组卷考试与技能鉴定。

泵站运行工职业技能培训教材主要介绍成熟的相关知识和操作技能,编写中参考引用了许多标准、规范、规程的内容(具体泵站的运行,应严格执行有关标准、规范、规程的详细规定和质量标准),还参阅了大量文献资料(包括网络材料和一些单位的技术材料),在此谨向原作者致谢!

本书编写得到了人力资源和社会保障部职业技能鉴定中心、水利部人事司、水利部人才资源开发中心、水利部农水司、中国灌溉排水发展中心、水利部精神文明建设指导委员会办公室、广东省水利厅、扬州大学水利科学与工程学院、浙江同济科技职业学院、江苏省江都水利工程管理处、黄河水利出版社等单位的大力支持。本书由李端明担任主编,由徐跃增担任副主编,主要参编人员有古智生、陈容新、罗仕宏、袁世娟、渠斌、储训、蒋帆、李娜、孟伟超等同志;武汉大学刘景植(教授)、中国灌溉排水发展中心许建中(教授级高工)对全书进行了认真审阅;江苏省江都水利工程管理处汤正军、万继芳、陈威、张顺林,扬州大学周济人,中国农业大学王福军等同志对本书的编写提出了许多宝贵的修改意见和建议。本书编写修订历经多稿,先后指导编写和审查书稿的人员还有侯京民、陈楚、李远华、李琪、史明瑾、孙晶辉、童志明、严家适、党平、姚春生、朱玮、张榕红、崔洁、袁建军、吕洪予等;为本书编写提供咨询和直接支持的人员还有张宇、董毅、丁小峰、朱建军、周灿华、吕艳、马亚飞等。在此表示诚挚的感谢!

限于编者水平,疏漏之处在所难免,敬请读者批评指正。

编　者

2013年12月

目　录

前　言
编写说明

第1篇　水利职业道德

第1章　水利职业道德概述 …… (3)
1.1　水利职业道德的概念 …… (3)
1.2　水利职业道德的主要特点 …… (3)
1.3　水利职业道德建设的重要性和紧迫性 …… (4)
1.4　水利职业道德建设的基本原则 …… (5)
第2章　水利职业道德的具体要求 …… (6)
2.1　爱岗敬业,奉献社会 …… (6)
2.2　崇尚科学,实事求是 …… (7)
2.3　艰苦奋斗,自强不息 …… (8)
2.4　勤奋学习,钻研业务 …… (8)
2.5　遵纪守法,严于律己 …… (9)
2.6　顾全大局,团结协作 …… (10)
2.7　注重质量,确保安全 …… (10)
第3章　职工水利职业道德培养的主要途径 …… (12)
3.1　积极参加水利职业道德教育 …… (12)
3.2　自觉进行水利职业道德修养 …… (12)
3.3　广泛参与水利职业道德实践 …… (13)

第2篇　基础知识

第1章　机械工程基本知识 …… (17)
1.1　常用机械零件种类和用途 …… (17)
1.2　机械传动的种类和用途 …… (22)
1.3　润滑油(脂)的牌号、性能与应用 …… (31)
1.4　常用机械测量工具 …… (32)
1.5　常用维修工器具的用途和使用方法 …… (39)
第2章　水工、机械和电气识图 …… (44)
2.1　公差配合及标注方法 …… (44)
2.2　识读泵站建筑物纵横断面、平面布置、结构图的方法 …… (53)

2.3　识读简单机械零件图和装配图的方法 …………………………… (63)
2.4　识读电气一次接线图、简单二次接线图的方法 …………………… (72)
第 3 章　工程常用材料 ……………………………………………… (85)
3.1　泵站工程常用金属材料的种类、牌号、性能与应用 ………………… (85)
3.2　泵站工程常用非金属材料的种类、牌号、性能与应用 ……………… (86)
第 4 章　电工基础知识 ……………………………………………… (90)
4.1　直流电路基本概念 ……………………………………………… (90)
4.2　复杂直流电路分析 ……………………………………………… (91)
4.3　交流电基本概念 ………………………………………………… (95)
4.4　正弦交流电路的复数计算及三相电路的计算 ……………………… (98)
4.5　电磁感应的基本概念 …………………………………………… (105)
4.6　防雷 ……………………………………………………………… (108)
第 5 章　电气设备基本知识 ………………………………………… (113)
5.1　泵站常用电气设备 ……………………………………………… (113)
5.2　电动机 …………………………………………………………… (127)
5.3　常用电工仪表的名称、型号及用途 ……………………………… (130)
第 6 章　水泵基础知识 ……………………………………………… (134)
6.1　水泵的用途及类型 ……………………………………………… (134)
6.2　叶片泵的型号及结构 …………………………………………… (135)
6.3　水泵的性能参数和性能曲线 …………………………………… (147)
6.4　水泵的比转数 …………………………………………………… (158)
6.5　水泵汽蚀与安装高程 …………………………………………… (159)
第 7 章　泵站工程基础知识 ………………………………………… (165)
7.1　泵站工程组成 …………………………………………………… (165)
7.2　泵站基本参数 …………………………………………………… (165)
7.3　泵房的基本形式 ………………………………………………… (166)
7.4　泵站建筑物总体布置 …………………………………………… (168)
7.5　泵站金属结构的类型及用途 …………………………………… (169)
7.6　泵站断流方式的种类及工作原理 ……………………………… (175)
7.7　泵站辅助设备的分类及用途 …………………………………… (180)
7.8　泵站计算机监控系统的组成 …………………………………… (181)
第 8 章　泵站维护知识 ……………………………………………… (184)
8.1　泵站设备维护的要求 …………………………………………… (184)
8.2　泵站日常维护的方法 …………………………………………… (186)
第 9 章　泵站管理知识 ……………………………………………… (189)
9.1　泵站技术管理的基本内容 ……………………………………… (189)
9.2　泵站技术经济指标的基本概念 ………………………………… (189)

第10章 安全生产与环境保护知识 …… (194)
10.1 机组试运行 …… (194)
10.2 泵站安全运行 …… (197)
10.3 起重安全知识 …… (198)
10.4 安全用电常识 …… (200)
10.5 安全防火与灭火知识 …… (210)
10.6 紧急事故的安全防范及应急处理知识 …… (212)
10.7 水质及环境保护的相关知识 …… (212)
第11章 质量管理知识 …… (216)
11.1 全面质量管理的指导思想 …… (216)
11.2 质量管理的特点 …… (217)
11.3 质量管理的基本方法 …… (218)

第3篇 操作技能——初级工

模块1 机械设备运行 …… (223)
1.1 设备检查 …… (223)
1.2 设备操作 …… (239)
1.3 工况巡视 …… (245)
1.4 设备维护 …… (262)
模块2 电气设备运行 …… (276)
2.1 设备检查 …… (276)
2.2 设备操作 …… (292)
2.3 工况巡视 …… (299)
2.4 设备维护 …… (308)
模块3 金属结构设备运行 …… (311)
3.1 设备检查 …… (311)
3.2 设备操作 …… (315)
3.3 工况巡视 …… (320)
3.4 设备养护 …… (322)

第4篇 操作技能——中级工

模块1 机械设备运行 …… (327)
1.1 设备检查 …… (327)
1.2 设备操作 …… (332)
1.3 工况巡视 …… (342)
1.4 设备养护 …… (346)
模块2 电气设备运行 …… (351)
2.1 设备检查 …… (351)

2.2 设备操作 …… (358)
2.3 工况巡视 …… (360)
2.4 设备养护 …… (368)
模块3 金属结构设备运行 …… (379)
3.1 设备检查 …… (379)
3.2 设备操作 …… (386)
3.3 工况巡视 …… (397)
3.4 设备养护 …… (398)

第5篇 操作技能——高级工

模块1 机械设备运行 …… (403)
1.1 设备检查与操作 …… (403)
1.2 工况巡视 …… (415)
1.3 事故分析与处理 …… (423)
模块2 电气设备运行 …… (426)
2.1 设备检查与操作 …… (426)
2.2 工况巡视 …… (430)
2.3 事故分析与处理 …… (433)
模块3 金属结构设备运行 …… (446)
3.1 设备检查与操作 …… (446)
3.2 事故分析与处理 …… (454)
模块4 监控系统运行 …… (458)
4.1 系统检查 …… (458)
4.2 系统操作 …… (471)

第6篇 操作技能——技师

模块1 机械设备运行 …… (477)
1.1 设备检查、操作与工况巡视 …… (477)
1.2 事故分析与处理 …… (488)
模块2 电气设备运行 …… (497)
2.1 设备检查、操作与工况巡视 …… (497)
2.2 事故分析与处理 …… (505)
模块3 金属结构设备运行 …… (509)
3.1 设备检查与操作 …… (509)
3.2 事故分析与处理 …… (518)
模块4 计算机监控系统运行 …… (520)
4.1 系统检查 …… (520)
4.2 泵站计算机监控系统 …… (534)

4.3　泵站自动化设备与元件 …………………………………………………………（539）
4.4　泵站监控系统典型配置方案 ……………………………………………………（546）
4.5　常见故障分析与处理方法 ………………………………………………………（552）
模块 5　培训与指导……………………………………………………………………（555）
5.1　培训 ………………………………………………………………………………（555）
5.2　技术指导与管理 …………………………………………………………………（565）
模块 6　技术改造与实验………………………………………………………………（576）
6.1　设备与工艺改进 …………………………………………………………………（576）
6.2　实验与研究 ………………………………………………………………………（593）

第 7 篇　操作技能——高级技师

模块 1　机械设备运行…………………………………………………………………（605）
1.1　设备检查与操作 …………………………………………………………………（605）
1.2　事故分析与处理 …………………………………………………………………（612）
模块 2　电气设备运行…………………………………………………………………（619）
2.1　设备检查与操作 …………………………………………………………………（619）
2.2　事故分析与处理 …………………………………………………………………（622）
模块 3　泵站计算机监控系统…………………………………………………………（634）
3.1　计算机监控系统软硬件要求与配置 ……………………………………………（634）
3.2　计算机监控系统软件 ……………………………………………………………（639）
3.3　工业电视系统 ……………………………………………………………………（646）
3.4　可编程序控制器 …………………………………………………………………（651）
3.5　泵站信息化系统建设 ……………………………………………………………（663）
3.6　监控系统常见故障分析与处理方法 ……………………………………………（664）
模块 4　培训与指导……………………………………………………………………（667）
4.1　培训 ………………………………………………………………………………（667）
4.2　技术指导与管理 …………………………………………………………………（674）
模块 5　技术改造与实验………………………………………………………………（683）
5.1　设备与工艺改进 …………………………………………………………………（683）
5.2　实验和研究 ………………………………………………………………………（692）
参考文献 ………………………………………………………………………………（701）
附录 1　泵站运行工国家职业技能标准………………………………………………（702）
附录 2　泵站运行工国家职业技能鉴定理论知识模拟试卷(高级工) ………………（721）
附录 3　泵站运行工国家职业技能鉴定理论知识模拟试卷(技师) …………………（734）
附录 4　《泵站运行工》试题集(电子版)

第 1 篇　水利职业道德

第 1 章　水利职业道德概述

1.1　水利职业道德的概念

道德是一种社会意识形态，是人们共同生活及行为的准则与规范，道德往往代表着社会的正面价值取向，起判断行为正当与否的作用。

职业道德，就是同人们的职业活动紧密联系的符合职业特点所要求的道德准则、道德情操与道德品质的总和，它既是对本职人员在职业活动中行为的要求，又是职业对社会所负的道德责任与义务。

水利职业道德是水利工作者在自己特定的职业活动中应当自觉遵守的行为规范的总和，是社会主义道德在水利职业活动中的体现。水利工作者在履行职责过程中必然产生相应的人际关系、利益分配、规章制度和思想行为。水利职业道德就是水利工作者从事职业活动时，调整和处理与他人、与社会、与集体、与工作关系的行为规范或行为准则。水利职业道德作为意识形态，是世界观、人生观、价值观的集中体现，是水利人的共同的理想信念、精神支柱和内在力量，表现为价值判断、价值选择、价值实现的共同追求，直接支配和约束人们的思想行为。具体界定着每个水利人什么是对的，什么是错的，什么是应该做的，什么是不应该做的。

1.2　水利职业道德的主要特点

(1)贯彻了社会主义职业道德的普遍性要求。水利职业道德是体现水利行业的职业责任、职业特点的道德。水利职业道德作为一个行业的职业道德，是社会主义职业道德体系中的组成部分，从属和服务于社会主义职业道德。社会主义职业道德对全社会劳动者有着共同的普遍性要求，如全心全意为人民服务、热爱本职工作、刻苦钻研业务、团结协作等，都是水利职业道德必须贯彻和遵循的基本要求。水利职业道德是社会主义职业道德基本要求在水利行业的具体化，社会主义职业道德基本要求与水利职业道德的关系是共性和个性、一般和特殊的关系。

(2)紧紧扣住了水利行业自身的基本特点。水利行业与其他行业相比有着显著的特点，这决定了水利职业道德具有很强的行业特色。这些行业特色主要有：一是水利工程建设量大，投资多，工期长，要求水利工作者必须热爱水利，具有很强的大局意识和责任意识。二是水利工程具有长期使用价值，要求水利工作者必须树立“百年大计、质量第一”的职业道德观念。三是工作流动性大，条件艰苦，要求水利工作者必须把艰苦奋斗、奉献社会作为自己的职业道德信念和行为准则。四是水利科学是一门复杂的、综合性很强的自然科学，要求水利工作者必须尊重科学、尊重事实、尊重客观规律、树立科学求实的精神。五是水利工作是一项需要很多部门和单位互相配合、密切协作才能完成的系统工程，要求水利工作者必须具有良好的组织性、纪律性和自觉遵纪守法的道德品质。

(3)继承了传统水利职业道德的精华。水利职业道德是在治水斗争实践中产生，随着治水斗争的发展而发展的。早在大禹治水时，就留下了他忠于职守、公而忘私、三过家门不入、为民治水的高尚精神。李冰父子不畏艰险、不怕牺牲、不怕挫折和诬陷，一心为民造福，终于建成了举世闻名的都江堰分洪灌溉工程，至今仍发挥着巨大的社会效益和经济效益。新中国成立以来，随着水利事业的飞速发展，水利职业道德也进入了一个崭新的发展阶段。在三峡水利枢纽工程、南水北调工程、小浪底水利枢纽工程等具有代表性的水利工程建设中，新中国水利工作者以国家主人翁的姿态自觉为民造福而奋斗，发扬求真务实的科学精神，顽强拼搏、勇于创新、团结协作，成功解决了工程技术上的一系列世界性难题，并涌现出许多英雄模范人物，创造出无数动人的事迹，表现出新中国水利工作者高尚的职业道德情操，极大地丰富和发展了中国传统水利职业道德的内容。

1.3　水利职业道德建设的重要性和紧迫性

一是发展社会主义市场经济的迫切需要。建设社会主义市场经济体制，是我国经济振兴和社会进步的必由之路，是一项前无古人的伟大创举。这种经济体制，不仅同社会主义基本经济制度结合在一起，而且同社会主义精神文明结合在一起。市场经济体制的建立，要求水利工作者在社会化分工和专业化程度日益增强、市场竞争日趋激烈的条件下，必须明确自己职业所承担的社会职能、社会责任、价值标准和行为规范，并要严格遵守，这是建立和维护社会秩序、按市场经济体制运转的必要条件。

二是推进社会主义精神文明建设的迫切需要。《公民道德建设实施纲要》指出：党的十一届三中全会特别是十四大以来，随着改革开放和现代化事业的发展，社会主义精神文明建设呈现出积极向上的良好态势，公民道德建设迈出了新的步伐。但与此同时，也存在不少问题。社会的一些领域和一些地方道德失范，是非、善恶、美丑界限混淆，拜金主义、享乐主义、极端个人主义有所滋长，见利忘义、损公肥私行为时有发生，不讲信用、欺诈欺骗成为公害，以权谋私、腐化堕落现象严重。特别是党的十七届六中全会关于推动社会主义文化大发展大繁荣的决定明确指出“精神空虚不是社会主义”。思想道德作为文化建设的重要内容，必须加强包括水利职业道德建设在内的全社会道德建设。

三是加强水利干部职工队伍建设的迫切需要。2011年，中央1号文件和中央水利工作会议吹响了加快水利改革发展新跨越的进军号角。全面贯彻落实中央关于水利的决策部署，抓住这一重大历史机遇，探索中国特色水利现代化道路，掀起治水兴水新高潮，迫切要求水利工作要为社会经济发展和人民生活提供可靠的水资源保障和优质服务。这就对水利干部职工队伍的全面素质提出了新的更高的要求。水利职业道德作为思想政治建设的重要组成部分和有效途径，必须深入贯彻落实党的十七大精神和《公民道德建设实施纲要》，紧紧围绕水利中心工作，以促进水利干部职工的全面发展为目标，充分发挥职业道德在提高干部职工的思想政治素质上的导向、判断、约束、鞭策和激励功能，为水利改革发展实现新跨越提供强有力的精神动力和思想保障。

四是树立行业新风、促进社会风气好转的迫切需要。职业活动是人生中一项主要内容,人生价值、人的创造力以及对社会的贡献主要是通过职业活动实现的。职业岗位是培养人的最好场所,也是展现人格的最佳舞台。如果每个水利工作者都能注重自己的职业道德品质修养,就有利于在全行业形成五讲、四美、三热爱的行业新风,在全社会树立起水利行业的良好形象。同时,高尚的水利职业道德情怀能外化为职业行为,传递感染水利工作的服务对象和其他人员,有助于形成良好的社会氛围,带动全社会道德风气的好转。

1.4　水利职业道德建设的基本原则

(1)必须以科学发展观为统领。通过水利职业道德进一步加强职业观念、职业态度、职业技能、职业纪律、职业作风、职业责任、职业操守等方面的教育和实践,引导广大干部职工树立以人为本的职业道德宗旨、筑牢全面发展的职业道德理念、遵循诚实守信的职业道德操守,形成修身立德、建功立业的行为准则,全面提升水利职业道德建设的水平。

(2)必须以社会主义价值体系建设为根本。坚持不懈地用马克思主义中国化的最新理论成果武装水利干部职工头脑,用中国特色社会主义共同理想凝聚力量,用以爱国主义为核心的民族精神和以改革创新为核心的时代精神鼓舞斗志,用社会主义荣辱观引领风尚。把社会主义核心价值体系的基本要求贯彻到水利职业道德中,使广大水利干部职工随时都能受到社会主义核心价值的感染和熏陶,并内化为价值观念,外化为自觉行动。

(3)必须以社会主义荣辱观为导向。水利是国民经济和社会发展的重要基础设施,社会公益性强、影响涉及面广、与人民群众的生产生活息息相关。水利职业道德要积极引导广大干部职工践行社会主义荣辱观,树立正确的世界观、人生观和价值观,知荣辱、明是非、辨善恶、识美丑,加强道德修养,不断提高自身的社会公德、职业道德、家庭美德水平,筑牢思想道德防线。

(4)必须以和谐文化建设为支撑。要充分发挥和谐文化的思想导向作用,积极引导广大干部职工树立和谐理念,培育和谐精神,培养和谐心理。用和谐方式正确处理人际关系和各种矛盾;用和谐理念塑造自尊自信、理性平和、积极向上的心态;用和谐精神陶冶情操、鼓舞人心、相互协作;成为广大水利干部职工奋发有为、团结奋斗的精神纽带。

(5)必须弘扬和践行水利行业精神。"献身、负责、求实"的水利行业精神,是新时期推进现代水利、可持续发展水利宝贵的精神财富。水利职业道德要成为弘扬和践行水利行业精神的有效途径和载体,进一步增强广大干部职工的价值判断力、思想凝聚力和改革攻坚力,鼓舞和激励广大水利干部职工献身水利、勤奋工作、求实创新,为水利事业又好又快的发展,提供强大的精神动力和力量源泉。

第2章 水利职业道德的具体要求

2.1 爱岗敬业，奉献社会

爱岗敬业是水利职业道德的基础和核心，是社会主义职业道德倡导的首要规范，也是水利工作者最基本、最主要的道德规范。爱岗就是热爱本职工作，安心本职工作，是合格劳动者必须具备的基础条件。敬业是对职业工作高度负责和一丝不苟，是爱岗的提高完善和更高的道德追求。爱岗与敬业相辅相成，密不可分。一个水利工作者只有爱岗敬业，才能建立起高度的职业责任心，切实担负起职业岗位赋予的责任和义务，做到忠于职守。

按通俗的说法，爱岗是干一行爱一行。爱是一种情感，一个人只有热爱自己从事的工作，才会有工作的事业心和责任感；才能主动、勤奋、刻苦地学习本职工作所需要的各种知识和技能，提高从事本职工作的本领；才能满腔热情、朝气蓬勃地做好每一项属于自己的工作；才能在工作中焕发出极大的进取心，产生出源源不断的开拓创新动力；才能全身心地投入到本职工作中去，积极主动地完成各项工作任务。

敬业是始终对本职工作保持积极主动、尽心尽责的态度。一个人只有充分理解了自己从事工作的意义、责任和作用，才会认识本职工作的价值，从职业行为中找到人生的意义和乐趣，对本职工作表现出真诚的尊重和敬意。自觉地遵照职业行为的要求，兢兢业业、扎扎实实、一丝不苟地对待职业活动中的每一个环节和细节，认真、负责地做好每项工作。

奉献社会是社会主义职业道德的最高要求，是为人民服务和集体主义精神的最好体现。奉献社会的实质是奉献。水利是一项社会性很强的公益事业，与生产生活乃至人民生命财产安全息息相关。一个水利工作者必须树立全心全意为人民服务、为社会服务的思想，把人民和国家利益看得高于一切，才能在急、难、险、重的工作任务面前淡泊名利、顽强拼搏、先公后私、先人后己，以至在关键时刻能够牺牲个人的利益去维护人民和国家的利益。

张宇仙是四川省内江市水文水资源勘测局登瀛岩水文站职工。她以对事业的执着和忠诚、爱岗敬业的可贵品质、舍小家顾大家的高尚风范，获得了社会各界的广泛赞誉。1981年，石堤埝水文站发生了有记录以来的特大洪水，张宇仙用一根绳子捆在腰上，站在洪水急流中观测水位。1984年，她生小孩的前一天还在岗位上加班。1998年，长江发生百年不遇的特大洪水，其一级支流沱江水位猛涨，这时张宇仙的丈夫病危，家人要她回去，然而张宇仙舍小家顾大家，一连五个昼夜，她始终坚守在水情观测第一线，收集洪水资料156份，准确传递水情18份，回答沿江垂询电话200余次，为减小洪灾损失作出了重要贡献。当洪水退去，她赶回丈夫身边时，丈夫已不能说话，两天后便去世了。她上有八旬婆母，下有未成年的孩子，面对丈夫去世后沉重的家庭负担，张宇仙依然坚守岗位，依然如故地孝敬婆母，依然一次次毅然选择了把困难留给自己，把改善工作环境的机会让给他人。她以自己的实际行动表达了对党、对人民、对祖国水利事业的热爱和忠诚，获得了人们的高度赞扬，被授予"全国五一劳动奖章"、"全国抗洪模范"、"全国水文标兵"等光荣称号。

曹述军是湖南郴州市桂阳县樟市镇水管站职工。他在2008年抗冰救灾斗争中，视灾情为命令，舍小家为大家，舍生命为人民，主动请缨担任架线施工、恢复供电的负责人。为了让乡亲们过上一个欢乐祥和的春节，他不辞劳苦、不顾危险，连续奋战十多个昼夜，带领抢修队员紧急抢修被损坏的供电线路和基础设施。由于体力严重透支，不幸从12 m高的电杆上摔下，英勇地献出了自己宝贵的生命。他用自己的实际行动生动地诠释了"献身、负责、求实"的行业精神，展现了崇高的道德追求和精神境界，被追授予"全国五一劳动奖章"和"全国抗冰救灾优秀共产党员"等光荣称号。

2.2　崇尚科学，实事求是

崇尚科学，实事求是，是指水利工作者要具有坚持真理的求实精神和脚踏实地的工作作风。这是水利工作者必须遵循的一条道德准则。水利属于自然科学，自然科学是关于自然界规律性的知识体系以及对这些规律探索过程的学问。水利工作是改造江河，造福人民，功在当代，利在千秋的伟大事业。水利工作的科学性、复杂性、系统性和公益性决定了水利工作者必须坚持科学认真、求实务实的态度。

崇尚科学，就是要求水利工作者要树立科学治水的思想，尊重客观规律，按客观规律办事。一要正确地认识自然，努力了解自然界的客观规律，学习掌握水利科学技术。二要严格按照客观规律办事，对每项工作、每个环节都持有高度科学负责的精神，严肃认真，精益求精，决不可主观臆断，草率马虎。否则，就会造成重大浪费，甚至造成灾难，给人民生命财产造成巨大损失。

实事求是，就是一切从实际出发，按客观规律办事，不能凭主观臆断和个人好恶观察和处理问题。要求水利工作者必须树立求实务实的精神。一要深入实际，深入基层，深入群众，了解掌握实际情况，研究解决实际问题。二要脚踏实地，干实事，求实效，不图虚名，不搞形式主义，决不弄虚作假。

中国工程勘察大师崔政权，生前曾任水利部科技委委员、长江水利委员会综合勘测局总工程师。他一生热爱祖国、热爱长江、热爱三峡人民，把自己的毕生精力和聪明才智都献给了伟大的治江事业。他一生坚持学习，呕心沥血，以惊人的毅力不断充实自己的知识和理论体系，勇攀科技高峰。为了贯彻落实党中央、国务院关于三峡移民建设的决策部署，给库区移民寻找一个安稳的家园，保障三峡工程的顺利实施，他不辞劳苦，深入库区，跑遍了周边的山山水水，解决了移民搬迁区一个个地质难题，避免了多次重大滑坡险情造成的损失。他坚持真理，科学严谨，求真务实，敢于负责，鞠躬尽瘁，充分体现了一名水利工作者的高尚情怀和共产党员的优秀品质。

2.3 艰苦奋斗,自强不息

艰苦奋斗是指在艰苦困难的条件下,奋发努力,斗志昂扬地为实现自己的理想和事业而奋斗。自强不息是指自觉地努力向上,发愤图强,永不松懈。两者联系起来是指一种思想境界、一种精神状态、一种工作作风,其核心是艰苦奋斗。艰苦奋斗是党的优良传统,也是水利工作者常年在野外工作,栉风沐雨,风餐露宿,在工作和生活条件艰苦的情况下,磨炼和培养出来的崇高品质。不论过去、现在、将来,艰苦奋斗都是水利工作者必须坚持和弘扬的一条职业道德标准。

早在新中国成立前夕,毛主席就告诫全党:务必使同志们继续保持谦虚、谨慎、不骄、不躁的作风,务必使同志们继续保持艰苦奋斗的作风。新中国成立后又讲:社会主义的建立给我们开辟了一条到达理想境界的道路,而理想境界的实现,还要靠我们的辛勤劳动。邓小平在谈到改革中出现的失误时说:最重要的一条是,在经济得到了可喜发展,人民生活水平得到改善的情况下,没有告诉人民,包括共产党员在内应保持艰苦奋斗的传统。当前,社会上一些讲排场、摆阔气,用公款大吃大喝,不计成本、不讲效益的现象与我国的国情和艰苦奋斗的光荣传统是格格不入和背道而驰的。在思想开放、理念更新、生活多样化的时代,水利工作者必须继续发扬艰苦奋斗的光荣传统,继续在工作生活条件相对较差的条件下,把艰苦奋斗作为一种高尚的精神追求和道德标准严格要求自己,奋发努力,顽强拼搏,斗志昂扬地投入到各项工作中去,积极为水利改革和发展事业建功立业。

“全国五一劳动奖章”获得者谢会贵,是水利部黄河水利委员会玛多水文巡测分队的一名普通水文勘测工。自1978年参加工作以来,情系水文、理想坚定,克服常人难以想象和忍受的困难,三十年如一日,扎根高寒缺氧、人迹罕见的黄河源头,无怨无悔、默默无闻地在平凡的岗位上做出了不平凡的业绩,充分体现了特别能吃苦、特别能忍耐、特别能奉献的崇高精神,是水利职工继承发扬艰苦奋斗优良传统的突出代表。

2.4 勤奋学习,钻研业务

勤奋学习,钻研业务,是提高水利工作者从事职业岗位工作应具有的知识文化水平和业务能力的途径。它是从事职业工作的重要条件,是实现职业理想、追求高尚职业道德的具体内容。一个水利工作者通过勤奋学习,钻研业务,具备了为社会、为人民服务的本领,就能在本职岗位上更好地履行自己对社会应尽的道德责任和义务。因此,勤奋学习、钻研业务是水利职业道德的重要内容。

科学技术知识和业务能力是水利工作者从事职业活动的必备条件。科学技术的飞速发展和社会主义市场经济体制的建立,对各个职业岗位的科学技术知识和业务能力水平的要求越来越高,越来越精。水利工作者要适应形势发展的需要,跟上时代前进的步伐,就要勤奋学习,刻苦专研,不断提高与自己本职工作有关的科学文化和业务知识水平;就要积极参加各种岗位培训,更新观念,学习掌握新知识、新技能,学习借鉴他人包括国外的先进经验;就要学用结合,把学到的新理论知识与自己的工作实践紧密结合起来,干中学,学中干,用所学的理论指导自己的工作实践;就要有敢为人先的开拓创新精神,打破因循守旧的偏见,永远不满足工作的现状,不仅敢于超越别人,还要不断地超越自己。这样才能在自己的职业岗位上不断有所发现、有所创新、有所前进。

刘孟会是水利部黄河水利委员会河南河务局台前县黄河河务局一名河道修防工。他参加治黄工作 26 年来,始终坚持自学,刻苦研究防汛抢险技术,在历次防汛抢险斗争中都起到了关键性作用。特别是在抗御黄河"96 · 8"洪水斗争中,他果断采取了超常规的办法,大胆指挥,一鼓作气将口门堵复,消除了黄河改道的危险,避免了滩区 6.3 万亩(1 亩 = 1/15 hm^2,下同)耕地被毁,保护了 113 个行政村 7.2 万人的生命财产安全,挽回经济损失 1 亿多元。多年的勤奋学习,钻研业务,使他积累了丰富的治理黄河经验,并将实践经验上升为水利创新技术,逐步成长为河道修防的高级技师,并在黄河治理开发、技术人才培训中发挥了显著作用,创造了良好的社会效益和经济效益。荣获了"全国水利技能大奖"和"全国技术能手"的光荣称号。

湖南永州市道县水文勘测队的何江波同志恪守职业道德,立足本职,刻苦钻研业务,不断提升技能技艺,奉献社会,在一个普通水文勘测工的岗位上先后荣获了"全国五一劳动奖章"、"全国技术能手"、"中华技能大奖"等一系列荣誉,并逐步成长为一名干部,被选为代表光荣地参加了党的十七大。

2.5 遵纪守法,严于律己

遵纪守法是每个公民应尽的社会责任和道德义务,是保持社会和谐安宁的重要条件。在社会主义民主政治的条件下,从国家的根本大法到水利基层单位的规章制度,都是为维护人民的共同利益而制定的。社会主义荣辱观中明确提出要"以遵纪守法为荣,以违法乱纪为耻",就是从道德观念的层面对全社会提出的要求,当然也是水利职业道德的重要内容。

水利工作者在职业活动中,遵纪守法更多体现为自觉地遵守职业纪律,严格按照职业活动的各项规章制度办事。职业纪律具有法规强制性和道德自控性。一方面,职业纪律以强制手段禁止某些行为,靠专门的机构来检查和执行。另一方面,职业道德用榜样的力量来倡导某些行为,靠社会舆论和职工内心的信念力量来实现。因此,一个水利工作者遵纪守法主要靠本人的道德自律、严于律己来实现。一要认真学习法律知识,增强民主法治观念,自觉依法办事,依法律己,同时懂得依法维护自身的合法权益,勇于与各种违法乱纪行为作斗争。二要严格遵守各项规章制度,以主人翁的态度安心本职工作,服从工作分配,听从指挥,高质量、高效率地完成岗位职责所赋予的各项任务。

优秀共产党员汪洋湖一生把全心全意为人民群众谋利益作为心中最炽热的追求。在他担任吉林省水利厅厅长时发生的两件事,真实生动地反映了一个领导干部带头遵纪守法、严格要求自己的高尚情怀。他在水利厅明确规定:凡水利工程建设项目,全部实行招标投标制,并与厅班子成员"约法三章":不取非分之钱,不上人情工程,不搞暗箱操作。1999 年,汪洋湖过去的一个老上级来水利厅要工程,没料想汪洋湖温和而又毫不含糊地对他说:你想要工程就去投标,中上标,活儿自然是你的,中不上标,我也不能给你。这是规矩。他掏钱请老上级吃了一顿午饭,把他送走了。女儿的丈夫家是搞建筑的,小两口商量想搞点工程建设。可是谁也没想到,小两口在每年经手20亿元水利工程资金的父亲那里,硬是没有拿到过一分钱的活。

2.6 顾全大局,团结协作

顾全大局,团结协作,是水利工作者处理各种工作关系的行为准则和基本要求,是确保水利工作者做好各项工作、始终保持昂扬向上的精神状态和创造一流工作业绩的重要前提。

大局就是全局,是国家的长远利益和人民的根本利益。顾全大局就是要增强全局观念,坚持以大局为重,正确处理好国家、集体和个人的利益关系,个人利益要服从国家利益、集体利益,局部利益要服从全局利益,眼前利益要服从长远利益。

团结才能凝聚智慧,产生力量。团结协作,就是把各种力量组织起来,心往一处想,劲往一处使,拧成一股绳,把意志和力量都统一到实现党和国家对水利工作的总体要求和工作部署上来,战胜各种困难,齐心协力搞好水利建设。

水利工作是一项系统工程,要统筹考虑和科学安排水资源的开发与保护、兴利与除害、供水与发电、防洪与排涝、国家与地方、局部与全局、个人与集体的关系,江河的治理要上下游、左右岸、主支流、行蓄洪配套进行。因此,水利工作者无论从事何种工作,无论职位高低,都一定要做到:一是牢固树立大局观念,破除本位主义,必要时牺牲局部利益,保全大局利益。二是大力践行社会主义荣辱观,以团结互助为荣,以损人利己为耻。要团结同事,相互尊重,互相帮助,各司其职,密切协作,工作中虽有分工,但不各行其是,要发挥各自所长,形成整体合力。三是顾全大局、团结协作,不能光喊口号,要身体力行,要紧紧围绕水利工作大局,做好自己职责范围内的每一项工作。只有增强大局意识、团结共事意识,甘于奉献,精诚合作,水利干部职工才能凝聚成一支政治坚定、作风顽强、能打硬仗的队伍,我们的事业才能继往开来,取得更大的胜利。

1991年,淮河流域发生特大洪水,在不到2个月的时间里,洪水无情地侵袭了179个地(市)、县,先后出现了大面积的内涝,洪峰严重威胁淮河南岸城市、工矿企业和铁路的安全,将要淹没1 500万亩耕地,涉及1 000万人。国家防汛抗旱总指挥部下令启用蒙洼等三个蓄洪区和邱家湖等14个行洪区分洪。这样做要淹没148万亩耕地,涉及81万人。行洪区内的人民以国家大局为重,牺牲局部,连夜搬迁,为开闸泄洪赢得了宝贵的时间,为夺取抗洪斗争的胜利做出了重大贡献,成为了顾全大局、团结治水的典型范例。

2.7 注重质量,确保安全

注重质量,确保安全,是国家对于社会主义现代化建设的基本要求,是广大人民群众的殷切希望,是水利工作者履行职业岗位职责和义务必须遵循的道德行为准则。

注重质量,是指水利工作者必须强化质量意识,牢固树立"百年大计,质量第一"的思想,坚持"以质量求信誉,以质量求效益,以质量求生存,以质量求发展"的方针,真正做到把每项水利工程建设好、管理好、使用好，充分发挥水利工程的社会经济效益，为国家建设和人民生活服务。

确保安全，是指水利工作者必须提高认识，增强安全防范意识。树立“安全第一，预防为主”的思想，做到警钟长鸣，居安思危，长备不懈，确保江河度汛、设施设备和人员自身的安全。

注重质量，确保安全，对水利工作具有特别重要的意义。水利工程是我国国民经济发展的基础设施和战略重点，国家每年都要出巨资用于水利建设。大中型水利工程的质量和安全问题直接关系到能否为社会经济发展提供可靠的水资源保障，直接关系千百万人的生产生活甚至生命财产安全。这就要求水利工作者必须做到：一是树立质量法制观念，认真学习和严格遵守国家、水利行业制定的有关质量的法律、法规、条例、技术标准和规章制度，每个流程、每个环节、每件产品都要认真贯彻执行，严把质量关。二是积极学习和引进先进科学技术和先进的管理办法，淘汰落后的工艺技术和管理办法，依靠科技进步提高质量。三是居安思危，预防为主。克服麻痹思想和侥幸心理，各项工作都要像防汛工作那样，立足于抗大洪水，从最坏处准备，往最好处努力，建立健全各种确保安全的预案和制度，落实应急措施。四是爱护国家财产，把行使本职岗位职责的水利设施设备像爱护自己的眼睛一样进行维护保养，确保设施设备的完好和可用。五是重视安全生产，确保人身安全。坚守工作岗位，尽职尽责，严格遵守安全法规、条例和操作规程，自觉做到不违章指挥、不违章作业、不违反劳动纪律、不伤害别人、不伤害自己、不被别人伤害。

长江三峡工程建设监理部把工程施工质量放在首位，严把质量关。仅1996年就发出违规警告50多次，停工、返工令92次，停工整顿4起，清理不合格施工队伍3个，核减不合理施工申报款4.7亿元，为这一举世瞩目的工程胜利建成做出了重要贡献。

第 3 章　职工水利职业道德培养的主要途径

3.1　积极参加水利职业道德教育

水利职业道德教育是为培养水利改革和发展事业需要的职业道德人格，依据水利职业道德规范，有目的、有计划、有组织地对水利工作者施加道德影响的活动。

任何一个人的职业道德品质都不是生来就有的，而是通过职业道德教育，不断提高对职业道德的认识后逐渐形成的。一个从业者走上水利工作岗位后，他对水利职业道德的认识是模糊的，只有经过系统的职业道德教育，并通过工作实践，对职业道德有了一个比较深层次的认识后，才能将职业道德意识转化为自己的行为习惯，自觉地按照职业道德规范的要求进行职业活动。

水利职业道德教育，要以为人民服务，树立正确的世界观、人生观、价值观教育为核心，大力弘扬艰苦奋斗的光荣传统，以实施水利职业道德规范，明确本职岗位对社会应尽的责任和义务为切入点，抓住人民群众对水利工作的期盼和关心的热点、难点问题，以与群众的切身利益密切相关，接触群众最多的服务性部门和单位为窗口，把职业道德教育与遵纪守法教育结合起来，与科学文化和业务技能教育结合起来，采取丰富多彩、灵活多样、群众喜闻乐见的形式，开展教育活动。

每个水利工作者要积极参加职业道德教育，才能不断深化对水利职业道德的认识，增强职业道德修养和职业道德实践的自觉性，不断提高自身的职业道德水平。

3.2　自觉进行水利职业道德修养

水利职业道德修养是指水利工作者在职业活动中，自觉根据水利职业道德规范的要求，进行自我教育、自我陶冶、自我改造和自我锻炼，提高自我道德情操的活动，以及由此形成的道德境界，是水利工作者提高自身职业道德水平的重要途径。

职业道德修养不同于职业道德教育，具有主体和对象的统一性，即水利工作者个体就是这个主体和对象的统一体。这就决定了职业道德修养是主观自觉的道德活动，决定了职业道德修养是一个从认识到实践、再认识到再实践，不断追求、不断完善的过程。这一过程将外在的道德要求转化为内在的道德信念，又将内在的道德信念转化为实际的职业行为，是每个水利工作者培养和提高自己职业道德境界，实现自我完善的必由之路。

水利职业道德修养不是单纯的内心体验，而是水利工作者在改造客观世界的斗争中改造自己的主观世界。职业道德修养作为一种理智的自觉活动，一是需要科学的世界观作指导。马克思主义中国化的最新理论成果是科学世界观和方法论的集中体现，是我们改造世界的强大思想武器。每个水利工作者都要认真学习，深刻领会马克思主义哲学关于一切从实际出发，实事求是、矛盾分析、归纳与演绎等科学理论，为加强职业道德修养提供根本的思想路线和思维方法。二是需要科学文化知识和道德理论作基础。科学文化知识是关于自然、社会和思维发展规律的概括和总结。学习科学文化知识，有助于提高职业道德选择和评价能力，提高职业道德修养的自觉性；有助于形成科学的道德观、人生观和价值观，全面、科学、深刻地认识社会，正确处理社会主义职业道德关系。三是理论联系实际，知行统一为根本途径。要按照水利职业道德规范的要求，勇于实践和反复实践，在职业活动中不断学习、深入体会水利职业道德的理论和知识。要在职业工作中努力改造自己的主观世界，同各种非无产阶级的腐朽落后的道德观作斗争，培养和锻炼自己的水利职业道德观。要以职业岗位为舞台，自觉地在工作和社会实践中检查和发现自己职业道德认识和品质上的不足，并加以改正。四是要认识职业道德修养是一个长期、反复、曲折的过程，不是一朝一夕就可以做到的，一定要坚持不懈、持之以恒地进行自我锻炼和自我改造。

3.3　广泛参与水利职业道德实践

水利职业道德实践是一种有目的的社会活动，是组织水利工作者履行职业道德规范，取得道德实践经验，逐步养成职业行为习惯的过程；是水利工作者职业道德观念形成、丰富和发展的一个重要环节；是水利职业道德理想、道德准则转化为个人道德品质的必要途径，在道德建设中具有不可替代的重要作用。

组织道德实践活动，内容可以涉及水利工作者的职业工作、社会活动以及日常生活等各方面。但在一定时期内，须有明确的目标和口号，具有教育意义的内容和丰富多彩的形式，要讲明活动的意义、行为方式和要求，并注意检查督促，肯定成绩，找出差距，表扬先进，激励后进。如在机关里开展“爱岗敬业，做人民满意公务员”活动，在企业中开展“讲职业道德，树文明新风”活动，在青年中开展“学雷峰，送温暖”活动，组织志愿者在单位和宿舍开展“爱我家园、美化环境”活动等。通过这些活动，进行社会主义高尚道德情操和理念的实践。

每一个水利工作者都要积极参加单位及社会组织的各种道德实践活动。在生动、具体的道德实践活动中，亲身体验和感悟做好人好事、向往真善美所焕发的高尚道德情操和观念的伟大力量，加深对高尚道德情操和观念的理解，不断用道德规范熏陶自己，改进和提高自己，逐步把道德认识、道德观念升华为相对稳定的道德行为，做水利职业道德的模范执行者。

第2篇　基础知识

第 1 章　机械工程基本知识

1.1　常用机械零件种类和用途

1.1.1　基本概念

1.1.1.1　机械的概念

(1)机械:机器和机构的总称。

(2)机器:由若干构件组合,各部分之间具有确定的相对运动,能够转换或传递能量、物料和信息的机械。

机器具有三个共同的特征:①由许多构件组合而成;②构件之间具有确定的相对运动;③能够代替或减轻人的劳动,有效地完成机械功或实现机械能量转换。

(3)机构:由若干构件通过活动连接以实现规定运动的组合,各部分之间具有一定的相对运动的机械,用以改变运动方式。机器、仪器等内部为传递、转换运动或实现某种特定的运动而由若干零件组成的机械装置。如机械手表中有原动机构、擒纵机构、调速机构等;车床、刨床等有走刀机构。机构只产生运动的转换,目的是传递或变换运动。机构具备机器的前面两个特征。

(4)构件:构件是机器的运动单元。一般由若干个零件刚性连接而成,也可以是单一的零件。若从运动的角度来讲,可以认为机器是由若干个构件组装而成的。

(5)零件:机械的构成单元,零件是组成机器的最小单元,也是机器的制造单元。机器是由若干个不同的零件组装而成的。各种机器经常用到的零件称为通用零件,如齿轮、螺栓。在通用零件中,凡制定了国家标准,并由专门工厂生产的零部件就称为标准件。如:滚动轴承、螺栓等。而在特定的机器中用到的零件称为专用零件,如:曲轴、叶轮。图 2-1-1所示为常见零件。

按照零件的结构特征可分为:轴套类零件、轮盘类零件、箱体类零件、支架类零件。

(6)零件与构件的区别:零件是制造单元,构件是运动单元,零件组成构件,构件是组成机构的各个相对运动的实体。

(7)机构与机器的区别:机器能完成有用的机械功或转换机械能,机构只是完成传递运动、力或改变运动形式,同时机构是机器的主要组成部分。

1.1.1.2　机器的组成

一台完整的机器通常由以下 4 部分组成。

(1)原动机部分(动力装置):作用是将其他形式的能量转换为机械能,以驱动机器各部分的运动。

(2)执行部分(工作机构):处于整个机械传动路线终端,在机器中直接完成具体工作

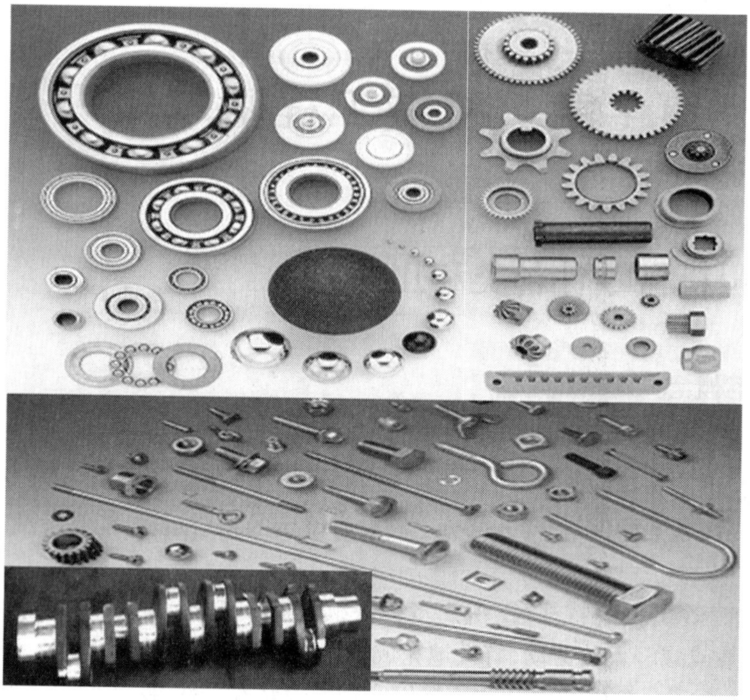

图 2-1-1　常见零件

任务。

(3)传动部分(传动装置):将原动机的运动和动力传递给执行部分(工作机构)。常见的传动装置有连杆机构、凸轮机构、带传动、链传动、齿轮传动等。

(4)操纵或控制部分:显示、反映、控制机器的运行和工作。

1.1.2　常用零部件

1.1.2.1　轴

1)作用

传递运动和转矩。支承回转零件。

2)轴的分类和应用特点

(1)直轴。

按承载不同,直轴可分为:①传动轴,主要承受转矩;②心轴,只承受弯矩;③转轴,既承受转矩又承受弯矩作用的轴。

按轴的外形不同,直轴可分为:光轴,即只有一个截面尺寸的轴;阶梯轴,即有两个以上的不同截面尺寸的轴。

(2)曲轴:是内燃机、曲柄压力机等机器中用于往复直线运动和旋转运动相互转换的专用零件。

(3)软轴:具有良好的挠性,它可以将回转运动灵活地传到任何空间位置。

1.1.2.2　轴承

1）作用

用于轴的支承。

2）轴承的分类

根据轴承的工作摩擦性质，可分为滑动摩擦轴承和滚动摩擦轴承。根据承受载荷的方向，分为向心滑动轴承、推力滑动轴承和向心推力轴承三大类。

3）滑动轴承

（1）特点：工作平稳，噪声较小，工作可靠。启动摩擦阻力较大。

其主要应用于以下场合：工作转速特别高的轴承；承受冲击和振动载荷极大的轴承；要求特别精密的轴承；装配工艺要求轴承部分的场合；要求径向尺寸小的轴承。

（2）结构：滑动轴承一般由轴承座与轴瓦构成。向心滑动轴承根据结构形式不同，分为整体式和剖分式。

（3）安装、维护要点如下：

①滑动轴承安装要保证轴颈在轴承孔内转动灵活、准确、平稳。

②轴瓦与轴承座孔要修刮贴实，轴瓦剖分面要高出 0.05 ~ 0.1 mm，以便压紧。整体式轴瓦压入时要防止偏斜，并用紧固螺钉固定。

③注意油路畅通，油路与油槽接通。刮研时油槽两边点子要软，以形成油膜，两端点子均匀，以防止漏油。

④注意清洁，修刮调试过程中凡能出现油污的机件，修刮后都要清洗涂油。

⑤轴承使用过程中要经常检查润滑、发热、振动问题。遇有发热（一般在 60 ℃以下为正常）、冒烟、卡死以及异常振动、声响等要及时检查、分析，采取措施。

4）滚动轴承

（1）特点：摩擦较小，间隙可调，轴向尺寸较小，润滑方便，维修简便。但承载能力差，高速噪声大，径向尺寸大，寿命较低。

由于轴承为标准化、系列化零件，且成本低，故应用广泛。

（2）结构：由内圈、外圈、滚动体和保持架组成。

（3）安装、维护要点如下：

①将轴承和壳体孔清洗干净，然后在配合表面上涂润滑油。

②根据尺寸大小和过盈量大小采用压装法、加热法或冷装法，将轴承装入壳体孔内。

③轴承装入壳时，如果轴承上有油孔，应与壳体上油孔对准。

④装配时，特别要注意轴承和壳体孔同轴。为此在装配时，尽量采用导向心轴。

⑤轴承装入后还要定位，当钻骑缝螺纹底孔时，应该用钻模板，否则钻头会向硬度较低的轴承方向偏移。

⑥轴承孔校正。由于装入壳体后轴承内孔会收缩，所以通常应加大轴承内孔尺寸，轴承（铜件）内孔加大尺寸量，应使轴承装入后，内孔与轴颈之间还能保证适当的间隙。也有在制造轴承时，内孔留精铰量，待轴承装配后，再精铰孔，保证其配合间隙。精铰时，要十分注意铰刀的导向，否则会造成轴承内孔轴线的偏斜。

1.1.3　键及键连接

键是常用的连接件,应用极为广泛。其主要作用:一是实现轴和轴上零件之间的固定;二是传递运动和扭矩。

1.1.3.1　键的类型

键的类型主要包括平键、半圆键、楔键(钩头键)和花键等几种类型,如图 2-1-2 所示。

(a) 平键　　(b) 半圆键　　(c) 楔键

(d) 花键

图 2-1-2　键的类型

1.1.3.2　平键连接

平键连接如图 2-1-3 所示。

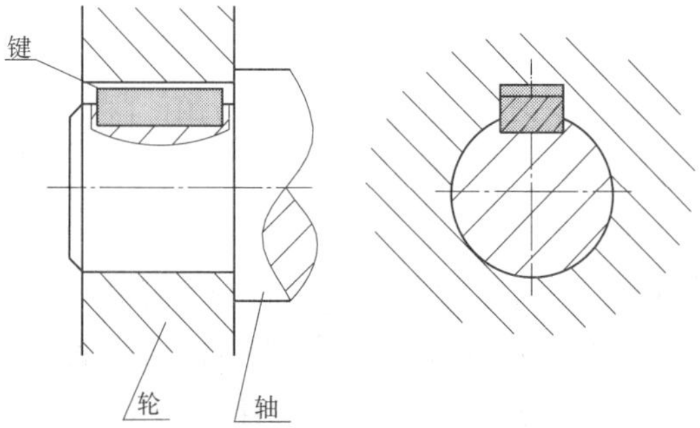

图 2-1-3　平键连接

1)特点

(1)靠平键的两侧面传递转矩,键的两侧面是工作面,对中性好。

(2)键的上表面与轮毂上的键槽底面留有间隙,便于装配。

2)分类

(1)普通平键:平键是标准件,只需根据用途、轴径、轮毂长度选取键的类型和尺寸。

(2)导向平键:轮毂可在轴上沿轴向移动。导向平键比普通键长,紧定螺钉固定在键槽中,键与轮毂槽采用间隙配合,键上设有起键孔。

(3)滑键:轮毂可在轴上沿轴向移动。滑键固定在轮毂上,轮毂带动滑键作轴向移动,键长不受滑动距离的限制。

1.1.3.3　半圆键连接

半圆键连接的特点如下:

(1)工作面为键的两侧面,有较好的对中性。

(2)可在轴上键槽中摆动以适应轮毂上键槽斜度。

(3)适用于锥形轴与轮毂的连接。

(4)键槽对轴的强度削弱较大,只适用轻载连接。

1.1.3.4　花键连接

花键连接是指由沿轴和轮毂孔周向均布的多个键齿相互啮合而成的连接。其特点如下:

(1)多齿承载,承载能力高。

(2)齿浅,对轴的强度削弱小。

(3)对中性、导向性好。

(4)加工需要专用设备,成本高。

1.1.3.5　楔键和切向键连接

(1)楔键:楔键和键槽的两个侧面不相接触,为非工作面。楔键连接能使轴上零件轴向固定,并能使零件承受单方向轴向力。主要用于定心精度要求不高、荷载平衡和低速的场合。

(2)切向键:由一对具有 1∶100 斜度的楔键沿斜面拼合而成,上下两工作面互相平行,轴和轮毂上的键槽底面没有斜度。

1.1.4　联轴器

1.1.4.1　作用

用于轴与轴之间的连接,使它们一起回转并传递扭矩。联轴器大多已标准化和系列化,在机械工程中应用广泛。

1.1.4.2　分类

主要分为刚性联轴器和弹性联轴器两大类。刚性联轴器分为刚性固定式联轴器和刚性可移式联轴器。刚性固定式联轴器包括凸缘联轴器、套筒联轴器;刚性可移式联轴器包括齿式联轴器和万向联轴器。弹性联轴器靠弹性元件的弹性变形来补偿两轴轴线的相对位移,又分为弹性套柱销联轴器、弹性柱销联轴器和安全联轴器等。

1.1.5　离合器

1.1.5.1　作用

能实现轴与轴之间的连接、分离,从而实现动力的传递和中断。

1.1.5.2　分类

主要分为牙嵌式离合器、摩擦式离合器、安全离合器、超越离合器等类型。其中,摩擦式离合器又分为单圆盘摩擦离合器、多圆盘摩擦离合器和圆锥式摩擦离合器等。

1.1.6 制动器

1.1.6.1 作用

利用摩擦力矩来实现对运动零件的制动。

1.1.6.2 分类

锥形制动器、带状制动器、电磁制动器和盘式制动器等。

1.2 机械传动的种类和用途

水泵机组最常用的传动方式有直接传动和间接传动。当水泵和动力机的额定转速不等或转向不同时，就要用传动装置将两者联系起来，以传递功率，保持转速一致。随着机电排灌技术的进步，水泵机组将向高速化和自动化方向发展，间接传动将被广泛应用。

1.2.1 直接传动

直接传动是用联轴器把水泵的轴和动力机的轴联结起来，借以传递能量的方式。联轴器除应可靠传递运动和转矩外，还应具有两个功能：一是轴偏移的补偿。安装或制造的误差、零件受载后的弹性变形、转动零件的不平衡、基础下沉、工作温度的变化及轴承的磨损等原因，都会使两轴线不重合而发生偏移，使工作恶化。轴偏移的几种形式如图 2-1-4 所示。这时，就要求联轴器具有补偿两轴线偏移的能力。二是吸振缓冲。轴的转速较高或工作不平稳时，容易使轴发生转动冲击，要求联轴器具有吸收振动及缓和冲击的能力。

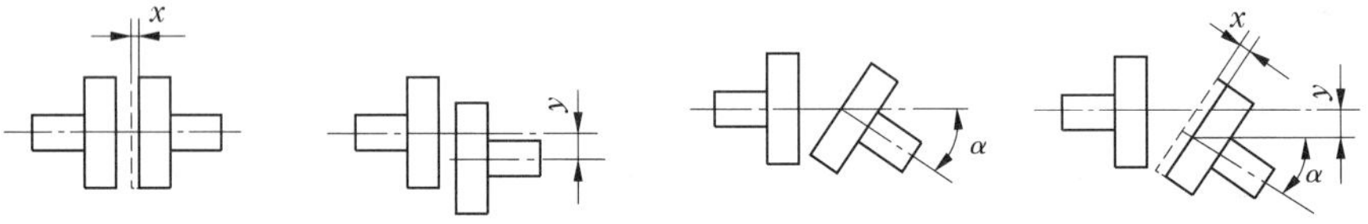

(a)轴向偏移　(b)径向偏移　(c)角度偏移　(d)综合偏移

图 2-1-4　轴偏移的几种形式

根据联轴器是否具有补偿偏移能力，联轴器分为刚性联轴器（无补偿能力）和挠性联轴器（有补偿能力）两大类。

1.2.1.1 刚性联轴器

刚性联轴器用在两轴能够严格对中并在工作中不发生相对位移的场合，具有结构简单、紧凑、使用方便、安全可靠、能承受轴向力、传动平稳、基本没有传动损失等优点，但是刚性连接对安装精度的要求特别高。目前，立式水泵机组多采用刚性联轴器，直接传动的机组，要求有稳固的基础。在安装机组时，应特别注意水泵轴线和动力机轴线的重合，防止运转过程轴产生周期性的离心力，使轴承发热或产生振动，引起效率降低。常见的刚性联轴器有套筒联轴器、凸缘联轴器等。

(1)套筒联轴器。套筒联轴器结构简单，径向尺寸小，装拆时轴须作较大的轴向移动,适用于传递转矩小,便于轴向装拆的场合,被连接轴径小于 70 mm,故只能用于小型设备。

(2)凸缘联轴器。凸缘联轴器(见图 2-1-5)由两个带凸缘的半联轴器组成,分别用键与两端的轴连接,通过螺栓将两个半联轴器连为一体。图 2-1-5(a)是利用凸肩和凹槽相配合而对中,装拆时要移动轴,不宜经常拆卸。由于两个半联轴器是用普通螺栓连接,靠其接合面间的摩擦力传递转矩,故联轴器的尺寸较大。图 2-1-5(b)是利用紧配合的螺栓的剪切传递转矩,对中准确,装拆方便,尺寸比较小,但是螺栓孔需要铰制。

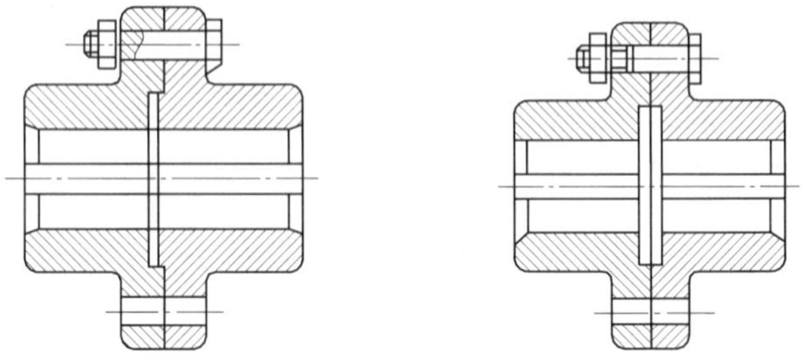

图 2-1-5　凸缘联轴器

1.2.1.2　挠性联轴器

由于具有挠性,挠性联轴器可以在一定程度上补偿轴间的偏移,根据是否具有弹性元件分为无弹性元件挠性联轴器和有弹性元件挠性联轴器两类。有弹性元件挠性联轴器可以吸收振动、缓和冲击。

1)无弹性元件挠性联轴器

(1)十字滑块联轴器。如图 2-1-6 所示,由半联轴器 1、3 和中间盘 2 组成。中间盘的两端面有相互垂直的径向凸肩,它们分别嵌入半联轴器 1 和 3 的径向凹槽中。凸肩可以在凹槽内滑动,以补偿两轴的径向和角度的偏移,两半联轴器分别用键与轴连接。

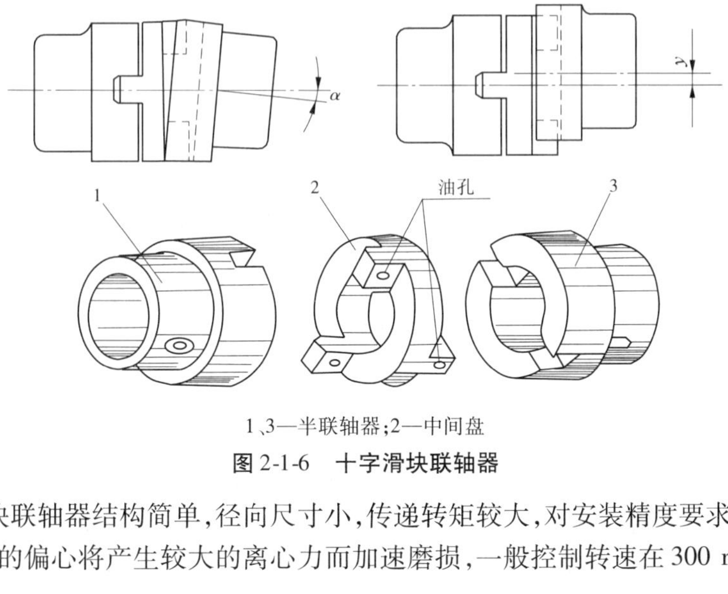

1、3—半联轴器;2—中间盘

图 2-1-6　十字滑块联轴器

十字滑块联轴器结构简单,径向尺寸小,传递转矩较大,对安装精度要求不高,速度较高时,中间盘的偏心将产生较大的离心力而加速磨损,一般控制转速在 300 r/min 内。

（2）齿轮联轴器。由两个具有外齿的半联轴器 1 和两个具有内齿的外壳 2 组成，如图 2-1-7 所示。两外壳用螺栓连为一体。两半联轴器分别用键与轴连接，靠内、外齿相啮合来传递转矩，半联轴器之间有较大的轴向间隙，内、外齿啮合时具有较大的顶隙和侧隙，外齿为鼓形，其齿顶为球面，球面中心在轴线上，故齿轮联轴器有较大的补偿综合偏移的能力。

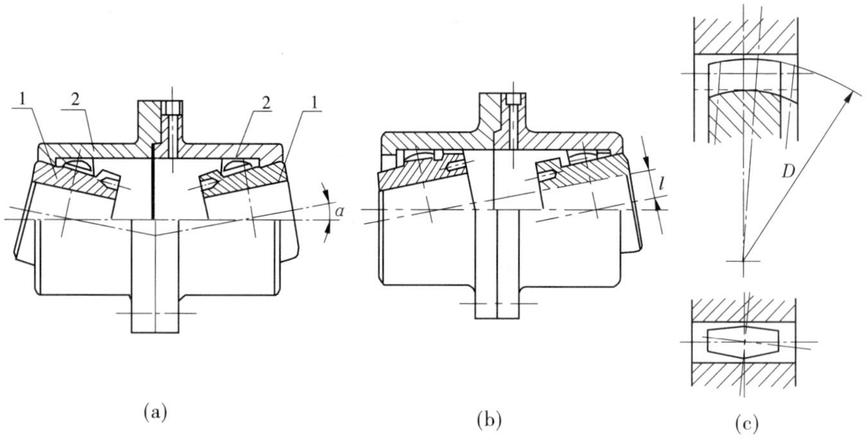

1—半联轴器；2—外壳

图 2-1-7　齿轮联轴器

齿轮联轴器承载能力强，适应的速度范围广，工作可靠，对安装精度要求不高，但是结构复杂、制造困难。

2）有弹性元件挠性联轴器

（1）弹性套柱销联轴器，如图 2-1-8 所示。弹性套柱销联轴器的结构与凸缘联轴器相似，只是用装有弹性套的柱销代替了螺栓。传递转矩时弹性套将发生变形，故具有良好的吸振缓冲作用和补偿两轴综合偏移的能力，但是弹性套容易损坏，寿命较短。

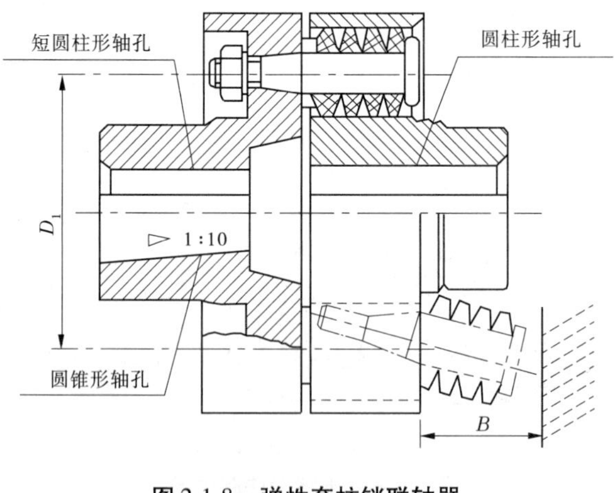

图 2-1-8　弹性套柱销联轴器

（2）弹性柱销联轴器，如图 2-1-9 所示，其结构、性能及应用与弹性套柱销联轴器相似，只是靠尼龙柱销传递转矩。与弹性套柱销联轴器相比，它结构简单，加工维修方便，传递转矩大，寿命长，补偿径向和角度偏移能力小，吸振缓冲作用差。由于尼龙对温度比较敏感，其工作温度不宜大于 70 ℃。

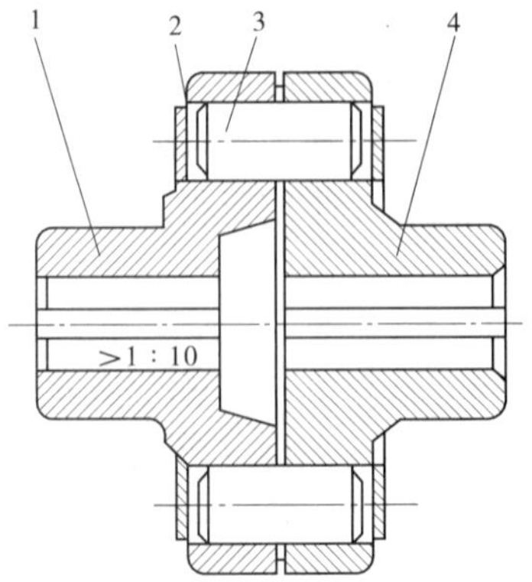

1、4—半联轴器；2—挡板；3—尼龙柱销

图 2-1-9　弹性柱销联轴器

1.2.2　间接传动

1.2.2.1　带传动

当水泵和动力机两者的转速不同，或彼此轴线间有一段距离或不在同一平面上时，都可以采用带传动。带传动是靠张紧力压紧在带轮上产生摩擦力来传递运动的，传动带按截面形状分有扁平矩形带、V 形带等。带传动的主要失效形式是：带在带轮上打滑、过早地发生疲劳损坏（脱层、撕裂或断裂）、带工作面过度磨损等。

1）带传动的特点

（1）带是挠性件，具有弹性，能够缓和冲击、吸收振动，工作平稳，噪声小。但是工作时存在弹性滑动，不能保证准确的传动比。

（2）传动过载时，带相对于小带轮打滑，因而可以保护其他零件免受损坏，但它不能用于安全性高的传动（如起重机械）。

（3）带传动结构简单，对制造、安装要求不高，工作时不需要润滑，因而成本较低，但带的寿命较短，一般只能使用几千小时，且不宜用于高温、易燃场合。

（4）带传动靠摩擦力传递动力，传动效率低。一般平带传动效率约为 95%，V 形带效率约 92%。

（5）与齿轮传动相比，带传动适应于中心距较大的场合，但尺寸不紧凑，且轴上压力大。

2）带传动的分类

常见的带传动分平带传动和 V 形带传动两种形式。

（1）平带传动：平带传动的应用范围很广，传动方式可以多种变换，而且传动比大。平带传动又分开口式、交叉式和半交叉式三种，如图 2-1-10 所示。

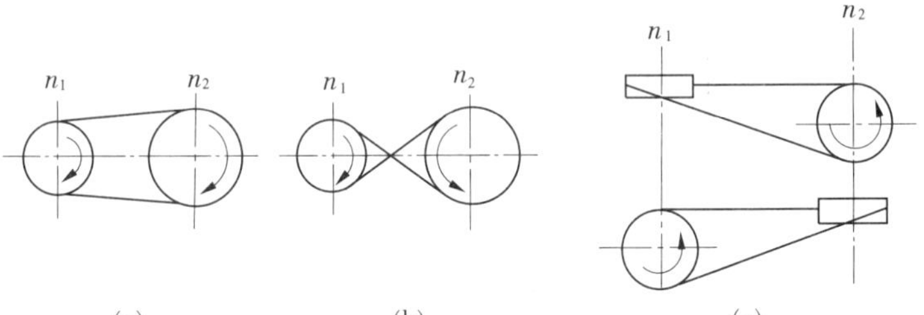

图 2-1-10　平带传动示意图

开口式平带传动适用于泵轴和动力机轴互相平行且转向相同或转向不同的场合；半交叉式平带传动适用于泵轴和动力机轴互相垂直的场合（如卧式动力机带动立式水泵）；交叉式平带传动适用于泵轴和动力机轴互相平行、两者转向相反的场合。

(2)V 形带传动:V 形带是一种柔性连接物,横剖面是梯形的,如图 2-1-11 所示。这种带紧嵌在带轮缘的梯形槽内,其两侧与轮槽接触紧密,在同样的张紧力下,比平带产生大约 3 倍的摩擦力,传动比 i 较大,结构较紧凑,它占地面积小,可以节省泵房投资。V 形带的应用比平带广泛得多。

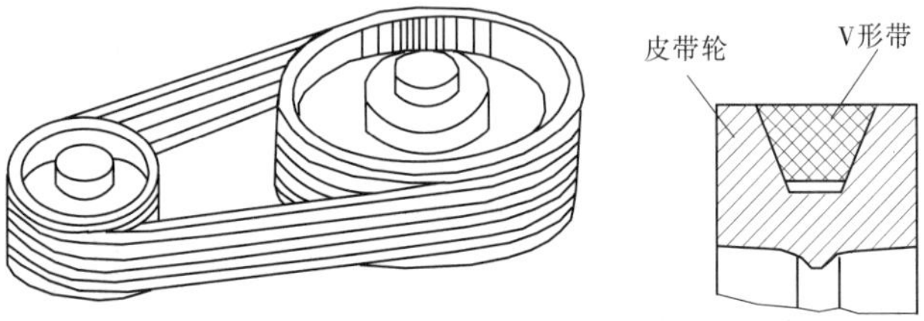

图 2-1-11　V 形带传动示意图

3)带传动的张紧装置

带不是完全的弹性体,在张紧力的作用下,会因塑性变形而松弛,使带的初拉力降低,从而减小摩擦力,传动能力下降甚至无法工作。为了保证带的传动能力,应定期检查初拉力的数值,发现不足及时重新张紧。

(1)定期张紧装置:采用定期改变中心距的方法来调节带的初拉力,使其重新张紧,在水平或倾斜不大的传动中,可以用图 2-1-12(a)的方法将装有带轮的电动机安装在滑道 1 上,调节拉力时,松开螺栓 2,旋动调节螺栓 3,将电机向右推移到所需位置,然后拧紧螺栓 2。在垂直或接近垂直的传动中,用图 2-1-12(b)的方法,将装有带轮的电机安装在可调的摆架上。

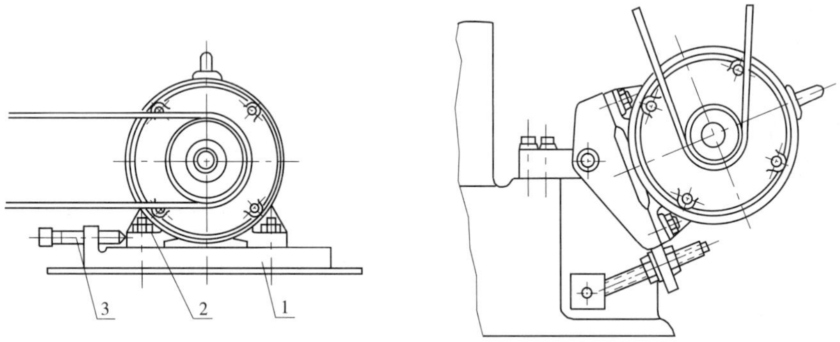

(a)　　(b)

1—滑道;2—螺栓;3—调节螺栓

图 2-1-12　皮带的定期张紧装置

(2)自动张紧装置:如图 2-1-13 所示,将装有带轮的电机安装在浮动的摆架上,利用电机的自重,使带轮随同电机绕固定轴摆动,以保持张紧力。

(3)采用张紧轮装置:如图 2-1-14 所示,当中心距不能调节时,可采用张紧轮将皮带张紧。V 形带张紧装置,张紧轮一般应放在松边的内侧,使皮带只受单向弯曲。同时,张紧轮还应尽量靠近大轮,以免影响小轮的包角。张紧轮的轮槽尺寸与带轮的相同,且直径应小于带轮的直径。

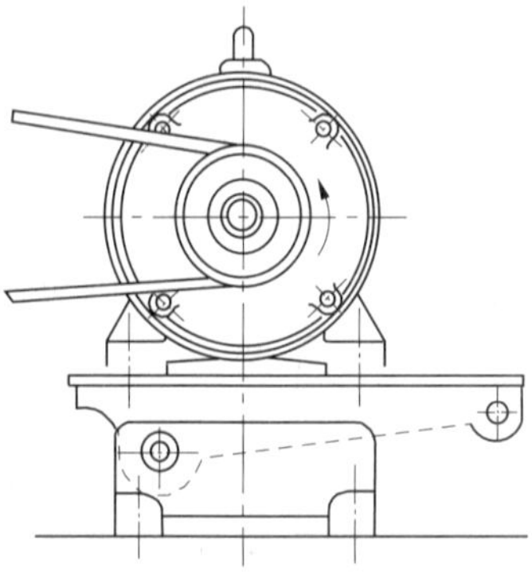

图 2-1-13 皮带的自动张紧装置

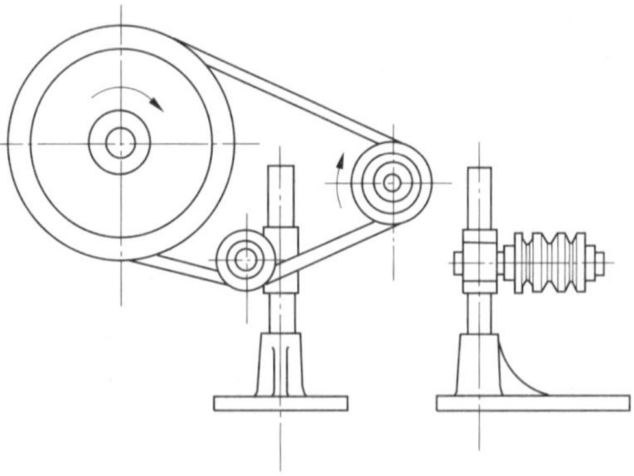

图 2-1-14 张紧轮装置

4)V 形带的使用与维护

正确使用和妥善保养,是保证 V 形带正常工作和延长寿命的有效措施:

(1)两个带轮的轴线应与轴中心线重合。带轮轴线必须保持平行,且带轮对应轮槽必须对正,以免引起带侧面过早磨损、带扭曲,轴承工作恶化。

(2)带顶面应与带轮外缘相平,使带工作面与轮槽工作面保持良好接触。带嵌入太深,会使内表面与轮槽底接触,失去 V 形带的优点;位置太高,则接触面减少,将使带的传动能力降低,磨损加剧。

(3)成组使用的带长短相差不宜过大,否则将使各根带受力不均。

(4)带轮安装在轴上不得摇晃,轴或轴端不应弯曲。

(5)使用中应保持带清洁,不可与油接触,污垢多时,可用温水或 15% 的稀碱溶液洗涤。还应避免日光直接曝晒。

1.2.2.2 齿轮传动

齿轮(如图 2-1-15 所示)是成对运转的接触构件,它们通过连续啮合的齿状突出物把运动和力从一根轴传递到另一根轴上,是现代机器中应用最广泛的一种传动机构。齿轮传动的类型很多,按照传动时的相对运动可以分为平面齿轮传动和空间齿轮传动;按照传动时齿轮轴线在空间的相对位置是否固定又可分为定轴轮系和周转轮系。

图 2-1-15 圆柱齿轮

齿轮传动可以用来传递空间任意两轴的运动,而且传动准确可靠,寿命长,维护好的齿轮能够使用几千小时;传递功率大,现代齿轮可达数万千瓦;效率高,一对加工及润滑良好的圆柱形齿轮传动,效率可达 99% 。

齿轮传动的类型和特点如下。

(1)圆柱齿轮传动。这种齿轮的轴线与轮齿平行,适用于两平行轴之间传动,有内啮合和外啮合两种。外啮合齿轮传动,两齿轮的传动方向相反;内啮合齿轮传动,两齿轮的传动方向相同。齿轮传动是成对运转的接触构件,它们通过连续啮合的轮齿把运动和力从一根轴传递到另一根轴上,配合精度要求高,不但要有良好的加工精度,装配工艺也很重要。安装时要避免齿轮偏心、歪斜、轮齿未贴紧等问题;非工作齿面间的间隙,也叫齿侧间隙,应分布均匀。检查侧隙可用塞尺测量,也可用压铅法,将铅线放在齿宽中间,待啮合压扁后用千分尺测量扁铅线的厚度,即为侧隙;检查轮齿的接触通常用涂色法,用红丹涂在小齿轮的齿面,观察印痕的分布就可判别齿面的啮合情况。

(2)圆锥齿轮传动。如图 2-1-16 所示,圆锥齿轮又叫伞齿轮,用于传递相交轴之间的运动。圆锥齿轮的轮齿排列在截圆锥体的表面上,有直齿、斜齿之分,因而分别组成直齿、斜齿齿轮传动。由于直齿圆锥齿轮的设计、制造和安装均比较简便,故应用最广泛。按两轮啮合形式,也有外啮合、内啮合之分。

(3)蜗杆传动。如图 2-1-17 所示,蜗杆传动是用来传递空间互相垂直而不相交的两轴间的运动和力的传动机构。蜗杆是主动件,蜗轮是从动件,蜗杆可以带动蜗轮,而蜗轮却不能带动蜗杆,即所谓自锁性。由于它有传动比大而结构紧凑、有自锁功能、传动平稳、噪声小等方面的优点,在各类机械传动系统中得到广泛的应用。

图 2-1-16　直齿圆锥齿轮传动

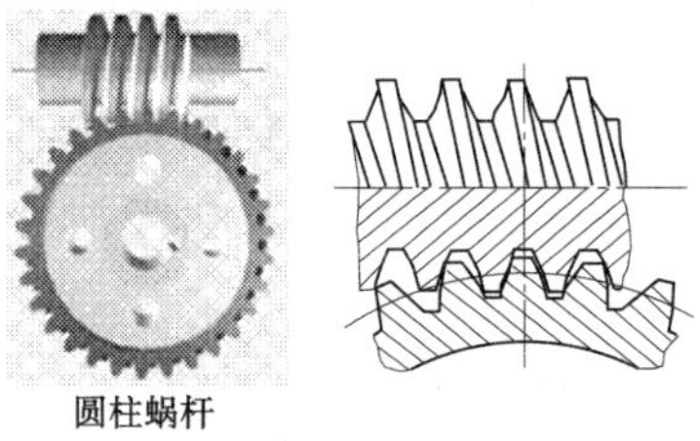

图 2-1-17　蜗杆传动

蜗杆传动的主要缺点是传动效率不如齿轮,工作时发热量大,需要良好的润滑和冷却。装配时,要使蜗杆轴线处于蜗轮轮齿的对称平面内,并与蜗轮的轴线互相垂直;中心距要求准确,齿侧间隙、接触斑点要符合要求。

(4)行星齿轮传动。在传动中,如果轮系中有一个或一些齿轮的轴线并不是固定的,而是绕着其他定轴齿轮的轴线回转,则这种轮系称为周转轮系。在图 2-1-18 中所示的周转轮系中,外齿轮 1、内齿轮 3 都是绕着固定的轴线回转的,这两个齿轮都称为中心轮(或叫太阳轮)。齿轮 2 的轴承装在构件上,构件也像齿轮 1、3 一样绕着固定的轴线回转,所以当轮系运转时,齿轮 2 一方面绕着自己的轴线回转,另一方面又随着构件一起绕着固定的轴线回转,就像天上的行星的运动一样,兼有自转和公转,故齿轮 2 称为行星齿轮。

在周转轮系中,假如有一个中心轮是固定的,则这种轮系又称行星轮系;若两个中心轮都能转动,则这个轮系又称差动轮系。行星轮系只有 1 个自由度,差动轮系则有 2 个自由度。

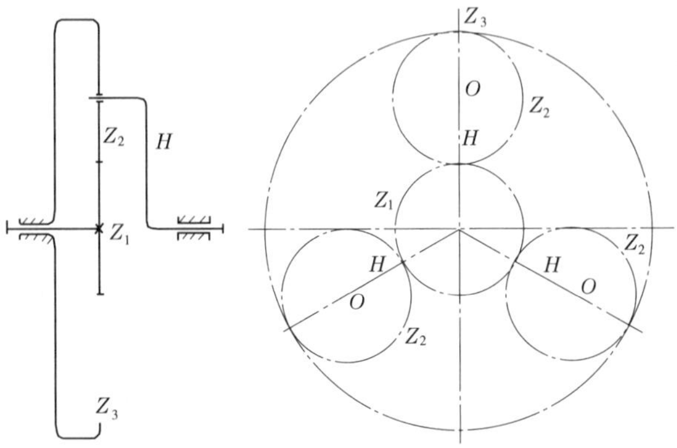

图 2-1-18　2K－H 系列行星齿轮示意图

周转轮系在现代的许多机器和仪器中得到广泛的应用，行星减速器由于有多个行星轮同时啮合，而且采用内啮合，利用了内齿轮中间的空间，与普通定轴轮系减速器相比，在同等的体积和重量条件下，可以传递较大的功率，工作也更为可靠。

(5)定轴轮系的传动比。由一对齿轮所组成的齿轮机构只是齿轮传动中最简单的形式，在实际机械中，为了满足工作需要，只用一对齿轮是不够的，而采用的是一系列的齿轮传动。这种由一系列的齿轮所组成的传动系统就称轮系。在传动中，如果轮系中的各齿轮的几何轴线位置都是固定的，这种轮系称为定轴轮系。

为了方便起见，转向关系可以通过对齿轮标注箭头来表示，标注的规则是：一对平行外啮合齿轮，其转向相反，故用方向相反的箭头表示；一对平行内啮合齿轮，其转向相同，故用方向相同的箭头表示；一对锥齿轮传动时，表示转向的箭头同时指向啮合点或同时背向啮合点；蜗杆传动时，根据左、右手定则的方法来判别蜗轮或蜗杆的转向。平面定轴轮系如图 2-1-19 所示，空间定轴轮系如图 2-1-20 所示。

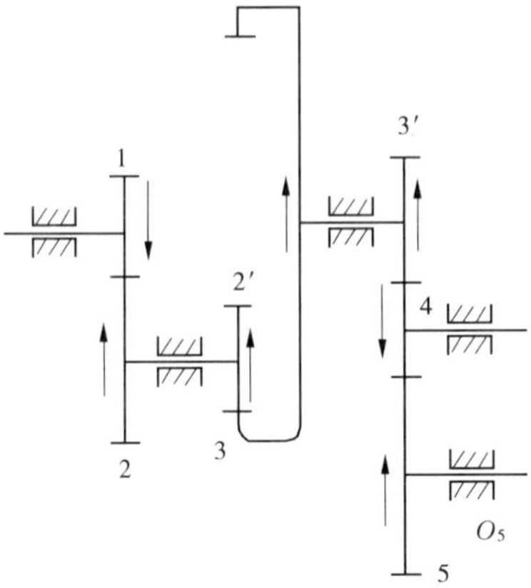

图 2-1-19　平面定轴轮系

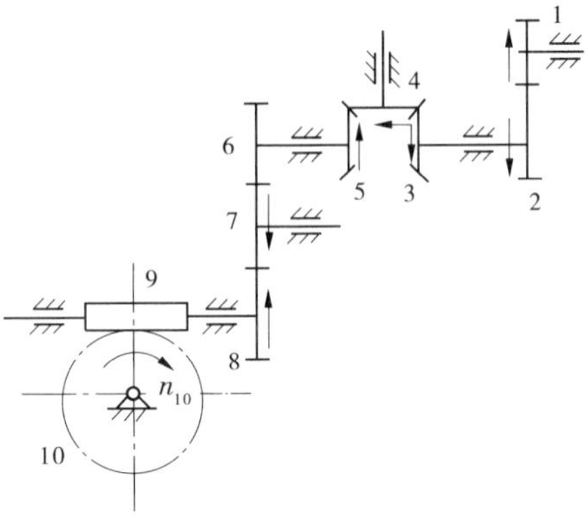

图 2-1-20　空间定轴轮系

对平面定轴轮系，也可以用“＋”“－”号表示二者间的传动关系。“＋”号表示转向相同，“－”号表示转向相反。

定轴齿轮的传动比等于该轮系中各对齿轮的传动比的连乘积。其大小等于各对齿轮中的所有从动轮齿数的连乘积与所有主动轮齿数的连乘积之比，而传动比的“+”“-”取决于外啮合次数 m。内啮合不影响转向。对于图 2-1-19 的传动系统，设齿轮 1 为主动轮（输入轴），齿轮 5 为最后的从动轮（输出轴），如果各轮的齿数分别为 Z_1、Z_2、$Z_{2'}$、Z_3、$Z_{3'}$、Z_4、Z_5，各轮的转速为 n_1、n_2、…、n_5，由于外啮合了 3 次，内啮合了 1 次，则轮系的传动比为 i_{15}：

$$i_{15} = \frac{n_1}{n_5} = (-1)^3 \frac{Z_2 Z_3 Z_4 Z_5}{Z_1 Z_{2'} Z_{3'} Z_4} = (-1)^3 \frac{Z_2 Z_3 Z_5}{Z_1 Z_{2'} Z_{3'}} \tag{2-1-1}$$

而对于图 2-1-20 的传动系统传动比的大小仍可以采用式(2-1-1)，但是由于轴线不平行，转向不能用$(-1)^m$ 来确定，只能通过画箭头的方法确定。

(6)螺旋传动。螺旋传动是机械中的斜面原理，利用内、外螺纹组成的螺旋副来传递运动和动力的装置，可以方便地将主动件的回转运动转变成为从动件的直线运动，螺杆式启闭机就是利用螺旋副中的传动原理，将螺母的旋转运动变成螺杆的直线运动，使施加在螺母的转矩成为启闭闸门的启闭力。螺旋传动具有结构简单、工作连续、平稳、传动精度高、省力等优点。缺点是螺纹之间易产生比较大的相对滑动，磨损大，效率低，在使用中必须有良好的润滑。

常见的螺杆启闭机，采用的是单头螺杆，其移动速度由螺母的转速和螺距决定，螺母每转动一圈，螺杆就移动一个螺距，即

$$a = nt$$

式中　a——螺杆每分钟移动的距离；

n——螺母的转速，r/min；

t——螺杆的螺距。

(7)常见传动装置的比较。

传动效率见表 2-1-1。

表 2-1-1　不同传动形式的传动效率

传动形式		传动效率 η
平带传动		0.90～0.93
V 形带传动		0.95
齿轮变速箱	平行轴 1 级传动	0.93～0.96
	伞齿轮 1 级传动	0.93～0.96
	行星齿轮传动	0.95～0.98
液力联轴器传动		0.95～0.97
直接传动		1.0

传动装置的种类及规格见表 2-1-2。

表 2-1-2　传动装置的种类及规格

种类	分类	每级传动比	适用传递功率	圆周速度
带传动	平带	约 1:(1～6)	15 kW 以下	15 m/s 以内
	V 形带	约 1:(1～7)	100 kW 以下	20 m/s 以内
齿轮传动	平行轴	约 1:(1～7)	5 000 kW 以下	50 m/s 以内
	垂直轴(伞齿)	约 1:(1～7)	2 000 kW 以下	40 m/s 以内
	行星齿轮	约 1:(2～12)	5 000 kW 以下	

1.3　润滑油(脂)的牌号、性能与应用

1.3.1　润滑材料的分类

凡是能降低摩擦阻力的介质均可作为润滑材料,目前常用的润滑剂有 4 种,分别是:

(1)液体润滑剂。包括矿物油、合成油、水基液、动植物油。

(2)润滑油脂。包括皂基脂、无机脂、烃基脂。

(3)固体润滑剂。包括软金属、金属化合物、无机物、有机物。

(4)气体润滑剂。包括空气、氦、氮、氢等。

1.3.2　润滑油的种类

润滑油的种类很多,这里只叙述泵站机组的用油,通常可分为润滑油和绝缘油两大类。这些油中用量较大的是透平油和变压器油。

1.3.2.1　润滑油

(1)透平油。泵站大容量机组常用的透平油有 22 号、30 号、45 号三种,主要供给油压装置、主机组、油压启闭机等。具体选用哪一种油,应根据设备制造厂的要求确定,若未注明,一般采用 30 号。

(2)机械油。常用的有 10 号、20 号、30 号三种,主要用于辅助设备轴承、起重机械和容量较小的主机组润滑。

(3)压缩机油。供空气压缩机润滑。

(4)润滑油脂(黄油)。供滚动轴承润滑。

1.3.2.2　绝缘油

(1)变压器油。泵站常用的是 10 号和 25 号两种,供变压器和互感器用。

(2)开关油。有 10 号和 45 号两种,供开关用。

1.3.2.3　泵站常用油的作用

1)透平油的作用

(1)润滑。油在相互运动的零部件的空间(间隙)形成油膜,以润滑机件的内部摩擦(液体摩擦)来代替固体间的干摩擦,减小机件相对运动的摩擦阻力,减轻设备发热和磨

损,延长设备的使用寿命,保证设备的功能和安全。

(2)散热。设备虽经油润滑,但还有摩擦存在(如分子间的摩擦等),因摩擦所消耗的功能变为热量,使温度升高。油温过高会加速油的氧化,使油劣化变质,影响设备功能,所以必须散热,也就是通过油将热量带出去,使油和设备的温度不超过规定值,保证设备经济安全运行。

(3)传递能量。水泵叶片液压调节装置、液压启闭机和机组顶机组转子装置等都是由透平油传递能量的,在使用液压联轴器传动的大型机组中,透平油还用来传递主水泵的轴功率,从而实现机组的无级变速调节。

2)绝缘油的作用

(1)绝缘。由于绝缘油的绝缘强度比空气大得多。用油作为绝缘介质可以大大提高电气设备运行的可靠性,缩小设备尺寸。同时,绝缘油还对棉纱纤维等绝缘材料起一定保护作用,使之不受空气和水分的侵蚀而很快变质。

(2)散热。变压器线圈通过电流而产生热量,此热量若不能及时排出,温升过高将会损害线圈绝缘,甚至烧毁变压器。绝缘油可以吸收这些热量,再经冷却设备将热量传给水或空气带走,保持温度在一定的允许值内。

(3)消弧。当油开关接通或切断电力负荷时,在触头之间产生电弧,电弧的温度很高,若不设法将弧道消除,就可能烧毁设备。此外,弧的继续存在,还可能使电力系统发生振荡,引起过电压击穿设备。

1.4 常用机械测量工具

1.4.1 常用量具

1.4.1.1 游标卡尺

游标卡尺,是一种测量长度、内外径、深度的量具。游标卡尺由主尺和附在主尺上能滑动的游标两部分构成。若从背面看,游标是一个整体。游标与尺身之间有一弹簧片,利用弹簧片的弹力使游标与尺身靠紧。游标上部有一紧固螺钉,可将游标固定在尺身上的任意位置。主尺一般以 mm 为单位,而游标上则有 10、20 或 50 个分格,根据分格的不同,游标卡尺可分为十分度游标卡尺、二十分度游标卡尺、五十分度游标卡尺等。游标卡尺的主尺和游标上有两副活动量爪,分别是内测量爪和外测量爪,内测量爪通常用来测量内径,外测量爪通常用来测量长度和外径。深度尺与游标尺连在一起,可以测槽和孔的深度,如图 2-1-21 所示。

1)游标卡尺的使用

先用软布将量爪擦干净,使其并拢,查看游标和主尺身的零刻度线是否对齐。如果对齐就可以进行测量,若没有对齐则要记取零误差。游标的零刻度线在尺身零刻度线右侧的叫正零误差,在尺身零刻度线左侧的叫负零误差(这种规定方法与数轴的规定一致,原点以右为正,原点以左为负)。

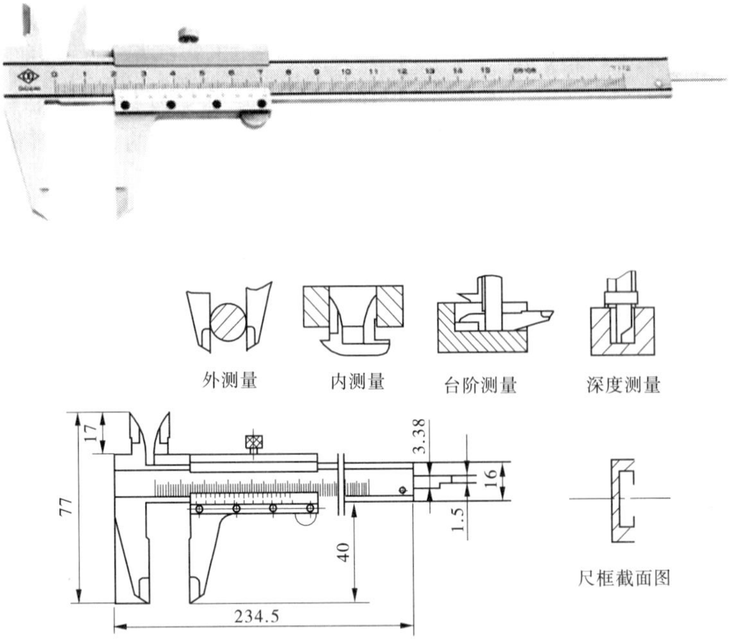

图 2-1-21　游标卡尺结构　(单位:mm)

测量时,右手拿住尺身,大拇指移动游标,左手拿待测外径(或内径)的物体,使待测物位于外测量爪之间,当与量爪紧紧相贴时,即可读数,如图 2-1-22 所示。

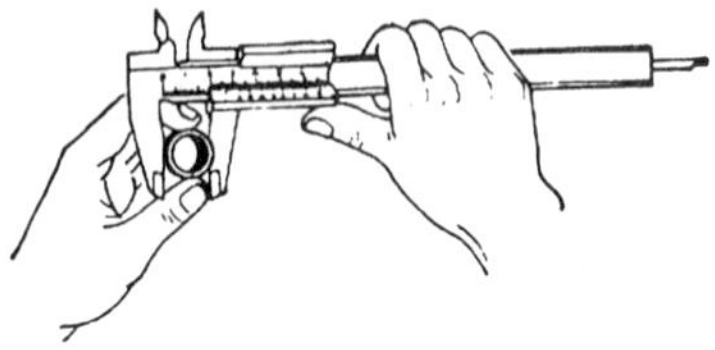

图 2-1-22　游标卡尺操作示范

2)游标卡尺的读数

读数时首先以游标零刻度线为准在尺身上读取 mm 整数,即以 mm 为单位的整数部分。然后看游标上第几条刻度线与尺身的刻度线对齐,如第 6 条刻度线与尺身刻度线对齐,则小数部分即为 0.6 mm(若没有正好对齐的线,则取最接近对齐的线进行读数)。若游标卡尺存在对零误差,则一律用上述结果减去对零误差(对零误差为负,相当于加上相同大小的对零误差),读数结果为:

$$L = 整数部分 + 小数部分 - 对零误差$$

判断游标上哪条刻度线与尺身刻度线对准,可用下述方法:选定相邻的三条线,如左侧的线在尺身对应线之右,右侧的线在尺身对应线之左,中间那条线便可以认为是对准了,如图 2-1-23所示。

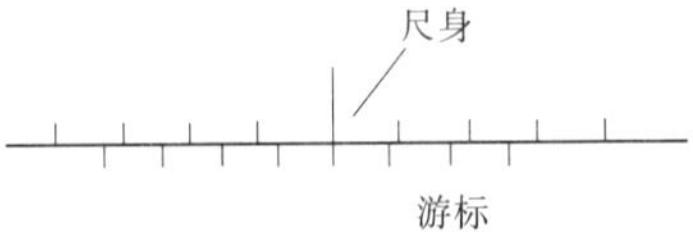

图 2-1-23　数据读取

如果需测量几次取平均值,不需每次都减去零误差,只要从最后结果减去对零误差即可。

3)游标卡尺的维护

游标卡尺使用完毕,用棉纱擦拭干净。长期不用时应将它擦上黄油或机油,两量爪合拢并拧紧紧固螺钉,放入卡尺盒内盖好。使用游标卡尺应注意事项：

(1)游标卡尺是比较精密的测量工具,要轻拿轻放,不得碰撞或跌落地下。使用时不要用来测量粗糙的物体,以免损坏量爪,不用时应置于干燥地方防止锈蚀。

(2)测量时,应先拧松紧固螺钉,移动游标不能用力过猛。两量爪与待测物的接触不宜过紧。不能使被夹紧的物体在量爪内挪动。

(3)读数时,视线应与尺面垂直。若需固定读数,可用紧固螺钉将游标固定在尺身上,防止滑动。

(4)实际测量时,对同一长度应多测几次,取其平均值来消除偶然误差。

1.4.1.2　千分尺(螺旋测微器)

螺旋测微器又称千分尺、螺旋测微仪、分厘卡,是比游标卡尺更精密的测量长度的工具,用它测长度可以准确到 0.01 mm,测量范围为几个厘米。它的一部分加工成螺距为 0.5 mm 的螺纹,当它在固定套管的螺套中转动时,将前进或后退,活动套管和螺杆连成一体,其周边等分成 50 个分格。螺杆转动的整圈数由固定套管上间隔 0.5 mm 的刻线去测量,不足一圈的部分由活动套管周边的刻线去测量。

1)分类

千分尺分为机械千分尺和电子千分尺两类。

(1)机械千分尺,简称千分尺,如图 2-1-24 所示,是利用精密螺纹副原理测长的手携式通用长度测量工具。主要用于测量金属线外径和板材厚度。千分尺的品种很多。改变千分尺测量面形状和尺架等就可以制成不同用途的千分尺,如用于测量内径、螺纹中径、齿轮公法线或深度等的千分尺。

(2)电子千分尺,也叫数显千分尺,如图 2-1-25 所示。测量系统中应用了光栅测长技术和集成电路等。电子千分尺是 20 世纪 70 年代中期出现的,用于外径测量。

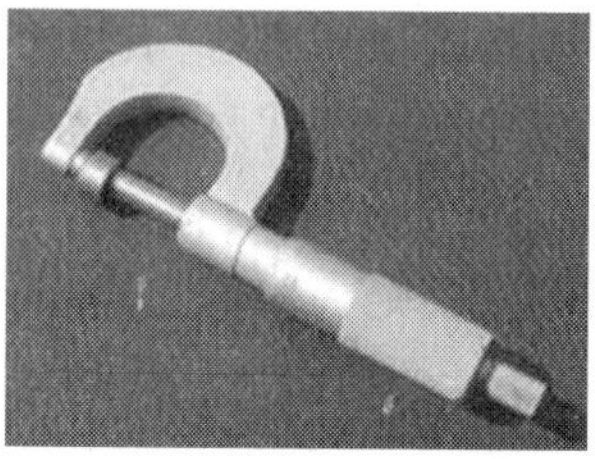

图 2-1-24　机械千分尺

图 2-1-25　电子千分尺

2)使用和保养

(1)检查零位线是否准确。

(2)测量时需把工件被测量面擦干净。

(3)工件较大时应放在 V 形铁或平板上测量。

(4)测量前将测量杆和砧座擦干净。

(5)拧活动套管时需用棘轮装置。

(6)不要拧松后盖,以免造成零位线改变。

(7)不要在固定套管和活动套管间加入普通机油。

(8)用后擦净上油,放入专用盒内,置于干燥处。

1.4.1.3 **水平仪**

水平仪是一种测量小角度的常用量具。在机械行业和仪表制造中,用于测量相对于水平位置的倾斜角、机床类设备导轨的平面度和直线度、设备安装的水平位置和垂直位置等。

1)主要类型

按水平仪的外形不同可分为框式水平仪(见图2-1-26)和条式水平仪(见图2-1-27)两种;按水准器的固定方式又可分为可调式水平仪和不可调式水平仪。按原理又可分为气泡水平仪和电子水平仪(见图2-1-28)。

图2-1-26 框式水平仪

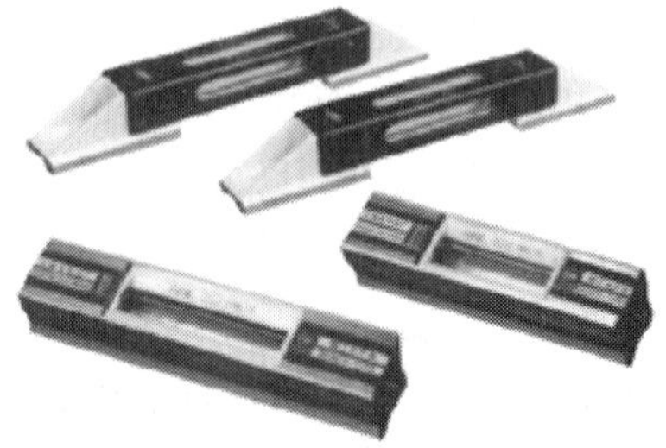

图2-1-27 条式水平仪

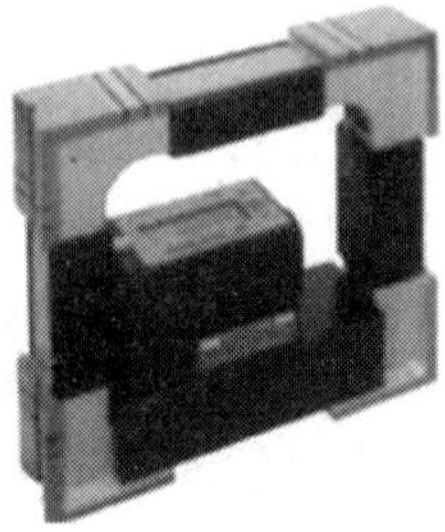

图2-1-28 框式电子水平仪

2)水平仪的使用

(1)水平仪的两个V形测量面是测量精度的基准,在测量中不能与工作的粗糙面接触或摩擦。安放时必须小心轻放,避免因测量面划伤而损坏水平仪和造成不应有的测量误差。

(2)用水平仪测量工件的垂直面时,不能握住与副测面相对的部位,而用力向工件垂直平面推压,这样会因水平仪的受力变形,影响测量的准确性。正确的测量方法是手握持副测面内侧(见图2-1-29),使水平仪平稳、垂直地(调整气泡位于中间位置)贴在工件的垂直平面上,然后从纵向水准读出气泡移动的格数。

(3)使用水平仪时,要保证水平仪工作面和工件表面的清洁,以防止脏物影响测量的准确性。测量水平面时,在同一个测量位置上,应将水平仪调过相反的方向再进行测量。当移动水平仪时,不允许水平仪工作面与工件表面发生摩擦,应该提起来放置。

(4)当测量长度较大工件时,可将工件平均分成若干尺寸段,用分段测量法,然后根

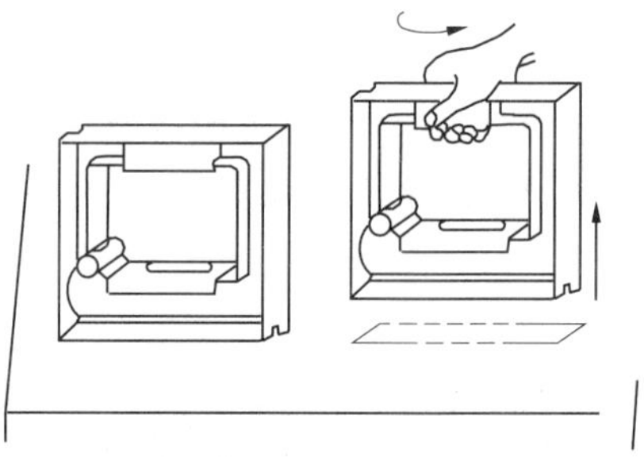

图 2-1-29　框式水平仪操作

据各段的测量读数，绘出误差坐标图，以确定其误差的最大格数。

(5) 机床工作台面的平面度检验方法：工作台及床鞍分别置于行程的中间位置，在工作台面上放一桥板，其上放水平仪，分别沿图示各测量方向移动桥板，每隔桥板跨距 d 记录一次水平仪读数。通过工作台面上 A、B、D 三点建立基准平面，根据水平仪读数求得各测点平面的坐标值。

(6) 测量大型零件的垂直度时，用水平仪粗调基准表面到水平。分别在基准表面和被测表面上用水平仪分段逐步测量并用图解法确定基准方位，然后求出被测表面相对于基准的垂直度误差。

测量小型零件时，先将水平仪放在基准表面上，读气泡一端的数值，然后用水平仪的一侧紧贴垂直被测表面，气泡偏离第一次（基准表面）读数值，即为被测表面的垂直度误差。

3) 水平仪使用注意事项

水平仪是测量偏离水平面的倾斜角的角度测量仪。水平仪的关键部位——主气泡管的内表面进行过抛光，气泡管的外表面刻有刻度，在内部充以液体和气泡。主气泡管备有气泡室，用来调整气泡的长度。气泡管总是对底面保持水平，但在使用期间很有可能变化，为此，设置了调节螺钉。

(1) 测量前，应认真清洗测量面并擦干，检查测量表面是否有划伤、锈蚀、毛刺等缺陷。

(2) 检查零位是否准确。若不准，对可调式水平仪应进行调整，调整方法如下：将水平仪放在平板上，读出气泡管的刻度，这时在平板的平面同一位置上，再将水平仪左右反转 180°，然后读出气泡管的刻度。若读数相同，则水平仪的底面和气泡管平行；若读数不一致，则使用备用的调整针，插入调整孔后，进行上下调整。

(3) 测量时，应尽量避免温度的影响，水准器内液体对温度影响变化较大，因此应注意手热、阳光直射、哈气等因素对水平仪的影响。

(4) 使用中，应在垂直水准器的位置上进行读数，以减小视差对测量结果的影响。

1.4.1.4　千分表与磁性表座

千分表是通过齿轮或杠杆将一般的直线位移（直线运动）转换成指针的旋转运动，然后在刻度盘上进行读数的长度测量仪器。千分表与磁性表座如图 2-1-30 ~ 图 2-1-32 所示。

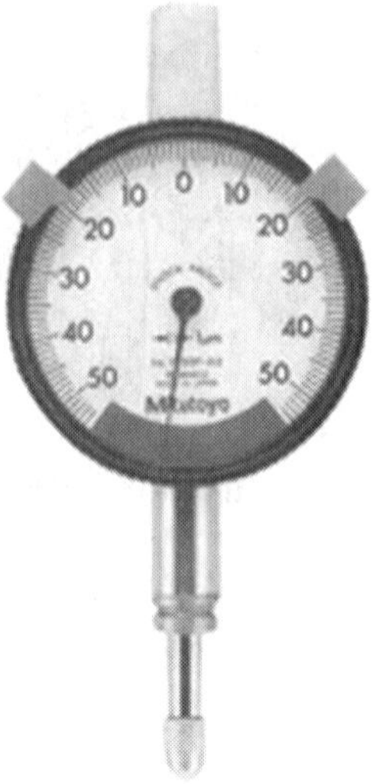

图 2-1-30　**千分表**

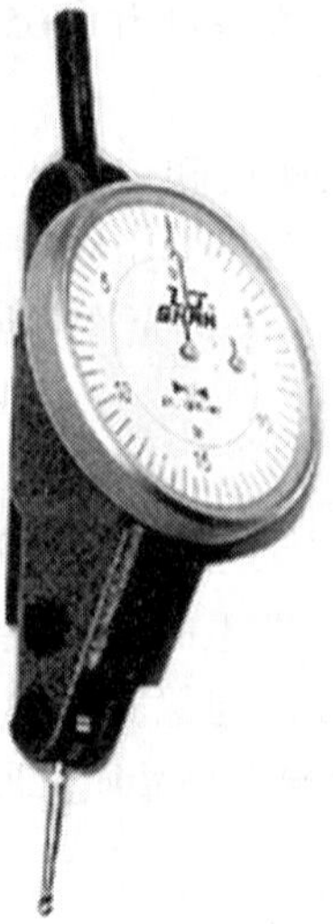

图 2-1-31　**杠杆千分表**

图 2-1-32　**磁性表座**

千分表的正确使用方法如下：

(1)将表固定在表座或表架上，稳定可靠。装夹指示表时，夹紧力不能过大，以免套管变形卡住测杆。

(2)调整表的测杆轴线垂直于被测平面，对圆柱形工件，测杆的轴线要垂直于工件的轴线，否则会产生很大的误差并损坏指示表。

(3)测量前调零位。绝对测量用平板作零位基准，比较测量用对比物(量块)作零位基准。

调零位时，先使测头与基准面接触，压测头使大指针旋转大于一圈，转动刻度盘使 0 线与大指针对齐，然后把测杆上端提起 1 ~ 2 mm 再放手使其落下，反复 2 ~ 3 次后检查指针是否仍与 0 线对齐，若不齐则重调。

(4)测量时，用手轻轻抬起测杆，将工件放入测头下测量，不可把工件强行推入测头下。显著凹凸的工件不用指示表测量。

(5)不要使测量杆突然撞落到工件上，也不可强烈震动、敲打指示表。

(6)测量时注意表的测量范围，不要使测头位移超出量程，以免过度伸长弹簧，损坏指示表。

(7)不使测头测杆做过多无效的运动，否则会加快零件磨损，使表失去应有精度。

(8)当测杆移动发生阻滞时，不可强力推压测头，须送计量室处理。

1.4.1.5　塞尺(厚薄规)

塞尺，又称厚薄规或间隙片，由一组具有不同厚度级差的薄钢片组成的量规，如图 2-1-33所示。塞尺用于测量间隙尺寸。在检验被测尺寸是否合格时，可以用通止法判断，也可由检验者根据塞尺与被测表面配合的松紧程度来判断。塞尺一般用不锈钢制造，最薄的为 0.02 mm；最厚的为 3 mm。自 0.02 ~ 0.1 mm，各钢片厚度级差为 0.01 mm；自

0.1～1 mm，各钢片的厚度级差一般为0.05 mm；自1 mm以上，钢片的厚度级差为1 mm。

塞尺使用前必须先清除塞尺和工件上的污垢与灰尘。使用时可用一片或数片重叠插入间隙，以稍感拖滞为宜。测量时动作要轻，不允许硬插，也不允许测量温度较高的零件。

图2-1-33　塞尺

1.4.2　工量具的保养和使用方法

在机件测量中，为了获得理想的精确度，除控制测量环境因素外，对工量具本身的使用与保养必须小心注意。因使用不当，会产生测量误差；保养不周，则会损其精度，更影响产品品质。所以，一般工量具的使用与保养应注意以下事项。

1.4.2.1　工量具使用前的准备

（1）开始量测前，确认工量具是否归零。

（2）检查工量具量测面有无锈蚀、磨损或刮伤等。

（3）先清除工件测量面之毛边、油污或渣屑等。

（4）用清洁软布或无尘纸擦拭干净。

（5）需要定期检验记录簿，必要时再校正一次。

（6）将待使用的工量具及仪器整齐排列为适当位置，不可重叠放置。

（7）易损的工量具，要用软绒布或软擦拭纸铺在工作台上（如光学平镜等）。

1.4.2.2　工量具使用时应注意事项

（1）测量时与工件接触应适当，不可偏斜，要避免用手触及测量面，保护工量具。

（2）测量力应适当，过大的测量压力会产生测量误差，容易对工量具造成损伤。

（3）工件之夹持方式要适当，以免测量不准确。

（4）不可测量转动中的工件，以免发生危险。

（5）不要将工量具强行推入工件中或夹虎钳上使用。

（6）不可任意敲击、乱丢或乱放工量具。

（7）特殊量具的使用，应遵照一定的方法和步骤。

1.4.2.3　工量具使用后的保养

（1）使用后，应清洁干净。

（2）将清洁后的工量具涂上防锈油，存放于柜内。

（3）拆卸、调整、修改及装配等，应由专门管理人员实施，不可擅自施行。

（4）应定期检查储存工量具的性能是否正常，并做成保养记录。

（5）应定期检验，校验尺寸是否合格，以作为继续使用或淘汰的依据，并做成校验保养的记录。

1.5　常用维修工器具的用途和使用方法

1.5.1　测力扳手

在设备的装配过程中,根据螺纹连接的装配技术要求,需要对螺纹连接预先设定和保证一定的拧紧力矩,通常使用测力扳手来控制。其使用方法如下:

(1)控制转矩法:用测力扳手使预紧力达到给定值,如图2-1-34所示。加力手柄6,通过弹性杆3,与装有带方头和六角头的柱体2连接,钢球1与紧固件接触,柱体2上方装有指针杆4,刻度盘7固定在柄座上,每格刻度值公斤力·米(kgf·m)。在工作时,扳手杆和刻度板一起向旋转的方向弯曲,因此指针5就在刻度板上指出拧紧力矩的大小。

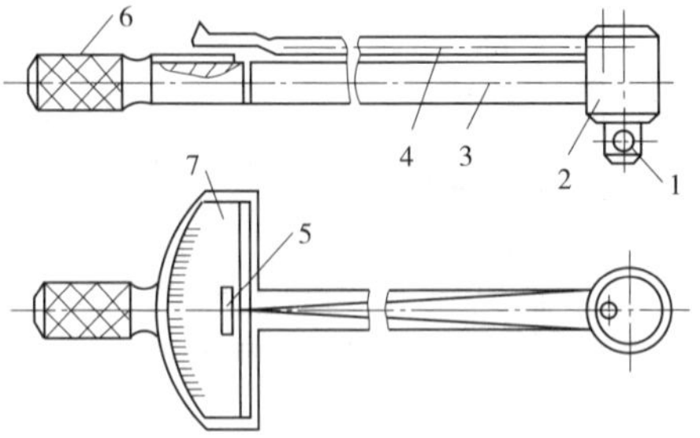

1—钢球;2—柱体;3—弹性杆;4—指针杆;
5—指针尖;6—加力手柄;7—刻度盘

图2-1-34　测力扳手

(2)控制螺栓伸长法:这是一种通过控制螺栓伸长量来控制预紧力的方法,如图2-1-35所示。

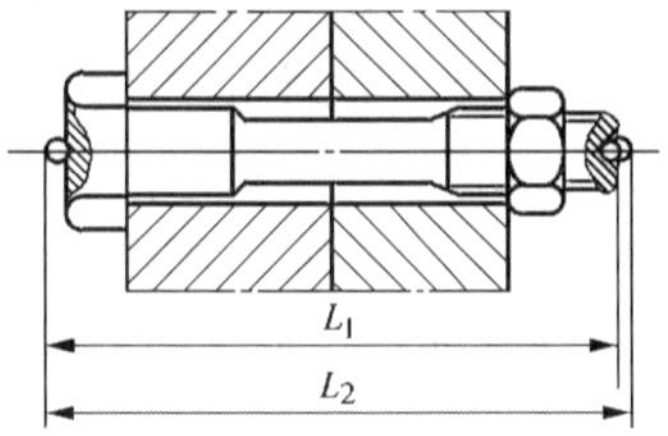

图2-1-35　螺栓伸长的测量

1.5.2　螺纹连接的装拆工具

1.5.2.1　螺钉旋具

(1)一字槽螺钉旋具,俗名起子,如图2-1-36所示,由木柄1、刀体2和刀口3组成,其规格用刀体部分的长度代表。选用时,应使旋具头部的长短和宽窄与螺钉槽相适应。若旋具头部宽度超过螺钉槽的长度,在旋沉头螺钉时容易损坏安装件的表面;若头部宽度过小,则不但不能将螺钉旋紧,还容易损坏螺钉槽。头部的厚度比螺钉槽过厚或过薄也不好,通常取旋具刀口的厚度为螺钉槽宽度的0.75~0.8。此外,使用时旋具不能斜插在螺钉槽内。使用一字形或十字形螺钉旋具时,用力要平稳,压和拧要同时进行。

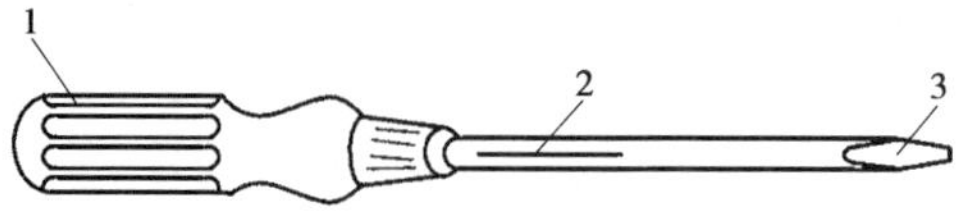

1—木柄;2—刀体;3—刀口

图 2-1-36　一字槽螺钉旋具

(2)其他螺钉旋具。图 2-1-37(a)所示为十字槽螺钉旋具,主要用来旋紧头部带十字槽的螺钉,其优点是旋具不易从槽中滑出;图 2-1-37(b)所示为弯头螺钉旋具,两头各有一个刃口,互成垂直位置,适用于螺钉头顶部空间受到限制的拆装场合;图 2-1-37(c)所示为快速螺钉旋具,用来拧紧或松开小螺钉,工作时推压手柄,麻花杆通过来复孔而转动,故装拆速度快。

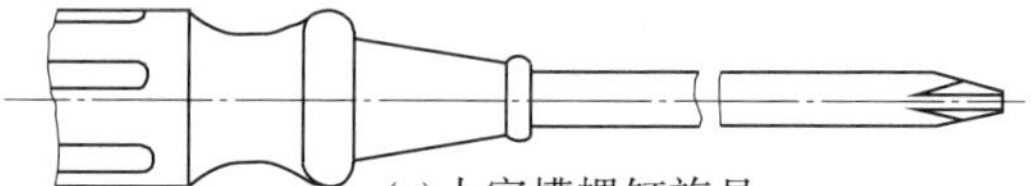

(a)十字槽螺钉旋具

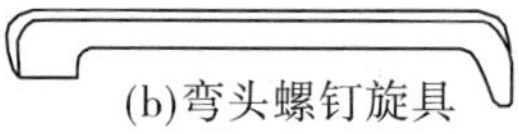

(b)弯头螺钉旋具

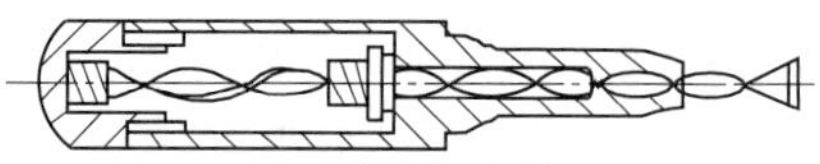

(c)快速螺钉旋具

图 2-1-37　其他螺钉旋具

1.5.2.2　扳手

扳手用来拧紧或松开六角形、正方形螺栓和螺母。用工具钢、合金钢或可锻铸铁制成。它的开口要求平整、坚硬、耐磨。扳手有通用、专用和特殊三类。

1)通用扳手

通用扳手,也叫活络扳手,如图 2-1-38 所示。由扳手体(固定钳口)、活动钳口和调节蜗杆等组成,其开口的大小能通过蜗杆在一定范围内调节。

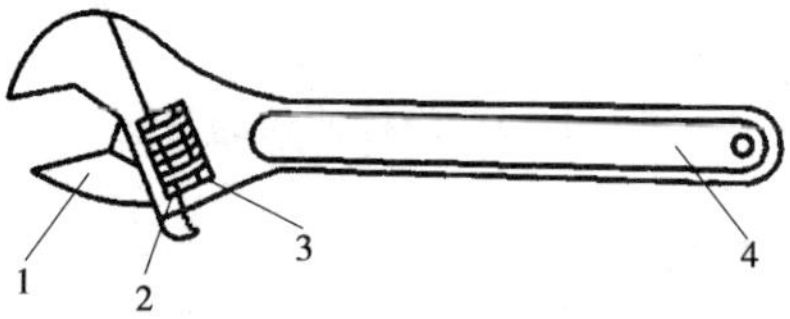

1—活动钳口;2—销钉;3—蜗杆;4—扳手体

图 2-1-38　活络扳手

活络扳手的使用方法见图 2-1-39,应让固定钳口承受主要的作用力,否则容易损坏扳手。钳口的尺寸应与螺母的尺寸相适应,否则工作时会损坏螺母。不同规格的螺母或螺栓应选用相应规格的活络扳手,扳手的手柄长度不可随意加长,以免拧紧力矩过大而损坏扳手或螺母(螺栓)。

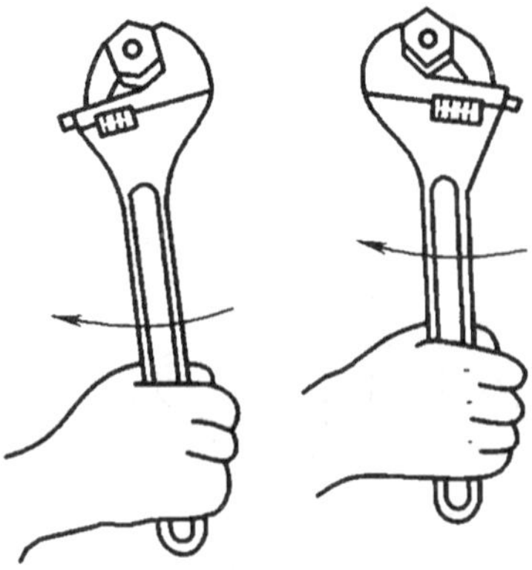

(a) 正确　　(b) 不正确

图 2-1-39　活络扳手的使用

2)专用扳手

专用扳手只能用以扳动一种规格的螺母或螺栓。根据其用途的不同可分为下列几种。

(1)开口扳手,也叫呆扳手,如图 2-1-40 所示,它分为单头和双头两种。其开口的尺寸是与螺母和螺栓头的尺寸相适应的,并根据标准尺寸制成一套。

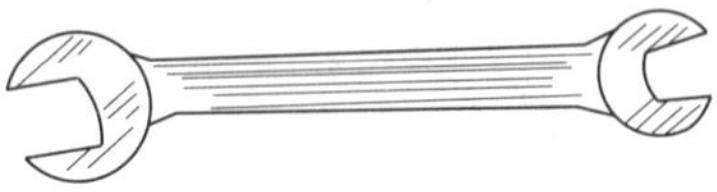

(a)双头开口扳手

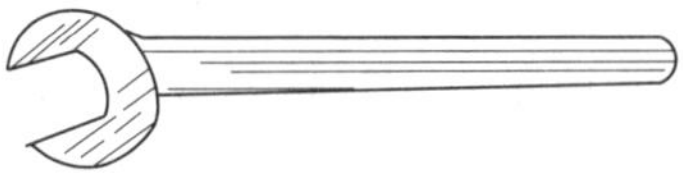

(b)单头开口扳手

图 2-1-40　开口扳手

(2)整体扳手,如图 2-1-41 所示,有正方形、六角形、十二角形(梅花扳手)等几种。其中,梅花扳手应用最为广泛,它只要转过 30°,就可以改变扳动的方向,因此在狭窄的空间工作比较方便。

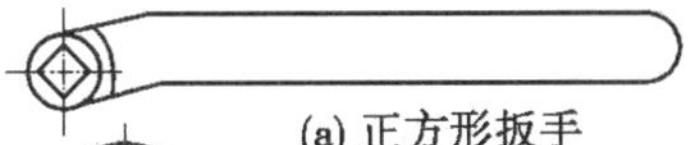

(a) 正方形扳手

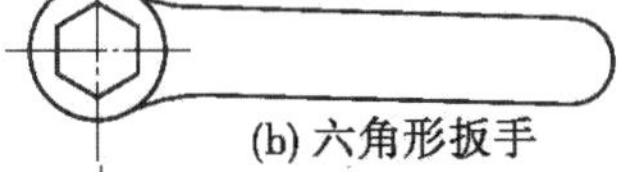

(b) 六角形扳手

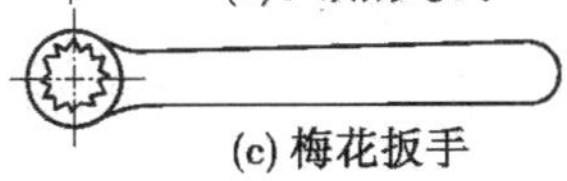

(c) 梅花扳手

图 2-1-41　整体扳手

(3)成套套筒扳手,如图 2-1-42 所示,由一套尺寸不等的梅花套筒组成。使用时,弓形的手柄可以连续转动,能获得较高的工作效率。

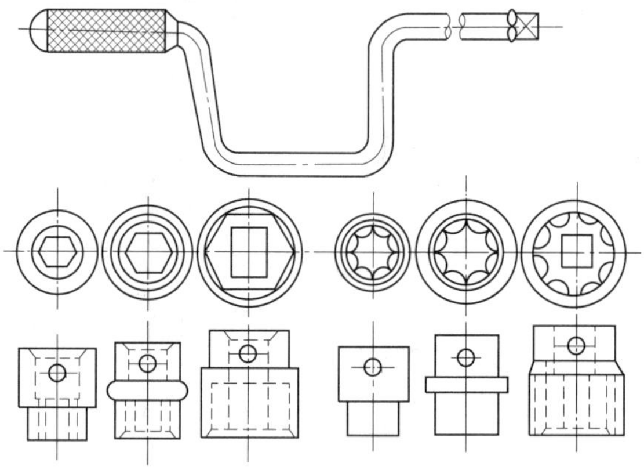

图 2-1-42　成套套筒扳手

(4)钩形扳手,又叫锁紧扳手,如图 2-1-43 所示。主要用以装拆带槽的圆螺母。

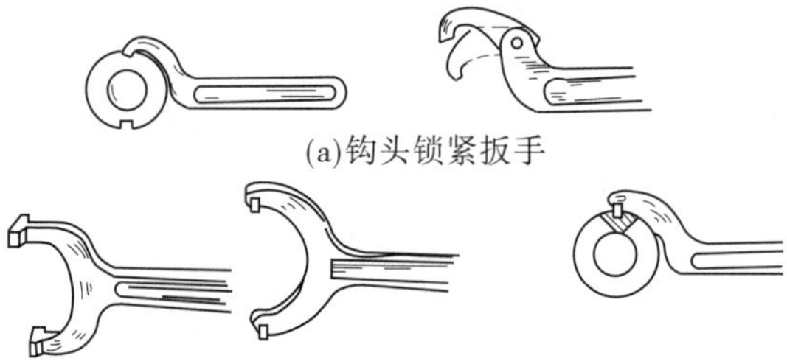

(a)钩头锁紧扳手

(b)U形锁紧扳手　　(c)锁头锁紧扳手

图 2-1-43　钩形扳手

(5)内六角扳手,如图 2-1-44 所示。用于拧紧或松开内六角螺钉,这种扳手制成成套的,一般可拧紧或松开 M3 ~ M24 的内六角螺钉。

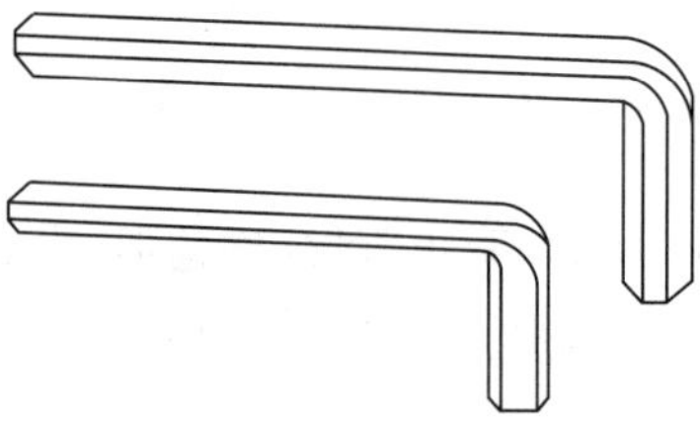

图 2-1-44　内六角扳手

3)特种扳手

特种扳手就是根据某些特殊要求而制造的扳手,图 2-1-45 所示的棘轮扳手就是其中的一种,它适用于狭窄的工作场所。工作时,正转手柄,棘爪 1 就在弹簧 2 的作用下进入内六角套筒 3 的缺口(棘轮)内,套筒便跟着转动;当反向转动手柄时,棘爪就从套筒缺口的斜面滑过去,因而螺母或螺栓不会随着反转。松开螺母时将扳手反转 180°使用即可。

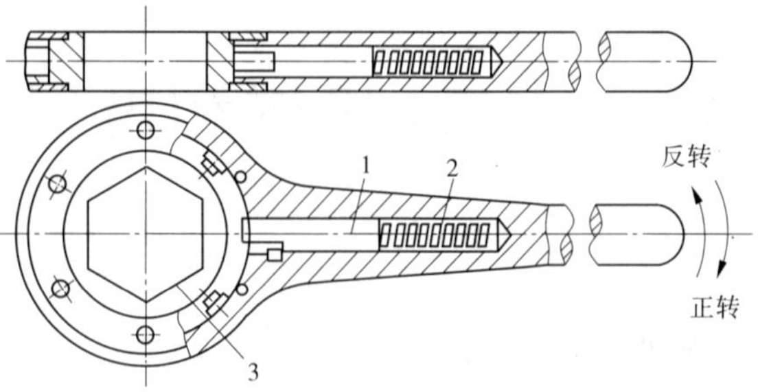

1—棘爪;2—弹簧;3—内六角套筒

图 2-1-45　棘轮扳手

第 2 章　水工、机械和电气识图

2.1　公差配合及标注方法

2.1.1　尺寸公差与配合

2.1.1.1　互换性

所谓零件的互换性，就是从一批相同的零件中任取一件，不经修配就能装配使用，并能保证使用性能要求的性质。零、部件具有互换性，不但给装配、修理机器带来方便，还可用专用设备生产，提高生产率和质量，同时降低产品的成本。公差配合制度是实现互换性的重要基础。

2.1.1.2　公差

零件的尺寸是保证零件互换性的重要几何参数，为了使零件具有互换性，并不要求零件的尺寸加工得绝对准确。由于设备、工夹具及测量误差等因素的影响，零件不可能制造得绝对准确。为了保证零件的互换性，就必须对零件的尺寸规定一个允许的变动范围（最大极限尺寸和最小极限尺寸），这个变动范围就是通常所讲的尺寸公差，简称公差。

2.1.1.3　尺寸公差术语

（1）基本尺寸：设计确定的尺寸。如图 2-2-1 中，孔径$\phi 30$。

（2）实际尺寸：实际测量所得的尺寸。

（3）极限尺寸：允许实际加工尺寸变化的两个极限值。它以基本尺寸为基数来确定。

（4）最大极限尺寸：两个极限尺寸中较大的一个为最大极限尺寸，最大极限尺寸 = 基本尺寸 + 上偏差，如图 2-2-1 中$\phi 30.016$。

（5）最小极限尺寸：两个极限尺寸中较小的一个为最小极限尺寸，最小极限尺寸 = 基本尺寸 + 下偏差，如图 2-2-1 中$\phi 29.984$。

（6）尺寸偏差：某一尺寸减其基本尺寸所得的代数差。

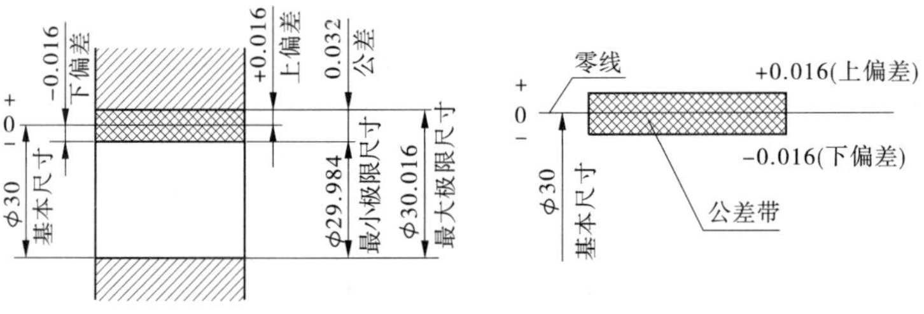

图 2-2-1　尺寸公差术语图示

（7）上偏差：最大极限尺寸减其基本尺寸所得的代数差。孔的上偏差用 *ES* 表示、轴

的上偏差用 *es* 表示。上偏差 *ES* = 最大极限尺寸 - 基本尺寸 = 30.016 - 30 = +0.016。

(8)下偏差:最小极限尺寸减其基本尺寸所得的代数差。孔的下偏差用 *EI* 表示、轴的下偏差用 *ei* 表示。下偏差 *EI* = 最小极限尺寸 - 基本尺寸 = 29.984 - 30 = -0.016。

(9)尺寸公差:允许尺寸的变动量,简称公差。公差 = 最大极限尺寸 - 最小极限尺寸 = 上偏差 - 下偏差。公差 = 30.016 - 29.984 = 0.016 - (-0.016) = 0.032。

(10)公差带图:将尺寸公差与基本尺寸的关系,按放大比例画成简图,称为公差带图。在公差带图中,确定偏差的一条基准直线称零线,常表示基本尺寸,零线上方偏差为正;零线下方偏差为负。

(11)尺寸公差带:在公差带图中,由代表上、下偏差的两条直线所限定的一个区域,简称公差带。

2.1.1.4 标准公差和基本偏差

国家标准 GB/T 1800.3—1998 中规定,公差带是由标准公差和基本偏差组成,如图 2-2-2所示。用以确定公差带大小的任一公差称为标准公差。国家标准将公差等级分为 20 级:IT01、IT0、IT1 ~ IT18。"IT"表示标准公差,公差等级的代号用阿拉伯数字表示。IT01 ~ IT18,精度等级依次降低。标准公差等级数值可查有关技术标准。

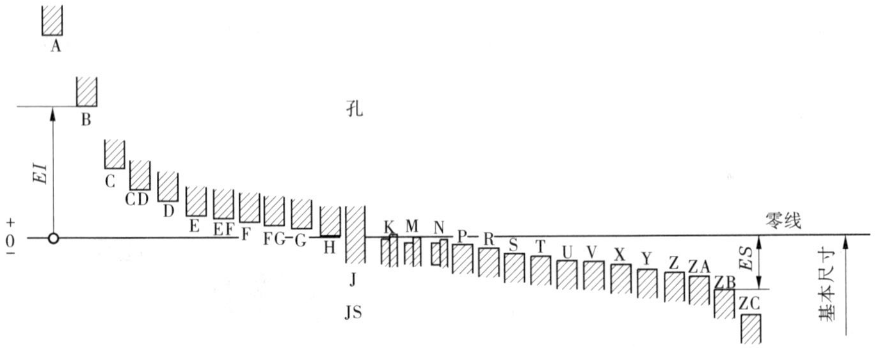

(a)孔

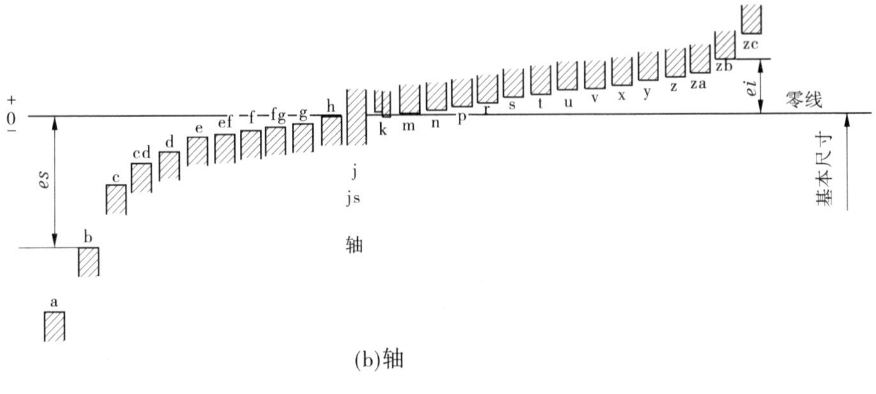

(b)轴

图 2-2-2 基本偏差

在装配图上标注公差与配合时,配合代号一般用相结合的孔与轴的公差带代号组合表示，即在基本尺寸的后面将代号写成分数的形式，分子为孔的公差带代号。分母为轴的公差带代号。孔和轴的公差带代号分别由基本偏差代号与公差等级两部件组成，如图2-2-3所示。

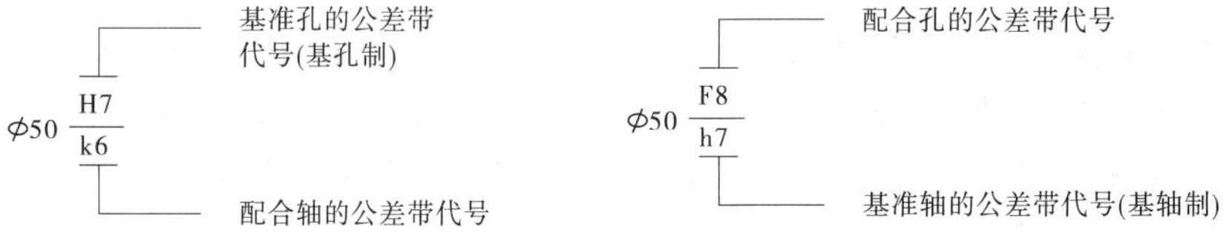

图2-2-3　装配图上标注公差与配合的方式

2.1.1.5　配合的概念

基本尺寸相同时，相互结合的孔和轴公差带之间的关系称为配合。由于孔和轴的实际尺寸不同，装配后可能出现不同的松紧程度。当孔的实际尺寸减去轴的实际尺寸所得的代数差为正值时是间隙，为负时是过盈。

根据使用要求不同，国家标准规定配合分为间隙配合、过盈配合、过渡配合三类。

（1）间隙配合。孔的公差带完全在轴的公差带之上，任取其中一对轴和孔相配都成为具有间隙的配合（包括最小间隙为零），如图2-2-4（a）所示。

（2）过盈配合。孔的公差带完全在轴的公差带之下，任取其中一对轴和孔相配都成为具有过盈的配合（包括最小过盈为零），如图2-2-4（b）所示。

（3）过渡配合。孔和轴的公差带相互交叠，任取其中一对孔和轴相配合，可能具有间隙，也可能具有过盈的配合，如图2-2-4（c）所示。

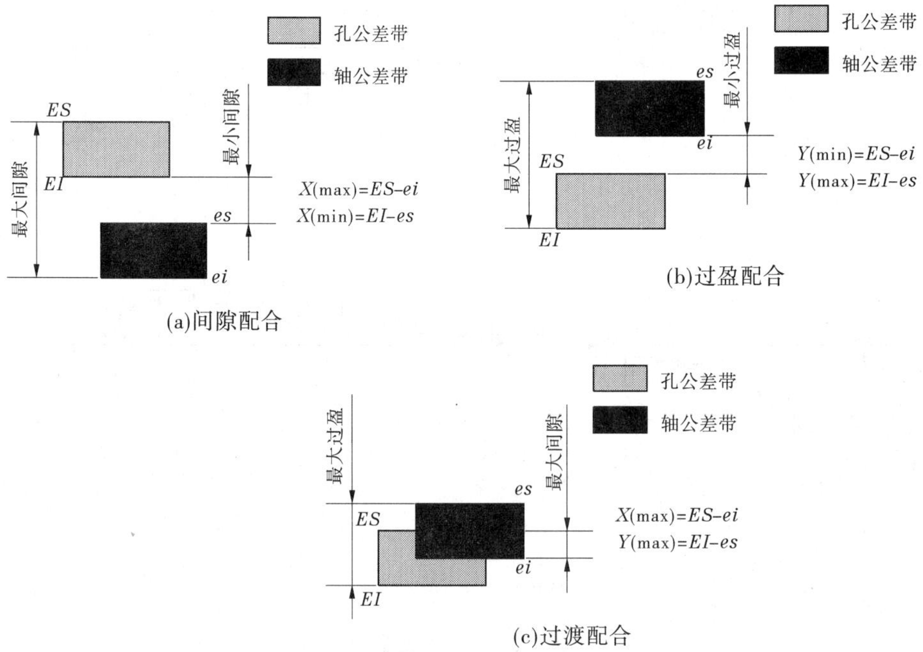

图2-2-4　配合的种类

2.1.1.6　配合的基准制

当基本尺寸确定后,为了便于选择配合,减少零件加工的专用刀具和量具,国家标准对配合规定了两种基准制。

1)基孔制

基本偏差为一定的孔的公差带,与不同基本偏差的轴的公差带构成各种配合的一种制度称为基孔制。这种制度在同一基本尺寸的配合中,是将孔的公差带位置固定,通过变动轴的公差带位置,得到各种不同的配合,如图2-2-5(a)所示。

基孔制的孔称为基准孔。国标规定基准孔的下偏差为零,“H”为基准孔的基本偏差。

2)基轴制

基本偏差为一定的轴的公差带与不同基本偏差的孔的公差带构成各种配合的一种制度称为基轴制。这种制度在同一基本尺寸的配合中,是将轴的公差带位置固定,通过变动孔的公差带位置,得到各种不同的配合,如图2-2-5(b)所示。

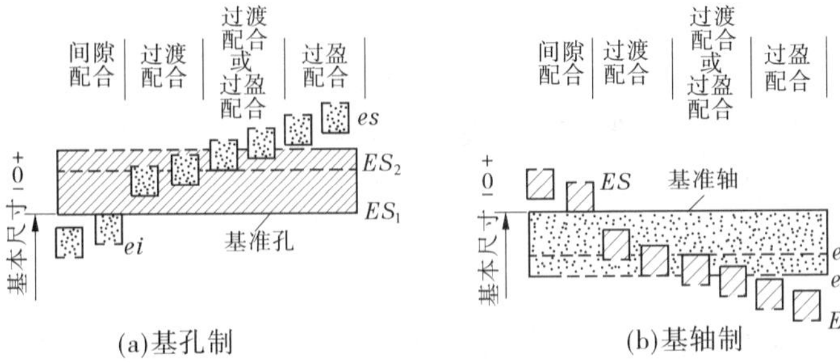

图2-2-5　**配合的基准制**

实际生产中选用基孔制还是基轴制,要从装配结构、工艺要求、经济性等因素考虑。由于孔难加工,一般应优先采用基孔制配合。在非标准零件与标准件配合时,应按标准件所用的基准制来确定,例如滚动轴承的内圈与轴的配合为基孔制;而外圈与机体孔的配合则为基轴制。

2.1.1.7　公差与配合的标注

1)在装配图中的标注方法

配合的代号由两个相互结合的孔和轴的公差带的代号组成,用分数形式表示,分子为孔的公差带代号,分母与轴的公差带代号,标注的通用形式如图2-2-6(a)所示。

2)在零件图中的标注方法

标注公差带的代号,如图2-2-6(b)所示。这种标注法可和采用专用量具检验零件统一起来,以适应大批量生产的要求。它不需要标注偏差数值。

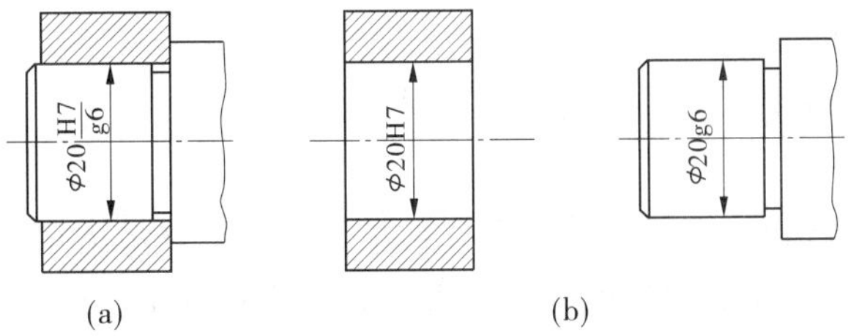

图2-2-6　**标注公差带代号**

标注偏差数值，如图 2-2-7(b)所示。上(下)偏差注在基本尺寸的右上(下)方，偏差数字应比基本尺寸数字小 1 号。当上(下)偏差数值为零时，可简写为“0”，另一偏差仍标在原来的位置上，如图 2-2-7(b)所示。如果上、下偏差的数值相同，则在基本尺寸数字后标注“ ± ”符号，再写上偏差数值。这时数值的字体与基本尺寸字体同高，如图 2-2-8 所示。这种注法主要用于小量或单件生产，以便加工和检验时减少辅助时间。

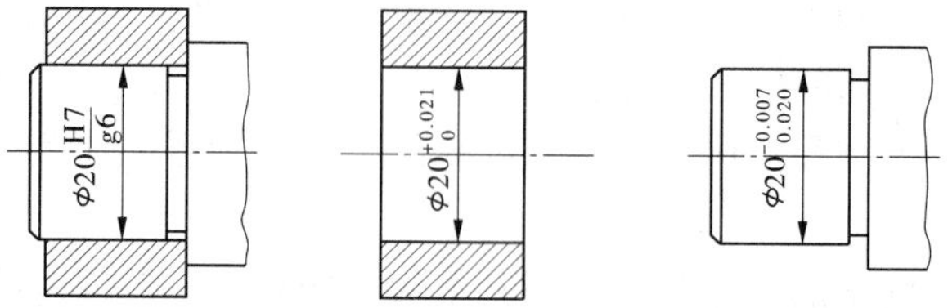

(a)　　(b)

图 2-2-7　标注偏差数值

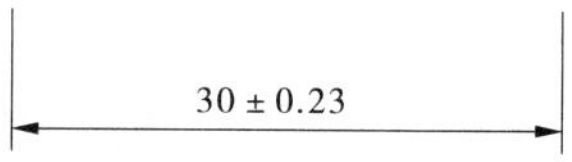

图 2-2-8　对称偏差的标注

公差带代号和偏差数值同时标注，如图 2-2-9 所示。

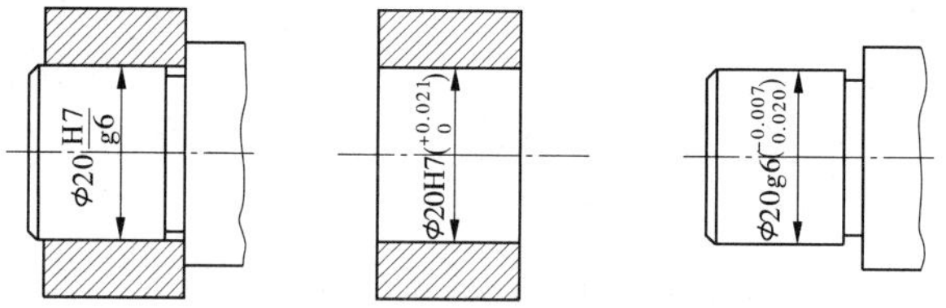

(a)　　(b)

图 2-2-9　标注公差带代号和偏差数值

2.1.2　几何公差

几何公差包括形状和位置公差。机械零件在加工中的尺寸误差，根据使用要求用尺寸公差加以限制。而加工中对零件的几何形状和相对几何要素的位置误差则由形状和位置公差加以限制。因此，它和表面粗糙度、极限与配合共同成为评定产品质量的重要技术指标。

2.1.2.1　几何公差概念

1)*形状误差和公差*

形状误差是指实际形状对理想形状的变动量。测量时，理想形状相对于实际形状的位置，应按最小条件来确定。

形状公差是指实际要素的形状所允许的变动全量。

2)*位置误差和公差*

位置误差是指实际位置对理想位置的变动量。理想位置是指相对于基准的理想形状的位置而言。测量时，确定基准的理想形状的位置应符合最小条件。

位置公差是指实际要素的位置对基准所允许的变动全量。

几何公差的类型和特征符号如表 2-2-1 所示。

表 2-2-1　几何公差的类型和特征符号

公差类型	几何特征	符号	有无基准
形状公差	直线度	—	无
	平面度	▱	无
	圆度	○	无
	圆柱度	⌭	无
	线轮廓度	⌒	无
	面轮廓度	⌓	无
方向公差	平行度	//	有
	垂直度	⊥	有
	倾斜度	∠	有
	线轮廓度	⌒	有
	面轮廓度	⌓	有
位置公差	位置度	⌖	有或无
	同心度 (用于中心点)	◎	有
	同轴度 (用于轴线)	◎	有
	对称度	⌯	有
	线轮廓度	⌒	有
	面轮廓度	⌓	有
跳动公差	圆跳动	↗	有
	全跳动	⌰	有

3)公差带及其形状

公差带是由公差值确定的,它是限制实际形状或实际位置变动的区域。公差带的形状有:两平行直线、两等距曲线、两同心圆、一个圆、一个球、一个圆柱、一个四棱柱、两同轴圆柱、两平行平面、两等距曲面等。

2.1.2.2　标注形状公差和位置公差的方法

标注形状公差和位置公差时,标准中规定应用框格标注。

公差框格用细实线画出,可画成水平的或垂直的,框格高度是图样中尺寸数字高度的两倍,它的长度视需要而定。框格中的数字、字母、符号与图样中的数字等高。图 2-2-10 给出了形状公差和位置公差的框格形式。

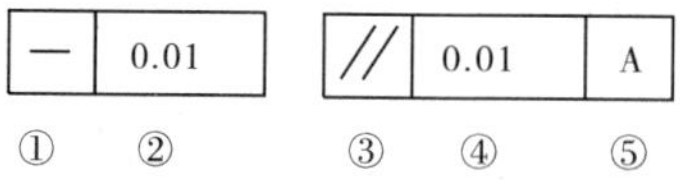

①—形状公差符号;②—公差值;③—位置公差符号;

④—位置公差带的形状及公差值;⑤—基准

图 2-2-10　公差框格含义

图 2-2-11 所示是在一张零件图上标注形状公差和位置公差的实例。

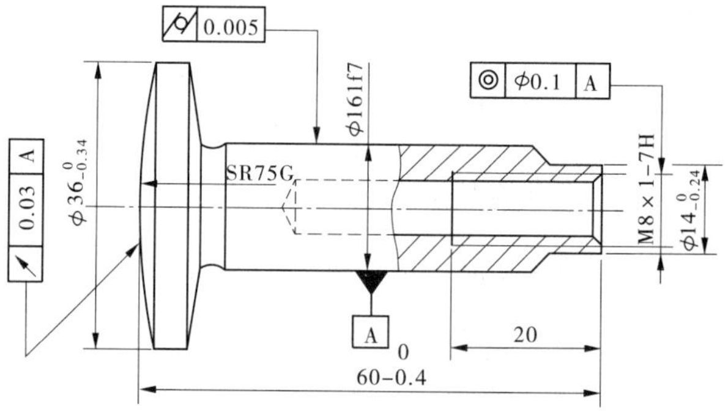

图 2-2-11　标注举例

2.1.3　表面粗糙度

2.1.3.1　表面粗糙度的概念

零件的各个表面,不管加工得多么光滑,置于显微镜下观察,都可以看到峰谷不平的情况,如图 2-2-12(a)所示。加工表面上具有较小间距的峰谷所组成的微观几何形状特征称为表面粗糙度。一般来说,不同的表面粗糙度是由不同的加工方法形成的。

2.1.3.2　表面粗糙度的评定参数

表面粗糙度是衡量零件质量的标志之一,它对零件的配合、耐磨性、抗腐蚀性、接触刚度、抗疲劳强度、密封性和外观都有影响。目前在生产中评定零件表面质量的主要参数是轮廓算术平均偏差。它是在取样长度 l 内,轮廓偏距 y 绝对值的算术平均值,用 R_a 表示,如图 2-2-12(b)所示。

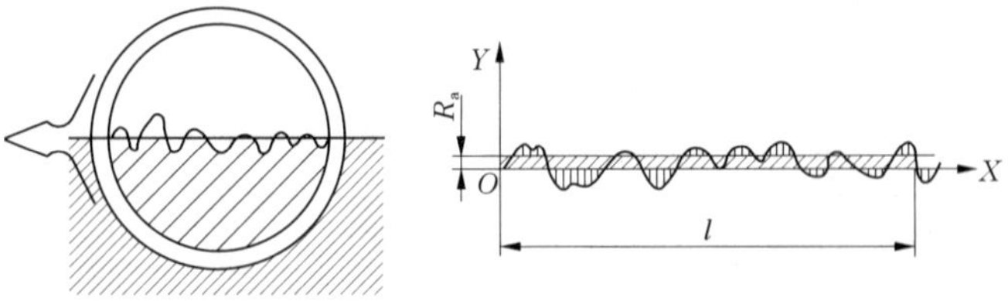

(a)　　　　(b)

图 2-2-12　表面粗糙度

2.1.3.3　表面粗糙度符号及其参数值的标注方法

1) 表面粗糙度符号

表面粗糙度的符号及其意义见表 2-2-2。

表 2-2-2　表面粗糙度符号及其意义

符号	意义	符号尺寸
	基本符号，单独使用此符号是没有意义的	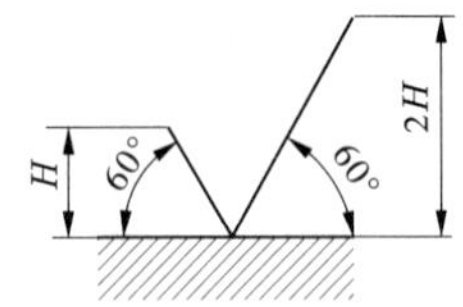
	基本符号上加一短划，表示是用去除材料的方法获得表面。例如：车、铣、钻、磨、剪切、抛光腐蚀、电火花加工等	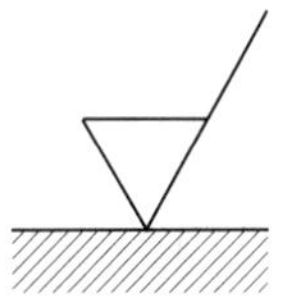
	基本符号上加一小圆，表示表面是用不去除材料的方法获得。例如：锻、铸、冲压、变形、热轧、冷轧、粉末冶金等或是用于保持原供应状态的表面	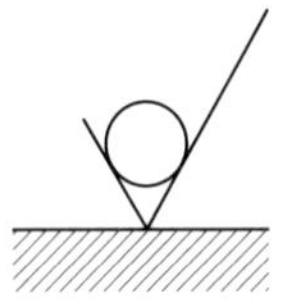

2) 表面粗糙度 R_a 值的标注

表面粗糙度 R_a 值的标注见表 2-2-3。

表 2-2-3　表面粗糙度 R_a 值的标注

序号	代号	意义
1		表示用任何方法获得的表面，R_a的最大允许值为3.2 μm
2		表示用去除材料方法获得的表面，R_a的最大允许值为3.2 μm
3		表示用不去除材料方法获得的表面，R_a的最大允许值为3.2 μm

2.1.3.4　表面粗糙度标注

表面粗糙度标注的演变如表 2-2-4 所示。

表 2-2-4　表面结构要求的图形标注的演变

	GB/T 131的版本			
	1983(第1版)[a]	1993(第2版)[b]	2006(第3版)[c]	说明主要问题的示例
a	1.6	1.6　1.6	R_a 1.6	R_a只采用“16%规则”
b	R_y 3.2	R_y 3.2　R_y 3.2	R_z 3.2	除了R_a“16%规则”的参数
c	—[d]	1.6_{max}	$R_a$max 1.6	“最大规则”
d	1.6/0.8	1.6/0.8	-0.8/R_a 1.6	R_a加取样长度
e	—[d]	—[d]	0.025-0.8/R_a 1.6	传输带
f	R_y 3.2/0.8	R_y 3.2/0.8	-0.8/R_z 6.3	除R_a外其他参数及取样长度
g	1.6 R_y 6.3	1.6 R_y 6.3	R_a 1.6 R_z 6.3	R_a及其他参数
h	—[d]	R_y 3.2	R_z3 6.3	评定长度中的取样长度个数如果不是5
j	—[d]	—[d]	L R_a 1.6	下限值
k	3.2 1.6	3.2 1.6	U R_a 3.2 L R_a 1.6	上、下限值

a 既没有定义默认值也没有其他的细节，尤其是

——无默认评定长度；

——无默认取样长度；

——无“16%规则”或“最大规则”。

b 在GB/T 3505—1983和GB/T 10610—1989中定义的默认值和规则仅用于参数R_a、R_y和R_z(十点高度)。此外，GB/T 131—1993中存在着参数代号书写不一致问题，标准正文要求参数代号第二个字母标注为下标，但在所有的图表中，第二个字母都是小写，而当时所有的其他表面结构标准都使用下标。

c 新的R_z为原R_y的定义，原R_y的符号不再使用。

d 表示没有该项。

2.2　识读泵站建筑物纵横断面、平面布置、结构图的方法

为了兴利除害和充分利用水资源，需要修建一系列建筑物来控制水流和泥沙，这些与水有密切关系的建筑物称为水工建筑物，表达水工建筑物的工程图样称为水利工程图样，简称水工图。

2.2.1　水工图的分类与特点

2.2.1.1　水工图的分类

水利工程的兴建一般需要经过 5 个阶段：勘测、规划、设计、施工、竣工验收。各个阶段都绘制其相应的图样，每一阶段对图样都有具体的图示内容和表达方法。

(1) 勘测图。勘探测量阶段绘制的图样称为勘测图，其包括地质图和地形图。勘测阶段的地质图，地形图以及相关的地质、地形报告和有关的技术文件由勘探和测量人员提供，是水工设计最原始的资料。水利工程技术人员利用这些图纸和资料来编制有关的技术文件。勘测图样常用专业图例和地质符号表达，并根据图形的特点允许一个图上用两种比例表示。

(2) 规划图。在规划阶段绘制的图样称为规划图。规划图是表达水资源综合开发全面规划的示意图。按照水利工程的范围大小，规划图有流域规划图、水资源综合利用规划图、灌区规划图、行政区域规划图等。规划图是以勘测阶段的地形图为基础的，采用符号图例示意的方式表明整个工程的布局、位置和受益面积等项内容的图样。

(3) 枢纽布置图和建筑结构图。在设计阶段绘制的图包括枢纽布置图和建筑结构图。一般在大型工程设计中分初步设计和技术设计，小型工程中可以合二为一。初步设计是进行枢纽布置，提供方案比较；技术设计是在确定初步设计方案以后，具体对建筑物结构和细部构造进行设计。为了充分利用水资源，由几个不同类型的水工建筑物有机地组合在一起，协同工作的综合体称为水利枢纽，表达水利枢纽布置的图样称为枢纽布置图。枢纽布置图是将整个水利枢纽的主要建筑物的平面图形，按其平面位置画在地形图上。枢纽布置图反映出各建筑物的大致轮廓及其相对位置，是各建筑物定位、施工放样、土石方施工以及绘制施工总平面图的依据。用于表达枢纽中某一建筑物形状、大小、材料以及与地基和其他建筑物连接方式的图样称为建筑结构图。对于建筑结构图中由于图形比例太小而表达不清楚的局部结构，可采用大于原图形的比例将这些部位和结构单独画出。

(4) 施工图。是表达水利工程施工过程中的施工组织、施工程序、施工方法等内容的图样，包括施工总平面布置图、建筑物基础开挖图、结构施工图、给水排水施工图、采暖通风施工图及电气施工图等。

(5) 竣工图。是指工程验收时根据建筑物建成后的实际情况所绘制的建筑物图样。水利工程在兴建过程中，由于受气候、地理、水文、地质、国家政策等各种因素影响较大，原设计图纸随着施工的进展要调整和修改，竣工图应详细记载建筑物在施工过程中对设计图修改的情况，以供存档查阅和工程管理之用。

2.2.1.2　水工图的特点

水工图的绘制，除遵循制图基本原理外，还根据水工建筑物的特点制定了一系列的表达方法，综合起来水工图有以下特点：

(1)水工建筑物形体庞大，有时水平方向和铅垂方向相差较大，水工图允许一个图样中纵横方向比例不一致。

(2)水工图整体布局与局部结构尺寸相差大，所以在水工图的图样中可以采用图例、符号等特殊表达方法及文字说明。

(3)水工建筑物总是与水密切相关，因而处处都要考虑到水的问题。

(4)水工建筑物直接建筑在地面上，因而水工图必须表达建筑物与地面的连接关系。

2.2.2　水工图的表达方法

2.2.2.1　基本表达方法

水工图的基本表达方法如图 2-2-13 所示。

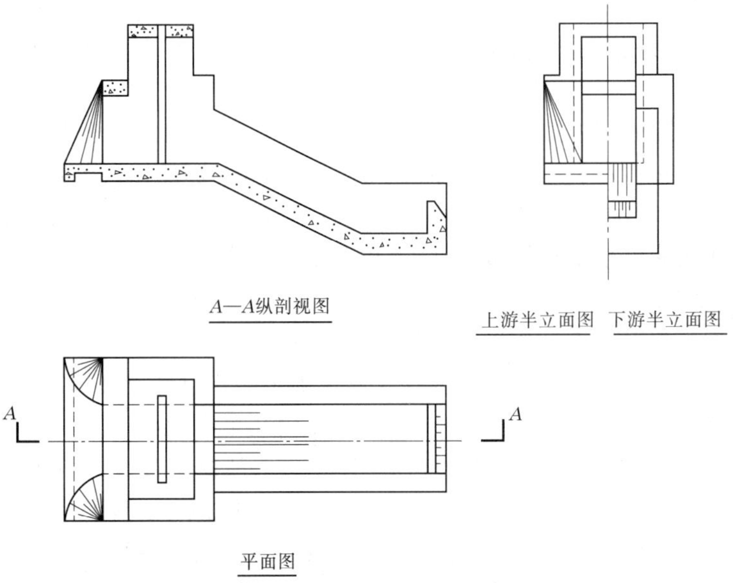

图 2-2-13　基本表达方法

1)视图的命名和作用

(1)平面图。建筑物的俯视图在水工图中称平面图。常见的平面图有枢纽布置图和单一建筑物的平面图。平面图主要用来表达水利工程的平面布置，建筑物水平投影的形状、大小及各组成部分的相互位置关系，剖视、断面的剖切位置、投影方向和剖切面名称等。

(2)立面图。在与建筑物立面平行的投影面上所作建筑物的正投影图，称为建筑立面图，简称立面图。其中，比较显著地反映出建筑物外貌特征的那一面的立面图，称为正立面图，其余的立面图相应地称为背立面图和侧立面图。立面图也常常根据水流方向来命名，观察者顺水流方向观察建筑物所得到的视图，称为上游立面图；观察者逆水流方向观察建筑物得到的视图，称为下游立面图。上、下游立面图均为水工图中常见的立面图，其主要表达建筑物的外部形状。

(3)剖视图、断面图。假想用一平行于投影面的平面(称为剖切面)在形体的适当位置将形体剖开，将处在观察者和剖切面之间的部分移去，将其余部分向投影面投影所得的图形称为剖视图。物体被剖切后仅将剖切面与物体接触部分向投影面投影所得的图形称为剖面图或断面图。剖切面沿着建筑物长度方向剖切得到的剖视图和剖面图称为纵剖视图和纵剖面图；剖切面沿着建筑物宽度方向剖切得到的剖视图和剖面图称为横剖视图和横剖面图。剖视图主要用来表达建筑物的内部结构形状和各组成部分的相互位置关系，建筑物主要高程和主要水位、地形、地质和建筑材料及工作情况等。断面图主要是表达建筑物某一组成部分的断面形状、尺寸、构造及其所采用的材料。

(4)详图。将物体的部分结构用大于原图的比例画出的图样称为详图，如图 2-2-14 所示。其主要用来表达建筑物的某些细部结构形状、大小及所用材料。详图可以根据需要画成视图、剖视图或断面图，它与放大部分的表达方式无关。详图一般应标注图名代号，其标注的形式为：把被放大部分在原图上用细实线小圆圈圈住，并标注字母，在相应的详图下面用相同字母标注图名、比例。

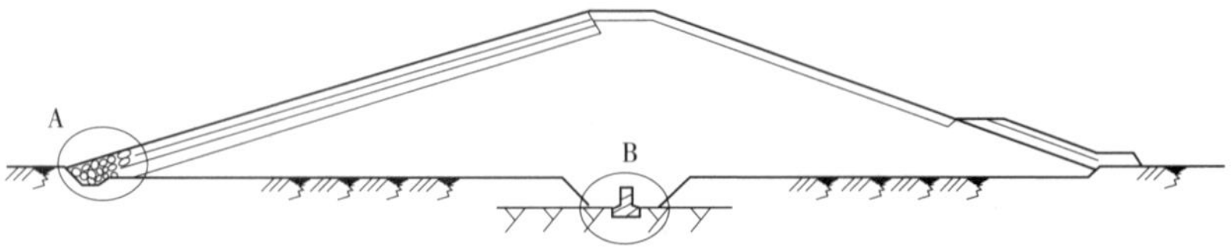

土坝断面图　1 : 250

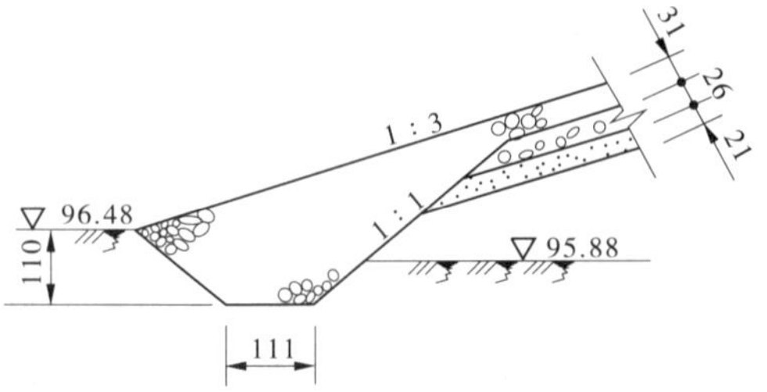

详图A　1 : 50

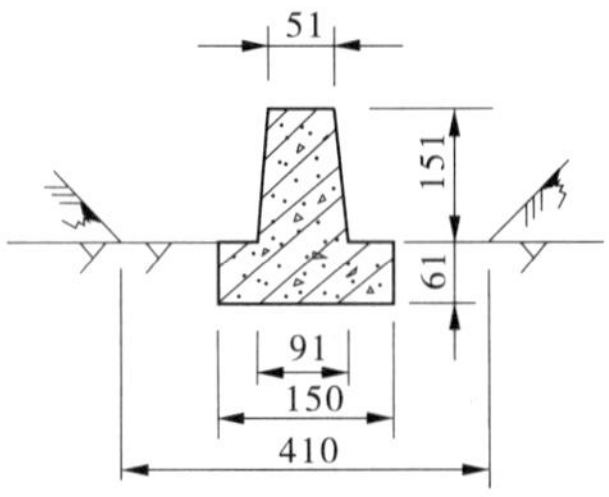

详图B　1 : 50

图 2-2-14　详图　(高程单位：m；尺寸单位：cm)

2)视图的配置

水工图的视图应尽量按照投影关系配置在一张图纸上。为了合理地利用图纸，也允许将某些视图配置在图幅的适当位置。当建筑物过大或图形复杂时，根据图形的大小，也可将同一建筑物的各视图分别画在单独的图纸上。

水工图的配置还应考虑水流方向，对于挡水建筑物，如挡水坝、水电站等应使水流方向在图样中呈现自上而下；对于输水建筑物，如水闸、隧洞、渡槽等应使水流方向在图中呈现自左向右。

3)视图的标注

(1)水流方向的标注,如图 2-2-15 所示。在水工图中一般应用水流方向符号注明水流方向。水流方向符号应根据需要按国标规定的 3 种形式之一绘制,图中“B”值根据需要自定。

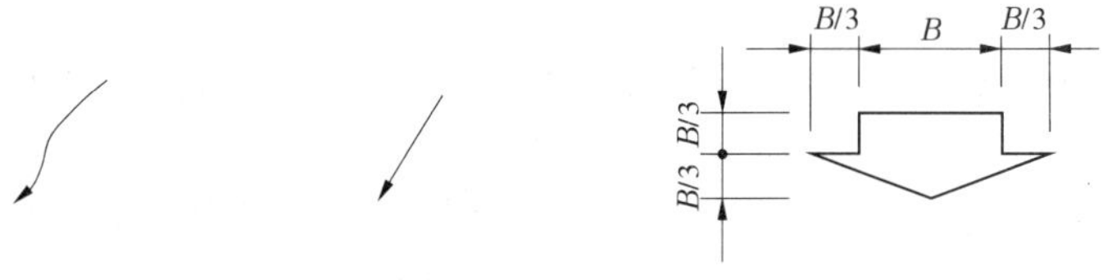

(a)　(b)　(c)

图 2-2-15　水流方向的标注

为了区分河流的左右岸,制图标准规定:视向顺水流方向(面向下游),左边为左岸,右边为右岸。

(2)地理方位的标注,如图 2-2-16 所示。在水工图的规划图和枢纽布置图中应用指北针符号注明建筑物的地理方位。指北针符号应根据需要按国标规定的 3 种形式之一绘制,图中“B”值根据需要自定。指北针一般画在图纸的左上角,必要时也可画在图纸的右上角,箭头指向正北。

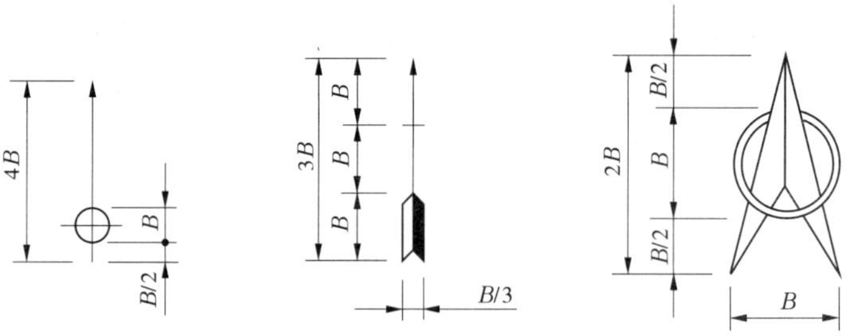

(a)　(b)　(c)

图 2-2-16　地理方位的标注

(3)视图名称和比例的标注,如图 2-2-17 所示。为了明确各视图之间的关系,水工图中各个视图都要标注名称,名称一律注在图形的正下方,并在名称的下面绘一粗实线,其长度应以图名所占长度为标准。当整张图只用一种比例时,比例统一注写在图纸标题栏内,否则应逐一标注。比例的字高应比图名的字高小 1 ~2 号。

平面图1 : 500　　或　　平面图 / 1 : 500

图 2-2-17　比例的标注

2.2.2.2　特殊表达方法

1)合成视图

对称或基本对称的图形,可将两个视向相反的视图或剖视图或断面图各画一半,并以对称线为界合成一个图形,这样形成的图形称为合成视图,图 2-2-18 中的 $B—B$ 和 $C—C$ 是合成剖视图。

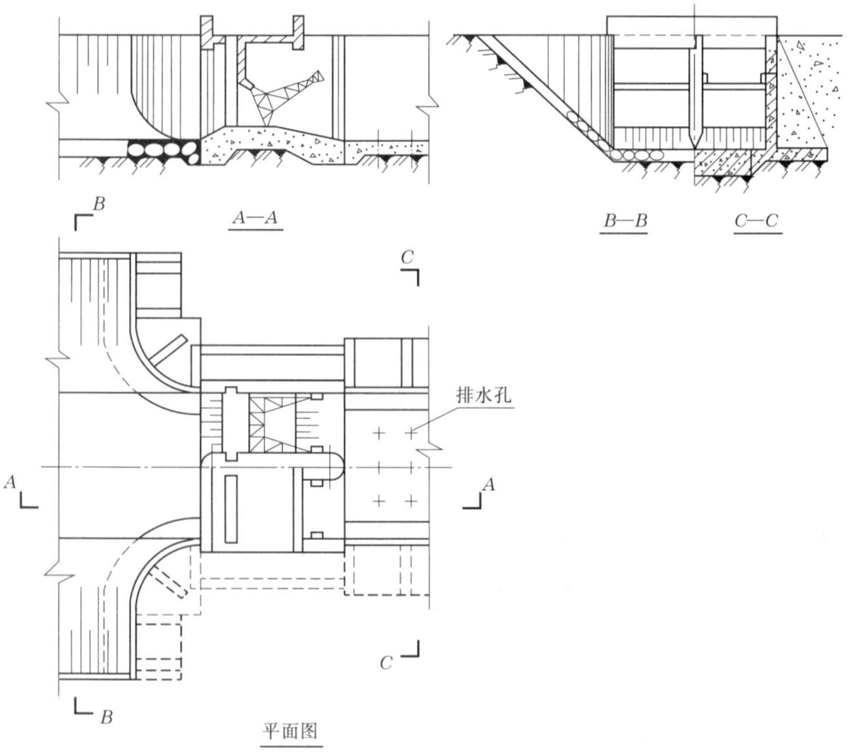

图 2-2-18　合成剖视图

2）拆卸画法

当视图、剖视图中所要表达的结构被另外的次要结构或填土遮挡时，可假想将其拆卸或掀掉，然后再进行投影，图 2-2-18 所示平面图中对称线后半部分桥面板及胸墙被假想拆卸，填土被假想掀掉，所以可见弧形闸门的投影，岸墙下部虚线变成实线。

3）省略画法

省略画法就是通过省略重复投影、重复要素、重复图形等达到使图样简化的图示方法。水工图中常用的省略画法有：

当图形对称时，可以只画对称的一半，但必须在对称线上的两端画出对称符号。图形的对称符号应按图 2-2-19 所示用细实线绘制。

对于图样中的一些小结构，当其成规律地分布时，可以简化绘制，如图 2-2-20 所示消力池底板的排水孔只画出 1 个圆孔，其余只画出中心线表示位置。

4）不剖画法

对于构件支撑板，薄壁和实心的轴、柱、梁、杆等，当剖切平面平行其轴线或中心线时，这些结构按不剖绘制，用粗实线将它与其相邻部分分开，如图 2-2-21 中 *A—A* 剖视图中的闸墩和 *B—B* 断面图中的支撑板。

5）缝线的画法

在绘制水工图时，为了清晰地表达建筑物中的各种缝线，如伸缩缝、沉陷缝、施工缝和材料分界缝等，无论缝的两边是否在同一平面内，这些缝线都用粗实线绘制，如图 2-2-22

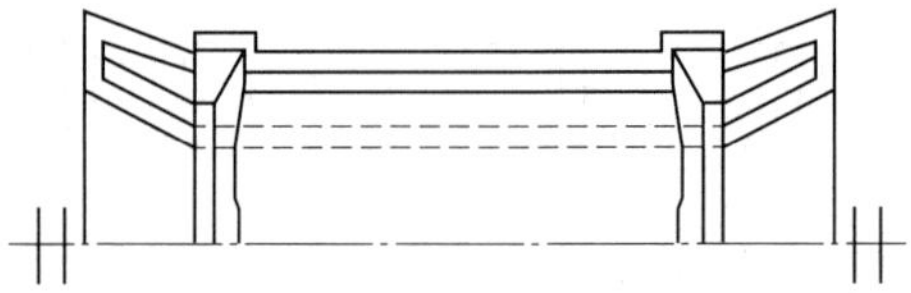

对称图形可只画一半

对称符号的画法

图 2-2-19　省略画法

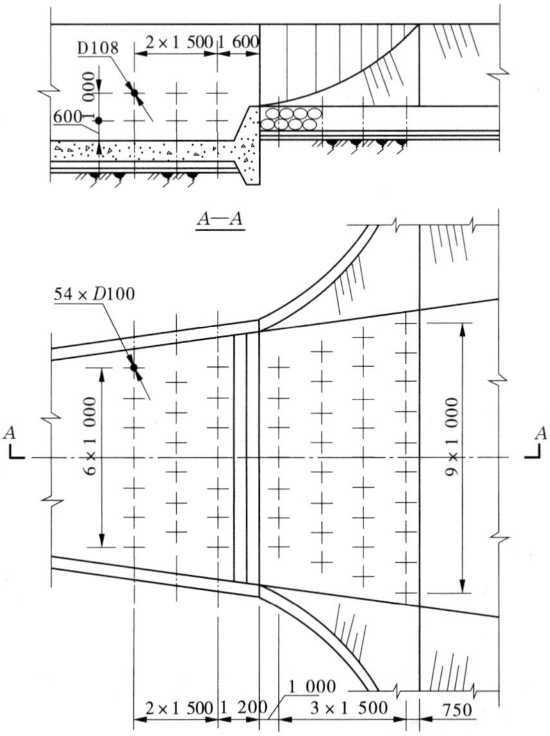

图 2-2-20　简化画法　（单位:mm）

所示。

6）展开画法

当构件、建筑物的轴线（或中心线）为曲线时，可以将曲线展开成直线绘制成视图、剖视图和断面图。这时应在图名后注写“展开”二字，或写成“展开图”，如图 2-2-23 所示。

7）连接画法

较长的图形允许将其分成两部分绘制，再用连接符号表示相连，并用大写字母编号，如图 2-2-24 所示。

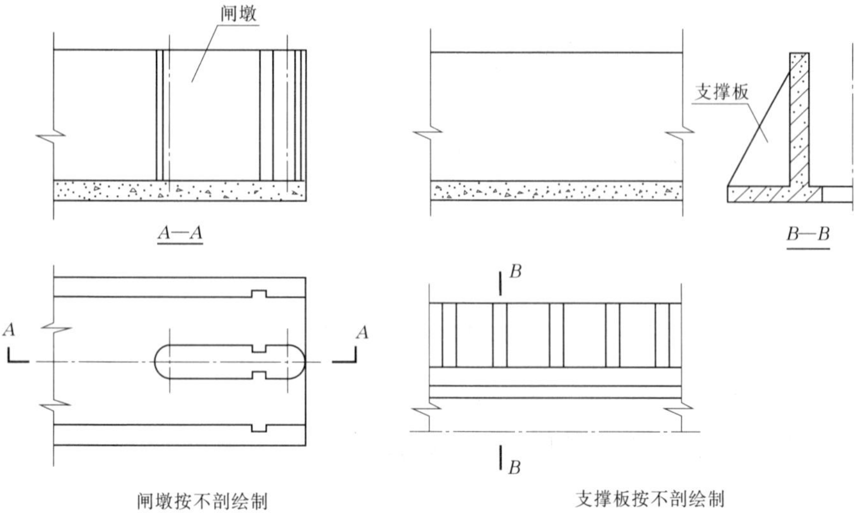

图 2-2-21　不剖处理画法

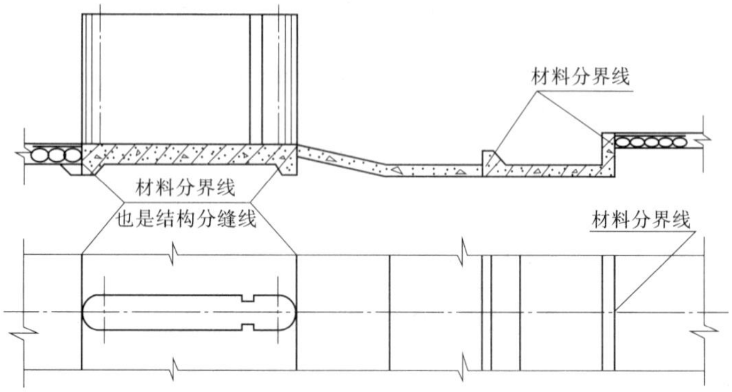

图 2-2-22　缝线的画法

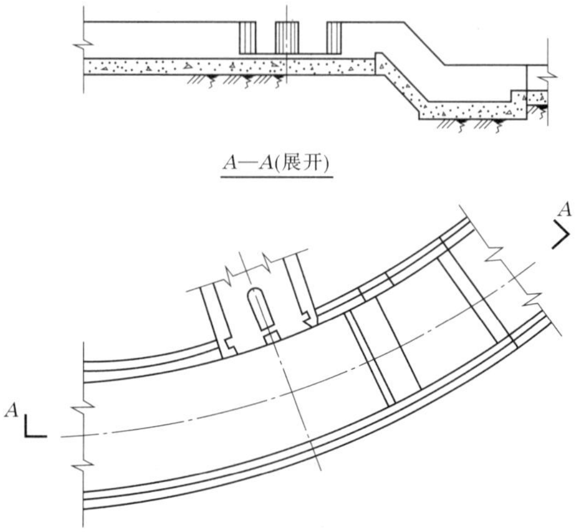

图 2-2-23　展开画法

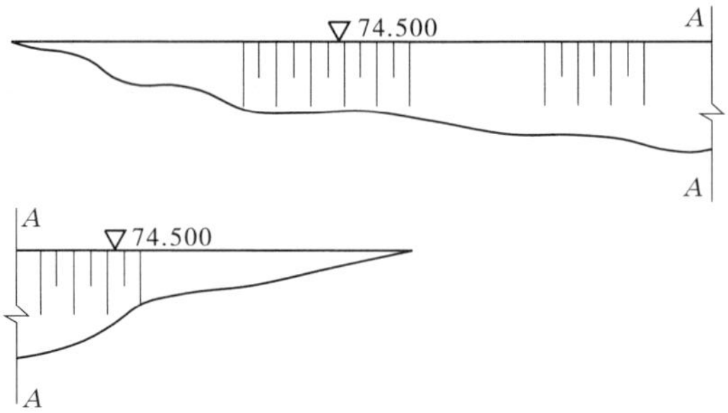

图 2-2-24　连接画法

8)分层画法

当建筑物具有多层结构时,为清楚表达各层结构和节省视图,可以采用分层表示法,即在一个视图中按其结构层次分层绘制。画分层视图时,相邻层次用波浪线(或分缝线、分段线)作分界,并用文字注出各层的名称,如图 2-2-25 所示。

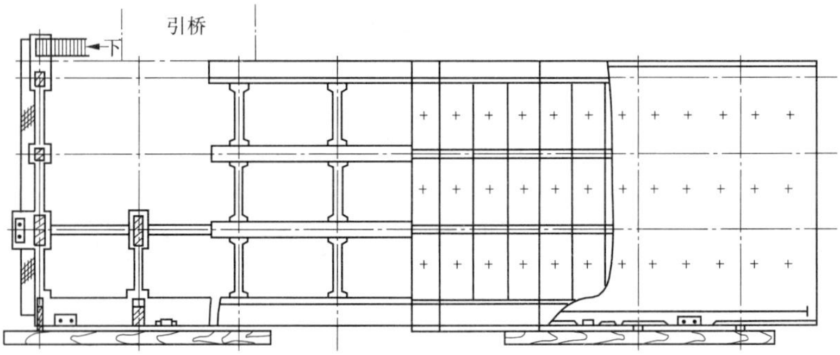

图 2-2-25　码头平面图的分层画法

9)示意画法

当视图的比例较小而致使某些细部构造无法在图中表示清楚,或者某些附属设备另有图纸表示,不需要在图中详细画出时,可以在图中相应部位画出示意图,如表 2-2-5 所示。

2.2.3　水工图的尺寸标注

2.2.3.1　高度尺寸

1)高度尺寸的标注

由于水工建筑物的体积大,在施工时常以水准测量来确定水工建筑物的高度。所以,在水工图中对于较大或重要的面要标注高程,其他高度以此为基准直接注高度尺寸,如图 2-2-26所示。

2)高程的基准

高程的基准与测量的基准一致,采用统一规定的青岛市黄海海平面为基准。有时为了施工方便,也采用某工程临时控制点、建筑物的底面、较重要的面为基准或辅助基准。

表 2-2-5　示意画法

名称	图例	名称	图例	名称	图例
水库	大型 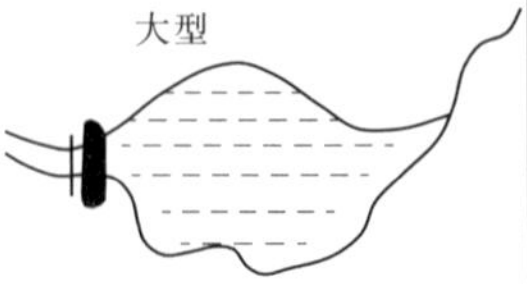	水闸	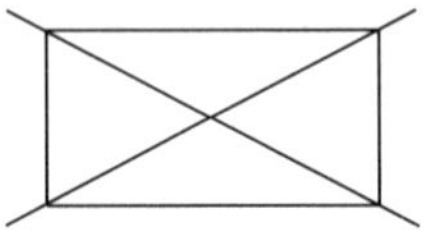	水电站	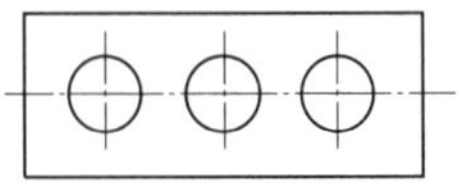 (大比例尺)
	小型 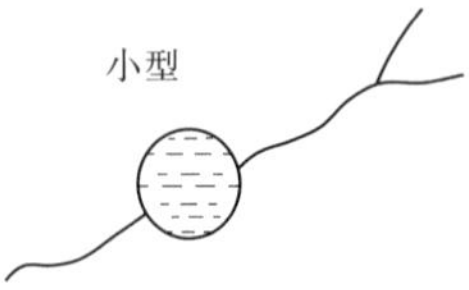	土石坝	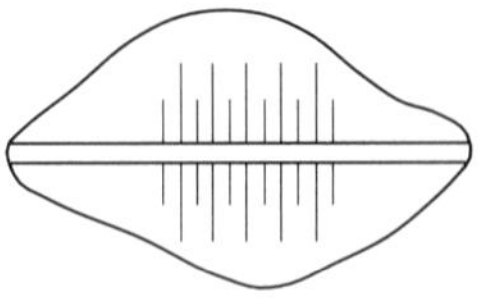		
溢洪道	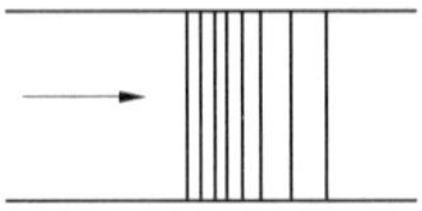	隧洞		左水文站 右水沙站	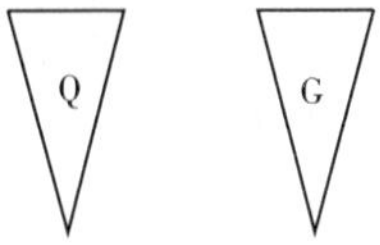
跌水	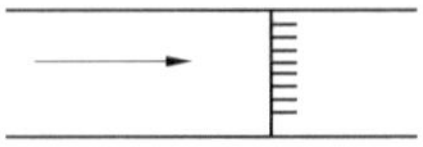	渡槽	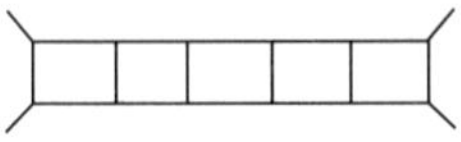	公路桥	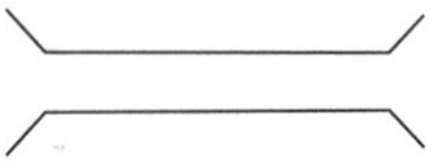
船闸		涵洞(管)	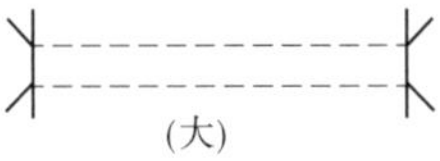 (大) 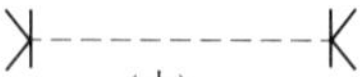 (小)	渠道	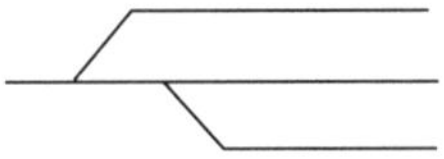
混凝土坝	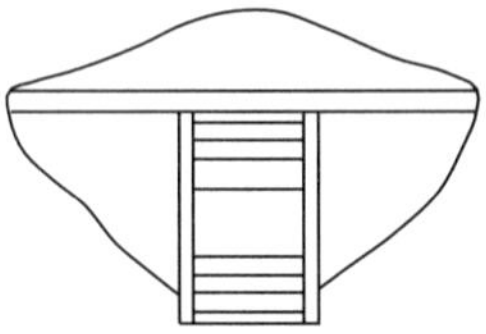	虹吸	 (大)  (小)	灌区	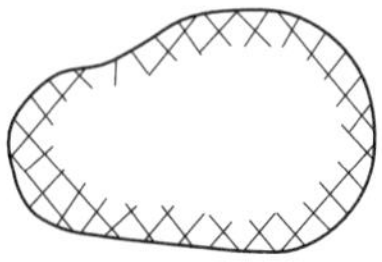

2.2.3.2　**水平尺寸**

1)水平尺寸的标注

对于长度和宽度差别不大的建筑物,选定水平方向的基准面后,可按组合体、剖视图、断面图的规定标注尺寸。对河道、渠道、隧洞、堤坝等长形的建筑物,沿轴线的长度用“桩号”的方法标注水平尺寸,标注形式为:km ± m,km 为千米数,m 为米数。例如:“0 + 043”表示该点距起点之后 43 m 的桩号,“0 - 500”表示该点在起点之前 500 m。0 + 000 为起点桩号。桩号数字一般垂直于轴线方向注写，且标注在轴线的同一侧，当轴线为折线时，转折点处的桩号数字应重复标注。当同一图中几种建筑物均采用“桩号”标注时，可在桩号数字之前加注文字以示区别。

2）水平尺寸的基准

水平尺寸一般以建筑物对称线、轴线为基准，不对称时就以水平方向较重要的面为基准。河道、渠道、隧洞、堤坝等以建筑物的进口即轴线的始点为起点桩号。

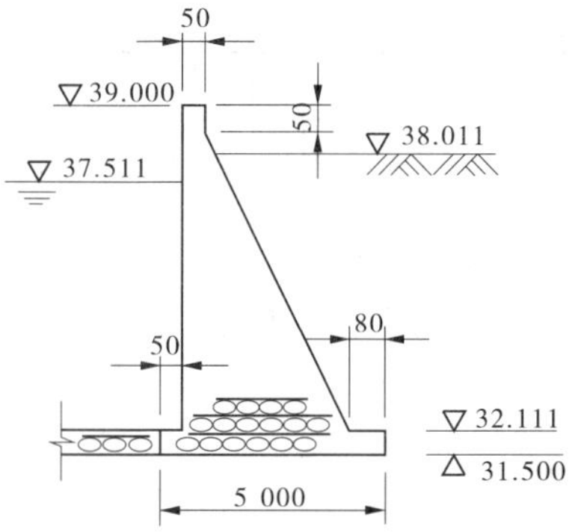

图 2-2-26　高度尺寸的标注　（长度单位：mm）

2.2.3.3　**曲线尺寸**

1）连接圆弧尺寸的注法

连接圆弧需标出圆心、半径、圆心角、切点、端点的尺寸，对于圆心、切点、端点除标注尺寸外还应注上高程和桩号。

2）非圆曲线尺寸的注法

非圆曲线尺寸的注法一般是在图中给出曲线方程式，画出方程的坐标轴，并在图附近列表给出曲线上一系列点的坐标值。

2.2.3.4　**简化注法**

在水工图中多层结构尺寸一般用引出线加文字说明。其引出线必须垂直通过引出的各层，文字说明和尺寸数字应按结构的层次注写，如图 2-2-27 所示。

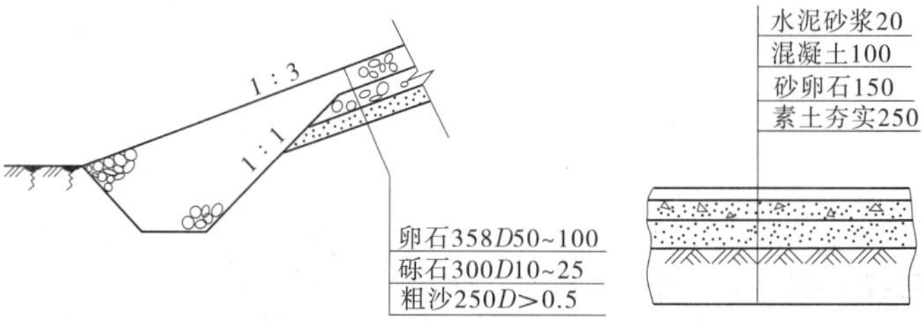

图 2-2-27　多层结构尺寸的注法

2.2.3.5　**封闭尺寸、重复尺寸**

图中既标注各分段尺寸又标注总体尺寸时就形成了封闭尺寸链，既标注高程又标注高度尺寸就会产生重复尺寸。由于建筑物的施工精度没有机械加工要求那样高，且建筑物庞大，各视图往往不在一张图样上，为了适合仪器测量、施工丈量、便于看图和施工，必要时可标注封闭尺寸和重复尺寸，但要仔细校对和核实，防止尺寸之间出现矛盾和差错。

2.2.4　水工图的识读

识读水工图的顺序一般是由枢纽布置图到建筑结构图，按先整体后局部，先看主要结构后看次要结构，先粗后细、逐步深入的方法进行。具体步骤如下。

2.2.4.1　概括了解

（1）了解建筑物的名称、组成及作用。识读任何工程图样时都要从标题栏开始，从标题栏和图样上的有关说明中了解建筑物的名称、作用、比例、尺寸单位等内容。

（2）了解视图表达方法。分析视图的基本表达方法、特殊表达方法，找出剖视图和断面图的剖切位置及表达细部结构详图的对应位置，明确各视图所表达的内容，建立起各视图之间及图与物的对应关系。

2.2.4.2　形体分析

根据建筑物组成部分的特点和作用，将建筑物分成几个主要组成部分，可以沿水流方向分建筑物为几段，也可沿高程方向分建筑物为几层，还可以按地理位置或结构来划分。然后运用形体分析的方法，以特征明显的主要视图为主结合其他视图，根据投影规律找投影、想形体，想出各组成部分的空间形状。对较难想象的局部或者视图，可运用形体分析法和线面分析法相结合的方法进行识读。在分析过程中，结合有关尺寸和符号，看懂图样上每一个图线框及图线所表达空间物体的含义、每个符号的意义和作用，弄清建筑物各部分大小、材料、细部构造、位置和作用。

2.2.4.3　综合想象整体

在形状分析的基础上，对照各组成部分的相互位置关系，综合想象出建筑物的整体形状。

整个读图过程应采用上述方法步骤，循序渐进，几次反复，逐步读懂整套图样上的内容，从而达到完整、正确地理解工程设计意图的目的。

2.3　识读简单机械零件图和装配图的方法

2.3.1　识读零件图的方法

2.3.1.1　零件图的作用

机器或部件都是由许多零件装配而成的，制造机器或部件必须首先制造零件。

零件图是表达单个零件结构形状、尺寸和技术要求的图样，是用于直接指导制造和检验零件的重要技术文件。

零件图是生产中指导制造和检验该零件的主要图样，它不仅仅是把零件的内、外结构形状和大小表达清楚，还需要对零件的材料、加工、检验、测量提出必要的技术要求。零件图必须包含制造和检验零件的全部技术资料，如图 2-2-28 所示。

2.3.1.2　零件图的内容

一张完整的零件图（见图 2-2-28），一般应具有下列内容：

（1）一组视图。完整、清晰地表达零件的结构和形状。

（2）尺寸标注。正确、完整、清晰、合理地表达零件各部分的大小和各部分之间的相对位置关系。

（3）技术要求。表示或说明零件在加工、检验过程中的要求。如尺寸公差、形状和位置公差、表面粗糙度、材料、热处理、硬度及其他要求。

(4)标题栏。标准的标题栏由更改区、签字区、其他区、名称及代号区组成。一般填写零件的名称、材料牌号、阶段标记、重量、比例、图样代号、单位名称以及设计、制图、审核、工艺、标准化、更改、批准等人员的签名和日期等内容。

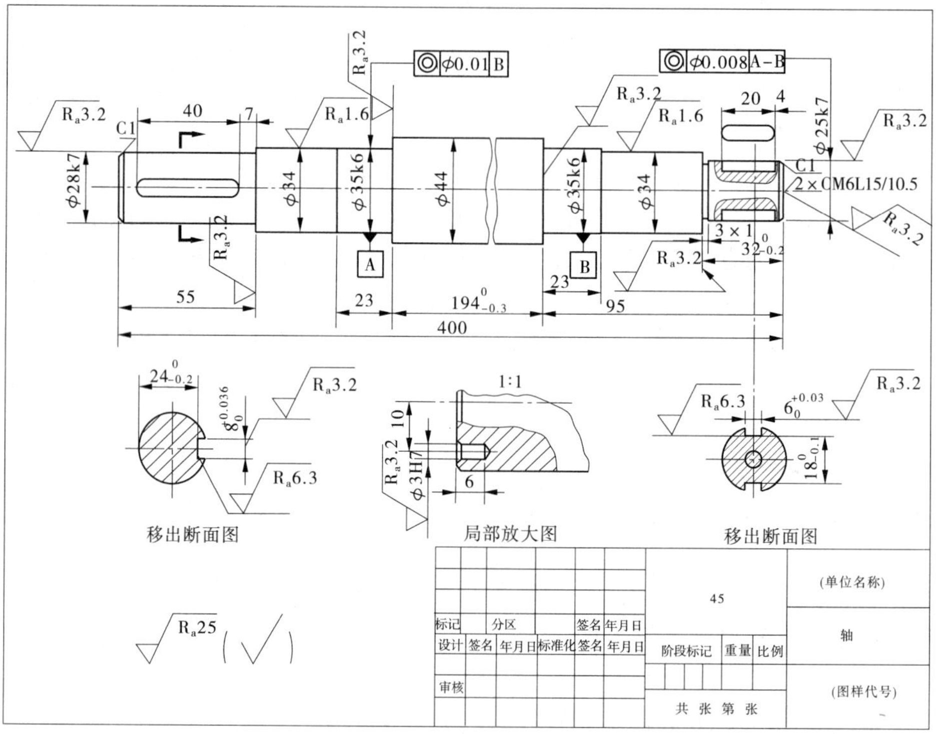

图 2-2-28　**零件图**

2.3.1.3　看零件图的要求

看零件图时,应达到如下要求:

(1)从标题栏中了解零件的名称、材料和功用。

(2)了解组成零件各部分结构形状的特点、功用,以及它们之间的相对位置。

(3)从技术要求中了解零件的制造方法和技术要求。

2.3.1.4　看零件图的方法

现以图 2-2-29 为例来说明看零件图的方法和步骤。

1)看标题栏

从标题栏中了解零件的名称(刹车支架)、材料(HT20－40)等。

2)表达方案分析

可按下列顺序进行分析:

(1)找出主视图。

(2)根据视图、剖视、断面等,找出它们的名称、相互位置和投影关系。

(3)凡有剖视、断面处要找到剖切平面位置。

(4)有局部视图和斜视图的地方必须找到表示投影部位的字母和表示投影方向的箭头。

(5)有无局部放大图及简化画法。

该支架零件图由主视图、俯视图、左视图、一个局部视图、一个斜视图、一个移出断面组成。主视图上用了两个局部剖视和一个重合断面,俯视图上也用了两个局部剖视,左视图只画外形图,用以补充表示某些形体的相关位置。

3)进行形体分析和线面分析

(1)先看大致轮廓,再分几个较大的独立部分进行形体分析,逐一看懂。

(2)对外部结构逐个分析。

(3)对内部结构逐个分析。

(4)对不便于形体分析的部分进行线面分析。

4)进行尺寸分析

(1)形体分析和结构分析,了解定形尺寸和定位尺寸。

(2)据零件的结构特点,了解基准和尺寸标注形式。

(3)了解功能尺寸与非功能尺寸。

(4)了解零件总体尺寸。

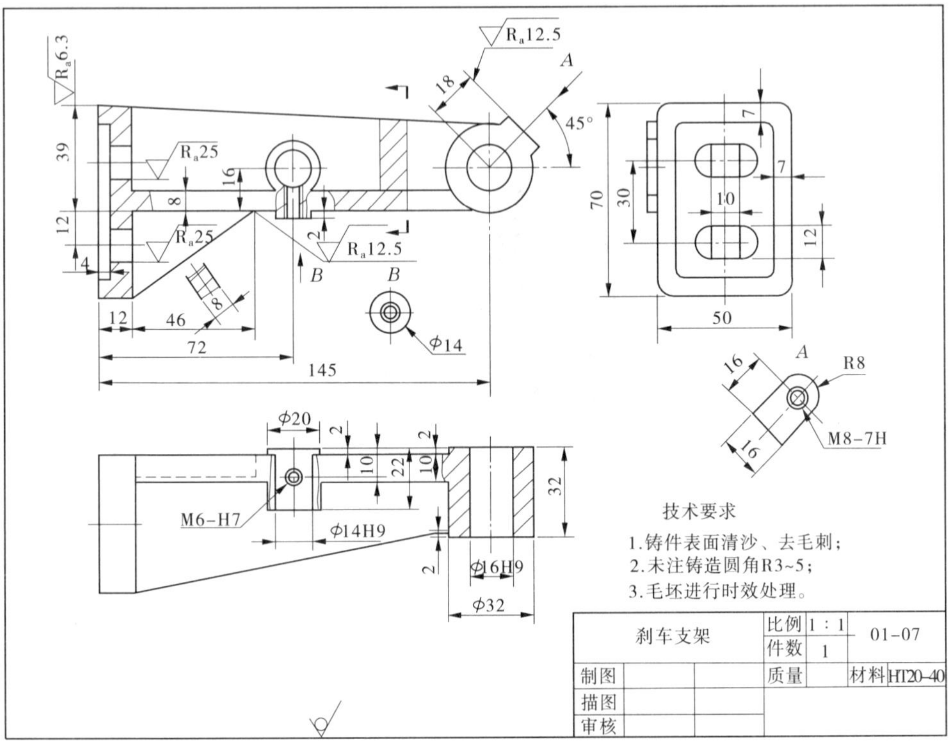

图 2-2-29　支架零件图

这个零件各部分的形体尺寸,按形体分析法确定。标注尺寸的基准是:长度方向以左端面为基准,从它注出的定位尺寸有 72 和 145;宽度方向以经加工的右圆筒端面和中间圆筒端面为基准,从它注出的定位尺寸有 2 和 10;高度方向的基准是右圆筒与左端底板相连的水平板的底面,从它注出的定位尺寸有 12、16。

把零件的结构形状、尺寸标注、工艺和技术要求等内容综合起来,就能了解零件的全貌,也就看懂了零件图。

2.3.2　看装配图的方法

生产中表示产品及其组成部分的连接、装配关系的图样,称为装配图。表示一台完整机器的装配图称为总装配图,表示机器中某个部件(或组件)的装配图称为部件装配图。

2.3.2.1　装配图的作用

装配图主要表达机器或部件的工作原理、零件之间的装配关系、各零件的主要结构形状及装配、检验、安装时所需的尺寸和技术要求。在产品设计中,一般先画装配图,然后根据装配图画出零件图。在产品制造中,是根据装配图表达的装配要求将各零部件按一定的顺序进行装配的。在管理和维修机器中,是通过装配图来了解机器的结构、性能和工作原理的。因此,装配图是设计和绘制零件图的主要依据,是装配生产过程、调试、安装、维修的主要技术文件。

2.3.2.2　装配图的内容

图 2-2-30 是滑动轴承的分解轴测图,它是由八种零件组成的用来支撑轴的部件。图 2-2-31是该部件的装配图。一张完整的装配图主要包括以下四方面的内容。

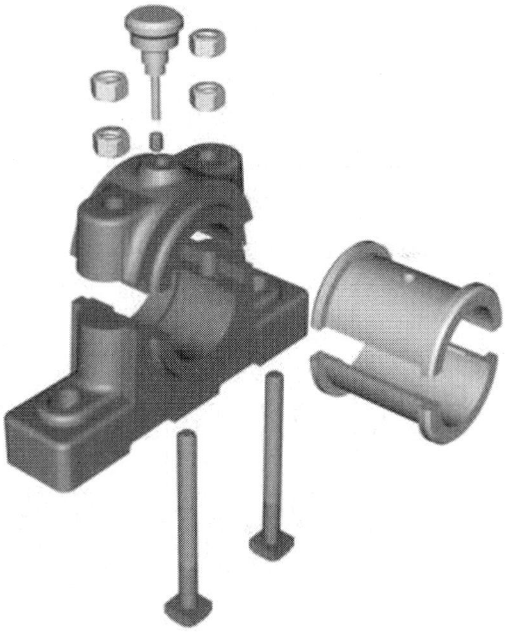

图 2-2-30　滑动轴承的分解轴测图

1)一组视图

用一组视图来表达机器或部件的工作原理、装配关系、连接及安装方式和主要零件的结构形状。应注意的是,装配图只是装配机器和部件的依据,不是加工零件的依据。所以,装配图不需要将所有零件的形状都表达清楚,以免视图数量过多。

2)必要的尺寸

只标注表示部件或机器的规格、性能以及装配、安装、检验、运输等方面所需要的主要

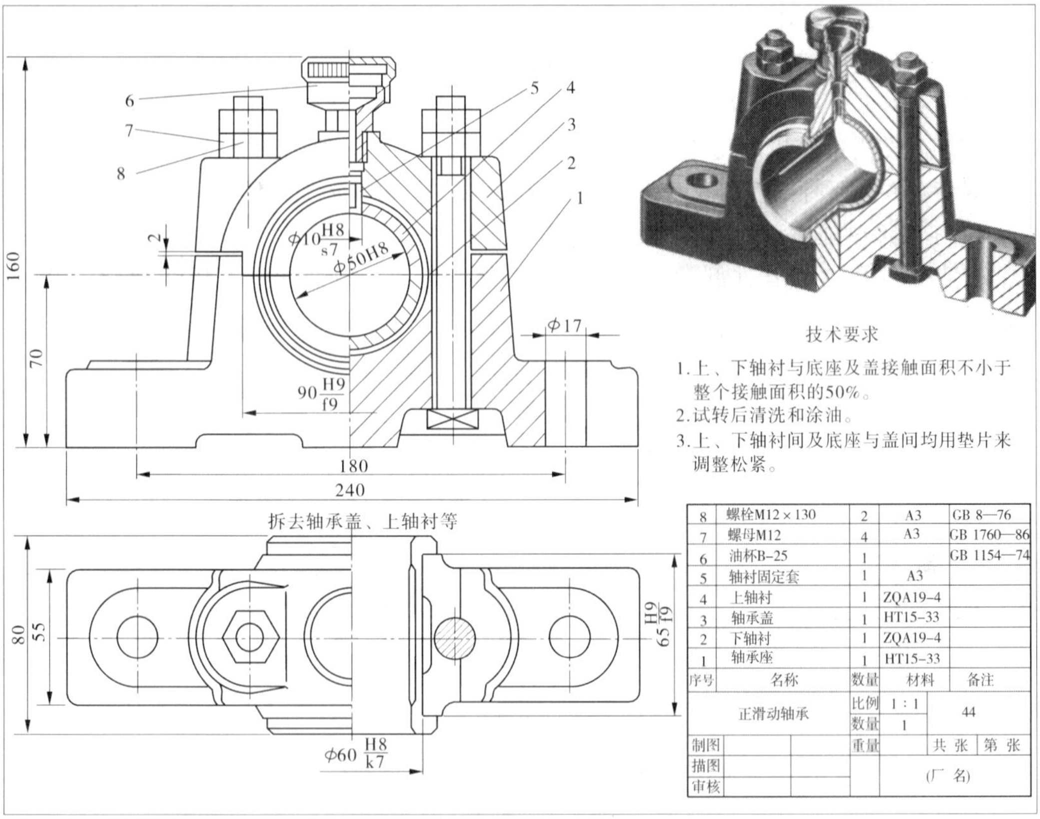

序号	名称	数量	材料	备注
8	螺栓M12×130	2	A3	GB 8—76
7	螺母M12	4	A3	GB 1760—86
6	油杯B-25	1		GB 1154—74
5	轴衬固定套	1	A3	
4	上轴衬	1	ZQA19-4	
3	轴承盖	1	HT15-33	
2	下轴衬	1	ZQA19-4	
1	轴承座	1	HT15-33	

正滑动轴承		比例	1:1	44	
		数量	1		
制图		重量		共　张	第　张
描图			(厂　名)		
审核					

图 2-2-31　滑动轴承的装配图

尺寸。它与零件图标注尺寸的要求不同。

3)技术要求

用文字或符号说明装配体装配、检验、调试及使用等方面的要求。装配图上的技术要求一般包括以下几方面：

(1)对机器或部件在装配和检验时的具体要求。

(2)关于机器性能指标方面的要求。

(3)安装、运输以及使用方面的要求。

(4)有关试验项目的规定。

4)零件的序号、明细栏和标题栏

为了便于看图和生产管理，装配图中对每种零件都要编写序号，并编制明细栏，注写出零件的序号、名称、规格、数量、材料等内容。标题栏用来注明机器或部件的名称、规格、比例、图号及设计者、设计单位等内容。

2.3.2.3　装配图的视图表达方法

装配图的基本表达方法与零件图一样。但是，零件图所表达的是单个零件，而装配图表达的是多个零件所组成的机器或部件，所以根据装配图的特点，国家标准针对装配图颁布有一系列规定画法和特殊表达方法。

1）装配图的规定画法

（1）接触面（或配合面）和非接触面的画法。

两个相邻零件的接触面或基本尺寸相同的轴孔配合面，规定只画一条线，但当相邻两零件不接触或孔和轴基本尺寸不同时，即使间隙很小，也必须画两条线，如图 2-2-32 所示。同一零件在所有剖视图和断面图中的剖面线方向、间隔必须一致。

（2）剖面线的画法。

在装配图中，相邻零件剖面线的方向应相反或方向一致而间距不相等，如图 2-2-33 所示。

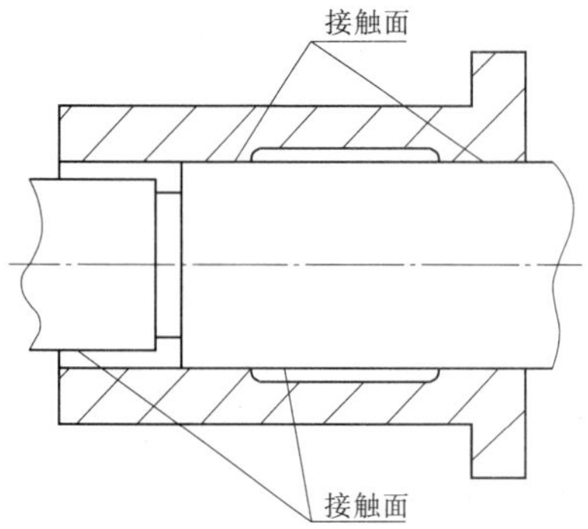

图 2-2-32　接触面或配合面的规定画法

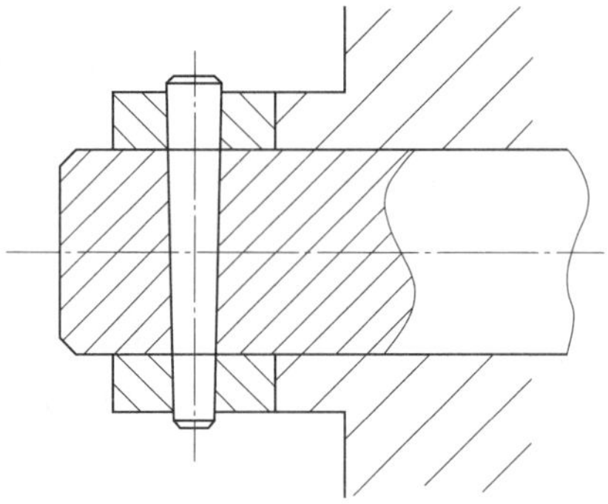

图 2-2-33　剖面线的规定画法

当零件的厚度在 2 mm 以下时，允许用涂黑代替剖面符号，如图 2-2-35 中的垫圈。

（3）标准件和实心件纵向剖切时的画法。

在装配图中，对于一些标准件（如螺栓、螺母、垫圈、键、销、油杯等）及实心的轴、手柄、连杆等零件，当剖切平面通过其基本轴线或轴线纵剖时，这些零件均按不剖绘制。如图 2-2-31 中的螺栓、螺母和图 2-2-33 中的圆锥销。若需要特别表明零件的构造，如凹槽、键槽、销孔等则可采用局部剖表示，如图 2-2-33 所示。

2）装配图的特殊表达方法

（1）拆卸画法。在装配图中，当某些零件的图形遮住了需要表达的其他结构和装配关系时，可假想把这些零件拆掉再画，需说明时应在该视图上方加注“拆去 × ×”等，这种画法称为拆卸画法。如图 2-2-31 中的俯视图的右半部是拆去了轴承盖、螺母、螺栓等零件后画出的。但应注意，拆卸画法是一种假想，不等于机器中就没有这些零件了，所以在其他视图上，仍应画出它们的投影。

（2）沿结合面剖切画法。在装配图中，为清晰地表达某些内部结构，可沿两零件间的结合面剖切后进行投影，该投影结合面不画剖面线，只画被切断零件的剖面线，这种画法称为沿结合面剖切画法。它与拆卸画法的区别在于它是剖切而不是拆卸。

（3）假想画法。在装配图中，当需要表示某些零件的运动范围或极限位置时，可将运动件画在一个极限位置上（或中间位置），另一极限位置（或两极限位置）用双点画线画出其外形轮廓。如图 2-2-34 中运动杆件的画法。再者，当需要表达不属于本部件但与之相邻的零件或部件的装配情况时，可用双点画线画出相邻零件或部件的外形轮廓。

3）单独画出某零件向视图的画法

在装配图中，为表示某零件的形状，可单独画出该零件的某一向视图，在该视图上方应注写“零件××”，并在相应视图上用箭头和字母指明投影方向。

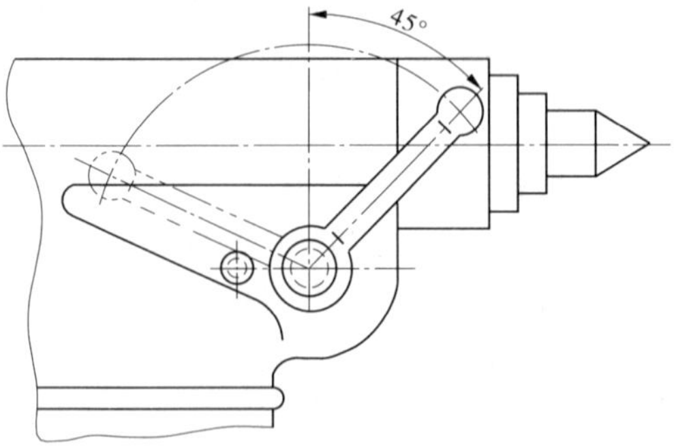

图 2-2-34　运动零件的极限位置

4）夸大画法

在装配图中，直径或厚度≤2 mm 的孔或薄片、较小的斜度与锥度以及较小的间隙等，允许将该部分不按原绘图比例绘制，而适当夸大画出，以使图形清晰（如图 2-2-35 中的垫圈）。

5）简化画法

（1）在装配图中，同一视图中重复出现的某些相同的零件组（如螺栓连接等），允许只在一处详细地画出，其余各处只需用点画线表示装配位置。

（2）在装配图中，零件的某些工艺结构如圆角、倒角、退刀槽等允许不画。

（3）装配图中的滚动轴承，按需要可采用简化画法或示意画法，如图 2-2-35 所示。

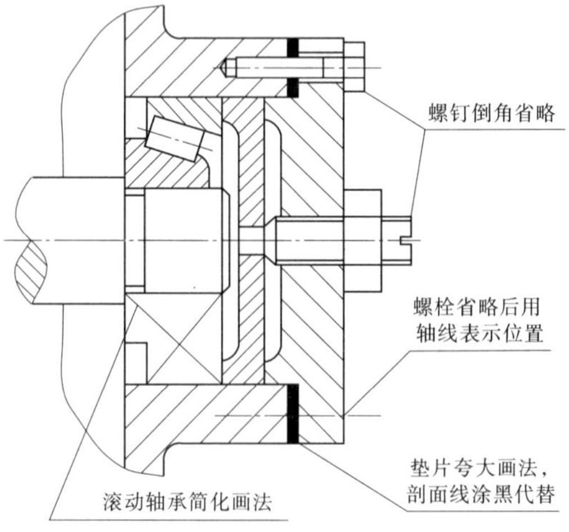

图 2-2-35　特殊表达方法综合举例

2.3.2.4　装配图的视图选择步骤和原则

（1）分析装配体，明确表达内容。一般从实物和有关资料了解装配体的用途、性能和工作原理入手，仔细分析各零件的结构特点及装配关系，从而明确所要表达的具体内容。

（2）主视图选择。画主视图时，一般将装配体按工作位置放置；通常选择最能反映该装配体的工作原理、传动系统、零件间主要的装配关系和主要结构特征的方向作为主视图的投影方向。

（3）选择其他视图。选定主视图后，对于那些装配关系、工作原理及主要零件的主要结构还没有表达清楚的部分，应选择适当的其他视图来补充表达。一般情况下机器或部件中的每一种零件至少应在视图中出现一次。

如果部件比较复杂,还可以同时考虑几种表达方案进行比较,最后选定一个较好的表达方案。

2.3.2.5　装配图的尺寸标注

装配图上标注尺寸与零件图标注尺寸的目的不同,因为装配图不是制造零件的直接依据,所以在装配图中不需标注零件的全部尺寸,而只需注出下列几种必要的尺寸。

(1)规格(性能)尺寸。表示机器、部件规格或性能的尺寸,是设计和选用部件的主要依据。如图 2-2-31中滑动轴承轴线的高度尺寸 70。

(2)装配尺寸。表示零件之间装配关系的尺寸,如配合尺寸和重要相对位置尺寸。如图 2-2-31 中轴承座与轴衬的配合尺寸ϕ60H8/k7 等。

(3)安装尺寸。表示将部件安装到机器上或将整机安装到基座上所需的尺寸。如图 2-2-31中轴承座的底板上两个孔的定位尺寸 180 和安装孔ϕ17。

(4)外形尺寸。表示机器或部件外形轮廓的大小,即总长、总宽和总高尺寸。为包装、运输、安装所需的空间大小提供依据。

除上述尺寸外,有时还要标注其他重要尺寸,如运动零件的极限位置尺寸、主要零件的重要结构尺寸等。

2.3.2.6　装配图的零部件序号和明细栏

为了便于看图和图样管理,对装配图中所有零部件均需编号。同时,在标题栏上方的明细栏中与图中序号一一对应地予以列出。

1)零部件序号及其编排方法

如图 2-2-31 所示,在装配图中每个零件的可见轮廓范围内,画一小黑点,用细实线引出指引线,并在其末端的横线(画细实线)上注写零件序号。若所指的零件很薄或为涂黑者,可用箭头代替小黑点。

相同的零件只对其中一个进行编号,其数量填写在明细栏内。一组紧固件或装配关系清楚的零件组,可采用公共的指引线编号,如图 2-2-31 中螺栓和螺母连接序号 6、7 的形式。

各指引线不能相交,当通过剖面区域时,指引线不能与剖面线平行。指引线可画成折线,但只可曲折一次。

零件序号应按顺时针或逆时针方向顺序编号,并沿水平和垂直方向排列整齐。

2)明细栏

明细栏是机器或部件中全部零件的详细目录,其内容和格式详见国家标准《技术制图明细栏》(GB/T 10609.2—1989)。明细栏画在装配图右下角标题栏的上方,栏内分格线为细实线,左边外框线为粗实线,栏中的编号与装配图中的零、部件序号必须一致。填写内容应遵守下列规定:

(1)零件序号应自下而上。当位置不够时,可将明细栏顺序画在标题栏的左方,如图 2-2-31所示。

(2)"名称"栏内,注出每种零件的名称,若为标准件应注出规定标记中除标准号外的其余内容,如螺钉 M6×18。对齿轮、弹簧等具有重要参数的零件,还应注出参数。

(3)"数量"栏内,填写该零件在机器或部件中的数量。

(4)“材料”栏内,填写制造该零件所用的材料标记,如 HT150。

(5)“备注”栏内,可填写零件的图样代号或标准件的标准代号。也可以填写必要的附加说明或其他有关的重要内容,例如齿轮的齿数、模数等。

2.3.2.7　装配图的识读

识读装配图的目的主要是弄清楚机器或部件的用途、工作原理和各零件间的装配关系,进而了解机器或部件的装配或拆卸顺序,以便在进行装配、维修和使用时,对机器的结构做到心中有数。因此,工程技术人员必须具有正确、熟练地识读装配图的能力。

1)识读装配图的方法和步骤

(1)概括了解:先看标题栏、明细表,从中了解装配体的名称和组成该装配体的各零件的名称、数量;了解装配图的视图表达,分析视图、剖视、断面的相互关系;分析各视图所表达的重点,为进一步读图作好准备。

(2)分析零件:在装配图中划清各零件的视图轮廓,是弄清装配关系和工作原理的基础,也是识读装配图的关键工作。方法是:从序号沿指引线找各零件轮廓,结合装配图的画法特点(如不同零件的剖面线等)进行分析判断。读图时应以反映装配关系比较明显的视图为主,配合其他视图,首先分清装配主干线上各零件,然后逐步扩大分析识读的范围。

(3)分析装配关系:分清零件后可以进一步分析零件间的装配关系及机器或部件的工作原理。对于复杂的装配体,只靠其装配图有时并不能完全达到上述要求,还必须参考有关资料才能清楚地了解其工作原理。

(4)综合归纳,想象总体形状。在弄清各零件的位置及主要轮廓后,对装配体的工作原理、装配关系、拆装顺序及装配图中的全部尺寸和技术要求进行综合分析,便于对装配体的总体形状结构有比较深入的了解。

2)识读图 2-2-31 所示滑动轴承装配图的步骤

(1)概括了解:滑动轴承是支承转动轴的部件,它由 8 种零件组成(3 种标准件和 5 种非标准件)。其装配图由 2 个视图表达。主视图为半剖视图,它较多地反映滑动轴承的装配关系和工作原理。其中,螺栓、螺母、油杯等均按规定以不剖绘制。俯视图右半部是沿轴承盖与轴承座的接合面和上、下两片轴瓦的接触面剖切的,被剖切的螺栓则按规定画出了剖面线,并在图上注明“拆去轴承盖等”。

(2)分析零件:循着序号及指引线不难找出各零件的位置。主视图反映其装配关系较为明显,由主视图中剖面线的方向即可分清各零件的轮廓。

(3)分析装配关系和工作原理。主视图清晰地表达了轴承的装配关系。由图可见,轴承座在下,轴承盖在上,在轴承座和轴承盖之间分别放置下轴瓦和上轴瓦、轴瓦的固定套穿在上轴瓦和轴承盖顶部的小孔内,固定套既起固定轴瓦位置的作用,又是油杯中润滑油进入轴瓦摩擦表面的通道。轴承座和轴承盖由两根六角螺栓和四个六角螺母紧固。由图上所注尺寸可知,ϕ 50H8 是表示该轴承的规格尺寸;90H8/f9 为轴承座和轴承盖上止口的配合尺寸,是间隙配合;上、下轴瓦与座盖的配合尺寸为ϕ 60H8/k7,是过渡配合。通过 2 - ϕ 17 孔用螺栓安装在机座上,其安装尺寸为 180 mm。

(4)综合归纳。在进行了上述分析后,对该部件中各零件的装配关系和拆装顺序有了较深入的了解,其中轴承座和轴承盖是主要零件,决定了部件的外部形状。上、下轴瓦是两个半圆柱形的零件，轴瓦的内表面将直接与传动轴接触。

通过上述归纳总结，可获得关于滑动轴承的总体概念。

2.4　识读电气一次接线图、简单二次接线图的方法

2.4.1　电气工程图基础知识

2.4.1.1　电气工程设备图的内容

电气工程图样是一类比较特殊的图。它通常是指用图形符号、带注释的图框、简化外形表示系统或设备中各组成部分之间相互关系及其连接的一种简图。

1）目录和前言

图样目录包括序号、图样名称、编号、张数等；前言包括设计说明、图例、设备材料明细表、工程经费概预算等。其中，设计说明主要阐述电气工程设计的依据、基本指导思想与原则，图样中未能清楚表明的工程特点、安装方法、工艺要求、特殊设备的安装使用说明。图例即图形符号，通常只列出本套图例涉及的一些特殊图例。

2）电气系统图和框图

电气系统图主要表示整个工程或其中某一项目的供电方式和电能输送的关系，亦可表示某一装置各主要组成部分的关系。例如，为了表示某一电动机的供电关系，则可采用图 2-2-36 所示的电气系统图表示。

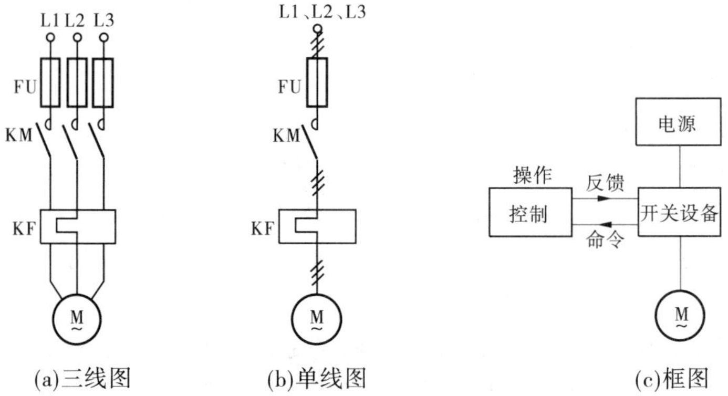

FU—熔断器；KM—交流接触器；KF—热继电器；M—电动机

图 2-2-36　某电动机供电电气系统图

3）电路图

电路图主要表示某一系统或装置的电气工作原理，又称为电气原理图。例如，为了描述图 2-2-36 所示的电动机的操作控制原理，还必须有图 2-2-37 所示的电路图，才能清楚地表示其工作原理。图 2-2-37 中，按下启动按钮 S1，交流接触器 KM 的电磁线圈与电源接通，交流接触器点闭合，电机运转；按下停止按钮 S2 或热继电器 KF 动作，电机停转。

4）接线图

接线图主要用于表示电气装置内部元件之间及其与外部其他装置之间的连接关系，

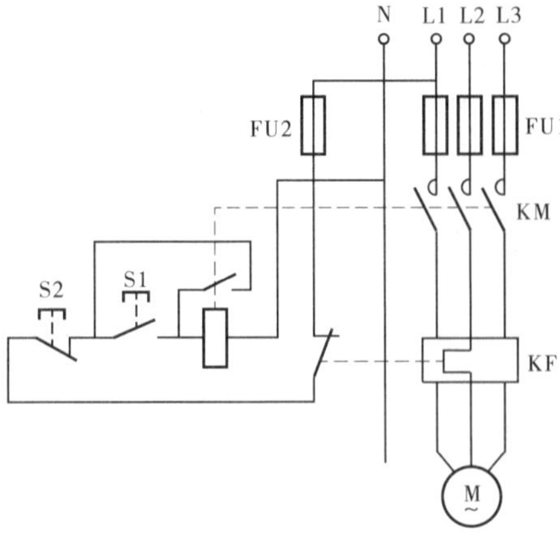

S1、S2—按钮；FU—熔断器；KM—交流接触器；KF—热继电器；M—电动机

图 2-2-37　电动机控制电路图

又可具体分为单元接线图、互连接线图、端子接线图、电线电缆配置图等。图 2-2-36 所示的电路图仅仅表示了各元件之间的功能关系，图 2-2-38 所示的接线图则能清楚地表示各元件之间的实际位置和连接关系。

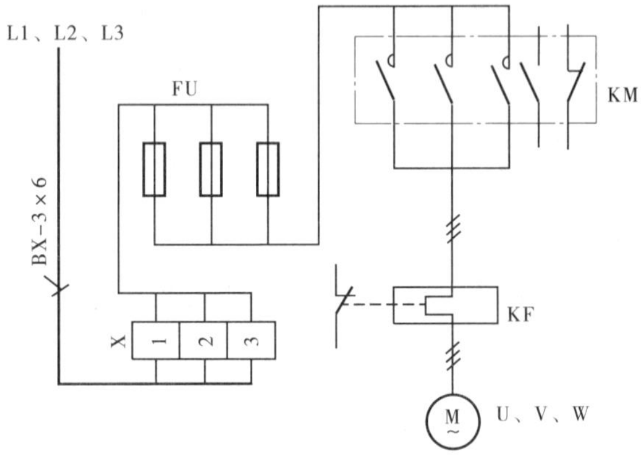

X—端子排；FU—熔断器；KM—接触器；KF—热继电器；M—电动机

图 2-2-38　电动机控制接线图（示出一次元件和主电路）

5）电气平面图

电气平面图主要表示某一电气工程中电气设备、装置和线路的平面布置。它一般是在建筑平面图的基础上绘制出来的。常见的电气平面图有线路平面图、变电所平面图、电力平面图、照明平面图、弱电系统平面图、防雷与接地平面图等。如图 2-2-39 是某建筑物电气平面布置图。

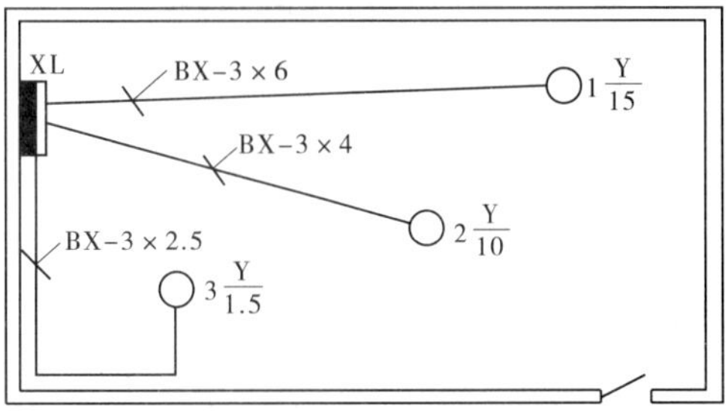

图 2-2-39　电气平面图示例

图 2-2-39 中的符号含义如下：

“XL”——动力配电箱；

“BX-3×6”——铜芯橡皮绝缘线，3 根相线均为 6 mm^2；

“BX-3×4”——铜芯橡皮绝缘线，3 根相线均为 4 mm^2；

“BX-3×2.5”——铜芯橡皮绝缘线，3 根相线均为 2.5 mm^2；

“1 $\frac{Y}{15}$”——1 号电动机，电动机型号为 Y 型，额定功率为 15 kW；

“2 $\frac{Y}{10}$”——2 号电动机，电动机型号为 Y 型，额定功率为 10 kW；

“3 $\frac{Y}{1.5}$”——3 号电动机，电动机型号为 Y 型，额定功率为 1.5 kW。

6）设备元件和材料表

设备元件和材料表是把某一电气工程所需主要元件、材料和有关数据列成表格，表示其名称、符号、型号、规格、数量。这种表格是电气图的重要组成部分。它一般置于图的某一位置，也可单列成一页。

7）设备布置图（结构图）

设备布置图主要表示各种电气设备和装置的布置形式、安装方式及相互间的尺寸关系，通常由平面图、立面图、断面图、剖面图等组成。这类图按三面视图投影原理绘制，与一般机械图样没有大的区别。

8）大样图

大样图主要表示电气工程某一部件、构件的结构，用于指导加工与安装，其中一部分大样图为国家标准图样。

9）产品使用说明书用电气图

电气工程中选用的设备和装置，其生产厂家往往随产品使用说明书附上电气图。这些图也是电气工程图的组成部分。

10）其他电气图

在电气工程图中，电气系统图、电路图、接线图、平面图是最主要的图。在某些较复杂的电气工程中，为了补充和详细说明某一方面，还需要有一些特殊的电气图，如功能图、逻辑图、印制板电路图、曲线图、表格等。

2.4.1.2 电气工程（设备）图的特点

（1）电气工程图的主要表述形式是简图。如图 2-2-40 所示是某 10 kV 变电所电气布置和电气系统简图。

（2）元件和连接线是电气图描述的主要内容。因为对元件和连接线描述方法不同，而构成了电气图的多样性。图 2-2-41 所示是 Y—△启动器的主电路图，图中分别采用多线、单线、混合三种表示方法。

（3）功能布局法和位置布局法是电气工程图两种基本的布局方法。功能布局法是指电气图中元件符号的布置，只考虑便于看出它们所表示的元件之间功能关系而不考虑实际位置的一种布局方法。如图 2-2-36、图 2-2-37 是按功能布局法绘制的图，而图 2-2-38、图 2-2-39 是按位置布局法绘制的图样。

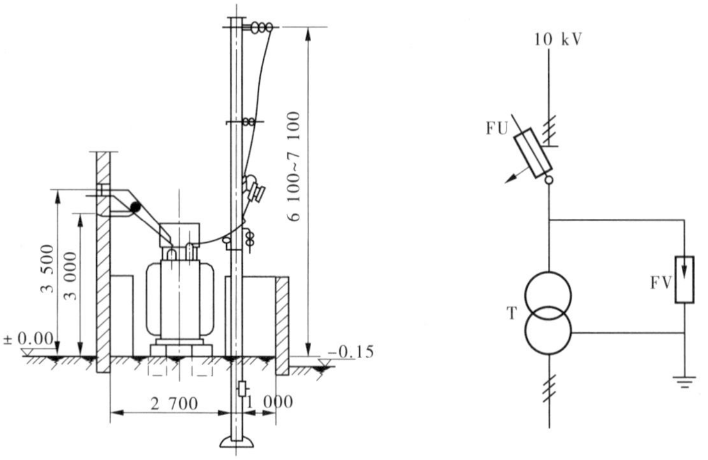

(a)结构布置图(机械图)　　　　(b)系统图(简图)

FU—跌开式熔断器;FV—避雷器;T—配电变压器

图 2-2-40　某 10 kV 变电所电气布置和电气系统图　(单位:mm)

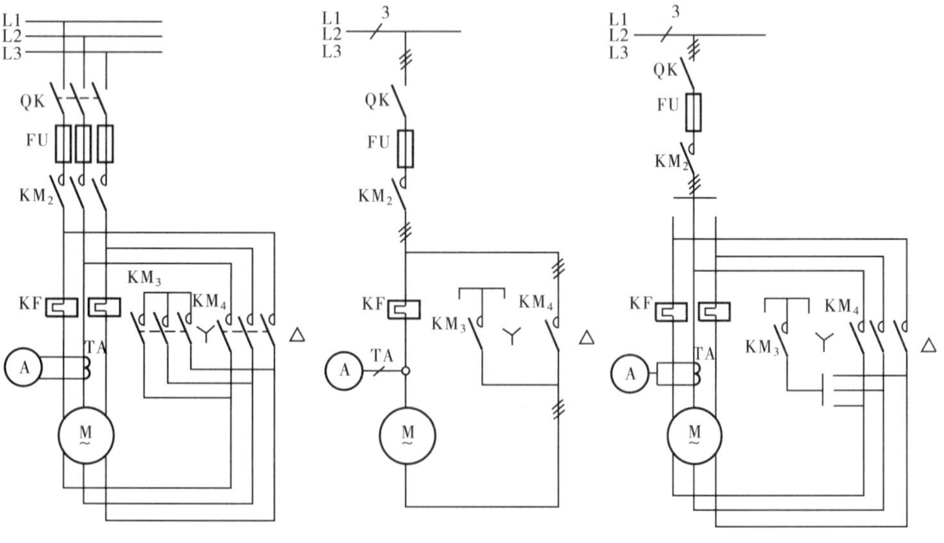

(a)多线表示法　　　　(b)单线表示法　　　　(c)混合表示法

QK—刀开关;FU—熔断器;KM_2、KM_3、KM_4—交流接触器;KF—热继电器;

TA—电流互感器;A—电流表;M—异步电动机

图 2-2-41　在电路图中连接线的表示方法

(4)图形符号、文字符号和项目代号是构成电气图的基本要素,如图 2-2-42 所示。

(5)对能量流、信息流、逻辑流、功能流的不同描述方法构成了电气图的多样性。如图 2-2-43 所示。

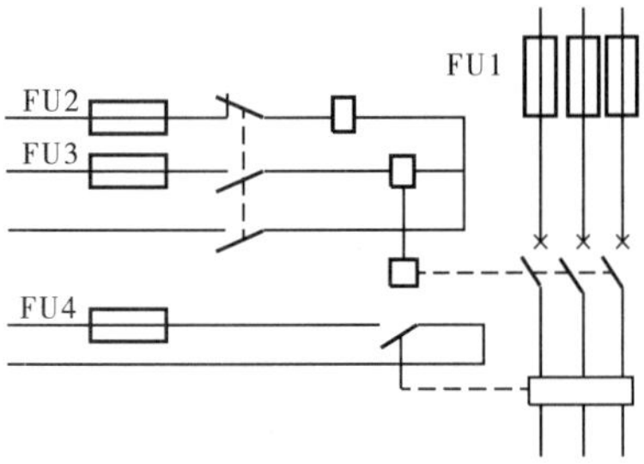

代号	名称	型号规格
FU1	塑料式熔断器	RT1-100/75 A
FU2	螺旋式熔断器	RL-15/15 A
FU3	螺旋式熔断器	RL-10/5 A
FU4	瓷插式熔断器	RC-5/3 A

图 2-2-42　图形符号、文字符号应用示例

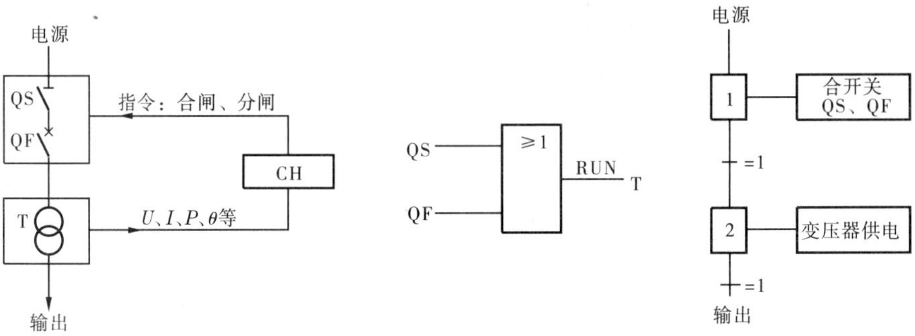

(a)系统构成　　(b)逻辑关系　　(c)功能关系

图 2-2-43　变压器供电系统各单元的关系

2.4.1.3　电气图形符号、文字符号和项目代号

1)电气图用图形符号

(1)图形符号的构成。图形符号是用于电气图中表示一个设备(例如电动机、开关)或一个概念(例如接地、电磁效应)的图形、标记或字符。用于电气图的图形符号主要是一般符号和方框符号,在某些特殊情况下也用到电气设备用图形符号。

(2)图形符号的种类。20 世纪 80 年代,我国参照国际通用标准,颁布了一套新的电气图形符号,即"GB 4728 电气图用图形符号"。这一标准将电气图形符号分类如下:

①导线和连接器件。如电线电缆、接线端子、导线的连接和连接件等。

②无源元件。如电阻器、电容器、电感器等。

③半导体和电子管。如二极管、三极管、晶闸管、电子管等。

④电能的发生和转换。如绕组、发电机、电动机、变压器、变流器等。

⑤开关控制和保护装置。如开关、启动器、继电器、熔断器、避雷器等。

⑥测量仪表、灯和信号器件。如仪表、传感器、灯、音响电器等。

⑦电信传输交换和外围设备。

⑧电力、照明和电信布置。如发电站、变电所、开关、插座、灯具安装和布置。

⑨二进制逻辑单元。如逻辑单元、计数器、存储器等。

⑩模拟单元。如放大器、函数器、电子开关等。

表 2-2-6 是常用的一些符号要素、限定符号及其他符号。

表 2-2-6　常用符号要素、限定符号及其他符号

序号	名称	新符号	旧符号
1	元件、装置功能单元	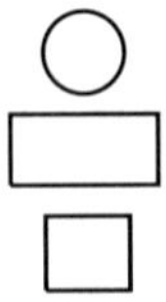	
2	外壳(容器)、管壳	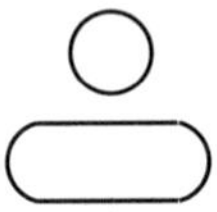	=
3	边界线		=
4	直流		
5	交流		=
6	交直流		=
7	接地		
8	无噪声接地	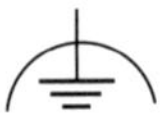	=
9	保护接地		
10	接机壳或接底板	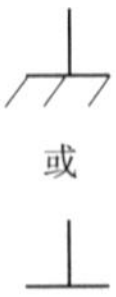	
11	等电位		
12	理想电流源	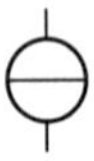	
13	理想电压源		
14	电阻器		=
15	电容器	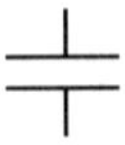	=
16	电感		=
17	故障		=
18	绝缘击穿		=

2)电气技术中的文字符号

图形符号提供了一类设备或元件的共同符号，为了更好、明确地区分不同的设备、元件，尤其是区分同类设备或元件中不同功能的设备或元件，还必须在图形符号旁标注相应的文字符号。

文字符号通常由基本符号、辅助符号和数字组成。

(1)基本文字符号。

基本文字符号用以表示电气设备、装置和元件以及线路的基本名称、特征。基本文字符号分为单字母和双字母符号，如表 2-2-7 和表 2-2-8 所示。

表 2-2-7　单字母符号

字母代码	项目种类	举例
A	组件 部件	分离元件放大器、磁放大器、微波激射器、印制电路板，本表其他地方未提及的组件、部件
B	变换器（从非电量到电量或相反）	热电传感器、热电池、光电池、测功计、晶体换能器、送话器、拾音器、扬声器、耳机、自整角机、旋转变压器
C	电容器	
D	二进制单元 延迟器件 存储器件	数字集成电路和器件、延迟线、双稳态元件、单稳态元件、磁芯存储器、寄存器、磁带记录机、盘式记录机
E	杂项	光器件、热器件，本表其他地方未提及的元件
F	保护器件	熔断器、过电压放电器件、避雷器
G	发电机电源	旋转发电机、旋转变频机、电池、振荡器、石英晶体振荡器
H	信号器件	光指示器、声指示器
K	继电器、接触器	—
L	电感器 电抗器	感应线圈、线路陷波器 电抗器（并联和串联）
M	电动机	
N	模拟集成电路	运算放大器、模拟/数字混合器件
P	测量设备 试验设备	指示、记录、积算、测量设备 信号发生器、时钟
Q	电力电路的开关	断路器、隔离开关
R	电阻器	可变电阻器、电位器、变阻器、分流器、热敏电阻
S	控制电路的开关 选择器	控制开关、按钮、限制开关、选择开关、选择器、拨号接触器、连接级
T	变压器	电压互感器、电流互感器
U	调制器 变换器	鉴频器、解调器、变频器、编码器、逆变器、变流器、电报译码器
V	电真空器件 半导体器件	电子管、气体放电管、晶体管、晶闸管、二极管
W	传输通道 波导、天线	导线、电缆、母线、波导、波导定向耦合器、偶极开线、抛物面天线
X	端子、插头、插座	插头和插座、测试塞孔、端子板、焊接端子片、连接片、电缆封端和接头
Y	电气操作的机械装置	制动器、离合器、气阀
Z	终端设备 混合变压器 滤波器 均衡器 限幅器	电缆平衡网络 压缩扩展器 晶体滤波器 网络

表 2-2-8　常用双字母符号及新旧符号对照

序号	名称	新符号		旧符号	序号	名称	新符号		旧符号
		单字母	双字母				单字母	双字母	
1	发电机 直流发电机 交流发电机 同步发电机 异步发电机 永磁发电机 水轮发电机 汽轮发电机 励磁机	G G G G G G G G G	 GD GA GS GA GM GH GT GE	G ZF JF TF YF YCF SLF QLF L	12	电感器 电抗器 启动电抗器 感应线圈	L L L L	 LS	L DK QK GQ
2	电动机 直流电动机 交流电动机 同步电动机 异步电动机 笼型电动机	M M M M M M	 MD MA MS MA MC	D ZD JD TD YD LD	13	电线 电缆 母线	W W W		DX DL M
3	绕组 电枢绕组 定子绕组 转子绕组 励磁电组 控制绕组	W W W W W W	 WA WS WR WE WC	Q SQ DQ ZQ LQ KQ	14	避雷器 熔断器	F F	 FU	BL RD
4	变压器 电力变压器 控制变压器 升压变压器 降压变压器 自耦变压器 整流变压器 电炉变压器 稳压器 互感器 电流互感器 电压互感器	T T T T T T T T T T T T	 TM TC TU TD TA TR TF TS TA TV	B LB KB SB JB OB ZB LB WY H LH YH	15	照明灯 指示灯	E H	EL HL	ZD SD
5	整流器 变流器 逆变器 变频器	U U U U		ZL BL NB BP	16	蓄电池 光电池	G B	GB	XDC GDC

续表 2-2-8

序号	名称	新符号		旧符号
		单字母	双字母	
6	断路器	Q	QF	DL
	隔离开关	Q	QS	GK
	自动开关	Q	QA	ZK
	转换开关	Q	QC	HK
	刀开关	Q	QK	DK
7	控制开关	S	SA	KK
	行程开关	S	ST	CK
	限位开关	S	SL	XK
	终点开关	S	SE	ZDK
	微动开关	S	SS	WK
	脚踏开关	S	SF	TK
	按钮开关	S	SB	AN
	接近开关	S	SP	JK
8	继电器	K		J
	电压继电器	K	KV	YJ
	电流继电器	K	KA	LJ
	时间继电器	K	KT	SJ
	频率继电器	K	KF	PJ
	压力继电器	K	KP	YLJ
	控制继电器	K	KC	KJ
	信号继电器	K	KS	XJ
	接地继电器	K	KE	JDJ
	接触器	K	KM	C
9	电磁铁	Y	YA	DT
	制动电磁铁	Y	YB	ZDT
	牵引电磁铁	Y	YT	QYT
	起重电磁铁	Y	YL	QZT
	电磁离合器	Y	YC	CLH
10	电阻器	R		R
	变阻器	R		R
	电位器	R	RP	W
	启动电阻器	R	RS	QR
	制动电阻器	R	RB	ZDR
	频敏电阻器	R	RF	PR
	附加电阻器	R	RA	FR
11	电容器	C		C
17	晶体管	V		BG
	电子管	V	VE	G
18	调节器	A		T
	放大器	A		FD
	晶体管放大器	A	AD	BF
	电子管放大器	A	AV	GF
	磁放大器	A	AM	CF
19	变换器	B		BH
	压力变换器	B	BP	YB
	位置变换器	B	BQ	WZB
	温度变换器	B	BT	WDB
	速度变换器	B	BV	SDB
	自整角机	B		ZZJ
	测速发电机	B	BR	CSF
	送话器	B		S
	受话器	B		SH
	拾音器	B		SS
	扬声器	B		Y
	耳机	B		EJ
20	天线	W		TX
21	接线柱	W		JX
	连接片	W	XB	LP
	插头	W	XP	CT
	插座	W	XS	CZ
22	测量仪表	P		CB

（2）辅助文字符号。

辅助文字符号是用以表示电气设备、装置和元器件以及线路的功能、状态和特征的，通常是由英文单词的前一个或两个字母构成。例“RD”表示红色（Red），“F”表示快速（Fast）。

电气工程图中常用辅助文字符号及其新旧符号对照见表2-2-9。

表2-2-9　常用辅助文字符号及其新旧符号对照

序号	名称	新符号	旧符号		序号	名称	新符号	旧符号	
			单组合	多组合				单组合	多组合
1	高	H	G	G	16	交流	AC	JL	J
2	低	L	D	D	17	电压	V	Y	Y
3	升	U	S	S	18	电流	A	L	L
4	降	D	J	J	19	时间	T	S	S
5	主	M	Z	Z	20	闭合	ON	BH	B
6	辅	AUX	F	F	21	断开	OFF	DK	D
7	中	M	Z	Z	22	附加	ADD	F	F
8	正	FW	Z	Z	23	异步	ASY	Y	Y
9	反	R	F	F	24	同步	SYN	T	T
10	红	RD	H	H	25	自动	A,AUT	Z	Z
11	绿	GN	L	L	26	手动	M,MAN	S	S
12	黄	YE	U	U	27	启动	ST	Q	Q
13	白	WH	B	B	28	停止	STP	T	T
14	蓝	BL	A	A	29	控制	C	K	K
15	直流	DC	ZL	Z	30	信号	S	X	X

（3）文字符号的组合。

新的文字符号组合形式一般为

基本符号＋辅助符号＋数字序号

例如：第一个时间继电器，其符号为KT1；第2组熔断器，其符号为FU2。

旧的文字符号组合形式一般为

数字序号＋基本符号＋辅助符号

例如：第一个时间继电器，其符号为1JS；第2组熔断器，其符号为2RD。

（4）特殊用途文字符号。

电气工程图中，一些特殊用途的接线端子、导线等，通常采用一些专用文字符号。常用的一些特殊用途文字符号见表2-2-10。

表 2-2-10 特殊用途文字符号

序号	名称	文字符号	备注（旧）	序号	名称	文字符号	备注（旧）
1	交流系统电源第 1 相	L1	A	11	接地	E	D
2	交流系统电源第 2 相	L2	B	12	保护接地	PE	
3	交流系统电源第 3 相	L3	C	13	不接地保护	PU	
4	中性线	N	0	14	保护接地线和中性线共用	PEN	
5	交流系统设备第 1 相	U	A	15	无噪声接地	TE	
6	交流系统设备第 2 相	V	B	16	机壳和机架	MM	
7	交流系统设备第 3 相	W	C	17	等电位	CC	
8	直流系统电源正极	L +		18	交流电	AC	JL
9	直流系统电源负极	L -		19	直流电	DC	DL
10	直流系统电源中间线	M	Z				

3)电气技术中的项目代号

“GB 5094—85 电气技术中的项目代号”规定了在电气图和其他技术文件中关于项目代号的组成方法和应用原则，这是与电气图密切相关的一个新标准。从阅读电气工程图出发，很有必要了解项目代号的含义和组成。

（1）项目代号的含义。在图上通常用一个图形符号表示的基本件、部件、组件、功能单元、设备、系统等称为项目。项目的大小可能相差很大，电容器、端子板、发动机、电源装置、电力系统，都可称为项目。

（2）项目代号的组成。一个完整的项目代号由 4 个代号段组成，分别是：

①高层代号段，其前缀符号为“ = ”；

②种类代号段，其前缀符号为“ - ”；

③位置代号段，其前缀符号为“ + ”；

④端子代号段，其前缀符号为“ : ”。

项目代号是用来识别项目的特定代码，一个项目可由一个代号段组成（较简单的电气图只标注种类代号或高层代号），也可由几个代号段组成。

2.4.2 电气图

使用国家颁发的统一的电工图形、符号，按照国家颁布的相关电气技术标准绘制的，表示电气装置中的各元件及其相互联系的线路，称为电气线路图。按其在系统中的作用，可分为一次接线图和二次接线图。

电力系统中的电气设备按作用不同可分为一次设备和二次设备。一次设备是指直接进行电能的生产、输送、分配的电气设备，包括发电机、变压器、母线、架空线路、电力电缆、断路器、隔离开关、电流互感器、电压互感器、避雷器等。二次设备对一次设备起检测、控制、调节和保护的作用，包括各种测量仪表、控制和信号器具、继电保护和安全装置等。

由一次设备连接组成的电路称为一次接线或主接线。描述一次接线的图纸就称为一次接线图或主接线图，通常用单线表示。泵站系统中与一次主接线图相连的设备有电动机、断路器、隔离开关、母线、变压器及与供电系统相连的设备，以及供给站内辅助设备的回路。

在主接线图上，同时还标有各种测量、计量、保护等回路，并详细注明了各元件的型号、规格、数量、接线方式、回路编号等，以便在安装运行维护时检查。

主接线图是泵站运行人员进行各种操作和事故处理的主要依据之一。泵站运行人员必须熟悉主接线图，熟练掌握泵站电气系统中各种电气设备的用途、性能以及运行、检查、维护、巡视项目和操作程序，保证设备安全运行。

由二次设备按一定要求构成的电路称为二次接线或二次回路，二次回路一般包括控制回路、继电保护回路、测量回路、信号回路、自动装置回路、计算机监控回路等。描述二次回路的图纸就称为接线图或二次回路图。

二次接线图常常涉及的设备数量较多、内容较复杂，为便于安装与查对，常在各回路上采用编号的形式注明各回路号。具体表示方法：在设备安装接线图上，设备之间的连接不是以线条直接相连的，而是采用一种"相对编号法"来表示的。例如，要将两个不同屏内设备用电缆连接起来，常表示为，甲设备端子排（某根电缆）标出乙设备端子排的编号。简单地说，就是"甲设备端编乙的号，乙设备端编甲的号"，两端相互对应。

屏内设备与屏外设备相连接时，用一些专门的接线端子作为中间过渡连接，这些接线端子组合在一起，便称为端子排。接线端子一般分为普通端子、连接端子、试验端子和终端端子等型式。其功能分别是：①普通端子用来连接屏外至屏内或屏内至屏外的导线；②连接端子用来连接有分支的二次回路导线，带有横向连接排，可与邻近端子板相连；③实验端子用来在不断开二次回路的情况下，对仪表、断路器进行试验；④终端端子用来固定或分割不同安装项目。

端子排常位于屏后左右两侧。为便于查找与安装，端子排在屏后排列，左右顺序依次按下列回路排列：①交流电流回路；②交流电压回路；③信号回路；④直流回路；⑤其他回路；⑥转接回路。现在有的厂家为避免强弱电产生的磁场相互干扰，将通信接线端子与交直流端子分置于柜内不同的间隔中。

泵站中常用的电气图有一次系统图、二次系统图、设备平面布置图、电缆走向布置图及安装图（屏内设备布置图、屏内设备接线图、屏后设备布置图、端子图等）。运行人员工作中常使用一、二次系统接线图、端子图等查对线路排除故障。

2.4.3　电气图常用的图形符号

电气图中常用的图形、符号、文字由国家制定的统一标准颁布执行。目前有两个标准在使用，一个是《电气图用图形符号》（GB 4728）；一个是《电气设备用图形符号》（GB 5465）。GB 5465 除适用于电气设备及部件上，还可以在各电气设计图中直接应用，补充它们包含的内容。

2.4.4　电气图识读方法

电气控制图是一类较难阅读的图。这种图的复杂性除描述对象多样性外，还由于这种图往往由很多基本环节和基本电路构成。因此，熟悉基本电气图是阅读电气控制电路图和接线的基础，是读图者的基本功之一。

一般来说，应当了解一台设备的基本结构性能及主要用途；而后再看主电路，了解各台电动机和其他被控制设备的作用及情况；然后将控制接线图分成若干基本环节、基本回路、基本单元进行阅读；先粗读、后细读、边读、边画、边记，直至全部读懂。在有条件的情况下，亦可对照实物，阅读起来就更方便。简单读图步骤如下：

（1）了解设备的工作原理，熟悉电气控制的内容，包括元器件的名称、符号、规格及主要功能。

（2）阅读主电路图，供电电气系统部分。

（3）主电动机控制电路的阅读。

（4）辅助设备回路的阅读。

（5）联系各部分综合理解整个控制电路图。

无论是复杂的还是简单的电气原理图，一般都分为主回路和辅助回路两大部分构成。主回路中通过的电流较大，主要是对主设备进行供电，辅助回路（二次回路）起着控制、测量、保护等作用，通过的电流相对较小，一般在主回路旁边绘出或单独另绘。

在熟记电气图形符号的基础上阅读原理图。看图的顺序：先看一次回路，再看二次回路，最后看辅助设备回路。

看主回路，①看主回路中有些什么用电设备，它们的用途和工作特点。如电动机。②看主回路中的用电设备是用什么电器控制的。如是接触器还是断路器控制。③看主回路中还接有什么电器，这些电器起什么作用。如接有软启动器、熔断器、隔离开关等。④看主电源电压等级。⑤看系统接线方式。

二次回路，①看电源，看清提供的电源是交流电源还是直流电源，电源是从何处来的，电压等级是多少。②根据二次回路研究主回路设备动作情况。如开、停机情况，手动、自动及自动连锁、保护动作情况。③电源监视等。④保护、测量及其他。

如果电路比较复杂，可先看简单，后看复杂，最后综合起来看。

在一次系统图中，根据对供电及内部接线要求的不同，其接线方式也不尽相同。常见的接线方式有：单回线供电（分单母线分段和不分段两种）、双回线供电、双母线分段及联络（两种）以及站变合一等几种形式，如图 2-2-44 所示。

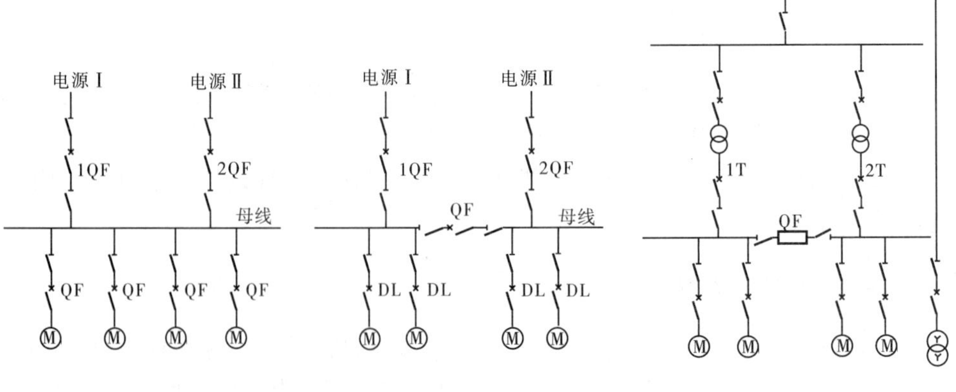

(a)单分母线不分段　　(b)单分母线分段　　(c)站变合一

图 2-2-44　常见的接线方式

第3章 工程常用材料

3.1 泵站工程常用金属材料的种类、牌号、性能与应用

工业中常用的金属材料,一般分为黑色金属和有色金属两大类。黑色金属是指以钢铁为基础形成的合金,通常指钢和生铁,主要包括灰铸铁、球墨铸铁、铸钢、碳素结构钢、优质碳素结构钢、合金结构钢等;有色金属是指不以铁为基础的各种金属和合金。

3.1.1 黑色金属

钢和铁之间的区分主要是根据含碳量的高低,生铁含碳量为1.7%~4.5%,其中硅、锰、硫、磷等杂质含量也比钢多,铁的性质脆、韧性低,不能锻打、轧制,但有一定的机械强度,其熔点较低(1 100~1 250 ℃),可以铸造。钢的含碳量一般在1.7%以下,所含杂质控制在一定范围之内。钢在凝固以后,具有高韧性和延展性,其熔点较高(1 400~1 500 ℃),可锻、可铸,同时通过热处理方法,还可以改善和提高其机械性能。在碳钢中增加各种合金元素的含量,又可以炼制成各种特殊性能的合金钢。几种典型金属材料的牌号和用途如表2-3-1所示。

表2-3-1 几种典型金属材料的牌号和用途

种类	灰铸铁	球墨铸铁	铸钢	碳素结构钢	优质碳素结构钢	合金结构钢
牌号	HT100	QT400-17	ZG25	Q195	45	18Cr8Ni3Mo
用途	泵壳	泵壳	泵壳	闸门	主轴	叶轮

(1)灰铸铁:HT100。HT:灰铸铁的代号;100:表示抗拉强度,单位是 N/mm^2。

灰铸铁有6个牌号,分别是HT100、HT150、HT200、HT250、HT300和HT350。最小抗拉强度各为100 N/mm^2、150 N/mm^2、200 N/mm^2、250 N/mm^2、300 N/mm^2 和350 N/mm^2。

(2)球墨铸铁:QT400-17。QT:球墨铸铁的代号;QT后的第一组数字400表示抗拉强度,单位是 N/mm^2;QT后的第二组数字17表示延伸率,两组数字之间用"-"隔开。

球墨铸铁有8个牌号,如QT400-18、QT400-15、QT450-10、QT500-7、QT600-2、QT700-2、QT800-2和QT900-2。球墨铸铁的抗拉强度比灰铸铁高。铸铁主要用于铸泵壳,随着压力的增高,可以用球墨铸铁或者铸钢。

(3)铸造碳钢(简称铸钢):ZG25。ZG:铸钢的代号;25:表示铸造碳钢的名义万分含碳量。

铸造碳钢有5个牌号,如ZG15、ZG25、ZG35、ZG45和ZG55。

(4)碳素结构钢:Q195。Q:表示钢材的屈服点;195:表示屈服强度为195 MPa。

碳素结构钢有 Q195、Q215、Q235、Q255 以及 Q275，对应旧标准牌号的 A1、A2、A3、A4、A5 号钢。

(5)优质碳素结构钢，如45 号钢。其中，45 表示钢材的平均含碳量为0.45%，一般含碳量越高其强度和硬度越大。

(6)合金结构钢：18Cr8Ni3Mo。

3.1.2　有色金属

有色金属通常以合金的方式制造零件，常用的有色金属合金有以下几种：

(1)铜合金。铜和锌(有时加入其他元素)的合金称为黄铜；铜和锡(有时加入其他元素)的合金称为锡青铜；铜和铝、锰、铍、铅(二元或多元)的合金称为无锡青铜。铜合金具有耐磨损、耐腐蚀的特点，主要用于制造耐磨损的零部件，如过流部件、轴瓦等。在腐蚀介质工作的零部件也常常使用铜合金。

(2)铝合金。铝合金的优异特点是具有很高的强重比，可以达到$(118\sim214)\times10^4$ cm(优质碳素结构钢的强重比只有$(38\sim101)\times10^4$ cm，合金结构钢的强重比也只有$(51\sim160)\times10^4$ cm)，在同样强度条件下，铝合金制成的零件的重量就轻得多，对减轻重量具有很大作用，在泵站应用日益广泛。

(3)轴承合金。通称巴氏合金，可以分为两大类，一类是以锡为基本成分加以适量的锑(4%～14%)和铜(3%～8%)而制成，叫作锡基轴承合金；另一类是以铅为基本成分加以适量的锑(10%～15%)和锡(最多达20%)而制成，叫作铅基轴承合金。这两类材料相比，锡基轴承合金的抗腐蚀能力高，边界摩擦时抗咬焊能力强，与钢背结合得比较牢固，但是成本比较高；铅基轴承合金的抗腐蚀能力较差，故宜用不引起腐蚀作用的润滑油作润滑剂，以免导致轴承的腐蚀，一般用在轻负荷、低转速的轴承上。轴承合金元素的熔点大都比较低，所以只适用于在150 ℃以下工作。

3.2　泵站工程常用非金属材料的种类、牌号、性能与应用

3.2.1　非金属材料

泵站工程常用的非金属材料有各类工程塑料、橡胶制品、木材等。

橡胶制品主要用来制造各种橡胶轴承、密封元件、传动带、传送带等。橡胶轴承结构简单，制造方便，耐磨性好，具有弹性，能够吸收和消除水泵运行中可能产生的小振动；橡胶内衬表面开有轴向槽道，能使进入轴承中起到润滑和冷却作用。

低载荷的轴承可以用尼龙导轴承代替橡胶导轴承，磨损速度慢，不需外加润滑剂也可工作，制造方便，成本低。但是，随着温度的变化，其塑性会发生变化，且容易老化。尼龙中加入石墨或二氧化钼可以改善工作性能。

润滑是解决零件摩擦与磨损的最有效的办法，在摩擦副之间加入某种物质(以油料为主)，这样金属表面被一层油膜隔开，就可以减小摩擦力，防止烧结和磨损，减少动力消耗，提高效率，流动的油液还起到冷却和降温作用，有了可靠的润滑保障，才能保证设备的

使用寿命，润滑也是设备正常运转的关键所在。

3.2.2　润滑材料

凡是降低摩擦阻力的介质可作为润滑材料，目前常用的润滑剂有液体润滑剂、润滑油脂、固体润滑剂、气体润滑剂等 4 种。从使用条件来看，固体润滑剂能适用于高温、高压、低速、高真空、强辐射等特殊情况，但是摩擦系数大，冷却散热差，且使用过程损耗补充困难；气体润滑剂的支承制造精度高，材质要求严，这两种润滑剂泵站工程很少使用。润滑油脂是由基础油液、稠化剂、添加剂在高温下混合而成，除有抗磨、减磨和润滑作用外，还有密封、减振、防锈等作用，润滑系统比较简单，维护保养方便，主要用在各种轴承、齿轮、弹簧、绞车、钢丝绳等地方，存在流动性差、散热不好、在高温时易产生相变和分解等问题，特别是立式布置，发热时油脂在重力下流失，会引起供油不足。液体润滑剂是目前用量最大、品种最多的润滑剂，它具有很多的优点，使用时还可加入一些添加剂，改善物体化学性能，赋予新的功能，满足更高的要求，得到广泛的应用。液体润滑剂中的水基液主要用在金属切削方面，动植物油虽然油性好，生物降解性高，可以满足环保要求，但是氧化安定性、热稳定性不好，有待进一步研究后再用。

3.2.3　润滑油的主要质量指标

3.2.3.1　**黏度**

黏度是指油品分子在外力作用下，分子之间发生相对运动时所产生的内摩擦阻力，黏度表示润滑油的黏稠程度，其大小由油品分子内聚力决定。黏度有两种表示方法：

(1)动力黏度 μ：液体中有两个面积各为 1 cm^2 和相距 1 cm 的两层油液，相对移动速度为 1 cm/s 时所产生的阻力，叫作动力黏度，其单位是帕斯卡秒(Pa · s 或 $kN \cdot s/m^2$)。对于水，$\mu = 1.16 \times 10^{-6}$ ($kN \cdot s/m^2$)；对于空气，$\mu = 1.82 \times 10^{-6}$ ($kN \cdot s/m^2$)。

(2)运动黏度 ν：在同一温度下液体的动力黏度与其密度的比值，叫作运动黏度，其单位是 m^2/s。对于水，$\nu = 1.145 \times 10^{-6}$ (m^2/s)；对于空气，$\nu = 1.45 \times 10^{-5}$ (m^2/s)。

黏度是润滑油的重要指标，根据设备的速度、间隙、负荷、温度、功率等来选择。黏度过小，会形成半液体润滑或边界润滑，而加速运动副磨损，同时，也易漏油；黏度过大，流动性差，渗透性差，散热性差，内摩擦阻力大，给循环润滑带来困难，增加齿轮运动的搅拌阻力，以致发热而造成动力损失，消耗功率大；同时还由于流动性差，对一度被挤压的油膜及时自动补偿修复较慢而加速运动副磨损。油品的黏度选择，是设备得到充分润滑的保证。试验表明，当温度增加时，液体振动速度增加，容易克服保持它们位置的束缚，增加了流动性，黏度就变小，反之变大。

3.2.3.2　**酸值**

酸值是指中和 1 g 润滑油中所含的有机酸所需氢氧化钾(KOH)的质量(mg)，用 mgKOH/g 来表示。在使用上有如下意义：

(1)对含添加剂的新润滑油，酸值可以衡量添加剂的含量。这是由于在使用过程中，添加剂不断消耗，酸值先下降，而后添加剂用完，酸值又慢慢上升，测量酸值含量就可判断添加剂是否足够。

(2)酸值是保证零件不受腐蚀和控制油品精制程度的主要指标。

(3)酸值的大小和变化可以判断油品在使用过程氧化变质程度，在使用过程中，由于氧化分解作用，酸值不断增加，达到一定限度，就应该立即换油，换油时，必须把旧油彻底清洗干净，否则会加速新油品氧化。实践证明，在新油中只要混入体积百分数为1%的废旧油，就会使新油的使用寿命缩短75%。润滑工清洗换油时，对油箱的彻底清洗工作是十分重要的。

3.2.3.3 水分

水分表示油品中的含水量，以水占油的质量百分数来计算，水分在使用上的意义是：

(1)水分会促使油品乳化，降低油品的黏度和油膜强度，破坏润滑性能。

(2)水分能促使润滑油氧化变质，增加油泥，促进含酸油品对零件的腐蚀，降低油的绝缘性能。

(3)水分能使油品中的添加剂分解沉淀，使添加剂丧失作用。

新油是不允许水分存在的，润滑油中含有水分是由于贮存、运输不当，使用中密封不严等原因侵入的，故必须严防水分进入，在使用中水分超过一定量时，应及时更换新油。

3.2.3.4 机械杂质

悬浮或沉淀在润滑油中的不溶物质，如尘土、泥沙、金属粉末、砂轮粉末等，统称机械杂质，它是润滑油质量的重要指标之一，在使用上的意义是：

(1)杂质的存在会破坏油膜，加速运动副的磨损，甚至直接研损零件，造成抱轴。还会堵塞油路及过滤器，引起润滑故障。

(2)机械杂质会降低绝缘性能。

(3)油品中的机械杂质超过一定量(质量百分数大于0.2%)时，就应该立即更换新油。

3.2.3.5 闪点

在规定的条件下，将润滑油加热，蒸发出的油蒸气在油液面上与空气混合，在有火焰接触时产生短暂闪火的最低温度，叫作闪点。在使用上的意义是：

(1)闪点的高低表示油品含轻质油品量的多少，以确定其适宜的使用温度。

(2)闪点是安全使用、贮运的重要指标。使用、贮运温度一般应低于闪点20~30 ℃。闪点在45 ℃以上为可燃品，在45 ℃以下为易燃品。

(3)闪点的高低还表示油受热蒸发性的大小，闪点高的油品蒸发性小。

(4)使用中的油品，闪点下降程度可以判断混入轻质油的含量。汽轮机油、变压器油闪点下降(一般下降5~8 ℃)，表明油品氧化严重，应该立即更换新油。

3.2.3.6 无卡咬负荷

在规定的条件下，用四球机(测定油品摩擦、磨损、润滑的实验机械)测定润滑油的油膜在破坏前的最大承受能力，称为无卡咬负荷，以 P_B 值来表示，单位是kgf。在使用上的意义是：

(1)无卡咬负荷 P_B 值高说明该油品的润滑性能好，形成油膜的强度高。反之，则说明润滑性能差，形成油膜的强度低。

(2)油膜强度低(即无卡咬负荷值小)的油品，在高压、冲击、剪切等负荷的运动副中，油膜容易破裂造成干摩擦或边界摩擦，引起剧烈磨损。如150号导轨油的无卡咬负荷要求不低于90 kgf，若把68号导轨油用于要求用150号导轨油的地方，承载就达不到要求，导轨就可能产生爬行现象。

(3)对于要求润滑性能好的油品，可以加入一些油性添加剂、极压添加剂来提高油品油膜强度。这些添加剂能够降低油液与金属表面的张力，使油液很快渗透到摩擦面，形成吸附膜，避免金属表面的直接接触，达到减少磨损的目的。

第 4 章　电工基础知识

4.1　直流电路基本概念

4.1.1　常用名词

4.1.1.1　电路

电路是由电气设备和元器件(用电器),按一定方式连接起来,为电荷流通提供路径的总体,也叫电子线路或称电气回路,简称网络或回路。

4.1.1.2　电流

导体中自由电子在电场的作用下做有规则的定向流动,叫作电流。习惯上规定正电荷移动的方向为电流方向。导体中电流的方向与自由移动的电子方向相反。

电流强度:每秒钟通过导体截面的总电量称为电流强度。我们通常所说的电流,实际上就是指电流强度,用符号 I 表示,基本单位是安培,符号为 A。

电流密度:单位面积电流的大小,称为电流密度。

4.1.1.3　电压

单位正电荷由高电位移向低电位时电场力对它所做的功或者说能够促使电流在导体中流动的压力叫作电压,用符号 U 表示,基本单位是伏特,符号为 V。

4.1.1.4　电阻

电子在导体中流动时,不断地互相碰撞和摩擦,同时还要克服原子核对它的吸引力,导体对电荷的这种阻力称为电阻,用符号 R 表示,基本单位是欧姆,简称欧,符号为 Ω。电阻任何时刻都是一种耗能元件或转为其他用途。

4.1.1.5　直流电

直流电(简称 DC),即方向不随时间发生改变的电流。为严格区分,直流电又有两种形态,一种是电流的大小是稳定的,方向也不随时间变化的,称为恒定电流。它是直流电稳定的理想形。如日常生活中,电池提供的电流就是直流电。另一种是方向不随时间作周期性变化,但电流的大小可能不稳定,而产生波形,如脉动电流。

4.1.1.6　电功率

电流在单位时间内所做的功,叫电功率。用符号 P 表示,基本单位是瓦特,简称瓦,符号为“W”。

4.1.1.7　电阻率

截面为 1 mm^2,长度为 1 m 的导体,在 20 ℃时所具有的电阻值,称为电阻率,又叫电阻系数,是衡量物体导电性能好坏的一个物理量,用 ρ 来表示。

根据电阻率大小的不同把物体又分为导体、半导体、绝缘体三种形式。能很好传导电流的物体叫导体(电阻力为 $10^{-6} \sim 10^{-2}\ \Omega \cdot cm$),基本上不能传导电流的物体叫绝缘体(电阻力为 $10^{9} \sim 10^{22}\ \Omega \cdot cm$)。导电能力介于导体与绝缘体之间的物质,叫半导体。

绝缘体内部自由电荷增加就会使绝缘体向导体方向转化,失去绝缘体的作用,这种现象叫绝缘劣化。

同一导体在不同的温度下,它的电阻值是不相同的,因此常用电阻温度系数表示导体电阻随温度变化大小程度,用符号 α 表示,$R_2 = R_1[1 + \alpha(t_2 - t_1)]$。电阻率的倒数称为电导率。

4.1.2　电路基本概念

4.1.2.1　电流、电压、电阻三者之间的关系

试验表明,通过一段无源支路的电流、电阻及电阻两端所加的电压之间的关系,用欧姆定律反映其表达式为 $U = IR$,称为部分电路欧姆定律。

如果电路包括电源在内,电路中的电流与电源的电动势成正比,与电路中负载电阻及电源内阻之和成反比,称全电路欧姆定律,表达式为

$$I = \frac{E}{R + r_0}$$

式中　E——电源电动势,V;

R, r_0——负载电阻和电源内阻,Ω;

I——电路中流过的电流,A。

4.1.2.2　电流、电压、电阻与功率(P)的关系

电流、电压、电阻与功率(P)的关系可用公式表示为

$$P = IU = I^2R = \frac{U^2}{R}$$

4.1.2.3　电流热效应

电流通过导体时由于自由电子的碰撞,电能不断转变为热能,这种电流通过导体而产生热的现象,称为电流的热效应。即电流通过导体时由于自由电子的碰撞,电能不断转变为热能,这些热能的大小可应用焦耳定律 $Q = I^2Rt$ 计算得出。由焦耳定律可知:载流导体中产生的热量 Q(称为焦耳热)与电流 I 的平方、导体的电阻 R、通电时间 t 成正比。

4.1.2.4　断路与短路

在电路系统中,因某一电工设备损坏或线路断开而导致这一回路不通,叫作断路。因某一设备进出线短接或设备绝缘降低,电阻严重下降,而使回路短接,这种现象叫作短路。

断路导致回路不通,电流为零;而短路会使回路电流剧增,使设备烧毁。这两种现象均是电路运行中经常遇到的故障现象。

4.2　复杂直流电路分析

4.2.1　基尔霍夫定律

基尔霍夫定律是用以解决复杂直流电路的基本定律,包括第一、第二两个定律。第一

定律称为电流定律，第二定律称为电压定律。这两个定律都是以大量实践为依据，经过无数试验证明的。

4.2.1.1　**名词解释**

（1）支路。电路中的每个分支叫支路。如图2-4-1所示，R_1 和 E_1 构成一条支路；R_3 和 E_2 构成另一条支路。

（2）节点。三个或三个以上支路的汇交点叫节点。如图2-4-2所示的A、B、C、D四点都是节点。

（3）回路。电路中任一闭合路径称为回路。一个回路可能只含一条支路，也可能包含几条支路。如图2-4-2中的 $AR_1BR_g DR_4A$ 和 AR_1BR_2CEA 都是回路。

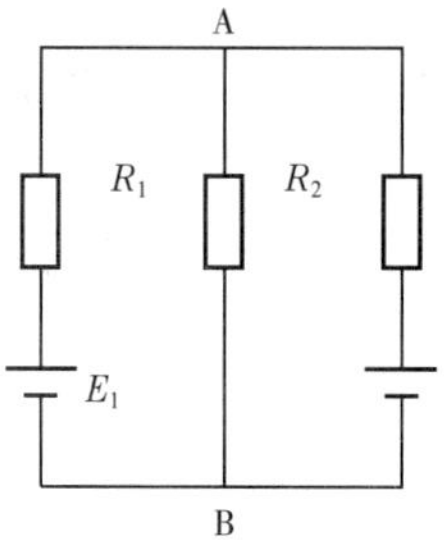

图2-4-1　支路

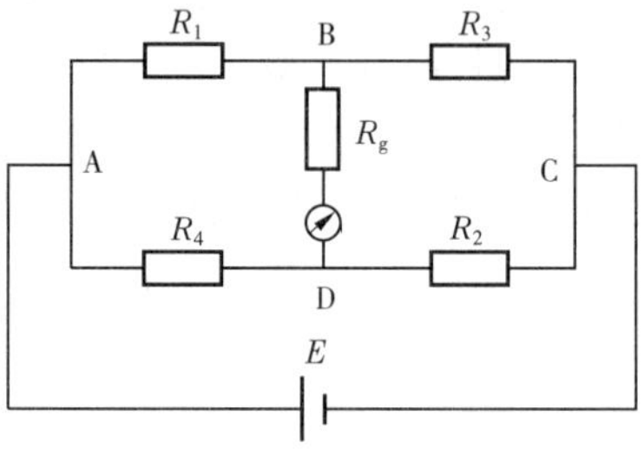

图2-4-2　节点回路

4.2.1.2　**电流定律**

电流定律的内容是：在电路中，任意时刻流入任意一个节点的电流，必定等于流出该点的电流。或者说流过任意一个节点的电流的代数和为零。其数学表达式为：$\sum I=0$。

这个定律说明了电流的连续性，即在电路的任意一个节点上，任何时刻都不会产生电荷的堆积或减少。

根据这个定律，可列出任意一个节点的电流方程。列电流方程时，先规定电流的参考方向，通常规定流出节点的电流为“+”，流入节点的电流为“-”。对已知电流，按实际电流方向确定；对未知电流的方向可以任意假定。然后，列出节点电流方程进行计算，再根据计算结果确定未知电流的方向。若计算结果为正值，说明未知电流方向与参考方向相同；若计算结果为负值，说明未知电流方向与参考方向相反。图2-4-3所示有4个电流汇交的节点。根据图中标出的电流方向及节点电流定律，可列出该节点的电流方程为

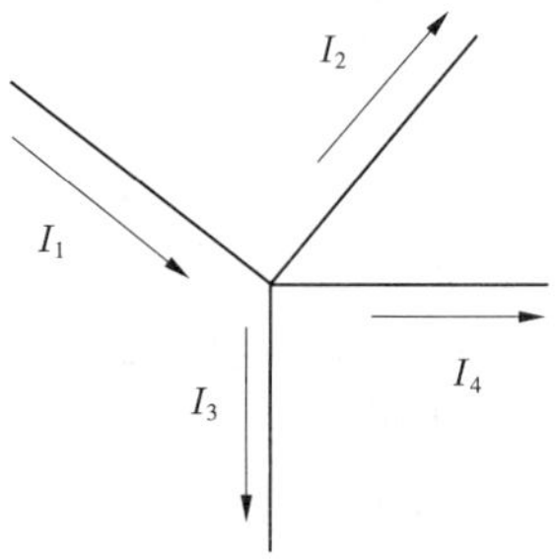

图2-4-3　节点电流

$$I_1-I_2-I_3-I_4=0 \tag{2-4-1}$$

式（2-4-1）中规定流入节点的电流 I_1 为正值，那么流出节点的电流 I_2、I_3、I_4 都为负值。若规定流出节点的电流 I_2、I_3、I_4 为正值，则流入节点的电流 I_1 为负值，因此式（2-4-1）转化为

$$I_2+I_3+I_4-I_1=0 \tag{2-4-2}$$

总之,要先确定一个电流流向节点的方向的正负值,然后再进行计算。

4.2.1.3　电压定律

回路电压定律是确定回路中各部分电压之间相互关系的一个基本定律。其内容为:在任意闭合回路中,各段电压的代数和等于零。其数学表达式为:$\sum U=0$。

在计算电压之前,先要确定回路的绕行方向。回路方向可以任意选择,对计算结果没有影响。一般选电动势的正方向为回路的方向。当支路电流方向与回路方向一致时,电压为正,反之为负。如图 2-4-4 所示,因为 $E_2>E_1$,所以选 E_2 的方向为回路方向(虚线所示),此时 E_2 为正,E_1 为负;又因为电流方向与回路方向一致,所以电压全为正。

当回路绕行的方向确定后,就可根据回路电压定律列出回路电压方程。图 2-4-4 所示回路电压方程为:$E_2-E_1=IR_2+IR_1$

该定律不仅适用于电源和电阻等实际元件组成的回路,也适用于含有非实际元件组成的回路,如图 2-4-5 所示的回路 AR_2CDR_4BA,其中 A 与 B 之间虽然断开且没有实际元件,但 AB 间确有一定的电压。该回路的电压仍可由回路电压定律求得,即

$$U_{AB}=I_1R_2-I_2R_4$$

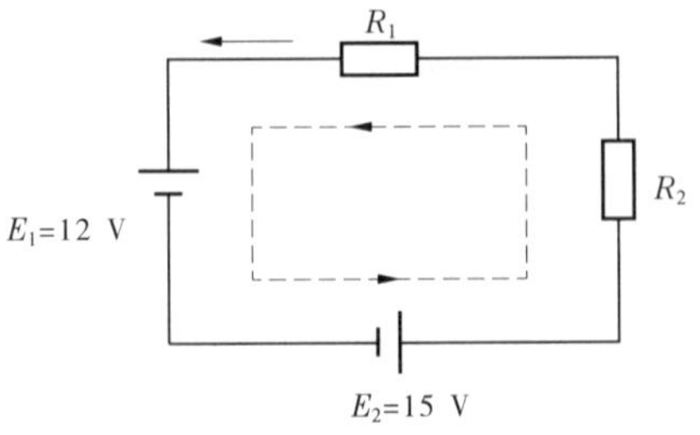

图 2-4-4　简单回路

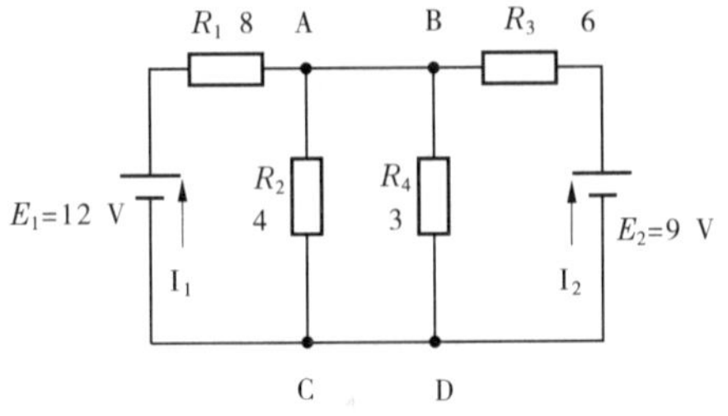

图 2-4-5　非实际元件组成的回路

4.2.2　电阻的串、并联

4.2.2.1　电阻的串联

在电路中,将若干个电阻首尾依次连接起来,就叫电阻的串联。图 2-4-6 所示为 R_1、R_2、R_3 三个电阻的串联电路。图中Ⓥ是测量电路电压用的电压表(又称伏特表),Ⓐ是测量电流用的电流表(又称安培表),在连接时要注意它们的极性。通过测量,可以得出串联电路的如下特点:

(1)串联电路中的电流处处相等,即流过 R_1、R_2、R_3 中的电流都相等,且等于电路的电流,表达式为:$I=I_1=I_2=I_3$。

(2)串联电路中总电压等于各部分电压之和,即 $U=U_1+U_2+U_3$。

(3)若干个电阻串联,可用一个等效电阻来代替,等效电阻等于各串联电阻之和,即 $R=R_1+R_2+R_3$。如果有 n 个相同电阻 R 串联,则总电阻为:$R_{总}=nR$。

电阻串联的应用较多,例如两只相同的 110 V 的灯泡可以串联起来接在 220 V 的电源上使用,当负载的额定电压低于电源电压时,可以串联一个电阻,降低一部分电压,以满足负载接入电源使用的需要。另外,在电工测量中还广泛使用串联的方法来扩大电表的

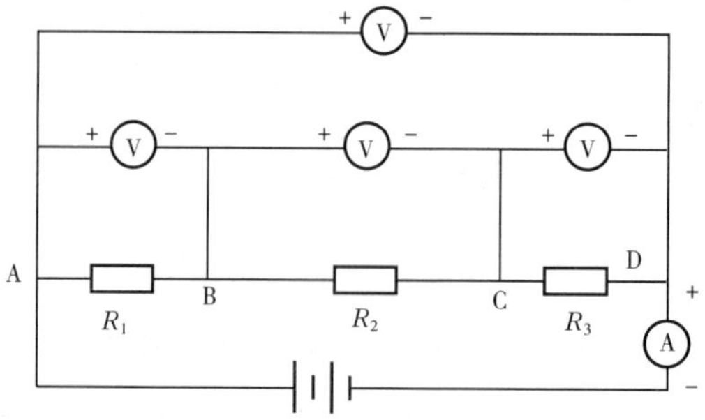

图 2-4-6　电阻的串联电路

电压量程。

【例 1】 有一盏弧光灯，额定电压 $U_1=40$ V，正常工作时的电流 $I=5$ A，应该怎样把它连入 $U=220$ V 的照明电路中？

解　直接把弧光灯连入照明电路是不行的，因为照明电路的电压比弧光灯额定电压高。根据串联电路的总电压等于各个部分电压之和的原理，可以在弧光灯上串联一个适当的电阻 R_2，分掉多余的电压。

要分掉的电压 $U_2=U-U_1=180$ V，R_2 与弧光灯的电阻串联，弧光灯正常工作时，R_2 通过的电流也是 5 A，所以

$$R_2=\frac{180}{5}=36(\Omega)$$

由此看出，串联电阻分担一部分电压，使额定电压低的用电器能够接到电压高的线路上使用，串联电阻的这种作用叫分压作用。

4.2.2.2　**电阻的并联**

在电路中，若将几个电阻的首端和尾端分别连接在两个节点之间，则这种连接方法叫电阻的并联。同一电路上的各个用电器，通常都是采用并联接法。图 2-4-7 所示为三个电阻组成的并联电路。从图中电流表和电压表测量的结果，可以得出并联电路的特点：

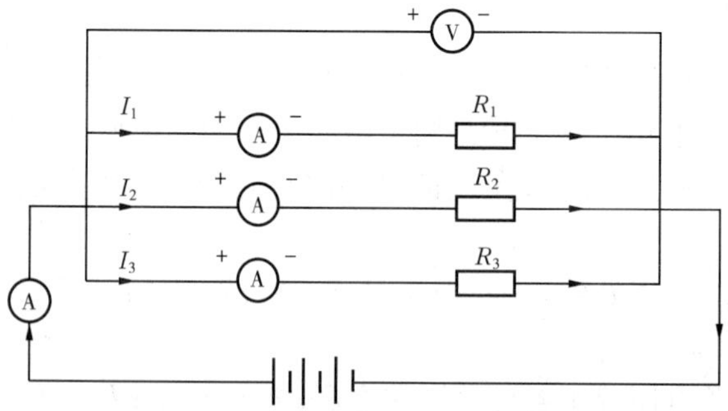

图 2-4-7　电阻的并联电路

（1）在并联电路中，各用电器（电阻）两端的电压都等于外加电源电压，即 $U=U_1=U_2=U_3$。

（2）并联电路的总电流等于各分路电流之和，即 $I=I_1+I_2+I_3$。

（3）在几个电阻并联时，可以用一个等效电阻来代替。根据以上两个特点可得如下

关系式：

$$I = \frac{U_1}{R_1} + \frac{U_2}{R_2} + \frac{U_3}{R_3} = U(\frac{1}{R_1} + \frac{1}{R_2} + \frac{1}{R_3}) \tag{2-4-3}$$

因此

$$\frac{1}{R} = \frac{1}{R_1} + \frac{1}{R_2} + \frac{1}{R_3} \tag{2-4-4}$$

式(2-4-4)表示在并联电路中，总电阻的倒数等于各电阻的倒数之和。如果 $R_1 = R_2 = R_3$，则总电阻为 $R = \frac{1}{3}R_1$，说明并联的电阻越多，总电阻就越小，电源供给的电流就越大。

若电路中既有电阻的串联，又有电阻的并联，则把这样的电路叫电阻的混联电路，如图 2-4-8 所示。在计算这样的电阻时，可以先求出 R_1 与 R_2 并联电阻，然后再与 R_3 串联，最后求出总电阻。

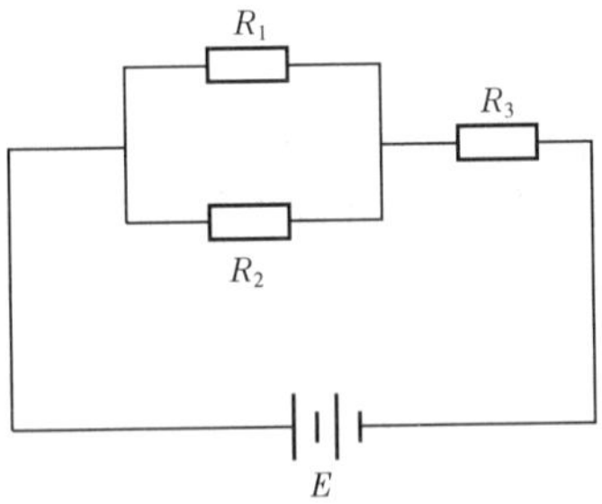

图 2-4-8　混联电路

4.3　交流电基本概念

交流电(简称 AC)是指其电动势、电压和电流的大小和方向都随着时间按一定规律作周期性的变化，是时间的函数。随时间按正弦规律变化的电流称为正弦交流电。我们日常所使用市电均为正弦交流电，简称交流电，其电流瞬时值的表达式为

$$i = I_m \sin(\omega t + \varphi)$$

$$\omega = 2\pi f = 2\pi \frac{1}{T}$$

式中　I_m——交流电的最大值或幅值，A，它是交流电在整个变化过程中所能达到的最大值；

$\omega t + \varphi$——交流电的相角或相位，当 $t = 0$ 时，相角为 φ，称为初相角，简称为初相，可以用度或弧度来表示，两个同频率的正弦量的初相之差称为它们的相角差或相位角差，相角差为零的两个正弦量，称之为同相；

ω——角频率，它是反映正弦量变化快慢的要素；

f——频率，市电为 50 Hz(赫兹)；

T——周期，$T = \frac{1}{f}$，市电周期为 0.02 s。

I_m、ω、φ 称为正弦量的三要素。

在交流电作用下的电路称为交流电路。

4.3.1　交流电的有效值和平均值

交流电的电流与电压都是随时间按正弦规律而变化的。为了确切地衡量其大小，在实际运用中，常指在同一电阻中分别通入直流电流与交流电流，在相同的时间内，它们在电阻上所产生等同的热效应，则将该直流电的大小作为交流电流的有效值 I，常用下式表达：

$$I = \sqrt{\frac{1}{T}\int_0^T i^2 \mathrm{d}t}$$

有效值又称为均方根值，正弦交流电的有效值为

$$I = \frac{I_m}{\sqrt{2}} = 0.707I_m$$

在日常运用中，若无特殊说明，凡是讲交流电压、交流电流都是指有效值。交流仪表上的电压、电流指示的也均为有效值。电气设备铭牌上的额定值都是有效值。最大值为仪表读数的$\sqrt{2}$倍。电气设备耐压值按最大值来考虑。

平均值：交流电流的平均值 I_a 是指一个周期内绝对值的平均值，也就是正半周内的平均值。正弦交流电的平均值为

$$I_a = \frac{2}{\pi}I_m = 0.637I_m$$

4.3.2　正弦交流电路的基本概念

在交变电路中，交流电(包括电流、电压、电动势)的大小和方向随时间的变化而变化，而交流电与直流电的区别就在于直流电(电流、电压、电动势)的大小和方向不随时间而变化。

在工农业生产和日常生活中，广泛应用的是交流电，这是因为交流电有很多优点。例如，可以用变压器很方便地把交流电压升高或降低，解决了高压输电和低压配电之间的矛盾，降低了高压输电的线路损耗，提高了经济效益，使低压配电时更安全可靠。另外，交流电气设备比直流电气设备构造简单、造价低廉、坚固耐用及维修方便。所以，交流电在现代工农业生产和人民生活中都占有很重要的地位。

4.3.2.1　**交流电的周期和频率**

(1)周期。正弦交流电循环变化一周所需的时间叫周期，用字母 T 表示，单位是秒(用 s 表示)，常用的还有毫秒(ms)、微秒(μs)及纳秒(ns)。

(2)频率。正弦交流电在一秒钟内循环变化的周数叫频率，用字母 f 表示，单位是赫兹(简称赫)，用字母 Hz 表示，常用的还有千赫(kHz)、兆赫(MHz)。

(3)角频率。正弦交流电在一秒钟内变化的电角度叫角频率，用字母 ω 表示，单位是弧度/秒，用字母 rad/s 表示。

频率与角频率之间的关系式为

$$\omega = 2\pi f \tag{2-4-5}$$

周期与频率之间互为倒数，其关系式为

$$f = \frac{1}{T} \tag{2-4-6}$$

周期、频率和角频率都可反映正弦交流电循环变化的快慢，三者之中已知一个值就可以求出另外两个值。例如：在我国的供电系统中，交流电的频率是 50 Hz，周期 $T = 1/f = 0.02$ s，其角频率 $\omega = 2\pi f = 314$ rad/s。

4.3.2.2 正弦交流电的值

因为正弦交流电的电动势（或电压、电流）是随时间按正弦规律变化的，所以每一时刻的值是不同的。

（1）瞬时值。正弦交流电在某一瞬间的值。电动势、电压和电流的瞬时值分别用小写字母 e、u 和 i 表示。

（2）最大值。正弦交流电中最大的瞬时值，或称峰值、振幅。电动势、电压和电流的最大值分别用 E_m、U_m 和 I_m 表示。

4.3.2.3 正弦交流电的相位、初相和相位差

对感应电动势的计算是有一定条件的，即线圈在 $t=0$、$a=0$ 时开始转动。实际上，正弦交流电的循环变化是连续进行的，起点不一定从中性面开始。假设 $t=0$ 时，$a \neq 0$，而 $a=\varphi$，则线圈中产生的感应电动势为

$$e = E_m \sin(\omega t + \varphi) \tag{2-4-7}$$

式中最大值 E_m 和角频率 ω 这两个要素，从整体上反映了感应电动势循环变化的幅度和快慢，不能反映某一瞬间的状态。$\omega t + \varphi$ 这个角度是随时间变化而变化的，e 也随之不同。这个角度每增加 360°，e 就重复原先的数值。

（1）相位。确定感应电动势每一瞬间数值的电角度（$\omega t + \varphi$），叫作相位（或相位角）。相位反映了感应电动势每一瞬间的大小、方向及增大还是减小的状态。

（2）初相。线圈开始转动瞬间（$t=0$ 时）所处的电角度（φ）叫作初相（或初相位、初相角）。

（3）相位差。两个相同频率的正弦交流电的初相位之差。例如 e_1 的初相位为 φ_1，e_2 的初相位为 φ_2，当二者的频率相同时，其相位差为

$$\varphi = \varphi_1 - \varphi_2 \tag{2-4-8}$$

分析式（2-4-8）有以下四种情况：

（1）同相：$\varphi_1 = \varphi_2$，$\varphi = 0$ 时，即两正弦交流电同时达到零值或最大值。

（2）反相：$\varphi = 180°$时，即一个达到正的最大值时，另一个达到负的最大值。

（3）超前：如 $\varphi_1 > \varphi_2$ 时，即 φ_1 提前达到零值或最大值，φ_1 叫作超前角。

（4）滞后：如 $\varphi_2 < \varphi_1$ 时，φ_2 随后达到零值或最大值，φ_2 叫作滞后角。

在正弦交流电中，两个交流电动势之和不是代数和而是矢量和，这对相位差的研究是极为重要的。

4.3.2.4 正弦交流电的有效值（平均值）

假如将正弦交流电流和直流电流分别通过阻值相同的电阻，如果在相同的时间内，这

两种电流产生出相同的热量,就把这时的直流电流的数值称为交流电流的有效值。即交流电流的有效值是由交流电流在电路中的热效应来决定的。对于正弦交流电流来说,只要计算一个周期的有效值与振幅即可。因为在一个周期所产生的热量可以看作是若干个瞬间电流所产生的热量之和。可见,交流电流的有效值,等于一个周期内瞬时电流的平均值,所以有效值又称为平均值。

与之相应的交流电动势和交流电压,也同交流电流一样计算有效值。

通过计算得到,正弦交流电的电流、电压以及电动势的有效值均为其最大值的 $1/\sqrt{2}$ 倍,或近似为 0.707 倍。有效值的符号分别用 I、U、E 表示,其关系式为

$$\left.\begin{aligned} I &= I_m/\sqrt{2} = 0.707I_m \\ U &= U_m/\sqrt{2} = 0.707U_m \\ E &= E_m/\sqrt{2} = 0.707E_m \end{aligned}\right\} \tag{2-4-9}$$

通常所说照明电路的电源电压为 220 V、电动机的电源电压为 380 V,以及用电表测量出来的电流、电压数值都是指有效值。一切交流电器,电机产品铭牌上的额定电压、额定电流等也是指的有效值。

已知有效值求最大值时,只要将有效值乘上$\sqrt{2}$即可。如有效值 220 V 的最大值为 $220\sqrt{2}=311(\text{V})$。

【例 2】 已知 $i=9\sqrt{2}\sin\omega t(\text{A})$。当用电流表测此电流时,问应选多大量程的电流表?

解 根据有效值与最大值的关系

$$I = I_m/\sqrt{2} = 9\sqrt{2}/\sqrt{2} = 9(\text{A})$$

选一只 0 ~ 10 A 的电流表即可。

4.4 正弦交流电路的复数计算及三相电路的计算

4.4.1 正弦交流电路的复数计算

一个正弦量可以用角频率、振幅和初相位三个要素来唯一确定,换句话说,只要能表示三要素,就能表示这个正弦量。前面分析的正弦交流电的三角函数表示法和正弦波形表示法,都能完整地表示出一个正弦量的三要素,而且它们比较直观,但用这两种方法分析和计算交流电路问题时,就比较烦琐,很不方便。在电工技术里,通常采用相量法来进行交流电路的分析与计算,该方法简单方便。

在同一电力系统中,正弦交流电量的频率是相同的,这样,一个正弦交流电量就可以唯一地由有效值和初相位两个要素来决定,相量法正是建立在这一基础上处理同频率正弦量问题的数学工具,它可使电路的计算得到简化。

4.4.1.1 相量表示法

如图 2-4-9 所示,正弦量 $e=E_m\sin(\omega t+\varphi)$,以其最大值 E_m 作为矢量的长度,以其初

相角 φ 作为矢量的起始位置与横轴之间的夹角，并以其角频率 ω 作为矢量反时针方向旋转的角速度，使其成为一个旋转矢量。

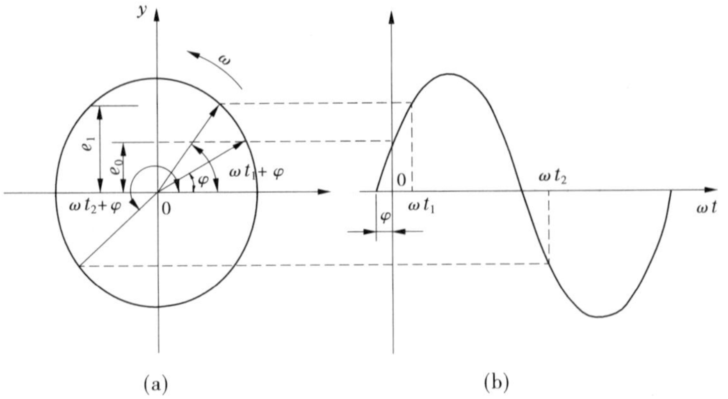

图 2-4-9　旋转相量与正弦波

正弦量在 $t=0$ 时的瞬时值 $E_m\sin\varphi$ 就是旋转矢量在纵轴上的投影 e_0 的值。经过 t_1 时间后，旋转矢量与横轴之间的夹角变为 $\omega t_1+\varphi$，在纵轴上的投影 $e_1=E_m\sin(\omega t_1+\varphi)$ 正是正弦量在 t_1 时刻的瞬时值。因此，在任一时刻，正弦量的值就是这个旋转矢量在纵轴上的投影。由此可见，正弦量可以用旋转矢量表示。

在正弦交流电路中，电压、电流本身是时间的正弦函数，所以它们可以用旋转矢量表示。这样，所对应的电压、电流就成为时间矢量，它们与在空间上有一定方向的空间矢量（如力、电场强度等）不同。为了不致混淆，我们把对应于某一正弦时间函数的矢量称为旋转相量，它的初始值称为初始相量，并用大写字母上加点表示。如图 2-4-10 所示，$\dot{E}_m$ 表示电势的幅值相量，$\dot{E}$ 表示电动势的有效值相量。

初始相量是旋转相量的初始位置，旋转相量能表达正弦量的三要素，而相量只能表达正弦量的有效值和初相位。按照图 2-4-9 的方法来表示正弦量还是比较麻烦的，通常只画出初始位置（$t=0$ 时）的相量表示一个正弦量，它的长度等于正弦量的幅值（或有效值），它与横轴的夹角等于正弦量的初相位。为了简便，纵轴与横轴也可以不画出来，如图 2-4-10 所示，这个相量是以正弦量的角频率 ω 作逆时针方向旋转的，它在纵轴上的投影表示正弦量的瞬时值。

在实际问题中所涉及的往往是正弦量的有效值。为了方便起见，常使相量的长度等于正弦量的有效值，如图 2-4-10 所示，这时它在纵轴上的投影就不代表正弦量的瞬时值了。

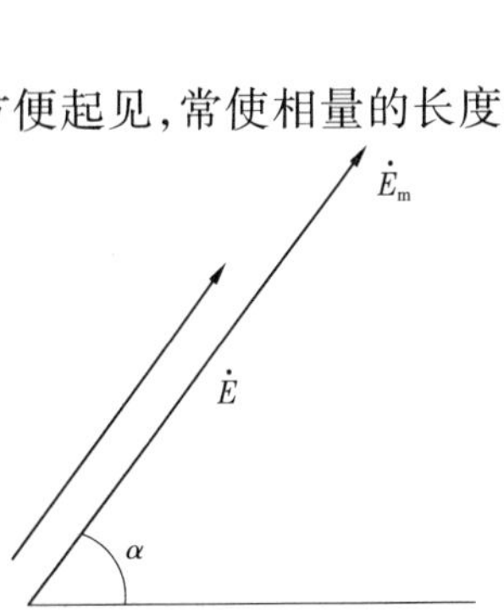

图 2-4-10　相量图

把代表几个同频率正弦量的相量画在同一个坐标平面上就叫相量图，用相量图进行正弦量的加减运算，也是采用平行四边形法则，它是分析与计算交流电路的重要方法之一。

应该注意，相量只能表示正弦周期量，而且只有同频率的正弦量才能画在同一个相量图上。正弦量与相量之间的对应关系,仅意味着正弦量可用相量表示,而不是相等的关系。例如:$e(t) \neq E_m$。

【例 3】 已知两个正弦交流电流 $i_1 = 16\sin(\omega t + 60°)$(A)、$i_2 = 12\sin(\omega t - 30°)$(A),求 $i = i_1 + i_2$。

解 先作 i_1 和 i_2 的幅值相量 $\dot{I}_{1m}$ 和 $\dot{I}_{2m}$,然后用平行四边形法则作出两电流之和 i 的幅值相量 $\dot{I}_m$,如图 2-4-11 所示。

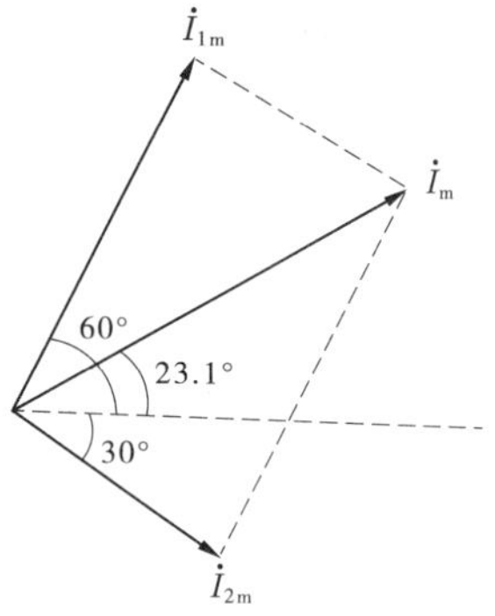

图 2-4-11 幅值相量

因为 i_1 和 i_2 的相位差恰好为 90°,所以 i 的幅值为

$$I_m = \sqrt{I_{1m}^2 + I_{2m}^2} = \sqrt{16^2 + 12^2} = 20(\text{A})$$

而 i 的初相位

$$\varphi = 60° - \arctan 12/16 = 60° - 36.9° = 23.1°$$

则
$$i = 20\sin(\omega t + 23.1°)(\text{A})$$

4.4.1.2 **相量的复数表示**

用相量图可以分析与计算简单的交流电路问题,但直接在相量图上去量大小与相位往往不够准确,必须借助于三角和几何公式来进行计算,有时计算仍很复杂。运用相量的复数表示法,就能使正弦量的运算变换成为复数的代数计算,从而使正弦交流电路的计算大为简化。

已知复数的一般表达式为

$$\dot{A} = a + \text{j}b \tag{2-4-10}$$

式中 a——复数 A 的实部;

b——复数 A 的虚部;

j——复数的单位,$\text{j} = \sqrt{-1}$(数学中的 i)。

式(2-4-10)为复数的直角坐标型。

任何一个复数都对应着复平面上的一点,如图 2-4-12 所示。从原点 O 至 P 点的相量对应复数 $\dot{A}$。

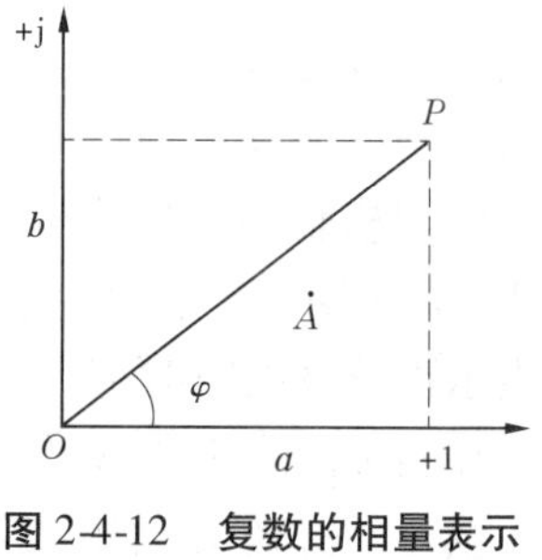

图 2-4-12 复数的相量表示

这就是说,相量可由复数表示,即

$$A = \sqrt{a^2 + b^2};\varphi = \arctan(b/a)$$
$$a = A\cos\varphi;b = A\sin\varphi$$

式中 A——复数 $\dot{A}$ 的模(对应正弦量的幅值或有效值);

φ——复数的幅角(对应正弦量的初相位)。

$$\dot{A} = a + \text{j}b = A\cos\varphi + \text{j}A\sin\varphi = A(\cos\varphi + \text{j}\sin\varphi)$$

根据数学中的欧拉公式,有

$$e^{\text{j}\varphi} = \cos\varphi + \text{j}\sin\varphi$$

可将式(2-4-10)简化为

$$\dot{A} = Ae^{\text{j}\varphi}$$

此式为复数的指数型,为了简便常将上式写成极坐标型,即

$$\dot{A}=A\angle\varphi$$

综上所述,复数有三种表示法,即

$$\dot{A}=a+\mathrm{j}b=A(\cos\varphi+\mathrm{j}\sin\varphi)=A\mathrm{e}^{\mathrm{j}\varphi}=A\angle\varphi$$

以上三种形式可以互相换算。

正弦交流电流 $i=\sqrt{2}I\sin(\omega t+\varphi)$,可用复数表示为 $\dot{I}_{\mathrm{m}}=\sqrt{2}I\angle\varphi$,或表示为 $\dot{I}=I\angle\varphi$。

4.4.1.3　复数的运算

在电工技术中,用复数计算电路问题时,复数的加减运算一般用直角坐标型,而复数的乘除则用极坐标型较为方便。

设有两个复数分别为

$$\dot{A}_1=a_1+\mathrm{j}b_1=A_1\angle\varphi_1$$

$$\dot{A}_2=a_2+\mathrm{j}b_2=A_2\angle\varphi_2$$

则其运算法则及定义如下:

(1)加减运算

$$\dot{A}_1\pm\dot{A}_2=(a_1+\mathrm{j}b_1)\pm(a_2+\mathrm{j}b_2)=(a_1\pm a_2)+\mathrm{j}(b_1\pm b_2)$$

(2)乘除运算

$$\dot{A}_1\times\dot{A}_2=A_1\angle\varphi_1\times A_2\angle\varphi_2=A_1A_2\angle\varphi_1+\varphi_2$$

或
$$\dot{A}_1\times\dot{A}_2=(a_1+\mathrm{j}b_1)\times(a_2+\mathrm{j}b_2)=(a_1a_2-b_1b_2)+\mathrm{j}(a_1b_2+a_2b_1)$$

$$\frac{\dot{A}_1}{\dot{A}_2}=\frac{A_1\angle\varphi_1}{A_2\angle\varphi_2}=\frac{A_1}{A_2}\angle\varphi_1-\varphi_2$$

或
$$\frac{\dot{A}_1}{\dot{A}_2}=\frac{a_1+\mathrm{j}b_1}{a_2+\mathrm{j}b_2}=\frac{a_1a_2+b_1b_2}{a_2^2+b_2^2}+\mathrm{j}\frac{a_2b_1-a_1b_2}{a_2^2+b_2^2}$$

(3)复数相等。若 $\dot{A}_1=\dot{A}_2$,则必有 $a_1=a_2$ 和 $b_1=b_2$。

(4)复数等于零。若 $\dot{A}=a+\mathrm{j}b=0$,则必有 $a=0$ 和 $b=0$。

(5)一个复数 $\dot{A}=A\angle\varphi$ 乘以常数 k,则有 $k\times\dot{A}=kA\angle\varphi$。

由于 $\mathrm{j}=0+1$,$\mathrm{j}=1\angle90°$,则当复数 $\dot{A}=A\angle\varphi$ 乘以 j 时,所得复数的模不变,其幅角增加 90°,相当于 A 逆时针转 90°。同理,可知 $\dot{A}$ 乘以 $-\mathrm{j}$ 的情况,如图 2-4-13 所示。

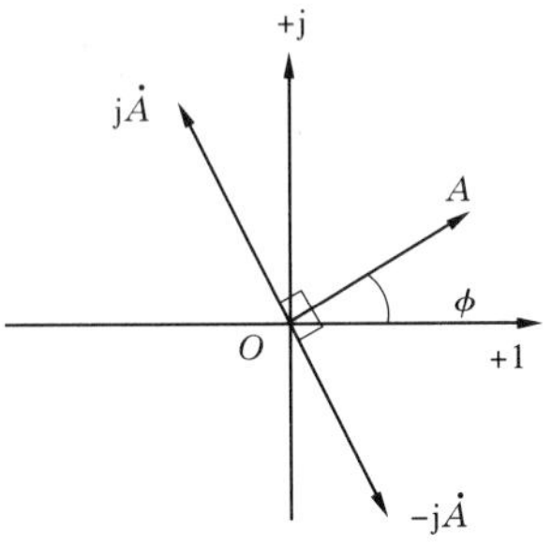

图 2-4-13　相量

相量法的实质是将各同频率正弦量的三角函数运算问题转换为复数运算问题,从而简化了运算。相量法是分析交流电路的有力数学工具。

【例4】　用三角函数法和复数法分别求例3中两个正弦交流电流之和 i。

解　(1)三角函数法

$$i = i_1 + i_2 = 16\sin(\omega t + 60°) + j12\sin(\omega t - 30°)$$
$$= 16(\sin\omega t\cos60° + \cos\omega t\sin60°) + 12[\sin\omega t\cos(-30°) + \cos\omega t\sin(-30°)]$$
$$= (8\sin\omega t + 8\sqrt{3}\cos\omega t) + (6\sqrt{3}\sin\omega t - 6\cos\omega t)$$
$$= (8 + 6\sqrt{3})\sin\omega t + (8\sqrt{3} - 6)\cos\omega t$$
$$= 18.39\sin\omega t + 7.86\cos\omega t$$
$$= \sqrt{18.39^2 + 7.86^2} \times (18.39/\sqrt{18.39^2 + 7.86^2}\sin\omega t + 7.86/\sqrt{[18.39^2 + 7.86^2}\cos\omega t)$$
$$= 20 \times (\cos23.1°\sin\omega t + \sin23.1°\cos\omega t)$$
$$= 20\sin(\omega t + 23.1°)(A)$$

(2)复数法

先将两个正弦交流电流用复数的极坐标型表示，则有

$$\dot{I}_{m1} = 16\angle60°;\dot{I}_{m2} = 12\angle -30°$$

所以
$$\dot{I}_m = \dot{I}_{m1} + \dot{I}_{m2} = 16\angle60° + j12\angle -30°$$
$$= 16\cos60° + j16\sin60° + 12\cos(-30°) + j12\sin(-30°)$$
$$= 8 + j8\sqrt{3} + 6\sqrt{3} - j6 = 18.39 + j7.86$$
$$= \sqrt{18.39^2 + 7.86^2}\angle\arctan7.86/18.39 = 20\angle23.1°(A)$$
$$i = 20\sin(\omega t + 23.1°)\quad(A)$$

从例 4 中可看到，两种方法计算的结果与例 3 相量图法的结果完全相同，但三角函数法十分烦琐。同频率正弦量的和、差运算结果仍是同频率正弦量，所以在上述复数运算过程中 ωt 未予体现，只取 $t=0$ 时刻来计算，但最后写瞬时值表达式时仍应把 ωt 补入式中。

4.4.2　三相交流电计算

三相交流电，由三个频率相同、初相位不同的电压源作为电源供电的体系。由三个同频率、等幅值、初相依次相差 120°的正弦电压源按一定方式连接而成，这组电压源称为对称三相电源，否则称为不对称三相电源。

工程上常把每相电源用 A－X、B－Y、C－Z 来标记电源的正、负极性，每一个电压源称为一相，分别记为 A 相、B 相、C 相，其瞬时值表达式为(以 u_A 为参考正弦量)

$$u_A = U_m\sin\omega t$$
$$u_B = U_m\sin(\omega t - 120°)$$
$$u_C = U_m\sin(\omega t - 240°)$$
$$= U_m\sin(\omega t + 120°)$$

对称的三相电源的电压瞬时值之和为零，即 $u_A + u_B + u_C = 0$。

三相电源中，各相电压经过同一值的先后次序称为三相电源的相序。如果第一相比第二相越前，第二相又比第三相越前，则称这种相序为正序或顺序。反之，第一相比第二相落后，第二相又比第三相落后，则称这种相序为反序或逆序。若无特别说明，三相电源均指正序。在实际工作中，常用相序表来检查三相电压的相序。一些设备相序是绝对不能接反的，如潜水泵，它在制造中设置了反抬装置，防止水泵反转，一旦水泵反转将会损坏

设备。

在三相电路中常见的对称三相电源一般连接成星形或三角形两种方式。

把三个电压源的负极 X、Y、Z 连接在一起形成一个节点(记为 N,称为电源的中性点),从三个电源的正极性 A、B、C 引出三条输出线(称为端线)形成电源的星形连接方式,简称星形电源,用符号“Y”表示(见图 2-4-14)。把三相电压源,依次按 A—X—B—Y—C—Z—A 相接形成一个闭合回路,再从 A、B、C 各端点引三条输出线来,形成为一个三相电源的三角形连接,简称三角形电源,用符号“D”表示(见图 2-4-15)。

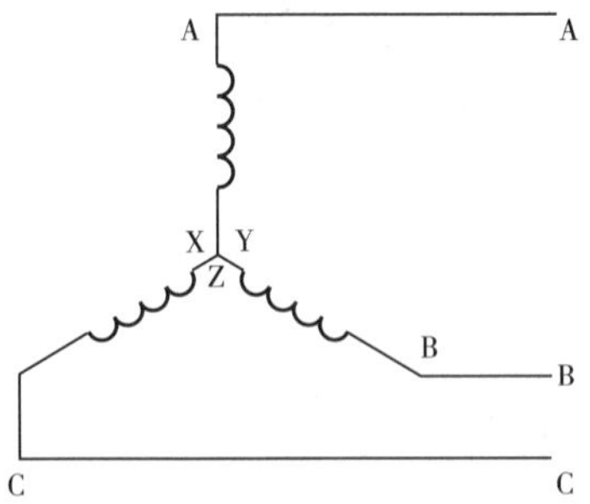

图 2-4-14　星形电源

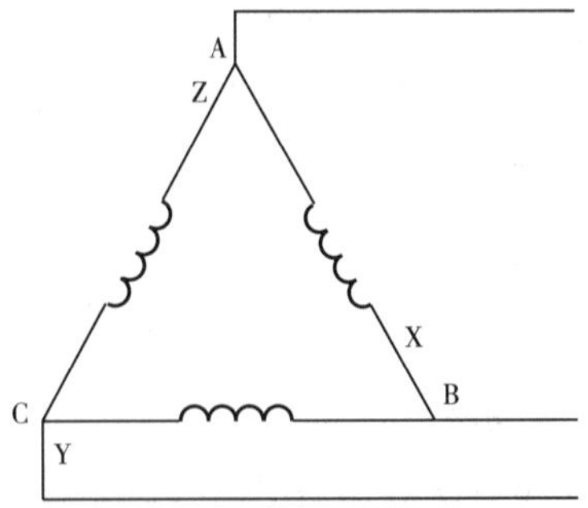

图 2-4-15　三角形电源

星形连接方式,流过端线的电流称为线电流,端线 A、B、C 两两之间的电压称为线电压;端线 A、B、C 与中性点之间的电压为相电压。流过每相电源的电流称为相电流。线电流等于相电流,线电压与相电压之间的关系为$\sqrt{3}$倍。各线电压之间的相位差为 120°。

三角形连接方式线电压等于相电压,线电流等于$\sqrt{3}$倍相电流。必须注意三角形连接在上述正确连接下 $\dot{U}_A+\dot{U}_B+\dot{U}_C=0$,能够保证在没有输出的情况下,电源内部没有环形电流。若接错,将可能形成很大的环形电流。

三相电路,就是由三角形或星形这种形式的三相电源和三相负载用输电线(端线)连接起来所组成的系统。

4.4.3　功率及功率因数

4.4.3.1　正弦电路的功率与功率因数

输入任何无源一端口网络的瞬时功率 p,等于加在端口两端电压与电路中的电流的乘积。即 $p=ui$,当 $p>0$ 时,电路从外部吸取能量,当 $p<0$ 时,电路向外送出能量。而我们通常所说的正弦电流电路的功率,是指一个周期内的平均功率,又称有功功率,用 P 表示,$P=UI\cos\varphi$,它代表这段电路实际所消耗的平均功率,表明有功功率不仅与加在这一端口网络的电压、电流的乘积有关,而且还与它们之间的相位差有关,$\cos\varphi$ 称为这一端口网络功率因数。

当该网络负载为纯电阻负载,$\cos\varphi=1$,$\varphi=0°$,$P=UI$ 时,该网络纯消耗功率。如 $\varphi=-\frac{\pi}{2}$时,电路为纯电容性负载 $\cos\varphi=0$,$\sin\varphi=1$,电容吸收的平均功率为 $P_C=UI$

$\cos(-\frac{\pi}{2})=0$,电容储存电场能量为 $W_C=\frac{1}{2}CU^2$,电场能量只是在电容与外部回路之间来回交换。当 $\varphi=\frac{\pi}{2}$时,$P_C=UI\cos\frac{\pi}{2}=0$,电感储存磁场能量为 $W_L=\frac{1}{2}Li^2$,电流为正弦函数,在一个周期内磁场能量与外部电路之间来回交换。只能当 φ 既不是 0°,也不是 $\pm\frac{\pi}{2}$时,网络中的负载既有电阻负载,也有电感或电容,或电感电容均有时,$P=UI\cos\varphi$,P 称为有功功率。相对于有功功率,在工程上引进了一个无功功率的概念,用 Q 表示,其表达式为 $Q\triangleq UI\sin\varphi$,单位简称乏(Var)。无功功率的存在反映出电路有储能元件。

视在功率为加在无源端口网络点的电流与电压乘积。视在功率的大小为 $S=UI$,单位为伏安。

视在功率与有功功率、无功功率之间的关系为

$$S^2=P^2+Q^2\Rightarrow S=\sqrt{P^2+Q^2}$$

$$\tan\varphi=\frac{Q}{P}\Rightarrow Q=P\tan\varphi$$

此式对研究功率因数补偿很重要。

各种电机、电器设备的容量是由它们的铭牌上的额定电流和额定电压的乘积来决定的。

4.4.3.2　对称的三相电路功率与功率因数

在三相三线制电路中,三相负载所吸收的平均功率等于各相平均功率之和,即 $P=P_A+P_B+P_C=U_{\phi A}I_{\phi A}\cos\varphi_A+U_{\phi B}I_{\phi B}\cos\varphi_B+U_{\phi C}I_{\phi C}\cos\varphi_C$。

$U_{\phi A}$、$U_{\phi B}$、$U_{\phi C}$、$I_{\phi A}$、$I_{\phi B}$、$I_{\phi C}$分别是三相电压与电流,φ_A、φ_B、φ_C 为相电压与相电流之间的夹角。

对称的三相制中,各相负载吸收的平均功率相等,即上式可写为 $P=3P_A=3P_B=3P_C=3U_\phi I_\phi\cos\varphi$。

负载在任何一种接法下,$3U_\phi I_\phi=\sqrt{3}U_1I_1$,所以 $P=\sqrt{3}U_1I_1\cos\varphi$。

同理,三相无功功率 $Q=Q_A+Q_B+Q_C=3U_\phi I_\phi\sin\varphi=\sqrt{3}U_1I_1\sin\varphi$。

视在功率　$S=\sqrt{P^2+Q^2}=\sqrt{3}U_1I_1$

$\cos\varphi=\frac{P}{S}$为功率因数。

在三相三线制,无论负载对称与否,都能够使用两个功率表的方法来测量三相功率。三相功率:$P=P_1+P_2$。

三相四线制不能用此法。

在相同的线电压下,负载作三角形连接时的有功功率是星形连接时有功功率的三倍。无功功率和视在功率也同样如此。

4.5　电磁感应的基本概念

4.5.1　基本知识

磁铁具有吸铁的性质称为磁性。任何一磁铁均有 N 极(北极)与 S(南极)两个磁极。磁铁的两端磁性最强、中间磁性最弱。磁铁同性磁极相斥,异性磁极相吸。

磁铁吸引铁性材料的空间称为磁场。为了形象化表述磁场的存在,常用磁力线来描绘。磁力线是一组互不相交的封闭的连续不断的回线。磁铁内部的磁力线由 S 极出发到 N 极,外部由 N 极出发到 S 极。磁力线密的地方,磁场强;磁力线疏的地方,磁场弱。

将不带磁性的材料使其具有磁性的过程称为磁化。具有磁化的材料称为铁磁材料。铁磁性材料分为两种,一种是一经磁化则磁性不易消失(称为剩磁)的物质,叫硬磁材料,用作永久磁铁;一种是剩磁极弱的物质,叫软磁材料。

铁磁性材料的磁特性的外部表现,一般用磁感应强度 B 和磁场强度 H 关系曲线 B—H 磁化的磁滞回线来反映。铁磁性材料磁化过程是能较全面体现铁磁性物质磁化特点的一种典型磁化过程。一个具体磁性器件中铁芯的磁化过程不仅与铁磁性材料本身有关,还与激磁电流的大小及其变化情况有关(如图 2-4-16 所示)。

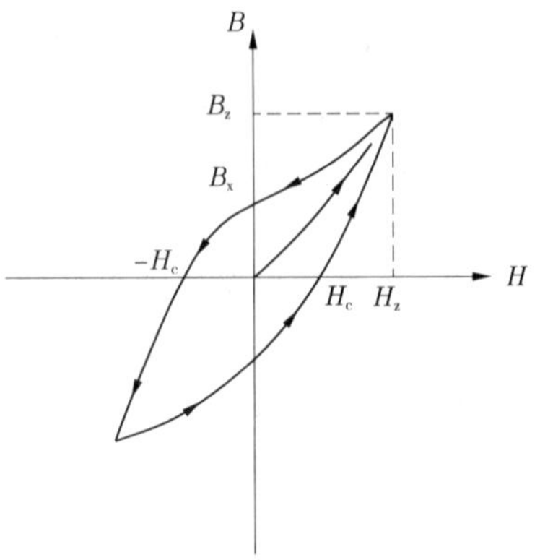

图 2-4-16　B—H 函数曲线

磁滞回线较窄者,磁导率较大,矫顽力小,称为软磁材;磁滞回线较宽者,矫顽力大,剩磁也大,称为硬磁材料。软磁材料一般用来作电机、变压器、电磁铁、继电器等电磁设备的铁芯。硬磁材料主要用来制造永久磁铁。磁导率 μ 是衡量磁介质导磁能力的物理量。

4.5.2　电流的磁效应

电流的磁效应即磁场对通电导体的作用。载流导体周围存在着磁场,即电流产生磁场(电能生磁),称为电流的磁效应。电流的磁效应使我们能够容易地控制磁场的产生和消失。在生产实际中有很重要的意义。

通电导线周围磁场的方向可用右手定则来判断。

(1)通电直导线磁场方向:用右手握住导线,大拇指指向电流的方向,则其余四指所指的方向就是磁场方向。

(2)通电线圈磁场方向:将右手大拇指伸直,其余四指沿着电流方向围绕线圈,则大拇指所指方向就是线圈内部的磁场方向。

通电导线产生的磁场,磁场是一个有大小和方向的量,是一个矢量,常用磁感应强度来描述,可以通过毕奥－萨伐尔定律计算出量的大小。

$$d\vec{B} = \frac{\mu_0}{4\pi}\frac{Id\vec{l} \times \vec{r}}{r^2} = \frac{\mu_0}{4\pi}\frac{Idl \cdot \sin\theta}{r^2} \tag{2-4-11}$$

式中　$Id\vec{l}$——电流元；

$d\vec{B}$——电流元在某一场点产生的磁感应强度；

$\vec{r}$——是由电流元指向某一场点的矢径；

μ_0——真空磁导率，$\mu_0 = 4\pi \times 10^{-7} N \cdot A^{-2}$；

θ——某一场点与电流元方向连线的夹角。

由磁场强度叠加原理（电流产生的磁场为组成该电流所有电流元产生的磁场矢量和）知，任意载流导线（或线圈）产生的磁场强度为

$$\vec{B} = \oint d\vec{B} = \frac{u_0}{4\pi}\oint \frac{Id\vec{l} \times \vec{r}}{r^2}$$

试验证明：通电导线在磁场中会受到力的作用，这种力叫作电磁力或电动力。电动机和磁电仪表就是应用这个原理制成的。

通电导线在磁场中受力的方向，可以应用左手定则来确定。即伸出左手使磁力线垂直穿过掌心，伸直的四指方向与导体中电流方向一致，则与四指垂直的大拇指所指的方向就是导体的受力方向，其受力大小可用式（2-4-12）计算：

$$F = IBl\sin\alpha \tag{2-4-12}$$

式中　F——导体在磁场中受到的电磁力，N；

I——导体中通过的电流，A；

B——导体所处磁场的磁感应强度，T；

l——导体的有效长度，m；

α——导体与磁场方向间的夹角，(°)。

4.5.3　电磁感应

电、磁场是一种特殊形态的客观存在着的物质，是由互相联系的、变化着的电场和磁场组成的。电场由电荷产生的，存在电荷周围。磁场是由运动着的电荷即电流产生，存在于运动电荷周围的空间。电场与电场之间、磁场与磁场之间以及电场与磁场之间均有相互作用力。

电场的强弱用电场强度表示，磁场的强弱用磁场强度来表示。电磁场是电场和磁场组成的统一体。二者是互相联系、同时存在的，在空间总是互相垂直的。两者相互感应传递能量，电磁场的能量为电场能量与磁场能量之和，即 $W = W_d + W_c$。

$$W_d = \frac{1}{2}\frac{Q^2}{C} \tag{2-4-13}$$

式中　W_d——电场能量；

C——电容。

电容器是一种能够储存电场能量的电路元件，主要是在两极储存电荷。基本单位是法拉（F），实际运用中，通用微法（μF）或皮法（pF）表示。

$$W_c = \frac{1}{2}LI^2$$

式中　W_c——磁场能量；

L——电感。

电感元件是一种能够把磁场能量储存起来的电路元件，基本单位为亨利（H）。

电容元件与电感元件处于纯状态下不消耗能量，属于储能元件，但其本身也有容抗与阻抗，需消耗电能，因此常用的电感、电容元件均有感抗、容抗与阻抗。电容元件与电感元件多次往返储能自身也消耗能量发热。

电磁场能量是以辐射方式传播的。

当导体在磁场中，与磁力线之间有相对切割运动时，导体中就有电动势产生；当磁场中磁通变化时，回路中就有电势产生，这两种现象就称为电磁感应现象。由电磁感应现象所产生的电动势叫作感应电动势，由感应电动势在闭合的回路中产生的电流叫作感应电流。

导体与磁力线间作相对切割运动时，所产生感应电动势的方向可用右手定则来确定。即伸出右手，拇指与其余四指垂直，让磁力线垂直穿过手心，拇指的指向代表导体运动方向，其余四指的指向就是感应电动势的方向。

当磁场中，磁通变化时，其感应电动势的方向可用楞次定律来判别。感应电流所产生的磁通，总是企图反抗原磁能的变化，当原磁通增加时，感应电流产生的磁通方向和原磁通方向相反；当磁通减少时，感应电流产生的磁通和原磁通方向相同，这个规律就是楞次定律。

实践证明：在均匀磁场中，感应电动势 E 的大小，由下式决定：

$$e = Blv\sin\alpha \tag{2-4-14}$$

式中　B——均匀磁场的磁感应强度，T；

l——导体在磁场中的有效长度，m；

v——导体和磁场相对运动速度，m/s；

e——导体切割磁力线产生的感应电动势，V；

α——导体运动的方向与磁力线间的夹角，(°)。

4.5.4　自感、互感、涡流

4.5.4.1　自感

由于线圈（或回路）本身电流的变化引起线圈（或回路）内产生电磁感应的现象叫作自感。由自感现象而产生的感应电动势叫自感电动势。自感电动势的大小由下式确定：

$$e_1 = L\frac{\Delta I}{\Delta t} \tag{2-4-15}$$

式中　e_1——自感电动势，V；

ΔI——线圈中电流的变化量，A；

Δt——时间变化量，s；

L——线圈自感系数，H。

自感系数 L 用毫亨（mH）、微亨（μH）作单位，它们三者之间关系：$1\ \text{H} = 10^3\ \text{mH} = 10^6\ \mu\text{H}$。

线圈自感系数的大小，与线圈本身的结构（如匝数、几何形状和尺寸）和周围介质的导磁系数有关。在某些教材上自感亦称电感系数。

自感电动势的方向由楞次定律确定。

4.5.4.2 互感

处于同一磁介质中的两组（或多组）线圈（或回路），当通过其中的一组（或若干组）线圈（或回路）的电流（或磁场）发生变化时，在其他线圈（或回路）中也引起磁场发生变化，从而产生电动势，这种现象叫作互感现象。由互感现象产生的电动势叫互感电动势。互感电动势的大小由下式确定：

$$e_m = -M\frac{\Delta I}{\Delta t} \tag{2-4-16}$$

式中 e_m——互感电动势，V；

ΔI——原线圈中的电流变化量，A；

Δt——时间变化量，s；

M——线圈的互感系数，H。

线圈互感系数 M（简称互感）与处于同一磁介质中线圈的匝数几何形状、相对位置以及周围的磁介质等因素有关，其大小反映了一个线圈在另一个线圈中产生互感电动势的能力。

互感电动势的方向遵循楞次定律，当两个线圈绕向一致时，第二线圈中的感应电动势总是力图阻止第一个线圈中电流的变化。当第一线圈中电流增加时，第二线圈感应电动势（感应电流）的方向和原线圈电流方向相反；反之，则与原线圈的电流方向相同。此外，还与线圈绕向有关。

通常，我们把通入电流的线圈叫原线圈（或一次线圈），产生感应电动势的线圈叫作副线圈（或二次线圈），原、副线圈间并无电的联系，而是通过磁来联系的，这种联系叫作磁耦合。

4.5.4.3 涡流

涡流是感应电流的一种。带有铁芯的线圈中通入电流后，当线圈中的电流变化时，便在铁芯内产生变化的磁通，由于互感的作用，在铁芯内将产生自成回路的环流，称为涡流。

涡流会使铁芯发热，增加电能损耗，叫作涡流损耗。交流电器的铁芯是由多层且错位相接并涂有绝缘漆的硅钢片叠成的，就是为了减少涡流损失。

4.5.4.4 线圈极性

处于同一磁介质中的两组线圈 L_1、L_2，在同一变化的磁通作用下，当线圈 L_1 的感应电势（或自感电势）使其一端的瞬时电位为正值，线圈 L_2 的感应电势也必然同时使其有一端的电位为正。这两个对应为正（极性相同的）的点，就叫作同极性或同名端；感应电动势极性相反的端叫异名端。同名端用符号“＊”（或“·”或“+”）来标记。标记了同名端后，线圈的具体绕法及其相对位置就不需要在图中表示。

4.6 防雷

为了避免电气设备遭受直击雷以及防止感应过电压击穿绝缘，我们通常采用避雷针、避雷线、避雷器等设备进行过电压保护。

4.6.1　避雷针

避雷针是我们最熟悉的防雷设备之一，它的构造简单，一般由三个部分组成：①接闪器或叫"受雷尖端"，是避雷针最高部分，专门用来接受雷电放电，一般用长1.5～2 m的镀锌铁棍或铁管制成，其顶部略成尖形。②引下线，用它将接闪器的雷电流安全地引至接地装置，使雷电流尽快泄入大地。引下线一般用35 mm的镀锌钢绞线或者圆钢以及扁铁制成。如果避雷针的支架采用铁管或铁塔形式，可利用其支架作为引下线，而无需另设引下线。③接地装置，是避雷针的最下部分，埋入地下。由于它和大地土壤紧密接触，可使雷电流很好地泄入大地。接地装置一般都用角钢、扁钢、圆钢、钢管等打入地中，其接地电阻一般不能超过10 Ω。

高耸的针、线、网、带都是接闪器，它们比被保护设施更接近雷云，在雷云对地放电前，接闪器在电场的影响下，上面积累了大量的异性电荷，它们与雷云之间的电场强度超过附近地面被保护设施与雷云之间的电场强度。放电时，接闪器承受直接雷击，强大的雷电流通过阻值很小的引下线、接地体泄入大地，从而使被保护设施免受直接雷击。

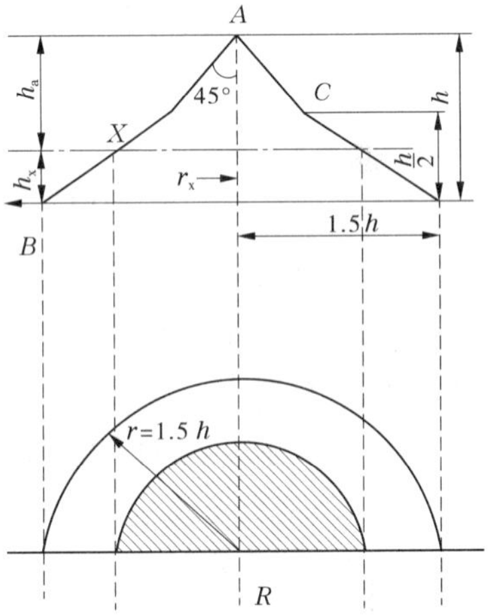

图2-4-17　单根避雷针的保护范围

避雷针有一定的保护范围，被保护物在避雷针的保护范围内才能避免雷击。

单根避雷针的保护范围如图2-4-17所示，是以轴线为对称的一个折线圆锥形。圆锥形的轮廓线可由图中注明的尺寸关系画出。避雷针在地面上的保护半径$r=1.5h$，h为避雷针的高度。

从针的顶点向下作45°的斜线，构成圆锥形的上半部，从距离针$1.5h$处向上再作斜线与前一斜线在高度$h/2$处相交，交点以下构成圆锥形的下半部，在被保护物高度h_x上的保护半径可由下式确定：

当$h_x \geqslant \frac{h}{2}$时，

$$r_x = (h - h_x)P$$

当$h_x < \frac{h}{2}$时，

$$r_x = (1.5h - 2h_x)P$$

式中，当$h \leqslant 30$ m时，$P=1$；当$h > 20$ m时，$P=\frac{5.5}{\sqrt{h}}$。

两根等高避雷针保护范围如图2-4-18所示。

当避雷针的高度在30 m以下，而两个避雷针之间的距离又不超过其有效高度的7倍时，如果某一高度的被保护物位于两根避雷针相应的保护范围之内，则将受到可靠的保

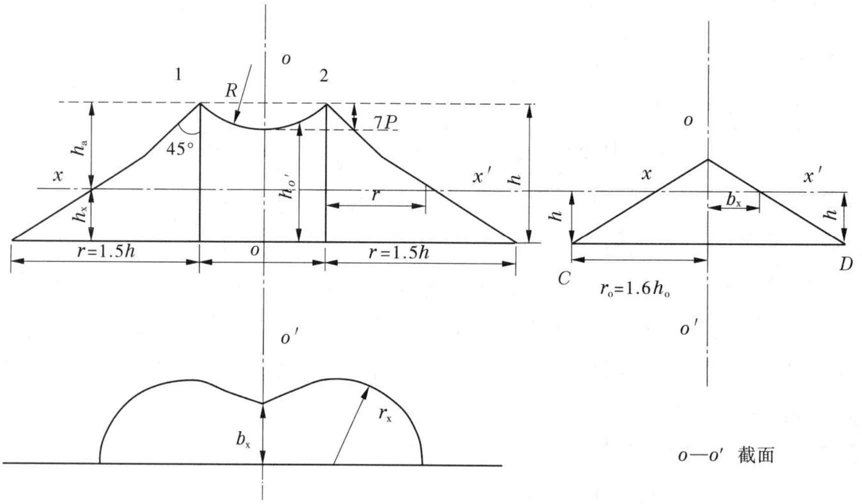

x—x′平面上的保护范围

图 2-4-18　两根等高避雷针保护范围

护。两个避雷针之间的保护范围,明显地大于两个单个避雷针保护范围的总和。

两根避雷针外侧部分保护范围的保护半径 r_x 可按单针来确定。两针之间二分之一的保护范围的宽度 h_x 的确定,从 o—o′截面中找出。首先,应确定 o 点假想避雷针的高度 $h_o = h - a/(7P)$,在它地面上的保护半径 $r_o = 1.6h_o$,其保护范围的外限为一通过 o 点的直线(oC、oD),该直线与 h_x水平面的交点 $x - o'$与假想避雷针的水平距离即为二分之一最小保护宽度,由下式决定:

$$b_x = 1.6(h_o - h_x)$$

式中　h_x——被保护物体的高度;

　　h_o——假想避雷针的高度。

设计时需注意 b_x不得大于 r_x,两针之间的距离 a 不得大于 $7h_aP$,否则将会使 $b_x = 0$。

若为多根避雷针,只要所有相邻各对避雷针之间的联合保护范围都能保护,而且通过三根避雷针所作圆的直径 D_y或者由四根或者更多避雷针所组成的多边形对角线长度 D 不超过有效高度的 8 倍(即 $D \leqslant 8h_a$),则避雷针间的全部面积都可以受到保护。

4.6.2　避雷线

避雷线的作用和避雷针相似,主要用来保护电力电路,这时它又叫架空地线。避雷线也可用来保护狭长的设施。单根避雷线保护范围如图 2-4-19 所示。

图 2-4-19 中 h 是避雷线的最大弧垂点的高度,同避雷针相似,保护范围折线可分成上、下两部分。地面上保护宽度的一半为 h,被保护物高度 h_x上的保护宽度为 b_x,由下式确定:

当 $h_x \geqslant \frac{h}{2}$时,$b_x = 0.47(h - h_x)P$;

当 $h_x < \frac{h}{2}$ 时，$b_x = (h - 1.53h_x)P$。

其中，P 的系数与避雷针相同。

图 2-4-19 中 α 是避雷针的最大保护角，按上述方法确定保护范围，α 取 25°。

两根平行避雷线的保护范围如图 2-4-20 所示。其外侧按单根避雷线确定；内侧由通过两避雷线最大弧垂及 o 点的圆弧确定。o 点在两避雷线中间，所在高度为 $h_0 = h - \frac{a}{4P}$，系数 P 同前。

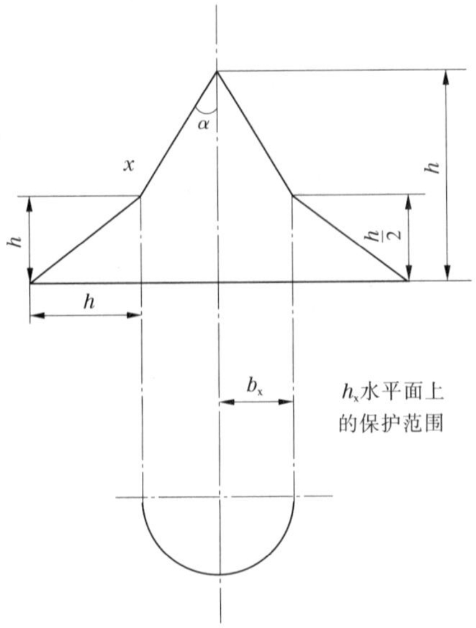

图 2-4-19　单根避雷线保护范围

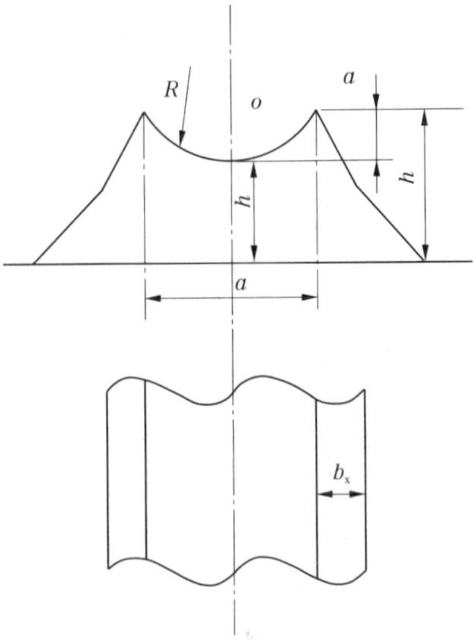

图 2-4-20　两根平行避雷线保护范围

避雷网与避雷带，主要用于工业、民用建筑物对直击雷的防护，保护范围不需计算。避雷网的网格大小，对于工业建筑物，根据防雷的重要性，可采用 6 m×6 m～6 m×10 m 的网格或适当距离；对于民用建筑物，可采用 6 m×10 m 的网格。不论是什么建筑物，对于屋角、屋脊、屋檐等易受雷击的突出部位都应装设避雷带。

对于旷野孤立或高于 20 m 的建筑物和构筑物，建筑物群中高于 25 m 的建筑物和构筑物，突出的土山顶部或特别潮湿处或其他土壤电阻系数较周围小的地方建筑物，地下有导电矿藏处的建筑物，电力系统的主控室、机房、配电站、高压送电线路等都必须采取防直击雷的措施。

4.6.3　雷电感应的防护

雷电感应（特别是静电感应）也能产生很高的冲击电压。为了防止静电感应产生的高压，应将建筑物内的金属设备、金属管道、结构钢筋等接地。接地装置可以和其他接地装置共用，接地电阻不应大于 5～10 Ω。

防止雷电感应的措施主要是针对有爆炸危险的建筑物和构筑物。其他建筑物和构筑物一般不考虑雷电感应的保护。

4.6.4　雷电侵入波的防护

当架空线路或管道遭到雷击时，雷击点要产生高电压。如果电荷不能就地导入地中，高电压将以波的形式沿着线路或金属管道传到与之连接的设施上，危及设备和人身安全。沿着线路或金属管道传播的高压冲击波叫作侵入波。雷电侵入波造成的雷害事故很多，在低压电力系统中，这种事故占雷害的70%以上。必须对雷电侵入波采取防护措施。通常采取的措施有：

(1)装置避雷器。装置避雷器是防雷电侵入波的主要措施。避雷器装设在被保护物的引入端，其上端接入线路，下端接地。正常时，避雷器的间隙保持绝缘状态，不影响系统的运行。当因雷击，有高压侵入波沿线路袭击时，避雷器间隙击穿而接地，从而强行切断侵入波，使能够进入被保护物的电压仅为雷电流通过避雷器及其引下线和接地装置产生的残压。雷电流通过以后，避雷器间隙又恢复绝缘状态，以便系统正常运行。常用的避雷器有保护间隙避雷器和阀型避雷器。

(2)接地。接地可以降低雷电侵入波的陡度。接地电阻不宜大于30 Ω。

4.6.5　防雷装置安全要求

防雷装置必须满足以下安全要求：

(1)应有足够的机械强度和载流能力。

(2)应能防止反击导致的火灾爆炸。

(3)应定期对防雷装置进行安全检查。

第5章 电气设备基本知识

5.1 泵站常用电气设备

5.1.1 高压电器及成套设备

5.1.1.1 概述

高压电气设备在电力系统电能的/生产、传输和分配过程中，起着控制、保护和测量的作用。设备选型正确与否，以及性能的好坏，直接影响到泵站电力系统的稳定和安全运行。因此，选择高压电气设备，应满足下列要求：

(1)绝缘安全可靠。既要能承受工频最高工作电压的长期作用，又要能承受内部过电压和外部(大气)过电压的短期作用。因此，对高压电气设备绝缘要求很高。

(2)在额定电流下长期运行时，温升要符合国家标准要求，且具有一定的短时过载能力。

(3)能承受短路电流的热效应和电动力效应并不致损坏。

(4)开关电器应能安全可靠地关闭和开断规定的电流。提供继电保护和测量用信号的电器应具有符合规定的测量精度。

(5)高压电器应能承受一定自然条件的作用。在遭遇恶劣天气和环境恶劣的条件下能安全可靠地运行。

(6)选用的高压电器性能应能满足使用场所的要求。

同时，选择开关设备时应注意其工作特点，满足下列要求：

(1)在开关过程中，不因动静触头间的分离而产生电弧的高温效应，使断口间的绝缘介质老化而下降。电弧的高温效应同时使电极表面变得粗糙，使它们的耐压水平降低。

(2)电弧产生的高温使所在的空间绝缘介质可能向它的外部排出热气和导电微粒，降低断口间、相间或对地的绝缘强度。

(3)开关的操作机构都是通过固体绝缘件对动触头进行分、合操作，多次操作后的机械损伤而导致操作机构绝缘降低。

5.1.1.2 基础知识

1)电路的开断过程

无论是交流电路还是直流电路的开与关(合)，都是将供电端与受电端中间某一小段电路的阻抗在很短的时间内，将其阻抗由接近于零值变为接近于无穷大值——打开过程，或由接近无穷大值变为接近于零值——闭合过程。即由一种状态转变成另一种状态，总要经过一个或长或短的过程。这一过程变化中可能会出现危险过电压——操作过电压。为抑制开关设备在开关过程中可能出现的过电压，一般在设备生产时常采用两方面措施：

一是降低过电压波头的陡度，以改善某些设备绕组匝间的电压分布；二是降低过电压幅值。

2）灭弧方法

供电端与受电端在极短的时间内分开，使气体分子被游离从而形成带电粒子维持导电的现象，称作电弧放电。由于电弧放出的能量大，温度极高，可使一切金属及其合金融化，绝缘介质电离，因此开断电路时，应在很短的时间将电弧熄灭，其目的是将能导电的弧柱间隙转变为能耐受恢复电压的绝缘间隙。常用的方法有：

（1）在气体或液体介质中，用机械的方法拉长电弧熄灭。

（2）采用多断口灭弧。

（3）利用短弧原理灭弧。

（4）利用磁吹原理灭弧。

3）电气绝缘

开关设备绝缘的特点是：使不同相的带电部分、带电部分对地以及断开的两个触头之间，能承受相关规定中的最高工作电压的长期作用和大气内过压的短时作用。

对于不同电压等级的高压电气设备的绝缘距离都有一个确定的最低值，制造与安装时不能低于这一要求。电气设备承受大气过电压的能力，用冲击试验电压来考验；承受内部过电压的能力，大多用工频试验电压来考验。

4）电器触头

两个导体或几个导体之间相互接触的部分。如母线或导线的接触连接处及开关电器中的动、静触头统称为电器触头。特别是开关电器中的触头，它被用来接通和断开电路，是开关电器中的执行元件。它的工作可靠与否，直接影响到电器的质量。运行中电器触头的工作状况不良，往往是造成严重设备事故的原因。

5）一次电气设备选择

选择一次设备，设计时已根据相关计算数值确定好，管理中如果由于设备负荷改变，需重新选定设备，应遵从以下原则：

（1）按正常工作条件选择，按照设备正常的额定电压和额定电流值选择设备，同时考虑设备工作环境条件，这些参数在设备的铭牌上均注明。

（2）按系统短路时，校验选择设备的热稳定和动稳定。

系统发生短路时，短路电流通过电气设备，引起设备短时发热并产生巨大的电动力，使设备损坏。厂家一般在设备的说明书中均注明允许最大开断电流值。

按短路电流校验时，应注意：短路计算点的选择，要考虑产生最大三相短路电流值的位置；根据短路电流计算值校验热稳定值；根据短路电流值校验电动力稳定值。

5.1.1.3　常用的高压断路器及其技术参数

1）常用的高压断路器

常用的高压断路器根据断路器的灭弧介质及作用不同，分为油断路器（见图 2-5-1）、空气断路器（见图 2-5-2）、六氟化硫（SF_6）断路器（见图 2-5-3）、真空断路器（见图 2-5-4）和磁吹式断路器等。

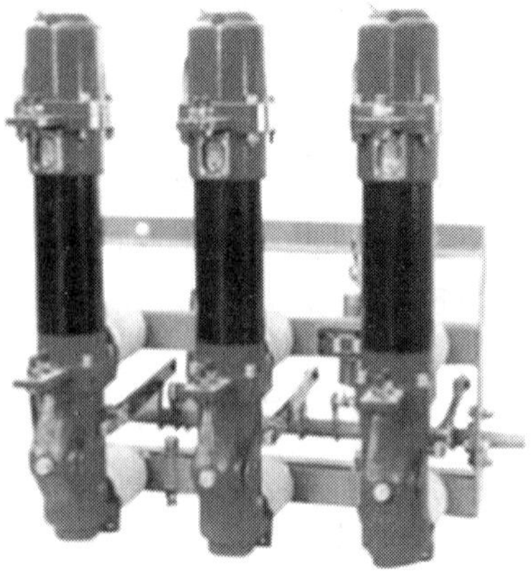

图2-5-1　户外少油断路器

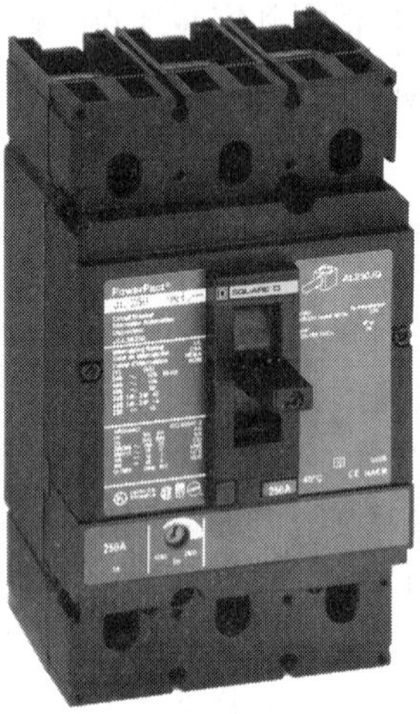

图2-5-2　空气断路器

图2-5-3　SF_6 断路器

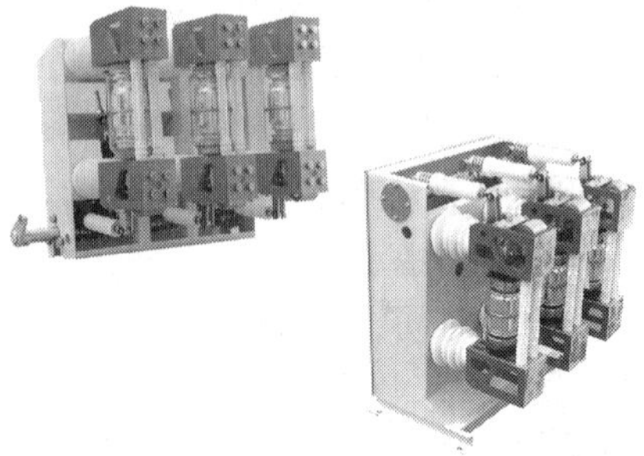

图2-5-4　DZN－12 户内高压真空断路器

这几类断路器的基本结构是由灭弧室，动、静触头，导电杆，绝缘支架，传动部分及其操作机构组成。

油断路器是用绝缘油作灭弧和绝缘介质。根据用油量多少的不同又分为少油断路器和多油断路器两种。由于油断路器运行、维护及寿命有限，实际选用中将逐渐被淘汰，但少油断路器在少数地方仍在使用。

空气断路器是利用预先贮存的压缩空气来灭弧。

六氟化硫断路器是利用 SF_6 气体灭弧。SF_6 是无色、无臭、不燃烧、无毒的惰性气体，灭弧性能好，开断能力强。但它的电气性能受电场强度均匀程度和水分等杂质影响特别大，对此密封结构、元件结构及气体本身质量要求特别严格。因此，成本相对较高。同时，在室内要注意通风，防止低氟化合物对人体或材料的危害和影响。

真空断路器是利用真空包、高绝缘强度和扩散性能灭弧。由于它使用寿命长、维护方便，目前正得到推广应用。

磁吹断路器是利用电磁力驱使电弧进入绝缘狭缝灭弧。

断路器,根据其安装地点,分为户内式与户外式两种。

断路器的操动机构常用的有电磁式操动机构、手动式操动机构和弹簧蓄能式操动机构几种。

2)高压断路器的技术参数

断路器是主要的开关设备,选用断路器时,必须考虑的主要技术参数有:

(1)额定电压 U_e:是指断路器能承受的工作电压,它是保证断路器正常长期工作的电压,在断路器的铭牌上均有注明。额定电压不仅决定断路器的绝缘要求,而且相当程度上决定了断路器的总体尺寸和灭弧条件。

(2)最高工作电压:对供电端的设备可能在高于额定电压下长期工作,规定了断路器有一最高工作电压。

(3)额定电流 I_e:是断路器可以长期通过的工作电流。额定电流决定了断路器触头和导流部分的截面,在某些程度上决定了它的结构。

(4)额定断路电流 I_{br}:是断路器在额定电压下能正常开断的最大电流,它表明断路器的断路能力。设计时,根据系统短路电流计算值校核选定。当电压不等于额定电压时,断路器能可靠切断的最大电流,称为该电压下的断路电流。当低于额定电压时,断路电流比额定电流大,但有一最大值,称为极限断路电流。

(5)额定短路容量 S_{brn}:表示断路器的开断能力。

(6)热稳定电流 I_{th}:断路器在规定的时间内,允许通过的最大电流。表明断路器能承受短路电流热效应的能力,是校验选定断路器的主要数值。

(7)额定动稳定电流 i_{em}:表明断路器能承受冲击短路电流电动作用的能力。

(8)分闸时间:表明断路器开断过程快慢的参数。分闸、合闸时间表明断路器分合过程快慢。

断路器正常工作时接通和切断负载电流,短路时切断短路电流,同时受到环境影响。对断路器选择的基本要求是:工作可靠;应具有足够的断路能力;具有尽可能短的切断时间和结构简单、价格低廉。

5.1.1.4　负荷开关

常用负荷开关如图2-5-5所示。

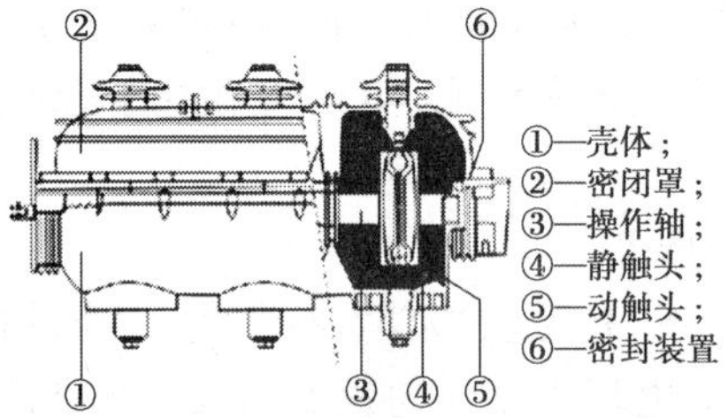

(a)

(b)

图2-5-5　负荷开关简图

负荷开关,与断路器功能相近,但相对于断路器的开断性能要求低一些,可以带负荷分合额定电流以及规定的过载电流的电路电气设备。比断路器结构简单,其用途较广,广泛用于小功率电路中,作为手动控制设备,若安装在泵站配电变压器高压侧,也可以与熔断器配合使用,装在配电线路上,作为线路自动分段控制设备,或电容组等用电设备投切的自动控制设备,也可以与高压熔断器组合使用,替代断路器。与断路器相比,最大缺点是缺少自动保护功能。其灭弧装置是用有机玻璃等固体产气材料制成。开关本身是根据负荷电流通断能力选用的,不是根据短路电流设计的,有明显的断开点,具有隔离开关的作用。

5.1.1.5　**隔离开关**

常用隔离开关如图 2-5-6 所示。

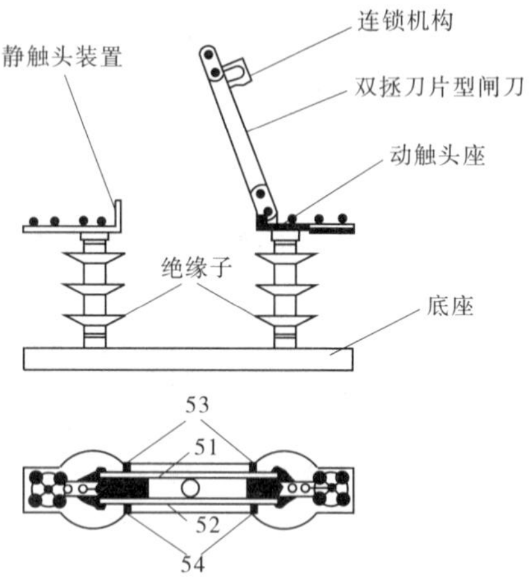

图 2-5-6　隔离开关简图

隔离开关没有安装专门的灭弧装置,不能开断负荷电流和短路电流。使用时,只有在断路器断开后才能进行操作。

其结构由动、静刀触头、支撑绝缘子、操作机构等组成。

隔离开关主要作用有:①保证装置在检修工作时有明显可见的、足够大的空气绝缘间隔;②用来进行电路的切换操作;③分合小容量负荷回路,如可以用来开断电压互感器、避雷器、母线、电缆线等电容电流和不超过 2 A 空载变压器励磁消流。对于一些特殊用途隔离开关要具有迅速隔离功能。

根据安装地点不同,隔离开关可以分为户内式和户外式;按照其绝缘支柱数目不同可分为单柱式、双柱式和三柱式;按断口两侧装设接地刀闸情况不同,分为单接地、双接地、不接地三种;按触头运动方式不同分为水平回转式、垂直回转式、伸缩式和直线移动式四种,等等。

5.1.1.6　**熔断器**

常用熔断器如图 2-5-7 所示。

熔断器是一种保护电器,当电路中通过过负荷电流或短路电流时,利用电流通过熔体产生的热量引起熔断,从而切断电路的特性,对被保护设备起保护作用。适用于容量较小且不太重要的负载中。其组成一般是由熔断管、熔体、灭弧填充物、动触座、静触座、绝缘支持物及指示器等组成。

熔断器按其电压等级的不同分为高压和低压;按其安装地点不同分为户内式和户外式;按其结构不同分为螺旋式、插片式和管状式(低压);按是否有限流作用分为有限流式

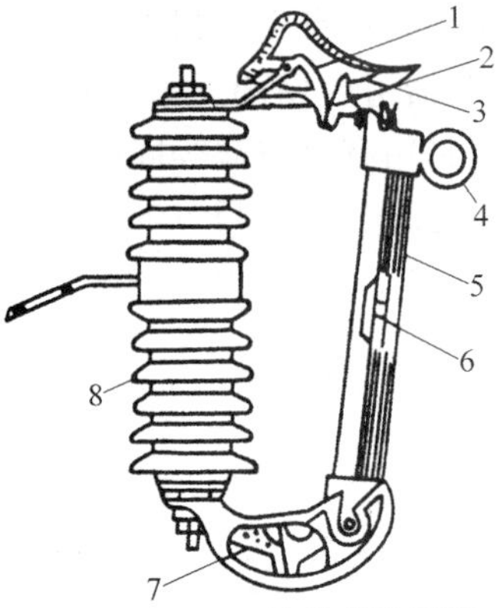

(a)跌落式熔断器

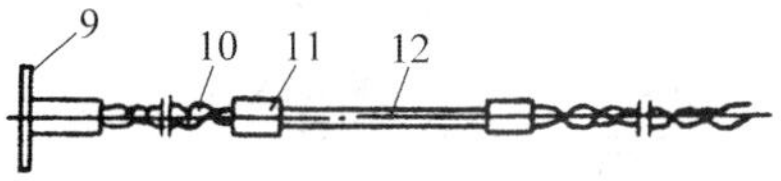

(b)熔体结构

1、7—静触头;2—动触头;3—钢片;4—操作环;5—熔管;6—熔体;
8—瓷绝缘体;9—钮扣;10—铜绞线;11—套管;12—熔体

图 2-5-7　熔断器与熔体结构图

和无限流式等。

选用熔断器主要考虑熔断器的安秒特性,即熔体熔断时间与通过电流的关系,又称为保护特性曲线。通过熔体的电流与其熔断时间呈反时限曲线,即通过熔体电流越大,熔断的时间越短。在选择熔体时,其最小熔体电流 I_{min} 应大于其回路额定电流 I_n,则通过 I_{min} 时的熔断时间为无穷大。

实际工作要注意,熔断器的额定电流与熔体的额定电流是两个不同的值。熔断器的额定电流是指熔断器载流部分和接触部分设计时所选择的电流。熔体的额定电流,是指熔体本身设计时通过计算,按允许通过的最大电流值选择的熔体的电流。

在同一熔断器内,可分别装入不同额定电流的熔体,最大的熔体电流可与熔断器的额定电流相同。

5.1.1.7　**母线和绝缘子**

常用的母线和绝缘子分别如图 2-5-8、图 2-5-9 所示。

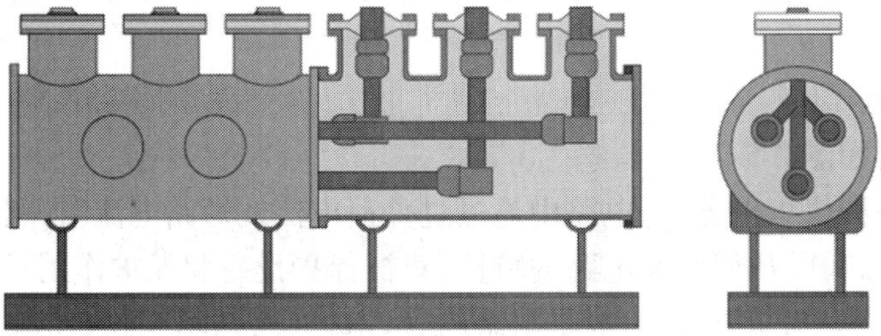

图 2-5-8　母线结构简图

在进出线很多的情况下,为便于电能的汇集和分配,设置一条主线称为母线。泵站系

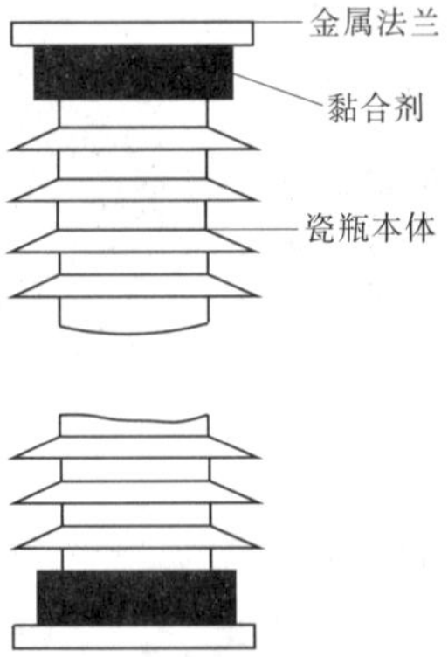

图 2-5-9　绝缘子结构简图

统的母线主要将电网电能引进后,通过母线分配给机房内各用电设备。常用母线有两类:一类是软母线,一类是硬母线。

母线选择:在设计时,一般按最大长期工作电流与经济电流密度选择母线材料、截面和结构型式。再按短路电流条件校验母线热稳定和动稳定,最终确定母线型式。

绝缘子使通电导体与支撑构件隔离。在选择时,要根据其额定电压和安装地点来确定。然后,根据短路电流条件校验其动稳定性即可。运行人员只需在运行及平时对其进行维护与检查即可。

5.1.1.8　**避雷器**

常用的几种避雷器如图 2-5-10 ~ 图 2-5-12 所示。

(a) 阀式避雷器外形

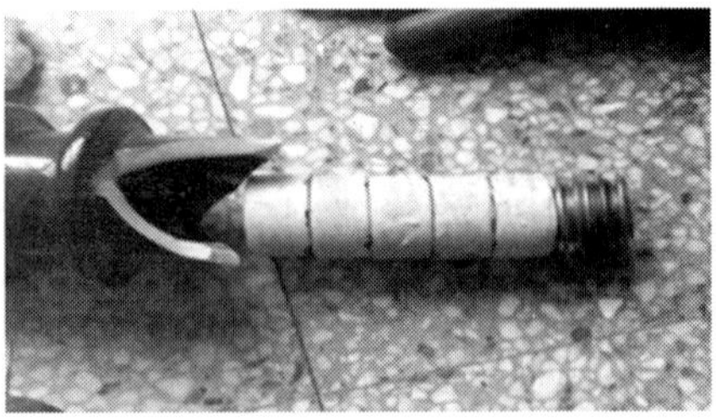

(b) 内部非线性电阻

(c) 内部放电间隙

图 2-5-10　阀式避雷器结构

(a) 金属氧化锌避雷器

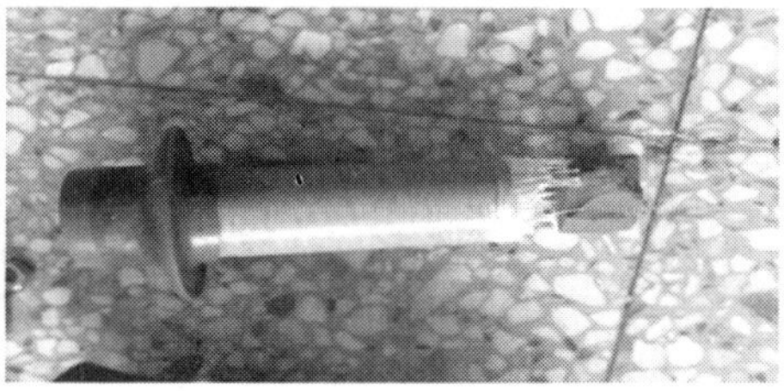

(b) 氧化锌非线性电阻

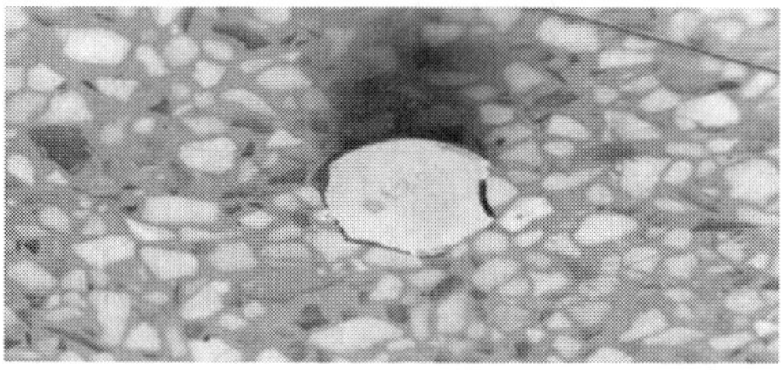

(c) 非线性电阻片

图 2-5-11　金属氧化锌避雷器

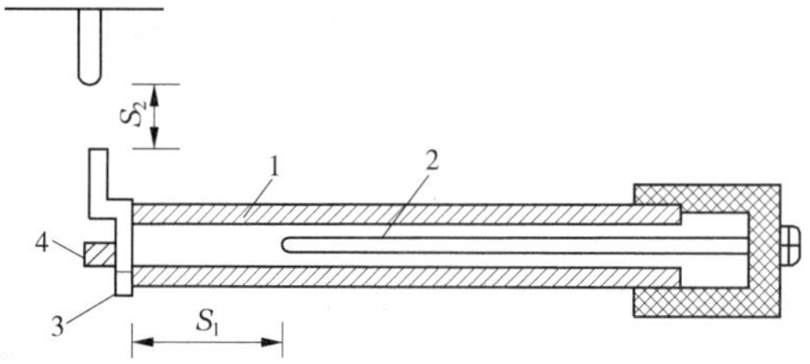

1—产气管;2—棒形电极;3—环形电极;4—动作指示器;S_1—外间隙;S_2—外间隙

图 2-5-12　管型避雷器

避雷器有阀型、管型及金属氧化物避雷器几类。阀型避雷器根据其用途又分为有并联电阻和无并联电阻两种。管型避雷器有一般管式线路型和无续流管式配电型。金属氧化物避雷器,简称氧化锌避雷器,它具有良好的非线性,快速的陡波响应和大通流能力,已成为新一代避雷器的首选产品。

由于避雷器是全密封元件,一般不可以拆卸。使用中一旦出现损坏,基本上不可能修复。正常运行时以预防为主。

运行人员必须分清每一类型避雷器。各类型避雷器结构不一样,预防性试验时,方法也不一样,只有正确分清类别,才能达到预试目的。否则,不仅不能达到预试目的,还会影响系统安全运行。

选用避雷器时注意的几个技术参数:额定电压、工频防电电压、冲击放电电压和残压。

阀型避雷器主要是由火花间隙和阀性电阻盘串联构成。为了防止电阻盘受潮、保证火花间隙具有稳定的特性,将其装在密封的瓷套中。

我国目前生产的阀型避雷器主要有普通型和磁吹型两大类。普通型有 FS 和 GZ 型系列。磁吹型有 FCD 和 FCZ 型系列。

金属氧化物避雷器是由具有较好的非线性“伏 - 安”特性的氢化锌电阻片组装而成

的。它在正常情况下,具有极高的电阻而呈现绝缘状态,在雷电过电压作用下,则呈现低电阻状态,泄放雷电流,使与避雷器并联的电气设备的残压,被抑制在设备绝缘安全值之下,等过电压消失后,迅速恢复高电阻而呈现绝缘状态,从而有效地保护被保护电气设备的绝缘免受电压的损害。在 10 kV 系统中,金属氧化物避雷器大多数并联在真空开关上,以便限制截流过电压。

5.1.1.9　**互感器**

常用的电压、电流互感器图分别如图 2-5-13、图 2-5-14 所示。

互感器的工作原理与变压器相似,其作用如下:

(1)对线路中电压、电流、电能进行测量,给测量仪表提供读数;与继电装置配合,对系统和设备进行保护。

(2)使测量仪表、保护装置与系统高压隔离,以保证运行人员和二次装置安全。

(3)将线路电压、电流变换成统一的标准值,仪表和保护装置标准化。

由于互感器误差值不同,将其精确度划分为 0.1、0.2、0.5、1、3、5 等标准等级。根据用途不同,选择不同级的互感器。电能计量规程要求互感器的精确度不得大于 0.2 级。

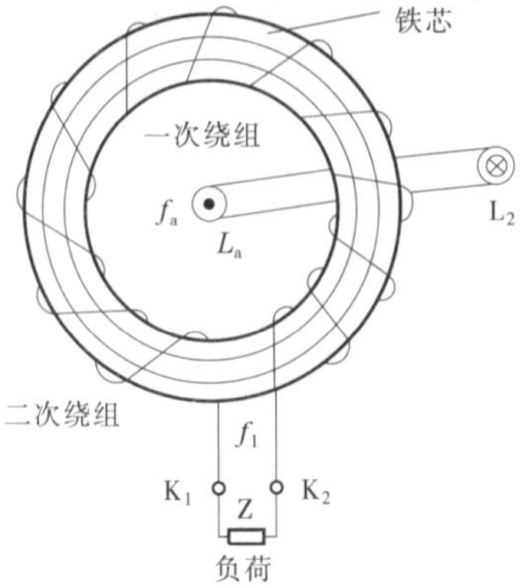

图 2-5-13　电压互感器

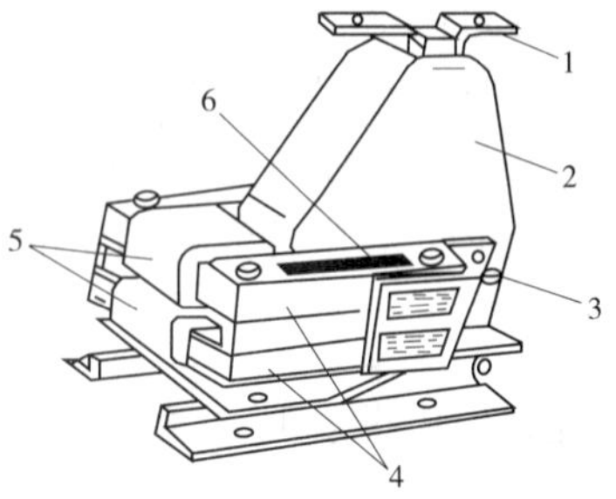

1——一次接线端子;2——一次绕组及环氧树脂浇注;3—二次接线端子;4—铁芯;5—二次绕组;6—警告牌

图 2-5-14　电流互感器外形

互感器分为电压互感器与电流互感器两大类型,其技术参数选择,考虑其准确级与额定容量。运行中为确保人在接触测量仪表与保护装置时的安全,二次线圈必须接地。同时,电流互感器在一次侧有电流时,二次侧不得开路。因此,在运行时,需拆除二次侧回路所接仪表时,必须先将端子排上短路压板接好,然后才能进行工作,防止二次回路开路造成危害。电压互感器二次侧不允许短路运行。

5.1.1.10　**高压成套配电装置**

1)概述

成套配电装置是由开关设备、保护电器、测量元件、母线和其他辅助设备(如按钮、指示灯、端子排等)等组成的。成套设备正常情况用来接受和分配电能,故障情况下,能迅速切断故障部分,恢复系统正常运行。泵站成套装置是用来分配电能的配电装置,这种装置的内部空间以空气或复合绝缘材料作为绝缘介质。

配电装置按布置地点不同,分为屋内和屋外两种类型。泵站选用的大多数是屋内装置。特点如下:

(1)允许安全净距小,可以分层布置,布置紧凑、占地面积小。

(2)在室内操作,巡视、维护比较方便,不受外面气候影响。

(3)外界污秽空气及灰尘对设备影响较小,维护工作量减轻,但与屋外配电设备相比,土建投资及设备投资相对较大。

屋内配电装置结构尺寸大小,要综合考虑各组成设备外形尺寸、检修与运输的安全距离等因素。各间隔距离、空气中不同相的带电部分之间或带电部分与接地部分之间的空间最小安全净距离,是我们考虑的最基本要素。

2)几种常见的高压配电装置

常见的成套高压配电装置按柜体结构分有两大类:半封闭式与封闭式。

(1)半封闭式。这种结构型式开关柜高在2.5 m以下,组成开关柜的各电气设备,安装在金属柜体内,金属外壳接地;母线、隔离开关安装在金属壳外。如GG-1A型开关柜。这种结构型式的开关柜具有结构简单、制造容易、价格低廉、柜内检修空间大等优势,但由于其柜内元件不隔开,母线外露,防护性能差,威胁系统安全运行。虽然目前泵站仍在应用,国家已不鼓励这种产品生产,将逐渐被淘汰。

(2)封闭式。设备制造厂根据用户对一次接线的要求,将组成开关柜的所有电气元件和内部连接件、绝缘支撑和辅助件固定连接后,安装在一个或若干个封闭的、外壳接地的金属壳内,称为封闭开关柜(进出接线除外)。这种柜体“五防”功能完备、运行可靠、维护简单,但造价相对较高。常用的有GZS1(KYN28A)型与KGN型。

(3)按柜内主要电器元件固定的特点分:①固定式;②手车式:手车式又分为落地式与中置式两种。

5.1.2 低压电器及其成套装置

根据电压等级的划分用于交直流电压在1 200 V以下电压系统中的电气设备,称为低压电器,在低压系统中担当着控制、保护、测量、调节等作用。按低压电器在低压系统中的功能不同,将其分为配电电器、控制电器。

5.1.2.1 配电电器

这类设备主要用于低压配电系统中,它包括低压断路器、熔断器、刀开关和转换开关等。这类设备特点是:分断能力强,要求在系统发生故障情况下动作准确、工作可靠,限流效果好、操作过电压低、保护功能好,动、热稳定程度高。

低压断路器根据其外形结构与功能不同又分为塑料外壳、柜架式、限流式、漏电保护、无磁等。

熔断器根据其结构不同分为有填料、无填料、插入式、快熔式等。

5.1.2.2 控制电器

这类设备主要用于自动控制系统和电动机控制操作,主要包括接触器、启动器(磁力启动器)、主令控制器和控制继电器等。这类设备要求主要特点是:寿命长、体积小、重量轻,具有一定的转换能力,操作频率高(可频繁操作)等。

接触器主要品种有:交流、直流接触器,真空接触器,半导体接触器,主要用作远距离频繁启动或控制交、直负荷以及接通、分断正常工作的主电路和控制电路。

启动器:主要有全压启动器、降压启动器(星三角减压、自耦降压、延边三角降压)、变阻式转子降压,变频式启动器、软启动器启动等形式。目前,软启动器已经成为主要启动方式,造价虽然较高,但具有接线简单、启动平稳、维护方便、运行可靠性高、节约电能等优点。

控制继电器:主要有电流继电器、电压继电器、时间继电器、温度继电器、热继电器及中间继电器等,主要用于控制系统中控制其他电气设备或作主电路的保护。

控制器:按其形状分为凸轮、平面、鼓形控制器。主要用于控制设备中转换主回路或励磁回路的接法,以达到电动机启动、换向和调整的目的。

主令电器:有按钮、限位开关、微动开关、万能转换开关、脚踏开关、接近开关和程序开关等,主要用作接通与分断控制电路,以发出指令或用作程序控制。

其他电器:变阻器、电阻器、电磁铁等。在使用中要注意交、直流电器的区分,不可混用。

5.1.2.3 成套低压电器装置

低压配电装置是低压系统中重要的设备。它是由一个或多个低压开关电器和相应的控制、保护、测量、信号、调节装置,以及柜内所有电气设备、机械构件相互连接组成的成套配电装置。根据供电系统的要求和使用场合不同,低压配电装置常分为三级配电设备。用在变电所的,称配电中心,叫一级配电设备,输出电路容量较大,电气参数要求较高。在动力配电中心和泵房控制的,叫二级配电设备,对负荷进行控制、测量和保护。用在负荷现场的动力配电箱和照明配电箱称作末级配电设备,它们远离配电中心,容量小且分散,用这类设备对其进行控制、保护和测量。

1)成套低压配电设备的类型

根据成套低压配电设备的结构特征,又将其分为:

(1)开关板或配电屏,这类设备正面有防护,背面和侧面均没有防护,防护等级低,厂家基本不生产,正在使用的应逐渐淘汰。

(2)封闭式开关柜,这种开关柜所有电气元件(开关、保护、控制、测量)均安装在金属柜体内,金属柜体接地,用绝缘材料与空气绝缘,可靠墙或离墙安装,内部回路可以不加隔离,也可以用带接地金属板或绝缘板隔离,这类设备在水利工程中广泛使用,但保护性能相对也较差,新建或改造泵站不应作为推荐产品使用。

(3)抽屉式开关柜,这类开关柜是在封闭的金属柜体内,进出线的每条回路的电气元件都安装在可抽出的抽屉中,构成具有一定功能单元。每个功能单元与母线或电缆之间,用接地的金属板或绝缘介质隔开,形成母线、功能单元和电缆三个区域,每个功能单元之间也有隔离措施,这种开关柜具有较高的可靠性、安全性和互换性,运行维护工作量小,具有推广价值。

2)一般选用原则

成套低压电气设备一般区分为电控、配电设备两大类。目前用户都是成套选用,它的选用比单纯电气元件的选用需要考虑的因素要多,因而有一定的灵活性。选用时通常需要考虑的主要因素有:线路方案、额定电流、短路数据、安装条件、电气元件的装配方式和外壳及防护等级等。

电控设备首先选定传动控制方案,配电设备首先确定线路方案。目前我国配电设备产品多为标准型产品。其具体线路方案按主一次电路和二次电路分别组成标准单元,用户可以任意选择具体的线路方案,并按实际需要进行组合,以满足用户需要。

其次是额定电流和短路数据。成套设备产品的结构尺寸和型式,通常由供电电源的额定电流、母线载流容量和输出的额定电流大小决定。据此选择适当规格的产品。同时,这些设备还应考虑应能承受与短路电流有关的各种电动力和热应力。

第三是安装条件。根据产品使用环境明确产品的安装条件以便确定适当的防护措施。

第四是电气元件的装配方式。电气元件的装配及配线方式分为固定式、插入式、抽屉式等,配线方式分为板前配线、板后配线。

第五是外壳的防护级。

5.1.3　变压器

5.1.3.1　工作原理

变压器在电力系统和供用电系统占有很重要的位置,是用来改变交流电压大小的电气设备。它是利用电磁感应原理把一种等级的电压或电流变换成同频率的另一种等级的电压或电流,以满足不同负荷的需要。以单相变压器为例说明:如图 2-5-15 所示,为单相变压器工作原理图,在闭合的铁芯上绕有两组互相绝缘的绕组,接入电源的一侧叫一次侧绕组或叫原绕组,输出电能的一侧叫二次侧绕组或副绕组,当原绕组接入电源电压 U_1,绕组中便有交流电流 I_1 流过,在铁芯中产生交变磁通 Φ,其频率和外加电压的频率一致。这个交变磁通 Φ 不仅穿过原绕组同时也穿过副绕组,根据电磁感应原理,在原、副绕组中感应出电动势 E_1、E_2。如果二次侧绕组外接负载,便有电流 I_2 流入负载,二次侧有电能输出,其大小分别正比于原、副绕组的匝数。从而实现了能量的传递。

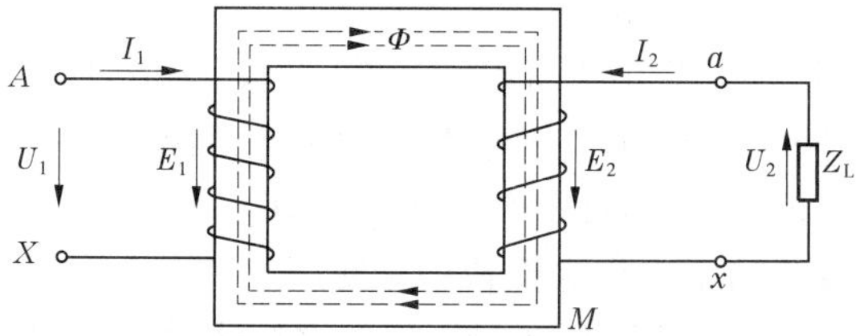

$A-X$—原边电路;$a-x$—副边电路;M—铁芯;Z_L—副边负载;
E_1、E_2—原、副边电动势;I_1、I_2—原、副边电流;
U_1、U_2—原、副边电压

图 2-5-15　单相变压器工作原理图

E_1、E_2 大小的计算公式:

$$E_1 = 4.44fN_1B_mS\times10^{-4}\quad(\mathrm{V})\tag{2-5-1}$$

$$E_2 = 4.44fN_2B_mS\times10^{-4}\quad(\mathrm{V})\tag{2-5-2}$$

式中　f——电源频率,Hz;

N_1、N_2——一、二次侧绕组匝数；

B_m——铁芯中磁通密度最大值，T；

S——铁芯截面面积。

变压器变比的计算公式为

$$K = E_1/E_2 = N_1/N_2 = V_1/V_2 \tag{2-5-3}$$

5.1.3.2　**分类**

变压器类别较多，按其应用来分：用来升高电压的叫升压变压器，用来降低电压的叫降压变压器；按其相数分：单相变压器和三相变压器或由 3 台单相变压器联成变压器组；按绕组形式分：双绕组变压器、三绕组变压器以及分裂绕组变压器；按其结构型式分：铁芯式变压器和铁壳式变压器；按其冷却方式分：油浸式变压器（如图 2-5-16 所示）和干式变压器；还有原、副边共用一个绕组的叫自耦变压器，以及专门用途的特殊变压器等。

水利系统应用的绝大多数变压器是降压、油浸、双绕组式变压器，其他变压器应用很少。近年来，随着投入的加大及对管理要求的提高，干式变压器也逐渐得到了推广与应用。

5.1.3.3　**变压器结构**

1）油浸式变压器

油浸式变压器的主要结构如图 2-5-16 所示。

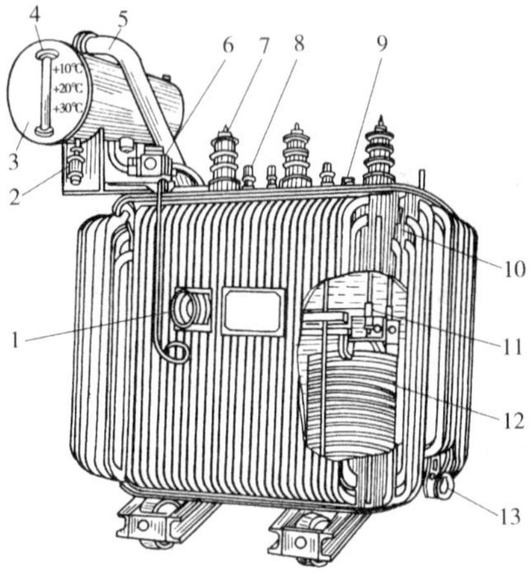

1—信号式温度计；2—吸湿器；3—储油柜；4—油表；5—连接管；
6—气体继电器；7—高压套管；8—低压套管；9—分接开关；
10—油箱；11—铁芯；12—绕组及绝缘；13—放油阀门

图 2-5-16　油浸式变压器结构图

2）干式变压器结构

干式变压器结构原理与油浸式变压器一致，用环氧树脂作为绝缘材料，绝缘等级为 F 级，温度极限达到 155 ℃，分带外壳与不带外壳两种。

通常选用 IP20 防护外壳，可防止直径大于 12 mm 的固体异物及鼠、蛇、猫、雀等小动物进入，避免造成短路停电等恶性故障，为带电部分提供安全屏障。若须将变压器安装在户外，则须选用 IP23 防护外壳，它还可防止与垂直线成 60 ℃ 角以内的水滴入。但 IP23

外壳会使变压器冷却能力下降,选用时要注意其运行容量的降低。

干式变压器冷却方式分为自然空气冷却(AN)和强迫空气冷(风冷)却(AF)。自然空冷时,变压器可在额定容量下长期连续运行。强迫风冷时,变压器输出容量可提高50%,适用于断续过负荷运行,或应急事故过负荷运行;但由于过负荷时负载损耗阻抗电压增幅较大,处于非经济运行状态,故不应使其处于长时间连续过负荷运行。

干式变压器的过载能力与环境温度、过载前的负载情况(起始负载)、变压器的绝缘、散热情况和发热时间常数有关,设计时一般选择计算变压器容量都进行了充分考虑而适当减少。同时,干式变压器因没有油、火灾爆炸及污染等问题,电气规范规程等均不要求单独安装。尤其是新的S11系列,它的损耗和噪声都降到了极低。

干式变压器配备有电脑温控器,用来监测变压器正常运行、超温报警,且超高能跳闸,还能够自动启动冷却风机对变压器绕组进行强迫风冷。另外,还配备了温湿度控制器,当湿度达到一定值时启动加热器除湿,防止设备受潮或结露引起绝缘下降。

干式变压器的温度控制系统是一个很重要的系统。干式变压器的安全运行和使用寿命,很大程度上取决于变压器绕组绝缘的安全可靠。绕组温度超过绝缘耐受温度就会使绝缘破坏,这是导致变压器不能正常工作的主要原因之一。因此,对变压器运行温度的监测及其报警控制是十分重要的。

超过设定温度的风机自动控制,可通过预埋在低压绕组最热处的pt100热敏测温电阻测取温度信号。变压器负荷增大,运行温度上升。当绕组温度达110 ℃时,系统自动启动风机冷却;当绕组温度低于90 ℃时,系统自动停止风机。有时,将温度设定得相对低一些也可行。

超温报警跳闸,可通过预埋在低压绕组中的pt100热敏电阻采集绕组或铁芯温度信号。当变压器绕组温度继续升高,达到155 ℃时,系统输出超温报警信号;当温度继续上升达170 ℃时,变压器已不能继续运行;此时,须向二次保护回路输送超温跳闸信号,使变压器迅速跳闸。

温度显示系统,可通过预埋在低压绕组的pt100热敏电阻测取温度变化值。直接显示各相绕组温度(三相巡检及最大值显示,可记录历史最高温度),可将最高温度以4~12 mA模拟量输出;若需传输至远方(距离可达1 200 m)监控中心(室),系统的超温报警、跳闸也可由pt100热敏传感电阻信号动作,进一步提高温控保护系统的可靠性。

干式变压器具有难燃自熄、耐尘防潮、机械强度高、体积小、重量轻、省耗、噪声小等特点;与油浸式变压器相比,具有安全、经济、方便等优点,将逐渐取代油浸式变压器。干式变压器设计制造上的高可靠性,使其维护工作量大大减轻。因此,维修成本很低,运行可靠,现场基本没有维修处理。但运行时也要加强对其巡视,注意其温度的变化和声音的大小;平时也要注意保持设备清洁,防止异物进入。

5.1.3.4 变压器技术参数

变压器的铭牌上常标有以下参数:额定容量S_N、额定电压U_{1N}/U_{2N}、额定电流I_{1N}/I_{2N}、额定频率f_N、容量比、变比、铜损、铁损、阻抗电压百分数$u_d\%$、空载电流、接线组别及冷却方式等。它们分别表示的含义如下。

额定容量S_N:变压器的额定视在功率,表征变压器传输电能的大小,单位为VA或

kVA。

额定电压 U_{1N}/U_{2N}：U_{1N}为原边所加的电压额定值，U_{2N}为变压器原边加上 U_{1N}时的副边空载电压，额定电压应与系统电压相符，单位为 V 或 kV。

额定电流 I_{1N}/I_{2N}：根据额定容量和额定电压算出的原、副边电流即为额定电流，单位为 A。

额定频率 f_N：我国标准规定工业用电频率为 50 Hz。

容量比：变压器各侧的额定容量之间的比数，三绕组变压器常标有规定的容量比。

电压比（变比）：变压器各侧之间额定电压比。

铜损（短路损耗）：变压器一、二次侧电流流过时线圈电阻所消耗的能量之和。由于绕阻线圈多用铜导线做成，故称铜损。对一台变压器来说，运行中的铜损与电流的平方成正比。

铁损：指变压器在额定电压下（二次开路），在铁芯中消耗的功率，其中包括励磁损耗和涡流损耗。

阻抗电压百分数 $u_d\%$：标志着该台变压器，当副边人为地短路，原边施加一个降低了的电压，待原边和副边的电流都达到额定值时，这个原边降低了的电压的数值为多少。

空载电流：变压器在额定电压下空载（二次开路）运行时，一次侧线圈中通过的电流。

接线组别：为了表明两侧电压的相位关系，将三相变压器的接线分为若干组，称为接线组别。同侧绕组连接后，不同侧间的电压相量有角度差——相位移。旧标准是采用线电压量间的角度差表示相位移，新标准是用一对线圈各相应端子与中性点（三角形联结的虚设）间的电压相量角度差表示相位移。

连接组标号 = 连接组 + 组别。

绕组的连接形式有星形、三角形、曲折形，对应于高压分别用符号 Y、D、Z 表示；低压连接相对应的表示符号：y、d、z；中性点有引出则分别用 YN、DN、ZN 和 yn、dn、zn 表示。

三相双绕组变压器相位移为 30°的倍数，用时钟表示法表示时有 0、1、2、…、11 共 12 种组别。由于通常绕组的绕向相同，端子和相别标志一致，连接组别仅为 0 和 11 两种。如 Y，yn0；D，yn11；Y，d11 等。

分接范围：为了调整所需要的电压、变压器的绕组具有的分接抽头以改变电压比。注明调压范围在 $+a\%$ 至 $-b\%$。一般情况下是在高压侧绕组上抽出适当的分接头。通常高压线圈在外，低压线圈在内，高压侧绕组抽头引出方便。

5.2　电动机

5.2.1　用途及类型

旋转电机中的交流电动机主要分两大类：同步电动机和异步电动机。

异步电动机又称感应电动机，与其他各种电动机相比，具有结构简单、价格低廉、运行可靠、维护方便、坚固耐用、效率高等一系列优点，因此在工农业生产和日常生活中获得最广泛的应用。它的缺点是运行中必须从电网吸收无功功率以建立磁场，使电网的功率因数降低,对电网而言是一个沉重的负担;与直流电动机相比,启动和调速性能较差。但随着电力电子技术的发展、交流调速系统的不断完善和电网供电质量的提高,异步电动机的应用范围将进一步扩大。

随着工业的迅速发展,一些生产机械的功率越来越大,例如,空气压缩机、大型鼓风机、电动发电机组等,它们的功率达数百千瓦到数万千瓦。同时,这些生产机械本身也没有调节速度的要求。如果采用同步电动机去拖动上述的生产机械,可能更为合适。这是因为,大功率同步电动机与同容量的异步电动机相比较,同步电动机的功率因数高。在运行时,它不仅不使电网的功率因数降低,相反地,能够改善电网的功率因数,这点是异步电动机做不到的。其次,对大功率低转速的电动机,同步电动机的体积比异步电动机要小些。

同步电动机一般都做成凸极式的,在结构上和凸极同步发电机类似。为了能够自启动,在转子磁极的极靴上安装有启动绕组。

随着半导体整流技术的发展,同步电动机可以不用直流励磁机励磁,而是用交流电流经可控硅整流后励磁。有些同步电动机还采用旋转半导体整流励磁,这样就把转子上的滑环电刷装置去掉了,对有些要求防爆的用户来说,是很安全的。

同步电动机不带机械负载运行时,可以作为同步补偿机使用,可以改善电网的功率因数,调整电网的电压。

5.2.2　型号及结构

5.2.2.1　异步电动机

1)结构

异步电动机与所有旋转电机一样,由定子、转子两部分组成,定子、转子之间有气隙。为减小电机的激磁电流、提高功率因数,异步电动机的气隙比其他旋转电机都小,一般为0.2 ~2 mm。

异步电动机按转子结构主要分为鼠笼型和绕线型两大类。两类异步电动机的定子结构相同,而转子结构有差别。

(1)定子:由铁芯、绕组、机座和端盖组成。

定子铁芯是电动机磁路的一部分,由0.5 mm厚的硅钢片叠成,以减小涡流和磁滞损耗。定子铁芯叠片冲有嵌放绕组的槽,故也称为冲片。

定子绕组是电动机的主要电路部分。定子铁芯圆周槽中对称地嵌放着三相对称绕组。大中型异步电动机采用双层叠绕组,绕组用截面较大的扁铜线绕成,绕组绕好后再包上绝缘。中小型异步电动机定子绕组大多用漆包线绕制线圈。小型异步电动机采用单层绕组。

机座用于固定和支撑定子铁芯、端盖,有较好的机械强度。中小型异步电动机的机座由铸铁铸成,大型电动机的机座由钢板焊接而成。

(2)转子:由铁芯、绕组和转轴组成。

转子铁芯也是电机磁路的一部分。铁芯由0.5 mm厚的硅钢片叠压而成。转子铁芯叠片上冲有嵌放转子绕组的槽。

转子绕组有鼠笼型和绕线型两类。

鼠笼型绕组由转子槽内导条和端环构成多相对称闭合绕组,形似“鼠笼”。导条和端环的材料可以用铜或铝。用铜时,每根铜条两端与端环焊接起来。中小型鼠笼电动机一般采用铸铝转子,转子的导条、端环及风叶可以一起铸成。

绕线型转子绕组与定子绕组相似,是用绝缘的导线绕制成三相对称绕组,星形连接,三相绕组的端头接到转子轴上的三个彼此绝缘的滑环上,再通过电刷经附加电阻短接。

绕线型转子的特点是可以通过滑环、电刷在转子回路中接入静止不动的附加电阻,用以改善启动性能或调节电动机的转速。

为了减少电刷磨损和转子损耗,绕线型电动机一般装有提刷短路装置,当电动机启动完毕而不需要调速时,将电刷提起,同时短接三个滑环。

2)基本参数

表2-5-1是一台三相异步电动机的铭牌实例,在铭牌上标记着电动机正常运行时的条件和有关技术数据。它是正确选择、使用和检修电动机的依据。

表2-5-1 三相异步电动机的铭牌

三相异步电动机					
型号	Y90L-4	电压	380 V	接法	Y
容量	1.5 kW	电流	3.7 A	工作方式	连续
转速	1 400 r/min	功率因数	0.79	温升	75 ℃
频率	50 Hz	绝缘等级	B	出厂×年×月	
××××电机厂 产品编号 质量 kg					

(1)型号。由四部分组成。以Y90L-4为例,Y表示异步电动机(YR表示绕线型异步电动机);90表示机座中心高为90 mm;L表示长机座(S表示短机座,M表示中机座);横线后面的数字4表示极数。

(2)额定值。

①额定功率P_N:指额定运行状态下,由轴端输出的机械功率,单位为kW。

②额定电流I_N:指额定运行状态下,电动机输入的线电流,单位为A。

③额定电压U_N:指额定运行状态下,加在定子绕组上的线电压,单位为V。

④额定转速n_N:指额定运行状态下的转速,单位为r/min。

⑤额定频率f_N:我国电网频率为50 Hz,故国内使用的异步电动机额定频率为50 Hz。

三相异步电动机的额定功率为

$$P_N = \sqrt{3} U_N I_N \eta_N \cos\varphi_N \tag{2-5-4}$$

式中 $\cos\varphi_N$、η_N——额定运行时的功率因数和效率。

此外,铭牌上标出三相定子绕组的接法(Y或△)、绝缘等级、工作方式、防护等级等。绕线型电动机铭牌上还标明转子绕组的接法、转子电压和额定运行时转子线电流等数据。

5.2.2.2 同步电动机

同步电动机也是由定子和转子组成的,其定子和异步电动机的定子结构基本相同,都是由定子铁芯、三相对称的绕组以及固定铁芯用的机座和端盖等部件组成。空间上三相对称绕组通入时间上对称的三相电流就会产生一个空间旋转磁场，旋转磁场的同步转速 n_0 为

$$n_0 = \frac{60f}{p_m} \quad (\text{r/min}) \tag{2-5-5}$$

式中　f——定子电源频率；

　　p_m——电动机极对数。

同步电动机的转子按其磁极形状可分为隐极式和凸极式两种结构型式，如图 2-5-17 所示。凸极式转子有明显的磁极，气隙不均匀，造成直轴磁阻小，与之垂直的交轴磁阻大，因此两轴的电感不等。

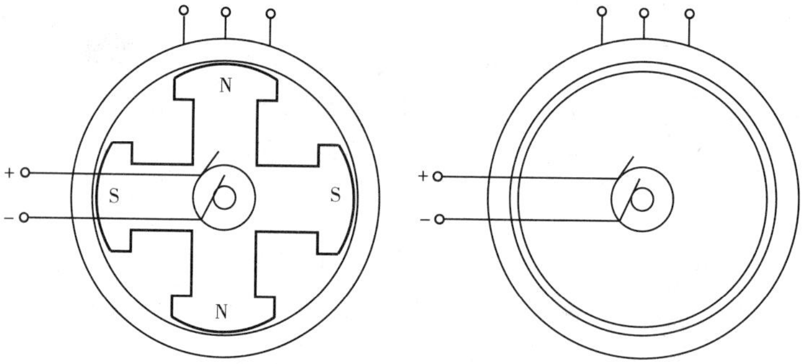

(a)凸极式　　(b)隐极式

图 2-5-17　同步电动机类型

同步电动机的转子由磁极铁芯和励磁绕组等组成。磁极铁芯由钢板冲片叠压而成，磁极上套有励磁绕组。励磁绕组两出线端接到两个集电环上，再通过与集电环相接触的静止电刷向外引出。励磁绕组由直流励磁电源供电，其正确连接应使相邻磁极的极性呈 N 与 S 交替排列。另外，励磁绕组也可由交流励磁机经过随转子一起旋转的整流器供电，组成无刷励磁系统，这些都是针对一般大、中型同步电动机而言。小容量同步电动机转子常用永久磁铁励磁，其磁场可视为恒定。

凸极转子的磁极极靴上一般装有阻尼绕组。同步电动机在恒频下运行时，阻尼绕组主要用作启动和抑制重载时容易发生的振荡。当同步电动机在转速闭环下变频调速运行时，对于变频器供电的同步电动机无须用阻尼绕组进行启动，此时，阻尼绕组主要用于抑制变频器引起的谐波和负序分量。此外，阻尼绕组还能减小同步电动机的暂态电抗，加速换相过程和加快动态响应。

5.3　常用电工仪表的名称、型号及用途

机电设备运行状况的好坏，通过电工仪表测量的数值可以直观反映。电工仪表是实现电磁测量过程所需技术工具的总称。泵站测量的电量参数有电流、电压、功率（有功、无功）、功率因数、频率、电度等；非电量参数有温度、湿度、闸门开度、水位、流量等，这些非电量参数也能够通过变换装置转换成电量加以间接测量。

5. 3. 1　仪表的分类

电工仪表可以按作用原理、测量对象、使用方法、准确等级、防护对象及使用条件等分类。

(1)按显示方式不同分指示式仪表和数字式仪表。

指示式仪表是用标度盘和指针指示测量值的仪表。其特点是直接将被测量转换成可动部分的偏转角位移,并通过指示器在标盘上示出测量值的大小。

数字式仪表是一种以逻辑控制实现自动测量,并以数码形式直接显示测量结果的仪表,其特点是将被测量的参数进行模数转换直接以数字量显示,它可以加上选测控制系统构成巡回检测装置,实现对多种对象的远距离测量。现在设备基本上都配备。

这两种仪表相比数字式仪表具有精度高、速度快、抗干扰能力强,便于读数和能完成数字输出等优点。

(2)按工作原理不同,主要有磁电式、电动式、电磁式、感应式、电子式等。

(3)按测量对象不同,分为电流表、电压表、功率表、电阻表、频率表等。

(4)按使用方式不同,分为携带式与安装式。

(5)按测量性质不同,分为直流电表、交流电表。

(6)按测量精确度不同,分为 0. 1、0. 2、0. 5、1. 0、1. 5、2. 5、5. 0 七级。

另外,还有比较类仪表、记录仪表和示波器等。

5. 3. 2　仪表的标志及型号

仪表种类很多,不同的仪表有不同的用途和技术特性。精度不一样,测量出的数值也不一样。要做到正确使用仪表,除熟知各类仪表性能外,还要正确识别仪表的标志和型号,这样才能获得准确结果。电工仪表的标志一般在仪表的刻度盘上,用各种不同的符号标记注明,给人加以识别。当我们拿到一只仪表时,就要从这些符号来了解其基本特性和功能。

电工仪表的型号是按规定的标准编制的,使用时要认真对照产品的说明书。

5. 3. 3　常见仪表的基本工作原理

仪表一般由三部分构成,即表读机构、量测机构及转换机构。对于指示式仪表,表读机构由固定部分与转动部分构成,转动部分反映出数值供人们读识。量测机构,是与需测量设备联系的部分。转换机构,将测量到的电量转换为读数。不同结构类型的仪表的工作原理如下。

磁电式仪表:用固定的永久磁铁的磁场与通有直流电流的可动线圈间的相互作用而产生转动力矩,使指针偏转。主要用来作直流仪表。

电磁式仪表:是用一个通有电流的固定线圈所产生的磁场与活动部分的铁片相互作用,或处在此磁场中的固定铁片与活动铁片的相互作用产生转动力矩。其结构简单、过载能力强、稳定性好、成本低,一般作为安装式仪表和交直流携带式仪表,尤其是在交流电压和电流测量中得到广泛应用。

电动式仪表:利用两个通电线圈之间的电动力来产生电动力矩,即:一个通有电流的固定线圈所产生的磁场与另一个通有电流的可动线圈的相互作用产生转动力矩,带动指针偏转指示。它的用途更广泛,可以制成交、直流两用的准确度较高的标准表及携带式仪表,如电流表、电压表、功率表、相位表和频率表。

感应式仪表:仪表内电压线圈与电流线圈同时接入线路中,线路导通后,两个线圈产生的磁通穿过中间的圆盘,在圆盘中感应出涡流,由于磁与涡流的相互作用产生转动力矩,再加上其他结构构成测量仪表,如电能表。

数字式仪表:是由其内部$\frac{A}{D}$转换模块决定其测量性质再加数码表构成。

5.3.4　常用电工仪表的使用

5.3.4.1　电流的测量

测量电流用的仪表,叫电流表。使用电流表测量某一电路中的电流必须把电流表串接在该电路中。测量的方法有两种。一种是直接测量,即把电流表直接串接在电路中,直接读出数值。此时应注意:①测量仪表性质与电路相同,直接测直流、交流电流;②仪表量程应大于被测回路电流值,否则会烧毁仪表。另一种是采用扩大仪表量程法测量。当仪表量程小于被测回路数值时:直流回路采用分流器扩大量程测量;交流回路采用电流互感器法扩大量程测量。分流器用一个和电流表并联的低值电路阻,与电流表一起串接到电路中,以达到测量的目的。用电流互感器与分流器是一样的目的。电流表分为安培表、毫安表和微安表等几种。为了不影响测量电路的原始状态和被测数值精度,使用的电流表本身内阻抗要尽量小,与测量负载阻抗相比要足够小。

5.3.4.2　电压的测量

用来测量电路电压的仪表叫电压表。测量电压时,将电压表并联在被测电压的两端。测量方法也是两种:一种是仪表的量程大于被测回路电压,直接并联测出;另一种是被测回路电压大于仪表量程,对于直流电路在仪表支路上串接一个高阻值电阻。这两种方法的目的,都是使被测较高的电压,按一定比例变换成电压表所能承受的电压,从而扩大电压表的量程。电压表有伏特表、毫伏表等。

测量时,为了不影响测量数值的精度,一般要求电压表的内阻抗要尽量大,或者与被测回路阻抗相比要足够大,以免由于电压表的接入而使被测回路状态发生变化。

5.3.4.3　钳形电流表

正常情况下测量回路中的电流,需将电路断开,才能将电流表或电流互感器串接到电路中去。为了在不断开的情况下测量回路中的电流,用钳形电流表。

测量交流电流用的钳形电流表,是由电流互感器和电流表构成的。另外一种交直两用的钳形电流表,是用电磁等测量机构做成的。

测量时,用手握紧钳形表扳手扳开长口,将通电导线置于钳形中间后松手,使钳形闭合,根据仪表不同量程读出数值。

5.3.4.4　功率的测量

功率是使用功率表测出的。功率表有电动系功率表、静电系功率表和热电系功率表几种。常用的是电动系功率表,电动系功率表有两组线圈能同时测出用以反映被测电路的功率的电压和电流两个要素,且具有准确度高、标尺刻度均匀、交直流两用等优点。

测量功率的接线规则是:①将功率表标有“ * ”号的电流端钮必须接至电源的一端,另一电流端接到负载端,电流线圈串接到电路中。②功率表标有“ * ”号的电压端钮可以接至电流端钮的任一端,另一电压端钮跨接到负载的另一端。当带有互感器接线时,在互感器副线绕组端按同样方式接线。

5.3.4.5　功率因数测量

用功率因数表直接测量。功率因数表标尺中间刻度为 $\cos\varphi = 1$,标尺的右半部表示功率因数滞后(感性负载),左半部表示功率因数超前(容性负载)。

5.3.4.6　相序的测量

相序表的使用方法是:将相序表的三相钳头与电源线中本相导线相接(脱开电源开关或不脱开),相序表上的指针(或闪光灯)按顺时针旋转(或顺时针方向依次发亮),表示三相相序相同;反之,则为逆相,需调整相序。

第6章　水泵基础知识

6.1　水泵的用途及类型

6.1.1　水泵及其用途

泵是一种抽送能量液体的机械,就是把原动机的机械能转换为所抽送液体位能的机器。它在动力机械的带动下,能把液体从低处抽到高处或远处。泵能抽送水、油、酸碱溶液、液态金属、纸浆、泥浆等。用于抽水的泵称为水泵。

水泵的用途很广,除农业上用它灌溉、排涝外,国民经济的许多行业都要应用它。比如石油化工、动力工业、城市供水和排水、矿井排水、水利工程施工、城市建设等。

水泵用于农业灌溉和排涝,提高了农业抗御自然灾害的能力,不仅使农田水利成为促进农业可持续发展的保证条件,同时也成为维护和不断改善生态环境的重要环节。

6.1.2　水泵的类型及特点

泵的种类很多,以转换能量的方式来分,通常分为有转子泵和无转子泵两大类。前一类是靠高速旋转或往复运动的转子把动力机的机械能量转变为提升或压送流体的能量,如叶片泵、容积泵(容积泵又分往复式和回转式两种)、旋涡泵;后一类则是靠工作流体(液体或气体)把工作能量转换为提升或压送流体的能量,如水锤泵、射流泵、内燃泵、空气扬水机等。在地面水不多,需开发地下水的地区广泛使用深井泵、潜水泵;在水资源丰富,且山陡流急的丘陵山区,多选用水锤泵、水轮泵来进行提水灌溉。

泵按其工作原理,一般可分为叶片泵、容积泵和其他类型泵三大类。在农田灌溉、排涝中,用得最多的是叶片泵。叶片泵是利用叶片的高速旋转来输送液体的。按叶轮旋转时对液体产生的力的不同,又可分为离心泵、轴流泵和混流泵三种。

离心泵是指水沿轴向流入叶轮,沿垂直于主轴的径向流出叶轮的水泵。按其结构型式可分为单级单吸离心泵、单级双吸离心泵、多级离心泵,以及自吸离心泵等。

轴流泵是指水沿轴向流入叶片,又沿轴向流出叶轮的水泵。按主轴的方向可分为立式泵、卧式泵和斜式泵;按叶片调节的可能性可分为固定式、半调节式和全调节式。

混流泵是指水沿轴向流入叶轮,沿斜向流出叶轮的水泵。按结构型式可分为蜗壳式混流泵和导叶式混流泵。

6.2　叶片泵的型号及结构

6.2.1　叶片泵的型号

水泵的种类很多,每一种又有很多规格。为选用方便,有关部门对不同类型的水泵,根据尺寸、扬程、流量、转速和结构等不同情况,分别编制了不同的型号。所以,知道了一台水泵的型号,就可以从泵类产品样本或使用说明书中查到该泵的规格性能。型号是由符号(汉语拼音)及其前后的一些数据组成的。符号表示泵的类别,数字则分别表示水泵进出口直径或最小井管内径、比转数、扬程、流量、叶轮个数等。常用农用泵型号表示方法见表 2-6-1。

表 2-6-1　农用泵型号及说明

<table>
<tr><th>泵类</th><th>产品名称</th><th colspan="2">型号举例</th><th>型号说明</th><th>备注</th></tr>
<tr><td rowspan="6">离心泵</td><td rowspan="2">IB、IS 型单级单吸离心泵</td><td>原型号</td><td>$1\frac{1}{2}$BA－6A</td><td>$1\frac{1}{2}$—泵吸入口直径为 $1\frac{1}{2}$ in;
BA—单级单吸离心泵;
6—比转数为 60;
A—叶轮外径已车小</td><td rowspan="6">“IB”、“IS”表示符合国际标准的单级单吸离心泵,“型号”指更新换代产品</td></tr>
<tr><td>型号</td><td>IS50－32－125</td><td>50—泵的进口直径为 50 mm;
32—泵的出口直径为 32 mm;
125—叶轮名义直径为 125 mm</td></tr>
<tr><td rowspan="2">单级双吸离心泵</td><td>原型号</td><td>10SH－9</td><td>10—泵进口直径为 10 in;
SH—单级双吸卧式离心泵;
9—比转数为 90</td></tr>
<tr><td>型号</td><td>250S－39</td><td>250—泵进口直径为 250 mm;
S—单级双吸卧式离心泵;
39—额定扬程为 39 m</td></tr>
<tr><td rowspan="2">多级离心泵</td><td>原型号</td><td>D25－30×10</td><td>D—节段多级离心泵;
25—流量为 25 m^3/h;
30—单级扬程 30 m;
10—泵的级数为 10 级</td></tr>
<tr><td>型号</td><td>150D－30×10</td><td>150—进口直径为 150 mm;
D—节段多级离心泵;
30—单级扬程 30 m;
10—泵的级数为 10 级</td></tr>
</table>

续表 2-6-1

泵类	产品名称	型号举例		型号说明	备注
混流泵	蜗壳式混流泵	原型号	16HB－50	16—泵进、出水口直径均为 16 in； HB—蜗壳式混流泵； 50—比转数为 500	
		型号	400HW－5	400—泵进口直径为 400 mm； HW—蜗壳式混流泵； 5—额定扬程为 5 m	
	导叶式混流泵	250HD－16		250—泵出口直径为 250 mm； HD—导叶式混流泵； 16—扬程为 16 m	
轴流泵	中小型轴流泵	原型号	14ZLD－70 14ZLB－70 14ZXB－70	14—泵出口直径为 14 in； ZLD—立式固定叶片轴流泵； ZLB—立式半调节叶片轴流泵； ZXB—斜式半调节轴流泵； 70—比转数为 700	
		型号	350ZLB－4 350ZWB－4	350—泵的出口直径为 350 mm； ZLB—立式半调节叶片轴流泵； ZWB—卧式半调节叶片轴流泵； 4—设计扬程为 4 m	
		700ZLQ－6		700—泵的出口直径为 700 mm； ZLQ—立式全调节叶片轴流泵； 6—设计扬程为 6 m	
	大型轴流泵	1.6CJ－8		1.6—叶轮直径为 1.6 m； CJ—长江牌； 8—额定扬程为 8 m	
		ZL30－7		ZL—立式轴流泵； 30—额定流量为 30 m^3/s； 7—额定扬程为 7 m	
	贯流泵	23ZGQ－42		23—叶轮直径为 2.3 m； ZGQ—贯流全调节叶片轴流泵； 42—设计扬程为 4.2 m	

6.2.2　水泵的结构及工作原理

6.2.2.1　离心泵

1）离心泵的工作原理

离心泵是利用叶轮旋转时产生的离心力的作用来输送和提升液体的。

如图 2-6-1 所示，水泵在抽水前，必须将泵体和吸水管内灌满水。当动力机通过水泵轴 4 带动叶轮 2 在泵壳 3 内高速旋转时，其中水体也随之一起高速旋转，叶轮中的水在离心力作用下被甩出叶轮外缘汇集于断面逐渐扩大的泵壳内，因而水流流速减慢，压力增加，于是高压水沿着出水管 5 被压送至高处（或推送至远处）。水被甩出后，在叶轮进口处形成一定的真空值（即小于大气压力的数值），而作用在吸水池水面的压力为大气压力，在这种压力差的作用下，水就由进水池流经吸水管 1 进入叶轮。叶轮不停地旋转，水就不断地被甩出，又不断地被吸入。这样连续不断地将水压出去又吸上来，就是离心泵的工作原理。

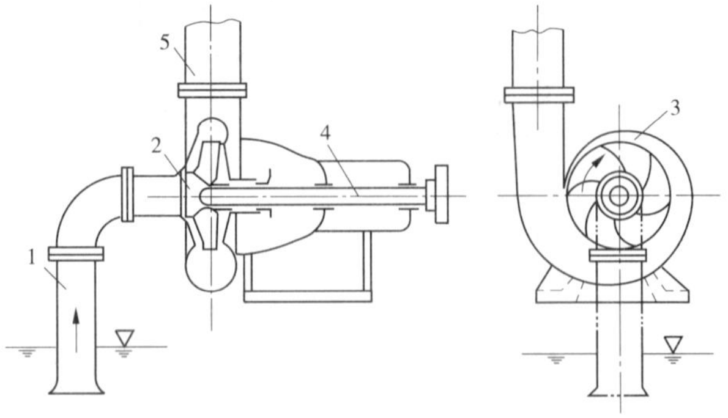

1—吸水管；2—叶轮；3—泵壳；4—泵轴；5—出水管

图 2-6-1　离心泵工作原理示意图

2）离心泵的构造

离心泵的种类很多，结构也较其他叶片泵复杂，一般常用于农田排灌的有单级单吸离心泵、单级双吸离心泵和多级离心泵三种。

（1）单级单吸离心泵。

单级单吸离心泵常为卧式，它的外形如图 2-6-2 所示，其结构如图 2-6-3 所示，由转动和固定两部分组成。转动部分指叶轮、泵轴、轴承、联轴器（或皮带轮）等，简称转子；固定部分指泵壳、轴承支架（轴承座）和进出水口等，简称定子。泵体重量由支架支承，支架底座用螺栓固定在底板或基础上，水泵转子搁置在支架的轴承盒上，泵轴伸出轴承盒穿过泵体伸入泵内，叶轮装在轴伸入泵内的一端，泵轴穿出泵体处设有轴封装置来进行密封。泵壳外形很像蜗牛壳，俗称蜗壳，叶轮就置在蜗壳里。

图 2-6-2　单级单吸离心泵

①叶轮：又叫工作轮或转轮，是水泵的重要部件，水泵依靠旋转的叶轮把动力机的机械能传递给所抽送的水体，使水的能量增加。叶轮的形状、尺寸、加工工艺等，对水泵的性

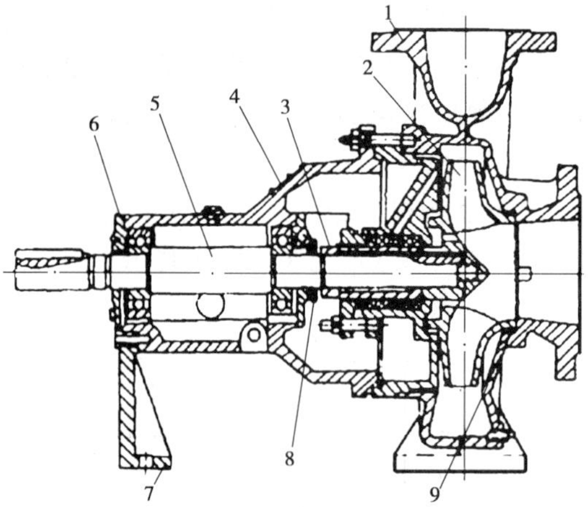

1—泵体;2—叶轮;3—轴套;4—轴承体;5—泵轴;
6—轴承端盖;7—支架;8—挡水圈;9—密封环

图 2-6-3　单级单吸离心泵结构

能有着决定性影响。水泵的叶轮可分为封闭式、半封闭式和敞开式三种,如图 2-6-4 所示。农用离心泵一般采用封闭式叶轮,即叶轮的前后均有盖板,中间有 6 ~ 12 片向后弯曲的叶片,叶片与盖板内壁构成的过水通道称为叶槽。叶轮前盖板中有一个进水口,当叶轮旋转时,水从进水口吸入,在离心力的作用下,水流经叶槽后,从叶轮四周甩出,所以水在叶轮中的流动方向是轴向进水,径向出水。叶轮用键和反向螺母固定在泵轴一端,泵轴转动时,螺母不会松脱,而是越转越紧。

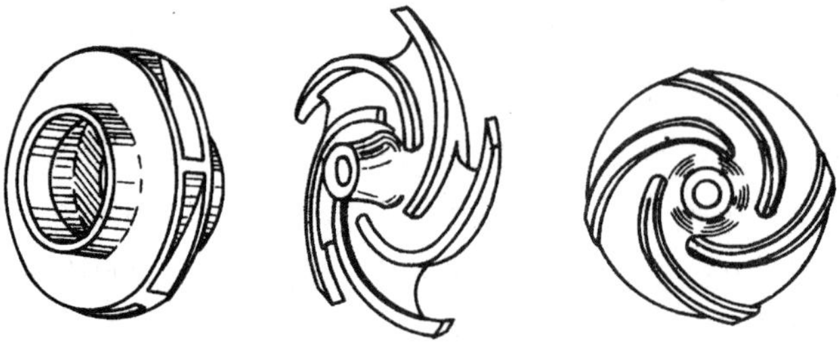

(a) 封闭式叶轮　(b) 敞开式叶轮　(c) 半敞开式叶轮

图 2-6-4　叶轮的形式

水泵在运行时,叶轮前后盖板的外侧与泵体的间隙中充满了从叶轮中排出的具有一定压力的水,由于叶轮后盖板受排出水作用的面积大于前盖板,因此产生了一个指向进口方向的轴向力。这个轴向力必将使泵轴和叶轮一起向进水侧窜动,引起叶轮与泵壳发生摩擦,使水泵无法正常工作。因此,必须设法平衡或消除作用于叶轮上的轴向力。对于单级单吸离心泵,常在叶轮的后盖板上靠近轴孔处开若干个小孔(称为平衡孔),叶轮后面的高压水,经这些小孔流向进水侧,使叶轮两侧的压力大致平衡,少部分未被平衡的轴向力由轴承承受。开了平衡孔后,水泵的效率有所降低,因此这种方法只适用于小型单级单吸离心泵。此外,还可用在叶轮后盖板处加做平衡筋板的方法,使叶轮两侧的压力处于平衡。

叶轮一般用铸铁、铸钢或青铜制造。为了节省青铜,多用铸铁制造。目前,为提高水泵抗磨蚀性能,采用不锈钢材料叶轮或普通低碳钢板焊接叶轮。加工好的叶轮要作静平衡试验，以消除不平衡的重量，避免或减少水泵运行时发生振动。

②泵体和减漏环：泵体由进水接管、蜗壳形压水室和出水接管组成。在泵体的进、出水口法兰上设有小孔，用以安装真空表和压力表。泵体的顶部设有排气孔(灌水孔)，用以抽真空或灌水。在壳体的底部设有一放水孔，平时用方头螺栓封住，停机后用来放空泵体内积水，防止泵内零件锈蚀和冬季结冰冻坏泵体。泵体由铸铁制造，其内表面要求光滑，以减小泵内的水头损失。离心泵叶轮进口外缘与泵盖内缘之间有一定的间隙。此间隙过大，从叶轮中流出的高压水就会通过该间隙回漏到叶轮的进口，以致减少泵的出水量，降低泵的效率，但间隙过小时，虽能减少漏水量，但会引起机械摩擦。因此，为了尽可能地减少漏水量，同时使磨损后便于修复或更换，一般在泵盖上或泵盖和叶轮上分别镶嵌一个金属圆环，如图2-6-3所示。由于该圆环既可减少漏水量，又能承受磨损，且位于水泵进口，故称其为密封环，又称减漏环、承磨环或口环。

③泵轴和轴承：泵轴用来支承并带动叶轮旋转。泵轴一端用键和反向螺母固定叶轮，另一端装联轴器或皮带轮。泵轴要有足够的强度和刚度，轴的材料采用优质碳钢或不锈钢。为保护泵轴免遭磨损，在对应于填料密封的部分轴段装有轴套，轴套磨损后可以更换。为防止水进入轴承，轴上有挡水圈或防水盘等挡水设施。

轴承是支承泵转子的部件，承受径向和轴向荷载，使其回转并保持一定的旋转精度，减少相对回转零件间的摩擦和磨损。合理地选择和使用轴承对提高机械的使用性能、延长寿命都起着重要的作用。根据摩擦性质的不同，轴承可分为滑动轴承和滚动轴承两大类。滚动轴承是标准组件，由专门工厂大批生产。它具有摩擦阻力小、启动灵敏、效率高、类型规格较多、易于互换、轴向尺寸小、润滑、维护方便等优点，在一般机器中被广泛使用；滑动轴承有其优异的性能，对于需要剖分的支承结构，则只能采用滑动轴承。

④轴封装置：在泵轴穿出泵壳处，转动的泵轴和静止的泵壳之间必然存在间隙，为防止泵壳内高压水通过此间隙大量流出，或间隙处为真空时空气会从该处进入泵内，故必须设置轴封装置。填料密封是最常用的一种轴封装置，它由底衬环、填料、水封环、水封管和填料压盖等零件组成，如图2-6-5所示。填料的压紧程度用压盖上的螺母来调节。如果压得过紧，填料与轴套的摩擦力增大，缩短填料和轴套的使用寿命，严重时会发热、冒烟，甚至会烧毁填料；如果压得过松，漏水量增大，降低泵的效率。因此，填料要压得松紧程度适宜，一般以每分钟30~60滴水沿轴封装置中漏出为宜。水封环是一个中间凹下外周凸起的回环，环上开有若干个小孔，水封环对准水封管。水泵运行时，泵内高压水通过水封管进入水封环，引入填料进行水封，同时起冷却、润滑作用。填料的种类较多，灌排用水泵常用油浸石棉填料，它是由石墨浸渍过的石棉线或铜丝石棉线编结而成，具有耐磨、耐热、柔软和良好的润滑特性。为保证填料密封有良好的工作状态，对已磨损或硬化的填料，应及时更换。填料密封的优点是：结构简单，成本低，拆装方便。缺点是使用寿命短，密封性能差。所以，近年来出现了一些新的轴封装置。

单级单吸离心泵的特点主要有：扬程较高，流量较小，泵的体积小、重量轻、结构简单、维修容易，使用方便。

单级单吸离心泵的型号目前主要有IB、IS、B和BA型四大系列。IB、IS型是B、BA型的换代产品，按国际标准设计，性能指标和产品的标准化、系列化和通用化水平比老产品

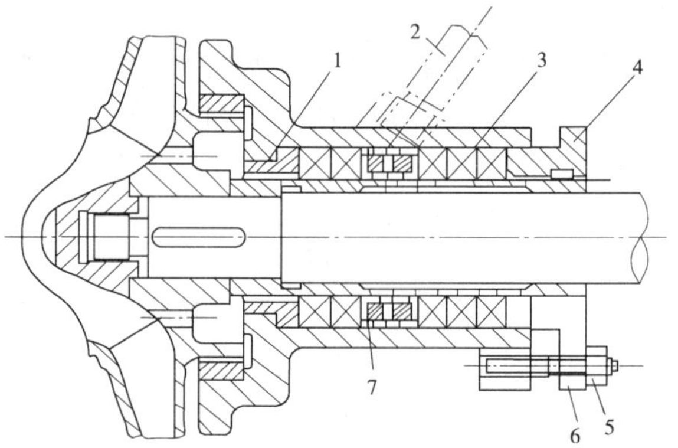

1—底衬环;2—水封管;3—填料;4—填料压盖;5—螺母;6—双头螺栓;7—水封环

图 2-6-5　离心泵的填料密封

有较大提高。

(2)单级双吸离心泵。

单级双吸离心泵外形如图 2-6-6 所示,其结构如图 2-6-7 所示。单级双吸离心泵的主要零件与单级单吸离心泵基本相似,所不同的是:叶轮双侧吸水,好像两个相同的单吸叶轮背靠背地连接在一起,叶轮结构是对称的,如图 2-6-8 所示。叶轮用键、轴套和两侧的轴套螺母固定,叶轮的轴向位置可通过轴套螺母来调整。泵体与泵盖共同构成半螺旋形吸水室和蜗形压水室,由铸铁制成。泵的吸入口和出水口均在泵体上,呈水平方向,与泵轴垂直。水从吸入口流入后,沿半螺旋形吸水室从两侧进入叶轮。泵壳内壁与叶轮进口外缘配合处装有两个减漏环。泵轴穿出泵壳的两端各设有轴封装置,压力水通过泵盖上的水封管或泵盖中开面上的水封槽流入填料周围,起水封、冷却和润滑作用。泵轴两端由装在轴承体内的轴承支承。双吸泵从进水口方向看,在轴的右端安装联轴器,根据需要也可在左端安装联轴器。

图 2-6-6　单级双吸离心泵外形

单级双吸离心泵的特点:扬程较高,流量较大;泵壳是水平中开的,检修时不需拆卸电动机及管路,只要揭开泵盖即可进行检查和维修;由于叶轮结构对称,叶轮的轴向力基本达到平衡,水泵运行比较平稳。单级双吸离心泵目前有 S、SH 型两个系列。SH 型泵主要由泵体、泵盖、轴承、转子等部件组成。图 2-6-7 所示水泵为单级双吸叶轮,泵体为水平中开,泵的吸入管和出水管均在泵轴中心线下方成水平方向,并与泵体铸在一起,泵体与泵盖的分开面在轴中心线上方,无需拆卸管路及电动机即可检修泵的转动部件;滚动轴承用油脂润滑,滑动轴承用稀油润滑;轴向力由双吸叶轮平衡;采用填料密封,在轴封处装有可

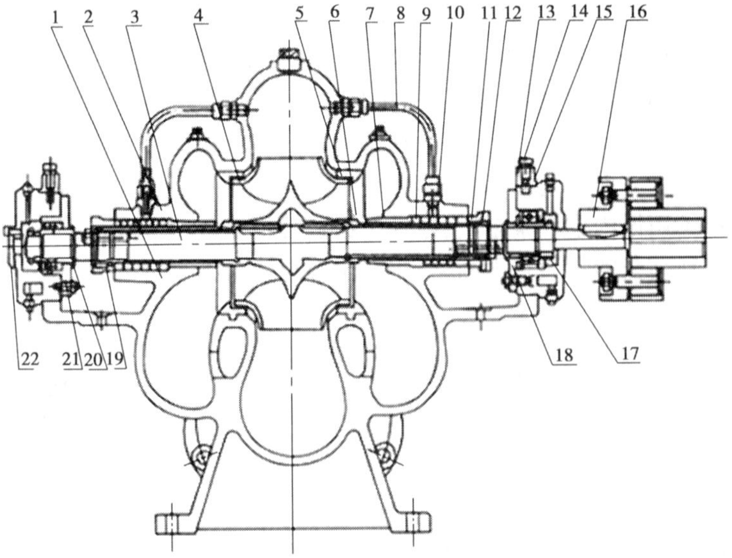

1—泵体；2—泵盖；3—泵轴；4—叶轮；5—双吸密封环；6—轴套；7—填料套；
8—水封管；9—填料；10—填料环；11—填料压盖；12—轴套螺母（右）；13—轴承体；
14—固定螺栓；15—轴承体压盖；16—联轴器部件；17—圆螺母；18—轴承盖（右）；
19—轴套螺母（左）；20—轴承挡圈；21—轴承盖（左）；22—端盖

图 2-6-7　SH 型单级双吸离心泵结构

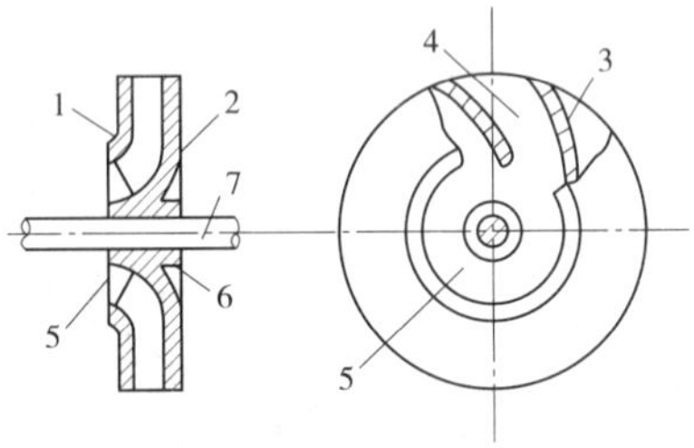

(a)单吸式叶轮

1—前盖板；2—后盖板；3—叶片；
4—叶槽；5—吸水口；6—轮毂；7—泵轴

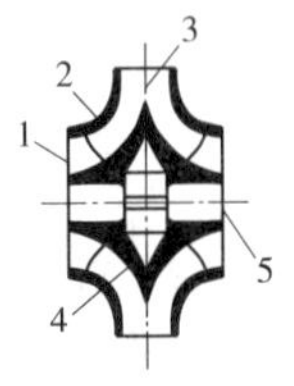

(b)双吸式叶轮

1—吸入口；2—轮盖；3—叶片；
4—轮毂；5—轴孔

图 2-6-8　叶轮结构

更换的轴套。泵的传动是通过弹性联轴器由电动机驱动；从传动端看，泵为逆时针方向旋转。S 型泵是 SH 型泵的换代产品，泵的性能指标及标准化、系列化和通用化水平比 SH 型泵先进。单级双吸离心泵的体积较大，比较笨重，广泛用于山区、丘陵地区和平原地区较大面积的农田灌溉、排水和城镇供水。

（3）多级离心泵。

多级离心泵外形如图 2-6-9 所示，其中图 2-6-9（a）、（b）为卧式多级离心泵，图 2-6-9（c）为立式多级离心泵。多级离心泵结构如图 2-6-10 所示。多级离心泵分成吸入段、中段和压出段，由穿杠紧固在一起。为了提高水泵的扬程，将若干个叶轮串联起来工作，每一个叶轮为一级。吸入段、中段和压出段均为铸铁制造，共同形成泵的工作室，各段的下方均设有放水用的螺孔。叶轮由铸铁制造而成，水由轴向单侧进入叶轮。水泵运行时，水流从第一级叶轮排出后，经导叶进入第二级叶轮，再从第二级叶轮排出后经导叶进入第三级叶轮，依此类推。叶轮的级数越多，水流得到的能量就越大，水泵的扬程就越高。泵轴穿出泵壳的两端各设有填料密封装置，水流通过回水管进入填料室，起水封作用。由于水泵内各叶轮是朝一个方向排列的，故轴向力很大，一般采用在末级叶轮后面装设平衡盘来加以平衡。平衡盘用键固定在泵轴上，随轴一起旋转。平衡盘与静止的平衡圈之间有一定的轴向间隙。平衡盘的背面是平衡室，用回流管与泵的吸入口连通。

(a)D、DA 型卧式多级离心泵　(b)D、DA 型卧式多级离心泵　(c)DL、DLR 型立式多级离心泵

图 2-6-9　多级离心泵外形

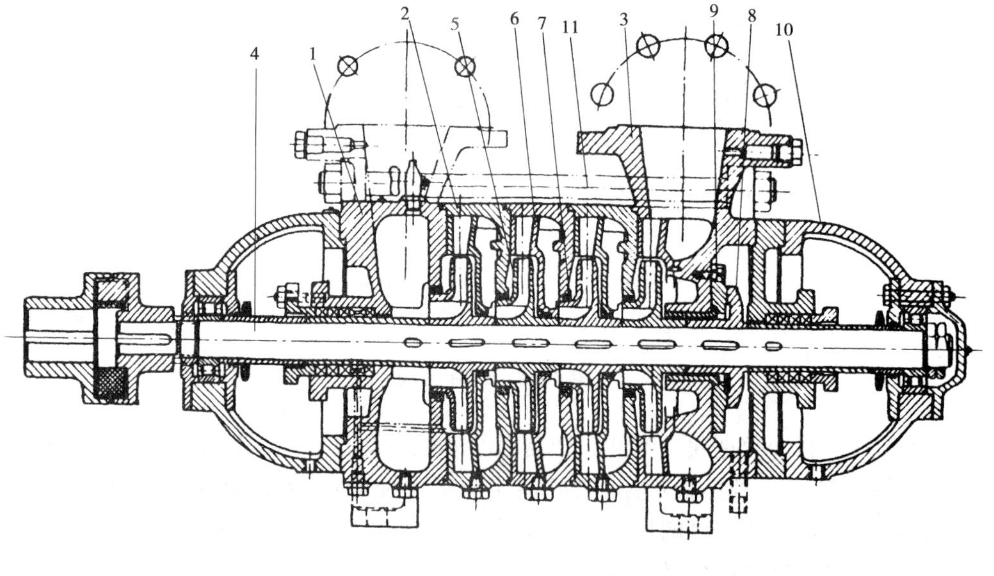

1—吸入段；2—中段；3—压出段；4—轴；5—叶轮；6—导叶；
7—减漏环；8—平衡盘；9—平衡圈；10—轴承部分；11—穿杠

图 2-6-10　多级离心泵结构

多级离心泵的特点：扬程高，流量小。扬程可根据实际需要通过选用不同的叶轮级数来满足要求，多级离心泵结构较复杂，使用和维护不太方便。常用的多级离心泵主要有D、DA 两个系列，D 型是 DA 型的换代产品。多级单吸离心泵适用于山区人畜用水和农田灌溉。

6.2.2.2　轴流泵

1）轴流泵的工作原理

图 2-6-11 所示为立式轴流泵的外形；图 2-6-12 所示为立式轴流泵结构。立式轴流泵由叶轮、泵轴、喇叭管、导叶体和出水弯管等组成。立式轴流泵叶轮安装于进水池水面以下，当电动机通过泵轴带动叶轮旋转时，叶片对水产生推力（也称升力），使水得以提升，水流经导叶体后沿轴向流出，然后通过出水弯管、出水管输送至出水池。

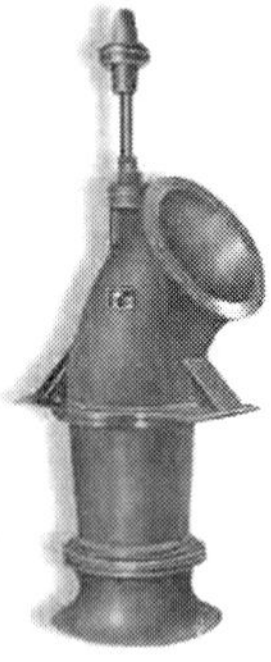

图 2-6-11　立式轴流泵的外形

2）轴流泵的构造

轴流泵的结构型式有立式、卧式和斜式三种，农田排灌中使用较多的是立式轴流泵，如图 2-6-12 所示。现以立式轴流泵为例，介绍其构造及作用。

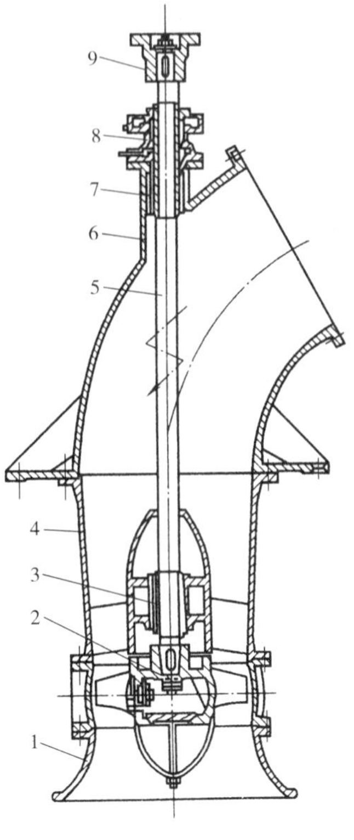

1—进水喇叭；2—叶轮；3—下导橡胶轴承；4—导叶体；5—泵轴；
6—出水弯管；7—上导橡胶轴承；8—轴封装置；9—联轴器

图 2-6-12　立式轴流泵结构

（1）喇叭管。作用是使水流平顺而均匀，且水头损失最小地流入叶轮，多用铸铁制成，常用于中小轴流泵上。大型轴流泵一般不用喇叭管，而用肘形或钟形进水流道。

(2)叶轮。是轴流泵的主要工作部件，它由叶片、轮毂体和导水锥组成，全调节轴流泵还有叶片调节传动机构。轴流泵的叶片为扭曲形状，装在轮毂体上。叶片一般用优质铸铁制成，大型泵多用铸钢制成。根据叶片安装在轮毂体上的方式不同，分为固定式、半调节式和全调节式三种。固定式叶片和轮毂体铸成一体。半调节式叶片通过调节螺母紧固于轮毂体上，如图 2-6-13 所示。在叶片根部和轮毂装叶片孔的边缘刻有叶片安装角度位置线，如 -4°、-2°、0°、+2°、+4°…0°为水泵设计安装角。叶片安装角用定位销定位（有的泵没有定位销，靠螺栓压紧固定）。需要调节时，应停机，将叶轮拆下来，松开螺母，将叶片调整到所需角度，再拧紧螺母即可（有定位销的还应取下定位销调整后再装好）。

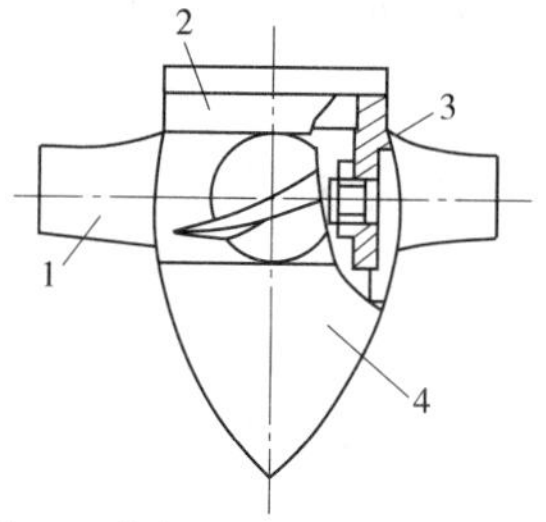

1—叶片；2—轮毂；3—调节螺母；4—导水锥

图 2-6-13　半调节式轴流泵的叶轮

全调节式轴流泵的叶片调节，是通过一套油压式或机械式调节机构，在停机或不停机的情况下，来改变叶片安装角度。全调节式叶轮一般在大型轴流泵上使用，结构比较复杂，加工和安装精度要求都比较高。

导水锥安装于轮毂体的下方，用六角螺栓、螺母、横闩等零件固定在轮毂体上，主要起导流作用。

(3)泵体。泵体为轴流泵的固定部分，它包括叶轮外壳、导叶体和出水弯管。为保持调节叶片时叶片外缘与叶轮外壳之间有一固定的间隙，叶轮外壳呈圆球形。为便于安装、拆卸，叶轮外壳是分半铸造的，中间用法兰盘和螺栓连接。

导叶体为轴流泵的压出管，它由导叶、导叶毂、扩散管组成，用铸铁制造。导叶体的作用是把叶轮出口的水收集起来输送到出水弯管，把从叶轮流出水流的旋转运动变为轴向运动，减少水头损失，同时还可以把水流的部分动能转变为压能。导叶进口边一般和叶轮叶片出口边平行。导叶的数目一般为 5～10 片。导叶体的出口接出水弯管，为使水流在弯管中的损失最小，弯管通常为等断面，弯管转角一般为 60°，泵的地脚与出水弯管铸造在一起。水泵固定部分的全部重量，以及停泵时回水的冲击力全部由出水弯管上的地脚传递到水泵梁上。

(4)泵轴和轴承。泵轴采用优质碳素钢制成，下端与轮毂连接，上端用刚性联轴器与传动轴连接。在大中型轴流泵中，为了布置叶片调节机构，泵轴做成空心的。为增强泵轴的耐磨性、抗腐蚀性和便于磨损后的更换，在泵轴轴颈处镀铬或喷镀一层合金材料或镶嵌不锈钢套。

轴流泵的轴承按其作用分为导轴承和推力轴承两种。导轴承用来承受泵轴的径向力，起径向定位作用。中、小型轴流泵大多数采用水润滑的橡胶导轴承，在橡胶轴承内表面开有轴向槽道，使水能进入橡胶轴承与泵轴之间进行润滑和冷却。中、小型立式轴流泵有上、下两个橡胶导轴承，下导轴承装在导叶体内，上导轴承装在泵轴穿过出水弯管处。上导轴承多高出进水池的水面，所以在轴封装置处有一根短管，供泵启动前向该橡胶导轴承输送清水进行润滑，待水泵启动出水后，即可停止供水。

在立式轴流泵中，推力轴承主要用来承受水流作用在叶片上的轴向水压力和机组转动部分的重力，并将这些力传递到电动机梁上。如图2-6-14所示为立式电动机传动装置，电动机安装于电动机座上，传动轴上端用弹性联轴器与电动机的传动轴相连接，下端用刚性联轴器与泵轴相连接。电动机座内装有油箱，在油箱内装有推力滚珠轴承和向心滚珠轴承。水泵运行时，全部轴向力通过传动装置内轴承垫、推力轴承、油箱传到电动机座上，再传至电动机梁上。径向力由向心滚珠轴承承受。水泵转子的轴向位移可用传动装置内的圆螺母予以调整。

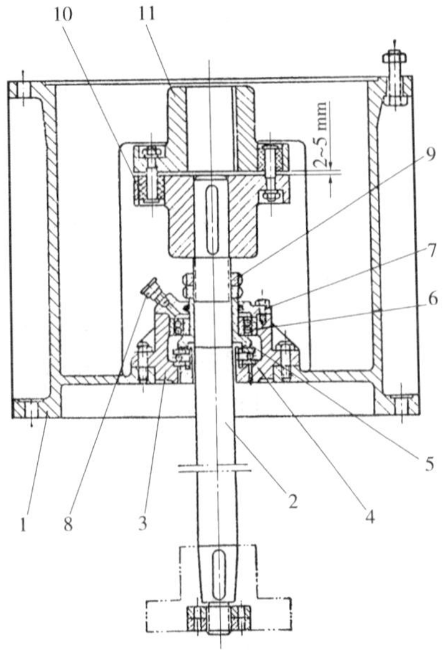

1—电动机座；2—传动轴；3—轴承体；4—推力滚珠轴承；5—推力盘；6—向心滚珠轴承；
7—轴承盖；8—油杯；9—圆螺母；10—传动联轴器；11—电动机联轴器

图2-6-14　立式电动机传动装置

轴流泵的特点是低扬程，大流量；立式轴流泵叶轮安装在进水池最低水位以下，启动前不用充水，启动方便；立式轴流泵外形尺寸小，占地面积小，泵房平面尺寸小，可以根据实际需要来调节轴流泵叶轮的叶片安装角度。轴流泵适用于圩区和平原地区的农田灌溉及排涝。

6.2.2.3　混流泵

混流泵中水流的流出方向介于离心泵与轴流泵之间，所以叶轮旋转时，水流受惯性离心力和推力的共同作用。

混流泵按结构型式可分为蜗壳式和导叶式两种。图2-6-15所示是蜗壳式混流泵外形。蜗壳式混流泵有卧式和立式两种，中、小型多为卧式，立式多用于大型泵。卧式蜗壳式混流泵与单级单吸离心泵的结构相似，如图2-6-16所示。混流泵的流量一般比离心泵大，其蜗形体也较大，为了支承稳固，泵的基础底座一般设在泵体下面。

图2-6-15　蜗壳式混流泵外形

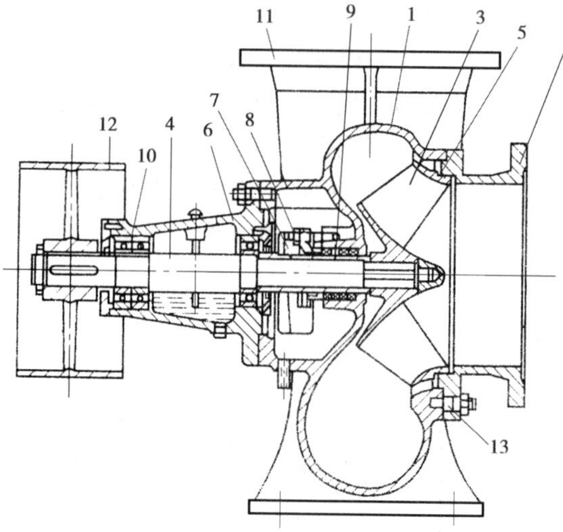

1—泵壳;2—泵盖;3—叶轮;4—泵轴;5—减漏环;6—轴承盒;7—轴套;
8—填料压盖;9—填料;10—滚动轴承;11—出水口;12—皮带轮;13—双头螺栓

图 2-6-16　蜗壳式混流泵结构

导叶式混流泵有立式和卧式两种,其结构与轴流泵相似,图 2-6-17 所示为立式导叶式混流泵结构。按叶片是否可调分为固定式、半调节式和全调节式。

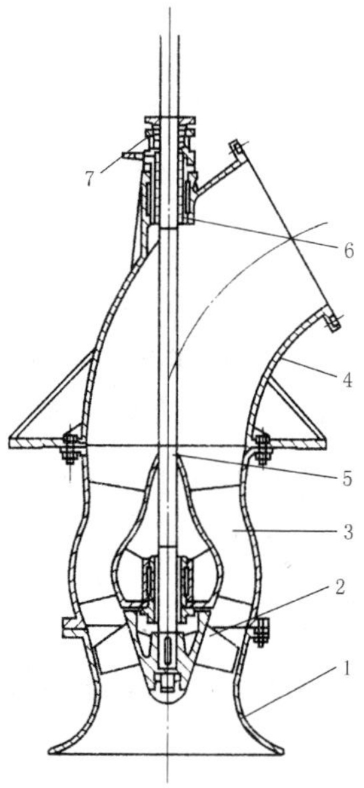

1—进水喇叭管;2—叶轮;3—导叶体;4—出水弯管;5—泵轴;6—橡胶轴承;7—轴封装置

图 2-6-17　导叶式混流泵结构

混流泵的特点:流量比离心泵大,较轴流泵小;扬程比离心泵低,较轴流泵高;泵的效率高,且高效区较宽;流量变化时轴功率变化很小,动力机可经常满载运行。中、小型卧式混流泵结构简单,重量轻,使用维修方便。混流泵兼有离心泵和轴流泵的优点,是一种较为理想的泵型,广泛应用于平原地区、圩区及丘陵山区的农田灌溉与排水。

6.3　水泵的性能参数和性能曲线

水泵的性能是用性能参数来表示的，一般有流量、扬程、功率、效率、转速、允许吸上真空高度或必需汽蚀余量等。

6.3.1　流量

流量又称出水量，是指单位时间内流出水泵出口的液体体积或质量，用符号 Q 表示，单位是 L/s、m^3/s、m^3/h 或 t/h 等。

水泵铭牌上标出的流量为额定流量，水泵的尺寸及形状是根据这一特定流量而设计的。

6.3.2　扬程

扬程，用符号 H 表示，是指被输送的单位重量液体流经水泵后所获得的能量增值，即水泵实际传给单位重量液体的总能量，其单位为 m（N · m/N = m）。因此，由水泵扬程的定义可知，扬程也可表示为水泵进、出口断面的单位能量差。

6.3.2.1　卧式叶片泵的扬程

在泵站设计时，泵站的扬程由净扬程 $H_{净}$ 和损失扬程 $h_{损}$ 相加而得。净扬程是指水泵工作时，进水池水面到出水池水面的高差（若出水管不是淹没出流，则到出水管口中心线），如图 2-6-18 所示。净扬程，以泵的基准面（通过由叶轮叶片进口边的外端所描绘的圆的中心的水平面，各种类型叶片泵的基准面如图 2-6-19 所示）为基准，又可分为净吸水扬程 $H_{净吸}$ 和净压水扬程 $H_{净压}$。损失扬程是指水流流经管路时，为克服管路中阻力所损失的扬程。它又可分为吸水损失扬程 $h_{吸损}$ 和压水损失扬程 $h_{压损}$。

由图 2-6-18 可知泵站设计时的扬程式可表示为

$$H = H_{吸} + H_{压} = H_{净吸} + h_{吸损} + H_{净压} + h_{压损}$$

$$H_{净吸} + H_{净压} = H_{净}$$

$$h_{吸损} + h_{压损} = h_{损}$$

$$H = H_{净} + h_{损}$$

式中　H——水泵的扬程，m；

$H_{净}$——水泵工作时的净扬程，m；

$H_{净吸}$——水泵工作时的吸水净扬程，m；

$H_{净压}$——水泵工作时的压水净扬程，m；

$h_{损}$——管路水头损失，m；

$h_{吸损}$——吸水管路水头损失，m；

$h_{吸压}$——压水管路水头损失，m。

水泵运行时，在水泵进、出口法兰处分别安装真空表、压力表（见图 2-6-18），可根据水泵运行时真空表、压力表的读数，计算出水泵的扬程。其计算公式为

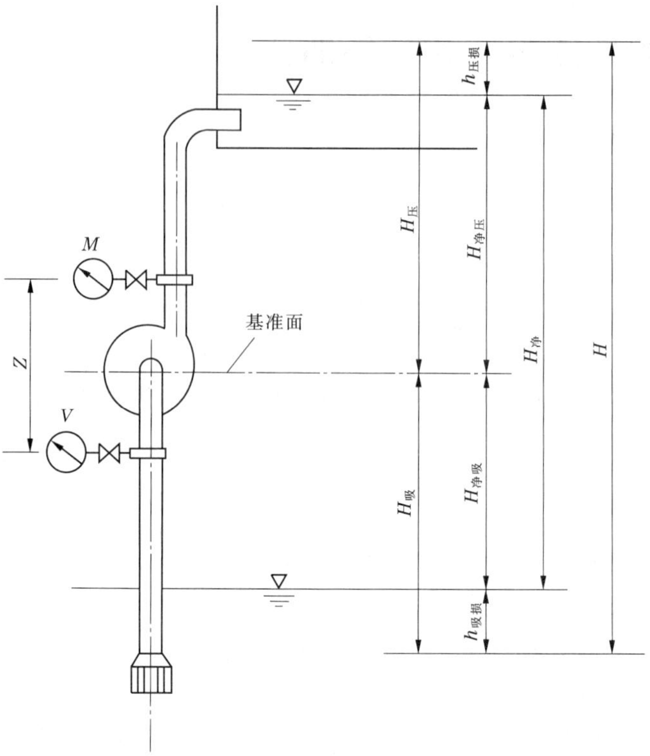

图 2-6-18　卧式水泵扬程示意图

$$H = Z + 0.1V + 0.1M + \frac{v_2^2 - v_1^2}{2g} \tag{2-6-1}$$

式中　Z——压力表零位至真空表测压点的垂直距离，m；

V——真空表读数，kPa；

M——压力表读数，kPa；

v_1、v_2——水泵进、出口断面的平均流速，m/s；

g——重力加速($g = 9.81$ m/s^2)；

H——水泵扬程，m。

水泵铭牌上的扬程是通过设计流量时的扬程，又称为额定扬程。由水力学可知，该单位势能差即为图 2-6-18 中所示的水泵进、出口断面的测压管水面之间的垂直距离。在水泵实际运行中，常采用真空表和压力表来测量水泵进、出口断面的压力，如图 2-6-20 所示。

图 2-6-20(a)所示的是水泵基准面高于吸水面的情况，此时，水泵运行时其进口 1—1 断面为负压，故用真空表 V 测量该断面的压力，且由于测压连接管内充满空气，故真空表的测量值可以近似看成是该断面的平均压力；出口 2—2 断面的压力用压力表 M 来测量。设真空表的读数为 V(米水柱)，压力表的读数为 M(米水柱)，那么，1—1、2—2 断面的绝对压力水头可用下列两式分别表示：

$$\frac{p_1}{\rho g} = \frac{p_a}{\rho g} - V$$

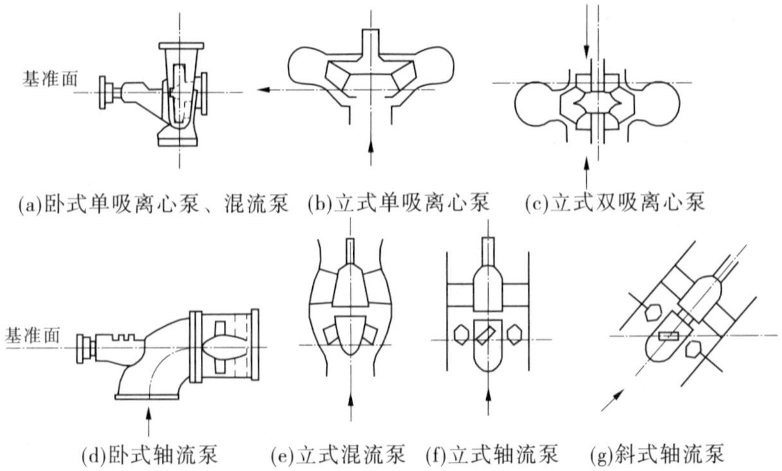

图 2-6-19　水泵基准面示意图

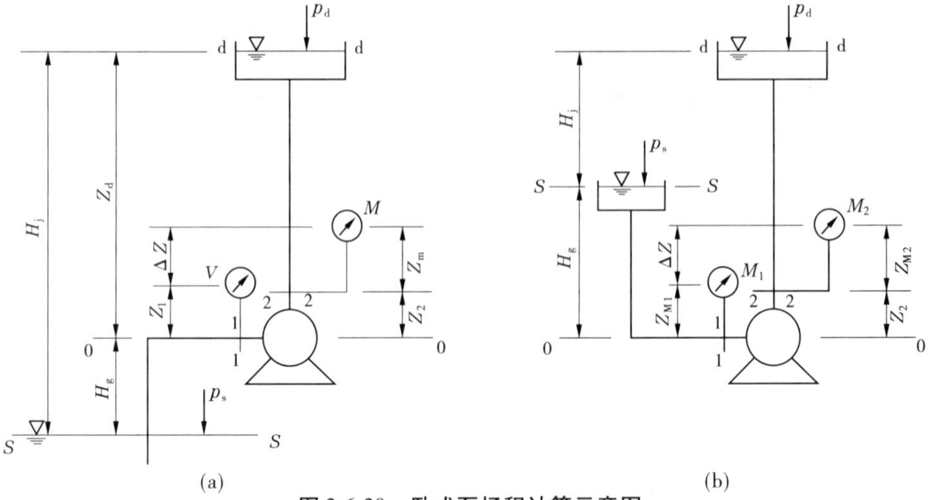

图 2-6-20　卧式泵扬程计算示意图

$$\frac{p_2}{\rho g} = \frac{p_a}{\rho g} + M + Z_m$$

式中　p_a——大气压力，N/m^2；

Z_m——压力表中心至测点断面的垂直距离，m。

将上列两式代入式(2-6-1)后，水泵扬程的表达式可表达为

$$H = (Z_2 - Z_1) + (\frac{p_a}{\rho g} + M + Z_m) - (\frac{p_a}{\rho g} - V) + \frac{v_2^2 - v_1^2}{2g}$$

可改写为

$$H = \Delta Z + M + V + \frac{v_2^2 - v_1^2}{2g} \tag{2-6-1a}$$

式中 $\Delta Z = Z_2 + Z_m - Z_1$ 为压力表中心与水泵基准面之间的垂直高差，当压力表位于基准面的上方时，ΔZ 取正值；反之，ΔZ 取负值。

式(2-6-1a)表明,安装在进水面以上的卧式泵的扬程等于出口压力表中心与泵基准面之间的位置高差,泵进口断面的真空压力水头,出口断面的压力水头及进、出口断面的动能差四项之和。

当泵的基准面低于进水池水面,即水泵安装在吸水面以下时,如图 2-6-20(b)所示,水泵进口 1—1 断面为正压,故需用压力表来测量该断面的压力。设进、出口压力表的读数分别为 M_1、M_2(米水柱),类似上面的推导,可得

$$H = \Delta Z + M_2 - M_1 + \frac{v_2^2 - v_1^2}{2g} \tag{2-6-1b}$$

式中,ΔZ 为进、出口压力表中心之间的垂直高差,当出口压力表 M_2 高于进口压力表 M_1 时,ΔZ 取正值;反之,ΔZ 取负值。

式(2-6-1b)表明,安装在进水面以下的卧式泵的扬程等于进、出口压力表中心的位置高差、泵进出口断面的压力水头差及进出口断面的动能差三项之和。

式(2-6-1a)和式(2-6-1b)为卧式叶片泵扬程 H 的实用计算公式。

6.3.2.2　立式轴流泵(混流泵)的扬程

对于如图 2-6-21 所示的立式轴流泵(或混流泵),因泵的叶轮和进口部分一般淹没在进水池水位以下,不易测量进口断面处的压力,因此通常将立式轴流泵的进口断面近似地取在进水池液面处,并在泵出口 2—2 断面(一般为出水弯管出口断面)安装压力表 M。取进水池液面为 0—0 断面,并以该断面为基准面,列 0—0 断面、2—2 断面的能量方程式。

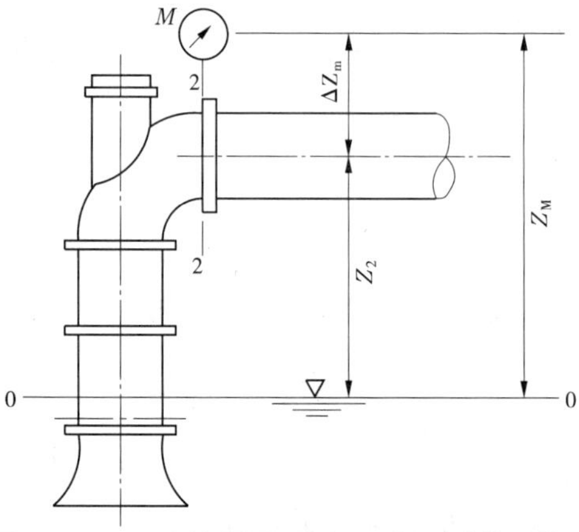

图 2-6-21　立式轴流泵(混流泵)扬程计算示意图

泵进口断面(即 0—0 断面)单位总能量 E_0 为

$$E_0 = \frac{p_a}{\rho g} + \frac{v_0^2}{2g}$$

泵出口断面单位总能量 E_2 为

$$E_2 = Z_2 + \frac{p_2}{\rho g} + \frac{v_2^2}{2g}$$

则由定义可得,泵的扬程 H 为

$$H = E_2 - E_0 = Z_2 + \frac{p_2}{\rho g} - \frac{p_a}{\rho g} + \frac{v_2^2 - v_0^2}{2g}$$

式中，$\frac{p_2}{\rho g} = \frac{p_a}{\rho g} + M + \Delta Z_m$，当进水池水面流速 v_0 很小可以忽略时，上式可简化为

$$H = Z_2 + \Delta Z_m + M + \frac{v_2^2}{2g} = Z_M + M + \frac{v_2^2}{2g} \tag{2-6-2}$$

式中　Z_M——压力表中心至进水池水面的位置高差，m；

其余符号意义同前。

式(2-6-2)即为计算立式轴流泵或混流泵扬程的实用公式。该式表明，立式轴流泵或混流泵的扬程等于泵出口压力表中心至进水面的位置高差、出口断面压力水头及其平均动能三项之和。

6.3.2.3　**水泵装置需要扬程**

我们知道，水泵必须在与进水池，进、出水管路和出水池构成的装置系统中才能工作。下面我们分析一下水泵在如图 2-6-20(a)所示的装置中运行时的扬程。

分别列泵的出口 2—2 断面与出水池水面 d—d 断面、进水池水面 S—S 断面与水泵进口 1—1 断面的能量方程：

$$E_2 = Z_d + \frac{p_d}{\rho g} + \frac{v_d^2}{2g} + h_{2-d} - H_g + \frac{p_s}{\rho g} + \frac{v_s^2}{2g} = E_1 + h_{s-1}$$

式中　E_1、E_2——水泵进、出口断面的单位总能量，m；

H_g——水泵安装高度(Setting Height of Pump)，又称水泵吸上扬程(Suction Lift)，为进水池水面与泵基准面 0—0 断面的垂直距离，当水泵安装在进水池水面上方时，H_g 取正值，反之，H_g 取负值，m；

Z_d——出水池水面与泵基准面 0—0 断面的垂直距离，m；

p_s、p_d——进、出水池水面上的压力，N/m^2；

v_s、v_d——进、出水池水面的流速，一般可取 $v_s \approx 0$、$v_d \approx 0$，m/s；

h_{s-1}、h_{2-d}——进、出水管路系统的水力损失，m。

按照扬程的定义 $H = E_2 - E_1$，则可得水泵在该系统中运行的装置需要扬程 H_R：

$$H_R = (Z_d + H_g) + \frac{p_d - p_s}{\rho g} + h_{s-1} + h_{2-d} = H_j + \frac{p_d - p_s}{\rho g} + h_l \tag{2-6-3}$$

式中　H_j——出水池水面与进水池水面的位置高差，m；

h_l——进、出水管路系统的水力损失之和，m。

式(2-6-3)中的 $H_j + \frac{p_d - p_s}{\rho g} = H_{st}$ 称作装置静扬程，即上下水位差与上下水面上的压力

水头差之和。当进、出水池水面上的压力均为大气压力时,则有 $H_{st} = H_j$,即装置静扬程等于上下水位差。引入装置静扬程后,式(2-6-3)可改写为

$$H_R = H_{st} + h_1 \tag{2-6-3a}$$

式(2-6-3a)表明,在装置中工作的水泵,为了把进水池中的水送到出水池,需要提供的单位能量,即水泵的装置需要扬程为装置静扬程与进、出水管路系统的阻力损失之和。

6.3.2.4　**水泵比能 Y**

水泵的能量特性还可用比能来表示,水泵比能 Y 是指单位质量液体流经水泵后所获得的能量增值,即水泵实际传给通过水泵的单位质量液体的总能量,其单位为 J/kg。显然,根据定义水泵比能与扬程之间的关系为:$Y = gH$。

6.3.3　功率

功率是指水泵在动力机带动下,单位时间内所做功的大小。

水泵的功率分有效功率、轴功率和配套功率三种。

6.3.3.1　**有效功率**

有效功率又称水泵的输出功率,是指通过水泵的水流所得到的功率,用符号 $N_{效}$ 表示,单位为 kW。可用下式进行计算。

$$N_{效} = \frac{\rho g Q H}{1\ 000} \tag{2-6-4}$$

式中　ρ——水的密度,kg/m^3;
　　g——重力加速度,m/s^2;
　　Q——水泵流量,m^3/s;
　　H——水泵扬程,m。

6.3.3.2　**轴功率**

轴功率又称水泵的输入功率,是指动力机传给水泵轴的功率,用符号 N 表示,单位为 kW。轴功率等于有效功率加上水泵内的损失功率。

水泵铭牌上的轴功率是指通过设计流量时的轴功率,又称额定轴功率。

6.3.3.3　**配套功率**

配套功率是指水泵应选配的动力机功率,用符号 $N_{配}$ 表示,单位为 kW。

6.3.4　效率

6.3.4.1　**效率的定义**

效率是水泵在提水过程中对动力利用的一项技术经济指标,用符号 η 表示。水泵在运转时,存在着机械损失、容积损失和水力损失。因此,水泵效率就是有效功率和轴功率的比值,用百分数表示。

$$\eta = \frac{N_{效}}{N} \times 100\% \tag{2-6-5}$$

式中　η——水泵效率,%;
　　N——轴功率,kW;

$N_{效}$——有效功率,kW。

6.3.4.2　损失功率

1)机械损失功率和机械效率

(1)机械损失功率是指泵轴转动时与轴封填料、轴承及叶轮表面与水体间等摩擦所消耗的功率,用符号 N_m 表示。

(2)轴功率和机械损失功率的差与轴功率之比称为机械效率,用符号 η_m 表示。

$$\eta_m = \frac{N - N_m}{N} \times 100\% \tag{2-6-6}$$

2)容积损失功率及容积效率

(1)容积损失功率是指泵内水流从高压处经缝隙向低压处的内漏和从轴封装置等处的外漏所造成的损失功率,用符号 N_v 表示。

(2)水泵出口流出的流量 Q 与进口流量(出口流量 Q + 损失流量 q)之比称为容积效率,用符号 η_v 表示。

$$\eta_v = \frac{Q}{Q + q} \times 100\% \tag{2-6-7}$$

3)水力损失功率及水力效率

(1)水力损失是指水流进入泵体后经吸水室、叶轮流道及泵壳蜗道等全部流程中的沿程损失和局部损失造成的功率损失及水体本身在整个流程中相互挤压、碰撞等造成的功率损失,用符号 N_h 表示。

(2)设泵内没有损失时的扬程为理论扬程 H_t,则水泵扬程 H 与理论扬程 H_t 之比称为水力效率,用符号 η_h 表示。

$$\eta_h = \frac{H}{H_t} \times 100\% \tag{2-6-8}$$

要提高水泵的效率,必须减少泵内各种损失。泵内各种损失越小,水泵的效率越高。水泵铭牌上标出的效率是指通过额定流量时的效率,它是水泵可能达到的最高效率。一般水泵的效率在60% ~85%,有的大型水泵可超过 85%。由此可见,要达到泵站经济运行的目的,提高水泵的效率意义重大。所以,除在设计、制造等方面加以改善外,泵站机组也应注意合理选配和正确运行,并加强对水泵的维护和检修,使水泵能经常在高效率状态下工作。

6.3.5　转速

转速是指单位时间内水泵叶轮旋转的周数。通常用符号 n 表示,单位为 r/min。水泵的转速一般为定值,需要改变水泵转速时,应注意不要超过厂家允许的限度。

转速是影响水泵性能的一个重要因素,当转速变化时,水泵其他性能参数都随之改变。水泵是按一定转速设计的,此转速称为额定转速。水泵铭牌上标出的是额定转速。小型水泵的转速为 2 900 r/min,中型水泵的转速一般为 1 450 r/min,大型水泵多采用 970 r/min、730 r/min 或 485 r/min 等。

6.3.6 允许吸上真空高度或必需汽蚀余量

允许吸上真空高度或必需汽蚀余量是表示水泵吸水性能的参数。

汽蚀余量是指水泵进口处单位重量液体具有的超过汽化压力的余能。通常用符号 Δh 表示，单位是 m。

吸上真空高度是指水泵工作时进口处的真空值。通常用符号 H_s 表示，单位是 m。

6.3.7 水泵的性能曲线

6.3.7.1 水泵性能曲线的定义及内容

水泵性能是指水泵在某一固定转速下运行时，它的流量与扬程、轴功率、效率、允许吸上真空高度或汽蚀余量等几个参数之间相互关系的变化规律。通常把上述参数间的相互关系绘制成几条曲线，这种曲线称为水泵的性能曲线。在绘制曲线时，一般把流量 Q 作横坐标，扬程 H、轴功率 N、效率 η 和允许吸上真空高度 H_s 或汽蚀余量 Δh 作纵坐标，绘制在直角坐标系内。实际应用中使用的性能曲线，一般是水泵厂通过对产品试验所得数据绘制成的。

水泵的性能曲线一般分为基本性能曲线、通用性能曲线和全面性能曲线三种。其中，基本性能曲线有流量—扬程（Q—H）曲线、流量—轴功率（Q—N）曲线、流量—效率（Q—η）曲线、流量—允许吸上真空高度（Q—H_s）或汽蚀余量曲线等。

6.3.7.2 水泵基本性能曲线的形状及特点

离心泵、轴流泵和混流泵的基本性能曲线，分别如图 2-6-22 ~ 图 2-6-24 所示。它们形象地反映出各性能参数间的相互关系及变化规律。

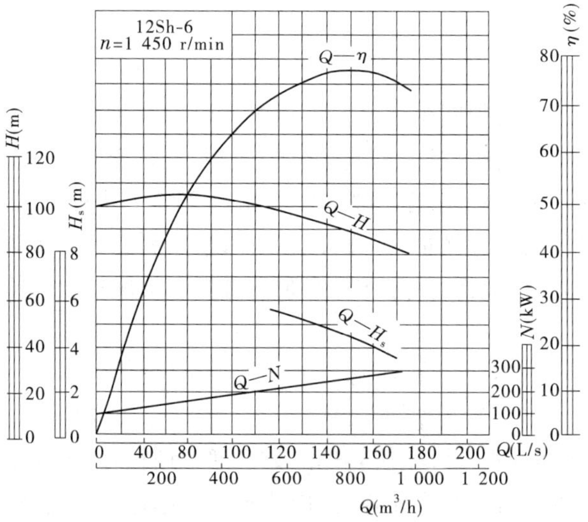

图 2-6-22 离心泵性能曲线

1）流量—扬程（Q—H）曲线

三种水泵的 Q—H 曲线都是下降曲线，即扬程随着流量的增加而逐渐减小。离心泵

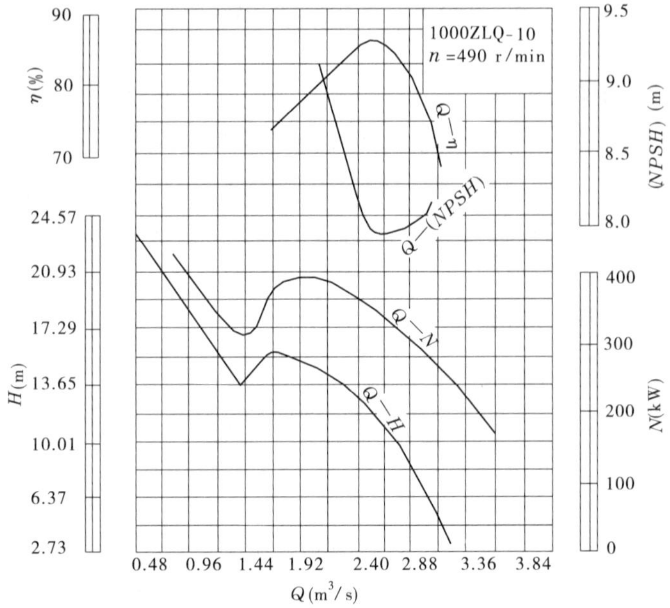

图 2-6-23　**轴流泵性能曲线**

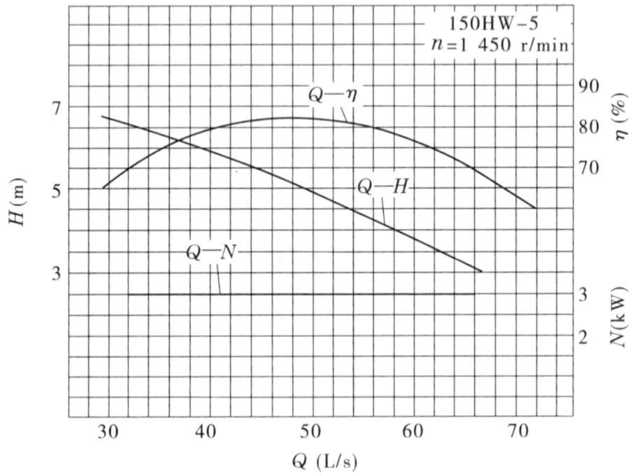

图 2-6-24　**混流泵性能曲线**

的 Q—H 曲线下降平缓;轴流泵的 Q—H 曲线下降较陡,并在设计流量的 40% ~60% 小流量区出现马鞍形。水泵若在小流量区运行,可能会产生振动和噪声,轴流泵应避免在该区域内运行。混流泵的 Q—H 曲线,介于离心泵及轴流泵之间。

2)流量—轴功率(Q—N)曲线

离心泵 Q—N 曲线是缓慢上升的曲线,即轴功率随着流量的增加而增加,当流量为零(闸阀关闭)时,轴功率最小。轴流泵 Q—N 曲线是下降的曲线,轴功率随流量的增加而减小,当流量为零时,轴功率达最大值。在小流量区,轴功率曲线也呈马鞍形。混流泵 Q—N 曲线比较平缓,当流量变化时,轴功率变化很小。

由 Q—N 曲线的特征可知，离心泵应关阀启动，以减少动力机启动负载。轴流泵应开阀启动。

3）流量—效率（$Q—\eta$）曲线

三种水泵的 $Q—\eta$ 曲线变化都是以最高效率点向两侧下降的，但离心泵的 $Q—\eta$ 曲线在最高点两侧变化比较平缓，高效率区域范围较宽，使用范围较大；轴流泵的 $Q—\eta$ 曲线变化较陡，高效率区域范围较窄，使用范围较小；混流泵的 $Q—\eta$ 曲线在最高效率点两侧的变化介于离心泵和轴流泵之间。

6.3.7.3　**水泵性能曲线的应用**

1）提供出厂铭牌数据

出厂的每台水泵，其铭牌上的参数值是由性能曲线提供的，它是性能曲线上效率最高点相对应的参数值。

2）确定水泵的工作范围

水泵的效率是水泵在运行中的主要技术经济指标之一。效率越高，运行中泵内功率损失越小，运行越经济。$Q—\eta$ 曲线上的最高点，是水泵运行时的最好经济点。离开此点，无论流量增减，效率均下降。但在实际运行中很难达到完全在最高效率点上工作。因此，一般在最高效率点左右规定一个范围，要求水泵尽量在这个范围内工作。这个规定的范围叫作水泵的高效率区，也称水泵的工作范围。在曲线图上常用波形线“ʃ”表示，如图 2-6-25所示。此范围一般按最高效率点再下降 5% ~7% 确定。

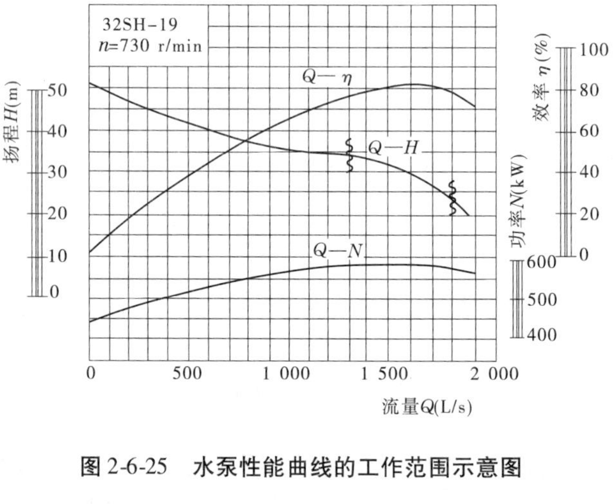

图 2-6-25　水泵性能曲线的工作范围示意图

3）编制性能表

把水泵性能曲线上的工作范围用表格形式表达，即为水泵性能表。性能表的主要参数值一般为三行。如图 2-6-25 所示性能曲线，其对应参数值见表 2-6-2。

第一行的数据规定为曲线左边一条“ʃ”相对应的各参数值；第三行的数据规定为曲线右边一条“ʃ”相对应的各参数值；中间一行的数据规定为最高效率点所对应的各参数值。

表 2-6-2　32SH－19 型双吸离心泵性能

水泵型号	流量 Q		扬程 H (m)	转速 n (r/min)	功率(kW)		效率 η(%)	允许吸上真空高度 H_s(m)	叶轮直径 D (mm)
	m^3/h	L/s			轴功率	配套功率			
32SH－19	4 700	1 305	35	730	575	625	78	4.35	740
	5 500	1 530	32.5		580		84		
	6 460	1 795	25.4		567		80.4		

6.3.7.4　水泵通用性能曲线

当水泵转速或叶片安放角变化时，水泵的其他性能参数也随着发生相应的变化。在同一张图上将这种变化表示出来，就是水泵的通用性能曲线，如图 2-6-26(a)所示。在叶片可调的水泵中，其通用性能曲线是指在转速不变的情况下，水泵在不同叶片安放角时的性能曲线。其中，效率随流量变化的关系采用等效率曲线，如图 2-6-26(b)所示。利用通用性能曲线可以很方便地根据排灌要求或水位的变化来调节水泵的工作性能，找出最优的运行工况。

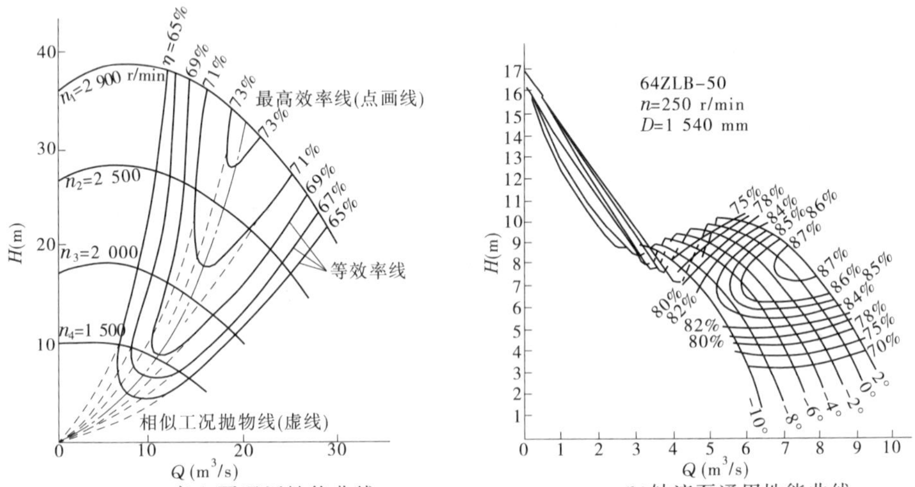

(a)离心泵通用性能曲线　(b)轴流泵通用性能曲线

图 2-6-26　水泵通用性能曲线

6.3.7.5　水泵系列型谱图

把同一类型不同规格水泵的工作区域绘在同一张图上，称为水泵的系列型谱图。如图 2-6-27 所示，为 S 系列水泵型谱图。水泵系列型谱图可作为选择水泵的依据，也可为研究、开发水泵新产品提供参考。

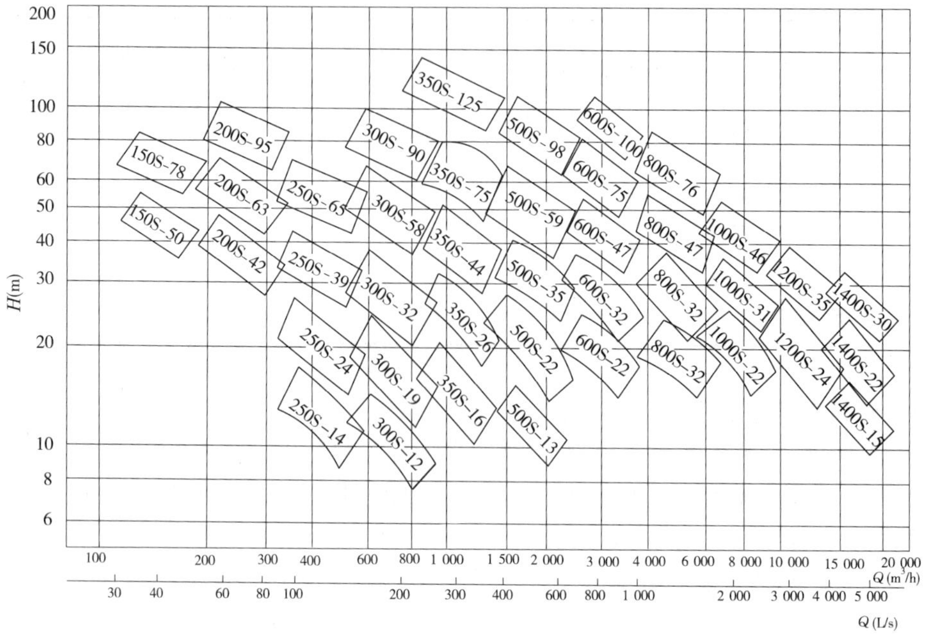

图 2-6-27　水泵系列型谱图

6.4　水泵的比转数

6.4.1　比转数的概念

水泵比转数又称比速，是指具有几何相似的标准泵的转数。所谓标准泵，是指通过 0.075 m³/s 流量并产生 1 m 扬程的有效功率等于 0.735 kW 的泵。为便于对水泵进行分类，需要有一个能反映水泵共性的、综合性的参数，作为比较的标准，这个参数值就是水泵的比转数，用符号 n_s 表示。其计算公式为

$$n_s = \frac{3.65n\sqrt{Q}}{H^{3/4}} \tag{2-6-9}$$

式中　n——水泵的额定转速，r/min；

H——水泵额定扬程，m；

Q——水泵额定流量，m³/s。

比转数的公式是根据相似定律推导出来的，两台几何相似的水泵，n_s 相等，但 n_s 相等的水泵，其叶轮和出水流道不一定相似，所以 n_s 相等不是水泵相似的充分条件。在理解比转数的概念时还应注意以下几点：

（1）同一台水泵在不同的转速下运行时，其比转数 n_s 保持不变。

（2）水泵的比转数是以设计工况（即最高效率点）的流量、扬程和额定转速值计算的，且是指一个单级叶轮的流量和扬程。

（3）对于双吸水泵，应将水泵流量 Q 除以 2，对于多级泵，应将水泵扬程 H 除以叶轮

级数 Z。其公式分解为

$$n_s = \frac{3.65n\sqrt{Q/2}}{H^{3/4}} \tag{2-6-10}$$

$$n_s = \frac{3.65n\sqrt{Q}}{\left(\frac{H}{Z}\right)^{3/4}} \tag{2-6-11}$$

近年来,国内外开始使用无因次的型式数 K,其计算公式为

$$K = \frac{2\pi n\sqrt{Q}}{60(gH)^{3/4}} \tag{2-6-12}$$

式中　g ——重力加速度,m/s^2;

其他符号意义同前。

型式数 K 实质上是比转速 n_s 的无因式表达式,具有通用性。两者之间的关系为

$$K = 0.005\,176n_s \tag{2-6-13}$$

6.4.2　比转数的作用

6.4.2.1　对水泵进行分类

比转数是相似准数,不同的比转数代表了不同水泵叶轮的构造和水力性能。因此,可用比转数对水泵进行分类。从比转数公式可以看出,高扬程、小流量的水泵 n_s 值很小;低扬程、大流量的水泵 n_s 值很大。根据比转数的大小,可将水泵分为三类:比转数 50 ~ 300 为离心泵,比转数 300 ~ 500 为混流泵,比转数 500 以上为轴流泵。

6.4.2.2　分析水泵的性能

水泵的性能随比转数而变。因此,比转数不同,水泵性能曲线的形状也不相同,通过比转数可以分析水泵的性能。

6.4.2.3　编制水泵系列

一般把同类结构的水泵,以比转数为基础编制成一个系列,可大大减少水力模型的数量,同时有利于国家组织水泵的设计和生产。比转数也是水泵设计的重要依据。在相似设计中,可根据给定的设计参数计算出比转数值,并以比转数来选择优秀的水力模型,再根据选定的模型和给定的参数,换算出设计水泵的尺寸并计算出其性能。

6.5　水泵汽蚀与安装高程

水泵的汽蚀与安装高程之间有着密切的关系。水泵安装过低,泵房土建投资增大,施工难度增大;水泵安装过高,则水泵产生汽蚀,引起水泵工作时的流量、扬程、效率大幅度下降,甚至不能工作。所以水泵安装高程的确定,是泵站设计中的重要内容。在泵站运行中,水泵装置的故障也有很多问题出自水泵的吸水不能满足要求。因此,对水泵的吸水性能必须予以高度重视。

6.5.1　水泵的汽蚀

水泵运行过程中,如果内部液体局部位置的压力降低到水的汽化压力(饱和蒸汽压

力)时,水就汽化生成大量的气泡,气泡随水流向前运动,流到压力较高的部位时,迅速凝结、溃灭,这种现象称为水泵的汽蚀现象。

在产生汽蚀的过程中,由于水流含有气泡,破坏了水流的正常流动规律,改变了流道内的过流面积和流动方向,因而叶轮与水流之间能量交换的稳定性遭到破坏,能量损失增加,从而引起水泵的流量、扬程和效率的迅速下降,甚至达到断流状态。这种工作性能的变化对于不同比转数的泵是不同的,低比转数的离心泵叶槽狭长,宽度较小,很容易被气泡阻塞,在出现汽蚀后,$Q—H$、$Q—\eta$ 曲线迅速降落。对中、高比转数的离心泵和混流泵,由于叶轮槽道较宽,不易被气泡阻塞,所以 $Q—H$、$Q—\eta$ 曲线先是逐渐地下降,过了一段才开始迅速下降。对高比转数的轴流泵,由于叶片之间流道相当宽阔,故汽蚀区不易扩展到整个叶槽,因此 $Q—H$、$Q—\eta$ 曲线下降缓慢。

当发生汽蚀时,水泵产生噪声,而且还伴随着剧烈的振动,影响机组的安全运行。

气泡溃灭时,水流因惯性高速冲向气泡中心,产生强烈的水锤,其作用力可达 $3.3\times10^7 \sim 570\times10^7$ Pa,冲击的频率达 2 万 ~3 万次/s,这样大的力频繁作用于水泵过流部件上,引起金属表面局部塑性变形与硬化变脆,产生疲劳现象,这种现象持续不断地反复出现,金属表面会出现凹坑和麻点,随之应力更加集中,叶片出现金属剥落,甚至蚀穿。

引起泵内产生局部低压的原因很多,如水泵安装得过高;水泵运行时的流量大于或小于水泵的设计流量;被抽送的水水温过高;水泵安装地点的海拔较高;进入水泵的水流具有不稳定的涡流,引起低压区水流的紊乱等。

叶片泵常见的汽蚀有叶片汽蚀、间隙汽蚀和涡带汽蚀三种形式。

叶片汽蚀是发生在叶片表面的汽蚀。随着水泵的流量不同,汽蚀发生在叶片的正面、背面或前盖板内表面等部位。

间隙汽蚀是由于间隙回流发生在叶片外缘与叶轮室壁面之间、密封环与叶轮进口外缘之间的汽蚀。

涡带汽蚀是由于进水池、进水流道设计不合理或其他边界条件的变化产生涡带,当涡带进入水泵后,就会助长或加重水泵叶面汽蚀的程度。

另外,离心泵蜗壳隔舌处,半螺旋形吸水室内壁,轴流泵导叶的正面、背面和轮毂处也有可能产生汽蚀。

6.5.2 允许吸上真空高度

6.5.2.1 吸上真空高度

水泵的汽蚀是由泵内局部压力过低引起的,水泵进口处的压力与吸水管路、进水池水面的大气压力等因素有着密切关系。如图 2-6-28(a)所示,可知

$$\frac{P_{大气}}{\gamma}-\frac{P_{进}}{\gamma}=H_{吸}+\frac{v_{进}^2}{2g}+h_{吸损} \tag{2-6-14}$$

式中 $P_{大气}$——进水池水面的大气压强,Pa;

$P_{进}$——水泵进口中心点水流的绝对压力,Pa;

$H_{吸}$——水泵的吸水高度,m;

$v_{进}$——水泵进口断面的平均流速,m/s;

$h_{吸损}$——水泵吸水管路水头损失的总和,m;

γ——水的重度,N/m^3,$\gamma=\rho g$,ρ 为水的密度,kg/m^3;

g——重力加速度,$g=9.81\ m/s^2$。

当水泵安装在进水面以上时,水泵进口的绝对压力 $P_{进}$ 低于大气压力 $P_{大气}$,把进口处的绝对压力低于大气压力的差值称为水泵的吸上真空高度,用 H_{sa} 表示,即

$$H_{sa}=\frac{P_{大气}}{\gamma}-\frac{P_{进}}{\gamma}=H_{吸}+\frac{v_{进}^2}{2g}+h_{吸损} \tag{2-6-15}$$

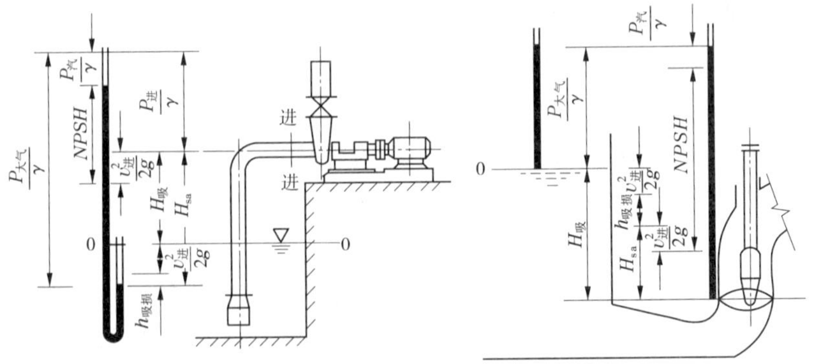

(a)水泵中心轴线位于进水池水面以上　(b)水泵中心轴线位于进水池水面以下

图 2-6-28　吸上真空高度 H_{sa} 的计算与汽蚀余量的关系

由式(2-6-15)可见,水泵的吸上真空高度 H_{sa} 为其吸水高度、进口平均流速水头和吸水管水头损失之和。

当水泵安装在进水池水面以下时,可能会出现 $H_{sa}<0$ 的情况,这时水泵基准面的绝对压力高于大气压力。

6.5.2.2　**允许吸上真空高度**

允许吸上真空高度,是为保证水泵内部压力最低点不产生汽蚀,在水泵进口处允许的最大真空值,用 H_s 表示。

式(2-6-15)表明,H_{sa} 与 $H_{吸}$、$\frac{v_{进}^2}{2g}$ 及 $h_{吸损}$ 有关,其中任何一项变大,都能引起 H_{sa} 增大,当 H_{sa} 增大到某一数值后,水泵开始产生汽蚀,这时的吸上真空高度 H_{sa} 称为最大吸上真空高度,这个数值是通过试验方法确定的。为保证水泵运行时不发生汽蚀,又有尽可能大的吸上真空高度,规定在最大吸上真空高度上减去 0.3 m 的安全量为允许吸上真空高度,该值可从水泵样本上查得。水泵允许吸上真空高度越高,说明抗汽蚀性能越好。

6.5.3　汽蚀余量

汽蚀余量是指水泵进口处单位重量的水所具有的超过工作温度时的汽化压力水头的多余能量,用 *NPSH* 表示。*NPSH* 也是衡量水泵汽蚀性能好坏的一个指标。如图 2-6-28(a)所示,可知

$$NPSH=\frac{P_{进}}{\gamma}+\frac{v_{进}^2}{2g}-\frac{P_{汽}}{\gamma} \tag{2-6-16}$$

又因 $H_{sa}=\frac{P_{大气}}{\gamma}-\frac{P_{进}}{\gamma}$，所以 $\frac{P_{进}}{\gamma}=\frac{P_{大气}}{\gamma}-H_{sa}$，代入式(2-6-16)得

$$NPSH=\frac{P_{大气}}{\gamma}-H_{sa}+\frac{v_{进}^2}{2g}-\frac{P_{汽}}{\gamma} \tag{2-6-17}$$

将式(2-6-15)代入式(2-6-17)得

$$NPSH=\frac{P_{大气}}{\gamma}-H_{吸}-h_{吸损}-\frac{P_{汽}}{\gamma} \tag{2-6-18}$$

式中　$NPSH$——水泵在额定转速下的汽蚀余量，m；

$P_{汽}$——装机地点水温下的汽化压力，Pa；

其余符号意义同前。

由式(2-6-18)可知，在 $P_{大气}$、$H_{吸}$ 及流量一定的情况下，汽蚀余量 $NPSH$ 与水泵进水管路的装置情况（$H_{吸}$、$h_{吸损}$）有关，与水泵本身的特性无关。它是水流在进入水泵前用来防止汽化所剩余的一部分能量，称为有效汽蚀余量。

水泵在运行时是否会发生汽蚀，还取决于水泵本身的汽蚀性能。水泵本身的汽蚀性能用必需汽蚀余量 $(NPSH)_r$ 来表示。该余量是为满足水流进入水泵后，到叶轮进口附近压力最低点（但高于汽化压力）所产生的压力降低的需要。在一定的转速和流量下，必需汽蚀余量主要与叶轮进口部位的几何形状有关，而与水泵的进水管路装置无关，该值由水泵生产厂通过汽蚀试验求得。为安全起见，规定增加 0.3 m 的安全量作为允许汽蚀余量，通常用 $(NPSH)_{允}$ 表示，即 $(NPSH)_{允}=(NPSH)_r+0.3$。此值可以从水泵样本上查得。水泵允许汽蚀余量越小，说明水泵抗汽蚀性能越好。为控制汽蚀现象的发生，要使 $NPSH\geqslant(NPSH)_{允}$。

6.5.4　水泵安装高程的确定

水泵安装高程（Setting Elevation of Pump）是指水泵基准面的海拔高度（Absolute Elevation），它等于吸水面（进水池水面）的海拔高度 $\nabla_{吸水面}$ 与水泵安装高度 H_g 之和，即

$$\nabla_{水泵基准面}=\nabla_{吸水面}+H_g \tag{2-6-19}$$

当水泵安装在吸水面以上时，式(2-6-19)中的 H_g 取正值；反之，H_g 取负值。因此，水泵安装高程的确定，归结于合理地确定水泵安装高度 H_g。水泵安装高度可以通过水泵的允许吸上真空高度或允许汽蚀余量的表达式计算得出。

(1)用 H_s 表达的水泵安装高度计算公式。

将式(2-6-15)作移项处理后，可得

$$H_{吸}=H_{sa}-\frac{v_{进}^2}{2g}-h_{吸损} \tag{2-6-20}$$

由前面的分析可知，要保证水泵运行不发生汽蚀，泵进口断面的吸上真空高度应不大于泵的允许吸上真空高度，即 $H_{sa}\leqslant H_s$。当式(2-6-20)中的 H_{sa} 取最大值 H_s 时，安装高度达最大值。该安装高度的最大值称为允许安装高度，用符号 $[H_g]$ 表示。

由于水泵产品样本或说明书给出的 H_s 值是标准状态下的数值，如果泵的使用条件与标准状态不同，则可按式(2-6-21)计算得到水泵的允许安装高度$[H_g]$。

$$[H_g]=[H_s]-10.33+\frac{p_e}{\rho g}-0.24-\frac{p_v}{\rho g}-\frac{v_s^2}{2g}-h_w \tag{2-6-21}$$

式中　$[H_s]$——标准状态下的允许吸上真空高度，m；

10.33——标准大气压力水头，m；

$\frac{p_e}{\rho g}$——吸水面上的实际压力水头，m；

0.24——20 ℃水的汽化压力水头，m；

$\frac{p_v}{\rho g}$——被抽水实际温度下的汽化压力水头，m；

v_s——泵进口断面上的平均流速，m/s；

h_w——吸水管路系统中的水力损失，m。

(2)用$(NPSH)_{允}$表达的水泵安装高度计算公式。

将式(2-6-18)作移项处理后，可得

$$H_{吸}=\left(\frac{p_{大气}}{\rho g}-\frac{p_{汽}}{\rho g}\right)-(NPSH)-h_{吸损} \tag{2-6-22}$$

由前面的分析已知，要保证水泵运行不发生汽蚀，泵进口断面上的有效汽蚀余量应不小于泵的允许汽蚀余量，即 $NPSH \geqslant [\Delta h]$。当式(2-6-22)中的 $NPSH$ 取最小值$(NPSH)_{允}$时，安装高度达最大值，即

$$[H_g]=\frac{p_e}{\rho g}-\frac{p_v}{\rho g}-(NPSH)_{允}-h_{吸损} \tag{2-6-23}$$

式中　$\frac{p_e}{\rho g}$——吸水面上的实际压力水头；

$\frac{p_v}{\rho g}$——被抽水实际温度下的汽化压力水头。

式(2-6-23)即为根据已知的允许汽蚀余量确定允许安装高度的计算公式。比较式(2-6-21)与式(2-6-23)可以看出，使用$(NPSH)_{允}$来计算水泵的安装高度比使用 H_s 方便，因为式(2-6-23)中没有$\frac{v_s^2}{2g}$项，可以减少计算。

最后，应说明的是：

(1)当由式(2-6-21)和式(2-6-23)算出的允许安装高度$[H_g]$为正值时，表示该泵可以安装在吸水面以上不超过$[H_g]$高度的位置，如卧式轴流泵。但是，若将立式轴流泵的叶轮也装在水面以上，水泵启动前就要事先抽气充水。因此，为启动方便，常将叶轮淹没于水下 0.5～1.0 m。若计算得到的$[H_g]$为负值，则表示该泵的叶轮必须安装在吸水面以下不小于$[H_g]$深度的位置，如果计算得到的淹没深度值不足 0.5～1.0 m，应采用 0.5～1.0 m。

(2)大中型水泵的汽蚀参数一般只能借助模型泵汽蚀试验结果,利用汽蚀相似律换算得出。但是,由于汽蚀试验代价较高,加上尺寸效应的影响,因而许多厂家提不出泵的允许汽蚀余量,只给出叶轮淹深的推荐值,在泵站工程设计及水泵安装时,应保证叶轮的淹没深度不小于该推荐值。

在按式(2-6-21)或式(2-6-23)计算出水泵的允许安装高度后,即可由式(2-6-19)求得水泵的安装高程。

第 7 章　泵站工程基础知识

7.1　泵站工程组成

泵站工程是将电(热)能转化为水能进行灌排或供水的提水设施,是机电灌排工程的核心,也是水利工程的重要组成部分。

泵站通常由机电设备及其配套的土建工程组成。机电设备是由作为核心设备的水泵及其配套的动力机、传动装置、管道系统、电气及控制设备和相关的辅助设备所构成的。配套土建工程包括泵房及上部结构,进出水建筑物及其配套的控制涵、闸等。

本书从泵站运行管理的角度,将泵站工程组成分为机械设备、电气设备、金属结构设备、泵站建筑物和管理设施等 5 部分。各部分的组成如下:

(1)机械设备包括主机组及辅助设备等。主机组包括主水泵、动力机及传动装置。辅助设备包括充水设备或抽真空设备、供水设备、排水设备、供油没备、压缩空气设备、通风设备、起重设备等。

(2)电气设备包括输电线、变压器、高低压开关柜、励磁装置或无功补偿装置、直流装置、继电保护装置或微机保护装置和控制柜等。

(3)金属结构设备包括闸门及启闭设备、断流装置、拦污清污设备等。其中,断流装置包括真空破坏阀、拍门及平衡装置、快速闸门等。

(4)泵站建筑物包括引水建筑物、进水建筑物或进水管道(含进水闸阀)、泵房、出水建筑物或出水压力管道(含出水闸阀)及其配套的控制涵、闸等。

(5)管理设施包括工程观测、交通、通信、生产保障、环境及绿化等设施。其中,生产保障设施包括行政技术管理办公用房及设施、工程维修养护设施、防汛抗旱设施、值班和文化用房及设施等。

7.2　泵站基本参数

7.2.1　泵站流量

泵站流量是指泵站内装机的总流量,是衡量泵站工程规模、级别的重要指标之一。

根据泵站的性质和工作任务,泵站流量可分为供水流量和排水流量。

(1)灌溉泵站。灌溉设计流量应根据设计灌水率、灌溉面积、渠系水利用系数及灌区内调蓄容积等综合分析计算确定。

(2)排水泵站。排涝设计流量及其过程线,可根据排涝标准、排涝方式、排涝面积及调蓄容积等综合分析计算确定。

(3)排渍泵站。排渍设计流量可根据地下水排水模数与排水面积计算确定。

(4)供水泵站。设计流量应根据供水对象的用水量标准确定。

7.2.2　泵站扬程

(1)设计扬程:应按泵站进、出水池设计水位差,并计入水力损失确定。在设计扬程下,应满足泵站设计流量要求。

(2)平均扬程:可按式(2-7-1)计算加权平均净扬程,并计入水力损失确定;或按泵站进、出水池平均水位差,并计入水力损失确定。

$$H = \sum H_i Q_i t_i / \sum Q_i t_i \tag{2-7-1}$$

式中　H——加权平均净扬程,m;

H_i——第 i 时段泵站进、出水池运行水位差,m;

Q_i——第 i 时段泵站提水流量,m^3/s;

t_i——第 i 时段历时,d。

在平均扬程下,水泵应在高效区工作。

(3)最高扬程:应按泵站出水池最高运行水位与进水池最低运行水位之差,并计入水力损失确定。

(4)最低扬程:应按泵站进水池最高运行水位与出水池最低运行水位之差,并计入水力损失确定。

7.2.3　泵站装机功率

泵站装机功率是指泵站内装机功率之和,用 kW 表示。泵站装机功率与泵站设计流量是衡量泵站工程规模、级别的重要指标之一。

7.3　泵房的基本形式

泵房结构按其基础形式可分为分基型、干室型、湿室型和块基型等四种。

7.3.1　分基型泵房

分基型泵房,如图 2-7-1 所示,其主要特点是水泵机组基础和泵房的基础分开,属单层结构。因其结构简单、施工方便,可以采用砖、石、木等当地材料,工程造价比较低,故中小型泵站应首先考虑采用分基型泵房形式。泵房地面高程高于进水池最高水位,通风、采光和防潮条件较好。适宜安装卧式离心泵或混流泵机组。

分基型泵房根据所选的水泵机组形式可分为常规卧式机组、斜式机组和潜水泵机组三种分基型泵房。

7.3.2　干室型泵房

干室型泵房由主机组基础、泵房底板和侧墙构成封闭干室。这种泵房结构比分基型

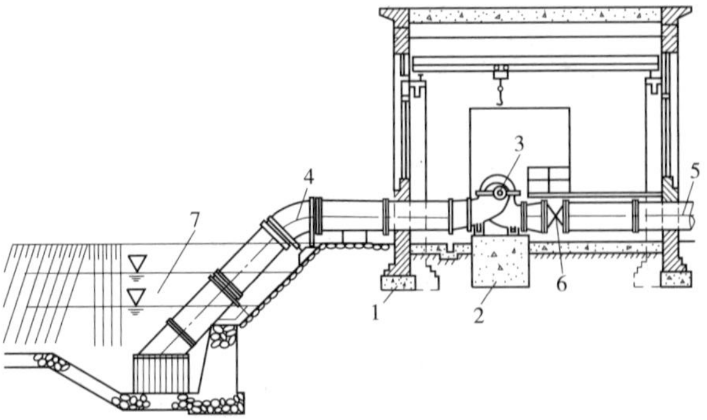

1—泵房基础;2—主机组基础;3—水泵;4—进水管;5—出水管;6 —闸阀;7 —进水池

图 2-7-1　分基型泵房

复杂,造价较高。其平面形状有矩形和圆筒形两种,在立面上可以是一层或多层,不论是卧式或立式机组均可采用。图 2-7-2 所示为矩形干室型泵房。

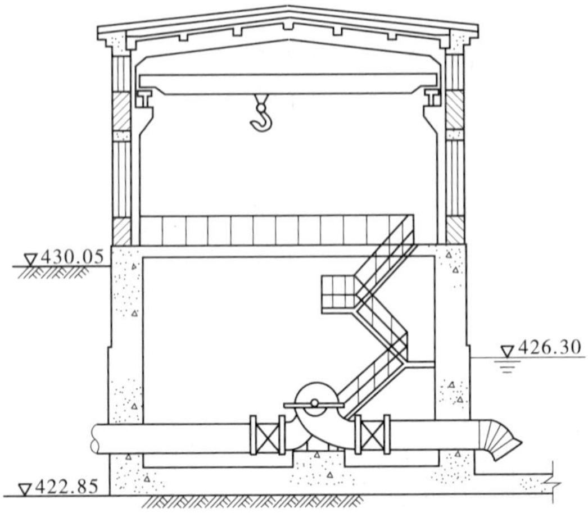

图 2-7-2　矩形干室型泵房

7. 3. 3　湿室型泵房

泵房下部为与前池相通并蓄水的地下室,故称为湿室。湿室即为进水池,其中的水重平衡了一部分浮托力,增强了泵房的稳定性。泵房通常分为两层,下层为湿室——水泵层,水泵的进水管直接从室中取水,动力机及配电设备等布置在上层——电机层,如图 2-7-3所示。湿室内有自由水面的称为无压湿室型,用顶板封闭湿室的则称为有压湿室型。湿室型泵房适宜于安装中、小型立式或卧式轴流泵以及立式的离心泵或混流泵。

7. 3. 4　块基型泵房

主水泵机组的基础、泵房底板和进水流道浇筑成一块状整体,故称块基型。适用于:口径大于 1 200 mm 的大型水泵;泵房直接挡水,要求有较强的抗浮、抗滑稳定性的场合。按泵房是否直接挡水以及与堤防的关系可分为堤身式和堤后式两大类。图 2-7-4 所示为堤身虹吸式块基型泵房。

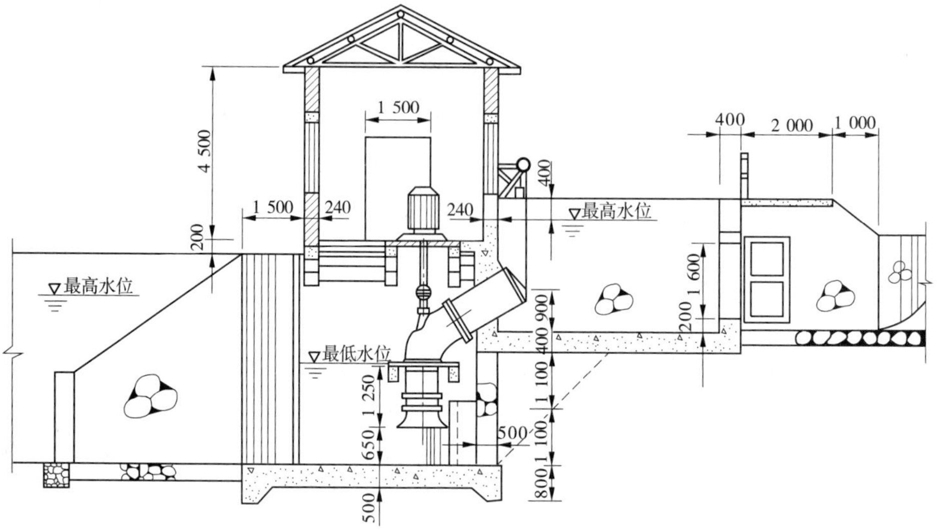

图 2-7-3　**湿室型泵房**　（单位：mm）

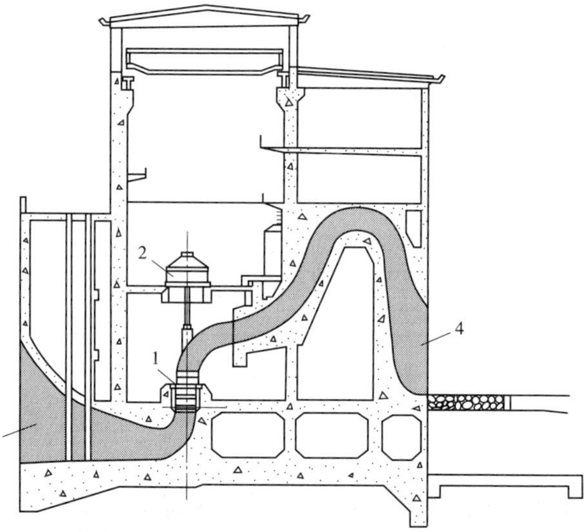

1—水泵；2—电动机；3—进水流道；4—虹吸式出水流道

图 2-7-4　**堤身虹吸式块基型泵房**

7.4　泵站建筑物总体布置

各种泵站的用途虽有不同，但其建筑物的组成及总体布置基本相同。有些泵站可直接从水源中取水，有些泵站须修建取水建筑物，并用引水建筑物将其与进水建筑物相连接。图 2-7-5 为泵站建筑物总体布置图。

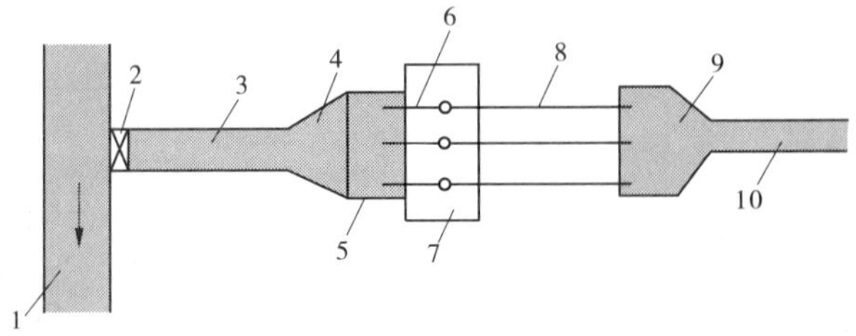

1—水源;2—进水闸;3—引水渠;4—前池;5—进水池;6—进水管;
7—泵房;8—出水管;9—出水池;10—输水渠

图2-7-5　泵站建筑物总体布置图

7.5　泵站金属结构的类型及用途

泵站金属结构通常包括闸门、启闭机、拦污栅及清污设备等,具体设置视泵站实际需要而定。

7.5.1　闸门

闸门的作用是能够按需要封闭水工建筑物的孔口,并能全部和部分开放这些孔口,以满足上、下游水位及泄放流量的调节;控制运输船只的通行;排除泥沙以及截断水流,以便检修各种机电设备和维修水下建筑物等。

7.5.1.1　闸门的组成

常见闸门的组成如图2-7-6和图2-7-7所示,一般是由下面几个主要部分组成。

1)*活动部分*

活动部分称为门叶,是能启闭孔口的堵水体。它由下列部件组成:①面板:封闭孔口的挡水板,它直接承受水压力,并传给梁系;②梁系:起支承面板的作用,并把面板传来的水压力传到支承部件上;③支承及行走部件:这些部件一方面把门叶传来的力传给闸墩,另一方面保证门叶移动时灵活可靠;④止水:用以堵塞闸门门叶与埋设部件间隙缝的部件,它使闸门在封闭孔口时不漏水或少漏水;⑤吊头:与启闭设备相连接的部件。

2)*埋设部分*

设于闸墩内部及表面的部件,并与支承及止水部分相配合,把活动部分承受的荷载传给闸墩。埋设部分一般由支承及行走埋设件、止水埋设件等部件组成。

3)*启闭设备*

启闭设备是控制门叶在孔口中位置的操作机构,一般由动力装置、传动装置、制动装置、连接装置、支承及行走装置等部件组成。

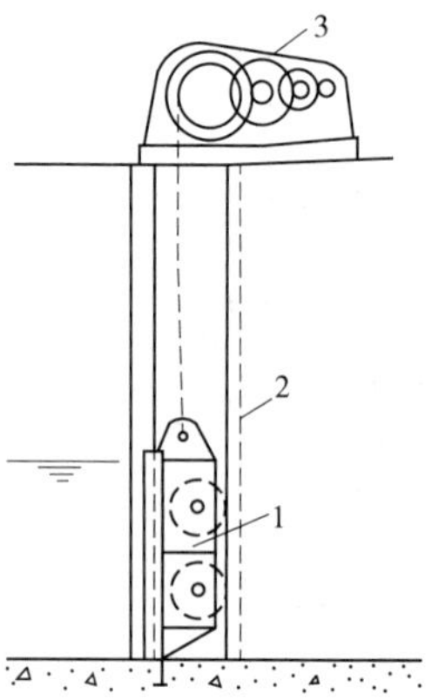

1—活动部分;2—埋设部分;3—启闭设备

图 2-7-6　闸门的组成

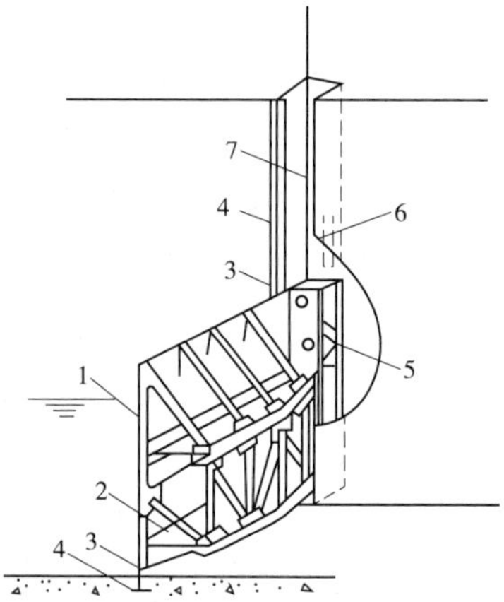

1—面板;2—构架;3—止水部分;
4—止水埋设件;5—支承行走装置(滚轮);
6—支承行走装置埋设件;7—吊具

图 2-7-7　平面闸门门叶的组成

7.5.1.2　常用的闸门类型

1)按闸门的作用分类

(1)工作闸门。工作闸门也称主闸门,是进水建筑物正常运用的闸门,要求每个孔口设置一扇。当水泵运行时,开启闸门以放泄水流,有时部分开放以调节流量。当水泵不运行时,关闭闸门以防止泥沙入渠(或入池)造成淤积。由于工作闸门担负经常性启闭工作,而且要在动力条件下运行,所以工作闸门要求结构牢固、挡水严密、启闭灵活、运用可靠。

(2)检修闸门。是专供工作闸门或水工建筑物某一部分或某一设备需要检修时挡水使用的,因此必须设置在这些被保护部件的前面。门扇应根据闸孔的数量、重要性和维护条件等因素综合考虑设置。检修闸门常在检修前,在静水的情况下放下,检修时截断水流,检修后在静水中开启。因此,检修闸门的门体部分,一般按检修时的水位及荷载设计,支承和埋设部分由于静水启闭而大为简化。检修闸门使用次数较少,其启闭设备也较简单。检修闸门有时采用分块的叠梁,特别在露顶式的孔口,采用叠梁式较为普遍。

(3)事故闸门。当工作闸门或水工建筑物发生事故时,使用事故闸门。要求能在动水中关闭,有时甚至是在动水中快速关闭以切断水流,防止事故扩大,待事故处理后再开放孔口。能快速启闭的事故(或工作)闸门在泵站中常称为快速闸门。

2)按闸门在孔口中的位置分类

(1)露顶闸门。门叶的上缘高出上游水位,适合于低水位时采用,比较经济。

(2)潜孔闸门。门叶的上缘低于上游水位,当高水位采用露顶闸门不经济时才采用。

3)按闸门的结构形式分类

泵站常用的有平面闸门、叠梁闸门、立拱闸门、弓形闸门,如图 2-7-8 所示。

4)按闸门的材料分类

仅就平面闸门而言,按材料又可分为平面钢闸门、铸铁平面闸门、钢筋混凝土平面闸

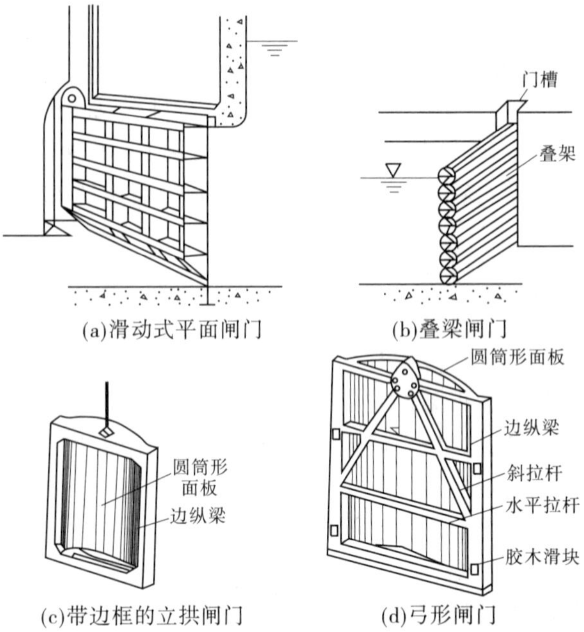

图 2-7-8　闸门结构形式

门、钢丝网平面闸门。

(1)平面钢闸门是由钢板及型钢焊接而成,是一种可以支承很大的水压力、结构坚固的闸门,但这种闸门钢材用量大,维护也比较麻烦,一般用在门跨度较大的大中型机组的泵站中。对于中小尺寸的平面闸门,也有用铸铁铸造、止水面经加工而成(也可不加工)的,其效果与平面钢闸门一样。

(2)钢筋混凝土闸门,门体是由一定标号要求的水泥及钢筋制成的钢筋混凝土构件。这种构件可以节约钢材,用在门跨不大、水头较低的工程中。钢筋混凝土闸门比钢闸门造价低,施工技术简单,也可在现场制造,维护费用少,但自重为钢闸门的 1.5 ~ 2.0 倍,要求有较大的启门力,因此启闭设备投资大。为了减轻门重,可用钢丝网水泥闸门,其面板是由多层重叠的钢丝网及高标号水泥砂浆抹制而成,梁系仍用钢筋混凝土或预应力钢筋混凝土结构。其缺点是面板抗弯能力较差,横梁间距小。

闸门类型的选择,首先应该满足建筑物的工作要求,应选择结构简单、便于制造安装和维修、止水性能好、操作灵活、启门力小、能就地取材且造价低廉的闸门。

7.5.1.3　闸门在泵站进口的设置

1)灌溉或供水泵站进口闸门

(1)从河道上取水的岸边泵站进口:对于泵房直接挡水的泵站,只需设工作闸门与检修闸门;对于泵房不直接挡水的泵站,应使机组不受洪水影响,除设置上述闸门外,还需设置防洪闸门,以防工作闸门失灵,洪水淹没泵站。

(2)从渠道上取水的泵站进口:对于水较浑且含沙量较大的泵站,需设置工作闸门并兼作检修闸门用,当机组不运行时,关闭孔口,以防泥沙进入前池,加大淤积量;对水较清的泵站,一般只设机组检修闸门,当大型机组在非灌溉季节要求电动机作调相运行时,则需设工作闸门兼作检修闸门用。

2）排水泵站及排灌结合泵站进口闸门

排灌结合泵站一般出现在南方平原或河网地区，与排水站相似，其进口一般只设机组检修闸门。当大型机组要求作调相运行时则需设工作闸门，并兼作检修闸门用。排灌结合泵站的枢纽工程，往往需要较多的控制闸门，以控制排灌系统的运行方式及水位、流量等。

7.5.2　闸门的启闭设备

它也是一种起重机械，但在使用时荷载变化大，启门速度低，使用时要适应闸门的运行要求。闸门的种类很多，运行条件变化极大，因此要求有不同类型的启闭设备。启闭设备应工作可靠、机械效率高、自重轻、体积小、结构简单、操作维护方便。

选择启闭机的主要依据是启闭门力、启闭行程、启闭速度、吊头数目和间距、动力情况、安装地点的空间尺寸等。常用的启闭机简述如下。

7.5.2.1　螺杆式启闭机

螺杆式启闭机是能产生启门力又能对闸门施加闭门力（在螺杆长细比许可范围内）的一种简单可靠的启闭设备。其螺杆的下端与闸门相连接，螺杆上端支承在承重螺母内，螺母固定在齿轮箱内的锥形齿轮或蜗轮上，当摇动手摇把时，通过齿轮或蜗轮系的传动而转动承重螺母，从而升降螺杆和螺母。螺杆式启闭机具有能自锁、结构简单、维护方便、价格低廉等特点，如图 2-7-9 所示。

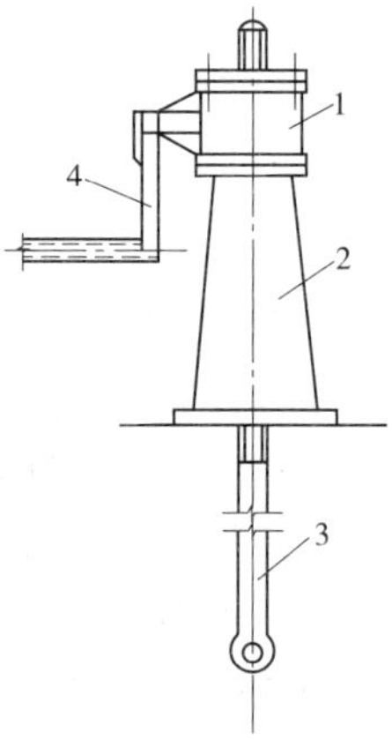

1—齿轮箱；2—支座；3—螺杆；4—手摇把

图 2-7-9　螺杆式启闭机

7.5.2.2　卷扬式启闭机

卷扬式启闭机是以钢丝绳作为牵引方式的。由人力或电力驱动减速齿轮，减速齿轮驱动缠绕钢丝绳的绳鼓，以绳鼓的转动而收放钢丝绳，使闸门提升或下降。这种启闭机具有较大的启闭力和较大的启闭行程，适用于孔口较大的闸门和深孔闸门，但没有自锁作用（必须附加锁定装置）。钢丝绳及滑轮组如果长期在水中工作，易生锈，维护困难，但闸门与启闭机的配合具有较大的灵活性，采用电动时启闭速度较快。

平面闸门卷扬机定型设计一般具有单吊点和双吊点两种，其外形如图 2-7-10 所示。

7.5.2.3　液压式启闭机

如图 2-7-11 所示，液压式启闭机由于工作油压较大，对零件加工要求高，并易于损坏，维护与更换较麻烦，应用技术较难掌握，因此广泛使用还有一定的难度。

7.5.2.4　其他启闭装置

（1）移动式启闭机：是将卷扬式启闭机安放于移动的平车上，借助平车移动逐步启闭多孔闸门。常用于检修闸门的启闭，根据检修先后次序启闭闸门。

（2）单轨吊车：又称猫头吊，其滚轮沿单根工字钢下翼缘行走，与手动或电动葫芦配套使用，常用于检修闸门的启闭。

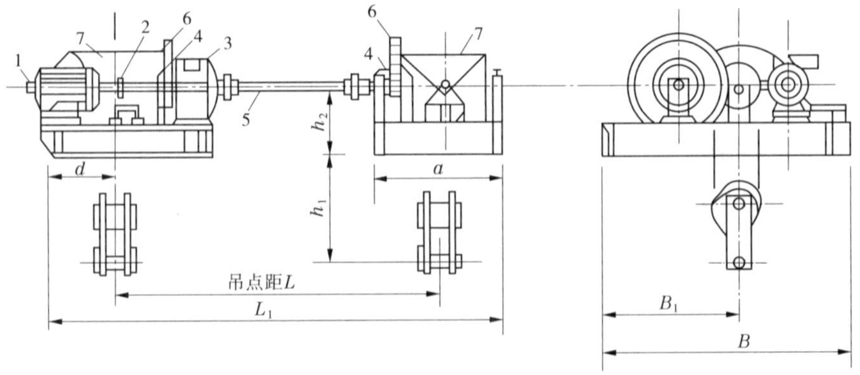

1—电动机;2—电磁制动装置;3—减速箱;4—小齿轮;5—刚性轴;6—大齿轮;7—绳鼓

图 2-7-10　卷扬式启闭机

7.5.2.5　自动抓梁

当泵站采用移动式平车或单轨吊车启闭闸门时,对闸门必须设置有挂钩和脱钩装置;采用油压式启闭机启闭闸门而需长期悬挂时,为了使油压系统卸荷,有时也要挂钩和脱钩,因此需要设置自动抓梁。

自动抓梁如图 2-7-12 所示,是一根与移动式启闭机吊装点相连接的钢梁,钢梁的两端相应于闸门吊头处安设能自动接合和脱卸的挂钩,当启闭机的吊装点连同抓梁升降时,能自动地对闸门进行挂钩和脱钩操作。自动挂钩通常设置于自动抓梁下面以进行操作。

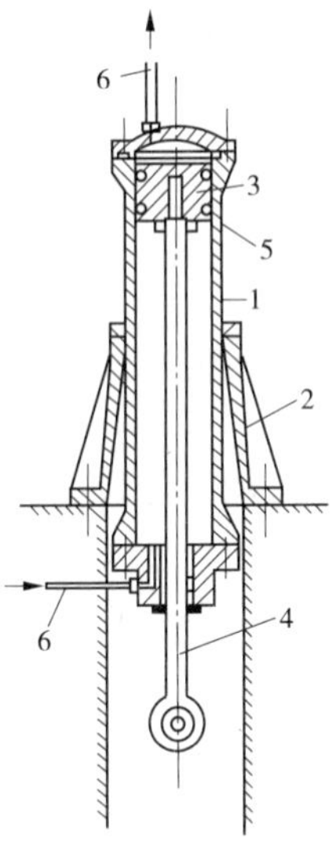

1—活塞筒;2—支座;3—活塞;4—连杆;5—油封环;6—油管(通往油泵)

图 2-7-11　液压式启闭机

7.5.3　拦污栅及清污装置

一般把拦污栅装置在泵站引水渠末端或进水流道前,用以拦阻水流挟带的污物,如水草、木块、浮冰、死畜等,不使污物进入流道,以保护水泵、阀门、管道等使其不受损害,并保证水泵机组正常运行,也是泵站不可缺少的一种附属水工建筑物。

7.5.3.1　拦污及清污装置

拦污栅是由直立的栅条联结而成,栅条一般由扁钢做成,在栅面四周用角钢或槽钢加固,沿高度方向可设二层或多层;对于重型拦污栅,栅片后的构架与平面闸门一样,是由主梁、端柱、纵向及横向联结系组成的型钢组合结构。

目前国内已建轴流泵站的拦污栅,大都是垂直设在进水流道闸门前的进口处(还有设在流道内的)。这种布置形式,可以利用流道的隔墩做拦污栅支墩,但由于离流道进口太近,流道内的流速分布不均匀。同时,垂直设置不便清污,易使污物在栅前堆积或堵塞拦污栅,减少了进水流道过水断面,影响流态,恶化水泵进水条件,有可能使水泵汽蚀性能变坏。此外,由于拦污栅的堵塞,过栅水头损失加大,必然也增加水泵的运行费用。

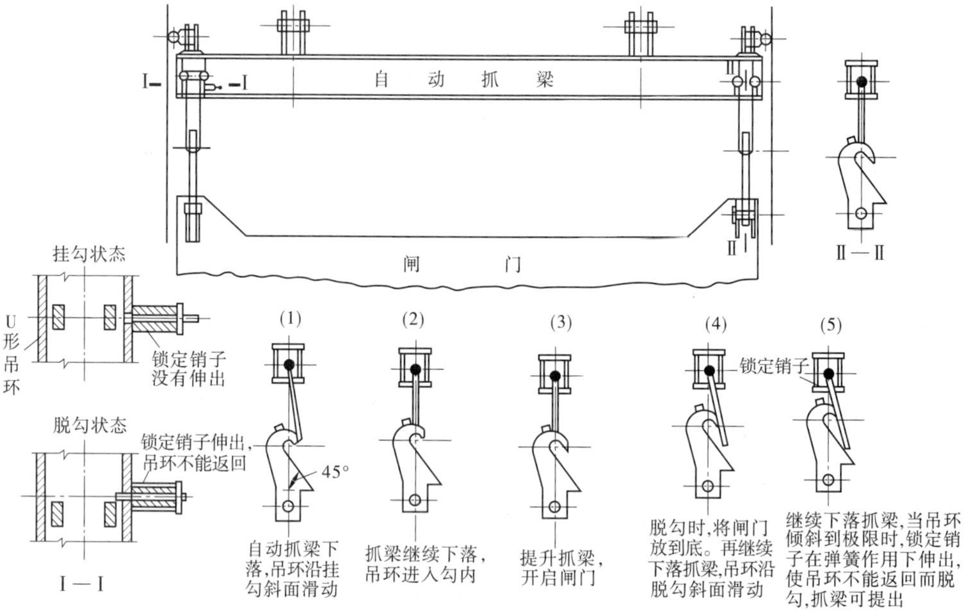

图 2-7-12　自动吊环的挂脱过程

影响拦污栅水头损失的因素很多，除拦污栅的形式、倾角、栅条形状、厚度及间距等因素外，还与通过拦污栅的流速平方成正比。拦污栅的安装位置，栅前堆积的污物是否便于清除又对过栅流速有影响。如拦污栅设在大型泵站进水流道进口处，不仅过栅流速较大，而且会使进水流道内的流速分布不均，降低水泵的效率和汽蚀性能。

7.5.3.2　拦污栅的形式及其布置

泵站常用拦污栅一般为平面拦污栅，当孔口较大或过栅流速要求较小时，可采用曲面拦污栅。其位置要求与进水流道有一定的距离，且过栅流速为 0.5 ~ 0.8 m/s 较好，又要便于清污。拦污栅的形式及布置与下述因素有关。

1）拦污物质的种类、性质、数量

河道上取水的泵站，往往污物较多，有的还有较大的漂浮物或浮冰，对这样的取水条件可设置粗、细二道拦污栅。第一道粗拦污栅主要拦截船只、浮冰、死畜等较大的漂浮物，要求刚度大，栅条间距可大一些，一般取 100 ~ 200 mm；第二道拦污栅主要是拦截一般水草或较小的漂浮物，栅条间距与水泵最狭处的间隙有关，一般取 50 ~ 100 mm 。拦污栅设在检修闸门的上游，有时检修闸门槽也可作为一道拦污栅槽，当需要检修时可提取拦污栅，放下检修闸门；对渠道上取水的泵站，进口污物一般为水草、树叶等，数量也少，可设一道拦污栅，栅条间距一般为 70 ~ 100 mm；但对平原湖区的大型泵站，由于污物种类较多，可以设置粗、细二道拦污栅。当污物较小，水泵最狭处间隙更小时，由于过栅流速也要求较小，平面拦污栅就满足不了过网流速的要求，此时可做成曲线形拦污栅。

2）拦污处的水位及荷载条件

对于水深较大的露顶拦污栅，可做成上、下两层或多层结构，但每层高度要适宜，一般不小于宽度的 1/3，也不宜大于 4.0 m，便于制造，也便于检修。对于承受荷载较大，面积尺寸较大的情况,可采用重型拦污栅(有梁、柱、支承等连接件)或拱形拦污栅,以免工作时变形脱槽。

3)清污方式

对于人工清污的拦污栅,倾角为45°~70°,高度在5 m以上时,要设置中间作业层;机械清污时,倾角可达70°~80°。对需要起吊拦污栅清污的情况,拦污栅可做成活动式,也设支承行走与导向装置;对于水力冲洗清污的拦污栅,常做成旋转滤网式拦污栅结构。

7.5.3.3　**清污装置**

目前已建的泵站一般采用人工清污齿耙进行清污,即由人工站在便桥上进行清污工作,这种方式工作效率低,对于污物较多的地方,不可能满足泵站的清污要求。还有的泵站是用起吊拦污栅清污,即将挂有污物的拦污栅,用起吊设备吊至工作桥或河、渠岸边进行清理,将备用拦污栅或清理好的拦污栅再放下拦污,这种方式清理场面较大,需要较宽的工作桥,同时清污效率也不高。当拦污栅面积较大、污物较多时,可采用机械清污,如耙斗式清污机,有固定、移动、单轨悬吊式三种形式,由机架、驱动机组、耙斗等组成。

抓斗式清污机,适用于栅前堆积或漂浮粗大的树根、石块、泥沙、树干或其他潜沉物的情况,工作原理与抓斗式挖土机基本相同。

此外,还有栅链回转式清污机,其本身具有拦污栅的作用,适用于水流中挟带大量的各种较大的脏污物,如树根、漂木、垃圾等情况。

7.5.3.4　**传送装置**

清污机捞起的水草等污物需要用传送装置运出泵站进行处理。对于水草特多的大型泵站,应该预先考虑运送方式。针对处理和利用的问题,通常可以采用以下几种传送装置,如图2-7-13所示。

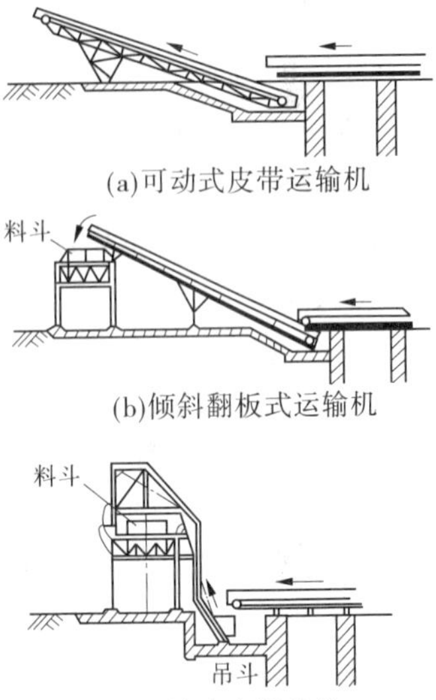

(a)可动式皮带运输机　(b)倾斜翻板式运输机　(c)吊斗式提升机

图2-7-13　传送装置

(1)可动式皮带运输机。将清污捞起的水草等污物通过传送带水平运出,并通过倾斜传送带向车辆输送,或存放在料斗内,传送带的仰角一般不超过30°。

(2)倾斜翻板式运输机。在循环链上安装钢板制成的平板,随着循环链的运动,平板上的污物将送往渠道两侧,这种形式适用于大型泵站。

(3)吊斗式提升机。将皮带或平板传送带运送来的污物放入大型吊斗内,吊斗沿着支架大致按垂直向提升,并将污物投入料斗,然后由拖拉机或卡车运走。与倾斜翻板式运输机相比,它占地面积小,但不适合处理粗大的污物。

7.6　泵站断流方式的种类及工作原理

泵站机组停机,特别是事故停机时,必须有可靠的断流措施,使水不发生倒流,以保证机组能及时停稳,防止飞逸事故,确保机组安全。

泵站的断流方式应根据出水池水位变化幅度、泵站扬程、机组特性等因素,并结合流道形式，经技术经济比较确定。断流方式应符合下列要求：

(1)运行可靠。

(2)设备简单，操作灵活。

(3)维护方便。

(4)对机组效率影响较小。

常见的大型泵站的断流方式有真空破坏阀、拍门和快速闸门三种。真空破坏阀用于虹吸式出水流道，拍门和快速闸门用于直管式或屈膝式出水流道。

7.6.1 真空破坏阀断流

虹吸式出水流道的驼峰段在运行过程中为负压，因此机组停机时只要将安装在驼峰顶部的真空破坏阀打开，放入空气使真空破坏，就可截断水流。

泵站常用的真空破坏阀多为气动平板阀，其主要结构由阀座、阀盘、汽缸、活塞及活塞杆、弹簧等部件组成，如图 2-7-14 所示。停机时，与压缩空气支管相连的电磁空气阀自动打开，压缩空气进入汽缸活塞的下腔，将活塞向上顶起，在活塞杆的带动下，阀盘开启，空气进入虹吸管驼峰，破坏真空，切断水流。当阀盘全部开启时，汽缸盖上的限位开关接点接通，发出电信号通知值班人员。当虹吸管内的压力接近大气压力之后，阀盘、活塞杆及活塞在自重和弹簧张力作用下自行下落关闭。

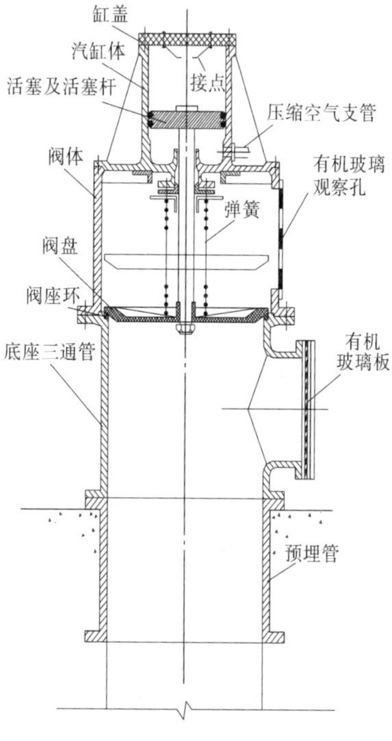

图 2-7-14 气动式真空破坏阀结构

真空破坏阀底座为一三通管，三通管的横向支管装有密封的有机玻璃板窗口和一手动备用阀门。如果真空破坏阀因故不能打开，可以打开手动备用阀，将压缩空气送入汽缸，使阀盘动作。在特殊情况下，因压缩空气母管内无压缩空气，或因其他原因真空破坏阀无法打开时，运行人员可以用大锤击破底座三通管横向支管上的有机玻璃板，使空气进入虹吸管内。这就可以保证在任何情况下都不会发生倒流。

7.6.2 拍门断流

大型泵站直管式或屈膝式出水流道多采用拍门断流。拍门是一种单向阀门，拍门顶部用铰链与门座相连，水泵启动后，在水流冲力的作用下，拍门自动打开；停机时，借自重和倒流水压力的作用自动关闭，截断水流。拍门与门座之间用橡皮止水，关闭后靠水压力将拍门压紧。由于拍门具有结构简单、造价便宜、管理方便和便于自动化等优点，所以在泵站中得到了广泛的应用。但是，自由式拍门是在水流冲力的作用下打开的，且拍门的开启角度一般在 40°左右，水头损失较大，故运行时要消耗一定的能量，使泵站运行效率降低。另外,拍门在关闭的一瞬间会产生很大的撞击力,特别是在出水流道短、扬程高、拍门尺寸大的情况下,撞击力将更为严重,对拍门结构和泵站建筑物的安全都有极其不利的影响。为了解决这些不利因素,工程实践中采用了多种形式的拍门。下面仅对泵站常用的几种拍门加以介绍。

7.6.2.1　**自由式拍门**

自由式拍门如图 2-7-15 所示,是没有任何控制设备,机组运行时靠水流冲开,停机时靠自重和倒流水压力关闭的拍门。这种拍门的开启角较小,造成出水管出口水流拐弯、断面减小,产生一定的水头损失,其水头损失的大小与拍门的开启度有关。

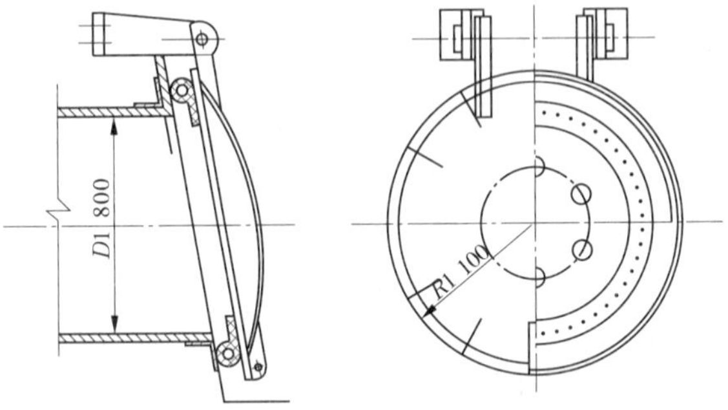

图 2-7-15　自由式拍门结构　(单位:mm)

拍门在水中的浮重越大,拍门的开启角就越小,水力损失也就越大。因此,为增加拍门开启角,常将拍门设计成浮箱结构。

当泵站由于事故突然停机时,拍门在关闭的最后瞬间将产生一定的撞击力,从试验结果和有关资料分析可知拍门撞击力大小的影响因素如下:

(1)水泵扬程越高,撞击力越大。

(2)机组转动惯量越大,撞击力越小。

(3)出水管道(流道)越长,则管道内水流惯性越大,撞击力越小。

(4)拍门在水中的浮重越大,关闭时下落的速度越慢,撞击力就越小。

7.6.2.2　**带平衡锤的拍门**

为增加正常运行时拍门的开启角,采用平衡锤是一种简单易行的方法。图 2-7-16 所示的是带平衡锤的拍门示意图。

拍门加平衡锤后,其开启角可达 50°左右,但是机组停机时,因起始角加大,延长了拍门关闭时间和使关闭瞬间的角加速度增大,从而使关门撞击力大大增加。因此,这种带平衡锤的拍门目前在大型泵站已很少使用。

7.6.2.3　**双节式拍门**

双节式拍门由中间用铰链连接的上节门和下节门组成,下节门的高度比上节门小,上下门高度比的适宜范围为 1.5 ~ 2.0,如图 2-7-17 所示。这样,在水泵启动和运行时,拍门易被冲开,上节门开启角可达 50°以上,下节门可达 65°以上,其水力损失大致与整体式拍门开启角 60°时的水力损失相当。应该注意的是,上节门与下节门开启角差不宜大于 20°,否则将使水力损失增加,并将加大撞击力。

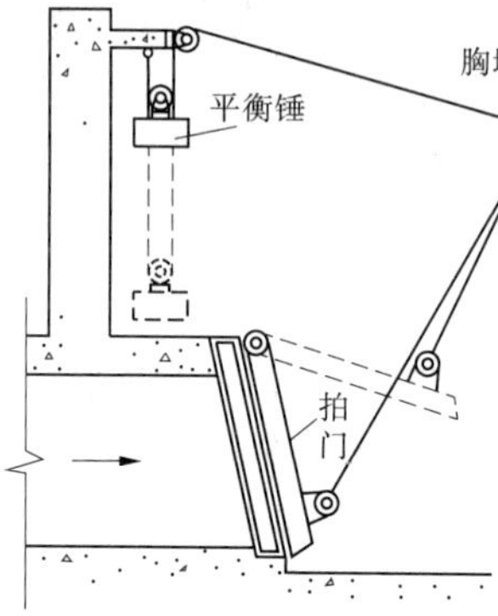

图 2-7-16　带平衡锤的拍门示意图

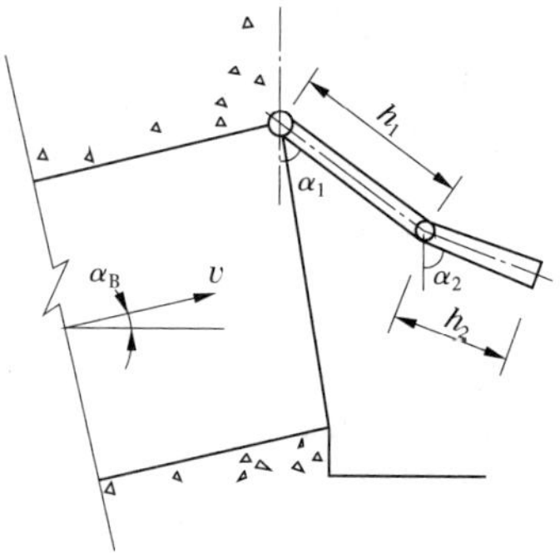

图 2-7-17　双节式拍门示意图

双节式拍门的主要优点是:①因下节门容易冲开,机组启动较为平稳,停机时,由于两节门关闭有一定时差,力臂变小,撞击力将比整体式拍门小;②结构简单,运行可靠,既减少了阻力损失又减小了撞击力。

它的缺点主要是中间铰链处漏水比整体式拍门大。

7.6.3　机械平衡液压缓冲式拍门

机械平衡液压缓冲式拍门由拍门、启闭机、锁定释放装置、液压缓冲装置等部分组成,如图 2-7-18 所示。

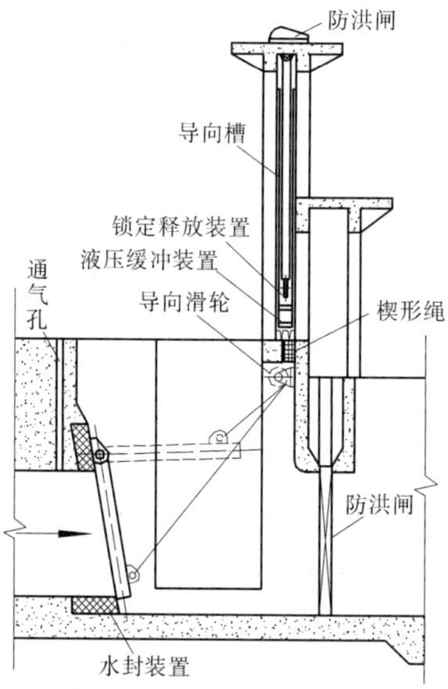

图 2-7-18　机械平衡液压缓冲式拍门

水泵启动后,拍门在出水流道出口水流的冲击下被打开,拍门开启后由启闭机吊平并被锁定,这样不但可以大大减少拍门的水头损失,而且也使拍门在水中的振动大为减轻。当事故突然停机时,锁定释放装置上的电磁铁断电,钢丝绳上的连接叉头自动脱钩,拍门关闭,在关闭的最后瞬间,液压缓冲装置动作,从而减小拍门撞击力。

7.6.4　其他形式拍门断流

随着技术的发展，近年来，除上述几种拍门形式外，侧翻式拍门具有开启角度大、水头损失小，关闭时闭门力较小等优点，在灌溉排水泵站中得到了较多应用。但该种形式的拍门口径超过1.4 m时就要设置中立柱，并由一扇变为两扇（当拍门口径更大时，要设置十字交叉的钢梁，拍门由一扇变为四扇），中立柱易挂杂草污物，导致拍门封闭不严，会出现少量渗漏现象；另外，当出水池为侧向出流时，需在出水管两边增加隔墩，以防止侧向水流对拍门打开和关闭产生的影响。

拍门的材质一般为铸铁质或钢质，但近几年还出现了复合材料（非金属材料）制造的悬挂式拍门，大大减轻了拍门重量，使其具有开启角度大、水头损失小，关闭时平缓、闭门力小，止水效果较好等优点，在中小型水泵机组开始应用，但该材质拍门因其强度相对铸铁或钢拍门小，因此，在出水口淹没深度较大或拍门尺寸较大的情况下，应充分计算分析该拍门强度。

7.6.5　快速跌落闸门断流

快速跌落闸门（又称快速闸门）是安装在泵站出水池，能在机组启动时迅速开启和正常或事故停机时迅速关闭以防止倒流的闸门。这种断流方式的显著优点是在水泵机组正常运行时闸门可以全开，阻力损失很小，因此常在直管式、屈膝式和贯流式出水流道的大型排水泵站所采用。

快速闸门的形式、启门和关门的时间和速度等都应该根据水泵机组的特性来决定。从轴流泵的性能可以知道，机组不仅不能在0流量下启动，也应避免在很小流量下启动。因此，当轴流泵启动时，闸门应迅速开启。但是闸门的开启速度并不是越快越好，如果开启太快，可能使水泵排出的水流和闸门放进的水流在出水流道内相撞，造成流道排气困难和启动扬程增加，从而使机组发生振动。不过，并不是所有的轴流泵对闸门的开启速度都有这样高的要求。对于叶片调节范围很大的全调式轴流泵，由于启动时可将叶片角调至最小，所以没有必要限制闸门的开启时间和开启速度。因此，在确定快速闸门的开启时间和开启速度时，应该根据所选水泵的特性加以分析确定。但是不管什么情况，都应考虑必要的安全措施。例如叶片调节系统或快速闸门操纵系统失灵，机组就可能在启动时发生事故。快速闸门的安全措施可用胸墙顶部溢流和快速闸门的门页上开小拍门等办法，如图2-7-19所示。采用安全措施以后，对于快速闸门开启时间和速度的要求可以不那么严格。

快速闸门的关闭时间和关闭速度也是机组的特性和管路特性决定的。一般情况下，闸门关闭时间越迟，引起的水锤压力增加得越高；闸门关闭速度越慢，机组反转的时间就越长，反转速度也越快。当水锤压力的增高和机组反转速度超过一定限度时，将会引起机组转动部分发生共振，使机组产生强烈的振动，机组设备受到破坏。所以，快速闸门的关闭时间和关闭速度应根据机组和管路特性合理确定。为了确定快速闸门的关闭时间和速度，首先应知道机组在没有闸门控制情况下从停机到发生倒流的时间、从停机到水泵转速为0的时间、从停机到机组开始飞逸的时间和水泵的飞逸转速等各种参数，然后据此计算确定关闭时间和关闭速度。

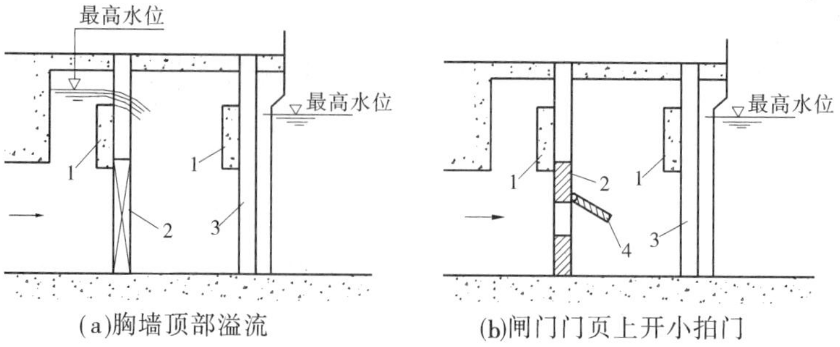

1—胸墙;2—快速闸门;3—检修门槽;4—小拍门

图 2-7-19　快速闸门的两种安全措施

快速闸门的启闭装置往往是决定快速闸门可靠性的主要因素。因此,在设计快速闸门时应选择安全可靠的启闭装置。目前泵站常用的启闭装置有液压启闭机、带电磁锁定释放装置的电动卷扬机等。

此外,为了防止快速闸门本身发生故障以及便于快速闸门的维护和检修,应在快速闸门挡水侧再设一道能动水关闭的检修闸门。

7.7　泵站辅助设备的分类及用途

泵站辅助设备包括油系统、气系统、水系统、通风和起重设备等。

7.7.1　油系统

大型泵站的油系统主要包括润滑油、压力油、绝缘油及油处理系统等部分。

(1)润滑油系统主要是润滑水泵和电动机的轴承,包括电动机的推力轴承、上下导轴承和水泵导轴承。

(2)压力油系统是用来为全调节水泵叶片调节机构和液压启闭机闸门启闭、顶转子、液压联轴器等传递所需能量的系统,它主要由油压装置和调节器等组成。

(3)油的净化处理方法。轻度劣化或被水和机械杂质污染的油,称为污油。污油经过净化处理仍可以使用,可根据油的污染程度采取不同的处理方法。对于深度污染劣化变质的废油,只有采取物理化学方法使油再生,这就必须用专用设备集中处理,一般泵站不予考虑。

7.7.2　气系统

泵站工程中的供气系统包括压缩空气系统、抽真空系统等。

7.7.2.1　压缩空气的用途

(1)向油压装置的压力油箱补给一定数量的压缩空气,以便储备能量供给机组调节叶片角度。

(2)机组停机时,供给制动器装置压缩空气,以缩短停机时惰转时间。

(3)供给虹吸式出水流道上真空破坏阀动作的动力,保证停机后虹吸式出水流道断流。

(4)供给泵站机组检修时吹扫、清洁及其他用气。

7.7.2.2　压缩空气系统

根据用气对象的性质,可分为高压气系统和低压气系统。

(1)高压气系统的压力一般为 25×10^5 Pa 和 40×10^5 Pa,主要向水泵叶片调节机构用的油压装置充气。

(2)低压气系统的压力一般为 $(6\sim8)\times10^5$ Pa,主要用于机组制动、打开虹吸式出水流道的真空破坏阀、检修时的吹扫、清洁设备等。

7.7.2.3　抽真空系统的用途

离心泵在启动前抽真空充水,虹吸式出水流道抽真空等。

7.7.3　水系统

泵站水系统包括供水系统和排水系统。

供水系统包括技术用水(即生产用水)、消防用水和生活用水的供给。

排水系统主要是排除机组检修期间进水流道内的存水、各种使用过的废水和检修闸门的漏水、机组运行时机械密封部位的部分漏水、机组检修期间水工建筑物渗漏水,以及室内积水等。

7.7.4　通风和起重设备

7.7.4.1　通风设备

泵站通风包括主电动机的通风和主、副泵房的通风。

大型泵站主机组的电动机,目前均采用空气冷却,在电动机转子周围的两端装有特制的风扇。

用空气冷却电动机的通风方式一般有三种:敞开式、管道式和密封自循环式。

主、副泵房通风:泵站主、副泵房不挡水的各层,大都有条件开窗户,应尽量采用自然通风。

7.7.4.2　起重设备

为了满足机组安装及检修的需要,泵房内应设置起重设备。泵站中常用的起重设备为梁式起重机。而梁式起重机按起重滑车的形式分为单滑轮和双滑轮;按起重机主梁型式分为单梁和双梁;按操作方式分为手动和电动。

另外,起重机的工作制度还有轻重和速度快慢之分。由此可以组成手动或电动单梁葫芦、手动或电动桥式吊车等。电动桥式吊车根据工作时间的长短可分为轻、中、重级。

选择吊车类型时,主要根据最重吊运部件和吊具的总质量大小和工作时间的长短确定。

7.8　泵站计算机监控系统的组成

泵站监控系统适用于泵站的远程监控及管理。泵站管理人员可以在泵站监控中心远程监测泵站进水池水位或进水压力、水泵机组工作状态、流量、出水压力等；支持水泵启动设备手动控制、自动控制、远程控制水泵机组的启停；可以图像监视站内全景及重要工位，实现泵站无人值守。

7.8.1 系统组成

泵站计算机监控系统主要由调度中心、泵站监控中心、通信平台、泵站远程测控终端、计量测量及摄像设备组成。泵站监控系统示例(单机)如图2-7-20所示。

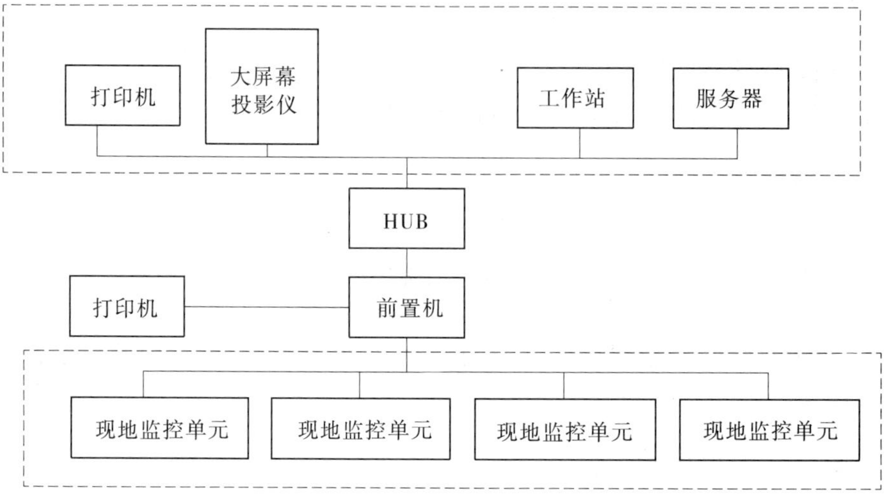

图2-7-20 单机配置的泵站监控系统结构示意图

7.8.2 通信平台

通信平台常用两种，即有线通信和无线通信。

7.8.3 泵站远程监控终端主要功能

(1)采集进水管道(流道)压力或进水池水位、出水管道(流道)压力、流量、出水池水位等。

(2)采集每台机组启停状态，工作电流、工作电压、电能等参数。

(3)采集配电室各路开关状态、电能等。

(4)图像监视泵站全景，电气室、泵房等重要工位。

(5)实现机组启动柜手动控制、自动控制，远程控制加压水泵的启停，控制模式可切换。

(6)依据供水压力和水泵运行时间，智能选择水泵投入运行。

(7)电流过大、缺相、水位过低过高、控制柜保护、配电室故障、闲人进入等情况发生时，立即上报信息。

(8)实现光纤通信、局域网通信、GPRS、短消息等无线通信方式。

(9)存储、显示、查询泵站监控数据及工作参数。

(10)实现多路图像监控。

7.8.4 泵站监控中心主要功能

(1)远程监测各泵站水池水位或进出水压力、流量。

(2)远程监测水泵机组的工作状态、电流、电压、保护状态、工作模式。

(3)远程切换水泵机组的控制模式,远程控制水泵机组的启停。

(4)支持视频在线监视泵站全景、电气控制室等重要工位,视频可回放。

(5)现场出现电流电压超限、水位超限、设备保护等状况时,监控中心可声光报警。

(6)实现各种监测信息、控制信息、报警信息、操作信息的存储和查询。

(7)生成各种数据报表及数据曲线。

第 8 章　泵站维护知识

8.1　泵站设备维护的要求

泵站机电设备维护管理是泵站机电设备保持完好技术状态，确保泵站安全、经济运行的重要保证。

8.1.1　维护周期

8.1.1.1　主机组的维护

泵站主机组检修周期应根据机组的技术状况和零部件的磨蚀、老化程度以及运行维护条件确定。达到表 2-8-1 规定的检修周期，可进行检修，亦可根据具体情况提前或推后。有条件的泵站，可采用设备状态监测及故障诊断技术对设备状况进行评估，实施状态检修。

表 2-8-1　主机组检修周期

设备名称	大修		小修	
	日历时间(年)	运行时数(h)	日历时间(年)	运行时数(h)
主水泵及传动装置	3 ~ 5	2 500 ~ 15 000	1	1 000
主电动机	3 ~ 8	3 000 ~ 20 000	1 ~ 2	2 000

8.1.1.2　变压器的维护

泵站和变电所的主变压器、站用变压器在投入运行后 5 年左右和以后每 10 年左右应进行一次大修，小修应每年 1 次。

8.1.1.3　电气设备

1）高压断路器

高压断路器的检修间隔时间应根据切断故障电流次数、短路容量、断路器型式、遮断容量、制造质量和现场经验确定。操作频繁的断路器，可根据现场经验，按操作次数安排；操作次数少的断路器，其检修间隔时间应根据设备的技术状况和制造质量等条件确定。

各种电气设备应根据《电力设备预防性试验规程》（DL/T 596—1996）的有关规定进行预防性试验，并将试验结果与该设备历次试验结果相比较。参照有关试验，根据变化规律和趋势进行全面分析，判断设备是否符合运行条件。定期试验的项目和周期应按《泵站技术管理规程》（SL 255—2000）规定执行 。

2）继电保护装置与系统自动装置的检验

（1）检验可分为新安装设备的验收检验、运行中设备的定期检验及运行中的补充检验。

(2)继电保护装置与系统自动装置,包括属于这些装置的操作及信号回路设备在内应该每年进行 1 次全面检验。利用继电保护装置或系统自动装置跳开或投入开关的整组试验,每年不得少于 1 次。主系统线路及母线的继电保护装置与系统自动装置的定期检验,应在雷雨季节前进行。

(3)检验应按下列顺序进行:①检验前的准备;②设备及其安装情况的外部检查;③变流器、仪表变压器及其回路的检验;④安装在开关传动装置内的继电保护装置与系统自动装置的设备及其回路的检验;⑤继电保护装置和系统自动装置的操作、信号设备及其回路的检验;⑥继电器与辅助设备机械部分检验;⑦继电保护装置与系统自动装置盘上导线与设备的绝缘检验;⑧继电器与辅助设备电气特性检验;⑨接线回路中继电器相互动作的检验以及动作开关和信号装置的检验;⑩用一次电流和工作电压检验装置接线回路的正确性。检验完毕后,做好继电保护装置与系统自动装置投入运行前的各项准备工作。

8.1.1.4　电气测量仪表的检验和校验

(1)电气测量仪表的检验和校验应符合有关技术要求。

(2)控制盘和配电盘上仪表的定期检验和校验应与该仪表所连接的主要设备的大修日期一致,其他表盘上的仪表每 4 年至少 1 次;实验室用标准仪表的校验每年至少 1 次;携带型仪表的校验,常用的每半年 1 次,其余的每年 1 次。经两次以上校验证明质量好的仪表可适当延长校验周期。

8.1.1.5　辅助设备与金属结构的维护

油、气、水系统中的机电设备和安全装置应定期检查、维护和保养,发现缺陷应及时修理或更换。油、气、水管道接头应密封良好,发现漏油、漏气、漏水现象应及时处理,并定期涂漆防锈。压力油和压缩空气系统中的安全装置是保证设备和工作人员安全的重要设备,应按安全监督部门的有关规定进行检查、校验和封装,保证其性能和运行符合安全标准。位于严寒地区的泵站,冬季停用期间应排净泵体、管道及各类阀件内的积水,必要时还应对泵房内设备采取保温防冻措施。

8.1.2　机组运行中维护

机组在运行过程中,各设备都在运转工作,都在做功,因此某些薄弱部位就容易出现异常现象,这就必须借助于人的认真巡回监视、仪表的正确反映,发现问题并及时解决。所谓运行维护主要就是指这一工作。但就目前泵站情况看,全部借助仪表还很难满足,特别是某些中小型泵站,由于受到资金投入的限制,不可能很齐全地配备监控设备或进行自动监控的技术改造。所以,必须以人的感官结合已安装的仪表进行监控,才能达到预期的效果。

8.1.2.1　看异常现象

看,是借助视觉,主要是观察仪器、仪表的数据,然后根据数据分析其正常与否,主要内容包括以下几个方面:

(1)负载指示的检查。

(2)电压指示的检查。

(3)电流指示的检查。

(4)温度指示的检查。

(5)油、气、水指示的检查。

(6)摆度的检查。

8.1.2.2　听不正常的声音

听，是利用听觉从所发出声音的不同来判断。这首先要求运行管理人员熟悉机组各部运行正常的声音；其次是用所听到的声音与正常声音比较，从而判断其正常与否及所产生的部位和原因。经常出现的声音有以下几种：

(1)旱励或不励的声音。

(2)软硬件相碰的声音。

(3)硅钢片振动的声音。

(4)金属摩擦声。

(5)汽蚀的声音。

8.1.2.3　嗅特殊气味

嗅，是通过气味辨别问题的方法。常出现的特殊气味有：

(1)橡胶味。这是因橡胶密封的部位未处理好，因在运行时摩擦发热产生高温而发出的气味。

(2)胶木味。胶木味大多发生在停车时过早投入制动，制动闸板与制动环摩擦而产生，所以停车时一定要规定转速到三分之一时方可投入制动。另一种情况是出自电气盘柜方面，上面用胶木绝缘之处较多，有时因通风不好或线头螺栓松动亦可产生高热而发出胶木气味。

(3)油漆味。机组和盘柜为防锈或绝缘，大都喷刷防锈漆、绝缘漆、油漆，受一定温度的烘烤就会发出气味。这时可观察温度是否过高，周围有无明火以及是否有发热件或电线触及或靠近油漆部位。

8.1.2.4　触摸设备外部

(1)热感。触觉是人的身体感觉，直接触摸而分辨。

(2)振感。主要是靠感官分辨正常振动与异常振动。

上述热感、振感，均可用仪器测量，如测温计和测振仪，但因使用仪器比较复杂，没有用经验方法方便，所以在日常运行中大多用此法；若在安装或大修后检测，为记录数值，仍以仪器测量为好。

8.2　泵站日常维护的方法

8.2.1　泵站设备的检查

设备检查是对设备的运转可靠性和零部件磨损程度的检查。通过检查，可以全面掌握泵站设备技术状况的变化和磨损情况，及时查明和消除隐患，并为设备的计划检修提供依据。因此，设备检查是管理、使用和维修保养设备的一项基础性工作。

设备检查从时间上可分为日常检查和定期检查。

8.2.1.1 设备的日常检查

设备的日常检查是指操作工人每天按规定对设备进行的检查,是设备使用维护中的一项主要工作,其目的是及时发现设备运行中的不正常情况并予以排除。日常检查的方法可利用人的感官、简单的工具或设备上的仪表和信号标志,如压力、温度、电流、电压的检测仪表和油标等。

日常检查的时间是水泵机组运行的前、中、后。应对设备的状况进行全面、认真、仔细的检查。"泵站设备平面巡视图"就是为日常检查制定的。

泵站设备日常检查的主要部位有:

(1)影响操作工人身体或设备安全的保险、保护装置。如接地线、接地装置等。

(2)直接影响水泵机组运行的部位。如电动机底座的轴承体等。

(3)在运行过程中需要经常调整的部位。如水泵的法兰压板等。

(4)易于堵塞污物的部位。如水泵的吸水口等。

(5)易磨损的零部件。如泵轴的填料函等。

(6)应力特别大的零部件。如中间轴承等。

(7)运行状况的参数指示装置。如电压、电流、绝缘、温度等参数指示装置。

(8)经常出现不正常的部位。如各类油标的油位、油色。

8.2.1.2 设备的定期检查

定期检查是按照计划或工作需要,定期对设备进行的检查。

设备的定期检查是一种有计划的预防性检查,是由设备的使用周期和使用频率决定的,其目的是发现和记录设备的异常、磨损及损坏情况,以便维护保养和及时上报。泵站设备的定期检查还包括各种由上级部门组织的定期检查,如节前设备大检查,汛前、汛后设备大检查,梅雨季节设备大检查,雷暴雨天设备大检查及各种劳动竞赛中的设备大检查。

这类检查可以就地确定修理的部位、更换的零件及修理种类,以便及时安排计划进行修理。

8.2.2 泵站设备的合理使用

8.2.2.1 基本要求

泵站运行人员必须持证上岗,遵守安全操作规程;经常保持设备清洁,并按规定加油;遵守交接班制度;管好工具、配件,不得遗失;发生故障应立即停机排除,自己不能处理的,应逐级汇报,汇报中必须讲清故障现象和可能存在的原因。当泵站设备投入运行后,应正确地按操作规程进行操作,合理地进行技术维护和设备润滑工作,以充分发挥设备的技术性能,延长使用寿命,提高设备的经济效益。

正确合理使用设备的前提条件是:必须配备合格的泵站操作工人,实行考核和持证上岗制度;建立健全设备使用管理的规章制度;合理调配开、停水泵机组,严禁超负荷运转;创造良好的设备工作环境。

泵站操作工人除要保证原设计的通风、采光、防潮等措施的有效性外,还要搞好设备的润滑及环境清洁工作。

8.2.2.2 设备的使用和维护

泵站操作工人应从工作实践中总结出一套使用与维护设备的有效经验,并作为设备管理的规定推行。

应该做到:懂得设备构造和原理图的工作原理,熟悉各部件的作用和保养方法,掌握正确的操作和保养方法,判别机组部件动作是否正常,及时发现和排除机组故障。

养成良好的设备维护习惯,维护设备做到:整齐、清洁、润滑和安全。

整齐:工具、工件、附件放置整齐,安全、防护装置齐全,线路、管道完整。

清洁:机组内外、配电屏、开关清洁,金属件不锈蚀,机械设备无油垢、无碰伤,水泵各连接部分无漏水,油箱不漏油。

润滑:按时加油、换油,油质符合要求,油壶、油枪、油杯齐全,油位线、油标清洁,油路畅通。

安全:严格执行交接班制度,熟悉设备结构和遵守操作规程,合理使用,精心保养,不出事故。

8.2.2.3 设备润滑的作用与要求

泵站机电设备的润滑工作是设备维护工作中极其重要的组成部分和关键环节。及时、正确、合理地润滑设备,能减少机械的摩擦阻力,降低动力消耗,减少磨损,延长设备使用寿命,充分发挥水泵机组的效能,并有助于设备的安全运行。检修资料表明,由于润滑不良和使用方法不当造成的设备事故是很多的,由此而造成的水泵机组停机时间占设备总停机时间的比例很大。

水泵机组设备的润滑工作要考虑:定点、定质、定量、定期和定人。

定点:确定水泵、电动机及附属设备的润滑部位、润滑点,明确规定加油方法。

定质:确定设备各润滑部位、润滑点加何种牌号的润滑油,油料必须合格,润滑装置、油路及器具必须保持清洁完好。

定量:根据油标指示来控制润滑部位的加油量,过多或不足的油量对润滑都不利。

定期:确定各润滑部位及润滑点的加油间隔期。同时根据设备的实际运行情况及油质情况,合理地调整加油或换油周期,保证设备润滑正常。

定人:设备的各润滑部位都有专人负责。明确润滑工作的责任,定期做好记录。

泵站的设备润滑通常用人工加油法,即使用油杯、油壶、油枪等工具加油。

润滑的要求是:

(1)必须把油料均匀地加到摩擦面上,连续供油,随时按需要调节供油量。

(2)润滑装置应简单可靠,便于维修。

(3)油标显示正常,油路无阻塞。

(4)不漏油,保证安全操作。

第 9 章　泵站管理知识

9.1　泵站技术管理的基本内容

泵站技术管理包括机电设备运行管理、机电设备检修管理、工程管理、调度管理、安全管理及科学试验和技术档案管理等方面，根据水利部发布的《泵站技术管理规程》(SL 255—2000)的规定，泵站技术管理的基本内容如下：

(1)根据《泵站技术管理规程》(SL 255—2000)和国家有关规定，制定泵站运行、维护检修、调度及安全等规程及规章制度。

(2)完善管理机构，明确职责范围，建立健全岗位责任制。

(3)做好泵站设备和建筑物的运行及维护检修、运用调度、安全与环境、信息等管理工作。

(4)认真总结经验，开展更新改造和技术创新，采用和推广新技术、新设备、新材料、新工艺。

(5)按照泵站技术经济指标，考核泵站技术管理工作。

9.2　泵站技术经济指标的基本概念

为了加强科学管理和经济管理，《泵站技术管理规程》(SL 255—2000)规定了泵站八项技术经济指标，作为对泵站的考核标准和衡量泵站管理好坏的主要依据。

9.2.1　建筑物完好率

泵站主要建筑物包括主泵房及进出水建筑物、流道(管道)、涵闸等。完好建筑物是指建筑物评级达到一类或二类标准。建筑物完好率应达到 85% 以上，其中主要建筑物的等级不应低于二类建筑物标准。

建筑物完好率是反映泵站建筑物技术状态好坏的重要指标，可按式(2-9-1)计算：

$$K_{jz} = \frac{N_{wj}}{N_j} \times 100\% \tag{2-9-1}$$

式中　K_{jz}——建筑物完好率，即完好的建筑物数与建筑物总数的比值；

N_{wj}——完好的建筑物数；

N_j——建筑物总数。

9.2.2　设备完好率

设备完好率不应低于 90%，其中主要设备的等级不应低于二类设备标准。泵站主要设备包括主水泵、主电动机、主变压器、高压开关设备、低压电器、励磁装置、直流装置、保护和自动装置、辅助设备、压力钢管、真空破坏阀、闸门、拍门及启闭设备等。根据近期对我国大中型泵站改造规划调查资料统计,灌溉泵站设备完好率均值为87%,排水泵站设备完好率均值为80%,考虑到中部四省及国家"十二五"泵站改造的实施,以及近年来各地兴建了大量泵站,因此规定设备完好率至少应达到90%。完好设备是指设备评级达到一类或二类标准。对于长期连续运行的泵站,备用机组投入运行后能满足泵站提排水要求的,计算设备完好率时,机组总台套数中可扣除轮修机组数量。

设备完好率是反映水泵机组技术状态的重要指标,可按式(2-9-2)计算:

$$K_{sb} = \frac{N_{ws}}{N_s} \tag{2-9-2}$$

式中 K_{sb}——设备完好率,即泵站机组的完好台套数与总台套数的比值;

N_{ws}——机组完好的台套数;

N_s——机组总台套数。

9.2.3　泵站效率

泵站效率为泵站输出的有效功率与泵站输入功率的比值。由于泵站的进水池、出水池等建筑物均有水力损失,因此泵站输出的有效功率计算中的扬程应为泵站的净扬程,即近泵房处上下游河道的水位差。输入泵站的功率包括输入电机的功率、辅助设备的功率、电气设备的损耗功率等。为测试方便,泵站的输入功率定义为泵站主机组电动机的输入功率。

泵站效率可按式(2-9-3a)或式(2-9-3b)计算。

(1)测试单台机组

$$\eta_{bz} = \frac{\rho g Q_b H_{bz}}{1\,000P} \times 100\% \tag{2-9-3a}$$

式中 η_{bz}——泵站效率,%;

ρ——水的密度,kg/m^3;

g——重力加速度,m/s^2;

Q_b——水泵流量,m^3/s;

H_{bz}——泵站净扬程,m;

P——电动机输入功率,kW。

(2)测试整个泵站

$$\eta_{bz} = \frac{\rho g Q_z H_{bz}}{1\,000\sum P_i} \times 100\% \tag{2-9-3b}$$

式中 Q_z——泵站流量,m^3/s;

P_i——第 i 台电动机输入功率,kW;

其他符号意义同前。

泵站效率应根据泵型、泵站设计扬程或平均净扬程以及水源的含沙量情况,符合表2-9-1的规定。

表 2-9-1　泵站效率规定值

泵站类别		泵站效率(%)
轴流泵站或导叶式混流泵站	净扬程小于 3 m	≥55
	净扬程为 3～5 m	≥60
	净扬程为 5～7 m	≥64
	净扬程 7 m 以上	≥68
离心泵站或蜗壳式混流泵站	输送清水	≥60
	输送含沙水	≥55

9.2.4　能源单耗

泵站能源单耗考核指标应分别符合下列规定：

(1)对于电力泵站，净扬程小于 3 m 的轴流泵站或导叶式混流泵站和输送含沙水的离心泵站或蜗壳式混流泵站，能源单耗不应大于 4.95 kWh/(kt·m)，其他泵站不应大于 4.53 kWh/(kt·m)。

(2)对于内燃机泵站，能源单耗不应大于 1.28 kg/(kt·m)(燃油)。

(3)对于长距离管道输水的泵站，能源单耗考核标准可在上述(1)、(2)规定的基础上适当降低。

能源单耗可按下式计算：

$$e = \frac{\sum E_i}{3.6\rho \sum Q_{zi} H_{bzi} t_i} \tag{2-9-4}$$

式中　e——能源单耗，即水泵每提水 1 000 t、提升高度为 1 m 所消耗的能量，kWh/(kt·m)或 kg/(kt·m)(燃油)；

E_i——泵站第 i 时段消耗的总能量，kWh 或燃油 kg；

Q_{zi}——泵站第 i 时段运行时的总流量，m^3/s；

H_{bzi}——第 i 时段的泵站平均净扬程，m；

t_i——第 i 时段的运行历时，h。

9.2.5　供排水成本

泵站供排水成本受扬程、受益面积及电价等的影响较大，而我国大中型灌排泵站的扬程、受益面积及电价等差别较大，很难统一考核标准，故供排水成本宜在同类泵站间比较。

供排水成本，包括电费或燃油费、水资源费、工资、管理费、维修费、固定资产折旧和大修理费等。供、排水成本的核算有三种方法，各泵站可根据具体情况选定适合的核算方法，分别按式(2-9-5a)、式(2-9-5b)、式(2-9-5c)计算。

（1）按单位面积核算：

$$U = \frac{f\sum E + \sum C}{\sum A} \quad （元/（亩·次）或元/（亩·a）） \tag{2-9-5a}$$

（2）按单位水量核算：

$$U = \frac{f\sum E + \sum C}{\sum V} \quad （元/m^3） \tag{2-9-5b}$$

（3）按 kt·m 核算：

$$U = \frac{1\,000(f\sum E + \sum C)}{\sum G \cdot H_{bz}} \quad （元/（kt·m）） \tag{2-9-5c}$$

式中　f——电单价，元/（kWh），或燃油单价，元/kg；

$\sum E$——供排水作业消耗的总电量，kWh，或燃油量，kg；

$\sum C$——除电费或燃油费外的其他总费用，元；

$\sum A$——供排水的实际受益面积，亩；

$\sum G$、$\sum V$——供排水期间的总提水量，t、m^3；

H_{bz}——供排水作业期间的泵站平均扬程，m。

9.2.6　供排水量

供排水量可按下式计算：

$$V = \sum Q_{zi} t_i \tag{2-9-6}$$

式中　V——供排水量，m^3；

Q_{zi}、t_i——泵站第 i 时段的平均流量、历时，m^3/s、s。

9.2.7　安全运行率

根据近期我国大中型泵站改造规划调查资料统计，我国灌溉泵站安全运行率均值为91%，排水泵站均值为89%，但这些统计的泵站均为需要改造的泵站，而中部四省经过改造的大中型排涝泵站安全运行率基本达到98%及以上，故依此规定泵站安全运行率。对于长期连续运行的泵站，备用机组投入运行后能满足泵站提排水要求的，计算安全运行率时，主机组停机台时数中可扣除轮修机组的停机台时数。安全运行率应分别符合下列规定：

（1）电力泵站不应低于98%。

（2）内燃机泵站不应低于90%。

安全运行率可按下式计算：

$$K_a = \frac{t_a}{t_a + t_s} \times 100\% \tag{2-9-7}$$

式中　t_a——主机组安全运行台时数，h；

t_s——因设备和工程事故,主机组停机台时数,h。

9.2.8　财务收支平衡率

财务收支平衡率是泵站年度内财务收入与运行支出费用的比值。泵站财务收入包括国家、地方财政补贴,水费,综合经营收入等;运行支出费用包括电费、油费、工程及设备维修保养费、大修费、职工工资及福利费等。

我国现有大中型灌排泵站运行费用多为国家或地方财政补贴,即便灌溉泵站,水费回收率也比较低,更谈不上盈利,因而做好泵站财务收支的分析工作十分重要,不能因资金计划不合理或资金短缺影响泵站工程及设备维护保养,影响泵站安全经济运行。

财务收支平衡率可按下式计算:

$$K_{cw} = \frac{M_j}{M_c} \tag{2-9-8}$$

式中　K_{cw}——财务收支平衡率;

M_j——资金总流入量,万元;

M_c——资金总流出量,万元。

第 10 章　安全生产与环境保护知识

10.1　机组试运行

不论泵站安装的水泵机组容量大小、台数多少，在泵站的水工建筑物和主要机电设备安装、试验、验收完成之后，或主机组经过大修后，正式投入运行之前，都必须按照《泵站安装及验收规范》(SL 317—2004)的要求，进行机组的试运行。

10.1.1　试运行的目的和内容

10.1.1.1　试运行的目的

(1)参照设计、施工、安装及验收等有关规程、规范及其他技术文件的规定，结合本泵站的具体情况，对整个泵站的水工建筑物施工和机电设备安装进行全面、系统的质量检查和鉴定，以作为评定整个工程质量的依据。

(2)通过试运行可及早发现遗漏的工作或泵站机电设备存在的缺陷，以便及早处理，避免发生事故，保证建筑物和机电设备能安全可靠地投入运行。

(3)通过试运行以考核主辅机械协联动作的正确性，掌握机电设备的技术性能，测定一些运行中必要的技术数据，录制一些设备的特性曲线，为泵站正式投入运行作技术准备。

(4)在一些大中型泵站或有条件的泵站，还可以结合试运行进行一些现场测试，以便对运行进行经济分析，满足水泵机组运行安全、高效、经济三要求。

通过试运行检验，确认泵站土建和安装工程质量符合规程、规范要求，便可进行全面交接验收工作，将泵站由施工、安装单位移交给生产管理单位正式投入运行。

10.1.1.2　试运行的内容

机组试运行工作范围很广，它包括检验、试验和监视运行，它们相互联系密切。由于水泵机组是首次启动，而又以试验为主，运行性能均不了解，必须通过一系列的试验才能掌握，故必须全面、安全、周到。其内容主要有：

(1)机组充水试验。

(2)机组空载试运行。

(3)机组负载试运行。

(4)机组自动开停机试验。

试运行过程中，必须按规定进行全面详细记录，要整理成技术资料，在试运行结束后，交鉴定、验收、交接组织进行正确评估并建立档案保存，作为今后运行检修的依据。

10.1.2　试运行前的准备工作

试运行前要成立试运行组织，拟定试运行程序及注意事项，组织运行操作和值班人员学习操作规程、安全知识。

试运行现场必须进行彻底清理、打扫，使试运行现场有条不紊、界限分明、层次清楚，并适合悬挂一些标牌、图表，为机组试运行提供良好的环境条件和严肃、协调的气氛。

组织试运行人员按分工对运行设备进行全面认真的检查，主要检查内容和要求如下。

10.1.2.1　流道部分的检查

流道部分的检查，应着重流道的密封性检查，因为它直接关系到电动机的功率和水泵机组运行的稳定性；其次是流道表面的光滑性，以减少水力损失和避免发生汽蚀。具体工作有：

(1) 清除流道内残存模板和钢筋头，必要时可作表面铲刮处理，以求平滑。

(2) 封闭进人孔和密封门。

(3) 流道充水，检查进人孔、阀门、混凝土结合面和转轮外壳有无渗漏。

(4) 抽真空检查真空破坏阀、水封等处的密封性。

(5) 在静水压力下，检查调整检修闸门的启闭；对快速闸门、工作闸门、阀门的手动、自动做启闭试验，检查其密封性和可靠性。

10.1.2.2　水泵部分的检查

(1) 检查转轮间隙，并作好记录，以备分析存查。转轮间隙力求相等，相对间隙差距太大，易造成机组径向振动和汽蚀。

(2) 叶片轴处渗漏检查，如果密封不好，停机时，就会向转轮内渗水，增大自重，运行时，损失功率，并向外渗油。

(3) 全调节水泵要求作叶片角度调节试验，检查其灵敏度及回复杆最大行程是否符合设计要求和调节装置渗漏油情况。

(4) 技术供水充水试验，检查水封渗漏是否符合规定，水导油轴承或橡胶轴承通水冷却或润滑情况。

(5) 检查水导油轴承转动油盆油位及轴承密封的密封性。

10.1.2.3　电动机部分的检查

(1) 检查电动机空气间隙，用白布条或薄竹(木)片拉扫，防止杂物掉入气隙内，造成卡阻或电动机短路。

(2) 检查电动机线槽有无杂物，特别是金属导电物，防止电动机短路。

(3) 检查转动部分螺母是否保险牢靠，以防运行时受振动后松脱，造成事故。

(4) 检查制动系统手动、自动的灵活性、可靠性，复归是否符合要求；顶起转子 3 ~ 5 mm(视不同机组而定)，机组转动部分与固定部分不相接触。

(5) 检查转子上、下风扇角度，要求一致，以保证电动机本身提供的最大冷却风量。同时要求通风盖板和上、下挡风板密闭完好，以保证风道冷却、风循环路径的完整性。

(6) 检查推力轴承及导轴承润滑油位是否符合规定。

(7) 通冷却水，检查冷却器的密封性和示流信号器动作的可靠性。

(8)检查轴承和电动机定子温度是否均为室温,否则应予调整,同时检查温度信号计整定值是否符合设计要求。

(9)检查碳刷与刷环接触的密合性、刷环的清洁程度及碳刷在刷盒内动作的灵活性。

(10)检查电动机的相序。

(11)检查电动机一次设备的绝缘电阻,作好记录并记下测量时的环境温度。

(12)检查核对电气接线,吹扫灰尘,对一次和二次回路作模拟操作,并整定好各项电气参数。

关于电动机及其配电设备的电气试验,可按电气试验的有关规范进行。

10.1.2.4 辅助设备的检查

(1)检查油压槽、回油箱及贮油槽油位,同时检测试验液位计及其动作反应的正确性。

(2)检查和调整油、气、水系统的信号元件及执行元件动作的可靠性。

(3)检查所有压力表计(包括真空压力表计)、液位计、温度计等反应的正确性。

(4)逐一对辅助设备进行单机运行操作,再进行联合运行操作,检查全系统的联动协作关系和各自的运行特点。

10.1.2.5 闸门启闭装置的检查

(1)紧固螺钉应无松动,整体清洁。

(2)减速箱声响正常,润滑油油位正常,油质合格,定期更换润滑油。

(3)丝杆无严重磨损,润滑良好。

(4)闸门启闭机转动应轻快无异声。上、下限位开关良好,停机位置正确。

(5)减速箱、电动机等处密封件良好,无渗漏。

(6)过负载保护装置良好。

10.1.3 试运行

为了保证机组试运行能安全、可靠地顺利进行,以得到完善而可靠的技术资料,启动调整必须逐步深入,稳步进行。试运行前包括单机试运行和全站机组联合试运行两种。

10.1.3.1 机组空载试运行

1)机组第一次启动

机组的第一次启动,应用手动方式进行。一般都是空载启动,这样既符合试运行程序,也符合安全要求。空载启动主要检查转动部件与固定部件是否有碰撞摩擦,轴瓦温度是否稳定,摆度、振动是否合格,测定电动机启动特性等有关参数。

2)机组停机试验

机组运行 4 ~6 h 后,上述各项测试工作均已完成,即可停机。机组停机仍采用手动方式(包括制动)。停机时,主要记录从停机(分闸)开始到机组完全停止转动的时间(若有条件可记下制动与不制动即惰性停机全部时间)。

3)机组自动开、停机试验

开机前,将机组的自动控制、保护、励磁回路等调试合格,并模拟操作动作准确,即可在控制盘上发出开机脉冲(有计算机监控系统的,在计算机显示器上点击开机命令),机组即自动启动。同时记录下列各项数据。

10.1.3.2　**机组负载试运行**

机组负载试运行的前提条件是空载试运行合格,油、气、水系统工作正常,叶片角度调节灵活(指全调节泵),各处温升符合规定,振动、摆度在允许范围之内,无异常声音和碰擦声,经试运行小组同意,即可进行带负载运行。

10.1.3.3　**机组连续试运行**

在条件许可的情况下,经试运行小组同意,可以进行机组连续试运行。其要求:

(1)单台机组运行,一般应在 7 d 内累计运行 72 h 或连续运行 24 h(均含全站机组联合运行小时数)。

(2)连续试运行期间,开机、停机不少于 3 次。

(3)全站机组联合运行的时间,一般不少于 6 h。

10.2　泵站安全运行

泵站安全运行必须符合下列要求:

(1)泵站主要设备的操作执行操作票制度。采用计算机监控的泵站主要设备的操作票宜编入计算机监控系统程序,在设备操作完成后及时打印操作票,并存档。操作票的内容和格式应符合有关的规定。

(2)计算机监控及信息系统的操作应实施权限管理。

(3)泵站运行期间,运行人员应定期或不定期巡视、观测设备及建筑物的运行状况,发现问题及时处理和报告。但工作人员不应单独进行带电设备的检修工作。

(4)高压设备无论是否带电,运行人员不应单独移开或翻越遮栏。当有必要移开遮栏时,应有监护人在场监护,并与高压设备保持一定的安全距离。安全距离应符合表 2-10-1的规定。

表 2-10-1　高压设备不停电时的安全距离

电压等级(kV)	安全距离(m)
≤10	0.7
≤35	1.0
≤110	1.5

(5)雷雨天气需要巡视室外高压设备时,巡视人员应穿绝缘靴并不得靠近避雷器和避雷针。

(6)高压设备发生接地时,室内距故障点 4 m、室外距故障点 8 m 的范围内为带电危险区,进入上述范围的人员必须穿绝缘靴,接触设备的外壳和架构时应戴绝缘手套。

(7)绝缘电阻测量应符合下列安全规定:①测量高压设备绝缘时,操作人员不少于 2 人;②确认被测设备已断电,并验明无电压且无人在设备上工作后方可进行;③使用端部带有绝缘套的导线连接测量仪表与被测设备和接地;④测量后,对被测设备进行对地放电。

(8)遇有电气设备着火时,应切断关联设备的电源,再进行灭火。对带电设备应使用干式灭火器、二氧化碳灭火器等灭火,不得使用泡沫灭火器灭火;对注油设备可使用泡沫灭火器或干沙等灭火。

(9)在户外变电所和高压室内搬动梯子、管子等长条形物件,应平放搬运并与带电部分保持足够的安全距离,在带电设备周围严禁使用钢卷尺、皮卷尺和夹有金属丝的线尺进行测量工作。

(10)户内电气设备、电力和通信线路应有防火、防鸟和防鼠等设施。

(11)旋转机械外露的旋转体应设安全护罩。

10.3　起重安全知识

为了便于水泵、电动机等设备的安装和检修,泵站内一般安装有手动单梁悬挂式行车、桥式行车或电动葫芦。电动葫芦和桥式行车操作人员必须经专业培训并考试合格、持有上岗证。泵站运行工应掌握必要的起重安全知识并能使用常用的起重吊索具。

10.3.1　起重安全

在泵站内进行起重吊运,一定要树立“安全第一”的思想,操作人员必须具体分工,明确职责。在整个吊装工作中,切实遵守现场秩序,服从命令,听从指挥,不得擅自离开工作岗位。吊装时,划分的施工警戒区域应有警戒标志,未经现场指挥人员同意,非操作人员严禁入内。操作人员进入现场必须头戴安全帽,做好施工现场清理,清除障碍物,以便操作。吊装过程中,提升或下降要平稳,不得有突然的负荷增加和冲击现象。不允许有人站在起吊物件上升降或站在起吊物件下。要严格执行起吊中的“十不吊”,其内容如下:

(1)指挥信号不明或指挥错误不吊。

(2)捆扎不牢不吊。

(3)安全装置失灵不吊。

(4)视线不清(看不清)不吊。

(5)棱角物件没有安全措施不吊。

(6)超过规定最高负荷不吊。

(7)吊钩、吊物上面有人不吊。

(8)物体埋在地下情况不明不吊。

(9)斜拉物体不吊。

(10)捆扎重心不正不吊。

10.3.2　泵站常用起重用具

(1)麻绳。麻绳是常用的绳索之一,它轻便、柔软、容易绑扎,但强度较低,易磨损、腐烂、变质,且新旧麻绳的强度变化很大,一般情况下只起辅助作用或用于起吊重量较小的设备。麻绳是用大麻纤维编织的,分油浸麻绳和不浸油麻绳两种。油浸麻绳不易腐烂,但质地较硬，不易弯曲，强度也较不浸油麻绳低 10% 左右。在吊装作业中，一般不采用油浸麻绳。近年来，化学纤维——锦纶、涤纶开始取代大麻来编织绳索，它们除具有轻便、柔软、易捆扎的优点外，其强度也比麻绳大大提高，且不易腐烂，但不耐磨损。

(2)钢丝绳。钢丝绳用优质高强度碳素钢丝制成，质地柔软，强度高，能承受很大的拉力和冲击力，且耐磨损，是起重搬运中最常用的索具。

钢丝绳经过长期使用后，由于材料的疲劳现象和产生磨损（主要是疲劳的缘故），逐渐出现断丝现象，从而使钢丝绳报废。凡钢丝绳在使用过程中断丝超过规定根数，交捻的股出现松弛、打结现象，应立即报废换用，以免发生意外。

(3)钢丝绳夹头（见图 2-10-1）。骑马式钢丝绳夹头由轧头、双头 U 形螺栓和螺母（全部镀锌）三部分组成。使用钢丝绳夹头，要注意选用适合钢丝绳直径的绳夹规格。若大小不合适，则导致卡接不可靠。卡接时，要注意将绳夹的螺栓拧紧，直到钢丝绳直径被压扁 1/3 时为止。U 形螺栓的弯曲部分要卡在绳头的一边，不能卡在主绳的一边，否则主绳被压扁，受力时容易断丝而被拉断。

(4)卸扣。卸扣又称卡环，如图 2-10-2 所示，是起重工作中应用广泛的灵巧的栓连工具。卸扣一般由弯环和横销两个部分组成，由锻造制成，并经过退火处理，以消除残余应力，增加韧性。卸扣的承载能力与横销直径 d_1 和弯环直径 d_2 之和的平方成正比。对直形弯环带丝扣的卸扣，允许使用荷重的近似值，可按下式进行估算：

$$P = 6.4d_{平均}^2 \tag{2-10-1}$$

式中　P——允许使用荷重，kg；

$d_{平均}$——横销与弯环直径的平均值，即 $d_{平均}=(d_1+d_2)/2$，mm。

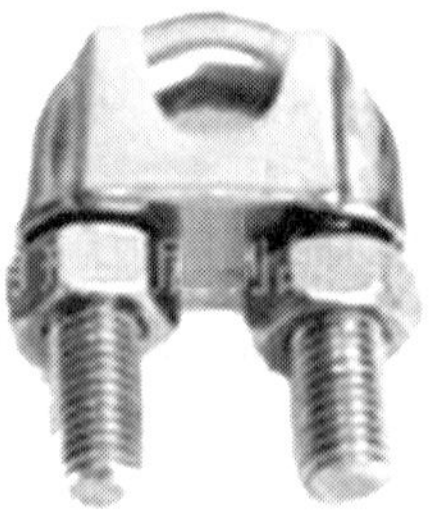

图 2-10-1　钢丝绳夹头

图 2-10-2　卸扣

卸扣在使用时，必须注意卸扣结构上的受力方向，即只允许卸扣横销在径向上受力。

(5)手拉链式起重机。手拉链式起重机也称“手拉葫芦”，如图 2-10-3 所示，适用于小型设备和重物的短距离吊装，起重量一般不超过 10 t。其结构紧凑，手拉力小，使用平稳，较其他起重机械更容易掌握。

使用前，应仔细检查各处有无损坏和变形，确保既无“卡死”现象也无滑链现象。使用中，拉链子的速度要均匀，不要过快过猛，注意防止手拉链脱槽。已吊起的重物要停放较长时间，应将手拉链拴在起重链上，以防止自锁失灵，发生事故。一般不允许用手拉葫芦作为长期支承拉力器械使用。手拉葫芦转动部分要经常加注润滑油，减少磨损；但切勿将润滑油渗进摩擦胶木片中，以防止自锁失灵。

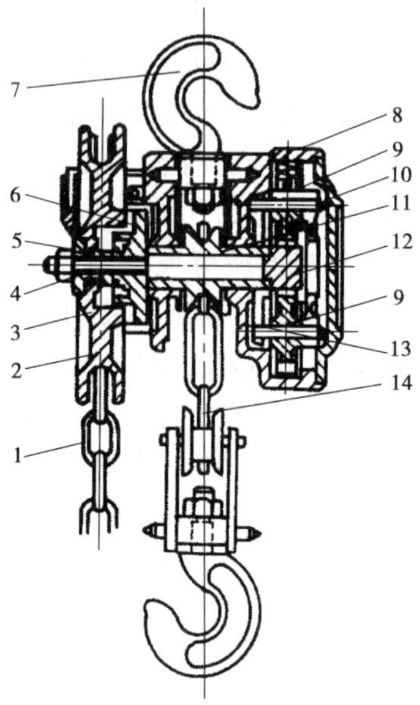

1—手拉链;2—链轮;3—棘轮圈;4—链轮轴;5—圆盘;6—摩擦片;7—吊钩;8—齿圈;
9—齿轮;10—齿轮轴;11—起重链轮;12—齿轮;13—驱动机构;14—起重链子

图 2-10-3 手动链式起重机

10.4 安全用电常识

10.4.1 安全用电基础知识

在生产和生活中,电气事故不可避免地影响着人们日常工作,正确认识和科学掌握电气事故发生理论,科学地防范才能杜绝事故的发生,把事故发生概率和造成的危害降低到最低的程度。

10.4.1.1 电对人体的伤害

电流通过人体叫作人身触电。电对人体的伤害,实质上是电流通过人体内部造成的伤害。电流对人体的伤害程度与通过人体电流的大小、持续时间、通过人体的途径、电流的频率以及人体状况等多种因素有关。而且,各因素之间又是相互影响的,尤其是电流的大小与通电时间对人体影响最为严重。

1)与电流大小的关系

并不是人一接触到电,就会造成死亡,按照通过人体电流大小不同,人体呈现的状况也不同,如引起颤抖、痉挛、心脏停止跳动及直至死亡等症状。只有能引起人体死亡的电流才是致命电流;对人体有感觉(如人体会麻痛等症状)的电流,为感知电流;人体触电后可以摆脱的电流,为摆脱电流。

通过人体的电流越大,人体的生理反应越明显,人的感觉越强烈,破坏心脏工作所需时间越短,致命的危险性越大。

2)与通电时间关系

通电时间越长,能量积累增加,越容易引起心室颤动,再加之人体电阻因出汗等原因而降低,心室颤动电流减小,电击危险性越大。通电时间短,只是在心脏搏动的特定时刻才可能引起心室颤动,引起危险。

3)与电流通过途径的关系

电流通过心脏会引起心室颤动,严重时导致死亡;通过中枢神经或有的部位,会引起中枢神经强烈失调而导致死亡;通过头部会使人立即昏迷,大脑产生严重损害,甚至使人死亡;通过脊髓,可能导致肢体瘫痪。

4)与电流种类的关系

直流电流、高频电流、冲击电流对人体都有伤害作用,其伤害程度较工频电流轻。

5)与人体质的关系

人体条件不同,对电流的敏感程度也不一样,造成的伤害程度也不完全相同。女人对电流较男人敏感。小孩的摆脱电流较低。

10.4.1.2　安全电压和电流

根据欧姆定律,在电阻一定的条件下,电压越高,电流越大,因此把可能加在人身上的电压限制在某一范围内,使得在这一电压下通过人体的电流不超过允许的范围,叫安全电压。当然没有绝对安全之分。通常情况下,人体的电阻约为 1 700 Ω,根据试验得知,一般情况下,人体允许电流按摆脱电流考虑,在装有防止电击装置的速断保护的场合,人体允许电流按 30 mA 考虑。在任何情况下,任何两导体间不可能出现的最高电压值,我国标准规定,工频电压有效值为 50 V,直流电压的限值为 120 V。但在工程上,通常使用的安全电压为工频电压 36 V 及其以下等级。同时,根据标准要求,安全电压回路的带电部分必须与较高电压回路保持电气隔离,并不得与大地、保护导体或其他电气回路连接。

一般情况下,工频电流 15 ~ 20 mA 以下及直流电流 50 mA 以下,对人体是安全的,称为安全电流。但如果触电时间很长,即使工频电流小到 8 ~ 10 mA 也可能使人致命。

10.4.1.3　安全标志

工程现场为提醒作业人员注意安全,常用各种标志悬挂在关键位置,或在重要部位标有醒目颜色。工程上称这种颜色叫安全色,这种标志叫作安全标志。

(1)安全色:表达安全信息含义的颜色,主要表示禁止、警告、指令、提示等含义。我国规定的安全色有红、蓝、黄、绿四种颜色。红色表示禁止、停止;蓝色表示指令,必须遵守的规定;黄色表示警告、注意;绿色表示安全状态、通行。

为使安全色更加醒目,用反衬色进行对比。我国规定的对比色是黑、白两种颜色,与红、蓝、绿相对应的底色是白色,黄色对应的底色为黑色。

(2)安全标志:安全标志设置在人们容易看到的地方,提醒人们注意或按标志上注明的要求去执行,是保障人身和设施安全的重要措施。

安全标志上的文字、图形符号和警告标志的几何图形用黑色。

10.4.1.4　绝缘

电设施的良好绝缘是保证电气设备和电气线路正常工作的必要条件,也是防止电气事故(包括触电事故)的最基本的安全措施之一。其绝缘功能是通过绝缘材料来实现的。

绝缘必须与电压等级、使用环境和运行条件相适应。电气设备上的喷漆及其涂层虽有相当高的绝缘性能，但不能够单独看作防止触电的绝缘。

绝缘一旦损坏，往往会引起各种电气事故的发生。如电击、电烧伤、短路、火灾等。导致绝缘损坏的方式有击穿、老化、损坏等三种破坏方式。

1）击穿

设备绝缘体在高电压及其他因素作用下，绝缘性能急速地发生破裂或分解，完全失去绝缘性能而破坏，这种破坏方式称为击穿。导致绝缘物发生击穿时的电压，称为击穿电压。常见的绝缘体有气体介质、液体介质与固体介质。

气体介质绝缘击穿是由碰撞电离导致电击穿，是与气体放电过程相联系的，气体介质击穿后绝缘性能恢复很快。

液体介质击穿的特性是与其纯净度有关的，纯净的液体介质击穿是由碰撞电离造成的。由于液体的密度比气体介质大，其击穿强度也比气体高。但是工程上应用的液体绝缘材料不可避免地内部含有气体、液体及固体杂质，其绝缘性能有所下降，击穿强度较纯净液体介质要小。液体介质击穿后，绝缘性能只在一定程度上可以得到恢复。

固体介质的击穿有电击穿、热击穿、电化学击穿、放电击穿等形式。各种形式击穿各具不同的特点：

电击穿：击穿电压高，作用时间短（微秒至秒级）。

热击穿：击穿电压较低，作用时间较长（数秒至数小时）。

电化学击穿：击穿电压较低，作用时间也较长（数小时甚至数年）。

另外，放电击穿特点与电击穿特点一样。热击穿与电化学击穿电压一般都是在工作电压情况下。

固体介质击穿后将失去其绝缘性能。

固体介质或液体介质常常是与气体介质同处于电场中，往往可能会发生沿分界面的沿面放电现象，当沿面放电由一个电极发展到另一个电极时称为闪络，发生闪络的电压称为闪络电压。闪络也是绝缘下降或损坏的一种现象。

2）老化

由于长时间使用，受到热、电、光、氧、机械力、微生物等因素的作用，设备的绝缘体将发生不可逆转的物理化学变化，原有的电气性能和机械性能逐渐丧失而破坏，这种方式称为老化。

通常情况下，工作温度越高，环境越差，管理不到位，则绝缘材料的老化速度越快。

3）损坏

损坏，是指设备的绝缘体受到外界腐蚀性液体、气体、湿度、粉尘等的污染和侵蚀，以及外界热源或机械因素的作用时，在较短或很短的时间内失去电气性能或机械性能的现象。损坏主要是受到外界因素的作用。

为防止绝缘损坏造成事故，应按规定定期或需要的时候严格检查电气设备的绝缘性能。对绝缘性能的检测项目主要有绝缘体的绝缘电阻、耐压强度、泄漏电流和介质损耗等，通过这些项目试验检测设备的电气性能，其指标的确定按照使人体和设备安全来验证，也可以通过对设备的外观检查来发现。外观检查主要是对绝缘介质结构的物理性能的观察和检查。检查的项目有:设备是否受潮,表面有无粉尘、纤维或其他污物,有无裂纹或放电痕迹,表面光泽是否减退,有无龟裂、破损,弹性是否消失,运行时有无异味等。

10.4.1.5　保护接地和保护接零

1)接地

接地在工程上经常用到,常见的有:①为了保证检修的安全,需要在检修地点的两端悬挂接地线,称为检修接地;②带电体意外地与地连接,称为事故接地;③为了保证电力系统正常运行或保持系统某种运行方式所采取的接地措施,如正常低压用电系统中的三相四线制中性点接地称为工作接地;④为了防止雷电侵扰与袭击的接地称为防雷接地;⑤为防止带电设施及其他设备正常感应电伤人而接地称为防静电接地;⑥为了防止设备遭受外电(磁)场的干扰,设备外壳接地称为屏蔽接地;⑦为了人身与设备安全,不至于因为设备误带电伤及他人的接地称为保护接地。

2)保护接地

保护接地是将电气设备在正常情况下不带电的金属外壳或金属构架用良导体与接地装置作可靠的连接。其作用是一旦电气设备的绝缘击穿,可将其外壳对地电压限制在安全电压以内,适用于中性点不直接接地低压系统,还适用于1 000 V以上和低压三相五线的电气设备。这种方法是将电气设备在正常情况下不带电的金属外壳或构架,与大地之间作良好的连接。泵站单相三眼插头中的地线就是起保护接地作用的。

保护接零是将电气设备在正常情况下不带电的金属外壳或金属构架,用良导体与电网的中性线(零线)紧密连接,其作用是一旦电气设备的绝缘击穿,会形成阻抗很小的短路,产生很大的短路电流,促使熔体在允许的时间内迅速切断故障电路,以免发生触电伤人事故。它适用于三相四线制中性点直接接地的低压系统中,还适用于三相四线制中性线直接接地系统中的电气设备。

在保护接零系统中,只在电源中性点处接地是不够安全的,为了保证安全,还必须在零线上一处或多处通过接地装置与大地再次连接,即重复接地,重复接地既可以从零线上直接接地,也可以从接零设备的外壳上接地。重复接地的作用是降低漏电设备的对地电压,减轻零线处断裂时的触电危险,缩短碰壳或接地短路故障的持续时间,改善架空线路的防雷性能。

对于中性点接地系统,如果电气设备仅用接地保护,则不能很好地起到保护作用。其短路电流一般不能使短路保护装置动作,漏电设备会长期带电,所以中性点接地的供电系统严禁采用接地保护。保护接零作为中性点直接供电系统中的安全技术措施。

注意!在变压器中性点接地系统中,若保护接零和保护接地混用,一旦采用保护接地的设备发生碰壳事故,当设备的接地电阻与变压器中性点接地电阻相等时,在全部接零保护的金属体上均带有1/2相电压,此时,是很危险的。因此,采用混接是很危险的!

还应注意!保护零线上不准装设开关或熔断器。

接地线与接零线其截面可按相线的1/2至1/3选取。

泵站安全用电最基本常识应包括以下几个方面:

(1)相线必须进开关。

(2)合理选择照明电压。固定灯具用220 V电压供电。在潮湿、有导电灰尘、有腐蚀性气体的情况下，则应选用 24 V、12 V 电压供移动照明灯具使用。

(3)合理选择导线和熔丝。导线的额定允许电流应比实际输电的电流稍大。

(4)电气设备要有一定的绝缘电阻。通常要求固定低压电气设备的绝缘电阻不低于 1 MΩ，可移动的电气设备的绝缘电阻应不低于 2 MΩ。

(5)电气设备的安装要正确。带电部分应有防护罩，高压带电体应设置遮栏，必要时应加联锁装置以防触电。

(6)采用各种保护用具。保护用具主要有绝缘手套、绝缘鞋、绝缘钳、绝缘棒、绝缘垫等。

(7)正确使用移动电动工具。在使用手电钻等移动电动工具时，其电源线和插头都必须完好无损，引线应采用坚韧的橡皮线或塑料护套线，其长度不超过 5 m，且没有接头。此外，其金属外壳必须可靠接地。

(8)电气设备的不带电金属外壳要有保护接地或保护接零。

10.4.2　安全用具种类及使用方法

泵站配备的安全用具主要是为了防止运行人员在正常运行和维修养护工作时人员触电、灼伤、坠落等工伤，保障工作人员安全的各种专用工具，主要有：起绝缘作用的绝缘工具、起验电或测量作用的携带式验电工具、防止登高作业坠落的登高作业用具、起起重作用的起吊工具，以及检修工作中的临时接地线、遮栏、指示牌和防止灼伤的护目眼镜等。

10.4.2.1　**电工安全用具**

(1)绝缘手套，又叫耐高温手套、高压绝缘手套，是用天然橡胶制成，用绝缘橡胶或乳胶经压片、模压、硫化或浸模成型的五指手套，主要用于电工作业。

(2)绝缘鞋，就是使用绝缘材料制作的一种安全鞋，是作为从事电气工作的安全辅助用具，适用范围：耐试验电压 15 kV 以下的绝缘皮鞋和布面电绝缘鞋，应用在工频 1 000 V 以下的作业环境中；15 kV 以上的绝缘胶鞋，适用于工频 1 000 V 以上作业环境中。

(3)绝缘垫，又称绝缘胶垫、绝缘板、绝缘垫片、绝缘毯。绝缘垫广泛应用于变电站、发电厂、配电房、实验室以及野外带电作业等场合。配电室电压 10 kV，选 8 mm 厚，工频耐压试验 10 000 V、1 min 不击穿，在工频耐压试验 18 000 V、20 s 时击穿；配电室电压 35 kV，选 10 ~ 12 mm 厚，工频耐压试验 15 000 V、1 min 不击穿，在工频耐压试验 26 000 V、20 s 时击穿；配电室低压(500 V 以下)，选 5 mm 厚，工频耐压试验 3 500 V、1 min 时击穿，在工频耐压试验 10 000 V、20 s 时击穿。

(4)绝缘夹钳，是用来安装和拆卸高压熔断器或执行其他类似工作的工具，主要用于 35 kV 及以下电力系统。绝缘夹钳由工作钳口、绝缘部分和握手三部分组成，各部分都用绝缘材料制成，所用材料与绝缘棒相同，只是工作部分是一个坚固的夹钳，并有一个或两个管型的开口，用以夹紧熔断器。绝缘夹钳使用及保存应注意：①使用时绝缘夹钳不允许装接地线；②在潮湿天气只能使用专用的防雨绝缘夹钳；③绝缘夹钳应保存在特制的箱子内，以防受潮；④绝缘夹钳应定期进行试验，试验方法同绝缘棒，试验周期为一年，10 ~ 35 kV 夹钳试验时施加 3 倍线电压，220 V 夹钳施加 400 V 电压，110 V 夹钳施加 260 V 电压。

(5)绝缘棒，又称令克棒、绝缘拉杆、操作杆等，由工作头、绝缘杆和握柄三部分构成。

它在闭合或拉开高压隔离开关,装拆携带式接地线,以及进行测量和试验时使用。绝缘棒的操作要求:①为保证操作时有足够的绝缘安全距离,绝缘操作杆的绝缘部分长度不得小于 0.7 m;②要求它的材料要耐压强度高、耐腐蚀、耐潮湿、机械强度大、质轻、便于携带,一个人能够单独操作;③三节之间的连接应牢固可靠,不得在操作中脱落。

绝缘棒的使用注意事项:①使用前必须对绝缘操作杆进行外观检查,外观上不能有裂纹、划痕等外部损伤;②必须是经校验后合格的,不合格的严禁使用;③必须适用于操作设备的电压等级,且核对无误后才能使用;④雨雪天气必须在室外进行操作的要使用带防雨雪罩的特殊绝缘操作杆;⑤操作时在连接绝缘操作杆的节与节的丝扣时要离开地面,不可将杆体置于地面上进行,以防杂草、土进入丝扣中或粘缚在杆体的外表上,丝扣要轻轻拧紧,不可将丝扣未拧紧即使用;⑥使用时要尽量减小对杆体的弯曲力,以防损坏杆体;⑦使用后要及时将杆体表面的污迹擦拭干净,并把各节分解后装入一个专用的工具袋内,存放在屋内通风良好、清洁干燥的支架上或悬挂起来,尽量不要近墙壁,以防受潮,破坏其绝缘;⑧对绝缘操作杆要有专人保管;⑨半年要对绝缘操作杆进行一次交流耐压试验,不合格的要立即报废,不可降低其标准使用。

(6)验电器。用于检示电位差或电荷的静电系仪表,仅用于检验物体是否带有电荷,不能用于检验物体所带电荷是正电荷还是负电荷。验电器分为低压验电器和高压验电器。

低压验电器,又叫验电笔、试电笔,是用来检验对地电压在 250 V 及以下的低压电气设备的,也是家庭中常用的电工安全工具。

高压验电器主要用来检验设备对地电压在 250 V 以上的高压电气设备。目前,广泛采用的有发光型、声光型、风车式三种类型。它们一般都是由检测部分(指示器部分或风车)、绝缘部分、握手部分三部分组成。绝缘部分系指自指示器下部金属衔接螺丝起至罩护环止的部分,握手部分系指罩护环以下的部分。其中绝缘部分、握手部分根据电压等级的不同其长度也不相同。在使用高压验电器进行验电时,首先必须认真执行操作监护制,一人操作,一人监护。操作者在前,监护人在后。使用验电器时,必须注意其额定电压要和被测电气设备的电压等级相适应,否则可能会危及操作人员的人身安全或造成错误判断。验电时,操作人员一定要戴绝缘手套,穿绝缘靴,防止跨步电压或接触电压对人体的伤害。操作者应手握罩护环以下的握手部分,先在有电设备上进行检验。检验时,应渐渐地移近带电设备至发光或发声,以验证验电器的完好性。然后在需要进行验电的设备上检测。同杆架设的多层线路验电时,应先验低压、后验高压,先验下层、后验上层。需要特别注意的是,在使用高压验电器验电前,一定要认真阅读使用说明书,检查一下试验是否超周期、外表是否有损坏、破伤等缺陷。

10.4.2.2　携带式电压和电流指示器

携带式电压指示器又叫验电器或验电笔,有高、低压之分,用来检验导体是否带电。

验电器一般都靠发光指示有无电压,有的也带有声响指示。高压验电器不直接接触带电体,只能逐渐接近带电体,靠发光或声响指示。验电器一般不应接地,且不受邻近带电体的影响。低压验电器只能用于 500 V 以下,不能在高压上使用。携带式电流指示器,通常叫作钳形电流表,用来测量在线路不断情况下的电流。在使用钳形电流表测量线路电流时，要注意人体与带电体之间的距离，不推荐使用钳形电流表测量高压部分，必须使用的话，一定要接上相应电压等级绝缘棒。在潮湿和雷雨天气，禁止在户外测量。

10.4.2.3 登高安全工具

梯子和高登，作为安全用具，应用木料或竹料制作，不宜用金属材料制作。在使用梯子工作时，注意防滑与防摔倒。

脚扣、登高板与安全带是用来登高作业的工具以及在高空作业时防止坠落的安全用具。

10.4.2.4 起重工具

起重工具有钢丝绳、千斤顶、链条葫芦、合成纤维吊装袋、纤维绳、卸扣等。它们都必须在额定负载下承担工作，不可超载运行，且要有专人指挥作业。

10.4.2.5 临时接地线、遮栏和标示牌

临时接地线一般装设在检修地点两端的电源线路上，用来防止突然来电以及起其他作用。装设接地线应注意：①先接好接地端，后接线路或设备端，拆时相反；②先验电，线路或设备确实无电，才可以装设。

遮栏，主要用来防止工作人员工作时，无意碰到或过分接近带电体，确保检修有一个安全间距。遮栏一般用木质材料制作。

标示牌，用绝缘材料制成，有警告工作人员不得接近带电体，指出工作人员准确的工作地点，提醒工作人员采取安全措施以及禁止向某段设备送电等作用。

安全用具是直接保护人身安全的工具，必须保持良好的性能。因此，必须正确使用安全用具，同时，经常和定期对安全用具进行检查和试验。

使用电工安全用具，一般应掌握以下原则：

(1)操作高压开关，通常需使用防止接触电压和跨步电压的辅助安全用具，如绝缘靴、绝缘垫、绝缘手套、绝缘台等。

(2)潮湿天气室外操作，不允许使用无特殊防护装置的绝缘钳。

(3)无特殊防护装置的绝缘杆，不得在下雨或下雪时在室外使用。

(4)使用绝缘手套时，应将上衣袖口套入筒口内，并在外面套上一副纱布或皮革手套，以免胶面受损，但所罩手套长度不得超过绝缘手套的腕部；穿绝缘靴时，应将裤管套入靴筒内；穿绝缘鞋时，裤筒不宜长及鞋底外沿，更不得长及地面，同时应保持鞋帮干燥。

(5)安全用具不得任意用作他用，更不能用其他工具代替安全用具。

(6)进行高空作业，应使用合格的登高用具。

(7)使用高压验电器时，应戴绝缘手套，并站在绝缘台上。

(8)安全用具每次作用完毕，要擦拭干净，放回原处，防止受潮、脏污和损坏。

(9)泵房内应设置专门地点放置安全用具。

工作中，按《国家电网公司电力安全工作规程（变电部分）》2009 年版部分执行。

10.4.3 触电现场救护知识

10.4.3.1 触电事故

人体触及带电体的事故，是电气事故中最为常见的事故。触电的实质是电流对人体

的伤害。

人体触及带电体产生伤亡的事故常见有电击和电伤两类。

电击是电流通过人体内部，破坏人的心脏、神经系统、肺部等，对人体内脏正常工作造成伤害，直至人的生命死亡。电伤是电流的热效应、化学效应和机械效应对人体外部造成局部伤害，如电弧烧伤、烫伤、电烙印等。

人体触电死亡事故绝大部分是由电击造成的。人体触及带电体的途径大致有单相触电、两相触电和跨步电压触电三种。

一般情况下，接地电网的单相触电比不接地电网的危险性大，两相触电的危险性更大。

跨步电压触电，是指人在接地点附近，由两脚之间电位形成的跨步电压引起的触电事故。高压故障接地处，或有大电流通过的接地装置附近都有可能出现较高的跨步电压。雷击时，避雷针接地极附近也存在着跨步电压。在这些故障点 20 m 范围都存在着跨步电压触电的危险。一般规定，高压设备发生接地故障时和巡视检查时与故障点保持一定的距离。室内不得接近故障点 4 m 以内，室外不得接近故障点 8 m 以内。接近上述范围时应穿绝缘靴，接触设备外壳、构架时应戴绝缘手套。正常巡视注意的安全距离是：高压柜前 0.6 m，10 kV 以下 0.7 m，35 kV 以下 1 m。

10.4.3.2　防止措施

(1)绝缘。

用绝缘的方法来阻隔人体与带电体之间的接触，防止触电。

(2)屏护。

用带绝缘的屏障物或围栏隔开带电体，以防止人体无意识触及带电体。

(3)障碍。

有意在带电体周围设置障碍以防止无意触及带电体或接近带电体。

(4)间隔。

对易于接近的带电体，保持一定的间隔距离防止无意触及带电体。作业人员进入现场作业安全距离：设备不停电时的安全距离 10 kV 及以下电压等级 0.7 m，35 kV 安全距离 1 m。工作人员工作中正常活动范围与带电设备的安全距离 10 kV 及以下电压等级 0.35 m，35 kV 安全距离 0.6 m。

(5)安全标志。

设置安全标志，提醒人们注意安全、保证生产。

(6)装设漏电保护装置。

(7)设置安全电压以及自动断开电源等措施防止触电。

对于跨步电压触电技术防止措施有：

(1)不得随意接近故障点或在雷雨天不得靠近避雷针接地极埋设地点。

(2)必须进入或接近上述地点，应穿绝缘靴、戴绝缘手套进行工作。

(3)当误入上述区域时，应单脚着地朝故障点反方向跳出危险区或单脚立在原地不动，等待救援。

在工程技术上为减小接触电压和跨步电压，常采取以下技术措施加以消除：

(1)接地网布置尽量使电位分布均匀。将接地装置布置成环状,在环内加设相互平行的均压带,均压带之间保持4～5 m距离。

(2)在电气设备周围加装局部接地回路,在被保护区人员入口处加装一些均压带。

(3)在地表回填电阻率较高的土质,以增加地面土壤的电阻率,从而提高接触电压和跨步电压允许值。

(4)加强配电装置与构筑物接地网之间联系,减小经配电装置入地的电流,从而减小配电装置所在地点的接触电压和跨步电压。

10.4.3.3　现场救护知识

触电现场急救的要领是:动作迅速,救护得法,发现有人触电,切不可慌张、束手无策,要尽快地使触电者脱离电源,然后根据触电者的具体情况进行相应的救治。

1)脱离电源

使触电者尽快脱离电源是救活触电者的首要因素。

(1)对于低压触电事故,可采用下列方法使触电者脱离电源。

①触电附近有电源开关或电源插头,立即拉开开关或拔出插头,断开电源。但应注意,千万要断开触电相电源,不可搞错。

②触电附近没有电源开关或插头,可用有绝缘柄的电工钳或有干燥木柄的利器切断电线,断开电源,或用干木板等绝缘物插入触电者身下,以隔断电流。

③当电线搭落在触电者身上或被压在身下时,可用干燥的衣服、手套、绳套、木板、木棒等绝缘物作为工具,拉开触电者或挑开电线,使触电者脱离电源。

④如果触电者衣服是干燥的,又没有紧缠在身上,可以用一只手抓住他的衣服,拉离电源。但因触电者的身体是带电的,其鞋的绝缘也可能遭到破坏,救护人员不得接触触电者的皮肤,也不能抓他的鞋。

(2)对于高压触电事故,可采用下列方法使触电者脱离电源。

①立即通知供电部门停电。

②戴上绝缘手套、穿上绝缘靴,用相应电压等级的绝缘工具拉开开关。

③穿戴上绝缘服,抛掷裸金属线使线路短路,迫使保护动作,断开电源。注意抛掷金属线的一端不可触及他人。

上述任何一种方法的应用,应遵循以快为原则,选择应用。但救护人员也应注意以下事项:

(1)救护人不可用自己的手或潮湿的易导电的物体作为救护工具,而必须采用干燥、绝缘的东西。救护人员最好用一只手操作,以防自己触电。

(2)防止触电者脱离电源后摔伤。

(3)要避免事故扩大。夜晚要考虑到如何解决照明问题,便于施救。

2)现场救护办法

发现触电事故,应立即切断电源,也可用绝缘物体或干操的木、竹棒将电线挑离人身(此时需防范触电人高空坠落),触电人脱离电源后,应立即进行现场抢救,同时拨打120急救电话。根据伤者的情况,现场救护方法主要是人工呼吸和胸外心脏挤压法。

现场抢救方法如下:

(1)没有呼吸,但有心跳的可用人工口对口吹气。

(2)有呼吸,但无心跳的可用胸外心脏挤压法。

(3)呼吸心跳均停止的,用上述两种方法同时进行抢救,抢救要及时,不能中断。

(4)如果伤者伤势不重,神志清醒,只是有些心慌、四肢发麻、全身无力,或曾一度昏迷,脱离电源后,已清醒过来,应使伤者安静休息,不要走动,严密观察,并请医生前来诊治或送医院。

(5)伤者伤势较重,已失去知觉,但脱离电源后,心脏仍在跳动,呼吸还存在,应使伤者舒适、安静地平卧,周围不围人,使空气流通,解开领口衣扣,以利呼吸。同时,冬天注意保暖,夏天使其凉爽,并速请医生诊治。同时要注意防止心跳、呼吸停止,做好急救准备。

(6)如果伤者伤势较重,呼吸与心跳均已停止或二者之一停止应立即进行人工呼吸或胸外心脏挤压,并速请医生救治。

任何一种急救法应尽快进行,不能延误或中止。触电伤者应慎重用药!

3)电弧灼伤救护方法

触电者受到电弧灼伤情况较常见。对于电弧灼伤一般分为三度:一度,灼伤部位轻度变红,表皮受伤;二度,皮肤大面积烫伤,烫伤部位出现水泡;三度,肌肉组织深度灼伤,皮下组织坏死,皮肤烧焦。

严重灼伤时,必须先将灼伤者的灼伤部位的衣服和鞋袜特别小心地脱下,对不能脱下的衣服用剪刀一块块剪下。由于灼伤部位一般都很脏,容易化脓溃烂,一时难以治愈,所以救护人员的手不得接触灼伤部位,不得在灼伤部位涂抹油膏、油脂或其他护肤油。

灼伤的皮肤表面必须保护好。包括不得刺破水泡以及随便擦去粘在灼伤部位的各种异物,禁止撕下粘在灼伤部位的烧焦衣服碎片,如果需要除去应使用锋利的剪刀剪下。包扎时,应在灼伤部位覆盖消毒的无菌纱布或消毒的洁净亚麻布,对其进行急救后,立即送医院治疗。

4)硫化氢中毒应急处理知识

硫化氢是一种无色的带有典型臭鸡蛋气味的剧毒气体,密度大于空气且易溶于水,当浓度很高时,就会使嗅觉神经麻痹而闻不出臭味。当有人发生硫化氢中毒时应急处理措施如下:

(1)立即拨打120急救电话并向上级汇报,无任何防护措施的人员严禁进入毒气弥漫的现场。

(2)防毒人员要迅速将患者移离中毒现场,阻断毒气继续侵入,严密观察,并供氧。

(3)立即对窒息者进行现场抢救。

(4)用急救车辆送医院抢救。

5)防毒安全用具

(1)72型防毒面具是由橡胶密封面具,吸气、透气管和滤毒罐组合而成的防毒用具,作为日常工作配置和抢险急救用。凡硫化氢气体可能溢漏、产生的场合都应使用72型防毒面具。如从事污水泵站内清除垃圾、加填料、除剩水、装拆维修各类水泵和闸门以及下集水池清捞垃圾等工作,都应使用72型防毒面具。

滤毒罐每次使用时间不得超过45 min,累计使用时间不得超过90 min,否则要进行更换。每次使用前要进行一次检查,称重时增加质量不超过 20 g 时可以使用;长时间不用时,每隔 3 个月要用天平称重。当复称质量比本身标明的质量超出 20 g 时,即应更换。其有效保管期为 5 年,过期必须更换,每次检查复称后均应作好详细记录。

(2)硫化氢监测报警仪。其作用是测定硫化氢浓度。在硫化氢气体有可能溢漏的场所进行保养、检修和操作前,均应先使用硫化氢监测报警仪验明工作场所硫化氢浓度。根据中华人民共和国标准《恶臭污染物排放标准》(GB 14554—93),确认工作场所硫化氢浓度低于 0.1 mg/m^3 时,工作人员方可进入工作现场,在整个工作过程中,硫化氢监测报警仪必须始终担负监测报警任务。

10.5　安全防火与灭火知识

10.5.1　起火灾因素

电气火灾甚至爆炸,所形成的事故对国民经济和人身伤亡造成的损失是巨大的。电气设备正常运行所产生的热量正常的在设计时已考虑在内,不至于形成任何危害。但由于一些不可预见的因素导致设备过热就要酿成事故。过热的原因一般有以下几种。

(1)短路。各种短路都会造成电流成倍甚至几十倍的增加,电气设备和线路急骤发热。

(2)过载。由于设计不合理或使用不合理(超出设计范围),设备长时间过载运行,造成热量长时间积累,而使电气设备或线路温度升高。

(3)接触不良。由于安装后或设备运行中电磁的原因,导致导线连接不好,或铜铝过渡接头的电解作用,活动触头压力不够,接线螺丝松动,导电接合面锈蚀等都造成接触电阻增大,接触部分过热,温度很快升高。

(4)铁芯发热。铁芯截面不够,硅钢片绝缘破坏、长时间过电压使磁滞和涡流损耗增加,从而使铁芯热量积累而温度升高。

(5)散热不良。设计时已考虑了电机电器在工作时一定的空气对流,以达到散热目的,一旦这些散热作用被破坏,则容易造成温度升高。

(6)在一些临时工作场所使用照明及取暖设备,如果散热条件不好,长时间使用很容易引起火灾。

(7)在施工中,由于施工引起的电弧及电火花不慎引起的火灾等。

10.5.2　电气防火措施

电气设备防火,在泵站设计时已经考虑,其措施主要包括电气设备合理选用,正确安装设置,保持它们的正常运行以及在土建工程与安装工程中,要求设置防火隔离措施等。

(1)保持电气设备在额定的电流、电压和温升的条件下运行,不超过允许值。

(2)保持电气设备绝缘良好。

(3)保持各导电部分在运行中连接可靠,接触良好。

(4)保持电气设备清洁。

(5)设备安装保持一定的防火间距。

(6)电缆沟室外部分每隔20 m设一个防火分隔物,进入室内孔洞应用防火材料封堵等措施。

10.5.3　电气灭火常识

电气火灾发生后,首先是断电灭火以防事故扩大。切断电源时应注意以下几点:

(1)火灾发生后,由于受潮或烟熏,开关设备的绝缘能力会降低,因此提闸时应使用绝缘工具操作。

(2)高压设备应先操作断路器或负荷开关,切忌先拉开隔离刀闸,防止引起弧光短路。

(3)切断电源的地点要适当,防止影响灭火工作。

(4)剪断电线时,不同相线应在不同部位剪断,防止造成相间短路。剪断空中电线时,剪断位置应选择在电源方向支持物附近,防止电线剪断后,断头掉地发生触电事故。

(5)带负载线路应先停掉负载,再切断着火现场电线,防止产生电弧。如果断电时间来不及或因生产需要及其他原因不能断电,为了争取时间,防止火灾扩大,必须带电灭火时,应注意以下几点:①应按灭火剂的种类选择适当灭火器灭火。泵站中常配的灭火器种类有二氧化碳灭火器、干粉灭火器和水雾灭火器等,这些灭火器的灭火剂都不导电,可用于灭电气设备火灾。②用水枪灭火时宜采用喷雾水枪,不可以用直流水枪灭火。③人体与带电体之间必须保持一定的安全距离。④对架空线路等高空设备灭火,人体位置与带电体之间仰角不应超过45°,防止导线断落而危及灭火人员的安全。⑤遇带电导线断落地面上,要划出一范围警戒区域,防止跨步电压触电。

对充油设备灭火时,应注意以下几点:①充油设备外部着火,可用水等一系列灭火器灭火,但要保持一定安全距离。②充油设备内部着火。a. 切断电源;b. 放尽油箱油,防止燃烧爆炸;c. 用灭火器及水枪、泥土、沙子等。③对电动机等旋转机械灭火,为防止泵轴与轴承变形,一面使其停止运转,一面用所配灭火器及水灭火。

泵站上常选用的灭火器主要有:CO_2 灭火器、干粉灭火器、1211灭火器等。

10.5.4　电气设备发生火警的应急处理

泵站的火灾可分为泵房着火与机电设备着火两大类。

泵站常用的消防器材有灭火器和黄砂桶。灭火器有干粉灭火器、二氧化碳灭火器、四氯化碳灭火器等;在靠近充油设备的附近必须设置黄砂桶,桶内储存的干砂应充足,桶身外表应漆成红色。

电气设备发生火警的应急处理方法:

(1)切断电源。

(2)选择正确的方法快速灭火,断电前应用四氯化碳灭火,不得用砂、水或化学泡沫灭火。火灾难以控制时必须拨打119报警。

(3)及时向上级领导汇报。

(4)火灾中如有人受伤,必须就地抢救并拨打120急救电话或直接送医院。

(5)火灾后,应按设备事故的事后处理要求分析汇报并迅速恢复被中断的正常运行。

10.6 紧急事故的安全防范及应急处理知识

为确保运行和维(检)修安全,泵站主要设备的操作、现场检修、安装和试验应严格执行操作票制度,操作人员必须严格按照操作票上规定的操作内容和顺序进行操作。

10.6.1 事故处理

泵站事故的处理应符合以下规定:

(1)尽快限制事故发展,消除事故根源,并解除对人身和设备的危险。

(2)将事故限制在最小范围内,确保未发生事故的设备继续运行。

(3)发生危及人身安全或严重的工程设备事故时,工作人员可采取紧急措施,操作有关设备,事后当事人必须及时向上级报告。

(4)根据现场情况,如调度命令直接威胁人身和设备安全时,值班人员可拒绝执行,并申诉理由,同时向上级管理部门报告。

10.6.2 事故事后处理

泵站事故发生后的处理应按以下规定执行:

(1)工程设施和机电设备发生一般事故,泵站管理单位应立即查明原因,及时处理。

(2)工程设施和机电设备发生重大事故,泵站管理单位应及时报告上级主管部门,并协同调查处理,抢修工程和设备。

(3)发生人身伤亡事故时,泵站管理单位应及时报告上级主管部门和当地政府安全监督管理部门,并保护好现场,由上级单位组织有关人员进行事故调查并作处理。

事故发生后应填写事故报告,并报上级主管部门。

10.7 水质及环境保护的相关知识

10.7.1 水质相关知识

10.7.1.1 水质指标

水质指标指描述水质状况的标准,有单项指标和综合指标之分。前者用来表征水的物理、化学和生物特性的个别要素指明水质状况,如金属元素的含量、溶解氧、细菌总数等;后者用来指明水在多种因素作用下的水质状况,如生物化学需氧量用以表征水中能被生物降解的有机物污染状况,总硬度用来指明水中含钙、镁等无机盐类的程度。生物指数则用生物群落结构表示水质。

10.7.1.2 水质评价

水质评价是指在明确目标下,依据给定的准则,对水质的特性和效果等质量属性(包括物理、化学和生物属性）作出判断，确定水体水质价值的工作。其准则随评价目标而异。为保护环境的水污染评价，应以对人类生活和工作，特别是对人类健康的适宜程度和维护生态平衡为判断准则；为水资源开发的水质评价，则以合理开发、综合利用和保护管理水资源为判断准则。按时间分，有现状评价、回顾评价和影响评价；按水的性质，有物理指标评价、化学指标评价和生物指标评价；按评价方法，有单项评价和综合评价。

10.7.1.3　**水污染综合评价**

水污染综合评价是指用多项水质指标判断受污染后水体价值的工作。有取用同一性质的多项指标和不同性质的多项指标两种方法。评价时，将多项指标代入仿真水质的数学模型计算综合评价指数，由此判断水体价值。其数学模型呈线性形式，各项指标相互叠加。

10.7.1.4　**环境影响评价**

环境影响评价是指对拟议行为作环境影响的分析与描述，包括环境影响评价制度和环境影响评价技术两方面。其目的在于警惕、减轻和消除某项决策对环境的影响。要对拟议行为的每个方案作自然环境、社会环境和生态环境的影响分析。除了要分析近期影响，还要作长远影响分析；既要考虑一次影响，也要考虑两次影响；要注意直接影响，同时也注意间接影响。

10.7.1.5　**水质监测站网**

水质监测站网是指在水系上设置一群水质监测站所形成的水质监测系统。以满足监视水环境质量及与水文测站相结合为其设置原则。要求系统的水质监测站设在：①主要污染源和污染源较集中的河段；②重点保护河段，如风景游览区、重点城市、水产资源较丰富的水域和具有重大经济价值的河段；③水文特性和自然地理环境显著变化的河道，如水系干流的控制河段、较大支流汇入的河段、湖泊水库的出入口；④国际河流出入国境河段；⑤其他有特殊要求的地区等。

10.7.1.6　**水质调查**

水质调查是指非长期定点的水质监测及调查工作。目的是在较短时期内，获取水体污染现状（包括兴建大型水利工程所造成的影响）和危害程度的数据，寻觅和测定造成水体污染的根源，认识影响水体污染（和净化）的环境条件，揭示水体污染的发展趋势。一般都为专门任务而进行。例如：①为查明某一河段、水系、湖泊、水库的污染现状，作出水质（观状）评价，为控制污染、保护水源提供科学依据，或据此布设水质监测站（网）；②为规划设计新建工矿企业（特别是大型的），拟定《水质现状与预断》（或称《水质影响评价》）而进行的水质调查；③为科研目的而进行的现场调查与试验，有时也称为科研监测；④为研究兴建水利工程对水体水质的影响所作的调查等。

10.7.1.7　**水质预测预报**

水质预测预报是指根据水体污染源的排污及污染物进入水体的物理运动、化学反应和生化效应对未来水质的变化进行预估的工作。如预估未来某个实时（如几小时，几天后）的水质变化，称预报；如系预估未来具有一定出现概率的水质，称预测。为了进行水质预测预报，必须根据专门要求，布设水质站点，开展野外（原体）观测，进行验证，制订水质预报方案。例如，对于河流可以根据污染来量（河段的上游和旁侧）的数据，输入经过验证的水质数学模型,以求得河段下一断面的水质变化(输出)。水质预测预报是水体水质科学管理与控制所必需的。

10.7.1.8　水质管理

水质管理是指为控制水污染,保护水资源的利用价值,通过法律手段和科学技术方法对水体水质进行的管理工作。在法律手段方面,包括管理的法令、规定,健全水源保护执行机构,推行水质保护的技术经济政策,执行水污染奖惩制度。在科学技术方面,包括:①制定水质管理标准,使水污染控制管理有所遵循;②进行水质预测预报,及时掌握水污染实况,采取措施控制污水排放,或预测可能出现的水污染状况,事先进行规划控制;③进行水系水质规划,从全局观点出发,做到区域性的水污染控制规划。

10.7.1.9　水环境质量标准

水环境质量标准是指为控制和消除污染物对水体的污染,根据水环境长期和近期目标而提出的、在一定时期内要达到的水环境的指标,是水体水质管理的标准之一。一般按水域的用途分类、分级制定出相应的水环境质量标准。除制定全国水环境质量标准外,各地区还可参照实际水体的特点、水污染现状、经济和治理水平,按水域主要用途,会同有关单位共同制定地区水环境质量标准。

10.7.1.10　水污染物排放标准

水污染物排放标准是指为实现水环境质量标准而实行的一种限制污染源排放的水质管理标准。目前主要有两类:①浓度控制标准,以浓度单位(mg/L)来控制污染源的排放,对有害污染物的排放浓度定出最高容许值,我国已颁布的《工业三废排放试行标准》即属此类;②总量控制标准,以排放总量(kg/d)来控制污染源的排放。

10.7.1.11　水质总量控制

水质总量控制是指将排入一定水域的污染物总量控制在容许纳污量之内的水质管理措施。按某水域的水环境质量标准,根据水体污染特性、自净规律,推求水体最大容许纳污总量(kg/d),并分配给水域沿岸各工矿排污口,以制定控制各污染源的排放总量。与水质浓度控制相比,可以保证水域附近工矿企业在很多情况下仍能控制住水体污染。

10.7.1.12　水源保护区

水源保护区是指为有效地进行水源保护,按主要用途划出的水质不受污染的水域范围。划分水源保护区,有利于明确水源保护目标、职责范围,从而采取控制水污染的措施。一般分为:①自然保护区;②生活饮用水源区;③游览、娱乐用水区;④渔业用水区;⑤工农业用水区。各类水源保护区均有相应的水质标准。

10.7.1.13　水体容许纳污量

水体容许纳污量,亦称“水体允许负荷量”或“水体纳污容量”,是指在水源保护区主要用水目标的水质标准下,该水域容许接纳的水污染物的总量(kg/d)。与水体的水文、气象等自然环境条件,污染现状,水质标准,水体稀释自净能力,污染物的迁移转化规律及排污口分布与形式,污水流量等有关。

10.7.1.14　水质保护设计水量

水质保护设计水量是指为保护水体水质而选用的水量。由于水量与水质密切相关,因而必须从实际出发，为保护水体水质而合理确定设计水量。一般水体出现严重污染大都在枯水时期，故用十年一遇连续 7 d 平均枯水流量作为河流水质保护设计水量，或用十年一遇最枯月平均流量；对湖泊则为十年一遇最低月平均水位的蓄水量。我国河川径流量差异很大，沿海还受潮汐影响，水质保护设计流量应从水文条件、水质保护目标、经济可能、水污染特性等进行具体分析，综合平衡加以确定。

10.7.2　环境保护相关知识

环境保护是利用环境科学的理论和方法，协调人类与环境的关系，解决各种问题，保护和改善环境的一切人类活动的总称，包括采取行政的、法律的、经济的、科学技术的多方面的措施，合理地利用自然资源，防止环境的污染和破坏，以求保持和发展生态平衡，扩大有用自然资源的再生产，保证人类社会的发展。环境保护涉及的范围广、综合性强，它涉及自然科学和社会科学的许多领域，还有其独特的研究对象。

环境保护应该包含至少三个层面的意思：

第一，对自然环境的保护，防止自然环境的恶化，包括对青山、绿水、蓝天、大海的保护。这里就涉及不能私采（矿）滥伐（树）、不能乱排（污水）乱放（污气）、不能过度放牧、不能过度开荒、不能过度开发自然资源、不能破坏自然界的生态平衡等。这个层面属于宏观的，主要依靠各级政府行使自己的职能进行调控，才能够解决。

第二，对人类居住、生活环境的保护，使之更适合人类工作和劳动的需要。这就涉及人们的衣、食、住、行、玩的方方面面，都要符合科学、卫生、健康、绿色的要求。这个层面属于微观的，既要靠公民的自觉行动，又要依靠政府的政策法规作保证，依靠社区的组织教育来引导，要各行各业齐抓共管，才能解决。

第三，对地球生物的保护、物种的保全、植物植被的养护、动物的回归、生物多样性、转基因的合理慎用、濒临灭绝生物的特殊保护、灭绝物种的恢复、栖息地的扩大、人类与生物的和谐共处、不欺负其他物种等。

所谓环境质量，一般是指，一处具体环境的总体或某些要素，对于人群的生存和繁衍以及社会发展的适宜程度，是反映人群对环境要求的，对环境状况的一种描述。环境质量通常要通过选择一定的指标（环境指标）并对其量化来表达。自然灾害、资源利用、废物排放以及人群的规模和文化状态都会改变或影响一个区域的环境质量。

第 11 章　质量管理知识

11.1　全面质量管理的指导思想

全面质量管理的基本指导思想是:强调质量第一、用户至上,一切以预防为主,用数据说话,突出人的积极因素以及按 PDCA 循环办事。

(1)强调质量第一。

任何产品都必须达到所要求的质量水平,否则就没有或未完全实现其使用价值,从而给消费者、给社会带来损失。从这个意义上讲,质量必须是第一位的。1984 年首届世界质量会议提出"以质量求繁荣",1987 年第二届世界质量会议提出"质量永远第一",这些都说明"质量第一"的指导思想已经成为世界各国的共同认识。

贯彻"质量第一"就是要求全体员工,尤其是领导层要有强烈的质量意识;要求企业在确定经营目标时,首先应根据用户的需求,科学确定质量目标,并安排人力、物力、财力予以保证。

"质量第一"并非"质量至上"。质量不能脱离当前的消费水平,也不能不问成本一味讲求质量。应该重视质量成本的分析,把质量与成本加以统一,确定最适宜的质量。

(2)强调用户至上。

在全面质量管理中,"用户至上"就是要树立以用户为中心,为用户服务的思想。产品质量与服务质量必须满足用户的要求,产品质量的好坏最终应以用户的满意程度为标准,这是一个十分重要的指导思想。

这里的用户是广义的,不仅是产品的直接用户,而且指在企业内部,下工序是上工序的用户,下工段或下车间是上工段或上车间的用户等。

(3)预防为主。

在企业的质量管理中,要认真贯彻预防为主的原则,凡事要防患于未然。重视产品设计,在设计上加以改进,消除隐患。对生产过程进行控制,尽量把不合格品消灭在发生之前,同时对产品质量信息及时反馈并认真处理。

质量是设计、制造出来的,而不是检验出来的。在生产过程中,检验是重要的,可以起到不允许不合格品出厂的把关作用,同时还可以将检验信息反馈到有关部门。但影响产品质量好坏的真正原因并不在于检验,而主要是在于设计和制造。

(4)强调用数据说话。

这就是要求在全面质量管理工作中具有科学的工作作风,在研究问题时不能满足于一知半解和表面现象,要对问题除定性分析外还尽量定量分析,做到心中有"数"。运用各种统计方法和工具进行分析,提供基于数据分析的事实依据是很重要的。

(5)突出人的积极因素。

与质量检验阶段和统计质量控制阶段相比,全面质量的特点之一就是全体人员参与管理,"质量第一"、"人人有责",格外强调调动人的积极因素提高质量意识,调动人的积极因素,一是靠教育,二是靠规范,同时还要有有关质量的立法以及必要的行政手段等各种激励以及处罚措施。

(6)按照 PDCA 循环办事。

PDCA 循环是指计划、执行、检查和总结循环上升过程。PDCA 循环是具有普遍意义的工作程序,它反映了事物的客观规律,是我们应该遵循的质量管理原则。PDCA 这四个阶段不是孤立的,不能把它们分开。四个阶段有先后,但又有联系,头尾衔接。如同一个车轮,车轮向前转动,我们的工作就不停顿地前进。因此,可以认为质量管理就是 PDCA 循环不断地转动。

11.2 质量管理的特点

全面质量管理的特点:全面质量管理是从过去的事后检验,以"把关"为主,转变为以预防、改进为主;从"管结果"转变为"管因素",即提出影响质量的各种因素,抓住主要矛盾,发动各部门全员参加,运用科学管理方法和程序,使生产经营所有活动均处于受控制状态之中;在工作中将过去的以分工为主转变为以协调为主,使企业联系成为一个紧密的有机整体。在推行全面质量管理时,要求做到"三全一多样"。即全面的质量管理,全过程的质量管理,全员参加的质量管理以及质量管理所采用的方法是科学的、多种多样的。

(1)全面的质量管理。全面质量是相对广义的质量概念而言的,它不仅要对产品质量进行管理,也要对工作质量、服务质量进行管理;不仅要对产品性能进行管理,也要对产品的可靠性、安全性、经济性、时效性和适应性进行管理;不仅要对物进行管理,也要对人进行管理。总之,是对各个方面的质量进行管理。

(2)全过程的质量管理。产品质量有一个产生、形成和实现的全过程。全面质量管理的范围包括从市场调查开始,到产品设计、生产、销售等,直到产品使用寿命结束为止的全过程(质量环的 12 个环节)。为了使用户得到满意的产品,并使产品能充分发挥使用价值,不仅要对产品的形成过程进行质量管理,还要对形成以后的过程乃至使用过程进行质量管理。把产品质量形成全过程的各个环节(质量环的 12 个环节)全面地管理起来,形成一个综合性的质量管理工作体系。

(3)全员参加的质量管理。由于全面质量管理是对全面质量和全过程进行的质量管理,所以全面质量管理不仅是质量管理部门或质量检验部门、设计、生产、供应、销售、服务过程中有关人员的事,而且也是企业中各个部门所有人员的事。因为企业中从事党政工团、人员教育、财务、总务、卫生、炊事、保育等各项工作的人员的工作质量,都直接或间接地影响着产品质量和销售服务的质量。因此,全面质量管理要求企业全体人员都来参加,并在各自有关的工作中参与质量管理。

(4)灵活多样的手段和技术。全面质量管理采用的方法是科学的、多种多样的。随着科学技术的不断发展,对产品质量、服务质量提出越来越高的要求,影响产品质量的因素也越来越复杂,既有物质的因素,又有人的因素;既有技术因素,又有管理因素;既有自然环境因素，又有人们的心理因素；既有企业内部因素，又有企业外部因素。因此，只靠单一的管理方法是不行的，需要综合治理，科学决策，这样才可能取得实效。

11.3　质量管理的基本方法

11.3.1　质量管理体系方法

质量管理体系方法是为帮助组织致力于质量管理，建立一个协调的、有效运行的质量管理体系，从而实现组织的质量方针和目标而提出的一套系统而严谨的逻辑和运作程序。它是将质量管理原则——“管理的系统方法”应用于质量管理体系研究的结果。

11.3.1.1　质量管理体系方法的作用

质量管理体系方法可帮助组织建立一个适合组织并能有效运行的质量管理体系，从而可使组织：

(1)对组织的产品实现过程能力和产品质量树立信心。

(2)为持续改进提供基础。

(3)最终增进顾客和其他相关方满意并使组织成功。

(4)也可帮助组织保持和改进现有的质量管理体系。

11.3.1.2　质量管理体系方法的逻辑步骤

质量管理体系方法的逻辑步骤如下：

(1)确定顾客和其他相关方的需求和期望。

(2)建立组织的质量方针和质量目标。

(3)确定实现质量目标必需的过程和职责。

(4)确定和提供实现质量目标必需的资源。

(5)规定测量每个过程的有效性和效率的方法。

(6)应用这些测量方法确定每个过程的有效性和效率。

(7)确定防止不合格并消除产生原因的措施。

(8)建立和应用持续改进质量管理体系的过程。

质量管理体系方法是“管理的系统方法”原则在质量管理体系中的具体应用，它为质量管理体系标准的制定提供了总体框架。该方法也体现了 PDCA 循环。

11.3.2　过程方法

11.3.2.1　过程方法的概念

一组将输入转化为输出的相互关联或相互作用的活动称为过程。资源是过程中的活动所必需的条件。通常情况下，一个过程的输出直接成为下一个过程的输入。

系统地识别和管理组织所应用的过程，特别是这些过程之间的相互作用，被称为“过程方法”。它是将质量管理原则——“过程方法”应用于建立质量管理体系的具体方法，由此形成了以过程为基础的质量管理体系模式，如图 2-11-1 所示。

11.3.2.2 **过程方法的意义**

过程是质量管理活动研究的基本单元,正如化学研究的基本单元是化学元素一样。研究过程的基本特征,对于识别质量管理活动的每一个过程具有重要指导意义。研究过程的相互作用,为建立一个有机运行的质量管理体系提供了基础方法和管理思路。正如在质量管理原则——“过程方法”中所阐述的,把活动和相关的资源作为过程进行管理,可以更高效地得到期望的结果。

图2-11-1所表述的意义有如下几方面:

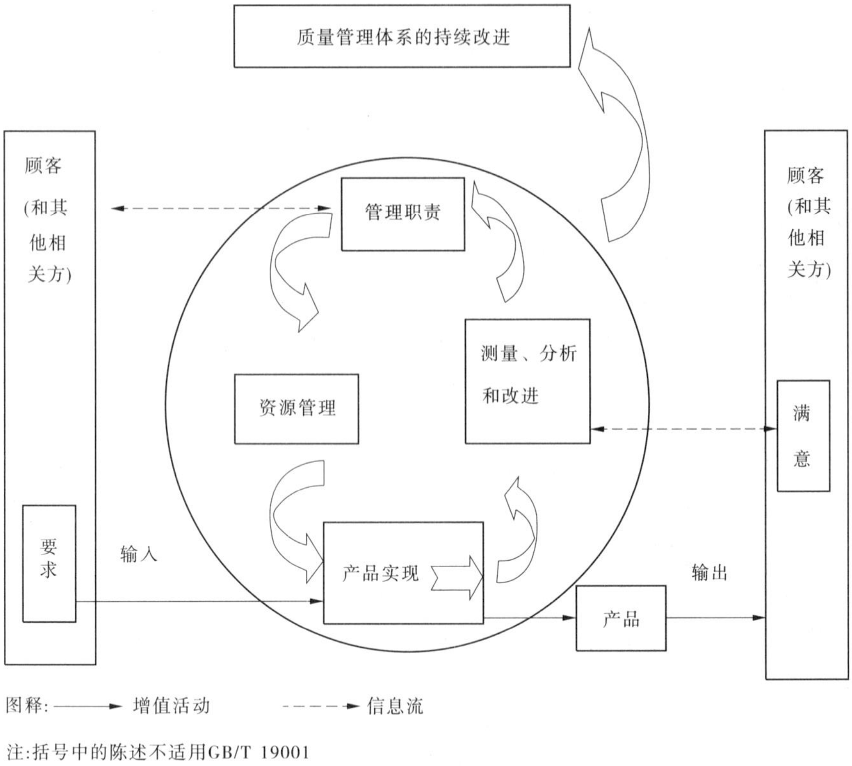

图2-11-1 以过程为基础的质量管理体系模式

(1)识别顾客需求,通过各过程的应用提供产品给顾客可视为一个大过程。在对该过程向组织提供输入方面,顾客起着重要的作用。

(2)图中圆内部分的过程构成一个质量管理体系,GB/T 19001—2000标准就是按该图的组成提出的控制要求。

(3)基于过程方法,为满足顾客(和其他相关方)的需求提供产品并使其满意的组织活动可能有四个过程构成:产品实现过程,管理活动过程,资源管理活动过程,测量、分析和改进过程,即图中圆内所包括的过程。

(4)这四个过程存在着相互作用。以产品实现过程为主题,对过程的管理构成管理活动过程,即管理职责,实现过程所需资源的提供构成资源管理过程,对实现过程的测量、分析和改进构成支持过程。

(5)这四个过程分别可以依据实际情况分为更详细的过程。如在图中产品实现方框中重叠的三个箭头表明产品实现过程是由一系列过程构成的。

(6)监视相关方满意程度需要评价相关方感受的信息。这可通过测量、分析和改进过程实现。

(7)PDCA 方法适合组织的质量管理体系的持续改进,持续改进使质量管理体系螺旋式提升。图中已表明这一点。PDCA 方法也适合于每一个过程的持续改进。

(8)图中实线箭头表示增值活动;虚线表示信息流,且是双向的。

11.3.2.3　过程方法的基本要点

(1)系统地识别组织所应用的过程。

系统的含义可以理解为从组织运作的总体角度来考虑可能涉及的所有过程,要求对每一个过程都要进行识别。

过程可大可小,一个过程可能再分为多个分过程或子过程。这取决于过程应用的目的、过程的性质、识别过程的原则及希望达到的结果。如 GB/T 19000—2000 标准所给出的质量管理体系模式图(见图 2-11-1)中所确定的四个过程:产品实现过程,资源管理过程,管理活动过程及测量、分析和改进过程。

(2)具体识别每一个过程。

对每一个过程的识别包括输入、输出和活动的识别,也应包括活动所需资源的识别。

例如来料检验过程的识别。来料检验过程输入为一组待检的物料,输出应为测试结果,通常以书面报告形式给出。该过程的资源应包括:合格的检验员、检验活动所需的经校准的测量设备以及结果判定所使用的依据文件。过程的活动应是对待检物料实施测量并判断结果合格与否的一系列有序的活动。

(3)识别和确定过程之间的相互作用。

这种相互作用体现在过程之间的联结关系和过程的输出与下一个过程或几个过程的输入的关系。在过程方法中要求应予以明确,以利于过程运行的管理。

(4)管理过程及过程的相互作用。

管理过程及过程的相互作用是由多方面的活动构成的,如确定过程活动的职责、权限,过程相互作用活动中的沟通等,也包括对过程使用资源的管理。

第3篇　操作技能——初级工

模块 1　机械设备运行

1.1　设备检查

1.1.1　水泵工作原理

水泵工作原理已经在第 2 篇“基础知识”的模块 6“水泵基础知识”中作了详细描述，这里只对离心泵、轴流泵和混流泵的工作原理作概念性介绍。

1.1.1.1　离心泵的工作原理

离心泵是利用叶轮旋转时产生的离心力的作用来输送和提升液体的。

1.1.1.2　轴流泵的工作原理

轴流泵是利用叶轮在水中旋转时所产生的推力将水推挤上升的。

1.1.1.3　混流泵的工作原理

因为混流泵是介于离心泵与轴流泵之间的一种叶片泵，且其结构型式、叶轮出流方向及泵的性能等也均有与此相应的特点，它的工作原理同样介于离心泵和轴流泵两者之间，兼有离心泵和轴流泵的许多优点。

1.1.2　电动机的工作原理

1.1.2.1　异步电动机的工作原理

1）三相交流电机的旋转磁场

三相异步电动机转子之所以会旋转、实现能量转换，是因为转子气隙内有一个旋转磁场。下面来讨论旋转磁场的产生。

U_1U_2、V_1V_2、W_1W_2 为三相定子绕组，在空间彼此相隔 120°，接成 Y 形。三相绕组的首端 U_1、V_1、W_1 接在三相对称电源上，有三相对称电流通过三相绕组。设电源的相序为 U、V、W，其初相角为零。

如图 3-1-1 所示，设：$i_U = \sin\omega t$，$i_V = \sin(\omega t - 120°)$，$i_W = \sin(\omega t + 120°)$。

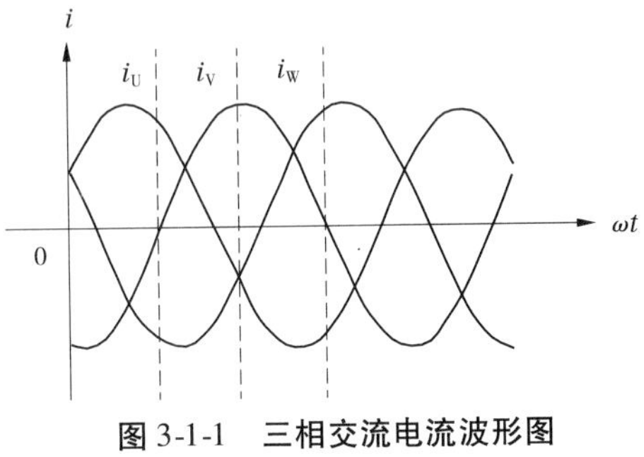

图 3-1-1　三相交流电流波形图

为了分析方便，假设电流为正值时，在绕组中从始端流向末端；电流为负值时，在绕组中从末端流向首端。

当 $\omega t = 0°$ 的瞬间，$i_U = 0$，i_V 为负值，i_W 为正值，根据“右手螺旋定则”，三相电流所产生的磁场叠加便形成一个合成磁场，如图 3-1-2(a) 所示，可见此时的合成磁场是一对磁极

（即二极），右边是 N 极，左边是 S 极。

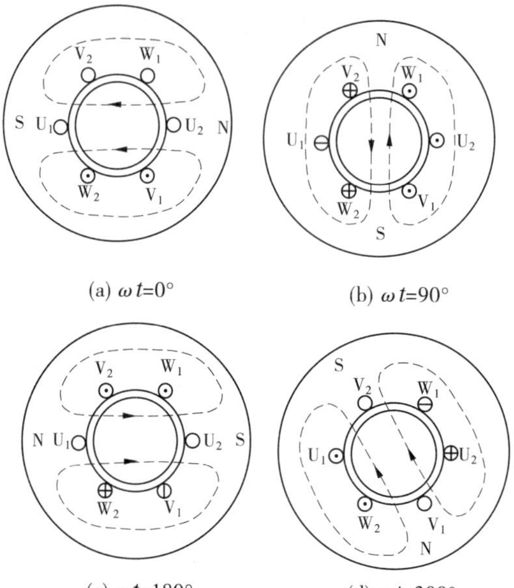

(a) ωt=0°　(b) ωt=90°　(c) ωt=180°　(d) ωt=300°

图 3-1-2　两极旋转磁场示意图

如图 3-1-3 所示，空间 120°对称分布的三相绕组通过三相对称的交流电流时，产生的合成磁场为极对数 $p=1$ 的空间旋转磁场，每电源周期旋转一周，即两个极距；某相绕组中电流达到最大值时，磁极轴线恰好旋转到该相绕组轴线上。

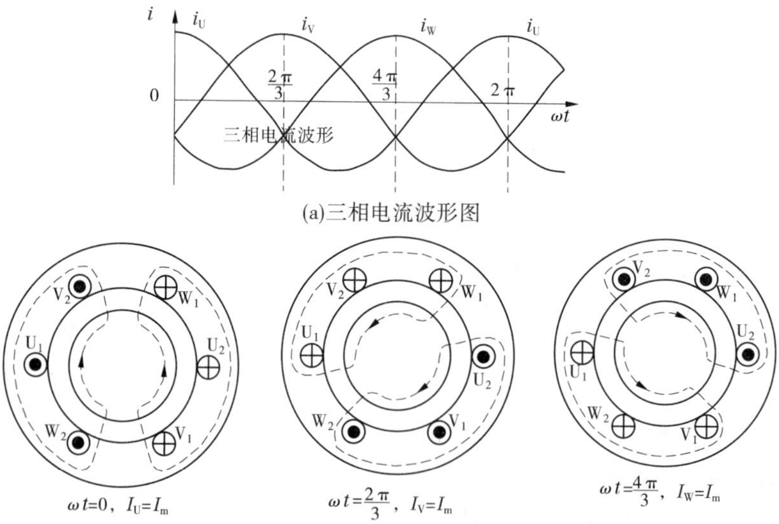

(b)磁场旋转示意

图 3-1-3　三相电流波形图及磁场旋转示意图

当 $\omega t=90°$时，即经过 1/4 周期后，i_U 由零变成正的最大值，i_V 仍为负值，i_W 已变成负值，如图 3-1-2（b）所示，这时合成磁场的方位与 $\omega t=0°$时相比，已按逆时针方向旋转了

90°。

应用同样的方法，可以得出如下结论：当 $\omega t=180°$时，合成磁场旋转了 180°，如图 3-1-2(c)所示；当 $\omega t=300°$时，合成磁场方向旋转了 300°，如图 3-1-2(d)所示；当 $\omega t=360°$时，合成磁场旋转了 360°，即转 1 周，如图 3-1-2(a)所示。

由此可见，对称三相电流 i_U、i_V、i_W 分别通入对称三相绕组 U_1U_2、V_1V_2、W_1W_2 中所形成的合成磁场，是一个随时间变化的旋转磁场。

以上分析的是电动机产生一对磁极时的情况，当定子绕组连接形成的是两对磁极时，运用相同的方法可以分析出此时电流变化一个周期，磁场只转动了半圈，即转速减慢了一半。

由此类推，当旋转磁场具有 p 对极时（即磁极数为 $2p$），交流电每变化一个周期，其旋转磁场就在空间转动 $1/p$ 转。因此，三相电动机定子旋转磁场每分钟的转速 n_1、定子电流频率 f 及磁极对数 p 之间的关系是

$$n_1=\frac{60f}{p} \tag{3-1-1}$$

2）三相电动机的转动原理

图 3-1-4 为三相异步电动机转动原理示意图。三相交流电通入定子绕组后，便形成了一个旋转磁场，其转速 $n_1=\frac{60f}{p}$。旋转磁场的磁力线被转子导体切割，根据电磁感应原理，转子导体产生感应电动势。转子绕组是闭合的，则转子导体有电流流过。设旋转磁场按顺时针方向旋转，且某时刻上为北极 N、下为南极 S，如图 3-1-4 所示。根据右手定则，在上半部转子导体的电动势和电流方向由里向外，用⊙表示；在下半部则由外向里，用⊕表示。

原理：定子旋转磁场以速度 n_0 切割转子导体感生电动势（发电机右手定则），在转子导体中形成电流，使导体受电磁力作用形成电磁转矩，推动转子以转速 n 顺 n_0 方向旋转（电动机左手定则），并从轴上输出一定大小的机械功率。如图 3-1-5 所示，图中 n 不能等于 n_0。

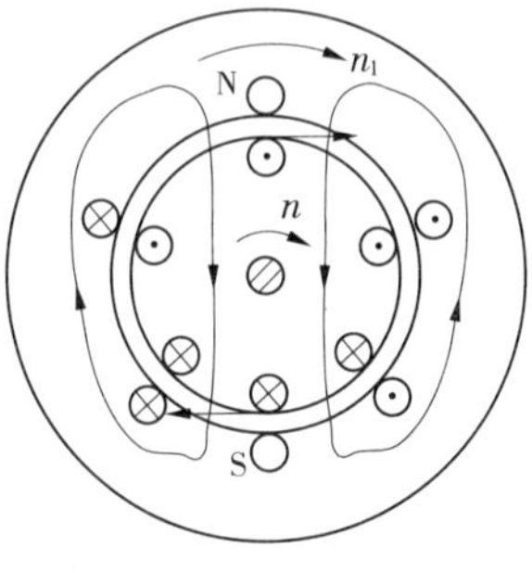

图 3-1-4　三相异步电动机的转动原理

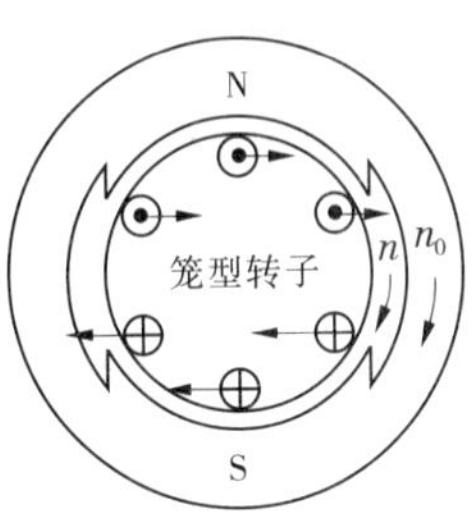

图 3-1-5　异步电动机模型

特点：电动机内必须有一个以速度 n_0 旋转的磁场。一是实现能量转换的前提；二是电动机运行时 n 恒不等于 n_0（异步）的必要条件 $n<n_0$；三是建立转矩的电流由感应产生，即感应电动机名称的来源。

流过电流的转子导体在磁场中要受到电磁力作用，力 F 的方向可用左手定则确定，

如图 3-1-4 所示。电磁力作用于转子导体上，对转轴形成电磁转矩，使转子按照旋转磁场的方向旋转起来，转速为 n。

三相电动机的转子转速 n 始终不会加速到旋转磁场的转速 n_1。因为只有这样，转子绕组与旋转磁场之间才会有相对运动而切割磁力线，转子绕组导体中才能产生感应电动势和电流，从而产生电磁转矩，使转子按照旋转磁场的方向继续旋转。由此可见 $n_1 \neq n$，且 $n < n_1$，是异步电动机工作的必要条件，“异步”的名称也由此而来。

3）转差率

旋转磁场转速 n_1 与转子转速 n 之差与同步转速 n_1 之比称为异步电动机的转差率 s，即

$$s = \frac{n_1 - n}{n_1} \tag{3-1-2}$$

转差率是异步电动机的一个基本参数，对分析和计算异步电动机的运行状态及其机械特性有着重要的意义。当异步电动机处于电动状态运行时，电磁转矩 T_{em} 和转速 n 同向。转子尚未转动时，$n=0$，$s=\frac{n_1-n}{n_1}=1$；当 $n_1=n$ 时，$s=\frac{n_1-n}{n_1}=0$，可知异步电动机处于电动状态时，转差率的变化范围总在 0 和 1 之间，即 $0<s<1$。一般情况下，额定运行时 $s=1\% \sim 5\%$。

1.1.2.2 同步电动机的工作原理

1）同步电动机的特点

同步电动机就是转子的转速 n 与定子旋转磁场的转速 n_1 相同的交流电动机。

$$n = n_1 = 60f_1/p$$

上式表明，当定子电流频率 f_1 不变时，同步电动机的转速为常数，与负载大小无关（在不超过其最大拖动能力时）。

另外，同步电动机的功率因数可以调节，当处于过励运行状态时，还可以改善电网的功率因数。

2）同步电动机的结构

三相同步电动机的定子与三相异步电动机的定子绕组相同，可以联结成 Y 形和△形。三相同步电动机的转子装有磁极和激励绕组，分为凸极式和隐极式，如图 3-1-6 所示。

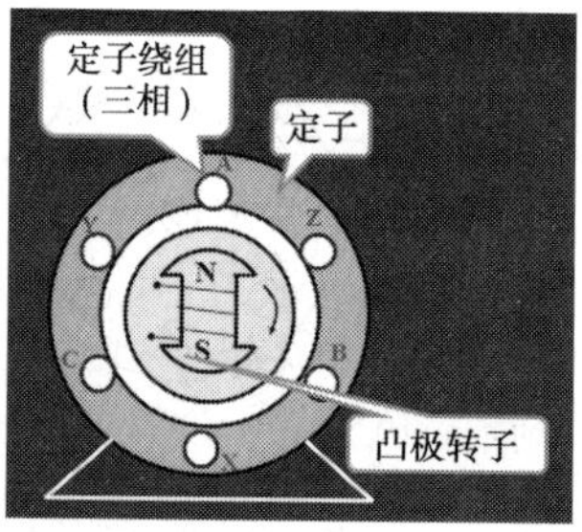

图 3-1-6 同步电动机定、转子结构图

3）三相同步电动机的基本工作原理

三相交流电源加在三相同步电动机定子绕组时，产生速度为 n 的旋转磁场。转子磁场绕组通电时建立固定磁场。假如转子以某种方法启动，并使转速接近 n_1，这时转子磁场极性与定子旋转磁场极性之间异性对齐（定子 S 极与转子 N 极对齐）。根据磁极异性相吸原理，定转子磁场之间就会产生电磁转矩，促使转子跟着旋转磁场一起同步转动，即 $n=n_1$，故称为同步电动机。同步电动机实际运行时，因空载总有阻力，因此转子的磁极轴线总要滞后旋转

磁场轴线一个很小的角度 θ,促使产生一个异性吸力(电磁场转矩);负载时,角度 θ 增大,电磁场转矩随之增大。电动机仍保持同步状态。

当然,负载若超过同步异性吸力(电磁转矩)时,转子就无法正常运转。

4)同步电动机应用

所谓同步电动机就是在交流电的驱动下,转子与定子的旋转磁场同步运行的电动机。同步电动机的定子和异步电动机的完全一样;但其转子有"凸极式"和"隐极式"两种。凸极式转子的同步电动机结构简单、制造方便,但是机械强度较低,适用于低速运行场合;隐极式同步电动机制造工艺复杂,但机械强度高,适用于高速运行场合。

同步电动机的工作特性与所有的电动机一样,也具有"可逆行",即它能按发电机方式运行,也可以按电动机方式运行。

同步电动机主要用于大型机械,如鼓风机、水泵、球磨机、压缩机、轧钢机以及小型、微型仪器设备或者充当控制元件;其中三相同步电动机是其主体。此外,还可以当调相机使用,向电网输送电感性或者电容性无功功率。

1.1.3　主机组及辅机设备场地与标识的要求

1.1.3.1　标示牌

标示牌,是指为提示人们注意的标示牌。

泵站设备检查、操作、运行及检修和高空作业时,为保证安全,在其设备或周边场地和相关电气盘柜上应悬挂标示牌。泵站常用标示牌如表3-1-1所示。

表3-1-1　标示牌样式

序号	名称	悬挂位置	式样		
			尺寸(mm×mm)	颜色	字样
1	禁止合闸,有人工作!	一经合闸即可送电到用电设备的开关和刀闸操作把手上	200×100和80×50	白底	红字
2	禁止合闸,线路有人工作!	线路开关和刀闸把手上	200×100和80×50	红底	白字
3	在此工作!	室外和室内工作地点或用电设备上	250×250	绿底,中有直径210 mm白圆圈	黑字,写于白圆圈中
4	止步,高压危险!	工作地点临近带电设备的遮栏上,室外工作地点的围墙,禁止通行的过道上,高压试验地点,室外构架上,工作地点临近带电设备的横梁上	250×200	白底红边	黑字,有红色箭头

续表 3-1-1

序号	名称	悬挂位置	式样		
			尺寸(mm × mm)	颜色	字样
5	从此上下!	工作人员上下的铁架、梯子上	250 × 250	绿底,中有直径 210 mm 白圆圈	黑字,写于白圆圈中
6	禁止攀登,高压危险!	工作人员上下的铁架,临近可能上下的另外铁架上,运行变压器的梯子上	250 × 200	白底红边	黑字

1.1.3.2　主水泵机组

1)主机组设备场地要求

(1)设备周围场地要有足够的设备试验和设备运行巡视的通道,通道上不能有障碍物。

(2)给主机组供油、供水的管道,不应妨碍运行巡视通道的通行,要按管道的用途,涂刷有明显的颜色标识,同时标识明显的液体流向的箭头。

(3)主机组停机不运行时要有防护罩罩上,防止灰尘进入机组内部。

(4)设备要保持清洁,无油污垢。

2)主机组的标识

(1)主机组的编号及标示牌。

①在泵站内的主机组应按面对进水侧从左至右的顺序编号。

②在主机组最明显正视的地方,悬挂主机组编号数字标示牌。

③在运行的主机组上,悬挂"正在运行"的标示牌。

④在有人检查或检修的主机组上,悬挂"有人工作"的标示牌。

⑤在与被检查或检修的主机组相关的开关盘柜上,悬挂"禁止合闸,有人工作"的标示牌。

(2)主机组的铭牌。

①电动机的铭牌。电动机的性能是由电动机的性能参数表明的,性能参数是电动机运行特性的重要指标,一般可从电动机产品样本上找到,也可以从电动机的铭牌上获得一些简明的电动机性能参数。在电动机铭牌上标出的参数是指该电动机在额定转速下的轴功率、效率、电流、电压、励磁电流、励磁电压、总重量、出厂日期和厂名等。

②水泵的铭牌。水泵的性能是由水泵的性能参数表明的,性能参数是水泵运行特性的重要指标,一般可从水泵产品样本上找到,也可以从水泵的铭牌上获得一些简明的水泵性能参数。在水泵铭牌上标出的参数是指该水泵在额定转速下的流量、扬程、轴功率、效率、允许吸上真空高度或汽蚀余量、总重量、出厂日期和厂名等。

1.1.3.3　辅机设备

1)辅机设备场地

(1)辅机设备周围场地要有足够的设备运行巡视通道,通道上不能有障碍物。

(2)辅机设备的管道,不能妨碍运行巡视通道的通行,要按管道的用途,涂刷有明显的颜色标识,同时标识明显的液体流向的箭头。

(3)辅机设备要保持清洁,无油污垢。

2)辅机设备的标识

(1)辅机设备的编号及标示牌。

①泵站内所有辅机设备都应进行编号,并将序号固定在明显位置。旋转机械应示出旋转方向。

②在正运行的辅机设备上,悬挂"正在运行"的标示牌。

③在有人检查或检修的辅机设备上,悬挂"有人工作"的标示牌。

④在与被检查或检修的辅机设备相关的开关盘柜上,悬挂"禁止合闸,有人工作"的标示牌。

(2)辅机设备的铭牌。

各辅机设备上应有完整、清晰的能表明设备性能参数及出厂日期、生产厂家的铭牌。

1.1.3.4 高低压盘柜

1)高低压盘柜设备场地

(1)高低压盘柜周围场地要有足够的操作和运行巡视通道,通道上不能有障碍物。

(2)高低压盘柜设备的运行巡视通道,要按用途涂刷有明显的线路标识。

(3)高低压盘柜设备要保持清洁、无油污垢。

2)高低压盘柜的标识

(1)各高低压盘柜上应有完整、清晰的能表明设备性能参数及出厂日期、生产厂家的铭牌。

(2)高低压盘柜应按顺序编号,与主机组及辅助设备对应的开关柜编号应与主机组及辅助设备的编号一致,并应标注在高低压盘柜的正面。

(3)在运行的高低压盘柜上,悬挂"正在运行"或"已合闸"的标示牌。

(4)在停运的高低压盘柜上,悬挂"禁止合闸""已接地"等标示牌。

1.1.3.5 变压器

(1)变压器周围场地要有足够的设备运行巡视通道,通道上不能有障碍物。

(2)变压器上应有完整、清晰的能表明设备性能参数及出厂日期、生产厂家的铭牌。

(3)变压器应按顺序编号,并应悬挂在醒目的位置。

(4)在站用变压器围栏、高压终端塔杆等周围悬挂"高压危险!""禁止攀登"等标示牌。

1.1.4 空气压缩机、油泵、真空泵

1.1.4.1 空气压缩机

1)空气压缩机的分类及其特点

空气压缩机(简称空压机或压缩机)有三种基本类型:往复式、回转式、离心式。这三种类型的空压机可进一步划分为:裸机和整机;风冷和水冷;喷油和无油。

(1)往复式空压机:是变容式压缩机,可将封闭在一个密闭空间内的空气逐次压缩

（缩小其体积）从而提高其气压。往复式空压机以气缸内的一个活塞作为压缩位移的原件来完成以上的压缩过程。

当压缩过程仅靠活塞的一侧来完成时，该往复式空压机称为单作用空压机；如果靠活塞的两侧来完成时称为双作用。往复式空压机在每一个气缸上有许多弹簧式阀门，只有当阀门两侧的压差达到一定值后阀门才会打开。当气缸内的压力略低于进气压力时，进气阀门打开；当气缸内的压力略高于排气压力时，排气阀门打开。

如果压缩过程由一个气缸或一组单级的气缸完成，该空压机称为单级空压机。许多实际使用工况要超过单级空压机的能力。压缩比太高（排气/进气压力）会引起排气温度过热或其他设计上的问题。

许多功率超过75 kW的往复式空压机被设计成多级机组，压缩过程由两级或多级组成，级间一般有冷却功能以降低进入下一级的气温。

往复式空压机有喷油和无油两种，具有压力和气量的广泛选择余地。

（2）回转式空压机：是变容式压缩机，其供气量为0.85～85 m^3/min。最普通的回转式空压机是单级喷油螺杆式空压机，其机腔内有两个转子，通过转子来压缩空气，内部没有阀门。这种空压机一般为油冷式（冷却介质是空气或水），油起到了密封的作用。

由于冷却过程在空压机内部进行，因此部件不会有很高的温度，因此回转式空压机是连续工作制，可设计成风冷或水冷机组。

由于结构简单易损件少，回旋式螺杆空压机很容易维护和操作，并具有安装灵活的特点。回转式空压机可安装在任何能支撑重量的地面上。

两级喷油回转式螺杆空压机在主机部件里带有两对转子，压缩过程由第一级和第二级串接压缩完成。两级回转式空压机具有结构简单、灵活性好以及效率高的特点，两级回转式螺杆空压机可是风冷和水冷以及全封装式。

无油回转式螺杆空压机使用特别设计的主机，无需喷油就可进行压缩，从而产生无油压缩空气。无油回旋螺杆式空压机有风冷和水冷两种，并具有和喷油一样的灵活性。回转式螺杆空压机有风冷、水冷、喷油、无油、单级和两级的，在压力、气量、结构上有广泛的适用性。

（3）离心式空压机：是一种动力型空压机，通过旋转的涡轮完成能量的转换，转子通过改变空气的动能和压力来实现以上的转换，并经静止的扩压器降低空气的流速来实现动能向压能的变换，其供气量为11.2～420 m^3/min。

离心式空压机是无油空压机，运动齿轮的润滑油由轴密封与空气隔离。离心式空压机是连续工况式压缩机，运动部件很少，特别适用于大气量无油的要求。离心式空压机是水冷式的，典型机组包括后冷却器和所有的控制装置。

2）空气压缩机的用途

空气压缩机在泵站中的用途：一般是工作用气机，工作用气机又分高压气机和低压气机。高压气机工作用气压力为1.6～4.0 MPa，低压气机工作用气压力为0.6～0.8 MPa。高压气机是用来给水泵油压式叶片调节机构的高压油系统补气。此外，高压空气还常用于进水流道（进水室）以及检修闸门槽的清淤。低压气机主要用于：①机组停机时，给气动制动闸供气，进行机组制动；②机组停机时，给装在虹吸式出水流道驼峰顶部的真空破坏阀供气,使其打开,以破坏真空,实现安全断流;③供给泵站内风动工具及清扫设备用气。

3)小型移动空压机的检查和试验

小型移动空压机如图 3-1-7 所示,检查和试验内容及要求如下:

图 3-1-7　小型移动无油空气压缩机

(1)检查各部分机件是否良好,连接部分有无松动。如有不正常情况,应立即修理。

(2)检查传动部分的防护罩,应齐全完好,以免发生人身意外伤害事故。

(3)检查其配备的气压、温度、电流等表计,应齐全完好,经检验合格,并有合格证。

(4)检查空压机储气罐是否按规定定期做压力试验，使用时间应在合格证标签的有效期限内。

(5)检查空压机金属外壳应有可靠的保护接地。

(6)检查储气罐安全阀(可泄压阀),应清洁无油垢,试验动作压力在规定范围内。

(7)检查所接电源电压,应符合铭牌电压要求。

1.1.4.2　油泵

1)齿轮泵

(1)齿轮油泵的型号。

齿轮油泵又称齿轮泵、齿轮输油泵,可以用来输送温度不高于 100 ℃、流量在 0.6 ~ 300 m^3/h、有润滑性或类似润滑性的介质。

泵站内一般常用的齿轮油泵型号有:KCB、2CY、YCB 齿轮油泵(用于输送重油、柴油、煤油、汽油等)和 CB 齿轮油泵(主要用于液压系统)等。

(2)齿轮油泵的结构及用途。

泵站常用的三种齿轮油泵的结构及用途简要介绍如下:

①2CY 型齿轮油泵:如图 3-1-8 所示,由泵体、泵盖、齿轮、轴承套以及轴端密封等零部件组成。齿轮均经氮化处理,有较高的硬度和耐磨性。这类油泵可以用来输送重油、柴油、机械油,以及性质类似的其他液体。

②KCB 型齿轮油泵:如图 3-1-9 所示,有设计合理的泄油和回油槽,使齿轮在工作中承受的扭矩力最小,因此轴承负荷小、磨损小、泵效率高,可用来输送机油、润滑油等液体。

图 3-1-8　2CY 型齿轮油泵

图 3-1-9　KCB 型齿轮油泵

③YCB 型齿轮油泵:如图 3-1-10 所示,由泵体、泵盖和底座组成。其泵和电机固定安

装在底座上,传动方式有皮带传动和联轴器直联两种形式,可用来输送黏度较高且有腐蚀性的介质。

2)螺杆油泵

(1)螺杆油泵的型号。

在泵站中一般选用3G系列螺杆泵和2W.W系列双螺杆泵。

(2)螺杆油泵的用途。

①3G系列螺杆泵:如图3-1-11所示,用来输送温度≤150 ℃、黏度3~760 cSt(1 cSt = 1 mm^2/s)、不含固体颗粒、无腐蚀性、具有润滑性能的介质。适用压力为0.6~2.5 MPa,适用流量为0.6~123 m^3/h,主要应用于液压系统。

图3-1-10　YCB型齿轮油泵

图3-1-11　3G系列螺杆泵

3G系列螺杆泵一般采用机械密封。泵通过爪型联轴器由电动机驱动。从主轴外伸端向泵体的方向看,为顺时针旋转。

②2W.W系列双螺杆泵的优点包括:输送液体平稳、无脉动、无搅拌、振动小、噪音低;有很强的自吸性能,多相混输时,含气率不高于80%,含沙量不高于500 g/m^3;外置轴承结构,采用独立润滑,可以输送各种非润滑性介质;采用同步齿轮驱动,二转子之间不接触,即使短时间空转也无妨;泵体带有加热套,可以输送各种清洁或含有固体小颗粒的低黏度或高黏度介质(一般颗粒直径小于0.12~0.2 mm);泵体和转子采用了耐腐蚀材料,甚至可以输送很多有腐蚀性的介质;双吸式结构,转子上没有轴向力;轴端采用机械密封或波纹管机械密封,具有寿命长、泄漏少、适用范围广的特点。

其性能指标:最高工作压力为4.0 MPa;流量范围为1~1 000 m^3/h;温度范围为-20~120 ℃;介质黏度为1~3 000 mm^2/s,降低转速可达到10^6 mm^2/s。

介质黏度对双螺杆泵性能影响较大,泵的名义排量是指在特定黏度条件下的排量,为保证泵能在较高效率下工作,在试验不充分时,建议按表3-1-2中黏度条件选择转速。

表3-1-2　介质黏度与对应的转速

介质黏度(mm^2/s)	转速(r/min)
<400	1 500
400~1 200	1 000
1 200~3 600	750

3)油泵在泵站中的用途

泵站用的油泵分高压油泵和低压油泵。高压油泵工作压力在1.6~4.0 MPa,低压油泵工作压力在0.2～1.0 MPa。高压油泵用于油压式叶片调节机构的高压油系统和液压启闭机高压油系统;低压油泵用于油处理系统和给机组润滑油系统加油、给压力油系统油箱加油、给变压器加油等。

1.1.4.3 真空泵

1)真空泵的型号

国产真空泵型号由基本型号和辅助型号组成:①②③(基本型号)-④⑤⑥(辅助型号)。其中,①代表真空泵级数,用阿拉伯数字表示,不分级或单级省略;②代表真空泵名称,用汉语拼音第一或第二个字母表示;③代表真空泵特征,用汉语拼音表示;④代表真空泵使用特点;⑤代表真空泵规格或主参数,用阿拉伯数字表示;⑥代表真空泵设计序号,从第一次改型开始,用A、B、C表示。常用真空泵的汉语拼音代号及名称如表3-1-3所示。

表3-1-3 常用真空泵的汉语拼音代号及名称

代号	名称	代号	名称
W	往复真空泵	Z	油扩散喷射泵(油增压泵)
D	定片真空泵	S	升华泵
X	旋片真空泵	LF	复合式离子泵
H	滑阀真空泵	GL	锆铝吸气剂泵
ZJ	罗茨真空泵(机械增压泵)	DZ	制冷机低温泵
YZ	余摆线真空泵	DG	灌注式低温泵
L	溅射离子泵	IF	分子筛吸附泵
XD	单级多旋片式真空泵	SZ	水环式真空泵
F	分子泵	PS	水喷射泵
K	油扩散真空泵	P	水蒸气喷射泵

真空泵型号示例如下:

(1)W-35B,往复式真空泵,抽速35 L/s,第二次改型设计。

(2)2X-15A,双级旋片式真空泵,抽速为15 L/s。

(3)K-800,油扩散泵,进气口径800 mm。

(4)Z-400,油增压泵,进气口径400 mm。

2)真空泵的用途

泵站常用的真空泵主要有SZ型水环式真空泵等,主要用于离心泵在启动前抽真空充水、虹吸式出水流道抽真空等。

1.1.5 阀门设备

泵站常用阀门可分为两大类:一种是需要外力(人力、电机、液压等)驱动的阀门,有闸阀、截止阀、旋塞等;另一种是不需外力驱动的自动阀门,有止回阀、底阀、安全阀、减压阀等。前者是截断或放开液流用的,后者控制液流只能沿规定的方向流动。

1.1.5.1 阀门型号的编制方法

阀门型号由阀门类型、驱动方式、连接形式、结构形式、密封面材料或衬里材料类型、公称压力代号或工作温度下的工作压力、阀体材料七部分组成。

编制的顺序为：阀门类型代号、驱动方式代号、连接形式代号、结构形式代号、密封面材料代号或衬里材料类型、公称压力代号或工作温度下的工作压力代号、阀体材料代号，如图 3-1-12 所示。

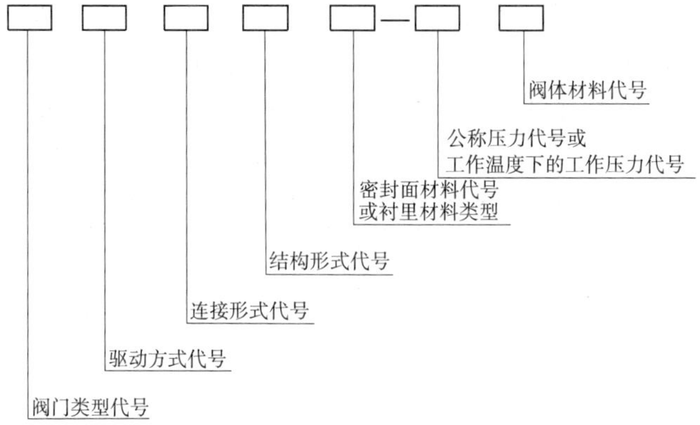

图 3-1-12 阀门型号的编制顺序

1.1.5.2 阀门的类型代号

阀门类型代号用汉语拼音字母表示，见表 3-1-4。

表 3-1-4 阀门类型代号

阀门类型	代号	阀门类型	代号
弹簧载荷安全阀	A	排污阀	P
蝶阀	D	球阀	Q
隔膜阀	G	蒸汽疏水阀	S
杠杆式安全阀	GA	柱塞阀	U
止回阀和底阀	H	旋塞阀	X
截止阀	J	减压阀	Y
节流阀	L	闸阀	Z

当阀门还具有其他功能作用或带有其他特异结构时，按表 3-1-5 的规定在阀门类型代号前再加注一个汉语拼音字母。

1.1.5.3 阀门的驱动方式代号

阀门的驱动方式代号用阿拉伯数字表示，并按表 3-1-6 的规定表示。

安全阀、减压阀、疏水阀、手轮直接连接阀杆操作结构形式的阀门，代号可省略，不表示。

对于气动或液动机构操作的阀门：常开式用 6K、7K 表示；常闭式用 6B、7B 表示；防爆电动装置的阀门用9B表示。

表3-1-5　具有其他功能作用或带有其他特异结构的阀门表示代号

第二功能作用名称	代号	第二功能作用名称	代号
保温型	B	排渣型	p
低温型	D°	快速型	Q
防火型	F	(阀杆密封)波纹管型	W
缓闭型	H	—	—

注:°低温型指允许使用温度低于-46°的阀门。

表3-1-6　阀门驱动方式代号

驱动方式	代号	驱动方式	代号
电磁动	0	伞齿轮	5
电磁-液动	1	气动	6
电-液动	2	液动	7
蜗轮	3	气-液动	8
正齿轮	4	电动	9

注:代号1、代号2及代号8是用在阀门启闭时,需有两种动力源同时对阀门进行操作。

1.1.5.4　阀门的连接形式代号

连接形式代号用阿拉伯数字表示,见表3-1-7。各种连接形式的具体结构、采用标准或方式(如法兰面形式及密封方式、焊接形式、螺纹形式及标准等),不在连接代号后加符号表示,应在产品的图样、说明书或订货合同等文件中予以详细说明。

表3-1-7　阀门连接端连接形式代号

连接形式	代号	连接形式	代号
内螺纹	1	对夹	7
外螺纹	2	卡箍	8
法兰式	4	卡套	9
焊接式	6	—	—

1.1.5.5　型号和名称编制方法示例

(1)电动、法兰连接、明杆楔式双闸板,阀座密封面材料由阀体直接加工,公称压力PN0.1 MPa、阀体材料为灰铸铁的闸阀:Z942W-1电动楔式双闸板闸阀。

(2)手动、外螺纹连接、浮动直通式阀座密封面材料为氟塑料、公称压力PN4.0 MPa、阀体材料为1Cr18Ni9Ti的球阀:Q21F-40P外螺纹球阀。

(3)气动常开式、法兰连接、屋脊式结构并衬胶、公称压力PN0.6 MPa、阀体材料为灰铸铁的隔膜阀:G6K41J-6气动常开式衬胶隔膜阀。

(4)液动、法兰连接、垂直板式、阀座密封材料为铸铜、阀瓣密封面材料为橡胶、公称压力 PN0.25 MPa、阀体材料为灰铸铁的蝶阀:D741X－2.5 液动蝶阀。

(5)电动驱动对接焊连接、直通式、阀座密封面材料为堆焊硬质合金、工作温度 540 ℃时工作压力 17.0 MPa、阀体材料铬钼钒钢的截止阀:J961Y － P54170V 电动焊接截止阀。

需要了解更多内容请查看中华人民共和国机械行业标准《阀门　型号编制方法》(JB/T 308—2004)。

1.1.5.6　阀门的用途

阀门用来进行流量控制、截流、防止倒灌、防止水锤等。泵站用的阀门包括闸阀、蝶阀、截止阀、旋塞、止回阀、底阀、安全阀、减压阀等。各种不同类型的阀门都有其不同的用途。

1.1.6　主机组的检查

1.1.6.1　主水泵的清理与检查

1)主水泵的主要部件

(1)轴流泵主要部件。

轴流泵外形似圆筒,其主要部件以 36ZLB－70 型半调节立式轴流泵和 2.8CJ－70 型全调节立式轴流泵为例说明如下:

①36ZLB－70 型立式轴流泵的主要部件:进水喇叭管、叶轮、叶轮外壳、导叶体、出水弯管、泵轴、轴承座、密封装置等。固定部件有:进水喇叭、叶轮外壳、导叶体、出水弯管、轴承座、密封装置等。

②2.8CJ－70 型全调节立式轴流泵的主要部件:进水喇叭(底座)、叶轮、叶轮外壳、导叶体、泵轴、轴承、密封装置、叶片调节机构等。固定部件有:进水喇叭(底座)、叶轮外壳、导叶体、密封装置、叶片调节机构等。

大型立式轴流泵为了检查维修水导轴承,在水泵弯管(或混凝土弯管)处均设有 600 mm 直径的进人孔,封有盖板。

(2)离心泵主要部件。

悬架式悬臂离心泵(IS 型)的主要部件有:泵体、叶轮螺母、止动垫圈、密封环、叶轮、泵盖、轴套、水封环、填料、填料压盖、悬架、泵轴、支架。其外部的固定部件有:泵体、泵盖、填料压盖、悬架、支架。

2)主水泵的外观检查

(1)轴(混)流泵固定部件的外观检查包括如下内容:

①检查主水泵固定部件外表面的防护层是否脱落、外表有无锈蚀;

②检查叶轮外壳与导叶体之间的垫块是否松动(大型水泵);

③检查主水泵固定部件之间的紧固件是否松动异常;

④检查主水泵固定部件之间的连接缝密封是否漏水;

⑤检查主水泵的进人孔盖板密封漏水情况;

⑥检查主水泵的填料函处填料压紧程度是否正常。

(2)离心泵固定部件的外观检查包括如下内容:

①检查主水泵固定部件外表面的防护层是否脱落、外表有无锈蚀;

②检查主水泵固定部件之间的紧固件是否松动异常;

③检查主水泵固定部件的连接缝密封是否漏水;

④检查主水泵的填料函处填料压紧程度是否正常。

3)水泵外观表面和流道(管道)的检查和清理

(1)检查并清理主水泵固定部件的外观表面和流道(管道)内部的污物、杂物。

(2)检查流道(管道)的内部表面,清理表面附着物,使其表面平滑。

(3)检查流道(管道)进人孔盖板处密封有无渗漏。如有渗漏,拆开进人孔盖板,处理密封后,重新安装进人孔盖板。

(4)检查和调整主水泵的填料函处填料压紧程度,使其正常。

1.1.6.2　主电动机的清理与检查

1)主电动机的主要部件

主电动机分同步电动机和异步电动机。同步电动机和异步电动机又分立式、斜式和卧式。电动机的主要部件按立式、卧式和斜式为例说明如下:

(1)大型立式电动机主要部件有:下机架、上机架、定子、转子、上下油盆(油盆内装有推力轴承、推力头、上下导轴承等)、集电环、碳刷及碳刷架等。

(2)大型卧式电动机主要部件有:前轴承支座、后轴承支座、定子、转子、集电环、碳刷及碳刷架等。

(3)大型斜式电动机主要部件有:前轴承支座端盖、后轴承支座端盖、定子、转子、集电环、碳刷及碳刷架等。

2)立式主电动机固定部件的外观检查

(1)检查主电动机下机架、上机架、定子、上下油盆表面的防护是否脱落、外表有无锈蚀。

(2)检查上下油盆(含油位指示器)是否漏油,上下油盆的油位是否正常。

(3)检查主电动机固定部件之间的紧固件是否松动异常。

(4)检查主电动机的转子部件与定子部件之间的气隙是否正常(大型电动机)。

(5)检查电动机线槽内有无异物。

(6)检查主电动机的油箱(盆)油位、油色和技术供水是否正常。

(7)有制动器的主电动机,检查制动器是否已复位。

(8)检查主电动机的集电环、碳刷架集电环、碳刷及碳刷架是否齐全,有无污物、卡阻及锈蚀。

3)卧式和斜式主电动机固定部件的外观检查

(1)检查主电动机前轴承支座、后轴承支座、定子表面的防护层是否脱落、外表有无锈蚀。

(2)检查电动机前轴承支座、后轴承支座油箱是否漏油,油箱油位是否正常。

(3)检查主电动机固定部件之间的紧固件是否松动异常。

(4)检查主电动机的转子部件与定子部件之间的气隙是否正常(大型电动机)。

(5)检查主电动机的集电环、碳刷架集电环、碳刷及碳刷架是否齐全,有无污物、卡阻及锈蚀。

1.1.7　辅助设备的检查

泵站辅助设备主要包括油、气、水、抽真空系统的设备及管道、闸阀、表计等。

1.1.7.1　辅助设备管道的检查与清理

(1)检查油、气、水、抽真空系统管道表面的防护层(油漆)是否脱落,清理外表面污物和锈蚀。

(2)检查油、气、水、抽真空系统管道接头处是否连接牢固、可靠。

(3)检查油、气、水、抽真空系统管道上安装的闸阀、过滤器和表计等,是否齐全,有无缺损。

1.1.7.2　供、排水泵及轴承润滑油的清理与检查

(1)检查供、排水泵基脚螺栓是否松动。

(2)检查供、排水泵轴承盖是否松动、漏油。

(3)检查轴承润滑油是否变质、颜色是否变黑,清理变质、颜色变黑的轴承润滑油,更换新油。

(4)检查零部件是否齐全完整,装配、漆饰是否良好,铭牌标注是否清楚,有无锈蚀、油垢。

(5)检查联轴器与驱动轴是否同轴,弹性圈及螺栓装配是否合适。

1.1.7.3　空气压机、油泵、真空泵的清理与检查

(1)检查空气压机、油泵、真空泵基脚螺栓是否松动。

(2)检查空气压机、油泵、真空泵的外观有无明显的碰撞损伤。

(3)检查空气压机、油泵、真空泵是否有明显的漏水、漏油、漏气现象。

(4)检查和清理空气压机、油泵、真空泵的外表有无污物。

1.1.7.4　装配连接部位检查

(1)检查各部分机件是否良好,连接部分有无松动。如有不正常情况,应立即修理。

(2)检查传动部分设的防护罩是否齐全完好,防止发生人身意外伤害事故。

(3)检查储气罐所有焊缝、封头过渡区及受压元件,不得有裂缝、变形、锈蚀、泄漏等缺陷,并须有耐压试验合格证明。

(4)安全阀、控制阀、操纵装置、防护罩、联轴器等必须齐全完整。

(5)各部管路及所有密封面的接合处,不应有漏水、漏油、漏气、漏电现象。

1.1.7.5　辅机设备电动机的检查

辅机电动机包含供、排水泵的电动机、空气压机的电动机、油泵的电动机、真空泵电动机。这些电动机一般是小型卧式异步电动机,功率在 35 kW 以下。

(1)检查电动机的绝缘是否良好,用兆欧表测量定子绕组对地、相间绝缘电阻是否符合标准(绕线式电动机需要测量转子绕组的绝缘电阻),具体标准值 1 MΩ/1 000 V。

(2)检查电动机的基脚螺丝是否松动。

(3)检查电动机的外观有无明显的碰撞损伤,手盘转子是否灵活。

(4)检查电动机的转动是否灵活,转向标记是否清晰。

(5)检查转子轴有无明显弯曲,散热风扇、护罩是否完好。

(6)检查和清理电动机外表的污物。

1.1.8　泵站水工建筑物的检查

1.1.8.1　泵房检查

(1)应注意观测旋转机械或水力引起的泵房结构振动。

(2)应定期检查和清除进、出水流道内的杂物。

(3)每年应对泵房的墙体、门窗、屋顶及止水、内外装饰等进行一次全面检查。

1.1.8.2　泵站进、出水池的检查

(1)检查进、出水池底板,挡土墙和护坡是否稳定,有无危及安全的变化。

(2)当泵站进、出水池内泥沙淤积影响水流流态、增大水流阻力时,应进行清淤。

(3)严寒地区的泵站在冬季检查进、出水池结冰情况,当结冰影响水流时,应及时破冰和清除。

(4)检查进、出水池周边的安全防护设施是否齐全、完好。

1.1.9　设备检查的记录

根据水利部发布的《泵站技术管理规程》(SL 255—2010)的规定要求,机组运行前设备的各项检查必须做好相应的记录,并形成制度,完整存档。记录的格式通常采用表格的形式,表格的内容应根据不同的泵站设置。

1.2　设备操作

1.2.1　辅机设备开机前的操作

1.2.1.1　主机组开机前辅机设备的操作及要求

泵站用供、排水泵一般用离心泵,其操作程序如下。

1)供、排水泵启动前的检查

(1)检查开机流程是否正确,填料松紧适当,真空表和压力表的旋钮要关闭,指针在零位。

(2)检查泵的入口是否有过滤网,不许有妨碍运行的杂物存在。

(3)检查联轴器保护罩、地脚等部分螺丝是否紧固,有无松动现象。

(4)检查轴承油盒是否有充足的润滑油,油位应保持在规定范围内。

(5)检查按泵的用途及工作性质选配的压力表是否正常。

(6)检查泵的空转灵活性,盘车手感是否轻松,泵内是否有摩擦。

(7)检查电压是否在规定范围内,电机接线及接地是否正常。

(8)检查泵周围的环境是否清洁干净,是否有杂物及油污,若有必须清洗干净。

2)供、排水泵的启动操作

(1)打开泵的进口阀门,关闭泵的出口阀门。

(2)水泵进水管装有底阀时,先打开放水阀向水泵内灌水,并打开放气阀,直到放气阀完全冒水后,关闭放水阀及放气阀。

(3)按启动按钮启动电机。

(4)确认泵运转正常且无杂音。

(5)检查轴封漏水情况,填料密封的滴水以 10 ~ 30 滴/min 为宜,没有发热现象。

(6)泵出口压力应在规定范围内。

(7)当泵的转数在 1 500 r/min 及以下时,泵的振幅不应超过 0.1 mm;当泵的转数在 1 500 r/min 以上时,泵的振幅应保持不超过 0.06 mm。

(8)泵的轴串量不超过 2 ~4 mm(多段泵)。

(9)待泵运转正常后,打开泵的出口阀门。

3)供、排水泵的运行

(1)压力指示稳定,压力波动应在规定范围内。

(2)泵壳内和轴承瓦应无异常声音,达到润滑良好效果,油位在规定范围内。

(3)电动机电流应在铭牌规定范围内。

(4)泵及电动机的声音、振动、轴承温度应正常,轴封(盘根)处滴水应正常。

(5)按时记录好压力、温度等有关运行参数。

4)供、排水泵的停机操作

(1)慢慢关闭水泵出水阀门,注意水泵空负荷动转时间不能超过 8 min。

(2)按动停泵按钮,使水泵电机停止转动。

(3)待泵停止运转后,关闭泵的入口阀门。

(4)将停泵时间记入运行记录。

1.2.1.2 空气压缩机的安全操作

操作人员必须熟悉空气压缩机的结构、性能、工作原理,并熟练掌握该机的操作规程。

(1)开机之前必须做以下检查:

①电器开关、接地线是否完好、可靠;

②安全阀、压力表是否齐全、灵敏可靠;

③各转动部位的润滑油是否充足;

④冷却水进出水管路阀门是否开启,水量是否适宜;

⑤盘车 2 ~3 转,检查转动部件是否正常;

⑥地脚螺栓、防护罩是否牢固;

⑦储气罐内的油水是否放净,连接管路的阀门开或关是否正确。

(2)空气压缩机运转过程中,操作人员应经常检查机器的运转状况。例如,应经常观察压力、温度等是否正常,如发现异常应立即切断电源,打开放空阀待压力降为零时,方可进行检查,严禁带压维修。

(3)空气压缩机应定期进行维护保养,每年至少应进行一次全面检修。压力表每半年校验一次,安全阀每年至少校验一次。

(4)工作完毕应先切断电源,再慢慢打开放空阀使罐内压力降至零,再停冷却供水。

(5)长期停用或冬季停车后应将存在机内及管道中的水放净。

(6)在空压机操作前,应该注意以下几个问题:

①保持油池中润滑油在标尺范围内,空压机操作前应检查注油器内的油量不应低于刻度线值。

②检查各运动部位是否灵活,各连接部位是否紧固,润滑系统是否正常,电动机及电器控制设备是否安全可靠。

③空压机操作前应检查防护装置及安全附件是否完好齐全。

④检查排气管路是否畅通。

⑤接通水源,打开各进水阀,使冷却水畅通。

1.2.1.3　真空泵的操作

1)开车前准备

(1)泵周围是否清洁,不许有妨碍运行的杂物存在。

(2)检查流程是否正确。

(3)检查各连接件及地脚螺栓是否完整紧固。

(4)检查管路系统的密封性,必要时重新连接。

(5)检查各连接部位是否严密,有无泄露,阀门、压力表是否灵敏好用。

(6)检查接地线是否齐全紧固。

(7)泵排液口及机组排液口必须关闭。

(8)运行前检查电动机的旋转方向。

2)开机操作

(1)与相关岗位取得联系后,启动前先关闭备用泵所有阀门。

(2)打开泵工作液阀门,补充工作液至分离器液位计中线位置;预充工作液,或打开旁通阀,保证工作液流入真空泵。

(3)开启换热器的冷却水源。

(4)检查泵的旋转方向。

(5)启动真空泵,同时开启工作液阀门。空载运行,工作液维持在设定的工作范围内。

(6)启动正常后,接通系统进口阀门,开始工作。

3)停机操作

(1)与相关岗位取得联系后,关闭系统进口阀门,同时关闭工作液阀门。

(2)停止真空泵运转。

(3)关闭所有阀门,切断电源。

(4)长期停止工作或霜冻季节,停机并开启工作液排放阀门,将系统内的工作液全部排放,同时拧开换热器管路底部的丝堵(管程、壳程各一)。

4)操作中的维护保养及注意事项

(1)泵腔充满水时,不要启动泵,否则会造成叶片与泵轴的断裂。

(2)工作过程中,如果工作液温度持续升高,就会影响真空泵的正常工作性能,这时应检查换热器冷却水量、水温和水压是否满足要求。同时检查换热器或过滤器是否受到污染，必要时清洗换热器。

（3）分离器内液位应在最高标线之下，若显示高于最高值，表明溢流系统有问题；若低于最低值，表明补液系统有问题或没有工作液补入。

（4）保持真空泵和电动机的运转平稳性，电动机电流不得超过额定电流。

（5）分离器排汽口无明显水汽或水滴。

（6）工作中发现异常声音，应立即停车并检查处理。

（7）经常保持设备及其周围的卫生。

（8）按时记录好有关资料数据。

1.2.2 主机组的操作

泵站主机组运行操作方式一般分手动操作（单独、连动操作）和自动操作。

1.2.2.1 手动操作

1）单独操作

单独操作是指在运行操作时，主机与辅助设备的操作无关，由操作人员单独分别进行操作时，同步检查和确认各设备的动作情况。这种方式一般用于规模较小、装机台数不多的泵站。但目前在自动化程度要求不高或自动化难以可靠保证的情况下，不少大、中型泵站也都采用手动单台、主辅机分别操作的方式，主机也在机房操作盘上操作。

2）连动操作

连动操作是指主机、阀、辅助设备等只进行一次操作，各设备可按程序连续动作的操作方式。各设备的动作之间应配备有必要的相互连锁的保护电路。

1.2.2.2 自动操作

自动操作是指在“开始启动”的操作之后，由自动操作回路使开关动作，由计量测试装置根据运行状态的变化发出指令，自动地进行开机或停机、操作阀门和控制开机台数等。

1）开停机控制

计测装置的数据值，超越预先设定的值时，可给机组发出开机或停机的指令，然后自动进行运行台数的切换，或将阀门全开或全闭。

2）自动反馈控制

以流量、压力、水位等参数作为控制对象，预先在某一范围内设定其目标值，当外界干扰超出该范围时，可自动调节。将控制结果取出并反馈，与目标值相比较，若有误差，可自动进行调节修正，使目标值与控制结果保持一定的关系。这种控制方法，称作自动反馈控制。

1.2.2.3 操作方式

泵站主机组运行操作方式，按操作场所一般分为机旁操作、集中控制操作和远程操作等。

1）机旁操作

机旁操作控制一般用于中小规模的水泵机组，以及能直接监视水泵机组、辅助设备、阀门、清污机等场合，且配电盘装在主机组附近。这种操作方式，大多数是各设备单独地进行操作，运行人员在操作主泵、阀、润滑油泵和冷却水泵时，可一边直接观察各设备的工作状态,一边按程序对各设备进行单独启动操作。目前,规模较大的泵站,尽管有中央控制室和机旁操作台两套设备,有的还是高压(6 000 V)电动机,仍然多采用机旁操作台的操作方式。

2)集中控制操作

集中控制操作是指在中央控制室内对水泵机组进行启动操作。操作盘和监视仪表盘集中设置在离主机组有一定距离的中央控制室内。这种操作方式中,水泵的运行状态在监视仪表盘上通过仪表显示,操作人员可一边监视仪表,一边进行水泵机组的连动操作或半连动操作。

另外,为便于集中控制操作方式的操作调试,一般在各主机组旁设置机旁操作控制盘,对各机组进行单独操作。这种机旁操作控制盘中除设置选择开关外,还应装设紧急状态下的操作开关,以便在发生异常事故时,可以紧急停机。

3)远程操作

远程操作是一种在远离泵站的中央管理单位采用有线或无线通道进行机组操作运行的方式。这种方式适合于多泵站的集中管理。在中央管理单位内,有表示各台机组的运行状态及数据处理的设施,但由于这些设施价格昂贵,因此必须根据泵站的规模、目的、运行管理、技术条件等的需要来确定。

注意:在水泵机组操作和运行过程中,为了在设备发生异常情况时,能监测其运行状态,并相应报警、显示运行、直至停机,设有保护装置,因此在操作过程中,必须注意保护装置的动作情况。

1.2.3 机组设备运行操作的记录方法和格式

泵站的值班记录(运行记录)是供排水统计分析的最为关键的原始资料。

1.2.3.1 **泵站的值班记录**

1)值班记录

泵站运行管理的值班记录是泵站统计中最原始的记录,主要内容为当班时的有关设备运行情况,到岗、离岗情况,值班日期,值班人员情况,开泵、停泵等情况,以及相应水位,供电、用电情况等的详细记录。

泵站值班记录表就是泵站每天的值班记录。根据泵站的不同性质,泵站值班记录表的内容也有所不同,但记录要求基本相同。

值班表每月汇总或者按主管部门规定要求,及时送交上级统计部门。

2)值班表的正确填写

值班表中必须把每天的工作日期、值班人姓名、到站及离站时间填写清楚;必须认真填写泵机运行时闸门开启情况、泵机的编号、开停时间及水位、电压和电流值、三相电度表的读数;做好例行检查、例行保养工作后也应在“设备保养情况”栏内写明保养设备的名称及保养内容。

泵站的值班记录表应根据运行的性质来填写,如降雨时机组需要运行应在值班表“天气”栏内填写“降雨”;当机组长时期停转时,要做好每次的试运行记录。泵站值班记录表基本格式可参见表3-1-8,具体应根据主管部门和泵站实际情况设计表格内容。

表 3-1-8　泵站值班记录表

______泵站　　　　　　　　　　　　　　　　　　期限：　　年　月　日至　　年　月　日

日期		值班人姓名	班次	时间		机组号	开机			停机			运行时间		运行性质			电压(V)	电流(A)		电表读数	降雨情况			设备运转情况	设备保养情况
月	日			到站	离站		时	分	水位(m)	时	分	水位(m)	时	分	灌溉	排涝	试机		开车	停车		开始降雨时间	停止降雨时间	雨量(mm)		

对一些截流设施的管理,如孔口闸门及堰口闸门,应根据要求把所启闭闸门的序号、时间及开启度填写清楚;各种调度指令应填写在备注栏内,并要有相应的指令执行情况记录。

1.2.3.2　报表

报表由班组负责并完成,主要有旬报表和月报表。如防汛泵站的排水(防汛)旬报表、排水指标报表等。旬报表和月报表是需要长期保存的生产技术资料,所有数据必须正确,字迹清楚工整。

1)旬报表的填写

所谓旬报表是指泵站每隔10 d要完成的一份开泵时间、流量、耗电等内容的统计报表。

排水泵站统计月与当地供电部门抄表时间相符。旬报表也应有相应固定的统计日期,并规定每月的某日把三旬的报表汇总上报,以便统计员把全站的旬报表汇总成月统计报表。

2)数据的填写与统计内容

(1)所属泵站的名称。

(2)年、月、旬、日。

(3)每台电动机的额定功率、水泵的铭牌流量。

(4)功率表的读数。

(5)水泵机组运转时间的计算是按编号及不同的开机性质填写的,空格表示这一天没有此种性质开机记录,所以填写时应注意按日期的顺序,把值班表运转记录按其不同开机性质进行填写,统计日为当天0:00至24:00或当天8:00至次日8:00。

3)旬报表的计算

(1)不同性质的开机分类、汇总。

(2)进行流量计算,或按流量计计数统计。统计流量计算方法如下:

$$\text{统计流量}=\text{运转时间}\times\text{水泵的铭牌流量}$$

(3)用电数的计算。用电数是指泵机实际上消耗电能的值。计算方法如下:

$$\text{用电数}=(\text{本期读数}-\text{上期读数})\times\text{倍率}$$

(4)每方(或每千方)水单耗的计算。

$$\text{单耗}=\frac{\text{用电数}}{\text{供排水量}}\quad(\mathrm{kWh/m^3}\ \text{或}\ \mathrm{kWh/(10^3m^3)})$$

1.3　工况巡视

1.3.1　主机组的技术参数

1.3.1.1　水泵的技术参数

运行巡视中,应注意反映水泵的性能参数的相关表计是否在规定的范围内(参见基础知识第6.3节水泵的性能参数和性能曲线)。

1.3.1.2　电动机的技术参数

三相异步电动机的额定值标记在每台电动机的铭牌上，一般包括下列几种。

1）型号

为了适应不同用途和不同工作环境的需要，电动机制成了不同的系列，每种系列用各种型号表示。

例如：Y132M－4

Y——三相异步电动机。三相异步电动机的产品名称代号还有：YR 为绕线式异步电动机；YB 为防爆型异步电动机；YQ 为高启动转距异步电动机。

132——机座中心高，mm。

M——机座长度代号。

4——磁极数。

2）接法

这是指电机定子三相绕组的接法。一般鼠笼式电动机的接线盒中有六根引出线，标有 U1、V1、W1、U2、V2、W2。其中，U1、U2 是第一相绕组的两端；V1、V2 是第二相绕组的两端；W1、W2 是第三相绕组的两端。

如果 U1、V1、W1 分别为三相绕组的始端（头），则 U2、V2、W2 是相应的末端（尾）。这六个引出线端在接电源之前，相互间必须正确连接。连接方法有星形（Y）连接和三角形（△）连接两种。通常三相异步电动机，3 kW 以下的连接成星形，4 kW 以上的连接成三角形。

3）额定功率 P_N

额定功率 P_N 是指电动机在制造厂所规定的额定情况下运行时，其输出端的机械功率，单位一般为千瓦（kW）。

对三相异步电动机，其额定功率为

$$P_N = U_N I_N \eta_N \cos\varphi_N$$

式中：η_N 和 $\cos\varphi_N$ 分别为额定情况下的效率和功率因数。

4）额定电压 U_N

额定电压 U_N 是指电动机额定运行时，外加于定子绕组上的线电压，单位为伏（V）。

一般规定电动机的工作电压不应高于或低于额定值的 5%。当工作电压高于额定值时，磁通将增大，将使励磁电流大大增加，电流大于额定电流，使绕组发热。同时，由于磁通的增大，铁损耗（与磁通平方成正比）也增大，使定子铁芯过热；当工作电压低于额定值时，引起输出转矩减小，转速下降，电流增加，也使绕组过热，这对电动机的运行也是不利的。

国产的 Y 系列中、小型异步电动机，其额定功率在 3 kW 以上的，额定电压为 380 V，绕组为三角形连接。额定功率在 3 kW 及以下的，额定电压为 380/220 V，绕组为 Y/△连接（即电源线电压为 380 V 时，电动机绕组为星形连接；电源线电压为 220 V 时，电动机绕组为三角形连接）。

5）额定电流 I_N

额定电流 I_N 是指电动机在额定电压和额定输出功率时，定子绕组的线电流，单位为安(A)。

当电动机空载时,转子转速接近于旋转磁场的同步转速,两者之间相对转速很小,所以转子电流近似为零,这时定子电流几乎全为建立旋转磁场的励磁电流。当输出功率增大时,转子电流和定子电流都随着相应增大。

6)额定频率 f_N

我国电力网的频率为 50 赫兹(Hz),因此除外销产品外,国内用的异步电动机的额定频率为 50 赫兹。

7)额定转速 n_N

额定转速 n_N 是指电动机在额定电压、额定频率下,输出端有额定功率输出时转子的转速,单位为 r/min。由于生产机械对转速的要求不同,需要生产不同磁极数的异步电动机,因此有不同的转速等级。最常用的是四个极的异步电动机(n_0 = 1 500 r/min)。

8)额定效率 η_N

额定效率 η_N 是指电动机在额定情况下运行时的效率,是额定输出功率与额定输入功率的比值,即

$$\eta_N = P_{N输出}/P_{N输入} \times 100\%$$

异步电动机的额定效率 η_N 为 75% ~92%。在额定功率的 75% 左右时效率最高。

9)额定功率因数 $\cos\varphi_N$

因为电动机是电感性负载,定子相电流比相电压滞后一个角,$\cos\varphi_N$ 就是异步电动机的功率因数。

三相异步电动机的功率因数较低,在额定负载时为 0.7 ~0.9,而在轻载和空载时更低,空载时只有 0.2 ~0.3。因此,必须正确选择电动机的容量,防止“大马拉小车”,并力求缩短空载的时间。

10)绝缘等级

绝缘等级是按电动机绕组所用的绝缘材料在使用时容许的极限温度来分级的。所谓极限温度,是指电动机绝缘结构中最热点的最高容许温度,其技术数据见表 3-1-9。

表 3-1-9　绝缘等级与相应的极限温度

绝缘等级	极限温度(℃)	绝缘等级	极限温度(℃)
A	105	F	155
E	120	H	180
B	130		

11)工作方式

反映异步电动机的运行情况,可分为三种基本方式:连续运行、短时运行和断续运行。

1.3.2　辅助设备的技术参数

1.3.2.1　空气压缩机

空气具有压缩性,由于压缩空气使用方便,易于储存和输送,利用它作为介质传递能

量已在泵站中得到广泛的应用。空气压缩机，是气源装置中的主体，它是将原动机（通常是电动机）的机械能转换成气体压力能的装置，是压缩空气的气压发生装置。

泵站压缩空气系统又可分为高压和低压两类。高压气系统主要用来为油压装置的压力油罐补气，以保证水泵叶片调节机构所需要的工作压力。此外，还用于闸门的冲淤。利用高压空气清理检修闸门门槽，使检修闸口放下时不至于被石子等杂物搁置而影响闸门的密封止水性能。高压空气系统的压力一般为 2.5 ~ 4.0 MPa，应与油压装置的额定油压大小相同。

低压空气系统的压力一般为 0.6 ~ 1.0 MPa，它的供气对象如下：

（1）当水泵机组停机时，供气系统供气给制动闸（器），进行机组制动。

（2）当虹吸式出水流道停机断流时，供气给真空破坏阀，顶起气缸的活塞，使阀盘打开。

（3）向转轮止水空气围带供气。空气围带的安装位置略低于水泵轴承密封装置，两者的目的是相同的，但平板密封装置用于开机时起止水作用，而空气围带用于停机时起止水作用。

（4）供给泵站内风动工具及吹扫设备用气。

（5）变电站配电装置（空气断路器、气动隔离开关等）用气。

高、低压供气系统常组成一个供气系统，使运行更为可靠和灵活。压缩空气系统是由空气压缩机、储气灌、空气管路及其附件、仪表等组成。

空气压缩机有高压空气压缩机和低压空气压缩机。在大型泵站中，常将高压空气压缩机和低压空气压缩机组成一个如图 3-1-13 所示的系统。高压空气压缩机直接供气给油压装置的压力油箱；低压空气压缩机将气送至储气罐，再供给机组制动及真空破坏阀用气等。同时高压空气压缩机也有管路进入储气罐，当储气罐压力不足时，也可以向储气罐补气。

空气压缩机按工作原理分为速度型和容积型两大类。

速度型空气压缩机在高速旋转叶轮作用下，气体获得巨大动能，然后在扩压容器中急剧降速，使气体的动能转变为压力能。它有轴流式、离心式和混流式三种。

容积式空气压缩机靠在气缸内作往复或回转运动的活塞使容积缩小而提高气体压力。它有回转式和往复式之分。回转式有滑片式、螺杆式和转子式；往复式有膜式、活塞式两种。

泵站常用的活塞式空气压缩机由机座、气缸、活塞组件、曲轴、轴承、连杆、十字头、填料、气阀等主要部件组成。空气压缩机的所有零部件都安装在机座上，机座为铸铁件，机座上部开有侧孔，以便检查、维修使用；机座下部为底油箱，盛有润滑油。气缸一般为铸铁件，周壁镶有水套，以供冷却水循环之用。若为气冷则在气缸壁上装有多片散热片，以传递缸内热量，由空气带走并散发掉。活塞由合金铝或优质铸钢制成，上有活塞环槽，以装配活塞环，活塞环主要起密封作用。活塞内部有活塞销座，用销子连接活塞与连杆。连杆由钢质材料制成，一端与活塞连接，另一端装在曲轴的连杆轴颈上。气阀使吸气管或排气管与气缸有规律地连通。最常用的是自动作用阀，它依靠气体的压力顶开阀，依靠弹簧力和自重来关闭阀。

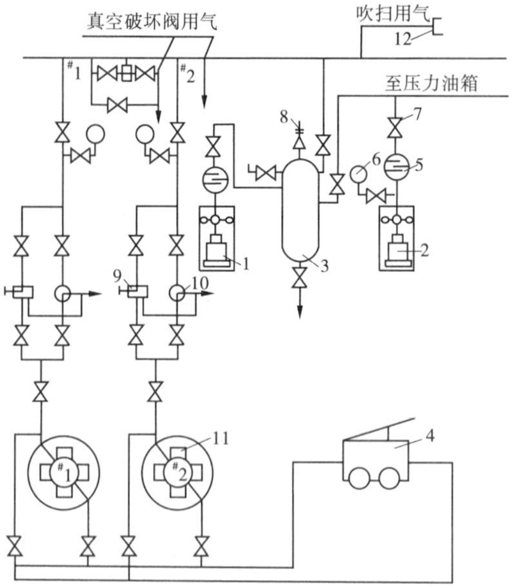

1—低压空气压缩机;2—高压空气压缩机;3—储气罐;4—顶转子油泵;5—水汽分离器;
6—压力表;7—闸阀;8—安全阀;9—电磁空气阀;10—三通阀;11—制动阀;12—活接头

图 3-1-13 压缩空气系统图

活塞式空气压缩机,是依靠在气缸内作往复运动的活塞来对气体进行压缩。有时为了获得高压力的压缩空气,可将几个气缸串联起来工作,连续对空气进行压缩,这种空气压缩机称为多级空气压缩机。

1.3.2.2 油泵

油泵是一种既轻便又紧凑的泵,如图 3-1-14 所示。油泵有直列式、分配式和单体式三大类,不管哪一类,油泵的关键在于一个“泵”字。泵油的数量、压力和时间都要非常精确,并且按照负荷自动调节。油泵是一个加工精度高、制造工艺复杂的设备。

图 3-1-14 油泵

油泵要有动力源才能运转。喷油泵的关键零件是柱塞,如果以医院常见的注射器做比喻,那么可移动的塞子就称为柱塞,针筒就称为柱塞套,假设在针筒里面安装一只弹簧顶着柱塞一端,柱塞另一端接触凸轮轴,当凸轮轴回转一周,柱塞就会在柱塞套内上下移动一次,这就是喷油泵柱塞的基本运动方式。

机油泵:由电动机、泵套、端面壳体、转子及转子弹性体组成;泵套及端面内衬均采用优质钢材制造,转子为耐磨非金属材料,使得泵的所有摩擦接触面均为高度耐磨的摩擦面,因此该泵非常耐磨损,牢固耐用,使用寿命长;泵的轴向和径向都设计加装有间隙自动补偿机构,具有间隙自动补偿功能,经久耐用,持久保持很高的真空度不变;设计结构独特,即使反方向旋转,也不会损坏零件;即使长期不用,再次启用也可灵活地照常启动。抽油流量由可以从很小,如每分钟 1 L 至每分钟 50 L;吸程为 2 ~9 m 甚至大于 9 m;扬程可达到 20 m。

1.3.2.3　真空泵

“真空”是指在给定的空间内,低于标准大气压的气体状态。利用机械、物理、化学或物理化学的方法对容器进行抽气,以获得真空的机器或器械,都叫作真空泵。

真空泵种类很多,一般可分为容积真空泵、射流真空泵和其他类型真空泵(如分子泵、回旋泵、冷凝泵等)三大类。其中以容积真空泵应用范围最广。

容积真空泵又可分为往复真空泵和旋转真空泵两种。旋转真空泵根据结构不同,又分为旋片真空泵、定片真空泵、滑阀真空泵和水环真空泵等。前三种真空泵均用真空泵油来保持定子与转子、定子与排气阀之间的密封,所以也称为油封式机械真空泵。下面简单介绍一下常用的旋片真空泵、水环真空泵和滑阀真空泵的结构及工作原理。

1)旋片真空泵

如图 3-1-15 所示,为 ZX 型旋片式真空泵的外形图。因其体积小、质量轻、噪声低等特点应用范围很广。

如图 3-1-16 所示,当带有两个旋片的偏心转子 6 按箭头方向旋转时,旋片在弹簧 8 的压力及自身离心力的作用下紧贴着泵体 9 内壁滑动,吸气工作室 A 不断扩大,被抽气体通过吸气口 3 经吸气管 4 进入吸气工作室中。当旋片转至水平位置时,吸气完毕,此时吸入的气体被隔离。转子继续旋转,被隔离的气体逐渐被压缩,压力升高。当压力超过排气阀片 2 上的压力时,则气体经排气管 5 顶开阀片 2,通过油液和水泵空腔从排气口 1 排出。泵在工作过程中,旋片将始终把水泵空腔分成 A(吸气)、B(排气)两个工作室,转子每旋转一周,有两次吸气、排气过程。

图 3-1-15　ZX 型旋片式真空泵

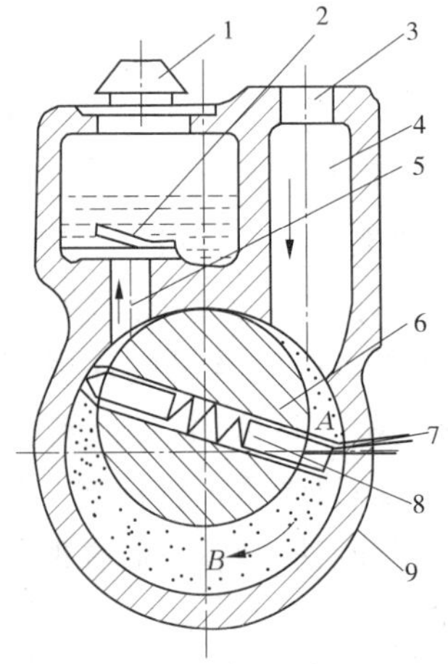

1—排气口;2—排气阀片;3—吸气口;4—吸气管;
5—排气管;6—转子;7—旋片;8—弹簧;9—泵体

图 3-1-16　旋片真空泵工作原理

旋片真空泵是用机械油润滑摩擦面,用真空泵油密封各部件间隙,充填定子、转子、旋片、端盖和排气管构成的“排气死隙”，以及在低压时顶开排气阀等。

旋片真空泵有单级和双级(同体同轴串联)之分。双级泵的高真空腔容积与低真空腔容积之比一般为 1∶4。图 3-1-17 为双级旋片真空泵主要结构。

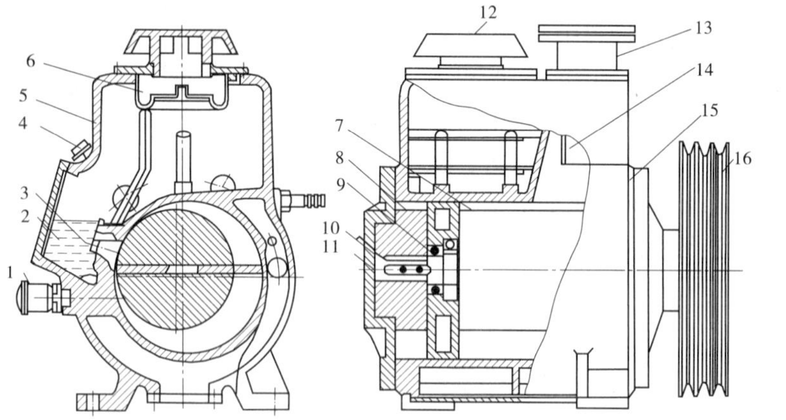

1—气镇阀；2—油；3—排气阀；4—六角塞；5—泵体；6—油汽分离器；7—大转子；8—小转子；9—轴封；10—轴；11—端盖；12—排气口；13—吸气口；14—过滤网；15—泵侧盖；16—横带轮

图 3-1-17　双级旋片真空泵主要结构

为了防止排气时泵口喷油，在排气口上方装有挡油器。

为排除容积内含有的少量可凝性气体，旋片真空泵一般都装有气镇阀，故将装有气镇阀的旋片真空泵称为气镇泵。其工作原理是：把经过控制的气流(通常为湿度不大的空气)引到泵的压缩腔内，以提高混合气体的压力，使其中的可凝性蒸汽在其压力尚未达到泵腔温度下的饱和值时，排气阀被顶开，蒸汽还未凝结成液体时就随空气一起排至泵外。

2)水环真空泵

图 3-1-18 为 SK/SZ 型水环式真空泵的外形图。SK 系列水环真空泵及压缩机用于抽吸或压送空气和其他无腐蚀性、不溶于水、不含固体颗粒的气体，以便在密闭容器中形成真空或压力，满足工艺流程要求。吸入或压送的气体中允许混有少量的液体。SK 系列水环真空泵广泛应用于机械、石油、化工、制药、陶瓷、制糖、印染、冶金及电子等行业。由于该类泵对气体的压缩是在等温状态下进行的，因此在压送或抽吸易燃、易爆气体时，不易发生危险，所以其应用更加广泛。

SZ 型水环式真空泵及压缩机是用来抽吸或压缩空气和其他无腐蚀性不溶于水的气体，以便在密闭的容器中形成真空和压力。SZ 型有 SZ－1、SZ－2、SZ－3 及 SZ－4 四种规格，泵所形成的最大真空度均在 86%～95%。SZ－1 及 SZ－2 所能形成的最大压力为 0.1～0.14 MPa；SZ－3 及 SZ－4 在所配电动机功率容许下的最大压力为 0.15 MPa，若增加电动机功率，最大压力可达 0.21 MPa。

图 3-1-19 为 SK 型水环式真空泵结构图。水环式真空泵由泵体、两个端盖、叶轮、轴等部件组成。进气管和排气管通过安装在端盖上的圆盘上的吸气孔与泵腔相连，轴偏心地安装在泵体中，叶轮用平键固定在轴上。当叶轮旋转时，水受离心力的作用，在泵壁上

形成一旋转水环，水环上部与轮毂相切，沿箭头方向旋转，在前半转的过程中，水环内表面逐渐与轮毂脱离，因此在叶轮片间形成空间并逐渐扩大，这样就从吸气孔吸入气体，在后半转的过程中，水环内表面逐渐与轮毂靠近，叶片间的空间体积逐渐减小，叶片间的气体被压缩而排出。如此，叶轮每旋转一周，叶片间的空间容积就改变一次，每个叶片间的水如活塞一样往复一次，泵就连续不断地抽吸气体。

图 3-1-18　SK/SZ 型水环式真空泵

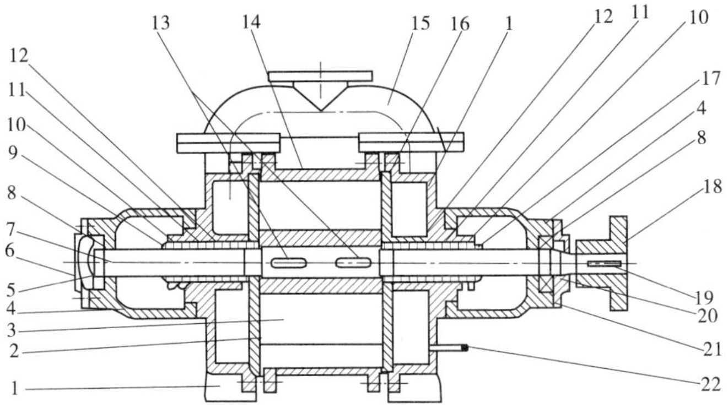

1—端盖；2—后吸排气圆盘；3—叶轮；4—轴承架；5—圆螺母；6—后轴承压盖；
7—轴；8—轴承；9—后轴套；10—填料压圈；11—填料；12—填料压圈；
13—平键；14—泵体；15—连通管；16—前吸排气圆盘；17—前轴套；
18—联轴器；19—平键；20—圆螺母；21—前轴承压盖；22—进水管

图 3-1-19　SK 型水环式真空泵结构图

由于在工作中水会发热，同时一部分水和气体一块排走，所以泵在工作中必须不断地供给冷水，以冷却和补充泵内消耗的水。因此，在泵排气一端安装有气水分离器，废气和所夹带的水排入气水分离器后得以分离，气体由排气管排出，留下的水经回水管供至泵内继续使用。随着工作时间的延长，工作水温度会不断地升高，这时需从气水分离器的供水处供给一定的冷水，以降低工作水的温度，保证泵的正常运行。

3）滑阀真空泵

如图 3-1-20 所示的滑阀真空泵，在泵体 6 中装有滑阀 5，它由阀环及阀杆两部分组成，滑阀上的阀环套在偏心轮 4 上，偏心轮固定在轴 3 上，轴与泵腔的几何中心相重合。滑阀上部的阀杆在圆柱形滑阀导轨 1 中能自由地上下滑动，并且随导轨左右摆动。阀环沿泵腔内表面滑动。轴按逆时针方向旋转时，A 室容积逐渐扩大，室中气体压力亦随之不断降低，被抽气体经过滑阀杆内的空腔及侧面长方形孔进入 A 室。当滑阀转向泵腔的上死点时，吸气终了，A 室达到最大吸气容积，此时，长方形孔被封闭。泵轴继续旋转，工作室的容积又开始逐渐缩小，气体被压缩，压力不断升高。最后当压力超过排气阀 2 的压力

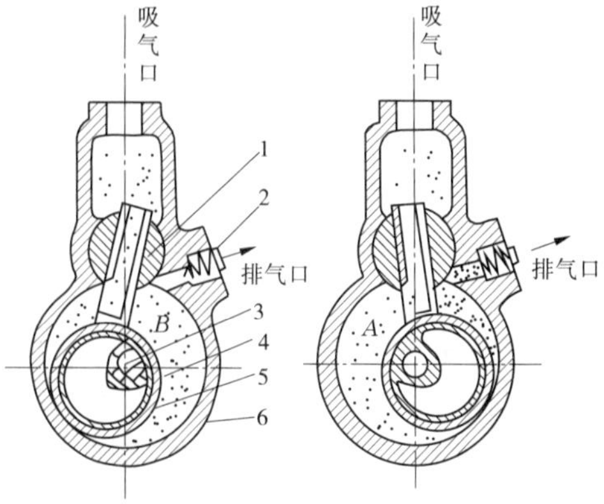

1—滑阀导轨;2—排气阀;3—轴;4—偏心轮;5—滑阀;6—泵体

图 3-1-20　滑阀真空泵工作原理

时,气体顶开排气阀而排出。滑阀将泵腔分隔成 A、B 两个工作室,当 A 室吸气时,B 室排气,泵轴每转一转相当于完成一个吸气、排气过程。滑阀真空泵的结构如图 3-1-21 所示。

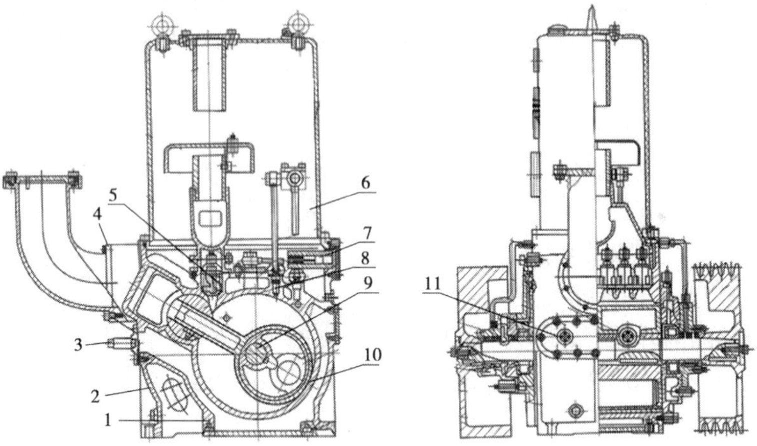

1—底盖;2—泵体;3—冷却水进水口;4—进气阀盖;5—排气阀;
6—油箱;7—滤油器;8—支油管组件;9—轴;10—滑阀;11—出水管

图 3-1-21　滑阀真空泵结构

1.3.3　主机组及辅助设备运行技术要求

1.3.3.1　主机组运行技术要求

新泵站建成后或老泵站改造完成后,应进行启动试运转,借以对泵站工程建设进行全面质量检查,同时对设备进行必要的调整试验,以便及时发现问题并进行处理。启动试运转完成后泵站才能正式投入运行。

前一次运行后长期停用和大修后的机组,投入正式运行前也应进行试运行,以检验设备的技术状态是否完好,确保泵站安全运行。

1)试运行

试运行前首先拟定启动试运行程序,运行人员应有明确分工,接受统一指挥。试运行过程必须注意安全,严格按试运行程序进行操作,并定时、全面系统地做好记录,以作为正常运行的依据。

试运行分启动前的检查与试验、空载启动、带负荷启动三个步骤,其具体程序应根据泵站规模、设计要求、自动化程度和机电设备的特点拟定。

(1)启动前的检查和试验。

机组启动前除应按照《泵站安装及验收规范》(SL/T 317—2004)规定的内容和要求对泵站主机组及其他机电设备进行检查和试验外,还应对引水渠、前池、进水池以及进、出水流道(管道)等进行检查,以保证运行过程中没有可能损坏或堵塞水泵的杂物进入泵内。

(2)空载启动。

空载启动的主要目的是检查机组各部分的运转情况;测量机组振动与摆度;监视轴承(轴瓦)运行情况并记录轴承(轴瓦)温度;记录定子电流、有功功率、功率因素(或无功功率)、转子电压与电流等参数;检查油槽油面上升情况及检查外油管摆度等。空载试验应在进、出水流道(管道)无水的情况下进行。由于离心泵、部分金属蜗壳式混流泵和水泵导轴承无外供润滑水的轴流泵不允许在泵内无水的状态下运行,故一般不进行空载启动试验。

机组空载启动操作步骤(以同步电动机为例)如下:

①关闭进出水流道(管道)进口闸门(闸阀),开启排水阀门,排干流道(管道)内的积水。落下(打开)顶转子制动闸板,并关闭制动闸放油阀。

②安装好测量机组振动和摆度、转速等的仪表。大型全调节立式轴(混)流泵站,拆除调节器,以便测量外油管摆度。

③合上机组隔离开关,将操作开关扭向合闸位置,使主开关合闸,随之机组转动、投励。待机组达同步转速运转正常后,加大励磁电流带无功负荷作调相运行。

2)正式运行

机组试运行合格后泵站即可投入正式运行。泵站正式运行的内容和启动、停机步骤与试运行基本相同,只是在开机操作中,进水流道(管道)进口闸门(闸阀)应全开。根据《泵站技术管理规程》(SL 255—2000)的要求,泵站机电设备在正式运行中还应符合以下规定:

(1)机电设备的操作应严格按规定的操作程序进行。

(2)机电设备启动和运行过程中应监听设备的声音及振动,并注意其他异常情况。

(3)测量运行设备运行参数的仪表至少应每 1 ~ 2 h 记录一次,并应定期对运行设备进行巡视检查。

(4)机组运行的台数和运行中的工况调节应严格按调度命令执行。

机组运行过程中可能发生这样或那样的故障,但是一种故障的发生和扩大往往是多种原因造成的。因此,在分析和判断一种故障时,不能孤立静止地、就事论事地看待,而应进行全面的分析,找出发生故障的原因,这样才能及时、准确地排出故障。

1.3.3.2　辅助设备运行技术要求

1)受电与供电

(1)接通直流操作与合闸电源。进行中央信号试验和主机组主开关合闸、分闸及保护掉闸试验。

(2)先合主变压器高压侧油开关,使主变压器受电,再合低压侧进线主开关,使母线受电。

(3)合上电压互感器隔离开关,检查母线电压,应三相平衡。

(4)依次合上站用电高压侧隔离开关、负荷开关或主开关,检查站用变压器,无异常后再合上站用盘进线隔离刀闸及空气开关,测量低压侧三相电压后,合上各辅助设备的电压开关。

2)供水系统操作

(1)开启供水泵进、出口阀门及拟开机组的冷却、滑润水系统各进、出水阀门,检查其他不启动机组的相应阀门,应在关闭位置。

(2)启动供水泵,观察供水压力与吸入真空是否正常,机组供水进口压力应在0.1~0.2 MPa。各供水管应供水畅通,示流信号器指示正常,且各供水管无漏水,填料密封压紧程度合适。

3)排水系统操作

开启排水泵吸水管引水阀门,关闭出口阀门,向吸水管充水,充满后启动排水泵,排出集水廊道内积水,然后将排水泵切换到自动排水位置。

4)低压气系统操作

(1)关闭刹车手动操作阀及排气阀,使低压气不能进入制动闸,然后开启刹车操作空气电磁阀前后阀门,并检查制动闸板是否确实落下(打开)。

(2)开启真空破坏阀操作柜空气电磁阀前后阀门,关闭手动供、放气阀。

(3)关闭各吹扫管阀门。

(4)开启低压气机通向储气筒管路上的供气阀,启动低压气机向储气筒充气,并观察低压气机与储气筒压力是否一致。当压力升至额定值时,开启储气筒主供气阀向主、副厂房送气。送气后,储气筒与各操作柜压力应基本一致。

(5)当气压升至0.7 MPa时关停低压气机,并将操作开关放在自动工作位置。高压气机可作低压气机备用。

1.3.4　主机组及辅助设备巡视检查内容及要求

1.3.4.1　油系统

1)压力油系统

在大型泵站中,压力油系统是用来供给水泵叶片调节机构和液压启闭机压力油的系统,主要由油压装置和管路组成。油压装置的压力油箱及供油的压力管道上通常装设压力表来监测压力,压力油箱还装设电节点压力表来自动控制油泵的运行。

压力油系统运行巡视检查内容及要求主要有:

(1)压力表读数,应在规定的工作压力范围内。

(2)油泵及电动机,应工作正常。

(3)压力油箱、压力管道及闸阀等,应无渗漏油现象。

(4)压力油系统的安全装置、继电器和各种表计等,应工作可靠。

2)润滑油系统

润滑油系统主要是为润滑电动机推力轴承、上下导轴承和水泵的导轴承服务的。润滑油系统的压力油箱及供油的压力管道上通常装设压力表来监测压力。

润滑油系统运行巡视内容及要求主要有:

(1)压力表读数,应在规定的工作压力范围内。

(2)压力油箱、压力管道及闸阀等,应无渗漏油现象。

1.3.4.2　气系统

气系统中在空气压缩机出气侧、储气罐、供气的压力管道上装设压力表来监测压力,储气罐还装设电节点压力表来自动控制空压机的运行。

气系统运行巡视检查内容及要求主要有:

(1)压力表读数应在规定的工作压力范围内。

(2)空压机应工作正常,润滑油质、油位符合要求,出气口温度应不超过规定值。

(3)储气罐、压力管道及闸阀等,应无漏气现象。

(4)气系统的安全装置、继电器和各种表计等,应工作可靠。

1.3.4.3　供水系统

泵站供水系统主要供给主机组的冷却和润滑用水。通常在供水泵的进水侧管路上装设压力真空表、出水侧管路上安装压力表来监测压力,在冷却供水管和润滑供水管中装设示流器(示流信号器)和压力表来监测水的流动和压力。

供水系统运行巡视检查内容及要求主要有:

(1)压力表读数,应在规定的工作压力范围内。

(2)供水泵及电动机,应工作正常,轴承润滑油质、油位符合要求,轴承和填料密封处温度不应超过规定值。

(3)供水泵、供水管道及闸阀等,应无漏水现象。

(4)示流器(示流信号器)等各种表计等,应工作可靠。

1.3.4.4　排水系统

泵站排水系统主要用于排除泵房内的渗漏水和水泵等水下设备检修排水等。通常在排水泵的进水侧管路上装设压力真空表、出水侧管路上安装压力表来监测压力。

排水系统运行巡视检查内容及要求主要有:

(1)压力表读数,应在规定的工作压力范围内。

(2)排水泵及电动机,应工作正常,轴承润滑油质、油位符合要求,轴承和填料密封处温度不应超过规定值。

(3)排水泵、排水管道及闸阀等,应无漏水现象。

1.3.4.5　**主机组**

1)电动机

电动机运行巡视检查内容及要求主要有:

(1)电动机内部有无杂声,查看油环是否带油。

(2)轴承油箱(盆)中的油质、油量是否符合要求,滚动轴承油量以不超过油箱体积的2/3为宜,滑动轴承则应在油位指示计标注的位置范围内。

(3)各部温度表计读数,应在规定的温度范围内。

2)水泵

水泵运行巡视检查内容及要求主要有:

(1)水泵内部有无杂声。

(2)轴承油箱(盆)中的油质、油量是否符合要求,用机油润滑的滚动轴承油位应正常,用黄油润滑的滚动轴承油量不能太多或太少,其用量以占轴承室体积的1/2～2/3为宜,滑动轴承则应在油位指示计标注的位置范围内。

(3)轴承温度表计读数,应在规定的温度范围内。

(4)水泵进出口压力表计读数,应在规定的压力范围内。

离心泵的吸水口处装有压力真空表,用来测定水泵吸水口处的真空度,以水银柱高的毫米表示,未开机时压力真空表的指针是零点,表示水泵里外均处在大气压力作用下,吸水口处的真空度等于零。开机后压力真空表的指针逐步偏摆到一定位置后,就不再移动,表示吸水口处的真空区已稳定。从真空表的读数可近似换算出水泵的吸程(m)为:吸程=10.33×指针读数/760。

压力表装在水泵的出水口处,用来测定出水口处的压力,以MPa表示。开机前压力表的指针在零位,表示内外压力相等;开机后压力指针即上升;运转正常后压力表指针稳定在一定位置,表示出水口处的压力高于大气压的程度,从其读数可近似换算出水泵的出水扬程(m)为:出水扬程=压力表读数×100。

运行中如果压力表、压力真空表的数值发生突然变动,应检查原因并进行处理。

在一般情况下,压力真空表的读数忽然下降,一定是漏气;指针读数摆动,很可能是进水池水位降落过低或进水管口被堵塞。尤其是带底阀装置的水泵,往往遇到滤水孔被杂物堵塞,而造成水泵出水量减少或抽空停机。

压力表指针摆动范围过大,也说明水泵运行不稳定。通常在压力表的读数突然下降时,很可能是动力机转速降低或泵体吸入空气。此时,应注意检查进水管道、填料函等处有无漏气现象,并加以处理。否则,出水量会减少,严重时甚至不出水。

1.3.5　泵站常用表计的型号、用途和使用方法

泵站常用表计有温度表计、压力表、真空表、压力真空表、液位计和示流器等。

1.3.5.1　**温度计**

1)温度计的类型

(1)玻璃管温度计。

玻璃管温度计是利用热胀冷缩的原理来实现温度的测量。由于测温介质的膨胀系

数、沸点及凝固点的不同，常见的玻璃管式温度计主要有水银和有机液体两种类型。水银温度计可测 -30 ~500 ℃以内的温度；有机液体为红色，可测 -100 ~200 ℃以内的温度。玻璃管式温度计的优点是结构简单、使用方便、测量精度相对较高、价格低廉；缺点是测量上、下限和精度受玻璃质量与测温介质的性质限制，且不能远传，易碎。

(2)压力式温度计。

压力式温度计是利用封闭容器内的液体、气体或饱和蒸汽受热后产生体积膨胀或压力变化作为测量信号。它的基本结构由温包、毛细管和指示表三部分组成。它是最早应用于生产过程温度测量控制的方法之一。压力式测温系统现在仍然是就地指示和控制温度中应用十分广泛的测量方法。压力式温度计的优点是结构简单、机械强度高、不怕振动、价格低廉、不需要外部能源。其缺点是测温范围有限制，一般在 -80 ~400 ℃；热损失大，响应时间较慢；仪表密封系统(温包、毛细管、弹簧管)损坏后难以修理，且必须更换；测量精度受环境温度、温包安装位置影响较大，精度相对较低；毛细管传送距离有限制。

(3)双金属温度计。

双金属温度计是利用两种膨胀系数不同，彼此又牢固结合的金属受热产生几何位移作为测温信号的一种固体膨胀式温度计。其优点是结构简单，价格低，维护方便，比玻璃温度计坚固、耐震、耐冲击，视野较大。缺点是测量精度低，量程和使用范围均有限，不能远传。

(4)热电阻温度计。

热电阻温度计是利用金属导体的电阻值随温度变化而变化的特性来进行温度测量的。作为测温敏感元件的电阻材料，要求电阻与温度呈一定的函数关系，温度系数大，电阻率大，热容量小。在整个测温范围内应具有稳定的化学物理性质，而且电阻与温度之间关系复现性要好。常有的热电阻材料有铂、铜、镍。成型仪表是铠装热电阻。铠装热电阻是将温度检测元件、绝缘材料、导线三者封焊在一根金属管内，因此它的外径可以做得较小，具有良好的机械性能，不怕振动；同时具有响应时间快、时间常数小的优点。铠装热电阻除感温元件外，其他部分都可制成缆状结构，可任意弯曲，适应各种复杂结构场合中的温度测量。热电阻在化工生产中应用最广泛。其优点是测量精度高；再现性好，又保持多年稳定性、精确度；响应时间快；与热电偶相比不需要冷端补偿。缺点是价格比热电偶贵，需外接电源，热惯性大，应避免使用在有机械振动的场合。

(5)热电偶温度计。

热电偶温度计是由两种不同材料的导体 A、B(热电极)焊接而成的。热端插入被测介质中，另一端与导线连接，形成回路。若两端温度不同，回路中就会产生热电势，热电势两端的函数差即反映温度。热电偶在工业测温中占了较大比重，生产过程远距离测温很大部分使用热电偶。其优点是体积小，安装方便；信号可远传作指示、控制用；与压力式温度计相比响应时间短；测温范围宽，尤其体现在可测高温；价格低，再现性好，精度高。缺点是热电势与温度之间呈非线性关系；精度比热电阻低；在同样条件下，热电偶接点容易老化；冷端需要补偿。

2)用途

主机组需要监视的温度有电动机的定子线圈、铁芯和轴承(轴瓦)温度,水泵导轴承(轴瓦)温度。

3)使用方法

测定温度的方法有电阻法、热电偶法和温度计法。

中小型泵站因限于条件,一般采用0～110 ℃的酒精棒式温度计。测定电动机铁芯温度,将吊环取下,塞入棉纱头,然后把温度计放入孔内;测定绕组的温度,温度计的玻璃球最好用锡箔裹住,并为防止气流的影响,外面须包一层长宽各2～3 cm、厚1～2 cm的棉花团,然后用棉绳紧紧绑在线圈上面,若用软木削成适当的形状也能塞紧温度计。对于滑动轴承的温度,可把温度计插入轴承温度孔内获得。温度计所量的温度不过是各部分的表面温度,它要比最热点低10 ℃左右。

大型水泵和高压电动机安装有温度传感器,对电动机绕组及铁芯温度、电动机轴瓦温度、水泵轴瓦温度等进行监测和报警。

1.3.5.2　压力表

1)压力表的型号

常见的压力表如图3-1-22所示,参数见表3-1-10。

表3-1-10　压力表参数

名称	型号	测量范围(MPa)	精度
压力表	Y－40	0～0.1;0～0.16;0～0.25;0～0.4;0～0.6; 0～1;0～1.6;0～2.5;0～4;0～6; 0～10;0～16;0～25;0～40;0～60	1.5,2.5
	Y－60		1.5,2.5
	Y－100		1.0,1.5
	Y－150		1.0,1.5
	Y－200		1.0,1.5
使用环境条件		温度－40～70 ℃;相对湿度≤85%	

2)用途

压力表广泛应用于管道及容器中测量无爆炸危险、无结晶体、不凝固及对合金不起腐蚀作用的液体、气体、蒸汽等介质的压力大小。其具有体积小、性能安全可靠、显示清晰等优点。

在泵站中,压力表主要用于测量主水泵出口压力,油、气、水系统压力,叶片调节机构系统压力,液压启闭机系统压力等。

1.3.5.3　真空表

1)真空表的型号

真空表如图3-1-23所示,真空表的型号及参数见表3-1-11。

2)用途

以大气压力为基准,用于测量小于大气压力的仪表。

表 3-1-11　真空表型号及参数

名称	型号	测量范围(MPa)	精度
真空表	Z-40	-0.1~1	1.5,2.5
	Z-60		1.5,2.5
	Z-100		1.0,1.5
	Z-150		1.0,1.5
	Z-200		1.0,1.5
使用环境条件		温度-40~70 ℃;相对湿度≤85%	

在泵站中,真空表主要用于测量抽真空系统的真空度、虹吸式出水流道的真空度等。

1.3.5.4　压力真空表

1)压力真空表的型号

压力真空表如图 3-1-24 所示,常见的压力真空表型号及参数见表 3-1-12。

图 3-1-22　压力表

图 3-1-23　真空表

图 3-1-24　压力真空表

表 3-1-12　压力真空表型号及参数

名称	型号	测量范围(MPa)	精度
压力真空表	YZ-40	-0.1~0.06; -0.1~0.15; -0.1~0.3; -0.1~0.5; -0.1~0.9; -0.1~1.5; -0.1~2.4	1.5,2.5
	YZ-60		1.5,2.5
	YZ-100		1.0,1.5
	YZ-150		1.0,1.5
	YZ-200		1.0,1.5
使用环境条件		温度-40~70 ℃;相对湿度≤85%	

2)用途

压力真空表以大气压力为基准,用于测量大于和小于大气压力的仪表。其主要用于测量对钢、铜及铜合金无腐蚀作用,无爆炸危险的不结晶、不凝固的液体、气体或蒸汽介质的压力或负压。

在泵站中,压力真空表主要用于测量主水泵进口压力,供排水泵站进口压力等。

1.3.5.5　液位计

1) 压力式液位计

图 3-1-25　压力式液位计

如图 3-1-25 所示压力式液位计，是一种测量液位的压力传感器，包括静压液位计、液位变送器、液位传感器、水位传感器、压力变送器等，是基于所测液体静压与该液体的高度成比例的原理，采用国外先进的隔离型扩散硅敏感元件或陶瓷电容压力敏感传感器，将静压转换为电信号，再经过温度补偿和线性修正，转化成标准电信号（一般为 4 ~ 20 mA/1 ~ 5 V_{DC}）。压力式液位计适用于石油化工、冶金、电力、制药、供排水、环保等系统和行业的各种介质的液位测量。

压力式液位计采用静压测量原理，当液位变送器投入到被测液体中某一深度时，传感器迎液面受到压力的同时，通过导气不锈钢将液体的压力引入到传感器的正压腔，再将液面上的大气压 P_0 与传感器的负压腔相连，以抵消传感器背面的 P_0，使传感器测得压力为 ρgH，通过测取压力 P，可以得到液位深度。其计算公式如下：

$$P = \rho gH + P_0$$

式中　P——变送器迎液面所受压力；

ρ——被测液体密度；

g——当地重力加速度；

H——变送器投入液体的深度；

P_0——液面上大气压。

压力式液位计的功能特点如下：

（1）稳定性好，满度、零位长期稳定性可达 0.1% FS/年。在补偿温度 0 ~ 70 ℃内，温度飘移低于 0.1% FS（FS 代表满量程），在整个允许工作温度范围内低于 0.3% FS。

（2）具有反向保护、限流保护电路，在安装时正负极接反不会损坏变送器，异常时变送器会自动限流在 35 mA 以内。

（3）固态结构，无可动部件，高可靠性，使用寿命长。

（4）安装方便，结构简单，经济耐用。

2) 浮球式液位计

如图 3-1-26 所示为浮球式液位计，由浮球、插杆等组成。浮球液位计通过连接法兰安装于容器顶上，浮球根据排开液体体积相等原理浮于液面，当容器的液位变化时浮球也随着上下移动，由于磁性作用，浮球液位计的干簧受磁性吸合，把液面位置变化成电信号，通过显示仪表用数字显示液体的实际位置，从而达到液面的远距离检测和控制。

浮球式液位计是利用液体对磁性浮球的浮力原理，磁性浮球随液位变化的位移量转化成模拟线性的 4 ~ 20 mA 标准信号输出，变送器电源 24V_{DC}，二线制工作形式。其具有工作稳定可靠、无须调整等特点。能对开口、密闭容器或地下池槽里的介质液位在仪表控制室内进行显示、报警和控制。被检测的介质可为水、油、酸、碱、工业污水等导电及非导电液体，并能克服液体的泡沫所造成的假液位的影响。浮球式液位计广泛使用于炼油、化工、造纸、食品及污水处理等行业。

1.3.5.6 示流信号器

1）概述

如图 3-1-27 所示为示流信号器，又名流量控制开关，用于监测管道内液体流量。将示流信号器串接在管路中，当管道内有正常流量液体通过时，示流信号器发出正常信号。当管道内液体流量低于一定值时，它能自动地发出信号或报警，以保护主设备。

图 3-1-26 浮球式液位计

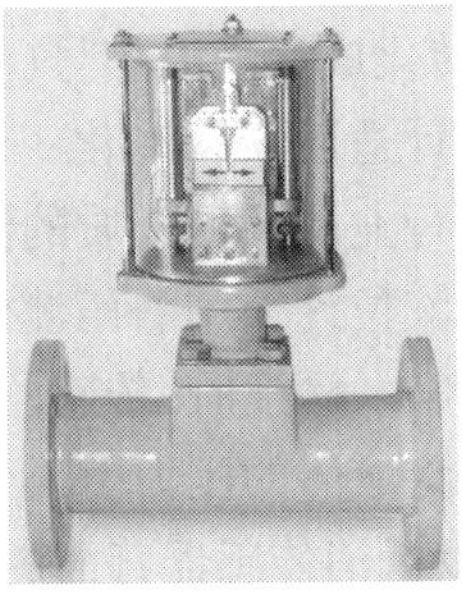

图 3-1-27 示流信号器

2）特点

（1）不受环境限制，不受振动干扰。

（2）杠杆、轴承机构在介质外，不怕污染。

（3）有表盘、指针直接显示管内流体流量。

（4）有双控功能，既可用于最大与最小流量控制，又可用于报警流量与停机流量控制，还可以用于双向（正、反）显示。

（5）采用全密封结构将示流器波纹管腔与流体介质隔绝，能避免因杂质进入波纹管内而引起靶杆动作失灵，在任何水质如泥沙、浮游生物丰富等恶劣条件下能正常工作。

3）技术参数

（1）管路通径：$\phi15 \sim \phi200$。

（2）工作介质：经过过滤的工业用水介质最大压力为 1.0 MPa；介质工作压力为 0.2 ~ 0.3 MPa。

（3）额定电压为 DC220 V；额定电流为 5 A。

（4）安装方式：水平安装。

（5）流量动作值可调。

4）示流信号器的用途

示流信号器主要用于监测管道流量、供水量大小。

在泵站中，示流信号器主要用于监测电动机、水泵各部冷却、润滑水量的大小。

1.4 设备维护

设备维护包括设备的日常养护和设备维修两个方面的工作。

1.4.1　主机组及辅助设备日常养护

泵站设备在运行过程中,由于设备零部件的动态变化带来设备技术状态的变化,会产生一些不可避免的现象,如水泵机组零部件的磨损、开关部件的松动、电气触点的灼伤等,如不及时处理,就会造成设备的损坏。搞好设备的维护保养是改善设备状况,防患于未然,把事故消灭在萌芽状态的有效手段。

设备日常养护是指工作人员结合设备检查,通过清洁、润滑、防腐、紧固、调整和更换等方法,确保设备的正常运行,延长设备的使用寿命。

1.4.1.1　泵站机电设备的检测

检修是检测和修理的简称。通过检测发现设备的故障、隐患和存在的问题,为修理提供依据。通过修理,解决存在的问题,使其恢复原有的性能。

检测包括检查、测量和故障分析。所谓检查,一般是通过眼看、手摸、耳听、鼻嗅等直观的方法,对设备的运行状况进行查验,以便确定设备工作是否正常;测量是指借助各种量具、仪器、仪表等对设备及零部件进行测试,以便确定其是否符合技术要求,能否满足工作需要;故障分析是针对检查发现的声响、温度、气味等异常现象,结合以往的运行和检修记录进行分析判断,作为制订修理计划和修理方案的依据。

1)检查

检查主要是查看整机和环境是否整洁、有无锈蚀;润滑是否正常,有无渗漏、缺少、变质;零件有无磨损、剥蚀、裂缝、折断等;结构有无变形、开焊,连接是否牢固;零部件是否齐全,有无缺少和损坏等。

检查分为经常检查、定期检查和特殊检查三类。

经常检查包括运行检查和定期巡视。运行检查又可分为运行前、运行中和运行后的检查。定期巡视的周期视具体情况而定,一般为旬或月。

定期检查包括汛前(灌季前)检查、汛后(灌季后)检查和冬季冰冻前后检查。汛前(灌季前)检查是检验泵站设备是否处于完好状态,确保汛期(灌季)能否安全运行;汛后(灌季后)检查是发现泵站设备存在的问题及安全隐患,为制订检修计划提供依据;冬季冰冻前后主要检查与防寒防冻有关的项目和设备,确保安全运用。

以上检查是属于常规检查。除此之外,还有特殊检查。它包含两方面内容:一是当发生超标准洪水、暴风雨、地震等灾害时,对泵设备进行检查;二是当某一型号设备发生意外故障和事故时,对其他同型号设备进行检查,这种检查也称为借鉴检查。

2)测量

分为零部件测量和整机性能测试。零部件的测量包括零部件自身的测量和零部件之间相互位置的测量。常用量具有直尺、游标卡尺、千分尺、千分表、角尺、水平尺、塞尺等。

对于零部件内部缺陷的检测,除敲击探伤法外,常用的有磁性探伤仪和超声波探伤仪。

整机性能测量项目应按产品安装使用说明书或本泵站制定的“运行规程”“检修规程”的有关规定和要求执行。

3) 故障分析

故障分析主要是针对检查的结果进行分析判断,找出故障,加以排除。

故障分析的基本依据是设备的工作原理、零部件的运动状况、受力状况以及它们的配合关系,结合以前的运行、检修记录,对检查发现的异常现象,由浅入深,由表及里,进行综合分析判断。

1.4.1.2　泵站机电设备的拆卸与装配

机电设备在基本确定故障内容以后,首先对零部件进行拆卸清洗,然后对零件进行检测,从而确定哪些零件可以修复,哪些零件必须更换。所有的零部件准备齐全后,按设备装配图及技术要求(装配工艺),重新组装、调试,从而恢复设备性能。因此,对检修来说主要的内容是拆卸和装配。

1) 拆卸

拆卸是修理工作的第一步。正确的拆卸至关重要。如果方法不当,很可能会造成零部件损伤,甚至报废。

(1)拆卸前的准备。

①技术准备。

②选择场地。

③正式拆卸前还要预先拆下电气、仪表等外部设备,以免损坏;同时要放掉机器里的润滑油,清洗外表面,以免油污弄脏场地。

(2)拆卸的一般原则和注意事项。

①拆卸步骤和顺序。根据设备的结构和特点,确定拆卸步骤和顺序。

②合理拆卸。凡是不拆卸就能通过检查断定零部件的技术状况是符合要求的,就不必拆卸。特别是对过盈配合件,反复拆卸会丧失配合效果。

③合理使用工器具。拆卸时应尽量采用合适的或专用的工器具,避免乱敲乱打,以免零件损伤或变形。

④拆卸时必须同时考虑装配。为此,拆卸时需要核对或做好记号。有些同类零件间不能互换。所以拆卸前应做好记号,以防止装错。

⑤拆卸时对零件存放的要求:同一部件的零件尽量放在一起;根据零件的大小和精密度分别存放;不能互换的零件要成组存放;易丢失的零件如螺钉、螺母、垫圈等要成组存放。

(3)螺栓联接的拆卸。

拆卸螺栓要选用合适的固定扳手或螺丝刀,尽量不用活络扳手。对于较难拆卸的,一定要判断螺纹旋向,不要盲目用过长的加力杆。

(4)过盈配合件的拆卸。

应查看技术资料先了解装配方法,选择温差法或使用专门的拆卸工具,如拉拔器、压力机等。禁止使用铁锤直接敲击机件。

2) 装配

装配是把许多零件按一定的技术要求连接组合起来,保持其正确的相对位置和相互关系,从而成为具有一定性能指标的设备。设备修理质量的好坏,与装配质量高低有密切关系。所以应严格按装配图及技术要求(装配工艺)进行。

(1)装配前的准备。

①在认真熟悉有关技术说明书和图样资料的基础上,制定出具体详细的技术要求、装配工艺和质量标准。

②对需要装配的零件特别是新加工或购置的零件必须满足技术要求,否则不能装配。

③零件装配前必须进行清洁。油道管路要用高压空气或油冲洗干净,相对运动的配合表面更要注意洁净。

(2)装配的一般工艺。

①装配时要严格按事先制定好的装配工艺顺序进行,避免漏装。

②要选择合适的工具和设备,如装配有困难,应分析原因并加以排除。

③装配时应核对零件的各种装配记号,防止错装。

④过盈配合件装配时,应先涂润滑油脂以便装配顺利和减少配合表面的磨损。

⑤高速旋转的零件如皮带轮、飞轮、风扇叶轮等,在装配前应按技术要求进行静平衡试验,满足技术要求后方能装配。

⑥每一部件装完后,必须仔细检查和清理以防止遗漏。特别要防止将工具、多余零件遗留在箱壳内。

1.4.1.3　泵站设备修理的分类

目前,我国实行的设备维修制度主要有计划维修制和计划报修制。泵站设备修理分为小修、零部件修理、大修理三类。

1)泵站设备的小修

(1)小修的定义。

小修是按定期维修规定的内容或针对日常检查和定期检查发现的问题,部分拆卸零部件进行检查,更换易损件或修复少量被磨损件,同时通过调整、润滑、紧固等技术手段,恢复设备正常使用性能。

(2)小修的内容和要求。

①按规定要求,对设备进行清洁、检查、润滑、紧固和调整,以减缓设备的磨损,保证水泵机组正常运转。

②按规定的日程表对设备的运转状态、性能和磨损程度等进行定期检查和校验,以便及时发现和消除设备隐患。

③按计划有准备地对设备进行维护和更换易损件或修复少量被磨损件。

④泵站变(配)电所内的高、低压开关柜,变压器等的清扫及保养工作也属小修的范畴,应定时、定人完成。清扫及保养工作前后,必须严格遵照分合闸操作的一切组织措施和技术措施。

⑤泵站的小修应具有全员性,即每个操作工人都应参与保养。

2)泵站设备的零部件修理

(1)零部件修理的定义。

零部件修理是对设备状态、精度、功能达不到要求的某些零部件进行针对性修复或更换。它是把维修保养和计划检修结合起来的一种修理制度。

(2)零部件修理的内容和要求。

①零部件修理包括被修理设备的小修内容。

②修理时一般要对设备部分解体,修复或更换磨损、损坏的零部件,必要时进行局部研磨、校正,以恢复设备性能。

③根据设备的特点和状况,以水泵机组运转次数和时间为主要参考依据,对泵站的动力设备和配电设备元器件进行修复或更换。如汛后的少油断路器脏油的更换,动、静触头和隔弧板的检查、修复或更换,隔离开关的整体分解检查、修复或更换等。

④泵站设备的零部件修理应由班组长、中级技术等级以上的工人负责,并做到全员参加。

⑤泵站的零部件修理应制订设备修理计划,该计划包括设备名称、维修人员、维修要求、时间、安全措施等内容。高压设备及带电设备修理均应填写分合闸操作票,得到允许后方可进行。

3)泵站设备的大修理

(1)大修理的定义及特征。

大修理是对被修理设备进行全部解体,修理基准部件,修复或更换全部磨损、损坏部件,修理和调整电气部分,同时通过调整、润滑、紧固等技术手段,以及设备外表涂漆,从而全面消除设备修理前存在的缺陷,恢复设备原有的性能和效率。

大修理是工作量最大的一种计划修理(或严重事故后的紧急修理)。它以全面恢复设备的工作能力为目标,由专业养护、检修人员进行。泵站操作工在检修设备齐全、人员经过培训的情况下,也可承担一定的工作。

(2)大修理的注意事项。

泵站设备的大修理一般是指对水泵、电动机、变压器等关键设备的修理。所以,泵站操作工应向养护维修单位或生产管理部门提供以下内容和数据,以便生产管理部门制订经济、合理的维修计划:

①该设备运行状态监测情况。即该设备的温升、振动、声音、电流、电压变化等情况。

②过去的故障修理记录。

③班组对该设备的技术状态诊断意见。

1.4.2 螺纹连接的防松措施

1.4.2.1 螺纹连接的预紧

1)螺纹连接

螺纹连接包括松连接和紧连接。松连接在装配时不拧紧,只在受外载时才受到力的作用;紧连接在装配时需拧紧,即在承载时,已预先受力,通常称为预紧力。

2)预紧目的

预紧的目的是保持设备正常工作。如汽缸螺栓连接,有紧密性要求,防漏气,接触面积要大,靠摩擦力工作,增大刚性等。

1.4.2.2 防松的目的

实际工作中,外载荷有振动、变化,材料高温蠕变等会造成摩擦力减少,螺纹副中正压力在某一瞬间消失、摩擦力为零,从而使螺纹连接松动,如经反复作用,螺纹连接就会松弛而失效。因此,必须进行防松,否则会影响设备正常工作,造成事故。

1.4.2.3　防松原理

消除(或限制)螺纹副之间的相对运动,或增大相对运动的难度。

1.4.2.4　防松办法及措施

1)摩擦防松

(1)双螺母(对顶螺母)。

双螺母的工作原理:两螺母对顶拧紧后,上下两螺母与螺栓螺纹接触面相反,使旋合螺纹间始终受到附加的压力和摩擦力的作用,如图 3-1-28 所示。

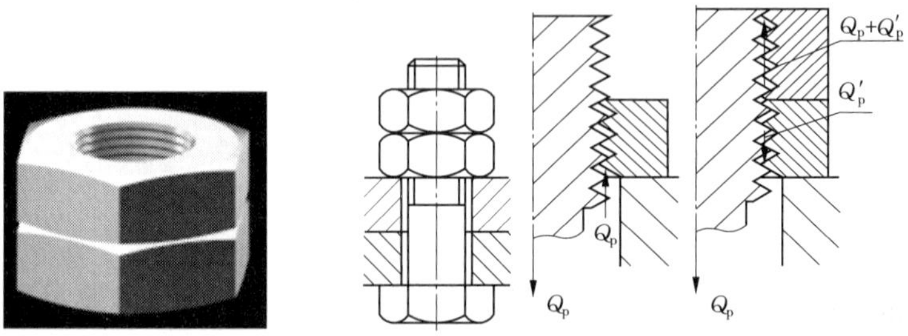

图 3-1-28　双螺母放松

双螺母的特点:结构简单,适用于平稳、低速和重载的固定装置的连接。

(2)弹簧垫圈。

弹簧垫圈的工作原理:螺母拧紧后,靠垫圈压平而产生的弹性反力使旋合螺纹间压紧。同时垫圈斜口的尖端抵住螺母与被连接件的支承面也有防松作用,如图 3-1-29 所示。

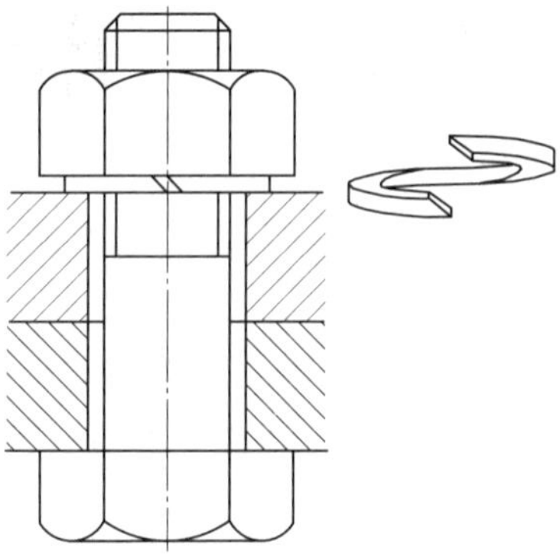

图 3-1-29　弹簧垫圈放松

弹簧垫圈的特点:结构简单,使用方便,但在振动冲击载荷作用下,防松效果较差,一般用于不甚重要的连接。

(3)自锁螺母。

自锁螺母的工作原理:螺母一端制成非圆形收口或开封后径向收口。当螺母拧紧后,收口张开,利用收口的回弹力使旋合螺纹间压紧,如图 3-1-30 所示。

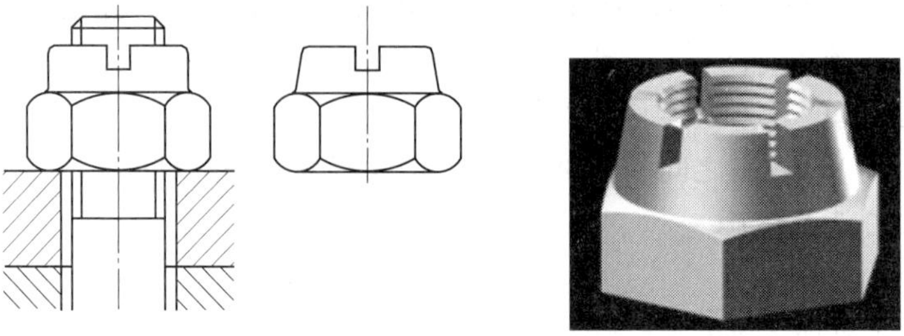

图 3-1-30　自锁螺母防松

自锁螺母的特点：结构简单，防松可靠，可多次装卸而不降低防松性能。

(4)尼龙圈锁紧螺母。

尼龙圈锁紧螺母如图 3-1-31 所示。嵌在螺母中的尼龙圈，拧紧后尼龙圈内孔被螺栓箍紧而起到防松作用。

2)机械防松

(1)开槽螺母与开口销。

原理：六角开槽螺母拧紧后，将开口销穿入螺栓尾部小孔和螺母的槽内，并将开口销尾部掰开与螺母侧面贴紧，如图 3-1-32 所示。

图 3-1-31　尼龙圈锁紧螺母

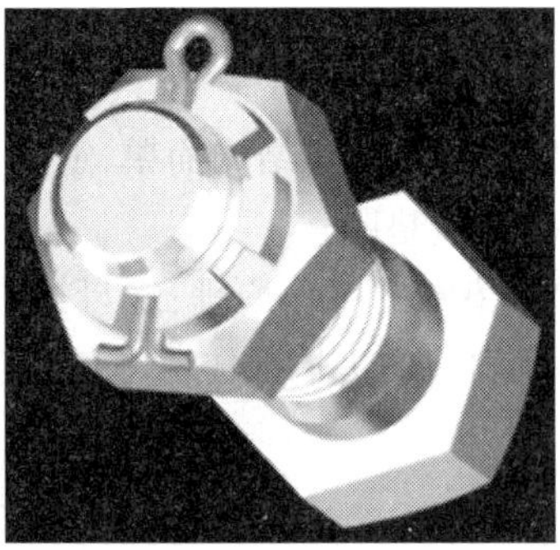

图 3-1-32　开口销防松

特点：适用于有较大冲击、振动的高速机械中运动部件的连接。

(2)止动垫圈。

原理：螺母拧紧后，将单耳或双耳止动垫圈分别向螺母和被连接件的侧面折弯贴紧，即可将螺母锁住。若两个螺栓需要双联锁紧时，可采用双联止动垫圈，使两个螺母相互制动，如图 3-1-33 所示。

特点：结构简单，使用方便，防松可靠。

(3)串联钢丝。

原理：用钢丝穿入各螺钉头部的孔内，将各螺钉串联起来，使其相互制动。但需注意钢丝的穿入方向，如图 3-1-34 所示。

特点：适用于螺钉组联接，但是拆卸不方便。

3)永久防松

永久防松包括端铆、冲眼和点焊。当需要拆卸零件的时候需要损坏螺纹连接件，如

图 3-1-35所示。

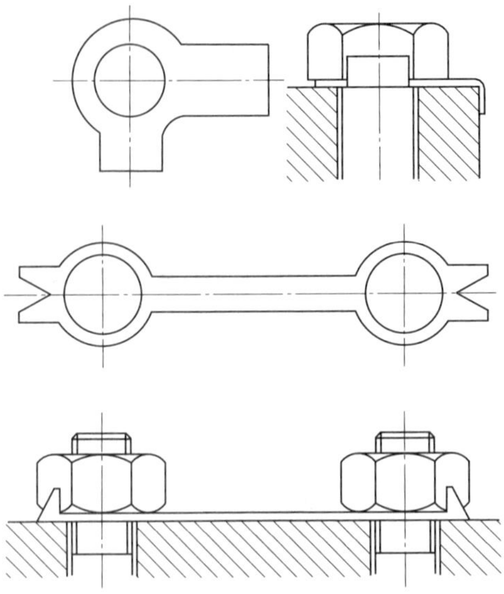

图 3-1-33　止动垫圈防松

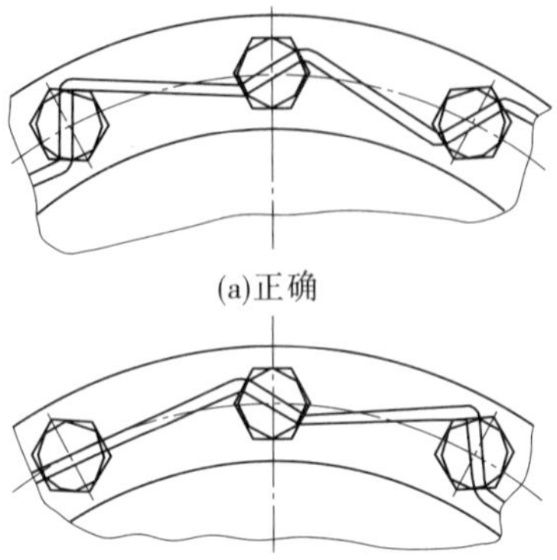

(a)正确

(b)不正确

图 3-1-34　串联钢丝防松

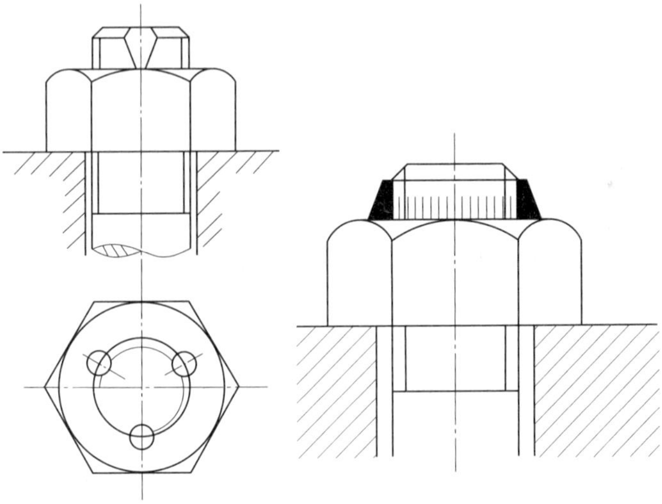

(a)冲点法防松　(b)焊住防松

图 3-1-35　永久防松

4）化学粘合防松

在螺纹副间或支撑面涂胶粘结，从而起到防松脱的作用。

1.4.3　机械润滑相关知识

1.4.3.1　润滑油作用

润滑油是用在各种类型机械上以减少摩擦，保护机械及加工件的液体润滑剂，主要起润滑、冷却、防锈、清洁、密封和缓冲等作用。润滑油的主要作用如下：

(1)减摩抗磨,降低摩擦阻力以节约能源,减少磨损以延长机械寿命,提高经济效益。

(2)冷却,随时将摩擦热排出机外。

(3)抗腐蚀防锈,保护摩擦表面不受油变质或外来侵蚀。

(4)清净冲洗,将摩擦面积垢清洗排除。

(5)应力分散缓冲,分散负荷和缓和冲击及减震。

(6)动能传递,用于液压系统和遥控马达及摩擦无级变速等传递能量。

1.4.3.2 润滑油组成

润滑油一般由基础油和添加剂两部分组成。基础油是润滑油的主要成分,决定着润滑油的基本性质;添加剂则可弥补和改善基础油性能方面的不足,赋予某些新的性能,是润滑油的重要组成部分。

1.4.3.3 润滑油保管

润滑油是石油化工产品中品种牌号最多、使用范围很广泛的一类。同时,润滑油是一种技术密集型的产品。做好润滑油保管工作,正确使用润滑油,才能发挥润滑油的技术性能,保证设备正常运转,延长设备寿命,节约润滑油料,提高经济效益和社会效益。

1)散装油品

(1)盛装及储存润滑油的容器必须干净清洁。

(2)运输和储存变压器油和汽轮机油要求“专罐专线”;其他油品应按内燃机油、液压油、齿轮油三大类产品设置储运设施。

(3)运输和储存过程中要特别注意防止混入水分和杂质。

(4)散装润滑油的储存期一般不要超过半年。

(5)润滑油品的密度为0.75～0.95 g/cm^3,比水轻又不溶于水,润滑油的闪点(开口)一般高于150 ℃,属可燃物品,储运过程应注意防止外泄污染环境和着火燃烧。

(6)标明品名、牌号、级别、数量及入库日期等。

(7)不同厂家生产的同一油品原则上不能混贮,如确需混贮,应先做“混对试验”,确认无不良反应后才可以混贮。

2)桶装油品

(1)油品装卸车严禁野蛮作业,油品堆放的高度要适当,以免产生危险或压坏产品。

(2)运输和储存过程中要特别注意防止混入水分和杂质。

(3)桶装润滑油品的储存期可以比散装的长一些,但一般不要超过一年。

(4)不同油品应分开堆放并标明品名、牌号、级别、数量及入库时间等,以免发货时搞错。

1.4.3.4 润滑油使用过程的管理

1)润滑油的选用

润滑油选用是润滑油使用的首要环节,是保证设备合理润滑和充分发挥润滑油性能的关键。选用润滑油应综合考虑以下三方面的要素:

(1)机械设备实际使用时的工作条件(即工况)。

(2)机械设备制造厂商说明书的指定或推荐。

(3)润滑油制造厂商的规定或推荐。

2)润滑油性能指标的选定

(1)黏度:是各种润滑油分类分级的指标,对质量鉴别和确定有决定性意义。设备用润滑油黏度依设计或计算数据查有关图表来确定。

(2)倾点:是间接表示润滑油贮运和使用时低温流动性的指标。经验证明一般润滑油的使用温度必须比倾点高5~10 ℃。

(3)闪点:是润滑油贮运及使用的安全指标,同时作为生产时控制润滑油馏分和挥发性的指标。润滑油闪点应比实际使用温度高50%及以上。如轴承油箱油温最高不超过120 ℃,选用的润滑油闪点最低为180 ℃。

(4)性能指标的选定:性能指标比较多,不同品种差距悬殊,应综合设备的工况、制造厂要求和油品说明及介绍合理确定。努力做到既满足润滑技术要求又经济合理。

1.4.3.5　润滑油的代用

(1)不同种类的润滑油各有其使用性能的特殊性或差别。因此,要求正确合理选用润滑油,避免代用,更不允许乱代用。

(2)润滑油代用的原则。

①尽量用同一类油品或性能相近的油品代用。

②黏度要相当,代用油品的黏度不能超过原用油品的±15%。应优先考虑黏度稍大的油品进行代用。

③质量以高代低。

④选用代用油时还应注意考虑设备的环境与工作温度。

1.4.3.6　润滑油的混用

1)不能混用的情况

不同种类牌号、不同生产厂家、新旧油应尽量避免混用。下列油品绝对禁止混用:

(1)专用油料不能与别的油品混用。

(2)有抗乳化性能要求的油品不得与无抗乳化要求的油品相混。

(3)抗氨汽轮机油不得与其他汽轮机油相混。

(4)含锌抗磨液压油不能与抗银液压油相混。

(5)齿轮油不能与蜗杆蜗轮油相混。

2)可以混用的情况

下列情况油品可以混用:

(1)同一厂家同类质量基本相近产品。

(2)同一厂家同种不同牌号产品。

(3)不同类的油品,如果知道对混的两组分均不含添加剂。

(4)不同类的油品经混用试验无异常现象及明显性能改变的。

1.4.3.7　润滑油污染的控制

润滑事故除因润滑油选用或使用不当外,主要是由于污染所致。

(1)污染润滑油的物质有尘埃、杂质和水分。

(2)污染度的控制对液压油、汽轮机油、静压油膜轴承油和高速轴承油的抗磨损性能十分重要。

(3)控制污染的措施如下：

①贮运润滑油品的容器必须清洁、密闭,且不与铜、锡等易于促进润滑油氧化变质的金属接触。

②油品加入设备前要进行沉淀、过滤处理,保证清净度达到五级以上。

③加油容器不可露置在大气中,尤其装油容器不可无盖。

④储存润滑油的油罐要定期清洗,及时排污。

⑤油罐或油箱上设空气过滤呼吸器,在加油口设100目以上的过滤器和防尘帽,搞好各部密封,在润滑系统适当部位设过滤器及排污阀。

(4)变压器油等电器用油对水分要求高,应尽量在天气干燥时换油。过滤后的油品要立即加进设备。

1.4.3.8 润滑油的使用状态监控

润滑油在使用过程中会逐步老化变质,这是必然的规律。老化变质有两种情况:一种是正常的老化变质;另一种为因受水、杂质污染等异常因素的异常变质。进行润滑油使用状态监控,可及时掌握油品的技术状态,预防设备润滑事故发生,延长油品使用寿命。润滑油使用的监控方法如下：

(1)抽查操作人员执行设备润滑规范情况。

(2)采样观察油品的外观情况,检查油品的颜色、透明度、气味等情况。

(3)定期进行黏度、闪点、水分、酸值或碱值等能反映油品质量变化的关键理化指标检验。

(4)没有实验室的可以进行水分爆音试验和斑迹试验等。

(5)用现代化仪器分析。如用红外光谱仪测定油中添加剂变化的情况,用铁谱仪或ICP发射光谱测定油中金属磨粒或元素变化。仪器分析快捷准确,对大型水泵机组等设备的润滑管理有很重要的意义。

1.4.3.9 润滑油的更换

润滑油使用一段时间后,由于本身的氧化以及使用过程中外来因素影响会逐渐变质,性能下降或改变,必须适时更换。

1)换油时间的确定

(1)根据检验评定的结果确定换油时间,但目前存在的困难是还比较缺乏各种油品的报费标准。

(2)根据润滑油制造商和设备制造厂家的推荐时间,并结合实际使用经验,确定换油时间。

2)换油注意事项

(1)不要轻易作出换油决定,要设法延长油品的使用期。

(2)尽量结合检修期进行换油。

(3)更换的油不要轻易报废,如油质尚好,可以稍加处理(如沉降过滤,去除水分、杂质)后再用或用于次要设备。废油要收集好,以利于再处理和防止污染环境。

(4)防止润滑油危害健康。许多石油产品对人体都有害,接触皮肤如不及时清洗干净,则可能轻者引起皮炎、疙瘩,重者发生皮疹或皮瘤;误入口内或吸入体内,轻者发生肠胃病或肺炎，重者可能导致癌症；不要弄到满身是油或满地是油，这不但给国家造成浪费，而且有碍个人卫生。

3）废油处理

换出来的润滑油已经变质，只能作为废油处理，这些废油应妥善处理，以免造成环境污染。

（1）这些废油应收集起来统一处理，盛装润滑油的桶或容器不要随地乱丢，应统一妥善处理，防止给环境造成不良影响。

（2）使用后的润滑油废油尤其含添加剂较多的润滑油品难以再生利用。但一般可以作为燃料油烧掉。

1.4.4　润滑脂的型号及用途

1.4.4.1　润滑脂代号

GB/T 7631.8—1990 把每一种润滑脂用一组（5 个）大写字母和一组数字组成的代号来表示，每个字母及其在该构成中的书写顺序都有其特定的含义。

1）润滑脂代号组成

润滑脂代号组成如表 3-1-13 所示。

字母 1：× 系指润滑脂的组别代号。

字母 2：系指最低操作温度，含义如表 3-1-14 所示。

表 3-1-13　润滑脂代号组成

L	×（字母 1）	字母 2	字母 3	字母 4	字母 5	字母 6
润滑脂类型代号	级别代号（润滑脂）	最低操作温度	最高操作温度	在水污染的操作条件下其抗水性能和防锈水平	在高负荷或低负荷场合下的润滑性能	稠度等级

表 3-1-14　字母 2 的含义

A	B	C	D	E
0	-20	-30	-40	-40 以下

字母 3：系指最高操作温度，含义如表 3-1-15 所示。

表 3-1-15　字母 3 的含义

A	B	C	D	E	F	G
60	90	120	140	160	180	180 以上

字母 4：系指润滑脂在水污染的操作条件下其抗水性能和防锈水平，含义如表 3-1-16 所示。

表 3-1-16　字母 4 的含义

档号	A	B	C	D	E	F	G	H	I
环境条件	L	L	L	M	M	M	H	H	H
防锈能力	L	M	H	L	M	H	L	M	H

注：1. L 表示干燥环境，M 表示静态潮湿环境，H 表示水洗。
2. L 表示不防锈，M 表示淡水存在下的防锈性，H 表示盐水存在下的防锈性。

字母 5：系指润滑脂在高负荷或低负荷场合下的润滑性能。

A 表示非极压，B 表示极压。

2）润滑脂稠度等级（GB 7631.1—87 附录 A）

润滑脂稠度等级如表 3-1-17 所示。

表 3-1-17　润滑脂稠度等级

稠度等级	锥入度范围（工作 60 次），1/10 mm	状态
000	445 ~ 475	液态
00	400 ~ 430	接近液态
0	355 ~ 385	极软
1	310 ~ 340	非常软
2	265 ~ 295	软
3	220 ~ 250	中
4	175 ~ 205	硬
5	130 ~ 160	非常硬
6	85 ~ 115	极硬

例如：一种润滑脂使用在下列操作条件：

最低操作温度：－20 ℃；最高操作温度：160 ℃；环境条件：经受水洗；防锈条件：不需要防锈；负荷条件：高负荷；稠度等级：00。这种润滑脂的标记为：L—XBEGB 00。

1.4.4.2　常见润滑脂品种

常见的润滑脂品种及其特点等如表 3-1-18 所示。

表 3-1-18　常见的润滑脂品种及其特点

润滑脂品种	特点	市场价格
钙基润滑脂	抗水性好，但耐热性差，最高使用温度为 60 ℃	低
钠基润滑脂	抗水性极差，耐热性和防锈性一般，一般使用温度在 80 ℃左右	较低
铝基润滑脂	防锈性好，耐热性和抗水性差，最高使用温度为 50 ℃	低
通用锂基润滑脂	耐热性好、抗水性、防锈性好，最高使用温度为 120 ℃	适中
极压锂基润滑脂	耐热性好、抗水性、防锈性好，极压性能好，最高使用温度为 120 ℃，适用于负荷较高的机械设备和轴承及齿轮的润滑	适中

续表 3-1-18

润滑脂品种	特点	市场价格
二硫化钼极压锂基脂	耐热性好、抗水性、防锈性好，极压性能好，最高使用温度为 120 ℃，适用于负荷较高或有冲击负荷的部件	适中
膨润土润滑脂	耐热性好、抗水性较好，防锈性差，最高使用温度在 130 ℃左右，价格较高； 复合钙基润滑脂：耐热性、抗水性、防锈性好，机械安全性（抗剪切性）较好，最高使用温度在 130 ℃左右	较高
极压复合锂基润滑脂	耐热性、抗水性、防锈性、机械安定性、极压性好，最高使用温度为 160 ℃	较高
聚脲脂	耐热性好、抗氧化性好、抗水性好、极压性好、有较长的轴承寿命，还具有一定的抗辐射性，是一种新型润滑脂产品，目前国内还没有国标和行业标准	高

1.4.4.3　常用润滑脂牌号、性能及应用

常用润滑脂牌号、性能及应用情况如表 3-1-19 所示。

表 3-1-19　常用润滑脂牌号、性能及应用

名称	牌号（或代号）	滴点(℃)不低于	工作锥入度（1/10 mm）	应用
钙基润滑脂（GB/T 491—2008）	1 号	80	310 ~ 340	适用于汽车、拖拉机、冶金、纺织等机械设备的润滑。使用温度范围为 -10 ~ 60 ℃
	2 号	85	265 ~ 295	
	3 号	90	220 ~ 250	
	4 号	95	175 ~ 205	
钠基润滑脂（GB/T 492—1989）	2 号	140	265 ~ 295	2 号、3 号均适用于工作温度不超过 120 ℃的机械摩擦部位的润滑。4 号适用于工作温度不超过 130 ℃的重负荷机械设备的润滑。不能用于与潮湿空气或水接触的润滑部位
	3 号	140	220 ~ 250	
	4 号	150	175 ~ 205	
通用锂基润滑脂（GB/T 7324—2010）	1 号 2 号	170 175	310 ~ 340 265 ~ 295	适用于工作温度在 -20 ~ 120 ℃范围内各种机械设备的滚动轴
	3 号	180	220 ~ 250	设备的滚动轴承和滑动轴承及其他摩擦部位的润滑
极压锂基润滑脂（GB/T 7323—2008）	00 号	165	400 ~ 430	适用于工作温度在 -20 ~ 120 ℃范围内高负荷机械设备的轴承及齿轮的润滑，也可用于集中润滑系统
	0 号	170	355 ~ 385	
	1 号	170	310 ~ 340	
	2 号	170	265 ~ 295	

模块 2　电气设备运行

2.1　设备检查

2.1.1　高低压开关柜

2.1.1.1　高压开关柜

高压开关柜是指将各种电器元器件按一定的接线方式连接起来组成成套装置，用来接收和分配电能的高压配电设备。该装置能在电气运行出现故障的情况下，迅速切断故障部分，恢复系统正常运行。这种装置的内部空间以空气或复合绝缘材料作为绝缘介质。内部安装的电器元器件有高压开关设备、保护电器、检验测量仪表、母线绝缘子和其他辅助设备（如按钮、指示灯、端子排等）。该配电装置按布置地点不同，分为室内和室外两种类型。这种设备防误闭锁装置完备，即防止误分、误合断路器，防止带负荷拉、合隔离开关或手车触头，防止带电挂（合）接地线（接地刀闸），防止带接地线（接地刀闸）合断路器（隔离开关），防止误入带电间隔，称为“五防”。

泵站选用的大都是室内装置，其优点在于：①允许安全净距离小，可以分层布置，布置紧凑、占地面积小；②布置在室内便于操作、巡视、维护，且不受气候因素影响；③最大限度地减少外界污秽空气及灰尘对设备的影响，减轻维护工作量。但与室外装置比，土建投资及设备投资相对较大。

室内装置结构尺寸大小要综合考虑各组成设备的外形尺寸、运输与检修的安全距离等因素。特别是各间隔距离，空气中不同相的带电部分之间或带电部分与接地部分之间的空间最小安全净距离，是必须考虑的最重要因素。

开关柜的型号有两种：一种为产品型号，是用字母来代表产品名称、结构特征、使用场所、设计顺序号、额定电压和改进代号等；另一种为全型号，是在产品型号后面加具体规格、参数、环境特征代号等标志组成。

产品型号构成，从左到右分别按产品名称、结构特征、使用场所、设计系列序号、额定电压（kV）、改进代号表示。如 $XGN_2-12(Z)$：X 代表箱型高压开关柜，G 代表固定式，N 代表户内，2 代表设计序号，12 代表 12 kV，(Z)代表断路器型号（真空）。常用的字母 G、Y、N、W 分别表示固定式、移开式、户内用、户外用；铠装用 K 表示。

常见的成套高压开关柜按柜体结构分为两大类：半封闭式与封闭式。

1）半封闭式

这种型式的开关柜，高度在 2.5 m 以下，组成开关柜的各电气设备安装在金属柜体内，金属外壳接地；母线、隔离开关安装在金属柜体之外。

GG－1A 型开关柜，这种结构开关柜具有结构简单、制造容易、价格低廉，柜内检修空间大等优点；但由于其柜内元件不隔开，母线外露，防护性能差，威胁系统安全运行。虽然目前泵站仍在应用这种产品，但是国家已不鼓励生产，这种产品未来也将逐渐被淘汰。

GG－1A(F)－12 型固定式高压开关柜，设有防误装置，具有“五防”功能，即防止带负荷分合隔离开关；防止误入带电间隔；防止误分、合断路器；防止带电挂接地线；防止带接地线合闸。

2)封闭式

设备制造厂根据用户对一次接线的要求，将组成开关柜的所有电气元件和内部连接件、绝缘支撑和辅助件固定连接后，安装在一个或若干个封闭的、外壳接地的金属壳内(进出接线除外)，称为封闭开关柜。这种柜体“五防”功能完备、运行可靠、维护简单，但造价相对较高。常用的有 XGN 系列、GZS1(KYN28A)型与 KGN 型。金属封闭式高压开关柜，可以细分为不同型式。

(1)按柜内整体结构可分为如下三种型式：

①铠装式。特点是柜内主要组成部分都安放在由接地的金属板相互隔开的各自小室内。隔室间的电路连接通过套管或类似的方式完成。

②间隔式。特点是一些组件分设在单独隔室内(与铠装式一样)，但它是用一个或多个非金属板隔开，隔板的防护等级要求不同。

③箱式。除铠装式或间隔式以外的金属封闭高压开关柜，称为箱式。它的隔室少于上述两种类型，甚至不分隔室。

这三种型式高压开关柜，铠装式最安全，因为它用金属板作为间隔，故障产生的电弧一经触及金属板，即可通过接地母线引入大地，因此可将故障产生的电弧限制在隔室内。而在间隔式中，电弧有可能烧穿绝缘隔板，窜入其他柜子，引起故障，而使故障范围扩大。

(2)按柜体型式分为焊接式和组装式。

(3)按柜内主要电器元件固定的特点分固定式和手车式。手车式又分为落地式与中置式两种。

金属铠装抽出式开关柜。柜内开关选用 SN10－10 型系列少油断路器或 ZN28A－10 型(或 VS 型)系列真空断路器。断路器配用 CD10 系列电磁操作机构或 CT8 系列弹簧操作机构。真空断路器也可配用 CD17 系列操作机构，CT17 或 CT198 弹簧操作机构，隔离开关配用 CN30－10 旋转式系列产品。

2.1.1.2　低压开关柜

低压开关柜是一种按一定的接线方法将涉及低压开关电器成套组装成的低压配电装置。

常见的几种型号有：XL 系列配电箱，GGD 型低压固定式开关柜，GCK、GCL 系列低压抽出式开关柜，GCS、MNS 型低压抽出式开关柜。这几种柜型区别是：GGD 是固定式；GCK、GCS、MNS 是抽屉柜；GCK 和 GCS、MNS 柜抽屉推进机构不同；GCS 柜只能做单面操作柜，柜深 800 mm；MNS 柜可以做双面操作柜，柜深 1 100 mm。

2.1.1.3　高压断路器

常用的高压断路器根据断路器的灭弧介质及作用不同，分为油断路器、压缩空气断路器、六氟化硫(SF_6)断路器、真空断路器和磁吹断路器等。

这几类断路器的基本结构是由灭弧室，动、静触头，导电杆，绝缘支架，传动部分及其操作机构组成的。

(1)油断路器，用绝缘油作灭弧和绝缘介质。根据用油量多少的不同又分为少油断路器和多油断路器两种。由于油断路器运行寿命有限，且运行中易产生爆炸及油污等现象，实际选用中将逐渐被淘汰。但少油断路器在一些地方仍在使用。

(2)压缩空气断路器，触头在压缩空气中分合的断路器，利用高压空气吹动电弧并使其熄灭弧。其工作时，高速气流吹弧对弧柱产生强烈的散热和冷却作用，使弧柱热电离，并迅速减弱以至消失。电弧熄灭后，电弧间隙即由新鲜的压缩空气补充，介电强度迅速恢复。

(3)六氟化硫断路器，利用 SF_6 气体灭弧。SF_6 气体属于无色、无臭、不燃烧、无毒的惰性气体，灭弧性能好，开断能力强。但它的电气性能受电场强度的均匀程度和水分等杂质影响特别大，对密封结构、元件结构及气体本身质量要求特别严格，因此成本相对较高。同时，在室内要注意通风，防止低氟化合物对人体或材料的危害和影响。

(4)真空断路器，是触头在高真空的泡内分合的断路器，因其灭弧介质和灭弧后触头间隙的绝缘介质都是高真空而得名。由于具备体积小、质量轻、适用于频繁操作、灭弧不用检修等优点，目前应用较为普遍。

(5)磁吹断路器，是利用磁场的作用使电弧熄灭的一种断路器。磁场通常由分断电流产生，电弧被磁场力吹入灭弧片狭缝内，并使之拉长、冷却，直至最终熄灭。磁吹断路器的触头在空气中闭合和断开。

根据安装地点，断路器分为户内式与户外式两种。

断路器的操动机构常用的有：电磁式操动机构、手动式操动机构和弹簧蓄能式操动机构。

2.1.1.4　负荷开关

负荷开关，与断路器功能相近，但其开断性能的要求则低一些。它是一种可以带负荷分、合额定电流以及规定的过载电流的电路电器设备。与断路器相比，负荷开关结构简单，用途较广。作为手动控制设备，它被广泛使用于小功率电路中。如安装在泵站配电变压器高压侧；也可以与熔断器配合使用，装在配电线路上，作为线路自动分段控制设备，或电容器组等用电设备投切的自动控制设备；还可以与高压熔断器组合使用，替代断路器。与断路器相比，其最大的缺点是缺少自动保护功能，灭弧装置是由有机玻璃等固体产气材料制成的。

开关本身是根据负荷电流通断能力选用的，不是根据短路电流设计的，有明显的断开点，具有隔离开关的作用。

2.1.1.5　隔离开关

隔离开关没有安装专门的灭弧装置，不能开断负荷电流和短路电流。与断路器配合使用，只有在断路器断开后才能进行操作。

隔离开关的结构是由动、静刀触头，支持绝缘子，操作机构等组成的。

隔离开关主要作用如下：

(1)保证装置在检修工作时有明显可见的、足够大的空气绝缘间隔。

(2)用来进行电路的切换操作。

(3)分合小容量负荷回路,可以用来开断电压互感器、避雷器、母线、电缆线等电容电流和不超过2 A空载变压器励磁涌流。对于一些特殊用途隔离开关要具有迅速隔离功能。

隔离开关根据其安装地点不同,分为户内式和户外式;按照其绝缘支柱数目不同,分为单柱式、双柱式和三柱式;按断口两侧装设接地刀闸情况不同,分为单接地、双接地、不接地;按触头运动方式不同,分为水平回转式、垂直回转式、伸缩式和直线移动式。

2.1.1.6 熔断器

熔断器是一种保护电器。它是在电路通过负荷电流或短路电流时,利用电流通过熔体时产生的热量引起熔断的特性来切断电路,从而对被保护设备起保护作用。它只适用于容量较小且不太重要的负载中。

熔断器一般是由熔断管,熔体,灭弧填充物,动、静触座,绝缘支持物及指示器等组成。

熔断器按其电压等级的不同分为高压和低压;按其安装地点不同分为户内式和户外式;按其结构不同分为螺旋式、插片式和管状式(低压);按是否有限流作用分为有限流式和无限流式等。

选用熔断器主要考虑熔断器的安秒特性,即熔体熔断时间与通过电流的关系,又称为保护特性曲线。通过熔体的电流与其熔断时间呈反时限曲线,即通过熔体电流越大,熔断的时间越短。在选择熔体时,其最小熔体电流I_{min}应大于回路额定电流I_n,则通过I_{min}时的熔断时间为无穷大。

实际工作中要注意,熔断器的额定电流与熔体的额定电流是两个不同的值。熔断器的额定电流是指熔断器载流部分和接触部分设计时所选择的电流;熔体的额定电流,是指熔体本身设计时通过计算,按允许通过的最大电流值选择的熔体的电流。

在同一熔断器内,可分别装入不同额定电流的熔体,最大的熔体电流可与熔断器的额定电流相同。

2.1.1.7 母线和绝缘子

在进出线很多的情况下,为便于电能的汇集和分配,设置一条主线称为母线。泵站系统的母线主要将电网电能引进后,通过母线分配给泵站的各用电设备。常用母线有两类:一类是软母线,一类是硬母线。

母线选择,一般先按最大长期工作电流与经济电流密度选择母线材料、截面和结构型式;再按短路电流条件校验母线热稳定和动稳定,最终确定母线型式。

绝缘子可使通电导体与支持构件隔离。在选择时,先根据其额定电压和安装地点来确定,再根据短路电流条件校验其动稳定即可。运行人员只需要在运行及平时对其进行维护与检查。

2.1.1.8 避雷器

避雷器有阀型、管型及金属氧化物避雷器等类型。阀型避雷器根据其用途又分为有并联电阻和无并联电阻两种。管型避雷器有一般管式线路型和无续流管式配电型。金属氧化物避雷器(简称氧化锌避雷器)具有良好的非线性,快速的陡波响应和大通流能力,已成为新一代避雷器的首选产品。

(1)阀型避雷器主要是由火花间隙和阀性电阻盘串联构成。为了防止受潮并保证火花间隙具有稳定性,电阻盘必须装在密封的瓷套中。我国目前生产的阀型避雷器主要有普通型和磁吹型两大类。普通型有FS和FZ型系列。磁吹型有FCD和FCZ型系列。

F代表阀型、S代表线路用、Z代表电站用、D代表保护电机用、C代表磁吹。

FS型系列采用主板型间隙和阀片组成。由于阀片直径较小,火花间隙无分路电阻,其通流容量较低,伏安特性较陡,所以一般选用10 kV以下及小容量的配电装置。

FZ型系列采用标准火花间隙和阀片组成。由于阀片直径较大,火花间隙有分路电阻,其冲击系数较FS型低些,通常用来保护35 kV及以上中等容量和工业企业变电站。

FCD型系列采用拉长电弧型磁吹间隙和高温阀片组成。与普通型避雷器的区别,主要在于间隙的结构形状不同,且在间隙上串联了二线圈。使用磁吹间隙避雷器,当续流通过时,电弧被拉长,电弧电阻可帮助阀片电阻起限流作用。还可减少一部分阀片,使避雷器的残压进一步降低。FCD型系列,通流能力大,是一个性能较好的过电压保护设备,通常用来保护旋转电机等绝缘比较弱的电气设备。

FCZ型适用额定电压较高等级电气设备,泵站一般不使用。

(2)管型避雷器由产气管、内部间隙和外部间隙三部分组成。它是依靠电力系统的短路电流在管内产生气体来消弧的。如果电力系统短路电流越大,产生的气体就越多,压力也就越大,结果可能造成管型避雷器的管子爆炸;反之,如果短路电流小,产生的气体少,就不能达到灭弧的目的,并可能使管型避雷器因长期通过短路电流而烧毁。因此,在选择管型避雷器时,其开断续流的上限应不小于管型避雷器安装处短路电流的最大有效值;开断续流的下限,应不大于管型避雷器安装处短路电流的可能最大值。管型避雷器一般适用于线路保护。

(3)金属氧化物避雷器是由具有较好的非线性“伏－安”特性的氢化锌电阻片组装而成。它在正常情况下,具有极高的电阻而呈现绝缘状态;在雷电过电压作用下,则呈现低电阻状态,泄放雷电流,使与避雷器并联的电器设备的残压被抑制在设备绝缘安全值之下。在过电压消失后,它又能迅速恢复高电阻而呈现绝缘状态,从而有效地保护被保护电器设备的绝缘免受过电压的损害。在10 kV系统中,将金属氧化物避雷器并联在真空开关上,以便限制、截流过电压。

避雷器是全密封元件,一般不可以拆卸。使用中一旦出现损坏,基本上不可能修复。正常运行时以预防为主。

运行人员必须分清每一类型避雷器。各类型避雷器结构不一样,预防性试验时,方法也不一样,只有正确分清类别,才能达到预试目的。否则,不仅不能达到预试目的,还会影响系统安全运行。

选用避雷器时注意的技术参数有:额定电压、工频放电电压、冲击放电电压和残压等。

2.1.1.9 互感器

互感器是运用电磁感应原理制造的,工作原理与变压器相似。

互感器分为电压互感器与电流互感器两大类型。技术参数选择,必须考虑其精确度与额定容量。运行中为确保人员在接触测量仪表与保护装置时的安全,二次线圈必须接地。电流互感器在一次侧有电流时,二次侧不得开路,因此在运行时,如需拆除二次侧回路所接仪表,必须先将端子排上短路压板接好,然后才能进行工作,以防止二次回路开路造成危害。电压互感器二次侧不允许短路运行。

互感器的作用:

(1)对线路中电压、电流、电能进行测量,给测量仪表提供读数;与继电装置配合,对系统和设备进行保护。

(2)使测量仪表、保护装置与系统高压隔离,以保证运行人员和二次装置安全。

(3)将线路电压、电流变换成统一的标准值,使仪表和保护装置标准化。

由于互感器误差值不同,将其精确度划分为0.1、0.2、0.5、1、3共5等标准等级。根据用途不同,选择不同等级的互感器。电能计量规程要求互感器的精确度不得大于0.2级。

2.1.2　直流柜

直流电源是泵站中电力设备独立的直流操作电源系统。随着现代高新技术的发展,根据电力系统控制、保护装置的运行要求,设计生产出一种新型免维护直流电源设备。这种直流电源设备与为其电源提供充电的设备组成的一套装置称为直流柜。

直流柜为蓄电池直流电源充电,并配合蓄电池使用。其核心部件采用微机监控系统及高频开关电源充电模块。为保证直流系统在交流失压情况下能提供可靠的分合闸电源,可用直流柜内的设备定期对蓄电池容量进行检测,对设备的运行状况进行监控,按照电池技术参数及负荷预定充电曲线,完成“浮充”或“均充”,使整个充电程序自动化,或对蓄电池组进行定期放电。

2.1.3　励磁柜

励磁柜是励磁系统中一个向同步电机提供励磁电源,集控制、保护、操作于一体的励磁装置。励磁装置根据不同规格、型号和使用要求,分别由调节、控制、灭磁和整流几个部分组成。电力系统在正常运行情况下,给同步电动机转子提供一个直流电源,使电动机转子相当于一个电磁铁,与定子交流电流励磁建立的旋转磁场,相互吸引,以磁拉力拖动转子与定子旋转磁场同步运行。

励磁柜的型号,国内目前没有统一的代号,各厂家有各自的代号。无论是哪一个厂家的代号,其系统特征是:全压或降压启动,恒定励磁;全压或降压启动,按负荷调节励磁电流或按恒定功率因数调节励磁电流大小。

2.1.4　计算机保护柜(微机保护装置)

计算机保护柜,也称为微机型保护装置,是一种用于测量、控制、保护、通信一体化的保护装置。它是针对配电网络终端高压配电室而设计的,以三段式无方向电流保护为核心,配备有设备运行参数的监视及采集功能,可省掉传统的各种测量表计等,并可通过通信接口,将各种测量到的参数及保护信息传输到上位机,方便实现自动控制。柜体及柜型可根据实际尺寸设计布置。

2.1.5 消弧消谐装置

消弧消谐装置,通常称为消弧消谐选线及过电压保护装置。它适用于3～66 kV中性点不直接接地的电力系统,能对系统中各类过电压加以限制,有效地提高系统运行安全性及供电的可靠性。

消弧、消谐的工作原理是不一样的。消弧的工作原理是:当母线发生单相金属接地(弧光接地)将引起另外两相电压升高(最高可达3.5倍)时,就威胁到其他电气设备运行,这时消弧装置动作,使金属接地通过消弧装置动作的真空接触器直接接地,将弧光接地转化为金属接地,并将过电压限制在1.73倍以内,使电弧熄灭,有利于母线保护动作,可以避免谐波的产生。消谐主要是通过安装在PT二次回路上的大电阻吸收二次谐波以及高次谐波,有利于电网的安全运行。

消弧消谐选线及过电压保护装置能够瞬时改变系统参数和短接母线上的PT开口三角绕组,消除谐振,限制故障相的恢复电压幅值及恢复电压的上升速度,消除弧光接地。采用短时增大故障线路的零序电流,增加接地保护的选择性,从而准确地查找并切除故障线路。它能够代替电压互感器柜,并提供电压检测信号,具有过电压保护功能,能将大气过电压和操作过电压限制到较低的程度,保证电网及电气设备的绝缘安全,使因过电压引起的事故大幅减少;能够替代消弧线圈,快速消除间歇性弧光接地故障,抑制间歇性弧光接地过电压,防止事故进一步扩大,降低线路的事故跳闸率;能够快速有效地限制并消除各种谐振过电压,防止因长时间的谐振过电压对系统绝缘结构的加速老化,防止谐振过电压对电网中设置的避雷器及小感性负载的影响,增加系统运行的安全可靠性,延长系统中设备的使用寿命。运用消弧消谐装置能够迅速准确查找单相接地故障线路,防止事故进一步扩大,减轻运行和维护人员的工作量。

当然,消弧消谐装置的主要作用还是保护系统线路,对泵站的保护作用相对次之。这类产品目前市场上质量参差不齐,如果选择或安装不当,管理不到位,非泵站内部系统中的线路故障也能够引起装置动作。当装置发生动作时,如果不能及时复位又将会导致电网系统故障。所以,选用时应慎重!

2.1.6 蓄电池

2.1.6.1 蓄电池的作用

蓄电池作为泵站独立的直流电源系统,向泵站设备的继电保护、自动控制、信号回路、事故照明等负荷提供电源。

通常选用一组蓄电池,采用硅整流装置按浮充电方式运行,组成独立的直流供电系统。泵站中常选用的独立的直流电源有:硅整流电容储能直流电源、铅酸蓄电池直流电源、镉镍蓄电池直流电源。

2.1.6.2 蓄电池原理结构及常用型号

蓄电池根据电极和电解液所用物质的不同分为酸性蓄电池和碱性蓄电池。酸性蓄电池电解液为浓度27%～37%的稀硫酸,正极板的活性物质为二氧化铅(PbO_2),负极板的活性物质是绒状铅(Pb),所以酸性蓄电池又称为铅酸蓄电池。碱性蓄电池的电解液为浓度20%氢氧化钾水溶液,正极板用氢氧化镍[$Ni(OH)_2$],负极板用镉镍(Cd),所以碱性蓄电池又称为镉镍蓄电池。

传统的电池都是采用铅酸蓄电池,由于铅酸蓄电池在运行中受电压稳定性差、维护工作量大、占用空间大、寿命影响大等因素的制约,已逐渐被全封闭免维护的镉镍电池取代。与酸性电池相比,镉镍电池虽然价格要高一些,但它具有放电电压平稳、体积小、寿命长、机械强度高、占地面积小、维护方便等优点。

无论是哪一种蓄电池,其作用原理都是通过氧化-还原反应,将电池内活性物质的化学能直接转变为电能,作为电源使用。即电池在工作时,电解液中的负极活性物质发生电化学氧化反应,释放出电子,在两极间电位差作用下,电子由负极流经外线路到正极,正极板活性物质得到电子发生电化学还原反应,同时电解质中的离子通过扩散和电迁移在电池内部传输电流,从而形成一个闭合的导电回路。

蓄电池主要结构包括正极板、负极板、电解液、隔膜和装电解液的容器五个部分。隔膜的作用是把正、负极板隔开,防止短路。

常用蓄电池型号:铅酸蓄电池有GGF、GGM型,后面带有数字表示蓄电池的放电容量。碱性蓄电池有TM、GN型两种,TM表示铁镍蓄电池,GN表示镉镍蓄电池。随着科技的发展,全封闭免维护蓄电池已逐渐取代开敞式蓄电池。全封闭免维护蓄电池采用的是阀控式密封结构安全防爆排气系统,解决了电池密封免维护问题,且无污染、无腐蚀,任何地方均可放置、保管、使用。

泵站使用的蓄电池主要有铅酸蓄电池、镉镍蓄电池及阀式蓄电池(全封闭免维护蓄电池),采用硅整流浮充式运行方式。随着科学技术的发展,投资的加大,对运行维护工作要求的减轻,运行可靠性的提高,全封闭免维护蓄电池组配合微机监控硅整流充电装置,得以广泛应用。

2.1.6.3　电池的主要技术参数

(1)开路电压:不接负载时电池两极之间的电位差。

(2)工作电压:电池与负载接通后两极之间的电压。

(3)电池容量:电池在一定的放电条件下能够提供给负载的电量。

(4)使用温度:电池放电只能在一定的温度范围内进行。

(5)寿命、储存期、防爆性、耐压性、抗振、抗冲性等要求。

2.1.6.4　硅整流电容储能原理及特性

电容储能具有比蓄电池组便宜、维护工作量小等优点。在中小型泵站中,应用硅整流直流电源系统较多。当装置受电电源发生短路故障时,会引起交流电源电流下降,严重时可造成继电保护装置不动作,这时采用电容器储存的能量应满足继电保护装置和断路器跳闸动作时所需能量。由于选择的电容器通常是电解电容,其寿命较短,因此必须对电解电容器进行定期检查。

硅整流电容储能的工作原理:取自交流电源硅整流装置,正常情况下供给硅整流子端工作电源,并向电容器储存能量。当交流系统发生事故时,如短路、引起交流母线电压降低或消失,利用电容器储存的能量向保护回路和跳闸回路放电,使断路器跳开,切开交流电源,确保泵站设备安全。

电容器组应具有能保证使保护装置及断路器操作机构可靠动作的容量。

2.1.7　电气设备检查及技术要求

2.1.7.1　配电柜

高压开关柜是由柜内各个单一的电气元器件组成的。对柜体整体的检查内容有:"五防"装置是否完好,柜内各元件及其端子是否清洁,接线是否牢固,对外连接的孔洞是否封闭,操作机构是否灵活,灭弧栅罩是否完好、整洁,设备整体环境清洁无灰尘、无污染,绝缘子、互感器、断路器表面是否清洁、干燥、无破损、无放电。油断器的油位应处于油位计上、下线内(不能过低或过高),油色要透明呈淡黄色、无黑色碳化物、无渗漏,柜内、柜顶无杂物、无异味。转换开关、断路器、指示灯显示状态要对应。

2.1.7.2　断路器

1)油断路器

在正常运行时,断路器的操作机构应灵活可靠,操作电源应符合要求;油位、油色正常,各参数不超过额定值。禁止将有拒绝分闸或严重缺油、漏油、漏气等缺陷的断路器投入运行。

对远距离操作的断路器的分(合)闸操作,应采用远距离操作方式。只有在远距离分闸失灵,或发生人身伤害及设备事故,来不及远距离分闸时,方允许使用手动机构就地分闸。

值班人员必须按规定对运行中的断路器进行巡查。重点巡查操作机构、出线套管、油位、油色、气压等容易造成事故的部位。在负荷高峰时,易发热部位是否发热变色;天气骤变,尤其是雷雨风暴,以及其他恶劣的天气时,应加强巡视检查。对发现的问题尽快设法解除,以保证断路器安全运行。

运行中的少油断路器,外壳带有工作电压,巡查人员不得随意打开柜体检查。

当系统中发生事故,断路器跳闸后,应检查油断路器有无喷油现象,油色、油位是否正常,油箱有无变形,各连接部位有无松动,瓷件是否损坏或断裂,接点处有无过热现象。油面是否在油位指示的上下控制线内,若发现异常,如漏油、渗油或有不正常声音等,应采取措施处理,必要时须立即停电检修。当过流跳闸且负荷变化很大或断路器喷油有瓦斯气味时,必须停止运行,以免发生爆炸。

油断路器正常运行时,从断路器的观察孔中必然看到油的颜色是无色或淡黄色的,且油面处于上、下控制线之间。当从观察孔中看到油的颜色变成深暗、浑浊或有碳颗粒时,说明油的黏度、酸度、灰分都有增加,油的绝缘性能减弱,绝缘油中出现了破坏绝缘和腐蚀金属的低分子酸。为了不影响绝缘油的性能,需进行更换处理。

同时,还应从开关柜的观察窗中检查油断路器的基座转轴油封处、基座缓冲器油封处、放油螺钉及绝缘筒上下端油封处是否漏油,排气孔"小嘴"是否朝后等。

正常运行时油断路器的油是没有温度的。如果发现排气孔有气雾现象,说明断路器有故障,需停运维修。

用油作为绝缘介质的互感器,对油位、油温、油色的检查,按变压器油的要求执行。

2)六氟化硫断路器和真空断路器

(1)六氟化硫断路器运行中的巡查包括如下内容:

①套管检查。清洁,无破损、裂纹、放电闪络现象。

②连接头检查。无过热变色现象。

③听声音、闻气味。内部无异声(如漏电声、振动声),无异臭味。

④分合闸位置指示应正确。

⑤气压检查。气压应保持在0.4~0.6 MPa范围内。

⑥含水量监视。含水量在标准范围。

(2)真空断路器运行中的巡查包括如下内容:

①瓷件检查。应无裂纹、破损,表面光洁。

②听声音、看颜色。内部无异常声音,屏蔽罩颜色无明显变化。

③连接头无松动,不发热变色,转动机构轴销无脱落变形。

④分合闸位置指示正常。

⑤接地应良好。

3)操作机构

操作机构是断路器中的重要部件,是经常动作且容易出问题的部位。运行中的巡查包括如下内容:

(1)机构箱门平整,开启灵活,关闭紧密。

(2)分合闸线圈及接触器线圈无冒烟、无异味。

(3)直流电源回路接线端无松动,无铜绿或锈蚀。

(4)直流电源电压符合要求。

(5)分合闸保险丝完好,指示灯显示正常。

(6)手动式操作机构灵活,弹簧蓄能式操作机构指示灯显示正常。

4)断路器的紧急分闸

当巡查发现下列情况之一或保护没有动作时,应立即用上一级断路器跳开连接该回路的电源,将该断路器从电路中断开进行处理。

(1)断路器套管爆炸断裂。

(2)断路器着火。

(3)内部有严重的放电声。

(4)油断路器严重缺油,六氟化硫断路器气体严重外泄或气体小于标准值。

(5)连接处有发热变色现象。

2.1.7.3　隔离开关

隔离开关没有灭弧装置,不具备灭弧性能。它的主要用途是保证检修人员在检修设备时的安全;同时,也可以用它进行电路切换操作,断开小于5 A的电流。

隔离开关运行中应注意如下事项:

(1)严禁用隔离开关来拉、合负荷电流和故障电流。

(2)在合闸操作时必须迅速果断。合闸后应检查是否合到位,动静触头接触是否良好。如果误合隔离开关,有电弧产生,此时应合到位,严禁中途分开。

(3)分闸时,开始时应缓慢而谨慎,当动静触头分离时无电弧产生,则应迅速果断拉开,以利灭弧;若动静触头分离时有电弧产生,应迅速合上,待查明原因后再操作。

(4)与断路器配合使用。送电时,应先合隔离开关,再合断路器;停电时,应先分断路器,再分隔离开关。

2.1.7.4　高压负荷开关与高压熔断器

多数情况下,高压负荷开关和高压熔断器是配合使用的。高压负荷开关带有简单的灭弧装置,能够接通或断开负荷电流和不大的过负荷电流;高压熔断器切断短路电流和较大的负荷电流。在泵站系统中,高压负荷开关运用得不多,但高压熔断器在电容器柜和电压互感器的高压端均有使用。

高压负荷开关在运行中巡查内容及常见故障与隔离开关相似,高压熔断器在运行中巡查主要是检查其是否完好,指示灯反映是否正确。

2.1.7.5　电压互感器

1)投入运行的检查

要求绝缘良好,接线正确、牢固,接地要可靠,周围无杂物;电压互感器及回路上无检修人员及设备。一、二次侧熔丝投上后,合上隔离开关。若发现有异常情况应立即停运,待查明原因、处理完毕后再投入运行。

2)退出运行的操作

首先退出与该电压互感器连接的继电保护装置,以免引起误动作;拉开高压侧隔离开关,取出一、二次侧熔丝,退出运行。

3)电压互感器运行中的检查

运行中的电压互感器每班至少巡查两次。巡查的主要内容如下:

(1)高、低侧熔丝是否完好。

(2)各连接部位接触是否良好。

(3)绝缘子有无损伤、裂纹、闪络等现象。

(4)有没有焦味及烧损现象。

(5)有无放电声。

(6)接地是否良好等。

(7)油色是否正常。

(8)二次回路严禁短路。

2.1.7.6　母线、电缆及绝缘子

1)母线运行中及运行后的检查

(1)母线运行中的检查内容如下:

①敞开式母线接头接触是否良好,接头有无烧熔或发生变形等现象。如有烧红或脱落等现象,应立即停电检修。

②母线在大电流作用下,是否出现弯曲、折断、瓷瓶崩碎等现象。如有,根据损坏程度和情况停电处理。

(2)母线运行后的检查内容如下:

①清扫母线瓷瓶的灰尘和脏污,保持瓷瓶清洁。检查瓷瓶有无破损及闪络痕迹,水泥

填料有无脱落等情况。保持瓷瓶的完好性。

②检查母线接头接触是否良好。若用螺栓连接的，垫圈应齐全，螺栓应拧紧不得松动。

③伸缩节两端接触良好，不得有断裂现象。

④母线耐压试验及测量电阻应符合要求。

⑤母线固定应平整牢靠，固定用部件应齐全，无锈蚀，撑条应均匀。

⑥相序颜色标志应清楚。

⑦一般母线1~3年进行一次交流耐压试验，封闭母线在大修时进行。

2)电缆沟及电缆的检查

(1)运行及非运行期，电缆沟检查及维护项目有：

①检查、清理电缆沟下水道，使其畅通。经常用水冲洗和打扫，保持沟内清洁，无积泥。

②沟里不允许堆放杂物，盖板应齐全完好。

③检查沟内防火封堵涂料是否损坏，通风设备是否完好。

④支架是否牢靠，电缆在支架上有无搁伤或擦伤。

⑤接地应可靠良好。必要时可测量接地电阻。

(2)电缆的检查内容如下：

①电缆头应干净、无电晕放电痕迹及过热记录，引线接触良好。

②保持终端盆及瓷套管干净无灰尘，终端盆内绝缘胶应足够，无开裂、无水分、无漏油痕迹等。

③铠装电缆铅皮无龟裂、腐蚀。

④油漆防腐层完好。

⑤电缆接地良好。

⑥按要求做好预防性试验。

3)绝缘子

绝缘子表面要清洁、干净，无破损、裂纹、放电痕迹、闪络现象，支撑铁件与绝缘体连接牢固、紧固件连接牢靠。

2.1.7.7　接地装置

在接地装置中，避雷器、变压器、主机组的中性点，以及其他接地系统的接地，一般都与泵站建筑物连接在一起，构成一个大接地网。避雷针、计算机监控系统(弱电系统)一般宜采用独立的接地体。

接地装置检查内容如下：

(1)接地电阻应符合要求。

(2)各部连接部位应良好，无松动、脱焊现象。

(3)接地材料应有防腐措施。

(4)接地体与接地线连接应牢固，符合规定。

(5)接地标志齐全明显。

2.1.7.8 **防雷装置**

1)防雷装置检查、维护的内容

(1)防雷装置引雷部分(如避雷针)、接地引下线和接地体三者之间连接应良好。

(2)每年雷雨季节之前测量的接地电阻应符合要求,接地应良好。

(3)避雷器应定期试验(一般在每年雷雨季节之前),检查避雷器套管应完好。金属氧化物避雷器与阀式避雷器,都要做绝缘电阻、底座绝缘电阻试验,检查放电计数器的动作情况。此外,金属氧化物避雷器还要做直流 1 mA、0.75 倍运行电压下的泄漏电流与运行电压下的泄漏电流试验;阀式避雷器还要做工频放电电压与电导电流串联组合元件的非线性因素差值试验。

(4)检查金属部件上有无机械损坏、锈蚀、断裂现象。

(5)定期记录雷击放电记数器动作次数。

2)防雷装置常见故障

(1)避雷器引线及接地引下线有严重烧痕,或放电记录器烧坏。

(2)避雷器套管闪络或爬电。

(3)避雷器上下金属端盖锈蚀腐烂。

3)使用防雷装置的注意事项

(1)有雷雨时,只要防雷装置能用,就不能退出,待雨后处理。

(2)发生避雷器故障,导致电网接地,值班人员在退出故障避雷器之前需断开电源。阀型避雷器爆炸,但未造成电网永久接地,可在雷雨后更换。

2.1.7.9 **直流系统运行中的检查、维护**

1)蓄电池

(1)电池与导线连接部位应良好,无松动现象,各接头处应涂上凡士林保护。

(2)蓄电池本体应无裂纹、无脏污及破损现象,防酸帽清洁,注液孔无破损。

(3)蓄电池内的电解液应符合要求,液位在正常范围内(红线),无渗漏现象。

(4)应定期检查电解液的比重和浓度,并定期对蓄电池组进行充放电试验;对部分有问题的电池,可单独进行充放电试验。

(5)整个系统的控制部分工作正常,绝缘良好。

(6)对于全封闭免维护铅酸蓄电池来说,检查维护项目少,工作量轻,其常规检查是在直流屏上通过微机监控巡视发现问题;传统的固定式铅蓄电池应定期检查每个蓄电池电压并调整电解液的比重,其比重在 25 ℃时一般为 1.215 ±0.005(电解液比重随温度变化而变化)。确保电解液的比重符合运行条件,且基本一致。电解液的液面应高于极板位置,且处于上、下液位线之间。

2)硅整流系统

整个系统运行维护简单,且工作可靠。但二次回路比较复杂,检查中需特别细心。

(1)交流供电电源应良好,接线正确可靠。

(2)硅整流器运行应正常,各部件性能完好,输出电压、电流应正确。

(3)电容器组性能完好(电容器的检查及巡视参看相关部分)。

(4)各部连接应牢固,无松动、发热现象。

(5)系统绝缘良好。

(6)接地连接可靠。

(7)电容器组的检查装置运行正常,能满足正常浮充电要求。确保电容器组处于储能状况。

(8)由于其电源要占用一次设备,调试比较复杂。

2.1.7.10　低压设备运行与检查

低压成套设备的检查内容与成套高压设备内容相近,不作介绍。下面只介绍单个元器件的检查内容。

1)低压断路器(空气开关)

低压断路器是利用空气作为灭弧介质的自动空气开关,可以用于不频繁地接通和断开电路中的空载电流和负荷电流;当系统发生故障时,自动断开故障电流,对设备起保护作用。它自身带有短路和过载保护装置以及欠电压保护装置,既可以独立工作,也可以与熔断器、热继电器等保护装置配合工作。常用的低压断路器有DW系列和DE系列,目前引进了部分国外系列产品。正确使用和维护好低压断路器的程序如下。

(1)使用前,清除断路器上的灰尘,擦去各电磁铁表面的防锈油脂,并拧紧各连接部位的螺栓。检查额定电流、铁芯气隙、活动部件的距离,调整螺栓并固定好。

(2)有双金属片脱扣器的断路器,工作温度超出范围的,应降容使用或重新调整好才能使用;因过载分断后脱扣,应经过2~3 min冷却后"再扣"。应定期检查脱扣器整定值是否有变动。

(3)使用中,应定期清除断路器上的灰尘,并隔1~2年对其操作机构上传动部位加一次润滑油。定期检修时,应对其操作机构分、合数次,检查其灵活性。

(4)定期检查触头接触面状况。发现有污垢、灰尘、毛刺等现象应用丙酮清洗,或用细锉修整;触头烧损严重的应予以更换。

(5)若断路器分断短路电流或长期灭弧,应清除灭弧室内壁和栅片上的烟灰和金属颗粒。有损坏的要立即更换,受潮的应烘干使用。

2)刀开关

刀开关是一种比较简单的开关,不能切断故障电流,只能承受故障电流引起的电动力和热效应。主要用于配电设备中隔离电源或用于不频繁地接通与分断额定电流以下的负载。

(1)刀开关的选用与安装。要根据刀开关在线路中的作用,选择开关结构型式、等级等,再根据其作用确定其安装地点、位置。安装要牢固,便于操作。

转换开关也是刀开关的一种,区别在于刀开关操作时为上下平面动作,而转换开关操作时为左右旋转的平面动作,是供两种或两种以上电源或负载转换用的电器。

(2)铁壳开关选用。铁壳开关是作为不频繁地通断负载电流,启动或分断电机用。通常分断负荷电流不大于60 A。因此,应根据其控制对象和额定电流来选择。

3)接触器

接触器是一种利用电磁吸力来接通或断开带负载的交、直流电路或大容量控制电路的低压开关。它操作简单,动作迅速,灭弧性能好。主要控制对象为电动机,也可以用来控制其他负载。它还具有低压释放保护作用,也可以与热继电器或其他继电保护配合,切断故障电流和短路电流,实现远距离自动控制。

接触器一般由铁芯线圈、主触头、辅助触头和灭弧栅组成。它有交、直流两种类型。铁芯线圈电压通常为 110 V、220 V 或 380 V 等几种。

接触器与断路器有所不同。在运行中,接触器线圈必须始终通电以保证接触器处于吸合状态。线圈一旦失电或线圈两端电压低于一定值,接触器就会释放,断开主回路。因此,在电压波动较大的场合,不宜使用接触器。

接触器停电检查的项目包括:

(1)外观检查。所有连接的紧固件是否拧紧,接地螺栓是否完好。清除相间及外部的尘垢和堆积物。

(2)主触头检查。主触头在使用中氧化或硫化发黑,属正常现象,对接触电阻影响不大,不必处理。若触头烧毛,将影响接触,可用细锉修整,并调整触头之间压力使三相同步。禁止用砂布研磨接触面。若触头严重开焊、脱落或磨损厚度达触头原厚度的 3/4,则应更换。

(3)辅助触头检查。检查触头是否卡住、脱落,触头弹簧和活动部件是否断裂,触头接触是否良好。

(4)灭弧罩检查。取下灭弧罩,用毛刷清扫内部烟尘。若灭弧罩内壁附有金属颗粒,应将其铲除,防止金属颗粒将栅片短接;若栅片损坏、脱落或严重烧损,应将其换掉。

(5)铁芯检查。清除铁芯磁极面的污垢和锈斑,并用砂布平推磁极面使之平滑光亮。检查短路环有无断裂或烧损现象,铆钉有无切头,叠片是否松开,缓冲弹簧和橡胶件等是否完好,安装是否正确。

(6)线圈检查。如线圈外层包的纸焦脆或发黑,则说明线圈温升过高或内部有短路匝,应更换线圈。检查引出线是否完好。

接触器运行中巡查项目包括:

(1)通过接触器的负荷电流是否在额定值范围内。

(2)分、合闸信号指示是否正常。

(3)接触器灭弧室内有无放电声,检查灭弧罩是否松动、脱落。

(4)检查线圈是否过热,吸合是否良好,噪声变化情况等。

(5)连接处有无过热现象,绝缘杆是否裂损。

(6)周围环境是否符合接触器正常运行条件。

4)漏电保护器

漏电保护器的工作原理是:在三相电路中,将三相电线或中性线中串联零序电流互感器。在正常情况下,三相电流的向量之和为零,漏电脱扣器不动作。当线路或电气设备因绝缘损坏发生漏电、接地故障或人身触及时,三相电流的向量之和不为零,这时,零序电流互感器就检出不平衡电流(即漏电电流);当漏电电流达到或超过脱扣器的动作值时,漏电脱扣器立即动作,切断电源,从而起到漏电保护的作用。

漏电保护器主要是提供间接接触保护,用于低压电路中,可作为防止人身触电和防止漏电引起的火灾、电气设备烧损以及爆炸事故的安全器。

5)软启动器

软启动器通电前的检查内容包括：

(1)软启动器功率是否与电动机功率相符。

(2)电动机绝缘是否符合要求。

(3)主电路输入、输出接线是否正确。

(4)所有接线螺母是否拧紧。

(5)用万用表检查三相进线电源是否完好。

软启动器的通电试运行内容包括：

(1)当软启动器通电后，键盘显示器启动准备指示反映正确，表示一切正常。

(2)在显示正常情况下，按启动键(RUN)即可启动电动机。电动机启动运行后，键盘显示器显示“运行状态”。

(3)在运行情况下，按停止键(STOP)即可停机，使软启动器回到启动准备状态。

以上操作步骤是在调试情况下进行，机组安装调试好，仅需在控制按钮前根据操作规程拨动选择按钮操作运行。

6)热继电器

热继电器是一种依靠负载电流通过发热元件时产生热量，当负载电流超过允许值，所产生的热量增大到使其动作机构随之动作的保护电器，主要用来保护电动机的过载及对其他电气设备发热状态的控制。

热继电器运行中检查与维护的内容包括：

(1)检查电路负荷电流是否在热元件的整定范围内。

(2)检查与热继电器连接的导线接点处有无发生过热现象，导线载面是否满足负荷要求。

(3)检查热继电器的绝缘盖板是否完整无损和盖好。

(4)检查热元件的发热电阻丝是否完好，继电器内的辅路触点有无烧毛、熔焊现象，机构各部元件是否正常完好，动作是否灵活可靠。

(5)检查热继电器绝缘是否完整无损，内部是否清洁等。

7)熔断器

(1)熔体不能有机械损伤，且应经常检查熔体安装是否牢靠。

(2)熔断器及熔体必须安装可靠。

(3)更换熔断器时，要检查新熔体的规格及形状是否与被更换的熔体一致。

(4)熔体有氧化腐蚀或损伤时，应及时更换。

2.1.7.11 电气设备检查结果记录方法及格式

1)检查结果记录

电气设备检查结果记录包括运行参数的记录，设备运行状况记录，设备检修、维护情况记录等几种。

设备运行参数记录的内容主要包括：

(1)电气参数记录，如母线的电流、电压、功率、功率因数等。

(2)非电气参数记录,如温度、液位等。

设备运行状况记录的内容包括运行时间(包括开、停机时间),运行中巡视状况,投运的台数等。

设备检修、维护情况记录的内容包括人员、时间、环境状况,出现问题的现象及原因分析,组织程序、检修维护方法、结果等。

各种记录都是设备历史档案,不可或缺。

2)记录格式

各项内容的记录格式有表格式、磁盘式、影像式几种,视各自条件而定。通常是用表格式记录存档。但要注意,须按规定整理文档编号,以便于查找。

2.2 设备操作

2.2.1 泵站电气设备主接线图

反映泵站一次电气设备连接关系的电气接线图,称为泵站电气设备主接线图。电气主接线图一般画成单线图,如图 3-2-1 所示。

电气主接线图中的主要电气设备有变压器、断路器、隔离开关、电压互感器、电流互感器、避雷器、母线、电动机、无功补偿装置等。

泵站电气主接线系统常采用单母线接线、单母线分段接线和双母线接线(较少用)。

2.2.2 电气设备操作顺序及技术要求

用电设备与电力系统的连接与分开都是通过开关设备的操作来实现的。操作顺序正确与否直接关系到设备的运行安全,以及操作人员的人身安全。因此,操作时务必按照正确的操作程序执行。电气设备的一般操作要求如下:

(1)送电操作,先投入保护、自动装置,后投入一次设备,即先合上断路器两侧的开关,后合断路器;停电操作时,先停一次设备,即先断开断路器,再拉开两侧的隔离开关,后停保护、自动装置。其目的是为了防止带负荷拉合隔离开关。

(2)为了防止误操作,除严格按照操作规程实行操作票制度外,还在隔离开关和相应的断路器之间加装电磁闭锁和机械闭锁装置。在配电柜上必须装设"五防"装置,即防止误分、误合断路器,防止带负荷拉、合隔离开关或手车触头,防止带电挂(合)接地线(接地刀闸),防止带接地线(接地刀闸)合断路器(隔离开关),防止误入带电间隔。

(3)对所有电气设备开关的操作均应遵守上述操作原则,严禁在未断开断路器的情况下拉合隔离开关。

(4)操作户外跌落式熔断器,应注意用绝缘杆(令克棒)拉跌落熔断器,拉开的顺序为:先拉开中相,再拉开下风相,最后拉开剩下的一相;合闸顺序相反。一人操作,一人监护。操作时不可用力过猛。选用的令克棒应与操作的电压等级相对应。

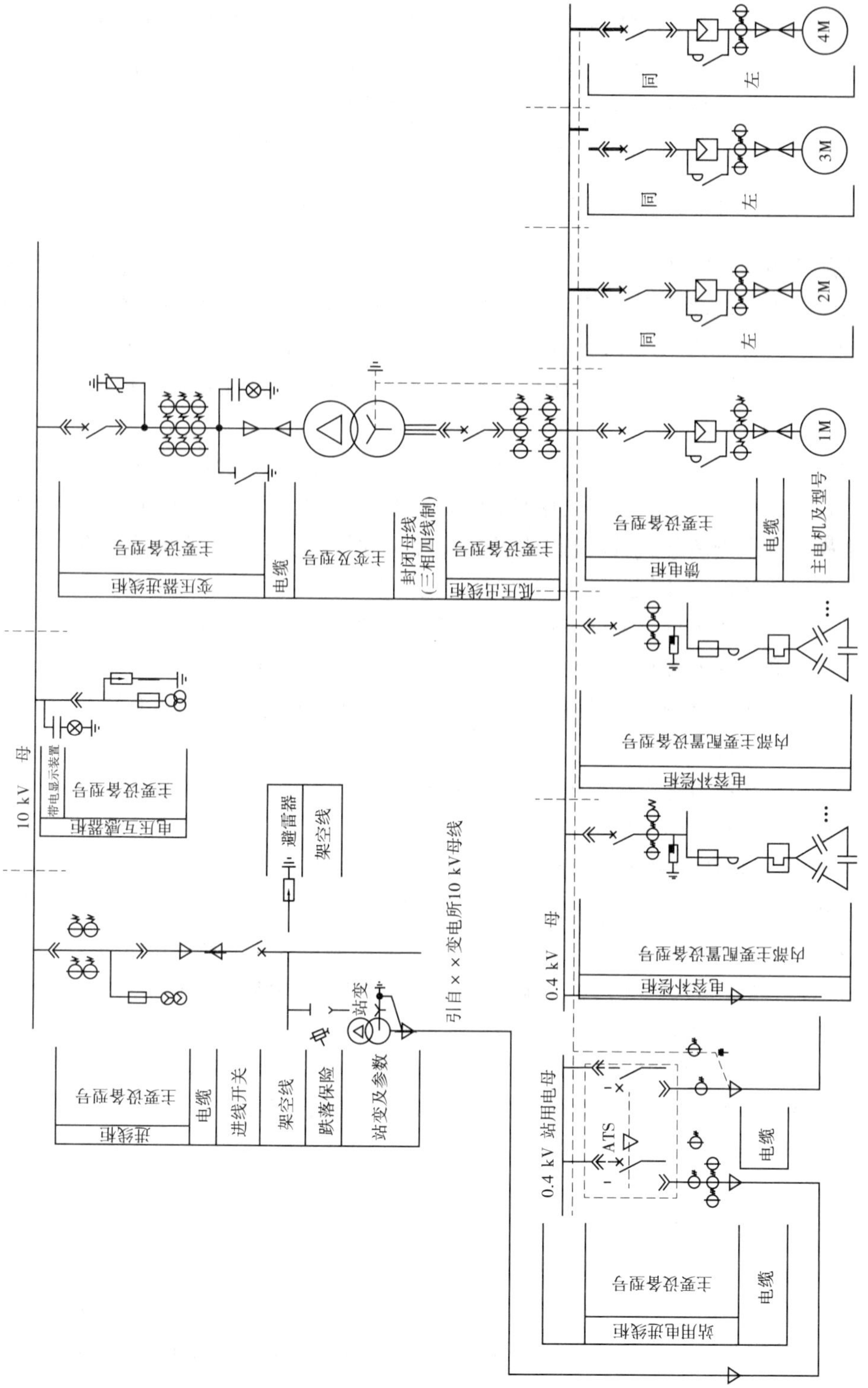

图 3-2-1　某泵站电气主接线图

(5)对于低压负荷,操作程序如同高压。断电时,先断开低压断路器,再断开低压隔离开关;送电时,应先合上低压隔离开关,再合上低压断路器。严禁带负荷拉开关!

泵站各类设备的操作,在引入计算机监控技术后,常规操作方式有三种:现地手动、控制室手动、中控室自动操作。在控制柜的面板上,设置选择开关,并标明"自动""手动""遥控"等选择方式。任何一种开关操作都必须在"手动"模拟操作可靠的前提下运行。

2.2.3 安全工具的类别及使用方法

泵站配备的安全用具是指在正常运行和维修养护工作时,为了防止运行人员造成触电、灼伤、坠落等工伤,保障工作人员安全的各种专用工具。其主要包括绝缘作用的绝缘工具,验电或测量作用的携带式验电工具,防止登高作业坠落的登高作业用具,起起重作用的起吊工具,以及检修工作中的临时接地线、遮栏、指示牌和防止灼伤的护目眼镜等。

2.2.3.1 绝缘工具

绝缘工具有绝缘杆(令克棒)、绝缘夹钳、绝缘手套、绝缘靴、绝缘垫子和绝缘站台等。

绝缘杆和绝缘夹钳是基本安全用具,可以直接用来操作35 kV及以下设备。绝缘杆主要用来操作高压隔离开关,跌落保险,安装拆除临时接地线以及进行试验和测量等工作。在操作时要注意,不同电压等级绝缘杆长度是不一样的。

绝缘夹钳主要用来拆除和安装熔断器及其他类似工作。

绝缘手套和绝缘靴都是用特种橡胶制成的,一般都作为辅助安全用具,绝缘手套可作为低压工作的基本安全用具,绝缘靴可作为防止跨步电压的基本用具。绝缘手套长度至少应超过手腕10 cm。

绝缘垫也是用特种橡胶制成的,表面有防滑槽纹,一般铺设在配电室内。

绝缘站台用木板或木条制成。

2.2.3.2 携带式电压和电流指示器

携带式电压指示器又称为验电器或验电笔,有高、低压之分,用来检验导体是否带电。

验电器一般都靠发光或声响指示有无电压。高压验电器不直接接触带电体,只能逐渐接近带电体,靠发光或声响指示。低压验电器只能用于500 V以下,不能在高压上使用。验电器一般不应接地,且不受邻近带电体的影响。

携带式电流指示器,通常有钳形电流表,用来测量在线路不断电情况下的电流。在使用钳形电流表测量线路电流时,要注意人体与带电体之间的距离。不推荐使用钳形电流表测量高压部分,若必须使用的话,一定要接上相应电压等级绝缘棒。在潮湿和雷雨天气,禁止在户外测量。

2.2.3.3 登高安全工具

梯子和高凳作为安全用具,应用木料或竹料制作,不宜用金属材料制作。在使用梯子工作时,注意防滑与防摔倒。

脚扣、登高板与安全带是用来登高作业的工具,以及在高空作业时防止坠落的安全用具。

2.2.3.4　起重工具

起重工具有钢丝绳、千斤顶、链条葫芦、合成纤维吊装袋、纤维绳、卸扣等。它们都必须在额定负载下承担工作，不可超载运行，且要有专人指挥作业。

2.2.3.5　临时接地线、遮栏、标示牌

临时接地线：一般装设在检修地点两端的电源线路上，用来防止突然来电或其他状况发生。装设接地线应注意如下内容：

(1)先验电：证实线路或设备确实无电，才可以装设接地线。

(2)装设接地线：先接好接地端，后接线路或设备端。

遮栏：主要用来防止工作人员工作时，无意碰到或过分接近带电体，确保检修有一个安全间距。遮栏一般用木质材料制作。

标示牌：用绝缘材料制成，警告工作人员不得接近带电体，指出工作人员准确的工作地点，提醒工作人员采取安全措施以及禁止向某段线路设备送电等。

2.2.3.6　安全用具的使用要求

安全用具是直接保护人身安全的工具，必须保持良好的性能。在正确使用安全用具的同时，还必须经常或定期对安全用具进行检查和试验。

使用电工安全用具，一般应遵循如下要求：

(1)操作高压开关，通常需使用防止接触电压和跨步电压的辅助安全用具，如绝缘靴、绝缘垫、绝缘手套、绝缘台等。

(2)潮湿天气室外操作，不允许使用无特殊防护装置的绝缘钳。

(3)无特殊防护装置的绝缘杆，不得在下雨或下雪时在室外使用。

(4)使用绝缘手套时，应将上衣袖口套入筒口内，并在外面套上一副纱布或皮革手套，以免胶面受损，但所罩手套长度不得超过绝缘手套的腕部；穿绝缘靴时，应将裤管套入靴筒内；穿绝缘鞋时，裤筒不宜长及鞋底外沿，更不得长及地面，同时，应保持鞋帮干燥。

(5)安全用具不得任意用作他用，更不能用其他工具代替安全用具。

(6)进行高空作业，应使用合格的登高用具。

(7)使用高压验电器时，应戴绝缘手套，并站在绝缘台上。

(8)安全用具每次使用完毕要擦拭干净，并放回原处，防止受潮、脏污和损坏。

(9)泵房内应设置专门地点放置安全用具。

工作中，应按《国家电网公司电力安全工作规程(变电部分)》(2009年版)中的相关要求执行。

2.2.4　工作票的格式及填写方法

泵站工作人员进入现场检修、安装和试验，为确保设备与人身安全，应执行工作票制度。对于进行设备和线路检修，需要将高压设备停电或设置安全措施的，应填写第一种工作票；对于带电作业的，应填写第二种工作票。

(1)第一种工作票格式如下：

第一种工作票

单位：______　编号：______

一、工作负责人（监护人）：______；班组：______；工作班人员：______

______；现场安全员：______

共______人

二、工作内容和工作地点：______

______

______

三、计划工作时间：自____年____月____日____时____分

至____年____月____日____时____分

四、安全措施：

下列由工作票签发人填写：

1、应拉开关和隔离刀闸：（注明编号）______

______

______

______

2、应装接地线、应合接地刀闸：（注明装设地点、名称及编号）

______

______

______

3、应设遮栏、应挂标示牌：（注明地点）______

______

______

______

工作票签发人签名：______

下列由工作许可人（值班员）填写：

已拉开关和隔离刀闸：（注明编号）

______

______

______

已装接地线、已合接地刀闸：（注明装设地点、名称及编号）

______

______

______

已设遮栏、已挂标示牌：（注明地点）

______

______

______

工作地点保留带电部分和补充安全措施：______

______

收到工作票时间：______年____月____日____时____分

值班负责人签名：______工作许可人签名：______工作负责人签名：______

五、许可开始工作时间：______年____月____日____时____分

工作许可人签名：______　工作负责人签名：______

六、工作负责人变动：原工作负责人______离去，变更______为工作负责人。

变动时间：______年____月____日____时____分

工作票签发人签名：______

七、工作人员变动：

增添人员姓名	时间	工作负责人	离去人员姓名	时间	工作负责人

八、工作票延期：有效期延长到＿＿＿＿＿年＿＿＿＿月＿＿＿＿日＿＿＿＿时＿＿＿＿分。
工作负责人签名：＿＿＿＿＿＿＿＿　工作许可人签名：＿＿＿＿＿＿＿＿
九、工作终结：全部工作已于＿＿＿＿＿年＿＿＿＿月＿＿＿＿日＿＿＿＿时＿＿＿＿分结束，设备及安全措施已恢复至开工前状态，工作人员全部撤离，材料、工具已清理完毕。
工作负责人签名：＿＿＿＿＿＿＿＿　工作许可人签名：＿＿＿＿＿＿＿＿
十、工作票终结：
临时遮栏、标示牌已拆除，常设遮栏已恢复，接地线共＿＿＿＿组（＿＿＿＿）号已拆除，接地刀闸＿＿＿＿组（＿＿＿＿）号已拉开。
工作票于＿＿＿＿＿年＿＿＿＿月＿＿＿＿日＿＿＿＿时＿＿＿＿分终结。
工作许可人签名：＿＿＿＿＿＿＿＿
十一、备注：＿＿

十二、每日开工和收工时间

开工时间	工作许可人	工作负责人	收工时间	工作许可人	工作负责人
年　月　日 时　分			年　月　日 时　分		
年　月　日 时　分			年　月　日 时　分		
年　月　日 时　分			年　月　日 时　分		
年　月　日 时　分			年　月　日 时　分		
年　月　日 时　分			年　月　日 时　分		
年　月　日 时　分			年　月　日 时　分		
年　月　日 时　分			年　月　日 时　分		
年　月　日 时　分			年　月　日 时　分		
年　月　日 时　分			年　月　日 时　分		
年　月　日 时　分			年　月　日 时　分		

执行工作票保证书

<table>
<tr><td colspan="2">工作班人员签名</td></tr>
<tr><td>开工前</td><td>收工后</td></tr>
<tr><td>1. 对工作负责人布置的工作任务已明确。
2. 监护人、被监护人互相清楚分配的工作地段设备包括带电部分等注意事项已清楚。
3. 安全措施齐全，工作人员确保在安措保护范围内工作。
4. 工作前保证认真检查设备的双重编号，确认无电后方可工作，工作期间保证遵章守纪、服从指挥、注意安全、保质保量完成任务。
5. 所有工具包括试验仪表等齐全，检查合格，开工前对有关工作进行检查确认可以开工。</td><td>1. 所布置的工作任务已按时保质保量完成。
2. 施工期间发现的缺陷已全部处理。
3. 对检修的设备项目自检合格，有关资料在当天交工作负责人。
4. 检查场地已打扫干净，工具（包括仪表）、多余材料已收回保管好。
5. 经工作负责人通知，本工作班安措已拆除（经三级验收后确定），检修设备可投运。
6. 对已拆线已全部恢复并接线正确。</td></tr>
</table>

姓名	时间

注：（1）工作班人员在开工会结束后签名，工作票交工作负责人保存。
（2）工作结束收工会后工作班人员在保证书上签名，并经工作负责人同意方可离开现场。

（2）第二种工作票格式如下：

第二种工作票

单位：________　编号：________

一、工作负责人（监护人）：________　班组：________

工作班人员：________

________共______人。

二、工作任务：________

____

____

____

三、计划工作时间：自______年______月______日______时______分；
至______年______月______日______时______分。
四、工作条件（停电或不停电）：______________________________
____
五、注意事项（安全措施）：______________________________
____
____
____
工作票签发人（签名）：______签发日期：______年____月____日____时____分
六、许可工作时间：______年______月______日______时______分
工作许可人（值班员）签名：________工作负责人（签名）：________
七、工作票终结
全部工作于______年______月______日______时______分结束，工作人员已全部撤离，材料、工具已清理完毕。
工作负责人签名：________工作许可人（值班员）（签名）：________
八、备注：____________________________________
____
____

2.3　工况巡视

2.3.1　开关设备和高压断路器

2.3.1.1　开关设备

1）开关设备作用及工作过程

开关设备在系统中起分、合电路的作用。在分、合电路的过程中，将供电端与受电端中间某一段电路在很短的时间内，将其阻抗由接近于零值变为接近于无穷大值称为打开（分闸）过程；或由接近无穷大值变为接近于零值称为闭合（合闸）过程。将设备由一种状态转变成另一种状态，总要经过一个或长或短的过程。在这一过程中可能出现的过电压称为操作过电压。为抑制开关设备在开关过程中可能出现的过电压，一般在设备生产时常采取两方面措施：一是降低过电压波头的陡度，以改善某些设备绕组匝间的电压分布；二是降低过电压幅值。

供电端与受电端在极短的时间内分开，使气体分子被游离从而形成带电粒子维持导电的现象，形成电弧放电。由于电弧放出的能量极大，温度极高，可使金属或合金熔化、绝缘介质电离损坏。因此，开断电路时，应在很短的时间将电弧熄灭，使导电的弧柱间隙转变为能耐受恢复电压的绝缘间隙。常用的方法包括：

（1）在气体或液体介质中，用机械的方法拉长电弧熄灭。

（2）采用多断口灭弧。

(3)利用短弧原理灭弧。

(4)利用磁吹原理灭弧。

2)开关设备的特点

使不同相的带电部分、带电部分对地以及断开的两个触头之间,能承受相关规定中的最高工作电压的长期作用和大气内过压的短时作用。

对于不同电压等级的高压电气设备,绝缘距离都有一个确定的最低值,制造与安装时不能低于这一要求。电气设备承受大气过电压的能力,用冲击试验电压来考验;承受内部过电压的能力,大多用工频试验电压来考验。

3)断路器的结构

断路器结构可分为以下六个部分:

(1)支架:安装各功能组件的架体。

(2)灭弧室:实现电路的关合与开断动能的灭弧元件。

(3)导电回路:灭弧室的动、静触头相连构成电流通道。

(4)传动机构:把操作机构的运动传输至灭弧室,实现灭弧室的合、分闸操作。

(5)绝缘支撑:绝缘支持件将各功能元件架接起来满足断路器的绝缘要求。

(6)操动机构:断路器分、合闸的动力驱动装置。

4)电器触头

两个导体或几个导体之间相互接触的部分叫电器触头。如母线或导线的接触连接处及开关电器中的动、静触头统称为电器触头。开关电器中的触头,被用来接通和断开电路,是开关电器中的执行元件。其工作可靠与否,直接影响到电器的质量。运行中电器触头的工作状况不良,往往是造成严重设备事故的原因。

在选择一次设备时,根据相关计算数值选定好导电回路的容量。管理中,如果由于设备负荷改变,需重新选定设备,应遵从以下原则:

(1)按正常工作条件选择,按照设备正常的额定电压和额定电流值选择设备,同时考虑设备工作环境条件,这些参数在设备的铭牌上均有注明。

(2)按系统短路时,校验选择设备的热稳定和动稳定。

系统发生短路时,短路电流通过电器设备,引起设备短时发热并产生巨大的电动力,使设备损坏。厂家一般在设备的说明书上均注明允许最大开断电流值。

按短路电流校验时,应注意:短路计算点的选择,要考虑产生最大三相短路电流值的位置;根据短路电流计算值校验热稳定值;根据短路电流值校验电动力稳定值。

2.3.1.2 常见的几种高压断路器工作原理

高压断路器的工作原理就是灭弧原理,根据灭弧方法的不同,制造出各种不同开关设备。

1)真空断路器的工作原理

真空断路器是利用灭弧室内空气静态压力极限低($10^{-3} \sim 10^{-5}$ Pa)、间隙小电介质强度较高的特性,断路器在分闸过程中由电流在分开的触头间隙中产生的真空电弧易被熄灭的特性制造的。同时在触头上开有螺旋槽,当分闸过程中高温产生的金属蒸汽离子和电子组成的电弧等离子,将使电流持续一段很短的时间,通过螺旋槽,由电流曲折路径效应形成的磁场使电弧产生旋转运动，阳极区电弧收缩，即使在切断很大的电流时，也可以避免触头表面局部过热与不均匀烧蚀，电弧在电流第一次过零时就熄灭，残留的离子、电子和金属蒸汽离子只需在极短的时间内就可复合或凝聚在触头表面屏蔽罩上，因此灭弧室断口的电介质强度恢复极快。

但是，真空断路器由于具有间隙小、灭弧速度高的特点，在切断电路时，往往在电流过零前被强行开断，在断弧瞬间储藏在负载内的电感与电容之间的电磁能量转换将在负载上产生过电压，这种过电压往往能达到电源电压的几倍，甚至几十倍，这比一般断路器要突出，尤其在最先断开相触头间，有可能因过电压引起电弧重燃，而产生更大的过电压。在感性负载中，这种过电压幅值高，上升陡度快，频率也高，无疑对电动机等感性负载的绝缘是十分危险的。真空断路器不管出现哪种过电压都会对设备不利，严重地威胁着设备安全运行和生产。

真空断路器在开断电动机等感性负载时产生的波陡度很大，幅值很高，直接威胁感性负载的匝间绝缘，是造成电动机等设备损坏的重要原因之一，故对真空断路器操作过电压，只有采取适当的保护措施，才能降低过电压幅值和波陡度（du/dt），从而能有效抑制或减轻其危害，这对广泛推广真空断路器的应用将起到积极的推动作用。目前，抑制过电压的措施有两种：一种是采用氧化锌避雷器限制过电压幅值，另一种是降低过电压振荡频率的阻容（$R-C$）过电压吸收器。氧化锌避雷器的主要优点是具有非常优良的非线性伏安特性，续流小，残压低，体积小，重量轻，安装方便。但传统的无间隙氧化锌避雷器在运行中也存在一些弊端。现在已推出带有间隙的氧化锌避雷器。

阻容保护器是一种保护效果较好的措施，只要阻容参数选择妥当，就可降低复电压上升陡度，降低振荡频率，减少负载波阻抗，就能有效降低过电压幅值。电容 C 的作用，除可降低过电压幅值外，主要用以减缓过电压上升陡度，因为这种电压在极短时间内发生，du/dt（电压上升陡度）很大，容易造成电动机进线绕组匝间击穿，所以要降低匝间电压并使匝间电压分布均匀。另外，电容 C 还可以达到降低波阻抗，降低截流过电压的目的。电阻 R 则起消耗高频振荡电能，抑止截流过电压幅值的作用。由于负载等效电感和开关的截流值等参数难以查找和实测，难以准确选择阻容参数。一般是根据经验，选择吸收电容0.1～0.3 μF/相，吸收电阻选100～200 Ω/相，功率以不小于100 W为宜。但值得注意的是，如果 R、C 阻容参数选择不当，不但起不到保护作用，反而会起消极作用，甚至会导致电压幅值陡增，在小电流接地系统中，单相接地短路因 $R-C$ 保护器电容电流太大而招致馈电回路跳闸。因此，选择 $R-C$ 电压幅值抑止器时需谨慎小心。

综上所述，对于真空断路器操作过电压若采用避雷器保护方案，应优先选用带有间隙的氧化锌避雷器（MOA），选带有串联间隙的氧化锌避雷器（MOA）保护变压器，选带有并联间隙的氧化锌避雷器（MOA）保护电动机。若有条件，采用避雷器和 $R-C$ 过电压吸收器同时并用的保护方案是最为完善的，虽然初期投资大些，总比损失一台设备的费用要少得多。

按断路器的主体与操动机构的相关位置组合不同，真空断路器又分为整体式和分体式。

整体式：操动机构与开关主体安装在同一架构上，体积小、质量轻、安装调整方便，机械性能稳定。

分体式：操动机构与开关主体分别装在开关柜的不同位置，断路器的各项机械特性参数必须安装调试后才有意义。这种结构型式受少油断路器的影响，比较适宜少油断路器的无油化改造。其优点是巡视和检修方便，缺点是安装调整麻烦，机械特性的稳定性和可靠性稍差一点。

操动机构主要有电磁操动机构和弹簧操动机构。操作可以手动，也可以自动。

电磁操动机构：由于螺管电磁铁的出力特性容易满足真空断路器合闸反力特性要求，主要配用在真空断路器发展初期。该操作机构具有构造简单、使用方便、造价低廉等优点，是目前配电系统各类断路器主要配用机构。

弹簧操动机构：可交、直流操作，操作电流小，可手动储能分、合闸，且具有过流脱扣功能，在一般地方使用可取消直流蓄电装置，而节省投资。

2）油断路器的工作原理及结构

油断路器是指以密封的绝缘油作为开断电器回路灭弧介质的开关设备。它有多油断路器和少油断路器两种形式。它较早应用于电气系统中，技术已经十分成熟，价格比较便宜，广泛应用于高电压等级电网中。它能接通和切断电源，并能在短路时迅速可靠地切断故障电流，是一种较常用的高压开关设备。

油断路器的灭弧介质是绝缘油，其作用是灭弧、散热和绝缘。但是油断路器在发生故障时可能会引起爆炸，而且爆炸后由于油断路器内部的高温油发生喷溅，会形成大面积的燃烧，引起相间短路或对地短路，破坏电力系统的正常运行，使事故扩大，甚至造成严重人身伤害事故，因此逐渐被淘汰。

油断路器主要由底架、绝缘子、传动系统、导电系统、触头、灭弧室、油气分离器、缓冲器及油面指示器（升降机构）等组成。

少油断路器的突出特点是：结构简单，易于制造和维修，价格低，使用方便。与多油断路器相比具有体积小、质量轻、用油量少等优点。但缺点是灭弧时间长，动作较慢，检修周期短，维修工作量大。

3）SF_6 断路器的工作原理及结构

SF_6 断路器采用具有优良灭弧能力和绝缘能力的 SF_6 气体作为灭弧介质，具有开断能力强、动作快、体积小等优点，但金属消耗多，价格较贵，一般用于高压和超高压系统。

SF_6 断路器是用 SF_6 气体作为灭弧和绝缘介质的断路器。正常情况下，SF_6 气体是一种无色、无臭、无毒、不燃烧的惰性气体，密度约为空气的 2 倍，具有优良的绝缘和灭弧性能。但 SF_6 气体在电弧的作用下，有一部分会被分解，生成一些有毒的氟化物，对人体健康有影响，对金属部件也有腐蚀和劣化作用，对绝缘也有损害。但 SF_6 断路器具有开断能力强，断口电压可以做得较高，允许次数较多地连续开断，适用于频繁操作，以及噪声小、无火灾危险、机电磨损小等优点；在使用现场基本上不用维修。因此，在 SF_6 断路器中，一般均装有吸附装置，吸附剂为活性氧化铝、活性碳和分子筛等。它们完全可以吸附 SF_6 气体在电弧的高温下分解生成的有毒物质。

4）几种断路器的比较

（1）SF_6 断路器与真空断路器比较。

SF_6 断路器的电气性能受电场强度均匀程度和水分等杂质影响较大。如果密封损坏或不严密，一旦进入水分且达到一定值后，将使其绝缘水平大大下降，接触电阻急剧增加，在运行中易发生损坏或爆炸事故。各制造厂及运行部门对 SF_6 断路器都要求有严格的密封工艺，同时我国的标准规定 SF_6 气体含水量不得超过 3×10^4（容积比）。SF_6 气体属于温室效应气体，是将来被禁止使用的气体，该产品的未来有可能被其他介质所取代。

由于 SF_6 断路器具有以上不足，比真空断路器投资高，现场不需要维修，一旦损坏，维修的难度较大。泵站运行的时间、操作的次数以及电压等级都与电力系统不能类比。因此，SF_6 断路器在水利系统的应用目前只能在逐渐使用中。

(2)真空断路器与少油断路器比较。

真空断路器与少油断路器相比较，其优势在于：

①灭弧室开断后介质恢复快，介质不需要冷却和更换，电弧能量低，无损耗，触头压力小。

②断口开距小，合闸所需能量小，使用寿命长，一般可达 20 年左右。

③开断电流大，触头电损耗小，主回路接触电阻小。

④可靠性高，能适用于各种场合，维护量小，维护成本低。

真空断路器与少油断路器相比，存在的不足在于：

①容易产生操作过电压，在开断感性电流时，会出现电流截断现象造成较高的过电压，因此要加装过电压吸收装置（阻容吸收器）。这样设备量增加，维护量增加，费用也上升。

②运行中不易监测真空度。

③国内产品系列不多。

④要求环境相对干净。

5)空气断路器

空气断路器是以压缩空气作为灭弧介质，具有防火、防爆、灭毒、无腐蚀性、使用方便等特点。在电弧达到零值时，靠压缩空气吹动电弧使之冷却，迅速将弧道中的离子吹走或使离子复合而实现灭弧。压缩空气断路器开断能力强，时间短；但结构复杂，工艺要求高，有色金属消耗多，价格高。

2.3.2　常用电气仪表检测数值识读

机电设备运行状况的好坏，通过电工仪表测量的数值可以直观反映。电工仪表是实现电磁测量过程所需技术工具的总称。泵站测量的电量参数有：电流、电压、功率（有功、无功）、功率因数、频率、电度等；非电量参数有温度、湿度、开度、水位、流量等，这些非电量参数也能够通过变换装置转换成电量加以间接测量。

使用电工仪表检测时应正确识读各种检测仪表数值的单位。

不同的检测仪表检测的数值反映的参数性质是不同的。例如：电压表检测数值单位有毫伏、伏特、千伏；电流表检测的数值单位有微安、毫安、安倍等；功率表（瓦特）检测的数值单位有瓦、千瓦、兆瓦等；绝缘监测仪监测的数值单位有欧姆、兆欧姆等；温度巡检仪检测的数值单位通常是摄氏度；功率因数检测的数值没有单位，反映功率因数是超前还是滞后(超前向系统输送无功,滞后从系统吸收无功,通常功率因数表指针位于表的中间,指示为1)。上述数值单位换算,正常为千进制。

根据不同的仪表读数,在设计好的表格或计算机监控系统记录表格中,按对应位置及换算关系填写记录。

2.3.3 电气设备的运行参数与技术要求

电气设备不一样,其性能要求是不同的,但无论哪一种设备都要求:在正常运行时,不得有任何异常现象发生;在故障情况下,能及时排除故障,确保设备安全与人身安全。

2.3.3.1 高压断路器的技术参数

断路器是主要的开关设备,选用断路器时,必须考虑如下技术参数。

额定电压 U_e:指断路器能承受的工作电压。它是保证断路器长期正常工作的电压,在断路器的铭牌上均有注明。额定电压不仅决定断路器的绝缘要求,而且相当程度上决定了断路器的总体尺寸和灭弧条件。

最高工作电压:对供电端的设备可能在高于额定电压下长期工作,规定了断路器有一最高工作电压。

额定电流 I_e:指断路器可以长期通过的工作电流。额定电流决定了断路器触头和导流部分的截面,在一定程度上决定了它的结构。

额定断路电流 I_{br}:指断路器在额定电压下能正常开断的最大电流。它表明断路器的断路能力。设计时,根据系统短路电流计算值校核选定。当电压不等于额定电压时,断路器能可靠切断的最大的电流,称为该电压下的断路电流。当低于额定电压时,断路电流比额定电流大,但有一最大值,称为极限断路电流。

额定短路容量 S_{brn}:表示断路器的开断能力。

热稳定电流 I_{th}:指断路器在规定的时间内,允许通过的最大电流。它可表明断路器能承受短路电流热效应的能力,是校验选定断路器的主要数值。

额定动稳定电流 i_{em}:可表明断路器能承受冲击短路电流电动能力作用的能力。

分闸时间:表明断路器开断过程快慢的参数。分闸、合闸时间表明断路器分合过程快慢的参数等。

断路器正常工作时接通和切断负载电流,短路时切断短路电流,同时还受到环境影响。对断路器选择的基本要求是:工作可靠,应具有足够的断路能力,尽可能短的切断时间,结构简单,价格低廉。

其他电气设备参数选择时,主要考虑到设备的额定电压、额定电流、校验的热稳定参数、动作次数及保护电流等。

2.3.3.2 变压器运行参数与技术要求

变压器运行参数即是变压器铭牌上或技术资料中明确要求的额定容量 S_N、额定电压 U_{1N}/U_{2N}、额定电流 I_{1N}/I_{2N}、额定频率 f_N、容量比、变比,以及短路电压、铜损、铁损、空载电流、接线组别、冷却方式及重量尺寸大小参数等。

1)变压器运行技术要求

变压器运行必须符合《电力变压器运行规程》(DL/T 572—2010)中规定的各项技术

要求。对新装或检修后的变压器投入运行前应作如下检查：

(1)核对铭牌，查看铭牌电压等级与线路电压等级是否相符。

(2)变压器绝缘是否合格，用1 000或2 500伏摇表检查，测定时不少于1 min，表针稳定为止。绝缘电阻标准为每千伏不低于1 MΩ；测定顺序为高压对地、低压对地、高低压对地。

(3)油箱有无漏油和渗油现象，油面是否在油标所指示的范围内，油表是否畅通，呼吸孔是否通气，呼吸器内硅胶呈蓝色或白色。

(4)分接头开关位置是否正确，用电桥检测接触是否良好。

(5)瓷套管应清洁，无松动。

同时，电力变压器应定期进行外部检查。经常有人值班的变电所内的变压器每天至少检查一次，每周应有一次夜间检查。无人值班的变压器，其容量在3 200 kVA以上者每10天至少检查一次，并在每次投入使用前和停用后进行检查。容量大于320 kVA，但小于3 200 kVA者，每月至少检查一次，并应在每次投入使用前和停用后进行检查。大修后或所装变压器开始运行的48 h内，每班要进行两次检查。变压器在异常情况下运行时（如油温高、声音不正常、漏油等）应加强监视，增加检查次数。

2)运行变压器应巡视和检查的项目

(1)声音是否正常，正常运行有均匀的"嗡嗡"声。

(2)上层油温不宜超过85 ℃。

(3)有无渗、漏油现象，油色及油位指示是否正常。

(4)套管是否清洁，有无破损、裂纹、放电痕迹及其他现象。

(5)防爆管膜有无破裂，有无漏油。

(6)瓦斯继电器窗内油面是否正常，有无瓦斯气体。

3)变压器的允许动作方式

(1)运行中上层油温不宜经常超过85 ℃，最高不得超过95 ℃。

(2)加在电压分接头上的电压不得超过额定值的5%。

(3)变压器可以在正常过负荷和事故过负荷情况下运行，正常过负荷可以经常使用，其允许值根据变压器的负荷曲线、冷却介质的温度以及过负荷前变压器所带的负荷，由单位主管技术人员确定。在事故情况下，允许可过负荷30%运行2 h，但上层油温不得超过85 ℃。

4)变压器并列运行必须满足的条件

(1)线圈接线组别相同。

(2)电压比相等，误差不超过0.5%。

(3)短路电压相等，误差不超出10%。

(4)变压器容量比不大于3:1。

(5)相序相同。

5)变压器投入或退出运行须遵守的程序

(1)高低压侧都有油开关和隔离开关的变压器投入运行时，应先投入变压器两侧的所有隔离开关，然后投入高压侧的油开关，向变压器充电，再投入低压侧油开关向低压母线充电,停电时顺序相反。

(2)低压侧无油开关的变压器投入运行时,先投入高压油开关一侧的隔离开关,然后投入高压侧的油开关,向变压器充电,再投入低压侧的刀闸、空气开关等向低压母线供电。停电时顺序相反。

6)变压器运行中应立即报告领导的异常现象

变压器运行中发现下列异常现象后,立即报告领导,并准备投入备用变压器:

(1)上层油温超过 85 ℃。

(2)外壳漏油,油面变化,油位下降。

(3)套管发生裂纹,有放电现象。

7)变压器运行中应立即停电处理的异常现象

变压器运行中有下列情况时,应立即联系停电处理:

(1)变压器内部响声很大,有放电声。

(2)变压器的温度剧烈上升。

(3)漏油严重,油面下降很快。

8)变压器运行中应立即停电处理的事故

变压器运行中发生下列严重事故,应立即停电处理:

(1)变压器防爆管喷油、喷火,变压器本身起火。

(2)变压器套管爆裂。

(3)变压器本体铁壳破裂,大量向外喷油。

变压器着火时,应首先打开放油门,将油放入油池,同时用二氧化碳、四氯化碳灭火器进行灭火。变压器及周围电源全部切断后用泡沫灭火器灭火,禁止用水灭火。

出现轻瓦斯信号时应对变压器检查。如由于油位降低,油枕无油时应加油。如瓦斯继电器内有气体,应观察气体颜色及时上报,并作相应处理。

运行变压器的油,应按规定进行耐压试验和简化试验。

2.3.3.3　电动机的技术参数

1)电动机的型号

异步电动机型号有:鼠笼型(Y)、绕线型(YR)、高启动转矩电机(YQ)、多速电机(YD)、立式泵电机(YLB)、潜水用电机(YQS)。

同步电动机型号有:TD、TZ。

2)铭牌参数

电气设备铭牌上都标记着其主要技术参数,这些参数对于使用、检查、维修电气设备都是很重要的。通过铭牌上的参数,知道设备运行使用环境与条件,监视设备运行状况,可以避免设备造成损坏。使用中,注意不要把铭牌损坏或丢失。电动机铭牌上的参数标有:

(1)额定功率 P_N:电动机在额定运行时所能输出的最大允许机械功率,单位 kW。

(2)额定电压 U_N:正常工作时电动机定子绕组所接电源电压,单位 V 或 kV。

(3)额定电流 I_N:电动机在额定电压与额定功率下工作时,定子三相绕组通过的线电流,单位 A。

(4)功率因数 $\cos\varphi$:电动机在额定功率的条件下,运行时交流电压和电流之间的相位差(φ)的余弦值,是有功功率与视在功率的比值 P/S。

(5)额定转速 n_N:电动机在额定电压、额定频率和额定负载下运行的转速,单位 r/min。

(6)额定频率 f_N:电动机在额定运行情况下,交流电源的频率,我国电网频率为 50 Hz。

(7)绝缘等级:电动机线圈所用的绝缘材料,按照其允许耐热程度规定的等级。在规定的温度限制内,绝缘材料在一个相当长的时间内能可靠地工作,若电动机运行超出绝缘材料所规定的温度,其寿命将大大缩短。

(8)温升:电动机长期运行时的工作温度比周围环境温度高出的数值。我国将周围环境的最高温度规定为 40 ℃,若电动机允许温升为 80 ℃,则其所允许的工作温升为 80 ℃ +40 ℃ =120 ℃。

(9)冷却方式:自冷式或风扇冷却,电动机运行时冷却散热方式。

(10)防护型式:IP 级别电动机是何等型式防护。

(11)安装方式、使用环境及工作类别等。

2.3.4　电容器的用途及技术要求

2.3.4.1　用途

电力电容器的用途为:

(1)并联电容器:有的亦称移相电容器,主要用来补偿电力系统感性负荷的无功功率,以提高功率因素,改善电压质量,降低线路损耗。

(2)并联:电容器用于高压输配电线路中,用以补偿线路的分布感抗,提高输配电系统动、静稳定性,改善线路电压质量,加长送电距离和增大输送能力。

(3)耦合电容器:主要用于高压电力线路高频通信,起测量、控制、保护等作用。

(4)断路器电容器:亦称均压电容器,并联在高压断路器上,用于吸收操作过电压,改善断路器灭弧特性,提高分断能力。

此外,还有电热电容器、脉电冲电容器、直流和滤电电容器、标准电容器四种。

2.3.4.2　技术要求

电容器的技术要求包括使用条件和技术要求。

(1)使用条件主要有:海拔、环境类别、温度条件、相对湿度、最大日温差、抗污染能力、抗震要求及产品类别。

(2)技术要求主要有:装置的额定电压、额定容量、额定的电抗、电容器组的额定电压、电器和导体的选择,布置、安装保护和控制方式选择,性能和安全要求等。常规运行条件下,电容器基本要求如下:

①海拔不大于 1 000 m。

②环境类别温度在 -50 ~ +55 ℃。

③日平均相对湿度不大于 95%。

④电压与系统电压相一致,容量通过计算选择等。

2.3.5　设备的巡查

运行中的带电设备检查,无论是高压还是低压,均不能在没有采取任何防护措施的前提下接触带电部位。巡查人员或作业人员距离带电或不带电体最小安全距离为:10 kV及以下为0.7 m,35 kV为1.0 m,110 kV为1.5 m,220 kV为3.0 m,500 kV为5.0 m。

检查设备是否发热、发红、氧化等现象的一般方法是:

(1)在夜晚巡查设备时,采用闭光检查,即关闭运行设备安装位置的灯光,仔细巡查设备各部位运行是否有异常、接头部位绝缘子处是否有发红等现象。

(2)用绝缘棒绑上石蜡片,触及认为有必要检查的带电部位。石蜡熔化,说明导体发热;反之,正常。

(3)在设备停运期不带电的情况下,可以仔细检查各导电体的接头是否变色,判断有无氧化现象;绝缘子是否有放电痕迹与闪络现象,是否有破损、有裂纹等。

贮油设备检查:在运行时检查贮油本体、注油孔、放油阀及其转动部件密封处是否有渗油、漏油、油迹,油位指示器内油位是否处于上、下控制线之间。

电容器外观检查:只能通过目测方法,检查的内容包括引出端子和绝缘是否有损伤,金属外壳是否有破损或腐蚀,各配套件是否有渗油,表面是否有损伤,外壳是否变形,有无鼓肚,铭牌是否清晰,接地端子是否牢固可靠,标志是否明显。

对电气设备巡查中注意设备运行状态是否正常,声音是否正常,各种检测仪表数值是否正常,定期抄录仪表数值并进行比对。

2.4　设备维护

2.4.1　电气一、二次部分的组成

为便于区分与研究,一般将输配电回路称为一次回路,将控制、保护、测量等回路称为二次回路。电气一、二次部分分别指电气的这两次回路。

一次回路主要是指从发电机到变压器输电线路、再到负荷终端的用电设备的输送与分配电能的电路,构成这一电路中的设备称为一次设备(主设备);二次回路是指控制、保护及对一次设备运行状况进行测量的电路,构成这一电路中的设备称为二次设备。

一次、二次通常在电压互感器与电流互感器处分界。

2.4.2　电气设备日常养护内容及技术要求

常用电气设备日常养护内容及技术要求主要包括:各屏柜灰尘清理干净,但不得用带有丝绒的器件擦洗;机械转动部分,检查是否轻松灵活;支持绝缘子灰尘清理干净,螺丝紧固;转动部分清理加油;机械闭锁可靠,各接头位置正常牢靠;设备电气试验符合规范要求,系统功能试验正常;设备的金属外壳接地应可靠。

2.4.3　绝缘安全用具的检查和保养

2.4.3.1　安全绝缘用具

(1)绝缘安全用具是指防止工作人员直接触电的用具。绝缘安全用具分为基本绝缘安全用具和辅助绝缘安全用具两类。基本绝缘安全用具的绝缘强度能长时间承受电气设备的工作电压,能直接用来操作带电设备;辅助绝缘安全用具的绝缘强度不足以承受电气设备的工作电压,只能加强基本安全用具的保安作用。

(2)高压电气的基本绝缘安全用具有绝缘拉杆、绝缘棒、绝缘夹钳和高压验电器等;低压电气的基本绝缘安全用具有低压试电笔、绝缘手套和带绝缘柄的工具。

(3)高压电气的辅助绝缘安全用具有高压绝缘手套、绝缘靴、绝缘鞋、绝缘垫、绝缘台等;低压电气的辅助绝缘安全用具有绝缘靴、绝缘鞋、绝缘垫、绝缘毯等。

(4)检修时的安全用具主要有临时接地线、临时遮栏、标示牌、防护眼镜、安全帽和安全带等。

2.4.3.2　绝缘拉杆、绝缘手套、绝缘靴使用前的检查

(1)检查外观是否清洁,有无油垢、灰尘。表面有无裂纹、断裂、毛刺、划痕、孔洞及明显变形等。

(2)绝缘手套应检查有无划痕、开裂,还应做充气试验,检查并确认无泄漏现象。

(3)绝缘靴底有无扎伤、受潮现象,底部花纹是否清晰明显,有无磨平迹象。

(4)绝缘拉杆的连接部分是否牢固、拧紧,有无断裂、受潮,钩环有无变形,表面应清洁。

(5)使用前应检查是否在试验合格有效期内。

2.4.3.3　绝缘手套、绝缘靴使用注意事项

(1)绝缘手套:低压绝缘手套作为基本安全用具,可直接接触低压带电体,而高压绝缘手套只能作为辅助安全用具,不能直接接触高压带电体;绝缘手套应存放在密闭的橱柜内,并与其他工具、仪表分别放置。

(2)绝缘靴:绝缘靴在高压系统中只能作为辅助安全用具,不能直接接触高压带电体;穿用绝缘靴时,要防止硬质尖锐物体将底部扎伤;绝缘靴应存放在橱柜内,不准代替雨鞋使用,只限于在操作现场使用。

2.4.3.4　保管注意事项

(1)安全绝缘用具应存放在干燥、通风的场所。

(2)绝缘拉杆应悬挂在支架上,不应与墙面接触或斜放。

(3)绝缘手套应存放在密闭的橱柜内,并与其他工具、仪表分别放置。

(4)绝缘靴应存放在橱柜内,不准代替雨鞋使用,只限于在操作现场使用。

(5)高压验电器应存放在防潮的匣内,并放在干燥的地方。

(6)所有绝缘安全用具不准代替其他工具使用。

2.4.3.5　绝缘安全用具的试验周期

绝缘安全用具应有专人保管,经常对其外部进行检查,防止破损,定期进行电气试验,检查电气绝缘性能是否符合要求。

(1)绝缘拉杆、绝缘夹钳的试验周期为一年。

(2)绝缘手套、绝缘靴、验电器的试验周期为六个月。

2.4.4 高压验电器的使用方法

国家电网公司电力安全工作规程要求:在检修设备之前应拉开隔离开关,手车开关相应转至试验或检修位置,应在各方面有明显的断开点;若无法观察到停电设备的断开点,应有能够反映设备运行状态的电气和机械指示。在确认各方面电源完全断开无电后,方可进行检修。

禁止在只经断路器断开电源的设备上工作。设备确需检修时必须对检修的设备进行验电,确认无电后方可作业。验电时应使用相应电压等级、合格的接触式验电器,在装设接地线或合接地刀闸处对各相分别验电。验电前,应先在有电设备上进行试验,验证验电器良好;无法在有电设备上进行试验时可用工频高压发生器等验证验电器良好。

验电器使用前应检查:是否在预防性试验合格有效期内;验电器电压等级与被检验用电设备电压等级是否对应;验电器杆体表面是否完好,如有无裂纹、脱落层、划落、弯曲、变形等。使用前还应进行自检,其检测方法:将验电头旋转到"自检"位置(或按"自检"按钮),有声光显示表示正常,然后将验电头旋转到"验电"位置进行工作。

高压验电应戴绝缘手套。验电器的伸缩式绝缘杆长度应拉足,验电时手应握在手柄处不得超过护环,人体应与验电设备保持足够的安全距离。雨雪天气时不准进行室外直接验电。检修结束无人作业并确认接地线拆除方可送电。

高压验电时应戴绝缘手套,穿绝缘靴。验电器的伸缩式绝缘棒长度应拉足,验电时手应握在手柄处,不得超过保护环,人体应与验电设备保持一定的安全距离,如:与不停电的设备的安全距离:10 kV 及以下,最小安全距离为 0.70 m,35 kV 为 1 m;工作人员工作中正常活动范围与带电设备的最小安全距离:10 kV 以下为 0.35 m,35 kV 为 0.60 m。雨雪天气时,不得进行室外直接验电。当对电气设备验电时,验电器蜂鸣笛报警同时发出闪光,证明设备带电;否则,设备不带电。

对无法进行直接验电的设备,可以进行间接验电,即通过设备的机械指示位置、电气指示、带电显示装置、仪表等种种信号来判断。判断时,应有两个以上的指示,且所有指示均已同时发生对应变化,才能确认该设备无电。

模块3　金属结构设备运行

3.1　设备检查

3.1.1　卷扬启闭机钢丝绳的检查

3.1.1.1　钢丝绳的作用

钢丝绳是闸门与启闭机的联接件，只能提供启门力，不能提供闭门力。由于具有弹性，钢丝绳对起升机构起缓冲作用。钢丝绳在工作过程中主要承受闸门自重、配重、水柱压力和摩擦力等引起的拉伸力，钢丝绳在绕过卷筒滑轮时的弯曲力以及钢丝绳与卷筒、滑轮接触时受到的挤压力。

3.1.1.2　钢丝绳的特点

泵站工程普遍采用D型钢丝绳，它由6股或8股钢丝束绞合而成，每股有19根或37根细钢丝，其断面如图3-3-1所示。股数多、每股根数多的钢丝绳绞合更紧密，使用起来相对柔和。钢丝绳的特点是强度高、自重轻、工作平稳、不易骤然整根折断、工作可靠，而且制造工艺简单、价格低。钢丝绳在破断前，外层钢丝先断开，后松散，容易被发现。钢丝绳要求有很高的强度，通常由含碳量0.5～0.8的优质碳素结构钢制成，有光面和镀锌两种，镀锌钢丝绳常用于露天和有腐蚀性的场所。钢丝绳所能承受的最大拉力可以根据规格查阅，为了确保安全，实际载荷取最大拉力的$1/k$。其中，k为安全系数，起吊一般物品可取$k=5\sim6$；起吊重要部件则取$k=10\sim12$。

3.1.1.3　钢丝绳的连接和固定

钢丝绳的连接必须十分牢固、安全、可靠，否则会造成机械、人身事故。通常采用绳卡进行连接，绳卡断面图如图3-3-2所示，由卡座、U形螺钉和螺母组成，是把两根钢丝绳夹在一起的附件。绳卡有不同的规格，是按照钢丝绳的直径选择的，将钢丝绳绕成绳卷时，应该用两个绳卡来固定，绳卡之间的间距不得小于钢丝绳直径的6倍，如果用绳卡使两段钢丝绳连成整条，则通常用3个绳卡来固定，相互间隔仍应大于钢丝绳直径的6倍。

钢丝绳在卷筒上的固定应保证工作安全可靠，便于检查和更换钢丝绳，并且在固定处不应使钢丝绳过分弯折。常用的固定方法有三种，见图3-3-3。

(1)钢丝绳端用螺钉压板固定在卷筒外表面(见图3-3-3(a))。压板上刻有梯形或圆形的槽。对于各最大工作拉力下相应的钢丝绳直径所采用的螺钉及压板，压板的数量不得少于2个，已有标准，可查阅有关手册。

(2)钢丝绳绕在楔形块上打入卷筒特制的楔孔内固定(见图3-3-3(b))。楔形块的斜度一般为1:4～1:5，以满足自锁条件。

(3)板条固定，钢丝绳引入卷筒内特制的槽内用螺钉和压板固定(见图3-3-3(c))。

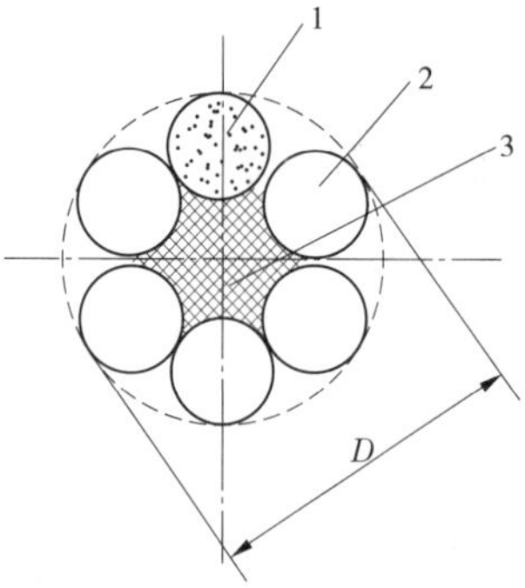

1—钢丝;2—绳股;3—绳心

图 3-3-1　钢丝绳断面图

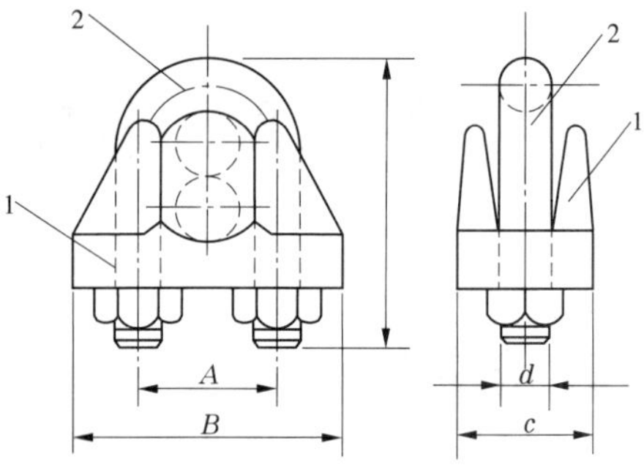

1—卡座;2—U 形螺钉

图 3-3-2　绳卡断面图

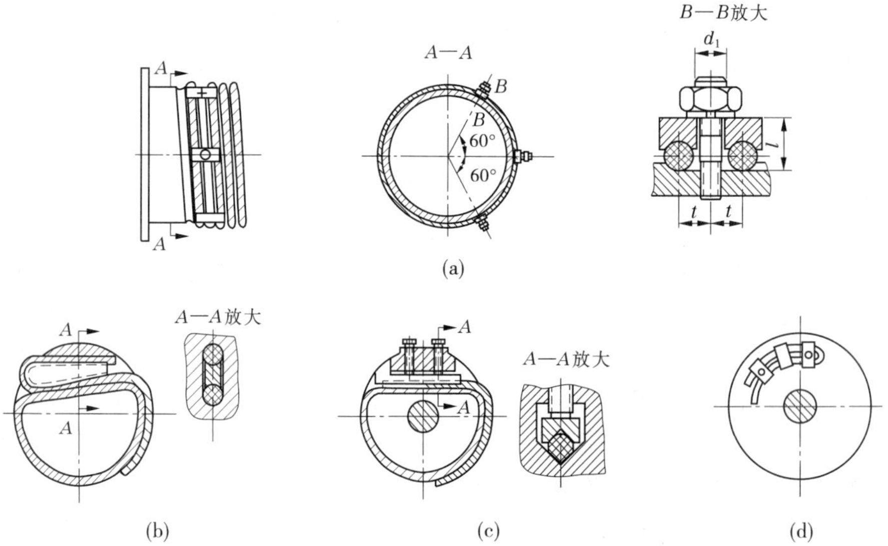

图 3-3-3　钢丝绳在卷筒上的固定方法

3.1.1.4　钢丝绳的报废

钢丝绳是卷扬式启闭机最重要的部件,也是最易损坏的部件。它是由直径相等的钢丝绞绕而成,股内相邻各层钢丝的节距不等,在交叉点上接触。由于点接触,接触应力高,在反复弯曲过程中,钢丝绳容易磨损、折断,降低寿命。一般要求任何一个部位的节距内的断丝数,当交绕绳占总数的 10%、顺绕绳占 5% 时,就必须更新报废;钢丝绳的钢丝外层有严重的磨损和锈蚀,当一个节距内直径比原径减少 30% 及以上时,应予以报废。

3.1.2　闸门槽的检查

3.1.2.1　闸门槽的作用

闸门槽是在闸墩上设置的供平板闸门放入、支承和固定的槽,门槽内埋设有轨道、止水座、护角等金属构件。金属埋件的作用如下:

(1)保证闸门在正常位置移动,防止运行中出现偏斜卡阻现象,并方便闸门的维修、吊装。

(2)将闸门上所受的水压力和闸门自重传递到闸墩上。

(3)保护门槽部位的混凝土不受撞击、泥沙磨损和气蚀损坏。

(4)使闸门与闸墩形成一个完整的封水平面。

3.1.2.2　闸门埋件的组成

门槽埋件主要有主轨(即支承行走轨道)、反轨、侧轨、门楣、底槛、护角、护面、止水座面等,还包括为了防止结冰而设置的加热器埋件、为了抵抗气蚀和磨损而镶护的埋件、为了锁定闸门而埋设的锁定器,以及为了便于检修用的锚钩等。

3.1.2.3　闸门埋件的材料

(1)主轨。是主要受力构件,其材料为型钢、焊接件和铸件。轮压为200 kN以下时,多用工字钢;轮压为200~500 kN时,轨道多采用三块钢板焊成的槽状组合件,或使用标准的铁路钢轨或起重钢轨;轮压大于500 kN时,需要采用铸钢轨道。为了提高轨道的侧向刚度,通常把主轨道与门槽护角用的角钢焊接起来。

(2)底槛、反轨、侧轨。底槛承受闸门重量及兼作止水座面;反轨、侧轨主要起导向作用,闸门启闭时为了防止在闸槽中因左右倾斜而被卡住或者前后碰撞,减少下水过程的振动,需要设置导向装置,一般都用型钢制作。

(3)门楣。门楣主要作为止水座面,一般用型钢或型钢与钢板的组合件组成。

3.1.2.4　闸门槽的检查内容及方法

(1)检查内容主要有:门槽埋件,应无缺失、变形、焊缝开裂等缺陷;止水座面,应平整、无锈蚀积垢和水生物附着;门槽及底槛,应无障碍物及杂草、污物,底部无淤积等。

(2)检查的方法主要是巡视检查,当门槽被水淹没时,可用木杆、竹竿探查或利用启闭机提起、放下闸门1~2次无阻卡。

3.1.3　拦污栅的检查

3.1.3.1　拦污栅的用途

在泵站进水口设置拦污栅,可以拦阻水流所挟带的树枝、枯叶、水草、浮冰等污物,不使污物进入管道(流道),以保护水泵及阀门等不受到损害,保证机组的正常运转。

3.1.3.2　清除堆积在拦污栅前的污物

被拦污栅拦截的污物阻碍了水的正常流动,在拦污栅前后形成了较大的水位差,如果污物不及时清除,则会大幅度地增加水泵扬程和轴功率,减小水泵流量,延长运行时间,增加运行费用,加剧水泵汽蚀和机组振动,导致频繁开停机,甚至压垮拦污栅,造成机组不能运行。因此,应及时清除堆积在拦污栅前的污物。

3.1.3.3　维护、修理和更换栅条

为了保证拦污栅的拦污作用,应定期将拦污栅提出,清除污物,除锈,涂防锈漆,维修栅条,对弯折变形的栅条进行整理或更换。

3.1.4 启闭机和闸门检查

3.1.4.1 启闭机的特点

启闭机是专门用来启闭闸门的起重机械,它的特点如下:

(1)具有高度可靠性。闸门和水工建筑物共同起着拦蓄洪水、防止洪水倒灌,保护安全的作用,启闭机是提起和关闭闸门的专用设备,必须稳定、可靠地工作。具有高度可靠性,是启闭机区别于其他起重机械的最大特点。

(2)工作荷载变化大。闸门是沿导向门槽上下移动的,启闭机的荷载不仅取决于闸门活动部分的重量,还很大程度上取决于门所受的运动阻力,阻力与止水和行走支承结构摩擦表面状况密切相关。泥沙淤积、建筑垃圾和各种漂浮物落入门槽,闸门或门槽的倾斜、变形,埋件结冰、锈蚀等都会使阻力系数大大增加。动水启闭的工作闸门,载荷的大小还与门的开度、水位差等有关。这些原因造成启闭机在工作过程中,荷载不断变化,极限载荷有可能大大偏离额定载荷。

(3)运行频率低。启闭机的作用是提起或关闭闸门,以拦蓄、泄放洪水,调节水位。泵站闸门的工作状态为提起或关闭两种状态,因此启闭机大部分时间处于停机状态,使用频率相当低。泵站用的启闭机,属于不经常使用的轻型工作级别,但是作用重大,要求长期保持安全可靠,随时处于灵活启闭的良好状态,比其他起重机械有更高的要求,平常的维护十分重要。

3.1.4.2 闸门及启闭机的检查

闸门及启闭机在泵站每年运行之前,必须完成定期维护保养和计划内的修理工作,使设备处于良好使用状态,确保随时安全、灵活、可靠地运行。闸门及启闭机检查维护内容如下。

1)闸门的检查

(1)门体及吊耳(门铰)结构完整,平整、无变形或有轻微变形但不影响闸门正常使用,表面防腐符合要求。

(2)冲水装置打开、关闭灵活。

(3)止水橡皮及压紧螺栓完好、齐全,止水面平整。

2)启闭机的检查

(1)电动机经耐压试验合格,绝缘符合要求,转动方向正确。

(2)限位开关、保护装置及连锁开关动作准确可靠。

(3)齿轮箱、轴承盒油量充足,油质符合要求,润滑点的润滑正常。

(4)钢丝绳安装紧固、可靠,无锈蚀、断丝现象,缠绕正确,润滑充分。

(5)连杆、螺杆无弯曲变形,传动机构灵活。

(6)吊点连接牢固、可靠。

3.1.4.3 启闭前的检查内容

为了使闸门能安全、及时启闭,启闭前应对闸门和启闭设备与开机有关的项目进行检查,确保启闭可靠。

1）闸门的检查

（1）闸门是否停止在合适的位置。

（2）闸门周围有无漂浮物卡阻，门体有无歪斜，门槽是否堵塞。

（3）冰冻地区，在冬季要检查闸门活动部位有无冻结现象。

2）启闭机的检查

（1）电源（包括备用电源）或动力机有无故障。

（2）机电安全保护设施、仪表是否完好。

（3）液压启闭机的油泵、阀、滤油器是否正常，管道油缸有否漏油。

3）其他方面的检查

（1）上下游有无船只、漂浮物或其他障碍影响水流等情况。

（2）注意观测上下游水位、流量、流态。

（3）采用拍门断流的泵站，要检查通气孔是否堵塞。

3.2　设备操作

3.2.1　螺杆式启闭机

3.2.1.1　螺杆式启闭机的结构型式

螺杆式启闭机，如图 3-3-4 所示，由起重螺杆、承重螺母、传动机构、机架及安全保护装置等组成，应用螺旋副中斜面的工作原理，利用螺旋传动的特点，借助承重螺母的旋转，把螺母的旋转运动变成螺杆的轴向直线升降运动，运动过程把螺母的转矩变成推动闸门的启闭力，用于启闭闸门。能量传递过程虽然存在摩擦损失，却很省力。起重螺杆工作时承受轴向力，即启门力或闭门力，启门力使螺杆受拉，闭门力使螺杆受压。除轴向力外，由于螺纹传动时的摩擦阻力，起重螺杆同时要承受扭矩，扭矩大小与螺纹间的滑动摩擦系数有关，因此加强螺杆的润滑、防锈非常重要。

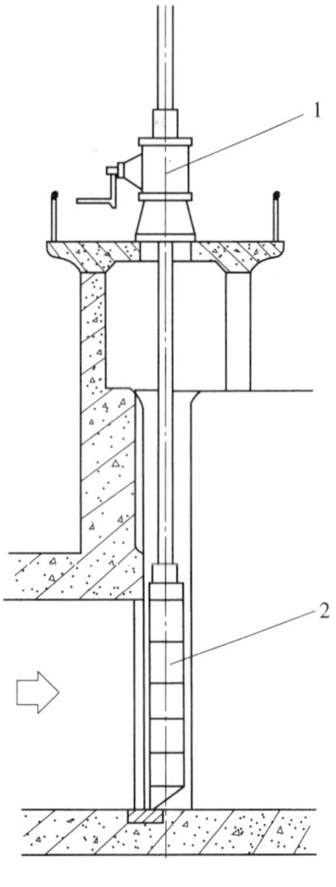

1—螺杆式启闭机；2—闸门

图 3-3-4　螺杆式启闭机

3.2.1.2　螺杆式启闭机的特点

（1）螺杆是刚性构件，不但能提供启门力，而且能施加闭门力，并能阻滞闸门振动。

（2）启闭容量小，扬程小。启闭机的容量一般为 30 ~ 200 kN，行程通常在 5 m 以内。

（3）结构简单，传动平稳，无噪声，造价低廉。

（4）螺杆和螺母有自锁作用，由螺纹的升角 $\alpha \leq 4° \sim 4°30'$ 来保证螺杆螺母之间有自锁性能，可使闸门停留在任何位置，而不会自行滑落，传动机构中一般都不设制动器。

（5）机体体积小，占地面积小。

(6)缺点主要是传动效率低,启闭速度慢。效率一般都低于50%,大部分只有40%左右。

3.2.1.3 **螺杆式启闭机驱动方式**

螺杆式启闭机驱动方式可分为手动、电动及手电两用三种型式。

1)人力驱动

手动螺杆启闭机结构简单,适用于缺少电源的小型农田水利工程,以及启闭操作少的闸门,起重容量一般不超过100 kN,启闭速度比较慢,特别是启门时间长。50 kN以下的手动螺杆启闭机,可不设省力的减速机构,仅用手柄直接转动承重螺母,如同推磨,俗称推磨式,如图3-3-5所示。

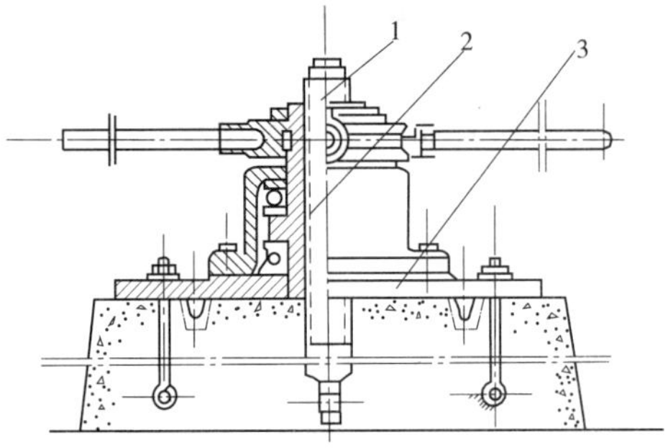

1—起重螺杆;2—承重螺母;3—机架

图3-3-5 手动螺杆式启闭机

2)电力驱动

由电动机和控制设备组成,是启闭机的主要驱动方式。电力驱动传动装置启闭力矩大;启动、调速、过载、正反转性能良好,控制方便;易于实现安全保护与联锁。其缺点是必须依赖电源。50 kN以上的螺杆式启闭机,设置省力的减速机构,通常有蜗轮蜗杆减速传动机构和伞式齿轮减速传动机构。

3)手电两用驱动

手电两用的目的主要是当电源中断时,可用手摇操作启闭。

3.2.2 固定卷扬式启闭机

固定卷扬式启闭机如图3-3-6、图3-3-7所示。

3.2.2.1 **固定卷扬式启闭机的特点**

(1)结构简单,自重轻,运行可靠,维修方便。起重容量范围大,可以适应各种启闭要求。

(2)钢丝绳是闸门与启闭机的连接件,只能提供启门力,不能提供闭门力,闭门靠闸门自重下落关闭。钢丝绳具有弹性,对起升机构起缓冲作用。

(3)采用双联滑轮组,启闭过程中闸门不会左右晃动。

(4)启闭机占地面积大,钢丝绳容易磨损,在水中抗腐蚀能力差,寿命比较短。

3.2.2.2 **起升机构的主要零部件**

固定卷扬式启闭机的起升机构主要由钢丝绳、卷筒组、滑轮组、制动器、联轴器和驱动传动机构等组成。此外,大多数机构还装有负荷控制器、行程指示等安全装置,如图 3-3-7 所示。

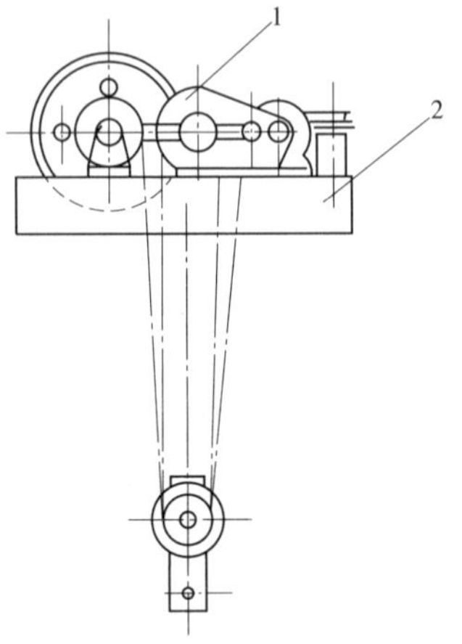

1—起升机构;2—机架

图 3-3-6　固定卷扬式启闭机

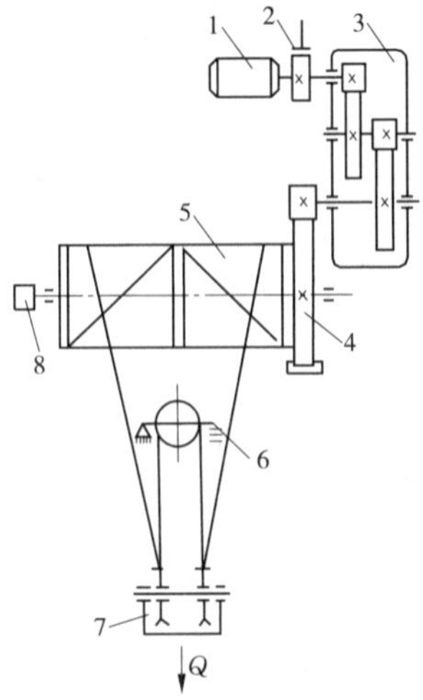

1—电机;2—制动器;3—减速器;4—开式齿轮;
5—卷筒;6—平衡轮;7—动滑轮组;8—主令控制器

图 3-3-7　单吊固定卷扬式启闭机起升机构图

(1)钢丝绳:钢丝绳是柔性联接件,它的作用是把启闭力由卷筒传至闸门。

(2)滑轮组:滑轮组是起升机构的重要组成部分,用以悬挂支承钢丝绳,并与钢丝绳一起组成起升机构,起减速省力的作用。滑轮组由定滑轮、动滑轮、平衡轮及其支架组成。

(3)卷筒组:卷筒组是卷扬式启闭机的重要组成部分,作用是把卷筒的回转运动变成钢丝绳的直线运动,并把卷筒的转动力矩转变成钢丝绳的牵引力。卷筒组由卷筒、齿轮或齿轮联轴器、卷筒轴、轴承和轴承座等组成。

(4)驱动装置:驱动装置的作用是提供驱动力。一般可分为两大类:人力驱动和电力驱动。电力驱动的优点是便于实现单独驱动,使转动装置简化;启动、调速、过载、正反转性能好、控制方便;易于实现安全保护与联锁。其缺点是必须依靠电源。

(5)传动装置:传动装置的作用是传递运动,降低转速,增加扭矩。由齿轮减速器或齿轮减速器加开式齿轮构成。

(6)联轴器:联轴器是联接两根同一方向轴的部件,作用是使相联接的两根轴同时旋转,传递运动和扭矩。

(7)制动器:制动器是保证安全运行的部件,作用是调节重物的下降速度,制动和持住重物,使其可靠地静悬于空中。制动器主要由压紧系统和松闸器两部分组成。制动器的压紧系统在机构需要制动时,压紧力的产生有两种方式:一种是利用电磁或液压产生的压力,使闸瓦压紧在制动轮上,而停止机构运转;另一种是利用调整好的弹簧产生的压力,使闸瓦压紧在制动轮上,这种方式在启闭机运转时需利用电磁力来消除弹簧产生的压力,松开闸瓦。

(8)过负荷切断装置:也称起重量限制器,它的作用是当启闭机工作负荷超过额定负荷时能自动切断电源，使启闭机停止运行，以避免启闭机零部件及钢结构的损坏而造成事故。一般把超载值限制在额定荷载的 10% 范围内。

(9)行程指示器：也称深度指示器，它是用来指示闸门的升降位置，并通过行程开关使闸门不会超越上、下极限位置。常用的行程指示器是用机械传动方式，指针在刻度盘上指示闸门所处位置。

3.2.2.3 固定卷扬式启闭机的工作过程

1)启门过程

(1)启门前，电动机停转，制动器处于制动状态，闸门在关闭位置。

(2)根据开机运行调度指令，在控制室或机旁，按下"启门"按钮。

(3)制动器松闸，电动机转动，通过传动机构，将电动机的扭矩传递给卷筒，卷筒转动，收起钢丝绳，将闸门垂直、匀速拉起。

(4)启门过程中，若启闭机超载，则过负荷装置切断电源，制动器制动，电动机停止转动。这时需进行检查，排除故障后才能继续启门。

(5)闸门提到某一开度或至全开度时，由手动操作或主令控制器切断电源，闸瓦压紧制动轮，电动机停转，闸门被持住，在空中悬吊着。如果停留时间过长，应投入锁定器。

2)闭门过程

(1)将闸门锁定解除。

(2)在控制室或机旁按下"闭门"按钮。接通电动机回路，制动器松闸，闸门在自重作用下加速下降。

(3)电动机进入反馈制动工作状态，当电动机的制动力矩与闸门自重在卷筒上产生的下降力矩相等时，闸门开始匀速下降。

(4)当闸门下降到某一开度或全关闭位置时，用手动操作或主令控制器切断电源，制动器制动，电动机停转，闸门持住在某一开度或在全关闭位置。

启闭闸门前，必须严格按照操作规程进行检查，准备工作完成后方可进行启闭作业，启闭过程也必须按要求检查，确保闸门启闭灵活、安全、可靠运行。

3.2.3 液压式启闭机

3.2.3.1 液压式启闭机的特点

液压式启闭机如图 3-3-8 所示，与其他机械传动启闭机相比，液压式启闭机有以下特点：

(1)机械部件少，结构简单、紧凑，质量轻，所占空间小，易于布置。

(2)采用静压原理，利用较小的动力可得到很大的作用力，启闭容量大。

(3)传动介质是液体，工作平稳，缓冲性能好。

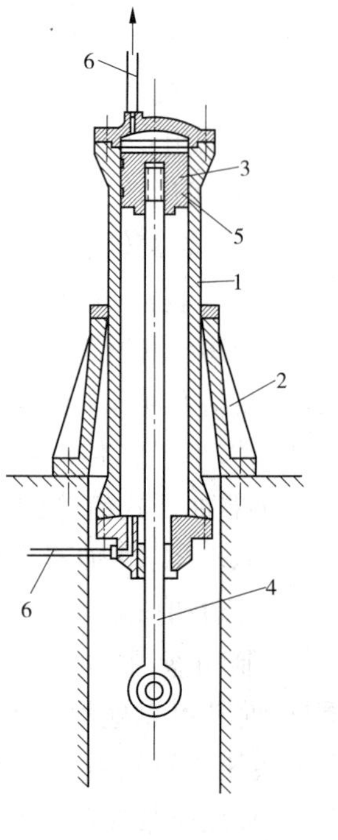

1—活塞筒；2—支座；3—活塞；4—连杆；5—油封环；6—油管

图 3-3-8 液压式启闭机示意图

(4)油液充满油路系统,元件润滑良好,磨损、腐蚀小,寿命长。

(5)维护保养主要是保持油液的清洁,运行安全可靠。

(6)采用标准液压元件,易于实现标准化、系列化,与电器配合,易于实现自动化。

(7)油缸需要专用机床锻造加工,机加工精度高,相应造价也较高。

(8)启闭速度慢,油液容易泄漏,工作效率较低,矿物油液易着火,对防火要求高。

3.2.3.2　基本组成和主要部件

液压式启闭机具有液压传动的基本构成,包括动力元件、执行元件、控制元件和辅助元件。

(1)动力元件。动力元件是液压油泵,其作用是把机械能转变为液体的压力能,产生高压油液,以驱动负荷。常见的液压油泵有齿轮泵、螺杆泵、叶片泵及柱塞泵。

(2)执行元件。其作用是把液体的压力能转变成为机械能。液压传动系统中的执行元件有液压马达、液压缸和摆动液压缸。液压马达可实现连续的旋转运动,液压缸可实现往复直线运动,摆动液压缸可实现小于 360°角的往复摆动运动。摆动液压缸也称摆动液压马达。

(3)控制元件。液压传动系统中的控制元件是各种液压阀,阀的作用是控制油压的压力、流量和方向。改变液流的压力可以改变执行元件输出力或力矩的大小,改变液流的流量可以改变执行元件的运动速度,改变液流的方向可以改变执行元件的运动方向。当液压传动系统中有多个执行元件时,在液压控制阀的作用下,各执行元件才能按照预定的要求协调地工作。

(4)辅助元件。这是液压系统中除上述 3 个组成部分以外的其他元件,包括管道、管接头、滤油器、油箱以及各种液压参数监测仪表都称为液压系统的辅助元件。

漏油是液压启闭机普遍存在的问题,漏油使液压系统的效率降低,能耗增加,污染环境,由于密封不良,外界污物容易侵入,造成恶性循环,使动力元件、执行元件和控制元件等造成早期磨损,使系统工作可靠性降低。

3.2.4　清污设备

泵站常用的清污机械主要有耙斗式清污机、抓斗式清污机和回转式清污机等型式。

3.2.4.1　耙斗式清污机

耙斗沿拦污栅的斜面上下移动,齿耙可插入栅条清污,并沿拦污栅斜面移动,驱动为卷扬式启闭机。上升靠卷扬机通过钢丝绳牵引拉起,下降依靠耙斗自重沿导轨滑动。耙斗的耙齿成栅条形,间距和拦污栅条间距相等,通过拐臂对耙齿施加压力,使齿尖插入栅条内一定深度,以清理积聚栅条间的污物。为防止污物过大,耙齿卡阻而引起过载,在耙齿上设有压力弹簧,遇大块杂物时将耙齿上抬,越过障碍继续工作。耙斗式清污机适用于浅式进水口、倾斜布置的拦污栅,适合清除杂草、芦苇、树叶等较小而数量又不多的污物。

3.2.4.2　抓斗式清污机

抓斗式清污机适用于深式、直栅式进水口及污物较多的场合,主要用来抓取堆积或漂浮在拦污栅前面的较大的树枝、树桩及沉没的杂物。它仅能对直栅式拦污栅栅条间清污,清污范围较窄,清污效果不佳,但能够清除拦污栅前较大、较多、较深的污物。其工作原理与抓斗式挖掘机基本相同,抓斗清污机一般是移动式,抓斗和动力部分是与栅体分离的,动力部分安装在工作平台上,清污机可横向移动,工作时抓斗靠自重沿栅体下落并插入污物中,然后靠牵引绳上升抓紧污物,以达到清污的目的。受抓斗开启角度和自重的影响,在污物较多时,抓斗难以插入污物之中,有时抓漂浮物时会把漂浮物压向水中,因而清污效果受到一定影响。由于造价较低,投资较少,操作起来也不复杂,因此使用较多。

3.2.4.3 回转式清污机

回转式清污机是清污机与拦污栅结合,集拦污和清污于一体的设备。其工作原理:一种是通过驱动机构带动拦污栅栅叶沿固定的轨道旋转运动,使吊挂在栅体上的杂物由水下带至平台,再用皮带运输机或高压水冲刷等方法将污物除掉;还有一种回转式耙式清污机,拦污栅本身是固定的,驱动机构通过链轮带动耙齿作回转运动,将污物带至平台清除。回转式清污机具有可连续清污、速度快、干净,而且操作人员少、劳动强度低等优点,是大型泵站一种较为理想的清污机械。但这种清污机不能移动,必须每台机组或每孔拦污栅配用单独的清污机,工程投资大。此外,这种清污机转动部件容易磨损,安全销容易被剪断,运行费用较高,也不适用于树枝木棍、牲畜等污物较大、较多的场合。

3.3 工况巡视

3.3.1 检查闸门、拍门

正常工作的闸门必须保持完好,启闭运行灵活。工作过程中,由于水流运动的作用,水中的漂浮物、推移物等总是会向闸门集中,贴附在门体或卡阻在门槽里,影响闸门的正常运行,造成闸门关闭不严,不但会漏水,还会加速门的腐蚀,所以必须随时进行检查清理。

运行期间值班人员应注意观察:

(1)位于拍门前出水管口上的通气管的工作情况是否正常。

(2)闸门的振动情况和闸门是否自动下降。

(3)提起并持住闸门的启闭机电源是否正常,齿轮箱、轴承盒的油位、油质是否符合要求。

(4)上、下游水位变化及水流形态是否正常。

(5)有无船只或其他漂浮物临近闸前。

3.3.2 检查启闭机

(1)启闭闸门的电源(包括备用电源)或动力有无故障,用人力启闭的要备妥足够数量的工人。

(2)机电安全保护设施、仪表是否完好。

(3)液压启闭机的油泵、阀、滤油器是否正常,管道油缸有否漏油。

(4)有通气孔的建筑物,要检查通气孔是否堵塞。

3.3.3　压力管道的观测

灌排泵站的压力管道,主要有钢管、铸铁管、钢筋混凝土管、预应力钢筋混凝土管和夹砂玻璃钢压力管等。观测的目的是监视管路的运行状态,发现和判别异常情况。检查、观测项目包括如下几个方面。

3.3.3.1　明管

(1)密封性检查。管道应保持良好的密封性,不应有存气、进气和渗漏现象。

(2)外观检查。管道的保护层(防锈层)必须完好,检查钢管腐蚀、磨损、结垢、淤积、冰冻等情况,有条件的地方用测厚仪对重要部位的壁厚进行定期检测。

(3)振动检查。包括振动型式、频率和振幅的测试。

(4)基础检查。检查软基上明管的沉陷、位移和转动,出水管道的管坡应排水通畅,不得有滑坡、塌陷等危及管道安全的隐患。

3.3.3.2　埋管

检查埋管外水压力情况(包括管外测压和钻孔测地下水),暗管埋土表部不得有积水、空洞,并设置管标,以便维护。

3.3.3.3　管路附件

(1)检查事故闸阀及其运行保护设备的完好情况。

(2)检查伸缩节活动情况、进人孔等的防渗情况。

(3)检查通气孔通畅情况。

3.3.3.4　镇墩及支墩

(1)检查支墩左右两侧和镇墩四角测量标点的沉陷、位移和转动。

(2)检查镇墩、支墩和管床处有无裂纹和湿渗。

(3)检查明管支座清洁、润滑和活动情况。

3.3.3.5　地质情况的观测

管路及管坡周围可疑地质情况的观测,检查管坡渗水、稳定情况。应特别注意最严重时期,如洪水期、冰冻期和有危险征兆的部位,汛期注意防洪排水,发现问题和处理办法应及时上报主管单位。

禁止在泵站及管路附近进行爆破和取土,在管路保护区内,不得种植和灌水,以策安全。冬季灌溉结束后,应做好管道的排水和维护,以防冻裂。

3.3.4　检查拦污栅

污物不能及时清除,将会增加水泵的提水扬程和轴功率,减少水泵的出水流量,延长机组运行时间,增加运行费用,还会造成水泵汽蚀,引起机组振动,严重时会压垮拦污栅,导致机组停机。泵站运行时必须定期对拦污栅进行检查并及时清除污物。通常采用的清污方法有以下三种:

(1)人工清污:对年运行时间短、装机台数少或污物不太严重的泵站以及小型泵站可采用人工清污方式。

(2)机械清污:大型泵站,以及年运行时间长、装机台数多,或污物非常严重的泵站,宜采取机械清污方式,配置专门的清污机械和相应的污物转运设备。

(3)提栅清污:当进水口设置清污机有困难时,往往在进口设两道拦污栅,轮流提出水面清除杂物。

3.4　设备养护

3.4.1　金属结构表面的杂物清除

钢铁的腐蚀除本身材质的影响外,外界环境因素,如氯化物的浓度、溶解氧的浓度、水温、pH 值、水质污染、水电阻率、流速、钢铁在水中的不同位置、生物附着情况以及钢铁表面防腐涂层状况等,对钢铁的腐蚀影响也很大。

附着在钢结构表面的生物,常见的有海蛎子、贝类、藻类等,它们的新陈代谢及其分泌物,对结构物起着化学腐蚀和电化学腐蚀的作用,还会引起涂料保护层早期破坏,加速结构腐蚀。

钢铁表面防腐涂层的状况,直接影响到钢铁的腐蚀速度。因此,在闸门维护工作中要求及时清除闸门表面上的附着水生物,及时修补损坏的防腐涂层,才能确保其保持良好状态。

金属结构表面的杂物清除方法有:铲除法,即人工用钢铲铲除附着在结构件表面水生物和杂物;打磨法,即用装有圆盘钢丝刷的手提砂轮机,磨刷附着在结构件表面水生物和杂物。清除表面的杂物后,若表面防腐涂层受到破坏的,应及时进行表面防腐涂层处理。

3.4.2　水下金属结构的日常养护

闸门、拍门、拦污栅等在水下工作的金属结构,工作过程中,门前水流、旋涡以及门后回流的冲击作用,漂浮物、推移物向闸门的集中,会贴附或卡阻于门槽内,影响闸门的正常运行,不但容易造成漏水,还会加快门的腐蚀,为使它们保持清洁完好和启闭灵活,必须随时检查清理,其主要包括以下内容。

3.4.2.1　清理门槽和拍门周边的杂物

及时清理卡阻在门槽、门叶、栅体和门枢等部位的树枝、钢丝、块石等杂物。有条件的,可在门槽、门叶上部设置启闭机房或防护盖,转动闸门的门盖座上方可设置混凝土挡坎,拦截砂石和杂物,防止卡阻。经常用木杆、竹竿探摸浅水建筑物中的杂物,借助流水冲洗清除;深水建筑物的杂物,应定期进行潜水检查和清理。

清除门体上的油污、积水,保持门体上落水孔的畅通,严禁向闸门倾倒污水、垃圾等污物。

3.4.2.2　观测调整

(1)闸门发生倾斜,可能撕裂止水橡皮,拉断钢线绳或使闸门变形损坏。倾斜严重时必须配合启闭机进行调整。对双吊点闸门,两侧钢丝绳长度应调整一致,侧轮与两侧轨道间隙大体相同。

(2)止水不严密或有缝隙,会造成漏水,但是预压过紧,则增加摩擦力,加快止水磨损或挤压变形,以致失去止水作用。止水橡皮应经常进行调整,使其紧密贴合于止水座(面)上,又不会压得过紧。对于没有润滑装置的闸门,启闭前应往干燥的橡皮注水润滑,防止干磨。

3.4.2.3　清淤

闸门前往往淤积大量的泥沙,泥沙压力使摩擦增加,负荷加重,运行困难,泥沙淤堵还会使闸门落不到底,孔口封闭不严造成漏水。应定期输水排沙,或利用高压水枪在闸室范围内进行局部冲洗清淤。

拦污栅应定期提出,清除污物,除锈,涂抹防锈漆,对弯曲变形的栅条进行修理或更换。

3.4.3　金属结构的维护

3.4.3.1　维护的原则

各种金属结构在使用过程中,由于磨损、腐蚀、外力和时效等原因,会引起设备变形,机械性能、安全可靠等性能降低,产生隐患和故障。必须及时根据设备技术状况、变化规律,进行经常性的维护作业,减少磨损,消除隐患和故障,保持设备始终处于良好的技术状况。维护就是对检查发现的缺陷和问题,随时进行保养与局部修补,保持设备完好的过程。维护的原则是:经常维护,随时维修,养重于修,修重于抢。

3.4.3.2　维护的内容

(1)清洁:清洁是针对金属结构的外表、内部和周围环境的脏、乱、差所采取的重要保养措施。使用过程中,油料、灰尘以及各种腐蚀物、水生物等的影响,设备表面会出现脏污,产生锈蚀。某些关键部位,如制动轮圆周面、电器接点、电磁铁吸合接触面、电动机碳刷滑环接触面等会因脏污而使设备不能正常运转,甚至会引起事故,必须对机器周围的环境,轨道沟、场地上的油污等及时清扫;场地上的工器具应随时整理,摆放整齐。

(2)紧固:工作过程中受力、振动等影响,各种紧固件可能会发生松动,对设备安全造成很大的隐患,如压力油系统中的螺纹管接头、密封用压盖螺栓等松动,会造成漏油;基础、法兰等各种定位和连接螺栓、钢丝绳压紧螺栓和吊具联接螺栓等松动,将改变被联接零部件的受力和运动情况,并构成事故隐患。必须随时检查和拧紧松动的紧固联接件,重要的螺纹连接都有特定的拧紧力矩,必须使用扭矩扳手按规定要求拧紧,并采取相应的防松措施。

(3)调整:使用过程由于松动、磨损等原因,会引起零部件相对位置的改变,如不及时调整,轻则会引起振动和噪声,导致零件磨损加快,降低设备性能,甚至会导致事故。只有及时调整,才能使设备处于正常状态,保证灵活、安全可靠的运行。

调整包括以下内容:

①间隙调整。如轴瓦与轴颈、滚动轴承的配合间隙;齿轮啮合的顶、侧间隙;制动器闸瓦与制动轮之间的间隙等。

②行程调整。如制动器的松闸行程,离合器的离合行程,安全限位开关的限位行程和闸门启闭位置指示行程等。

③松紧调整。如转动皮带、链条等松紧的调整,弹簧弹力大小的调整等。

④工作参数调整。如电流、电压、制动力矩、油压启闭机流量、压力、速度等的调整。

(4)润滑:润滑可以减少摩擦力,防止烧结和磨损,减少动力消耗,提高效率,流动的油液还起到冷却和降温作用,凡是有相对运动的零部件,均需要保持良好的润滑,以减少磨损,延长设备寿命;降低事故率,节约维修费用,并降低能源消耗等,可靠的润滑才能保证使用寿命。

3.4.4 钢丝绳润滑保养

钢丝绳在卷筒、滑轮以及钢丝绳之间经常发生摩擦,并且常在露天下工作,日晒、水分以及尘埃影响很大,为了延长使用寿命,必须进行良好的润滑。常用的润滑油脂是38号汽缸油、钢绳脂以及工业凡士林。油脂应符合以下要求:

(1)具有良好的润滑性,尽量减少绳与绳之间,以及绳与卷筒、滑轮之间的摩擦和磨损,存在严重磨损的部位,可以采用极压性好的润滑剂,如含石墨或二氧化钼的润滑剂。

(2)具有很强的黏附性能,保证钢丝绳在运动过程中不至于被离心力甩掉。

(3)良好的抗水性和防锈性,在水中移动时不易被水冲刷,不易乳化变质。

(4)渗透性能好,麻芯浸油后,能随时向钢丝绳供油。

(5)能适应温度变化,高温不至于滴落、流失;低温无龟裂脱离现象。

第 4 篇　操作技能——中级工

模块 1　机械设备运行

1.1　设备检查

1.1.1　抽真空系统

抽真空系统主要用于开机前抽出虹吸式出水流道和非淹没安装的离心泵进水管内的空气。当卧式水泵叶轮的淹没深度低于叶轮直径的 3/4 或虹吸式出水流道不预抽真空水泵不能顺利启动时,都应设置抽真空系统。虹吸式出水流道设置抽真空系统的作用有两个:一是降低启动扬程,减小机组启动力矩;二是缩短虹吸形成时间,使虹吸流道尽快形成满管流,有效避免振动的发生,确保水泵装置正常安全运行。

1.1.1.1　抽真空系统的布置

(1)虹吸式出流的泵站,抽真空系统一般布置在真空破坏阀阀室,沿墙壁敷设一条抽真空母管,母管与气水分离筒相连,同时母管上分出来的支管与各台机组虹吸式出水管的最高点接通;各支管上均装有闸阀,每个虹吸式出水管上各装有一只真空表,在抽真空时和正常运行时观测虹吸管内的真空度。抽真空系统原理如图 4-1-1 所示。

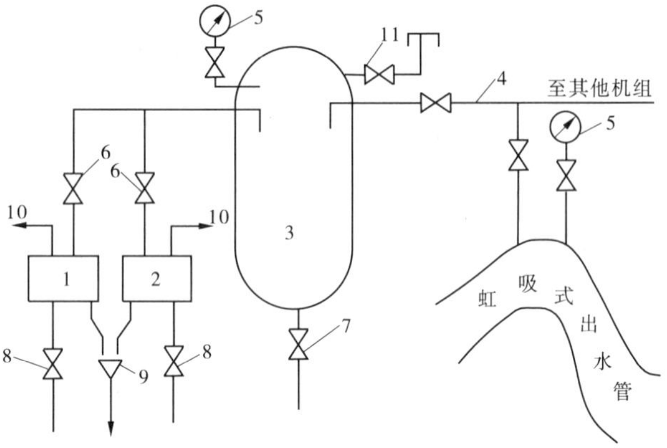

1—1 号真空泵;2—2 号真空泵;3—气水分离筒;4—抽真空母管;5—真空表;6—进气阀;7—排水阀;8—冷却水进水阀;9—冷却水回水阀;10—真空泵排气;11—筒顶进气阀

图 4-1-1　抽真空系统原理示意图

(2)非淹没安装的离心泵站,抽真空系统一般布置在主机组附近,沿主泵房一侧(多在进水侧)墙壁敷设一条抽真空母管,母管上分出来的支管与各台水泵泵壳的最高点接通;各支管上均装有闸阀,每台水泵的进口各装有一只真空表或压力真空表,用于在抽真空和正常运行时观测水泵进口的真空度或压力。

1.1.1.2　抽真空系统的使用方法

非淹没安装的离心泵站的抽真空系统操作使用比较简单,机组启动前,如需要抽真空,启动真空泵,打开需要抽真空水泵支管的闸阀,观测真空度达到规定的数值后即可启动水泵。下面重点介绍虹吸式出流的泵站抽真空系统的使用方法。

当水泵进口水位较低,启动机组前,先打开虹吸式出水流道抽气管上的阀门,然后启动真空泵抽吸虹吸式出水流道内的空气,当真空度达到规定的数值后关闭抽气管上的阀门,阀门关闭后便可启动水泵。抽真空时必须注意,虹吸流道内的真空值不能超过规程规定的真空值,否则就会引起出水口的水流翻越驼峰向水泵出口倒灌,造成水泵未启动先倒转。

第一台水泵启动正常并运行稳定后,便可依次启动其他水泵。其他水泵的启动不需要使用真空泵,由已经运转的水泵来负担。

抽真空系统的具体方法是:关闭抽真空母管至气水分离筒的闸阀,打开抽真空母管至已经运转及准备启动机组的虹吸式出水管上的支路闸阀,这样通过抽真空支管和抽真空母管的途径,由正在运转的水泵虹吸式出水管的顶部负压,来抽出准备运转水泵虹吸式出水管内的空气。这种抽气方式,速度快、方法简单,适用于装有多台机组的泵站,在机组启动时操作使用。

1.1.1.3　真空泵容量的选择和确定

真空泵容量的选择与主水泵启动前虹吸式出水管内的空间有关。从图 4-1-2 中可以看出,在水泵启动前泵内进出口水位分别为 h_1 及 h_2,抽真空后泵内的水位由 h_2 上升为 h_3,这时虹吸式出水管内的真空度为 h_3-h_2 的水柱,也已经到了极限(再继续抽真空就会使出水口水翻越驼峰),这时进水管水位也由 h_1 上升至 h_4,并且 h_4-h_1 一定等于 h_3-h_2,因此虹吸式出水管内排除空气的体积为图 4-1-2 中的虚线部分。

泵站要求抽真空的时间不能太长,轴流泵或混流泵抽出虹吸式出水流道内最大空气容积的时间宜为 10 ~ 20 min,离心泵单泵抽气充水时间不宜超过 5 min。另外,还必须考虑水泵填料漏气及其他方面的漏气因素,通过已知需排出空气量,即可确定抽真空系统的总容量。真空泵宜设 2 台,互为备用。泵站一般选用水环式真空泵,并配有气水分离筒(强度按 0.1 MPa 负压设计)。从抽真空母管进入气水分离筒的管道向下弯,气水分离筒的顶部装有进气阀,底部装有排水阀(见图 4-1-1)。真空泵的进气管直接与气水分离筒连接。

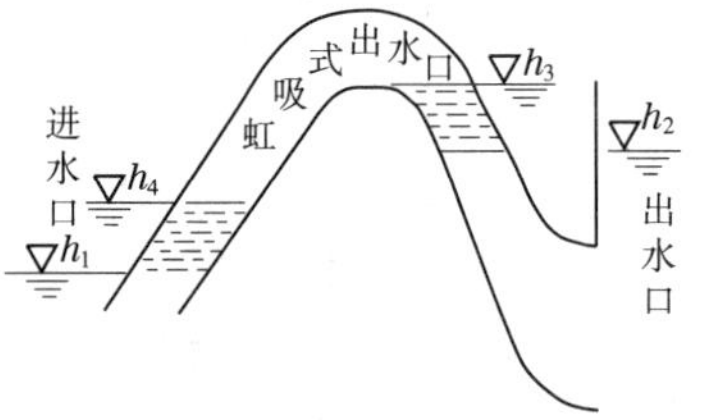

h_1—水泵进水口水位;h_2—水泵出水口水位;
h_3—虹吸式出水管驼峰高程;h_4—当水位由 h_2 上升到 h_3 时水泵进水管内水位上升的高程

图 4-1-2　虹吸式出水管抽真空前后水位示意图

真空泵可与空气压缩机布置在一个室内,方便管理。必须提供可靠的冷却水,冬季必须保证室内温度在 0 ℃以上,防止冻坏设备。

1.1.1.4　泵站虹吸管抽真空的步聚

泵站虹吸管抽真空就是使用抽真空系统抽泵站虹吸管内空气。

第一台抽水装置虹吸管抽气的操作步骤如下：

(1)打开第一台抽水装置虹吸管的抽气闸阀,并检查确认其他台抽水装置虹吸管的抽气闸阀处于关闭状态；

(2)检查真空泵工作供水是否正常,并开阀供水；

(3)检查真空泵工作的供电电源,确认正常带电；

(4)手动旋转真空泵的转动部件是否能动,确认转动灵活；

(5)检查抽真空系统各部件及管道,确认无漏气现象；

(6)合上真空泵工作的电源,检查真空泵工作运行是否正常,无异常振动和异常声音；

(7)观看真空表上的真空值,真空到位后手动停真空泵(装有真空自动控制装置的,会自动停止真空泵)；

(8)手动或自动关闭虹吸管的抽气闸阀,抽真空完成。

第一台抽水装置投入运行正常后,其他各台装置虹吸管抽气的操作步骤如下：

(1)打开第一台抽水装置虹吸管的抽气闸阀；

(2)选定准备开机的抽水装置,打开其虹吸管的抽气闸阀,则开始抽气；

(3)观察选定抽水装置真空表上的真空值,真空到位后手动(或电动)关闭抽气闸阀(装有真空到位自动控制装置的,会自动关闭抽气闸阀)；

(4)其他各台装置虹吸管抽气的操作重复上述步骤。

1.1.1.5　真空破坏阀装置

真空破坏阀,主要用于虹吸式出水流道断流。虹吸式出水流道的驼峰底部高于出水池的最高设计水位。正常运行时,水流通过虹吸管进入出水池;停机时,打开虹吸管顶部的真空破坏阀,让空气进入虹吸管破坏虹吸,使泵站出口的水不致通过出水管而倒流。真空破坏阀是用于虹吸式出水流道泵站的主要断流设备。其主要作用如下：

(1)停机时断流。虹吸管出水流道在机组运行时管内处于负压状态,停机时会由于虹吸作用而引起水流倒流,推动水泵倒转,真空破坏阀就是为了破坏虹吸管内的真空、截断水流倒流而设置的。当机组停机时,真空破坏阀以压缩空气为动力自动打开阀盖,使空气进入虹吸管内,虹吸破坏,管内水位很快降低,防止泵站出口处水流翻过驼峰而倒灌。这种方式称为真空破坏断流方式。

(2)帮助降低水泵启动扬程。在机组刚启动时,虹吸尚未形成,由于虹吸管内水位升高,水泵扬程也相应增加,此时管内未抽完的部分空气受到压缩,产生正压,真空破坏阀借此压力自动打开,放出一部分空气,减小管内的正压,消除压缩阻力,降低水泵启动扬程。

真空破坏阀种类很多,常用的一种是以压缩空气为动力的气动平板阀。这种阀动作灵活可靠,开启时间极短(1 s左右),并可用直流电作为电磁阀的动作电源。停机时不论有无电源,均可立即打开,通过一系列的控制零件,将外界空气引入流道(管道)内,破坏虹吸流道驼峰处的真空,截断水流,然后利用弹簧在内压力消失后自动落下关闭阀盖。此外,在真空破坏阀底盘上还连接有一只手动备用阀,以备特殊情况之用。有的泵站还在虹吸管驼峰顶部适当位置预留观察孔,用有机玻璃封盖,必要时值班人员可用大锤击破有机玻璃,使空气进入虹吸管内,达到断流的目的。

1.1.2 主机组盘车的方法

盘车是用人力或机械、电气方法推动机组缓慢转动,以便检查和调整机组的轴线的一种方式。

泵站主机组的盘车,分两种情况:一种是机组检修中的盘车,主要作用是检查和调整机组转动部分的水平和轴线摆度;另一种是指在启动机组前,用人力将电动机转动几圈,用以判断机组(包括水泵、电动机及传动部分)是否有卡死或摩擦而使阻力增大的情况,从而不会使电动机的启动负荷变大而损坏电动机(即烧坏)。

所以,卧式机组一般在停机 8 h(一个班)后,再启动时,就要进行盘车。大型立式机组,在启动前,如无特殊情况,一般不盘车。

1.1.2.1 盘车方式

中小机组采用人力手动盘车;大中型机组一般采用电动盘车,也可采用人力手动盘车。

1.1.2.2 电动盘车装置的主要形式

电动盘车装置的主要形式有:具有螺旋轴的电动盘车装置(一般在 3 000 kW 以上的水泵机组采用);具有摆动齿轮的电动盘车装置(国产特大型水泵机组采用)。

螺旋轴电动盘车装置及其工作原理:螺旋轴电动盘车装置由电动机、联轴器、小齿轮、大齿轮、啮合齿轮、螺旋轴、盘车齿轮、保险销、手柄等组成。啮合齿轮内表面铣有螺旋齿与螺旋轴相啮合,啮合齿轮沿螺旋轴可以左右滑动。当需要投入盘车时,先拔出保险销,推手柄,手盘电动机联轴器直至啮合齿轮与盘车齿轮全部啮合。当手柄被推至工作位置时,行程开关接点闭合,接通盘车电源,电动机启动至全速后,带动水泵转子转动进行盘车。水泵启动后,当转子的转速高于盘车转速时,啮合齿轮由原来的主动轮变为被动轮,即盘车齿轮带动啮合齿轮转动,螺旋轴的轴向作用力改变方向,啮合齿轮与螺旋轴产生相对转动,并沿螺旋轴移动退出啮合位置,手柄随之反方向转动至停用位置,断开行程开关,电动机停转,基本停止工作。若需手动停止盘车,可手揿盘车电动机停机按钮,电动机停转,啮合齿轮退出,盘车停止。

1.1.3 电动机通风系统

1.1.3.1 主电动机的通风

大型泵站主机组的电动机,目前一般采用空气冷却,在电动机转子两端装有特制的风扇,运行时,利用风扇将空气从辐射方向吹入电动机内,冷却电动机的线圈和铁芯,使电动机能在允许的温度下正常工作。用空气冷却电动机的通风方式一般有如下三种:

(1)开敞式通风。冷却用的空气直接从电动机上机架进风口及电动机层以下的电动机下部进入,冷却电动机线圈及铁芯后,经定子外壳出风孔排入电动机层,如图 4-1-3 所示。

(2)管道式通风。冷却用的空气从电动机上机架进风口及电动机层下面的电动机下部进入,冷却电动机线圈及铁芯后,经定子外壳出风孔进入专用的风道排出泵房外,如图 4-1-4所示。

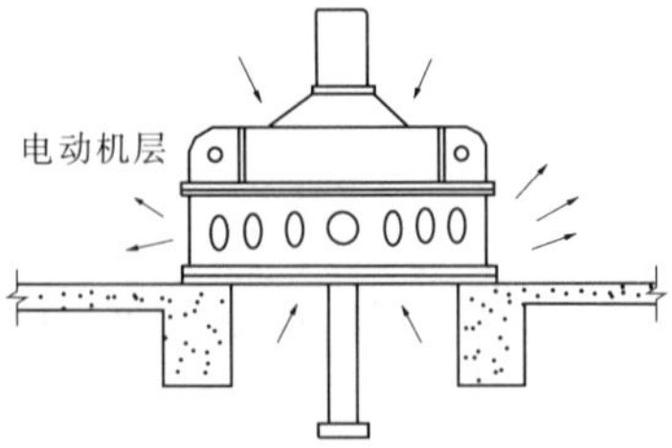

图 4-1-3　开敞式通风示意图

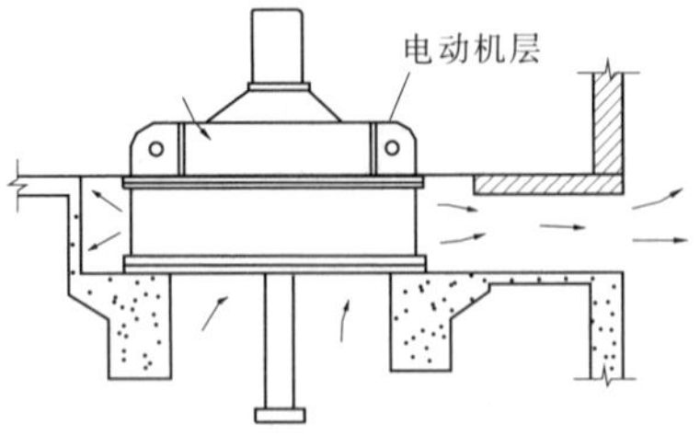

图 4-1-4　管道式通风示意图

(3)密闭循环通风。电动机四周设密闭的环形风道,将冷却用的空气与外界隔绝,热风从电动机定子外壳出风口排出后,经过水冷的空气冷却器将空气冷却后再循环使用,从上下两端进入电动机冷却,如图 4-1-5 所示。

空气冷却器是由一定数量的黄铜管组成,铜管的两端嵌入上部和下部的水箱内,冷却水在管内连续流过,空气则在管子之间流动,利用温度较低的水将热风中所含的热量带走,铜管上还缠绕大量的黄铜丝以增大散热面,从而达到将空气冷却的效果。

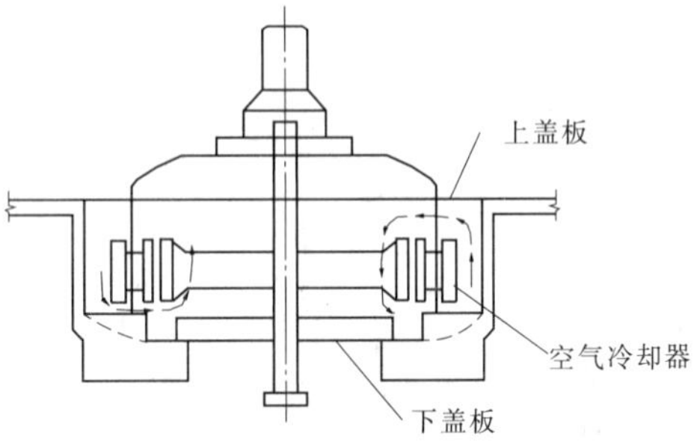

图 4-1-5　空气冷却器

1.1.3.2　**主副泵房水上部分通风**

泵站主副泵房不挡水的各层,大都有条件开窗户,应尽量采用自然通风。将开敞式通风的电动机改为管道式通风或采用密闭循环通风,可使主厂房温度有很大的改善,如风道盖板装设严密,对主机间温度影响就不大,故凡能采用自然通风的地方,开设适量的窗户,一般就可满足通风要求。

1.1.3.3　**主泵房水下部分通风**

主泵房水下部分不能开窗,没有条件采用自然通风,过去曾认为这些区域空间大,在内巡视检修工作时间不长,因而很少考虑通风措施。通过运行实践,这些地方由于空气不流通,经常使人感到空气浑浊和闷热难受,在机组安装检修时,矛盾更为突出,特别是进行电焊作业,烟雾充斥其中排不出去,工作条件更差,因此适当考虑机械通风,使有新鲜空气对流,是很有必要的。

根据泵房水下部分的结构及布置,可将主泵房水下部分各层组成集中的或各个单独的通风系统,其通风量可根据除余热或余湿量考虑,但由于水下部分各层比较空敞,发热的设备不多,余热不是很大,而余湿又往往与站内防潮排水和混凝土施工质量的好坏有很大关系,很难估算准确,从简便出发,这些系统的通风量按每个通风系统所控制的建筑物体积的每小时换气次数考虑比较合理。

1.2　设备操作

1.2.1　现场安全操作规程

1.2.1.1　操作票制度

(1)为避免操作错误而发生人身或设备事故,下列操作必须执行操作票制度:

①开停主电机;

②投入或退出主变压器;

③10 kV 带电情况下的试合闸。

(2)操作票由当班的值班长签发。

(3)执行操作票时,执行人应在操作票上签字。执行完毕后,应向发令人汇报,并在操作票上打钩。

(4)下列各项工作可由值班长口头命令:

①事故处理;

②拉合开关的单一操作;

③拉开接地刀闸或拆除全站仅有一组接地线。

1.2.1.2　运行操作程序

(1)管理人员操作电气设备时应穿上合格的绝缘鞋及手套,操作高压开关时站立的地方要铺上绝缘板,操作时应有 2 人以上进行操作和监护。

(2)开启润滑冷却水,检查润滑冷却水应畅通、水压正常。

(3)启动操作:

①合上高压屏开关(高压开关),检查变压器输电达正常状态。

②合上总屏闸刀开关,合上空气开关。

③合上启动屏闸刀开关,再合上空气开关,扭动电压相序按钮,检查三相电压达到正常,按启动钮启动电动机,启动开始至当电流表指针开始下降及电动机声音接近正常时即按运行钮使机组投入正式运行。

(4)泵组投入运行中应相应投入补偿屏工作,观察补偿屏仪表读数,调节旋扭,保持功率因数在 0.9 以上为宜。

(5)运行中应经常检查、监视电动机电压、电流、运行声音、温升和轴承温度,如发现异常应停机检查。

(6)注意水泵运转声音、轴承温度及润滑油位是否正常,出水量是否正常,如发现不正常要停机检查。注意掌握内外水位变化情况,及时清除进水池漂浮的杂物、垃圾。

(7)检查、监视变压器声音是否正常,表面温度是否过高,如发现不正常也应及时处理。

(8)停机操作:

①先按启动屏“停止”按钮,其次断开空气开关、闸刀开关。

②断开总屏空气开关、闸刀开关。

1.2.2　泵站水泵机组的现场操作

1.2.2.1　中、小型泵站水泵机组的启动操作

1)机组启动的操作方法

(1)经检查具备开机条件后,由值班负责人指定值班人员合上高压隔离开关和高压跌落保险,使变压器带电工作,操作时必须有专人监护。

(2)检查三相电源电压是否正常(电源电压不平衡程度最大允许值为 ±10%),如正常,接通低压配电盘上的低压隔离开关和自动空气开关,使各个减压启动箱带电,此时,停止指示灯亮,表示线路已接通。

(3)将自耦减压启动箱上的转换开关由"停止"位置转到"手动(或自动)"位置,按下"启动"按钮,使电机启动。

(4)在电机启动过程中应注意观察电流表计指示情况,待启动电流下降至额定电流时,按"运行"按钮使电动机投入全压正常运行,至此单台机组启动全过程完毕。启动下一台时,应检查有关表计反应情况,待正常后方可启动。

2)注意事项

(1)启动时操作人员应把盘柜正面柜门关闭好,以防止出现异常情况时电弧灼(烧)伤。

(2)不论是手动启动还是自动启动,自耦变压器的一次启动时间或连续多次启动时间最长不得超过 120 s,若达到 120 s,必须冷却 4 h 以上方可再次启动。

(3)整个启动操作过程中,操作人员不得离开启动控制设备,以便在启动过程中补偿器、电动机、水泵发生意外时能及时切断启动电源,确保设备和人身安全。

1.2.2.2　中、小型水泵机组停机后的工作

1)集水池与闸门井的检查和操作

(1)格栅除污机停止运行。

(2)垃圾输送机应延时 5 min 后停止运行。

(3)垃圾压榨机应再延时 2 min 后停止运行。

(4)关闭相应的闸门(闸阀)。

2)配电设备的检查和操作

(1)配电柜上所有开关设备及显示应恢复到开机前的状态。

(2)电源指示应正常。

3)电动机的检查和操作

根据要求检查或加注润滑油。

4)水泵的检查和操作

适当紧固水泵填料压板的螺母。

5)抄写值勤表并做好清洁保养工作

(1)按值勤表的要求填写好停机记录。

(2)开启泵室内的排水泵,清除泵室内的余水。

（3）做好泵房清洁工作。如各设备表面、地面浮灰、水迹、油迹等的清洁。

1.2.2.3　**大型泵站水泵机组的运行与操作**

1）大型水泵机组运行前的检查

（1）闸门状态的检查：①进水闸门全开；②相应水泵机组的进、出水闸门全开，且连锁有效；③紧急排放闸门关闭；④如进水和出水为双箱涵，则应检查前池中隔墙闸门，高位井箱涵闸门、放空闸门、中隔墙闸门的状态与运行模式相一致。

（2）集水池的检查：液位已到开机水位，必要时开启清污机，清除杂物、垃圾。

（3）配电设备的检查：①检查并确认已将电源送至该机组相对应的断路器和接触器，且设备位置正确；②确认相应机组的辅助设备（通风机、冷却水、电动机保温设备等）的开关设备位置正确，电源正常；③确认直流操作电源正常。

（4）机组启动前的检查和操作：确认水泵机组各部件（联轴器、密封填料、冷却系统、紧固件等）正常，若该机组较长时间未运转，应使用专用工具进行人工盘车，检查各转动部件有无卡阻现象；检查并确认水泵和电动机的润滑油（脂）正常。

（5）控制柜的检查：确认与机组相应的可编程控制器（PLC）工作正常；确认各指示灯的指示和开关位置正确；确认机组无报警信号。

2）水泵机组的启动操作

（1）机组启动的操作方法：①确认该水泵机组在启动前短时间内未运转过；②同一时刻不能同时启动两台机组，每台机组的启动时间要有间隔（保证集水池水位相对平稳）；③在对应机组的控制柜上按下“启动”按钮。

（2）启动时的检查内容：①冷却风机启动运行指示灯亮；②电动机和水泵冷却水的运行指示灯应亮；③电动机保温装置停止工作的指示灯指示正确；④机组启动的指示正确；⑤机组的电压、电流、功率、振动、流量及出口压力等数据应正常，且无异声。

（3）辅助系统检查：①循环水水箱液位无低水位报警，且温度正常；②循环水系统压力正常，水泵电动机冷却水和水泵密封水压力正常；③格栅除污机运行正常，内外水位差正常；④通风机工作正常。

1.2.2.4　**大型水泵机组手动停止的操作**

1）机组停机的操作方法

在控制柜上按下“停止”按钮。

2）停机后的检查内容

（1）确认机组停转，惰性转动时间正常。

（2）各辅助设备（通风机、冷却水等）返回原始（停机）状态。

（3）各指示灯指示正确。

（4）止回阀门（拍门）处于关闭位置。

1.2.2.5　**大型水泵机组停机后的检查**

1）进水池的工作要求

（1）停止格栅除污机的运行（无任何机组运行时）。

（2）清理格栅平台上的垃圾。

（3）做好格栅平台的清洁工作。

2)机组的检查和操作

(1)开启排水泵,排除泵室内的余水。

(2)做好水泵机组的润滑和清洁工作。

(3)认真填写值班记录及设备保养情况。

1.2.3　水泵叶片调节装置的类型及操作步骤

1.2.3.1　水泵叶片调节装置的类型

水泵叶片调节分为全调节和半调节两种类型。水泵叶片全调节又分为机械全调节和液压全调节两种。

(1)水泵叶片全调节:是指水泵在停机或运行工况时,都可以调节水泵叶片至可调节范围的任意角度。

(2)水泵叶片半调节:是指水泵只能在停机时进行叶片安装角的调节。调节时先卸下叶轮轮毂上的叶片,再按要求的角度位置安装并锁紧叶片。

1.2.3.2　全调节水泵叶片调节机构结构原理

轴流泵叶片按其调节特性可分为下列三种型式。

1)固定式叶片

在中、小型轴流泵中,叶片和轮毂铸成一体;在大型轴流泵中,叶片借螺纹或螺钉紧固于轮毂上。

2)半调节式叶片

叶片借螺纹和定位钉紧固于轮毂上,在调节时,必须拆、装整个叶轮装置。

3)全调节式叶片

叶片角度可以在不停机或停机时进行调节。全调节叶片角度的调节,通过叶片调节机构进行,叶片的枢轴利用连杆、拐臂与操作架连在一起,装在转轮体内,操作架上下移动,使枢轴转臂上下方向转动,带动叶片随着转动,达到改变叶片安装角度的目的。转轮体内充油,使连杆机构润滑和防止生锈。操作架的位移,一般采用油压操作和电动机械操作两种方式。

(1)油压操作方式。

油压式调节机构,是采用油压接力器,通过曲柄连杆机构来转动叶片。它由叶片转动机构和油压控制机构两部分组成。

叶片转动机构:如图4-1-6所示,接力器活塞与操作架以及操作架与耳柄之间均为刚性连接,耳柄与连杆之间和连杆与转臂之间为铰接,转臂与叶片枢轴是刚性连接。当接力器活塞在工作油压的作用下向上或向下运动时,操作架、耳柄、连杆跟着一起运动,由于叶片的枢轴放置在轮毂体内,因此转臂和叶片不能上下移动,只能转动,从而达到调节叶片安装角度的目的。

油压控制机构:图4-1-6中的油压控制机构是由受油器、配压阀和操作机构(调节器)几部分组成的。油压控制机构安装在电动机的顶部,作用在接力器活塞上的压力油由受油器通过随轴一起转动的操作油管供给,操作油管为单管式,它和接力器活塞下腔相通,操作油管与泵的油孔之间的环状空间与接力器活塞的上腔相通。

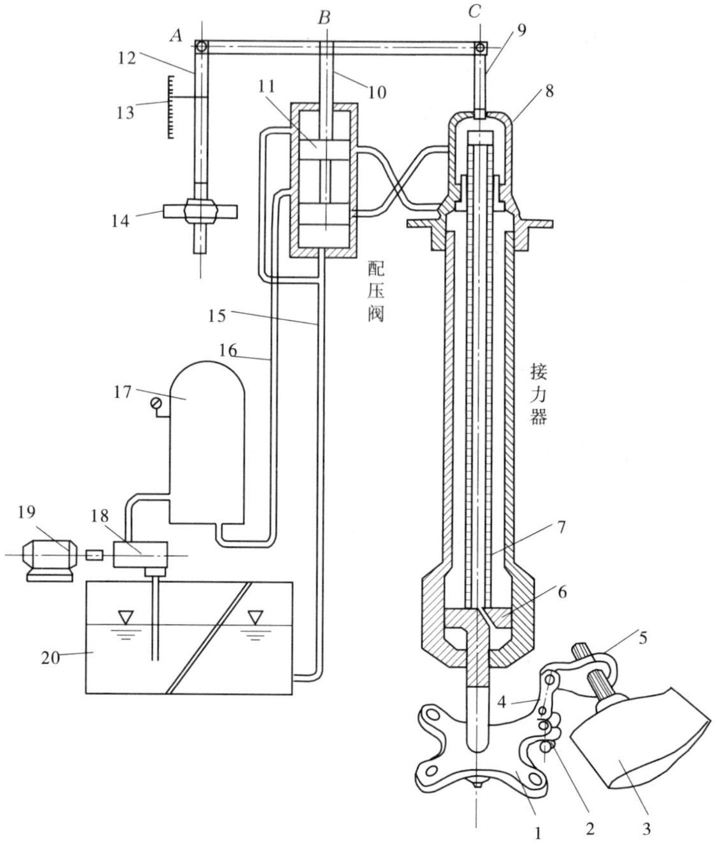

1—操作架;2—耳柄;3—叶片;4—连杆;5—转臂;6—接力器活塞;7—操作油管;8—受油器;9—回复杆;10—阀杆;11—配油阀活塞;12—调节杆;13—角度指针;14—手轮;15—回油管;16—进油管;17—贮油器;18—油泵;19—电动机;20—油箱

图 4-1-6 叶片调节机构原理示意图

在需要调节时,首先转动调节器的手轮,使调节杆上下移动,直到角度指针在某一要求的角度位置时止。这时由于受油器和配油阀不通,没有压力进入,而且接力器活塞的阻力很大,所以 *C* 点不动。而配压阀的阀体和阀座之间的阻力很小,故阀杆 *B* 和调节杆 *A* 一起以 *C* 点为支点上下转动。由于阀体上下移动后压力油通过配油阀进入到接力器活塞的上腔或下腔,使得活塞向上或向下移动,从而带动叶片的转动机构转动叶片,达到调节的目的。

当接力器活塞向上或向下移动时,就带动配压阀杆 *B* 以 *A* 点为支点上下转动,一直到配压阀的阀体恢复到原来的位置,这时水泵就在另一叶片安装角度下正常运行。

(2)电动机械操作方式。

通过微型电动机及其机械联动装置控制操作架的上下移动。如电动机械操作的16CJ80 型轴流泵,其调节器装在主轴内,微型电动机安装在轴上端的空腔内,带动调节机构中的差动齿轮体,使在轴内的丝杆和操作杆以及在转轮体内的操作架作上升或下降运动,从而使叶片调整至需要的角度。

叶片调节可以在泵站控制室内的控制盘上操作,启动或停止微型电机的工作。叶片调整的指示采用无接触式自整角发送机和接收机,当操作杆上升或下降时,通过齿轮条的啮合将运动传送给发送机,发送机将叶片转角信号传递给接收机,接收机将传来的已知角位移予以重现,由控制盘上的指示仪表指示出来。

当丝杆上升或下降达到极限位置时,自整角机同时带动转盘上的导电环,使导电柱陷入环槽中而与其脱离接触,丝杆即不能继续上升或下降,起到限位保险作用。如果操纵丝杆与上述相反的方向转动,叶片仍可恢复正常调节。

(3)新型内置式液压调节器。

新型内置式液压调节器的结构吸取了液压式调节和电动机械式调节的优点,克服了它们各自的弊端。内置式液压调节器采用液压内置式结构,省去了外供油系统,同时采用上置式安装,其外观类似于机械式调节器。

新型内置式液压调节器的结构主要由上面油箱、中间油缸和下面底座三部分组成。它们彼此用法兰连接,并通过调节器底盘安装在主电动机主轴的顶端,和主电动机主轴同步旋转,外面加上调节器外罩予以保护。其结构如图4-1-7所示。调节角度有手动、自动两种方式,调节器正负角度可任意设定终止点,并对其限位,以防止调节时损坏机组。

1.2.3.3 全调节水泵叶片调节装置的检查与操作步骤

1)全调节水泵机组启动调节装置的检查

(1)检查油压装置回油箱的油位指示器是否灵活,油位是否正常。

(2)检查油压装置的油泵(齿轮或螺杆)转动是否灵活。

(3)检查贮油贮气罐的油位指示器是否灵活,油位是否正常。

(4)检查油压装置的阀门及管道系统有无渗透现象。

(5)检查受油器体、内油管和外油管等零部件是否灵活,有无渗透现象。

(6)检查受油器体密封完好无漏。

(7)检查高压气系统补气是否正常,系统是否无漏。

2)全调节水泵叶片调节装置的操作步骤

(1)开启压力油泵(齿轮或螺杆),将压力油加到正常油位(1/3的压力油)。

(2)开启高压气系统,加气到正常压力(一般在2.5 MPa左右)。

(3)操作转动手轮(或用伺服电机)使调节杆上下移动,叶片角度指示器上下移动。

(4)主机组启动前,将主机组叶片角度调到 $-20° \sim -40°$ 时,启动主机组。

(5)主机组启动运行正常后,将主机组叶片角度调到正常所需的运行角度。

1.2.3.4 半调节水泵叶片角度变换的步骤及技术要求

1)变换的步骤

水泵调节叶片角度只能在停机工况时,拆开外壳取出叶轮进行叶片角度调整。其叶片角度变换的步骤如下:

(1)拆开叶轮外壳,取出叶轮轮毂,放置在检修平台上;

(2)测量其叶轮轮毂现装的叶片角度,做好记录;

(3)取出其叶轮轮毂现装的叶片角度的定位销(或定位锁);

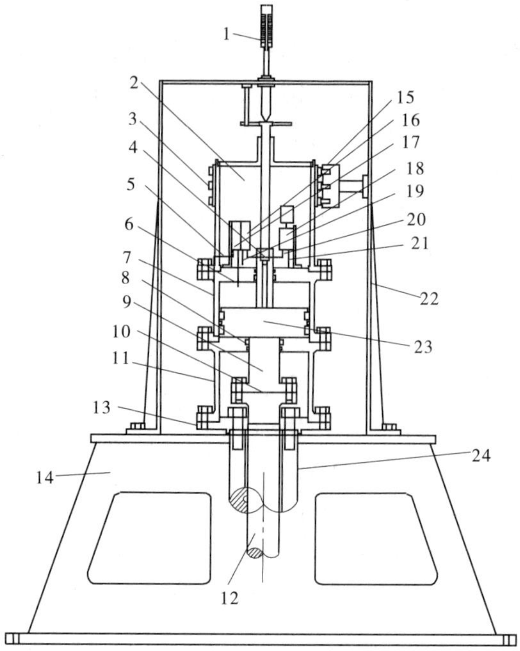

1—测量支架及角度显示器;2—油箱;3—集电环;4—安全阀;5—上高压油管;6—下高压油管;
7—油缸;8—密封件;9—活塞杆;10—联轴节;11—底座;12—调节杆;13—调节器底盘;
14—电机上盖;15—碳刷架;16—电磁换向阀;17—液控单向阀;18—液压站;19—回油管;
20—高压油管;21—进油管;22—调节器外罩;23—活塞;24—电机主轴

图 4-1-7　内置式液压调节器的结构示意图

(4)旋转调整叶片角度,使叶片角度旋转到所需的角度;

(5)测量确认所要的角度是正确的,然后固定叶轮轮毂和叶片角度的定位销(或定位锁);

(6)装上叶轮轮毂、叶轮外壳,检测叶片与叶轮外壳的间隙符合安装质量要求。

2)变换的技术要求

半调节的水泵在叶片角度变换调节时的技术要求如下:

(1)测量叶片角度的检修平台要求水平;

(2)测得的每一只叶片所对应点的高度要一样;

(3)叶轮轮毂所装叶片角度的定位销(或定位锁)应紧固可靠。

1.2.4　主机组顶转子和制动方法及顶转子装置的工作原理

1.2.4.1　顶转子及刹车制动系统

此系统主要是制动器装置,制动器一般由电动机生产厂配套供货,泵站安装只需设计油路、气路的连接及向制动器装置提供压力油和压缩空气。

顶转子及刹车制动系统的工作原理,如图 4-1-8 所示。电动机的下机架上装了 4 只制动器,制动器的活塞下腔接到高压油管和压缩空气的管道上,通过截止阀和电磁阀的动作,使制动器按控制分别执行顶转子或刹车制动的动作。顶转子是将整个转动部分的重量全部支承起来,所需压力较大。高压油泵或手动高压油泵提供高压油(压力按制造厂要求,也可根据各站实际情况而定),在高压油泵的出口上装溢流阀、安全阀及压力指示装置,保证供油安全。刹车制动时,将制动器与压缩空气管道接通,向制动器输送一定压力的压缩空气,刹住正在惰转的转子。

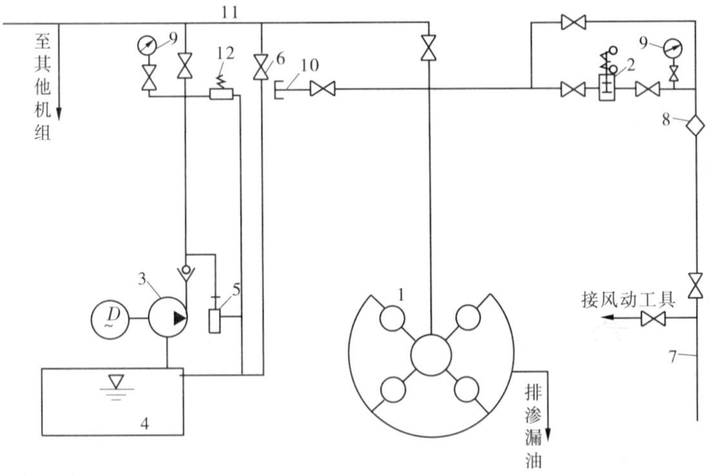

1—制动器;2—电磁阀;3—高压油泵;4—回油箱;5—溢流阀;6—回油阀;7—压缩空气管道;8—空气过滤器;9—压力表;10—手动高压油泵;11—高压油母管;12—安全阀

图 4-1-8　顶转子及刹车制动系统原理图

1.2.4.2　主机组顶转子和制动方法

1)顶转子

机组停止使用后,推力轴瓦与镜板之间的油膜逐渐失去,按规定要求,停机 48 h(有的是 24 h)再启动必须要顶起转子,使推力轴瓦与镜板之间重新进油形成油膜。否则,会增加启动力矩使启动困难,还有可能损坏轴瓦。顶起的方法是:关闭制动器活塞下腔的供气阀门(以免高压油进入供气回路,损坏刹车柜上的闸阀)和放油阀门,打开制动器活塞上腔溢油阀门;利用高压油泵或手动高压油泵向制动器的活塞下腔内输送高压油,活塞上升使制动块顶起电动机转子,使镜板与推力轴瓦脱开,一般为 3 ~5 mm,润滑油进入瓦面,然后停止泵油,过一定时间(1 min 左右)后,打开制动器活塞下腔的放油阀门,将制动器下腔内压力油放出,电动机转子落下,制动器复位,并与转子下部制动环脱离,有一定间隙(5 ~10 mm);关闭制动器活塞下腔的供油阀门、放油阀门和制动器活塞上腔溢油阀门,打开制动器活塞下腔的供气阀门。没有顶转子装置的机组,启动前可用千斤顶完成这一任务,顶起的方法是:根据机组转动部分重量选择 4 个千斤顶,对称放置在电动机下机架上,上部顶住电动机转子磁轭,匀速顶起电动机转子,使镜板与推力轴瓦脱开,然后落下千斤顶并取出。

2)制动

机组在停止运转过程中,由于流道中水作用的惯性力,使机组维持一定时间的惰性旋转，由于惰转时转速慢慢下降，延续的时间较长，容易破坏镜板与推力轴瓦之间的油膜，特别是单向进油的推力轴瓦，不允许长时间的低速惰性旋转或倒转。因此，要利用制动器装置进行刹车制动。制动的方法是：自动或手动打开刹车柜上的制动器活塞下腔供气闸阀（同时关闭放气阀），向制动器活塞下腔输入一定压力的压缩空气（压力按制造厂要求或运行需要而定）顶起制动块（此时高压油阀已关闭），顶住电动机转子下面的制动环，产生较大的制动转矩，使惰性旋转的转子很快地停止旋转。一般在机组停机后，转速降到额定转速的 1/3 时，立即进行刹车制动。

1.2.5 常用手动、电动液压设备的使用方法

1.2.5.1 液压千斤顶

液压千斤顶所基于的原理为帕斯卡原理，即液体各处的压强是一致的，这样，在平衡的系统中，比较小的活塞上面施加的压力比较小，而大的活塞上施加的压力比较大，从而能够保持液体的静止。所以通过液体的传递，可以得到不同端上的不同的压力，这样就可以达到一个变换的目的。我们所常见到的液压千斤顶就是利用了这个原理来达到力的传递。

液压千斤顶是由人力或电力驱动液压泵，通过液压系统传动，用缸体或活塞作为顶举件，如图 4-1-9 所示。

(a)外形图

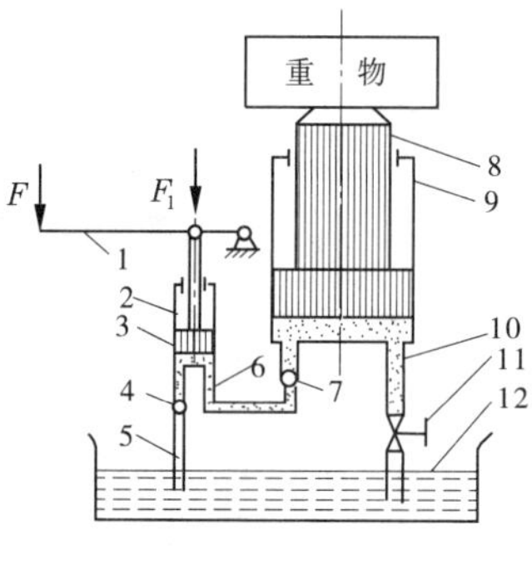

(b)工作原理图

1—杠杆手柄；2—泵体；3—小活塞；4—吸油单向阀；5、6—油管；7—进油阀；
8—大活塞；9—液压缸；10—排油管；11—排油阀；12—油箱

图 4-1-9 液压千斤顶

液压千斤顶可分为整体式和分离式。整体式的泵与液压缸连成一体；分离式的泵与液压缸分离，中间用高压软管相连。液压千斤顶结构紧凑，能平稳顶升重物，起重物最大可达 1 000 t，行程 1 m，传动效率较高，故应用较广；但易漏油，不宜长期支撑重物。如长期支撑需选用自锁千斤顶。螺旋千斤顶和液压千斤顶为进一步降低外形高度或增大顶举距离，可做成多级伸缩式。液压千斤顶除上述基本型式外，按同样原理可改装成滑升模板千斤顶、液压升降台、张拉机等，用于各种特殊施工场合。

液压千斤顶主要是利用了液压系统做功。液压传动的基本原理如下：液压系统利用

液压泵将原动机的机械能转换为液体的压力能,通过液体压力能的变化来传递能量,经过各种控制阀和管路的传递,借助于液压执行元件(液压缸或马达)把液体压力能转换为机械能,从而驱动工作机构,实现直线往复运动和回转运动。其中的液体称为工作介质,一般为矿物油,它的作用和机械传动中的皮带、链条和齿轮等传动元件相类似。小千斤顶由外壳、大活塞、小活塞、扳手(杠杆手柄)、油箱等部件组成。

液压千斤顶工作原理是:扳手往上走带动小活塞向上,油箱里的油通过油管和单向阀门被吸进小活塞下部;扳手往下压时带动小活塞向下,油箱与小活塞下部油路被单向阀门隔离,小活塞下部的油通过内部油路和单向阀门被压进大活塞下部,因杠杆作用小活塞下部压力增大数十倍,大活塞面积又是小活塞面积的数十倍,由手动产生的油压被挤进大活塞,按帕斯卡原理可知大小活塞面积比与压力比相反。

1.2.5.2　油压装置及压力油系统

在大型泵站中,油压装置是用来供给水泵叶片调节机构压力油的设备。油压装置包括集油箱(回油箱)、压力油箱(储能器)、电动油泵、逆止阀、放油阀、安全阀、压力继电器、过滤器、油管及附件等。

图4-1-10为油压设备工作原理图,它的工作过程是:集油箱21内的油经吸油管8被螺杆油泵13吸入,螺杆油泵由电动机15驱动,螺杆油泵将油压入压力油箱2内,当叶片调节机构工作时,油从压力油箱流入叶片调节机构的活塞腔,工作后排入集油箱21内,完成一个循环油路系统。

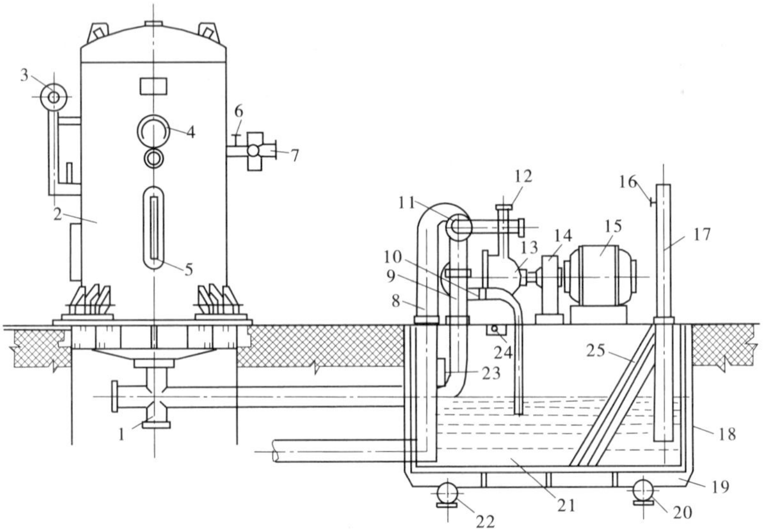

1—三通管;2—压力油箱;3—压力信号器;4—压力表;5—油面表;6—球阀;7—空气阀;8—吸油管;9—球阀;10—三通管;11—球阀;12—安全阀;13—螺杆油泵;14—弹性联轴器;15—电动机;16—限位开关;17—油位指示器;18—电阻温度计;19—螺塞;20—进油球阀;21—集油箱;22—放油球阀;23—漏油管;24—安全阀;25—油过滤器

图4-1-10　油压设备工作原理图

压力油箱内的油压是靠压力油箱内储有2/3的压缩空气产生的,为了使油压能自动控制，在压力油箱上装有4个压力信号器。当压力降低到一定值（正常压力的下限）时，由第一压力信号器发出脉冲信号，工作油泵启动，向压力油箱送油，使油压恢复到正常压力。当压力升到正常压力上限时，第二个压力信号器发出信号，工作油泵停机。当油箱压力降低到低于正常压力下限时，第三个压力信号器动作，使备用泵启动，向压力油箱送油。如果压力继续下降到最低允许值，由第四个压力信号器发出脉冲信号，通知值班人员处理或事故停机。空气阀7与压缩空气管路相连，为定期充气用，同时也可用来放气。还有的用空气阀与机组的大型同步电动机刹车相连接，以便利用压力油箱内的压缩空气进行刹车，当空气阀拆掉时用球阀6来截闭压力油箱内的压缩空气。油位指示器17用来测量集油箱内的油位，到最低油位时即发出信号。螺塞19用来堵孔，该孔为取化验油样用。球阀20、22为进油、放油阀。

1.3 工况巡视

1.3.1 摆度测量

1.3.1.1 测量的量器具简介

水泵机组安装或检修过程中，为了控制主轴线的摆度，需要将一些常用的量具和仪器组合进行测量。这些量器具主要包括塞尺、千分尺、千分表、水平仪和求心器等。塞尺、千分尺、千分表、水平仪等在前面已作介绍，下面只对求心器作简要介绍。

求心器是用来找正机组中心的专用工具，由卷筒、拖板和转盘等组成，如图4-1-11所示。使用时将钢琴线绕在卷筒上，下端系一重锤，重锤浸入盛有黏性较大油的油桶中。调节转盘使求心器做前后左右微量移动，便可调节钢琴线的铅垂位置。重锤用一段圆形钢管制成，外圆加以焊接叶片，中间浇灌混凝土，质量为6～15 kg。

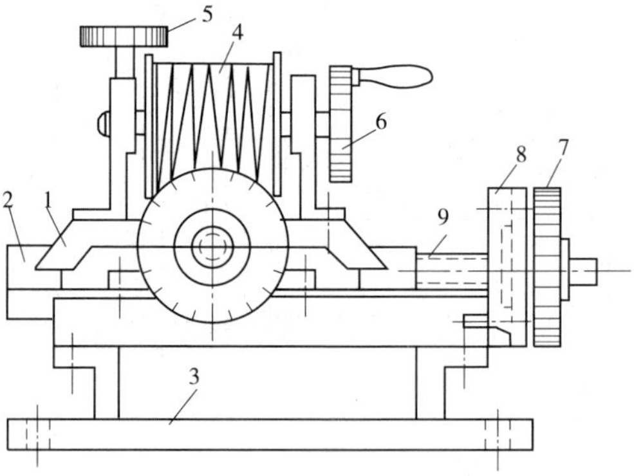

1—上拖板；2—下拖板；3—底座；4—卷筒；5—刹车；
6—摇手；7—调节转盘；8—固定盘；9—调节螺杆

图 4-1-11 求心器结构示意图

1.3.1.2 主机组摆度测量方法

1）立式机组电动机主轴线摆度的测量

由于电动机的推力头绝缘垫与镜板安装组成为一个整体，当绝缘垫厚薄不均时，会使镜板与推力轴瓦的接触平面和电动机轴不垂直，导致主轴线偏离理想轴线。电动机转动时，主轴围绕理想轴线旋转，形成一个圆锥形，轴下端沿着一个圆周转。机组在这种情况下运行时，主轴就会产生摆动。

测量轴线的摆度时，将电动机主轴下部的联轴器和上部的推力头(上导轴承处)沿圆周选取 8 个等分点，如图 4-1-12 所示。各对应点均位于同一直线上。在推力头和联轴器处，互成 90°各放置两只千分表，使表的测量头接触被测物的表面，并调节表盘使千分表的指针读数指向零位，然后人力或电动盘车，使电动机轴顺时针方向转动，分别记下各点千分表的读数。分别将两处互成 180°的各点(如上导轴承处的 1－5，2－6，3－7，4－8)数值相减，其最大值就是摆度圆的直径，即该处的全摆度。用联轴器处的全摆度值减去上导轴承处的全摆度值，就得直线的净摆度值，有了净摆度值就可计算轴的倾斜度。

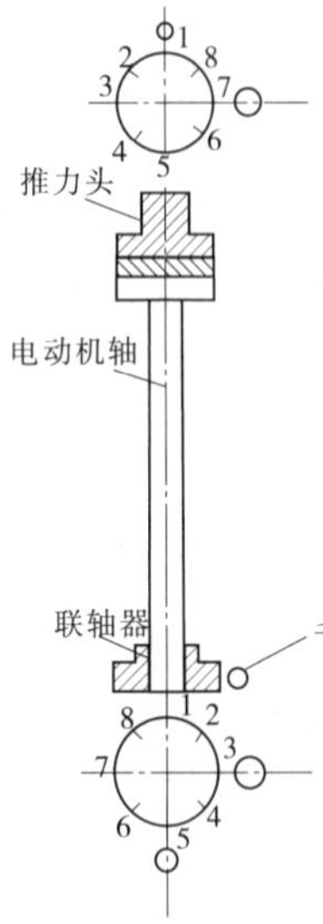

图 4-1-12　摆度测量装置示意图

$$\delta' = \frac{\phi}{2L_1} \qquad (4\text{-}1\text{-}1)$$

式中　δ'——轴的倾斜度；

ϕ——电动机下部被测面的全摆度与电动机上部被测表面的全摆度的差值，mm/m；

L_1——镜板至下部被测面千分表之间的垂直距离，mm。

式(4-1-1)表示从推力头镜板平面算起，1 m 长的轴的摆度值，也称相对摆度。机组运行中，不同位置处轴的允许相对摆度可用被测点处的千分表至镜板面的距离乘以表 4-1-1 中所列的相应值。

表 4-1-1　机组轴线的允许相对摆度值　(单位：mm/m)

名　称	测量部位	轴的转速(r/min)			
		<100	100～250	250～375	375～600
电动机轴	联轴器处	0.03	0.03	0.02	0.02
水泵轴	下导轴承处	0.05	0.05	0.04	0.03

推力头下面的绝缘垫应刮削的最大厚度可按式(4-1-2)计算。

$$\delta = D\delta' \qquad (4\text{-}1\text{-}2)$$

式中　δ——绝缘垫应刮削的最大厚度，mm；

D——镜板的直径，mm；

δ'——轴的倾斜度(相对摆度)。

由式(4-1-2)可知，只要求得轴的相对摆度 δ'后，乘以镜板的直径 D 就可求得推力头下面绝缘垫应刮削的厚度值。若 δ 为正值，说明该处需要刮削绝缘垫或刮削推力头；若 δ 为负值，则说明在该点的相对位置处需要刮削绝缘垫或刮削推力头，来消除轴线的摆度。

2）主轴连接和机组轴线摆度的测量

在水泵安装过程中，当电动机测量合格后，即可将电动机轴与水泵轴连接起来。连接后的两联轴器结合面，用透光法或用0.05 mm 的塞尺检查时，应不透光或塞尺塞不进去。然后测量机组轴线的摆度。

但由于联轴器的加工面存在一定的误差，即使电动机轴线的摆度已调整合格，水泵轴和电动机连接后，水泵轴运行时仍有摆度，如果超过表 4-1-1 所列值或 0.02 mm/m，则应刮研电动机和水泵的联轴器的连接面。机组轴线摆度的测量和刮研处理方法与电动机轴线摆度的测量和刮研处理方法基本相同。

1.3.2　机组运行时触摸设备的方法及注意事项

1.3.2.1　触摸的目的

触摸是操作者用手直接接触设备外表面，以获得热感和振感。

（1）热感：触觉是人的身体感受，直接触摸来分辨设备温度的高低，达到判断设备是否正常运行。

（2）振感：主要是靠感官分辨正常振动与异常振动，直接判断设备运行是否在正常范围内。

1.3.2.2　触摸的方法及检查的部位

1）触摸的方法

用手触摸，一般用手指背面接触被检查部位，在手指背部不致烫伤的情况下，可停留一定的时间，以感觉到实际温度或振感。

2）触摸检查的部位

触模主要是检查没有测温装置的部位，经常检查的部位如下：

（1）全调节水泵调节器、受油器的铜套，由于内外油管安装和其所依附的转动体的精度问题，往往因存在不同轴度误差而产生摩擦发热，烧毁铜套。如温度过高，可采用以下方法进行处理：

①将调节器底座与小油盆固定螺栓不拧紧，让其自由同轴，在一定时间后，再逐步拧到松紧度合适，以铜套不致发热为宜，这是经验做法，可以尝试。

②启动后，值班人员可反复多次用手触摸铜套处外壳部位，以不烫手为宜，若感觉温度过高，可立即调节叶片角度，使内油管上下移动，让冷热油交换达到冷却的目的。

（2）供排水泵、空压机、压力油泵、真空泵和配套电动机等辅机设备的外壳及轴承盒处，供排水泵的填料函处，主要是感觉温度和振感。

（3）主电动机、主水泵机座及外壳，主要是感觉振感。

（4）主水泵的填料函处，主要是感觉温度。

1.3.2.3　注意事项

（1）对于带电设备如电动机，尽量不用手指正面或手掌接触被检查部位，以防因设备漏电触电。

(2)当感受到的温度、振动有别于正常温度、振动时,则需判断其部位,找出其原因,作适当处理。

(3)热感、振感均可用仪器侧量,如点温计、测振仪,但因使用仪器比较复杂,没有用经验方法方便,所以在日常运行中大多用此法。若在安装或大修后检测,以便记录数值,仍以仪器测量为好。

1.3.3　水泵填料函及其作用

1.3.3.1　水泵填料函的结构

水泵填料函主要由填料、水封环、填料筒、填料压盖、水封管组成。

1.3.3.2　填料函的作用

填料函的作用主要是为了封闭泵壳与泵轴之间的空隙,不让泵内的水流流到外面来,也不让外面的空气进入到泵内,始终保持水泵内的真空,当泵轴与填料摩擦产生热量时就要靠水封管注水到水封圈内使填料冷却,保持水泵的正常运行。所以,在水泵的运行巡回检查过程中对填料函的检查是特别要注意的。

1.3.3.3　对填料函的巡视检查

对填料函水封的巡视检查,应经常用手触摸填料压盖温度以不烫手为宜,并调节压盖的松紧,使滴水适量。在运行600 h左右就要对填料进行更换,可视情况延长或缩短更换填料的间隔时间。

1.3.4　机组运行巡视记录

运行人员必须熟悉和认真执行泵站运行规程,要有高度的职业责任感,坚守工作岗位,集中精力,严密监视设备运行情况,并按规定做好详细记录。

(1)值班人员应随时巡视和监护设备,一般每小时抄表一次(或按本单位运行规程规定的时间),填好运行日记。

(2)对机电设备及泵房内的清洁、公物用具缺损情况做好记录。

(3)交班前对设备进行一次全面检查,整理运行记录,填好运行日记。

(4)熟悉上班运行记录,掌握运行情况。

(5)交接班时段内,如出现设备故障或事故,应由交班人负责,接班人协助,共同排除,恢复正常后履行交接班手续。一时不能排除的事故由业务领导认可后,方可交接班。

(6)对重大事故要写出调查报告,上报主管部门,并填写好事故记录。

(7)在运行中应随时巡视各自动化装置、自动化元件的运行状况,保证其工作的可靠性。自动化装置及元件在运行中,未经值班长同意,不得退出运行或修改其整定值。

(8)监控系统发生故障时,应查明原因,及时排除。未经病毒确认的软件不得在系统中使用。用于监控的计算机不能移作他用,严禁安装未经业务或技术负责人同意的软件。

(9)运行的历史数据应定期备份存档。

(10)修改前后的监控系统软件必须进行备份,并做好修改记录。

1.4　设备养护

1.4.1　常用表计的工作原理及校验方法

1.4.1.1　温度计及工作原理

温度计是测温仪器的总称。根据所用测温物质的不同和测温范围的不同,有煤油温度计、酒精温度计、水银温度计、气体温度计、电阻温度计、温差电偶温度计、辐射温度计和光测温度计、双金属温度计等。

根据使用目的不同,有多种温度计。其工作原理是:利用固体、液体、气体受温度的影响而热胀冷缩的现象;在定容条件下,气体(或蒸汽)压强因不同温度而变化;热电效应的作用;电阻随温度的变化而变化;热辐射的影响等。一般说来,一切物质的任一物理属性,只要它随温度的改变而发生单调的、显著的变化,都可用来标志温度而制成温度计。随着科学技术的发展和现代工业技术的需要,测温技术也不断地改进和提高。由于测温范围越来越广,要求越来越高,因此制造出了更多不同类型的测温仪器。

(1)温差电偶温度计:是一种工业上广泛应用的测温仪器。利用温差电现象制成。两种不同的金属丝焊接在一起形成工作端,另两端与测量仪表连接,形成电路。把工作端放在被测温度处,工作端与自由端温度不同时,就会出现电动势,因而有电流通过回路。通过电学量的测量,利用已知处的温度,就可以测定另一处的温度。这种温度计多用铜-康铜、铁-康铜、镍铬-康铜、金钴-铜、铂-铑等组成。它适用于温差较大的两种物质之间,多用于高温和低温测量。有的温差电偶能测量高达3 000 ℃的高温,有的能测量接近绝对零度的低温。

(2)指针式温度计:是形如仪表盘的温度计,也称寒暑表,用来测室温,是用金属的热胀冷缩原理制成的。它是以双金属片作为感温元件,用来控制指针。双金属片通常是用铜片和铁片铆在一起,且铜片在左、铁片在右。由于铜的热胀冷缩效果要比铁明显得多,因此当温度升高时,铜片牵拉铁片向右弯曲,指针在双金属片的带动下就向右偏转(指向高温);反之,温度变低,指针在双金属片的带动下就向左偏转(指向低温)。

(3)压力式温度计:压力式温度计是利用封闭容器内的液体、气体或饱和蒸汽受热后产生体积膨胀或压力变化作为测量信号。它的基本结构由温包、毛细管和指示表三部分组成。它是最早应用于生产过程温度控制的方法之一。压力式测温系统现在仍然是就地指示和控制温度中应用十分广泛的测量方法。压力式温度计的优点是:结构简单,机械强度高,不怕振动,价格低廉,不需要外部能源。缺点是:测温范围有限制,一般在-80~400 ℃;热损失大,响应时间较慢;仪表密封系统(温包、毛细管、弹簧管)损坏难以修理,必须更换;测量精度受环境温度、温包安装位置影响较大,精度相对较低;毛细管传送距离有限制。压力温度计经常的工作范围应在测量范围的1/2~3/4处,并尽可能地使显示表与温包处于水平位置。其安装用的温包安装螺栓会使温度流失而导致温度不准确,安装时应进行保温处理,并尽量使温包工作在没有振动的环境中。

1.4.1.2　压力表的工作原理及校验方法

1)压力表的工作原理

压力表通过表内的敏感原件的弹性形变,再由表内机械转换机构将压力变形传导至指针,引起指针转动来显示压力。

机械压力表中的弹性敏感元件随着压力的变化而产生弹性变形。机械压力表采用弹簧管(波登管)、膜片、膜盒及波纹管等敏感元件并按此分类。所测量的压力一般视为相对压力,一般相对点选为大气压力。弹性元件在介质压力作用下产生的弹性变形,通过压力表的齿轮传动机构放大,压力表就会显示出相对于大气压的相对值(高或低)。在测量范围内的压力值由指针显示,刻度盘的指示范围一般做成0°～270°。

2)压力表的校验

压力表校验器是现场或实验室校验真空、常规压力、高压及超高压变送器、压力开关、压力表及其他压力仪器、仪表等的理想压力源。

压力表校验器种类较多,一般操作步骤为:

(1)压力表校验器在使用时,先检查管路,使用气体作为传压介质的,保持管路清洁不被污染,液体作为传压介质的,应保证管路中没有气体及杂质存在。

(2)将标准压力表校验器"标准仪表"接口。

(3)将被检仪表用所配高压软管或直接连接。

(4)电源开、关键:按"开"键打开,LCD显示测量状态;按"关"键,仪表关机,切断电源。

(5)校零键:测量前,按一下"校零"键,仪表自动将传感器的零点数值采集并送处理器CPU进行处理,保证仪表所测数据为实际压力值。

(6)单位键:开机后LCD显示当前仪表的压力单位,若使用中按"单位"键,可使LCD显示为"Psi,Bar,mmHg,kgf/cm^2,MPa,kPa,Pa"循环切换。

(7)HART键:按后,仪表自动切换到HART仪表调校状态。

(8)按照国家检定规程对被检仪表进行校准。

(9)可选择配套软件实现自动校准。

1.4.1.3　真空表的工作原理及校验方法

1)真空表的工作原理

真空表适用于测量对铜和铜合金不起腐蚀作用的介质的真空度,广泛应用于石油、化工、冶金等工业过程真空的测量。

真空表由导压系统(包括接头、弹簧管、限流螺钉等),齿轮传动机构,示数装置(指针与度盘)和外壳(包括表壳、表盖、表玻璃等)组成,如图4-1-13所示。

真空表通过表内的敏感元件(波登管、膜盒、波纹管)的弹性形变,再由表内机芯的转换机构将压力形变传导至指针,引起指针转动来显示压力。

2)真空(压力)表的校验

压力表校验器也称为压力表校验仪或压力表校验泵,压力表校验器的原理是活塞杆运动使压力增强,从而达到加压的目的,如图4-1-14所示。

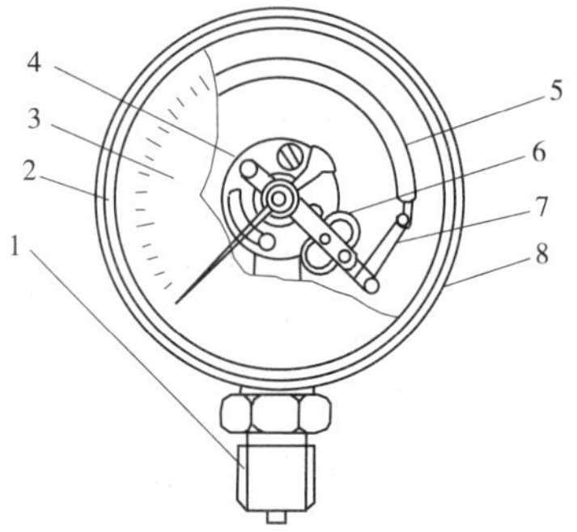

1—接头；2—衬圈；3—度盘；4—指针；5—弹簧管；
6—传动机构（机芯）；7—连杆；8—表壳

图 4-1-13　真空表内部工作原理图

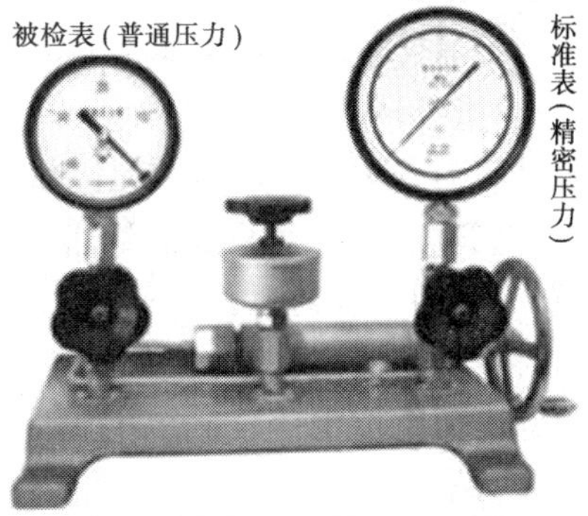

图 4-1-14　真空压力表校验台

压力表校验器是用于检验一般压力表的压力源，检验压力可达 60 MPa，检验真空度可达 -0.08 MPa。在实验室或计量室一般配合精密压力表（精度较高可达到 0.25 级）来检测普通压力表（精度为 1.6 或 2.5）。压力表接口一般为 M20 ×1.5 外螺纹，压力表校验器的接口则为 M20 ×1.5（附带 M14 ×1.5）。

（1）校验安装。

①校验器应放在便于操作的工作台上，必须保持水平。

②校验器的工作环境温度为 +20 ~ ±10 ℃，周围空气不得含有腐蚀性气体。

③校验器不得受振动，工作台上需铺上橡皮垫。

④使用前，首先用汽油清洗校验器管路，然后将传压介质注满油杯。旋转手摇螺杆泵的手轮检查油路是否通畅，若无问题，即可装上精密压力表和被校压力表。

（2）检验压力表的操作步骤如下：

①打开油杯阀，左旋手轮，使手摇泵的汽缸充满油液。

②关闭油杯阀，打开阀，再右旋手轮，压缩油液，使油压作用于压力表，根据两只表的指示值即可进行检验。

（3）检验真空表的操作步骤如下：

①清除校验器内部传压介质。

②关闭阀，打开油杯阀，并将手摇泵螺杆全部旋入汽缸。

③关闭阀，打开阀，旋出手摇泵螺杆，形成真空；如果旋出一次未达到真空度，应再关闭阀，打开阀，旋进手摇泵螺杆到底，接着关闭阀，打开阀，旋出手摇泵螺杆，如此反复旋进、旋出数次，直至达到所需真空度。

1.4.2　汽轮机油的劣化及净化处理

1.4.2.1　油的劣化

油在运行或存贮过程中，由不同的原因导致其发生物理和化学性质的变化，这种变化称为油的劣化。其根本原因是油和空气中的氧发生作用，油被氧化了。氧化了的油酸价很高，闪点降低，颜色加深，黏度加大，并有胶质状和油泥沉淀物析出，影响正常润滑和散热，腐蚀金属和纤维，使因素得操作系统失灵。

使油加速氧化的因素有水分、温度、空气、天然日光，穿过油内部的电流也会导致油分解，使油劣化。盛油容器、维护和使用不良也会引起机油的劣化。

1.4.2.2　油的净化处理

轻度劣化或被水分和机械杂质污染的油，称为污油。污油经过简单的净化处理后即可使用，可以根据油被污染的程度而采取不同的处理方法。对于深度劣化变质的废油，只有采取物理化学方法使油再生，这就需要用专用的设备进行集中处理，一般泵站不予考虑。泵站常用的简单净化方法有澄清、压力过滤和真空分离。

1.4.3　电动机维护

1.4.3.1　清扫除尘

电动机各部分和附属设备，都要清除灰尘及污垢。否则，会影响电动机的散热和减弱电动机的绝缘性能，清扫时可用抹布揩拭。电动机内部的灰尘及污垢，有条件时可用压缩空气吹净，无条件时可用手风箱或鼓风机清除。大型电动机线圈在解体后的大修时，可用竹片轻轻刮去表面的油垢，然后用棉布带浸沾四氯化碳液擦去残垢。为了保证电动机不受杂物污染，周围环境也要保持清洁干燥，通风良好。松动的螺丝应紧固，烧伤的应修理或更换。

1.4.3.2　滑环和碳刷维护

碳刷在运行过程中，应及时进行维护。其常因维护不好而造成事故，甚至停机、停产。加强对集电装置部分的维护，能及早发现问题和解决问题，可以免除很多事故的发生。带有换向器的电动机，由于碳刷不但起传导电流的作用，而且起换向作用，因而其监护工作量要大得多。经常仔细观察换向火花的状态和特征是非常重要的。直流电动机换向火花的大小和状态，是影响换向诸因素综合作用的反映，是电动机运行情况好坏的主要标志。因而仔细观察火花的产生及其变化规律，是分析火花产生的原因和采取措施来消除火花的根据。

滑环和碳刷必须良好接触，应检查弹簧压力是否合适，滑环表面有无黑斑，有无变形或偏心，如有这些现象，应进行研磨或更换同型号碳刷。

滑环研磨时可利用与相同半径的一块弧形木板，木板上面垫以砂布，进行打光磨平，若严重的偏心或凸凹不平，应送到修理厂进行光整加工。然后用上述方法精密地将滑环面磨光。

碳刷发热而裂开或磨损严重，在更换同型号碳刷时每次不宜超过总数的 1/3，不同型号碳刷在更换时必须统一换掉，否则，因电阻不同而产生发热引起故障。碳刷的压力要平衡，压力大小可用弹簧称来测量。测量时可用一纸条嵌在碳刷下，拉动弹簧至纸条能抽出时的拉力即为弹簧压力。

1.4.4　填料函的维护

检查水泵填料函水封情况。正常运行的水泵，要求水封良好，其填料压盖的松紧程度，以每分钟渗漏水量约 30 滴为宜。滴水过多时，说明盘根磨损，填料压盖过松，起不到水封作用,空气易于进入水泵内,破坏真空,致使水泵效率降低,减少抽水量。滴水过少或不滴水,说明填料压盖过紧,此时虽暂时水封良好,但填料函内的盘根受压,挤紧泵轴,使润滑冷却条件变坏,盘根极易磨损发热,变质损坏。同时泵轴被咬紧增加了机械磨损,使机组的功率损失增大。

水泵轴封填料,即止水盘根填料用浸油或石腊的棉纱或石棉绳制成,应按水泵不同规格型号选择。

离心泵的填料函也称“轴向密封装置”。它既阻止泵体内的水向外流,也阻止外界空气进入水泵吸入侧,保持水泵的正常工作。所以填料的好坏,影响很大,水泵填料函内的填料一般选用方形石棉盘根或油麻盘根。更换盘根时,对原有的没有硬化变质的盘根,经洗净,泡在机油中浸渍后,还可装在中间位置继续使用。装盘根时,盘根应切成正好足够盘成一圈的长度,切口为斜形,填入填料函内。相邻两盘根的对口处应错开 120°~180°。水封环应对水封管口的位置稍微装得偏外面一些,当装上盘根以后拧紧填料压盖时,盘根压缩,水封环向里移动,恰好与水封管口对准,填料压盖不得偏斜。更换盘根后,为防止盘根失去弹性,压盖螺钉不要拧得太紧,运行以后加以调整。

模块 2　电气设备运行

2.1　设备检查

2.1.1　兆欧表

兆欧表是电工常用的一种测量仪表。因大多采用手摇发电机供电，故俗称摇表。它的刻度是以兆欧(MΩ)为单位。兆欧表主要用来检查电气设备、电气线路对地及相间的绝缘电阻，以保证这些设备、线路工作在正常状态，避免发生触电伤亡及设备损坏等事故。

2.1.1.1　兆欧表的分类

兆欧表按显示方式不同分为指针式和数显式。

兆欧表的型号按测试电压等级分为两种：

(1)低压兆欧表：50 V、100 V、250 V、500 V、1 000 V，ZC90 型兆欧表属于该类型。

(2)高压兆欧表：2 500 V、5 000 V、10 000 V，GJC－3000 型兆欧表属于该类型。

泵站经常使用的兆欧表有三种：500 V、1 000 V、2 500 V。

兆欧表的基本参数：

(1)500 V. DC：额定电阻 100 MΩ；

(2)1 000 V. DC：额定电阻 20 000 MΩ；

(3)2 500 V. DC：额定电阻 20 000 MΩ。

2.1.1.2　兆欧表的使用方法及注意事项

(1)测量中，应尽量选用最大输出电流为 1 mA 及以上的兆欧表，使得测量的结果较为准确。兆欧表的最大输出电流即是兆欧表的容量。在比较绝缘电阻测量结果时，不应忽视兆欧表容量的影响，还应在同容量仪表测量下比较测量结果。

(2)环境温度与湿度。电力设备绝缘材料因在不同程度上含有水分和溶解于水的杂质而构成电导电流。随温度升高，会增加绝缘介质内部结构的杂质导电性能，从而使其绝缘电阻指数函数值显著下降。受潮严重的设备，绝缘电阻随温度变化更大。因此，测量绝缘电阻时，要记录环境温度与湿度。

(3)与电压等级相适应。用兆欧表测量电力设备绝缘电阻时，兆欧表的电压须与设备额定工作电压相一致。因为绝缘材料的击穿电场强度与电压有关，所以用低于额定工作电压的兆欧表测量的绝缘电阻，测出的结果可能有误差；用高于额定工作电压的兆欧表测量低压电力设备，可能会损坏绝缘。一般情况下，额定电压 500 V 以下的设备，选用 500 V 或 1 000 V 兆欧表；额定电压 500 V 以上的设备，选用 1 000～2 500 V 兆欧表；测量绝缘子时，应选用 2 500 V 及以上兆欧表；测量低压电气设备绝缘电阻时，可选用 0～200 MΩ 量程的兆欧表。

(4)测量电容性试品时,要在兆欧表的“线路”端子 L 与被试品间串入一只高压硅整流二极管,用以阻止被试品对兆欧表放电,消除在测量过程中表针的摆动,同时也不影响测量精度。在读取稳定读数后,先取下测量线,再停止摇动。

(5)高压兆欧表在表壳玻璃上配接的铜导线,不要随意拆除,它能消除静电荷对指针的引力。另外,在用表面没有屏蔽措施的兆欧表测量绝缘电阻时,测量过程中,不能用手或布擦拭表面玻璃。因为用手或布擦拭表面玻璃,会因摩擦而产生静电荷,静电荷对表针及其位置有影响,从而影响测量结果。

(6)兆欧表的 L 和 E 端子的接线不能对调,否则对测量结果有影响。正确的接法是 L 端子接被试品与大地绝缘的导电部分,E 端子接被试品的接地端。

(7)兆欧表与被试品间的连线不能铰接或拖地,否则会产生测量误差。

(8)只能在设备不带电,也没有感应电的情况下测量。

(9)测量前应将兆欧表进行一次开路或短路试验,检查摇表是否良好。将两连接线开路,摇动手柄,指针应指在“∞”处;把两指针短接,指针应指在“0”处。符合上述条件,则兆欧表良好;否则,则不能用。

测量电缆对地的绝缘电阻或被测设备的漏电流较严重的设备时,就要使用“G”端。将“G”端接屏蔽层或外壳。这样就使得流经绝缘表面的电流不再流过兆欧表的测量线圈而是直接流经“G”端构成回路,这样测得的绝缘电阻只是电缆绝缘的体积电阻。

(10)测量设备绝缘电阻的线路接好后,按顺时针方向转动摇把,摇动的速度由慢逐渐转快,当转速达到 120 r/min 左右时,保持匀速转动,并且要边摇动边读数,不能停下来读数。

(11)兆欧表在未停止转动之前或被测设备未放电之前,严禁用手触及。测量结束时,对设备进行放电,方法是使用接地线与被测设备短接。

(12)摇表的最小刻度为 1 MΩ,测量电阻应大于 0.1 MΩ。

(13)禁止在雷电时或带电的高压设备附近测绝缘电阻,测量过程中被测设备上不能有工作人员。

2.1.2 测量设备的绝缘电阻及吸收比

测量设备的绝缘电阻及吸收比,是判断设备绝缘程度是否满足安全运行需要的一个标准。任何电气设备在用电过程中,都存在着受热和受潮的现象,其结果是使绝缘材料老化,绝缘电阻降低,从而造成电气设备漏电或短路事故的发生。为了避免电气事故的发生,就要经常测量各种电气设备的绝缘。

电力设备的绝缘是由各种绝缘材料构成的。通常把作用于电力设备绝缘上的直流电压与流过其中稳定的体积泄漏电流之比定义为绝缘电阻。电力设备绝缘电阻高,表示其绝缘良好;绝缘电阻下降,表示其绝缘已经受潮或发生老化和劣化。测量绝缘电阻可以及时发现电力设备绝缘是否存在整体受潮、整体劣化和贯通性缺陷。

对于电容量比较大的电力设备,在用兆欧表测其绝缘电阻时,把绝缘电阻在两个时间下即 60 s 时的绝缘电阻值与 15 s 时的绝缘电阻值之比称为吸收比,用 $K = R_{60}/R_{15}$ 表示。根据测量设备的吸收比,可以判断电力设备的绝缘是否受潮。因为绝缘材料干燥时,泄漏电流成分很小，绝缘电阻由充电电流决定。在摇到 15 s 时，充电电流比较大，于是这时的绝缘电阻 R_{15} 就比较小；摇到 60 s 时，根据绝缘材料的吸收特性，这时的充电电流接近饱和，绝缘电阻 R_{60} 就比较大，所以吸收比就比较大。如果绝缘受潮，泄漏电流就大大增加，随时间变化的充电电流影响就比较小，这时泄漏电流和摇动的时间没有什么关系，R_{60} 与 R_{15} 就很接近，吸收比就下降。这样通过所测得的吸收比的数值，可以初步判断电力设备的绝缘受潮状况。

《电力设备预防性试验规程》关于测量绝缘电阻和吸收比的规定如下：

(1)电动机无论大修、小修时，都要测量绕组绝缘电阻和吸收比。额定电压 3 000 V 以下，电动机室温下绝缘电阻值不应低于 0.5 MΩ；额定电压 3 000 V 以上，电动机交流耐压前，定子绕组在接近运行温度时，绝缘电阻值不应低于电动机额定电压数值的电阻值(MΩ)；投运前室温下(包括电缆)也不应低于电动机额定电压数值的电阻值(MΩ)；转子绕组不应低于 0.5 MΩ。

3 000 V 以下的电动机用 1 000 V 兆欧表，3 000 V 及以上的使用 2 500 V 兆欧表。500 kW 以上的电动机应测量吸收比，吸收比不应低于 1.3，即 $R_{60}/R_{15} \geqslant 1.3$。

(2)互感器(电压、电流)投运每 1 ~ 3 年或大修时，或认为必要时，均要测量绕阻的绝缘电阻。每次测量的绝缘电阻值与初始及以前历次测量值相比，不应有显著变化。投运每 1 ~ 3 年或大修时，或认为必要时，采用 2 500 V 兆欧表进行测量。

(3)电力电缆，主绝缘电阻、电缆外护套绝缘电阻及电缆内衬绝缘电阻，要求重要的电缆每年测量 1 次；一般电缆，3.6/6 kV 及以上的每 3 年测量一次，3.6/6 kV 以下的每 5 年测量一次。但电缆外护套及内衬层的绝缘电阻值要求每千米绝缘电阻值不应低于 0.5 MΩ，采用 500 V 摇表测量。电缆的测量应每相进行。

(4)直流系统，绝缘电阻一般采用 500 V 或 1 000 V 兆欧表测量，在大修时或更换接线时，对直流小母线和控制盘的电压小母线，要求在断开所有并联支路时测得的值不应小于 10 MΩ。二次回路的每一支路和断路器等操作机构回路测得的值不小于 1 MΩ；在比较潮湿的地方允许降到 0.5 MΩ。

(5)电力变压器，绕阻的绝缘电阻及吸收比，投运每 1 ~ 3 年或大修时，或认为必要时，均要进行测量，采用 2 500 V 或 5 000 V 摇表。每次测量的绝缘电阻值都要换算到同一温度下，并与前一次测量结果进行比较，看有无明显变化。电阻换算公式：$R_2 = R_1 \times 1.5^{(t_1 - t_2)/10}$，吸收比值应在 10 ~ 30 ℃内不低于 1.3。

2.1.3　电气二次回路

泵站电气设备，按其作用的不同一般分为一次设备和二次设备。一次设备是直接生产、输送和分配电能的设备。一次设备及其相互间的连接形成的电路称为一次主接线或主接线，构成电力系统的主体。对一次设备起着控制、保护、测量、调节等作用的设备称为二次设备。二次设备及其相互间的连接形成的电路称为二次接线或二次回路。二次接线是电气系统安全、经济、稳定运行的重要保障，是泵站系统的重要组成部分。

泵站二次接线图数量较多，常用到的二次接线图的形式有原理接线图、展开接线图、安装接线图，如图 4-2-1 所示。

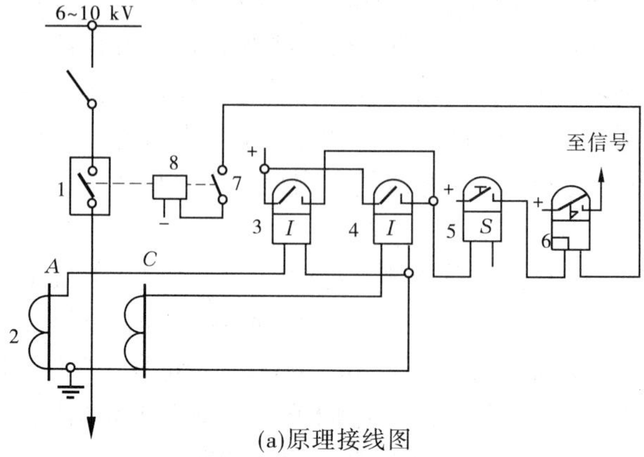

(a)原理接线图

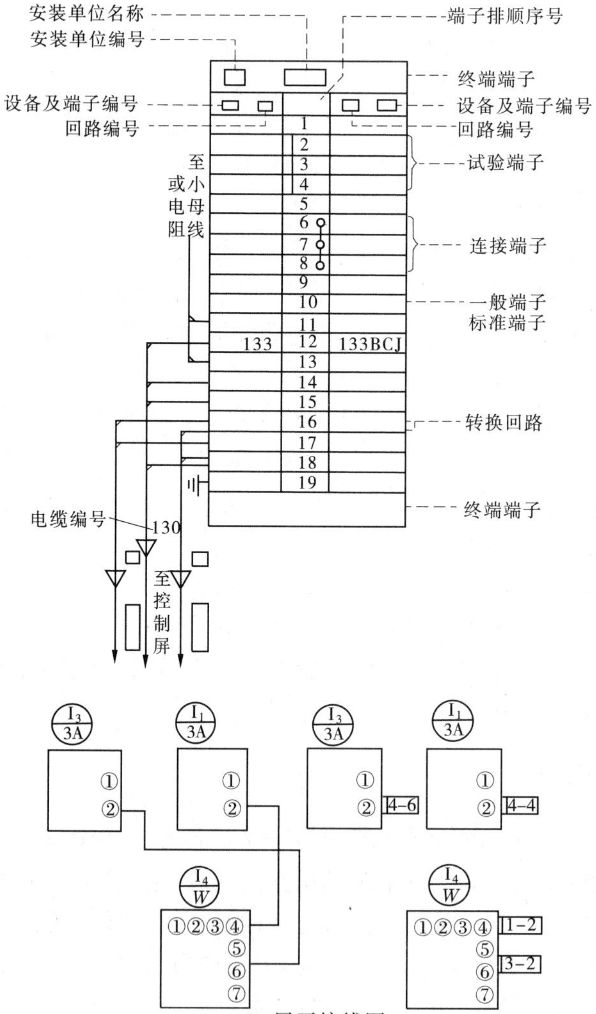

(b)展开接线图

图 4-2-1　泵站二次接线图

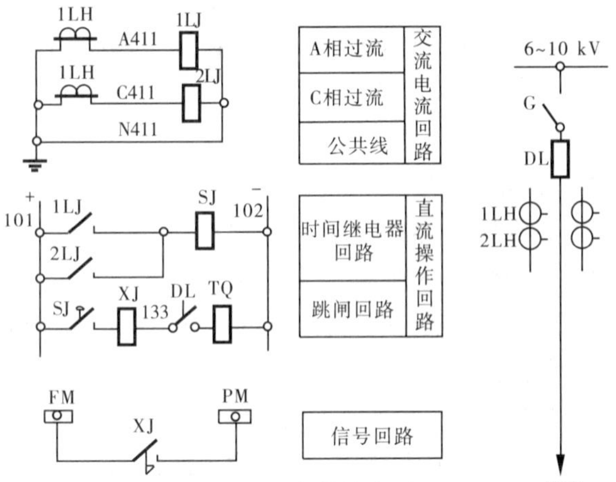

(c)安装接线图

续图 4-2-1

2.1.3.1　**原理接线图**

表示二次接线各元件之间的电气联系及工作原理的回路图,具有以下特点:

(1)与一次接线图相关部分画在一起,元器件以整体形式体现。能表明各二次设备的构成、数量及连接情况,图形形象直观,便于记录设计构思。

(2)将交流电压、电流回路和直流回路之间的联系,综合表达在一起。

(3)因未表明元件的内部接线、端子标号和导线连接方法,因此不能作为施工用图。

2.1.3.2　**展开接线图**

展开接线图是根据原理接线图绘制而成的。它将二次设备按其原理接线图和触点的接线回路展开分别画出,组成多个独立回路。它是安装、调试、检修的重要技术图纸,也是绘制安装接线图的主要依据。具有以下特点:

(1)按不同电源划分成多个独立回路。如交流电压回路、交流电流回路,按 A、B、C、N 相序分行排列;直流回路分为控制回路、信号回路、合闸回路、测量回路、保护回路等,在这些回路中,各继电器动作顺序自上而下,自左到右排列。

(2)在图形上方有文字说明回路的名称、用途等,便于读图和分析。

(3)各导线和端子都有统一规定的回路编号和标号,便于分类查线施工和维修。

2.1.3.3　**安装接线图**

安装接线图是控制保护等屏(柜、台)制造厂家生产加工和现场安装施工用的图纸,也是运行、试验、检修的主要参考图纸。它是根据展开接线图绘制的,包括屏面布置图、屏后接线图和端子排图几个部分。

运行人员根据二次接线图进行试验、检修与维护。二次接线图是泵站技术工人必须熟悉的技术图纸资料。

2.1.4　接地装置

接地装置是接地体与接地线的总称。接地体是埋入土壤或混凝土基础中作散流用的导体;而接地线是从引下线断接处或换线处至接地体的连接导体。接地线分为自然接地线与人工接地线。自然接地线利用建筑物或构筑物的金属结构(如钢筋、轨道、钢管、电缆外皮及非可燃和爆炸工作管道等)作为接地线。人工接地线以镀锌的圆钢或扁钢作为接地线,其截面不小于 60 mm^2。

2.1.4.1　接地的功能与作用

接地装置在工程上经常用到,常见的有工作接地、防雷接地、保护接地、仪控接地和事故接地。各种接地的功能与作用分别是:

(1)为了保证检修的安全,需要在检修地点的两端悬挂的接地线称为检修接地。

(2)带电体意外地与地连接称为事故接地。

(3)为了保证电力系统正常运行或保持系统某种运行方式所采取的接地措施,如正常低压用电系统中的三相四线制中性点接地,称为工作接地。

(4)为了防止雷电侵扰与袭击的接地称为防雷接地。

(5)为了防止带电设施及其他设备正常感应电伤人而接地称为防静电接地。

(6)为了防止设备遭受外电(磁)场的干扰,设备外壳接地称为屏蔽接地。

(7)为了人身与设备安全,不至于因为设备误带电伤及他人的接地称为保护接地。

保护接地与保护接零在实际工作中是经常用到的。保护接地就是将电气设备在正常情况下不带电的金属外壳或金属构架用良好导体与接地装置作可靠的连接。其作用是:一旦电气设备的绝缘击穿,可将其外壳对地电压限制在安全电压以内。它适用于中性点不直接接地的低压系统。

保护接零就是在正常情况下,将电气设备不带电的金属外壳或金属构架用良好导体与电网的中性线(零线)紧密连接。其作用是:一旦电气设备的绝缘击穿,会形成阻抗很小的短路,产生很大的短路电流,促使熔体在允许的时间内迅速切断故障电路,以免发生触电伤人事故。它适用于三相四线制中性点直接接地的低压系统中。

在保护接零系统中,只在电源中性点处接地是不够安全的。为了保证安全,还必须在零线上一处或多处通过接地装置与大地再次连接,即重复接地。重复接地既可以从零线上直接接地,也可以从接零设备的外壳上接地。其作用是:降低漏电设备的对地电压,减少零线处断裂时的触电危险,缩短碰壳或接地短路故障的持续时间,改善架空线路的防雷性能。

在中性点接地系统中,如果电气设备仅用接地保护,则不能很好地起到保护作用。因为其短路电流一般不能使短路保护装置动作,漏电设备会长期带电,所以中性点接地的供电系统严禁采用接地保护。但可采用保护接零作为中性点直接供电系统中的安全技术措施。

接地中必须注意以下事项:

(1)在变压器中性点接地系统中,保护接零和保护接地混用是很危险的!一旦采用保护接地的设备发生碰壳事故,当设备的接地电阻与变压器中性点接地电阻相等,在全部接零保护的金属体上均带有 1/2 相电压,此时,是很危险的!

(2)保护零线上不准装设开关或熔断器!

2.1.4.2　接地装置的技术要求

接地装置的技术要求、结构特点、运行方式、工作条件、安全要求等方面的情况，应从安全、经济、可靠出发，进行合理选择。接地方式有上述几种类型，但无论哪一种类型接地装置，决定其是否安全的主要电气参数是接地电阻、接触电压与跨步电压。

研究人员在对接触电压、跨步电压和网格电压（接地网内各点位之间的差值）进行分析研究后，认为网格电压是影响接地装置安全运行的主要因素。因此，我国把接地装置接地电阻（决定着地网的最大电位）和网格电压（人站地接地网范围内地面上可能遭受的最大接触电压）作为接地网的安全判据。因此，对接地网提出两种布置方式：方孔接地网和不等间距接地网。

对接地电阻的要求是：独立防雷接地装置电阻值不大于 10 Ω，保护接地装置接地电阻值不大于 4 Ω，弱电设备接地装置应与系统接地装置分开，独立系统接地电阻值不大于 0.5 Ω。独立接地极在地下埋设深度应在 0.5 ~ 0.7 m 处，所有连接处应牢固可靠。

2.1.4.3　接地装置特性参数测试的基本要求

根据《接地装置特性参数测量导则》规定，对接地装置特性参数测试的基本要求有：

(1)测试项目：大型接地装置的特性参数测试包括电气完整性测试、接地阻抗测试、场区地表电位梯度测试、接触电位差测试、跨步电位差测试及转移电位的测试。在其他接地装置的特性参数测试中，也应尽量包含以上内容。

(2)测试时间：接地装置特性参数大都与土壤的潮湿程度密切相关，因此接地装置的状况评估和验收测试应尽量在干燥季节和土壤不冻结时进行，不应在雷雨雪中或雨雪后立即进行。

(3)测试周期：大型接地装置特性参数测量，交接验收时全面测试。电气完整性测试每年一次，其他几项正常情况下宜每 5 ~6 年测试一次。遇有接地装置改造或其他必要时进行针对性测试。

(4)对测量结果进行评估。

2.1.4.4　接地电阻测量时应注意的事项

测量输、配电线路杆塔、独立避雷针接地等小型接地装置工频接地电阻，用 ZC－8 型接地电阻测定器，它不能用来测量大面积变电所、泵房接地网接地电阻。对于大面积接地网工频接地电阻采用电流－电压表法测量。测量接地电阻只能用交流测量，因为土壤导电通常是经过水溶液，如果用直流测量，则会在正负电极上电解成气泡，减小了导电截面，增加了电阻，影响测量精度。

2.1.5　设备的一般性检查维护

2.1.5.1　电气参数检查

熟记各用电设备铭牌主要参数，根据设备负荷情况，检查设备的电压、电流、功率等仪表反映的数值以及水位、扬程等参数，再通过相关计算判定电工仪表指示的数值是否正常，设备运行是否正常。

2.1.5.2　设备外观检查

在设备停运的情况下对设备进行检查，填好工作票，做好安全防范。检查内容包括：

各相关设备连接是否牢靠，设备各接地部位是否可靠，接地装置是否松脱，二次设备端子接线有无松动，对照二次接线图检查接线是否正确等。在设备正常运行时，通过巡视设备外观和“看”“闻”“摸”等方法对设备进行检查。

2.2　设备操作

2.2.1　操作票

操作人员开、停机和 6 kV 及以上母线分合闸操作必须填写操作票。操作票应填写设备名称和编号，用钢笔或圆珠笔填写，票面应清楚整洁，不得任意涂改。用计算机打印出的操作票应与手写票面一致。操作人员和监护人应根据安全操作规程和系统接线图等核对填写的操作项目，并分别手工或电子签名，然后经值班负责人审核签名，每张操作票只能填写一个操作任务。

2.2.1.1　操作票内容

（1）应对分合闸的设备（开关、刀闸等）进行验电或装拆接地线，合上或断开控制回路或电压互感器回路开关、熔断器及保护回路等。

（2）分合设备（开关、刀闸等）后，检查设备位置。

（3）进行停、送电操作时，在分合刀闸和手车开关拉出、推入前，检查确认开关在分闸位置。

（4）进行分段母线并列运行操作前后，检查相关电源运行及负荷情况。

（5）设备检修后、合闸送电前，检查确认送电范围内接地刀闸已拉开，接地线已拆除。

进行操作时，应核对现场一次设备和与实际运行方式相符的一次系统模拟图。

操作设备应具有明显标志、命名、编号、分合指示信号灯、切换位置指示及设备相色等。

2.2.1.2　操作票的格式

操作票的格式如下：

________________操作票

________________泵站　　　　　　　　　　编号________________

操作任务		
顺序	操作项目	操作记号（√）

发令人:	发令时间: 年 月 日 时 分	
受令人:	操作人:	监护人:
操作开始时间: 年 月 日 时 分 操作完成时间: 年 月 日 时 分		
备 注		

2.2.2 高压电气设备操作程序和技术要求

2.2.2.1 操作程序

1)电气设备的操作原则

(1)分闸:先断开负荷侧,再分断电源。

(2)合闸:先送电源侧,后合负荷侧。例如:送电,先送电源侧刀开关,再合上负荷侧负荷开关;断电,先断开负荷侧断路器,再分开电源侧开关。

(3)用令克棒拉跌落熔断器,分开顺序为先拉开中相,然后拉开下风相,最后拉剩下一相。合闸顺序相反。

2)注意事项

(1)禁止带负荷拉刀开关。

(2)操作时不可用力过猛。

2.2.2.2 操作技术要求

(1)带负荷操作。必须在进行核对性模拟(不带负荷状态)预演,确认无误后,再进行操作。认真核对好设备名称、编号和位置,操作中认真执行监护复验制度。操作过程中应按操作票填写顺序逐项操作,每操作完一步检查无误后,做一个"√"记号。

(2)监护操作。操作人每操作一步均需得到监护的同意。

(3)操作中发生疑问时,应先停止并向发令人报告,待发令人许可后再行操作。不准擅自更改操作票,不准随意解除闭锁装置。

(4)电气设备操作后位置检查,应以设备实际位置为准。只有通过各方检查核准后,才能确认设备操作已到位。检查项目填写在操作票中。

(5)用绝缘棒分合刀闸、高压熔断器,或经传动机构分合开关和刀闸,均应戴绝缘手套。雨天操作室外高压设备时,绝缘棒应有防雨罩;操作人员还应穿绝缘靴。接地网电阻不符合要求,晴天也应穿绝缘靴。

(6)装卸高压熔断器,应戴护目眼镜和绝缘手套,必要时使用绝缘钳,并站在绝缘垫或绝缘台上。

(7)单人操作时,不得进行登高或登杆操作。

(8)下列情况可以不用填写操作票:①事故应急处理;②单一操作分合开关,操作完应做好记录。

2.2.2.3 设备操作

主机组开停机和6 kV 及以上母线分合闸,须填写操作票内容,且每开停一台机组填写一张操作票。开机顺序:开机前机电检查项目→投二次保护柜相关保险、刀闸、直流电源→送电源侧刀闸→送机组刀闸→合机组开关→检查各指示仪表是否反映机组正常运行→操作工作结束。操作时,一人操作、一人监护。

电容器柜投入,在检查电容器柜处于完好状态时,合电源刀闸,然后将转换开关旋转至“自动”投入挡,电容补偿随着负荷的变化,自动“投”“切”。

同样,只需将开关柜刀闸投上。开关投入可以分“手动”“自动”投入。

电压互感器柜容量较小,一般用刀闸操作,只需将刀闸投上即可运行。

其他柜体“投入”与“切除”顺序均遵循操作程序。

2.3 工况巡视

2.3.1 变压器

2.3.1.1 允许运行方式

1)允许温度

运行中的变压器,由于铜损耗和铁损耗,必然使温度升高。长期在高温的作用下,变压器绝缘材料的原有绝缘性能将会不断降低,导致变压器绝缘老化、绝缘材料变脆而碎裂,使绕组绝缘层失去保护作用。

根据国家标准规定,当变压器安装地点的海拔高度不超过1 000 m,油浸式变压器线圈用的是A级绝缘材料,耐热温升限值为65 ℃,上层油面温升的限值为55 ℃,加上变压器周边空气最高温度为40 ℃,变压器在运行时,上层油面的最高温度不应超过95 ℃。在自然循环冷却或风冷条件下长期运行时,上层油面温升限值为85 ℃,最高运行温度允许值为105 ℃。

运行中的变压器,不仅要监视上层油温,而且还要监视上层油面的温升。这是因为,当变压器在环境温度很低的情况下带大负荷或超负荷运行时,外壳散热能力强,尽管上层油温未超过允许值,但温升可能已超过允许值,这样也是不允许的。因此,我们要特别注意，变压器在任何环境下运行，其温度、温升均不得超过允许值。

2）允许过负荷

在正常冷却条件下，当变压器过负荷运行时，绝缘寿命损失将增加；轻负荷运行时，绝缘寿命损失将减小。因此，二者可以相互补偿。变压器空载合闸时的过电流对变压器没有直接危害；但当线路上发生短路故障时，由于断路器跳闸需要经过一定的时间，变压器在短时间内要受到短路电流的冲击。因此，要求变压器要有足够的强度，能承受短路时的反作用力。这就是事故过负荷。

3）允许过电压

正常情况下，变压器是在额定电压下运行的。但当系统中出现过电压时，会使变压器的电压和磁通波形畸变，对用电设备有很大的破坏性。引起变压器过电压有大气过电压（雷电）和操作过电压两类。为了防止过电压损坏设备，一般做法是：加装避雷器，防止雷电过电压；加装谐振装置，消除操作过电压。

2.3.1.2　变压器油

变压器的绝缘油主要作用有两方面：一方面作为绝缘介质；另一方面是作为散热（或灭弧）的媒介。它具有一定的电气绝缘强度，在运行中需加以检测。

绝缘油在运行中主要受到温度、空气和水的影响而逐渐老化，从而降低绝缘强度，直至逐渐失去绝缘功能。

2.3.1.3　变压器并列运行

为考虑泵站运行的经济性、灵活性与检修方便性，常常设置两台及两台以上的变压器。它们既可以独立分段运行，也可以并列联络运行。

变压器实现并列运行必须具备以下四个条件：

（1）变压比相同。变压比不同，形成电压差，产生环流。

（2）接线组别相同。电压相位不同，产生电压差。

（3）短路电压（阻抗百分比）相等。不相等的两台变压器并联，则短路电压小的变压器容易过负荷，而短路电压大的不能满载，负荷分配就不均匀。有的短路电压不相等，两台变压器并联运行，但两者差值不能超过10%。

（4）容量比不宜超过3∶1。不同容量的变压器，其阻抗值相差较大，负荷分配不均匀。

2.3.1.4　变压器运行中的检查

变压器投入运行以后，在巡查过程中，一般可以通过仪表、保护装置及各种指示信号了解变压器的运行情况。同时，还要依靠巡查人员的感官去观察监听，及时发现仪表所不能反映的问题。即使是仪表装置反映出的问题，也需要通过对现场变压器运行的声音、气味、油色、油温、振动及外观等状况进行检查，分析判断后才能做出结论，及时采取相应的措施进行处理。

1）声音异常

变压器正常运行的声音应是均匀的“嗡嗡”电磁声。如果内部有短时的“哇哇”声，有尖细的“哼哼”声或有较大的噪声，可能是由变压器超负荷或电流过大等因素引起的；但内部有“吱吱”或“劈啪”声音以及发现内部有“叮当”或“嘤嘤”声音，可能是由内部有放电故障或个别零件松动引起的，应及时采取相应措施。

2）外形异常

变压器正常运行中，出现防爆管异常、防爆膜破裂、套管闪络放电、渗漏油等，应及时分析处理。

3）颜色、气味异常

变压器故障常伴有过热现象，从而引起一些有关部件的颜色变化或产生特殊臭味。如引线头、线卡处过热引起异常；套管、绝缘子有污渍或裂纹、破损，发生放电、闪络，产生臭氧；呼吸器中干燥剂吸潮变色；风机接线盒中电线老化短路等。

4）油温、油位、油色异常

变压器上层油温一般应在 85 ℃以下；同时与正常运行条件相比，油温一般不得升高 10 ℃以上。油位高于或低于储油柜的油位表正常范围，变压器油色骤然变化，油内出现碳粒、变黑并有异味等异常现象，应立即停用，查找原因并分析处理。

2.3.1.5　变压器的特殊巡视

当系统发生短路故障或雷雨天气时，值班人员须对变压器及其附属设备进行特殊巡视。巡视检查的重点内容有：

（1）系统短路故障时，应立即检查变压器系统有无爆裂、断脱、移位变形，有无焦味、烧损、闪络、烟火、喷油等现象。

（2）大风天气，应检查引线摆动情况和是否有搭挂杂物。

（3）雷雨天气，应检查瓷套管有无放电闪络现象（雾天也应进行检查），以及避雷器放电计数器的动作情况。

（4）气温骤变时，应检查变压器的油位和油温是否正常，伸缩节导线和接头有无变形或发热等现象。

巡视人员在巡视检查中，应注意自身安全，穿戴好绝缘工作服；特别是雷雨天气，不得打带金属尖头的伞。

2.3.2　电动机

电动机是泵站中最常见的电力机械。它是一种根据电磁感应原理，将电能转换成机械能的原动机。

2.3.2.1　电动机的种类

电动机根据其输入电源不同大致分为直流和交流电动机两大类。交流电动机又分为整流子电动机、同步电动机、异步电动机。异步电动机按接入电源相数又可分为单相电动机和三相电动机。三相电动机按转子的结构不同又分为鼠笼型和绕线型。

2.3.2.2　电动机的结构特点

电动机是由固定部分和转动部分（常称定子和转子）两部分组成的。定子和转子都有线圈，线圈通入电源形成磁场，在磁场相互作用下转动。

（1）鼠笼型异步电动机。三相定子线圈按一定的方式连接起来组成定子绕组，再将每相绕组的头尾两个接线端子引出，根据不同连接方式构成星形接法（Y 形）接法。将转子绕组的导条放入转子铁芯的沟槽中，两端用端环短接起来，形成闭合回路。由于起作用的转子绕组形状像鼠笼，故称之为鼠笼型电动机。

(2)绕线型电动机。绕线型电动机转子和定子一样由三相绕组构成,转子线圈各组外接端通过滑环与二次电阻器连接。启动时通过改变二次电阻器的电阻值(可以在很宽的范围内很方便地改变转子绕组的电阻值),改变电动机的启动性能。在启动完成后,又可把变阻器切除。调速运行的绕线式电动机(起重机用的变速电动机),可以通过滑环改变串接绕组电阻,调节电动机转速。

(3)同步电动机。同步电动机转子具有磁极构造,启动方式与鼠笼型异步电动机相同。启动后转子输入直流电源,形成一个磁场,转子的磁场与定子形成的磁场相同步,在定子旋转磁场吸引下带动转子转动。

2. 3. 2. 3　电动机的启动方式

《泵站设计规范》(GB/T 50265—2010)关于机组启动要求是:

(1)机组应优先采用全压直接启动方式,且应符合下列规定:

①母线电压降不宜超过额定电压的 15% 。

②电动机启动引起的电压波动不致破坏其他用电设备正常运行,且启动电磁力矩大于静阻力矩时,电压降可不受 15% 额定电压的限制。

③当对系统电压波动有特殊要求时,也可进行降压启动。

(2)电动机启动应按供电系统最小运行方式和机组最不利的运行组合形式进行计算:

①同步电动机安装在同一母线上,按最先启动一台容量最大的电动机进行计算。

②异步电动机安装在同一母线上,按最后启动一台容量最大的电动机进行计算。

③异步电动机与同步电动机混接于同一母线时,按异步电动机全部启动后,再启动一台最大容量同步电动机考虑计算。

因此,异步电动机启动方式有全压启动、降压启动和变频启动等几种形式。

全压启动:全压启动是最好的启动方式之一,是将电源三相电压直接接入定子绕组启动,故又叫直接启动。全压启动具有启动转矩大,启动时间短,启动设备简单,操作方便,易于维护,投资省,设备故障率低等优点。但全压启动时,启动电流大,鼠笼型电动机启动电流一般为额定电流的 5 ~7 倍。

降压启动:当电动机全压启动引起配电系统压降过大时,或在某种情况下规范不允许采用全压启动时,可采用降压启动。其作用原理是,根据电动机启动电流与端电压成正比的关系,降低电动机端电压来减小启动电流,从而没有降低配电系统的压降。降压启动的方法较多,传统的有星三角换接,自耦变压器降压,变压器 - 电动机组延边三角形换接,串电抗器或电阻器降压等。这些降压启动方式,设备多、投资大、维护困难、故障率高、维护量也大,已逐渐被淘汰。

随着现代科技的发展,电子技术越来越多地被运用到工程上。新技术、新产品逐渐取代了传统设备。目前,启动水泵配套的电动机优先选用软启动方式。该启动方式简单,运行平稳。水泵一般是在静水状态下启动,尤其是启动的阻力矩较小,为额定阻转矩的 30% ,属于轻载启动。Y 系列鼠笼型感应电动机全压启动电磁转矩均大于额定转矩,远远大于水泵启动阻转矩,启动较快。

(3)软启动装置。

传统的启动方式,通过降低电动机的启动电压来建立启动电流,采用分步跳跃上升的恒压启动,因此启动过程中存在二次冲击电流和冲击转矩,而且接触器故障多、电动机冲击电流大、冲击转矩大、冲击力矩大、效率低。现在的 Y/△启动器已经具有电动机保护和监控功能,技术水平和外观与以前相比已有很大的改观,可以满足中小容量无特殊要求的空载或轻载启动的控制要求。虽然这些传统启动器价格低廉,但是运行管理不方便,设备故障率也多,可靠性相对也差。

现在设计大多数选用软启动方式启动。它主要有变频调速及晶闸管调压软启动器两种软启动方案。软启动方式是利用软启动装置启动电动机,软启动装置是运用晶闸管调压软启动器的,价格略高于自耦变压器启动器和 Y/△启动器,系统工作时对电网无过大冲击,可大大降低系统的配电容量,机械传动系统振动小,启动、停机平滑稳定,可提高电动机的使用寿命和经济效益。

晶闸管调压软启动器的启动基本原理与自耦降压启动的原理基本是一样的。自耦降压启动是在电动机启动初期,给其加一个低于额定电压的电压,一般为额定电压的 60% ~80% ,让其先动起来,再切换到额定电压。而软启动器给电动机施加的电压,从 0 逐渐升高到额定值,它的启动过程更为平滑,效果更好,对电网冲击和对绕阻的伤害也是最小的。但是,在实际运行中也有缺点,如增加了投资,增加了故障点,运行维护难度加大。因此,对电动机启动方式要结合供电实际加以选择。

(4)变频启动。

变频启动采用变频调速来逐步提高电动机定子绕组的供电频率,进而来提高电动机的转速。这种启动方式降低了电动机的端电压和启动电流。因此,变频调速改变了异步电动机同步转速,保持了电动机的硬机械特性。

变频启动与传统的启动方式相比具有:启动电流小、启动力矩大,对设备无冲击力矩,对电网无冲击电流;既不影响其他设备运行,又有最理想的启动等特性。但是,这种启动方式设备复杂,价格昂贵,在没有其他特殊要求的情况下,仅仅是为了得到良好的启动特性而增加这套设备是不合适的。该启动方式常用于控制要求启动转矩较大的中压电动机。

2.3.2.4 电动机运行中的监视

(1)温度监视。运行中的电动机,负载过大,通风不良或环境温度过高时,绕组温度会超出允许值,以致损坏绝缘,甚至烧毁电动机。因此,必须注意运行中的电动机发热情况,巡视时,用手摸电机外壳来判断,如果手感到很烫且不能忍受,可以认为绕组温度已超过允许值;另外,通过温度计测量。如果温度过高,就要查明原因,采取相应措施。

电动机绕组的温升不得超过厂家规定标准。一般可按表 4-2-1 的最高允许温度控制。

表 4-2-1 电动机绕组的最高允许温度 (单位:℃)

		A 级绝缘	E 级绝缘	B 级绝缘	F 级绝缘	H 级绝缘
定子绕组	温度计法	95	105	110	125	145
	电阻法	100	115	120	140	165

(2)电流监视。电动机铭牌上所注明的电流值,一般是在周围环境温度为 40 ℃的情

况下确定的额定电流值。如果环境温度高于 40 ℃，电动机散热条件恶化，其温度可能超过规定值，电动机允许的电流值将有所下降（约为 -5% 幅度）；如果环境温度低于 40 ℃，电动机允许电流值将上升 5% 幅度。因此，可以根据电动机进线处安装的电流表监视电动机运行中的电流值。

(3)电压监视。电动机运行中电压变化幅度允许在 95% ~110% 额定电压范围内。电压变化太大，会使电动机电流在同样满载的情况下增大，导致电动机温度上升。因此，需注意电压变化，适当增减负荷，把温度控制在允许范围内。

三相电源电压不平衡会引起电动机三相电流不平衡，导致额外发热。在运行时，应检查三相电压是否平衡，相间电压差不大于 5% 时，允许在额定负载下长期运行。严重不平衡时，会有一相电源保险丝熔断，变成两相运行，将导致电动机烧毁。

(4)监视电动机通风和周围环境情况。确保冷却风源和冷却通风管、排气口畅通，周围环境无杂物，环境清洁无灰尘等。

(5)监视电动机运行中的声音和气味。

(6)监视电动机振动情况，固定螺栓、联轴器等不应有松动。

(7)监视电动机滑环运行情况。

2.3.2.5　电动机运行中异常情况处理

运行中如出现下列情况之一时，应立即切断电源，停机检查处理：

(1)发生人身伤亡事故。

(2)配套的水泵发生故障。

(3)电动机冒烟起火。

(4)电动机轴承温度超过允许值。

(5)电流超过允许值或运行中电流突然升高。

(6)电动机在发热和有呼声的同时，转速急剧下降。

(7)电动机内部发生冲击。

(8)电动机传动装置失灵或损坏。

(9)电动机出现剧烈振动。

(10)启动电器或保护电器发生故障。

2.3.3　常用电工仪表的使用方法

2.3.3.1　万用表使用方法

万用表又叫万能表，分为指针式和数字式，是一种多功能、多量程的测量仪表，一般可用来测量直流电压、电流，交流电压、电流，电阻，电容量，电感量及半导体的一些参数等。

万用表的使用方法：①看懂仪表使用说明书；②熟悉表盘上各符号的意义及各个旋钮和选择开关的主要作用；③进行机械调零、仪表校零；④根据被测试品的类别和估测量大小，选择调换开关和挡位及量程，找出对应的刻度线或数值。

用万用表测量电压：①转换开关选择好要测量电压性质，是交流还是直流，交流选择交流开关、直流选择直流开关（测量电流亦如此）。②选择好量程，用小量程测大量程，表有烧毁的危险；大量程测小量程，指针偏转太小，读数不准。量程的选择应尽量使指针偏转到满刻度 2/3 度左右。如果事先不知道被测电压大小，可先大逐渐向小选择，直至找到合适的量程。

用万用表测量电流：应将选择开关置于电流挡，量程挡置于合适量程上（一般在 $5\times10^{-8}\sim50$ MA）。测量电流时，必须断开电路，然后按照电流从“+”到“-”方向，将万用表串接到被测电路中，使电流从红表笔进，黑表笔出。如果万用表与负载并联，由于万用表内阻较小，会造成短路烧毁仪表。

用万用表测电阻：①调零，指针调零，机械方法；电气调零，两表针接触，调整调零旋钮。②选择合适量程（倍率挡），使指针偏转在满刻度的 1/3～2/3 位置。③读数，表针读数乘倍率。

数字式万用表，选择开关方法是一致的，但不需要校零，表盘直接读数，使用方便。

使用万用表时，应注意：①在测量电流、电压时，不能带电换量程；②选择量程时，要从大到小选择，尽量使被测值接近量程；③测电阻时，回路中不能带电，否则会烧坏表头，换挡测量要进行电气调零；④用毕，转换开关放在交流电压最大挡位或空挡上；⑤数字式万用表，电流插孔不用时，禁止使用本插孔。

2.3.3.2　直流电阻测试仪表使用方法

直流电阻测试仪表，又称为感性电阻测试仪或直流数字电桥，用于感性直流电阻的测试。原先测量感性设备直流电阻用的是电桥，测量速度慢，读数也比较困难，对容量小的可满足需要，但仍感到使用不便捷。

1）特点

直流电阻测试仪表，仍然是利用四线制法（I_1V_1；I_2V_2）测量直流电阻，具有以下几方面特点：

（1）微电脑控制的智能仪器，可存储测试结果。

（2）交流供电，携带使用方便。

（3）采用先进的恒流电源技术，大大降低了仪器体积、重量和功耗，进一步缩短了测量时间，保证测量数据更加稳定可靠。

（4）能直接输出打印结果。

（5）适用于各类感性、低阻值电阻的测量与分析。

2）使用注意事项

（1）测试前，要验证设备放电结束。

（2）接通电源前，先接好接地线。

（3）测试过程中，少断电或不使测试夹钳脱落。

（4）测试结束后，按“复位”键，一定要等放电指示灯熄灭、提示信息消失后，才关掉电源，进行拆线。

3）使用方法

仪器的控制面板上设有“选择”“确定”“复位”共 3 个按键。

（1）直流电源测试。

接好线，闭合总电源开关，相应的指示灯亮，按下“启停”键，即可进行测试。测试完毕，按下“复位”键，仪器显示“正在放电”，等仪器返回到开机的界面，关闭总电源开关，相应的指示灯熄灭，转换测试夹进行再次测试。

(2) 交流电源测试。

接上交流 220 V 电源，“充电”指示灯亮；闭合总电源开关，相应的指示灯亮；按下“启停”按钮，进行测试。测试完毕，按下“复位”键，仪器显示“正在放电”，等仪器返回到开机界面，关闭总电源开关，相应的指示灯熄灭，再转换测试夹进行再次测试。

(3) 电阻测量。

仪器开机或按“复位”键后，进入初始状态，此时光标指针指向“电阻”，直接按“确定”键进入状态，显示变化的充电电流和测量时间，充电完成后自动进入状态显示电阻值，测量电流和测量时间，此时每按一次“确定”键，则储存一次测量结果并打印出来（有打印机）。按“复位”键，电阻测量进入状态，显示放电电流。放电结束后，自动回到初始状态，完成一次电阻测量。

2.3.4　中央信号系统

泵站中央信号系统是泵站监控系统的一部分，是监视泵站电气设备运行的一种信号装置。它由事故信号和预警信号两部分组成，根据电气设备的故障特点发出音响和灯光信号，告知运行人员迅速查找并作出正确判断和处理，保证设备的安全运行。

被监测设备正常运行时，中央信号系统显示设备的运行状态；设备发生事故时，中央信号系统发出各种信号指示运行人员迅速判明故障的性质、范围和地点，以便作出正确处理。每种信号装置都由灯光信号和音响信号两部分组成。

灯光信号由信号灯与光字牌构成。

音响信号由蜂鸣器与电铃构成。事故信号采用蜂鸣器，一般故障采用电铃。

事故信号指设备发生了事故，如事故跳闸、指示灯亮、蜂鸣器鸣笛。

一般故障（预告信号）指设备运行中出现异常情况，如设备过负荷、绝缘降低、温度过高等，光字牌闪亮、电铃响。

事故信号与故障信号通常安装在中央控制室，所以称为中央信号系统。

在发生事故时，为避免干扰值班员进行事故处理，一般情况下事故发生后及时将音响信号解除，保留灯光信号直至事故处理结束。

常见的故障信号有：电动机和变压器过负荷；电动机回路一点接地；变压器瓦斯动作，油温过高，风机故障；励磁系统故障；电压互感器二次回路断线（保险熔断）；回路绝缘损坏；控制回路断线；直流电压过高、过低；事故音响回路断线及其他情况。

运行人员可以根据音响与灯光信号及时准确分析判断，并采取处理措施解除故障，处理好事故。

2.3.5　绝缘监测装置

2.3.5.1　交流绝缘监测装置

在中性点直接接地电网中，一相接地就形成短路，保护装置动作把故障线路切除；在中性点非直接接地电网中（又称小接地电流电网），发生一相接地，接地相电压降低（直至归零），其他两相电压升高（甚至达到线电压），故障点只通过较小的电容电流，因线电压不变,设备可正常工作(通常可以继续工作 2 h)。如果一相接地情况不能及时被发现并加以处理,可能在其他两相薄弱处引起另一相对地绝缘被击穿,而造成相间短路。因此,必须装设绝缘监测装置,以便当电网中发生一点接地时能及时发生预告信号。

当电网中发生一相接地时,系统中出现零序电压和零序电流,电网单相接地保护装置就是运用这一原理实现的。利用零序电流或零序电流方向构成有选择的接地保护,利用零序电压构成无选择的接地保护,通常将这种无选择的接地保护装置称为绝缘监测装置。

绝缘监测装置可以利用接于母线电压互感器二次侧的相电压上的三个电压继电器构成,也可以利用接于开口三角形侧的反映零序电压的一个过电压继电器构成。同时为了判别故障相,便于寻找故障点,在中央信号控制屏上还装有三个接于相电压的绝缘监测电压表,正常情况下三个电压表读数相同,当出现接地时,故障相电压表读数降低,其他两相电压表读数升高。因此,值班人员在听到警铃响、看到光字牌之后,就很快知道哪一相发生接地故障。

注意:①电压互感器高压侧绕组必须接成星形,且中性点接地;低压侧一组绕组接成星形,一组绕组接成开口三角,同样每个低压绕组必须接地。②电压互感器可以用三个单相互感器,也可以用一个三相五柱式互感器,切不可用三相三柱式互感器。

2.3.5.2　直流系统绝缘监测装置

泵站中,利用直流电源作为操作控制电源的直流系统比较复杂,往往通过各种型号电缆线路与屋外配电装置的端子箱、操作机构等相连接,发生接地机会较多。直流系统发生一点接地时,由于形成回路没有短路电流流过,熔断器不会熔断,仍能继续运行。但是,这种接地故障必须及早发现,否则当发生另一点接地时,有可能引起信号、控制、继电保护和自动装置等回路的不正确动作,需要装设经常性的直流系统绝缘监测装置。

该装置分为信号和测量两部分,都是根据直流电桥工作原理构成的。正常情况下,直流母线正负极对地绝缘电阻相等,电桥平衡,继电器不动作。如果某一极的绝缘电阻下降,电桥就失去平衡,继电器中就有电流流过,当电流足够大时,继电器动作发出预警信号。

测量部分由三个等值电阻、一个电压表和一个切换开关组成。其中一个电阻带有电位计,平时切换开关断开,电位计滑动触头处于电阻中间位置。正常情况下,系统两极对地绝缘电阻相等,电桥平衡,电压表上指示为零。当发出报警预告时,绝缘遭到破坏,值班人员根据发生故障极性,将转换开关分投至正负极,通过调整滑动触头,使电桥处于新的平衡,分别测出正负母线对地电压,换算成对地绝缘电阻值,加以处理。

另外,值班人员每小时至少要对运行设备巡查一次,通过设备运行声音及运行状况,判别设备运行情况。每班整理运行记录,发生大事件及时报告并存档。

2.4　设备养护

2.4.1　绝缘等级及其防护级别

2.4.1.1　绝缘等级

我国电气设备绝缘等级分为七级:Y、A、E、B、F、H、C。每个等级对应的允许工作温度分别是90 ℃、105 ℃、120 ℃、130 ℃、155 ℃、180 ℃、180 ℃以上。电气设备选用的绝缘等级比设备本身的绝缘等级要高一个等级。

2.4.1.2　电器产品的防护等级

防护级别是根据对设备的外壳防护划分的。电器产品使用范围广泛，在不同地点及环境下使用，对其使用寿命及安全性有着非常大的影响。在设备设计与制造时对设备的防护外壳划分为不同使用等级，其防护等级的标志由字母“IP”及两个数字组成。被略去数字的位置以“X”表示。如IP34型或IPX3型或IP3X型。防护类型按以下两种分级：

(1)第一种防护类型：对固体异物进入电器内部及人体触及电器内部的带电或运动部分的防护级，用0～6七个数字表示分七个等级。

①“0”表示产品无防护；

②“1”表示产品“防护大于50 mm的固体”进入产品外壳内；

③“2”表示产品“防护大于12 mm的固体”进入产品外壳内；

④“3”表示产品“防护大于2.5 mm的固体”进入产品外壳内；

⑤“4”表示产品“防护大于1 mm的固体”进入产品外壳内；

⑥“5”表示产品“防尘”进入产品外壳内；

⑦“6”表示产品“尘密”，完全防止灰尘进入外壳内，以及其他物件触及带电体。

(2)第二种防护类型：对水进入电器内部达有害程度的防护，用0～8九个数字表示防护的九个等级。分别表示的意思是：

①“0”无防护；

②“1”防滴：垂直落下的水滴不能进入设备内部；

③“2”15°防滴：与垂直线成15°角的水滴不能直接进入设备内部；

④“3”防淋水：与垂直线成60°角范围内淋水不能直接进入设备内部；

⑤“4”防溅：任何方向溅水应对设备内部无有害影响；

⑥“5”防喷水：任何方向喷水应对设备内部无有害影响；

⑦“6”防海浪或强烈喷水：猛烈海浪或强力喷水应对设备无有害影响；

⑧“7”浸水：设备在规定的压力和时间下浸在水中，进水量应对设备无有害影响；

⑨“8”潜水：设备在规定的压力下，长时间浸在水中，进水量应对设备无有害影响。

后面标注的数字越大，防护的等级越高。

选择产品时，应结合产品安装地点环境选择。

产品的铭牌上均注明设备在正常工作条件下的海拔高度、周围空气温度(最高空气温度、最低空气温度)、空气的相对湿度、安装方式及安装场所所处的环境。科学地选用和使用产品，并按正常维护，才能保证其使用寿命和发挥正常作用。

2.4.2　二次回路设备检查与维护

2.4.2.1　检查及维护内容

(1)清扫盘柜(屏)内及端子排的积尘，保持端子及盘柜(屏)清洁；检查盘柜(屏)上的各种元件的标志是否齐全,不应有脱落等现象。

(2)各指示灯具、仪表应完好,无缺损,保护压板在要求的位置上。

(3)绝缘电阻应符合规程要求。

(4)断路器的辅助触点应无烧伤、氧化、卡涩等现象。

(5)所有接线端子、压板应无松动、锈蚀,配线固定卡子无脱落。

(6)继电器接点应无烧伤,线圈外观无异常,运行正常。

(7)各种操作部件位置正确,动作灵活,接触良好,部件完整。

(8)电压、电流互感器二次侧接地完好;二次侧交直流控制回路及电压互感器的熔断器应良好。

(9)信号继电器是否掉牌,掉牌后是否能复位;警铃、蜂鸣器等声响设备是否良好。

(10)各类保护电源是否正常。

2.4.2.2　操作回路维护一般原则

二次操作回路维护,除必须遵守《电业安全工作规程》外,还必须遵循以下原则:

(1)至少有两人进行工作,且必须有明确的工作目的和工作方法。

(2)必须根据现场实际情况和图纸进行操作。

(3)在机组运行时,只有在必须停用保护装置时,才允许停用保护装置,且停用的时间应尽量短。雷雨天气不得将保护装置退出。

(4)如果进行整组试验,应事先查明是否与运行断路器有关;对变压器保护装置进行试验,应先切除对应机组的压板,以免影响机组运行。

(5)拉开直流回路的熔断器时,应先拉开电源正级,后拉开电源负极,或正负极同时拉开。

(6)测量二次回路电压时,必须使用高内阻电压表,禁止用灯泡代替仪表。

(7)在运行中测量电源回路上的电流时,应事先检查接头及引线是否良好,并应防止电流回路开路发生人身和设备事故。通常应通过试验端子测量电流,测量仪表应用螺钉连接,操作人员站在绝缘垫上进行。

(8)工作中使用的工器具大小要合适,并且工具上的金属部分应尽量不外露,以免发生短路。

(9)停电作业时,要验证电源确已断开,并应挂警示牌;在未断开电源的电路上工作,应避免触电。

(10)如果需连接线路,如拧动螺栓、拆动二次线或松动压板,必须先核对图样,并作好记录和标志,工作结束应后立即恢复,并作全面检查。

(11)需要拆开检查继电器时,不允许随意调整继电器的机械部分。如果确需调整,则应在调整后进行电气特性试验。

(12)在二次回路维护作业结束后,应将作业情况详细记录在继电器试验簿上。

2.4.2.3　查找二次回路故障的方法

查找二次回路故障,首先是查明故障现象(发出的信号和光字牌的显示情况),然后分析故障原因,最后确定处理的方法和步骤。

二次回路故障检查常用缩小范围检查法。即把故障范围和故障点逐渐缩小进行检查,直至查出故障点。

以图4-2-2为例,如熔断器熔丝没有熔断,可将回路划分为几条回条,依次检查。首先,利用第Ⅰ回路控制整个回路动作,若被控元件不动作,可使用第Ⅱ回路控制回路动作,若被控元件动作,则故障在第Ⅰ回路上;若被控元件仍不动作,可使用第Ⅲ回路检查,此时若被控元件动作,则故障在第Ⅱ回路上;若被控元件仍不动作,则可能是第Ⅲ回路故障或被控元件自身故障。

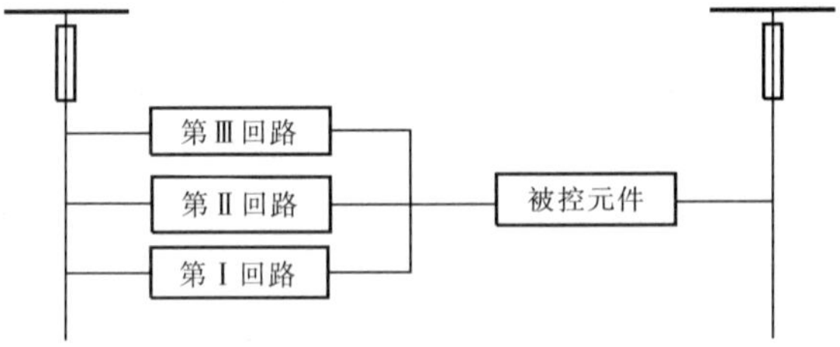

图4-2-2　缩小范围检查图

2.4.3　变压器的维护与检修

2.4.3.1　检修前的检查

变压器在检修前,应作细致的检查。检查内容大致有以下几方面。

1)对保护系统的检查

(1)熔丝保护、跌落保险检查。检查规格型号和完整性。

(2)继电保护装置检查。通过模拟试验对保护系统检查。

(3)瓦斯保护检查。是否能发报警信号,动作跳闸。

(4)防雷装置检查。设备及其接地是否完好。

2)对监测装置的检查

监测装置包括电流表、电压表、功率表和温度测量仪表等。它们是变压器运行中的耳目,应检查它们是否完好。

3)对冷却系统装置的检查

仔细检查冷却系统风扇和进行试验。风扇运转是否正常,系统是否完好。

4)对器身外表检查

(1)本体有无缺陷,有无渗油和油漆脱落等现象。

(2)各部油位是否正常,各处阀门的开闭位置是否正确。

(3)外壳应可靠接地。

(4)呼吸器中的干燥剂是否失效,检查滤网等有无堵塞现象。

(5)防爆管玻璃应完整。

(6)相序标志应正确。

(7)器身上应无遗留物。

2.4.3.2　变压器漏油的处理

变压器铸件或焊件上的砂眼、气孔等缺陷导致的漏油,可用环氧树脂黏合剂堵塞漏油处。

焊缝漏油的修补方法是补焊。补焊时应吊出变压器芯,放净油,并打开油箱上所有孔洞,以防残油碳化、燃烧引起爆炸。在带油情况下补焊也可以,但必须做好安全防范措施。

密封渗漏油应先检查密封垫圈是否放正,压紧是否均匀,压紧力是否足够等。密封垫圈或橡胶圈老化、损坏、开裂的,应及时更换。密封材料应清洁、表面平整、无凹缝、凸斑、锈迹等。

2.4.3.3 检修后试验检查

(1)对变压器各电压等级的对地绝缘电阻、各电压等级之间的绝缘电阻进行测量。

(2)检查各分接头开关位置是否合适,并测量接触电阻。

(3)空载试验(大修与新安装的变压器)。测量变压器的空载电流 I_0 和空载损耗。

(4)短路试验(无条件时,在带上负荷后二次测量)。

(5)全电压空载冲击合闸试验(大修或新安装变压器)。以验证变压器的继电保护装置是否能躲过变压器的空载励磁涌流的冲击,分合闸 3 次。

(6)检查变压器各电压侧的相序与标志是否一致。

(7)检查场地消防设施是否齐全到位。

2.4.4 电动机的维护与检修

2.4.4.1 电动机日常维护

(1)清擦和吸扫。经常清除电动机及其附属设备上的灰尘、污垢和泥土。因为这些东西会使电动机散热减弱,绝缘降低,吸收水分,损坏电动机。

(2)测量电动机绝缘电阻,确定电动机绝缘良好。

(3)检查和保养电动机滑环与电刷,保证它们光滑清洁,接触紧密。

(4)检查、保养电动机轴承,了解其工作面磨损情况,是否有损坏,是否清洁和润滑等。

2.4.4.2 常见故障及原因

1)电动机过热

(1)电源方面的原因使电动机过热。其具体原因是:①电源电压过高,电动机反电动势、磁通及磁通密度随之增大,铁损耗增加,导致铁芯过热。磁通增加、励磁电流分量增加,定子绕组铜损增加使绕组过热。②电源电压过低,负载不变,电磁转矩保持不变,转子电流增大,定子负载电流增大,造成绕线的铜损耗增大,致使定、转子过热。③三相电源电压不对称,当电源一相断线(保险丝熔断)时,形成两相运行,致使运行的二相绕组通过大电流而过热,甚至烧毁。④三相电源不平衡,使三相电流不平衡,引起绕组过热。因此,当电动机过热时,首先考虑电源方面的原因,确认电源无问题后,再检查其他方面因素。

(2)负载使电动机过热。其具体原因是:①电动机过载运行,小马拉大车。②拖动的机械负载工作不正常,时大时小,电动机过载发热。③拖动的机械有故障,转动不灵活或卡阻,使电动机过载发热。

(3)电动机本身原因造成过热。其具体原因是:①电动机绕组断路,导致三相电流不平衡,使电动机过热。②电动机绕组短路,使电流剧增,铜损耗增加,导致绕组过热。③电动机端子接法错误，应为三角形接法的电动机错接成星形接法，当电动机带满负荷运行时，定子绕组流过的电流超过额定电流，导致电动机自行停机，若停转时间稍长又未切断电源（堵转），绕组不仅严重过热，还将烧毁。应为星形接法的电动机错接成三角形接法，也将使绕组与铁芯过热，严重时将烧毁。④电动机内部接线错误，当一个线圈、线圈组或一相绕组接反时，都会导致三相电流严重不平衡而烧毁绕组；或将若干线圈组串成一条支路的电动机错接成二支路并联，也会使绕组与铁芯过热，甚至烧毁。⑤电动机机械故障，运转不灵活，会使电动机电流增大，铜损耗及机械磨损增加使电动机过热。⑥通风散热不良使电动机过热，例如，环境温度过高，进风口有杂物挡住进风不畅、进风量小；电动机内部灰尘过多，影响散热；风扇损坏或接反，未装风罩或电动机端盖内未装挡风板，造成电动机无一定的风路。

2）三相异步电动机不能启动

影响三相异步电动机不能启动的因素很多，应根据实际情况及症状作详细分析，仔细检查后再启动。切不可强行启动，尤其是在启动时，电动机发出异常声音或过热应立即切断电源，查清原因，再启动，防止故障扩大。

3）电动机带负载时转速缓慢

引起这种故障的原因有电源电压过低，转子断条，线圈或线圈组有短接点或有接反处，相绕组接反，过载。绕线式电动机转子一相断开或转子启动变阻器接触不良，电刷与滑环接触不良。

4）电动机运转时声音不正常

其原因是：定、转子相擦，转子风叶碰壳，转子擦绝缘纸，轴承缺油，电动机内有杂物，电动机二相运转有嗡嗡声。

5）电动机外壳带电

其原因是：电源线与接地线接错，绕组受潮，绝缘老化使绝缘性能降低，引出线与接线盒碰壳，局部绕组绝缘损坏使导线碰壳，铁芯松弛刺伤导线，接地线失灵，接线板损坏或表面油污过多形成爬电。

6）绕线式滑环火花过大

其原因是：滑环表面脏污，电刷压力过小，电刷偏离中心位置。

7）电机空载或负载运行时，电流表指针来回摆动

其原因是：鼠笼式转子断条，绕线式转子一相断路，绕线式电动机一相电刷接触不良，绕线式转子滑环短路装置接触不良。

8）电动机振动

其原因是：转子不平衡，轴头弯曲，皮带盘不平衡，皮带盘轴孔偏心，固定电机地脚螺栓松动，电机基础不平或不牢。

9）电动机轴承过热

其原因是：轴承损坏，润滑油过多、过少或油质不合格，轴承与轴配合过松走内圆或过紧，轴承与端盖配合过松走外围或过紧，滑动轴承油环或转动缓慢，电动机两侧端盖或轴承盖未装平，皮带过紧，联轴器装得不好。

2.4.4.3 电动机转子一点接地故障的原因及处理方法

在绕线式感应电动机转子回路中接入启动电阻,可以减小启动电流,增大启动力矩,这种电动机在工业上得到广泛应用。但它和鼠笼型电动机相比,由于增加了转子绕组,转子故障的可能性随之增加。其中,转子绕组接地就是一种常见故障。绕线式感应电动机转子三相绕组为星形连接,中性点对地绝缘。当绕组仅有一点接地时并不影响使用;但是,这时非故障相对地电压升高,如果故障相或非故障相再有一点接地形成短路,很可能烧毁电动机。

产生一点接地故障的原因是:直接接地,灰尘沉积厚导致绝缘降低接地,引出线绝缘破损导致接地以及启动电阻绝缘下降引起接地。

绕组接地处理方法:由于绕组受潮导致绝缘下降引起的接地,采用烘干法;因为引出线绝缘破损引起的接地,进行绝缘处理,采用涂漆、烘干;对因灰尘沉积吸湿导致绝缘降低引起的接地,采用清除灰尘涂漆烘干处理;对于启动电阻绝缘降低引起的接地,经仔细检查后,采取相应技术处理。

对处理后故障点,必须用相应电压等级仪表进行测量检验,直至符合标准。

2.4.5 互感器维护与检修

在机组运行中,对发现异常现象的电压互感器进行处理时,首先应退出相应的保护装置,以免引起误动作。常见故障有:

(1)高、低侧熔丝熔断。

具体现象:光字牌灯亮,电压表指示不正常,甚至会导致低电压继电器动作。

产生原因:高压侧熔丝熔断,往往是电压互感器击穿或绝缘下降,导致放电或闪络造成的;低压侧熔丝熔断,往往是过负荷或二次侧短路造成的。

处理方法:高压侧,应检查电压互感器是否被击穿,绝缘是否合格,然后更换熔丝;低压侧,应检查二次回路是否短路、二次回路绝缘是否下降或损坏,处理后,更换熔丝。有时也可以直接更换后投运,若连续两次熔断,需查明原因,处理后再投运。

(2)互感器表面闪络。放电闪络是由于表面脏污、受潮、绝缘下降引起的。需清洁表面、处理绝缘。

(3)发热、温度高。可能是内部局部短路或接地造成的。如果是内部局部短路,需退出运行,查明原因并处理好再投运。如果内部发出焦味、冒烟着火,互感器可能会爆炸,应立即退出运行,更换互感器。

(4)若电压互感器运行时内部有异常声音(如放电),应立即退出运行进行检测,处理后再投运。

(5)油色变质,油位下降。可能是渗油、进水等原因导致的。应检查密封,处理绝缘(烘干),更换油料,经检验合格后再投运。

2.4.6 油断路器渗漏的处理

基座转轴油封处漏油,更换油封;基座孔端面加工粗糙,光洁度差,用砂布或凡尔砂打平;转轴有毛刺,将油封内圆划破,去除转轴毛刺,更换新的油封;油封垫未压紧,拧紧螺栓;油封变形、老损、有裂纹,更换;放油螺钉漏油,更换垫圈;螺钉松动,紧固。

检查所有油封处,确认油封是否老化破损,紧固螺钉是否拧紧;金属本体是否平整光滑。然后逐一进行处理。

油位计指示不正常,检查进油孔、通气孔是否被堵塞,并核验油位是否是真实的。

油温表指示有异常,进行校验。

2.4.7　蓄电池的工作原理

2.4.7.1　工作原理

蓄电池根据电极和电解液所用物质的不同分为酸性蓄电池和碱性蓄电池。酸性蓄电池电解液为浓度 27% ~37% 的稀硫酸,正极板的活性物质为二氧化铅(PbO_2),负极板的活性物质是绒状铅(Pb),所以酸性蓄电池又叫铅酸蓄电池。碱性蓄电池的电解液为浓度 20% 的氢氧化钾水溶液,正极板用氢氧化镍[$Ni(OH)_2$],负极板用镉镍(Cd),所以碱性蓄电池又叫镉镍蓄电池。

传统的都是采用铅酸蓄电池,由于铅酸蓄电池在运行中受电压稳定性差、维护工作量大、占用空间大、寿命影响大等因素的制约,已逐渐被全封闭免维护的镉镍电池取代。与酸性电池相比,镉镍电池虽然价格要高一些,但它具有放电电压平稳、体积小、寿命长、机械强度高、占地面积小、维护方便等优点。

无论是哪一种蓄电池,其作用原理都是通过氧化—还原反应,将电池内活性物质的化学能直接转变为电能,作为电源使用。即电池在工作时,电解液中的负极活性物质发生电化学氧化反应,释放出电子,在两极间电位差作用下,电子由负极流经外线路到正极,正极板活性物质得到电子发生电化学还原反应,同时电解质中的离子通过扩散和电子迁移在电池内部传输电流,从而形成一个闭合的导电回路。

蓄电池充放电的工作原理可用下式表示:

(1)铅酸电池充放电反应式。

放电的化学反应式:$Pb + PbO_2 + 2H_2SO_4 = 2PbSO_4 + 2H_2O$。

充电的化学反应式:$2PbSO_4 + 2H_2O = Pb + PbO_2 + 2H_2SO_4$。

(2)镉镍电池充放电反应式。

放电的化学反应式:$2NiOOH + Cd + 2H_2O = 2Ni(OH)_2 + Cd(OH)_2$

充电的化学反应式:$2Ni(OH)_2 + Cd(OH)_2 = 2NiOOH + Cd + 2H_2O$

蓄电池的主要构成分为正极板、负极板、电解液、隔膜和装电解液的容器五个部分。隔膜的作用是把正、负极板隔开,防止短路。

2.4.7.2　充放电操作

蓄电池出厂,从出厂到安装使用,电池容量会受到不同程度的损失,若时间较长,在投入使用前应进行补充充电。如果储存期不超过 1 年,在恒压 2.27 V/只的条件下充电 5 d;如果储存期为 1 ~2 年,在恒压 2.33 V/只的条件下充电 5 d。蓄电池在浮充电使用时,应保证每个单体电池的浮充电压值为 2.25 ~2.30 V。如果浮充电压高于或低于这一范围都会减少电池容量和寿命;如单体电压低于 2.20 V,则需进行均衡充电,充电电压为 2.35 V/只,充电 12 h。

蓄电池在放电后应采用恒压限流充电，充电电压为 2.35 ~2.45 V/只，最大电流不大于 0.25C10（C10 代表蓄电池 10 h 率放电电流，C_{10}/10 A；C_{10} －10 h 率额定容量 Ah）。充电方法是：先用不大于上述最大电流值的电流充电，待充电到单体平均电压升到 2.35 ~2.45 V，改用平均单体电压为 2.35 ~2.45 V 恒压充电，直到充电结束。充足电的标志是：在深放电的情况下，充电时间在 18 ~24 h，或者是充电后期连续 3 h 充电电流值不变化。恒压 2.35 ~2.45 V 充电电压是在环境温度为 25 ℃的规定值，当环境温度高于 25 ℃时，充电电压要降低；低于 25 ℃时，充电电压要升高。两者均是防止给电池造成过充电或不足充电。通常降低与升高温度的变化为 1 ℃每个单体电池增减 0.005 V。

镉镍电池出厂，或者处于自放电状态长期存放的，在使用前，应首先将蓄电池擦洗干净，打开气塞，灌入电解液达到液面标记线以内，然后开始按不同型号的电池进行 4 h 充放电流，充放一个循环。再以 4 h 制充电，即可使用。

蓄电池可在 －20 ~ ＋40 ℃环境内工作，在高温和低温下工作容量都会降低。此外，蓄电池也不适合在低温下充电，当环境温度低于 5 ℃时，也会降低蓄电池的充电效率。

蓄电池放电后，应立即充电。但即使再充电也不能恢复其原来的容量。

使用蓄电池时，务必拧紧接地端子的螺栓，以免引起火花及接地不良。

蓄电池运行中检查与记录：

（1）投运后，至少每 3 个月测量浮充电压和开路电压一次，并记录每个单体电池浮充电压或开路电压值；

（2）系统总电压；

（3）环境温度；

（4）每年应检查一次连接导线是否有松动和腐蚀污染现象，松动的导线必须及时拧紧，腐蚀污染的接头应及时作清洁处理；

（5）运行中发现问题应及时查找原因，并作处理；

（6）电压异常；

（7）电池液泄漏；

（8）温度异常；

（9）机械损伤。

2.4.8　电气设备检修安全技术措施

为了保证工作正常进行，确保泵站设备检修质量和检修人员安全，参照《国家电网公司电力安全工作规程（变电部分）》的要求，泵站电气设备检修基本安全技术措施如下：

（1）正常运行期间必要的检修，应组织专门人员进行；否则，一般安排在停机期间检修。

（2）检修前对被检修的设备，必须做到停电、验电、放电三项工作，电气设备外壳要有可靠的接地。

（3）检修时对与被检修的设备对应的刀闸、开关，必须挂“有人工作，严禁送电”的警示牌后，方可进行检修。

（4）检修时遇到问题，必须正确处理，不能处理的必须及时上报领导。

(5)检修人员有权拒绝违章指挥。

(6)有权制止任何人操作电气设备。

(7)发现不安全因素时,应及时向上级领导汇报。

(8)加强日常维护和巡查工作,提高检修质量。

(9)定期进行预防性试验,完善保护装置。

(10)运行人员严格按操作规程操作。

(11)检修结束,做好检修记录,拆除一切设障器件。

2.4.9　电气设备常见故障处理

2.4.9.1　导体接触部位氧化处理

机组停运后,对设备进行停电。在工作地点应停电的设备:①被检修的设备;②与工作人员在检修工作中正常活动范围相距安全距离(35 kV 的小于 0.6 m,10 kV 的小于 0.35 m)内的设备;③带电部分在工作人员后面、两侧、上下、且无可靠安全措施的设备,以及需要停电的其他设备。

1)验电

对被检修设备进行验电,确定无电。应采用验电器进行验电。

注意:采用的验电器型号应与所验电压等级相匹配;否则,不仅会损坏验电设备,还会危及验电人员人身安全。

2)接地

装设接地线应由两人进行,在验电明确已无电压后,立即将检修设备三相短接接地,电缆与电容器应先进行放电。对于可能送电至停电设备方向装设接地线,应先接接地端,后接导体端,接地线应接触良好、连接可靠。拆接地线顺序相反。装拆接地线均应使用绝缘棒和绝缘手套,接地线截面不得小于 25 mm^2,同时应满足装设地点短路电流的要求,禁止使用其他导线作接地线或短接线。禁止用缠绕的方法进行接地或短接,应使用专用夹固定在导体上。

3)悬挂标志牌和装设围栏

在对被检修设备进行验电,确定无电后,在与被检修的设备对应的刀闸、开关处,悬挂“有人工作,严禁送电”的警示牌。

在检修工作场地装设围栏。装设围栏时,要注意工作场地周围的带电设备,不能超越带电设备的安全距离。装设的围栏应牢固,不得倒向工作场地周围的带电设备。

4)接头发热原因

(1)由于过负荷造成的发热。

(2)由于维护管理工作不够造成发热,平时关注不够,只是在运行中发现有发热或发红现象时,才检查其接触部位接触电阻是否过大。

(3)由于受到环境腐蚀造成的发热。

(4)由于施工人员工艺的原因造成发热(接螺栓压紧接触面不够)。

5)对发热接头的处理

验电、接地、悬挂标志牌和装设围栏等工作完成后,对各接头导体及设备各搭接处有无氧化现象进行检查。对于接头发热的原因进行分析后，才能采取有针对性方案处理。对因过负荷造成的发热要校核导体截流量；对因受环境污染腐蚀造成的发热，要采取防腐措施处理；对因管理不善、施工工艺造成的发热，在对发热氧化面处理后，加导电膏或凡士林，使用双螺母加弹簧垫圈或用金属丝、纤维丝缠绕等，防止接头松动。

处理氧化面用砂纸、砂布等打磨用品，打磨后处理好光洁度，连接紧固后测量电阻值，以与同长度同金属导体值相比不大于1.2倍为标准。

2.4.9.2　绝缘子放电闪络处理

绝缘子表面和瓷裙内落有污秽，受潮以后耐压强度降低，表面形成放电回路，使泄漏电流增大，当达到一定值时造成表面击穿放电。即使在绝缘子表面落有很小污秽，但由于系统中发生某种过电压，在过电压的作用下也会使绝缘子表面闪络放电。

处理方法：对发生闪络放电的绝缘子，其表面绝缘性能下降很大，应立即更换；对未闪络放电的绝缘子进行清洁处理。

防止绝缘子污秽的根本措施是消灭和减少污源，目前一般采取的措施有：

(1)选用防污性能好的绝缘子，增加绝缘子串或柱的元件数，增大设备绝缘的爬电距离；

(2)加强维护，定期进行清扫；

(3)定期测试绝缘子，及时更换产品。

2.4.9.3　硅胶颜色的处理

硅胶干燥剂是一种高活性的吸附材料，吸附性能高，热稳定性好，化学性质稳定，有较高的机械强度。干燥情况下(正常)为白色或蓝色，吸潮后变为粉红色。由于硅胶热稳定性好，受潮的硅胶(粉红色)可以采用烘烤的办法使它还原并继续使用。

模块 3　金属结构设备运行

3.1　设备检查

3.1.1　闸门

3.1.1.1　作用、组成和分类

1) 闸门的作用

闸门的作用是封闭水闸和泵站进出水建筑物的孔口，并能够按需要全部或局部开启这些孔口，以调节上、下游水位和泄放流量。

2) 闸门的组成

闸门一般主要由以下三大部分组成：

(1) 活动部分，既能关闭孔口又能开放孔口的堵塞体，称为门叶，其结构如图 4-3-1 所示。

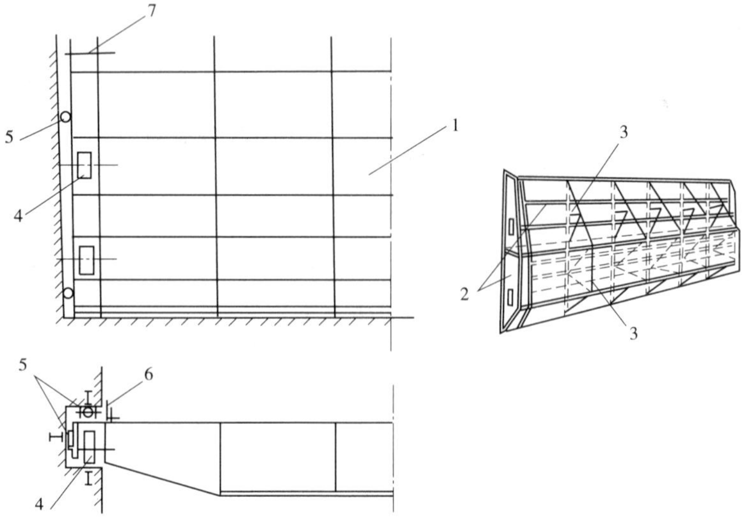

1—面板；2—梁格；3—纵向垂直连接系；4—行走支承装置；
5—导向装置；6—止水装置；7—吊耳

图 4-3-1　门叶结构

(2) 埋设部分，埋固在土建结构中的构件，闸门通过这些构件将活动部分所承受的荷载传给土建结构，并与门叶上的止水橡皮配合起止水作用。

(3) 启闭机械，控制活动部分，即门叶结构位置的操作机构。

3) 闸门的分类

泵站闸门按工作性质不同可分为工作闸门、事故闸门、检修闸门等。

(1)工作闸门指承担主要工作并能在动水中启闭的闸门。工作闸门担负经常性的工作,一般要求其结构牢固、挡水严密、启闭灵活、运行可靠。

(2)事故闸门指当闸门的下游(或上游)发生事故时,为防止事故扩大而截断水流的闸门。事故闸门是在动水中关闭、静水中开启的闸门。能作快速关闭的事故闸门,也称快速闸门。

(3)检修闸门指检修时用以挡水的闸门。检修闸门要求在静水中启闭。

3.1.1.2　止水装置

1) 作用

止水装置是闸门的重要部件,止水的作用是封堵闸门与门框之间的缝隙,以阻止漏水。止水如果失效,不仅造成闸门严重漏水,同时可能造成闸门振动,导致闸门及埋件的汽蚀或磨蚀,从而影响闸门的正常运行和建筑物的安全。此外,在寒冷地区,冬季闸门漏水,会使过流的混凝土表面发生冻融,对工程造成危害。

2) 安装位置

止水装置一般安装在门叶的面板上,便于维修更换。面板一般设置在上游面,这样可以避免梁格和行走支承浸没在水中而聚积污物,同时可减少闸门底部过水时产生的振动。也有将面板放在下游面的,这样对于设置止水比较方便。

3) 止水形式

止水装置按照装设的部位,可分为顶止水、侧止水、底止水和节间止水四种。

露顶式闸门只有侧止水和底止水;潜孔闸门除侧、底止水外,还需要设置顶止水。对于高孔口的平面闸门,为便于制造、运输和安装,常将门叶分成数节,节间用螺栓或其他结构连接起来,因此还要设置节间止水。

4) 止水的方法

底止水的密封通常由闸门自重的挤压止水材料来保证,侧、顶止水的密封一般依靠预留压缩量和上游水压力对止水材料形成的挤压力来实现。

5) 止水的材料

用作止水的材料有木材、金属、橡皮等。橡皮的弹性好,是目前工程中用得最多的止水材料。

6) 止水橡皮的形状

如图 4-3-2 所示,圆头 P 形橡皮常用于顶止水和侧止水,也有用于露顶式弧形闸门的侧止水;方头 P 形橡皮常用于潜没式弧形闸门的顶、侧止水;角形橡皮止水常用于露顶式弧门的侧止水;条形橡皮常用于底止水、节间止水。

3.1.2　真空破坏阀

3.1.2.1　技术要求

为了保证虹吸式出水流道泵站机组的正常和安全运行,真空破坏阀应满足以下要求:

(1)密封性好。机组正常工作时,阀盘应关闭严密,不允许有空气漏入虹吸管内,否

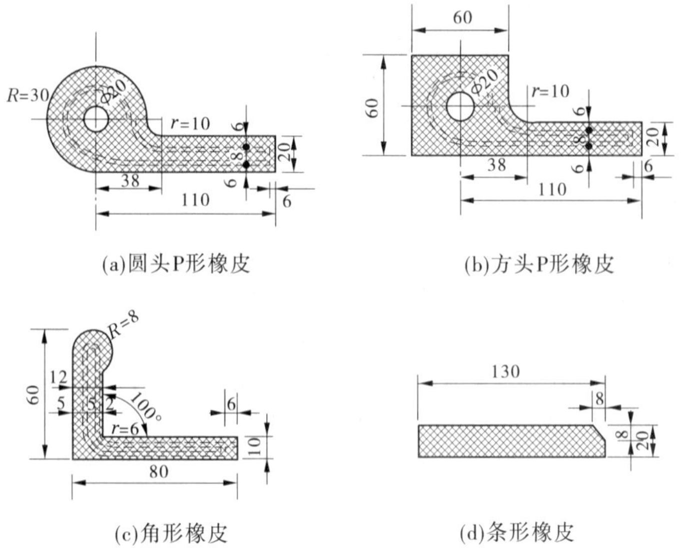

(a)圆头P形橡皮　(b)方头P形橡皮

(c)角形橡皮　(d)条形橡皮

图4-3-2　止水橡皮及尺寸　（单位:mm）

则会在虹吸流道内形成不稳定的气穴,引起机组振动和造成运行效率降低。

(2)开启迅速可靠。机组停机时,在电动机主开关跳闸后1～2 s内,真空破坏阀应立即动作,且应保证全部打开的时间控制在5 s之内。

(3)口径要适当。如果真空破坏阀的口径太小,即使阀盘全部开启也不能及时完全破坏真空,从而达不到实现断流的目的。

3.1.2.2　阀盘直径

真空破坏阀的阀盘直径D可按下式计算:

$$D = 0.175\sqrt{Q} \tag{4-3-1}$$

式中　D——阀盘直径,m;

　　Q——水泵额定流量,m^3/s。

真空破坏阀的阀盘上升高度h可根据从阀盘周围圆柱面进入的风速与孔口的风速相等、风量相等的原则来确定。

$$\mu\pi Dhv = \frac{\pi D^2}{4}v$$

即

$$h = \frac{D}{4\mu} \tag{4-3-2}$$

其中,风量系数μ值可取为0.71～0.815。

3.1.2.3　超驼峰工况应设置防洪门

对于采用真空破坏阀断流的虹吸式出水流道,直接向江河排水的泵站,当处于超驼峰工况(即江河水位超过驼峰顶部断面下缘高程)运行时,真空破坏阀失去断流功能。如果泵站出水池未设防洪闸门,或虽设有防洪闸门但漏水严重,或防洪闸门关闭受阻时,机组停机就会发生倒灌,严重影响机组以及排区的防洪安全。这类泵站,宜设置能满足动水关闭要求的防洪闸门,且具备向虹吸式出水流道注入压缩空气的预防措施。当防洪闸出现事故不能及时关闭或闸门漏水严重时,可将真空泵改为空气压缩机运行,通过抽真空管道向虹吸式出水流道顶部注入压缩空气,或以泵站气系统中储气罐内的压缩空气为动力源,通过大气喷射,以较少的压缩空气吸入较多的大气,一同注入出水流道,将流道内的水体从顶部隔开,以实现断流。

3.1.3　清污机械

3.1.3.1　格栅除污机

格栅除污机是拦截、清除水中各种杂物,保证水泵正常运行,减轻水处理后续工序处理负荷的一种给排水辅助机械设备。经常使用在各种取水构筑物的进水口和水处理池间(如给排水泵站、污水处理厂、自来水厂等)。在不同的工况条件下使用不同种类的格栅除污机以适应各种需要。常见的有钢索牵引式格栅除污机(分固定式和移动式)、链传动回转式格栅除污机(分耙齿式和链板式)、阶梯式、滚筒式、转鼓形格栅等多种型式。在排水泵站中用得较多的是钢索牵引式和链传动回转式两种。

1)钢索牵引式格栅除污机

(1)结构。钢索牵引式格栅除污机的结构由以下几个部分组成:机架及上导轨组件、驱动机构、液压差动机构、刮板清污机构、水下的栅条及下导轨组件和齿耙小车,如图4-3-3所示。

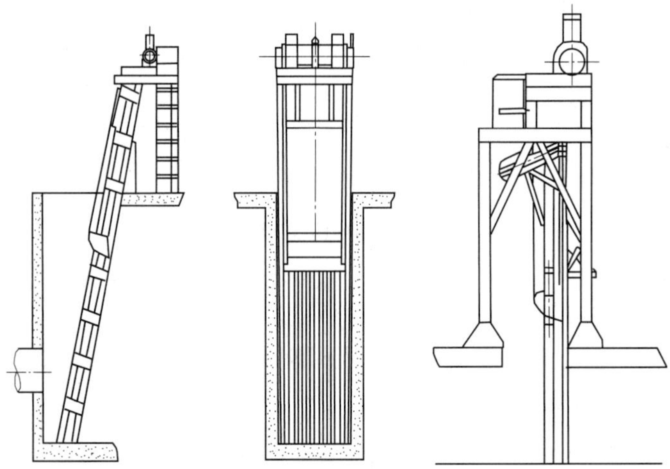

图4-3-3　钢索牵引式格栅除污机的结构

(2)工作原理。水体中的杂物随水流进入集水井后被水下栅条所阻挡,聚集在栅条的迎水面,齿耙小车在驱动机构钢丝绳的牵引下带动齿耙沿导轨下行到池底(或规定位置),然后在液压差动机构的作用下将齿耙前端的耙齿插入栅条之间,在插齿到位后再由驱动机构的钢丝绳将齿耙小车牵引上行,在卸污位置由刮板清污机构将齿耙上的污物推送到卸料口后排出,如图4-3-4所示。

移动钢索式格栅除污机是在固定钢索牵引式格栅除污机的基础上将格栅除污机的水上部分安装在一个可在轨道上移动并能在规定格栅井工作位置精确定位的机架上(其定

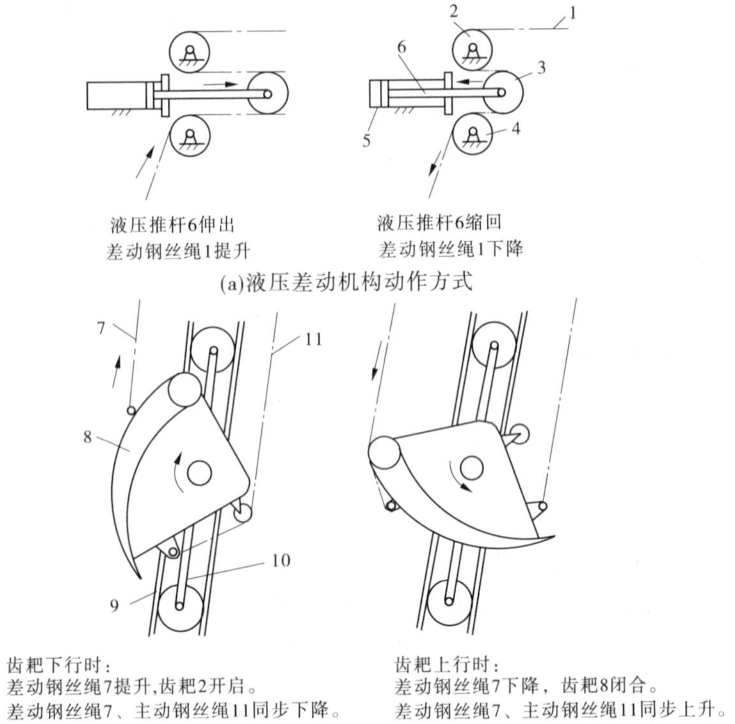

1,7—差动钢丝绳;2,4—折向绳轮;3—作用绳轮;5—液压缸;

6—液压推杆;8—齿耙;9—导轨;10—行走小车;11—主钢丝绳

图 4-3-4　钢索牵引式格栅除污机的工作原理

位精度要求 < ±5 mm),该类型的除污机适用于大型和特大型泵站的格栅井或取水口,能节省设备的投资。

2)链传动回转式格栅除污机

链传动回转式格栅除污机是将一种独特的耙齿与牵引传动链装配成一组回转格栅(或将若干块齿耙板安装在牵引传动链上)的拦污除污设备。

(1)结构。由机架、牵引传动链、耙齿组或耙齿板和驱动机构组成,如图 4-3-5 所示。

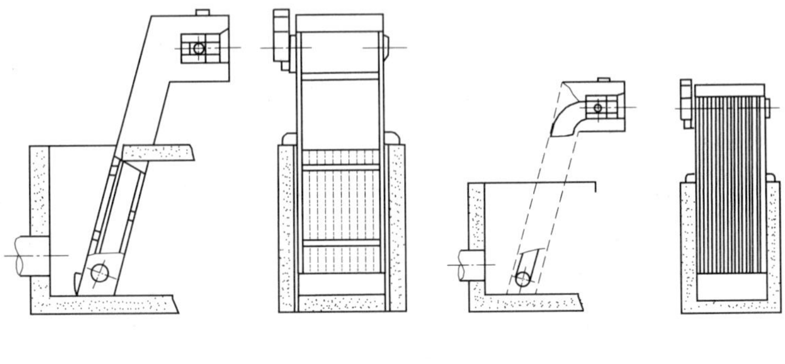

图 4-3-5　链传动回转式格栅除污机的结构

(2)工作原理。在电动机减速器的驱动下,迎水面的回转格栅耙齿(或耙齿板)向上运动,将栅条拦截的污物提升出水面后于卸料口排出,保证水泵和污水处理设施的正常运行。

3)格栅除污机的操作

(1)钢索牵引式格栅除污机运行过程。开机后,升降电动机驱动绳筒向下行方向旋转,齿耙靠两根钢丝绳吊着沿导轨向下移动;延时0.5~1 s后,差动电动机工作,驱动齿轮油泵通过电磁换向阀将压力油注入油缸大腔,推动活塞杆向前移动。与活塞杆连接的动滑轮将开闭钢丝绳张紧,使齿耙在下行的过程中逐渐张开。齿耙的张角大小由电磁接近开关控制,其张角由液压回路中的液压锁予以保持。

当齿耙以张开状态,下行至距井底0.4 m左右时,控制下行程终点的电磁接近开关动作,升降电动机停转;同时差动电动机启动,在电磁换向阀的控制下,将压力油注入油缸小腔,活塞杆向后移动,放松开闭钢丝绳;延时0.5~1 s后,升降电动机驱动绳筒反转,依靠齿耙自重和提升钢丝绳的拉力,使齿耙强制插入栅条缝隙,并向上运行,将格栅上沉积物和浮在栅条附近的污物带走;齿耙继续上升,直至污物被刮污板排出至集污箱;此时上行程终点开关动作,使升降电动机停止转动,完成一个循环作业。

(2)松绳保护。若齿耙下降受阻,松绳装置因松绳而向下摆动时,松绳限位开关动作,使升降电动机反转,齿耙转向上行,重新拉紧钢丝绳,使松绳装置恢复原位。此时,齿耙又转向下行,这样多次往复行程,障碍物便可除去,达到齿耙顺利作业的目的。

(3)清污机运行前的准备。

①运行前应检查控制箱上的电源和信号显示是否正常。

②检查所有润滑部位,变速箱油位是否正常,钢丝绳是否应涂刷润滑脂。

③检查各紧固件,特别是钢丝绳与连接紧固件是否可靠。

④检查钢丝绳在绳筒和滑轮上的缠绕是否正确。

⑤检查确认电气接线正确,行程限位、安全开关和紧急开关的安装可靠。

⑥齿耙应停止在上行程终点位置。

(4)格栅除污机的运行操作。

格栅除污机控制方法有手动和自动连续运行两种,可通过选择开关决定控制方法,其中手动控制仅在整机调试或分层作业时采用。选择开关中间挡为停。

①齿耙的手动操作。将选择开关旋至“手动”位置。先按“下行”按钮,齿耙下行;下移后再按“开耙”按钮,待开耙到位,控制开耙的接近开关工作,差动电动机停;齿耙维持下行,当下行到工作点时,控制下行的接近开关工作,下行停止。再按“上行”按钮和“闭耙”按钮,齿耙将在闭耙同时上行至最高位。若需要齿耙在任意位置停止运行,则按“急停”开关即可。

②齿耙的自动操作。将选择开关旋至“自动”位置。当齿耙在最高位时,除污机将自动运行,进行除污工作。本机的自动工作程序如下:首先升降电动机工作,齿耙下行,延时1~2 s后,差动电动机工作,齿耙边下行边开耙;当开耙到位时,差动电动机停,齿耙以开耙状态下行到工作点,升降电动机停止下降,差动电动机工作齿耙闭耙,同时升降抓开始上行;齿耙边闭耙边上行,闭耙到位后,差动电动机停。齿耙继续上行至上行终点,由刮板

推出垃圾后，除污机再进行下一个循环过程。

③自动停止操作。当齿耙在上行时，可将选择开关转向中间，齿耙将运行至上行程终点位自动停车，从而准备下一个自动指令，同时完成移动时所需要的最高点复位。

④行走机构操作（仅限于移动式格栅除污机）。换仓除污作业时，齿耙必须停在上行程终点位。首先拔出定位销，除污指示灯灭，行走指示灯亮。可按“左行”或“右行”按钮控制行走电动机运动方向。行走到位后，机架将自动停止。移仓应逐仓移动，如果受天气影响（雨、雪）移仓定位不准，可重复一次或清扫轨道，也可使用人工点动定位，以保证定位插销顺利插入定位孔。插入定位插销后，行走指示灯灭，则可进入除污作业。

（5）回转式格栅除污机的操作注意事项。

回转式格栅除污机的操作较简单，设备整机保持清洁，无污物，防护罩齐全、完好。每次运行后必须及时清除机体和耙齿上的污物。

3.1.3.2 垃圾输送机及垃圾压榨机

垃圾输送机和垃圾压榨机经常作为格栅除污机的配套设备，与格栅除污机同时使用。垃圾输送机将格栅除污机从水体中清捞上来的垃圾输送到垃圾压榨机的进料口或其他对垃圾进行处理的地方，垃圾压榨机则对含有大量水分的垃级进行压缩、脱水处理，减小废弃物的体积和含水率，改善生产环境，便于废弃物的输送和再处理。在排水泵站中使用较普遍的是无轴螺旋输送机和螺旋压榨机。其结构及工作原理分别如图 4-3-6 和图 4-3-7 所示。

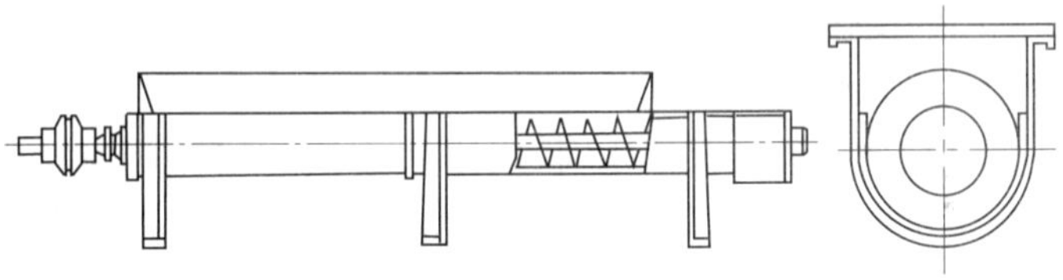

图 4-3-6 无轴螺旋输送机

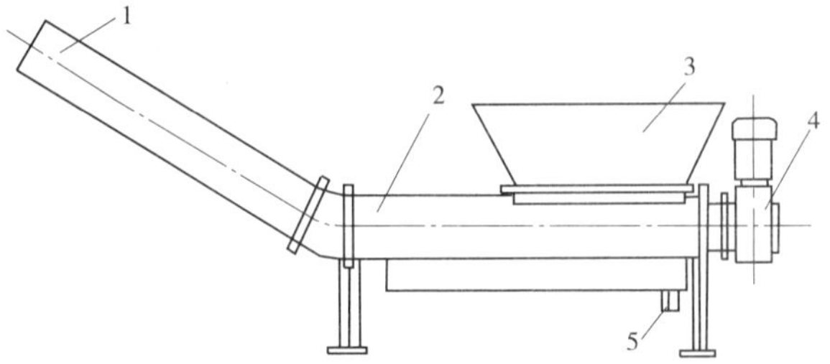

1—出料口；2—机体；3—进料口；4—驱动装置；5—排水口

图 4-3-7 螺旋压榨机

1）无轴螺旋输送机

无轴螺旋输送机是由一个钢制螺旋体在内壁带有防护衬套（起防磨损作用）的 U 形槽或管道中由一个电动机减速器驱动做旋转运动，将由进料口进入的垃圾推进至卸料口排出的一种物料输送机械。由于旋转体没有心轴，在输送黏性纤维材料、塑料袋（塑料薄膜）金属切屑等废料时不会发生物料包轴缠绕，也不会发生堆料。因此，可进行封闭式运行，对保护环境、改善操作人员的工作条件起了很好的作用。

2）螺旋压榨机

螺旋压榨机的结构与无轴螺旋输送机基本相似，垃圾压缩管道与输送腔体有一定的高度差，对垃圾的输送形成一定的阻力，在腔体末端有若干轴向安装的导向条（易损件）。带轴的钢制螺旋体，在电动机减速机驱动下做旋转运动，在螺旋体与导向条的共同作用下将含水的垃圾向前推进，在压缩管道内由于运动阻力的作用，将垃圾内的水分挤压至集水槽后回流入格栅井，而在压缩管道内经过压缩脱水的垃圾从压榨机出口送出。

3）输送机和压榨机的操作注意事项

一般情况下输送机和压榨机均设置为与格栅除污机联动，不用单独操作。当格栅除污机停止运行时，输送机或压榨机要滞后几分钟才能停机，避免在输送腔体内积存垃圾。压榨机回流水孔如发生阻塞要及时冲洗疏通，保持回水畅通。输送机和压榨机运行时切不可将手伸入进料口，以免发生意外危险。

3.2 设备操作

3.2.1 闸门操作

3.2.1.1 工作闸门的操作

（1）工作闸门在动水情况下启闭。

（2）允许局部开启的工作闸门泄水时，应注意对下游的冲刷和闸门本身的振动。

（3）闸门开启泄流时，必须与下游水位相适应，使水跃发生在消力池内。

（4）不允许局部开启的工作闸门，不得中途停留在闸门槽内。

3.2.1.2 事故闸门的操作

（1）事故闸门不得用以控制流量。

（2）事故闸门在动水情况下关闭，一般在静水情况下开启。

（3）事故闸门的门体底部应停留在孔口以上 0.3 ~ 0.5 m 处。发生事故时，能在最短时间内关闭闸门，进行保护。

3.2.1.3 检修闸门的操作

（1）检修闸门只能在静水中启闭。

（2）当压力输水洞的检修闸门关闭以后，洞内积水宜缓慢放空。

（3）检修闸门也不能用来控制流量。

3.2.2 移动式启闭机启闭闸门操作

3.2.2.1 移动式启闭机设置的条件

对于既不需局部开启，也不需同时关闭的闸门，设置移动式启闭机可以节省投资和方便管理。移动式启闭机是把固定卷扬式启闭机的起升机构及附属装置，安放在一个可移动的构架上，再配上行走机构组合而成的。

1）分类及其特点

移动式启闭机根据其结构特点的不同，分为门式启闭机和桥式启闭机两大类。

门式启闭机按照行走方式不同，又分为单向门机和双向门机。泵站工程大多使用单向门机，如图4-3-8所示，在门架上部固定设置起升机构，下部装有大车行走机构，只能在一条直线上往返启闭闸门。单向门机的跨度较小，一般为3～6 m。

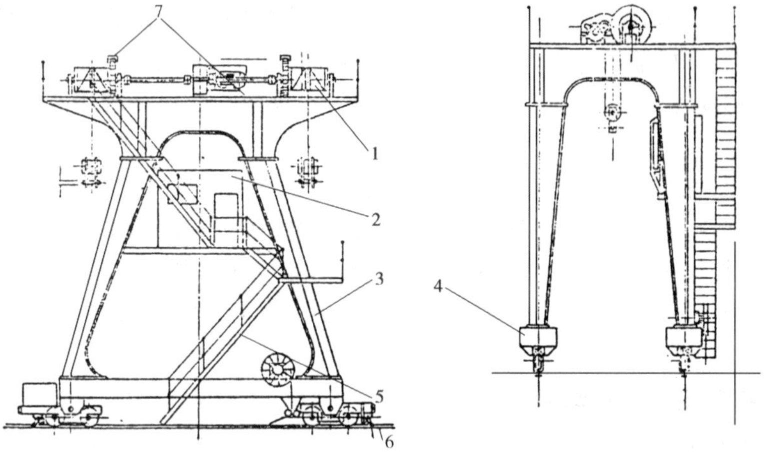

1—起升机构；2—司机室；3—门架；4—大车行走机构；5—走梯；6—夹轨器；7—电缆卷筒装置

图4-3-8　单向门式启闭机

2）门式启闭机的结构

门式启闭机由起升机构、门架和行走机构等组成。

（1）起升机构。它是门式启闭机的主要工作机构，与固定卷扬式启闭机的起升机构基本相同。其布置根据闸门的大小、扬程的高低而有多种型式。

（2）门架。大多是由相互垂直、各节点刚性连接的框架组成的。框架有主框架、侧框架和平台框架。

主框架是主梁所在平面框架，与大车行走方向垂直，一般为"π"字形，主梁承担起重荷载。

侧框架是与大车行走方向平行的竖直框架，多为等腰梯形，由上、下横梁和门柱组成。侧框架的主要作用是把两个主框架连接在一起构成一个稳定的空间门架结构。

平台框架位于门架的顶部，由主框架的主梁和侧框架的上梁组合而成。其作用是给起升机构和小车行走机构检修和维护保养提供一个工作平台。

作用在门架上的荷载主要有启闭力、自重、风压力、惯性力、门架偏斜的侧向力和人群荷载等，在寒冷地区还有雪荷载。

（3）行走机构。其作用是使启闭机整体（大车）或载重小车沿轨道作水平直线运动，实现水平运移，起吊闸门或其他重物，有时也用来调整启闭机的工作位置。其工作原理是靠驱动电动机克服主动轮与轨道间的摩擦力驱使门架行走。行走机构主要包括行走支承装置、行走驱动机构以及夹轨器、缓冲器等附属装置。

①行走支承装置。主要由轨道、车轮组、台车架或铰接的平衡梁等组成。其作用是将

门机自重和外荷载传递到轨道基础,并通过车轮在轨道上滚动进行移动。

车轮有双轮缘、单轮缘和无轮缘三种。轮缘起导向作用,并防止运行时脱轨。一般大车车轮用双轮缘,小车车轮用单轮缘。门式启闭机广泛采用双轮缘车轮。

②行走驱动机构。其作用是提供足够的驱动力和合适的驱动速度,由电动机、联轴器、制动器和传动装置等组成。

③夹轨器和缓冲器。门式启闭机一般是露天作业和停置,为防止被大风吹动、吹倒,必须设置夹轨器,夹轨器通过夹钳夹紧在钢轨头部而将门机固定;缓冲器是移动式启闭机和行走小车在制动器或终点限位开关失灵的情况下,发生与轨道终端相碰时的缓冲吸能装置。

移动式启闭机的吊具不能像固定式启闭机那样始终同一扇闸门的吊耳连接,而是根据启闭闸门的需要与闸门上的吊耳挂上或脱开,需要增加抓梁。抓梁是与启闭机动滑轮组连接的吊具,抓梁上有脱钩装置,通过脱钩把闸门抓住或放开。按照工作原理,抓梁可以分为机械式和液压穿销式,按照闸门脱钩的自动化程度,又可分为半自动和全自动两类。

3.2.2.2　移动式启闭机的操作程序

(1)打开锁定装置。

(2)合上电源开关,向启闭机供电。

(3)启动驱动电动机。先启动行走机构电动机,大车行走到孔口位置(如有小车的,再启动小车行走机构或回转吊的电动机)使其吊具对正闸门吊点,联接牢靠后启动起升机构的驱动电动机,闸门即可启闭。

(4)闸门运行至预定开度,由手动操作或由控制器停机,驱动电动机停止转动,加置锁定装置。

(5)关闭电源开关,切断电源。

对于手、电两用启闭机,人工操作时,应先切断电源,合上离合器,才能进行操作;电动操作时,应先取下摇柄,拉开离合器,才能按电动操作程序操作。

3.2.2.3　移动式启闭机操作的注意事项

(1)使用抓梁启闭闸门时,要注意各信号是否正确。以防穿销不到位或抓钩单边空抓造成闸门歪斜卡阻,使启闭机超载。

(2)多台移动式启闭机在同一条轨道上运行时,要注意保持距离,设专人观察防止启闭机碰撞。

(3)移动式启闭机在吊运重物时,行走范围内不得有障碍物,以防相撞。

3.2.2.4　移动式启闭机操作完毕后的要求

(1)应将启闭机的吊具起升到一定高度,以便移动时不会碰到轨道之间的堆放物品或固定设施。

(2)使启闭机夹轨器或使其他锁定装置处于工作状态并确认夹紧锁牢。

(3)将抓梁存放在仓库里,并支承牢固。如无仓库应将其放置在启闭机的一侧,以免挂碰而损坏机件。

(4)注意切断启闭机的总电源,认真填写运行记录,其内容应包括操作人员、启闭运行依据、运行时间、闸门开度、运行次序、水流情况、设备运转情况等。

(5)做好现场清理工作,保持环境整洁。

3.2.3　液压启闭机启闭闸门、拍门操作

3.2.3.1　液压启闭机的工作原理

液压启闭机是一种结合机、电、液为一体的新型启闭机械,以液压缸为主体,由液压泵、电动机、油箱、滤油器、液压控制阀等组成。其工作原理是:以电动机为动力源,电动机带动双向油泵输出压力油,通过油路系统等元件驱动活塞杆来控制闸门的启闭。电动机、油泵、液压控制阀和液压缸可装在同一轴线上,也可按需要装置在不同轴线上,只需接通电动机的控制电源,即可使活塞杆往复运动。液压控制阀回路由换向阀、溢流阀、调速阀、液压单向阀等组成,可根据启闭机的工作特点设计不同油路形成的组合阀,以满足其工况要求。活塞杆的伸缩由电动机正反旋转控制,具有动作灵活、行程控制准确、过载保护等性能。当运行受阻时,油路中压力增高到调定的限额,溢流阀迅速而准确地溢流,实行过载保护,电机运转在额定值内不会烧毁。当启闭机运行到调定行程的终端时,启闭机油路集成系统中设计自锁机构;当电动机停止时,活塞杆则锁定在此位置上,处于保压状态。

液压式启闭机用以启闭闸门的工作原理:用活塞杆与闸门连接,以液体压力作动力推动活塞使闸门升降的启闭机。液体一般用矿物油,故常称油压启闭机。高压油通过管道由油泵输送。液压启闭机机体结构简单,占地面积小,传动平稳,控制方便,制造精度高,广泛用于启闭各种形式的闸门。液压启闭机的主要部件有活塞杆、液压缸、供排油管路系统及油泵电动机组等。按活塞杆受力状况分为单向作用液压启闭机与双向作用液压启闭机。闸门能依靠自重下降实现关闭,可选用单向作用的液压启闭机;闸门依靠自重不能顺利下降,需在门体上部加压力才能关闭时,选用双向作用液压启闭机。双向作用液压启闭机各部件受力状况、液压操作系统均较复杂,但布置较紧凑,又可省去闸门下降所需的另加重量(如加重块),多用于潜孔高压闸门的操作。双吊点启闭的闸门可用两台同型液压启闭机同步操作。中国现已生产的液压启闭机启门力已达6 000 kN。

3.2.3.2　液压启闭机的操作程序

(1)打开各有关阀门,将换向阀手柄扳至所需位置,打开锁定装置。

(2)合上交流电源和直流控制电源开关,向油泵和电液换向阀等供电,启动油泵,人工或自动打开电液换向阀等。

(3)自动溢流阀关闭,油系统压力升高至额定压力,开始启闭闸门、拍门。

(4)在运行中如需改变闸门运动方向,应先使闸门、拍门停止运行,然后人工扳动换向阀的手柄或自动换向,改变供油方向,使闸门、拍门反向运动。

(5)闸门、拍门运行至预定位置,油泵停机。

(6)停机后,人工将换向阀手柄或自动扳至停止位置,关闭所有的阀门,锁住锁定装置。

(7)关闭交流电源和直流控制电源开关,切断电源。

3.2.3.3　液压启闭机操作注意事项

(1)液压启闭机关闭闸门时,应注意活塞上腔的油压不得形成负压。接近闸门底坎

时，闸门速度不得过快，以免产生撞击。

(2)闸门、拍门长时间开启时，为了保证闸门、拍门的开度不变，设有防止油缸渗漏，闸门、拍门下滑的控制开关，在操作运行时注意此开关是否动作准确、灵活、可靠。

(3)操作时，换速不能过快，否则会造成过电流跳闸。运行中一般情况下不得突然操作相反动作，以免造成紧急制动，惯性力骤增，使整机超载振动。

(4)当闸门、拍门在运行中操作机构失灵、无法控制时，应迅速关闭启闭机的安全开关，使启闭机停止运转。

(5)当闸门、拍门开度接近最大或零时，应注意开度指示器或标志，及时停止油泵。

3.2.3.4　安全保护

为保护工程、设备和人身的安全，必须采取可靠的安全技术措施，操作人员必须了解有关安全方面的要求。

1)设备安全措施

(1)汽油、煤油、柴油、废旧棉纱及其他易燃爆炸物品，不得堆放在启闭机附近。

(2)操作人员会使用启闭机房和控制室内安设的消防器具和设备，并严加保管。

(3)如发生火灾，应立即切断电源并报警抢救。

2)防止人身伤亡事故

(1)启闭机运转部位必须有防护设施。

(2)没有保护盖的电源刀闸，不得在带负荷情况下直接投合或拉开。

(3)电气设备外壳必须设有接地装置。

(4)进人孔和通气孔等，应根据情况设置井盖或保护罩。

3.2.4　常用的起重机具

泵站的主厂房一般安装有桥式起重机。桥式起重机是用桁架或钢梁横跨主厂房成为桥形而得名，桥式起重机可以在轨道沿泵房长度方向移动，其行走部分称为“大车”；其起重部分能够在桥形结构上沿泵房的横方向移动，叫做“小车”。再加上起重部分使重物的升降，形成了 3 个方向的空间运动体系。

3.2.4.1　吊装工作的基本要求

(1)应由经技术考核持有上岗证的人员操作。

(2)专用起重机具，以及起重工具，如钢丝绳、滑车应经验算或试验，合格后才准使用。

(3)长期停用的起重机使用前应进行全面检查，限位开关、刹车和各种电气设备、安全保护装置等必须完好。

(4)起吊前和起吊物吊离支承面时必须检查钢丝绳捆绑情况：①捆绑重物的钢丝绳与设备棱角相接触处，应垫以钢板或木块护角；②起吊时应平起平落，数根钢丝绳的合力线应通过吊物的重心，悬挂点分配应合理；③起吊时钢丝绳与垂直方向的夹角不应超过 45°；④起吊设备前，应先提起少许，检查绳结及各钢丝绳受力情况，用木棍或钢撬棍敲打钢丝绳，使其靠紧，检查各钢丝绳受力是否均衡。

(5)起重机正在吊物时，应严禁一切人员在吊物下方停留或行走。

(6)起吊物不得长期悬挂在空中,吊钩挂有重物时操作人员不得离开操作台。

(7)起重工作要有专人统一指挥。

3. 2. 4. 2　电动桥式起重机

电动桥式起重机如图 4-3-9 所示,它有两根横跨主厂房的大梁,加上钢桁架构成桥形结构。小车为平台形,在主梁上行走,起重部分为不同起重量的卷扬机,一般有主、副两个挂钩,主钩起重量大但升降速度慢,副钩起重量小而升降速度快。电动桥式起重机的起重量范围很大,运行平稳,结构比较复杂,自身的尺寸和重量也较大。电动桥式起重机常在大车梁旁边设控制室,工作人员可在上面操作控制。

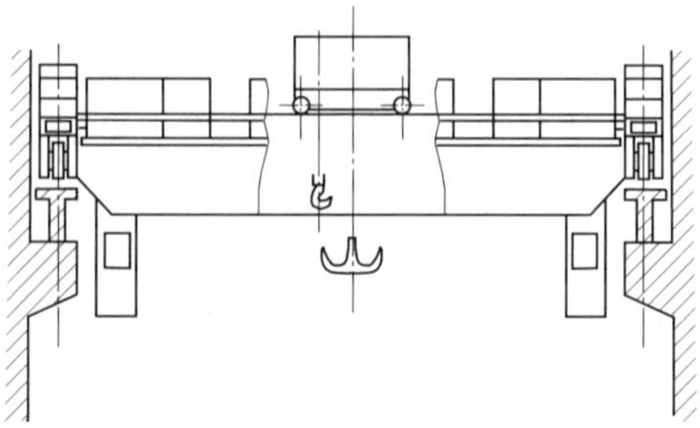

图 4-3-9　电动桥式起重机

3. 2. 4. 3　电动双梁或电动单梁起重机

电动单梁(双梁)起重机,其实是简化后的桥式起重机,通常用于中小型泵站,它用两根或一根工字梁横跨主泵房,其大车形式与桥式起重机类似,但起重部分多为电动葫芦,吊在主梁的下翼沿上,而小车也就相应得以简化。电动双梁或电动单梁起重机只有一个挂钩,但升降速度可以分档变化,操作控制常为吊牌式按钮开关,人在地面上操作,电动双梁的起重量较大,电动单梁的起重量较小。由于结构比桥式起重机简单,因而尺寸和重量较小,造价也降低很多,但是稳定性不如桥式起重机。电动单梁起重机如图 4-3-10 所示。

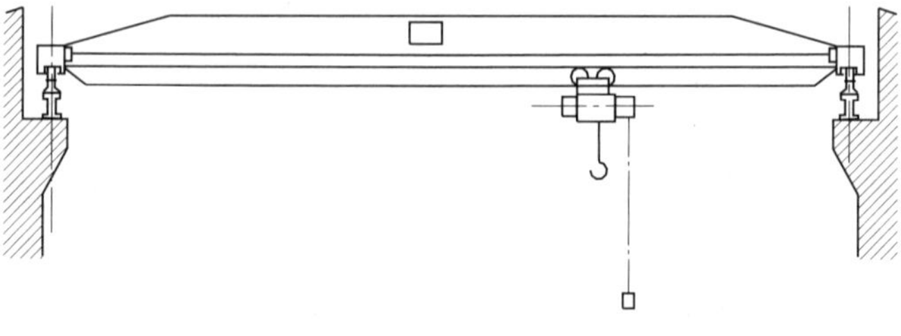

图 4-3-10　电动单梁起重机

3. 2. 4. 4　手动双梁或手动单梁起重机

这是人力驱动的起重机,大车、小车靠人力拉链条驱动,起重则靠手动葫芦。适用于机组容量小、台数少的泵站,简单实用。手动单梁的起重量一般不超过 10 t,手动双梁的起重量通常也在 15 t 以下。

3.2.4.5　手拉葫芦

手拉葫芦结构简单,安装使用灵活,是泵站常用的辅助性起重工具,在机组安装、检修过程中,常用于零部件的临时起吊、支撑或者位置调整。其起重高度一般有 3 m、6 m、9 m 等不同规格。使用手拉葫芦应注意以下问题:

(1)实际起重量不得超过额定起重量;

(2)实际起吊高度不得超过规定的起吊高度;

(3)挂钩与吊钩应在同一直线上。

3.2.5　拍门开启度的调节

3.2.5.1　拍门结构

拍门断流是大、中、小型泵站直管式出水流道采用最多的一种方式。它具有结构简单、管理方便、造价便宜、运行可靠等优点。其结构主要由下面几部分组成:

(1)门体:拍门门体形状根据出水流道(管道)形状,做成圆形或方形;材料主要有铸铁、铸钢、钢和其他非金属材料等;小型拍门的门体一般为圆形的整体铸铁拍门。

(2)门座:拍门门座一般都设置成倾斜的,以利止水。拍门门座的倾斜度称为拍门安置角。小型拍门的安置角约为 10°;大型拍门不一定受此限制,但设计时应从拍门的构造及水力条件出发,考虑留有一定的安置角。

(3)止水橡皮与缓冲装置:拍门的止水方式与平面闸门相似,沿门座或门体四周布置 P 形或条形橡皮,用压板和螺栓固定在门座上或门体上。缓冲装置的设置是为了减小拍门关闭时的撞击力。最常见的是用橡皮缓冲,也有将止水橡皮兼做缓冲用的。缓冲橡皮圆形比矩形好。较大的拍门目前多用水缸、油缸等液压方式缓冲。

(4)铰链:起拍门门体与门座的连接作用,一般由铰座(又称支座)、拐臂和销轴组成。铰链是拍门的重要承重部件,启动时,要能抵抗水流的冲击;运行时,要能承受拍门摆动疲劳;停机时,又要能承受很大的拉力。设计时,应考虑到不利条件,在强度上留有一定的裕量。拐臂与支座上均设有限位台阶,以防拍门开启角度过大而无法关闭。

(5)通气孔:通气孔的作用是在机组启动时,排出出水流道存留的空气和减小冲击拍门时的振动,其位置应等于或高于出口最高水位。

一般说来,拍门顶部用铰与门座(小型泵站与出水管)相连。水泵启动后,拍门被水流自动冲开,停机则借自重和倒流水重关闭,从而截断水流,不使机组倒转。拍门与门框之间用橡皮缓冲,关门后靠水压把拍门与门框上的橡皮压紧止水。由于拍门是在水流冲击下开启的,运行时也是在水流冲击下维持一定角度,所以要消耗一定的能量。拍门是在自重和倒流水的冲击下关闭的,当倒流的流速很快时,将使拍门最后关闭的加速度加大,而产生很大的冲击力作用于门框。

3.2.5.2　自由式拍门的特点

自由式拍门就是没有控制设备的拍门。机组启动时,拍门靠水流冲开;停机时,借自重和倒水流压力关闭。运行过程中都是在水中自由浮动。由于拍门本身的自重,其开启角随着淹没在水中的深浅,忽大忽小,过流断面不定,水流受到一定阻力,产生水头损失影响效率(但很小)。停机时,特别是事故停机时,拍门关闭后瞬间,由于加速度原因而产生较大的撞击力。其影响因素如下：

(1)扬程越高，撞击力越大；

(2)机组转动惯量越大，撞击力越小；

(3)流道越长，则流道内水流惯性越大，撞击力越小；

(4)缓冲装置设计得越合理，撞击力越小；

(5)拍门的浮重越大，则拍门下落速度越慢，撞击力越小。

同时，由于拍门运行时，长期受水流冲击作用，摇摆晃动，会使零件疲劳，销钉脱落，螺栓断裂，拍门冲走。因此，运行前需要仔细检查。

3.2.5.3　增大拍门的开启角度方法

拍门是在水流的冲击下开启的，在水流冲力的作用下维持一定的开启角度，门的开启角度对水泵工作性能有很大的影响，开启角度越大，则水头损失越小，在相同的扬程下，流量越大，消耗的功率越小。因此，在运行中应尽量加大拍门的开启角度，以减小水力损失。拍门是靠门体的自重以及倒流水的作用关闭的，如果倒流的速度很大，将使关闭的瞬间加速度增大，产生很大的撞击力。拍门在使用中主要解决开启角小和撞击力大的问题。

1)改用轻质材料

中小型泵站通常为铸铁拍门，重量大，其开启角度一般在 30°左右，大量的能源消耗在拍门的水头损失上，停机撞击力也大。为了增大拍门的开启角度，对于小型机组，由于出水流道孔口尺寸较小，可以采用轻质材料拍门，其外型尺寸、结构型式与原有拍门相同，门体重量减轻后，开启角度能增大 10°～15°。常用的拍门材料有：

(1)铝合金材料，强度和刚度大，能承受一般停机的撞击力，口径 500 mm 的铝合金拍门，质量为 25 kg，只有铸铁拍门的 1/3。

(2)玻璃纤维增强塑料制成的玻璃钢拍门，以合成树脂为胶接材料，玻璃纤维作为增强材料，重量轻，只有铸铁拍门的 1/5～1/4，强度高，而且耐腐蚀。

(3)酚醛玻璃丝是一种抗压、抗冲击强度高、韧性好、重量轻的材料，各种强度指标均优于玻璃钢。制作拍门采用热压成型，具有强度高、尺寸准确、止水性能好的特点，其重量不足同类铸铁拍门的 1/5，是中小型泵站拍门更新换代的替代产品。

2)采用平衡锤

对较重的铸铁或钢质拍门，为了增加拍门的开启角度，减少水流阻力与能源损失，可加设平衡锤把拍门吊起，如图 4-3-11 所示。平衡锤的重量约为拍门重量的 65%。但是用了平衡锤拍门，停机时，由于拍门的开启角加大，延缓了拍门关闭时间，必然加大最后关闭时的角速度，会增加拍门关闭时的撞击力。

3)多扇组合式拍门

多扇组合式拍门也称多扉式拍门。为了增大拍门的开启角度，把拍门分成若干个小块，构成多扇组合的拍门，如图 4-3-12 所示。这种组合式拍门，因每扇拍门较小，倒流水对每块小拍门上的作用力也小，从而撞击力减小。但在实际运行过程中，通过每扇小拍门的水流量并不增多，拍门开启角度增加不大。加上加设支承隔梁，各扇小拍门开启角度不一样，水流紊乱，有一定的振动。

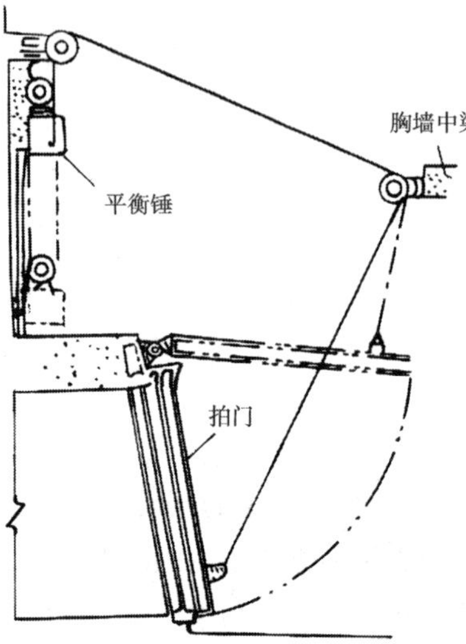

图 4-3-11　带平衡锤的拍门图

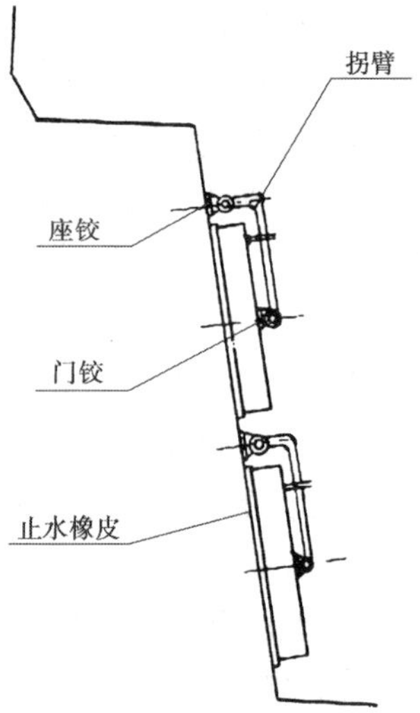

图 4-3-12　多扉式拍门

4)机械平衡液压缓冲式拍门

低扬程轴流泵出水管较短,在运行中可将铸铁拍门吊起,如图 4-3-13 所示。当水泵启动,水流将拍门冲开之后,可用启闭机将拍门吊起,吊起的角度靠限位器控制,并用电磁铁锁定,固定起来,同时把卷扬机电动机同轮毂分开。停机时,由于断电,拍门自动释放,使拍门关闭,切断水流。这样可以大大地减少拍门的水头损失;运行中固定的拍门,不会随水流漂浮,影响机组稳定运行。为了防止突然停电时拍门不能自动关闭,引起水泵倒转,损坏机泵,拍门吊起后,必须安装拍门自动关闭控制装置,如果遇到突然停机,则可释放锁定装置上的电磁铁,使钢丝绳上的连接叉头自动脱钩,拍门关闭。在拍门关闭的最后瞬间,液压缓冲装置发挥作用,从而减小拍门的撞击力。

5)油压控制式大拍门

大流量泵站拍门的净空尺寸大,如不加以控制,运行时门会在水中晃动,耗费能源,而且拍门长期经受水流冲击,会使金属结构零件疲劳,缩短使用年限。停机时,还会产生很大的撞击力,故采用油压装置控制拍门。该装置由大拍门、小拍门、导向滑槽和油压启闭机及控制系统等部件组成,如图 4-3-14 所示。大拍门为主要挡水结构,作为实体式以利于快速关闭;小拍门装在大拍门上,是为适应水泵小角度启动而设置的。若无小拍门,水泵小角度启动时,流量小,可能冲不开大拍门,这时水泵内压力升高,电动机会超负荷运行,机组将产生振动。设置小拍门后,水泵启动条件大大改善。滑槽为油压启闭机的导向装置,其作用是将拍门绕铰轴的圆周运动变为油压启闭机的直线运动。油压启闭机的缸体用无缝钢管制作,油缸下端设有一定长度的缓冲段,内有各种孔径的节流环,以备用于调试和控制活塞杆下降速度,从而使拍门最后缓慢关闭。

拍门操作可自动控制,开机时,水泵叶片调为负角度,小股水流冲开小拍门,电动机同步后,再缓慢地将大拍门提升至全开位置并锁紧。然后加大叶片角度,使其在高效区运行。停机时,先将水泵叶片调回至小角度,接通油压启闭机电源,打开管路阀件,大拍门借自重下落,在接近关闭的瞬间,油压启闭机油路开始缓冲,直至全部关闭孔口,此时水泵叶

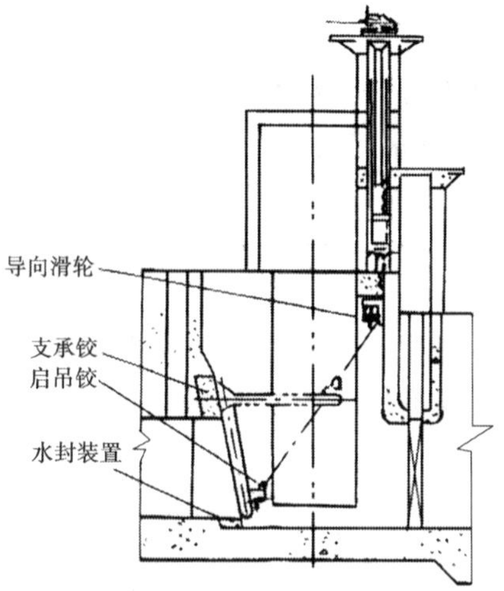

图 4-3-13　机械平衡液压缓冲式拍门

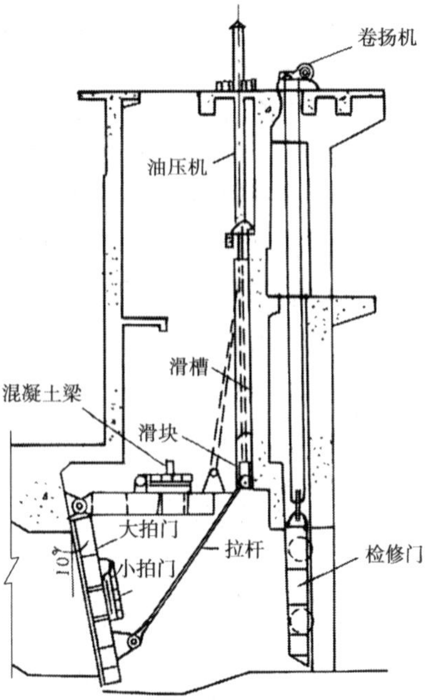

图 4-3-14　油压控制式大拍门

片在最小角度运行,依靠小拍门出流,直到机组停机。事故停机时,只要油压启闭机管路上的电液换向阀迅速接通电源换向,释放油压启闭机油缸下腔压力油,大拍门靠自重关闭孔口,同样,在接近关闭的瞬间,油压启闭机油路开始缓冲。该形式拍门总关闭时间不少于 15 s。如果油压启闭机出现故障,或大拍门被阻不能下落,安装在拍门后的事故门会立即关闭,截断水路,保护机组安全。

3. 2. 5. 4　减小拍门关闭时撞击力的方法

(1)采用浮箱式拍门。对于 1 000 kW 以上机组,拍门宜采用型钢梁系结构,再对整个拍门封闭,做成空腹形式,可以减小拍门的浮容重,转动惯量随着减小,从而达到增大拍门开启角度和减轻拍门撞击力的目的。为了检查拍门焊接质量,梁系结构中间开有小孔贯通拍门底部的检查孔,在冬季检修时,可将拍门底梁两小孔密封螺钉打开,检查有无渗水情况发生。也有在腹内充填泡沫材料,使其占据空腔,即使漏水,水量也不多,同样起到减轻浮容重的效果。

(2)对大型泵站拍门,拍门应控制在水开始倒流之前的时段内关闭,以减少冲击力。对转动惯量大的机组和管道较长时,由于停机后水泵工况延时较长,对减小拍门关闭时的冲击力是有利的。

采用油压控制的拍门,要经常检查油压装置工作是否正常,停机时利用油压缓冲拍门的下落速度,从而减小拍门撞击力。

(3)在门座或拍门上设置橡胶缓冲圈,施工简单、维护方便、减振效果较好,又可起到止水作用,如果缓冲圈设计和安装合理,闭门撞击力可减少到原来的 40% 左右。但是在闭门撞击力的作用下,止水缓冲橡皮容易损坏,应定期检查其是否有脱落或损坏现象,若有应及时更换,否则将降低缓冲效果,使拍门关闭撞击力增大,导致拍门变形。

(4)将传统的自由起落式(悬挂式)拍门改为自由侧翻式拍门(分单侧翻、双侧翻),门铰轴位于管道侧面的上、下两个端点处,形如房门,但门的轴线有一倾斜角度,能够提高自闭能力。侧翻式拍门具有运行阻力小、闭门撞击力小的优点,且无需机械或油压控制设备,使用效果较好,是泵站拍门的更新换代产品,特别适用于口径小于1.6 m的中小型泵站拍门改造,但造价比普通铸铁、钢质拍门价格要高。

(5)采用复合材料拍门,如铝合金材料拍门、玻璃纤维增强塑料制成的玻璃钢拍门、酚醛玻璃丝材料拍门等,因其质量轻,浮容重小,转动惯量随着减小,从而达到增大拍门开启角度和减轻拍门撞击力的目的。

3.2.6　拦污栅人工排冰

北方寒冷地区的泵站进出水池、水闸,由于冰封季节水面形成冰盖而产生的冰压力,可能使闸门、拦污栅遭受破坏,门槽结冰影响闸门正常的启闭运行,冰屑粘连拦污栅片、封堵拦污栅的现象,必须采取有效的防冻措施。

为防止拦污栅、门槽冰冻,可采用加热法除冰,一般分为两大类,即电加热法和热水、热油或蒸汽加热法。

采用电加热法是将拦污栅片顺序连通,并用绝缘材料与其他金属部件隔离,通电将拦污栅加热,并保持在0 ℃以上,以防止栅片挂冰。为了使用安全,一般电压不超过50 V。

采用热水、热油或蒸汽加热法往往将栅条用空心的扁平管子做成,以使热汽或热水、热油能在管中循环流动,这种方法制作较困难,故不常使用。目前,比较广泛采用的是栅前、门槽及闸门前破冰的方法,即压缩空气法或潜水泵法。常用的方法是在闸门门槽及面板、拦污栅附近布设管路,用潜水泵或空气压缩机定时送入压力水或压缩空气,使水面翻起波浪或使温度较高的深层水与温度较低的表层水形成对流,从而防止闸门、拦污栅附近水面冻结,在闸门、拦污栅前面形成一条不冻的水域,与河流冰盖隔开。

3.2.7　事故停机时打开真空破坏阀的方法

如果真空破坏阀延迟打开,会使机组的脉动负荷、振动水平和水泵部件应力与正常情况相比增加4~7倍,危及机组安全。真空破坏阀种类很多,常用的一种是以压缩空气为动力的气动平板阀。底座为一个三通管,三通管的横向支管装有密封的有机玻璃板窗口和一个手动备用阀门。这种阀动作灵活可靠,开启时间极短(1 s左右),并可用直流电作为电磁阀的动作电源。停机时,不论有无电源,均可立即打开,通过一系列的控制零件,将外界空气引入管内,破坏虹吸流道驼峰处的真空,截断管内水流,然后利用弹簧在内压力消失后自动落下关闭阀盖。在真空破坏阀底盘上还连接有一只手动备用阀,如果真空破坏阀因故不能打开,可以打开手动备用阀,将压缩空气送入汽缸,使阀盘动作。

在虹吸管驼峰顶部位置还留有观察孔,用有机玻璃封盖,如果压缩空气母管内无压缩空气,或因其他原因真空破坏阀无法打开时,值班人员可用大锤击破有机玻璃,使空气进入虹吸管内,达到断流的目的。

3.2.8　水锤消除器

在泵站管道中,如果水流速度由于某种原因(如关阀启动、停泵等)突然改变,将引起水流动量的急剧变化,因而管道中水流将产生一个相应的冲量,并使管道的压力产生急剧变化。单位时间内的动量变化越大,管道中压力变化越大,由这一冲量所产生的冲击力也越大,该力作用在管道和水泵的部件上犹如锤击,所以称为水锤。水锤消除器实际上是具有一定泄水能力,并适合于泵站停机时水锤压力变化过程的安全阀。它主要用于防止升压。在管道内产生突然压力升高的瞬间,迅速按照要求,释放一部分管道中的压力水,以缓冲压力上升,从而达到防止水锤的目的。

水锤消除器的工作原理:活塞式水锤消除器的内部有一密闭的容气腔,下端为一活塞,当冲击波传入水锤消除器时,水击波作用于活塞上,活塞将往容气腔方向运动。活塞运动的行程与容气腔内的气体压力、水击波大小有关,活塞在一定压力的气体和不规则水击双重作用下,做上下运动,形成一个动态的平衡,这样就有效地消除了不规则的水击波震荡。

3.3　工况巡视

3.3.1　闸门检查

闸门运行前及运行中,主要巡视检查:闸门开度是否符合工作要求;闸门门体有无倾斜和跑偏现象;闸门前及门槽有无杂物;闸门启闭机钢丝绳的受力情况及润滑情况等,以保证运行安全。

3.3.2　拍门检查

在机组启动时,水泵启动扬程较低,只要水流将拍门冲开,水泵即可正常运行。水泵启动后不稳定工况极为短暂,故目前多采用拍门作为水泵机组出口工作门。

在运行中,拍门除承受短暂的机组启动时水流把拍门冲开时的冲击力和停机时拍门随水流下落断流时的作用力外,受力时间最长的还是机组运行期间不规则水流带来的各种方向的作用力,使拍门在水中不仅上下浮动,而且伴随左右摇晃、前后冲撞等不规则现象,使铰座螺栓、拐臂螺栓、柱销等受力零件因长期承受上、下、左、右、前、后各个不同方向的交变力造成拍门材料的疲劳损坏。因此,运行前及运行中,主要巡视检查:拍门开度是否符合工作要求及拍门浮动情况;拍门铰座螺栓、拐臂螺栓、柱销等受力零件有无断裂、脱落现象;带平衡装置的拍门,还应检查平衡装置工作是否正常、可靠。

3.3.3　进、出口水位检查

运行前及运行中,检查进水池、拦污栅、出水池的水位,并判定是否在正常范围,注意变化规律,确保运行安全。

3.4　设备养护

3.4.1　金属结构的防腐蚀

3.4.1.1　表面处理的重要性

表面处理是金属结构防腐的关键环节，未经处理的结构表面经常有氧化皮、铁锈、油垢、水垢以及各种杂质、水生物的污染，这些物质的存在严重影响各种涂料和金属喷镀层的附着力，常使保护层过早失效。良好的表面处理措施，可以大大延长保护周期。

3.4.1.2　表面处理的方法

（1）人工敲铲及打磨：手工打磨和敲铲，剔刮扫刷除去锈垢、旧漆、尘土等污物，并使表面粗糙。

（2）机械处理：用风动、电动砂轮、刷轮，清除焊渣、飞溅、毛刺等附着物，并用砂轮机对锐利的边缘进行处理。

（3）喷砂处理：以压缩空气为动力，使沙粒高速喷射冲击结构表面除锈、除漆。

（4）表面清洁处理：用各种制剂与结构表面锈蚀物发生化学反应，使表面无可见的油脂和污垢，没有附着不牢的氧化皮、锈和油漆涂层等附着物，一般按下列方法清洗结构表面：①采用溶剂清洗，如汽油等溶剂，擦洗表面，溶剂和抹布应经常更换；②采用碱性清洗剂清洗，如氢氧化钠、碳酸钠、磷酸三钠和钠的硅酸盐等配比混合溶液进行擦洗或喷射清洗，清洗后用洁净的淡水冲洗 2 ~3 次，并进行干燥处理；③采用乳液清洗，用乳化剂和湿润剂进行清洗，清洗后用洁净的淡水冲洗 2 ~3 次，并进行干燥处理。此外，还有用火焰处理、磷化处理等措施。

3.4.1.3　表面处理的质量标准

根据结构防腐蚀的具体情况，可以将表面处理分为三级。

一级标准：表面全部露出灰白色的金属本体，无疏松的锈蚀物以及其他氧化物，无油污、灰尘和细微砂粒，表面干燥，无旧漆与酸、碱、盐的残余物，具有一定的粗糙度。一级标准处理彻底，常用于喷镀锌以及对防腐要求高的重要结构。

二级标准：表面的锈蚀物与松弛的氧化皮均被铲除，但允许有少量的紧密附着的灰褐色氧化皮存在。二级标准属一般要求，是涂料保护的常用处理，用于要求较高的保护措施和一般结构。

三级标准：清除疏松的锈蚀产物，允许紧密的氧化皮和有效的旧漆存在。三级标准用于防腐要求一般的次要结构表面处理。

3.4.2　金属结构活动件的养护

3.4.2.1　滚轮锈蚀卡阻的危害

闸门的滚轮经常处于水下或阴暗潮湿的环境，轴与轴承间极易发生锈蚀，加之细小的泥沙颗粒沉积在滚轮轴与轴套之间，增大滚轮的摩阻力，严重时甚至使滚轮锈死不转。此时滚轮与轨道间的滚动摩擦变为滑动摩擦，大大增加了闸门的启闭力，如强行启闭，可能给闸门、启闭机及门槽带来不利影响，甚至引起门体扭曲或启闭机损坏事故。

3.4.2.2　**滚轮检修的一般方法**

(1)拆下锈死的滚轮，当轴承没有严重磨损和损伤时，可将轴与轴套清洗除垢，应注意将油道内的污油清洗干净，涂上新的润滑油脂。没有注油设施的，应在轴上加钻油孔，在轴或套上开设油槽用油杯或黄油枪加注油脂润滑。油脂注满后油孔应用丝堵封闭。

(2)轴承间隙一般不应超过设计最大间隙的一倍，如因磨损超大超过允许范围，应更换轴套。

3.4.3　闸门和启闭机的润滑

3.4.3.1　**齿轮传动机构的润滑**

齿轮在传动时，相啮合的齿面间存在相对滑动，因此就要发生摩擦和磨损，增加动力消耗，降低传动效率，向啮合面间加注润滑剂，可以避免金属直接接触，减少摩擦损失，还可以散热及防止腐蚀，因此适当地对齿轮进行润滑，可以大为改善轮齿的工作状况，确保运转正常及预期的寿命。

启闭机中减速器由传动齿轮组合在一个封闭的箱体内而形成。它结构紧凑、传递准确且效率高、润滑可靠、维护简单，并且通用性、互换性能好。

由于启闭机减速器的齿轮都具有较大的圆周速度，因此齿面均采用密闭式油浸飞溅润滑。同时，上下箱体的接合处设有集油槽，以便润滑轴承。为了减少齿轮的旋转阻力，降低减速器发热，在满足飞溅润滑的前提下，浸入油面以下的齿轮高度越小越好，一般大齿轮以浸入油面以下一个齿高为宜，也不能小于10 mm。

减速器所用的润滑油，通常按圆周速度、环境温度以及齿面压力来选取。压力大、速度低、温度高者，采用黏度较大的润滑油，反之亦然。当环境温度在20 ℃左右时，对标准齿轮减速器可选用齿轮油，环境温度过低时改用机械油或汽轮机油。

油池中的油量，取决于齿轮传递功率的大小，对于单级传动，每传递1 kW的功率，需油量为0.3~0.7 L；而多级传动，需油量按级数成倍数增加。

3.4.3.2　**闸门的润滑**

定时向闸门主轮、弧形闸门支铰、人字闸门门枢以及闸门吊耳轴销等部位注油。一般采用油杯或用油枪配油嘴注油。注油时应使轮子转动几圈，在转动时不停地加注，尽量使旧油全部排出，新油完全注满。由于闸门经常处于水下或潮湿场所，其润滑应采用钙基或钙钠基润滑脂。

对于没有注油孔道的转动机构，可定期拆下清洗，然后涂油组装。

3.4.3.3　**钢丝绳的润滑**

钢丝绳养护的目的是防止生锈，减少磨损。

钢丝绳在工作过程存在摩擦和磨损，常在水中部分容易锈蚀，需要定期进行养护，周期一般为1年。养护一般是先刮除、清洗绳上的污物，刮时不得使用硬金属，以免损伤钢丝绳。清洗可用柴油或煤油，然后用绵纱将油脂涂抹在钢丝绳上。涂抹时最好将油脂加热到80 ℃左右，涂抹要均匀，厚薄要适度。应采用不含酸、碱以及其他有害杂质的专用润滑油。

3.4.3.4　螺杆传动件的养护

螺杆启闭机丝杆、闸阀丝杆及齿轮应经常加油，保证润滑。开启与关闭不可用力过猛。启闭均应有一定的余量。每年拆卸大修时，应抽出丝杆清洗，并检查丝杆与铜螺母的吻合情况，磨损松动严重的应更换，保证启闭灵活。

3.4.4　平面闸门止水装置的养护

3.4.4.1　顶止水

平面钢闸门的顶止水一般是用压板和垫板把止水橡皮夹紧，并用螺栓固定于门叶或埋件的门楣上。止水橡皮的设置方向，应根据水压方向而定。一般要求止水橡皮在受到预压水压后，能使其圆头压紧在止水座上。

为达到较好的止水效果，应考虑一定的预压量，一般顶、侧止水的预压量为 2 ~4 mm。顶、侧止水装置中的垫板，主要用来垫起 P 形橡皮的圆头，使其获得好的止水效果，并可保证止水面平直，故垫板一般采用厚钢板，并焊在门叶上，但也有采用橡皮作垫板，或采用型钢作垫板。

顶止水装置中的压板，除用来夹紧止水橡皮外，还能防止止水橡皮在启闭过程中翻卷。因此，压板常做成一端翘起的形状，也可选用较厚的压板将橡皮头顶住。

3.4.4.2　侧止水

平面闸门的侧止水与顶止水构造形式相同。

3.4.4.3　底止水

平面闸门的底止水橡皮是利用压板和螺栓直接固定在门叶面板上，止水橡皮一般采用条形橡皮。为达到较好的止水效果，一般靠闸门的自重压缩止水橡皮 3 ~5 mm。底止水压板一般采用角钢，并用螺栓固定在门叶底部的次梁上。

第 5 篇　操作技能——高级工

模块1　机械设备运行

1.1　设备检查与操作

1.1.1　电动机集电装置

1.1.1.1　集电环与碳刷架

1)集电环

集电环是与碳刷相接触,使电流从电路的一部分通过滑动接触流到另一部分的导电金属环。集电环也叫导电环、滑环、集流环、汇流环等。它可以用在任何要求连续旋转的同时,又需要从固定位置到旋转位置传输电源和信号的机电系统中。集电环能够提高系统性能,简化系统结构,避免导线在旋转过程中造成扭伤。

(1)集电环系列。同步电机和异步电机等采用集电环的电机,比较广泛地用于产业部门,而且多数是在各种苛刻条件下运行的。这些电机虽然没有直流电机那样的换向作用,但与换向器一样,也会出现集电环或碳刷的异常磨损、碳刷振动以及产生火花等现象。特别从碳刷材质来看,集电装置用的碳刷不仅可使用石墨碳刷,而且为了提高碳刷的电流密度,有时也可使用金属石墨碳刷,同时,还必须考虑异常残余膨胀等因素。

(2)集电环的材质要求。集电环的材质要求机械强度大,并是电的良导体,还要具有耐腐蚀性,在与碳刷滑动接触时,必须具备耐磨性和稳定的滑动接触特性。

一般,钢质集电环的耐磨性好,机械强度大,因此大多用于因极性引起集电环磨损较大的同步电机上。钢是一种容易得到而又物美价廉的材料,并且可以加工成复杂的结构,所以可广泛用于包括圆周速度较低的水轮发电机在内的同步电机。如汽轮发电机主要强调高圆周速度下机械强度和耐磨性的集电环,有时也可使用锻钢。另外,要求耐腐蚀性时,可使用不锈钢,但不锈钢的滑动特性不稳定,与碳刷组合不合适往往会使碳刷产生跳动,容易造成碳刷温升过高或异常磨损,所以使用时必须倍加注意。青铜铸件等铜质集电环与钢质集电环相比,滑动特性好,所以用途很广,但当其含有大量低熔点铅时,因通电点的发热而产生脱铅现象,容易造成集电环磨损或碳刷异常磨损。

(3)集电环与碳刷的配合。在集电环与碳刷的配合上,当碳刷的研磨性过强而集电环的材质过软时,往往在集电环上发生相当于碳刷宽度的阶梯磨损。尤其是高温低湿的全封闭式电机,更容易引起碳刷或集电环的过大磨损。重伤痕的形成过程是,一开始只有非常小的伤痕,碳刷在这些部位集电不良而产生火花。一旦产生火花,伤痕就逐渐恶化扩大起来,最后形成与碳刷滑动接触面的尺寸同样大小的伤痕。因而,集电环用碳刷即使产生非常小的火花,也必须予以注意。

为了预防在钢质集电环上发生严重的伤痕,在电机长期停转时应将碳刷提起。为了改善并联碳刷的电流分布,可移动集电环滑动接触面的通电点。为了获得良好的滑动特性,在集电环上开螺旋状的斜槽是有效的。

2)集电环和刷架的应用

电机是将电能和机械能通过磁场进行转化的一种机器。将机械能转化成电能的称为发电机,将电能转化成机械能的称为电动机。这种能量的转换原理基于两个定律:法拉第-楞次定律和毕奥-萨伐尔定律,即电磁感应的左、右手定则。这两个定律概括了电机进行能量转换的基本条件,即必须有相对运动的两大部件:一个是提供磁场的磁感应部件,如同步电机的磁极和异步电机的定子交流绕组;另一个是感生电动势和有工作电流流过的被感应部件,如同步电机的定子交流绕组和异步电机的转子绕组。

由于必须有相对运动的两大部件,就存在着向运动的部件供电以产生磁场或将运动部件的电流引出以便进行控制的问题。如向旋转的同步电动机转子绕组供电以在转子上产生磁场和将绕线式异步电动机转子绕组上感应的电流引出进行启动控制。

交流电动机的集电环和刷架装置很好地解决了这一问题。集电环是一组能随电动机转动部件(转子)转动的相互间绝缘的并且都和转轴绝缘的导电圆环。圆环上有和电动机转动部分的绕组连接的接线柱。通过电缆将各圆环上的接线柱与绕组的各端头连接,使集电环各圆环成为了各绕组的可以随绕组旋转的接线柱。

刷架是固定、有更换容易和有一定耐磨性的导电柱(通常叫碳刷,也叫电刷)的导电板。导电板与静止的电源(如同步电动机的励磁装置)或电动机的电气控制装置(如绕线型异步电动机的电阻启动装置)连接,导电柱(碳刷)压紧在集电环的圆环上,这使得导电柱与集电环的各圆环导通。静止电源或电气控制装置就通过导电柱和集电环的各圆环与电动机转动部分(转子)上的绕组构成闭合回路,达到电动机转动部件(转子)与静止的电源或静止的电动机的电气控制装置的电流的传递。

3)集电环和刷架结构

根据制造工艺的不同,制造厂设计制造了各种不同结构的集电环和刷架。常用的集电环有以下几种:

(1)支架式集电环,如图5-1-1所示。

(2)套筒式集电环,如图5-1-2所示。

(3)酚醛塑料集电环,如图5-1-3所示。

(4)双支架结构集电环,如图5-1-4所示。

(5)单支架结构集电环,如图5-1-5所示。

1.1.1.2 刷架与集电环的结构和技术要求

1)集电环的形式及结构

(1)支架式集电环。支架式集电环的支架热套在电动机转轴上,用连接螺栓支撑导电圆环,导电圆环通过绝缘子使相互间绝缘,并与支架绝缘,接线柱连接转子绕组。这种集电环采用可拆卸的装配结构,任意部分出故障都可以只处理该部分而不影响其余部分。缺点是各零件制造精度要求高,否则绝缘性能达不到要求,容易出故障。

(2)套筒式集电环。套筒式集电环的套筒热套在电动机转轴上,套筒上垫上云母绝缘层后热套导电圆环,接线柱用银铜焊焊接在导电圆环上。这种集电环制造完成后各部

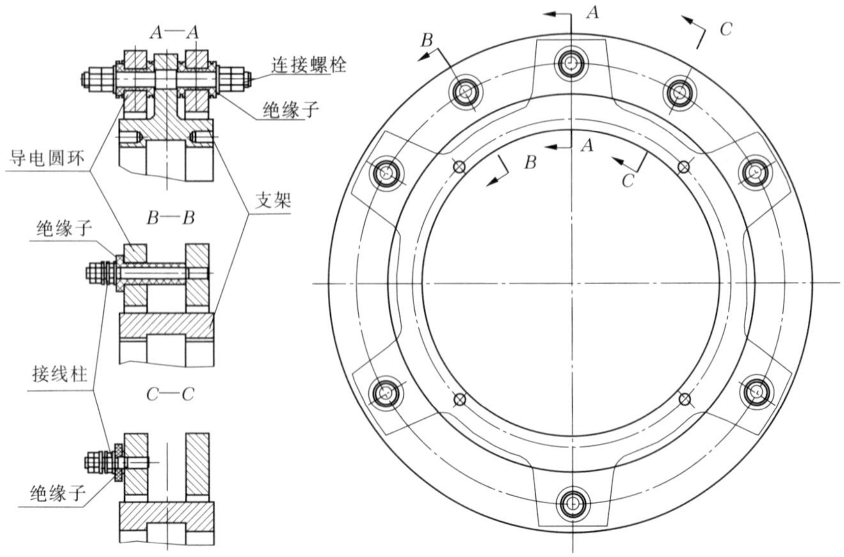

图 5-1-1　支架式集电环

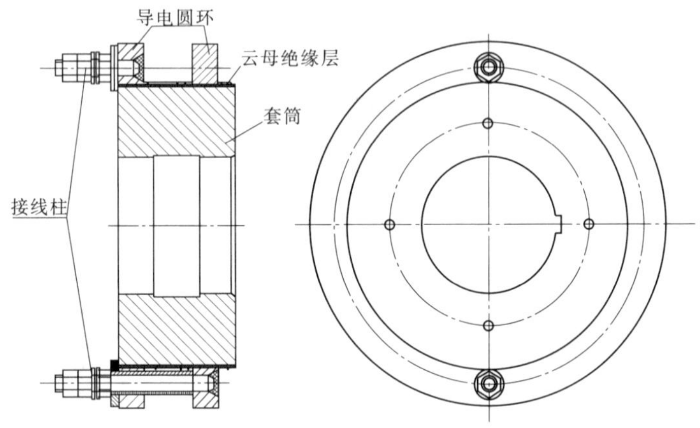

图 5-1-2　套筒式集电环

分成为一个不可拆卸的整体,绝缘可靠,但出了故障维护困难,通常只有整体更换。

(3)酚醛塑料集电环。酚醛塑料集电环的导电圆环和套筒用酚醛玻璃纤维压塑料固化成整体,有一个导电圆环用一段套筒和几个导电圆环共用一个套筒两种结构,导电能力强,绝缘强度好;缺点是体积较大,维护困难,和套筒式集电环一样,出了故障只有整体更换。

2)集电装置的结构特点

通过上面的结构分析可知,集电环结构中最重要的和最脆弱的部分是套筒、导电圆环和接线柱间的绝缘结构,由于绝缘材料的脆性较大,拆卸和使用时要注意小心轻放。由于

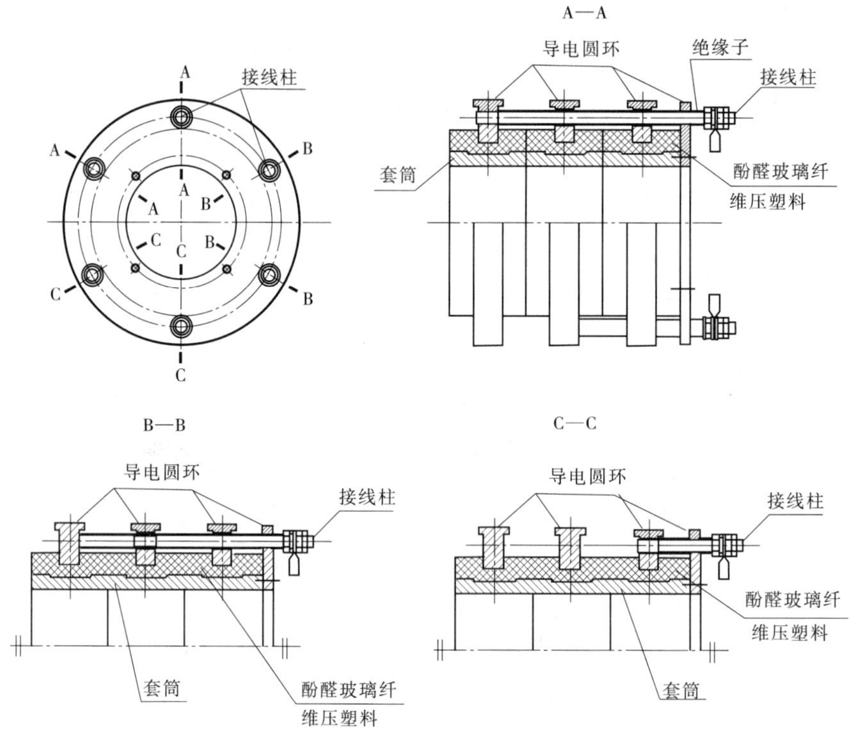

图 5-1-3　酚醛塑料集电环

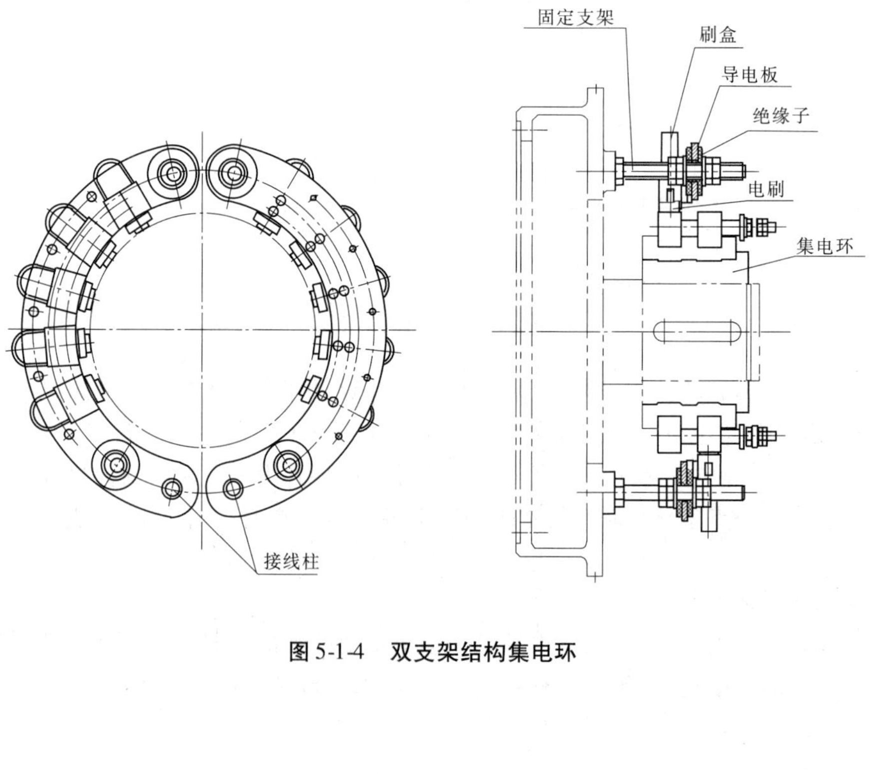

图 5-1-4　双支架结构集电环

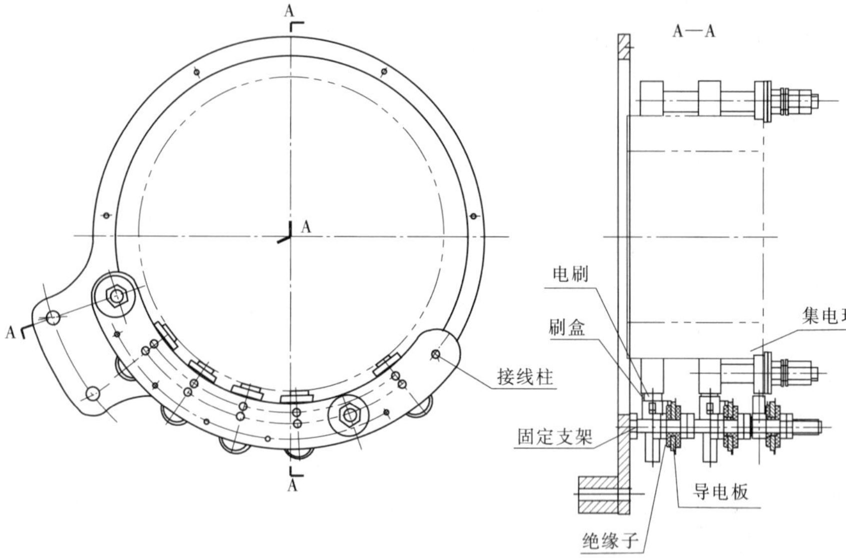

图5-1-5 单支架结构集电环

导电圆环和电动机其他部件的绝缘要求较高,绝缘电阻用500 V摇表检查至少要有1 MΩ,否则可能会影响电动机使用性能。因此,要注意检查和维护导电圆环的绝缘性能,检查导电圆环周围是否有影响绝缘的导电污染物,检查集电环是否受潮等。

由于集电环是旋转的导电柱,集电环外表面,即和碳刷的接触面的圆度要求较高,通常要求小于0.1 mm。在拆装和使用时要注意不能有影响导电圆环圆度的行为。

由于导电圆环外圆面和碳刷属于接触型导电,因此接触面需要有良好的导电性能,这就要求导电圆环和碳刷充分接触,导电圆环外圆面不能有影响导电的锈蚀和氧化层。新更换的碳刷,由于端面是平面和圆形的导电圆环是线接触,导电性能不好,通常的做法是在导电圆环外圆面包一层砂布,砂布的金刚砂朝向碳刷,拉动砂布,将碳刷磨成和导电圆环外圆面相同的圆柱面,以使碳刷和导电圆环接触良好。

3)刷架装置的形式及结构

刷架装置主要是用来在导电板上固定碳刷,并让导电板与固定支座绝缘,通常采用的结构有双支架结构和单支架结构两种。

(1)双支架结构。一个支架固定一块导电板,导电板通过绝缘子与支架绝缘。这种结构可以减小集电环的环间距离,使整个装置结构紧凑。

(2)单支架结构。各块导电板共用一个支架固定,导电板通过绝缘子与支架绝缘。这种结构的集电环环间距离较大,但可以减少和简化固定支架。

4)刷架与集电环装置的技术要求

刷架的功能主要是为了导电,首先要保证碳刷和导电板连接良好,导电板与支架绝缘良好。然后要保证碳刷和集电环的接触良好,也就是要保证碳刷在导电环表面要有一定的压紧力。这一功能是通过刷盒上的压紧弹簧实现的,在维护保养的时候要注意检查压紧弹簧是否压紧到位、是否失效等。

集电环和刷架装置虽然不是电动机的主要部分,但其作用十分重要。维护保养的时候,要注意保证集电环和刷架与固定装置的绝缘良好和集电环与碳刷的导电性能良好。

1.1.1.3 刷架与集电环装置的检查与调试

1)检查

(1)打开电动机碳刷架与集电环装置的防护挡罩。

(2)检查碳刷架固定部件是否有松动现象,查看刷架上卡簧的松紧,勤调整弹簧压力,弹簧的压力要符合制造厂家的规定,使碳刷承受压力均匀,防止个别碳刷过热或产生火花、刷辫烧焦或烧断现象的发生。

(3)碳刷和滑环接触面不应小于碳刷端面面积的 80%。

(4)滑环接触面(滑动面)不应有锈蚀斑点。

(5)碳刷和滑环间隙不大于 0.1 mm,碳刷余量(磨损后的剩余长度)不要太少。

(6)碳刷绳无断裂、无毛刺。

2)电刷下火花等级的确定

集电环的火花等级一般按碳刷下的火花程度确定,如表 5-1-1 所示。如所有碳刷下的火花程度均匀,则可用一个等级表示;但如在其中一个碳刷下面有较高一级的火花出现,则应按较高一级的火花等级确定;如碳刷下的火花程度与同等级集电环及碳刷的表面状态不一致,应以集电环及碳刷的表面状态作为确定火花等级的主要依据,必要时可延长试验时间再行确定。

表 5-1-1 碳刷下火花等级的确定

火花等级	碳刷下的火花程度	集电环及碳刷的状态
1	无火花	集电环上没有黑痕及碳刷上没有灼痕
$1\frac{1}{4}$	碳刷边缘仅小部分(1/5 ~ 1/4 刷边长)有断续的几点点状火花	
$1\frac{1}{2}$	碳刷边缘大部分(大于 1/2 刷边长)有连续的、较稀的颗粒状火花	集电环上有黑痕,但不发展,用汽油擦其表面即能除去,同时在碳刷上有轻微灼痕
2	碳刷边缘大部分或全部有连续的、较密的颗粒状火花,开始有断续的舌状火花	集电环上有黑痕,用汽油不能擦除,同时碳刷上有灼痕;如在这一火花等级下短时运行,集电环上不出现灼痕,碳刷不烧焦或损坏
3	碳刷整个边缘有强烈的舌状火花,伴有爆裂声音	集电环上黑痕较严重,用汽油不能擦除,同时碳刷上有灼痕。如在这一火花等级下短时运行,则集电环上将出现灼痕,同时碳刷将被烧焦或损坏

3)调试安装时应注意的问题

(1)碳刷调试安装时应注意碳刷的工作弯曲面方向,在更换新碳刷时,首先磨出圆弧状工作曲面,使 80% 以上的碳刷工作面与集电环表面接触。

(2)碳刷在碳刷架内应伸缩自由,如不顺畅,可用 280 号砂纸修磨。

(3)碳刷弹簧要符合要求,弹簧压力要符合制造厂家的规定。压力过小,碳刷会跳动过大，产生火花，压力过大，则磨损加快。另外碳刷应在碳刷架正中，防止受力不均匀发生偏磨。

(4)集电环表面要保持清洁干净，无油污，保证与碳刷的良好接触。

1.1.2　主机组刹车制动系统

1.1.2.1　结构和工作原理

1)刹车制动系统结构

该系统主要部件是制动器装置。制动器一般由电动机生产厂配套供货，泵站安装只需设计油路、气路的连接及向制动器装置提供压力油和压缩空气。

(1)制动。机组在停止运转过程中，流道中水作用的惯性力，使机组维持一定时间的惰转，由于惰转时转速慢慢下降，延续的时间较长，容易破坏镜板与推力轴瓦之间的油膜，特别是单向进油的推力轴瓦，不允许长时间的低速惰转或倒转。因此，要利用制动器装置输入一定压力的压缩空气(压力按制造厂要求或运行需要而定，一般为 0.6～0.8 MPa)顶起制动块(此时高压油阀已关闭)顶牢电动机转子下面的制动环，产生较大的制动转矩，使惰转的转子很快地停止旋转。一般在机组停机后，转速降到额定转速的 1/3 时，贮气罐立即向刹车制动系统输入压缩空气以制动。

(2)制动器。电动机的下机架上装了四只制动器(有的大型同步电动机装了六只制动器)，制动器的活塞下腔接到压缩空气的管道上，通过截止阀和电磁阀的动作，使制动器按人工或自动控制执行刹车制动的动作。

2)锁定螺母式制动器

锁定螺母式制动器结构如图 5-1-6 所示。

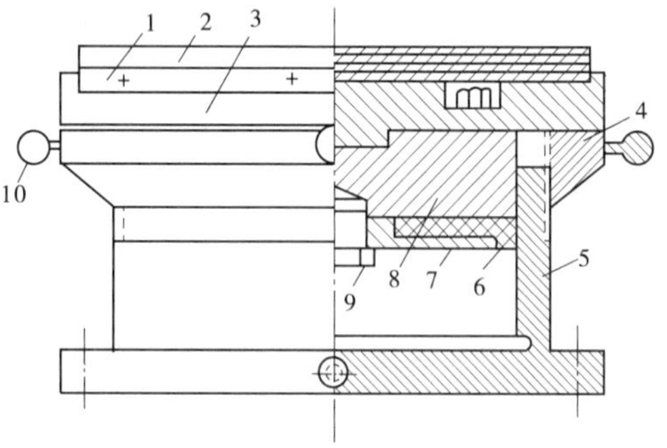

1—夹板；2—制动块；3—定位板；4—螺母；5—制动器座；
6—橡皮碗；7—压盖；8—活塞；9—螺栓；10—手柄

图 5-1-6　锁定螺母式制动器结构

1.1.2.2　检查与调试

1)制动器的检查与调整

(1)检查制动器座与下机架的固定是否有松动现象。

(2)检查制动器的制动块(刹车片)的固定是否有松动现象。

(3)检查制动器活塞腔及活塞的密封性能是否符合要求，有无油污、漏气现象。

(4)检查旋转升降制动块的手柄扳动是否灵活,有无卡死现象。

(5)开机前检查制动器的制动块(刹车片)是否落下,并检查制动块(刹车片)与转子磁轭(制动环)的间隙是否符合要求,一般为 6 ~ 10 mm。若间隙不符合要求,可以扳动旋转升降制动块的手柄,调整制动块(刹车片)与转子磁轭(制动环)的间隙。

2)刹车制动系统的检查与调试

(1)检查确认高压油阀已关闭。

(2)检查确认制动器在正常工作状况。

(3)检查贮气罐和刹车制动系统上压力表的压力正常。

(4)手动检查空气电磁阀动作灵活,无卡死现象,气动正常。

(5)检查刹车制动系统管道无油污、漏气等现象。

(6)按操作规程的要求调试操作。

1.1.3　水泵机械密封的结构及技术要求

1.1.3.1　水泵机械密封的基本知识

1)机械密封的基本概念

机械密封亦称端面密封,是靠一对或数对垂直于轴作相对滑动的端面在流体压力和补偿机构的弹力(或磁力)作用下,依赖辅助密封的配合与另一端保持贴合,并相对滑动,从而防止流体泄漏的装置。补偿环的辅助密封为金属波纹管的称为波纹管机械密封。

2)机械密封的组成

机械密封详细结构如图 5-1-7 所示。主要有以下部件组成:

(1)主要密封件——动环和静环。

(2)辅助密封件——密封圈(有 O 形、X 形、U 形、楔形矩形柔性、石墨、PTFE 包覆橡胶 O 圈等)。

(3)弹力补偿机构——弹簧、推环。

(4)传动件——弹簧座及键或固定螺钉。

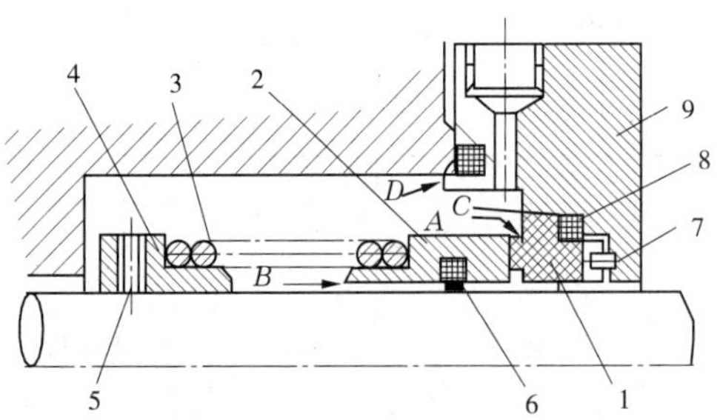

1—静止环(静环);2—旋转环(动环);3—弹性元件;4—弹簧座;5—紧定螺钉;
6—旋转环辅助密封圈;7—防转销;8—静止环辅助密封圈;9—压盖

图 5-1-7　机械密封详细结构

3)机械密封材料的性能要求

机械密封材料的性能是保证有效密封的重要因素,选择密封材料,主要是根据密封元件的工作环境，如使用温度、工作压力、所使用的工作介质以及运动方式等。机械密封材料的基本要求如下：

(1)机械密封材料具有一定的力学性能，如拉伸强度、伸长率等。

(2)密封材料弹性和硬度适当，压缩永久变形小。

(3)机械材料具备耐高温和低温性能，高温下不分解、软化，低温下不硬化。

(4)密封材料与工作介质相适应，不产生溶胀、分解、硬化等。

(5)密封材料耐氧性和耐老化性好，经久耐用。

(6)密封材料耐磨损，不腐蚀金属。

(7)密封材料易于成形加工，价格低廉。

4)机械密封的特点

机械密封与软填料密封比较，有如下优点：

(1)机械密封可靠，在长周期的运行中，密封状态很稳定，泄漏量很小，按粗略统计，其泄漏量一般仅为软填料密封的 1/100；

(2)机械密封使用寿命长，在油、水类介质中一般可达 1 ~2 年或更长时间，在化工介质中机械密封通常也能达半年以上；

(3)摩擦功率消耗小，机械密封的摩擦功率仅为软填料密封的 10% ~50%；

(4)轴或轴套基本上不受磨损；

(5)维修周期长，端面磨损后可自行补偿，一般情况下，无需经常性维修；

(6)抗震性好，对旋转轴的振动、偏摆以及轴对密封腔的偏斜不敏感；

(7)适用范围广，机械密封能用于低温、高温、真空、高压、不同转速以及各种腐蚀性介质和含磨介质等的密封。

机械密封的缺点有：

(1)机械密封结构较复杂，对制造加工要求高；

(2)机械密封安装与更换比较麻烦，并要求工人有一定的安装技术水平；

(3)发生偶然性事故时，机械密封处理较困难；

(4)机械密封一次性投资高。

1.1.3.2　机械密封应注意几个问题

1)安装注意事项

(1)要十分注意避免安装中所产生的安装偏差。①上紧压盖安装应在联轴器找正后进行，螺栓应均匀上紧，防止压盖端面偏斜，用塞尺检查各点，其误差不大于 0.05 mm；②检查压盖与轴或轴套外径的配合间隙(即同轴度)，四周要均匀，用塞尺检查各点允差不大于 0.01 mm。

(2)弹簧压缩量要按规定进行，不允许有过大或过小现象，要求误差在 2.00 mm 以内。过大会增加端面比压，加速端面磨损；过小会造成比压不足，而不能起到密封作用。

(3)动环安装后，要保证能在轴上灵活移动，将动环压向弹簧后应能自动弹回来。

2)拆卸注意事项

(1)在拆卸机械密封时要仔细，严禁动用手锤和扁铲，以免损坏密封元件。可做一对钢丝勾子，伸入传动座缺口处，将密封装置拉出。当因结垢拆卸不下时，应将污垢清洗干净后再进行拆卸。

（2）如果在泵两端都用机械密封，在装配、拆卸过程中应互相兼顾，防止顾此失彼。

（3）对运行过的机械密封，凡有压盖松动使密封发生移动的情况，则动静环零件必须更换，不应重新上紧继续使用。

1.1.3.3　机械密封的检查

1）水泵启动前的准备工作及检查

（1）全面检查机械密封，以及附属装置和管线安装是否齐全，是否符合技术要求。

（2）机械密封启动前进行静压试验，检查机械密封是否有泄漏现象。若泄漏较多，应查清原因设法消除。如仍无效，则应拆卸检查并重新安装。一般静压试验压力为 0.2 ~ 0.3 MPa。

（3）按水泵旋向盘车，检查是否轻快均匀。如盘车吃力或不动，则应检查装配尺寸是否错误，安装是否合理。

2）启动与停止运行时的检查

（1）启动前应保持密封腔内充满液体。当输送凝固的介质时，应用蒸汽将密封腔加热使介质熔化。启动前必须盘车，以防止突然启动而造成软环碎裂。

（2）对于利用水泵外封油系统的机械密封，应先启动封油系统。停车后最后停止封油系统。

（3）油泵停运后不能马上停止封油腔及端面密封的冷却水，应待端面密封处油温降到 80 ℃以下时，才可以停止冷却水，以免损坏密封零件。

3）机械密封运转中应注意的问题

（1）离心泵启动后若有轻微泄漏现象，应观察一段时间。如连续运行 4 h，泄漏量仍不减小，则应停泵检查。

（2）油泵的操作压力应平稳，压力波动不大于 0.1 MPa。

（3）水泵在运转中，应避免发生抽空现象，以免造成密封面干摩擦及密封破坏。

（4）密封情况要经常检查。运转中，当其泄漏超过标准时，重质油不大于 5 滴/min，轻质油不大于 10 滴/min，如 2 ~3 d 内仍无好转，则应停泵检查密封装置。

1.1.4　大型立式同步电动机轴承油冷却器

1.1.4.1　油冷却器的作用及种类

1）油冷却器的作用

轴承油冷却器是一种热交换的部件，作用就是把水泵、电动机轴承油盆（箱）中轴承产生的热能导出，使轴承不会因为过热而影响性能。其作用原理是：油冷却器安装在水泵、电动机轴承油盆（箱）中，冷却水从冷却器的铜管中流过，将油中的热量带出，达到降低轴承温度的目的。

轴承油冷却器应用较为广泛的有用空气和水作为冷媒的两种。在水泵机组上一般使用的是用水作为冷媒的油冷却器。

2）油冷却器换热管的种类及型号

油冷却器中的换热管是冷却器的关键零件，目前国内外采用的换热管的结构形式有多种类型,如绕簧式、缠绕式、单金属轧管式、双金属整体轧制式、穿片式等,其中尤以双金属整体轧制式翅片换热管和整张穿片式换热管为更好。双金属整体轧制式翅片换热管具有单位长度换热面积大、接触热阻小、换热效率高等特点;而整张穿片式换热管较上述换热管更具有同等体积换热面积大、冷却效率高、气侧压降小、抗振性强、成本低等优点。

轴承油冷却器的种类,一般大型同步立式电动机所用的油冷却器有如下三种型号:TL1600－40 的环管式(见图 5-1-8)和直管式等冷却器;TL630－4 的环管式和直管式等冷却器;TL630－40 的环管式(见图 5-1-9)和直管式等冷却器。这三种型号的冷却器主要是配套大型异步和同步立式电动机以及大型水轮发电机上用的油冷却器,其结构新颖、性能优良,可选紫铜管、不锈钢管及 B10 镍铜管同 L2 铝管复合而成,具有冷却性能优和长期不泄露等特点。油冷却器出厂前均做 1 MPa/30 min 气密性试验,不得渗漏。

图 5-1-8　TL1600－40 环管式冷却器

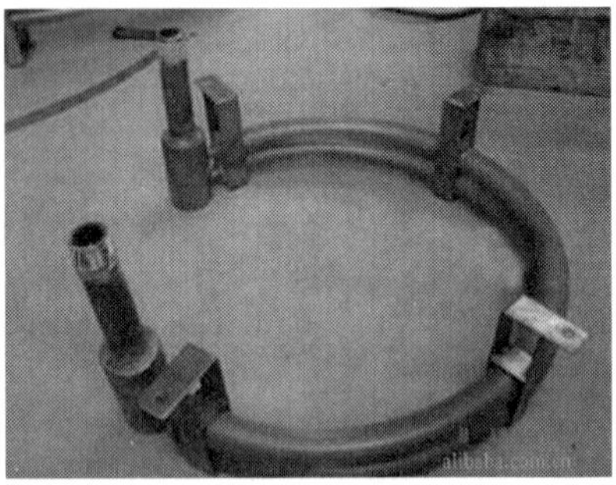

图 5-1-9　TL630－40 的环管式冷却器

3)油冷却器的材质

水泵、电动机轴承油冷却器的换热管一般采用紫铜管、黄铜管等材料制成。目前有一种采用不锈钢变截面波纹管制成的换热管,具有改变介质流动状态,在管内外形成较强介质扰动,降低滞流层厚度,形成充分湍流,与传统光管换热管相比换热效率提高 2～3 倍等特点。由于波纹换热管具有通径相对较大、轴向自动补偿的特点,故具有以下优点:①换热管内不易结垢和堵塞,降低了压力损失;②能自动补偿消除热应力,降低了设备维护费用;③不锈钢元件耐腐蚀,设备使用寿命长、投资省。

1.1.4.2　油冷却器使用的注意事项

泵站水泵、电动机油冷却器使用应注意的事项如下:

(1)轴承油冷却器使用时应注意其工作压力、工作温度、工作介质及实际需要的最大换热量和压力损失等,是否同时满足要求。电动机轴承油冷却器一般选用细长类换热器,从而提高介质充分交换的时间和过程。

(2)通入水和工作介质以后,要注意检查各部分有无渗漏,流速和压力有无异常变化,并要注意排除油冷却器中的气体。

(3)一般情况下,轴承油冷却器每年应检查、保养一次,清理更换破损的零部件。

(4)平时要注意检查轴承油冷却器进出口的油温差和水温差,以此判断冷却器的冷却能力。

(5)注意检查轴承油冷却器壳体有无异常膨胀、裂纹及安装螺钉有无松动等情况。

(6)冬季使用时要注意防止水的冻结,否则会引起管束的破裂。

1.1.4.3　**油冷却器的清洗**

1）水垢的形成及特点

含有一定量的钙离子、镁离子的冷却水进入冷却器后，在冷却管壁发生热交换，一些钙、镁盐类由于受热分解，使溶于水的物质转变为固相晶粒，附着在管壁上结为水垢。水垢的种类很多，泵站使用的水泵、电动机轴承油冷却器，形成的水垢的成分基本上是 $CaCO_3$ 和 $Mg(OH)_2$，其中以 $CaCO_3$ 为主，达 85% 以上。由于结垢时间、温度及水质不同，水垢可以是坚硬、较密的硬质水垢或疏松的软质水垢。

2）水垢的机械清洗

软质水垢宜用机械清洗方法。通常电动机轴承油冷却器中的油温度为 50 ~ 80 ℃，冷却器使用 24 个月内水垢为软质水垢。连续运转的冷却器，一般 12 个月用机械方法清洗 1 次水垢；间断运转的冷却器，一般 24 个月清洗 1 次。水垢清洗步骤如下：

（1）拆下冷却器两端的端盖；

（2）用洁净水高速冲洗回水盖、后盖内壁和换热管内表面；

（3）用比换热管内径小 4 mm 的通条清刷，并用水冲洗；

（4）用比换热管内径小 1 ~ 2 mm 的通条清刷，并用水冲洗；

（5）检查清洗过的管壁，保证管壁内无垢；

（6）清洗过的冷却器用压缩空气吹干或自然晾干；

（7）装上端盖，接入系统运行。

3）水垢的酸洗

当积垢由疏松变为致密、硬质后，采用机械清洗方法已达不到清垢目的，此时宜采用酸洗的方法。盐酸不用预热就能容易地溶解碳酸钙和碳酸镁水垢，因此酸洗液一般为常温盐酸溶液。酸洗虽然能很好地疏松水垢和恢复冷却器表面的正常状态，但盐酸对冷却铜管有腐蚀作用。为了保护冷却管壁不受盐酸的侵蚀，在酸洗液内必须加入添加剂，即能有效迟滞金属酸蚀过程的物质。选用的添加剂为苯骈三氮唑，即 BC－801 水稳定剂，浓度为 3% 左右。根据经验，若能够按时进行机械清洗，酸洗可 5 ~ 8 年进行 1 次。反之，需每隔 3 年进行 1 次酸洗。水垢的酸洗步骤如下：

（1）打开冷却器端盖，用细一点的通条疏通冷却管后装好端盖。

（2）连接酸洗系统。用酸洗液箱、酸洗泵、管路及阀门、冷却器等组成循环酸洗系统，酸洗泵进液口与酸洗液箱的出液口连接，出液口接冷却器的进水口，冷却器的出水口与酸洗液箱连接，使洗过的酸洗液回到酸洗液箱，重复利用。

（3）计算酸洗液中盐酸的浓度。为了保证清洗效果和冷却器的安全，清洗时酸的浓度为 2% ~ 10%。

（4）确定酸洗时间。用试验的方法确定酸洗时间，取水垢样品放入酸洗液中，以获取能使水垢溶解为细粒残渣的最短时间。

（5）把配制好的加有添加剂的酸洗液倒入酸洗液箱中，打开阀门，开动酸洗泵，对冷却器进行酸洗。在酸洗过程中必须用 pH 试纸经常检查溶液的酸性，并注意酸性的下降，酸性完全稳定表明酸洗过程结束；酸性下降到零表明酸量不足，应在溶液中添加适量的加有添加剂的盐酸。

(6)酸洗结束后，将酸洗液去除，用水仔细洗涤冷却器，并利用循环酸洗系统以 1% ~ 2% 的碱溶液(苛性钠或碳酸钠)进行中和清洗。用 pH 试纸定期检查碱的浓度，若碱的浓度稳定，表明碱化结束。

(7)打开冷却器端盖，检查酸洗效果。

4)油垢的清洗

列管式冷却器因其结构特点，不宜采用机械方法清洗油垢。可采用三氯乙烯溶液进行清洗。油垢的清洗步骤如下：

(1)根据冷却器体积，把足量的三氯乙烯溶液倒入循环清洗系统(与酸洗系统一致)的液箱中，溶液流向与冷却器的油流方向相反。开动液泵使清洗液在冷却器内循环流动进行清洗 10 ~ 20 min。

(2)15 min 后观看溶液颜色，若混浊不堪则用新液重新清洗，直至流出溶液与进入溶液颜色相仿。

(3)用清水冲洗，直至冲洗干净。

(4)打开放水阀把水放完后晾干。

1.2　工况巡视

1.2.1　水泵扬程及工作点的调节

在实际工程中，水泵要与管路及其附件组成一个抽水装置，才能发挥作用。合理确定这种装置，正确计算水泵的扬程，进行水泵装置工作点的调节，才能发挥水泵的最大功用。

1.2.1.1　水泵扬程

水泵扬程表示单位重量液体通过水泵后其能量的增加值。液体所具有的能量由三部分组成，即位能、压能和动能。位能是位置高低形成的能量；压能是压力大小形成的能量；动能是流速形成的能量，它与流速平方成正比。

1.2.1.2　水泵工作点的调节

1)水泵工作点

水泵的性能曲线反映了该泵的工作能力。但是，水泵在实际运行时究竟处于性能曲线上哪一点并不明确，这就提出了水泵实际工作点的确定问题。所谓工作点的确定，即确定水泵装置实际运行时的扬程、流量、功率、效率和允许吸上真空度或允许汽蚀余量等参数。在泵站操作中，工作点的确定是很重要的。

水泵的工作点不仅决定于水泵本身的性能，还决定于装置静扬程(即水泵出水池水面与进水池水面的位置高差)和进、出水管路的阻力特性(液体流过管路的水头损失)。管路水头损失与流量的平方成正比。它是一条通过坐标原点的二次抛物线，称为管路损失曲线，以 $Q \sim \sum h$ 表示，如图 5-1-10 所示。

为了确定水泵的工作点，将上述管路损失曲线与静扬程 H_{ST} 联系起来考虑，即按公式 $H = H_{ST} + \sum h$ 绘制的曲线，称为管路系统特性曲线，如图 5-1-11 所示。

水泵的性能曲线 $Q \sim H$ 随着流量的增大而下降，管路系统特性曲线 $Q \sim \sum h$ 随着流量

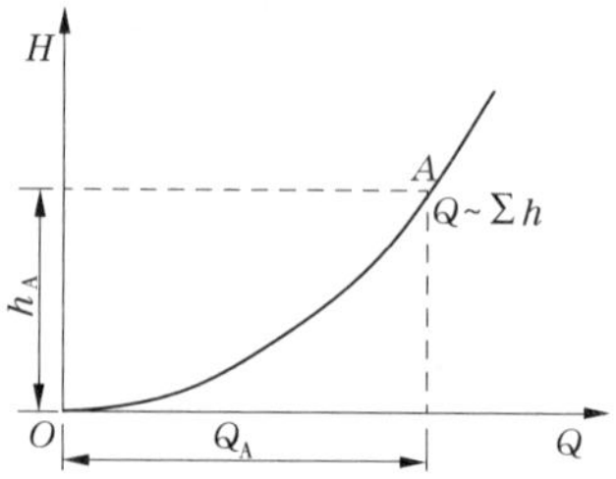

图 5-1-10　管路损失曲线

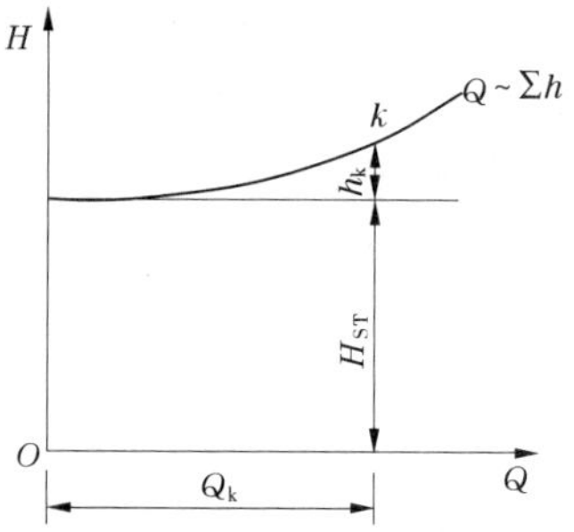

图 5-1-11　管路系统特性曲线

的增大而上升。如图 5-1-12 所示，画出水泵样本提供的该泵 $Q \sim H$ 曲线，再按公式 $H = H_{ST} + \sum h$ 画出管路系统特性曲线 $Q \sim \sum h$，两条曲线相交于 A 点，即为水泵工作点。

2）水泵工作点的调节

水泵工作点是由水泵性能曲线和管路系统特性曲线的交点来确定的。因此，人为地调节工作点，可以用两种方法来达到：一是改变泵本身的性能曲线；二是改变管路系统的特性曲线。

改变泵本身性能曲线的方法有：变径调节、变角调节、变速调节。改变管路系统特性曲线的常用方法为调节出水闸阀的开启度。

（1）变径调节。将水泵叶轮外径切削变小，可以改变水泵的性能，扩大水泵的使用范围，这种调节方法称变径调节。

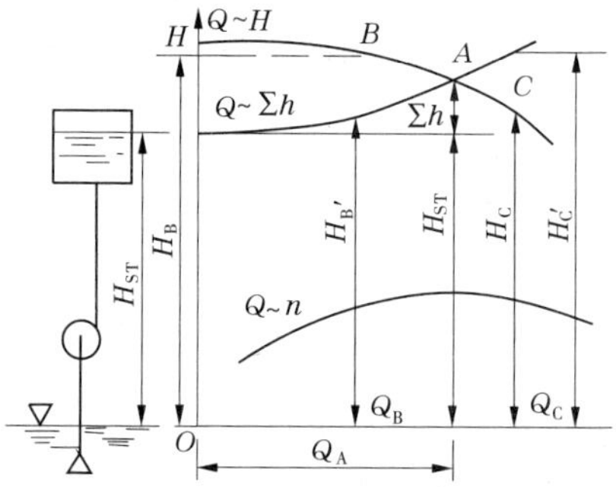

图 5-1-12　叶片泵工作点的确定

叶轮切削后，水泵的流量、扬程、功率都相应降低。可用式（5-1-1）、式（5-1-2）、式（5-1-3）换算：

$$\frac{D_1}{D} = \frac{Q_1}{Q} \tag{5-1-1}$$

$$\frac{H_1}{H} = \left(\frac{D_1}{D}\right)^2 \tag{5-1-2}$$

$$\frac{N_1}{N} = \left(\frac{D_1}{D}\right)^2 \tag{5-1-3}$$

式中　Q,H,N,D——叶轮切削前的流量、扬程、轴功率和叶轮外径；

Q_1,H_1,N_1,D_1——叶轮切削后的流量、扬程、轴功率和叶轮外径。

式（5-1-1）、式（5-1-2）、式（5-1-3）称为水泵的切削定律。

切削叶轮通常只适用于比转数不超过 350 的离心泵和混流泵。对于轴流泵来说，如果切小叶轮，就需要更换泵壳或在泵壳的内壁加衬里。叶轮切削时，要注意切削限量（见表 5-1-2），切削后必须对叶轮作平衡试验。

表 5-1-2　水泵叶轮的切削限度及切削后的效率下降值

泵的比转数 n_s	60	120	200	300	350	>350
许可的最大切削量(%)	20	15	11	9	7	
效率下降值	每切削 10% 下降 1%		每切削 4% 下降 1%			

(2)变速调节。改变水泵转速,可以改变水泵的性能,从而达到调节工作点的目的,这种调节称为变速调节。目前变速调节大多采用变频器来改变电动机的电源频率,达到调速目的,也有采用双速电动机或可变速的传动设备等方法来进行调速。水泵的性能参数与转速的关系为:

$$\frac{Q}{Q_1}=\frac{n}{n_1} \tag{5-1-4}$$

$$\frac{H}{H_1}=\frac{n^2}{n_1^2} \tag{5-1-5}$$

$$\frac{N}{N_1}=\frac{n^3}{n_1^3} \tag{5-1-6}$$

式中　Q、H、N、n——水泵变速前的流量、扬程、轴功率和转速;

Q_1、H_1、N_1、n_1——水泵变速后的流量、扬程、轴功率和转速。

由式(5-1-4)、式(5-1-5)、式(5-1-6)可知,水泵转速变化后,流量变化与转速成正比;扬程变化与转速的平方成正比;轴功率变化与转速的三次方成正比。

(3)变角调节。改变叶轮叶片安装角度,使水泵性能改变的方法,称为水泵的变角调节。这种方法适用于叶片可调节的轴流泵。变角调节比较方便,在扬程不变时,将安装角调大,增加出水量;将安装角调小,减少出水量。而要求流量不变时,如需增加扬程,则调大安装角;如需减少扬程,则调小安装角。

(4)节流调节。节流调节是通过改变压力管路上闸阀的开启度来进行调节。它是用消耗水泵能量的方法,达到调节工作点的目的。这种额外的损失,降低了水泵的效率,浪费能源,很不经济,一般在短时间、临时性的条件下使用(如水泵试验中),但它却是一种简单而可靠的调节方法。

1.2.2　水泵的汽蚀与安装高度的确定

1.2.2.1　汽蚀现象的危害

水泵在运行中产生噪声和振动,并伴随着流量、扬程和效率的降低,有时水泵甚至不能工作,当检查这台泵时,常常可以发现在叶片外缘盖板等地方有麻点或蜂窝状破坏,严重时叶片或盖板被穿透,这就是汽蚀引起的破坏。

水泵的汽蚀是由水的汽化引起的,所谓汽化就是水由液态转化为气态的过程。水的汽化与温度、压力有关。

水泵运行时,如果泵内局部地方的压力降低到相应于抽送水温的汽化压力,水就开始汽化而形成气泡。同时溶解于水中的气体也会析出,形成气泡。当这些小气泡随液体流到叶轮中压力较高的区域时，气泡四周的水高速地向气泡中心冲击，水流质点互相撞击，产生强烈的水锤，其产生的冲击频率可达每分钟几万次，瞬时压力可达几十甚至几百兆帕。如此大的水锤压力连续冲击在金属表面，将引起金属表面很快因疲劳而剥蚀。另外，气泡中含有的活泼气体（如氢、氧等）借助气泡的凝结和破裂，对金属起化学腐蚀作用。机械剥蚀和化学腐蚀，加快了金属的损坏速度。这种气泡的形成、发展和破裂导致过流部件受到破坏的全部过程，就称为汽蚀现象。

汽蚀的危害主要是损坏水泵的过流部件（如离心泵的叶轮蜗壳出口、轴流泵的叶轮导叶体进口等），降低水泵的效率，产生强烈的噪声和剧烈的振动，汽蚀严重时水泵完全不能工作。

1.2.2.2　防止汽蚀的方法

（1）正确地确定水泵安装高度。应使进水池的水位始终高于水泵正常运行时的允许最低水位（俗称技术水位）。该水位在水泵样本中能很方便地查到。同时，充分考虑水泵可能遇到的各种运行工作状态情况，在水泵日常运行中，要严格执行水泵停泵水位的规定。

（2）创造良好进水条件。进水管路不能过长，管路附件要少，适当增大吸水管直径，进入叶轮的水流速度和压力要均匀。

另外，通过调节水泵工作点的方法可以减轻汽蚀，选用致密或强度与硬度高的材料制作叶轮，采用金属或非金属材料对叶轮等过流部件进行喷涂等，都可以抵抗汽蚀，减轻汽蚀带来的危害。

1.2.3　水泵的并联与串联

水泵的联合工作可分为并联和串联两种形式。

1.2.3.1　水泵的并联工作

水泵的并联运行是指两台或两台以上的水泵向同一条出水管路供水的工作方式。为了适应流量的变化，一般大、中型灌排泵站或给水泵站都装有多台水泵。在这种情况下，为了节省管路工程的投资，常常采用2～3台水泵合用一条出水管。

1）并联工作的条件

（1）各台水泵的扬程基本相等，否则，低扬程的水泵不但不能发挥作用，甚至会发生倒流现象。

（2）尽量做到两台泵的装置扬程即管路阻力都一样。

2）并联工作的目的

（1）输水干管中的流量等于各台并联水泵的出水量之和。

（2）可以通过开、停水泵的台数来调节泵站总流量，以适应供排水量的变化。

（3）可以提高泵站排水的安全性。当一台或数台水泵损坏时，仍可以有其他水泵继续排水，并有利于安排水泵检修。

因此，水泵并联工作提高了泵站运行调度的灵活性和可靠性。在两台水泵并联工作时，由于管路水头损失增大，总扬程增加，各台水泵的流量小于一台水泵单独工作时的流量。

1.2.3.2　水泵的串联工作

水泵的串联运行是指几台水泵顺次连接，前一台水泵的出口向后一台水泵的进口供水的运行方式。水泵的串联工作常用于下列场合：①一台水泵不能满足所需扬程时；②装置的管路阻力较大，要求增加输出流量时。

1）水泵串联工作的条件

（1）串联水泵的流量相等。

（2）在安装高程相同的情况下，最后一台水泵的机械强度（包括出水管道）应能承受所有串联水泵的压力总和。

2）水泵串联工作的目的和注意事项

（1）串联后水泵的总扬程为所有串联水泵扬程的总和，流量等于第一台水泵的流量。

（2）当串联安装的水泵流量不等时，总流量应等于所有串联水泵中流量小的水泵的流量。在安装时，流量大的水泵应安装在前，流量小的水泵应安装在后。

（3）当串联安装的水泵扬程不等时，应把低扬程水泵安装在前，高扬程水泵安装在后。

（4）串联水泵启动时，必须先关闭所有串联水泵的出口，当第一台水泵启动后，先打开第一台水泵的出水闸阀，然后启动第二台水泵，再打开第二台水泵的出口闸阀，依次类推。

由于出水管道和末级水泵的耐压能力有限，所以水泵串联工作的台数不宜过多。

1.2.4　主机组运行常见故障的预防与处理

水泵发生故障后，不要急于拆卸，应先分析原因，因为有的故障不拆卸机体也可排除和修理。排除故障的正确步骤，应该首先弄清故障发生的经过以及具体表现，看、听、触、闻、思考，先从简单的故障原因查起，通过分析、判断，找到真正原因，然后采取修理措施。

1.2.4.1　离心泵的常见故障及排除方法

表 5-1-3 列出了离心泵（包括蜗壳式混流泵）运行中常见故障、产生原因及排除方法。

表 5-1-3　离心泵运行中常见故障、产生原因及其排除方法

故障现象	序号	产生原因	排除方法
水泵不出水	1	充水不足或进、出水闸阀关闭	继续充水或打开阀门
	2	总扬程超过规定	改变安装位置、降低扬程或换泵
	3	进水管路漏气	检查管道并堵塞漏气处
	4	水泵转向不对	改变旋转方向
	5	水泵转速太低	检查电源的电压和频率
	6	进水口或叶轮堵塞，底阀失灵	检查并清除杂物
	7	吸水高度太高，水泵发生汽蚀	降低安装高度
	8	叶轮严重损坏	更换叶轮
	9	填料函严重漏气	压紧或更换新填料
	10	叶轮螺母及键脱出	修复紧固

续表 5-1-3

故障现象	序号	产生原因	排除方法
流量不足	1	进水水位太低，空气进入泵内	停泵排气，水位增高后再开泵
	2	进水管路接头处漏气、漏水	检查并堵塞漏气、漏水处
	3	进水管路或叶轮中有杂物	检查进水管，清除杂物
	4	出水扬程过高	降低输送高度
	5	转速不够	调整至额定转速
	6	密封环或叶轮严重磨损	更换损坏零部件
	7	闸阀开启度不够或逆止阀有故障物堵塞	适当开大闸阀，清除故障物
	8	填料漏气	压紧或更换新填料
	9	吸水高度太高	调整吸水高度
耗用功率太大	1	转速太高	检查电路电压和频率
	2	泵轴弯曲、轴承损坏或磨损过大	校正调直、更换轴承
	3	填料压得太紧	适当放松填料压盖
	4	叶轮与泵壳碰撞	调整间隙
	5	流量过大	减小叶轮直径或关小进出水闸阀，减少流量
	6	水泵轴与电动机轴不同心	校正同轴度
泵有杂声或振动	1	基础螺钉松动	旋紧基础螺钉
	2	叶轮损坏或局部堵塞	更换叶轮或消除阻塞
	3	泵轴弯曲、轴承磨损或损坏	校直或更换
	4	水泵轴与电动机轴不同心	校正同轴度
	5	泵发生汽蚀	停泵，检查进口水位和进水管是否堵塞
	6	叶轮或联轴器松动	紧固连接螺栓
	7	叶轮平衡性差	做静平衡，调整叶轮平衡
填料函发热或漏水过多、轴承发热	1	填料压盖太紧	适当放松压盖到滴水不成线
	2	填料磨损严重或轴套磨损	更换填料或轴套
	3	轴承磨损过大	调换轴承
	4	润滑油过多或太少	调整油量
	5	润滑油质量差、不清洁	清洗轴承、换润滑油
	6	轴承装配不正确或间隙不对	修正或调整
	7	泵轴弯曲、两联轴器不同心	校正或更换
	8	轴承损坏	更换新轴承
停泵后水泵倒转	1	底阀密封严重损坏	调整阀盘与阀盖位置，使之升降灵活 更换密封圈或密封面
	2	闸阀密封严重损坏	更换密封圈或密封面
	3	底阀被杂物卡住关闭不严	清除杂物

1.2.4.2　轴流泵运行中常见故障及其排除方法

表 5-1-4 列出了轴流泵（包括导叶式混流泵）运行中常见故障、产生原因及其排除方法。

表5-1-4　轴流泵运行中常见故障、产生原因及其排除方法

故障现象	序号	产生原因	排除方法
流量不足	1	叶片安装角度太小	调整叶片安装角度
	2	转速未达到额定值	检查电压是否太低
	3	叶片损坏	更换叶片
	4	扬程过高	进水池低水位时停机
泵不出水	1	泵轴转向不对	调整电动机转向
	2	叶片断裂或固定失灵	检修叶片固定机构,更换叶片
	3	叶轮淹没深度不够	降低安装高程
运转中有杂声或振动	1	叶片外圈与进水喇叭发生摩擦	检查水泵安装质量,泵轴是否垂直
	2	水泵或传动装置的地脚螺栓未拧紧	基础加固、拧紧螺栓
	3	叶片上绕有杂物	清除杂物
	4	泵轴、传动轴或联轴器螺栓未紧固	紧固连接螺栓
	5	叶片被杂物击碎、动平衡差	更换叶片
	6	轴承磨损或橡胶轴承脱落	更换轴承或橡胶轴承
水泵超负荷	1	出水管路阻塞或拍门未全部开启	清理出水管、检修拍门使其开启灵活
	2	叶片与喇叭管或动叶外圈摩擦	检查泵轴垂直度,调整间隙或更换橡胶轴承
	3	叶片上绕有杂物	清除杂物
	4	进水池水位过低	停机
	5	叶片安装角度不正确	调整叶片安装角度
	6	轴与橡胶轴承配合过紧	调整橡胶轴承间隙
停机时倒转	1	出水拍门销子脱落或耳环断落	重新装上销子,更换出水拍门
	2	出水拍门关闭不严	调整密封,清除卡堵杂物

1.2.5　机组运行监视及事故处理

(1)机组启动过程中,如遇下列情况之一应作事故处理,紧急停机:

①主开关合闸后10 s电动机转子仍不转动;

②机组启动后15～20 s内投不上励磁;

③投励后达不到同步转速而且机组振荡,当切除励磁且待转速上升至亚同步转速时再投励仍不能同步;

④机组转动部分有严重碰撞声;

⑤系统电源消失,母线或电动机短路等。

(2)机组启动完成后,如遇下列情况之一应作事故处理,紧急停机:

①各部轴承温度急剧升高,或轴承温度达到70 ℃;或轴承油箱(盆)冷却器漏水,油面不正常升高;或轴承油箱(盆)油面急剧下降,严重甩油;或水导轴承润滑水中断。

②系统电源消失，母线或电动机短路。

③电动机失励或失步。

④机组摆度或振动过大，危及机组安全。

⑤出现其他严重事故等。

(3)机组运行过程中，遇到下列情况之一应迅速查明原因及时处理，若一时不能排除，应停机检查：

①机组冷却水中断；

②上、下导轴承油箱(盆)油温过高(超过 40 ℃)；

③碳刷火花过大；

④直流电源消失；

⑤辅机设备故障短时间不能排除等。

(4)机组运行过程中经常性监视项目。

机组运行过程中经常性监视项目主要有：上、下游水位，机组有功功率、无功功率，定子电流，转子电流，母线电压，定子温度，各部轴承的温升及油温等。机组摆度测量值应小于轴承的间隙，机组振动测量值应小于允许振动值。运行过程中应经常观察主机组，油、气、水系统设备以及电气设备的工作情况是否正常，及时发现问题，迅速处理。

1.2.6 技术档案管理相关知识

技术管理是泵站运行管理的核心。泵站技术管理水平的高低，将直接影响泵站运行安全及效益的发挥。因此，不断提高技术管理水平，搞好运行管理是至关重要的。泵站管理单位应按照国家或行业的规定要求，建立健全相应的档案管理设施和技术档案管理制度。

(1)泵站管理单位应对工程的建设(包括更新改造、扩建)、管理、科学试验等文件和技术资料进行分类收集、整理、编目、存档。科技档案管理应有专人负责。

(2)泵站工程技术档案的主要内容及保管期限应符合相关规定。各类建筑物和设备均应建档立卡，技术档案、图表资料等应规范齐全、分类清楚、存放有序。泵站科技档案应使用国家规范规定的科技档案卷盒、卷夹、案卷封面、卷内目录、卷内备考表。

(3)技术档案应包括以文字、图表等纸质件及音像、电子文档等磁介质、光介质等形式存在的各类资料。各类档案应按时归档。各单位应逐步实行档案的数字化及计算机管理。

(4)严格执行保管、借阅制度，做到收、借有手续，定期归还。外单位需借用资料，应经单位负责人同意后方可借出，并按规定时间催还。

(5)保管人员工作变动时，应按规定办理移交手续。

泵站技术管理包括设备运行管理、设备维护与检修管理、建筑物管理、调度管理、安全管理与环境保护和信息管理等方面，根据水利部编制的《泵站技术管理规程》的规定，泵站管理技术档案应包括以下内容：

①泵站管理相关的标准。

②设备管理技术档案。主要包括设备台账、运行分析报告、巡视、保养及维修记录、主

机组及主变压器大修报告、电气设备预防性试验记录、设备异常运行情况及事故记录、两票分析报告、备品备件分析报告、设备更新及技术改造等技术文件及资料。

③建筑物管理技术档案。主要包括建筑物、水文、气象等观测试验资料，建筑物保养、岁修、大修、技术改造等技术文件和资料。

④调度管理技术档案。主要包括调度值班日志、调度指令、交接班信息、历史数据，供（排）水计划、能源计划、检修计划，月度及年度分析报告，调度预案，水文资料等。

⑤信息管理技术档案。主要包括信息系统程序修改或版本更新记录，信息系统运行数据等。

1.3　事故分析与处理

1.3.1　油压系统的故障分析

随着液压技术的发展，油压系统在各工业部门的应用日益广泛。因此，确保油压系统的正常动作，增加工作的可靠性非常重要，正确选用液压油的品种和黏度是保证系统长期、可靠工作的首要条件。另一方面，当油压系统发生故障时，能够迅速地找到原因并有效地解决故障也是十分重要的。

1.3.1.1　油压系统故障的原因

油压设备由机械、液压、电气及仪表等装置组合而成，因此在分析油压系统的故障时必须先了解整个油压系统的工作原理、结构特点和元件及材料配置情况。由于油压系统是密封带压系统，管路中油液的流动情况、液压元件内部的零件动作和密封是否损坏都不易观察到，因此分析故障的原因和判断故障的部位都比较困难。油压系统发生故障的原因很多，归纳起来主要有几方面：

（1）设备的机械故障。包括油压系统设计不合理、安装间隙不正确、液压元件质量问题、密封件选用不当等，由这些问题引起的油压系统故障一般与液压油没有关系。

（2）操作失误造成液压系统故障。是指油压系统在正常运转时由于操作人员操作不当而造成的故障，如错误开闭阀门，突然中断电源，操作温度或压力过高，补油时加错油品，油箱油面过高或过低，不及时从油箱底部放出分离的水等。由于操作失误造成的油压系统故障，都不是液压油质量问题造成的，大都不涉及液压油，但有些可以从液压油质量的变化观察出来。

（3）由液压油的质量造成油压系统故障。大多是由于选油不当或使用了不合格的油品所致，也可能是液压油使用时间过长，不及时更换新油所造成。

1.3.1.2　油压系统故障形式

在这里仅从液压油的品质及使用中出现的问题对油压系统的故障进行分析，其故障形式有：

（1）油压系统油温过高自动停机；

（2）油压系统压力不稳或不足；

（3）油压系统进水的影响；

(4)液压油中混入空气的影响;

(5)液压系统的颗粒污染;

(6)油压系统中混入其他油品。

液压油如不及时更换或进行处理,在使用中一定会发生变质。继续使用变了质的液压油会造成液压系统工作不正常、零部件磨损和腐蚀,严重时会造成重大事故。反之,若液压油还没有变质就更换,不但造成浪费,而且还需停机换油,增加不必要的开支。因此,在使用中了解液压油的质量状况,在它发生明显变质时及时更换或进行处理,是保护设备、降低成本的一项重要手段。液压油的变质包括油品组成和性质的变化,主要是液压油的氧化变质、轻质馏分的挥发、添加剂损耗和油品污染等,所有这些都会使液压油的性能发生变化,影响正常使用。

1.3.1.3 引起油泵效率下降和油压系统油压力减小的常见原因

(1)油泵磨损。油泵的齿轮工作时必然会发生磨损,如果机油内含有杂质,将会加速其磨损进程。当磨损后,其内部泄漏量增大,所以泵油效率随之相应降低。

(2)吸入油泵的油量减少。油过滤器用于过滤油中颗粒较大的杂质。粘附在过滤器上的杂质会随使用时间的延长而增多,致使吸油的通道截面减小,油泵吸入的油量减少,引起压力油系统油压力下降,甚至不产生压力。如果油泵吸油段油管或接头处漏气或油箱油量严重短缺时,油泵的吸油腔真空度下降,使油泵吸油不饱满,导致油压系统压力过低。

(3)泄漏量大。油泵能够产生压力的基本原理是油在油道内流动有阻力,如果油压系统的油道有泄漏,限压阀调定压力过低或关闭不严、轴颈等处因磨损配合间隙过大,都会造成油压系统的泄漏量增大,系统内的油压力会随着泄漏量增大而相应降低。

(4)油黏度的影响。油黏度实际是指油流动时的内摩擦阻力的大小。油流动时的内摩擦阻力小时,其流动性好。反之,油流动时的内摩擦阻力大时,其流动性差,因此黏度是油最主要的衡量指标。油黏度会随油的温度变化而变化。油温度低时黏度大,温度高时黏度小。当油黏度因温度过高或其他物质的稀释黏度减小时,会引起油压系统泄漏量增大导致压力减小。反之,油黏度大时,流动性差易堵塞油路,也会使摩擦部位油压力降低。

(5)限压阀调整不当。由限压阀工作原理可知,限压阀是靠平衡弹簧和球阀(或锥阀)来限制油压力的,使油压力不超过技术文件的规定值。油压力超过规定值时,便克服弹簧的弹力将阀门推开使系统内泄压;油压力低于弹簧弹力时,阀门在弹簧的作用下关闭。由此看来,油压系统的机油压力取决于限压阀弹簧弹力的大小。当调整的弹簧弹力过小或弹簧疲劳而弹力过小时,会使油压系统内的油压力降低。此外,限压阀受杂质影响而关闭不严,也会使油压力下降。

(6)油压力显示装置的影响。油压力显示装置包括油压力表和油压力传感器,它用来反映油压系统的油压力大小。如果油压力表或油压力传感器发生故障,反映的压力值会失真,使之误认为油压系统发生了故障。

1.3.2 真空泵的故障原因及处理方法

表 5-1-5 列出了真空泵的常见故障、产生故障的原因及处理方法。

表 5-1-5　真空泵的常见故障、产生故障的原因及处理方法

故障的现象	产生故障的原因	处理的方法
电动机不启动、无声音	至少两根电源线断	检查接线
电动机不启动、有嗡嗡声	一相电源线断、电动机转子堵转、叶轮故障、电动机轴承故障	检查接线、叶轮及间隙、电动机转子、轴承间隙，调整叶轮间隙或更换叶轮，调整转子、轴承间隙或更换轴承
电动机启动时，断路器跳闸	绕组短路、电动机过载、排气压力过高、工作液过多	检查电动机绕组、降低工作液流量、降低排气压力、减少工作液
消耗功率过高	产生沉淀物	清除沉淀物
泵不能产生真空	无工作液、系统泄漏严重、旋转方向错误	检查工作液、修复泄漏处、互换两相电源线改变旋转方向
真空度太低	泵太小、工作液流量太小、工作液温度过高（>15 ℃）、磨蚀量过大、系统轻度泄漏、密封泄漏	用大一点的泵、加大工作液流量、冷却工作液并加大流量、更换零件、修复泄漏处
尖锐噪声	产生汽蚀、工作液流量过高	连接汽蚀保护件、检查工作液，降低流量
泵泄漏	密封垫坏	检查所有密封面及密封件

1.3.3　泵站事故处理的规定

泵站事故的处理应符合以下规定：

（1）尽快限制事故发展，消除事故根源，并解除对人身和设备的危险。

（2）将事故限制在最小范围内，确保未发生事故的设备继续运行。

（3）发生危及人身安全或严重的工程设备事故时，工作人员可采取紧急措施，操作有关设备，事后当事人必须及时向上级报告。

（4）根据现场情况，如调度命令直接威胁人身和设备安全时，值班人员可拒绝执行，并申诉理由，同时向上级管理部门报告。

（5）泵站事故发生后的处理应按以下规定执行：

①工程设施和机电设备发生一般事故，泵站管理单位应立即查明原因，及时处理。

②工程设施和机电设备发生重大事故，泵站管理单位应及时报告上级主管部门，并协同调查处理，抢修工程及设备。

③发生人身伤亡事故时，泵站管理单位应及时报告上级主管部门，并保护好现场，由上级单位组织有关人员进行事故调查并作处理。

（6）事故发生后应填写事故报告，并报上级主管部门。

模块 2　电气设备运行

2.1　设备检查与操作

2.1.1　电气设备直流电阻

2.1.1.1　直流电阻测量方法

电气设备绕组直流电阻的测量及其结果是电气试验中的重要项目和重要数据。通过直流电阻的测量,可判断电气设备线圈的质量、线圈或引线有无折断、并联支路是否正确和有无短路现象以及动、静触头接触状况等。因此,在交接预试、大修或有必要时,均应进行此项试验。

直流电阻的测量,基本方法有电压降法和电桥法。电桥法是用单、双臂电桥测量,这种方法可以直接读取数值,准确度较高;但测量感抗值较大的设备绕组的直流电阻时,往往需要很长的时间才能测出直流电阻的准确值,使用时不够方便。电压降法需要通过计算才能得出直流电阻值。

随着新技术、新设备的应用,直流电阻测试仪又称直流数字电桥,取代单、双臂电桥测量直流电阻,具有精度高、速度快的特点,使用它可以缩短测量时间,减轻测试人员的工作负担,已经得到推广应用。这种设备测量清晰度高、范围宽,数据稳定、重复性好,抗干扰能力强,保护功能完善。

直流电阻测试仪是采用先进的开关电源技术,在阳光下可直接读数,具备自动消弧功能。仪器内装可充电电池组(12 V),交、直流两用,便于现场与野外两用。

测试仪为测试电阻提供两种电源,即 AC220 V/DC12 V。在强电磁场干扰的情况下,最好使用直流电源测试。这种状态下测的数值稳定,抗工频干扰能力强。

使用直流电源测试时,闭合总电源开关(DC12 V),相应的指示灯亮;按下“启停”按钮,即可进行测试。测试完毕,关闭总电源开关(DC12 V),相应的指示灯熄灭,放电后再转换测试夹,进行再次测试。

使用交流电源测试时,接上交流 AC220 V,相应的指示灯亮;闭合总电源开关,相应的指示灯亮;按下“启停”按钮,即可进行测试。测试完毕,关闭总电源开关(AC220 V),相应的指示灯灭;放电后,再转换测试夹,进行再次测试。

测试仪进行充电接上交流 AC220 V 电源,此时充电指示灯亮,表示正在对机构的可充电电池进行充电工作。仪器在使用交流电源测试的同时也在对机内电池进行充电。

测试设备时接线方法:将测试仪的 I_+、V_+、V_-、I_- 端子与被测试设备按图 5-2-1 所示的方法连接好。这种连接法,可消除 A、B、C、D 四处的接触电阻,以及联线电阻对测量的影响。此时,读出的测量值即为 B、C 之间的电阻值 R_x(注意 B、C 之间不要反向)。

测试中,如果仪器随带的测试线长度不够,可使用直径相当的导线将测试线加长。

测量时,仪器在未接好的情况下开机表头显示“E0000”。按图 5-2-1 方法接好测量线后,根据被测阻值估值的大小选定欲测的电阻挡,按下该挡按钮,此时该挡指示灯亮,四位半 LCD 显示的稳定值即为被测的电阻值。读值时,注意所选量程上的单位。在测量大电感试品如电力变压器时,在测试回路以外,其他不需要测量的线圈最好将其短路,以免电磁干扰。

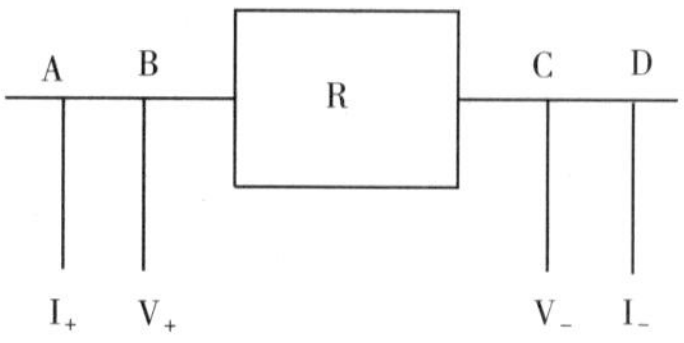

图 5-2-1　测试设备接线方法

测试完毕后可直接关断总电源。如果是感性试品,关断电源后不应马上拆线操作,应让仪器有续电过程,一般放电至少 20 s,否则电感的反电动势危害人身安全。

该仪器的测量范围为 0 ~ 200 kΩ,分多个挡;测量精度为 0.2 级,分辨率为 1 μΩ。

使用该仪器在测量中应注意:

(1)在使用完直流电源测试后,应及时对机内电池进行充电维护。

(2)在直流测试过程中,发现欠压指示灯亮,应停止使用直流电源,改用交流电源测试。

(3)仪器长期不用时,应定期(两个月)对仪器内的电池组进行充电维护,一般充电 24 h 左右,直至“充满”指示灯亮。

(4)仪器应避免受潮、跌落、暴晒等。

2.1.1.2　直流电阻判断标准

1)变压器

变压器在交接、大修和改变分接头开关位置时,必须测量直流电阻。一般规定:1.6 MVA 以上变压器各相绕组电阻相互间的差别不应大于三相平均值的 2%,无中性线引出的绕组,线间差别不应大于三相平均值的 1%;1.6 MVA 以下变压器各相绕组电阻相互间差别不应大于三相平均值的 4%,线间差别一般不大于三相平均值的 2%。与以前测得的数值相比较(相间测量部位),其变化不应大于 2%。不同温度下电阻值按下式换算:

$$R_2 = R_1(T + t_2)/(T + t_1) \tag{5-2-1}$$

式中　R_1、R_2——对应 t_1、t_2 温度下的电阻值;

T——计算常数,铜线取 235,铝线取 225。

2)交流电动机

《电力设备预防性试验规程》(DL/T 596—1996)规定:3 kV 及以上或 100 kW 及以上的交流电动机,1 年或大修时或认为必要时,要测量绕组直流电阻;3 kV 及 100 kW 以上的交流电动机各相绕组的直流电阻值相互差别不应超过最小值的 2%;中性点未引出的,可测量线间电阻,其相互差别不应超过 1%。注意相互差别的历年相对变化。

3)互感器

互感器绕组直流电阻,大修时或有必要时测量,测量值只需与初始或出厂值比较,应无明显差别。

4)开关设备

规程规定,每 1 ~ 3 年或大修后,测量导体电回路电阻,测量值不大于制造厂规定值的

12%。用直流降压法测量,电流不小于 100 A。对断路器分、合闸线圈的直流电阻测量的要求是:测得的直流电阻值与产品出厂试验值相比不应有明显变化。

2.1.2 接地系统接地电阻

2.1.2.1 **测量方法**

输、配电杆塔,独立避雷针等小型接地装置工频接地电阻采用 ZC－8 型接地电阻测试仪测量,它是专用的测量仪器,该仪器具有以下优点:

(1)仪器本身自备电源,不需要另外配电源设备;

(2)携带方便,使用方法简单,可以直接从仪表上读取数值;

(3)配套齐全,不需另行制作,简化了测量准备工作;

(4)抗干扰能力较好,但不能用来测量大面积接地网接地电阻。

测量时,选用 ZC－8 型接地电阻测试仪一台,辅助接地棒两根,导线 5 m、20 m、40 m 各一根。具体测量方法如下:

(1)拆开接地干线与接地体的连接点,或拆开接地干线上所有接地支线的连接点。

(2)将两根接地棒分别插入地面 40 cm 深,一根离接地体 40 m 远,另一根离接地体 20 m 远。

(3)把摇表置于接地体近旁平整的地方,然后进行接线:

①一根连接线连接表上接线桩 E 和接地装置的接地体 E′;

②一根连接线连接表上接线桩 C 和离接地体 40 m 远的接地棒 C′;

③一根连接线连接表上接线桩 P 和离接地体 20 m 远的接地棒 P′。

(4)根据被测接地体的接地电阻要求,调节好粗调旋钮(仪器上有三挡可调范围)。

(5)以 120 r/min 的速度均匀地摇动摇表。当表针偏转时,随即调节微调拨盘,直至表针居中。用微调拨盘调定后的读数,乘以粗调定位倍数,即是被接地体的接地电阻。

(6)为了保证所测接地电阻值的可靠,应改变不同的方位进行复测,取几次测得值平均,作为接地体的接地电阻。

测量时应注意几点:

(1)测量前将仪表放平,然后调零,指针指在红线上。

(2)三端钮测量仪的接线如图 5-2-2(a)所示。将 E′、C′、P′分别与 E、C、P 相连接后沿直线相距 20 m 插入土中。四端钮测量仪接线如图 5-2-2(b)、(c)所示。

(3)将倍率选择旋钮放在最大倍数上,缓慢摇动手摇交流发电机的手柄,同时转动"测量标度盘"调节电位器 R,直至指针停在红线处。当检流计接近平衡时,加快手摇交流发电机的转速至额定转速(120 r/min),调节"测量标度盘",使指针稳定地指在红线位置,然后读数(接地电阻＝倍率×测量标度盘读数)。

(4)如果"测量标度盘"的读数小于 1,应将倍率选择旋钮放在较小的一挡,然后重新进行测量。

(5)被测接地电阻小于 1 Ω 时,为了消除接线电阻和接触电阻的影响,宜采用 4 端钮。测量时将端钮 P_2 和 C_2 的短路封片分开,分别用导线接到接地体上,并使端钮 P_1 接在靠近接地体的一侧,如图 5-2-2(c)所示。

(6)测量接地电阻应用交流测量,因为土壤导电常常要经过水溶液,如果用直流测量,则会在电极上聚集电解出来的气泡,从而减小了导电截面,增加了电阻,影响测量准确度。

(7)测大面积变电所接地网的接地电阻通常采用电流－电压表进行测量。

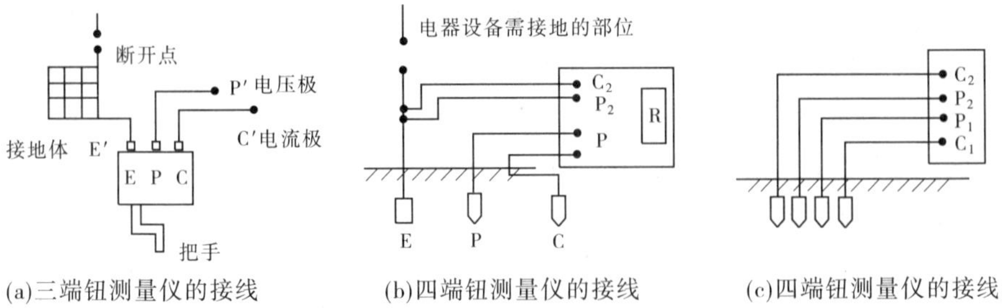

图 5-2-2　接地电阻测量仪接线图

2.1.2.2　判定标准

(1)交流工作接地:接地电阻不应大于 4 Ω。

(2)安全工作接地:接地电阻不应大于 4 Ω。

(3)直流工作接地:接地电阻应按计算机系统具体要求确定,一般不应大于 0.5 Ω。

(4)防雷保护接地:接地电阻不应大于 10 Ω。

(5)对于屏蔽系统,如果采用联合接地,接地电阻不应大于 1 Ω。

2.1.3　直流电源系统

2.1.3.1　直流电源系统的作用

直流电源系统作为独立电源,为泵站的保护、控制、信号回路、事故照明等负荷提供电源,称为操作电源。操作电源分为两大类:接线方式较为简单的小容量泵站,常采用交流操作电源;对于较为重要、容量较大的泵站,一般采用固定独立的蓄电池作为操作电源。作为独立操作电源,要有足够的可靠性。直流电源系统不受交流系统电源的影响,且当交流电源系统发生故障停电时,直流电源系统仍能保证泵站保护、控制、信号回路和设备操作机构连续可靠地工作,保证泵站工程安全,同时还可以保证事故照明。

选择直流电源容量,要充分考虑全站事故停电时及最大冲击负荷用电容量总和,时间按不少于 30 min 计算。

2.1.3.2　系统构成

直流电源系统由独立的蓄电池组以及利用直流电源对此充电的设备(如充电屏)等共同构成。通常是利用充电屏对蓄电池进行浮充电运行。

2.1.3.3　工作原理

泵站直流电源系统内的蓄电池组,一般采用浮充电方式运行。其工作原理是:将充电装置与蓄电池组并联于直流母线上,充电装置除供给经常性负荷外,同时以很小电流向蓄电池浮充电,补偿蓄电池自放电,使蓄电池经常处于满充电状态。蓄电池内阻很小,断路器合闸时会造成很大冲击电流,这时直流母线电压虽有所下降,但是绝大部分电流由蓄电池供给。如果交流系统发生故障断电,蓄电池组将自动转入放电状态,承担全部直流负荷;交流电源恢复,充电装置给蓄电池充电,然后再转入浮充电运行方式。

2.1.4　其他相关知识

2.1.4.1　泵房接地系统的接地电阻

泵房接地系统的接地电阻不应大于4 Ω。实际上泵房接地是一个大接地网系统,在预埋接地时,考虑到接触电压与跨步电压等因素,接地网的敷设一般采用环网均格布置,且实测接地电阻远远小于4 Ω,甚至更小,完全能满足规范的要求。要注意对泵房接地网的测量,务必检查各电气设备是否与接地网紧密相连。

2.1.4.2　安全措施检查

在电气设备上检修维护时,按照《国家电网公司电力安全工作规程(变电部分)》(简称《安规》)的规定,应有以下安全技术措施:①停电;②验电;③接地;④悬挂标示牌和装设遮栏或围栏。这些措施由运行人员或有权执行操作的人员按《安规》要求执行。施工结束后,拆除所有临时安全措施,现场恢复到正常运行状况,如拆除临时挂设的接地线,移走临时架设的遮栏或围栏,取下临时挂放的警示牌、维修器具、检查维修记录、查验试验报告、打扫场地等。

2.1.4.3　核对操作票

开、停机操作票由操作人员填好报运行值班负责人员复核。值班负责人要根据本次操作任务,按开停机程序或其他操作程序逐项、逐条审核,确认操作人员所填内容无误后签字认可,交操作人员与监护人员执行。操作票的内容应包括:本次开停机的任务,开机排涝或开机灌溉,停机,投(停)哪一面开关柜的几号刀闸、几号开关(断路器),谁操作、谁监护等。

2.2　工况巡视

为发挥泵站工程效益,确保泵站设备运行安全,必须加强巡视。泵站电气设备运行中的工况巡视内容在初级工和中级工中已作了详细介绍。本节主要对泵站电气设备运行中预防人身伤亡事故、火灾事故和电气误操作事故等知识作一些介绍。

2.2.1　防止人身伤亡事故

为防止人身伤亡事故,应依据国家相关法律法规的规定,结合泵站实际制定本泵站切实可行的安全规章制度,运行人员必须严格按制度执行。

(1)定期对人员进行安全技术培训,提高安全技术防护水平。

(2)定期进行安全制度培训,使运行人员熟练掌握有关安全措施和要求,明确职责,严把安全关。

(3)严格执行安全操作规程,杜绝违章作业、违章指挥。

(4)不断改善和完善安全设施,提高人员在生产活动中的安全性,减少人身伤亡事故发生的几率。

2.2.2　防止火灾事故

为防止火灾事故发生,应依据国家相关法律法规的规定,结合泵站实际制定本泵站切实可行的消防安全制度,运行人员必须严格按制度执行。

(1)电缆不得与易引起火灾的管道同处一室或相近布设,以免引起火灾。

(2)电缆室、电缆廊道及电缆沟与外部连通的通道必须用防火堵料封堵。在电缆廊道内每隔 150 m、充油电缆每隔 120 m、电缆沟每隔 20 m,设一个防火分隔物。

(3)建立健全电缆维护、检查、防火及报警管理等各项规章制度,运行中坚持定期巡查。

(4)在电气设备维修时,必须严格执行相关安全制度。

(5)不断改善和完善消防安全设施设备,定期检查和更换消防器材。

2.2.3　防止电气误操作事故

电气误操作分为一般电气误操作和恶性电气误操作。

(1)一般电气误操作主要有:①误(漏)拉合断路器;②误(漏)投或停继电保护及安全自动装置(包括连接片);③误设置继电保护及安全自动装置定值;④下达错误调度命令;⑤错误安排运行方式;⑥错误下达继电保护及安全自动装置定值或错误下达其投停命令。

(2)恶性电气误操作主要有:①带负荷误拉(合)隔离开关;②带电挂(合)接地线(接地刀闸);③带接地线(接地刀闸)合断路器(隔离开关)。

(3)为了防止电气误操作事故的发生,必须严格执行《国家电网公司电力安全工作规程(变电部分)》的相关要求,并结合各自泵站实际制定本泵站操作规程,运行人员必须严格按规程执行。

①严格执行操作票、工作票制度,并使两票制度标准化、管理规范化。

②严格执行调度命令,不允许改变操作顺序。当发生疑问时应立即停止操作,并报告相关部门的人员,绝对不允许随意修改操作票,不允许随意解除闭锁装置。

③加强防误闭锁装置运行维护管理,确保已装设的防误闭锁装置正常运行。

④防误装置电源应与断电保护控制回路电源分开,经常维护保养防误装置,防止锈蚀、卡涩,防干扰,防异常开启。户外防误装置还应采取防水、防低温等措施。

⑤防误装置不得随意退出运行,防误装置停运退出运行要备案并经技术负责人批准。

⑥采用计算机监控系统的,远方就地操作系统要装设电气闭锁装置。

⑦断路器、隔离开关闭锁回路严禁用重动继电器,应直接用相应设备的辅助触点。操作时,以现场状态为准,不可误判!

⑧规定设置临时地线的地点,不得随意变更,户内设置的接地线端子应在显眼处。

2.2.4　防止电气设备事故、故障

2.2.4.1　防止变压器损坏事故

(1)变压器的密封装置应可靠,不得有渗漏,且要防止水汽进入而受潮。要加强运行

中的巡视,注意冷却系统运行是否正常,套管、引出线等部位应有防止雨闪事故的措施。

(2)加强对变压器瓦斯继电器的巡视,轻瓦斯发信号,重瓦斯跳闸。解除重瓦斯跳闸,需经泵站技术负责人批准。

(3)在技术管理上应采取有效措施,改善变压器的运行条件。

(4)完善变压器的消防措施,并加强管理,防止变压器着火时事故扩大。

(5)变压器套管渗油时,应及时处理,防止内部受潮而损坏。

(6)观察油标、油位与油色是否正常。

2.2.4.2 防止开关设备事故

(1)开关设备的"五防"装置必须可靠和运行正常,严禁使用"五防"装置功能不可靠的开关柜。

(2)已投运的设备,"五防"功能不完善的应尽快完善,避免人身及设备事故。

(3)手车每次推入柜内之前,必须检查开关设备的位置,杜绝在合闸位置推入手车,手车进出柜时应保持平稳,防止猛烈撞击而变形。

(4)运行中的设备应保持清洁,定期清扫,防止污秽。

(5)对不同型号的断路器都应加强绝缘监测,注意预防性试验结果,发现问题及时处理。

(6)开关设备应按规定的周期检修,尤其加强对绝缘拉杆机构的检查与维修,防止断路器的绝缘拉杆拉断、拒分、拒合和误动作,以及灭弧室烧损和爆炸。

(7)隔离开关应按规定的周期检修,失修的刀闸必须立即报废,防止事故发生。

(8)根据预防性试验结果,加强对隔离开关转动部件、接触部件、操作机构、机械及电气闭锁装置的检查和润滑,并进行操作试验,防止机械卡涩、触头过热、绝缘子断裂等事故发生,确保隔离开关操作运行可靠。

(9)定期对手车开关本体上的销杆进行检查,防止压杆断裂、防护挡板落下造成三相短路。

2.2.4.3 手车断路器的基本操作方法和注意事项

(1)改变手车位置时,必须先检查确认手车断路器在分闸位置。

(2)手车位置改变后要观察位置指示器(灯)的变化,防止手车不到位而影响指示和控制。

(3)手车不允许停留在运行位置和试验位置之间的任何中间位置,并且必须确保到位并定位锁死。

(4)手车拉出后,应观察静触头隔离挡板是否已落下。

(5)手车由试验位置移至检修位置前,必须先拔掉手车控制线插头(航空插头),并将其锁定在手车上,防止插头脱落挤坏。

(6)手车由试验位置移至运行位置前,必须先插上手车控制线插头(航空插头),并检查相应指示灯的变化。

(7)手车控制线插头(航空插头)插牢并锁定后,方可送手车断路器的储能电源,防止在插手车控制线插头(航空插头)时,开关储能而烧坏插头。

(8)仅当手车处于试验或检修位置时,接地开关才能操作。开关柜后柜门与接地开关之前有闭锁,只有后柜门关闭时,方可操作接地开关。

(9)接地开关处于合闸位置时,手车不能从检修或试验位置移至运行位置。

2.2.4.4 防止直流系统故障

(1)加强对蓄电池组的维护与管理,确保蓄电池组能提供可靠的供电电源。严格控制浮充电运行方式和参数,保证蓄电池组的电压。

(2)保证充电装置的安全稳定运行,对仅有一台充电装置的,发现问题应及时处理,确保装置运行状态良好。

(3)充电装置在发现冲击负荷掉闸时,应分别检查充电装置过流保护定值和蓄电池是否有异常,发现问题及时处理。

(4)充电装置应定期检查其稳流精度。

(5)直流系统的报警检测信号引至中控室。

(6)直流系统熔断器容量选择要合理,防止越级熔断,扩大事故范围。

(7)直流系统设置要合理,控制、保护、合闸母线应分开运行,防误闭锁装置的直流操作电源必须单独设置。

(8)熟悉直流系统接线图,防止误操作。

(9)直流系统的各种设备铭牌及标志牌应清晰。

(10)直流系统通过绝缘监视装置检测绝缘电阻下降或接地现象,一旦发现要立即检查处理。停运保护装置电源的供电母线,必须经泵站技术负责人同意。

(11)防止蓄电池室及直流系统着火。

2.3 事故分析与处理

2.3.1 泵站电气设备继电保护

当泵站电气设备发生故障时,继电保护装置迅速动作,将故障部分及时地从系统中切除,保证非故障部分继续工作;或发出报警信号,以便值班人员检查并及时采取措施消除故障,以达到保护系统的目的。

根据设计规范要求,泵站的电力设备和馈电线路均应装设主保护和后备保护。主保护应能准确、快速、可靠地切除被保护区域内的故障;在主保护或断路器拒绝动作时,应分别由元件本身的后备保护或相邻元件的保护装置将故障切除。

2.3.1.1 保护装置选择的原则

泵站继电保护选择,必须满足选择性、灵敏性、可靠性、速动性等要求。根据泵站运行特点:①一般情况下应装设进线断路器,从进线处取得信号,一旦泵站内部发生故障,经保护装置作用于进线断路器,使得泵站故障控制在泵站内,不影响供电系统安全。②不得设置自动合闸装置。泵站允许短时停电,但不需要机组自启动,因机组自启动将会给机组带来严重后果。为防止机组自启动,在系统中设置了低电压保护,使机组在失电后尽快与电源断开。

保护装置选择的一般原则是:

(1)选择性。在故障情况下,使距离故障点最近的开关(断路器)首先断开。

(2)灵敏性。是指保护装置在其保护范围内发生故障和不正常工作状态时的反应能力。保护装置灵敏性应根据要求设定。主保护灵敏度高,二级保护相对次之。

(3)可靠性。保护装置必须可靠工作,且接线要简单,触点回路要少。尽量减少装置发生故障时的拒动或正常运行时的误动。因此,选择设备时要充分考虑其可靠性。

(4)速动性。根据保护类型的不同,无论是哪种类型装置在其工作范围内都必须迅速执行设置命令。

传统保护装置的上述“四性”相对差一些,且接线复杂、调试难度大、维护工作量大,已被逐渐淘汰。

2.3.1.2 继电保护类型

1)系统电压母线装设的保护

(1)带时限的电流速断保护。动作时,断开进线断路器。

(2)低电压保护。动作时,断开进线断路器。

(3)单相接地故障监视。动作时,发信号。

2)电动机装设的保护

(1)主保护。2 000 kW 以下电动机采用两相式电流速断保护装置;2 000 kW 及以上采用纵联差动保护装置;上述保护装置均不带时限,动作于跳开电动机断路器。

(2)低电压保护。动作时限宜整定为 0.5 s,动作于断开电动机断路器。

(3)单相接地保护。当接地电流低于 10 A 时,既可动作于跳开断路器,也可动作于发信号。当接地电流等于或大于 10 A 时,动作于跳开断路器。

(4)过负荷保护。分两个时限设定:第一时限发信号,第二时限动作跳开断路器,其动作时限整定应大于机组启动时间。

(5)同步电动机的失步、失磁保护。失磁保护瞬时断开断路器,失步保护带时限断开断路器。

(6)机组轴承(瓦)温升保护。温度升高发信号,超过设定温限动作断开断路器。

3)变压器装设的保护

变压器装设的保护包括过电流速断保护、纵联差动保护(根据变压器容量确定)、过负荷带时限保护、温度保护及瓦斯保护等。

4)泵站系统专用线路保护

泵站系统专用供电线路不装自动重合装置。

5)静电电容器保护

静电电容器保护设操作过电压保护及自动放电装置等。

上述各种保护装置传统的均是采用分离元器件组成并实现各系统功能,维护、调试工作量大,动作可靠性相对较差。随着现代电子技术的发展,对于常规保护(如过电流保护、过负荷带时限保护、低电压保护等),每台机组均设置于一个综合保护单元内;纵联差动保护也设置于一个综合保护单元内;非电量参数采集、控制也集中于一个综合保护单元内,这些装置统称为微机继电保护装置。这种装置工作可靠性高、故障率低、接线简单、调试方便,是原有继电保护装置的替代产品,在水利行业特别是泵站应用比较广泛。微机保护装置具有检测灵敏、运行可靠、调试简单、接线便捷、参数设定修改方便、故障率低、维护方便的特点。装置参数设定、整定值的修改，模拟试验均可在面板设定选用，也可以实现远方召唤修改。装置的外围接线与传统保护装置接线基本相同，均取自电压互感器与电流互感器的二次端。装置的出线根据其功能不同，直接与跳、合闸线圈及其他设备相连，接线直接、方便、简单，不需要另外增加设备。

微机保护装置的校验，采用综合试验仪即可实现。

2.3.1.3 《微机继电保护装置运行管理规程》相关知识

微机保护装置，电力行业以《微机继电保护装置运行管理规程》(DL/T 587—2007)进行了规定。根据《微机继电保护装置运行管理规程》要求，泵站运行人员应掌握的相关知识如下。

1)工程管理

(1)继电保护设备订货合同中的技术要求应明确微机保护软件版本。制造厂商提供的微机保护装置软件版本及说明书应与订货合同中的技术要求一致。

(2)新微机继电保护装置投入运行前，应按照有关部门下发的微机保护软件版本通知，核对微机保护装置软件版本，并将结果上报有关部门。

(3)对新安装的微机继电保护装置进行验收时，应以订货合同、技术协议、设计图样和技术说明书等有关规定为依据，按有关技术标准和规定进行调试，并按定值通知单进行整定。检验整定完毕并经验收合格后方可投入运行。

(4)新设备投入运行前，泵站建设单位应按继电保护竣工验收有关规定向泵站运行单位移交图样、仪器仪表、调试专用工具、备品备件和试验报告等设备和资料，对于基建、改造工程应配置必要的继电保护试验设备和专用工具。

(5)新建、扩建、改造工程使用微机继电保护装置，发现质量不合格的，应由制造厂商负责处理。

(6)在新建工程验收时，应按相关规程要求，检验线路和主设备的所有保护之间的相互配合关系，对线路纵联保护还应与线路侧保护进行一一对应的联动试验，并有针对性地检查各套保护与跳闸连接片的唯一对应关系。新建工程投运时，微机继电保护装置应与一次设备同步投运。

2)定值管理

现场微机继电保护装置定值的变更，应按定值通知单的要求执行，并按照规定日期完成。如根据二次系统运行方式的变化，需要变更运行中保护装置的整定值时，应在定值通知单上说明。

定值通知单有计算人、审核人签字并加盖“继电保护专用章”方能有效。

3)检验管理

进行微机继电保护装置的检验时，应充分利用其自检功能，主要检验自检功能无法检测的项目。

新安装、全部和部分检验的重点应放在微机继电保护装置的外部接线和二次回路。

微机继电保护装置检验工作宜与被保护的一次设备检修同时进行。

2.3.2 控制、保护回路的故障处理

控制、保护回路是二次回路中的两个重要部分，直接担负着泵站设备控制运行与监视保护作用，一旦这两部分发生故障，就会严重影响泵站设备的正常运行和设备安全。二次系统是电力设备安全正常运行的重要保障，一旦发生故障或具有潜在的隐患同样影响设备安全。

2.3.2.1 常见故障

(1)电压互感器是电压采样的源头，二次回路设备不多，接线也不复杂，但它却是保护回路中一个薄弱环节，运行中二次回路上的故障不少见，一旦发生故障就会导致保护装置拒动或误动。根据运行经验，常见故障有：①二次中性点未接地(虚线)或多点接地。②开口三角电压回路断线。当变电站或出口接地故障时，零序电压较大，回路负荷阻抗较小，电流较大导致电压(电流)继电器线圈绝缘破坏发生短路，短路持续时间较长就会烧毁线圈，使开口三角电压回路在此断线。

(2)互感器二次失压，往往是各类开断设备性能和二次回路不完善引起的。电流互感器是继电保护和监控系统判别系统运行状态的重要采样元件，要求它能够真实地反映一次电流的波形；在故障时，能真实地反映电流的大小、相位和波形以及电流的变化率。由于电磁式互感器铁芯的磁饱和特性，一次电流很大，铁芯磁饱和会导致二次电流严重失真，严重影响保护动作的正确性；甚至会导致断路器拒动，引起主保护后备保护动作。

(3)微机保护装置，因自身特点的原因，造成装置本身发生故障，大致原因有：①电源问题。电源输出功率不足，引起电压下降，导致误动，误发信号。②干扰和绝缘问题。泵站运行时，电流较大，磁场较强，抗干扰能力差，会导致一些逻辑元件误动；静电的原因致使集成板上有灰尘结垢使绝缘下降，引起爬电短路等故障。

(4)断路器跳合闸回路常见故障是，合闸线圈或合闸接触线圈长时间带电流，导致合闸线圈或合闸接触线圈、合闸保持继电器、合闸接触器接点等烧毁或烧坏。严重时，会造成蓄电池组亏损，电池屏输出断路器跳闸，合闸电磁铁、合闸机构损坏。产生这些故障的主要原因大致有：①断路器机构传输不灵活；②弹簧储能机构未储能；③电池能量不足；④合闸保险熔断未合或接触不良；⑤合闸电磁铁故障；⑥辅助常闭触点不能打；⑦机构的其他故障。

(5)直流系统接地故障，直流系统分布范围广，外露部分多，电缆长且多，很容易受到尘土、潮气腐蚀，使某些薄弱元件绝缘降低，绝缘破坏造成直流接地，产生的原因大体有：①二次回路绝缘材料不合格，绝缘性能低，或年久失修，严重老化；②二次回路及二次设备严重污秽和受潮，接线盒进水，使绝缘严重下降；③小动物爬入或小金属零件掉落元件上造成直流接地故障。

直流系统产生的危害较大的是两点接地故障，可能构成直接短路，造成继电保护信号自动装置误动或拒动；或造成直流保险熔断，使保护自动装置、控制回路失电；甚至会造成跳闸回路不能跳闸。产生的原因大体有：①直流正极接地会使保护及自动装置误动。因为一跳合闸线圈，继电器线圈正常与负极电源接通，若这些回路再发生一点接地，就可能引起误动作。②直流负极接地，会使保护及自动装置拒绝动作，因为接线方式与上述一

致,此时,线圈被接地点短接而不能动作。同时,直流电源保险会熔断,失去电源;即使不熔断,也可能烧坏接触器触点。

规程规定,直流系统接地达到下述情况时,应停止直流网络上一切工作,并查找故障点,防止造成两点接地:①直流电源为220 V,接地电压50 V以上;②直流电源为24 V,接地电压6 V以上。

2.3.2.2　故障查找方法及处理

(1)替换法。用好的或认为是正常的相同元件代替怀疑的或认为有故障的元件,来判断它的好坏,可以快速缩小查找范围。这是处理综合保护装置内部元件故障最常用的方法。如更换后,故障消失,说明故障在替换下来的元件内;否则,继续查找。

(2)参照法。通过正常与非正常设备技术参数对照,从不同处找出不正常设备的故障点。该方法主要用于查找接线错误,定值校验过程中发现测试值与预想值有较大出入又无法断定原因之类的故障。

(3)短接法。将回路某一段或某一部分用短接线短接,来判断故障是存在于短接范围内,还是在其他地方,以此来缩小故障判断范围。该方法主要用于电磁锁失灵、电流回路开路、切换继电器不动作、判断转换开关接点是否良好。

(4)直观法。处理一些无法用仪器逐点测试,或某一插件故障一时无备品更换,而又想将故障排除的情况。

(5)逐项拆除法:先将并联在一起的二次回路顺序分开,然后再依次投入,一旦故障出现,就表明故障存在哪路。再在这一路内用同样的方法查找更小的分支回路,直至找到故障点。该方法主要用于查找直流接地、交流电源熔丝投不上等故障。注意:切断各直流支路电源时间要短,一般不要超过3 s。如查找电压互感器二次熔丝熔断、回路存在短路故障或二次交流电压互串等,可从电压互感器二次短路相的总引出处端子分离,此时故障消除,然后逐个恢复,直至故障出现,再分支路排查。

2.3.2.3　隔离开关操作机构失灵的原因及排除

(1)操作机构失灵的原因。机构箱进水,各部轴销、连杆、拐臂、底架甚至底座轴承锈蚀,造成拒分、拒合或分合不到位;连杆、传动连接部位、闸刀触头架支撑件等强度不足,发生断裂,造成分合闸不到位;轴承锈蚀卡死,三相电源合不上;控制电源断线,保险丝熔断,热继电器动作切断电源,二次元件老化损坏;电动机故障等,都会造成电动机构分合闸时,电动机不启动,隔离开关拒动。

(2)处理措施:对机构及锈蚀部分进行解体检修,更换不合格元件;加润滑剂、加装防雨罩;机构存在的问题严重或有先天缺陷,应更换新机构;对于电动机构出现隔离开关拒动等故障,首先是检查操作电源是否完好,熔断器是否熔断,然后再检查各相关元件,发现元件损坏时应更换,并查明原因。

2.3.3　电气预防性试验

2.3.3.1　概述

电气设备的绝缘,在制造运输过程中,有可能发生意外事故而残留有缺陷;在长期的运行中,有可能受到外界环境很多不利因素的影响而形成新的缺陷。一种是制造时潜伏的，另一种是使用中在外界条件的作用下逐步形成的，如工作电压、过电压、潮湿、污染、机械、受热、化学反应等的作用。由这些因素造成的缺陷大致有两类：一类是集中性缺陷，这类缺陷比较明显、危害也比较大，如绝缘子瓷质开裂、电动机绝缘局部磨损、挤压破裂、设备由于局部放电绝缘逐步损伤、机械损伤、潮湿等；一类是分布性缺陷，电气设备整体绝缘性能下降，如受潮、老化、劣化等。通过试验的方法能把隐藏的缺陷检查出来。

电气设备绝缘试验是保证电气设备可靠工作的检验手段。电气设备的出厂试验、安装时的交接验收试验和运行中定期进行的绝缘预防性试验，都是为了检验电气设备绝缘是否可靠这一目的。

预防性试验是泵站运行中对电气设备绝缘好坏进行的检验，它是判断电力设备能否继续投入运行并保证安全的重要措施。通过电气预防性试验，可以发现运行中电力设备的隐患，预防事故发生或电力设备损坏。对于大型泵站或多级泵站的管理单位，由于管理的电气设备多、检修任务重，应建立电气实验室。在交接验收后，日常管理中要按照《电力设备预防性试验规程》（DL/T 596—1996）的规定执行，建立的电气实验室应能完全满足规程所规定的试验要求。中型泵站可以不设电气实验室。

1）预防性试验类型

泵站高压绝缘试验的方法很多，大致可分为非破坏性试验和破坏性试验两类。非破坏性试验是指在较低的电压下测定电气设备绝缘的某些特性（如绝缘电阻、介质损耗、局部放电、电压分布等）及其变化情况，从而判断设备在制造加工过程中和运行中出现的绝缘缺陷。破坏性试验是模仿设备绝缘在运行中实际可能碰到的危险的过电压状况，对绝缘加上与之等价的高电压来进行试验，从而考验绝缘的耐压强度。破坏性试验对考验电气设备绝缘的工作可靠性、发现绝缘的缺陷是有效的，但在试验中有可能损坏设备的绝缘，因而称为破坏性试验。为尽可能避免试验过程中损坏设备，常在耐压试验之前先进行一系列的非破坏性试验作初步分析判断，发现问题及时处理。

2）对设备进行的试验项目

（1）非破坏性试验。

根据预防性试验规程要求，按周期年限，对设备进行试验。该项试验一般是在较低的电压（或者是接近额定电压）情况下进行。试验项目主要有测量设备绝缘电阻、泄漏电流、介质损耗因数（$\tan\delta$）和线圈直流电阻等项目。目的是判断设备绝缘状况的好坏，及时发现可能的绝缘老化、劣化现象。同时，对油绝缘介质按规定进行预试。这些项目的试验均在设备停电的情况下进行，一般在冬季空气相对干燥、湿度小的条件下完成。

电力设备的绝缘电阻的测量，是常规性试验中应用最广，也是最直接、最简单的试验方法。它是利用在电力设备绝缘上加直流电压与流过设备上稳定的体积泄漏电流的比值，在仪表上直接读出数值。读出的绝缘电阻值高，表示绝缘良好；若绝缘电阻值下降（与原始试验值对比），表示该设备绝缘已经受潮或发生老化、劣化。由此决定其是否能投入运行或修理。通过测量绝缘电阻可以及时发现电力设备绝缘是否存在整体受潮，整体老化、劣化等贯穿性缺陷。

（2）破坏性试验。

在高于工作电压情况下进行的试验称为破坏性试验。试验时在设备绝缘上施加规定的电压（逐次升高），考验设备绝缘对此电压耐受能力，这种试验常称为耐压试验，主要做交流耐压和直流耐压。这类试验考验比较直接和严格。常规情况下不做，在设备交接以及运行中必要时才做这类试验。进行破坏性试验，应先进行非破坏性试验，然后再进行破坏性试验。破坏性试验结束，还应进行相关非破坏性试验检查，以避免不应有的绝缘击穿事件发生。

常规预试项目较多，但对于某一具体设备并不是每一项目都做，只需按《电力设备预防性试验规程》（DL/T 596—96）要求进行即可。

设备在不同条件下运行，其绝缘缺陷的发展趋势不尽相同。因此，要根据多个项目的试验结果，并结合平时运行情况和历史试验数据作综合分析后，才能对绝缘状况及缺陷性质得出较科学的结论。仅根据某一项试验不一定能够给出较确切的判断。

注意：预防性试验一定要考虑温度（包括空气温度和设备本身的温度）与空气相对湿度的影响。

2.3.3.2　对试验人员及试验工作的要求

1）试验人员要求

（1）必须具有良好的素质，并具有熟练的试验操作技术。

（2）了解常用电气材料的名称、规格、性能及用途。

（3）了解泵站一次系统的主接线和相关辅助系统的接线。

（4）熟悉被试设备的名称、规格、基本结构、工作原理和用途。

（5）熟悉试验设备及仪器仪表的基本结构、工作原理和使用方法，并能排除一般故障。

（6）能正确完成试验接线、操作及测量，熟悉外界影响的因素，并加以消除。

（7）能对试验结果进行计算、分析，并作出正确的判断。

2）试验工作要求

（1）制订详细的工作计划。

（2）做好周密的工作准备。

（3）合理地整理试验场地。

（4）试验接线清晰明了，没有错误。

（5）操作顺序有条不紊，连接恰当。

（6）试验的善后工作完善。

（7）试验记录详细。

（8）填写的试验报告规范。报告一般应包括下列内容：①试验名称、目的要求和采用的技术规范；②被试设备名称、运行编号和相关技术参数；③试验时间和大气环境条件（温度、湿度、气压等），如是油浸变压器还要注明上层油温等；④试验设备名称及重要试验仪器编号；⑤试验接线及示意图、试验部位、试验项目及原始试验数据；⑥必要时，将试验结果（如绝缘电阻、直流电阻、介质损耗因数角）换算到 20 ℃值；⑦主要试验人员、记录人、试验负责人签名。

2.3.3.3　试验中的安全措施

试验中的设备大多数是安装在现场，被试设备的对外引线、外壳接地、附近设备运行情况，以及人员和周边堆放杂物等情况都会增加试验工作的复杂性。同时，试验时对被试设备施加的高电压，以及人员的操作这些环节的工作，要求试验人员在现场必须具备完善的安全措施后才能开展。

（1）现场必须执行工作票制度。

（2）现场必须装设遮栏或围栏，悬挂安全警示标牌，并派专人看守；被试设备两端不在同一地点时，另一端应派专人看守。

（3）高压试验工作不得少于两人，负责人应由有经验的人员担任；试验前负责人应对全体参试人员详细布置安全事项。

（4）拆开电气设备接头，应做好标记，恢复连接后应做检查。

（5）试验器具金属外壳应可靠接地，高压引线应尽量缩短，必要时用绝缘物支撑牢固。为了保证高压回路任何部分不对接地体放电，高压回路与接地体必须留有足够的距离。

（6）试验装置电源开关，应使用明显断开的双极开关，并保证有两个串联断开点和可靠的过载设施。

（7）加压前，必须认真检查系统接线，核对所用仪器仪表正确无误，试验人员在规定的岗位，非试人员在安全区域外。加压过程中，应有监护，试验人员精力应集中，随时警惕异常情况的发生。

（8）变更接线或试验结束，应首先降下电压，断开电源，放电，将升压装置高压部分短路接地。

（9）未装接地线的大电容试品，应先做放电试验；进行高压直流试验时，每告一段落或试验结束后，应将被试品对地放电数次后方可接触。

（10）试验结束后，试验人员应拆除自装的接地线和遮栏或围栏，并对被试设备进行检查和清场。

2.3.3.4　基本试验项目

电力设备的基本试验项目主要有测量设备直流电阻、测量设备绝缘电阻与吸收比、测量设备的泄漏电流等。

1）测量设备直流电阻

《电力设备预防性试验规程》（DL/T 596—1996）规定，对于电动机、变压器在交接、大修或必要时，都必须测量其绕组的直流电阻，且相间差别不大于2%或与初次测量值比较其差别一般也不大于2%。对变压器在调整分接头开关位置时，断路器、刀开关等设备大修时，为确定其维修质量，必须进行接触电阻测量。常用检测设备是电桥，电桥的灵敏度和准确度都较高。电桥一般分交流电桥和直流电桥两大类，而直流电桥又分单臂电桥和双臂电桥两种。

单臂电桥不宜用来测量0.1 Ω以下的电阻。测量直流电阻时除应注意量程选择外，还应注意以下几点：

（1）测量前，认真阅读产品使用说明书，并估测设备电阻大小，选择合适比率桥臂。

（2）测量前，调校检流计指针，使其归零。

（3）连接线要拧紧，避免增大接触电阻，产生测量误差。连接导线应尽量使用截面较大、长度较短的铜线以减少连接线电阻,提高测量准确度。

(4)测量时,先按电源按钮,操作时先粗调按钮,调比例臂,待检流计接近零时,再微调,待检流计指零后读数。

(5)电桥电池电压不足会影响测量精度,需更换。外接电源应注意其极性,并串联一个保护电阻。

(6)调平衡过程中,不要把检流计按钮"按死",待调到接近平衡时,才可将按钮锁定微调。

(7)电桥使用后,应先拆除电源,再拆除被测电阻,再将检流计锁扣锁上,防止搬运中震断游丝。

(8)双臂电桥,精度较高,一般用来测量1~10 Ω的低电阻。在使用中,不得将电位接头与电流接头接于同一点,否则会产生测量误差。双臂电桥,工作电流很大,测量时操作动作要快,以免耗电过多。测量结束后应立即切断电源。

交流电桥主要用来测量交流等效电阻、电感和电容等参数,泵站实际应用不多。现在常用直流电阻测试仪测量直流电阻。

2)测量设备绝缘电阻与吸收比

常用的测量仪表为兆欧表。常用的兆欧表多数为手摇的,所以兆欧表又称摇表。目前,数字兆欧表(又称电动摇表)也在许多大中型泵站中得到应用。兆欧表的额定电压要与被测电力设备的工作电压相适应。

(1)泵站中常用的兆欧表是按测试电压等级分的,有以下两种:

①低压兆欧表:50 V、100 V、250 V、500 V、1 000 V,ZC90型兆欧表属于该类型。

②高压兆欧表:2 500 V、5 000 V、10 000 V,GJC-3000型兆欧表属于该类型。

(2)兆欧表测量绝缘电阻应注意以下几个问题:

①测量中,应尽量选用最大输出电流为1 mA及以上的兆欧表,使得测量的结果较为准确。兆欧表的最大输出电流即是兆欧表的容量。在比较绝缘电阻测量结果时,不应忽视兆欧表容量的影响。除此之外,还应在同容量仪表测量下比较测量结果。

②环境温度与湿度。电力设备绝缘材料因在不同程度上含有水分和溶解于水的杂质而构成电导电流。随着温度升高,会增加绝缘介质内部结构的杂质导电性能,从而使其绝缘电阻指数函数显著下降。受潮严重的设备,绝缘电阻随温度变化更大。因此,摇测绝缘电阻时,要记录环境的温度与湿度。

③与电压等级相适应。用兆欧表测量电力设备绝缘电阻时,兆欧表的电压须与设备额定工作电压相一致。因为绝缘材料的击穿电场强度与电压有关,所以用低于额定工作电压的兆欧表摇测的绝缘电阻,测出的结果可能有误差;用高于额定工作电压的兆欧表测量低压电力设备,可能会损坏绝缘。

④测量电容性试品时,要在兆欧表的"线路"端子L与被试品间串入一只高压硅整流二极管,用以阻止被试品对兆欧表放电,消除在测量过程中表针的摆动,同时也不影响测量精度。在读取稳定读数后,先取下测量线,再停止摇动。

⑤高压兆欧表在表壳玻璃上配接的铜导线,不要随意拆除,它能消除静电荷对指针的引力。另外,在用表面没有屏蔽措施的兆欧表测量绝缘电阻时,测量过程中,不能用手或

布擦拭表面玻璃,否则会因摩擦而产生静电荷,静电荷对表针及其位置有影响,从而影响测量结果。

⑥兆欧表的 L 和 E 端子的接线不能对调,否则对测量结果有影响。正确的接法是 L 端子接被试设备(试品)与大地绝缘的导电部分,E 端子接被试设备(试品)的接地端。

⑦兆欧表与被试设备(试品)间的连线不能绞接或拖地,否则会产生测量误差。

(3)测量吸收比。

当直流电压作用于任何介质上时,通过它的电流包含三部分:电导电流、电容电流(衰减较快)和吸收电流。后两种电流随加压时间的延长而减小,并在一定时间后趋于零。此时,总电流便趋于稳定值。这个恒定的电流就是电导电流。有些绝缘物质的材料在直流电压的作用下,电导电流瞬间即可达到稳压值,其绝缘电阻也很快就达到稳压值。

对于电动机、变压器、互感器、电缆等电力设备,它们的绝缘材料是由复合介质构成的,在直流电压作用下会产生极化现象,从极化开始到完成需要较长时间。为表示绝缘介质的极化过程,用电导电流、电容电流和吸收电流来表征材料的极化过程。随着加压时间的增长,上述三种电流值之和下降,绝缘电阻相应增大,这就是绝缘吸收现象。一般来说,设备容量越大,吸收现象越明显,当绝缘有缺陷或受潮时,吸收现象不明显,总电流随时间下降缓慢。用 $K=R_{60}/R_{15}$ 表示吸收比。当 $K=1$ 时,绝缘严重受潮或有损坏;当 K 值远大于 1 时,绝缘情况良好,规程规定一般情况下 $K\geqslant 1.3$ 即可。

吸收比测量方法与测绝缘电阻的方法相同,且同时进行。R_{15} 是在测量时摇表转速达到规定转速(120 r/min)后第 15 s 的读数,R_{60} 是在测量时摇表转速达到规定转速(120 r/min)后第 60 s 的读数。

3)测量设备的泄漏电流

测量泄漏电流与测量设备的绝缘电阻原理相同,只是测量泄漏电流时施压在被试设备上的直流电压比兆欧表的额定输出电压高,测量中所采用的微安表的准确度比兆欧表高,同时,还可以随时监视泄漏电流变化,所以发现设备绝缘的缺陷较兆欧表测量更有效。影响测量结果的重要因素是杂散电流,对于绝缘良好的被试设备(试品),内部泄漏电流很小。要消除这一影响因素,必须采取屏蔽措施。接线中的高压微安表及引线就要加屏蔽;被试设备(试品)表面泄漏电流较大时,加的屏蔽应予消除。

根据试验结果判断设备绝缘状态的好坏。将试验电压值保持规定的时间后,微安表的指针没有向增大的方向突然摆动,我们认为被试设备(试品)无破坏性放电,试验通过。

温度对泄漏电流的影响极其显著。因此,在做试验时,最好在与以往试验相近的温度条件下进行,以便于分析比较。

泄漏电流的数值与设备的绝缘性、状态、结构以及容量等因素有关。因此,不能仅从泄漏电流的绝对值泛泛地判断设备绝缘是否良好,重要的是根据其温度特性、时间特性、电压特性及长期以来的变化趋势来进行综合分析。

测量泄漏电流能发现电力设备绝缘贯通的集中缺陷、整体受潮或有贯通的部分受潮以及一些未完全贯通的集中性缺陷、开裂、破损等。

试验方法是用高压整流管或泄漏试验变压器,将产生的直流高压直接加到被试设备(试品)上获得。

4）测量介质损耗因数 $\tan\delta$

介质损失：测量介质损失是指绝缘介质在交流电场作用下的能量损失，是在一定的电压和频率下反映绝缘介质内单位体积中能量损耗的大小，与介质体积尺寸大小无关。数值上为介质中的电流有功分量与无功分量的比值，大小用介质损失角的正切值 $\tan\delta$ 表示，是一个无量纲数，利用介质损失角 $\tan\delta$ 的结果可判断电气设备绝缘状况，且比较灵敏。$\tan\delta$ 在测量中的影响因素有电磁干扰温度、试验电压、试品电容等。$\tan\delta$ 与介质温度、湿度、表面脏污、缺陷体积大小有关。对 $\tan\delta$ 的分析可判断绝缘是否普遍受潮、绝缘油或固体有机绝缘材料是否普遍老化。$\tan\delta$ 与试验电压关系曲线可判断绝缘介质中是否存在较多气隙。对于 $\tan\delta$ 的分析，一是与历年测试结果比较，二是与同类设备比较，看它们之间有无明显差异。另外，还应与其他绝缘试验结果进行全面综合分析判断，以确定被试品绝缘状况。

一般使用 QS 型西林电桥测量被试品的 $\tan\delta$。这是传统测量方法，测试程序复杂，操作较困难，工作量大，易受人为因素影响。现在我国已发明了一种新型测量装置，能在现场方便、准确地测量被试品的 $\tan\delta$。

2.3.3.5　交流耐压试验

1）概述

交流耐压试验是鉴定电力设备绝缘强度好坏程度最有效和最直接的方法。常规方法是用试验变压器升高电压对被试品进行加压。升压过程按照规程要求进行，在选择试验变压器时应从以下几点考虑：

（1）试验变压器输出电压高于被试品试验电压。

（2）试验变压器额定输出电流应大于被试品所需的电流。被试品电流可按其电容估算，$I_S = U_S\omega C_X$，其中 C_X 包括被试品电容和附加电容。

（3）试验变压器容量。根据试验变压器输出额定电流与额定电压，确定试验变压器的容量 $P = IU$。

2）交流耐压试验注意事项

（1）试验时，周围环境温度不宜低于 +5 ℃，空气相对湿度不高于 80%。

（2）试验时，加到标准试验电压后的持续时间，若无特殊说明均为 1 min，其他按有关设备试验方法规定执行。

（3）升压必须从零开始，切不可冲击合闸。在 75% 试验电压之前，升压速度可以任意，自 75% 试验电压开始，升压速度应均匀，约按每秒 2% 试验电压升压。耐压试验后，迅速均匀降压到零，然后切断电源。

（4）任何被试品在耐压试验前，应测量绝缘电阻，合格后再进行试验。

（5）试验接线接好后，经检查确认，然后开始试验。

（6）升高过程中应密切监视高压回路，监听被试品有何异响，升至试验电压，开始计时并读取相关数值，时间到后，迅速均匀降压并切断电源，试验中如无破坏性放电或击穿发生，则认为通过试验。

3）试验过程应注意分析的事项

对绝缘良好的设备，交流耐压试验不应有击穿、放电或其他异常现象，但试验中应密切监视，如在试验中发生以下现象应进行认真分析：

(1)试验回路中接入电流表指示突然上升，说明被试品已被击穿。有两种特殊情况：①当被试品的容抗 X_c 与试验变压器漏抗 X_1 之比等于2时，虽然被试品已击穿，但电流表的指示不变；②当 X_c 与 X_1 之比小于2时，被试品击穿后，试验回路的电抗增大，电流表指示反而下降。通常 $X_c >> X_1$，不会出现后一种情况，只有在被试品容量很大、试验变压器容量不够时，才可能发生。这时应按高压端电压表指示数值判断，此时，电压表数值下降。

(2)根据试验中控制回路的状况来分析。如果过流继电器整定值适当，当被试品击穿，过流继电器动作，自动控制开关跳闸；整定值过小，电容电流的充电作用就能使开关跳闸；整定值过大，即使被试品放电或小电流击穿都不会跳闸。过电流继电器的整定值，一般整定为试验变压器额定电流的1.3～1.5倍。

(3)根据被试品的状况进行分析。被试品发出击穿响声或断续放电声音、冒烟、焦臭、闪弧、燃烧都要立即停止加压，查明原因。如果是绝缘部分发生上述现象，说明绝缘已存在缺陷或被击穿。

同时，还应注意一些其他事项：电压谐振、试验电压波形、试验场所周围环境等。

2.3.3.6　电力设备局部放电试验

电力设备局部放电试验是电力设备绝缘的主要试验项目，其参数是评价电力设备质量的重要指标。依据国家相关标准的规定，在设备现场或实验室条件下，利用交流电压下的脉冲电流法测量变压器、互感器、套管、耦合电容器及固件绝缘结构的局部放电，并测定这些电力设备在某一规定电压下的局部放电量、局部放电的起始电压和熄灭电压值。这些数值在国家相关标准中均有规定。

(1)设备的局部放电是指设备绝缘部分被击穿的电气放电，这种放电可以发生在导体(电极)附近，也可以发生在其他位置。

(2)视在放电量是指在被试品的两端注入一定电荷量，使被试品端电压的变化量和局部放电时端电压的变化量相同，此时注入的电荷量即称为局部放电的视在电荷量，以皮库(PC)表示。

(3)局部放电起始电压 U_i 是指试验电压从不产生局部放电的较低电压逐渐增加时，在试验中局部放电量超过某一规定值时的最低电压值。

(4)局部放电熄灭电压 U_e 是指试验电压从超过局部放电起始电压的较高值逐渐下降时，在试验中局部放电量小于某一规定值时的最高电压值。

局部放电试验的测量回路及使用的仪器视被试品的不同而确定。测量仪器有阴极射线示波器、指示型电压表、脉冲计数器、局部放电仪等。

2.3.3.7　接地电阻及其测量

测量输、配电线路杆塔、独立避雷针接地等小型接地装置工频接地电阻用ZC－8型接地电阻测定器，它不能用来测量大面积变电所、泵房接地网接地电阻。对于大面积接地网工频接地电阻采用电流－电压表法测量。测量接地电阻只能用交流测量。因为土壤导电通常是经过水溶液，如果用直流测量，则会在正负电极上电解成气泡，减小了导电截面，增加了电阻，影响测量精度。

2.3.4　主要电气设备常规试验项目

2.3.4.1　电力变压器

电力变压器绝缘试验包括：绝缘电阻、吸收比、泄漏电流、介质损失角的正切值、绝缘油和交流耐压试验。另外，还有几个比较重要项目：变压器绕阻的直流电阻测量，变压器的极性和组别试验等。

2.3.4.2　互感器

互感器的试验项目分为绝缘试验和特性试验两大类。其包括互感器绝缘电阻试验、直流电阻测量、$\tan\delta$ 值测量及交流耐压试验。

2.3.4.3　高压断路器

高压断路器试验有机械特性试验、三相同期试验（检查断路器三相动作的同期性）等机械方面的试验。电气方面的试验包括：测量绝缘电阻、测量介质损失角正切值 $\tan\delta$、测量泄漏电流、高压耐压试验、绝缘油耐压试验（油断器）、测量导电回路直流电阻，以及断路器最低分合闸动作电压等。

2.3.4.4　电力电缆

对电力电缆进行绝缘试验以及故障探测是保证其安全运行的重要措施。其试验项目有：测量绝缘电阻、直流耐压试验和泄漏电流的测量，检查电缆相位，电缆故障探测。

2.3.4.5　电容器

电容器的试验项目有：测量绝缘电阻、测量电容值。

2.3.4.6　避雷器

避雷器试验项目有：测量绝缘电阻、密封性检查、阀型避雷器电导电流测量及串联元件的非线性系数计算、工频放电电压测量。

2.2.4.7　接地装置

接地装置的试验项目有：接地电阻测量。

2.2.4.8　绝缘油

绝缘油试验项目有：理化试验和电气特性试验。理化试验包括：闪点测量、水分、机械杂质和游离碳测量、酸性测量、水溶性酸和碱测量。电气特性试验包括：电气强度试验、介质损失角的正切值 $\tan\delta$ 的测试。

模块 3　金属结构设备运行

3.1　设备检查与操作

3.1.1　钢丝绳拉力计算与安全检查

在实际工作中,闸门启闭机的钢丝绳主要承受以下三种力:由闸门自重、配重、水柱压力和摩擦阻力等引起的拉伸力;钢丝绳在绕过卷筒滑轮时所受的弯曲力;钢丝绳与卷筒、滑轮接触时受到的挤压力。

卷扬式启闭机起升机构主要由钢丝绳、卷筒组、滑轮组、制动器、联轴器和驱动传动机构等组成。

3.1.1.1　滑轮组的作用及倍率

1)滑轮组的作用

滑轮组是启闭机起升机构的重要组成部分。滑轮组的作用是悬挂支承钢丝绳,并与钢丝绳一起组成一个机构,起减速省力的作用。它由定滑轮、动滑轮、平衡轮及其支架组成。

双联滑轮组是由两个倍率相同的单联滑轮组并联而成,其特点是绕入卷筒的绳索分支为二根,绳索两端都固定在带有左右方向的卷筒上。双联滑轮组必须有平衡轮,才能使固定在卷筒上的两个绳端受力均匀。

2)滑轮组的倍率

倍率是滑轮组的主要特性参数,是指滑轮组省力的倍数,它反映出滑轮组所起作用的大小,也是减速的倍数。当起升荷载一定时,与不用滑轮组相比,钢丝绳拉力减小,吊物的起升速度变慢,相应地钢丝绳的长度增加。这个变化的比率,就是滑轮组的倍率,用 m 表示,钢丝绳分支数用 i 表示。在不考虑摩擦的理想状态下,m 值可按下列方式计算:单联滑轮组的倍率等于钢丝绳分支数,即 $m=i$;双联滑轮组的倍率等于钢丝绳分支数的一半,即 $m=i/2$。滑轮组倍率的大小,对驱动装置总体尺寸有较大的影响。倍率增加时,钢丝绳每个分支拉力减小,卷筒直径也可减小。但在起升高度一定时,卷筒长度要增加,而在起升速度不变时,需提高卷筒转数。滑轮组倍率不是越大越好,而要根据起重量按标准确定。倍率通常等于卷筒圆周速度与物品起升速度之比。因此,滑轮组的倍率 m 可用下式表示:

$$m = \frac{Q}{S} = \frac{V_{绳}}{V_{物}} = \frac{L}{H} \tag{5-3-1}$$

式中　Q——起升荷载;

S——钢丝绳理论提升力;

$V_{绳}$——钢丝绳卷绕速度；

$V_{物}$——吊物提升速度；

L——钢丝绳卷扬长度；

H——吊物提升高度。

如果忽略钢丝绳绕过滑轮的阻力，以及滑轮的转动摩擦阻力，则每一分支钢丝绳的拉力都等于理论提升力 S，根据平衡条件可知：

$$S = \frac{Q}{i} \tag{5-3-2}$$

$$或\ i = \frac{Q}{S}$$

比较式(5-3-1)与式(5-3-2)可得

$$m = i = \frac{Q}{S} \tag{5-3-3}$$

由此可见，单联滑轮组的倍率等于钢丝绳的分支数 i。如图 5-3-1 所示，滑轮组的钢丝绳有 6 支，其倍率为 6，如果不考虑摩擦损失，用重物 1/6 的力就可以提起重物。同理，双联滑轮组的倍率等于钢丝绳分支数的一半。

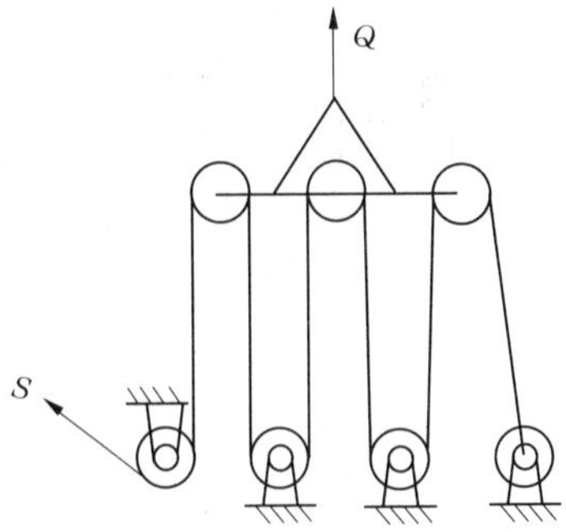

图 5-3-1　滑轮组展开图

3.1.1.2　钢丝绳的最大拉力

在实际工作中，钢丝绳在通过滑轮时先由直变弯，再由弯变直。在这一过程中钢丝绳要克服自身的僵硬性。对钢丝绳受力而言，则增加了僵硬阻力。另外，钢丝绳要带动滑轮组滑轮旋转，而滑轮与轴之间有摩擦阻力，这又增加了钢丝绳的受力。由于这两个阻力的存在，滑轮绕出端钢丝绳分支拉力要大于绕入端，而且使滑轮组各分支钢丝绳的受力也不相同。在计算中，这两个阻力是通过滑轮组的效率来表示。这样，滑轮组中钢丝绳的最大拉力 S_{max} 值可由下式确定：

$$S_{max} = Q/(Km\eta_n) \tag{5-3-4}$$

式中　S_{max}——钢丝绳最大静拉力，kN；

Q——起重量(含吊具)，kN；

K——滑轮组形式系数(单联 $K=1$，双联 $K=2$)；

m——滑轮组倍率；

η_n——滑轮组效率，见表 5-3-1。

表 5-3-1　滑轮组倍率与效率的关系

倍率 m	2	3	4	5	6	8	10
效率	0.975	0.95	0.925	0.90	0.88	0.84	0.80

【例 5-3-1】　某启闭机的额定起重量为 2 800 kN，采用双联滑轮组。其倍率为 6，滑轮组效率为 0.88。试计算钢丝绳的最大拉力。

解：由式(5-3-4)得：

$$S_{max} = \frac{2\ 800}{2 \times 6 \times 0.88} \approx 265.2(\mathrm{kN})$$

钢丝绳的寿命不仅与钢丝张力的大小有关,在很大程度上还取决于它所绕过的卷筒和滑轮的直径、弯曲应力的大小。因此,延长钢丝绳使用寿命的途径有:

(1)提高安全系数;

(2)选择大的滑轮和卷筒直径;

(3)适宜的滑轮材料;

(4)减少弯曲次数;

(5)合理的维护和保养。

3.1.2　螺杆式启闭机的检查与维护

螺杆式启闭机属于螺旋机构。螺旋机构按其螺纹间摩擦性质不同,可分为滑动摩擦螺旋和滚动摩擦螺旋两类。滑动摩擦螺旋常用的螺纹类型有矩形、梯形、锯齿形以及三角形等几种,其中矩形螺纹由于工艺差,较少应用,三角形螺纹(普通螺纹)则主要用于联接。螺杆式启闭机起重螺杆和承重螺母的螺纹,普遍采用单线梯形螺纹。

起重螺杆工作时承受轴向力,即启门力或闭门力。启门力使螺杆受拉,闭门力使螺杆受压。闸门下落到最低位置,其受力情况最为不利。除轴向力外,由于螺纹传动时有摩擦阻力,起重螺杆同时要承受扭矩。扭矩的大小在启闭力和螺纹规格尺寸一定的情况下,只与螺纹间的滑动摩擦系数有关。润滑不但可以降低螺杆与螺母的摩擦与磨损,也可以减少扭矩力,在使用管理过程中,要加强螺杆与螺母的润滑、防锈。

螺杆的损坏形式一般有:螺纹牙的磨损和折断、失去稳定弯曲变形、自锁能力不足而在重力作用下自行下落。在设计中,考虑到螺纹牙间的当量摩擦系数为0.08~0.1,相应的当量摩擦角为4°35′~5°43′,一般是考虑螺旋升角≤4°~4°35′来保证自锁性能,由于过大升角不能保证自锁,电动机轴上必须设制动器。

螺母的损坏形式一般有:螺纹牙的磨损及牙根折断、螺母悬置部分被拉断、螺母凸缘支承表面根部被挤断,凸缘根部弯折或剪断。

螺杆式启闭机维护的内容:

(1)定期观察和适时向机体内添加润滑油;

(2)定期清除螺杆上的旧油层,更换新润滑油;

(3)适当增加螺杆外露部分的清洗、涂抹次数,除去泥沙、灰尘;

(4)为防止螺杆弯曲,应在螺杆螺纹上端设置闸门闭门行程的限位螺母,校正行程后固定限位螺母;

(5)定期校验或调整闸门开度指示器和限位装置,保持指示准确,动作灵活可靠。

3.1.3　断流装置的检查

断流装置的作用是防止水泵停机时水倒流入机组。泵站常见的断流方式有真空破坏阀、拍门和快速闸门三种。真空破坏阀用于虹吸式出水流道,拍门和快速闸门用于直管式或屈膝式出水流道。

3.1.3.1 真空破坏阀断流

大型轴流泵站通常在虹吸式流道顶部采用真空破坏阀断流,其有如下特点:

(1)虹吸式流道的轴线长,端面复杂,施工较困难,土建工程量大,金属材料用量比直管式流道少。

(2)流道断面变化逐渐过渡,水力条件均匀,流态好,沿程损失和弯道损失较大,出口损失小。

(3)真空破坏阀结构简单,安全可靠,检修方便。

(4)水泵启动时,将流道内的空气压缩,一部分由真空破坏阀逸出,一部分仍留在管内偏出口的一侧,形成气囊,经过压缩、膨胀等反复变化的过程,直到水流将空气全部带走,需要维持很长的一段时间,加剧了启动过程机组的不稳定。

(5)由于驼峰底部高程要求高出出水池的最高水位,水流翻越驼峰过程会造成启动扬程增高,轴流泵在这个区间工作一个扬程对应多个流量,运行不稳定,容易出现振动。为了缩短机组启动不稳定时间,常常采用抽真空,减小启动扬程,这个办法会延长启动时间,还要求出水流道止水严密,不漏气,抽真空的效果才好。

(6)虹吸式流道适用于出口水位变化不大的工况,如果水位变幅大,驼峰高程须定得较高,出水口又需要淹没在水下才能形成虹吸,这样一来,不但管道布置困难,土建工程量大,对机组启动也极为不利。

口径很大的水泵机组,出水流道断面大,驼峰处很高,驼峰底部和顶部压力相差大,如果遇到出口水位低到不能淹没出水口,驼峰顶可能压力过低而失去虹吸作用,这种情况也不宜采用虹吸断流。

3.1.3.2 拍门断流

(1)结构简单、安装方便、运行可靠。机组启动时,工作扬程较低,只要水流能顶开拍门,就能正常运行,启动过程不稳定、时间短。

(2)拍门基本在水下运行,出现问题不易及时发现,检修也比较困难。

(3)比真空破坏阀断流水力损失大,停机时拍门撞击力大。

3.1.3.3 快速闸门断流

1)快速闸门断流特点

快速闸门是直管式出水流道的又一断流方式,在流道出口处设置一个闸门,用油压启闭机或快速启闭机控制,其运行情况与拍门类似,不同之处在于,快速闸门可直立设置,运行时全部提起。所谓快速闸门,就是在闸门开启和关闭的时间的控制上,开机时,闸门被启闭机吊起;停机后,闸门靠自重落下。快速闸门断流根据控制方式可以分为卷扬机快速闸门断流和液压快速闸门断流两类。快速闸门断流的显著优点是闸门可以全开,出水阻力损失很小,也没有门在水中晃动的现象,但在最后关闭的瞬间,也存在一定的撞击力,但较拍门小。设备费用比拍门高得多。快速闸门的形式、启闭时间和速度,应该根据水泵机组性能来决定。

2)卷扬式快速闸门断流

卷扬式快速闸门断流方式简单,造价低廉,但是为达到快速的目的,闸门需要增加配重。如果闸门的重量不够,当闸门下落到接近底部的时候,因水流的作用,闸门可能关不住,失去断流作用。为了减小闸门下落的撞击力,在门底需要安装橡胶减振装置,为了保护水工建筑物,闸槽底板还要进行加固处理。卷扬机还可以用电磁铁锁定刹车装置,停机或者系统停电时能够自动释放,不需要备用电源。为使启闭机刹车装置线圈在启闭机不工作时不带电,刹车装置线圈以 220 V 交直流电作为电源,正常启闭时,直流电源自动切除,用交流电源打开刹车装置;事故停机或系统停电时,交流电源自动切除,自动接通直流电源,打开刹车装置,快速关闭闸门。

但是,使用情况证明,卷扬式快速闸门断流有 3 个缺陷:①闸门快速关闭时间很难控制,闸门靠自重克服阻力下落,在传动机构摩擦阻力矩的作用下,限速控制过程存在滞后性,不能准确控制闭门时间,要么太快,要么太慢,特别是那些要求短时间控制的闸门,矛盾非常突出;②离心限速装置使用寿命低,闸门整体在摩擦片的控制下运动,到达需要下降速度时,往往转速高,刹车闸瓦抱得很紧,摩擦片发热,温度高,磨损快。有时在安装调试阶段,快速闭门了几次,摩擦片就报废;③安全性较差,离心装置的飞锤在高速动作下不可靠,容易误动作。

3)KQ 系列卷扬式快速闸门启闭机智能控制器

针对卷扬式快速闸门断流存在的问题,我国科技人员研发出新一代产品——KQ 系列卷扬式快速闸门启闭机智能控制器,大大改善了传统卷扬式启闭机快速关闭闸门的过程。采用采用先进的控制理论和集散控制技术,使产品具有完善的保护功能,优越的启停控制,保障启闭机使用的安全性、可靠性和高效性,极大地延长了设备寿命。其具有如下优点:①可根据机组特性,灵活优化闸门开启、关闭速度,精准控制启闭时间和速度,最大限度地保障机组和闸门的安全;②可实现零冲击启闭,不受行程限制,匀加速启动、匀减速停机,中间阶段匀高速运行,保障快速启闭闸门的同时,可实现对闸门底部橡胶减震装置以及闸槽底板的零冲击保护;③不需要额外的限速装置,整个运行阶段没有额外的机械磨损,可提高整个系统的免维护特性。

4)液压快速闸门断流

快速闸门启闭的启闭机用油压启闭机。启闭机的活塞油缸,分为单向作用和双向作用两种。单向作用就是向上提升(开启)闸门时,启闭机活塞用压力油向上推动,打开闸门;闸门下降(关闭)时,启闭机油缸下腔压力油通过自动打开液压换向阀排出,闸门靠门重、水压及下吸力降落,快速关闭;双向就是上升、下降都用压力油推动。

启门时都是通过油压启动,停机时,单向作用的油缸控制形式同卷扬式快速闸门断流一样,也是依靠闸门自重下落关闭,闸门同样需要配重。为了控制闸门的下落速度,筒式液压油缸底部设置缓冲装置,开始时让门快速降落,迅速切断水流,接近底坎时由活塞下部的缓冲装置和闸门底部橡胶减震装置,降低下降速度和闸门对闸槽底板的冲击。液压快速闸门断流和卷扬式快速闸门断流比较,造价比较高,但运行较为可靠,减震效果好,但是系统停电时,关门需要备用电源。

3.1.4 拍门的操作与维护

3.1.4.1 运行时应尽量加大拍门的开启角度

拍门的开启角度对水泵工作性能有很大的影响,开启角度越大,则水头损失越小,在相同的扬程下，流量越大，消耗的功率越小。中小型泵站通常为铸铁拍门，其开启角度一般在30°左右，水力损失很大，大量的能源消耗在拍门的水头损失上。因此，在运行中应尽量加大拍门的开启角度，以减小水力损失。对较重的铸铁拍门，可加设平衡锤把拍门吊起，平衡锤的重量约为拍门重量的65%。低扬程轴流泵出水管较短，在运行中可将铸铁拍门吊起。拍门吊起后，必须安装拍门自动关闭控制装置，防止突然停电，拍门不能自动关闭，引起水泵倒转，损坏机泵。

3.1.4.2 应尽量减小拍门关闭时的撞击力

为减小拍门关闭的冲击力，应设置缓冲装置。例如，在门座或拍门上加橡胶缓冲圈（块），对大型拍门可设置液压缓冲机构等。同时应经常检查拍门上或门座底坎上的橡胶缓冲圈（块）是否脱落或损坏。对大型泵站拍门，要经常检查液压装置工作是否正常。拍门应在水开始倒流之前的时段内关闭，以减小冲击力。对转动惯量大的机组和管道较长时，由于停机后水泵工况延时较长，对减小拍门关闭时的冲击力是有利的。

3.1.4.3 确保拍门密封完好

中小型混流泵站要抽真空进行启动，如拍门密封不严将给抽真空带来困难，因此要做到拍门密封完好，防止漏水。停机后，为使拍门和门座结合严密，防止漏水，门座应有一定的倾角，一般为6°~15°，多采用10°。同时应经常检查拍门的密封橡胶胶圈，在橡胶胶圈破坏或老化后，及时更换。

3.1.4.4 加强拍门的维护

泵站运行过程中，拍门长期受水流冲击作用，摇摆晃动，会使零件疲劳，销钉脱落，螺栓断裂，拍门冲走。机组启动前认真检查拍门的螺栓、销钉有无松动、锈蚀或剪断裂纹等情况，没有故障才可开机运行。运行中进行巡视检查，每班2~3次，检查拍门有无因受冲击不均匀而出现歪斜、冲掉等现象，拍门浮动是否正常，有无异常声音；停机后全面检查，必要时放下事故门，排干检修门与拍门之间的水，逐个逐项检查，以保证下次开机的顺利。在每年灌排结束后要放下拍门前的检修门，排掉检修门与拍门之间的水，然后检查拍门的螺栓、轴销、销钉，将松动的拧紧，缺少的配齐；检查门体有无变形、有无裂纹以及锈蚀情况，强度不够的进行加固处理；检查止水橡皮有无损坏、脱落现象等。

3.1.5 预埋件的检查与维护

3.1.5.1 闸门预埋件维护的基本要求

闸门预埋件必须能将闸门所承受的载荷安全地传递到混凝土中去，能与门体配合良好，保证启闭自如以及止水良好。闸门埋件经常处于水下和受高速水流冲刷及其他外力作用，很容易出现一些缺陷，由于更换困难，尤应注意埋件的锈蚀、汽蚀、变形和磨损等问题。各种金属埋件除轨道水上部位摩擦面可涂油脂保护外，其余部位，凡有条件的均宜涂坚硬耐磨的防锈涂料或喷锌、喷铝处理，门槽内的淤积物、附着的水生物应定期清理，以免造成闸门止水或构件的破坏。

3.1.5.2 预埋件的检修

当发现预埋件有缺陷时，必须按下列情况分别进行检修处理：

（1）支承滑块的滑道主轨表面的不锈钢脱落或磨损时，应拆下进行处理。如整个轨道需喷镀处理,应将原有的镀层清除干净再喷镀;如采用局部堆焊处理,要用与原堆焊材料成分相同的焊条施焊。喷镀或堆焊完毕后,应先根据需要用砂轮、零号砂布打磨后,再以油石蘸油研磨表面,以达到设计要求的粗糙度。

(2)支承工作轮的轨道,如有汽蚀、锈蚀、磨损等造成的缺陷,应做补强处理;如损坏变形较大,应更换新的。焊接前,预埋件表面应彻底清理、铲平、磨光,贴补金属材料。与原埋件之间不规则的缝隙,可采用环氧树脂灌浆充填。工作面上的接口或堆补焊缝,应用砂轮或油石磨光。

(3)止水座板及底坎等,由于安装不牢受水流冲刷、泥沙磨损或锈蚀等原因发生松动、脱落时,应予以整修并补焊牢固。对原来用螺栓固定的止水座板,应按原设计要求重新处理。轴承合金垫板有磨损的,可用灌注法进行修补。

(4)胸墙檐板和侧止水座板发生锈蚀时,一般可采用涂刷油漆涂料或环氧树脂涂料护面,有条件的,也可采用喷镀铬或有色金属材料护面。

3.1.5.3　**橡皮止水检修**

(1)更换新件。橡皮止水使用日久老化,失去弹性或严重磨损、变形而失去止水作用,应更换新件。安装新止水时,应用原止水压板的孔位在新止水橡皮上划线冲孔,孔径应比螺栓直径小 1 mm,严禁烫孔。

(2)局部修理。由于止水预埋件安装不良,而使橡皮局部撕裂,除应处理埋件外,可将止水橡皮损坏部分割除,换上相同规格尺寸的新止水。新、旧止水橡皮接头的处理方法有:

①将接头切割成斜面(可与止水柱面成 45°),并将其表面锉毛,涂上粘合剂粘合压紧。

②采用生胶热压法胶合,胶合面应平整并锉毛,用胎模压紧,借胎模传热,加热温度为 200 ℃左右。胶合及接头处不得有错位及凹凸不平现象。

(3)离缝加垫。闸门顶、侧止水的止水橡皮与门槽止水座板接触不紧密而有缝隙时,可在止水橡皮固定部位的底部,加垫适当厚度的垫板(橡皮板或扁铁条)进行调整。

(4)止水橡皮更新或修理后的标准:

①止水表面平面度不超过 2 mm。

②止水橡皮的压缩量应保持 2~4 mm。

3.1.6　金属结构的无损探伤检验

无损探伤检验是非破坏性检验中的一种特殊检验方式,它利用渗透(荧光检验、着色检验)、磁粉、超声波、射线等方法来发现焊缝表面的细微缺陷以及存在于焊缝内部的缺陷,应根据被检对象的特点,正确地规定检测方法。

3.1.6.1　**磁粉探伤**

磁粉探伤适于检查物体的表面或靠近表面的内部缺陷,其灵敏度比超声波或射线探伤高,操作简便,结果可靠。但随着缺陷埋藏深度的增加,其灵敏度迅速降低,能检查距表面多深的内部缺陷与缺陷的大小,与表面粗糙度及形状等有关,一般认为距表面约 5 mm(用交流磁化时为 1.5 mm)深为极限,磁粉探伤仅适用于检查磁性材料。

3.1.6.2　渗透探伤

渗透探伤又分为荧光渗透探伤和着色渗透探伤,都是利用毛细管现象来进行探伤检查的。这些检查方法对被查表面无开口缺陷的情况不能进行探伤。渗透探伤不仅可用于检查磁性材料,还能检查有色金属和非金属等材料。

3.1.6.3　射线探伤

射线探伤是采用 X 射线或 γ 射线检查内部缺陷的无损检验方法,它可以利用照相的办法将内部焊接缺陷的性质、形状和大小清晰地反映在底片上,使人们对内部缺陷具有直观性,而且检查结果能以照相底片的形式保存起来。这些都是其他检验方法所无与伦比的。不论材质有无磁性、厚度大小、形状和表面状态的好坏等,该种方法均可适用,并能检查出大小为穿透厚度的 1% ~2%(γ 射线为 3%)以上的缺陷及气孔、夹渣,但对微细裂纹、叠层等的检查很困难。

3.1.6.4　荧光检验

荧光检验是用来发现焊件表面缺陷的一种方法。检验的对象是不锈钢、铜、铝及镁合金等非磁性材料。它是利用浸透矿物油的氧化镁粉在紫外线的照射下,能发出黄绿色荧光的特性而进行检验。该种方法一般适用于较小焊件表面缺陷的检验。

检验时,将被检验的焊件预先浸在煤油和矿物油的混合液中数分钟,由于矿物油具有很好的渗透能力,能渗进极细微的裂纹,当焊件取出待表面干燥后,缺陷中仍留有矿物油。此时撒上氧化镁粉,并将焊件表面氧化镁粉清除干净。在暗室内,用水银石英灯发出的紫外线照射,这时残留在表面缺陷内的荧光粉(氧化镁粉)就会发光,显示了缺陷的状况。

3.1.6.5　着色检验

着色检验的原理与荧光检验相似,不同之处只是着色检验时用着色剂取代荧光粉来显示缺陷。该种方法一般适用于较小焊件表面缺陷的检验。

检验时,将擦干净的焊件浸没在着色剂中,流动性和渗透性良好的着色剂便渗入焊缝表面的细微裂纹中,随后将焊件擦净并涂以显现粉,浸入裂纹的着色剂遇到显现粉,便会显现出缺陷的位置和形状。

着色检验的灵敏度较荧光检验为高,其灵敏度一般为 0.01 mm,深度不小于 0.03 ~ 0.04 mm。

3.1.6.6　磁粉检验

磁粉检验也是用来探测焊缝表面细微裂纹的一种检验方法。它是利用在强磁场中铁磁材料表层缺陷产生的漏磁场吸附磁粉的现象而进行检验的。

检验时,首先将焊缝两侧局部充磁,焊缝中便有磁力线通过。对于断面尺寸相同、内部材料均匀的焊缝,磁力线的分布是均匀的。而对于断面形状不同,或者内部(近表层)有气孔、夹渣、裂纹等存在的焊缝,则磁力线因各段磁阻不同而产生弯曲,磁力线将绕过磁阻较大的缺陷。如果缺陷位于焊缝表面或接近表面,则磁力线不仅在焊缝内部弯曲,而且将穿过焊缝表面形成漏磁。这时在焊缝表面撒上细小的针状铁粉,由于缺陷处漏磁的作用,铁粉就会吸附在缺陷上,此时可根据被吸附铁粉的形状、多少、厚薄程度来判断缺陷的大小和相对位置。缺陷的显露和缺陷与磁力线的相对位置有关,如果缺陷与磁力线相平行时则显露不出来,而与磁力线相垂直时最易显露。所以显露横向缺陷时,应使焊缝充磁后产生的磁力线沿焊缝的轴向（纵向）；显露纵向缺陷时，应使焊缝充磁后产生的磁力线与焊缝相垂直。因此，在实际进行磁粉检验时，为测出焊缝中的纵向与横向缺陷，必须对焊缝作交替的纵向充磁和横向充磁。

磁粉检验适用于薄壁件或焊缝表面裂纹的检验，也能显露出一定深度和大小的未焊透，但难以发现气孔和夹渣，以及隐藏在深处的缺陷。磁粉检验有干法和湿法两种。干法则是当焊缝充磁后，在焊缝处撒上干燥的铁粉；湿法则是在充磁的焊缝表面涂上铁粉的混浊液。

3.2　事故分析与处理

3.2.1　螺杆式启闭机的螺杆弯曲的原因及处理

3.2.1.1　螺杆压弯的主要原因

（1）过载保护没有调节好，起不到作用。

（2）闸门摩阻过大。

（3）行程开关未调节好，使闸门到达底坎后继续下压等。

3.2.1.2　螺杆压弯的预防及处理

由于闸门自重的作用，螺杆式启闭机的启门力通常大于闭门力。电动机的容量是按启门力选择的。因此，在闭门过程中，只要闸门发生卡阻，或在闸门到达底坎时，行程限位开关失灵，启闭机的下压力会大大超过预定的闭门负荷，致使螺杆失稳而弯曲变形，或机架上抬损坏机座。所以，电动和手电两用的螺杆式启闭机均应装设过载保护装置。常用的闭门过载保护装置有牙嵌式安全联轴器和超越摩擦片式安全联轴器。

（1）牙嵌式安全联轴器，如图 5-3-2 所示。其工作原理是：可轴向移动的半联轴节在弹簧的作用下，用端面上的牙齿与轴向不可移动的主动盘联接。齿数一般2 ~ 6 个，牙形呈锯齿状，当联轴器所传递的闭门力矩大于调整值时，由于齿的倾斜端面作用，半联轴节将沿着轴上的导向键或花键槽压缩弹簧后退，停止转动，并相对于不可移动的主动盘产生溜滑，从而避免启闭机过载。允许的闭门力由调节弹簧压缩量来整定。启门时，由于旋转方向相反，则不会打滑。

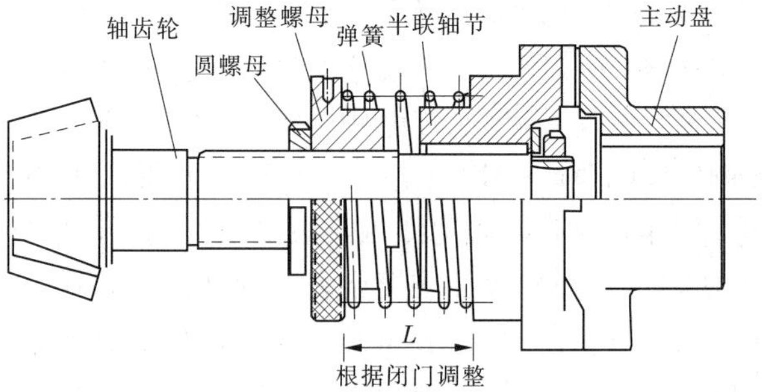

图 5-3-2　牙嵌式安全联轴器

(2)超越摩擦片式安全联轴器。其由两部分组成:一部分是超越离合器,也称定向离合器;另一部分是片式摩擦联轴器。前者是在启门时联接,闭门时自动分开,从而满足了启门要求。闭门时的动力传递,依靠片式摩擦联轴器完成,由于片式摩擦联轴器传递力矩靠的是弹簧压力,力矩过大能自动打滑。所以,它既能满足正常闭门需要,也能在超载时起安全保护作用。

3.2.2　拦污栅的结构与故障预防

3.2.2.1　拦污栅的结构

拦污栅安装在拦污桥前面或进水流道的进口闸门前面(只有大型立式泵站采用此种安装方式)。拦污桥设置在泵站进水池或进水前池的前端,由底板、栅墩、工作桥等钢筋混凝土建筑物组成。通常配置清污机清除拦污栅拦截的杂草污物,在拦污桥面上安装清污机行走轨道,便于清污机移动清污,有的还在岸边设置清污机库房。拦污栅由钢制栅叶结构及预埋件组成,各部结构如下。

1)栅叶结构

栅叶结构由栅面和支承框架(梁系结构)组成,栅面可拦截杂草污物,并将其承受的荷载传给支承框架,再通过支承框架传至埋件。栅面是由数块栅片按照需要的间隔距离平行排列、竖向放置并焊接在支承框架的迎水面上构成的,单件栅片一般采用厚4~6 mm、宽40~80 mm的扁钢。扁钢栅片与支承框面垂直放置,迎水面多为矩形面,但最好是半圆形或流线形。小型泵站的拦污栅以及跨度小的拦污栅也有用圆钢制作栅面,但刚度比较差。

支承框架通常用型钢或低碳钢板焊接而成,型钢一般为槽钢或工字钢。槽钢用于较大跨度的拦污栅,工字钢用于大跨度的拦污栅,特大跨度的拦污栅通常用钢板拼焊成型再焊接成支撑框架,小跨度的拦污栅支撑框架一般用角钢或圆钢焊接成支承框架。为了保证栅叶的刚度,通常在支承框架上每隔1.0~1.5 m的高度加设一根横梁。拦污栅的跨度(栅墩间距)不宜过大,一般为3~5 m,且要求栅体和拦污桥能够承受被杂草污物完全堵塞情况下栅前、栅后水位差为1.0~2.0 m时的水压力。

栅片间净距不能太小也不能过大,过小则过栅水头损失太大,而且拦污栅也易堵塞;过大则起不到拦污的作用。栅片间净距S一般随水泵的性能不同而异,对离心泵和混流泵,可取$S=D/30$;对轴流泵,可取$S=D/20$。其中,D为水泵叶轮直径,同时规定栅片最小净距不得小于50 mm,以免堵塞拦污栅。还可根据进口杂草污物的性质、数量等因素选择栅片间净距最大允许的极限值。

过栅流速,当采用人工清污时,宜取0.6~0.8 m/s;采用机械清污或提栅清污时,可取0.6~1.0 m/s。

为增大水流过栅面积,且便于人工和机械清污,栅叶与水平面倾角一般按70°~80°设置。

2)拦污栅预埋件

拦污栅的预埋件主要由支承轨道、反轨、侧轨和护角组成,其预埋件一般用型钢制作。

3.2.2.2 **污物清除**

被拦污栅拦截的杂草污物阻碍了水的正常流动,在拦污栅前后形成了较大的水位差,如果污物不能及时清除,则会大幅度地增大水泵扬程和轴功率,减小水泵流量,延长运行时间,增加运行费用,加剧水泵汽蚀和机组振动,导致频繁开停机,甚至压垮拦污栅。清污不及时,污物堵塞进水口,栅前后水位差可达1 m多,机组振动剧烈,增加运行费用5% ~10%。清污后,栅前后水位差仅为0.1 ~0.3 m,不会因污物引起机组振动。

3.2.3 回转式清污机的常见故障及处理方法

3.2.3.1 **链条在链轮处爬齿或脱齿**

清污机左右两条链条是空载时进行调试的,张紧度靠手感确定,不易调整到一致。清污作业时,如果两边负荷不均匀,承载后的链条与齿耙的方向就发生偏移,链条就有可能在链轮处出现爬齿或脱齿,造成链条损坏。防止方法主要是调整好两边链条的张紧程度,另外可增加专用链轮罩壳。

3.2.3.2 **清污耙齿被栅条卡住无法回转**

清污机栅条由许多栅片组成,横向栅片通过两根圆钢连成一组,纵向组与组之间断开。当遇到树棍之类的硬杂物时,栅片有可能发生左右的变形,由于每个清污耙齿都插入栅面内一定深度,当变形量过大时,此时耙齿将不能通过,从而无法回转。防止方法是改进结构,纵向上将栅片加工成整体,增加栅片刚度,减少变形。

3.2.3.3 **传动机构安全销频繁剪断**

传动机构安全销是设计的一种安全保护装置,传动轴联轴器以两只局部断面缩小的柱销联接,传递扭矩,一旦实际负载超过设计值,剪力过大,安全销被剪断,从而达到机械保护作用。如果安全销频繁剪断,说明柱销的剪切面直径设计偏小,或者说荷载设计标准偏低。

3.2.3.4 **刮污装置变形**

刮污装置变形的主要原因是刮污板挂草太多,滚筒上附着较厚的水草渣滓,齿耙通过时阻力大,造成刮污板弯曲,也易使安全销剪断、齿耙弯曲变形,影响皮带使用寿命。

3.2.3.5 **齿耙钢管弯曲变形**

齿耙钢管弯曲变形的原因来自三方面:一是通过刮污板时阻力大;二是树棍等卡阻;三是荷载设计标准偏低,钢管壁厚偏薄。

3.2.3.6 **栅体回转链条拉断**

栅体回转链条拉断主要是由于齿耙钢管弯曲变形,强迫链条脱轨以致拉断;链条材料差;厚度尺寸不够,强度不满足要求。

3.2.3.7 **皮带输送机皮带跑偏**

水平皮带在输送运行中,水草、树枝极易在固定挡扳下卡阻,卡阻发生在一侧,侧挡辊起不到限制作用,水平皮带就会向另一侧跑偏。要解决这一问题,可将水平皮带改为“U”形皮带。

3.2.3.8 **污物不能全部落在皮带输送机上**

清污机清除的部分杂物掉落在皮带输送机之外,主要是皮带输送机安装中心偏离,可以重新调整,或者增加侧挡板,保证杂草污物不会落在皮带输送机之外。

3.2.3.9　铰支座拉坏

运行时清污机在水流作用下会围绕支铰前后摆动,当摆幅增大时,摆动时的支点受力点偏离设计位置,从而拉坏铰支座,发生故障。改进方法是在清污机中部(支铰下方、水面之上)增加可拆卸的固定装置,阻止其摆动。

模块 4　监控系统运行

4.1　系统检查

4.1.1　计算机基础知识

4.1.1.1　计算机硬件组成

计算机作为泵站监控系统的中枢,具有实现信息处理、信息加工、分析决策以及输出控制的作用。其主要的组成有中央处理器、总线、内存储设备、外存储设备、I/O 设备,它们之间的关系如图 5-4-1 所示。

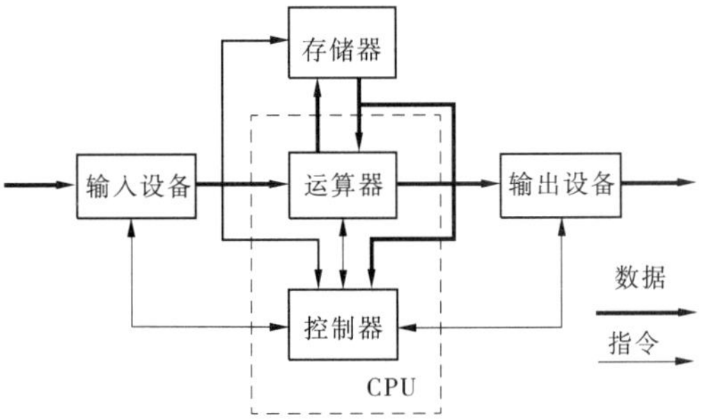

图 5-4-1　计算机硬件组成

1) 中央处理器(CPU)

CPU 是计算机监控系统中心处理单元(Central Processing Unit)的缩写,也称为微处理器。CPU 作为计算机必不可少的核心部分,其功能主要是运算计算机指令以及处理计算机软件中的数据。CPU 由运算器、控制器和寄存器及实现它们之间联系的数据、控制及状态的总线构成。CPU 的运作原理可分为四个阶段:提取(Fetch)、解码(Decode)、执行(Execute)和写回(Writeback)。所谓的计算机的可监控性主要是指对 CPU 的编程处理。

2) 总线(BUS)

总线(BUS)是计算机 CPU 与内部其他部件和外部设备连接的信息通道。一方面主机的各个部件通过总线相连接,另一方面外部设备通过相应的接口电路与总线相连接,从而形成计算机硬件系统。根据传输信息的不同可以分为地址总线、数据总线和控制总线,分别传送地址信号、数据信号和控制信号。

3) 存储设备(Memory)

存储设备(Memory)是计算机内各硬件和 CPU 进行沟通的桥梁,按其用途可分为主存储器(Main Memory,简称主存)和辅助存储器(Auxiliary Memory,简称辅存)。主存储器又称内存储设备(简称内存),辅助存储器又称外存储设备(简称外存)。内存的实质是一组或多组具备数据输入、输出和数据存储功能的集成电路,平常所说的内存是指 RAM。其主要作用是存放各种输入、输出数据和中间计算结果,以及与外部存储器交换信息时作缓冲用。由于 CPU 只能直接处理内存中的数据,所以内存的速度和大小对计算机性能的影响是相当大的。

4)I/O 设备

输入设备和输出设备简称 I/O 设备。输入设备将数据、程序、文字符号、图像、声音等信号输送到计算机中;而输出设备将计算机的运算结果或者中间结果打印或显示出来。常用的输入设备有键盘、鼠标、数码照相机、光笔、光电阅读器和扫描仪以及各种传感器等;常用的输出设备有显示器、打印机、绘图仪等。

4.1.1.2　计算机软件简介

软件是泵站监控系统中必不可少的组成部分。人们针对某一需要而为计算机编制的指令序列(称为程序),连同有关的数据和说明资料称为软件。简单地讲,软件就是程序加上文档。配上软件的计算机才成为完整的监控系统。计算机软件越丰富,计算机功能越强大,它使计算机具有非凡的灵活性和通用性。

根据计算机软件的作用,计算机软件系统通常分为系统软件、数据库软件、程序设计语言软件和应用软件等。

1)系统软件

系统软件完成从输入设备取得数据,向输出设备送出数据,向外存写数据,从外存读数据,对数据的常规管理等基础工作,这些基础工作由一系列指令来完成。人们把这些指令集中组织在一起,形成专门的软件,称为系统软件。系统软件除完成上述基本工作外,还进行着对硬件的管理,使在一台计算机上同时或先后运行的不同应用软件有条不紊地合用硬件设备。常用的系统软件有 Windows 和 Linux 两种。

2)数据库软件

数据库软件能够有组织地、动态地存储大量数据,使人们能方便、高效地使用这些数据。现在比较流行的数据库软件有 FoxPro、Oracle、DB-2、Access、SQL-server 等。

3)程序设计语言软件

程序设计语言是一种被标准化的人机交流技巧。它能让程序员准确地定义监控系统所需要使用的数据,并精确地指挥监控系统在不同情况下所应当采取的行动。常用的程序设计语言软件有:VC、VB、Delphi 等可以开发计算机监控的上位机软件;PLC 梯形图编程软件、组态软件可以编译现地控制程序;除 VC、VB、Delphi、PLC 梯形图编程软件、组态软件外,在泵站计算机监控中应用较多的辅助设计软件、测试软件、调试软件等。

4)应用软件

应用软件是专门为某一应用目的而编制的软件。泵站计算机监控系统中的上位机软件就属于一种应用软件。同时,还包括对应用软件起到支撑作用的软件,如各种驱动程序、接口程序、编解码程序等软件也属于应用软件的一类。

4.1.1.3　计算机网络

计算机网络是将分布在不同地理位置的计算机设备连成一个网,进行高速数据通信,实现资源(包括硬件、数据和软件)共享和分布处理。计算机网络是计算机技术与通信技术相结合的产物，它包括计算机硬软件、网络系统结构以及通信技术等内容。

1）计算机网络

网络中计算机设备之间的距离可近可远，即网络覆盖地域面积可大可小。按照联网的计算机之间的距离和网络覆盖面的不同，分为局域网、广域网和国际互联网（Internet网）。

（1）局域网。

局域网（Local Area Network，LAN）是指在某一个区域内由多台计算机互联组成的计算机组，一般范围在方圆几千米内，其结构示意图如图 5-4-2 所示。局域网可以实现文件管理、应用软件共享、打印机共享、工作组内的日程安排、电子邮件和传真通信服务等功能。局域网是封闭型的，可以由办公室内的两台计算机组成，也可以由一个公司内上千台计算机组成一种覆盖一座或几座大楼、一个校园或者一个厂区等地理区域的小范围的计算机网络。

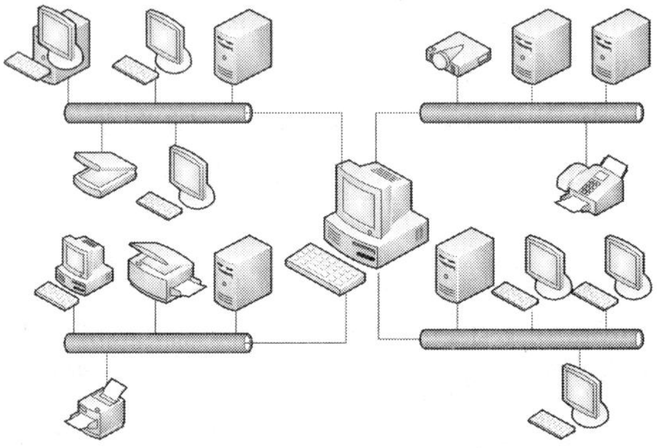

图 5-4-2　局域网示意结构

局域网的特点：在有限的地理范围内运行的，允许多个用户同时接入高带宽介质的，提供全时的本地连接服务，互联物理上相邻的设备所联接的网络。

（2）广域网与国际互联网。

广域网（Wide Area Network，WAN）也称远程网，通常跨接的物理范围很大，所覆盖的区域从几十公里到几千公里。它能连接多个城市或国家，或横跨几个洲，并能提供远距离通信，形成国际性的远程网络，其结构示意图如图 5-4-3 所示。所以，广域网是一种用来实现不同地区的局域网或城域网的互联，可提供不同地区、城市和国家之间的计算机通信的远程计算机网。

广域网特点：在很大的、地理上分隔的区域间运作的，允许用户之间进行实时通信的，提供全时或部分时间的连接服务的，网络控制服从公共服务规则的通信网络。

世界上第一个广域网是 ARPANET 网，它利用电话交换网互联分布在美国各地的不同型号的计算机和网络。ARPANET 网的建成和运行成功，为接下来许多国家和地区的远程大型网络提供了经验，也使计算机网络的优越性得到证实，最终产生了 Internet。

国际互联网（Internet），也称万维网。它在英语中的全称是“World Wide Web”，意思是“世界范围内的网络”。把每个英文单词的第一个字母提出来，就变成了英文简称

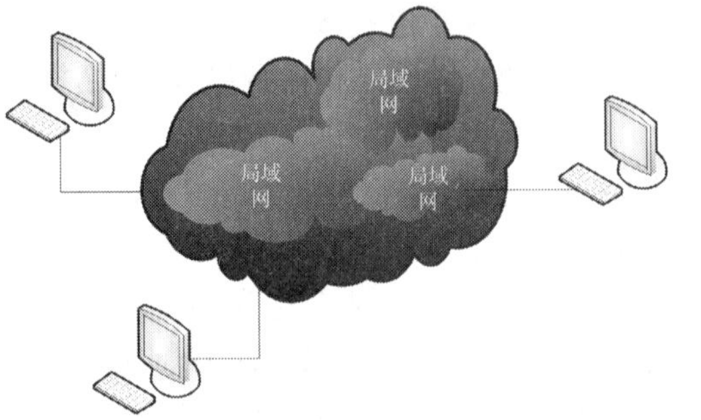

图 5-4-3　广域网示意结构

WWW，它的汉语翻译名称就是万维网，Internet 是现今世界上最大的广域计算机网络。

2）网络通信的构成

发送器和接收器是计算机网络通信的硬件。当计算机在近距离进行点对点通信时，就可以用电缆将 2 台计算机的通信接口进行连接，泵站计算机监控系统上位机和现地控制单元在泵站内部的通信通常是近距离通信。当利用计算机实现远距离通信时，还需要增加路由器、调制解调器、网卡等硬件设备。除此之外，还有一些通信软件和网络服务技术。

（1）路由器（Router）。

局域网要接入广域网需要路由器（Router）提供转接服务，由于当前可供选用的广域网有 PAC、DDN 以及帧中继网、ISDN 网等，用户可通过公用网组网也可以通过路由器与 DDN 专线等组网，所以支持多种协议及多端口的路由器在网络设备中发展较快。

路由器是用于连接多个逻辑上分开的网络，所谓逻辑网络是代表一个单独的网络或者一个子网。当数据从一个子网传输到另一个子网时，可通过路由器来完成。因此，路由器具有判断网络地址和选择路径的功能，它能在多网络互联环境中，建立灵活的连接，可用完全不同的数据分组和介质访问方法连接各种子网，路由器只接收源站或其他路由器的信息，属网络层的一种互联设备。它不关心各子网使用的硬件设备，但要求运行与网络层协议相一致的软件。路由器分本地路由器和远程路由器，本地路由器是用来连接网络传输介质的，如光纤、同轴电缆、双绞线；远程路由器是用来连接远程传输介质，并要求有相应的设备，如电话线要配调制解调器，无线要通过无线接收机、发射机。

（2）调制解调器（MODEM）。

事实上，计算机只懂 0 和 1，即计算机只能处理数字信号，而许多通信信道（介质）却只能处理模拟信号，不能处理数字信号，如载波通信、微波通信、电话通信等，这就需要有一种设备在计算机发送数据时将数字信号转换为模拟信号，在计算机接收数据时将模拟信号转换为数字信号，这种设备就是调制解调器（MODEM），它是英文调制器 Modulator 和解调器 Demodulator 的组合。调制是将数字信号转换为相应的模拟信号的过程，解调则是相反的过程。调制解调器的指标是用每秒发送数据的位来衡量的。

（3）网卡（Network Interface Card，NIC）。

对于采用局域网、广域网进行通信的计算机，网卡是计算机所必须的基本网络硬件。网卡用于将网络节点与计算机分开，网卡是建立和控制网络通信的部件，网卡也可以被认为是一种高级的调制解调器，它的传输速度要比通常的调制解调器更高，可以达到 10 Mbps 和 100 Mbps，利用网卡可以建立总线结构的网络、星形结构的网络、环形结构的网络等。

(4)域名系统(Domain Name System，DNS)。

域名系统(Domain Name System，DNS)，是由解析器和域名服务器组成的。域名服务器是指保存有该网络中所有主机的域名和对应的 IP 地址，并具有将域名转换为 IP 地址功能的服务器。其中，域名必须对应一个 IP 地址，而 IP 地址不一定只对应一个域名。域名系统采用类似目录树的等级结构。域名服务器为客户机/服务器模式中的服务器方，它主要有两种形式：主服务器和转发服务器。在 Internet 上域名与 IP 地址之间是一对一(或者多对一)的，也可采用 DNS 轮询实现一对多，域名虽然便于人们记忆，但机器之间只认 IP 地址，它们之间的转换工作称为域名解析，域名解析需要由专门的域名解析服务器来完成，DNS 就是进行域名解析的服务器。DNS 命名用于 Internet 的 TCP/IP 网络中，通过用户友好的名称查找计算机和服务。当用户在应用程序中输入 DNS 名称时，DNS 服务可以将此名称解析为与之相关的其他信息，如 IP 地址。因为，在上网时输入的网址，是通过域名解析系统解析找到了相对应的 IP 地址，这样才能进入网络。

(5)网络信息安全。

国际标准化组织(ISO)将“计算机安全”定义为：“为数据处理系统建立和采取的技术和管理的安全保护，保护计算机硬件、软件数据不因偶然和恶意的原因而遭到破坏、更改和泄露。”因此，计算机安全的内容应包括两方面，即物理安全和逻辑安全。物理安全指系统设备及相关设施受到物理保护，免于破坏、丢失等。逻辑安全包括信息完整性、保密性和可用性。完整性指信息不会被非授权修改及信息保持一致性等；保密性指在授权情况下高级别信息可以流向低级别的客体与主体；可用性指合法用户的正常请求能及时、正确、安全地得到服务或回应。

网络安全较全面地对计算机和计算机之间相连接的传输线路这个全过程进行管理，特别是对网络的组成方式、拓扑结构和网络应用的重点研究。它包括了各种类型的局域网、通信与计算机相结合的广域网，以及更为广泛的计算机互联网络。因此，保护网络系统中的硬件、软件及其数据不受偶然或者恶意原因而遭到破坏、更改、泄露，系统连续可靠地正常运行，网络服务不中断，成为网络安全的主要内容。

4.1.1.4　信息系统与数据库

1)信息系统结构与类型

信息系统(Information System)，由计算机硬件、软件、数据通信装置、数据存储设备、规章制度和有关人员等组成的。从技术上说信息系统是能对信息进行收集(或获取)、处理、存储并能支持决策和组织控制一组相互关联的组件，是现代社会组织的一个组成部分。信息系统的目的是实现组织的整体目标，对于组织活动有关的信息进行系统、综合管理，以支持组织的变革与发展以及各级管理决策与各项业务活动。除了支持决策、协作和控制，信息系统也可用来帮助经理和工人分析解决问题，使复杂性可视化，以及创造新的产品，从商业角度看，一个信息系统是一个用于解决环境提出的挑战的，基于信息技术的组织管理方案，其系统结构如图 5-4-4 所示。

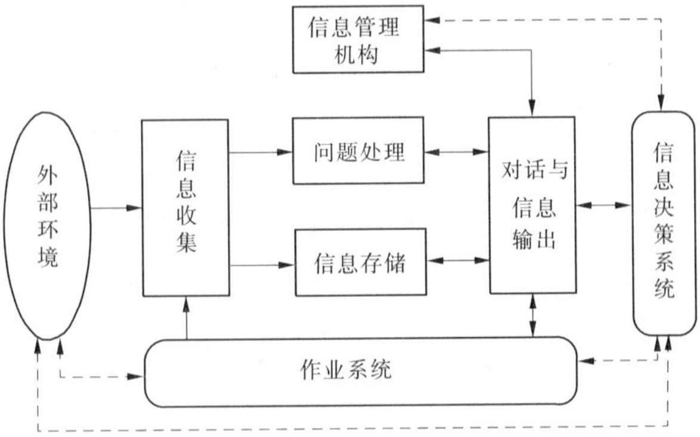

图 5-4-4　信息系统结构示意

从信息处理的深度来区分信息系统，基本上可以分为四大类，如图 5-4-5 所示，这些系统还可以按处理深度再继续进行划分。

- 业务信息处理系统
  - 操作层业务处理系统
  - 管理层业务处理系统
  - 知识层业务处理系统
    - 辅助设计系统
    - 办公信息系统
- 信息检索系统
  - 目录检索系统
  - 全文检索系统
- 信息分析系统
  - 决策支持系统
  - 经理支持系统
- 专家系统

图 5-4-5　信息系统分类

泵站计算机监控系统一般采用分层分布式信息结构。根据泵站的实际情况和系统的具体要求，从下层到上层可以分为 4 级结构，见图 5-4-6，分别为现场级控制层、监督控制层、泵站管理层、决策管理层。

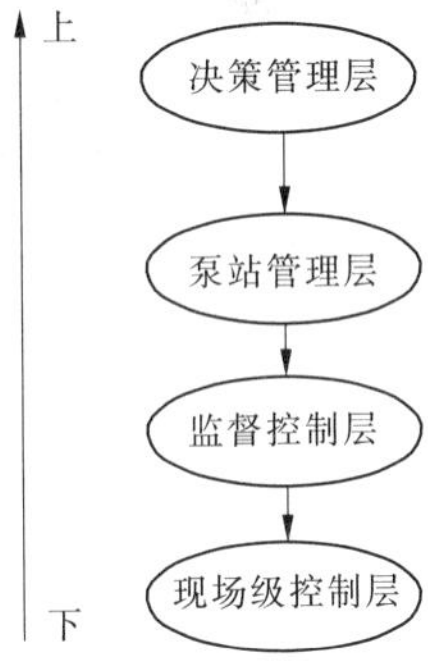

图 5-4-6　分层结构示意图

（1）现场级控制层：现场级控制层应包括安装在泵站现场的若干台功能独立的智能设备（智能单元），完成泵站主机组、辅机设备、变电所、节制闸等的各种数据测量、现场控制和运行保护及各种状态信号、保护信号采集、监督工作。

（2）监督控制层：监督控制层设置在泵站控制室内，是自动监控系统的中心，控制人员可通过该层在集控室或远程来实现对整个泵站的集中监控操作、信号和管理，对第一级现场采集的所有数据进行处理、分析、存储，形成报表，完成所有控制指令的收集和发布，完成保护动作的分析和指示，以各种方式（如流程图、趋势图、模拟棒状图、表格等）表达整个泵站的数据，生成实时数据库和历史数据库，访问控制数据库，实现远程控制。它还能进行机组等设备的启动准备工作的检测、判断和显示，收集和分析机组的启动数据。同时完成对系统的功能组态、流程图的制作、保护定值的整定、控制模型修改等工作。

(3)泵站管理层:泵站管理级负责整个泵站或者一个水利枢纽的多个泵站的运行管理、调度和优化。泵站管理级应能接收监督控制级送来的各种实时数据或者历史数据,以便各部门的管理人员可以随时观察泵站的运行状态。泵站管理级应能对管理处所有的事务进行管理,向上一级管理部门发送各种数据或接收上一级管理部门的命令和指示。

(4)决策管理层:决策管理级使信息通过公共数据交换网络或公共电话网传输,保证系统具有调度、决策功能。决策管理级负责收集整个流域或大面积的水情数据、工情数据,通过对有关数据的分析,在泵站优化调度决策支持系统的协助下形成调度指令,然后通过计算机网络将调度指令以控制数据库的形式发送给每个泵站工程的集中控制层区执行,完成对所在流域的一座或全部泵站进行运行调度、水情或者水资源调度。

2)数据库及其结构

数据是将现实世界中对客观事物的各种描述信息记录下来,形成可以识别的一组文字、数字或符号,它是客观事物的反映和记录。在泵站计算机监控系统中,测点、设备、画面、控制命令等都是数据。这些与被监控对象有关的数据可以以某种形式,如表格、关系图、视图、存储过程等形式组合在一起,形成各种各样的数据集合,这些数据集合以一定的组织方式存储在一起就形成了数据库。

数据库系统包含四大组成部分:数据库、数据库管理系统、数据库服务器和数据库管理员,它们的层次结构如图 5-4-7 所示。数据库和数据库管理系统必须安装在操作系统(如 Windows、Linux)之上。数据库管理员可以通过数据库管理系统管理数据库。

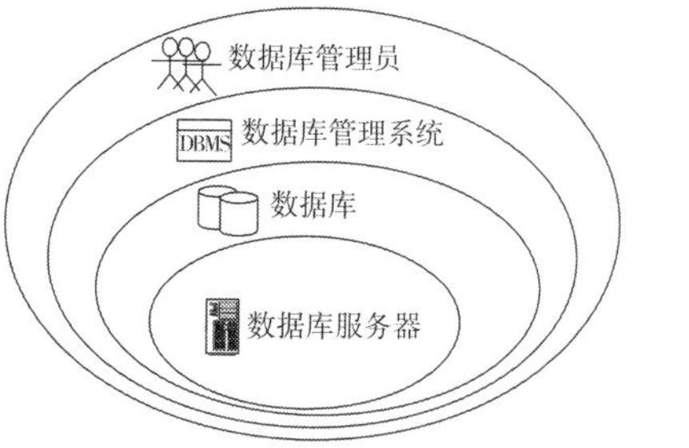

图 5-4-7　数据库系统层次结构图

(1)数据库。

数据库(Data Base,简称为 DB)由物理数据库和数据字典两部分组成。一部分是按照一定的数据模型组织并存放在外存上的一组相关数据的集合,称为物理数据库。例如,泵站计算机监控系统中的各种量,如有功功率、无功功率、功率因数等信息,可以用一定的数据模型组织成一个集合,如采用字段、记录、函数等形式组成集合,这些数据集合形成了监控系统的物理数据库。另一部分是数据库中有关信息的定义和描述部分,称为数据字典。例如,数据库中的数据集合必须由表、关系图、视图、存储过程、角色、用户、规则等进行描述,这些描述部分共同组成了数据字典的内容。数据字典是数据库管理系统和用户进行管理、维护及查询的依据。

(2)数据库管理系统。

数据库管理系统(DBMS)是数据库系统的核心软件,是对数据进行存储、检索、维护、加载和访问等管理的软件系统。它在数据库系统中的地位和关系如图 5-4-8 所示。

(3)数据库服务器。

对数据库系统而言,其支撑硬件主要有计算机主机、外部存储器、数据通道、输入输出设备、网络等硬件设备。数据库服务器就是这些硬件的总称。数据库服务器必须具有足够大的内存用来安装操作系统、数据库、数据库管理系统以及其他软件系统。另外,基于

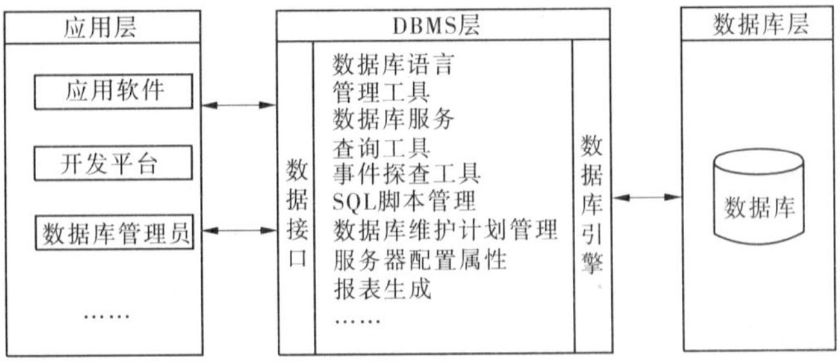

图5-4-8　DBMS在数据库系统中的地位和关系

泵站计算机监控系统实时性的需求，数据库服务器需要有足够大的外存、较高的I/O存取效率、较大的吞吐量以及较强的数据处理能力。

(4)数据库管理员。

数据库管理员(Data Base Administrators，简称DBA)是指管理、开发、维护、使用和控制数据库的人员。数据库管理员可以设置数据库的结构和内容，设计数据库的存储结构和存储策略，确保数据库的安全性和完整性并监控数据库的运行。

4.1.2　泵站自动化设备及技术参数

泵站的自动化设备主要针对泵站计算机监控系统，事实上，泵站自动化设备除监控系统外，还包括泵站视频网络系统、微机励磁系统、微机调速系统以及微机保护系统等。

4.1.2.1　视频网络系统

视频网络系统由前端视频采集部分、网络通信部分和监控中心部分组成。

前端视频采集部分包括摄像装置、视频编码器、报警输入/输出设备等。所有监控信息都由前端视频采集设备进行图像采集。摄像装置是前端视频采集部分的核心，包括镜头、摄像机、防护罩及支撑设备等。根据被摄物体及摄像地点的不同，摄像装置的具体配置也各不相同。摄像装置可以固定，也可以采用云台控制。为适合夜间监控的要求，可在监控点附近安装大功率的探照灯，系统可远程控制灯光电源开关，保证人员清楚地监控到夜间的情况。

网络通信部分由路由器、交换机、无线网桥、防火墙、通信线路等设备组成。通信线路可以采用多种方式：双绞线、光纤、有线电缆、专线、帧中继、XDSL、无线局域网、卫星、微波、GPRS、CDMA等。网络通信可采用标准的TCP/IP协议，可直接应用在局域网或者广域网上。具体的通道方式可根据现场的实际情况进行选择。

监控中心部分一般采用Brower/Server(简称B/S)结构，即由管理服务器(Server)和监视终端(Brower)组成。管理服务器由监控管理软件、服务器硬件、资源数据库等组成。监控管理软件能够实现完整的监控管理功能，是视频网络系统的核心。管理服务器主要完成现场图像接收，用户登录管理，优先权的分配，控制信号的协调，图像的实时监控，录像的存储、检索、回放、备份、恢复等功能。监视终端由监控工作站和电视墙等终端显示设备组成。监视终端可采用普通的PC机，通过客户端软件或标准浏览器访问监控管理服务器。一般采用用户登录的方式登录监控系统，根据管理的权限使用系统功能。对于中心监控室，通常会配置高性能的 PC 机作为监控工作站，并建立电视墙系统。在监视终端上还可实现多画面实时监控、远程控制摄像机云台、灯光控制、制订录像计划等操作。

4.1.2.2　**微机励磁系统**

泵站励磁系统作为泵站电机的一个重要组成部分，它承担着向电机转子提供励磁电流的重要功能，因此励磁系统的性能好坏直接影响整个泵站的运行状况。励磁调节器是励磁系统中极其重要的一部分。近年来计算机技术的广泛应用，使得微机励磁调节装置迅速在泵站中得到了推广，保证了励磁系统的稳定性。

励磁调节器供给发电机励磁电流，并根据发电机负载的变化作相应调整，以维持发电机机端电压或电网中某一点电压在给定水平上。当发电机突然甩负荷时，它实行强行减磁以限制机端电压，使其不会过度升高。此外，当几台发电机并列运行时，通过励磁调节器的作用可使无功功率在机组间得到稳定和合理的分配。为了实现上述功能，微机励磁调节器必须具备相应的硬件结构和软件设置。一般微机励磁调节器的原理框图如图 5-4-9 所示。

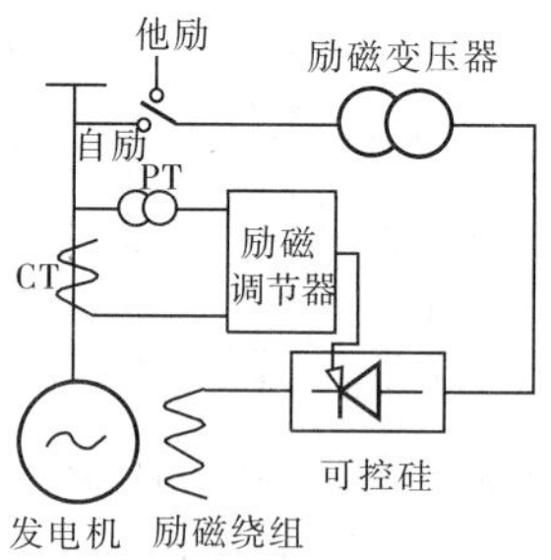

图 5-4-9　微机励磁调节器的原理框图

同步发电机的整个工作过程，可划分为两个阶段。第一阶段，是指发电机从起励建压到并网之前，这一阶段的时间极短；第二阶段，是指同步发电机并网之后。此时励磁控制系统是通过调节励磁电流来调整发电机向电网输出的无功功率。这一阶段是同步发电机的主要工作阶段。励磁控制系统是一个典型的闭环系统。在控制系统中，往往通过系统校正，即在原系统中增加校正装置，改变系统的整体结构，从而使系统实现所需的性能。励磁控制系统的控制规律最终都归结为 PID 运算，PID 运算仍然是基础。除 PID 运算外，还有较为复杂的算法，例如模糊控制、人工智能等。需要说明的是，算法上的先进不代表这种算法能使控制对象的性能达到最优。它们的先进性更多地是体现在对不同控制对象的适应性方面，即鲁棒性（robustness）。

4.1.2.3　**微机调速系统**

泵站调速的主要硬件设备是调速器，它是泵站的重要控制设备，可实现对泵站发电机组的转速和有功功率等参数的自动调节。随着调速器行业的技术水平迅速提高，调速器产品日渐更新，微机调速器在泵站中得到广泛应用。尤其是泵站实行计算机监控后，更加快了微机调速器的应用与发展。微机调速器的一个显著特点是功能齐全而硬件设备投资少。这是因为微机调速器绝大部分功能是由计算机软件来实现的，不是由硬件来完成的。

微机调速器的软件是微机调速器的核心。现以南京南瑞集团公司制造的 SAFR－2000 型微机调速器为例说明微机调速器的软件构成。该微机调速器的全部软件是按功能模块化编制的，各功能模块具有相对独立性和完整性，相互之间可进行信息交换，整个软件可按功能模块进行装配。软件基本结构如图 5-4-10 所示。它分为实时运行控制软件系统和智能化调试维护软件系统两大部分。

1）实时运行控制软件系统

该系统使调速器具有全部的调节和控制功能，它包括实时控制中断程序、实时空载运行调节程序、实时运行发电调节程序和停机控制程序。从控制方式上可分为两种情况，即中央控制室常规控制方式或中央控制室上位机控制方式，在中央控制室常规控制方式运行时，装置的全部操作均与常规电液调速器的操作相同，无需操作任何键盘按钮，操作简单直观，易于运行人员掌握，同时在装置实际运行过程中，液晶显示面板能实时反映大量运行状态、工况等信息，便于运行人员及时掌握装置的运行情况。在中控室上位机控制方式运行时，装置与上位机进行信息交换，按照上位机发出的指令进行调节和控制，并进行厂内经济运行。

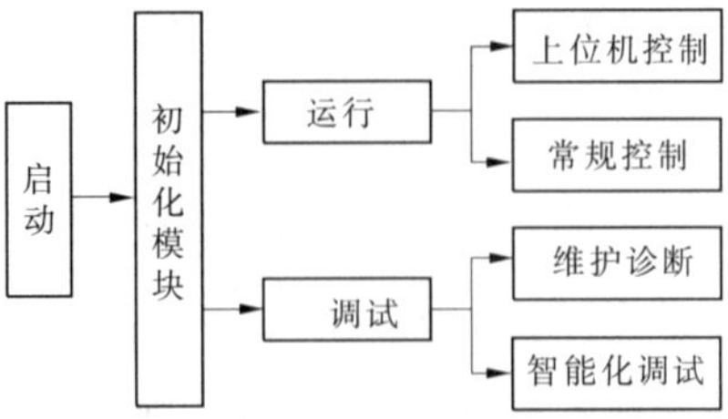

图 5-4-10　**软件基本结构图**

2）智能化调试维护软件系统

该系统使调速器在调试工作状态下，能帮助指导调试人员简便、顺利地完成装置安装调试以及调速系统的全部试验工作。在调试时，需使用个人计算机作为调试工具。智能化调试软件大大简化了调速系统试验的过程，调试人员能通过个人计算机方便地设定和修改各种参数及协联关系曲线，所有的试验过程都将显示在显示器屏幕上，时刻提醒调试人员以免遗漏试验项目，静态试验和动态试验的结果都可以在打印机上以数据曲线的形式打印出来。这样就减少了调试人员的工作量，减少了劳动强度，提高了工作效率，缩短了试验时间。在试验中无特殊的测试要求，无需外接其他的试验仪器。

4.1.2.4　微机保护系统

微机保护装置包括专用软件包和其他相应模件。该系统能及时对设备的故障进行判别，并能对故障发生的时间、故障类型以及故障的各项数据进行记录，同时使用户可以通过通讯口读取信息，并把以上各项信息数据通过数据线传输到上位机提醒值班人员。另外，有些微机保护系统设置继电保护装置不受监控系统控制，独立闭环运行，作为独立的设备提供对电气设备的保护。

为保证系统的高可靠性，除选用高可靠性的硬件设备外，系统还应采用下列措施：

（1）采用分布式集散系统结构。各现场监控单元在正常工作状态下处于系统的集中指挥下运行，但在紧急情况下或系统故障时，它又可独立运行，个别的现场监控单元故障，不会对系统或其他单元构成影响。

（2）系统软、硬件设置监控定时器（看门狗）功能。

（3）监控软件选用先进并应用成熟的监控软件包开发应用软件，确保系统软件运行的高可靠性和安全性。

（4）对控制指令的发布规定操作权限，命令传送须经过巡回认证，数据采集要求经过合理性判别和处理，以防误操作。

（5）因系统处于强电环境下运行，对系统的输入信号均采用光隔技术，现场监控单元采用浮空地技术，输出信号采用光隔加中间继电器隔离等保护措施，重要设备（如 UPS）、重要信号线路与电源等线路装设各类浪涌保护器，以防工业干扰和雷电的影响，减少数据出错和元件损坏。

(6)在监控系统与网络之间设置防火墙,对外部指令进行鉴别和过滤,确保系统安全。

4.1.3 监控系统组成、功能及工作原理

泵站计算机监控系统由三部分组成,分别为硬件部分、软件部分和控制对象。系统功能的实现要靠整个系统的软、硬件的有机结合。系统的硬件主要由执行器、控制器、测量环节和数字调节器等组成;软件部分主要是一些工控组态软件或者是针对具体工程单独开发的软件。下面内容详细介绍了泵站监控系统的组成。

泵站计算机监控系统主要包括主机组检测和控制系统、辅机及公用设备检测和控制系统、水力检测系统、泵站变电站电气保护测控系统等。具有功能综合化、测量显示数字化、操作监视屏幕化、运行管理智能化的特点。

监控系统内各子系统和各功能化模块由不同配置的单片机或微型计算机组成,通过网络、总线将微机保护、数据采集、控制等各子系统连接起来,构成一个分级分布式的系统。

从功能上来说,泵站计算机监控系统由以下几部分组成:监测系统、控制系统、保护系统、通信系统、管理系统。

4.1.3.1 泵站监测系统

泵站监测系统能对泵站用变电所、主机组、辅助设备、水工建筑物的各种电量、非电量的运行数据及水情数据进行检测、采集和记录,定时制表打印、存储、模拟图形显示。根据这些参数的给定限值进行监督、越限报警等,还应监视重要的非电力参数,并监视其变化趋势。

泵站监测系统具有事故追忆功能,发生事故时,自动显示与事故有关的参数的历史值、事故期间的采样值及相关的事件顺序。

4.1.3.2 泵站控制系统

系统能根据泵站当时的运行状态,按照给定的控制模型或者控制规律对变电所的变压器、主机组的启停、泵站辅助设备、节制闸等水工建筑物进行自动控制。也可根据泵站的需要对泵站实行远距离的调度和控制。

4.1.3.3 泵站保护系统

保护系统能对主变压器、所用变压器、站用变压器、主机组以及母线进行自动保护。传统继电保护功能:主机组保护、主变压器保护、站用变压器保护、联络线的保护、其他保护。特殊的保护功能:通信功能、远方整定功能、保护功能的远方投切、信号传输及复归功能、独立性。

4.1.3.4 泵站通信系统

泵站中央控制室计算机系统能与泵站管理计算机系统通过通信线路连接在一起。泵站管理计算机系统可通过通信线路连接上级管理单位的计算机系统或者计算机网络,连接专用水情网络或者通过公共数据交换网络向上级管理部门提供数据或者查询服务。

4.1.3.5 泵站管理系统

系统能根据上级的调度指令控制机组的运行,根据泵站当前的水位数据,按照经济运

行模型控制机组的运行统计并分析泵站阶段运行的情况，形成报表，通过通信线路向上报告。其包括以下功能：与监督、测量有关的管理，与控制有关的管理，与保护有关的管理，其他管理。

4.1.4　监控系统运行条件、检查程序与方法

4.1.4.1　监控系统检查

监控系统的检查主要是对操作员工作站和通讯工作站的计算机失电、有电源不能启动、启动后死机等故障进行检查。

1）计算机失电，出现有电源不能启动故障的检查

（1）首先，如果按下计算机的电源按钮，电源指示灯不闪烁或不指示，把插入计算机主机的电源线拔下，用万用表测量电源是否存在，如果电压没有，则电源出了问题，检查电源回路。

（2）如果电源回路正常，按下计算机的电源按钮，电源指示灯是否闪烁或指示，如果电源指示灯不闪烁或不亮，证明计算机主机的电源坏，需更换计算机开关电源。

（3）如果计算机电源指示灯闪烁或指示，还是不能启动，一般情况下会在启动时出现 DOS 提示，提示硬盘损坏或系统丢失等。如果看不懂英文，我们可以用启动光盘来判断电脑哪里出了问题，在光驱里放入一张 Windows 系统光盘，现在的 Windows 系统光盘都带有 PE 启动功能，如果电脑能正常进入 PE 系统桌面，则说明计算机主板没有问题，内存条没有问题，那么可能是硬盘损坏或 Windows 系统损坏。在这种情况下，如果本站有两台以上相同型号的计算机，可以把另外一台计算机的硬盘拆下来，装在有问题的计算机上，如果开机正常，说明硬盘损坏或 Windows 系统损坏，这时如果重装系统，计算机运行正常，说明是系统问题；如果不能重装系统，说明硬盘损坏，需更换硬盘。

2）计算机失电、启动后死机等故障的检查

计算机突然失电，对计算机的损坏非常大，常会造成硬盘损坏或系统文件丢失，容易引起各种问题。为此，可以通过一种最简单的方法解决：按下电源按钮后，计算机进入启动画面时，按键盘的 F8 键，会进入 Windows 高级选项菜单画面，用键盘向上键或向下键，选择“最后一次正确配置（你的起作用的最近设置）”，回车确认，系统会自动修复。

由于现在的监控系统装有很多通信的驱动、专用的软件及一些特殊的设置，一般的运行人员即使重装系统，电脑运行正常了，但是监控程序运行时会出现很多的问题，如监控程序不能运行、通信不正常、数据不刷新等，因此一般的运行人员很难解决。如果该电站或泵站有两台相同型号的电脑，这时可以采用“备份还原工具软件”或“ghost 工具”，把正常的那台电脑的系统进行备份，用启动光盘的 PE 系统进入电脑，把备份系统复制到这台电脑，用“备份还原工具软件”或“ghost 工具”，把备份系统还原到此电脑的 C 盘，还原后重新启动计算机，更改 IP 地址和计算机名即可解决监控程序不能运行、通信不正常、数据不刷新等问题。

4.1.4.2　监控系统主机组及公用系统的检查

监控系统主机组及公用系统检查主要对现地控制单元失电、有电源不能启动、启动后死机等故障进行检查。现在的电气设备装置一般不会出现现地控制单元失电这种情况，

如果出现了这种情况，一般可以通过排除法进行解决，现举几个实例说明解决办法。

（1）微机保护装置有电源不能启动、启动后死机。现在的微机保护装置由几个插件如电源模块、开入模块、采样模块、DSP模块、液晶模块等组成，只要该电站或泵站有相同的装置，就能够检查出是哪个具体的模块出现了问题，一般情况下电源模块出现问题的几率比较大。首先更换电源模块看能不能解决，如能解决启动、启动后死机的问题，则说明电源模块有问题，只要厂家提供一块电源模块即可；如果现象还是不能解除，继续更换其他模块，直到现象解除，便可检查出是哪个模块的问题。

（2）LCU屏的PLC有电源不能启动、启动后死机。现在的PLC模块大多数有直流24 V供电，一般都配置有直流24 V开关电源，首先检查开关电源输出的电压是否有直流24 V左右的电压，如果电压不正常，低于16 V以下，则说明开关电源有问题，需更换开关电源；如果开关电源输出电压正常，则查看PLC的CPU上的指示灯哪个灯亮了，如果是RUN指示灯不亮，ERH指示灯亮，则说明PLC可能由于强干扰引起程序出错或模块出现了问题，这时必须把模块寄回厂家维修或联系厂家去现场才能解决。

（3）LCU屏上HMI（触摸屏）在有电源不能启动、启动后死机时，凡是出现下列几种情况均属于触摸屏出现问题，需寄回厂家进行维修：

①触摸屏Power指示灯不亮，工作电源输入正常。

②触摸屏Power指示灯亮，其他的指示灯正常，触摸屏无显示或显示模糊等。

③触摸屏Power指示灯亮，Comm指示灯正常，显示正常，触摸屏触摸不起作用。

④触摸屏Power指示灯亮，Comm指示灯闪烁不正常或不闪烁，画面显示正常，但是采样的遥信及遥测无刷新或无数据，可以把此触摸屏换到另一LCU屏上有触摸屏的地方试一下，如果还是同样的故障现象，说明触摸屏通讯口有故障。

⑤触摸屏Power指示灯亮，Comm指示灯闪烁不正常或不闪烁，画面显示正常，但是采样的遥信及遥测无刷新或无数据，可以把此触摸屏换到另一LCU屏上有触摸屏的地方试一下，如果故障现象解除，说明PLC通讯口有故障，需更换PLC通讯模块。

4.1.5　监控系统日常维护

泵站计算机监控系统属于自动化程度较高的系统，对其必须进行日常维护工作，主要措施有：

（1）对监控中心的监控控制设备派专人专管，要求非监控人员禁止操作；

（2）对监控设备经常擦拭保养；

（3）对每个摄像机所供电源的插座要经常检查，防止插头脱落；

（4）保证对每个摄像机和监控中心的供电电压较恒定；

（5）对低矮位置的摄像机尽量设有明显标志，提醒非监控管理人员禁止触碰；

（6）为防止触电事故的发生，长时间未启用的电力泵站在开机前一定要检查电路。

除此之外，一些地方水利设施老化失修，且已不堪重负。许多电力泵站的灌排能力达不到现有设计标准，缺乏管护，电力设备老化失修比较严重，在遇到旱涝灾害紧急启用的时候存在较大的安全隐患。启动前要用电压表测量各绕组对机壳和各相绕组之间的绝缘电阻，其值不应小于5 MΩ。如果绝缘电阻低于0.5 MΩ，说明电机绕组已受潮，必须进行烘干处理;同时要检查启动设备及其他有关电器装置是否良好,熔丝是否完好并符合要求,防护设施等是否安全可靠。

监控系统的检查与日常维护,应符合下列规定:

(1)检查计算机监控系统及其通信网络系统,应运行正常;

(2)检查就地控制系统,运行应正常;

(3)检查各自控元件,如执行元件、信号器、传感器等工作应正常;

(4)各级控制应正常可靠;

(5)监视系统应正常,调节控制可靠,图像清晰;

(6)显示、音响报警信号系统应正常可靠;

(7)UPS 电源供电应正常,供电容量、时间符合产品要求;

(8)仪表、信道及电源的过电压保护应可靠、有效;

(9)如软件修改或重新设置,应将修改中或设置前后的软件分别备份,并做好修改记录;

(10)如运行中出现问题,应详细记录并上报。

4.2　系统操作

4.2.1　操作系统功能需求

根据泵站的实际运行需要及其特点,泵站监控系统的功能是要求系统能够对微机保护综合设备、抽水设备和抽水控制设备、辅助机组控制设备、渠水流量和测流设备进行远程监视与控制;能够自动实现现场必要的实时数据的有效采集、显示、记录和分析处理;能够实现机组的开、停控制;能够对机组的辅助系统进行安全可靠的控制;能够对系统故障进行自诊断,并能有效地保护机组的安全运行,帮助运行人员发现事故隐患等。

系统功能的实现要靠整个系统的软、硬件的有机结合,除选择合理的硬件设备来满足系统要求外,操作系统应该具备以下几个方面的功能。

4.2.1.1　友好的人机界面

能够动态、实时地显示系统的设备状态及测点参数,在线监视系统整体运行工况,系统各主画面可以自由切换,同时具有较好的视觉效果。

4.2.1.2　完善的事件报警管理方案

对系统变量报警应给出明显的画面提示,同时给出语音报警。对报警变量实行按越限类型(高高限、高限、低限、低低限)、优先级、报警组等管理,同时能够对报警信息进行实时打印、在线查询及对报警变量和其相关量进行密集记录等。另外,要求在授权的条件下能够对报警界限值进行修改,报警界限值的选取要合理,使报警发生后能够让运行值班人员有足够的时间进行事故处理,严重的事件报警在经过一定延时后需实现事故跳闸。

4.2.1.3　丰富完善的趋势图

对系统的某些重要参数根据需要画出其实时或历史趋势图,对历史趋势图要求有完善的时间管理方案,并能够对历史趋势图进行必要的操作(如打印、获取某一具体时刻的历史参数或获取某一历史时间段的历史趋势图的特征值等)。

4.2.1.4 可靠的历史数据存储

要求系统能够对历史数据进行有效的记录,并能够进行有效的历史数据查询。对系统的数据除进行一般的记录外,还要求在发生事件时对系统某些重要参数或相关参数进行密集记录,并对历史数据进行备份。

4.2.1.5 系统的运行安全机制

对系统的运行值班人员和运行维护人员等进行操作权限管理,一般的系统操作运行人员只能进行一般的系统操作而不能干预系统的正常运行,不能对某些重要参数或重要信息进行查询或修改等,对某些关键操作可进行两级或更高级的密码管理,同时能够在线进行用户的密码修改。

4.2.1.6 系统运行日志记录查询

系统能够自动记录系统内的所有操作,同时也能够自动对运行人员的操作进行记录,管理人员或高级系统维护人员在授权的条件下对记录结果进行查询。

4.2.1.7 事故追忆及故障诊断

系统能够对事故发生前给出报警提示,对过去所发生的事件进行追忆查询,系统维护人员和管理人员根据过去发生的事件信息结合历史数据库来分析事故,系统能够对系统本身进行自诊断,并给出系统诊断结果,为运行维护人员分析排除故障提供参考,自诊断过程不影响系统的正常运行。

4.2.1.8 报表功能

系统能够自动定时进行实时报表打印,也可以呼唤打印。打印时间间隔可以根据需要在线设置,同时提供完善的历史报表功能。

4.2.1.9 在线帮助功能及运行策略支持

系统为用户提供详实的帮助文件,操作员可以在线对有疑问的系统操作进行帮助查询,同时考虑到现场实际运行经验的逐渐积累,设置用户编辑平台供系统运行维护人员来进行适当的添加或修改帮助文件,不断地丰富与完善系统的在线帮助文件。系统能够根据设备情况和用户的需水量等要求计算出系统机组的最佳运行方案,提出运行建议,进而实现梯级泵站及泵站群的整体优化调度。

4.2.2 监控系统常见故障分析与处理方法

4.2.2.1 计算机的 CPU 降温风扇异常

遇到此问题的处理方法是给转轴加注润滑油。揭开转轴一端的纸片,会看到转轴,加适量的缝纫机油(甚至是食用油)进行润滑,会大大降低 CPU 风扇的噪声。

4.2.2.2 计算机不能正常启动,有报警声音

遇到此问题的处理方法是听声音,判故障。电脑出现启动故障时都会发出不同的鸣叫声提示故障的部位,下面列举了 AMI BIOS 和 Award BIOS 鸣叫声的含义。

1)AMI BIOS 鸣叫声

1 短:内存刷新失败。

2 短:内存 ECC 校验错误。

3短:系统基本内存(第一个64 K)自检失败。

4短:系统时钟出错。

5短:CPU出错。

6短:键盘控制器错误。

7短:系统实模式错误,不能进入保护模式。

8短:显示内存错误。

9短:主板Flash ROM或EPROM检验错误。

1长3短:内存错误(如内存芯片损坏)。

1长8短:显示系统测试错误(如显示器数据线或显卡接触不良)。

2)Award BIOS鸣叫声

1短:系统正常启动。

2短:常规错误。应进入CMOS Setup,重新设置不正确的选项。

1长1短:内存或主板出错。

1长2短:显示器或显卡错误。

1长3短:键盘控制器出错。

1长9短:主板Flash RAM或EPROM错误(如BIOS被CIH破坏);不间断长鸣,内存未插好或芯片损坏。

响声不停:显示器未与显卡连接。

重复短鸣:电源故障。

第 6 篇　操作技能——技师

模块1　机械设备运行

1.1　设备检查、操作与工况巡视

1.1.1　设备检查技术方案的编写

1.1.1.1　设备检查技术方案编写的基本要求

(1)技术方案编写的依据是:

①《泵站技术管理规程》(SL 255—2000)及有关技术标准、安全操作和运行的规程;

②设备安装操作使用说明书;

③设备安装图及主要部件装配图、电气原理图和接线图等;

④设备运行状况记录等。

(2)明确主机组及辅机设备检查的具体内容,应有具体的数据指标要求。

(3)符合技术管理档案的编写程序,便于实施。

(4)能满足机组安全运行要求。

1.1.1.2　设备检查技术方案编写内容

1)主水泵的日常检查

投入运行前应对主水泵进行检查,看其是否符合运行条件。主要检查内容和要求如下:

(1)填料函处填料压紧程度正常。

(2)技术供水正常。

(3)润滑油油位、油色正常。

(4)安全防护设施完好。

(5)离心泵宜盘车检查,水泵转动应灵活、无异常声音。

(6)润滑和冷却用油应符合水泵生产厂家的规定。

(7)全调节水泵的调节机构应灵活可靠,叶片角度指示正确,温度、声音正常并无渗漏油现象。

(8)水源含沙率超过7%时不宜运行。

2)主水泵运行期间的检查

运行期间应定期巡视检查,主要检查内容及要求如下:

(1)填料函处滴水情况正常,无偏磨、过热现象。

(2)技术供水水压及示流信号正常。

(3)润滑和冷却用油油位、油色、油温及轴承温度正常。

(4)振动、声音正常。

(5)不同类型的泵站,根据实际情况确定水泵运行中的检查内容及要求。

(6)运行中应采取措施防止杂物进入泵内。

(7)水泵的汽蚀、振动和噪声应在允许范围内。

(8)运行台数少于泵站装机台数的泵站,运行期间宜轮换开机。

3)主电动机的日常检查

针对电动机的常见故障形式和成因,日常检查就是要发现那些可以预防的隐患,采取管理和技术的办法进行积极的预防,避免这些隐患爆发成为故障而造成电动机不能运行。

(1)检查电动机接线盒的防护。容易忽视的是室内安装电动机的接线盒,认为不会进入液体物料而没有进行密封,从而导致固体物料进入而损坏电动机。其次是只管设备不管人为因素的思维方式,阻碍了电气设备的维护保养,维护人员没有坚持去清除危害和后果。

(2)测量检查电动机温度和振动值

电动机与设备相连,由于各种原因产生的振动,对电动机电缆、轴承等安全运行是一个极大的威胁,所以监测电动机的振动值就显得特别的重要。

①温度的测量。

首先是测量电动机绕组的温度。根据电动机绝缘等级,绕组温度有不同的上限,见表6-1-1。一般Y系列电动机绝缘等级为E级绝缘。

其次是测量电动机轴承的温度。滚动轴承上限温度为90 ℃,滑动轴承上限温度为100 ℃。

表6-1-1　电动机绝缘温度等级

绝缘的温度等级	A级	E级	B级	F级	H级
最高允许温度(℃)	105	120	130	155	180
绕组温升限值(K)	60	75	80	100	125
性能参考温度(℃)	80	95	100	120	145

②振动的测量。振动的测量主要是测量振动速度有效值,单位为mm/s。

③电流的测量。

注意事项:测量工具必须事先检查是否处于完好状态。对测量的参数要注意进行对比分析,从而发现隐患。温度的变化,可能是机械负荷的变化、环境温度的变化、冷却通风条件的变化等原因引起的,必须综合分析对比,才能得出正确的结论。另外,还应注意参数变化的速度和规律(也就是变化率)。

4)辅助设备巡回检查

(1)每班交班时,必须按巡回检查顺序进行检查。

(2)巡回检查重点在于检查各仪表指示是否正常,各部温度是否正常,冷却水和油压是否正常,螺纹连接是否松动等。

(3)检查出的问题应及时处理,并记录保存。

(4)巡回检查顺序:①检查排气压力表、油压表、电压电流表等是否正常;②检查高低压排(进)气阀是否过热和有异响;③检查冷却水管路闸阀组件是否漏水;④检查水温、气温等是否超规定;⑤检查电动机、皮带、碳刷架等是否过热或是否正常;⑥检查风包、释压阀、排气管路、排污阀等是否正常。

1.1.2　主机组各部常用的温度计

温度计型式有电接点温度计、度盘式温度计、双金属温度计、热电偶温度计、压力式温度计、电子式温度计、数字温度计等。这里介绍主机组各部常用的WSS电接点双金属温度计和热电偶温度计。

1.1.2.1　WSS电接点双金属温度计

(1)电接点双金属温度计的应用:电接点双金属温度计应用于生产现场对温度需自动控制和报警的场合。可以直接测量各种生产过程中的-80~+500℃范围内液体、蒸汽和气体介质的温度。

(2)电接点双金属温度计的特点:现场显示温度,直观方便;具有自动切断电源和报警功能;安全可靠,使用寿命长;多种结构形式,可满足不同要求。

(3)电接点双金属温度计的工作原理:电接点双金属温度计带有电接触装置,即机械电接点。当被测介质温度变化时,自由端上的细轴及转向传动机构带动指针及动触点随着温度的变化而转动,在其与定触点接触或断开的瞬间,电路系统中的继电器及接触器动作,以达到自动控制和报警的目的。

(4)电接点双金属温度计的主要技术参数:产品执行标准为《双金属温度计》(JB/T 8803—1998);标度盘公称直径为100 mm;精度等级为1.0、1.5;热响应时间≤40 s;防护等级为IP55。

(5)电接点双金属温度计的电气参数,见表6-1-2。

表6-1-2　电接点双金属温度计的电气参数

额定功率(VA)	最高工作电压	最大允许电流(A)
10	220 VAC	0.7
	24 VDC	

(6)电接点双金属温度计的绝缘电阻,见表6-1-3。

表6-1-3　电接点双金属温度计的绝缘电阻

额定电压	直流试验电压(VDC)	绝缘电阻(MΩ)
24 VDC	100	7
220 VAC	500	20

正常工作大气条件:温度-25~+55℃,相对湿度≤85%。设定点误差:设定点误差应不超过基本误差限的1.5倍。切换差:切换差误差应不超过基本误差限的1.5倍。

1.1.2.2　热电偶温度计

1)热电偶温度计的原理

热电偶温度计有两种不同成分的导体(称为热电偶丝材或热电极)两端接合成回路,

当接合点的温度不同时,在回路中就会产生电动势,这种现象称为热电效应,而这种电动势称为热电势。热电偶就是利用这种原理进行温度测量的,其中,直接用作测量介质温度的一端叫作工作端(也称为测量端),另一端叫作冷端(也称为补偿端);冷端与显示仪表或配套仪表连接,显示仪表会指出热电偶所产生的热电势。

热电偶实际上是一种能量转换器,它将热能转换为电能,用所产生的热电势测量温度。对于热电偶的热电势,应注意如下几个问题:

(1)热电偶的热电势是热电偶工作端的两端温度函数的差,而不是热电偶冷端与工作端温度差的函数。

(2)当热电偶的材料均匀时,热电偶所产生的热电势的大小与热电偶的长度和直径无关,只与热电偶材料的成分和两端的温差有关。

(3)当热电偶的两个热电偶丝材料成分确定后,热电偶热电势的大小只与热电偶的温度差有关;若热电偶冷端的温度保持一定,那么热电偶的热电势仅是工作端温度的单值函数。将两种不同材料的导体或半导体 *A* 和 *B* 焊接起来,构成一个闭合回路,当导体 *A* 和 *B* 的两个执着点 1 和 2 之间存在温差时,两者之间便产生电动势,因而在回路中形成一个与温差大小相对应的电流,这种现象称为热电效应。热电偶就是利用这一效应来工作的。

2)热电偶温度计的应用

采用双金属温度计与热电偶/热电阻一体的方式,既满足现场测温需求,亦满足远距离传输需求,可以直接测量各种生产过程中的 -80 ~ +500 ℃范围内液体、蒸汽和气体介质以及固体表面的温度。特点:用于测量各种温度的物体,测量范围极大,远远大于酒精、水银温度计。它适用于炼钢炉、炼焦炉等高温地区,也可测量液态氢、液态氮等低温物体。

3)热电偶温度计的温差电序

热电偶温度计的温差电序,又称"热电序",是按金属(或半导体)在温差电现象中的性质排成的序列。从序列中任取两种金属制成一温差电偶时,在温度高的结合点,电流从序列中在前的金属流向序列中在后的金属。

1.1.2.3 主机组各部电接点温度计动作值的调整

电接点温度计就是在设定的温度范围内(可分别调整),使电流导通或关闭。泵站用的电接点温度计有两个点位,即报警和跳闸两个点位,主要用于测量主机组的轴承(瓦)温度和油盆(箱)油温等,可根据主机组不同部位轴承(瓦)温度和油盆(箱)油温的要求,进行两个点位的设置。如轴承(瓦)温度一般设定为:65 ℃报警,当轴承(瓦)温度达到 65 ℃时,接通本机组的报警回路,发出报警信号;70 ℃跳闸,当轴承(瓦)温度达到 70 ℃时,接通本机组的事故跳闸回路,事故停机。

1.1.3 泵站常用电接点压力表

电接点压力表广泛应用于石油、化工、冶金、水利等部门或机电设备配套中测量无爆炸危险的各种流体介质的压力。通常,电接点压力表经与相应的电气器件(如继电器及接触器等)配套使用,即可对被测(控)压力系统实现自动控制和发信(报警)的目的。

1.1.3.1 结构原理

电接点压力表由测量系统、指示系统、磁助电接点装置、外壳、调整装置和接线盒(插头座）等组成。电接点压力表的工作原理是基于测量系统中的弹簧管在被测介质的压力作用下，迫使弹簧管的末端产生相应的弹性变形——位移，借助拉杆经齿轮传动机构的传动并予以放大，由固定在齿轮上的指针（指针带有动触头）将被测值在度盘上指示出来。当压力高于上限值或低于下限值时，压力表指针上的动触头与上限或下限给定指针上的静触头相接触，断开或接通控制系统中的电路，从而达到自动控制和发信报警的目的。

1.1.3.2　**主要技术参数**

1）表盘标度范围、精确度等级

表盘标度范围、精确度等级见表6-1-4。

表6-1-4　表盘标度范围、精确度等级

表盘直径（mm）	标度范围（MPa）	精度度等级（%）
60	0～100；－0.1～0、－0.1～2.4	2.5
100	0～100；－0.1～0、－0.1～2.4	1.6
150	0～100；－0.1～0、－0.1～2.4	1.6

2）工作条件

（1）使用工作温度：－25～55 ℃；

（2）工作压力上限：不大于仪表上限的2/3；

（3）工作环境振动频率不大于25 Hz，振幅不大于0.5 mm。

3）接点电气参数

（1）工作电压（最高）：380 VAC，220 VDC；

（2）最大工作电流：1 A；

（3）持续电流：0.6 A；

（4）最大功率：30 W。

4）电接点压力表参数

安装尺寸及与设备连接方式参见产品说明书。

1.1.4　电接点液位计

常见的两种液位计：UHS－F型浮标液位计（UHS－F1、UHS－F2）；UHZ－52系列磁性浮子液位计。

1.1.4.1　**UHS－F型浮标液位计**

UHS－F型浮标液位计如图6-1-1所示。

UHS－F1型浮标液位计是一种简易的直读式液位仪表。它适用于石油、电力及供水部门，特别适用于贮存腐蚀液体的平底拱顶的容器（如罐等）与水塔系统的液位测量。

（1）工作原理。UHS－F1型浮标液位计是根据力平衡原理设计的。设W为浮标的质量，浮标浸没于液体中，所受向上浮力应与W相等，即$W=(\pi D^2/4)H\cdot\rho$。式中，H为浮标浸没于液体中的深度；D为浮标直径；ρ为液体密度。UHS－F2型浮标液位计除与UHS－F1原理相同外，增加了磁耦合原理，使磁钢组件驱动表板翻柱转动显示红白界位，

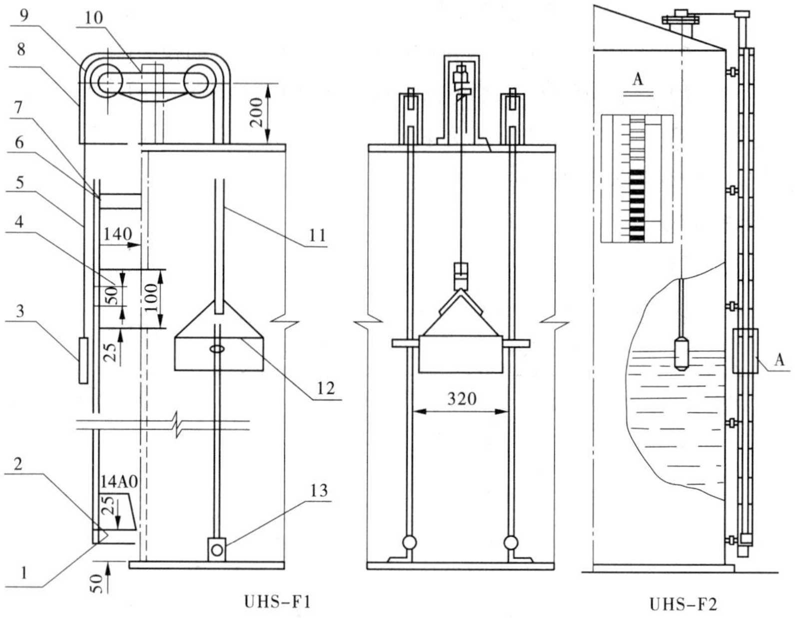

1—标尺;2—支撑;3—重锤;4—支撑;5—钢丝绳;6—螺栓;7—垫片;
8—罩子;9—滑轮;10—支架;11—导向钢丝绳;12—浮筒;13—固定块

图 6-1-1　UHS－F 型浮标液位计　(单位:mm)

即为液体界面。

(2)UHS－F2 型浮标液位计采用磁性构件,使液位显示清晰、直观,同时可配 LB 系列液位变送器、AK 系列液位报警控制,可方便地远距离液位指示、检测、控制、报警。特点:液位计结构简单,读数直观,测量范围大,能耐腐蚀。

(3)主要技术参数:

测量范围为 0～20 m;

指示误差为 ±20 mm;

工作压力为常压;

工作温度为 －30～200 ℃。

1.1.4.2　UHZ－52 型系列磁性浮子液位计

UHZ－52 型系列磁性浮子液位计,是在国内外同类产品的基础上加以消化提高,按照原化工部颁布的磁性液位计标准《磁性液位计》(HG/T 21584—1995)研制生产的产品。UHZ－52 型系列磁性浮子液位计由现场指示部分及其辅助装置(液位控制开关和液位远传变送器)两部分组成,用户也可以单独选用现场指示部分。该仪表可用于各种塔、罐、槽、球形容器和锅炉等设备的介质液位检测。该系列的液位计可以做到高密封,防泄漏和适用于高温、高压、耐腐蚀的场合。它弥补了玻璃板(管)液位计指示清晰度差、易破裂等缺陷,且全过程测量无盲区,显示清晰、测量范围大。由于测量显示部分不与介质直接接触,所以对高温、高压、有毒、有害、强腐蚀介质更显其优越性。因此,它比传统的玻璃板(管)液位计具有更高的可靠性、安全性、先进性、实用性。

UHZ－52 型系列磁性浮子液位计,与液位控制开关和液位远传变送装置配套使用,可以对液位进行远距离控制及显示。因此,它被广泛地应用于电力、石油、化工、冶金、环保、船舶、建筑、食品等行业生产过程中的液位测量与控制。

(1)结构原理:液位计是根据浮力原理和磁性耦合作用研制而成的。当被测容器中的液位升降时,液位计本体管中的磁性浮子也随之升降,浮子内的永久磁钢通过磁耦合传递到磁翻柱指示器,驱动红、白翻柱翻转 180°,当液位上升时翻柱由白色转变为红色,当液位下降时翻柱由红色转变为白色,指示器的红白交界处为容器内部液位的实际高度,从而实现液位清晰的指示。

(2)特点:适合容器内液体介质的液位、界面的测量。除现场指示外,还可配远传变送器、报警开关,检测功能齐全。指示新颖,读数直观、醒目,观察指示器的方向可根据用户需要改变角度。测量范围大,不受贮槽高度的限制。指示机构与被测介质完全隔离,密封性好,可靠性高,使用安全。结构简单、安装方便、维护方便、耐腐蚀、无需电源、防爆。

(3)主要技术指标:

测量范围为 500 ~ 8 000 mm;

精确度为 ±5 mm, ±10 mm(高温型);

工作压力≤2.5 MPa(普通型);

介质密度为 0.45 ~ 2 g/cm^3;

介质温度为 -80 ~ +250 ℃;

介质黏度≤0.4 Pa · s;

环境振动为频率≤25 Hz,振幅≤0.5 mm。

1.1.5　主机组启动过程中的故障处理

1.1.5.1　同步电动机阻尼环连接板冒火花

下面以 TL1600 -40/3250 同步电动机和 TL1000 -24/2150 同步电动机为例说明同步电动机在启动时出现阻尼环连接板冒火花的故障原因。

上述两种型号的同步电动机,其阻尼环连接结构完全相同,见图 6-1-2。相邻的阻尼环由两块连接板通过螺栓连接,阻尼环和连接板的材质都是纯铜板。

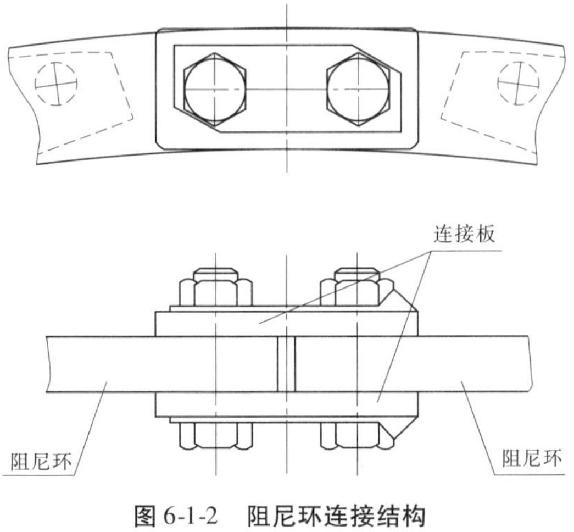

图 6-1-2　阻尼环连接结构

经解体检查和分析,这两台电机阻尼环连接处产生故障(电火花)的主要原因如下:

(1)接触面贴合不好。

(2)阻尼环的一端与连接板只用一个螺栓连接,部分连接板已经松动。

在启动瞬间,阻尼环上的电负荷很大,阻尼环连接处零件发热、膨胀,启动后又逐渐冷却、复原。一个螺栓固定不牢,启动次数多了,紧固螺栓就会松动,导致有效接触面积急剧下降,再启动时将产生火花,烧损接触面。烧损的接触面面积会迅速扩大,最终电机不能启动和运行。

(3)阻尼环与连接板的接触面积太小。

同步电动机在正常运行时,阻尼绕组中几乎没有电流。在负荷变化等引起转速摆动时,阻尼绕组中的电负荷也较小。唯有在启动时阻尼绕组中的电负荷很大。在启动过程中,同一极面上各阻尼条中的电流是不同的,要精确计算相当复杂,设计时一般都不计算。因此,设计中阻尼环与连接板的接触面小了,导致接触电流密度过大,接触面就显得不够了。

1.1.5.2 **同步电动机阻尼环连接处烧损的处理措施**

(1)把阻尼环每端由一个螺栓固定改用 2 个或 4 个小螺栓固定,使接触面压力更均匀,也不容易松动,见图 6-1-3。

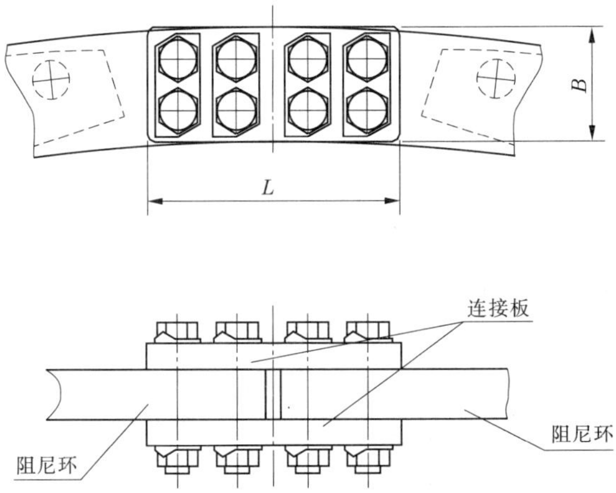

图 6-1-3 阻尼环连接结构改进

(2)增加阻尼环与连接板的接触面积,减小接触电流密度。

为此,要适当增加阻尼环和连接板的宽度 B,增加连接板的长度 L。还要对启动瞬间阻尼环中的电流进行粗略估算。同步电动机启动过程中,阻尼绕组类似于鼠笼型异步电动机中的鼠笼绕组,流经阻尼环与连接板的接触面的电流等于每个磁极上所有阻尼条中电流的总和的一半。

启动瞬间的接触电流密度,可根据以往启动和运行正常的电机统计数据来确定(因启动时间短,瞬时接触电流密度可比常规值0.4 A/mm^{2}大),一般可取3 ~4.5 A/mm^2。确定了电流和接触电流密度,就可以算出阻尼环与连接板之间至少需要多大的接触面积。如果在图 6-1-2、图 6-1-3 的结构中,连接板已经尽可能大了,还是满足不了接触电流密度的要求，就必须改变连接结构。

改进方案一：对于转子外圆线速度小于 35 m/s，磁极通过螺栓固定在磁轭上的同步电动机，可将阻尼环与连接板的连接改成如图 6-1-4 所示结构。

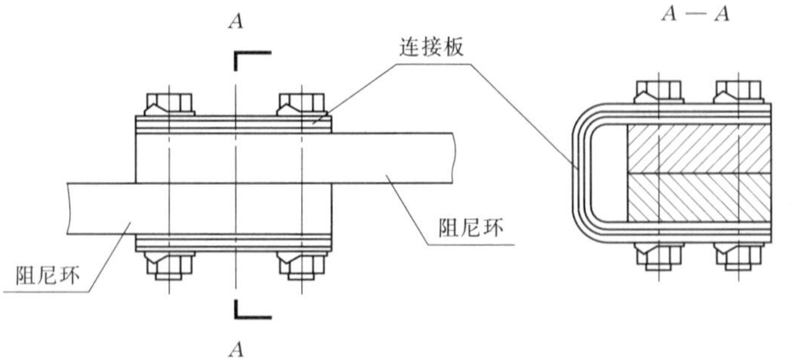

图 6-1-4　阻尼环与连接板的连接改进方案一

在图 6-1-4 中，相邻阻尼环端部重叠起来再加连接板，连接板用数层 0.5 mm 厚的铜板弯成，连接板与阻尼环接触的部位各层焊成一体（其余部位不焊），连接板厚度为阻尼环厚度的 35% ~50%。图 6-1-4 结构与图 6-1-2 结构相比，接触面积大了一倍，接触电流密度小了一半。

改进方案二：对于转子外圆线速度小于 65 m/s 的同步电动机，阻尼环之间用一个连接板加一个圆环通过螺栓连接，如图 6-1-5 所示。对于线速度更大的电动机，建议用“软连接”，阻尼环要加固。

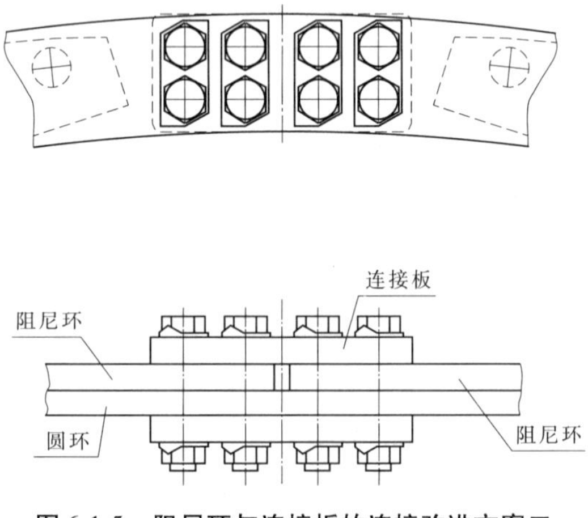

图 6-1-5　阻尼环与连接板的连接改进方案二

在图 6-1-5 中，连接板材质是纯铜板，圆环材质是钢板。阻尼环和圆环都镀锡。流过阻尼环与连接板接触面和流过阻尼环与圆环接触面的电流分别是多少，还需进一步探讨。由于阻尼环与圆环接触面积远大于阻尼环与连接板的接触面积（阻尼环整个端面都与圆环接触），在已经运行的电机中，这种阻尼环连接结构出故障的极少。设计中要对圆环的机械强度进行计算。计算时假设阻尼环的离心力全部由圆环来承担（这是较保守的计算假设，实际上阻尼条要承担一部分离心力），把阻尼环对圆环的作用看作对称径向集中载荷作用在圆环上。因此，圆环中的应力应等于其本身离心力产生的应力再加上阻尼环的离心力产生的应力。

1.1.5.3　同步电动机阻尼环连接处烧损的原因

（1）同步电动机阻尼环与连接板接触面采用直接焊接的结构，其阻尼环连接处烧损的主要原因包括以下几个方面：

①焊接面贴合不好，接触面小。阻尼环与连接板的接触面小了，导致接触电流密度太大，有效接触面积急剧下降将会导致启动时产生火花，启动次数多了，就会烧损接触面。

②部分连接板已经脱焊、松动。在启动瞬间，阻尼环上的电负荷很大。启动次数多了，部分连接板就会脱焊、松动，导致有效接触面积急剧下降，再启动时就会产生火花，烧损接触面。最终电机不能启动和运行。

（2）同步电动机阻尼环与连接板接触面采用直接焊接的结构，其阻尼环连接处烧损的处理方法：

①清洁处理阻尼环与连接板接触面。

②将阻尼环与连接板接触面烫铜，用铜焊条重新焊接。

③将阻尼环与连接板接触面清洁处理后，用银焊条重新焊接。

1.1.6　主机组异常振动、噪声产生的原因及处理方法

运行稳定性是衡量水泵机组工作性能的重要指标。一台水泵机组是由具有一定质量的多个零部件组合而成的弹性组合体，它旋转时所产生的旋转力不可能绝对平衡，同时还有流量和压力波动的影响。机组支撑部分的松动、转子振摆以及机组内部不正常的音响等，都是不同形式振动的表现。因此，振动是机组运行不稳定的基本表现形式，振动的大小成了描述机组运行稳定与否和加工质量、安装质量好坏的主要技术指标之一。当振动超出一定限度时，对机组设备的基础，甚至周围建筑物都会带来危害。因此，减少机组振动，克服机组运行的不稳定性，使振动控制在允许范围之内，是机组制造、安装、检修中要解决的一个重要问题，大、中、小型机组都不例外。

水泵机组振动的表现形式有扬程和负荷的波动、水压力的脉动、流道内水锤的振动、机组转动部分的振摆、机组支承部分的弹性振动及机组壳体部分的弹性谐振等。

究其振动的原因，主要有机械因素引起的振动、电磁力因素引起的振动和水力因素引起的振动等。

1.1.6.1　转轮（叶轮）间隙不均引起的振动

转轮间隙不均会使主轴产生径向振摆。由于流过不均匀间隙的流速不等，导致间隙中压力不等，使得主轴产生周期性振摆。间隙小的流速大，压力小；反之流速小，压力大。压力大的必然把转轮推向压力小的一侧，使转轮出现径向位移，这个径向位移又靠长的弹性轴（相对而言）来还原，周而复始，引起振动。

随着转轮的旋转，其间隙值出现不断的变化，而引起周期性的压力脉动，脉动的频率等于主轴的旋转频率，脉动的振幅变化规律近似于正弦波。压力脉动与扬程、转速、动态间隙变化值的大小成正比，与间隙的大小成反比。也就是说，转轮间隙大，压力脉动引起的振动就小，但是间隙太大，漏损水量也就大，机组效率就会降低。动态间隙变化值的大小，取决于转轮的同心度偏差的大小、水导间隙的大小和主轴摆度的大小。

1.1.6.2 叶片角度不同步引起的振动

叶片角度不同步,一是制造方面的原因,用于农业方面的机械设备大多数制造粗糙,浇铸后不予加工,仅做表面处理,使得翼型扭曲面各片不一致,造成叶片与水流的接触面不一样,叶栅流量不等,流态不同,最终导致转轮后的水流碰撞,引起振动和效率的降低;二是叶片安装角度不统一,特别是全调节叶片,叶片更难调整一致,同样会造成水力的不平衡而引起振动。

1.1.6.3 汽蚀引起的振动

汽蚀是水流形成的,而水流紊乱又与流道、叶片形状及角度、扬程、淹没深度等有关。水流变化,引起压力变化,进口及叶片的正背面产生气泡,进入高压区受挤压而爆炸,爆炸产生的冲击力作用在叶片表面和泵壳内壁面,引起振动,并伴有噪声。

1.1.6.4 启动过程引起的振动

(1)这种振动对于虹吸式流道而言,是机组启动时虹吸形成的过程,也就是残存在流道内的空气的排除过程。振动过程的长短,取决于出水侧水位的高低,水位高,可抽的真空值就少,流道内残存的空气就多,排气的时间就长,振动的时间也就长。

(2)这种振动对于采用拍门的平直管式流道就是一种阻尼式的水锤振动。

(3)这种振动一般来说是难免的,但时间毕竟是短暂的,相对来说对机组的影响不是很大。若想减轻这种振动,只有采用平直管式流道,并在出水侧水位低于流道出口高程时启动,这种条件很难满足。

1.1.6.5 其他水力因素引起的振动

(1)引水渠道不直,水流在进水池中发生流向改变,引起一连串的旋涡,将空气带入,引起振动。

(2)拦污栅堵塞,使过水断面减小,流速相对增加,降低进口压力,提高了相对速度,给汽蚀的发生提供了条件。

(3)采用的肘形进水流道存在缺陷(设计的或施工的),水流在进入转轮之前,发生急剧转弯,使进口流速分布不为轴对称。转弯半径小的一侧流速高于转弯半径大的一侧。因此,压力分布也不为轴对称。其结果是转弯半径小的一侧的间隙汽蚀严重,并且这种不为轴对称的水流压力,使转轮产生径向振动。

(4)进水流道表面不光滑,如突出的水泥块、残存的模板、铁钉、钢筋头、水泥薄壳等,都会破坏流态造成旋涡,出现紊流而引起振动。

(5)运行工况点的选择,没有考虑扬程的变化,叶片进口速度三角形发生改变而引起汽蚀振动。

(6)由于安装或厂房沉陷原因,引起转轮同轴度的变化,除产生间隙汽蚀外,还会出现径向振动。

(7)对于虹吸式流道,因出水流道密封不严,如水封、进水孔、真空破坏阀、抽真空设备的阀门等漏气,除降低效率外,也会因气体渗入,影响流态的稳定性而引起振动。

1.1.6.6 泵房噪声分析

泵房噪声主要包括气体流动过程中产生的空气动力学噪声,电机机壳受激振动辐射的噪声和机座因振动激励的噪声,以及电动机的噪声。一般而言,其噪声级峰值主要集中在频率 63 ~ 250 Hz 的范围内。对泵房的降噪设计，要根据该机组的性能指标、技术参数进行分析计算确定，分析其各频段噪声量大小，有针对性地进行处理。

1.1.6.7　降噪方案的选择

经过对振动和噪声分析，并依据机房实际情况，采取必要的减振、隔音、消声措施。

(1)给水管道减振消声。

(2)为控制噪声，水泵机组加装隔声罩，罩内加排风机作为强制通风，保证水泵机组运行时，其通风散热需求，同时加装进、排气消声器减小噪声外泄到泵房内，即从源头削减部分噪声。

(3)水泵机组隔声罩内壁吸声。

(4)水泵基础减振措施。

1.2　事故分析与处理

1.2.1　水泵橡胶轴承损坏的原因及处理方法

橡胶轴承是机组常见的一种轴承，以水作为润滑剂。由于水的黏性差，要使轴瓦与轴颈存在液膜，以保证轴承的正常运行，必须供应充足的润滑水。又由于橡胶轴承导热系数小，轴承因摩擦而产生的热量不易散出，必须用水带走其热量，达到冷却轴承的目的，因此必须有足够的水量。

1.2.1.1　产生烧瓦事故的原因

1)润滑水的水量不足或水质太差

(1)润滑水路系统故障，造成润滑水的水量不足或中断。

(2)技术供水系统设计不合理，或通向橡胶轴承的润滑水管的管径选择不当，或其他部位技术供水的布置与橡胶轴承的供水有干扰，造成水量不够分配。

(3)由于润滑水路中水生物或其他杂质的影响，造成润滑水管路阻塞，使润滑水大量减少或中断。特别是南方，河中生长河蚌等水生物，在供水系统的拐弯处，由于水温和流量适当，最易繁殖，而且很难清理，造成水管阻塞而无水润滑。

(4)润滑水中混入大量的有机杂物、泥沙等使轴承严重磨损，降低轴承的承载能力。

(5)在运行中，有时由于阀门的误操作(自动的或人为的)或阀门的开闭失灵而造成断水。

2)橡胶轴承本身的缺陷

如橡胶浇铸质量太差，有严重缺陷或橡胶本身配方不当，造成橡胶过硬或过软，导致摩擦高温烧坏或磨坏。

3)安装质量太差

(1)轴承间隙过小，使润滑水液膜不易形成，轴承因干摩擦而烧坏。

(2)垂直同轴度偏差太大，摆度大，造成运行中大摆动，产生碰撞，超过橡胶轴承所允许承载的能力。

(3)橡胶轴承与导叶体的轴承座配合太松或固定螺母紧固不够，在长期运行中，因振动而使轴承松动损坏。

1.2.1.2　故障的排除和预防措施

(1)提高润滑水质量,特别是对于用多泥沙河水作为润滑水源时,应用沉沙池等对河水作净化处理。有条件的地方可利用地下清洁水或专用净化水塔作为润滑水源。

(2)合理布置技术供水系统,保证润滑水的可靠性,同时还必须考虑供水设备的备用系数。对润滑水应采用间接供水方式,比较适当。

(3)提高运行质量,及时检查、调整水压力,重要阀门要一一编号,并悬挂警告牌,严防误动作。要经常清理滤水器,供水管道应设置旁通阀,经常排除管道中的污物。

(4)防止供水系统生长水生物,是保证橡胶轴承安全运行的重要措施,应进行认真研究和探讨,并予以试验。目前水电站采用管道涂防锈漆的办法来防止水生物生长,效果较好,泵站也可以借鉴。

(5)严格控制安装或检修的标准,注意检查橡胶轴承部件本身的质量,防止杂质和油污侵入橡胶轴承。

(6)橡胶轴承高热烧坏时,不宜立即向轴承浇水,以免轴颈不锈钢猝冷而产生裂纹。此时应立即停机,待轴承温度下降后,再向轴承充水,然后拆下轴承修理。

1.2.2　全调节叶片调节机构受油器铜套损坏的原因及防止措施

1.2.2.1　烧毁外油管铜套轴瓦的主要原因

机组在试运行或正常运行时,发生烧毁外油管铜套轴瓦的主要原因有:

(1)安装或检修过程中,上操作油管的同轴度偏差太大,使外油管运行中强烈摆动,造成单边摩擦高热烧熔。

(2)外油管与铜套之间间隙太小,油膜不易形成,致使外油管与铜套干磨烧坏。

(3)机组导轴瓦间隙太大,机组运行时,因空气间隙不均匀,主轴游移范围大,外油管铜套受到较大径向摩擦损坏。

(4)安装或检修后第一次运行前未进行调节充油,运行时瞬间难以供上,造成润滑油量不足,加之新铜套毛刺等影响,也可使温度升高,间隙变小,干磨烧毁。

(5)受油器高程不对,当调节上行程时,油管铜套与受油器体相碰撞,干磨烧坏。

(6)因误操作,将受油器供油阀关闭,长期断油而烧坏。

1.2.2.2　防止措施

(1)安装或检修过程中,尽量使上操作油管与外油管保持较好的同轴度。

(2)外油管与铜套之间间隙均匀、大小适中,保证能形成良好的油膜。

(3)保证提供充足的润滑油。

(4)熟悉操作规程,避免误操作。

1.2.3　电动机轴瓦损坏的原因及预防措施

大型立式同步电动机的轴瓦,一般均采用锡基轴承合金浇铸而成,最高允许温度 65 ℃,运行时温度控制在 40 ~ 60 ℃。超过 60 ℃即偏高,65 ℃时应发信号,到 70 ℃应紧急事故停机。机组运行时,轴承与轴颈摩擦所产生的热量,是靠油冷却器吸收带走的,油冷却器冷却了润滑油,使轴瓦摩擦面的温度始终稳定在轴承合金允许温度范围之内。

1.2.3.1　轴瓦温度过高而烧瓦的主要原因

(1)油位偏低或无油。电动机上、下油槽装有一定数量的透平油,上、下导轴瓦的一半浸入油中,推力轴瓦全部浸入油中,机组运行时,由于推力头的旋转,透平油部分溅起,以润滑导轴瓦上面的一半,一旦油槽断油或油位太低,导轴瓦必然缺油而产生高温导致烧瓦。断油或少油的主要原因是:①油冷却器损坏,使油进入油冷却器管道被排出油槽。不少泵站的技术供水,是将油冷却器的回水直接排入泵站的进水池,由于电动机油槽离泵站进水池高差较大,形成一个较大的落差,还有些泵站,将油冷却器回水直接排至供水泵的吸入口,这都会使油冷却器供水过程中产生一定的负压,使油冷却器的使用寿命缩短,一旦损坏,机组停止时,停止供水,油槽内的油就会经损坏的油冷却器铜管吸入至泵站的进水池或供水泵的吸入口,造成油槽油位的降低或断油。②放油阀关闭不严或因机组振动而振松。

(2)油冷却器断水或供水量太少。油冷却器断水或供水量太少,带不走轴与轴承摩擦所产生的热量,造成油温逐渐或迅速升高。而油温升高又导致润滑油稀释,降低润滑性能。润滑性能降低,则摩擦系数增大,温度再升高,如此下去,最后使轴瓦烧熔。

(3)轴承绝缘损坏。轴承绝缘损坏,破坏了轴瓦与轴颈的油膜,使摩擦损耗增大。

(4)安装或检修质量不符合规定要求:①导轴瓦的间隙太小,形不成需要的油膜。②推力轴瓦的限位螺钉或挡块不当,使推力轴瓦灵活性受阻。③推力轴瓦受力不均匀,使轴向力集中在少数推力轴瓦上,超过推力轴瓦本身所能承担的负载。④轴瓦研刮的质量太差,未能达到技术要求。

1.2.3.2　防止温度过高的措施

(1)使用合格的透平油,牌号符合设计规定,并要经常化验验证。

(2)根据轴瓦温度调整油冷却器的供水压力,以得到合理的供水量。

(3)安装或检修中,严格按规范规定调整轴瓦间隙和推力轴瓦的受力。

(4)放油阀应关紧,手柄应设法固定,防止松动。

(5)技术供水系统应可靠,测温装置应有预告信号和事故报警装置,对油槽的油位除应装有明显的油位指示外,还应有信号装置。

(6)油冷却器管道(包括总水管滤水器)应定期检查、清洗、试压,防止淤积堵塞。

1.2.4　电动机轴瓦甩油的原因及处理方法

轴承甩油有两种情况:一是润滑油经旋转,越过挡油圈甩向电动机内部,称内甩油;另一种是润滑油通过旋转,越过盖板缝隙,甩向盖板外部,称外甩油。

1.2.4.1　轴承的内甩油

(1)轴承内甩油的原因:①机组在运行时,由于转子旋转鼓风,推力头轴颈下侧至油面间容易形成局部负压,把油面吸高,涌溢、甩溅到电动机内部。②推力头内壁与挡油圈内壁,因制造安装的缺陷,产生不同程度的偏心,使设备之间的油环很不均匀,如果这种间隙设计很小,则相对偏心率就增大,这样当推力头带动静油旋转时,相当于一个偏心泵的作用,使油环产生较大的压力脉动,并向上窜油,甩溅到电动机内部。③油槽内油位偏高,或挡油圈高度太低，使其油面至挡油圈顶部的高度太低，油易于越过挡油圈顶，甩出机内。

(2)轴承内甩油的处理：①上机架安装时，应检查挡油圈的高度及其与机组固定部分的同心度的情况，尽量将其调节到机组的中心。②检查推力头上稳压孔的布置数量和孔径，必要时可增加稳压孔数，使其在圆周上分布3～6孔，或扩大孔径，使孔直径达20 mm左右，这样使推力头内外平压，防止内部负压而使油面吸高甩出。③加大旋转件与挡油圈之间的间隙，使相对偏心率减小，由此也降低了油环的压力脉动值，保持了油位的平稳，防止油液的飞溅上窜。要增加挡油圈与推力头内壁的间隙，可车削推力头内壁，但必须保证推力头的强度。

1.2.4.2　轴承外甩油

(1)轴承外甩油的原因：①机组运行时，由于推力头镜板的旋转，其内壁带动黏滞的静油运动，使油面因离心力作用，向油槽外壁涌高、飞溅或搅动，易使油珠或油雾从盖板缝隙外逸，形成外甩油。②轴承使用过程中，随着轴承温度的上升，油槽内的油和空气体积膨胀，而产生内压。在内压的作用下，油槽内的油雾随气体从盖板缝隙处外逸，形成外甩油。

(2)轴承外甩油的处理：①加强油槽盖板的密封性能。在盖板与推力头旋转件之间可再加一层羊毛毡密封，对半圆面的垫片及平面垫应保持完好，密封。②测量装置的引线与油缸盖板的接触处应尽量保证密封，还应注意不能压坏、折断测温装置的引线。③在油槽盖板上加装呼吸器，使油槽液面与大气相通，以平衡内压力。④油位不宜太高，一般最高油位不应高于导轴承的中心。

1.2.5　油冷却器漏水的处理方法

泵站的油冷却器一般是用铜管制成的，按其结构分为单组式和盘香式两种，安装在盛有一定数量油的上下机架的油槽内，电动机运行时轴瓦所产生的热量，借助油冷却器内水的流动而带走，从而达到冷却的目的。由此可见，冷却水的水质、水中微生物、供水方式、压力等，对油冷却器的运行有着很大的影响。油冷却器一旦发生漏水，将导致散热、润滑、绝缘都产生不良的后果，甚至烧瓦。

1.2.5.1　油冷却器漏水的原因

(1)水质影响。因冷却水不停地在冷却器管内流动，而且具有一定的压力和流速，因此水中若含沙量大或沙粒大，流动时与管壁摩擦，尤其在弯头处，因阻力加大而沉聚，且易生微生物，这样长期磨损、锈蚀，使管壁变薄而穿孔漏水。因此，最好采用过滤沉淀的净化水。

(2)供水方式。不少泵站主机油冷却器回水管路直通主泵进水管，由于油槽与进水管高差很大，加之受下游水的影响，使油冷却器运行时产生负压，影响使用寿命。一旦漏水，可使油质变劣，瓦温升高。停机时，供水停止，油经漏水小孔被虹吸带走，造成油位降低。

(3)压力影响。油冷却器供水压力只要能保持必需的水量和必要的流速，满足克服油冷却器水压及回水管上全部管路损失即可。一般控制在0.1～0.2 MPa，最大不超过0.3 MPa，这样既可减小管内过大的真空度，又考虑到了油冷却器铜管的机械强度，同时也满足了冷却水压力的需要。

1.2.5.2　处理方法

(1)银焊。油冷却器在检修试压过程中发现有小孔洞,在工作条件许可时可进行银焊补眼修复。

(2)整根更换铜管。在一根或几根铜管中,发现漏水比较多,补焊工作量大,且很麻烦,还不容易修复,也不经济时,可更换整根铜管。

(3)整组更换铜管。油冷却器漏水严重。锈蚀穿孔厉害,说明油冷却器使用寿命已到,必须更换。根据油冷却器的具体尺寸,先在自制模具上按不同半径分组弯制,然后组装,管口用扩管器铆接成喇叭口,最后以 0.3 MPa 水压试验 1 h 无渗漏方可使用。此法工作量虽大,等于重新制造一台冷却器,但对长期运行还是有好处的。单组试验完毕,安装后还需以工作压力整组试验,管路接头须加用 2 ~ 3 mm 厚的耐油橡皮垫止水。

1.2.6　主机组常见故障产生的原因与处理

水泵常见故障产生原因及处理方法见表 6-1-5 ~ 表 6-1-9。

表 6-1-5　离心泵及蜗壳式混流泵的故障及处理方法

故障现象	产生原因	处理方法
水泵启动后不出水	充水不足或抽气不彻底 进水管道漏气严重 填料函严重漏气 泵站总扬程超过了水泵的总扬程 叶轮固定螺母及键脱出 水泵的转速太低 进水口或叶轮流道堵塞	继续充水或抽气 堵塞、修补漏气部位 压紧填料或更换填料 减少管道损失扬程或更换扬程较高的水泵(或叶轮) 检查并重新紧固 调整、提高水泵转速 清除进水口或叶轮堵塞物
水泵出水量不足	进水口淹没深度不够,泵内吸入空气 密封环或叶轮磨损过多 动力机功率不足 闸阀未全开或阀门堵塞 水泵扬程过高	改善进水条件,使其淹没深度合适 更换密封环或叶轮 加大动力机的功率 开大阀门或清除阀门堵塞物 调低水泵扬程或更换水泵
运行时,动力机超负荷	填料压盖上得过紧 泵轴弯曲、轴承损坏 叶轮与泵壳有摩擦 转动部件锈死或被杂物堵塞 水源含沙量太大 动力机配套不当,泵大机小	调整填料压盖的螺母 校直泵轴、更换轴承 调整叶轮与泵壳间隙 除锈或清除杂物 控制、减少水源含沙量 重新选配动力机或调小流量

续表 6-1-5

故障现象	产生原因	处理方法
轴承发热	润滑油量不足，漏油太多 轴承装配不正常或间隙不当 轴承损坏 泵轴弯曲或直联机泵轴线不同轴 皮带转动时，皮带安装太紧	加油、修理漏油处 调整、修正 更换轴承 调直泵轴，校正两轴线同轴度 适当放松皮带，使松紧合适
填料函发热或漏水过多	压盖上得过紧 填料函磨损过多或轴套磨损 水封环装置有误	适当放松填料压盖 更换填料或轴套 使水封环的位置对准水封管出口
运转时，产生振动和噪声	底部螺栓松动 叶轮与泵壳发生摩擦 轴承、叶轮损坏 直联机组轴线不同轴 进、出水管固定不牢 汽蚀影响	检查后上紧螺帽 检查与调整配合间隙 更换轴承、叶轮 校正调整 加强管道固定部分 分析汽蚀原因，加以消除
转动部件卡死，不能运行	装配错误，定位、找正、找平不符合要求 转动部件卡死或被卡住 轴承损坏被金属碎片卡住	重新装配、校正 除锈或消除阻塞物 更换轴承并清除碎片

表 6-1-6　轴流泵及导叶式混流泵故障处理

故障现象	产生原因	处理方法
水泵启动后不出水	水泵转向不对，叶片装反 叶轮淹没水深不够 叶片上缠绕大量杂物 叶片断裂或全部松动 出水管道堵塞	改变水泵转向和装反的叶片 降低水泵安装高度或抬高进水水位 清除杂物 更换损坏叶片，紧固叶片固定螺母 清理出水管道
水泵出水量减少	叶片磨损或断裂 叶片安装角度过小 水泵扬程过高 转速太低	更换损坏叶片 调整叶片安装角度 调节水泵扬程 调节水泵转速
动力机超负荷	叶片安装角度太大 出水管路部分阻塞，拍门开启度太小 叶轮上缠有水草等杂物 转速过高 动力机选配不当，泵大机小 水源含沙量太大	改变叶片安装角度（可调叶片） 清理管道杂物，拍门加装平衡装置，增大开启度 在进水池设拦污栅，清除叶片上的杂物 调整水泵转速 重新配套动力机 限制、减小水源含沙量

续表 6-1-6

故障现象	产生原因	处理方法
运转时,有振动和噪声	叶片与泵壳有摩擦 泵轴与转动轴不同轴或泵轴弯曲 叶片安装角度不一致 水泵基础不稳固,底脚螺栓松动 导轴承严重损坏 汽蚀影响 水泵层大梁振动大 推力轴承损坏或缺油 进水流态不稳定,产生旋涡	检查、调整叶片与泵壳的间隙 先把两轴校直,再调整两轴的同轴度 校正叶片安装角度,并使其一致 加固基础,拧紧底脚螺栓 更换橡胶导轴承 分析汽蚀原因,消除汽蚀影响 加固水泵层大梁 修理更换轴承或加油 改善进水流态,采取消除旋涡措施

表 6-1-7　深井泵的故障及处理

故障现象	产生原因	处理方法
电动机通电后不转,发出嗡嗡响声	电源一相无电 绕组短路	检查并修复接线 修理绕组
电动机在水泵运转中功率增高	叶轮与导水壳产生摩擦 水泵中吸入大量泥沙 电机轴承损坏	调节水泵叶轮轴向间隙 冲洗深井,减少水源含沙量 更换损坏的轴承
水泵流量较小、扬程较低	叶轮严重磨损 过滤水管被异物堵塞 出水管接口处漏水 水泵转速低	更换叶轮 清除管内异物 检查并处理好接口漏水 调整水泵转速
运行时产生剧烈振动	未对橡胶轴承预润 电机轴、转动轴弯曲不同轴 橡胶轴承磨损过度	开机前加预润水 检查泵轴、调整同轴 更换橡胶轴承
填料函漏水过多或轴承过热	填料磨损 填料压得过松 填料压得过紧 轴承润滑不良	更换新填料 上紧填料压盖螺母 拧松填料压盖螺母 检查轴承润滑
电机防逆转装置失灵	防逆盘中圆柱销有油垢、污物 止逆盘的槽孔磨损	清洗圆柱销 加深槽孔或换新止逆盘

表 6-1-8　潜水电泵的故障及处理

故障现象	产生原因	处理方法
水泵不出水或出少水	电动机没启动 管路破裂 滤水网堵死 电动机反转 水泵密封环、叶轮磨损	排除电路故障，重新启动 修复或更换破裂管 清除堵塞物 调换电缆接线 更换密封环、叶轮
电动机不能启动并有嗡嗡响声	导线断相或开关启动设备断线 叶轮内有异物 电压太低	修复断线，接好保险 清除异物 调整电压
电流过大或电流表指针摆动	扬程低水泵流量过大、电机过负荷 轴承、轴套磨损 轴弯曲、轴承不同轴	调整阀门，减小流量 更换轴承、轴套 校直泵轴、调整轴承同轴
机组转动时，产生振动	电机转子或叶轮不平衡 轴弯曲 法兰螺栓松动	修理并使其平衡 校直泵轴 拧紧松动螺母螺栓
电机绕组烧坏	单相运转 长时间超载运行	修理与更换电机绕组 保持电机在额定负载下运行

表 6-1-9　水轮泵的故障及处理

故障现象	产生原因	处理方法
转轮、叶轮不转	杂草、污物卡住转轮、叶轮 轴承损坏 转轮和导水座或叶轮和泵壳相碰 泥沙堵死水泵	关水停机，清除杂草、污物 更换轴承 检查轴和轴承磨损，调整转动与固定部分间隙 清除泥沙
水泵不出水或出水量少	水位降落，水头不足 拦污栅堵塞 水泵叶轮被堵塞 尾水管漏气 出水管漏水	上游临时挡水 清除栅前杂物 清除叶轮堵塞物 提高尾水管出口处的淹没深度 找出漏水原因，进行修复
输出功率不足	出水量减小 皮带太长打滑 皮带易脱落	见以上处理方法 减少长度，打皮带油 检查两皮带轮的安装
泵有异常响声	轴承损坏 两部件相碰 杂物落入泵内 连接螺栓松动	更换轴承 检查修好 清除落入杂物 检查并拧紧松动螺栓

1.2.7 主机组事故应急处理及事故报告编写要点

健全的安全管理组织是确保工作人员、设施设备安全的重要保障。泵站管理单位应在各层组织建立安全管理网络,将安全管理真正落实到每个部门、班组和各个生产环节,并制定行之有效的安全管理制度。泵站的安全管理制度一般应包括事故应急处理制度、事故调查与处理制度。

泵站事故的应急处理应符合以下规定:

(1)尽快限制事故发展,消除事故根源,并解除对人身和设备的危险。

(2)将事故限制在最小范围内,确保未发生事故的设备继续运行。

(3)发生危及人身安全或严重的工程设备事故时,工作人员可采取紧急措施,操作有关设备,事后当事人必须及时向上级报告。

(4)根据现场情况,如调度命令直接威胁人身和设备安全,值班人员可拒绝执行,并申诉理由,同时向上级管理部门报告。

泵站事故发生后的处理应按以下规定执行:

(1)工程设施和机电设备发生一般事故,泵站管理单位应立即查明原因,及时处理。

(2)工程设施和机电设备发生重大事故,泵站管理单位应及时报告上级主管部门,并协同调查处理,抢修工程和设备。

(3)发生人身伤亡事故时,泵站管理单位应及时报告上级主管部门,并保护好现场,由上级单位组织有关人员进行事故调查并作处理。

(4)事故发生后应提交事故分析处理报告,并报上级主管部门。事故分析处理报告的内容包括:①事故调查的原始资料、测试数据;②事故原因分析、论证;③事故处理依据;④事故处理方案、方法及技术措施;⑤检查复验记录;⑥事故处理结论等。

模块2　电气设备运行

2.1　设备检查、操作与工况巡视

2.1.1　电动机相序检查

相序,是三相交流电相位的顺序,是交流电各相电流、电压的瞬时值从负值向正值变化经过零值的依次顺序。相序影响电动机旋转方向。正常情况下判定电动机旋转方向时,相序正确,电动机正转;反之,电动机反转。电动机反转不仅影响电动机正常效率,还会对电动机造成损坏。有的设备为了防止电动机相序接反造成损坏,在电动机上安装有相序保护器。当相序正确时,相序保护器中的继电器吸合,电动机正常运行;相序不对,保护器中的继电器及时将电动机电源断开,对电动机起到保护作用。

对相序要求严格的电器设备,除安装相序保护器起到保护作用外,还应在设备投入运行前,必须用相序检测仪(表)检测电源的相序是否符合设备运行要求。相序检测仪(表)检测相序的方法是将相序检测仪器的三根线与电源三相一一对应接触,通过蜂鸣器及LED灯显示,反映当前相序接入是否正确,接触正确,检测仪显示正常。

2.1.2　电气设备保护整定值的调整

电气设备保护整定值在设计时通过计算确定后,如果电网系统及保护对象的参数没有改变,保护的整定值是绝对不允许调整的。要调整保护整定值必须通过重新计算确定定值,且调整后的保护整定值必须符合保护定值要求。在试验时,为了试验的需要可以进行调整验算。

对保护定值的管理一般规定是:

继电保护定值的变更,应按定值变更通知单执行,并依照规定的日期完成,并注明原因。如依据二次系统运行方式的变化,需要变更运行中保护装置的整定值,在定值通知单上说明,定值通知单应有计算人及审核人签字并加盖"继电保护专用章"才有效。

对定值检验品的管理要求是:微机保护装置的检验应充分利用其自检功能,主要检验自检功能无法检测的项目;对新安装设备,全部和部分检验的重点应放在微机继电保护装置的外部接线和二次回路上,微机保护装置检验工作宜与被保护一次设备的检修同时进行。

2.1.3　高压隔离开关、断路器的日常检修内容

2.1.3.1　高压隔离开关

高压隔离开关主要由传动和转动、导电主回路(动、静刀触头)、支持绝缘子等部分组

成。其工作原理是通过操作机构分、合隔离开关的动、静刀触头来导通和断开导电回路。隔离开关在电气回路中起隔离作用，它本身无灭弧能力，只有在无负荷电流情况下才能分合电路。

隔离开关的检修一般与断路器检修同时进行，检修的内容包括以下几个方面：

(1)清扫支持绝缘子表面的灰尘，检查绝缘子表面是否掉釉、破损，有无放电闪络痕迹和裂纹，绝缘子铁、瓷结合部是否牢固等，发现问题，及时更换。

(2)清洁触头表面，光滑无放电、灼伤痕迹，发现问题及时处理。

(3)检查触头或刀片上的附件是否齐全，有无破损。

(4)检查软连接部件有无折损、断肢等现象。

(5)检查开关和引线是否牢固，有无过热现象。

(6)检查并清扫操作机构和传动部分。

(7)检查传动部分和带电部分距离是否符合要求，定位器与制动装置是否牢固，动作是否正确。

(8)检查压环是否变形，连接件是否牢靠。

(9)检查底座是否结实，接地是否良好。

2.1.3.2　断路器

断路器在分断电负荷时将电弧熄灭。断路器的结构根据所选择的灭弧介质不同而不同，泵站中常用到的有油断路器、真空断路器与 SF_6 断路器。

断路器的作用是接通与切断负荷电流。

高压断路器的结构分为四个部分，即导电回路、灭弧装置、绝缘与支撑系统和操动机构，另外还包括传动装置和控制系统等部件。

油断路器是用绝缘油(变压器油)作为灭弧和绝缘介质的。

真空断路器是用真空熄灭电弧的，它具有开距短、体积小、重量轻，电寿命和机械寿命长，维护少，无火灾和爆炸危险等性能，近年来发展很快，在中等电压领域使用很广泛，是配电开关无油化最好的换代产品。

SF_6 断路器是用 SF_6 气体作为灭弧介质的。

断路器的分合闸动作都需要一定能量，标准规定断路器的电磁操动机构、分闸线圈和合闸接触器线圈最低动作电压不得低于额定动作电压的30%，不得高于额定电压的65%；为了保证断路器的合闸速度，合闸线圈最低动作电压不得低于额定电压的80%～85%。

对分闸线圈和接触器线圈的低电压规定，是因为这个线圈的动作电压不能过低，也不得过高。如果过低，在直流系统绝缘不好、两点高电阻接地的情况下，分闸线圈或接触器线圈两端可能引入一个数值不大的直流电压，当线圈动作电压过低时，会引起断路器误分闸和误合闸；如果过高，则会因为系统故障，使直流母线电压降低而拒绝分合闸。

针对不同断路器的检修项目、标准、工艺和周期可以参看国家相应标准与导则。

2.1.4　检查直流系统运行中的参数

蓄电池直流系统正常情况下是采用浮充电方式运行的，在对蓄电池进行维护时(大放、大充时)或蓄电池初期投入或停用时间较长恢复使用时,均采用均衡充电法激活电池极板活性(复原或恢复)。一般情况下直流系统运行中的参数是稳定的。当发现直流系统运行中参数不稳定时或输出电压降低经调压仍不能升高时,检查晶闸管整流器(充电柜)交流电源电压是否过低,整流元件(可控硅或控制插件)是否损坏或触发脉冲失去,熔断器是否熔断,交流电源是否全相运行等。如输出电压过高,经调压后仍不能下降,可能是由于直流负荷太小,小于允许值,此时应将所有负荷投入。

2.1.5 电气设备检查方案的制订

制订电气设备检查方案时,首先应对电气设备现状进行调查,掌握电器设备存在的问题,分析大体原因,再编制相应的方案。检查方案的内容包括:①编制依据;②检查对象;③检查目的;④检查项目;⑤检查工具与仪器设备;⑥检查方法与步骤;⑦主要安全措施;⑧检查时间、地点及参加人员等。

2.1.6 电气设备故障的诊断方法及技术

电气设备故障的诊断,常采用传统的方法和先进的技术手段,对设备静止与运行状况下的参数进行监测和分析,判断设备是否存在异常或故障,故障的部位和原因以及故障的劣化趋势等,以确定合理的检修时间和方案,减少事故停机损失,提高设备运行的可靠性和发挥设备的效益,降低维修费用。

2.1.6.1 诊断方法

电气故障现象是多种多样的。例如,同一类故障可能有不同的故障现象,不同类故障也能表现同种故障现象,这种故障现象的同一性和多样性给查找故障带来了复杂性。但是,故障现象是查找电气故障的基本依据,是查找电气故障的起点,因而要对故障现象仔细观察分析,找出故障现象中最主要的、最典型的方面,搞清故障发生的时间、地点、环境等。常用的电气设备故障诊断方法有:

(1)直接感知。有些电气故障可以通过人的手、眼、鼻、耳等器官,采用摸、看、闻、听等手段,直接感知故障设备异常的温升、振动、气味、响声、色变等,确定设备的故障部位。

(2)仪器检测。许多电气故障靠人的直接感知是无法确定部位的,而要借助各种仪器、仪表,对故障设备的电压、电流、功率、频率、阻抗、绝缘值、温度、振幅、转速等进行测量,以确定故障部位。例如,通过测量绝缘电阻、吸收比、介质损耗,判定设备绝缘是否受潮;通过直流电阻的测量,确定长距离线路的短路点、接地点等。

2.1.6.2 直观诊断故障

利用眼、鼻、耳、手等感觉器官,来进行直接观察,温度、声音、颜色、气味是否异常,以判断电气设备的运行情况。通过这种直接观察,能将一些明显的故障立即诊断出来,或者能帮助我们分析和掌握故障发生的部位、危及范围、严重程度以及元器件损坏情况。对那些隐蔽而复杂的故障,通过我们所直接观察到的各种现象,也能为进行诊断和分析提供重要依据。因此,直接观察是诊断故障的十分重要的第一步。

1)听一听

主要是听一听电气设备有没有异常的声音。

2)嗅一嗅

主要是嗅一嗅电气设备有没有异常气味,特别是有没有出现绝缘材料烧焦的气味。一般电气部件都由绝缘材料组成,当绝缘材料被通过的大电流(超过额定电流数倍)烧伤或烧焦后,会发出一种刺鼻的臭味,追踪气味的发生处,能帮助我们查找故障源。

3)查一查

主要是查一查电气设备是否出现异常的温度。各种电气设备,不管是静止型还是旋转型,只要流过电流,就会产生热量,这种热量使温度上升,但只要不超过额定温升就是允许的。电气设备能持续正常地运行,这种温度基本处于饱和状态,变化不会很大。如果发现某元器件或某部位的温度突然升高,发热发烫,出现反常情况,表明可能出现故障或者有故障隐患存在,此时可根据热源去寻找故障点。检测电气设备的温度,通常采用如下方法:

(1)用手去摸一摸,凭感觉和经验来判断温度是否发生了异常。平时,要有意识地经常去体验设备的温度,掌握设备正常运行情况下的温度,因此只要用手去摸一摸(但必须注意安全),就能知道温度是否超出了允许的最高温度。根据经验,在通常情况下,能够用手摸设备耐受 10 s 左右的温度约为 60 ℃。

(2)对一些十分重要的部件或者特别需要监视的部位,可以安放温度计,用温度计来检测和监视它们的温度。

(3)对另外一些需要监视温度的部件或部位,不便安放温度计,也不能用手摸它。在这种情况下,可以贴上示温片或涂上示温涂料,根据它们的颜色随着温度的变化而发生变化的性能,就可以知道温度是否出现了异常。

(4)看一看有没有出现冒烟的情况,是否有被烧焦、烧黄或被烧得发黑的元器件。当过载和短路引起的大电流通过元器件(或零部件)时,轻者将元件烧得发烫,烤得变黄,重者将元器件(或零部件)烧得冒烟、发焦、发黑。对这种情况,可根据损坏的元器件,找出故障点,分析出故障原因。

(5)看一看熔断器是否熔断。如果发现熔断器熔断,应检查一下是哪一相被熔断。再细细地看一下熔芯被烧断的情况和被熔断的程度。如玻璃管熔断器,有的熔芯看上去是被慢慢地熔断的,在被熔断分开的两个断点处显得比较粗壮,头上呈现椭圆形,玻璃管仍然很透明,并且没有任何被损坏的痕迹,也没有任何发黑发黄的现象。这些多数是由于过负载而造成的故障,而且从熔芯开始被熔化到熔芯被熔断,是经过了一定长的时间;而另一种情况则不然,一看就知道熔芯是被快速熔断的,由于流过的电流非常大,带有"爆炸"形式似的,将熔芯烧飞溅在玻璃管的四周,成粉碎性状。玻璃管四周发黄发黑,甚至玻璃管有时被炸破,这种故障,多数是由于短路而造成的。根据不同的短路情况和流过不同大小的短路电流、熔芯被熔化的状态是完全不同的,因此有经验的人一看就知道是短路还是过载。如果是短路,还能估计出短路发生源是在近处还是在远处。

(6)看一看所有的电压表、电流表和频率表的指示值。观察一下它们的指示值是否在规定的范围内,或者是否在正常的指示值内,它们的指针摆动是否稳定和正常。当发现电表的指示值或电表的指针摆动情况发生异常时,表明出现了故障。

(7)看一看有没有打火花的痕迹。有些地方由于接触不良,或者由于碳粒和铁粒等导电性灰尘存在,引起打火花,或者由于其他原因引起打火花。打火花也会危及元器件,引起故障。打过火花以后,总会有痕迹存在,可根据痕迹去查故障源。

(8)全面扫视一下,有没有明显损坏的元器件,从明故障入手,进一步查清故障。

(9)观察一下,是否存在应该动作而又不动作的继电器和接触器,或者虽然动作了,但吸合不可靠,时而吸合,时而释放。或者继电器和接触器虽然得电吸合了,但其常开触头闭合不良,或者常闭触头断开不良。反之,继电器和接触器的线圈虽然失电了,但其动合触点不断开或其动断触点闭合不良;同时也观察一下是否存在不该动作的继电器和接触器发生了动作(即出现误动作)。即一方面观察触头动作情况,另一方面也可以听听触头动作声音,必要时可借助万用表来进行检测。

(10)查一查有没有断线现象,或者有没有被损伤的导线。特别要仔细观察一下导线的绝缘外皮有没有损坏,有没有大电流流过导线而使其发热,导致导线外皮绝缘被熔的现象,这能帮助我们判断故障的性质和寻找故障源。

(11)查一查有没有松动的连接螺丝和接插件(或转插件)。在长期的运行过程中,由于振动而引起连接螺丝、接插件的松动,只要有松动,就会发生接触不良,另外,由于日久引起弹簧的弹力不足,或者由于氧化等原因引起插头与插座之间接触不良。只要有接触不良,就会出现间隙性的无规律的故障。

(12)查一查有没有发生变形、裂缝和损伤的元器件。

(13)查一查有没有虚焊或者焊点脱落现象。只要查出虚焊或焊点脱落的地方,故障源也就不难找到了。虚焊造成接触不良,焊点脱落造成断路,它们会直接酿成故障。

(14)查一查有没有被腐蚀生锈的触点。触点被腐蚀氧化后发出铜绿,也有一些出现灰褐色,变得粗糙和凹凸不平。发生氧化后,接触电阻增大,接触也就不良。

2.1.6.3　仪表、仪器测量法

仪表、仪器测量法是用电气仪表测量某些电参数的大小,经与正常的数值对比后,来确定故障部位和故障原因。仪表、仪器测量法的具体方法如下:

(1)测量电压法,用万用表交流500 V挡测量电源、主电路线电压以及各接触器和继电器线圈、各控制回路两端的电压。若发现所测处电压与额定电压不相符合(超过10%以上),则是故障可疑处。

(2)测量电流法,用钳形电流表或交流电流表测量主电路及有关控制回路的工作电流。若所测电流值与设计电流值不符(超过10%以上),则该相电路是故障可疑处。

(3)测量电阻法,即断开电源后,用万用表欧姆挡测量有关部位电阻值。若所测电阻值与要求的电阻值相差较大,则该部位极有可能就是故障点。一般来讲,触头接通时,电阻值趋于“0”,断开时电阻值趋于“∞”;导线连接牢靠时连接处的接触电阻亦趋近于“0”,连接处松脱时,电阻值则为“∞”;各种绕组(或线圈)的直流电阻值也很小,往往只有几欧姆至几百欧姆,而断开后的电阻值为趋于“∞”。

(4)测量绝缘电阻法,即断开电源,用绝缘电阻表测量电器元件和线路对地以及相间绝缘值,电器绝缘层绝缘电阻应根据电压等级而确定绝缘电阻值。绝缘电阻值过小,是造成相线与地、相线与相线,相线与中性线之间漏电和短路的主要原因,若发现这种情况,应着重予以检查处理。

2.1.6.4　其他诊断法

1) 对可疑对象进行重点检查

在第一步直观检查中,凡发现可疑的对象,或者对那些容易损坏的娇脆的元器件进行重点检查。一般通过对它们的检查最容易发现故障,效果比较好。即便通过对它们的检查未发现故障,但对排除故障疑点、缩小故障的范围也有一定的作用。

2) 替换试探法

用相同的元器件分别去替换有故障嫌疑的元器件,看看故障是否被消除。以此方法,逐步查找,逐步缩小故障范围,对最终暴露故障所起的效果很好,排障效率比较高。

3) 对比法

采用对比法能快速找出故障,这是通常采用的一种故障诊断方法,其效果很好,方法也比较简便。

4) 分段切割查找

对一些故障现象复杂、问题很多、涉及面很广、故障范围又不明的疑难故障,宜采用分段切割的方法来查找。它能分割故障,化复杂为简单,缩小故障范围,容易诊断。

这种方法更适用于闭环系统,如果在闭环系统中产生故障,可将反馈环节的连接线断开,使闭环系统成为开环系统。再进行观察检查,分析判断故障是发生在开环系统中还是反馈系统中。如果初步判断故障发生在开环系统中,则对开环系统进行逐级检查,找出故障部位,直至故障点。如果开环系统没有问题,则表明故障就发生在反馈系统,故障范围就缩小了,有助于加速查出故障点。

5) 逐级类推检查

根据不同情况,可以从输出端开始,逐级往前类推检查,也可以从输入端开始逐级往后类推检查,直至暴露故障。但无论采用哪一种检查方法,一般都应先检查该级的输出电压和输出电流。如果输出电压值、输出电流值都正常,则表示这一级的工作状态都正常,故障点不在这一级,而在它的前面(或后面)。因此,也用不着再去检查这一级的输入电压、输入电流及其他,可以直接往前级(或后级)推进,去检查上一级(或下一级)。

6) 敲击振动

在制造时由于虚焊造成接触不良,或者在使用过程中由于周围环境条件差,导致元器件、触点、触头腐蚀生锈,引起接触不良,造成电源装置运行时好时坏,发生无规则的间隙性故障。为了暴露故障和故障发生源,可使用敲击振动法。在做敲击振动时,可一个部分一个部分地进行,不要几个部分同时进行敲击,这样便于暴露故障源。

2.1.6.5　红外线诊断技术

上述几种检测方法虽然简便实用,但每一种方法都不可能适用于所有电气设备各种故障的检测。红外线在线诊断技术能够适用于电气设备中各种热故障的检测,是一种先进的电气设备故障诊断技术。

红外线成像技术检测与诊断设备故障的常用基本仪器有红外辐射测温仪、红外热源仪、红外线电视成像辅助的计算机图像处理系统。

热源仪的工作过程,是根据被测物体表面温度分布借助红外辐射信号的形式,接受光学系统和光机扫描机构成像在红外探测器上,再由探测器将其转换为视频电信号,这个视频信号经前置放大器放大处理后,送到终端显示器,显示出被测物体表面温度分布的热图像。

诊断特点:①它是通过监测运行中的电力设备故障引起的异常红外辐射和异常温度来实现的,可以做到不停电,不改变系统运行状态,就可以监测到设备在运行状态下的真实信息,并可确保安全。②检测方法简单方便,同时还可以大面积快速扫描成像。③监测效率高,劳动强度低。但它也有不足,不能隔着金属板检测到板后设备的运行状态。

红外线诊断的判别方法:在红外诊断电气设备故障中,根据不同的气象条件、环境温度、复合电流、发热部位等对现场测温可能造成的影响,进行对比分析,采取不同的推导方法,并进行综合分析判断,诊断出设备运行状态。常用的诊断方法有表面温度判断法、相对温差判断法、同类比较法、热谱图分析法、档案分析法和纵向比较法。

对同一设备的不同部位进行比较分析时,同一设备在正常情况下外表温度的分布是比较均匀和有规律的,当外表不同部位出现温差变化或异常时,会反映出内部缺陷、短路故障、发热故障、接触故障等。设备整体温度升高,常常反映出受潮缺陷、介损缺陷或线圈短路等故障。

有温度存在就有红外线摄影成像的可能。若带电设备有了热故障,其特点是过热点为最高温度,形成一个特定的热场,并向外辐射能量,利用这一机理,可以检测运行中的设备,接触热故障、设备内外故障等。

另外,利用紫外成像技术可以检测电力设备的放电故障。这一技术检测不受日光干扰,能适应各种环境。

2.1.7　电气设备故障诊断与继电保护及预防性试验的区别

2.1.7.1　电气设备故障诊断与继电保护的区别

电气设备在正常状态,具备其应有的功能,没有缺陷或缺陷不明显或缺陷程度仍处于容忍范围内。当缺陷发展到一定程度时,设备状态发生变化,性能恶化,但仍能维持工作,说明设备有异常。缺陷再进一步发展到使设备的性能和功能都有所丧失的程度,形成故障,设备功能完全丧失,无法进行工作,叫设备事故。

继电保护的基本功能是,通过计算、设定好保护装置的动作值,当设备的运行参数或状态达到或超过整定值后,保护装置报警或切断电路,以防止事故或阻止事故扩大。它只局限于事故和严重的故障。

故障诊断是防患于未然,是设备处在继电保护装置动作之前的故障阶段,尚未造成事故。

2.1.7.2　电气设备故障诊断与预防性试验的区别

电气设备预防性试验要求在出厂前、交接验收时以及运行中定期进行。对其试验数据的分析执行预试规程的要求,以及与设备本身历次所测数据比较,和同类设备测量数据比较得出预试结论。

预试结果有其不足:①所施加的直流电压与交流电压能否等效?②对于高电压、大容量的电气设备、低电压的预防性试验方法能否有效真实地将绝缘局部故障反映出来?③绝大部分试验项目需要停电进行,是否科学合理?④至今未得到绝缘结构的电气强度与非破坏性试验参数之间的直接函数关系，故障诊断的依据主要靠经验积累和实验室数据，准确性怎样？

在线故障检测，在运行电压下获取设备状况参数，有条件时，所有预试项目均可进行在线检测。如变压器、互感器、断路器、避雷器、绝缘子、电力电缆、旋转的电机等电力设备。同时，也可以将上述设备各自在线检测装置有机地组合成一体，构成一个绝缘在线监测系统。目前，在线监测和故障诊断正在成为电力系统综合自动化的一个重要组成部分。

2.1.8　电气设备在线状态监测与故障诊断技术

2.1.8.1　相关概念定义

(1)状态监测。就是利用各种传感器和检测手段对反映设备运行状态的物理、化学量进行检测，其目的是判明设备是否处于正常状态。其定义为：一种利用设备在需要维护之前存在一个使用寿命的特点的检测方法，充分利用整个设备或设备某些重要部件的寿命特征，开发应用一些具有特殊用途的设备，并通过数据采集以及数据分析来预测设备状态发展的趋势。状态监测主要通过在线方式进行，以离线方式为辅。状态监测包括保护性监测和维护性监测。保护性监测是通过对常规性参数的监测，来了解设备工况，即在故障敏感部件处设置一些专用的监测器，以便及时反映设备状态，避免严重事故发生；维护性监测是通过在线或离线检测和试验，发现缺陷，避免严重事故发生。

(2)故障诊断。专家根据状态监测所得到的各种测量值及其运算处理结果所提供的信息，采用所掌握的关于设备的知识和经验，进行推理和判断，从而提出对设备的维修处理的建议。即通过状态监测来收集特征量，用故障诊断来分析判断特征量。依据分析结果，进行纵向(和历史数据)和横向(和同类设备)比较，制订维修方案，实施状态维护。

2.1.8.2　状态监测与故障诊断系统的组成与功能

监测与诊断包括以下基本过程：信号检测、数据采集、数据处理、诊断。通过各种传感器(如光、电、温度、振动、流量、化学等)检测出设备的状态信号，并使其可被传输、转换、采集、处理，然后由数据采集单元采集并存储于存储器中。传送载体可能是电缆或光缆，为了提高其抗干扰能力，多采用光缆或数字信号传输。数据采集可以采用三种方式：采集信号波形、采集信号峰值或记录峰值超过阈值的脉冲。进行数据处理，主要是抑制干扰，保留或增强有用信号，提炼信号特征。依据所得的特征信号，采用各种诊断方法，如模糊逻辑、人工神经网络、专家系统等得出诊断结果。

目前，国内运行的电气设备在线监测装置大体可分为两大类：集中式微机在线监测系统和分散式在线监测系统。集中式微机在线监测系统将被测信号通过电缆引入设在中央控制室的微机在线监测屏，进行集中监测，并迅速完成对监测数据的处理和分析。其突出优点是可以对所有被监测设备实施定时或巡回自动监测，运行方式灵活、易于扩展、监测容量大、便于建立专家诊断系统。用于发电厂、变电站、泵站的综合自动化。分散式在线监测系统是利用专用的测试仪器，从固定安装在电气设备附近的专用传感器上取得信号，就地进行测量，其优点是结构简单、价格较低、便于推广。

2.1.8.3　常用的在线监测与诊断技术

目前，在我国发电厂、变电站、泵站等常用的在线监测技术有局部放电监测技术、介损监测技术、油色谱监测技术、红外线成像技术等;常用的诊断技术有专家诊断系统、人工神经网络、模糊理论等。

2.1.8.4　红外线成像技术能检测的电气设备热故障

红外线成像检测技术可以远距离、不接触、准确、实时、快捷地在不停电、不选择、不解体的情况下,对电气设备进行在线监测和诊断电力设备运行中的大多数热故障。运行中的电气设备发热源有电阻损耗发热、介质损耗发热、铁损耗发热等情况。设备故障形式多种多样,总的可以分为外部故障和内部故障两大类。

1)设备外部故障

有长期暴露在大气中的各种裸露电气接头,因接触不良等原因引起的过热故障,以及设备表面污垢或机械力作用引起绝缘性能降低导致的过热故障。如:

(1)各种裸露接头、线夹、导电板外连接以及软连接不良引起的过热。

(2)动静触头结合不良引起的过热和转动体过热。

(3)支撑绝缘子、穿墙套管、支撑管发热缺陷。

(4)导线松股或断股引起的电阻体不均匀发热。

(5)变压器因漏磁产生的涡流损耗而引起的过热。

2)设备内部故障

设备内部故障点产生的热量通过热传导和对流,引起故障点周围导体或绝缘体材料温度升高。内部故障较隐蔽,时间较长,不易很快被发现。大体有如下原因引起:

(1)导体内部连接不良;

(2)断路器内部动、静触头接触不良;

(3)充油设备内部绝缘不良,设备缺油;

(4)避雷器内部受潮及阀先老化;

(5)瓷瓶绝缘劣化或污垢缺陷。

2.2　事故分析与处理

2.2.1　同步电动机励磁系统失励原因分析及处理方法

同步电机的失励事故可分为三类:欠励失步、过励失步和断电失步。

欠励失步是由于励磁系统的种种原因,使同步电动机的励磁绕组失去直流励磁或严重欠励磁,转子磁场滞后旋转磁场很大角度,如图6-2-1(a)所示,使同步电动机失去静态稳定,滑出同步。失励失步是由于励磁系统的原因,使同步电动机的励磁绕组失去直流励磁。电机发生失励失步时,丢转不明显,负载基本不变,定子电流增大1.5~3倍,电机无明显异常声音,定子电流过流不大,而电磁型反时限过流继电器(GL)主要用于启动时的电流保护,其整定值为6~7倍的额定值,所以GL型继电器拒动或动作时间过长。在此情况下失励失步一般不易被值班人员及时发现,待发现电机冒烟时,电机已失步了相当长时间,并已造成电机绕组或励磁装置的损坏。由于失步运行,在阻尼绕组中就流过超过额定电流数倍至数十倍的电流,尤其是负载较重时,由于转差较大,所以流过阻尼绕组的电流就更大。阻尼绕组的温升和热容量一般是按短时工作制考虑的，由于长期流过大电流，必定会导致阻尼绕组温度过高，造成开焊、笼条断裂，甚至阻尼绕组完全烧毁。正是在这种状况下，电机的寿命大为缩短。需要指出的是，电机失励失步时还会在转子回路中产生高电压，造成励磁装置主回路元件损坏，引起灭磁电阻发热，严重时甚至造成整台励磁装置烧坏。

电机的失励失步，大多不当场损坏电机，出现电机冒烟后，停机进行常规检查，往往又查不出毛病，电机还能再投入运行。但线棒的绝缘已受了很大的损伤。

过励失步，是由于励磁装置故障或调节不当等原因造成励磁电流增大，电机在过励失步时，励磁系统虽仍有直流励磁，但励磁电流及定子电流都很大并且产生强烈脉振，转子磁场超前旋转磁场很大角度，如图 6-2-1(b)所示，有时甚至产生电磁共振和机械共振。过励失步大多引起电机产生疲劳效应，使电机内部暗伤，并逐步积累和发展。过励失步所造成的电机损伤主要表现在：定子绕组绑线崩断，导线变酥，线圈表面绝缘层被振伤，并逐步由过热而烤焦、烧坏，甚至发展成短路；转子环连接部位开焊变形；转子磁极的燕尾楔松动，退出；电刷滑环松动；定子铁芯松动。运行中噪声增大；严重时甚至出现断轴事故。由于电机和水泵是同轴运行，电机的强烈脉振，同样会波及到水泵损伤，如紧固螺丝断裂等。

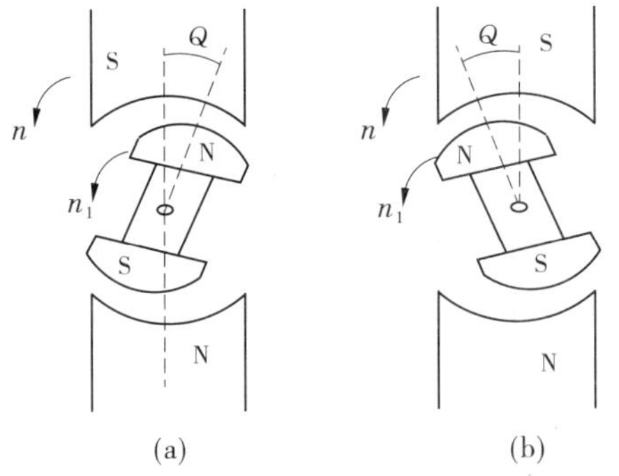

图 6-2-1　同步电动机欠励和过励功角关系

断电失步是由于供电系统自动重合闸 ZCH 装置或备用电源自动 BZT 装置动作，及人工切换电源，使交流电机供电电源输送渠道短暂中断而导致。它对电机的危害是非同期冲击。这种冲击的大小，与系统容量、线路阻抗、电源中断时间、负载性质，特别是与电源重新恢复瞬间的电气分离角有关。所以，这种冲击有可能使电机当场损坏，也有可能根本感觉不到。这种运行状态是最为危险的。

无论是欠励失步还是过励失步，除提高保护灵敏度外，重点是在运行中加强巡视与检测，当发现功率因数表指示过低或过高时及时调整励磁电流的大小，使功率因数保持在允许范围内。由于在泵站供电系统设计时没有自动重合闸 ZCH 装置或备用电源自动 BZT 装置动作，断电失步在泵站中不存在。

2.2.2　直流系统失压故障原因及处理方法

2.2.2.1　失压的原因

直流系统失压，大体原因有：①电源部分：单体蓄电池开路、蓄电池组整体失效导致端电压下降或蓄电池整体容量不足。②充电设备(柜)存在问题:充电设备电压的日常整定值偏高,如直流系统告警中间继电器,整定值偏高,造成继电器动作,断开直流电源充电设备;固有程序设定与蓄电池个数搭配不当引起蓄电池充电电压过高,引起过充;充电机故障、插件故障等原因造成充电设备问题。③直流系统外部接地故障导致电压下降或失压。④线路中熔丝熔断,开关设备接触不良等。

2.2.2.2　处理方法

针对查找出的问题,逐一处理。蓄电池组损坏,更换或检修蓄电池组;蓄电池开路爬电,清扫干净端盖上的污垢;充电设备损坏,更换充电设备;熔丝熔断,查出原因后更换等。

重要的是加强对直流系统的运行维护。

(1)加强对直流系统在线监测,加强对蓄电池端电压,内阻、容量等运行状态的测试,有效判断蓄电池的运行情况。对于绝缘监测装置,可考虑使用在线式绝缘检查或便携式直流接地检测仪检测。

(2)定期对蓄电池组进行核对性放电试验。

(3)每年进行一次直流熔丝和空气开关的普查核对工作,确保熔丝、空开级差选配合理。

(4)经常检查充电柜运行情况,并进行定期电气试验。

2.2.3　电气设备系统事故短路类型

2.2.3.1　短路类型

电气运行中由于各种原因,系统会经常出现各种故障,使设备正常运行状态遭到破坏。短路就是系统运行中常见的严重故障。系统发生短路的原因大体有:

(1)电气设备、元件的损坏。如设备绝缘老化,设备本身缺陷,正常运行时被击穿,以及设计、安装、维护不当造成的设备缺陷最终发展成短路等。

(2)自然的原因,如设备遭受雷击(感应雷、直击雷、雷电波侵入)绝缘被击穿等。

(3)人为事故,如带负荷拉闸造成相间弧光短路,带接地刀闸合闸造成三相金属性短路,人为疏忽接错造成短路,以及小动物进入带电设备内部造成短路等。

三相系统中,可能发生的短路故障有三相短路、二相短路、一相短路和二相接地短路等。

三相短路称为对称短路,其他称非对称短路,单相短路次数最多,三相短路次数最少。但三相短路电流最大,危害也最大。

2.2.3.2　短路后果

当发生短路时,由于短路阻抗比正常运行阻抗小很多,使短路电流值为正常工作电流值的几十倍甚至几百倍以上。它给设备与系统带来的危害有:

(1)巨大的短路电流短时间内通过导体会产生很大的热量,形成很高的温度,极易造成设备过热而烧坏。

(2)短路电流的电动力效应导致导体间产生很大的电动力,引起设备损坏,使事故进一步扩大。

(3)短路会引起系统电压急剧下降,对用户带来很大影响。

(4)发生不对称短路,会对附近其他设备产生强烈干扰。

(5)短路时会造成停电事故,给国民经济带来损失。

2.2.3.3 短路计算的目的

短路计算的主要目的有以下几个方面:

(1)选择和校验电气设备。计算三相短路冲击电流有效值,校验电气设备的电动力稳定性;计算三相短路电流稳态有效值,校验电气设备及载流导体的热稳定性;计算三相短路容量,校验断路器的遮断能力等。

(2)确定保护装置的整定值。在知道其他短路电流分布的情况下,计算短路故障支路内的三相短路电流值,校验装置的灵敏度,就要分别计算出最大与最小运行方式下最大短路电流值与最小短路电流值,同时还要计算出接地点(考虑到金属接地)三相、二相、单相接地短路电流值。

(3)在选择与设计系统电气接线时,短路计算可为不同方案进行技术性比较,以确定是否采取限制短路电流措施。

模块 3　金属结构设备运行

3.1　设备检查与操作

3.1.1　金属结构的分类

金属结构包括内容很广，在泵站工程中，闸门、启闭机、拦污栅、阀门、压力钢管、清污机等均属水工金属结构，通常将它们分为小型、中型、大型和超大型 4 档，见表 6-3-1。

表 6-3-1　水工金属结构产品规格分档

分类		小型	中型	大型	超大型
闸门类(FH)		$FH \leq 200$	$200 < FH \leq 1\ 000$	$1\ 000 < FH \leq 5\ 000$	$FH > 5\ 000$
阀门类(FH)		$FH \leq 100$	$100 < FH \leq 400$	$400 < FH \leq 1\ 000$	$FH > 1\ 000$
压力管类(DH)		$DH \leq 50$	$50 < DH \leq 300$	$300 < DH \leq 1\ 500$	$DH > 1\ 500$
固定卷扬式、移动式、液压式启闭机(kN)		<250	250～1 000	1 000～2 500	>2 500
螺杆式启闭机(kN)		<250	250～500	>500	
清污机类	耙斗式	$V \leq 1$	$1 < V \leq 3$	$V > 3$	
	回转式	$LM \leq 30$	$30 < LM \leq 100$	$LM > 100$	

说明：表中是参照《水工金属结构产品生产许可证实施细则》分类的。

(1)闸门类包括平面滑动闸门、平面定轮闸门、平面链轮闸门、人字闸门、弧形闸门以及拦污栅等 6 种，FH = 门叶面积(m^2) × 水头(m)。

(2)阀门类包括球阀、锥阀、蝶阀等 3 种，FH = 进水口面积(m^2) × 水头(m)。

(3)压力管类含压力钢管、压力钢岔管、压力管伸缩节等 3 种，DH = 直径(m) × 水头(m)。岔管直径取最高水头处的最大直径。

(4)启闭机的参数是指启闭力。

(5)清污机类包括耙斗式和回转式 2 种。V 为耙斗容积，m^3；LM = 齿耙宽度(m) × 清污深度(m)。

3.1.2　金属设备的检查

3.1.2.1　闸门的检查内容及质量要求

(1)防腐按《水工金属结构防腐蚀规范》(SL 105—2007)的要求进行检查；

(2)检查门叶结构的损坏、变形情况及面板的平整情况；

(3)检查门体是否保持在正常工作位置,没有变位；

(4)检查行走支承机构的滚轮转动是否灵活；

(5)检查埋件的锈蚀、变形、磨损等情况,要求门槽平整,闸门在门槽内活动自如；

(6)检查止水装置的封堵性能,要求止水橡皮光滑平直、完整,止水严密。

3.1.2.2　**拦污栅的检查内容及质量要求**

(1)防腐按《水工金属结构防腐蚀规范》(SL 105—2007)的要求进行检查；

(2)检查边框刚度是否满足运行要求,有无变形；

(3)检查栅槽有无变形,栅体在栅槽是否稳定,升降有无卡滞情况；

(4)检查栅条有无变形、缺损,间距是否均匀。

3.1.2.3　**启闭机的检查内容及质量要求**

(1)检查机架的腐蚀、损伤及焊缝状况；

(2)检查制动器的装配情况、制动轮及摩擦片的磨损程度；

(3)检查电动机的电压、电流和绝缘电阻是否符合要求；

(4)检查保护装置的行程指示、限位开关是否准确；

(5)检查传动机构运行的稳定状况；

(6)检查卷扬式启闭机钢丝绳的固定、排列和润滑情况,卷筒和开式齿轮的损伤程度；

(7)检查螺杆式启闭机螺杆的磨损、裂纹程度,以及直线度；

(8)检查液压式启闭机的液压系统是否稳定。

3.1.2.4　**清污机的检查内容及质量要求**

(1)防腐按《水工金属结构防腐蚀规范》(SL 105—2007)的要求进行检查；

(2)检查荷载限制机构动作是否灵敏；

(3)检查制动机构能否可靠运行；

(4)检查齿耙与污物清除机构配合是否良好；

(5)检查运行机构是否平稳,有无摩擦碰撞现象。

3.1.2.5　**压力管道的检查内容及质量要求**

(1)防腐按《水工金属结构防腐蚀规范》(SL 105—2007)的要求进行检查；

(2)检查变形和破损修理情况；

(3)检查渗漏处理效果；

(4)检查管道接头有无胀缩或变形；

(5)检查必要时按《水利工程压力钢管制造安装及验收规范》(SL 432—2008)的要求进行耐压试验。

3.1.2.6　**阀门的检查内容及质量要求**

(1)防腐按《水工金属结构防腐蚀规范》(SL 105—2007)的要求进行检查,焊接按《水工金属结构焊接通用技术条件》(SL 36—2006)的要求进行检查；

(2)检查阀杆、阀板的移动、转动部件动作是否灵活,密封是否良好；

(3)检查阀体内是否清洁,有无杂物；

(4)检查密封检查有无泄漏。

3.1.3　影响金属结构腐蚀的因素

金属结构腐蚀是由各种内在和外在因素所引起的,归纳起来有以下几点。

3.1.3.1　材质

腐蚀过程是环境介质与金属材料表面发生的化学或电化学反应过程,材料是腐蚀过程的重要组成部分。

(1)冶炼质量:冶炼质量是指金属材料的化学成分,非金属夹杂、浇铸时的缩孔、偏析、夹渣等现象,以及冷却过程可能产生的白点等缺陷。

对于浸泡在水中的闸门,采用铸铁材料是一种很好的防腐措施。日本、美国、英国使用铸铁闸门已有近百年历史,我国在20世纪90年代初也采用含镍铸铁,作为闸门的抗腐蚀措施。采取的制造工艺措施是在球墨铸铁中加入适当的镍,铸铁结构呈球状分子形式存在,在遇腐蚀介质反应时,表面层脱落的速度较慢,外观表现为细小浅坑,腐蚀的速度慢,分布、深度都均匀,危害小。而其他材料结构为片状,遭受腐蚀时成片脱落,表面层为大块坑状分布,腐蚀速度快。加上铸铁闸门厚,腐蚀余量大,相关文献中记载,防腐措施得当的话,含镍铸铁闸门耐腐蚀,减少维护,使用寿命可达60年以上。

(2)金属材料的加工质量:在轧制、铸造、挤压成材时,在加热过程中可能产生的结晶氧化,折叠,压入氧化铁磷,带状组织过热和组织不均匀等缺陷以及在快速冷却时可能产生的微裂纹。

(3)热处理或火焰切割不当:热处理加热过程中可能产生过热或过烧,温度过高引起的晶粒粗大,脱碳,增碳,淬裂,回火脆性,淬火后未及时回火,微观组织不合适等导致的缺陷,还有火焰切割不当等热加工因素造成的晶粒变形等都可能引起金属内部电极电位的差异,从而加快金属本身的腐蚀。

3.1.3.2　环境因素

(1)大气中的灰尘:灰尘具有毛细管凝聚作用,如果落在金属表面,容易结露,提供电化学腐蚀的条件,使金属受到腐蚀。工业区的大气常含有碳、碳化合物、金属氧化物、氯化物、硫酸氨和其他盐类的颗粒,来自大气放电时产生的氮化物以及有机物质腐烂后分解的硫化氢、氨气等介质,一旦散落在金属表面,就会加速金属的腐蚀。所以及时清除干净金属表面的灰尘对预防腐蚀非常重要。

(2)大气中的氧:金属在大气条件下的腐蚀,主要是水分与氧的共同作用而引起的,两者缺一就不容易腐蚀。据资料介绍,在脱氧的海水中,铁钉即使浸泡数十年仍可保持光亮。如果大气中有大量的氧存在,那么与空气接触的水膜会很快被氧所饱和,水膜吸附在金属表面,使氧气很容易溶解渗透,向腐蚀界面扩散,同时水膜易被氧所饱和,氧的供应充足,这就造成氧对金属的去极化过程顺利,并且在大气腐蚀中起到主要作用。

(3)环境温度和湿度:电化学腐蚀的速度一般随着温度的升高而增长。温度升高,电极反应加强,扩散过程加快,金属在电解质溶液的腐蚀速度增强。大陆性气候的地区,白天天气炎热,空气中的相对湿度低,但是绝对湿度却相当高;晚上温度剧烈下降时,绝对湿度虽然变化不大,但是相对湿度却大大升高,空气中的水分会以凝露的形式聚结在金属的表面,从而为金属生锈提供条件。所以,在昼夜温差大的季节、气温突然降低和升高的环境,露天放置的金属结构,如闸门、启闭机、拦污栅等,都容易生锈。

(4)水质影响:含氧量大的水腐蚀性强;碳钢在酸性大的水里腐蚀得快;污水里含有大量的有机酸、氧化物、氯化物,对金属的腐蚀强;海水富含天然电解质,大多数常用金属易受海水侵蚀。

(5)土的影响:干土没有电解质,不会发生电化学腐蚀,但是泥土中总有水分存在,一般情况下,土壤含水量大,电解液多,腐蚀速度快。腐殖土是土壤中有机物腐烂后的产物,含有较多的有机酸和盐类,腐殖土含量大的土壤,空气含量也大,湿度也较大,腐蚀速度加快,因此要及时清除黏附在结构表面的土壤。

3.1.4　金属结构防腐处理方案

腐蚀定义为材料发生化学和电化学反应后受到的侵蚀,钢铁的腐蚀一般分为化学腐蚀和电化学腐蚀两大类。化学腐蚀是钢铁与外部介质直接进行化学反应;电化学腐蚀是钢铁或合金与含有氧气和水的介质发生电化学反应,即在腐蚀过程中不仅有化学反应,而且伴随着电流产生,自然界的腐蚀绝大部分属于电化学腐蚀。金属结构在使用过程中,会不断发生腐蚀,在一般涂料的保护下,使用10年后,10 mm的钢板腐蚀可深达2～3 mm,严重情况可达穿孔程度,金属结构的防腐蚀工作意义十分重大。金属防腐蚀的方法很多,对于水工金属结构来说,主要有如下3种方法。

3.1.4.1　涂料防腐法

涂料防腐是用油漆、高分子聚合物、润滑油脂等涂敷在钢件表面,使钢件表面与水或者其他引起腐蚀的介质隔离,截断电化学反应的通道,使之达到防腐蚀的目的。这种方法应用最广,优点是工艺简单,施工费用低廉,缺点是保护周期短。为了保证保护效果,涂料要有一定的厚度,一般都要涂刷三四层。要使涂层发挥较好的保护作用,最重要的是使其与基体具有良好的结合力,即做好基体表面除锈工序,达到《水工金属结构防腐蚀规范》(SL 105—2007)要求的表面清洁度和粗糙度。

(1)漆膜的要求:底漆直接与结构表面接触,应与结构表面有良好的附着力和机械强度,能适应结构的热胀冷缩、受力变形及振动等作用,不发生脆裂、脱落等破坏,漆膜对水和氧气的渗透性较小,有较强的防锈作用。

中间漆宜选用能增加底、面漆之间结合力且有一定耐腐蚀性能的涂料。

表面漆暴露于空气或水中,应该耐日光照射,不易失光、失色、粉化、开裂,对水和各种气体渗透性小,耐酸、碱、盐等化学介质的腐蚀,有良好的机械性能,如硬度、耐磨、韧性等。美观,起一定的装饰作用。

(2)涂层系统的选择:经常处于半浸没状态的水工金属结构,选用具有良好耐候性(暴露在日光、冷热、风雨等气候条件下的耐久性)和耐干湿交替的防腐蚀涂层系统;经常处于浸水或潮湿状态的水工金属结构,选用具有良好耐水性和耐蚀性的涂层系统;启闭机等水上设备及结构,选用耐水性和耐蚀性良好的涂层系统;用于压力钢管内壁的涂料,选用耐候性和耐磨性良好的重防腐涂料。

涂层系统中涂料的种类和涂层厚度,参照《水工金属结构防腐蚀规范》(SL 105—

2007)的规定。

3.1.4.2　金属喷涂防腐

金属喷涂防腐采用熔点较低的锌(419 ℃)、铝(667 ℃)金属为原料,通过热源熔融和压缩空气的喷射,使其在钢结构件表面生成一层金属镀膜,具有良好的阴极保护作用。喷镀金属附着力强,在一般水流、风浪、冰凌作用下不易脱落,但是工艺复杂,消耗贵重金属,成本比涂料保护提高 60% ~80%。

金属喷镀按熔化金属的方法,一般分为火焰喷镀和电喷镀两种。水工金属结构庞大,受到施工条件的限制,大多采用火焰喷镀的方法。喷镀的金属多采用锌和铝。淡水环境或 pH<7 时,采用喷镀锌为宜;海水环境或 pH≥7 时,采用喷镀锌铝合金、锌或铝基合金为宜。由于锌的熔点比铝低,施工工艺和质量容易掌握,目前采用火焰喷镀锌比较普遍,但喷镀铝价格比较便宜,也可以达到良好的防护效果。

3.1.4.3　阴极保护法

根据金属的电化学腐蚀原理可知,金属在电解质溶液里,由于表面存在电化学的不均匀性,形成无数腐蚀电池,其阳极部分不断遭到腐蚀,阴极部分得到了保护。如果在溶液中设置一个辅助电极,并使被保护的金属结构与辅助电极之间产生一个直流电压,使金属结构成为阴极。当钢铁结构在水中的表面电位达到 -850 mV 左右时,结构就基本不再受到腐蚀。阴极保护法按照提供电流的方法分成牺牲阳极法和强制电流法。

(1)牺牲阳极法。牺牲阳极法是利用电位低的金属或合金(如镁合金、锌合金、铝合金等)作为阳极,通过介质(如海水等)与被保护金属相连接形成一个电池效应。在阴极(被保护的金属结构)得到保护的同时,阳极不断地被腐蚀消耗产生的电流来保护金属结构,被腐蚀掉的金属称为牺牲阳极,其基本构成如图 6-3-1 所示。

(2)强制电流法。强制电流法(外加电流法)则是给被保护结构加一阴极电流,而给辅助阳极(一般为高硅铸铁或废钢)加一阳极电流,构成一个腐蚀电池。结果就是阴极负极化,被保护金属获得了超量的电子而起到防止腐蚀被保护的作用,这样它的表面不会发生任何氧化的化学反应,其基本构成如图 6-3-2 所示。

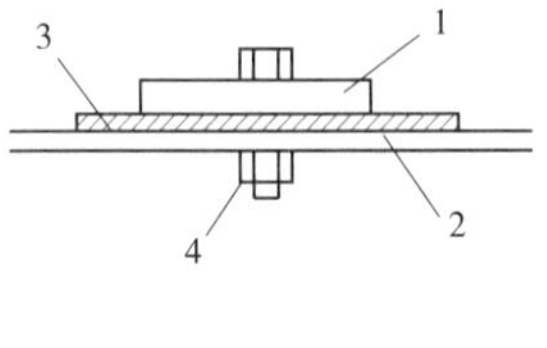

1—阳极;2—金属结构极;
3—绝缘垫;4—连接螺拴

图 6-3-1　牺牲阳极法

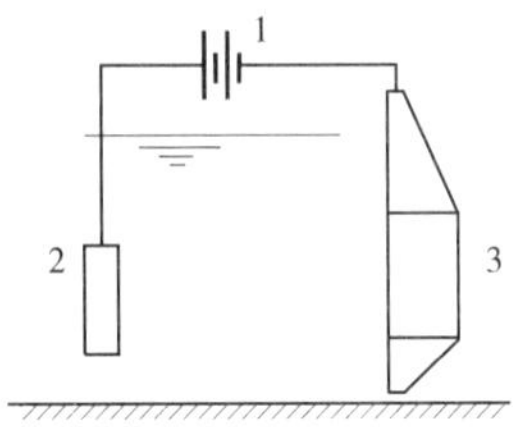

1—直流电源;2—辅助阳极;
3—闸门(阴极)

图 6-3-2　强制电流法

阴极保护的优缺点:阴极保护是建立在电化学理论基础上的先进保护措施,保护效率很高,可以达到使被保护结构基本不锈的目的。阴极保护在其他行业应用很广,要求被保护结构长期处在电解质溶液中,特别是海水和土壤中,效果很好,对于经常处于水上大气中、净水中,以及干湿交替环境的金属结构,保护效果不好。污水的电解质多,对金属结构的腐蚀性大,水质污染将使阴极保护在水利行业大有用武之地。相关水工金属结构阴极保护的设计、施工可参照最近颁布的《水工金属结构防腐蚀规范》(SL 105—2007)。

牺牲阳极法的特点:不需要外部供电、安装简单、使用可靠,几乎不需要维护、检修。阳极发生电流小,安装块数多。由于管理方便,闸门管理部门比较喜欢这种方法。

强制电流法的特点:电压电流可调性好,可随外界条件不同实现自动控制,保护周期长,辅助阳极排流量大,安装数量小。但是具有电源及其设备,一次性投资大,需要长期维护与检修。

3.1.4.4 联合保护

涂料防腐与阴极保护的同时使用称为联合保护。联合保护是目前地下管线、金属构筑物防腐的重要方法之一。联合保护使腐蚀控制手段相互补充,这是因为涂料防腐在生产、运输与施工中无法保证不受损坏。另外,涂层本身的缺陷,如微孔、老化等,不可能完全将基体金属与腐蚀环境、介质隔离开。单独的涂料保护,往往不能得到满意的保护效果。采取涂料和阴极保护联合防腐,利用阴极极化的电化学手段,保证了被保护金属体的电化学均匀性,控制了腐蚀电池的产生,弥补了覆盖层防腐的不足。这样,涂料防腐有阴极保护作辅助,而阴极保护的有效性又依赖于覆盖层保护,相互作用延长了各自的使用寿命,大大提高了防腐使用周期。联合保护不仅要求涂层具有良好的封闭性,还应具有较好的绝缘性、耐碱性以及耐电位性。

3.1.5 压力钢管焊缝的分类及质量检验

3.1.5.1 压力钢管焊缝的分类

压力钢管焊缝按其重要性分为一类焊缝、二类焊缝和三类焊缝。

1)一类焊缝

(1)钢管管壁纵缝,厂房内明管(指不埋于混凝土内的钢管)环缝,凑合节合拢环缝;

(2)岔管管壁纵、环缝,岔管分岔处加强板的对接焊缝,加强板与管壁相接处的对接和角接的组合焊缝;

(3)闷头与管壁的连接焊缝。

2)二类焊缝

(1)钢管管壁环缝;

(2)人孔颈管的对接焊缝,人孔颈管与顶盖管壁的连接焊缝;

(3)支承环对接焊缝和主要受力角焊缝。

3)三类焊缝

不属于一、二类的其他焊缝。

3.1.5.2 焊缝缺陷与检验

根据压力钢管焊缝、表面裂纹及缺陷的检查结果判断压力钢管能否实现安全运行。

1)焊缝的主要缺陷

(1)焊缝尺寸偏差:表面凸出太高时焊缝与母材交界处的陡坡易加剧应力集中;太低则接头强度不够。

(2)咬边:焊缝与母材交界处形成的凹坑。

(3)弧坑:起弧或落弧处焊缝所形成的凹坑。

(4)未熔合:焊条熔融金属与母材之间局部未熔合。

(5)母材被烧穿。

(6)气孔:混入熔融金属中的气体在金属冷却前未能逸出所形成。

(7)夹渣:焊缝金属内部或母材熔合处有非金属夹渣物。

(8)裂纹:焊缝内部及其热影响区所出现的局部开裂现象。

以上的缺陷一般会引起应力集中,削弱焊缝的有效截面,降低承载能力,其中裂纹的危害最大,因为裂纹尖端应力集中严重,承载时特别是动载作用容易引起裂纹扩展,可能导致断裂破坏,焊件如果有裂纹,一般认为不合格,应彻底铲除后补焊。

2)焊缝质量检验方法

(1)三类焊缝仅需要做外观检验,即检验焊缝的实际尺寸是否符合要求和有无看得见的裂纹、咬边、气孔等缺陷。

(2)一、二类焊缝在外观检验的基础上再做精确方法检验,二类焊缝要做超声波检验;一类焊缝要做超声波及 X 射线检验。检验方法见专门规定。

3)焊缝外观质量检查出现下列现象,某段钢管应考虑报废

(1)裂纹:一、二类焊缝不允许有裂纹。

(2)表面夹渣:一、二类焊缝不允许,三类焊缝深度不大于 0.1δ,长度不大于 0.3δ。

(3)未焊满:一、二类焊缝不允许,三类焊缝不超过 1 mm。

(4)表面气孔:一、二类焊缝不允许,三类焊缝每 1 m 长的焊缝允许直径小于 1.5 mm 的气孔 5 个。

4)壁厚条件

(1)蚀余厚度 $\delta < D/800 + 4$ mm 或 $\delta < 6$ mm 时(D 为钢管直径),该段钢管应考虑报废。

(2)管壁厚度已减薄 2 mm 以上时,应对该段钢管进行强度和稳定性校核,并实测该段钢管应力,综合分析后不能满足设计要求,应考虑报废。

5)稳定和变形

(1)失稳:某段钢管因意外事故、地震等作用而失稳,该段钢管应报废。

失稳是指丧失其直线形状的平衡,而过渡为曲线的平衡现象,即为丧失稳定,简称失稳。

(2)横截面的形状偏差应符合下列规定:①圆形截面,圆度(指同端管口相互垂直两直径之差的最大值)不应大于 $5D/1\,000$,且不大于 40 mm。②非圆形截面,其尺寸偏差不应大于设计尺寸的 5%,且极限偏差应为 ±8 mm。

3.1.5.3　焊缝及管道缺陷的处理

1)钢管壁表面凹坑缺陷的处理

钢管壁表面凹坑深度大于板厚的 10% 或 2 mm 时,应进行补焊,补焊前应修磨凹坑以利焊接。

2)管道裂缝的处理

裂缝是潜在的危险缺陷,发现裂缝时,必须分析其产生原因,判断发展趋势,并按照下

列办法处理。

(1)如果管道裂缝严重,应更换新的,更换用的新管子应严格检查其管径、管壁,经水压试验合格后采用。

(2)如果管道有轻微裂缝,可采取以下处理方法:①混凝土管道裂缝先用环氧树脂黏合剂填缝,然后在管道裂缝周围凿毛,浇筑混凝土加固。②金属管道一般不易裂缝,如果发生,可锯下裂缝段管道,套上管箍,重新接上一段好管,然后焊接好。

3.1.6　启闭机的安全保护装置

为了保证启闭机的安全可靠工作,各类启闭机均应设置相应的安全保护装置:

(1)除液压启闭机外,其他各类启闭机均应装设制动装置。

(2)荷载限制器:卷扬式为过负荷切断装置,也叫重量限制器;螺杆式为过载保护装置;液压式设溢流阀。

(3)行程限制器:也叫高度指示器、行程指示器,用来指示闸门的升降位置,并通过行程开关使闸门不超越上下极限位置。

(4)电气保护装置。

(5)移动式启闭机的行走机构应装设缓冲器,室外作业的移动式启闭机应装设夹轨器。

3.1.7　卷扬式启闭机的过负荷切断装置

启闭机过负荷切断装置,也叫起重量限制器,它的作用是当启闭机工作负荷超过额定负荷时能自动切断电源,使启闭机停止运行,以避免启闭机零部件及钢结构的损坏而造成事故。一般把超载值限制在额定荷载的10%范围内。常用的过负荷切断装置有杠杆式和偏心式两种。

(1)杠杆式过负荷切断装置。如图6-3-3所示,杠杆的一端(支点端)装在定滑轮轴上,或用轴装在定滑轮组的支架上,另一端由装在机架上的弹簧支承。平衡滑轮固定在靠近杠杆支点的一侧。当平衡滑轮上的钢丝绳拉力为 P 时,压缩弹簧的反作用力为 R,当钢丝绳拉力 P 在额定范围内工作时,支承弹簧虽然受压缩,但不切断电源;当钢丝绳拉力超过限定范围时,弹簧进一步压缩变形,使固定在杠杆上的撞杆下降碰撞行程开关,将电路切断。

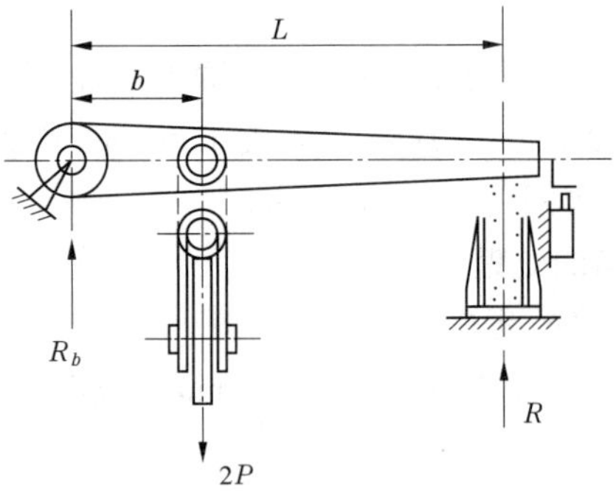

图6-3-3　杠杆式过负荷切断装置

(2)偏心式过负荷切断装置。它是利用偏心转动原理制成。工作过程与杠杆式基本相同。

上述两种限制器结构简单,安全可靠,但对弹簧的质量要求较高,需要经常检查调整和定期检验。

3.1.8　螺杆式启闭机过载保护装置

常用的闭门过载保护装置有牙嵌式安全联轴器和超越摩擦片式安全联轴器。

3.1.8.1　牙嵌式安全联轴器

其工作原理如下:可轴向移动的半联轴节在弹簧的作用下,用端面上的牙齿与轴向不可移动的主动盘联接。齿数一般有2~6个,牙呈锯齿状,当联轴器所传递的闭门力矩大于调整值时,由于齿的倾斜端面作用,半联轴节将沿着轴上的导向键或花键槽压缩弹簧后退,停止转动,并相对于不可移动的主动盘产生溜滑,从而避免启闭机过载。允许的闭门力由调节弹簧压缩量来整定。启门时,由于转向相反,则不会打滑。

3.1.8.2　超越摩擦片式安全联轴器

超越摩擦片式安全联轴器由两部分组成:一部分是超越离合器,也叫定向离合器,另一部分是片式摩擦联轴器。前者是在启门时联接,闭门时自动分开,从而满足了启门要求。闭门时的动力传递依靠片式摩擦联轴器完成。片式摩擦联轴器传递力矩靠的是弹簧压力,弹簧压力使摩擦副之间产生摩擦力,该摩擦力的大小决定了联轴器的滑动转矩。通过更换弹簧可以调整联轴器的滑动转矩。当传递的转矩超出联轴器的滑动转矩时,联轴器主、从动侧之间打滑,从而避免了启闭机过载;当传递的转矩低于滑动转矩时,联轴器两侧无相对滑动,自动恢复正常工作。

3.1.9　快速闸门关闭速度对机组的影响

闸门关闭时间对机组影响很大,闸门关闭速度不允许太慢,如果慢,关闭时间延迟,有可能造成机组反转,对不能反转的机组以及无法双向进油的机组轴承危害更大,当反转转速超过限制值时,转动部分的强度就会受到破坏,或者主轴发生共振,机组产生强烈振动。闭门后,如果未能迅速切断水流,即使不反转,机组还会慢慢运转,由于速度慢,润滑油层的支持力减小,润滑油被挤出,摩擦状态可能由液态摩擦变为半干式摩擦,长时间低速运转,轴承就有烧毁的危险。

闸门开启也是这样,速度同样不允许太慢,否则闸门挡住水流出路,提高水位,增加启动扬程,加大启动功率,甚至超过电动机允许的数值,从而使机组无法启动,在高扬程工况下,机组运行很不稳定,容易发生振动;闸门开启太快也不好,可能使水泵排出的水和从闸门流回来的水在流道内相撞,不仅会使流道内排气困难,而且同样会使水泵的启动扬程增高,从而使机组产生振动。

机组以及管路特性决定了快速闸门的启闭速度,应按快速关闭闸门的时间确定下降速度,并应采取措施控制接近全关闭时的速度。由此可见,快速闸门的开启和关闭的时间、速度,应由一个启闭装置来控制,这个装置通常采用油压控制。油压控制的启闭机具有启门力大、启动灵活和工作可靠等优点,但制造要求精度高,提升高度受到一定限制。

3.2 事故分析与处理

3.2.1 清污机设备的维修保养知识

3.2.1.1 清污机驱动装置的构成

清污机的驱动装置由链条张紧机构、过载保护机构等组成。

1)链条张紧机构

链条张紧机构设置在传动轴的两端,通过传动轴两端的张紧螺母来调节链条的张紧程度,防止链条脱轨,保证传动平稳。

2)过载保护装置

清污机设有机械过载保护和电气过载保护两种形式。

(1)机械过载保护。

机械过载保护采用安全销保护的结构形式,当安全销因过载而切断时,设置在链轮上的拨叉机构立即拨动行程开关,将电机停机。如果安全销在使用过程中频繁剪断,说明柱销的剪切面直径设计偏小,或者是设计标准偏低,应增加截面面积。

(2)电气过载保护。

电气过载保护采用热继电器过载保护的形式,热继电器采用三相式并具有断相保护装置,清污机过载时,电机电流增大,电气过载保护将立即使电机停机。

3.2.1.2 清污机使用的注意事项

(1)及时处理设备故障,避免小毛病发展成大问题。

(2)随时检查通电线路的安全。

(3)随时检查清污机械的运转安全,及时将清污机带至平台上的污物运走。

(4)当水草比较多,并且连成大团时,清污机要采用连续运行的方式,及时清污,防止水草污物大量堆积,造成清污机超负荷工作,损坏设备等。

(5)在泵站开机前,可以对河道中堆积的水草污物进行预捞,保证捞草机系统从开始工作时就处于正常工作状态,避免一开始捞草就进入过负荷运行状态。

3.2.1.3 清污机设备的维修保养

(1)及时进行清污机防腐处理:清污机的栅体及零部件表面除不锈钢材料外均进行喷锌防腐处理,要及时清除表面铁锈、粘砂、污物等附着物。

(2)清污机的润滑:运行中需要及时对传动主轴等运行部件加注润滑油脂,避免传动主轴与轴承、铜套等发生磨损。

(3)定期检修清污机械,对电动机、机械传动等部分进行检修及注油润滑。

(4)定期将拦污栅提出,清除污物,除锈,涂防锈漆,修理栅条。

3.2.2 启闭机制动器失灵闸门下滑原因及处理

在水利机械中，启闭机的制动器是一种重要的部件之一，凡各自独立的驱动机构中，必须分别设置制动器。在提升机构中，制动器用来调节重物的下降速度、制动和持住重物，使它能可靠地静悬于空中；在行走机构中，制动器用来吸收运动中的惯性，使其在一定的制动距离内停止行走。

启闭机的制动器种类很多，一般根据制动力矩及使用情况来选择：制动力矩不大时，可选用短冲程交流制动器或长冲程交流制动器；制动力矩大用长冲程（或双短冲程）交流制动器。近来也有用电动液压或电磁液压等制动器来代替电磁铁制动器。

3.2.2.1 制动器的组成

制动器主要由压紧系统和松闸系统两部分组成，压紧系统在机构需要制动时，利用弹簧产生的压力将闸瓦压紧在制动轮上，使机构停止转动。松闸系统则在机构需要时运转，利用电磁力或液压力使制动器的闸瓦离开制动轮。

3.2.2.2 制动器的质量要求

（1）制动带与制动轮的接触面积不应小于制动带总面积的80%，制动带的磨损不许超过原厚度的1/2，否则必须更换，新换的制动带应与闸瓦牢固铆合，铆钉头埋入制动带的深度为带厚的1/2～3/5。

（2）制动轮表面应光洁，无凹陷、裂纹、擦伤以及不均匀磨损等缺陷，当制动轮直径方向磨损超过3 mm时应车削加工并进行热处理，以恢复原来的粗糙度和硬度。制动轮壁厚磨损减少到原有厚度的2/3时，必须更换。

3.2.2.3 制动器失灵、闸门下滑的原因与处理

（1）制动器闸瓦间隙过大。调整间隙使之符合规定。

（2）闸瓦的夹紧力过小。调整工作弹簧的长度，增加夹紧力。

（3）闸瓦磨损且铆钉已经凸出，并摩擦制动轮。更换制动闸瓦并使之符合技术规定要求。

模块 4 计算机监控系统运行

4.1 系统检查

4.1.1 监控系统信息传输相关知识

4.1.1.1 模拟数据与数字数据

我们一般将数据分为模拟数据和数字数据两大类。模拟数据(Analog Data)是由传感器采集得到的连续变化的值,例如温度、压力,以及目前在电话、无线电和电视广播中的声音和图像。数字数据(Digital Data)则是模拟数据经量化后得到的离散的值,例如在计算机中用二进制代码表示的字符、图形、音频与视频数据。

4.1.1.2 模拟信号与数字信号

不同的数据必须转换为相应的信号才能进行传输:模拟数据一般采用模拟信号(Analog Signal),例如用一系列连续变化的电磁波(如无线电与电视广播中的电磁波),或电压信号(如电话传输中的音频电压信号)来表示;数字数据则采用数字信号(Digital Signal),例如用一系列断续变化的电压脉冲(如我们可用恒定的正电压表示二进制数 1,用恒定的负电压表示二进制数 0),或光脉冲来表示。

4.1.1.3 模拟数据通信与数字数据通信

1)模拟数据通信

模拟数据通信用来传输模拟数据或数字数据对应的模拟信号。例如,目前我们广泛使用公用电话线路来传输语音或计算机数字数据对应的模拟信号,我们也可以使用公共有线电视网来传输视频和计算机数字数据对应的模拟信号;而微波与卫星通信传输的也可以是模拟数据或数字数据对应的模拟信号。

2)数字数据通信

数字数据通信(Digital Data Communication)指直接利用数字传输技术在数字设备之间传输数字数据,或模拟数据对应的数字信号。由于计算机使用二进制数字信号,因而计算机与其外部设备之间,以及计算机局域网、城域网大多直接采用数字数据通信。

4.1.1.4 数据编码

数据编码是指把需要加工处理的数据信息,用特写的数字来表示的一种技术。根据一定数据结构和目标的定性特征,将数据转换为代码或编码字符,在数据传输中表示数据组成,并作为传送、接受和处理的一组规则和约定。

4.1.1.5 信号调制

为了减少在传输时的耗损,人们一般是先对传输信号进行特殊处理,然后再传递。把原始的待传信号托附到高频振荡的过程称为调制,调制技术主要用来将模拟信号或数字

信号转换成特殊的模拟信号。常用的模拟信号的调制技术有三种(如图 6-4-1):

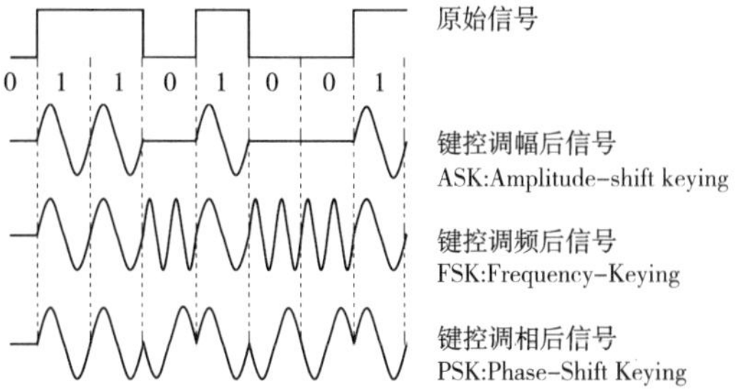

图 6-4-1　模拟数字编码调制后的信号波形

(1)改变载波的振幅称振幅调制。

(2)改变载波的频率称频率调制。

(3)改变载波的相位称相位调制。

4.1.1.6　**信道复用**

“信道复用”是通信技术中常用的名词,是指能在同一传输媒质中同时传输多路信号的技术,用以提高通信线路的利用率。常用的方式有频分多路复用 FDM(Frequency Division Multiplexing)、时分多路复用 TDM(Time Division Multiplexing)、码分复用 CDM(Code Division Multiplexing)和波分多路复用 WDM(Wavelength Division Multiplexing)。

4.1.1.7　**数据压缩**

数据压缩,通俗地说就是用最少的数码来表示信号。其作用是:能较快地传输各种信号,如传真、Modem 通信等;在现有的通信干线并行开通更多的多媒体业务,如各种增值业务;紧缩数据存储容量,如 CD-ROM、VCD 和 DVD 等;降低发信机功率,这对于多媒体移动通信系统尤为重要。由此看来,通信时间、传输带宽、存储空间甚至发射能量,都可能成为数据压缩的对象。

4.1.1.8　**数据传输方式**

数据传输方式(data Transmission Mode)指数据在传输信道上传递的方式。若按被传输的数据信号的特点,可分为基带传输、频带传输和数字数据传输;若按数据传输的顺序可分为并行传输和串行传输;若按数据传输的同步方式可分为同步传输和异步传输;若按数据传输的流向和时间可分为单工、半双工和全双工传输(如图 6-4-2 所示)。

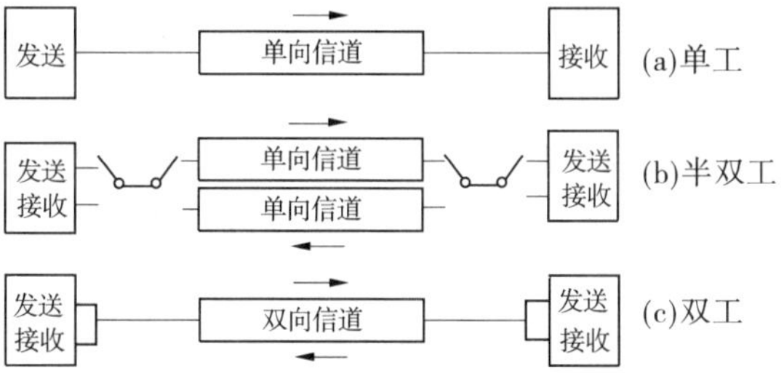

图 6-4-2　通信信道示意图

4.1.1.9　通信中的检错与纠错方法

1)检错法

检错码只能检错,不能纠错。差错检测有多种形式,其中最常用的两种是奇偶校验法和 CRC 循环冗余校验法。

对于采用异步传输的 ASCII 码终端通常采用奇偶校验法。奇偶校验就是将比特值相加得到一个共同的数值,要么是偶数要么是奇数。是奇或是偶并不重要,可一旦选择了奇数或者偶数,每个终端都必须设置成相同的。

同步终端及其传输采用循环冗余校验的差错控制方法,即通过某种数学算法对整个消息块进行计算。循环校验(CRC)码附加到消息的后面,一起传送到接收端。接收端重新计算消息块,并对两个 CRC 进行比较。如果匹配,通信过程继续;如果不匹配,接收端就请求重传直到问题解决,如果在规定的时间内不能解决,就终止会话。

2)纠错法

为了能判断传送的信息是否有误,可以在传送时增加必要的附加判断数据;如果要纠正错误,则需要增加更多的附加判断数据。这些附加数据在不发生误码的情况下是完全多余的,但如果发生误码,即可利用被传信息数据与附加数据之间的特定关系来实现检出错误和纠正错误,这就是误码控制编码的基本原理。

常用的纠错方法有自动重发请求、正向纠错。

4.1.1.10　通信系统性能

(1)传输速度:4 800 bps、9 600 bps、40 kbps、1 Mbps、10 Mbps、100 Mbps;bps 即 Bits Per Second,通信线路等数据传送速度的单位,比特位每秒,也就是表示一秒钟传输多少位(bit)的意思。1 bps 表示 1 秒钟能传送 1 比特的数据。1 kbps(1 千 bps)是 1 000 bps,1 Mbps(1 兆 bps)是 1 000 kbps(100 万 bps)。

(2)误码率:电话线:$10^{-2} \sim 10^{-4}$;计算机:$<10^{-9}$。

(3)信道容量:最大数据传输速率。

(4)信噪比(信号与噪声的比值)。

4.1.1.11　通信原理

1)基本通信构成原理

任何一个数据通信系统都是由终端、数据电路和计算机系统三种类型的设备组成的(如图 6-4-3 所示)。远端的数据终端设备 DTE(Data Terminal Equipment)通过数据电路与计算机系统相连。数据电路由传输信道和数据电路终接设备 DCE(Data Communications Equipment)组成。如果传输信道是模拟信道,那么 DCE 的作用就是把 DTE 送来的数据信号变换为模拟信号再送往信道,或者反过来,把信道送来的模拟信号变换成数据信号再送到 DTE。如果信道是数字的,那么 DCE 的作用就是实现信号码型与电平的转换、信道特性的均衡、收发时钟的形成与供给以及线路接续控制等。

2)数据通信网

最简单的数据通信形式是两个设备之间点对点形式的传输媒体直接连接。但是两个设备点对点地直接连接常常是行不通的,比如当两个设备之间的距离很远或有一组设备,每台设备都可能在不同的时间与不同的设备连接时,如果采用点对点直接连接则花费将

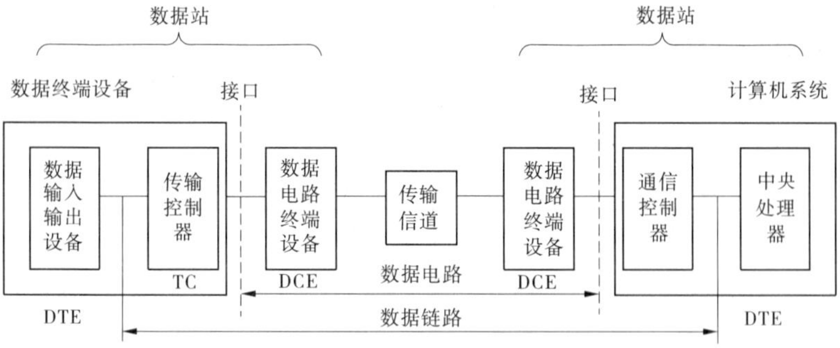

图 6-4-3　**数据通信系统**

是惊人的。

解决上述问题的办法是将所有设备都连接到一个通信网络上，如图 6-4-4 所示。

通信网络有两种主要类型：交换式网络和广播式网络。

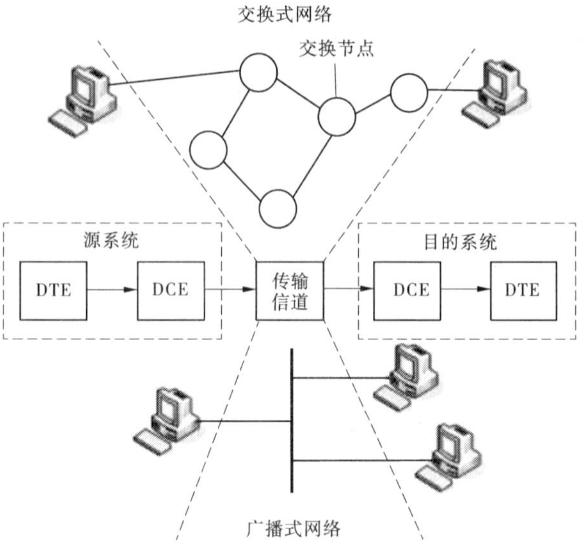

图 6-4-4　**数据通信网络**

4.1.2　通信接口与介质

4.1.2.1　**通信接口**

1) RS－232

RS－232 是 PC 机（Personal Computer，个人计算机的缩写）与通信工业中应用最广泛的一种串行接口，是美国电子工业协会（EIA）于 1969 年公布的通信协议，如图 6-4-5 所示。

RS－232 采取不平衡传输方式，收、发端的数据信号是相对于信号的，典型的 RS－232 信号在正、负电平之间摆动，在发送数据时，发送端驱动器输出正电平在 +5 ~ +15 V，负电平在 −5 ~ −15 V。接收器典型的工作电平在 +3 ~ +12 V 与 −3 ~ −12 V。由于发送电平与接收电平的差仅为 2 ~ 3 V，所以其共模抑制能力差，再加上双绞线上的分布电容,其传送距离最大约为 15 m,最高速率为 20 kb/s。RS－232 是为点对点(即只用一对收、发设备)通信而设计的。

RS－232C 可使用 9 针或 25 针的 D 型连接器,PC 一般随机提供 9 针的 RS－232 口。其引脚含义如表 6-4-1 所示。

表 6-4-1　RS－232C 可使用 9 针或 25 针的 D 型连接器引脚含义

引脚号(9 针)	引脚号(25 针)	信号	方向	功能
1	8	DCD	IN	数据载波检测
2	3	RxD	IN	接收数据
3	2	TxD	OUT	发送数据
4	20	DTR	OUF	数据终端装置(DTE)准备就绪
5	7	GND		信号公共参考地
6	6	DSR	IN	数据通信装置(DCE)准备就绪
7	4	RTS	OUT	请求传送
8	5	CTS	IN	清除传送
9	22	CI(RI)	IN	振铃指示

对于 PC 机的 9 针 RS－232 口,部分场合下可使用 2－RxD、3－TxD、5－GND 等 3 根信号线完成单对单的通信,如图 6-4-5(b)所示。

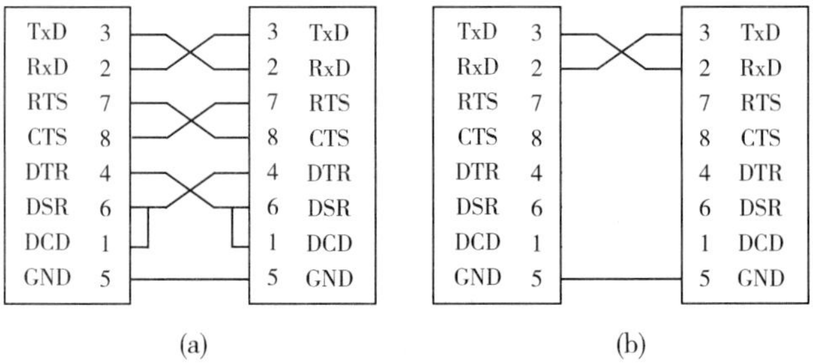

图 6-4-5　RS232 信号连线图

2)RS485/422(见图 6-4-6)

针对 RS－232C 的不足,EIA 于 1977 年推出了串行通信标准 RS－499,对 RS－232C 的电气特性作了改进,RS－422A 是 RS－499 的子集。

RS－422、RS－485 与 RS－232 不一样,数据信号采用差分传输方式,也称作平衡传输,它使用一对双绞线,将其中一线定义为 A,另一线定义为 B;通常情况下,发送驱动器 A、B 之间的正电平在 +2 ~ +6 V,是一个逻辑状态,负电平在 －2 ~ －6 V,是另一个逻辑状态。

RS－422A 是全双工,两对平衡差分信号线分别用于发送和接收,所以采用 RS422 接口通信时最少需要 4 根线。RS－422 采用四线接口,加上一根信号地线,共 5 根线。RS－422 支持点对多的双向通信,最多可接 10 个节点,即一个主设备(Master),其余为从设备

(Salve),从设备之间不能通信。

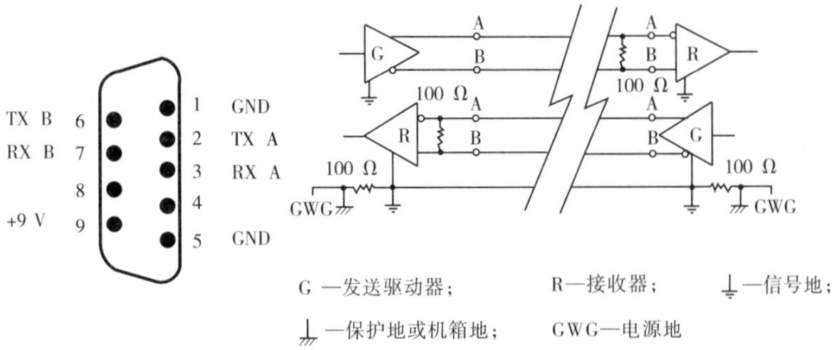

图6-4-6　RS422接口

RS－485是RS－422的变形,为半双工,只有一对平衡差分信号线,不能同时发送和接收,最少只需两根连线。RS－485的逻辑“1”以两线间的电压差为＋(2～6)V表示,逻辑“0”以两线间的电压差为－(2～6)V表示。电平与TTL电平兼容,可方便与TTL电路连接。RS－485接口具有良好的抗噪声干扰性、高传输速率(10 Mbps)、长的传输距离(1 200 m)和多站能力(最多32站)等优点,所以在工业控制中广泛应用。

由于RS－485是从RS－422基础上发展而来的,所以RS－485的许多电气规定与RS－422相仿。RS－485比RS－422有改进,总线上可多接到32个设备。RS－485与RS－422的不同还在于其共模输出电压是不同的,RS－485是－7～＋12 V,而RS－422在－7～＋7 V。

3)Ethernet以太网接口

以太网(Ethernet)最初是美国Xerox公司和STANFORD大学合作于1975年推出的一种局域网。通常我们所说的以太网主要是指以下三种不同的局域网技术:

(1)以太网/IEEE 802.3:通常采用同轴电缆作为网络媒体,传输速率达到10 Mbps;

(2)100 Mbps以太网:又称为快速以太网,通常采用双绞线作为网络媒体,传输速率达到100 Mbps;

(3)1 000 Mbps以太网:又称为千兆以太网,通常采用光缆或双绞线作为网络媒体,传输速率达到1 000 Mbps(1 Gbps)。

以太网采用竞争机制和总线拓扑结构。基本上,以太网由共享传输媒体,如双绞线电缆或同轴电缆和多端口集线器、网桥或交换机构成。在星型或总线型配置结构中,集线器/交换机/网桥通过电缆使得计算机、打印机和工作站彼此之间相互连接。

RJ45:RJ45俗称“水晶头”,用来连接以太网的插头(见图6-4-7)。

4.1.2.2　通信介质

1)有线通信介质

常用的通信电缆主要有光缆、屏蔽双绞线电缆等,其信道质量和价格按顺序依次降低。从信号的传输来看,通信电缆的信号传输质量和速率要优于载波和无线,但设备的投资随距离增长而加大。屏蔽双绞线电缆

图6-4-7　RJ45插头

敷设方便,信号稳定,但传输速率相对较低,一般用于短距离通信。

(1)同轴电缆。

同轴电缆结构是一个空心外部导体围裹着一个内部导体(见图6-4-8)。同轴电缆按阻抗可分为:75 Ω 同轴电缆,即CATV有线电视传输用的电缆,适于传输模拟信号,传输距离可达几十千米;50 Ω 同轴电缆,仅传输数字信号,传输距离可达几千米。在20世纪局域网中曾广泛使用50 Ω 同轴电缆作为传输介质,但安装施工极为不便。

(2)双绞线。

双绞线,收发各由按螺旋结构排列的两根相互绝缘的铜线组成(见图6-4-9)。两条线拧在一起可以减少线间的电磁干扰。双绞线可传输数字及模拟信号,具体带宽取决于铜线的粗细、传输的距离和采用的技术。可分为STP屏蔽双绞线和UTP无屏蔽双绞线。

图6-4-8　同轴电缆结构

图6-4-9　双绞线

双绞线多采用点到点的连接方式。抗干扰性取决于适当的屏蔽和线对的扭曲程度,在低频传输时接近于同轴电缆,高频传输时劣于其他有线介质。价格在有线介质中最低。

传输距离取决于具体采用的技术,如在模拟传输时很容易到达15 km或更大的距离,1对100 BaseT点到点最大距离为100 m。

目前分为3类双绞线、4类双绞线、5类双绞线、超5类双绞线、6类双绞线等。3类到6类双绞线在塑料外壳内均有这样的四对线缆,区别主要在于类数越高的双绞线,单位长度内的绞环数越多,拧得越紧,这使得5类或者6类双绞线的交互感应更少并且在更长的距离上信号质量更好,更适用于高速计算机通信。

(3)光纤。

光纤由三个同心部分组成:纤芯、包层和护套,如图6-4-10所示。

光纤可由塑料、玻璃或超高纯石英玻璃组成,不同的材料构成的光线的损耗、传输距离和价格也不同。

光纤通过光信号的有无来表示二进制信号0和1。在发送方需要电光转换设备,在接收方有光电转换设备。

光纤传输的距离远,而且不怕雷电干扰,可靠性高。光纤分单模光纤和多模光纤两大类。一般多模光纤传输距离在5 km以内;传输距离在5 km以上的,采用单模光纤,单模光纤可以传输100 km以上。

信号通过光纤传输的方式可简化,如图6-4-11所示。

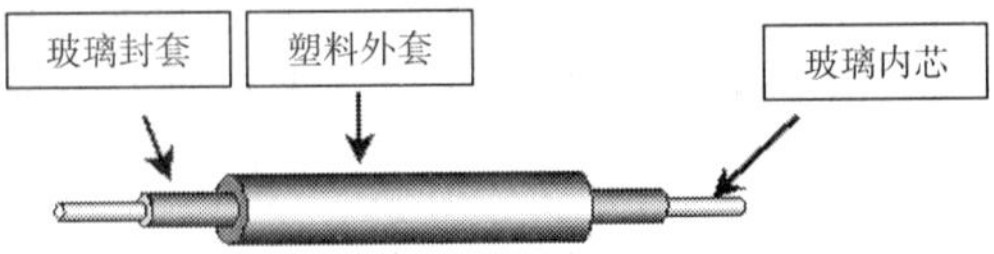

(a)单芯光缆

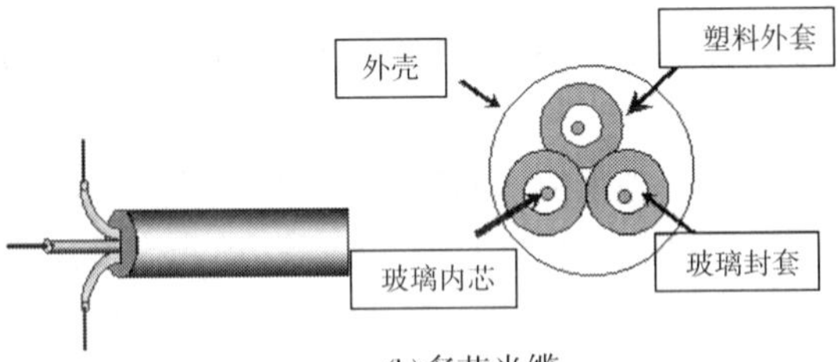

(b)多芯光缆

图 6-4-10　光纤结构

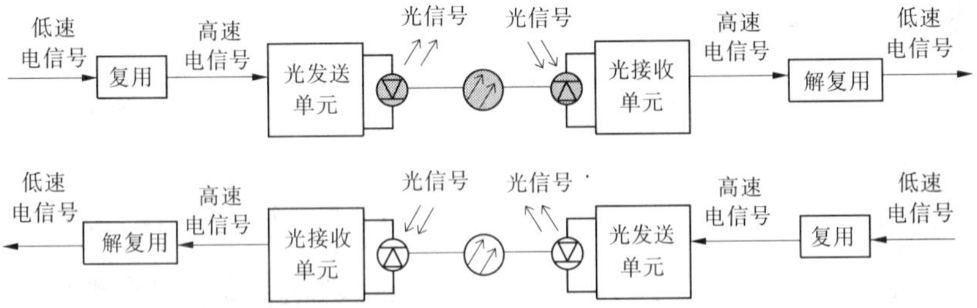

图 6-4-11　光纤信号传输方式

光纤接口是用来连接光纤线缆的物理接口。通常有 SC、ST、FC 等几种类型（见图 6-4-12）。其外部加强方式是采用金属套，紧固方式为螺丝扣，圆型带螺纹（配线架上用的最多）。

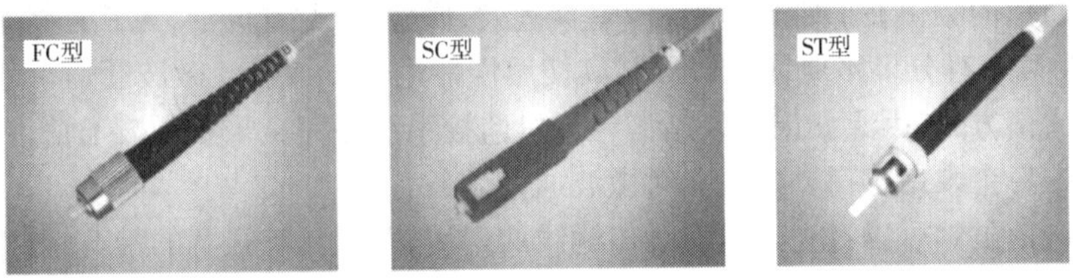

图 6-4-12　光纤接口类型

（4）公共电话网 PSTN。

公用电话交换网（PSTN——Public Switch Telephone Network），即我们日常生活中常用的电话网，PSTN 是一种以模拟技术为基础的电路交换网络。在众多的广域网互连技术中，通过 PSTN 进行互连所要求的通信费用最低，但其数据传输质量及传输速度也最差，同时 PSTN 的网络资源利用率也比较低。

（5）ISDN。

ISDN（Intergrated Service Digital Network）的中文名称是综合业务数字网，中国电信将“窄带综合业务数字网”（N－ISDN）俗称为“一线通”。“一线通”采用数字传输和数字交换技术，将电话、传真、数据、图像等多种业务综合在一个统一的数字网络进行传输和处理，向用户提供基本速率（2B + D，144 kbit/s）和一次群速率（30B + D，2 Mkbit/s）两种接口。基本速率接口包括两个能独立工作的 B 信道（64 Kkbit/s）和一个 D 信道（16 Kkbit/s）。其中 B 信道一般用来传输话音、数据和图像，D 信道用来传输信令或分组信息。

2）无线通信介质

无线数据通信也称移动数据通信，它是在有线数据通信的基础上发展起来的。有线数据通信依赖于有线传输，因此只适合于固定终端与计算机或计算机之间的通信。而移动数据通信是通过无线电波的传播来传送数据的，可以向用户提供移动接入业务。它通过与有线数据网互联，把有线数据网路的应用扩展到移动和便携用户。

（1）无线电通信（见图 6-4-13）。

无线接入网是指部分或全部采用无线电波这一传输媒质连接用户与交换中心的一种接入技术。

（2）微波通信（见图 6-4-14）。

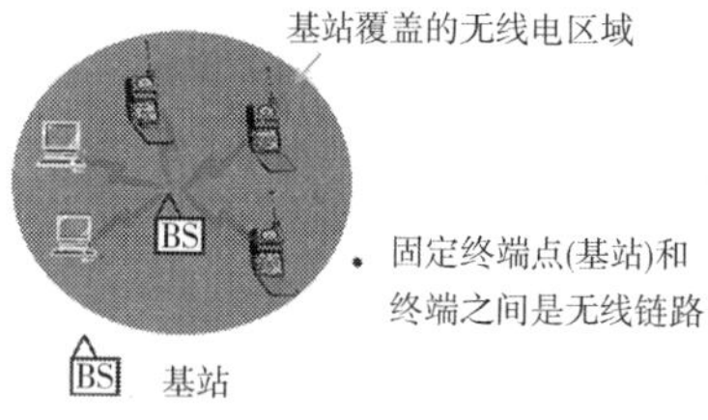

图 6-4-13　无线电通信

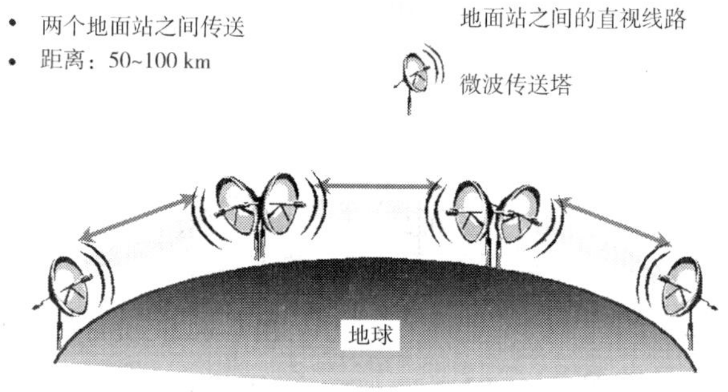

图 6-4-14　微波通信

微波通信的频率在 1 GHz 以上，传输容量大，质量高，配置灵活，尤其是在一点多址的小微波（TDMA，时分多路地址）推出后，其使用性能进一步加强。微波通信一般采用的是点对点的通信方式，因此如果在泵站群计算机监控系统中完全采用微波通信方式，则对于为数众多的每个泵站点都要建设一对微波通信设备。

微波通信虽然可以省去建设有线传输线的费用，并且具有很宽的带宽，但由于通信距离较短且数据传输速率要求不高，加上建设一套微波通信系统的技术复杂性和造价高等，只在部分场合得到应用。

（3）地球同步卫星（见图 6-4-15）。

卫星通信简单地说就是地球上（包括地面和低层大气中）的无线电通信站间利用卫星作为中继而进行的通信。卫星通信系统由卫星和地球站两部分组成。卫星通信的特点是：通信范围大；只要在卫星发射的电波所覆盖的范围内，从任何两点之间都可进行通信；不易受陆地灾害的影响（可靠性高）；只要设置地球站电路即可开通（开通电路迅速）；同时可在多处接收，能经济地实现广播、多址通信（多址特点）；电路设置非常灵活，可随时分散过于集中的话务量；同一信道可用于不同方向或不同区间（多址联接）。

（4）常用传输媒体的比较，见表 6-4-2。

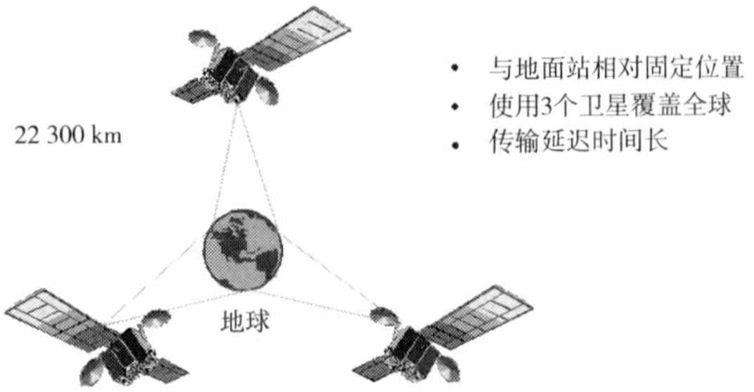

图 6-4-15　卫星通信

表 6-4-2　常用传输媒体的比较

传输媒体	速率	传输距离	性能(抗干扰性)	价格	应用
双绞线	10～1 000 Mb/s	几十千米	可以	低	模拟/数字传输
50 Ω 同轴电缆	10 Mb/s	3 km 内	较好	略高于双绞线	基带数字信号
75 Ω 同轴电缆	300～450 MHz	100 km	较好	较高	模拟传输电视、数据及音频
光纤	几十 Gbps	30 km 以上	很好	较高	远距离传输
短波	<50 MHz	全球	较差	较低	远程低速通信
地面微波接力	4～6 GHz	几百千米	好	中等	远程通信
卫星	500 MHz	18 000 km	很好	与距离无关	远程通信

4.1.3　计算机网络

4.1.3.1　网络基础知识

1）OSI/RM 开放系统互联模型

在两台计算机或者网络设备交换信息之前，必须建立通信连接，这就需要协议。网络协议就是一组规则，两台设备使用它实现通信。OSI 模型和协议标准可以帮助实现网络设备之间的互通。

OSI 模型分为 7 层（见图 6-4-16），它描述了通过网络传递信息所必须完成的工作。当数据通过网络传输时，它必须通过 OSI 模型的每一层。数据经过每一层时都要附加上一些信息。到了接收端，这些附加的信息又被移走；其功能是由计算机和网络共同执行的。OSI 模型仅仅是一个模型，也就是一个概念框架，用于描述网络设备或成员所必需的功能。但实际上，并没有哪个实际的网络产品严格地遵照该模型来实现。

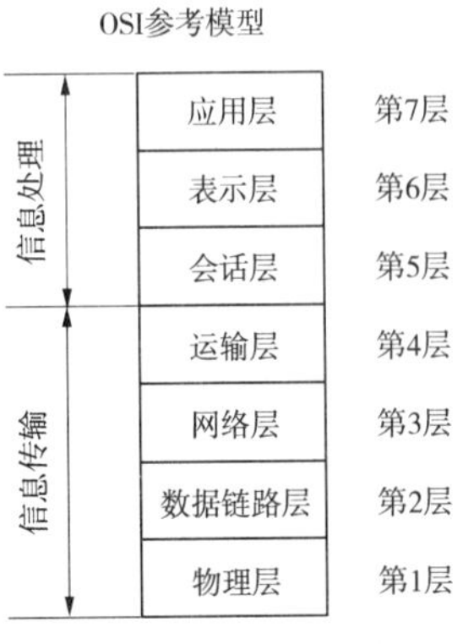

图 6-4-16　OSI 模型

2）网络设备

中继器或集线器：工作在 OSI 的最低层——物理层，其作用是放大通过网络传输的数据信号，用于扩展局域网的作用范围。

交换机：属于第二层设备，且是一种多端口设备。交换机可以临时将任意两个端口连接在一起。与集线器不同，交换机只转发从一个端口到其他连接目标节点且不包含广播的端口的帧。

第三层交换机因为工作于 OSI/RM 模型的网络层，所以它具有路由功能，它是将 IP 地址信息提供给网络路径选择，并实现不同网段间数据的线速交换。当网络规模较大时，可以根据特殊应用需求划分为小面独立的 VLAN 网段，以减小广播所造成的影响。在大中型网络中，第三层交换机已经成为基本配置设备。

路由器：一个作用是连通不同的网络，另一个作用是选择信息传送的线路。选择通畅快捷的近路，能大大提高通信速度，减轻网络系统通信负荷，节约网络系统资源，提高网络系统畅通率，从而让网络系统发挥出更大的效益来。

4.1.3.2　计算机网络概述

1）计算机网络功能

（1）实现资源共享：包括数据、信息、软件、硬件等；

（2）提供信息服务：查询、交流、新闻、点播、教育培训、娱乐等；

（3）其他功能：可靠性、协同计算、分布处理等，如现在比较流行的云计算服务。

2）计算机网络分类

按网络规模和范围分类（见表 6-4-3）：①局域网（LAN，Local Area Network）；②城域网（MAN，Metropolitan Area Network）；③广域网（WAN，Wide Area Network）；④因特网（Internet）。

表 6-4-3　计算机网络按网络规模和范围分类

网络种类	距离范围	应用场所
局域网	10 m	室内
	100 m	建筑物内
	1 000 m	校园内
城域网	10×10^3 m	城市内
广域网	100×10^3 m	城市内、国家内
	$1\ 000\times10^3$ m	国家间
因特网	$10\ 000\times10^3$ m	全球

4.1.3.3　计算机网络组成

局域网典型组成如表 6-4-4 所示。

4.1.3.4　计算机监控系统的网络拓扑结构

网络拓扑结构是指用传输媒体互联各种设备的物理布局。

如果一个网络只连接几台设备，最简单的方法是将它们都直接相连在一起，这种连接称为点对点连接。用这种方式形成的网络称为全互联网络，如图 6-4-17 所示。

表 6-4-4 局域网典型组成

分类	主要部件	具体组成	实例
硬件	计算机	服务器	文件服务器、打印服务器、数据库服务器、Web 服务器
		工作站	PC 机、工作站、终端等
	外部设备	高性能打印机、大容量磁盘等	
	通信设备	网络接卡口	10 Mbps 网卡、100 Mbps 网卡等
		通信介质	电缆(同轴、双绞线)、光纤、无线等
		交换设备	交换机、集中器、集线器、复用器等
		互联设备	网桥、中继器、路由器等
软件	网络系统软件	网络操作系统	Windows NT、UNIX、NetWare 等
		实用程序	
		其他	
	网络应用软件	数据库	数据库软件
		Web 服务器	Web 服务器软件
		E-mail 服务器	电子邮件服务器软件
		防火墙和网络管理	安全防范软件
		其他	各类开发工具软件

图 6-4-17 全互联网络结构

图 6-4-17 中有 6 个设备,在全互联情况下,需要 15 条传输线路。如果要连的设备有 n 个,所需线路将达到 $n(n-1)/2$ 条。显而易见,这种方式只有在涉及地理范围不大、设备数很少的条件下才有使用的可能。

目前,大多数网络使用的拓扑结构有 3 种:①星型拓扑结构;②环型网络拓扑结构;

③总线型拓扑结构。

1）星型拓扑结构

星型拓扑结构是目前使用最普遍的以太网(Ethernet)星型结构，处于中心位置的网络设备称为集线器，英文名为 Hub，如图 6-4-18 所示。如图 6-4-19 所示为星型树拓扑结构，是网络拓扑结构的一种扩充。

图 6-4-18　计算机的星型拓扑结构

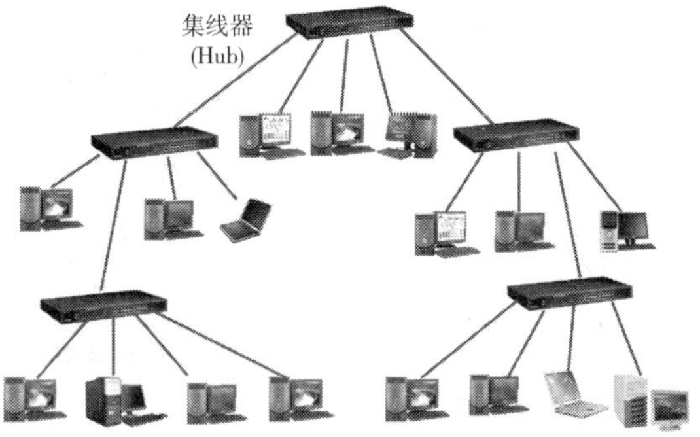

图 6-4-19　计算机星型树拓扑结构

还应指出，由 Hub 构成的网络结构，虽然呈星型布局，但它使用的访问媒体的机制却仍是共媒体的总线方式。

2）环型网络拓扑结构

环型结构的特点是，每个端用户都与两个相邻的端用户相连，因而存在着点到点链路，但总是以单向方式操作。于是，便有上游终端用户和下游终端用户之称。例如图 6-4-20中，用户 N 是用户 $N+1$ 的上游终端用户，$N+1$ 是 N 的下游终端用户。如果 $N+1$端需将数据发送到 N 端，则几乎要绕环一周才能到达 N 端。

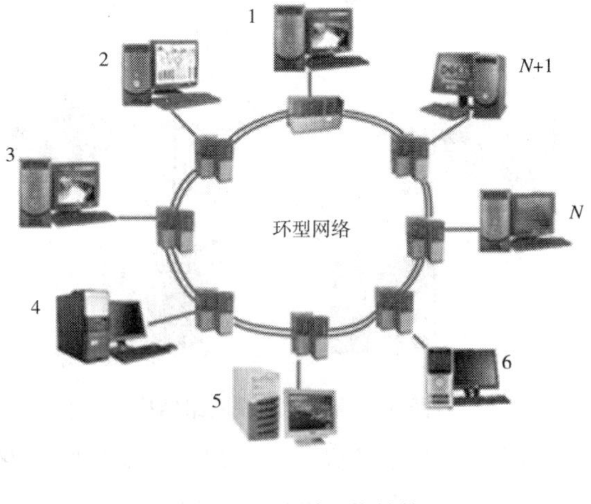

图 6-4-20　环型网络结构

3）总线型拓扑结构

总线型拓扑结构是使用同一媒体或电缆连接所有终端用户的一种方式，也就是说，连接终端用户的物理媒体由所有设备共享,如图6-4-21所示。

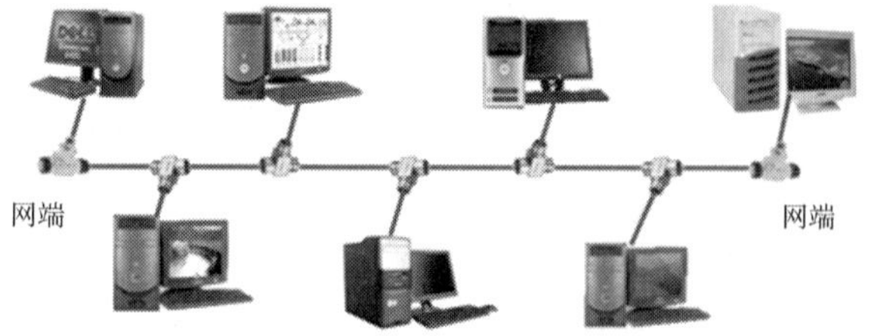

图6-4-21　总线拓扑结构

这种结构具有费用低、数据端用户入网灵活、站点或某个终端用户失效不影响其他站点或终端用户通信的优点。缺点是一次仅能一个终端用户发送数据,其他终端用户必须等待到获得发送权。媒体访问获取机制较复杂。尽管有上述一些缺点,但由于布线要求简单,扩充容易,终端用户失效、增删不影响全网工作,所以是网络技术中使用最普遍的一种。

泵站计算机监控系统结构及配置模式结合泵站规模、可靠性要求以及造价等因素综合考虑,网络系统拓扑结构可分别采用冗余网络结构、双星型网或环型网。

4.1.3.5　**因特网(Internet)**

因特网(Internet)是一个典型的互联网,是一个世界范围的互联网。因特网能为用户提供的服务项目很多,主要包括电子邮件E-mail、远程登录Telnet、文件传输FTP以及信息查询服务和万维网WWW。

因特网接入技术大致分为三种类型(见图6-4-22):

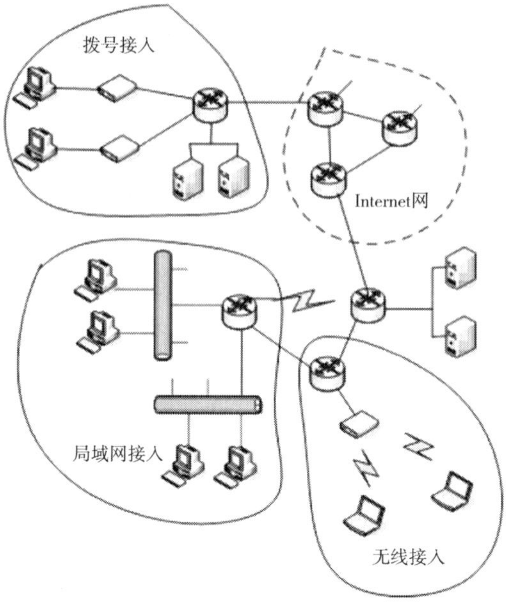

图6-4-22　因特网接入方式

(1)拨号接入:通过拨号方式将主机与因特网连接,常用于家庭住宅主机上网使用,

如电话线上网、ISDN 上网、ADSL 上网和 Cable Modem 上网;

(2)局域网接入:将局域网上的主机与因特网连接,常用于公司和大学校园主机上网使用(即以太网接入技术);

(3)无线接入:将主机通过无线链路与因特网连接。如 GSM 接入技术、GPRS 接入技术、3G 上网卡、无线局域网(无线网卡)等。

4.1.3.6 Modbus 现场总线通信协议

Modbus 是 MODICON 公司于 1979 年开发的一种通信协议。它是一种在工业领域被广为应用的真正开放、标准的网络通信协议。数据采集监视设备 SCADA 和人机接口设备 HMI 之间通过 Modbus 协议可以很容易将带串行通信口的设备集成在一起。

Modbus/TCP 协议是不同于 Modbus 的另一种协议,产生于 1999 年。它允许因特网接入以太网设备。

4.2 泵站计算机监控系统

4.2.1 监控系统分类

泵站计算机监控系统有许多种不同的分类方法,归纳起来有如下几种:

(1)按计算机的作用来分,可分为计算机辅助监控系统(CASC)和以计算机为基础的监视控制系统(CBSC),以及计算机和常规控制设备双重化的监控系统(CCSC)。

(2)按计算机系统结构来分,可分为集中式计算机监控系统、分散式计算机监控系统和分布处理式计算机监控系统(用这三种方式时值班员的监控仍应是集中在中央控制室进行的。所谓集中式、分散式和分布式主要是指设备的布置),以及全分布全开放监控系统。

(3)从计算机的配置来看可分为单计算机系统、双计算机系统和多计算机系统。

集中式计算机监控系统又可分为单台计算机系统、双计算机系统。在这类系统中一台计算机承担泵站的全部监视和控制任务,泵站的全部运行参数和状态信号、被控回路及执行继电器等,都集中引到单或双计算机的输入、输出接口。全厂的数据收集和处理,运行参数和状态的监视,运行方式的计算,机组的开、停和负荷调整,异常状态报警,运行状态显示和记录等任务,由一台计算机完成。这就要求计算机的存储量要大,计算速度要快,工作可靠性要高。当控制系统发生故障时,则可能危及整个泵站的安全可靠、经济运行。集中式监控系统是较早采用的控制方式,这主要是因为当时计算机造价较高,其监控功能还处于研究探索阶段。

分散式监控系统中特别值得一提的是分布式计算机系统,它是近几年来出现的一种新型监控系统。其主要配置有多台小型或微型计算机,按分布结构组成的计算机系统,各计算机以同等地位工作;主计算机系统加各种方式构成的分布式子系统。这种控制方式将泵站的控制功能分成两级,即泵站监督管理级和单元控制级。泵站监督管理级主要负责处理泵站全厂的自动化功能,如经济运行、安全控制、报警、打印制表等。单元控制级执行基层的控制任务,如泵组、开关站、阀门等设备的控制,也可按泵站自动化的各项功能设置单元控制,一般用微机实现。它能独立完成对被控对象的数据采集、运行监视、控制操作及稳定调节等,是整个监控系统的基础。单元控制级接受泵站监督管理级的命令,实现对被检对象的控制,泵站监督管理级完成全厂生产过程的调度管理监控任务。

分布控制系统具有工作可靠、功能强及便于实现标准化的优点,是一种很有发展前途的计算机监控系统。

4.2.2　泵站双计算机监控系统

为了提高计算机监控系统的可靠性和可用率,扩大系统功能以及实现计算机系统的可维护性,采用双计算机监控系统来实现泵站的监控功能,如图 6-4-23 所示。

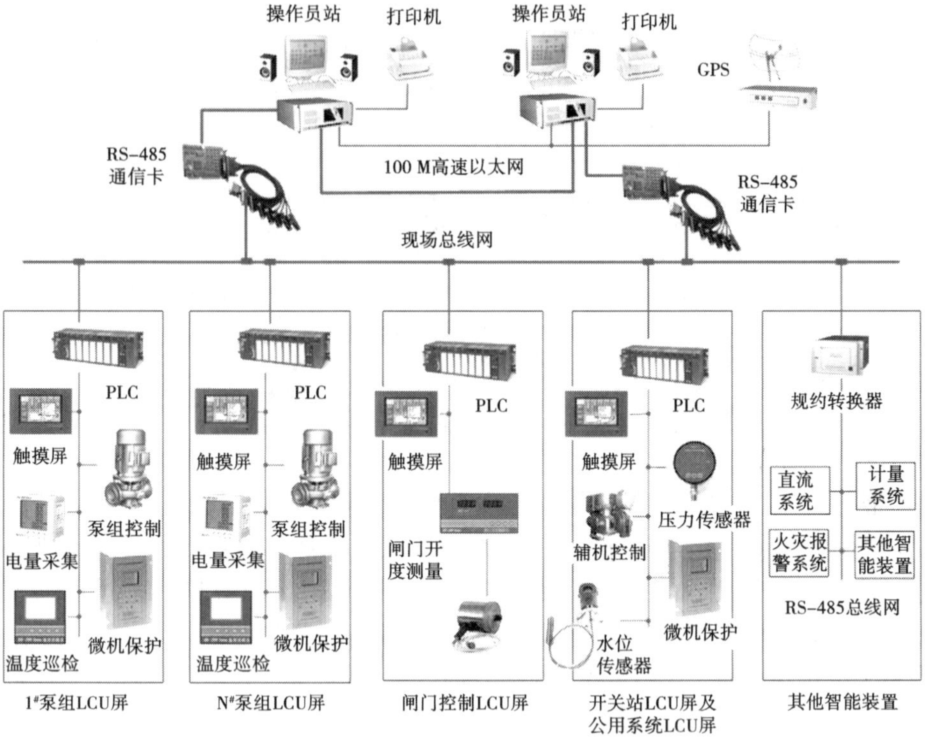

图 6-4-23　双计算机监控系统示意图

双机监控系统常采用"一机工作和一机备用"的工作方式。

采用此种方式时,计算机系统正常工作的全部功能由一台主机承担,包括实时处理、计算和后台处理等任务。另一台计算机作热备用,即程序在操作系统中空转,可以收集与刷新实时数据,但不进行处理。在工作主机事故时即迅速切换,备用机投入,按主机方式工作。这种方式可以提高系统的可靠性和可用率,但是此时双机的响应速度仍与单机一样,基本上没有扩大系统的功能。

4.2.3　分散、分级计算机系统

在多机系统中,各计算机的分工不同,主要是根据不同的分工确定不同的系统结构型式。这样就使计算机系统以不同的方式分级和分散，如图 6-4-24 所示。

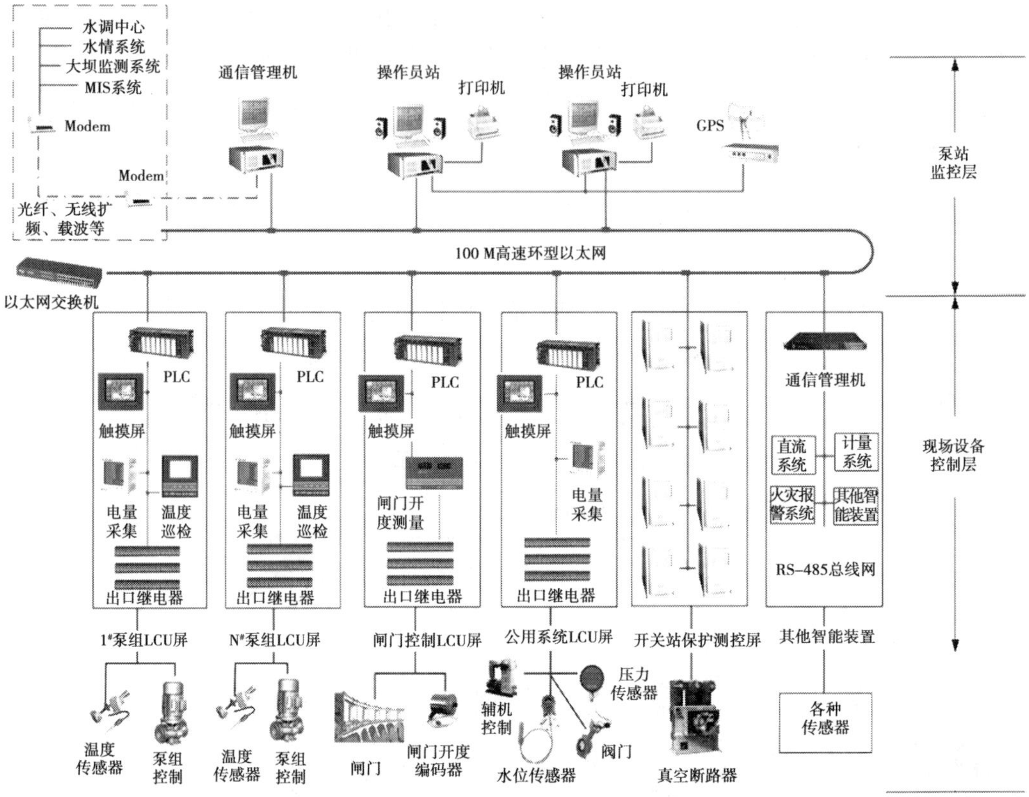

图 6-4-24　分层分布式计算机监控系统结构示意图

分级控制是提高控制系统性能的一个有效方法。一般可按控制对象的物理结构分级，或按不同的控制功能和控制目的来分级。分级结构使多级计算机系统更便于管理，各计算机的容量和规模的配置更为合理，整个系统有较高的工作效率。

分级系统可保证整个泵站监控系统有较高的可靠性，某一处出现问题并不影响系统其余部分的正常工作。而且监控系统易于扩展和实现局部的改变。

分散控制也是提高系统工作效率和可靠性的有效方法。分散的方式，可以按照控制功能分散，也可以按照控制对象分散。前者常用在控制对象的地理位置较为集中的场合，可用于分级控制系统的各级中。后者适于控制对象在地理上分散在较大面积时采用，通常多用在分级控制系统的终端级。

4.2.4　分布处理式的计算机监控系统

4.2.4.1　分布计算机系统的特点和系统结构

1）分布计算机系统的基本特征

（1）具有多个分布的资源。所谓分布是指物理上的分布，不一定是地理上的分布。资源包括计算机硬件、外部设施、程序和数据库等。

（2）具有统一的高级操作系统。高级操作系统对整个分布计算机系统进行统一的控制,指导各分布的资源完成共同的任务。

(3)分布的资源独立而又相互作用。各分布资源能独立完成一定的功能,相互之间又能以一定的方式相互配合,协调工作。整个系统在统一的高级操作系统管理下,以尽可能少使用系统集中资源的方式工作。

2)主要采用的系统结构技术

(1)局部计算机网(也可称为局域网);

(2)多处理机系统。

4.2.4.2　分布式(分级)控制型式

计算机监控系统按监控对象设现地控制单元,形成分布式结构。泵站监控层(级)与现地单元控制层(级)之间的通信联系,常用的有星型和总线型两种型式。在许多实现少人值守的大、中型泵站中,广泛地应用总线型的分层分布式结构,如图 6-4-25 所示。

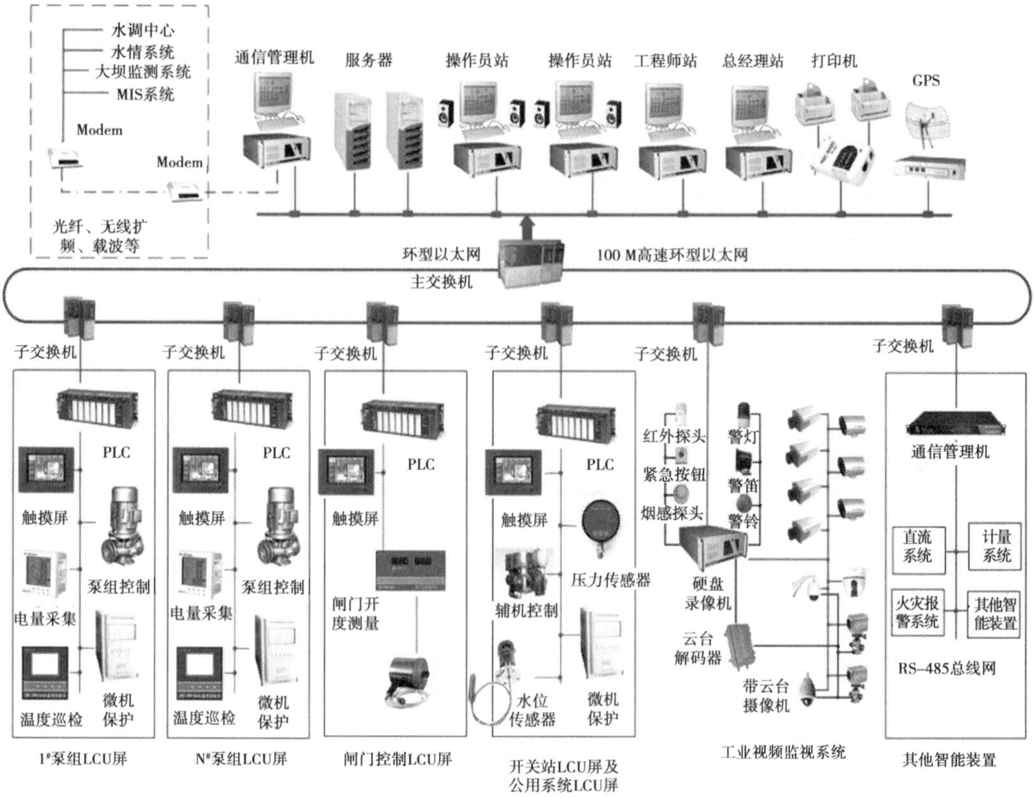

图 6-4-25　总线分层分布式计算机监控系统结构示意图

分布式结构常用于规模较大,机组台数较多的大、中型泵站。系统一般分为两部分,即泵站监控层和现地控制层。泵站监控层设有 1 ~2 台主控计算机,配备完善的人机联系设备,实现对泵站全厂运行状况的监视和发布控制调节命令等。现地控制层直接联系生产设备,负责采集与处理现场数据、执行控制调节命令等,通常根据被控对象的规模和地理位置来设置,具有较强的独立工作能力。按泵站实际装机台数分别设置现地控制单元,另外设开关站现地控制单元和公用系统现地控制单元等。

在分布式系统结构中,大型泵站通常采用单层网络的分层分布系统,也可采用双层网络的分层分布系统。

4.2.4.3　分布计算机系统性能评述

分布计算机系统具有一系列优点,主要有:性能价格比高;处理速度快;实时性能好;可靠性高;具有自动任务调度和资源再分配能力;模块性好;系统配置灵活;易于扩展和局部更新部件。这些优点在实际应用中为用户带来极大的好处。

4.2.5　计算机监控系统运行条件

4.2.5.1　环境条件

泵站监控系统运行环境应按照《水力发电厂计算机监控系统设计规定》(DL/T 5065—2009)、《计算机场地通用规范》(GB 2887—2011)有关规定执行。

环境温度:泵站层 -5 ~ 40 ℃(温度变化率 5 ℃/h),现地层 -10 ~ 50 ℃(温度变化率 5 ℃/h);环境湿度:泵站层 30% ~ 90%,现地层 10% ~ 95%(无凝结);必要时应添置除湿加热设备。而对于监控系统来说,计算机机房要求无爆炸危险、无腐蚀性气体及导电尘埃,无严重霉菌,无剧烈振动冲击源,有防尘及防静电措施。

周围环境要求:大气压 86 ~ 108 kPa,海拔高度不超过 3 000 m;如海拔高度超过 3 000 m,应采取相应的降容措施。

安装要求:安装设备的地面要平整光洁,监控系统屏台或柜的立面倾斜度不大于 5°。

4.2.5.2　电源条件

交流电源额定电压:单相 220 V、三相 380 V(允许偏差 -15% ~ +10%),额定频率 50 Hz(允许偏差 0.5 Hz),正弦波形畸变不大于 5%。

直流电源额定电压:110 V、220 V(允许偏差 -20% ~ +10%),纹波系数不大于 5%。

计算机系统采用独立的供电电源,不应与其他电气设备共用,尤其不能与大型动力设备如空调器、风机、马达等共用同一路电源。

UPS 不间断供电电源作为紧急备用电源,至少有 20% 的备用裕量,可在厂用电出现故障时提供 2 ~ 3 h 的短时应急。UPS 或逆变电源负载不能太重,否则可能引起瞬间负载电流冲击太大,损坏 UPS 或逆变电源,使用时不能将大功率的用电设备接在 UPS 或逆变电源上;禁止接入感性负载。

UPS 或逆变电源不能正常工作、不能输出电源,应按步骤分别检查电源保险→各支路空气开关→各负载,逐级排除故障,确认问题所在后才能恢复送电。

4.2.5.3　防雷系统

雷电通常分为直击雷、感应雷及浪涌三种。其中感应雷又分为静电感应雷、电磁感应雷。最常见的电子设备危害不是由于直接雷击引起的,而是由于雷击发生时在电源和通信线路中感应的电流浪涌引起的。浪涌电压可以从电源线或信号线等途径窜入微电子设备。浪涌可分为电源浪涌、信号系统浪涌两种。信号系统浪涌电压的主要来源是感应雷击、电磁干扰、无线电干扰和静电干扰。

泵站内计算机监控系统防雷设计应依据《建筑物电子信息系统防雷技术规范》(GB 50343—2012)及《计算机场地通用规范》(GB 2887—2011)等。

4.2.6　监控对象与参数

4.2.6.1　主要监控对象

(1)机电设备。包括主水泵及同步/异步电机、高/低压进线及配电设备、变压器、励磁装置、直流装置、无功补偿装置、调速装置、叶片调节装置、清污机、油气水辅助设备等。

(2)闸门与阀门。包括防洪闸门、节制闸门、输水闸门、进出水阀门、拍门、真空破坏阀等。

4.2.6.2　主要监测参数

(1)电量监测。包括泵站的总电流、电压、频率;机组运行电流、励磁电流、励磁电压、直流电压、直流电流;变压器负荷电流、电压、有功功率、功率因数、有功无功电度等。

(2)流量监测。含单机流量、泵站总流量。

(3)液位监测。水位包括拦污栅前、泵站前池、泵站出水池、集水廊道和节制闸上下游水位等。油位包括油压装置、主机上下油盆等。

(4)压力监测。包括水泵进出口压力、供水母管压力、低压贮气罐压力、储油储气压力罐压力等。

(5)温度监测。包括电动机轴瓦温度、电动机绕组温度、主变压器油温、环境温度等,常见的主要有定子温度、上下导瓦温度、上下油缸温度、推力瓦温度等。

(6)振动与摆动监测。主要监测电机机架、叶轮外壳、压力管道、主轴的振动与摆度。

(7)闸门/阀门开度。

(8)叶片角度。

(9)电机转速。

(10)设备状态。包括机组运行状态,阀门的开闭状态,断路器的分合状态,泵站辅机设备的工作状态与故障状态,主变压器、馈线的投运、退出状态,有载调压变压器抽头位置等。

(11)保护信息。包括设备的各种保护动作事件与故障的记录,保护定值的管理等。主要有装置识别信息、开关量输入信号、异常信号、故障信息、控制信息、断路器跳合闸信号以及各项电压、电流、有功、无功等电量参数。

4.3　泵站自动化设备与元件

4.3.1　温度传感器

4.3.1.1　温度传感器的种类及特点

温度传感器按测温方式可分为接触式和非接触式两大类。

接触式温度传感器的特点:传感器直接与被测物体接触进行温度测量,由于被测物体的热量传递给了传感器,降低了被测物体温度,特别是被测物体热容量较小时,测量精度较低。常用热电阻即接触式温度传感器。

非接触式温度传感器测温是通过热辐射原理来测量温度的,主要有光电高温传感器、红外辐射温度传感器、光纤高温传感器等。非接触式温度传感器理论上不存在热接触式温度传感器的测量滞后和在温度范围上的限制，可测高温、腐蚀、有毒、运动物体及固体、液体表面的温度，不干扰被测温度场，但精度较低、使用不太方便。

4.3.1.2 常用金属热电阻

目前应用最广泛的热电阻材料是铂和铜。铂电阻精度高，适用于中性和氧化性介质，稳定性好，具有一定的非线性，温度越高电阻变化率越小；铜电阻在测温范围内电阻值和温度呈线性关系，温度线数大，适用于无腐蚀介质，超过 150 ℃易被氧化。中国最常用的有 $R_0=10\ \Omega$、$R_0=100\ \Omega$ 和 $R_0=1\ 000\ \Omega$ 等几种，它们的分度号分别为 Pt10、Pt100、Pt1000；铜电阻有 $R_0=50\ \Omega$ 和 $R_0=100\ \Omega$ 两种，它们的分度号为 Cu50 和 Cu100。其中 Pt100 和 Cu50 的应用最为广泛。

4.3.1.3 一体化温度变送器

一体化温度变送器一般由测温探头（热电偶或热电阻传感器）和两线制固体电子单元组成。采用固体模块形式将测温探头直接安装在接线盒内，从而形成一体化的变送器。一体化温度变送器一般分为热电阻和热电偶型两种类型。

热电阻温度变送器的原理如图 6-4-26 所示。热电阻温度变送器由基准单元、R/V（电阻/电压）转换单元、线性电路、反接保护、限流保护、V/I（电压/电流）转换单元等组成。测温热电阻信号转换放大后，再由线性电路对温度与电阻的非线性关系进行补偿，经 V/I 转换电路后输出一个与被测温度成线性关系的 4 ~ 20 mA 的恒流信号。可与微机系统或其他常规仪表匹配使用，也可根据用户要求做成防爆型或防火型测量仪表。

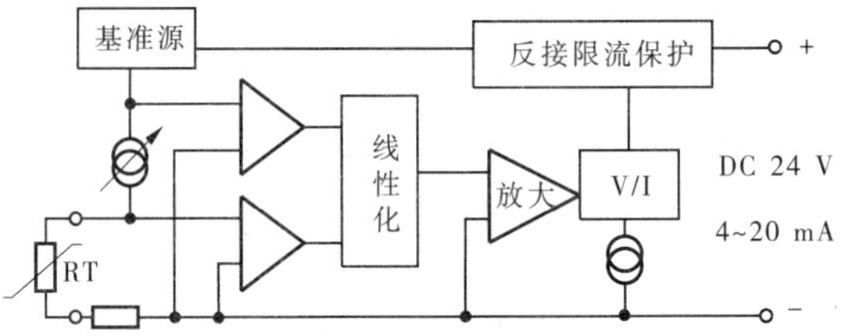

图 6-4-26 热电阻温度变送器

4.3.2 压力传感器

4.3.2.1 压力传感器的种类及原理

测量压力的传感器很多，如应变式、电容式、差动变压器、霍尔、压电等传感器等都能用来测量压力。

压力传感器（力敏传感器）是使用最广泛的一种传感器，它是检测气体、液体、固体等所有物质间作用力能量的总称，也包括测量高于大气压的压力计以及测量低于大气压的真空计。

液柱式压力计是以流体静力学原理来测量压力的。它们一般采用水银或水为工作液，用 U 形管或单管进行测量，常用于低压、负压或压力差的测量。

弹性式压力表是以弹性元件受压后所产生的弹性变形作为测量基础的。它结构简单，价格低廉，现场使用和维修都很方便，又有较宽的压力测量范围，因此在工程中获得了非常广泛的应用。如弹簧管压力表(见图 6-4-27)可以测量负压、微压、低压、中压和高压。

4.3.2.2　压力变送器

压力变送器也称差压变送器,主要由测压元件传感器、模块电路、显示表头、表壳和过程连接件等组成。它能将接收的气体、液体等压力信号转变成标准的电流电压信号,以供给指示报警仪、记录仪、调节器等二次仪表进行测量、指示和过程调节。

如图 6-4-28 所示,压力变送器的测量原理是:流程压力和参考压力分别作用于集成硅压力敏感元件的两端,其差压使硅片变形(位移很小,仅 μm 级),以使硅片上用半导体技术制成的全动态惠斯登电桥在外部电流源驱动下输出正比于压力的 mV 级电压信号。由于硅材料的弹性极佳,所以输出信号的线性度及变差指标均很高。工作时,压力变送器将被测物理量转换成 mV 级的电压信号,并送往放大倍数很高而又可以互相抵消温度漂移的差动式放大器。放大后的信号经电压电流转换变换成相应的电流信号,再经过非线性校正,最后产生与输入压力成线性对应关系的标准电流电压信号。

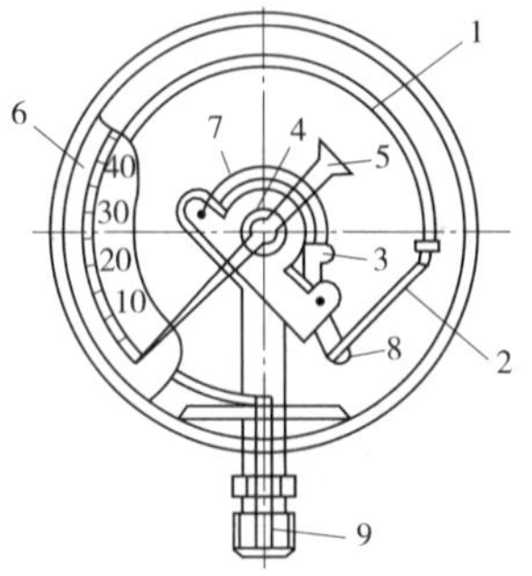

1—弹簧管;2—拉杆;3—扇形齿轮;4—中心齿轮;
5—指针;6—面板;7—游丝;8—调节螺钉;9—接头

图 6-4-27　弹簧管压力表

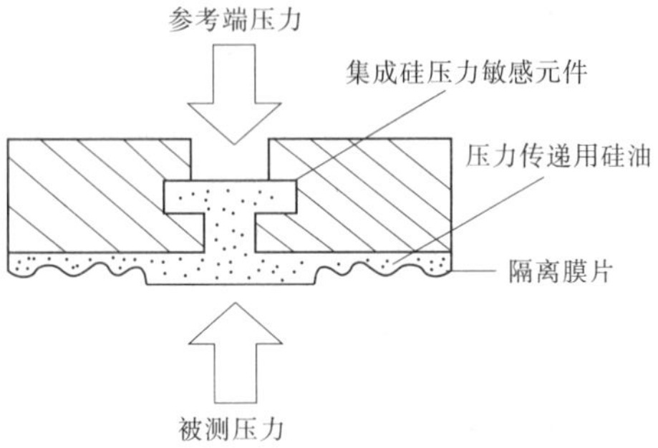

图 6-4-28　压力变送器的测量原理

压力变送器根据测压范围可分成一般压力变送器(0.001 ~ 20 MPa)和微差压变送器(0 ~ 30 kPa)两类。

4.3.2.3　压力传感器的选用与安装

1)压力传感器的选用

对弹性式压力传感器要保证弹性元件在弹性变形的安全范围内可靠地工作,在选择传感器量程时必须留有足够的余地。一般在被测压力较稳定的情况下,最大压力值应不超过满量程的 3/4;在被测压力波动较大的情况下,最大压力值应不超过满量程的 2/3。为了保证测量精度,被测压力最小值应不低于满量程的 1/3。

2)压力传感器的安装

传感器测量结果的准确性不仅与传感器本身的精度等级有关,而且与传感器的安装、使用是否正确有关。压力检测点应选在能准确及时地反映被测压力的真实情况之处,取压点不能处于流束紊乱的地方,即要选在管道的直线部分,离局部阻力较远的地方。

压力传感器安装高度应与取压点相同或相近。

4.3.3 液位传感器

4.3.3.1 液位测量原理及种类

液位传感器种类较多,按其工作原理可分为下列几种类型:

(1)直读式:根据流体的连通性原理测量液位;

(2)浮力式:根据浮子高度随液位高低而改变或液体对浸沉在液体中的浮子(或称沉筒)的浮力随液位高度变化而变化的原理测量液位;

(3)差压式:根据液柱高度变化对某点上产生的静(差)压力的变化的原理测量物位;

(4)电学式:把液位变化转换成各种电量变化而测量物位;

(5)核辐射式:根据同位素射线的核辐射透过物料时其强度随物质层的厚度变化而变化的原理测量液位;

(6)声学式:根据液位变化引起声阻抗和反射距离变化而测量液位;

(7)其他形式:如微波式、激光式、射流式、光纤维式传感器等。

4.3.3.2 液位传感器的选用

1)浮球式液位变送器

浮球式液位变送器由磁性浮球、测量导管、信号单元、电子单元、接线盒及安装件组成。一般磁性浮球的比重小于0.5,可漂于液面之上并沿测量导管上下移动。导管内装有测量元件,它可以在外磁作用下将被测液位信号转换成正比于液位变化的电阻信号,并将电子单元转换成4~20 mA或其他标准信号输出。该变送器为模块电路,具有耐酸、防潮、防震、防腐蚀等优点,电路内部含有恒流反馈电路和内保护电路,可使输出最大电流不超过28 mA,因而能够可靠地保护电源并使二次仪表不被损坏。

2)浮筒式液位变送器

浮筒式液位变送器是将磁性浮球改为浮筒,它是根据阿基米德浮力原理设计的。浮筒式液位变送器是利用微小的金属膜应变传感技术来测量液体的液位、界位或密度的。它在工作时可以通过现场按键来进行常规的设定操作。

3)静压式液位变送器

该变送器利用液体静压力的测量原理工作,它一般选用硅压力测压传感器将测量到的压力转换成电信号,再经放大电路放大和补偿电路补偿,最后以4~20 mA或0~10 mA电流方式输出。

4.3.4 流量传感器

4.3.4.1 差压式流量传感器

差压式流量传感器又称节流式流量传感器,它是利用管路内的节流装置,将管道中流体的瞬时流量转换成节流装置前后的压力差。差压式流量传感器主要由节流装置和差压计(或差压变送器)组成,如图6-4-29所示。节流装置的作用是把被测流体的流量转换成压差信号,差压计则对压差进行测量并显示测量值,差压变送器能把差压信号转换为与流

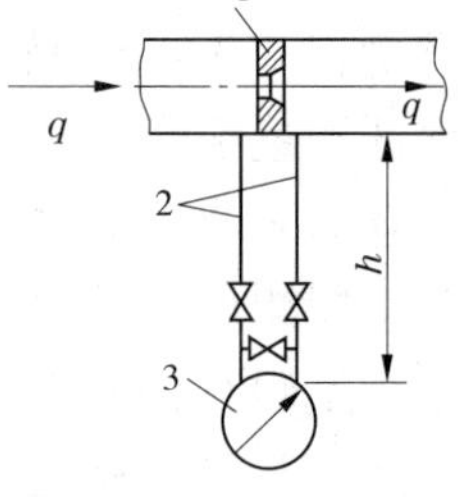

1—孔板;2—引压管;3—差压计

图6-4-29 差压式流量传感器

量对应的标准电信号或气信号，以供显示、记录或控制。

差压式流量传感器发展较早，技术成熟而较完善，而且结构简单，对流体的种类、温度、压力限制较少，因而应用广泛。

4.3.4.2　电磁式流量传感器

电磁式流量传感器是根据法拉弟电磁感应定律测量导电性液体的流量。在磁场中安置一段不导磁、不导电的管道，管道外面安装一对磁极，当有一定电导率的流体在管道中流动时就切割磁力线。与金属导体在磁场中的运动一样，在导体（流动介质）的两端也会产生感应电动势，由设置在管道上的电极导出。该感应电动势大小与磁感应强度、管径大小、流体流速大小有关。

4.3.4.3　涡轮流量传感器

涡轮流量传感器类似于叶轮式水表，是一种速度式流量传感器。在管道中安装一个可自由转动的叶轮，流体流过叶轮使叶轮旋转，流量越大、流速越高，则动能越大，叶轮转速也越高。测量出叶轮的转速或频率，就可确定流过管道的流体流量和总量。

涡轮流量传感器具有安装方便、精度高（可达 0.1 级）、反应快、刻度线性及量程宽等特点，信号易远传且便于数字显示，可直接与计算机配合进行流量积算和控制。它广泛应用于石油、化工、电力等工业，气象仪器和水文仪器中也常用涡轮测风速和水速。

4.3.4.4　超声波流量传感器

利用超声波（高于 2×10^4 Hz 的机械波，称为超声波）在超声场中的物理特性和各种效应而研制的装置可称为超声波换能器、探测器或传感器。

超声波探头按其工作原理可分为压电式、磁致伸缩式、电磁式等，而以压电式最为常用。压电式超声波探头常用的材料是压电晶体和压电陶瓷，这种传感器统称为压电式超声波探头。它是利用压电材料的压电效应来工作的：利用逆压电效应将高频电振动转换成高频机械振动，从而产生超声波，可作为发射探头；而利用正压电效应，将超声振动波转换成电信号，可用作接收探头。

超声波在流体中传输时，在静止流体和流动流体中的传输速度是不同的，利用这一特点可以求出流体的速度，再根据管道流体的截面面积，便可知道流体的流量。

4.3.5　转速信号装置

泵站机组在停止运行过程中，由于惯性原因机组转速缓慢下降，拖延时间较长，容易破坏主轴与推力瓦之间的润滑油膜，严重时会烧毁推力瓦。因此，要求采取制动措施，刹住正在慢速旋转的电机转子。一般制动操作是在停机过程当中，转速下降到额定转速 35% 以下时，由转速信号装置发出制动信号，对机组制动。

此外，为防止机组开机或运行过程中出现转速过高（如超过额定转速 115%）的异常工况，也需要通过转速信号装置监视并提供相应信号对机组加以保护。

目前采用的转速信号装置多为电压式，即利用永磁发电机上的电压信号作为信号源。因永磁发电机上的电压与转速成一定的线性比例关系，通过测量机端的残余电压信号频率，可间接获得转速。

4.3.6 振动传感器

振动传感器的种类丰富,按照工作原理的不同,分为电涡流式振动传感器、电感式振动传感器、电容式振动传感器、压电式振动传感器和电阻应变式振动传感器等。

4.3.6.1 电涡流式振动传感器

电涡流式振动传感器是以涡流效应为工作原理的振动传感器,它属于非接触式传感器。电涡流式振动传感器是通过传感器的端部和被测对象之间距离上的变化,来测量物体振动参数的。

4.3.6.2 电感式振动传感器

电感式振动传感器是依据电磁感应原理设计的一种振动传感器。电感式振动传感器设置有磁铁和导磁体,对物体进行振动测量时,能将机械振动参数转化为电参量信号。电感式振动传感器能应用于振动速度、加速度等参数的测量。

4.3.6.3 电容式振动传感器

电容式振动传感器是通过间隙或公共面积的改变来获得可变电容,再对电容量进行测定而后得到机械振动参数的。电容式振动传感器可以分为可变间隙式和可变公共面积式两种,前者可以用来测量直线振动位移,后者可用于扭转振动的角位移测定。

4.3.6.4 压电式振动传感器

压电式振动传感器是利用晶体的压电效应来完成振动测量的,当被测物体的振动对压电式振动传感器形成压力后,晶体元件就会产生相应的电荷,电荷数即可换算为振动参数。压电式振动传感器还可以分为压电式加速度传感器、压电式力传感器和阻抗头。

4.3.6.5 电阻应变式振动传感器

电阻应变式振动传感器是以电阻变化量来表达被测物体机械振动量的一种振动传感器。电阻应变式振动传感器的实现方式很多,可以应用各种传感元件,其中较为常见的是电阻应变。

其中,电涡流式传感器以其长期工作可靠性好、测量范围宽、灵敏度高、分辨率高、响应速度快、抗干扰力强、不受油污等介质的影响、结构简单等优点,在大型旋转机械状态的在线监测与故障诊断中得到广泛应用。

4.3.7 传感器性能指标

4.3.7.1 工作电源要求

一般采用的供电电压是直流 DC24 V。

4.3.7.2 输出信号

输出信号为 4 ~ 20 mA 直流模拟量。

4.3.7.3 指标参数

(1)测量精度:如 0.1% F.S.,F.S. 是 Full Scale,满量程的意思,比如 0.5% F.S. 就是精度是满量程的 0.5%。

(2)分辨率:是指传感器在规定测量范围内可能检测出的被测量的最小变化量。通常传感器在满量程范围内各点的分辨率并不相同,因此常用满量程中能使输出量产生阶跃变化的输入量中的最大变化值作为衡量分辨率的指标。上述指标若用满量程的百分比表示,则称为分辨率。

(3)测量范围:如流速测量范围为0.02~20 m/s,水位测量范围为0~10 m。

(4)温度补偿范围、正常工作温度范围。

(5)绝缘阻抗。

(6)灵敏度 S:是输出—输入特性曲线的斜率。如果传感器的输出和输入之间呈线性关系,则灵敏度 S 是一个常数。否则,它将随输入量的变化而变化。

当传感器的输出、输入量的量纲相同时,灵敏度可理解为放大倍数。提高灵敏度,可得到较高的测量精度。但灵敏度愈高,测量范围愈窄,稳定性也往往愈差。

(7)线性度:通常情况下,传感器的实际静态特性输出是条曲线而非直线。在实际工作中,为使仪表具有均匀刻度的读数,常用一条拟合直线近似地代表实际的特性曲线、线性度(非线性误差)就是这个近似程度的一个性能指标。

4.3.8　高频开关直流电源系统

高频开关直流电源系统由高频开关电源模块、监控模块、逆变电源模块、控制母线馈线开关、交流空气开关、绝缘监测装置、电池巡检仪、阀控式免维护铅酸蓄电池等组成,供控制、操作、保护、信号、事故照明等负荷。

4.3.8.1　高频开关直流电源系统的性能指标要求

(1)稳压精度:在恒压状态下,交流电压在规定范围内变化,输出电流在(0.1~1.0)I_e 范围内变化,输出电压在额定值的(0.9~1.30)U_e 范围内任一点保持稳定,其稳压精度应不超过±0.5%。

(2)稳流精度:在恒流状态下,在电网电压波动±10%,输出电压在(0.9~1.30)U_e 范围内,直流输出电流应能在额定电流的20%~100%范围内任一点上保持稳定,其稳流精度应不超过±0.5%。

(3)纹波系数:在恒压状态下,交流电压在90%~110%额定电压范围内变化,输出电流在(0.1~1.0)I_e 范围内变化时,输出电压在额定值的(0.9~1.30)U_e 范围内,输出电压纹波系数不超过±0.5%。

4.3.8.2　微机控制装置

(1)微机控制装置与电源模块完全独立,即微机监控装置因故退出运行时,不会影响电源模块的各种功能,此时系统工作在电池浮充状态。

(2)监控装置能满足无人值守站对直流电源设备的要求:如充电方式的自动转换、温度补偿、充电机自投、自动调压、运行状态监视等。除满足上述要求外,还应满足如下技术要求:

①能向泵站上位机端提供直流系统运行状况的各种信号。

②能向主站端提供直流系统运行的多种监视、报警信号。

③各测量结果及多种监视、报警信号可以通过本地和远方通信监视。

④直流系统具有遥测、遥信、遥调功能。

⑤直流系统可通过使用键盘或其他装置设置口令，由专业人员进行特定参数的整定。

4.3.8.3 **充电电源模块**

(1)充电模块配置：充电部分采用多模块并联组合方式供电。电源模块数量采用$N+1$冗余配置，即当任一个电源模块因故退出运行时，其他模块应能维持蓄电池组的正常充电。

(2)多个电源模块间的电流分配(均流)；

(3)充电运行：在充电状态下运行时，按限流－恒压方式自动完成对电池组的充电、补充充电或均衡充电。

4.3.8.4 **逆变电源模块一般技术要求**

(1)直流输入电压：220 VDC，允许范围：180～300 VDC。

(2)交流输入电压：220 +10% VAC。

(3)额定容量及输出额定容量需根据实际需要确定。

(4)逆变效率(80%阻性负载)：94%。

(5)输出额定电压及频率：220 VAC，50 Hz。

(6)输出电压精度：±3%，输出频率精度：±0.05 Hz。

(7)波形失真率(THD)(线性负载)：≤4%。

(8)动态响应(负载0⟷100%)：5%，≤20 ms。

(9)通信接口：RS－232/RS－485。

(10)无源故障接点：逆变故障、旁路异常、直流异常常开触点。

(11)保护功能：接反保护、输入欠压保护、输入过压保护、输出过载保护、输出短路保护、过热保护。

4.4 泵站监控系统典型配置方案

4.4.1 系统结构

目前泵站一般采用分层分布式监控系统结构，其分为两层：泵站监控层(上位机层)和现地控制单元层。网络结构形式采用工业以太网，网络通信介质为双绞线电缆。

4.4.1.1 **泵站监控层**

泵站监控层为泵站实时监控中心，负责整个泵站的集中监控，具有实时及历史数据库，能与上一级水情测报中心进行通信。

根据泵站的规模，特点，在系统中的作用、地位、功能要求等，泵站监控层一般可以灵活配置下面几个部分：数据服务器、操作员工作站、工程师站、通信工作站、仿真工作站、GPS时钟、电话语音报警、视频图像监视系统、打印机设备、网络设备等。

对于自动化程度要求较高的大中型泵站，泵站监控层计算机监控系统推荐配置操作员工作站2套(冗余配置，可作双机热备系统，以提高系统的可靠性)、工程师站1套、通信工作站1套,GPS时钟、电话语音报警、模拟信号返回屏、大屏幕背投电视各1套。视频图像监视系统则根据需要,在前池、主厂房大门侧外、防洪堤岸、防洪闸、主厂房、水泵层、配电室等处设置监视点。而对于小型泵站,按经济实用的原则也可配置操作员工作站(兼维护站)1套、通信工作站1套。

语音报警系统,系统可以在中控室或主厂房对泵站故障和事故发语音告警信号。系统具有完整的调音和测试功能。运行人员还可对系统数据库进行设置,定义发生哪些事故时,监控系统需要进行自动报警。

UPS电源系统实现监控工作站、模拟屏、网络设备等的电源供应。

4.4.1.2 现地控制单元层

现地控制单元采用集中组屏方式的结构,可以按被控对象设置:泵组LCU、公用设备LCU、闸门LCU等。现地控制单元配置:每个单元都是由可编程控制器PLC+HMI触摸屏(也可选配功能更强的一体化工业控制微机)及各专用功能装置或设备构成的,每个单元都可以设计成具有各自独立的现地操作、监控功能。

通过串口或工业以太网口实现各现地控制单元与泵站监控层连接交换信息,实现现地设备的监视、控制及数据共享。

微机保护装置、温度巡检仪等设备通过串口或以太网与后台监控系统连接,实现相应参数的监视和控制。部分没有通信接口的设备则通过现地控制单元的I/O模块实现设备的控制和状态检测。

现地控制单元与泵站监控层推荐采用以太网方式联网,网络结构可采用单星型、双星型以及光纤自愈环网结构。LCU控制屏柜与泵站监控层的网络一般采用超五类屏蔽双绞线以太网连接,以太网的传输速度为10/100 M自适应,保证数据的实时性和可靠性。

LCU柜的DC24 V电源由柜内的24 V开关电源供电,采用一主一备模式,实现电源系统的冗余,提高系统的可靠性。

4.4.2 系统配置

4.4.2.1 监控对象

机电设备包括主水泵及同步电机(高压电机)或异步电机(低压电机)、高压进线、互感器柜、避雷器柜、站用变压器、低压进线、油汽水辅助设备等。

液位监测包括拦污栅前、泵站前池、集水廊道、防洪闸出口和节制闸上下游水位等。

压力信号监测包括泵组进水流道进口压力、供水泵出口压力、供水母管压力、排水泵进口压力、低压贮气罐压力等。

闸门远程测控包括出口防洪闸门、出水箱涵节制闸门、输水涵管闸门等附属水闸。

4.4.2.2 监控内容及要求

(1)每台泵组的控制、定子电流、功率、功率因数、励磁电流、励磁电压、电量统计、运行时数统计、断路器状态、泵组温度、故障位置与种类显示和语音报警等;

(2)高压进线的控制、三相电流、三相电压、电度、有功功率、无功功率、运行时数统计、断路器状态、故障位置与种类显示和语音报警等;

(3)母线电压的频率,电压互感器工作状态,故障位置与种类显示和语音报警等;

(4)站用变高压侧断路器的状态、电流、功率、电量统计、故障位置与种类显示和语音报警等;

(5)低压进线的三相电流、三相电压;

(6)进口拦污栅前、泵站前池、出口防洪闸、节制闸上下游水位监测;

(7)通过上下游水位、水泵性能曲线等参数进行扬程、流量计算、显示、保存和查询;

(8)对泵站进出口水位、拦污栅前水位、防洪闸出口水位、各压力参数进行测量、显示、保存和查询。

4.4.3　具体配置

4.4.3.1　**现地层设备**

1)机组 LCU

机组 LCU 由差动保护装置、后备保护装置、PLC 可编程控制器、温度巡检单元、多功能仪表、转换开关和指示灯等组成,用于实现机组正常启、停、叶片角度和励磁调节器控制及机械保护功能,PLC 可编程控制器配有以太网口与泵站监控层进行数据通信。可实现以下功能:

(1)微机保护系统:根据泵站运行的要求,一般应将保护装置动作状态和记录反映到监控系统。微机保护装置的保护包括以下内容(但不限于此,具体设计时应参照《继电保护和安全自动装置技术规程》(GB 14285)执行):

机组差动保护装置:差动保护、差动速断、电流互感器(CT)断线闭锁。

机组后备保护装置:①针对异步电机,机组后备保护装置包括速断保护、过电流保护、过负荷保护、堵转保护、过热保护、过电压保护、低电压保护、零序保护、低频保护、电压互感器(PT)断线、控制回路断线。②针对同步电机,机组后备保护装置保护功能在异步电机的基础上另外增加失磁保护、失步保护等。

(2)控制部分:①接受上位机的自动开机操作控制指令,在自动控制状态下,可根据人工预置或水力监测参数顺序启动各所控机组;②在机组启动过程中,能实现机组的顺序操作和信号判断,并能发出相应信号至上位机显示;③机组运行状态下各种电气参数的采集和显示,以及故障、事故信号的报警处理;④机组运状态下各种非电量参数采集和显示,以及故障、事故信号的报警处理;⑤在机组停机过程中,能实现对机组的顺序操作和信号判断,并能发出相应信号至上位机显示;⑥能接收微机保护装置的停机信号,并按停机顺序停机;⑦能接收上位机的操作控制指令。在自动控制状态下,可根据人工预置或水力监测参数自动开、停机组。

2)公用 LCU

公用 LCU 由线路保护装置、站变保护装置、多功能电度表、防洪闸门开度仪、PLC 可编程控制器和转换开关等组成,用于实现高压进线柜和高压站变柜正常合分闸及机械保护功能以及泵站出口防洪闸门的控制,PLC 可编程控制器配有以太网口与泵站控制层进行数据通信。

高压进线线路保护装置实现以下保护功能：速断保护、过电流保护、PT断线、低电压保护、控制回路断线。

站用变保护装置可实现以下保护功能：速断保护、过电流保护、过负荷保护、控制回路断线。

3）辅机LCU

辅机LCU由压力仪表、指示灯、PLC可编程控制器和转换开关等组成，用于实现辅机合分闸及机械保护功能，PLC可编程控制器配有以太网口与泵站控制层进行数据通信。

设备参数包括：①进口拦污栅前、泵站前池、出口防洪闸液位监测，主要是通过旋转编码式液位计将各液位转换成4～20 mA模拟量，模拟量全部进入PLC模拟量输入模块；②闸门远程测控系统利用闸门荷重开度仪对闸门实施远程控制和闸门开度测量和预制；③节制闸上下游液位监测实现水位信息自动采集、固态存储；④水位观测数据无线传输至泵站服务器，闸门现场为数字显示。

4.4.3.2　中控室设备

（1）泵站监控系统主机操作员工作站（含语音报警功能）；

（2）主控级电源设备（包括UPS不间断电源）；

（3）DLP（Digital Light Procession，数字光处理）大屏幕显示系统。

4.4.3.3　视频监控系统

摄像机主要布置在泵站主厂房、电气副厂房、泵站进出水侧、办公区等重要区域及重要设备现场进行监视。室内监控点使用室内枪式和半球式摄像机；室外监控点为满足防尘、防雨、防雾、较大温差等工作环境要求，选用室外球形摄像机。以上三种摄像机均可伸缩镜头、调整焦距、上下左右旋转，可灵活选取合适的监控场景。

4.4.3.4　信息管理系统

利用网络通信基础及先进的网络应用平台，建设一个安全、可靠、开放、高效的信息管理系统，为管理部门提供高效的日常办公条件，实现档案管理自动化和办公电脑化，以提高办公效率和管理水平。

1）系统网络

信息管理系统为星型以太网，该网络具有快速、安全、可靠、可扩展、维护方便的特点。网络运行时，若其中某一个工作站发生故障，不会影响其他工作站的正常运行。

框架结构：在泵站计算机房安置1台交换机，分别接入本站多台计算机上组成局域网。这些计算机均可以访问互联网，也可以访问网络内部的计算机。

2）设备配置

站内主要设备为电脑、打印机、复印机、局域网相关设备及综合布线系统；工作站结合泵站实际情况布置，打印机、传真机、复印机、交换机等集中在计算机房布置。

利用办公楼综合布线系统将站内各科室办公电脑、打印机、传真机等办公设备互联形成局域网，并实现与外网的物理隔离。

3）软件配置

结合泵站实际情况，信息管理系统选用市面上已有的商用软件，如Windows XP操作系统软件、用友或金蝶财务软件、Office 2003 办公软件、AutoCAD 制图软件、瑞星杀毒软件及其他软件。

4)计算机网络

泵站计算机网络采用快速以太网技术组建高速局域网。泵站设置交换机 2 台,泵站计算机监控系统的上位机及 LCU 设备接入泵站主交换机;泵站视频系统通过视频硬盘录像机接入泵站主交换机;泵站信息管理系统由多台电脑、1 台服务器及 1 台交换机组成次级网络,向上级接入泵站主交换机。

局域网通信协议采用 TCP/IP,IPX/SPX、NETBEUI 等协议。网络配置:交换机、路由器、服务器、传输介质、网络软件等。

5)计算机防雷系统

(1)电源防雷:①在计算机监控系统主电源配电柜内的各相安装一级避雷器,在分柜内(根据配电方式确定)安装第二级防雷器,以防止雷电侵入配电系统。②在中控室 UPS 入线处安装 65 kA 防雷器一套,防止直击雷损坏后续设备。

(2)局域网和计算机防雷:①网络交换机安装一套 40 kA 的二级电源避雷器。②在现场仪器、仪表电源入线处以及其他重要设备所用的配电箱处安装电源二级防雷器。③ 4 ~20 mA模拟量,RS -485 信号两端安装信号防雷器。

4.4.4 泵站群监控系统

目前给排水领域大型泵站群地理位置分散,待处理的数据实时性强,数据量大,传统的监控系统无法实现,功能单一,难以满足要求。现代的综合自动化控制系统的运用显得尤为重要。

在整个控制系统中,按照功能可以分为三个层次:现地控制层、现场数据采集监控层和中央控制层。

现场控制层:即单座大型泵站的综合自动化系统,以工业 PLC 为控制核心,分别控制各个泵站的电气设备。

现场数据采集监控层:即数据汇集点,负责采集各个泵站 PLC 上的实时数据,针对每个泵站设置现场监控计算机,监控该区域泵站的运行状态,并且可以定时报表,生成报表文件。

中央控制层:位于运行管理中心,配备多台工控机互为冗余,负责实时监控、录像、设备控制、数据采集分析等任务。同时综合管理主机还将为远程泵站系统总部提供数据转发服务,保证上级指挥机构可以在远程实现对本地的管理。

整个系统将前端的泵站划分为若干个数据汇集点(二级中心),每一个数据汇集点包含 2 ~5 个泵站,具体划分根据实际情况进行确定。前端泵站的监控数据先汇集到数据汇集点后,再由数据汇集点传输至监控中心(一级中心),由监控中心进行集中管理和控制。

系统实现联网监控后,可实现数据共享,方便领导查询,为枢纽的运行管理与调度决策提供方便,保证了调度的实时性,促进了管理水平的提高。

4.4.5　梯级泵站监控系统

随着跨流域梯级引水工程和跨流域梯级排灌工程规模的大型化,泵站工程越来越复杂化,为此大多数泵站除可以在本站中控制室监控外,还可在远方流域中心或指挥中心调度,以利于整个系统的稳定运行。

梯级泵站综合自动化系统一般由通信系统、泵站计算机监控系统、视频系统和变电站综合自动化系统等组成。它主要实现以下系统功能:

(1)在泵站控制级和调度中心远方监控和操作整个输水系统;

(2)对包括事故在内的特殊情况的分析和处理;

(3)单泵站的 APC(自动抽水控制)和单泵组 APC 功能;

(4)自动水质监测(泥沙含量自动在线监测);

(5)收集系统运行统计资料,提供相应报告;

(6)接收工程观测的有关信息以便输水调度采用相应的措施;

(7)供水过程在线和离线仿真、测试,并提供完善的培训功能;

(8)梯级泵站的视频监控;

(9)梯级泵站语音通信与生产调度包括与消防、水资源调度、水情预报系统的通信;

(10)与管理中心 MIS 系统通信。

系统采用开放式、分布式实时控制系统结构,调度主机、操作员站及现地 LCU 采用双机冗余配置。

泵站监控系统采用开放式、分布式实时控制系统结构,在不同处理器上具有支持应用程序和联合数据库的能力。监控系统由站控级和现地控制单元组成。站控级设置双机冗余的操作员站、通信服务器、模拟屏、GPS 对时等设备;现地控制单元即单座大型泵站的综合自动化系统,包括泵组 LCU、泵站公用 LCU、变电站 LCU、采用以 PLC 为核心的控制器,并设置 LCD 触摸屏、SOE 专用模块及智能 I/O 装置等,分别控制各个泵站的电气设备。

计算机监控系统由基于计算机控制的调度中心监控系统和各级泵站监控系统组成。每个计算机监控系统由网络交换机、服务器、各应用系统工作站和 PC 泵组成局域网,通过 10/100 M 以太网进行整个输水系统的信息交换,构成梯级泵站输水系统计算机通信网,实现信息共享。

4.4.6　泵站群计算机监控调度系统

一个地区有许多泵站,可以用计算机网络连接在一起,建立一个调度中心,实现对泵站群的远距离控制与监测,其中泵站群调度自动化系统组成及 GPRS 泵站群调度自动化系统组成如图 6-4-30 所示。

调度中心监控系统由双机冗余的调度管理主计算机、双机冗余的调度员工作站、通信服务器、工程师/编程员站、仿真培训终端、模拟屏和 DLP 大屏幕投影系统、电话告警计算机系统、数据备份与存储系统、办公自动化网络系统等组成。

根据情况,通信通道可采用光纤以太网、GPRS、卫星通信等方式;除传输数据外,尚可传输图像与语音;可以实现泵站无人值守。

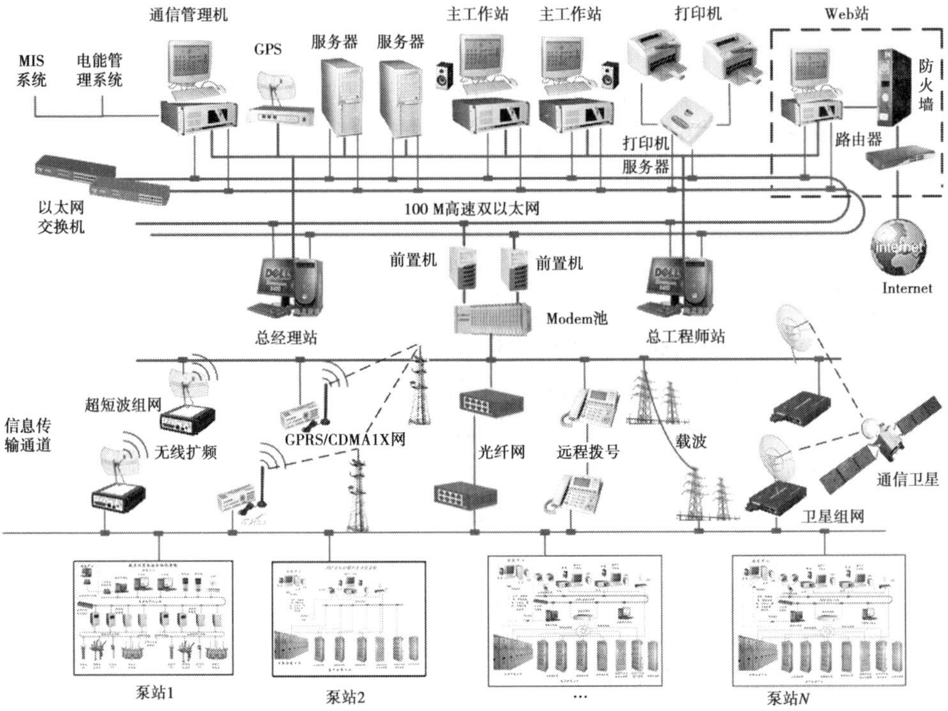

图 6-4-30　泵站群计算机监控系统的通信信道示意图

4.5　常见故障分析与处理方法

4.5.1　自动化元件故障

4.5.1.1　励磁装置、油、水、气、示流器、流量开关等开关量信号

一般这些信号都是通过相关设备的接点与采集模块（如PLC）相连，在运行的过程中由于所有的设备都是有电的，共用一个公共电源（如DC24 V），因此用万用表打到相应的挡位测量各接点两端的电压即可知道是否有信号传输。如果有电压差，说明接点是断开的，没有信号，就要进一步查找断开点，查到后重新按要求接上即可；如果没有电压差，说明信号接点是接通的，有信号传输。

4.5.1.2　励磁装置、油、水、气、示流器、流量等变送器模拟量

变送器一般都是电流量传输（4～20 mA，0～20 mA等），也有电压传输的（0～5 V，0～10 V等），检查的步骤可以参照以下进行：

（1）检查变送器的工作电源是否正常，如不正常，检查电源回路使之正常。

（2）模拟量的检查，如果是电流型的模拟量，一般都是DC24 V电源，查看变送输出设备端子上的电源是否正常，不正常，检查处理DC24 V电源回路使之正常；DC24电源正常的情况下，把万用表打到mA挡，插好笔线，测量电流的大小，改变要测量的外部信号的大小，电流是变化的，说明变送器输出正常，有信号传输，至于变送器输出是否正常，需要参

照变送器的量程进行计算才能判断。

4.5.2　微机保护系统故障检查

4.5.2.1　装置液晶面板黑屏，指示灯全部没有指示

(1)检查需要带电运行的每个保护测控屏上各保护装置电源及控制电源空开是否在合上状态，如果电源在断开状态，把空开电源合上即可。

(2)如果空开在合上状态，则用万用表测量空开的电压是否进入装置的电源输入位置，如没有电压，则为引入线有地方接触不到的现象；如有电压，则为装置的电源板的电源损坏。更换同类型的电源板后，如果还是无显示，再更换液晶显示板，如果显示正常，则说明液晶显示板有问题，如果还是无法消除装置液晶面板黑屏，指示灯全部没有指示现象，再依次更换其他的插件，直到到哪一块插件正常了，说明哪块插件有故障。

4.5.2.2　装置的开入遥信没有显示

如隔离刀闸、温度信号、瓦斯信号等在监控系统上无显示。

(1)一般的保护装置有专用的遥信开关电源，检查遥信电源空开是否在合上位置，如果没有合上，把空开合上。

(2)如果空开在合上状态，还是没有显示，则检查遥信开关电源的 DC24 V 是否有输出，有电压输出，说明开关电源没有问题，如没有电压输出，则说明遥信开关电源损坏，需更换遥信开关电源。

(3)如果 DC24 V 电源输出电压正常，则用万用表测量开入信号节点是否闭合，测量方法是红色表笔点到公共端 +24 V，黑色表笔点到有信号输入的位置，如电压显示为 0 V 左右，则为对应的接点没有接通，属于外部故障，把辅助触电点调节好即可解决问题，如隔离开关、温度信号计、瓦斯继电器的辅助触点。如电压显示为 24 V 左右，则为该装置的对应遥信点有问题，可以把该点的开入遥信线移到备用的遥信接入点，检查遥信装置的遥信是否正常，正常的话，在后台监控系统更改信息定义点号，即可解决。如在装置上还是没有显示，那么可能是开入的采样遥信板有问题，则需更换遥信板。

4.5.2.3　保护装置液晶显示的数据与实际值有很大的误差

(1)如果是电压、电流显示有出入，先看保护单元参数设置的 TV 变比和 TA 变比是否与现场对应，如不对应，修改参数；如 TV 变比和 TA 变比是正确的，用电压表和电流表在装置的接线处测量是否与显示相对应，如果是对应的，则为外部输入电压或电流有问题(即外部 TV/TA 有问题)，如果不对应，则为装置 CPU 板或采样板有故障，需更换 CPU 板或采样板。

(2)如果电压、电流显示正确，而功率不对，查电压、电流的相序是否正确；如果功率数值是对的，而显示的正负是错误的，应改电流的极性。

4.5.2.4　保护装置与后台通信中断

(1)打开监控系统的通信模块，查看是否有收发文本，如只有发没有收，则该装置没有与监控系统通信。

(2)查看保护装置的地址号设置和波特率是否和监控系统的定义相一致，不一致需修改单元设置的地址号或波特率。

(3)如设置是正确的,那要检查是否通信线有问题,在监控系统的通信模块在运行状态下,可以用万用表的直流电压挡测量通信线的两端电压是否是变化的,如是变化的,说明通信线没问题,如没有变化,说明通信线有问题,可能是哪断线了,需更换通信线。

(4)以上两点是正常的,还是没有通信,则说明保护装置的通信部分出现了问题,需与厂家联系解决。

模块5 培训与指导

5.1 培训

5.1.1 培训计划的编制

制订培训计划要本着有利于行业(企业)总体目标的实现,有利于竞争能力、获利能力及获利水平提高的原则,以员工为中心点,切实提高和改善员工的职业道德修养、知识、技能和行为模式。良好的计划是成功的一半,培训计划为企业经营和业务发展提供帮助和服务。当管理者提高整体绩效时,培训将发挥出最大的作用。

5.1.1.1 培训计划的定义

所谓培训计划是按照一定的逻辑顺序排列的记录,它是从组织的战略出发,在全面、客观的培训需求分析基础上做出的对培训时间、培训地点、培训者、培训对象、培训方式和培训内容等的预先系统设定。

培训计划必须满足组织及员工两方面的需求,兼顾组织资源条件及员工素质基础,并充分考虑人才培养的超前性及培训结果的不确定性。

5.1.1.2 培训计划的作用

从某种意义上讲,培训计划的作用就如同驾车外出旅行时常需的道路指南。有了它,培训者就能够知道起点在哪,终点在哪,所要经过地方的确切位置。否则,虽可出发旅行,但却无从得知去什么地方,或能否抵达目的地。

具体地说,培训计划给管理和控制带来的好处有五点:

(1)它保证不会遗忘主要任务。

(2)它清楚地说明了谁负责、谁有责任、谁有职权。

(3)它预先设定了某项任务与其他任务的依赖关系,这样也就规定了工作职能上的依赖关系。

(4)它是一种尺度,可用于衡量对照各种状态,最后则用于判断项目、管理者及各成员的成败。

(5)它是用作监控、跟踪及控制的重要工具,也是一种交流和管理的工具。

5.1.1.3 培训计划要点

1)培训目的

每个培训项目都要有明确目的(目标)。为什么培训?要达到什么样的培训效果?怎样培训才有的放矢?培训目的要简洁,具有可操作性,最好能够衡量,这样就可以有效检查人员培训的效果,便于以后的培训评估。

2)培训对象

主要培训对象是哪些人,重点培训对象又是哪些人。这些人通常包括中高层管理人员、关键技术人员、营销人员以及业务骨干等。确定培训对象还需要根据人员,对培训内容进行分组或分类,把同样水平的人员放在一组进行培训,这样可以避免培训浪费。

3)培训课程

培训课程一定要遵循轻重缓急的原则,分为重点培训课程、常规培训课程和临时性培训课程三类。其中重点培训课程主要是针对全公司的共性问题、未来发展大计进行的培训,或者是针对重点对象进行的培训。这类培训做得好可以极大提高行业和企业的竞争力。因此,培训也需要得到人力、物力的保证。

4)培训形式

培训形式大体可以分为内部培训和外部培训两大类,其中内部培训包括集中培训、在职辅导、交流讨论、个人学习等;外部培训包括外部短训、专业会议交流等。

5)培训内容

培训内容涉及管理实践、行业发展、企业规章制度、工作流程、专项业务、企业文化等课程。其中,新员工的培训还应包括意志培训、认知培训、职业培训、技能培训四个方面的相关内容。

6)培训师

培训师在培训中起到了举足轻重的作用,培训师分为外部培训师和内部培训师。在设计年度培训计划时,可以确定培训师的大体甄选方向和范围,等到具体培训时,再最后确定。

7)培训时间

培训计划的时间安排应具有前瞻性,要根据培训的轻重缓急安排。时机选择要得当,以尽量不与日常的工作相冲突为原则,同时要兼顾学员的时间。一般来说,可以安排在生产经营淡季、周末或者节假日的开始一段时间,并应规定一定的培训时数,以确保培训任务的完成和人员水平的真正提高。

8)培训费用

培训费用预算方法有很多,如根据销售收入或利润的百分比确定经费预算额,或根据公司人均经费预算额计算等。培训费用应向高层领导、中层管理者以及技术骨干人员倾斜。同时在培训费用的提取上除根据企业实际情况外还可以参阅有关文件规定。《国务院关于大力发展职工教育的决定》(国发〔2005〕35号)第二十一条规定:要认真落实“一般企业按照职工工资总额的1.5%足额提取教育培训经费,从业人员技术要求高、培训任务重、经济效益较好的企业,可按2.5%提取”的规定,足额提取教育培训经费,主要用于企业职工特别是一线职工的教育和培训。企业新上项目都要安排员工技术培训。

5.1.1.4　影响培训计划制订的因素

在制订培训计划时,必须顾及以下因素:

(1)员工的参与。让员工参与设计和决定培训计划,除加深员工对培训的了解外,还能增加他们对培训计划的兴趣和承诺。此外,员工的参与可使课程设计更切合员工的真实需要。

(2)管理者的参与。各部门主管对于部门内员工的能力及所需何种培训,通常较负责培训计划者或最高管理阶层更清楚,故他们的参与、支持及协助,对计划的成功有很大的帮助。

(3)在制订培训计划时,必须准确预测培训所需时间及该段时间内人员调动是否有可能影响组织的运作。编排课程及培训方法必须严格依照预先拟订的时间表执行。

(4)成本培训计划必须符合组织的资源限制。有些计划可能很理想,但如果需要庞大的培训经费,就不是每个组织都负担得起的。能否确保经费的来源和能否合理地分配和使用经费,不仅直接关系到培训的规模、水平及程度,而且也关系到培训者与学员能否有很好的心态来对待培训。

5.1.1.5　培训计划的类型

1)按照培训内容不同分类

根据培训的内容不同,我们可以将不同培训项目归纳为不同的培训类型,这样更有利于对培训进行统一安排和管理,节约企业资源。比如企业的销售部和技术支持部都需要对本公司的产品知识进行培训,如果我们将"产品培训"安排在一起进行,可以降低培训成本。通常可以将培训分为以下类型:

管理类:企业管理、质量管理;

岗前类:岗前管理、岗前技术;

技术类:技术管理、实用技术、技术前瞻;

产品类:A产品、B产品;

工程类:网络技术、网络认证;

市场类:商务知识、营销知识、销售策略。

其中管理类、岗前类、产品类、市场类培训以内部培训为主,技术类、工程类培训以外部培训为主。

2)按照培训时间不同分类

以培训计划的时间跨度为分类标志,可将培训计划分为长期、中期和短期培训计划三种类型。这三种是一种从属的包含关系,中期培训计划是长期培训计划的进一步细化,短期培训计划则是中期培训计划的进一步细化。

(1)长期培训计划。

长期培训计划一般指时间跨度为3~5年以上的培训计划。时间过长有些变数无法作出预测,时间过短就失去了长期计划的意义。长期培训计划的重要性在于明确培训的方向性、目标与现实之间的差距和资源的配置,此三项是影响培训最终结果的关键性因素,应引起特别关注。长期培训计划需要明确的事项包括:

①组织的长远目标分析;

②个人的长远目标分析;

③外部环境的发展趋势分析;

④目标与现实的差距;

⑤人力资源开发策略;

⑥培训策略;

⑦培训资源配置；

⑧培训支援的需求；

⑨培训内容整合；

⑩培训行动步骤；

⑪培训效益预测；

⑫培训效果预测。

(2)中期培训计划。

中期培训计划是指时间跨度为1～3年的培训计划。它起到了承上启下的作用，是长期培训计划的进一步细化，同时又为短期培训计划提供了参照物，因此它并不是可有可无的。中期培训计划需要明确的事项包括：

①培训中期需求；

②培训中期目标；

③培训策略；

④培训资源分配；

⑤培训支援的需求；

⑥培训内容整合；

⑦培训行动步骤；

⑧培训效益预测；

⑨培训效果预测。

(3)短期培训计划。

短期培训计划是指时间跨度在1年以内的培训计划。在制订短期培训计划时，需要着重考虑的两个要素是可操作性和效果。因为没有它的点滴落实，组织的中、长期培训目标就会成为空中楼阁。短期培训计划需要明确的事项包括：

①培训的目的与目标；

②培训时间；

③培训地点；

④培训者；

⑤培训对象；

⑥培训方式；

⑦培训内容；

⑧培训组织工作的分工和标准；

⑨培训资源的具体使用；

⑩培训资源的落实；

⑪培训效果的评价。

一般所指的培训计划大多是短期培训计划，除非特别指明。从目前国内组织的培训时间来看，更多的是某次或某项目的培训计划。

5.1.1.6　加强培训计划的有效性方法

就培训计划管理来讲，加强培训系统内部培训计划管理能力的方法主要有以下几个方面：

1）加强组织建设，健全培训计划管理体系

对培训计划基本概念进行统一后，在培训流程制度中进行体现。如规划管理规定、培训实施管理办法等制度中必须明确计划制订的责任、流程、规则等。在行业或大型企业的培训实践中，由于管理层级很多，计划管理更为重要。

（1）自下而上制订年度培训计划。

上级部门在制订年度培训计划时，可以先收集各下属机构（部门）的年度培训计划草案，综合考虑下属机构的实际情况。年度培训计划草案本质上是对上级部门起到调研功能和作用。因此，下属机构的培训计划草案是上级部门制订年度计划的基础和保障，必须做到周密思考。

（2）下属机构年度培训计划必须充分考虑上级部门的年度培训目标。

下属机构必须根据上级部门的年度培训规划，结合已经确定的上级部门年度培训计划，最终来形成本机构（部门）的年度培训计划。

（3）下属机构的季度（月度）培训计划的制订。

下属机构季度（月度）培训计划，有利于本机构规划工作、项目策划、培训项目管理等工作，机构主要负责人能够清晰明确当月的培训项目，所有培训学员能被明确告知，以便提前做好准备、安排工作，所有授课教员也能明确接受培训任务，以便做好课程开发、授课安排等；培训管理人员也能保持培训进展的一致性、培训质量的可控性。

（4）季度（月度）培训计划的检查。

对下属机构培训进展、资源调配等宏观管理，如资金流向等，是否与上级培训规划保持一致，利于制定对下属机构培训工作的资源、技术支持如课程开发、讲师调度，培训基础工作建设，如课程开发进度推动、讲师队伍培养，培训基础工作的定位、定向和调整等。

2）推行管理培训，提升计划制订能力

（1）培训部门对下属机构培训工作进行督促检查控制时，也可能需要下属机构提交季度或月度培训计划。这个计划及工作进程情况应该是属于工作沟通、工作总结类。

（2）计划制订负责人在制订计划时必须仔细学习并思考：如何保证培训策略的贯彻和落实，明确如何主动开展培训工作，培训责任和义务，有必要对本机构内部培训管理流程、制度、技术方法等提出改善要求。合理调配整体培训资源，及时掌握培训效果。

（3）计划制订人必须了解行业的发展历程和发展战略，熟悉自身企业的文化；对培训行业要有相当的了解，调动社会培训资源和培训师资；掌握培训需求调查的基本方法和手段，能够深入了解员工状况；掌握培训预算管理和培训实施管理；掌握培训评估的主要方法和手段。

（4）下属机构制订年度培训计划、项目计划、教学计划，也需要责任人加强培训管理理论学习。如果单位规模小、变化快，可以不做年度培训计划而以季度培训计划替代。

3）加强绩效管理，培训计划质量纳入考核

培训计划制订的质量直接影响到培训工作绩效，所以培训计划自身的质量尤其重要。培训计划的制订是否成功，关键在管理体系的完善、制订人的个人能力，还要重视计划质量考核。有的部门将之纳入考核指标体系，取得了显著的效果。

5.1.1.7　制订培训计划应注意的问题

通常各个企业都要做培训计划,但是由于企业管理水平、人力资源干部素质以及企业对培训的看法不同,导致各个企业的培训计划存在较大的差异。因此,制订培训计划时需要注意以下三个问题:

第一,掌握企业的真实需求并能描述需要的来源。所谓掌握真实需求,是指要了解各个部门当前的工作最需要的培训需求,而不是时下有哪些最流行的课程和哪些最知名的培训师。很多企业容易犯一个错误,就是在进行培训需求调查的时候并不是从公司的业务出发,而是从培训提供商出发,不是考虑员工的工作需要什么培训,而是从培训机构介绍的课程出发,把这些课程重新编排作为需求调查的内容。较易造成把知名的培训师和知名的培训机构作为培训需求的源头,制订培训计划。只有从员工绩效出发的培训需求才是最真实的需求,也是企业最需要的。

第二,培训的目标要清晰。在培训目标设定的过程中,首先,应注意目标简明,而且表达尽可能精确;其次,培训目标尽可能量化,一个模棱两可、似是而非的培训目标无法激发培训对象的学习潜力;最后,将每次培训的目标尽可能降到最低限度——目标过多,会为培训对象及授课培训师资带来太多的负担,从而影响培训目标的实现。如:解决人的问题(就以岗位胜任能力的提升的培训为主要内容),解决事的问题(就以绩效提升的培训为主要内容),解决精神的问题(就以企业远景和战略的培训为主要内容)等。

第三,编写一份高质量的培训计划书。为使培训计划更有效,人力资源部应该编写一份高质量的培训计划书。其中必须涵盖以下内容:

(1)培训需求调查。

(2)培训计划的制订。

(3)培训计划的组织。

(4)培训总结。

(5)培训效果的评估。

5.1.1.8　培训计划的制订步骤

1)长期计划的制订

(1)确立培训目标。通过对培训需求的调查分析,将培训的一般需求转变为企业培训的总体目标,如通过培训来达到各项生产经营目标和提高企业的管理水平。通过对上年度培训计划的总结及分析培训的特殊需要,可以确立需要通过培训而改善现状的特别目标,成为本年度培训的重点项目。

(2)研究企业发展动态。企业培训部门会同有关的主要管理人员研究企业的生产营销计划,以确定如何通过培训来完成企业的年度生产经营指标。一项生产经营目标的达成往往取决于一个或几个员工是否正确地完成任务;而要正确地完成任务,又取决于员工是否具备完成任务所需的知识、技能和态度。通过检查每一项业务目标,确定要在哪些方面进行培训。企业培训部门还要与有关人员共同研究企业的生产经营状况,找到需要改进的不足之处,寻求通过何种培训可以改善现状、实现培训的特别目标。

(3)根据培训的目标分类。围绕企业生产经营目标的培训应列入业务培训方案,围绕提高企业管理水平的培训活动则应列入管理培训方案。因此,培训方案的制订是针对培训目标,具体设计各项培训活动的安排过程。企业的业务培训活动可分为素质训练、语言训练及专门业务训练;企业的管理培训活动主要是班组长以上管理人员的培训,内容包括系统的督导管理训练及培训师训练等。

(4)决定培训课程。课程是培训的主题,要求参加培训的员工经过对某些主题的研究讨论后,达到对该训练项目的内容的掌握与运用。年度培训计划中,要对各类培训活动的课程进行安排,主要是列出训练活动的细目,通常包括培训科目、培训时间、培训地点、培训方法等。注意培训课程的范围不宜过大,以免在各项目的训练课程之间发生过多的重叠现象;但范围也不宜过狭,以免无法真正了解该项目的学识技能,应主要以熟悉该训练项目所必需的课程为限。培训课程决定后,需选编各课程教材,教材应包括以下部分:培训教材目的的简要说明;列出有关教材的图表;说明表达教材内容的方法;依照下列顺序编写教材,即教材题目、教材大纲及时间计划、主要内容及实施方式和方法,讨论题及复习的方法和使用的资料。

(5)培训预算规划。培训预算是企业培训部门在制订年度培训计划时,对各项培训方案和管理培训方案的总费用的估算。预算是根据方案中各项培训活动所需的经费、器材和设备的成本以及教材、教具、外出活动和专业活动的费用等估算出来的。

2)短期计划的制订

短期计划指针对每项不同科目、内容的培训活动或课程的具体计划。制订培训活动详细计划的步骤如下:

(1)确立训练目的。阐明培训计划完成后,受训人应有的收效。

(2)设计培训计划的大纲及期限。为培训计划提供基本结构和时间阶段的安排。

(3)草拟训练课程表。为受训人提供具体的日程安排,落实到详细的时间安排,即训练周数、日数及时数。

(4)设计学习形式。为受训人完成整个学习计划提供有效的途径,在不同学习阶段采用观察、实习、开会、报告、作业、测验等不同学习形式。

(5)制定控制措施。采用登记、例会汇报、流动检查等控制手段,监督培训计划的进展。

(6)决定评估方法。根据对受训人员的工作表现评估以及命题作业、书面测验、受训人员的培训报告等各方面来综合评价受训人员的培训效果。

在完成了培训需求调研之后,就要制订年度培训计划。在制订培训计划时,除要参考《年度培训需求调研报告》外,还要参考企业的其他与培训有关的制度和规定。比如有的企业有培训制度,有的企业根据ISO9000的要求制定了标准的培训程序。这些都是制订培训计划的依据。

5.1.2　泵站运行工的培训内容

5.1.2.1　职业道德

职业道德基本知识和职业守则如下:

(1)遵守法律、法规和有关规定。

(2)爱岗敬业,忠于职守,自觉履行各项职责。

(3)工作认真负责,严于律己。

(4)刻苦学习,钻研业务,努力提高思想和科学文化素质。

(5)谦虚谨慎,团结协作,主动配合。

(6)严格执行规程,保证安全运行。

(7)坚持献身、负责、求实的水利行业精神。

(8)重视安全、环保,坚持文明生产。

5.1.2.2　专业基础知识

1)机械工程基础知识

(1)常用机械零件的种类和用途。

(2)机械传动的种类和用途。

(3)润滑油(脂)的牌号、性能。

(4)常用机械测量工具的名称、规格、用途和使用方法。

(5)常用维修工器具的用途和使用方法。

(6)泵站工程常用材料的种类、牌号、性能与应用。

2)工程识图基本知识

(1)公差配合及标注方法。

(2)泵站建筑物纵横断面、平面布置、结构图的识读方法。

(3)简单机械零件图和装配图的识读方法。

(4)电气一次接线图、简单二次接线图的识读方法。

3)电工基础知识

(1)直流电路基本概念。

(2)复杂直流电路分析知识。

(3)交流电路及正弦交流电路的基本概念。

(4)正弦交流电路的复数计算及三相电路的计算。

(5)电磁感应的基本概念。

4)电气设备基本知识

(1)泵站常用电气设备的名称、型号、性能参数及用途。

(2)电动机的用途、类型、型号及结构。

(3)常用电工仪表的名称、型号及用途。

5)水泵基本知识

(1)水泵的用途、类型及工作原理。

(2)离心泵、轴流泵、混流泵的型号及结构特点。

(3)水泵的性能参数。

(4)水泵比转速的基本概念。

(5)水泵汽蚀的基本概念。

6)泵站工程基本知识

(1)泵装置的组成。

(2)泵站流量、扬程、功率等基本参数。

(3)泵房的基本型式。
(4)泵站建筑物的组成及功能。
(5)泵站金属结构的类型及用途。
(6)泵站断流方式的种类及工作原理。
(7)泵站辅助设备的分类及用途。
(8)泵站计算机监控系统的组成。

7)泵站维护与管理知识

(1)泵站设备的维护内容及方法。
(2)泵站技术管理的基本内容,运行维修资料的整理和归档知识。
(3)泵站技术经济指标的基本概念。

8)安全生产与环境保护知识

(1)安全操作规程。
(2)工程设施、设备安全使用知识。
(3)安全用电常识。
(4)安全用具的种类及使用方法。
(5)触电及现场救护的知识。
(6)起重安全基本知识。
(7)安全防火与灭火知识。
(8)紧急事故的安全防范及应急处理知识。
(9)水质及环境保护的相关知识。

9)质量管理知识

(1)质量管理的性质与特点。
(2)质量管理的基本方法。

10)法律法规知识

遵守相关法律法规。

5.1.3 培训讲义的编写

技师要具有对本职业初级工、中级工、高级工进行理论培训的能力,明确培训讲义的基本要求和编写方法,要能编写培训讲义。

5.1.3.1 培训讲义的基本要求

(1)应根据本职业的国家职业标准和国家职业资格培训教程来编写。

(2)应结合本行业(企业)工种的内容、工艺、设备的特点来编写。

(3)应结合编写者本人长期积累的实践经验、先进的操作方法、技能、技巧来编写。

(4)培训讲义的内容应严谨准确,采用的标准要符合最新的国家标准,名词术语要规范,物理量及计量单位使用要正确。

(5)培训讲义各等级之间的知识与技能要合理衔接,既不能重复,也不能遗漏,并防止过多、过难、过深。

(6)培训讲义的语言应生动,通俗易懂,贴近生产实际,便于学员的理解和记忆。

(7)培训讲义应能充分体现水利行业以及泵站工程在新技术、新材料、新工艺、新设备方面的发展趋势和管理科学的进步。

5.1.3.2 编写培训讲义的方法

(1)根据培训对象选定培训内容。

(2)搜集有关技术资料。

(3)认真研究本职业《国家职业标准》和《国家职业资格培训教程》。

(4)编排培训教学顺序和有关内容,制订授课计划。

(5)编写培训授课讲义。

5.1.3.3 培训教学单元设计与讲义编写范例

培训讲义的编写过程中,培训内容要体现适用和可操作,不要空泛,要实际。培训内容要有重点,有主有次,可注重核心知识和技能的培训,以项目导向(或任务驱动)等教学方法,采用先进的教学手段。

1)模块单元教学设计

模块单元教学设计见表6-5-1。

表6-5-1 模块单元教学设计

<table>
<tr><td>单元标题</td><td colspan="3">泵站概论</td><td>单元课时</td><td>2</td></tr>
<tr><td rowspan="2">授课班级</td><td rowspan="2">泵站运行工
(中级工)</td><td rowspan="2">上课
时间</td><td>上午:08:00~09:30</td><td rowspan="2">上课
地点</td><td rowspan="2">培训楼××室</td></tr>
<tr><td>…</td></tr>
<tr><td>教学目的</td><td colspan="5">使得培训学员对泵站及水泵有一个总体概括性的了解</td></tr>
<tr><td rowspan="2">教学目标</td><td colspan="2">能力(技能)目标</td><td colspan="3">知识目标</td></tr>
<tr><td colspan="2">1. 了解泵站的建站目的和用途
2. 掌握水泵类型特点
3. 掌握水泵的工作原理
4. 识读水泵结构装配图</td><td colspan="3">1. 泵站的基本知识。
(1)泵站分类
(2)泵站组成
(3)灌排泵站工程规划
2. 水泵的基础知识
(1)水泵及其用途
(2)水泵的类型特点
3. 水泵的工作原理及构造</td></tr>
<tr><td>重点难点及解决方法</td><td colspan="5">重点:泵站的分类;水泵的类型特点
难点:水泵的工作原理及构造
解决办法:加强理论联系实际;多媒体课件与板书结合;视频。水泵实物或现场教学</td></tr>
<tr><td>参考资料</td><td colspan="2"></td><td>作业要求</td><td colspan="2">预习教材
完成书面作业
复习和掌握内容要求</td></tr>
</table>

2）讲义编写格式范例

讲义编写格式范例见表 6-5-2。

表 6-5-2　讲义编写格式范例

第一章　泵站概论 第一节　泵站的基本知识与规划 一、泵站分类 1. 按建站的目的和用途不同可分为： 灌溉泵站、排水泵站、排灌结合泵站、输水泵站、加压泵站、牧业供水泵站、城乡供水泵站和多功能泵站等。 2. 按泵站规模可分为： 大型、中型和小型泵站。但各国的标准不一。 二、泵站组成 泵站由主机组、辅助设备、电气设备、泵站建筑物组成。主机组包括主水泵及动力机。 三、灌排泵站工程规划 …… 第二节　水泵的基础知识 一、水泵及其用途 …… 二、水泵的类型特点 …… 第三节　水泵的工作原理及构造 …… 课堂归纳： 重点掌握：…… 难点解决办法：……	作业要求： 1. …… 2. ……

5.2　技术指导与管理

5.2.1　技师技术指导的基本要求和内容

根据泵站安全运行与技术管理知识，有计划、有步骤地做好机电设备和水利工程设施的运行、维修、保养工作，提高工程和设备的完好率，提高水利服务的质量。刻苦钻研业务，不断提高科学技术水平，并根据本站的实际情况，组织职工学习新技术、新经验、新工艺，开展技术革新活动。协助站长搞好本站职工的技术培训、技术考核工作。基本要求和内容包括下列几个方面。

（1）指导初、中、高级泵站运行工的实际操作。

（2）制订泵站安全运行方案，进行泵站安全运行管理。

（3）制订电气设备检查测试方案。

(4)按技术文件要求进行泵站维修质量监督、检查、考核。

(5)撰写技术总结。

5.2.2　质量管理的基础知识

5.2.2.1　概述

质量管理随着生产的发展已成为一门具有完整理论体系的边缘学科。全面质量管理的发展和深化将成为人类生产活动的永恒主题。

质量管理的发展分为五个阶段:操作者质量管理、工长质量管理、检验员质量管理、统计质量管理、全面质量管理。

全面质量管理的深化和发展的主要标志是建立一个包含 ISO9000 和 ISO14000 标准的全面质量一体化管理体系(TQIMS),把全面质量管理推向更加科学化、规范化和标准化的新阶段。

ISO8402 术语标准对全面质量管理的定义:一个组织以质量为中心,以全员参与为基础,目的在于通过让顾客满意和本组织所有成员及社会受益而达到长期成功的管理途径。

全面质量管理的原理:是基于对质量形成的全过程,即质量环的控制,并通过有效的质量体系或系统工程为基础来实施和体现。质量环和系统工程可以用过程来体现,过程的不稳定性正是全面质量管理的控制目标。

不同的行业和产品都有各自的特点,因此质量环的划分应该随行业和产品不同而有一定的差异,但是,无论质量环如何不同,其产品质量形成的全过程都应包括在内并进行有效控制。

全面质量管理的特点:全员、全过程、全范围及多方法的质量管理。全面质量管理与传统质量管理的差异:强调系统管理、强调预防为主、强调不断改进、强调满足顾客需要。

5.2.2.2　全面质量管理体系的建立与运行

全面质量管理的构成要素包括质量方针、质量目标、质量体系、质量策划、质量成本、质量改进和质量文化及质量审核。

质量方针:由组织的最高管理者正式发布的该组织总的质量宗旨和质量方向。

质量体系:为实施质量管理所需的组织结构、程序、过程和资源。

5.2.2.3　过程控制和质量控制点

(1)过程控制是质量管理的核心和基础,质量控制点是过程控制的重要措施和方法。

(2)过程是将输入转化为输出的一组相关联的资源和活动。资源可包括人员、资金、装置、设备,以及技术和方法等。

(3)工序是制造控制的主要环节。工序控制的目的是实现产品设计质量,通过制造最终达到预期目标及满足用户要求。

(4)工序能力就是操作者、设备、工装、使用的原材料、操作方法、检验方法以及环境等都在标准的条件下,操作呈稳定状态时所具有的加工精度,也就是工序处于稳定状态下的实际加工能力。

(5)在服务质量环中,较为重要的是服务设计过程和服务提供过程,它们是服务质量形成的主要环节。

(6)质量控制点:是指在质量活动过程中需要重点进行控制的对象或实体。质量控制点是一个广泛的实体范畴;它可以是硬件产品的关键部位或零件,也可以是软件产品的环节或程序,还可以是流程性材料的重要工艺过程;在服务过程中,它可以是关键部门、关键人员和关键因素等;质量控制点具有动态性,也就是说,随着过程的进行,质量控制点的设置不是永久不变的。

(7)质量控制点的确定和实施为操作人员和检验员提出了很高的要求,主要应明确职责,并创造性地做好本职工作。

5.2.2.4　全面质量管理的经济效果

建立有效的质量体系和不断深化全面质量管理的最终目的是使企业及顾客等多方受益。

符合性成本:为实现所有规定的或潜在的顾客要求而发生的费用。

非符合性成本:由于不满足所有规定的或潜在的顾客要求而发生的超出符合性成本的附加费用。

影响顾客满意度的因素:满意因素、非常满意因素、不满意因素。

满意因素:是指某一与顾客满意程度存在线性关系的期望的条件或事件。

质量成本属于质量经济学范畴,它包括确保和保证满意的质量时所发生的费用,以及未达到满意的质量所造成的损失。因此,如何对质量成本进行预测、计划、考核和控制,直接关系到全面质量管理的经济效果和社会效益。质量成本不仅是全面质量管理关注的中心,同时也涉及生产者、用户和社会利益。

过程成本法是对任何一个过程中与质量相关的成本进行分析的方法,它主要分析两类数据:符合性成本、非符合性成本。

质量成本分为三个级别的科目:

一级科目:质量成本;

二级科目:预防成本、鉴定成本、内部损失成本、外部损失成本、外部质量保证成本;

三级科目:三级科目是对二级科目每种成本的展开。

质量成本预测是制订质量成本计划的主要依据,是通过分析各种质量要素与质量成本的依存关系,对一定时期的质量成本目标,作出长期、中期、短期预测。

制订质量成本计划应与企业综合经营计划、质量计划和产品成本计划相协调。

质量改进:为向本组织及顾客提供更多的收益,在整个组织内所采取的旨在提高活动过程的效益和效率的各种措施。进行质量改进时,要划清长期性故障和偶发性故障之间的界限。对于偶发性问题的解决属于控制范畴,对于经常延续的长期性问题的解决属于改进范畴。

质量改进的原理:质量改进是通过改进过程来实现的。因为过程的效益和效率直接关系到质量,因此对过程的改进可直接影响到质量和收益。预防和纠正措施是质量改进的关键。

5.2.2.5　质量管理小组(QC)和5S活动

质量管理小组(QC)和5S活动都是现场全面质量管理具体实施的主要措施和保证,同时也体现了全面质量管理以人为本和实施主体的基本思想。

QC 小组的性质主要表现在自主性、科学性和目的性几个方面。

QC 小组的特点：广泛的群众性、组织的灵活性、明显的自主性、高度的民主性、明确的目的性。

QC 小组的主要任务应该是提高质量意识，加强全面质量管理的理论和方法的学习及解决实际质量问题。

QC 小组分为管理型、现场型、攻关型、服务型、创新型。

QC 小组活动的主要步骤：选择课题、调查现状、设定目标值、分析原因、制定对策、实施对策、检查效果、巩固措施和下步计划等。（PDCA 四个阶段）

QC 小组选题确定以后，调查现状时，应注意调查的客观性、调查的时间性。

5S 活动：整理、整顿、清洁、清扫、素养。（质量管理的基础工程）

5.2.2.6　ISO9000：2000 标准管理原则

ISO9000：2000 标准作为 2000 版 ISO9000 族标准之一，其作用是描述质量管理体系的基本原理和规定术语。该标准引言部分提出了根据现代科学的管理理论和实践总结出的八项质量管理原则。这八项质量管理原则也是 2000 版 ISO9000 族标准的修订依据和指导思想。最高管理者可运用八项质量管理原则，领导组织进行改进业绩。

（1）以顾客为关注焦点：组织依存于其顾客，因此组织应理解顾客当前和未来的需求，满足顾客要求并争取超越顾客期望。

（2）领导作用：领导者应建立组织协调一致的宗旨和方向。为此，他们应当创造并保持使员工能充分参与实现组织目标的内部环境。

（3）全员参与：各级人员都是组织之本，只有他们的充分参与，才能使他们的才干为组织获益。

（4）过程方法：将活动和相关的资源作为过程进行管理，可以更高效地得到期望的结果。

（5）管理的系统方法：将相互关联的过程作为系统加以识别、理解和管理，有助于组织提高实现目标的有效性和效率。

（6）持续改进：持续改进整体业绩应当是组织的一个永恒目标。

（7）基于事实的决策方法：有效决策是建立在数据和信息分析基础上的。

（8）与供方互利的关系：组织与供方是相互依存的，互利的关系可增强双方创造价值的能力。

5.2.2.7　质量与标准化

质量管理与标准化虽然是两个不同的学科，但两者有着非常密切的关系。标准化是进行质量管理的依据和基础，标准化的活动贯穿于质量管理的始终，标准与质量在循环过程中互相推动，共同提高。标准化与质量管理都是现代科学技术与现代科学管理相结合的综合性学科，它们的学科基础以及与社会学、经济学、环境学等的交汇点都有许多相同之处。因此，学习质量管理应掌握必要的标准化知识。

我国国家标准《标准和有关领域的通用术语第一部分：基本术语》（GB 3935.1—1996）对标准和标准化有明确的定义。

我国标准的体制主要包括标准分级和标准性质两方面内容。

1）标准分级

所谓标准分级，就是根据标准适用范围的不同，将其划分为若干不同的层次。对标准进行分级可以使标准更好地贯彻实施，也有利于加强对标准的管理和维护。世界各国的具体情况不同，有着不同的标准分级方法。按《中华人民共和国标准化法》规定，我国标准分为四级，即国家标准、行业标准、地方标准和企业标准。另外，为了适应高新技术标准化发展快和变化快等特点，国家标准化行政主管部门于 1998 年通过《国家标准化指导性技术文件管理规定》出台了标准化体制改革的一项新举措，即在四级标准之外，又增设了一种“国家标准化指导性技术文件”，作为对四级标准的补充。

（1）国家标准：由国家的官方标准化机构或国家政府授权的有关机构批准、发布，在全国范围内统一和适用的标准。中华人民共和国国家标准，是指对全国经济技术发展有重大意义，必须在全国范围内统一的标准。对需要在全国范围内统一的技术要求，应当制定国家标准。我国国家标准由国务院标准化行政主管部门编制计划和组织草拟，并统一审批、编号和发布。

我国国家标准的代号，用“国标”两个字汉语拼音的第一个字母“G”和“B”表示。强制性国家标准的代号为“GB”，推荐性国家标准的代号为“GB/T”。国家标准的编号由国家标准的代号、国家标准发布的顺序号和国家标准发布的年号三部分构成。

（2）行业标准：中国全国性的各行业范围内统一的标准。《中华人民共和国标准化法》规定：“对没有国家标准而又需要在全国某个行业范围内统一的技术要求，可以制定行业标准。”行业标准由国务院有关行政主管部门编制计划，组织草拟，统一审批、编号、发布，并报国务院标准化行政主管部门备案。行业标准是对国家标准的补充，行业标准在相应国家标准实施后，自行废止。

行业标准代号由国务院标准化行政主管部门规定。目前，国务院标准化行政主管部门已批准发布了 58 个行业标准代号。例如机械行业标准的代号为“JB”。行业标准的编号由行业标准代号、标准顺序号及年号组成。

（3）地方标准：在某个省、自治区、直辖市范围内需要统一的标准。对没有国家标准和行业标准而又需要在省、自治区、直辖市范围内统一的工业产品的安全和卫生要求，可以制定地方标准。制定地方标准的项目，由省、自治区、直辖市人民政府标准化行政主管部门确定。地方标准由省、自治区、直辖市人民政府标准化行政主管部门编制计划，组织草拟，统一审批、编号、发布，并报国务院标准化行政主管部门和国务院有关行政主管部门备案。地方标准不得与国家标准、行业标准相抵触，在相应的国家标准或行业标准实施后，地方标准自行废止。

地方标准的代号，由汉语拼音字母“DB”加上省、自治区、直辖市行政区划代码前两位数、再加斜线、顺序号和年号，共四部分组成。

（4）企业标准：企业所制定的产品标准和在企业内需要协调、统一的技术要求和管理、工作要求所制定的标准。企业生产的产品在没有相应的国家标准、行业标准和地方标准时，应当制定企业标准，作为组织生产的依据。在有相应的国家标准、行业标准和地方标准时，国家鼓励企业在不违反相应强制性标准的前提下，制定充分反映市场、顾客和消费者要求的，严于国家标准、行业标准和地方标准的企业标准，在企业内部适用。

企业标准由企业制定,由企业法人代表或法人代表授权的主管领导批准、发布,由企业法人代表授权的部门统一管理。企业的产品标准,应在发布后30日内办理备案。一般按企业隶属关系报当地标准化行政主管部门和有关行政主管部门备案。

2)标准性质

按标准的性质(也称标准的属性)区分,标准可分为强制性和推荐性两种性质,对应称为强制性标准和推荐性标准。

《中华人民共和国标准化法》规定,国家标准、行业标准分为强制性标准和推荐性标准。保障人体健康,人身、财产安全的标准和法律、行政法规规定强制执行的标准是强制性标准,其他标准是推荐性标准。《中华人民共和国标准化法》同时还规定,省、自治区、直辖市标准化行政主管部门制定的工业产品的安全、卫生要求的地方标准,在本行政区域内是强制性标准。

(1)强制性标准:所谓强制性标准,是指具有法律属性,在一定范围内通过法律、行政法规等强制手段加以实施的标准。

《中华人民共和国标准化法》规定:"强制性标准必须执行,不符合强制性标准的产品,禁止生产、销售和进口"。由此可见,违反强制性标准就是违法,就要受到法律制裁。强制性标准的强制作用和法律地位是由国家有关法律赋予的。

强制性标准可分为全文强制和条文强制两种形式:标准中全部技术内容需要强制时,为全文强制形式;标准中部分技术内容需要强制时,为条文强制形式。

强制性内容的范围包括:

①有关国家安全的技术要求;

②保障人体健康和人身、财产安全的要求;

③产品及产品生产、储运和使用中的安全、卫生、环境保护、电磁兼容等技术要求;

④工程建设的质量、安全、卫生、环境保护要求及国家需要控制的工程建设的其他要求;

⑤污染物排放限值和环境质量要求;

⑥保护动植物生命安全和健康的要求;

⑦防止欺骗、保护消费者利益的要求;

⑧国家需要控制的重要产品的技术要求。

(2)推荐性标准:除强制性标准外的标准是推荐性标准,也就是说,推荐性标准是非强制执行的标准,国家鼓励企业自愿采用推荐性标准。

所谓推荐性标准,是指生产、交换、使用等方面,通过经济手段调节而自愿采用的一类标准,又称自愿性标准。这类标准任何单位都有权决定是否采用,违反这类标准,不承担经济或法律方面的责任。但是,一经接受采用,或各方面商定同意纳入商品、经济合同之中,就成为各方共同遵守的技术依据,具有法律上的约束力,各方必须严格遵照执行。

5.2.3 泵站管理知识

5.2.3.1 泵站技术管理的基本内容

泵站的科学管理是泵站安全、高效运行的重要保证。加强泵站管理,不断提高泵站科学管理水平，就能使机电设备和水工建筑物在运行期间始终保持良好的运行状态，降低能源消耗和运行费用，延长泵站设备及建筑物的使用寿命，从而实现安全生产和充分发挥泵站的最大效益。

泵站管理主要包括管理机构的设置、行政管理、资产管理和技术管理等工作。

技术管理是泵站运行管理的核心。泵站技术管理水平的高低，将直接影响泵站运行安全及效益的发挥。因此，不断提高技术管理水平，搞好运行管理是至关重要的。

泵站技术管理包括机电设备运行管理、机电设备检修管理、工程管理、调度管理、安全管理及科学试验和技术档案管理等方面。根据水利部发布的《泵站技术管理规程》（SL 255—2010）的规定，泵站技术管理的主要内容是：

（1）根据《泵站技术管理规程》和国家有关规定，制定泵站运行、维修、调度及安全等规章制度；

（2）完善管理机构，明确职责范围，建立健全岗位责任制；

（3）搞好泵站的机电设备和工程设施的运行调度和检修维护等管理工作；

（4）认真总结经验，开展技术改造、技术革新和科学试验，采用和推广新技术；

（5）按照泵站技术经济指标，考核泵站技术管理工作。

5.2.3.2　泵站技术档案管理

1）技术档案管理知识简介

（1）为了加强对技术档案的管理，确保技术档案的齐全、完整和准确，发挥技术档案在科研、生产、基建中的作用，促进生产力发展和科技进步，根据《技术档案工作条例》制定相关技术档案管理制度。

（2）技术档案指本单位的生产技术、基本建设活动中形成的归档保存的各种图样、图表、文字材料、计算材料等技术文件材料。

（3）技术档案工作是技术管理、科研管理的重要组成部分，各级部门必须将技术文件材料积累整理、归档纳入各级部门责任范围、工作程序和有关人员的岗位责任制，并进行严格考核。

（4）各级部门形成的技术文件材料，必须按一个技术项目进行配套，加以系统管理，组成案卷，填写保管期限，注明密级，经技术负责人审查后，集中统一管理，任何人不得据为己有。

（5）技术档案应分类编号和进行必要的加工整理，排列整齐。

（6）已归档技术图样、说明书的修改、补充应先请示领导，履行审批手续。

（7）建立技术档案的收进、移出总登记簿和分类登记簿，及时登记。年末要对技术档案的数量、利用情况进行统计。

2）泵站技术档案管理的主要内容

根据《泵站技术管理规程》（2010年标准报批稿）的规定，工程技术人员应负责做好全站的技术档案工作。泵站技术档案管理的主要内容包括：

工程及设备的技术资料（工程的设计、施工、安装、竣工验收资料，设备技术指标，管理资料等）齐全、完整；机组试运行、运行、检修等技术参数，记录要翔实可靠，并建档立卡；要建立大事记制度，将大修、更新改造、发生的事故及事故处理的措施、效果及问题等详细记录并归档。对机电设备更新或工程改建项目,其立项报告和各阶段设计报告以及报上级审批的批文等资料都属于归档内容。对于有条件的管理单位,技术文件和资料除采用书面方式存档外,还应采用电子方式存档。具体参照各地行业主管部门要求执行。

3)泵站管理技术档案

泵站管理技术档案应包括以下内容:

(1)泵站管理相关的标准。

(2)设备管理技术档案,主要包括设备台账、运行分析报告、巡视、保养及维修记录、主机组及主变压器大修报告、电气设备预防性试验记录、设备异常运行情况及事故记录、两票分析报告、备品备件分析报告、设备更新及技术改造等技术文件及资料。

(3)建筑物管理技术档案,主要包括建筑物、水文、气象等观测试验资料,建筑物保养、岁修、大修、技术改造等技术文件和资料。

(4)调度管理技术档案,主要包括调度值班日志、调度指令、交接班信息、历史数据,供(排)水计划、能源计划、检修计划,月度及年度分析报告,调度预案,水文资料等。

(5)信息管理技术档案,主要包括信息系统程序修改或版本更新记录,信息系统运行数据等。

5.2.3.3 安全生产与环境保护知识

(1)安全操作规程。

(2)工程设施、设备安全使用知识。

(3)安全用电常识。

(4)安全用具的种类及使用方法。

(5)触电及现场救护的知识。

(6)起重安全基本知识。

(7)安全防火与灭火知识。

(8)紧急事故的安全防范及应急处理知识。

(9)水质及环境保护的相关知识。

5.2.4 技术总结写作基础知识

5.2.4.1 技术总结概述

技术总结是一种说明类的文体,其主要目的是介绍在一定范围和时间内所完成的专业技术工作内容,并能反映项目开发、技术创新或者操作的技术水平。要求实事求是地介绍,不能弄虚作假。鉴定结论真实可靠,具有一定的权威性。

通常有技术工作总结和专项技术总结。技术工作总结,是指个人或团体成员在某一时段内所完成工作的总结。专项技术总结,指完成某项专门的技术工作,包括技术革新改造、项目论证等具体工作过程的总结。

5.2.4.2 技术总结主题

技术总结写作应有明确的主题思想。围绕主题全面阐述清楚过程,充分展现主题内容,肯定取得成果,做出客观的经济分析和评价,提出推广和借鉴的意义。

5.2.4.3　撰写技术总结的准备

在撰写技术总结之前，需要进行素材的准备和内容的构思，最好按年度列出专业技术工作项目清单以及论文篇目清单（选择技术含量高的工作项目和论文）。然后分门别类地写入总结之中。平时要特别注重资料的积累。对一些技术性强的工作，或者有引用他人的材料务必注明出处。另外，还需要准备参考文献资料和技术规范等，以备撰写过程中查阅。

5.2.4.4　专业技术总结的写法

技术总结的写法没有固定的要求，可以根据具体的内容确定。但是，也有一些规律性的东西可以借鉴。一般有按时间顺序的写法、按工作类别或工作部门的写法和按技术分类要求的标准列出标题的写法。选择列出标题写法的好处是，给人感觉层次清楚，内容丰富，条理性强，同时也便于对总结内容的摘要。推荐应用这种写法格式撰写技术总结。

5.2.4.5　技术总结的结构

技术总结的结构和其他应用文体一样，正文也分为开头、主体、结尾三部分，各部分均有其特定的内容。

（1）开头：技术总结的开头主要用来概述基本情况。包括时代背景、指导思想、主要任务，以及总结目的、主要内容提示等。作为开头部分，要注意简明扼要，文字不可过多。

（2）主体：这是总结的主要部分，内容包括成绩和做法、经验和教训、今后打算等方面。这部分篇幅大、内容多，要特别注意层次分明、条理清楚。

主体部分常见的结构形态有三种。

第一，纵向结构。就是按照事件或实践活动的过程安排内容。把总结所包括的时间划分为几个阶段，按时间顺序分别叙述每个阶段的技术过程、做法、经验、成绩和体会。这种写法的好处是事件发展或项目活动的全过程层次清楚明了。

第二，横向结构。按事实性质和规律的不同分门别类地依次展开内容，使各层之间呈现相互并列的态势。这种写法的优点是各层次的内容鲜明集中。

第三，纵横交替结构。在安排总结内容时，既考虑到时间的先后顺序，体现事物的发展过程，又注意内容的整体性以及逻辑联系。这种写法多数是先采用纵式结构，写事物发展的各个阶段的情况或问题，然后用横式结构总结内容和成绩。

主体部分的外部层次形式，有贯通式、标题式、序数式三种情况。贯通式适用于内容相对单一、篇幅短小的总结，全文之中不用外部标志来显示层次。标题式将主体部分分为若干层次，每层加一个概括核心内容的小标题，重心突出，条理清楚。序数式也将主体分为若干层次，各层用“一、二、三……；1. 2. 3……”的序号排列，层次一目了然。

（3）结尾。结尾是正文的收束，应在总结经验教训的基础上，提出今后的方向、任务和措施，展望前景。这段内容要与开头相呼应，篇幅不应太长。

5.2.4.6　撰写技术总结的注意事项

（1）真实性。撰写专业技术工作总结总的原则就是要实事求是。这点要贯穿于整个材料的始终。总结选用的材料必须实事求是，查有所据，必要时要提供原始材料。

（2）典型性。在总结中要反映典型的技术业务工作内容，不要写一些行政事务性工作。总结要有独到的发现、独特的体会、新鲜的角度、新颖的材料。

(3)针对性。在写总结时,总想把一切成绩都写进去,不肯舍弃所有的正面材料,结果文章写得臃肿拖沓,没有重点,不能给人留下深刻印象。总结的选材不能求全贪多、主次不分,要根据实际情况和总结的目的,要详略得当,突出重点和有针对性。

5.2.5 大修总结报告参考格式

大修总结报告主要包括检修日期、工时、费用、由上次大修到此次大修运行小时数、大修前后运行的主要技术指标、大修前后主要安装技术参数、设备评级、简要文字总结等内容。报告可参考如下格式编写(见表6-5-3)。

表6-5-3 主机组大修总结报告格式

________泵站______号机组　　　　________年______月______日

电动机型号______________　制造厂______________　制造日期______________

功率________(kW)　额定电压________(kV)　转速(r/min)________

水泵型号______________　制造厂______________　制造日期______________

设计流量________(m^3/s)　设计扬程________(m)

1. 检修日期:

　　计划____年____月____日到____年____月____日,共____天

　　实际____年____月____日到____年____月____日,共____天

2. 工时:

　　计划________工时,实际________工时

3. 费用:

　　计划________万元,实际(概数)________万元

4. 由上次大修到此次大修运行小时数

　　其中:抽水运行________(h)

　　两次大修间已有小修________(次)

　　两次大修间事故检查________(次)

5. 主机组运行的技术指标

表1 主机组大修前后运行的主要技术指标

指标项目		单位	大修前	大修后
振动与摆度双振幅	荷重机架最大垂直振幅 荷重机架最大水平振幅 上导轴承最大摆度 叶轮室最大垂直振幅 叶轮室最大水平振幅 轴承振幅(卧式机组)	mm		
机组运行温升记录其中最大值	定子绕组最高温度 ______号推力瓦 ______号上导瓦 ______号下导瓦 ______号水导瓦(油轴承)	℃		

续表 6-5-3

6. 主机组大修前后主要安装技术参数

7. 设备评级

大修前____________　大修后____________

升级或降级的主要原因：______________________________

8. 检修工作评语

9. 简要文字总结

(1)大修中消除的重大缺陷及采取的主要措施

(2)设备的重要改进及效果

(3)人工和费用的简要分析

(4)大修后尚存在的主要问题及准备采取的措施

(5)主要试验结果和分析

(6)其他

检修负责人：

技术负责人：

模块 6　技术改造与实验

6.1　设备与工艺改进

泵站机电设备通常包括主机组、辅助设备、电气设备及控制保护设施等。主机组包括主水泵、主电动机及其传动装置;辅助设备包括充水系统、油路和气路系统、通风采暖系统和各种起重设施设备;电气设备包括高低压变配电系统、同步机励磁装置、机组控制保护设施、测量设备、计算机监控系统等。

6.1.1　水泵

6.1.1.1　水泵更新改造基本原则

按照国标《泵站更新改造技术规范》(GB/T 50510—2009)的有关规定,主水泵的更新改造应遵循下列基本原则:

(1)根据泵站安全鉴定的结论和复核结果,确定其更新改造方案。具体做法是:经安全鉴定为四类、基本参数无法满足泵站运行要求、指标水平明显落后的,主水泵应以更新为主;经安全鉴定为三类及以上、基本参数基本满足泵站运行要求、指标水平基本经济合理的,主水泵应以改造为主。

(2)存在下列情形之一的主水泵应直接淘汰更新:一是列入国家有关部委公布淘汰产品名单的水泵;二是无生产厂家、无生产许可证、无检验合格证的水泵(目前暂未实行生产许可证制度的除外)。

(3)优先选用国家推荐的系列产品和经过鉴定的新型产品。当现有产品不能满足泵站设计要求时,应优先考虑采用变速、变径、变角等调节方式,以满足泵站设计要求。

(4)安装口径 1.6 m 及以上水泵的泵站,若更换泵型,或改变进出水流道的结构和形式,在更新改造实施前应进行装置模型试验。

(5)更新改造水泵的性能参数,应符合《泵站更新改造技术规范》(GB/T 50510—2009)第 3.2.2 ~ 3.2.5 条的规定。对存在汽蚀或振动的主水泵,应分析汽蚀、振动产生的原因,在主水泵更新改造前,应分析论证,并采取相应的改善措施。

(6)更新改造的主水泵,应与继续留用的设备部件和进出水流道在性能和结构参数上合理衔接,与水工结构相协调。

(7)应便于运行管理和检修。

6.1.1.2　水泵更新改造的选型

主水泵更新改造选型的方法与新建泵站大体相似,所不同的是需要更多地分析总结以往的运行经验,找出现有水泵运行中存在的主要问题,并严格按照新的运行条件和要求选择或改造水泵。选型中应注意下面几方面的问题。

1)模型泵和新型泵的采用

20世纪80年代以前我国大中型泵站所采用的泵型大多较为陈旧,水力性能差。20世纪80年代中期以来,我国一些研究机构研制出了一批新的水力模型,特别是最近几年为南水北调工程用泵研发的新的模型,它们具有流量大、效率高、高效范围宽、抗汽蚀性能好等特点,比较适合大型泵站的更新改造需要。这些模型在设计方法上综合考虑了影响水泵性能的多种因素(如叶轮旋转对叶片表面边界层的影响、进出口速度环量沿半径的分布规律、叶轮进口前实际水流运动对叶轮性能的影响等),在原设计方法的基础上进行了修正,因而使泵的性能得以改善。

低扬程、大流量的大型泵站,20世纪90年代以前都习惯采用轴流泵的结构型式,进入20世纪90年代以后,对外江出现超高水位时也提出了排涝的运行要求。轴流泵由于受自身特性的限制,当最高扬程与平均扬程的差距较大时,往往难以满足高、低扬程的运行要求。近年来,针对这一情况,有的地方开始采用混流泵,特别是对于800 kW机组,采用混流泵似乎更具优越性。如湖北省武汉市的东湖、塔尔头泵站,赤壁市的八角坳泵站,黄冈市的黄草湖泵站等。通过实际运行调查,证明其效果比较理想,具有启动快、功能强、高效范围宽等优点,值得研究、总结和推广。

另外,随着科学技术的不断发展,我国一些新型结构的泵也不断出现,如抽芯式的轴流泵或混流泵、斜轴泵、大型潜水电泵、贯流泵等,可根据不同条件选用。

2)水泵的 Dn 值

以往在水泵选型和泵站设计时人们考虑较多的是效率,对汽蚀问题没有引起足够的重视,从而导致主水泵汽蚀破坏的问题比较普遍和突出。为保证水泵有足够的抗汽蚀、抗磨蚀性能,常常需要对其 Dn 值进行控制。一般使用条件下大型水泵推荐采用的 Dn 值可参考表6-6-1。

表6-6-1　一般使用条件下大型水泵推荐采用的 Dn 值

主水泵类型		原型泵的 Dn 值(m·r/min)
大型轴流泵	$n_S=500\sim1\ 000$	≤435
	$n_S=1\ 000\sim1\ 600$	≤285
大型混流泵	$n_S=250\sim600$	≤480
大型离心泵	单吸式	≤760(输送含沙水)
	双吸式	≤860(输送含沙水)

当前国内许多大泵生产厂家至今提不出可靠的水泵汽蚀参数,导致用户在安装和使用水泵时依据不足。Dn 值是反映水泵能量和汽蚀特性的一个抽象指标,其直观意义是限制叶轮的外缘线速度 u(m/s)。由于它简单、实用,且易于比较和判断,因而在工程上被广泛采用。限制 Dn 值是保证水泵投入运行后对于汽蚀有足够的安全性,此外对输送含沙水流的高扬程离心泵,可以控制磨损,延长其使用寿命。Dn 值的大小与泵的比转数 n_S 有关,低扬程、高比转数泵由于进口允许的动压降减小,因此对泵的抗汽蚀性能要求更高(必需汽蚀余量小),故泵的 Dn 值必须取小。对更新改造泵站的情况,在确定泵的 Dn 值

时，要考虑泵站进口的水流条件。一般而言，叶轮淹深大、水流条件好、含沙量小时，经论证可以适当提高泵的 *Dn* 值，如提速、扩大叶轮外径等；反之，应降低泵的 *Dn* 值。

3）目前我国大泵的制造能力和水平

总体上看，我国大型水泵机组无论是在生产能力、制造水平，还是在使用规模上，都已进入世界前列。我国目前生产使用的轴流泵最大口径为 4.5 m，混流泵达 6 m（流量近 100 m^3/s），潜水电泵口径最大的可做到 1.8 m，并且能做原型出厂试验。但是，在大型水泵制造及其装备水平方面，与西方发达国家相比仍然处在较落后的地位。由于种种原因，当前泵的效率一般比国外同类产品低 4% ~7%（制造精良的大型水泵约 3%），抗汽蚀性能和产品的可靠性普遍相差一个层次。近几年来因南水北调东线工程建设需要，水利部组织研究开发了一批优秀的水力模型，并在天津进行了同台测试，这为提升我国泵站工程的装备水平提供了新的基础和条件。

在制造水平方面，目前我国基础好的一些制造厂家，通过技术引进或同国外公司合作，可以做到：

（1）采用计算流体力学（CFD）进行流动计算，采用计算机辅助设计（CAD）进行三维设计和实体装配，还可采用有限元法，对如轴之类的机组关键零部件进行结构强度、刚度和临界转速计算。

（2）叶片型面可采用五轴联动数控加工，三坐标自动检测仪检测叶片型线。导叶片也可以采用类似的加工和检测方法，亦可采用仿形铣加工工艺。导叶体为铸焊结构，在导叶片与导叶体焊接之前，对导叶片进行仿形铣加工。

（3）对金属结构的非加工过流面（包括进水底座、导叶体、出水弯管等），可采用喷丸处理工艺，以提高过流面的光洁度和油漆的附着力。

必须说明，以上工艺只在我国大型水泵制造企业才能做到，但能代表国内最高水准，已在我国南水北调东线工程的一些水泵制造中得到应用，但水泵价格较贵。

6.1.1.3　大中型水泵技术改造

1）改造内容

这里所讲的技术改造主要是指叶轮和导叶的改型、其他主要或重要设备部件的综合配套改造等，通常适用于水泵性能不符合使用要求、情况比较特殊或复杂的场合。

《泵站安全鉴定规程》（SL 316—2004）规定：二类水泵技术状态基本完好，满足泵站运行要求，水泵只需局部修复，或更换一些小零部件，不存在更换或改造问题；三类水泵总体上技术状态较差，主要部件有损坏，存在影响运行的缺陷或事故隐患，在正常工作范围内不能保证安全、高效、稳定运行，需要根据其老化程度、能耗大小和条件许可情况，决定是对其整体更新还是通过技术改造进行部分更新；四类水泵总体上技术状态差，设备严重损坏，存在影响安全运行的重大缺陷或事故隐患，所以应以更新为主，但必须考虑与进出水流道（管道）的水力衔接和配套问题。

2）改造措施

当水泵泵型确定后，最后应结合泵站基本情况，来确定泵站改造方案。改造方案基本上分为两种：一为全部更换或部分更换；二为改型或部分改型。

更新水泵或更换泵型通常是一种比较省事的办法，但对大型水泵，要考虑机组配套和流道匹配等因素,因此工程投资较大,机组设备费用较高。

如果更新改造泵站的水泵泵型变化不大,原有水泵主要部件损坏不是很严重,应以更换部件为主,如更换主轴、叶轮、外壳、导叶体即可利用;或者损伤较轻,可以返厂进行大修处理后进行再利用,如大轴轴颈磨损处理等。

对于水泵全部更新和部件更换,都是相对的,只是部件更换的多少而已。

3)技术改造方案的综合评价

主水泵的更新改造涉及两个层面,一是选型,二是更新改造方案的确定。改造方案的评价通常可采用定性分析和定量分析两种方法,而两种方法的结合运用,能起到互相补充的作用。定性分析一般只是根据客观实际和经验,把分析结果用文字描述出来,定量分析则需要通过具体计算,把计算结果用数字表格或图形表达出来。定量分析比定性分析要复杂和重要,定量分析常用的方法包括运行费用比较法、投资额度比较法、投资回收期比较法、标准偿还年限内的总费用比较法、年计算费用比较法等,采用时可根据需要,灵活掌握。

6.1.2　电动机

6.1.2.1　更新改造的基本原则

对电动机进行技术改造是大型泵站技术改造的重要内容,对不符合使用要求的旧电动机除更换新电动机外,对电动机绝缘老化、停机后容易吸潮、运行温度偏高的旧电动机也可以进行技术改造。通过更换定子线圈,选择优质的绝缘、导电材料,使其恢复或提高原有的性能。确定电动机是否进行技术改造一般遵循以下几项基本原则:

(1)在泵站安全鉴定时,被评定为三类或四类设备的电动机必须进行更新或改造;

(2)列入淘汰产品目录的老系列电动机必须进行更新;

(3)泵机组性能有较大下降,不能满足原设计工况的电动机必须进行更新或改造;

(4)其他必须进行更新改造的电动机。

6.1.2.2　电动机的选择

电动机是泵站的主要设备之一,水泵配套动力机均选择三相交流电动机。中小型泵站普遍采用异步电动机,大型泵站由于其特殊性多采用同步电动机。电动机选择正确与否将直接影响泵站装置效率及泵机组能否安全运行。泵站更新改造时电动机选型主要考虑电动机类型、安装形式、电压等级、电机转速、电机启动方式、能效限定值等。

我国于2002年初颁布国家标准《中小型三相异步电动机能效限定值及节能评价值》(GB 18613—2002),该标准规定了电动机能效限定值,是强制性指标;另规定了电动机节能评价值,为推荐性指标。在电机更新改造选型时必须满足电动机的能效限定值。

6.1.2.3　电动机技术改造

中小型泵站采用的常为异步电动机,而且型号主要为J系列、JS系列和Y系列等。其中J系列电动机,因能耗高、技术落后,国家已明令予以淘汰,因此对该系列电动机不宜作换线等简单改造,应彻底置换为新型号的电动机。但在置换时应全面考虑泵站的运行要求,必要时,应适当增加新电动机的额定功率。

大型泵站多采用同步电动机,在进行泵站技术改造时,除更换(全部更换)外,还可视原电动机性能好坏，采取部分部件的更新改造（局部技术改造），以满足泵站新的运行工况要求。对大型泵站电动机采取局部技术改造主要有四个方面：提高绝缘等级改造、提高电压等级改造、电动机增容改造、电机推力轴承改造等。

1）提高电机绝缘等级改造

许多泵站使用的电机大多为20世纪60～70年代产品，经过几十年的运行，加之原电机一般采用沥青、云母绝缘，电机绝缘老化严重，致使电动机绝缘电阻降低、温升高、噪声大、运行效率降低、事故频繁。经过提高绝缘等级改造后，不但电机温升降低，还可延长使用寿命，提高运行效率，同时可解决因绝缘电阻低须加温干燥等不便。某公司对广东省某大型泵站的两台1 600 kW立式同步电动机进行定子绕组E级改造为F级实例说明，改造前后主要技术参数、外形尺寸及安装尺寸不变，由于使用优质绝缘材料，提高绝缘等级，定子绝缘等级由原来的E级提升到F级，线圈绝缘电阻由原来的10 MΩ增加到2 500 MΩ，电机定子的耐热能力、耐压能力和防潮能力大大增强，其他各项参数经电气试验均满足技术要求。

同步电动机绝缘等级改造方案：定子线圈全部更换，以满足更新改造要求。由于20世纪70年代老产品绝缘较厚，更新改造采用F级绝缘后，绝缘层变薄，通过优化绕组参数，减小铜耗，降低温升，达到延长使用寿命并取得可观的节电收益的效果。

2）提高电机电压等级改造

目前，国内大部分电网供电电压都是10 kV，而原泵站多采用6 kV电压等级的电机。在设备安装过程中，不但要另配变压器等装置，使场地基础建设费用相应增加，并且变压回路在无形之中造成对电能的损耗。同时，原6 kV泵站电机多采用A、B级绝缘，经改造为10 kV F级绝缘后，具有良好的防潮、抗老化、耐热性能，在延长电机使用寿命方面效果显著。

3）电机增容改造

为提高泵站的排灌能力，近年来许多泵站对电机进行了增容改造，与新购电机相比，工程时间短、质量可靠，还能节约大量资金。

增容改造基本思想：利用原电机主要结构件，不改变定、转子之间的气隙，增长定、转子铁芯，重新设计和制造定、转子线圈，定、转子绝缘重新处理，以满足改造后电机的技术要求。

6.1.2.4　双速同步和高效节能电机的推广应用

1）推广应用意义

双速同步电机和高效节能电机等新型电机是近些年来研制开发的新型节能型电机，其中大型变极双速同步电机已经前期研究和空载试验证实，效果较好，现已在大型泵站的中试点应用；无极变速和高效节能无滑环绕线式异步电动机已在其他行业或领域被广泛应用，并取得良好效果。在泵站推广时采用这些新型电机，不仅节能降耗、降低运行费用，而且可提高泵站工作的可靠性，具有显著的推广和应用价值。

2）新型双速同步电动机

该电机的转子采用非均匀凸极分布新型结构。转子电路采用最少3个滑环即可方便实现变极换接，转子绕组导体在两种极数下励磁磁势谐波含量均低，并有与标准电机相当的材料有效利用率，两种极数下的电机总体性能与相同极数标准电机相当。

将同步机单速做到双速，遇到高扬程时调至高转速运行，在低扬程时调至低转速运行，这样既可扩大安全运行范围，又可提高装置效率。转子变极励磁绕组接线见图6-6-1。定子接线见图6-6-2。

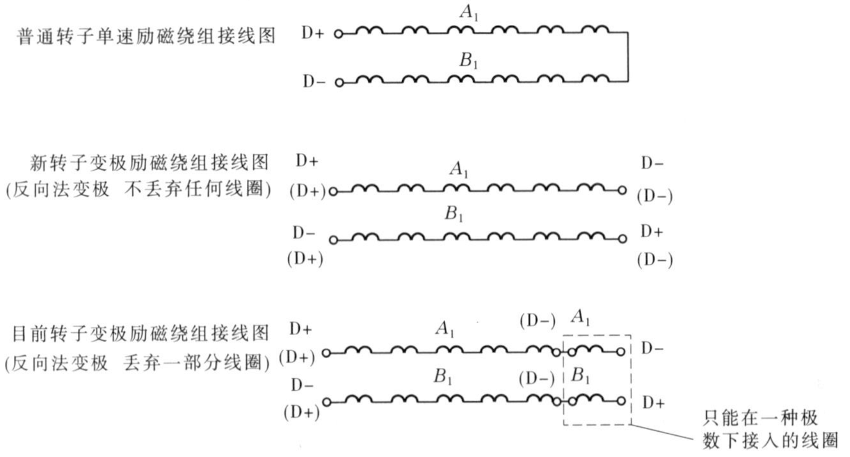

图6-6-1　转子变极励磁绕组接线

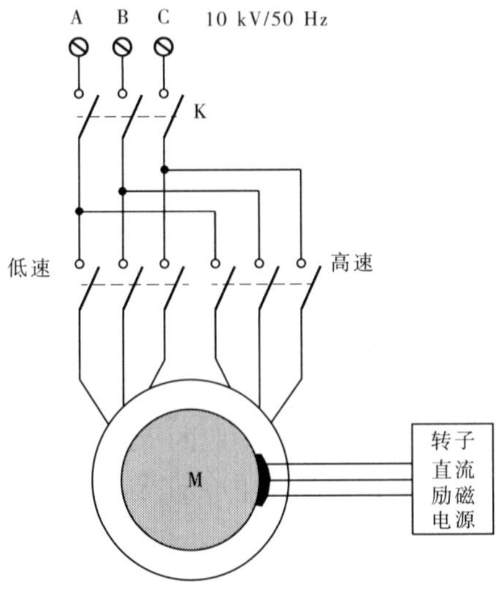

图6-6-2　定子接线

采用变速时应注意的问题：采用双速电机会涉及水泵增速后带来的新问题，如水泵汽蚀、机组结构强度、轴承寿命、临界转速以及泵房结构强度校验等。水泵增速还可能使进水流道流态变化，使水泵进口处的流速和压力分布不均匀，从而加剧机组振动。采用这种改造方案，建议与有关研究单位和水泵、电机的生产厂家一道，根据泵站具体情况，商定具体改造方案。

3)无滑环绕线转子异步电动机

无滑环绕线转子异步电动机是一种采用谐波启动的感应电动机,该电机已在其他行业采用多年,技术较成熟。启动时,定子绕组接成启动状态,它产生的磁场使转子绕组内产生环流,此时转子绕组相当于大电阻(与传动绕线式感应电动机外串电阻效果等同),使电机的启动电流低,启动转矩大;运行时,定子接成常规标准绕组,转子亦自动转为正常运行状态。在整个启动过程中,电动机的启动转矩倍数为 2 以上,整个启动过程大约只需 10 s(传统电机启动过程大约需要 25 s)。启动和运行状态的转换通过控制柜自动完成,与传统绕线式感应电动机相比较,转子上无需滑环电刷,既简化了转子的机械结构,消除了因此带来的故障隐患,又简化了控制系统。

新型大中型高效节能无滑环绕线转子异步电动机技术设计原理:电机转子采用了复合绕组技术,它将电机转子上分为三个接点,如图 6-6-3 所示。

(1)接点 A 独立使用,是传统鼠笼电机接法,启动力矩为 0.9～1.1 倍;也可做成双鼠笼电机,启动力矩可达 2 倍以上,但运行非常耗电。

(2)接点 A 和 D 配合使用,是传统绕线转子电机接法。为增大启动转矩,在转子上串电阻,提高启动转矩,降低启动电流。

(3)新型节能电动机采用接点 B 和 C 接法。电机启动时接在最佳启动点(B 点),此时,转子绕组效果等同于外串电阻,既降低了启动电流,又增大了启动转矩。另外,根据需要,启动转矩可任意设计;电机正常运行时,自动切换到最佳运行点(C 点),此时转子绕组相当于一个回路,恢复为正常电阻,运行效果最佳。

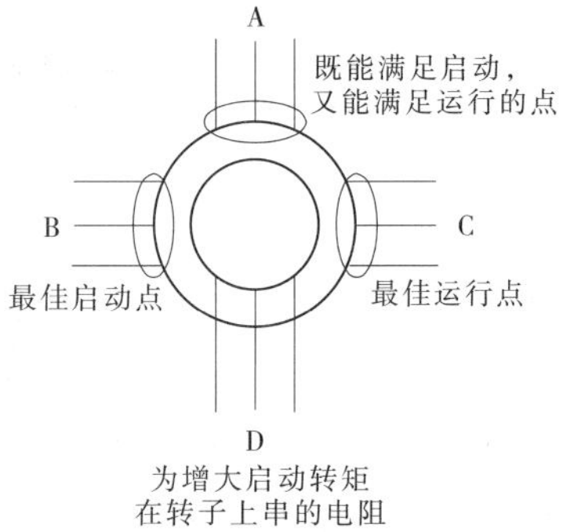

图 6-6-3　电机转子上分为三个接点

6.1.3　新型推力滑动轴承的推广应用

6.1.3.1　**结构原理**

新型立式推力滑动轴承与传统立式推力滑动轴承的工作原理相似,均由推力头和镜板承受轴向荷载,通过镜板与推力瓦间润滑油膜的承载将力传递给推力瓦,并由推力瓦承受整个机组转动部分的重量,同时由于油箱中冷却器的作用,使油温维持在适宜温度或不至于使温度过高,以免影响轴承的正常工作。

图 6-6-4 为新型平面推力滑动轴承的典型结构,它与传统推力滑动轴承不同的是:新型推力滑动轴承的推力瓦形状有所改变,且每块推力瓦下均有一碟形弹簧协调受力;有导瓦调节螺栓构成的微调装置;绝缘垫片的位置发生改变。各部件的结构原理如下:

(1)推力头是加工精度很高的旋转推力环。新型推力滑动轴承的推力头与镜板是整体结构,可以消除组合部件加工和组装时出现的累积误差,使推力头摩擦面与推力瓦的瓦面之间接触更加均匀,有利于油膜的迅速建立。

(2)导轴承瓦固定在导轴承座上,内圆与推力头外圆之间形成油膜,承受旋转机械的径向负载,其油隙大小靠安装在导轴承座上的导瓦调节螺栓调节。

1—推力头;2—导轴承瓦;3—卡板;4—导瓦调节螺栓;
5—密封件;6—推力瓦;7—承板;8—导轴承座

图6-6-4　平面推力滑动轴承典型结构

(3)卡板的下平面开有泄油槽,其表面精度较高,可以和推力头表面形成油膜,承受旋转机械在启动、停机时瞬间出现的向上推力,但该向上推力一般不得超过向下推力的30%。

(4)导瓦调节螺栓包括弹簧、刻度套等组件安装在导轴承座上,用来支撑导轴承瓦,并能按刻度套上的刻度值方便地调节导轴承瓦与推力头之间的油隙。

(5)推力瓦是推力轴承中的重要部件,它是整个机组转动部分和固定部分的摩擦面,并且承受整个机组转动部分的重量和轴向水推力。新型轴承的推力瓦为圆形,下有碟形弹簧且支撑在承板上(犹如反扣在承板面上的碟子),其组件分别见图6-6-5和图6-6-6。推力瓦与推力头下平面之间形成油膜,承受旋转机械向下的轴向推力,其油膜的建立及厚度与润滑油的黏度、转速、推力大小等因素有关。

图6-6-5　推力瓦及碟形弹簧

图6-6-6　承板、推力瓦装配

(6)导轴承座是整个推力轴承的结构支架,其使所有零部件非常紧凑地形成整体。

6.1.3.2　关键部件及作用

1)碟簧支撑和圆形推力瓦

碟簧(碟形弹簧)是一种几何尺寸小、承载能力强(传递载荷集中)、单位体积变形能大、缓冲减振性好的弹性元件。正确的尺寸设计,还可获得高疲劳寿命和低加载损失及蠕变倾向。碟簧的界面呈浅圆锥状,为一轴对称的回转体,见图 6-6-7。

采用碟簧支撑的圆形推力瓦(它们都支撑在加工到同一高度的碟形弹簧上),主要优点为:

(1)利用碟形弹簧的自适应能力及阻尼特性,使每块推力瓦具有自动调平功能,亦可抑制任何可能出现的荷载冲击。另外,由于油膜的刚度比碟簧的刚度大,推力瓦的压力分布是均匀的,而不会出现瓦块的超载现象,从而提高了承载能力。

(2)采用圆形瓦面,消除了采用扇形瓦面时的边缘效应。另外,圆形瓦的热变形和弹性变形容易计算,这样便于瓦块的优化设计,可选择更合理的瓦块直径与其厚度的比值。

图 6-6-7 碟形弹簧的实物照片

(3)圆形推力瓦在运行中可以自动调整倾角,比一般的可倾瓦具有更好的调整效果,且其承载能力比传统的可倾瓦大。同时,其制造成本低于传统的可倾瓦,安装、使用方便。特别是降低了安装精度要求,很大程度上避免了由于安装原因引起的烧瓦、机械振动等故障。

(4)采用碟簧支撑,允许的轴线倾摆角增大,如图 6-6-8 所示。轴线倾摆角 X(弧度)按式(6-6-1)计算:

$$X(\text{弧度}) = \frac{2(F_{Bmax} - F_B)}{C_{ges} \times d_m} \tag{6-6-1}$$

式中 F_{Bmax}——轴承的最大承受载荷,N;

F_B——轴承的实际工作载荷,N;

C_{ges}——碟簧的刚度系数,N/mm,$C_{ges} = C_{RD} \times Z$;

C_{RD}——单个碟簧的刚度系数,N/mm;

Z——推力瓦的块数。

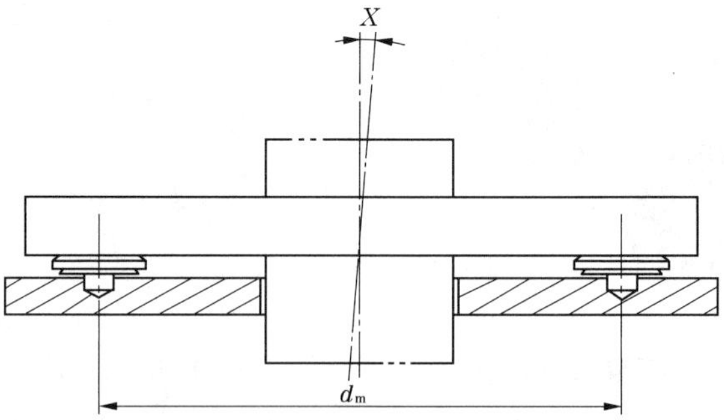

图 6-6-8 采用碟簧后允许的轴线偏摆角

根据实际运用情况,一般精度的安装均能满足这种轴承的使用要求,安装过程不需要打偏摆,尤其是低速运行的电机,要求还可降低。

2)导瓦间隙微调装置

新型推力滑动轴承的导轴承(导瓦)由多块扇形可倾瓦块组成,借助间隙微调装置,可精确、方便、单独地调节每一块导瓦的径向位置,从而调节导瓦与转轴的轴线对中、导瓦与推力头轴颈之间的径向间隙,使用方便,且准确、可靠。

间隙微调技术采用带有刻度的微调装置来调整导瓦位置,如图6-6-9、图6-6-10所示。该装置实际上是一带有刻度的调节螺杆(可精确到0.01 mm)。调节螺杆的尾部有一带刻度的台肩,在加工有螺纹的螺杆上套有弹簧,将调节螺杆拧入轴承的导瓦座或支架,使弹簧压缩在导瓦座与调节螺杆的刻度台肩之间,并使其尾部顶住导瓦,此时在弹簧的作用下螺纹的单边间隙被消除,从而可根据调节螺杆的螺距及刻度来准确、方便地调整导瓦与推力头轴颈之间的间隙。

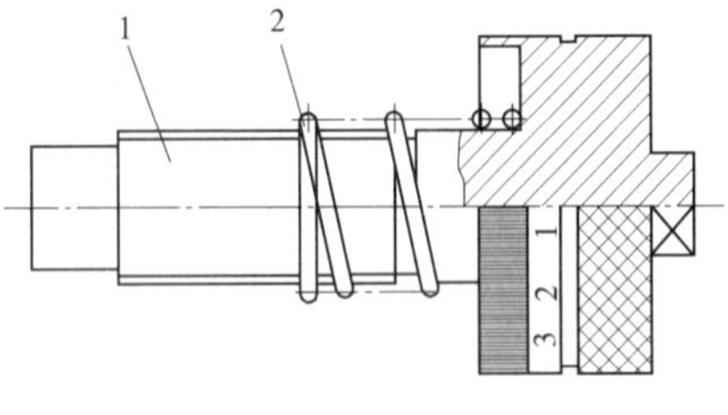

1—调节螺杆;2—弹簧

图6-6-9　立式滑动导轴承的导瓦调节螺杆

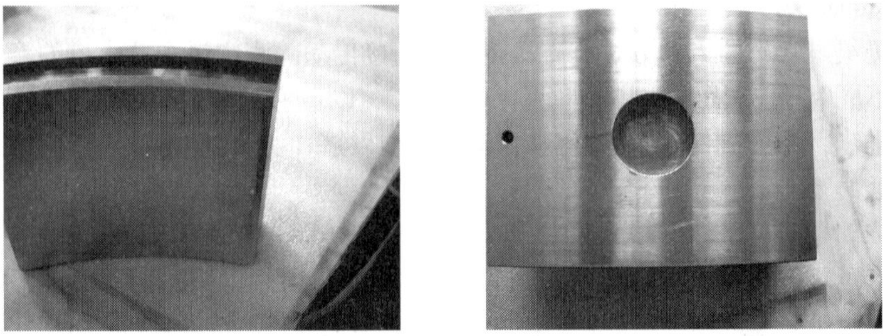

图6-6-10　立式滑动导轴承的可倾瓦块

采用该技术,在机组的安装和调试过程中,既能方便地调整导瓦与转轴的轴线对中,又可改变导瓦的间隙、预负荷、油膜的刚性和阻尼特性等,从而达到改变导瓦运行性能及与之相关的临界转速,使轴承始终处在最佳工作状态,机组能安全、稳定运行。

3)防止轴电流侵袭的高位绝缘装置

机组运行中,如果在导瓦和推力瓦两轴承端或电机转轴与轴承间有轴电流存在,那么会使电机轴承的使用寿命大大缩短。轻微的,运行时数可缩短上千小时,这样,给安全生产带来的直接和间接损失不可低估。

正常情况下,转轴轴颈与轴承轴瓦间有润滑油膜存在,能起到绝缘作用。对于较低的轴电压,这层润滑油膜仍能保护其绝缘性能,不会产生轴电流。但是,当轴电压增加到一定数值,尤其在电机启动时,轴承内的润滑油膜还未稳定形成,轴电压将击穿油膜而放电,构成回路,轴电流将从轴承与转轴的金属接触点通过,由于该金属的接触点小,电流密度大,在瞬间产生高温,使轴承局部烧熔,通常表现出来的症状是轴承内表面被压出条状的电弧伤痕。

在工作现场一般能采用的防范措施有:在轴端安装可靠的接地碳刷,以降低轴电位(保持为零电位),以此消除轴电流;为防止磁拉力不平衡等原因引起的轴电流,在非轴伸端的轴承座和轴承支架处加绝缘板(或绝缘垫),以切断电流回路。但是,这些措施显得复杂、笨拙,使用起来也不方便、结构体积较大。

传统推力轴承的绝缘垫片置于镜板与推力头之间,起到绝缘和调整轴线(刮削绝缘垫)的双重作用,而绝缘垫片无论工作与否始终都浸泡在油内,容易腐蚀和污染油质;同时为了调整轴线,绝缘垫片往往被刮削变薄以致残破,这些情况均会影响绝缘效果。

另外,机组在运行中,轴向负荷全部作用在推力轴承上,推力头、镜板及其中的绝缘垫都必须在彼此平行的平面上,只有这样才能满足面接触的要求。若推力头或镜板加工面的平面度不够或绝缘垫片刮削不均匀形成中凸现象,使三者之间连接后存在局部间隙,就极易造成绝缘垫片的腐蚀。

新型推力滑动轴承将绝缘装置埋置在推力头内,且采用高位安装,使绝缘装置高于油位而不受润滑油品质影响,避免了上述情况的发生,绝缘效果好。

6.1.4　传动设备和叶片调节机构

6.1.4.1　传动设备

水泵机组最常用的传动方式有直接传动和间接传动。当水泵和动力机的额定转速不等或转向不同时,就要用传动装置将两者联系起来,以传递功率,协调转速。随着机电排灌技术的进步,水泵机组将向高速化和自动化方向发展,间接传动将被广泛应用。

1)直接传动

直接传动是通过联轴器把水泵和动力机的轴直接联接起来,借以传递能量的方式。联轴器除应可靠传递运动和转矩外,还应具有两个功能:一是对轴的偏移补偿,二是吸振缓冲。前者由于安装或制造的误差、零件受载后的弹性变形、转动零件的不平衡、基础下沉、工作温度的变化及轴承的磨损等原因,都会使两轴线不重合而发生偏移,使工作恶化,轴偏移的几种形式如图6-6-11所示,这时就要求联轴器具有补偿两轴线偏移的能力。后者因轴的转速较高或工作不平稳,容易使轴发生转动冲击,要求联轴器具有吸收振动及缓和冲击的能力。

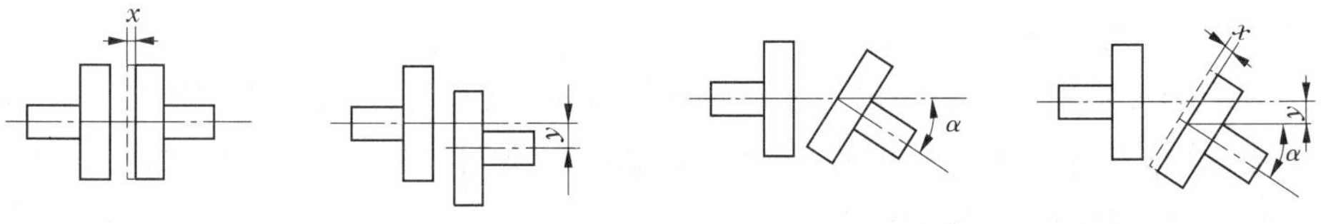

(a)轴向偏移　(b)径向偏移　(c)角度偏移　(d)综合偏移

图6-6-11　轴偏移的几种形式

2)间接传动

水泵机组常见的间接传动有齿轮传动、液压传动和带传动几种,带传动主要用在小型泵站,齿轮传动、液压传动近些年来有所应用。

(1)齿轮传动。齿轮是成对运转的接触构件,它们通过连续啮合的齿状突出物传递运动和力。齿轮传动可以用来传递空间任意两轴的运动,工作可靠,寿命长,而且传动准确,效率高,一对加工及润滑良好的圆柱形齿轮传动效率可达99%,这对长期运转的大功率传动尤为重要，是现代机器中应用最广泛的一种传动机构。

荷兰、日本等国的绝大多数高比转数的水力机械，采用齿轮变速箱、配套体积很小的高速电动机，如荷兰口径3.6 m的贯流式水泵，由于用齿轮变速，配套了高转速的电动机，直径只有1.2 m，电动机加上齿轮的质量是15 t，倘若用我国的直接传动方式，其电机直径将达到6.1 m，质量为49 t。江苏省淮安二站，配套5 000 kW直接传动的电动机，转速为100 r/min，直径7 m，质量180 t，如果采用齿轮传动方式，将转速由100 r/min升高到1 000 r/min，则电动机直径降为2.4 m，质量只有18 t，再加上齿轮的质量45 t，总质量也仅达63 t，只达原质量的1/3。采用齿轮变速，一般可以使电机价格降低1/3左右。曾经进行过方案比较，800 kW的低速电机大约42万元，标准高速电机大约18万元，配套齿轮箱12万元左右。广东蕉岭县的三圳电站原用低速发电机，价格是80万元，后改用高速发电机24万元，加上齿轮箱15万元，节约了一半。

除此之外，采用间接传动还能提高效率和功率因数。低速电机的效率一般只有92%，而高速电机却可以达到95%以上，齿轮的效率也有98%，故齿轮拖动高速电机综合效率可以大于93%，功率因数也可以从0.65左右提高到0.85以上。

如果潜水电机采用齿轮传动，电动机直径与水泵叶轮直径的比值（也称灯泡比）将大大减小，从而降低导叶的扩散角，有效防止电机对水流的阻碍，在水下工作就更加有利，水流绕过电机的灯泡体就会平顺得多，流态改善，不但机组运行更加稳定，还能进一步提高效率和出水量。

20世纪90年代以来，我国科技人员通过技术引进、合资合作，工艺和材料有了明显提高，齿轮产品的可靠性、噪声、效率、使用寿命等指标大大改进。可以保证效率超过98%，噪声小于80 dB，振幅小于0.05 mm，轴承寿命大于100 000 h，齿轮使用寿命20年以上，如常见的矿山机械，已达数百上千千瓦的功率，而且是运动中作业，重载启动，其技术难度、运行环境远远超过了泵站的使用条件。

关于行星齿轮传动：在传动中，如果轮系中有一个或一些齿轮的轴线并不固定，而是绕着其他定轴齿轮的轴线回转，这种轮系称为周转轮系。在图6-6-12中所示的周转轮系，齿轮1和构件H分别绕着固定的轴线O_1和O_H（O_1与O_H的轴线重合）转动，这两个齿轮都称为中心轮（或叫太阳轮）。齿轮2的轴承装在构件H上，当轮系运转时，齿轮2一方面绕着自己的轴线O_2回转，另一方面O_2又随着构件一起绕着固定的轴线O_H回转，就像天上的行星的运动一样，兼有自转和公转，故齿轮2称为行星齿轮。

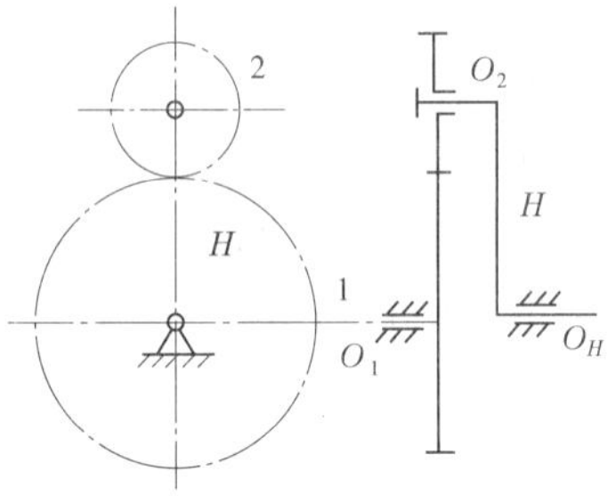

图6-6-12　周转轮系中的行星齿轮

在周转轮系中，假如有一个中心轮是固定的，则这种轮系又称行星轮系。行星减速器由于有多个（一般3个）行星轮同时啮合，而且采用内啮合，利用了内齿轮中间的空间，与普通定轴轮系减速器相比，在同等的体积和质量条件下，可以传递较大的功率，工作也更为可靠。如果制造和装配准确，齿廓的几个啮合点在同一圆周上，压力角相等，行星轮对太阳轮的反力大小也相等，这就意味着太阳轮受到的合力为零，它仅受到扭矩的作用，径向是不受力的，这一点对轴承是很有利的。普通齿轮传动的输出和输入轴均作用了径向力，而行星齿轮传动的输出和输入轴则不受径向力，因此在大功率的传动中，为了减小传动机构的尺寸和质量，广泛采用行星轮系。同时由于行星轮系减速器的输入轴和输出轴在同一根轴线上，行星轮在其周围均匀对称分布，所以在减速器的横剖面上尺寸也很紧凑。行星齿轮的传动比计算比较复杂，可以查阅有关的书籍，本文不作介绍。

我国广东省研制的带行星齿轮潜水电泵，用行星齿轮将800 kW，10 kV 潜水电机转速从258 r/min 提高到995 r/min 以后，电动机的外径从1 600 mm 缩小到1 050 mm，质量从14 t 减小到 5.5 t，整台电泵的总质量由 21.6 t 减小到 16 t，功率因数从 0.644 提高到 0.885，灯泡比（电机直径比叶轮直径）从0.90 减至0.59，导叶的扩散角由22°减小到10°，有效减小了电机对水流的阻碍，装置效率提高4 个百分点，出水量增加5%。

在泵站中采用齿轮传动有诸多优点，但因齿轮制造工艺要求较高，价格较贵及齿轮加工精度或材质原因，磨损后噪声大，因而订货时要注意质量。

（2）液压传动。利用液体来传递扭矩，通过液力联轴器内的液体压力将动力机轴上的转矩传给泵轴。使用时，只需改变液力联轴器内的液体容积，便可调节水泵转速。

一个完整的液压系统主要由以下四部分组成：

①动力元件。动力元件是液压泵，其作用是把机械能转变为液体的压力能，产生高压油液，以驱动负荷。常见的液压泵有齿轮泵、螺杆泵、叶片泵及柱塞泵。

②执行元件。其作用是把液体的压力能转变成为机械能。液压传动系统中的执行元件有液压马达、液压缸和摆动液压缸。液压马达可实现连续的旋转运动，液压缸可实现往复直线运动，摆动液压缸可实现小于360°的往复摆动运动。摆动液压缸也称摆动液压马达。

③控制元件。液压传动系统中的控制元件是各种液压阀，阀的作用是控制油压的压力、流量和方向。改变液流的压力可以改变执行元件输出力或力矩的大小，改变液流的流量可以改变执行元件的运动速度，改变液流的方向可以改变执行元件的运动方向。当液压传动系统中有多个执行元件时，在液压控制阀的作用下，各执行元件才能按照预定的要求协调地工作。

④辅助元件。这是液压系统中除上述3 个组成部分外的其他元件，管道、管接头、滤油器、油箱以及各种液压参数监测仪表都称为液压系统的辅助元件。

液力联轴器的外形、结构及工作原理如图 6-6-13 所示。

泵轮 1 和涡轮 2 是两个形状相同、均具有径向直叶片的工作轮，两者不直接接触。泵轮 2 与动力机轴连接，涡轮 2 与从动轴连接，泵轮和涡轮中充满控制液体（油或水）。动力机运转后带动传动泵轮一起旋转，这时传动泵轮内的液体由于离心力的作用被甩向泵轮的外圆周侧，形成高速的油流，该油流进入透平轮并沿其径向流道推动透平轮旋转，从而带动泵轴旋转。同时，透平轮的叶片又将油流重新压入传动泵轮的内侧，这样，液体就在空腔内循环，并不停地传递能量。

转速的调节可通过液力联轴器中控制油量的调节来实现。增加控制油量，泵轮传递给透平轮的能量就增多，使得透平轮轴的转速增高，反之，减少控制油量，泵轮传递给透平轮的能量减少，透平轮轴的转速降低。泵轮和透平轮中的控制油量可通过改变油泵调节阀的开度从而调节进油量或通过调节管的位移从而使出油量发生改变的方法来实现。

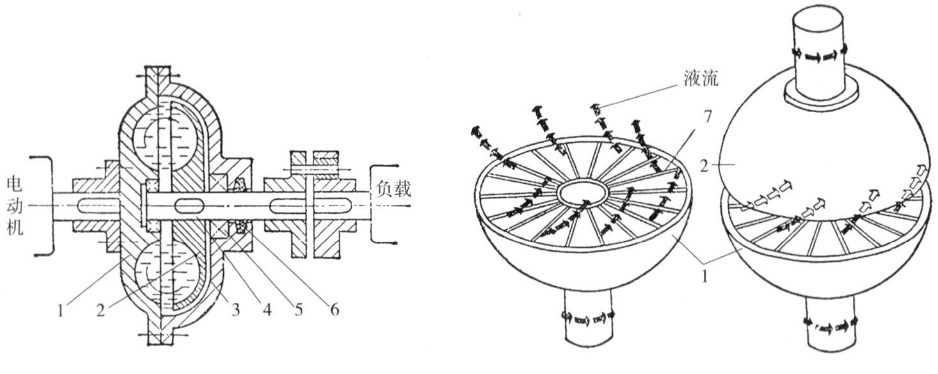

(a)外形简图　　(b)结构及工作原理示意图

1—泵轮;2—涡轮;3—外壳;4—从动轴;5—轴承;6—密封;7—叶片

图6-6-13 液力联轴器

采用液力联轴器来实现转速的调节有以下优点:

①单位功率质量轻、结构尺寸小、惯性小、反应快,易于实现快速启动、制动和频繁换向;

②由于液压油的可压缩性,能吸收振动,缓和冲击,因此工作平稳、可靠;

③能够在大范围内实现无级调速,调速比可达2 000:1,液压马达可以与工作机构直接连接,使传动机构大大简化;

④它可自行润滑,能使动力机无负荷启动;

⑤可传递较大的力或力矩,低速液压马达的输出力矩可达几千牛·米到几万牛·米;

⑥在自动控制的泵站中,机组停车时往往由于转子的惯性作用和管内水的倒流而造成水锤现象,如果采用液力联轴器,可以大大地减轻水锤的作用。

液压传动的缺点是:

①液压油的压缩性及泄漏,不能得到严格的传动比,泄漏还会造成污染;

②液压油对温度比较敏感,传动系统的工作性能易受温度变化的影响,不易在温度很高或很低的环境中工作;

③流体的流动阻力大,传动效率低,不宜作远距离传动;

④液力元件的制造精度要求较高,需配有充油的机组设备,系统比较复杂,价格较贵;

⑤系统出现故障时不易找出故障原因,使用和维修技术要求高;

⑥当动力机的转速等于水泵的转速时,传动效率可达95%~97%;当水泵转速减低为25%~30%时,传动效率为68%~70%。

6.1.4.2 新型调节器的推广应用

1)新型调节器的结构

新型调节器的结构吸取了液压式调节和机械式调节的长处,克服了它们各自的弊端。新型调节器采用液压内置式,省去了外供油系统,同时采用上置式安装,其外观类似于机械式调节器,但其高度要低很多。

新型调节器的结构较简单、体积小,它主要由上面油箱、中间油缸和下面底座三部分组成。它们彼此用法兰连接,并通过调节器底盘安装在电机主轴的顶端,和电机主轴同步旋转。外面加上调节器外罩予以保护。其结构如图6-6-14所示。

上述三组件中,上油箱的箱内装有高压微型液压站,并储存液压油,箱外的上部装有3条集电环,以便向驱动油泵的伺服马达输送电能(二条正常工作,一条用于改变马达转向,碳刷架固定在外罩的内壁上)。中间油缸内装有活塞,它将液体的压力能变成机械能供叶片操作用。下面底座用来支撑上部构件,它与调节器底盘用法兰连接,调节器底盘用螺栓固定在电机主轴端部。底座外壳两边开孔,便于拆装螺栓,内有活塞杆和调节杆穿过。电机主轴为中空,内穿调节杆,并通过联轴节与活塞杆固结。此外,为防油缸漏油,在活塞周边、油缸上下盖板与活塞杆之间的间隙处各装两道密封。油箱内的液压站由齿轮油泵、伺服电机和减速机机组、进出油油管和各种阀件等组成。为观测叶片角度,油箱顶板装有机械传动测量支架和角度显示器(LED显示),可同时显示叶片角度和活塞行程距离,并装有485接口,与微机连接。调节角度有手动、自动两种方式,调节器正负角度可任意设定终止点,并对其限位,以防止调节时损坏机组。

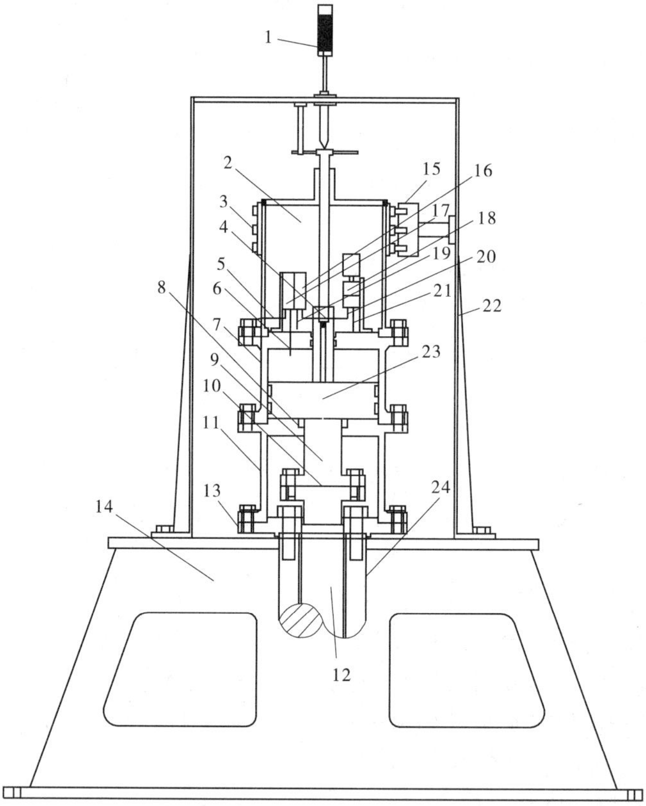

1—测量支架及角度显示器;2—油箱;3—集电环;4—安全阀;5—上高压油管;6—下高压油管;
7—油缸;8—密封件;9—活塞杆;10—联轴节;11—底座;12—调节杆;13—调节器底盘;
14—电机上盖;15—碳刷架;16—电磁换向阀;17—液控单向阀;18—液压站;19—回油管;
20—高压油管;21—进油管;22—调节器外罩;23—活塞;24—电机主轴

图6-6-14　新型叶片调节器的结构示意图

2)叶片调节系统的组成和工作原理

叶片调节机构主要由液压调节器、叶片转动机构两大部分组成,前者作为控制机构位于机组主轴的顶端,后者作为工作机构位于主轴末端的叶轮轮毂体内,两者之间用调节杆相连(调节杆穿过机组主轴),构成叶片调节系统。

系统工作的基本原理是:液压系统利用液压泵将原动机的机械能转换为液体的压力能,通过液体压力能的变化来传递能量,经过各种控制阀和管路的传递,借助于液压执行元件(液压缸)把液体压力能转换为机械能,从而驱动工作机构,实现活塞和调节杆的直线往复运动以及叶片转轴的旋转运动。

按液压元件的工作性质不同,系统主要分动力元件(油泵、动力机)、执行元件(油缸、活塞)、控制元件(各种阀)、辅助元件和工作介质等五个部分。

(1)动力元件(油泵、动力机)。由油泵、伺服电机和减速机组成,装于液压调节器的油箱内,其作用是把原动机的机械能转换成液体的压力能,它是液压传动中的动力部分。油泵供油系统由油箱、电动齿轮油泵及各种阀门、滤网、自动化元件构成。在调节叶片角度运行期间,供油系统连续运行,向液压油配给装置(叶片调节控制机构)提供足够的压力和流量,以便随时调节叶片角度。

(2)执行元件(油缸、活塞)。由油缸、活塞和活塞杆组成,位于液压调节器的中部,其作用是将液体的压力能转换成机械能,供下部的工作机构使用。其中,油缸内的活塞连同调节杆一起在系统内做直线往复运动。

(3)控制元件(各种阀)。包括压力阀、流量阀和方向阀等。它们的作用是根据需要,无级调节液动机的速度,并对液压系统中工作液体的压力、流量和流向进行控制和调节。

该液压调节器设有电磁换向阀、液控单向阀和安全阀等,它们都装在液压调节器的油箱内,以实现对油泵的运行控制。如:通过电信号命令电磁换向阀的启闭,从而控制上、下油管的进出油方向(对上调还是下调起控制作用);高压油经过装置稳压后,经液控单向阀(相当于“液控锁”)进入油缸的上(下)油缸,下(上)油缸内的压力升高,推动活塞上(下)行。安全阀起安全保护作用,当系统压力超过规定值时可自行卸载,避免压力超高后损坏设备。

(4)辅助元件。除上述三部分外的其他元件,包括压力表、滤油器、蓄能装置、冷却器、管件各种管接头(扩口式、焊接式、卡套式)、高压球阀、快换接头、软管总成、测压接头、管夹及油箱等,它们把相关设备连在一起,分布在调节器的各个部位。如:在油泵的吸油口处和回油路中设有滤网,以保证油泵的稳定运行和寿命;在油泵的出口处装有压力表、压力开关、电磁阀、载荷阀、截止阀和止回阀,以便对油系统起监控和保护作用。

(5)工作介质。工作介质是指系统中液压传动的液压油(或乳化液),它经过油泵和液动机实现能量转换。

内置式液压调节机构的转动机构总体上和目前常用的液压调节机构的转动机构一致,活塞和操作架以及操作架和耳柄之间均为刚性连接。调节杆通过活塞在工作油压的作用下向上或向下运动时,操作架、耳柄、连杆跟着一起运动,由于叶片的枢轴放置在轮毂体内,因此转臂和叶片不能上下移动,只能转动,从而达到调节叶片安放角的目的。

图6-6-15为新型液压调节器的工作原理图,它通过调节杆与上述的叶片转动机构连接,就可实现叶片的安放角调节。

动作过程如下:

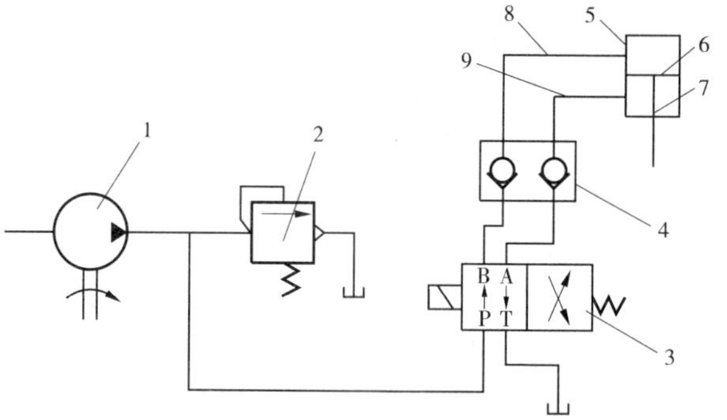

1—高压微型液压站;2—溢流阀;3—电磁换向阀;4—液控单向阀;5—油缸;
6—活塞;7—调节杆;8—上高压油管;9—下高压油管

图 6-6-15 新型叶片调节器的工作原理

(1)水泵叶片朝正角方向调节。当检测到上位机发出的上调指令后,集电环接通液压站的电机电源,液压站得电开始工作,高压油经溢流阀稳压后,送给二位四通电磁换向阀的 P 孔,此时二位四通电磁换向阀的 A 孔通道打开,高压油经液控单向阀后进入油缸的下油腔,下油腔内的压力升高,推动活塞上行。同时二位四通电磁换向阀的 B 孔与 T 孔导通,使油缸的上油腔有回油通道,活塞顺利上行。活塞上行通过活塞杆带动调节杆上升,调节杆上升时拉动水泵叶片的拐臂机构,使叶片角度朝正角方向旋转。

当系统检测到上调的调节到位时,上位机发出停机指令,集电环断开液压站的电机电源,液压站失电停止工作,此时二位四通电磁换向阀的 P 孔失压,液控单向阀的 A、B 孔锁定,同时将活塞也锁定,此时机组叶片锁定在规定的角度值下运行,不会出现轴向位移。

(2)水泵叶片朝负角方向调节。当检测到上位机发出的下调指令后,集电环接通液压站的电机电源,液压站得电开始工作,二位四通电磁换向阀也得电换向,高压油经溢流阀稳压后,送给二位四通电磁换向阀的 P 孔,此时二位四通电磁换向阀的 B 孔通道打开,高压油经液控单向阀后进入油缸的上油腔,上油腔内的压力升高,推动活塞下行。同时二位四通电磁换向阀的 A 孔与 T 孔导通,使油缸的下油腔有回油通道,活塞顺利下行。

活塞下行通过活塞杆带动调节杆下降,调节杆下降时推动水泵叶片的拐臂机构,使叶片角度朝负角方向旋转。

当系统检测到下调的调节到位时,上位机发出停机指令,集电环断开液压站的电机电源,液压站失电停止工作,换向阀也失电换向,此时二位四通电磁换向阀的 P 孔失压,液控单向阀的 A、B 孔锁定,同时将活塞也锁定,此时机组叶片锁定在规定的角度值运行,不会出现轴向位移。

3)新型调节器的特点

归纳起来,新型液压调节器能体现以下特点:

(1)采用上置式、内供油的液压系统,它与外面没有任何油路的联系,运行时调节器本体随主电机转子同步旋转。

(2)改变了以往机械式调节器推力轴承的着力点,从根本上消除了调节器轴承发热、烧损和抬轴问题。

现有机械式调节器为上置式,即位于电动机主轴的上端,但几乎都将调节杆传来的推力通过自己的推力轴承直接传给了主电机的外壳。这样，同一个机组转子多了一副推力轴承，它与主电机的推力瓦难免存在相互影响和干扰，容易引起调节器推力轴承的发热和烧损，性能不稳定，工作不可靠，使用寿命短。另外，调节杆在调节器内被锁死，当水流作用于叶片转轴上的水力矩过大时，有可能使其产生的上推力大于转子质量，造成抬轴问题。而新型液压调节器无推力轴承，它靠工作介质、油缸和活塞来传递和转换能量，且调节器上的力传给了主轴，与外界无牵扯。这样的安装方式使调节器和转子主轴成为一个整体，调节力成为了这个整体的内力，从而保证了调角时，不会因为调节力过大导致抬轴事故。

(3)体积小、质量轻、结构简单、性价比好。

新型调节器经过优化设计和高度集成，其体积减小，高度比机械式调节器大大降低，且结构简单，质量较轻。由于无外部供油管网对泄漏的限制要求，所以压力可以做得很高(内供油调节器的压力可以达到25 MPa，远远大于外供油的最大压力3 MPa。另外，外供油有一旋转密封很难处理，设计难免漏油)。因此，在达到相同压力条件下，新型液压调节器的体积可以做得很小，性价比好。

(4)密封性能好，无泄漏，对环境无影响。常用的液压调节由于采用的是外供油的形式(液压站在外部)，要想把外部的压力油供给主机旋转体内的油缸、活塞，就需要有一个由静态到动态输油的连接管件(受油器)，此处存在旋转缝隙，漏油难免，压力会降低，以致影响调节力。有的为了补偿、增大该力，不得不加大油缸的直径，但大的油缸体积又限制了液压调节的使用范围，如当前1.6 m及以下口径的泵就只能采用机械调节。而新型液压调节器采用了内供油的形式，避免了上述问题，可以做到无泄漏，在调节器运行期间不需要补充油。但考虑其运行时间较长后，油质会下降，因此适时地更换工作介质(换油)，对于保证调节器的工作质量是必需的。

(5)性能稳定，工作可靠。新型调节器的供油系统在叶片角度不需要调节时液压系统是不工作的，只是由液压锁锁住上、下油缸的压力油，保证运行机组的叶片角度不发生变化，这样减少了机械摩擦的时间，大大延长了调节器的寿命，保证了其性能的稳定。此外，由于这种特点使得新型调节器能量消耗低。而外供油式调节器供油系统连续运行，几分钟就要启动油泵保持压力，不保持压力就叶片角度下滑了，并且在泵运行很短时间就要补充油，漏油很明显，并且对环境污染十分严重。

(6)检修方便，便于维护管理。

与常用的液压调节比，省去了外供油系统。由于取消了外供油庞大的装置，新型调节器体积小、质量轻、结构简单，并且性能稳定，很少出现故障，所以便于检修、维护管理。

6.2　实验与研究

6.2.1　水泵抗磨蚀

6.2.1.1　汽蚀预防

由于泵站工作条件差，加之农用泵所用材质一般为铸铁件或铸钢件，在锈蚀、磨蚀、汽蚀、腐蚀等多种因素的作用下，水泵使用寿命大为缩短，特别是叶片、叶轮室、口环等部件，损坏速度更快。在轴流泵站中，由于轴流泵汽蚀性能相对较差，汽蚀破坏作用更为显著，在叶型汽蚀、间隙汽蚀、导叶汽蚀的共同作用下，叶片和叶轮室的使用周期更短。为防止汽蚀破坏的发生和发展，在大中型泵站水泵的汽蚀预防方面做了大量工作。

1）工程措施

主要通过改善进水流态来改善泵的汽蚀性能。进水流态的改善可以有效地改善泵进口的流速和压力分布，减轻泵汽蚀的发生和发展。流态改善的方法主要有进水池改造、进水流道改造、侧向进水改造等。

2）管理运行措施

泵的汽蚀与泵偏离设计工况是有很大关系的。因此，对大型全调节轴流泵应充分利用叶片角度的调节来随时改变水泵运行工况，使之与实际工况一致或接近。使叶片入口角不要因流量变化而发生大的改变，保持较小的叶片冲角，才能有较好的抗汽蚀性能。特别是在低水位高扬程下运行时，更应注意叶片角度的调整。

另外，在运行中要重视拦污栅的清污工作。不少大中型泵站拦污栅前污物杂草严重堵塞，使栅前后水位差增加，使泵进口水位降到允许水位以下，甚至出现旋涡，造成装置汽蚀余量下降，加剧了汽蚀的发生和发展，因此运行中要做到及时清污。

3）设计中应考虑的措施

（1）合理选用泵型。从增强泵的抗汽蚀性能出发，泵型的选择应包括两方面的内容：

①泵的必需汽蚀余量$(NPSH)_r$应满足装置与运行的要求。一般能量指标高的泵抗汽蚀性能相对要差一些，所以在选型时应进行综合比较。如地质条件不允许挖深、年运行小时又较少的泵站，可以选用$(NPSH)_r$较小的泵型。而对年运行小时较多的泵站要综合考虑，有时可以牺牲一些效率而选用$(NPSH)_r$较小的泵型，以保证机组安全运行而节省维修费用。

②保证泵在设计工况下运行，泵的选型应按多年平均扬程来进行，以保证泵长期运行时抗汽蚀性能最好、效率最高。

（2）确定合理的汽蚀安全余量。当泵的装置汽蚀余量$(NPSH)_a$大于泵的必需汽蚀余量$(NPSH)_r$时，从理论上讲泵不应发生汽蚀。因此，应根据泵站的重要性、泵的大小和年运行小时合理确定泵汽蚀安全余量。一般取安全系数$K=(NPSH)_a/(NPSH)_r=1.1\sim1.3$。以江都四站为例，$(NPSH)_r=11.9$ m，$(NPSH)_a=13.13$ m，$K=1.103$。从江都四站的规模和年运行时间来看，K值显然偏小。日本泵与风机协会建议，设计时汽蚀安全余量应满足下列条件，这可供我国泵站设计时参考。

①在连续运行且严格条件下的大型水泵取$K=1.3\sim1.6$，并满足$(NPSH)_a=(NPSH)_r+1$ m；

②运转频率较低时取$K=1.1\sim1.3$，并满足$(NPSH)_a\geq(NPSH)_r+0.3$ m。

（3）改进进水流道设计。进水流道设计应满足：

①几何形状合理，水流速度、压力变化和分布均匀，无突变，无脱流，保证泵进口流场的轴对称性。

②流道水力损失要小，进口流速控制在0.5～1.0 m/s范围内，前池无回流区，保证泵

间流量分配均匀。

4）选用抗汽蚀性能好的材料

泗阳二站以及江都一、二站的更新改造采用不锈钢来制造叶片和叶轮室，以提高抗汽蚀性能。但不锈钢材料的制造和加工成本均较高。

5）轴流泵增加前置导轮

前置导轮是一种负荷较轻，抗汽蚀性能较好，与主叶轮同轴旋转的轴流式叶轮。它装置于主叶轮进口，为进口水流提供能量，并消除水泵的汽蚀以及由此引起的振动和噪声。其作用相当于一台前置泵。

导轮由叶片与轮毂整体铸成，也可以用原水泵头部导水锥改制。导轮可按串联叶栅理论设计，叶片型线可以选用能量和汽蚀特性较好、制作工艺简单的哥廷根443号翼型型线。考虑到大型水泵进口管高度的限制，导轮叶片应呈扁平形。试验研究表明，装置前导轮后，泵的总扬程、流量、功率等参数均不发生大的变化，对机组启动特性和推力轴承影响很小。在装置前导轮后，由于导轮位置较低，具有较大的淹没水深，因此比主叶轮具有更好的抗汽蚀特性。前导轮与主叶轮一起旋转，为主叶轮进口水流提供了必要的增压能量和在主叶轮进口形成预旋，保证主叶轮的装置汽蚀余量 $(NPSH)_a$ 远远大于泵的必需汽蚀余量 $(NPSH)_r$ 而不会发生叶型汽蚀。同时，由于导轮降低了主叶轮两侧的压差，削弱了间隙汽蚀形成的条件，从而对减轻叶片外缘间隙汽蚀亦有利。模型试验和中间试验均表明，装置前导轮后，泵的汽蚀性能大大改善，即使在最低水位下运行，也没有汽蚀初生所引起的振动和噪声。

加装前置导轮可有效地改善泵的汽蚀性能而不降低泵原有的性能指标，且结构简单，不改变原泵装置，不更换动力机，易于实施，因此可作为淹没水深不足或汽蚀严重泵站的技术改造措施。

6.2.1.2　大型水泵磨蚀的修复和预防护

在大中型泵站中，为了保证泵站主泵安全可靠运行，避免主泵受汽蚀、磨蚀的破坏，延长主水泵使用寿命是非常必要的。各地从20世纪60年代末期就开展表面防护材料和技术的研究，所开发的防护材料有环氧树脂、聚氨酯、橡胶、尼龙复合涂层等。这些材料的使用结果表明，涂层与铸铁结合能力差，且工艺复杂，涂层易老化，达不到预期的抗汽蚀破坏效果。随着科学技术的发展和泵站工程的特殊需要，采用过去的传统表面处理材料和工艺已远远不能满足表面抗磨抗蚀的要求。下面介绍几种适合于水泵汽蚀侵蚀破坏修复和预防护的材料和加工方法。

1）焊补修复

采用普通焊条或不锈钢焊条焊补汽蚀侵蚀部位是目前大型水泵的主要修复手段。由于汽蚀部位的不确定性，往往会在非焊补部位产生新的汽蚀侵蚀，并迅速扩展到焊补层的底部。

2）非金属材料涂敷

非金属材料涂敷主要以复合环氧树脂涂层为主。它是大中型泵站中应用最广的一种涂层。这种涂层价格低、操作简单，江都站、武定门站等不少站都曾使用过。从各地使用效果看，涂层剥落是损坏的主要原因，一般在使用500 h后即开始产生侵蚀剥落，有些不到 500 h,即产生剥落损坏。

3) 不锈钢板镶嵌

淮安二站将不锈钢板镶嵌于叶轮室内壁,抗蚀效果较好。但这种方法需在大型水泵厂内进行车削、镶嵌、焊接、再精车等多种工序,加工费用昂贵,所需时间较长,且大型工件运输不便。

4) 合金粉末喷焊

采用合金粉末喷焊新技术来进行水泵叶片和叶轮室表面的强化处理,是在普通铸铁、铸钢材料的表面利用氧乙炔焰喷焊一层由镍、铬、钨、钼、钴等稀有金属组成的合金层,厚度仅需 0.5 ~ 0.8 mm,合金层与母体材料为冶金结合,合金层表面硬度可达 HRC60 ~ HRC70,抗汽蚀破坏使用寿命比原基材延长 4 ~ 6 倍以上,而且喷焊技术加工工艺简单,现场加工,便于推广,可收到事半功倍的效果。有关合金粉末的选用和喷焊工艺请查阅相关书籍资料。

5) 激光熔覆技术

激光表面处理技术是 20 世纪 80 年代以来在国际上随着激光器质量的提高发展起来的一项新兴技术。90 年代我国才开始发展,研究的重点集中在改善工件表面耐磨、耐蚀、耐高温等性能上。在激光表面处理技术中,激光熔覆技术利用强激光束使基材表面熔化,并与合金涂层形成硬度很高的合金化表面硬化层,以此来改善普通金属材料(铸铁、铸钢等)的表面性能。该技术以其工艺的稳定性、技术的经济性,而被认为是最具有应用潜力的表面改性技术。

氧乙炔合金粉末喷焊技术虽然能形成一定厚度、硬度的表面层以达到抗磨蚀的效能,但由于加工时氧乙炔高温引起的热变形和金属部件较高的残余应力以及耗用大量氧乙炔气,从而限制了它在大型水泵上的进一步推广应用。而激光熔覆技术是一种热变形极小、加工速度快的新技术,它利用大功率 CO_2 横流式激光器产生的激光束,使均匀涂布于水泵叶片或叶轮室表面的特殊合金材料与基体表面在极短的时间(0.1 ~ 10 s)内熔化混合,形成厚度达 0.6 ~ 0.8 mm、硬度达 HRC65 ~ HRC80 的表面合金层,合金层与基体全部为冶金结合。加工后的叶片、叶轮室表现平整光滑,具有较好的光洁度,无须二次加工,整体变形极小,有足够的表面硬度,抗磨、抗蚀性能也大为提高。试验结果表明,激光熔覆加工的表面抗汽蚀性能可在喷焊的基础上再提高 30% ~ 50%,而且光洁度高和热变形小。

6) 高分子化合物涂层

利用高黏结力、高性能的高分子化合物涂层来修复汽蚀侵蚀表面具有较好的效果。这里介绍两种较为有效的涂层。

(1) Devcon 涂覆系列材料。该系列材料是美国 Devcon 公司的专利产品,用于汽蚀修补的有钛合金修补剂、涂刷式陶瓷修补剂以及柔性的 Flexane 修补剂。固化后的肖氏硬度达 85 ~ 87。特别是柔性修补剂固化后可形成中等硬度的橡胶层,能抵御汽蚀冲击和磨损。这种方法已应用于解台站水泵的汽蚀处理。

(2) ARC 复合材料。该系列材料是美国 A. W. Chesterton 公司的专利产品,用于流体和砂粒引起的磨损、裂缝、凹坑的修复。该复合材料是一种改性超高分子异步型聚合物及脂肪簇固化剂,在其中加入采用耦联真空雾化制成的含硅(Si)、碳(C)元素的超细合金粉末、石英碳化微粒、金属纤维、超细陶瓷珠粒、石英微粒等增强材料。ARC 材料不仅具有良好的“冷焊”性能，固化迅速，而且具有较好的抗冲击、抗磨蚀性能。目前，应用 ARC 系列中的 858、890 号材料加工的水泵叶片正在连云港市泵站上进行试验。安徽省驷马山泵站也已采用该项技术对轴流泵的汽蚀部件进行处理。

应用各种新技术，如喷焊、激光加工、高分子涂层等技术对大型水泵汽蚀破坏进行修复和抗汽蚀预防护，可以有效地解决水泵汽蚀侵蚀破坏的难题，极大地延长水泵使用寿命，提高运行效率。

6.2.2 泵站辅助设备的改造

6.2.2.1 辅助设备更新改造的基本原则

辅助设备更新改造一般应遵循下列基本原则和要求：

(1)应根据泵站安全鉴定的结论和复核结果，确定其更新改造方案。

(2)存在下列情形之一的辅助设备及设施应直接淘汰更新：一是列入国家有关部委公布淘汰产品名单的；二是无生产厂家、无生产许可证、无检验合格证的(目前暂未实行生产许可证制度的除外)。

(3)考虑机电产品更新换代速度快的特点，更新改造应尽量采用技术上成熟、先进的新设备、新材料和新工艺。

(4)更新改造的设施、设备，应与继续留用的设施、设备在性能和结构参数上合理衔接，与主机组的性能、结构相协调。

(5)辅助设备的选型及更新改造，应根据需要，满足泵站计算机的监控要求。

6.2.2.2 辅助设备更新改造技术要求

辅助设备更新改造的内容，除正常的更新外，总体上还应考虑泵站特别是主机组更新改造后，对以下几方面带来的影响：

(1)主水泵启动前的充水方式和充水量的变化；

(2)主机组冷却、润滑系统的改变对技术供排水系统的影响；

(3)主机组制动方式的改变对公用气系统的影响；

(4)主机组调节方式的改变对公用液压系统的影响；

(5)主机组最重吊运件质量、最大吊运件尺寸及安装起吊方式的改变对起重机形式、起吊质量和吊运范围的影响等。

6.2.3 泵站金属结构设备及工艺改进

6.2.3.1 总体要求

(1)站前拦污栅应按现行国家标准《泵站设计规范》(GB/T 50265—2010)的有关规定设置，并根据来污量和清污强度配备相应的机械清污设备。大型泵站的流道进口宜设安全栅。

(2)拦污栅栅体宜用型钢制作，栅条宜用专门加工的圆头扁钢制作。拦污栅的栅条间距应按现行国家标准《泵站设计规范》(GB/T 50265—2010)的规定取值，对于配备了自动清污设备的，可适当取大值。

(3)经复核有超驼峰运行工况的泵站,应增设可靠的断流设施。

(4)对安装口径 700 mm 及以上的立式轴流泵或混流泵、采用湿室型泵房的泵站,进水室进口宜设检修闸门,并配备必要的起吊设备。

(5)拍门的更新改造应符合运行开启角大、闭门撞击力小、维护管理方便、工程造价省的原则。对由于流道出口水流不稳定等造成的拍门破坏,应增加对拍门的约束措施,限制拍门自由振动的振幅。

(6)安装在开敞式竖井中的大型自由拍门,改造时宜更换为整体式液压控制拍门或快速闸门及侧开式拍门。

(7)快速闸门的改造应符合以下要求:

①启门的速度和工作过程应符合动力机和水泵启动特性的要求。

②闭门速度应符合机组允许反转时间的规定。

③宜通过调节启闭操作系统的方法减小闭门撞击力。

(8)闸门和启闭机的更新改造应按国家现行标准《泵站设计规范》(GB/T 50265—2010)和《水利水电工程钢闸门设计规范》(SL 74—2013)的规定执行。3 t 以上的闸门启闭机宜采用电动操作方式。

(9)泵站中的金属结构及其设备,如拦污栅栅体、拍门、各种闸门及埋件等,应按国家现行标准《水工金属结构防腐蚀规范》(SL 105—2007)的规定进行防锈、防腐处理。

6.2.3.2 水工金属结构改造原则

(1)下列水工金属结构必须进行更新改造:

①在各种工况不能保证安全运行,对操作、维修人员的人身安全构成威胁的;

②由于设计、制造、安装等原因造成设备本身有严重缺陷;

③超过规定折旧年限,经检验不能满足安全生产的产品;

④技术落后,耗能大,效率低、运行操作人员劳动强度大;

⑤其他国家政策规定报废的产品,无证生产使用的产品,按相应政策执行。

(2)生产并销售水工金属结构产品的企业,闸门、阀门、压力钢管、清污机必须取得国家质量监督检验检疫总局颁发的《水工金属结构产品生产许可证》,启闭机必须取得水利部颁发的《水利工程启闭机使用许可证》。

6.2.4 断流设施更新改造

6.2.4.1 断流的要求

泵站机组停机时必须截断水流,使外河水不会倒流,一方面保护机组,使其及时停稳,防止飞逸;另一方面避免河水流入造成洪涝灾害。断流方式应根据出水池水位的变化幅度、泵站扬程、机组特性等因素,结合出水流道的形式,经技术经济比较选择,一般要具备以下 4 个条件:

(1)安全可靠;

(2)设备简单、操作灵便;

(3)投资小、维护方便;

(4)对泵站效率影响较小。

6.2.4.2　常见的断流方式

(1)虹吸式流道。口径很大的水泵机组,出水流道断面大,驼峰处很高,驼峰底部和顶部压力相差大,如果出口水位低,驼峰顶可能压力过低而失去虹吸作用,这种情况也不宜采用虹吸断流。

(2)拍门断流。

(3)快速闸门断流。

6.2.4.3　拍门的改造

大型泵站拍门的主要问题是开启角度小、撞击力大,因此技术改造主要是围绕这两点展开。

1)增大拍门的开启角度

(1)为增大拍门的开启角度,同时减小撞击力,可采用轻质拍门或减小拍门的浮容重。如口径1.6 m及以下的泵,可采用平面或球面浮箱式拍门、自由侧翻式拍门等;口径大于1.6 m的泵,可采用型钢梁系两边配面板的浮箱式拍门,或采用有自闭能力的自由侧翻式拍门。

(2)为减小运行阻力,同时避免拍门因长期漂浮水面使零件容易疲劳破坏,可采用控制器将拍门锁定,如用卷扬机将拍门吊起,用限位器控制拍门的开启角度,用电磁铁锁定拍门,限制拍门自由振动的振幅;也可用油压保持式拍门,运行时用启闭机将拍门吊起,停机时利用油压缓冲减小闭门时拍门对门座的撞击力;还可在拍门座上安装专用缓冲橡皮或在拍门下端安装缓冲装置,以减小拍门对门座的撞击力。

2)改变拍门的结构形式

对大型水泵装置,因流道出口断面大,所需的拍门尺寸也大,如此时仍用油压保持式拍门,不仅给启闭机制造带来难度,而且给启闭机闭门造成困难。此时宜采用其他断流措施,如双节自由式拍门、带多页拍门的液压控制式快速闸门等。

3)减轻拍门撞击力

减轻拍门撞击力,宜通过调节启闭操作系统,限制闸门接近闸门孔底板的降落速度。

6.2.4.4　快速闸门的改造

(1)卷扬机快速闸门。卷扬式快速启闭机通常是QPK系列,闭门时电动机停机,制动器松闸,闸门在持住力作用下由低速向高速加速关闭,为达到快速下落的目的,闸门需要增加配重。在减速器高速级加装带锥摩擦副的限速装置,控制下降速度,为减小闸门下落时的撞击力,在闸门底部需要安装橡胶减振装置,并对闸槽底板进行加固处理。还可用电磁铁锁定卷扬机,停机和系统停电时,可自动释放,不需备用电源。

卷扬机快速闸门断流方式简单,造价低廉。但是由于传动机构摩擦阻力矩的作用,闸门下降初期由零速度加速至离心限速速度,至少需要1 min。当闸门接近全关时,由于下吸力作用,速度也很大,会造成严重冲击。

(2)液压快速闸门。开机时,通过油压启动闸门。停机时,依靠闸门自重下落,闸门常常需要配重。为控制闸门下落速度,可在控制快速闸门的套筒液压缸底部设置缓冲装置。开始时快速闸门能快速下落,迅速切断水流,而在接近底槛时,缓冲槽装置的作用是使快速闸门下落速度趋缓。液压快速闸门与卷扬机快速闸门相比,造价稍高,运行可靠,但系统停电时,关闭闸门需要备用电源。闸门减振效果比卷扬机快速闸门优。

(3)蓄能式液控双速闸门及启闭系统是在液压快速闸门断流基础上改进而成的。蓄能式液控双速闸门启闭系统由闸门及锁定机构、液压系统、电气控制系统等组成。蓄能式液控双速闸门及启闭系统作为水泵机组的保护装置,以蓄能器存贮的液压能和油泵电机组提供的液压能作为两支并联的动力源,一套动力系统可同时驱动多台闸门。液压系统利用蓄能器在闸门不动作时将液压能存贮起来,在闸门动作时将存贮的能量释放出去,以满足闸门的动作需要。这样不仅能利用小功率(油泵电机)产生大功率(闸门动作时蓄能器释放的),同时能关闭多台闸门,还能在突然停电的情况下,不用发电装置而使闸门分两阶段快速关闭,达到保护水泵机组,防止水锤产生的目的。动作灵敏,运行平稳,闸门质量轻,缓冲效果好,但造价较高。当系统停电时,虽然能利用蓄能器存贮的液压能关闭闸门,但前提必须是贮能器电池工作可靠,否则也难以利用存贮的液压能关闭闸门。因此,和其他两种快速闸门断流方式相比较,蓄能式液控双速闸门及启闭系统优势并不明显,又因其造价太高,在泵站改造中难以大规模推广。

(4)采用液压式启闭机控制的快速闸门进行断流的技术虽然成熟,但是液压传动控制的快速闸门只是最近发展起来的,早期的泵站工程快速闸门采用卷扬式启闭机控制,如改用快速液压启闭机,一些工程存在布置上的困难或土建改建量过大,造价也很高。

6.2.4.5　关于压缩空气断流技术的应用

所谓压缩空气断流技术,即在虹吸式流道顶部注入压缩空气,使虹吸管内水面气压大于当地大气压,迫使流道内的水体在驼峰两侧下降,当形成的气压水头大于或等于外江水位,超过驼峰底部的水头时,驼峰外侧的水面将被压低,如低于驼峰底部,江水就不会倒灌。压气断流技术1998年已在湖北、湖南等省一些泵站中应用,并获得了满意的结果。主要措施是:对已有的抽真空系统、气压系统、供水系统作简单改造,实现向虹吸管顶部注入一定压力压缩空气的目的,在不改变原真空泵位置及旋转方向的情况下,在真空泵的进、出气管道上再加装3个闸阀及相应管道,使真空泵的吸气口与大气相通,排气口与抽真空母管相连。

以下方面还有待于进一步试验与研究:压缩空气断流时,机组中大量的压缩空气向外排出怎么办;如何防止水泵因压力过高而进入不稳定区的问题;如果系统因停电而停机怎么处理;如何保证压缩断流系统向流道内供应稳定的压缩空气,从而达到断流的目的。

泵站断流设施是关系到泵站能否安全运行的重要工程设施,其技术状态好坏直接影响机组的安全运行和泵站效率的高低。当前我国大型泵站断流设施存在的主要问题:一是拍门、快速闸门等断流设施的可靠性及配套问题;二是超驼峰运行问题。

6.2.4.6　断流方式的选择

目前,我国大型泵站断流设施一般采用以下几种方式:

(1)虹吸式出水流道真空破坏阀断流;

(2)出水流道出口设置快速闸门;

(3)出水流道出口设置拍门;

(4)上述三种断流方式的综合利用。

对于已建泵站的改造,泵站进出水流道都已定型,不宜作大的改动。在断流方式的选用上，一般应综合考虑泵站运行的安全性、可靠性、工程造价、装置效率等。

6.2.5　拦污栅和清污设施改造

金属结构更新改造规范要求：应按《泵站设计规范》(GB/T 50265—2010)的规定设置站前拦污栅，并根据来污量和清污强度配备相应的机械清污设备。大型泵站的流道进口宜设安全栅。

6.2.5.1　拦污栅设置方式

污物是指浮在水体表面和水体中的杂物，如水草、白色污染物、冰块及其他杂物。从长期治理的经验来看，堵住源头，会同有关环保部门严格控制有关污染物的排放量以改善水质的意义重大。常见的设置方式有：

(1)流道进口拦污方式(改成安全栅)；

(2)引水渠设置拦污栅；

(3)在引水渠中设置浮筒式拦污网。

6.2.5.2　拦污栅的栅体设计及防护

1)拦污栅栅体设计

目前，拦污栅的栅条多用扁钢制作，矩形断面阻力较大，在技术改造时，可采用专门加工的圆头型扁钢，可减少1/3的水力损失。

拦污栅的栅距大小直接影响拦污效果和拦污栅的阻力系数。一般栅距以200～300 mm为宜，800 kW泵站可以取较小值，1 600 kW及以上泵站可以取大值。

2)拦污栅栅体的防护

拦污栅栅体长期浸没在水中，栅体构件容易锈蚀和腐蚀。为延长拦污栅栅体使用寿命，应对拦污栅构件进行防腐防锈处理，即对构件进行喷锌(铝)或涂刷高分子材料涂层。

拦污栅栅体的防腐处理主要是采取喷铝(锌)的处理方式。从实际运用效果看，还是可行的，但费用较高。而涂刷高分子涂料具有费用省、加工方便、寿命长的优点。如BW9300涂料和LW－1型涂料，就是两种比较成功的新型涂料。BW9300涂料是在多次变性的环氧中加入各种防锈材料作基料的一种高分子复合材料。LW－1型涂料，由锌粉和硅酸锂组成，可在钢结构表面形成一坚固的金属锌层。上述两种涂料可使拦污栅寿命达8年左右，使用中BW9300涂料效果更好。

6.2.5.3　清污机的选用

清污设备自动控制的技术要求：清污机应设过载保护装置；宜设压差报警设施和自动运行装置。自多泥沙水源取水的泵站，其清污机水下部件应有抗磨损和防淤措施。

6.2.5.4　泵站的清淤

有关清淤施工问题可参见水利电力行业标准《疏浚工程施工技术规范》(SL 17—1990)。

6.2.5.5　压力管道更新改造

管道的沿程损失与管道的长度、直径、管材内壁的糙率有关。而管道的局部损失则与管路附件的形状、大小等因素有关。

1）管路布置遵循的原则

（1）管路长度尽量缩短，这样可以节约投资，降低能耗。

（2）尽量减少不必要的管路附件，增大管内壁光滑度，以降低水力损失。

（3）一般不要穿越建筑物、公路、渠道等，以降低施工难度，减少工程造价。

（4）选用经济管道直径。

2）管道材料选择

管道材料的选择，需要同时考虑寿命和价格关系。

3）管道系统的技术改造

管道系统由进水管道、出水管道以及管道系统中的各种连接件、控制件、进出口等附件组成，这些附件包括各种弯头、异型管（扩散、收缩）、连接管、闸阀、逆止阀、拍门、喇叭口等。为提高泵站的装置效率，在技术改造中要尽量减少各种管道损失。

第 7 篇　操作技能——高级技师

模块1　机械设备运行

1.1　设备检查与操作

1.1.1　机组经济运行前的检查与操作

1.1.1.1　机组经济运行前的检查

启动前应对机组进行全面仔细的检查,及时处理发现的问题。长期停用或大修后的机组在投入正式作业前,还应进行试运行。主要检查内容如下:

(1)前池和管道部分的检查。

(2)水泵部分的检查。

(3)电动机部分的检查。

(4)辅助设备的检查与试运行。

1.1.1.2　水泵机组启动前的操作

(1)机组空载试运行。

(2)水泵机组的启动。

1.1.1.3　水泵机组运行与维护

(1)机组运行中的监视与维护。

(2)机组日常检查和保养工作的要点和内容。

日常检查和保养工作,是预防故障发生,保证机组长时间安全运行的重要措施。一方面要求运行人员严格按照运行操作规程工作,另一方面要经常对设备进行预防性检查,做到防患于未然。

1.1.1.4　水泵机组的停机

1)停机

停机前,应先关闭引水闸门。对离心泵,应先关闭压力表,然后慢慢关闭出水管上的闸阀,再关闭真空表,最后停机;对混流泵,如出水管路装有闸阀,其操作同离心泵;采取拍门断流的机组,停机前应将通气管闸阀打开,并关闭压力表、真空表,然后停机;对于非虹吸式流道的轴流泵,一般通气管不安装闸阀,可直接切断电源,使机组停止运行。

停机后,应注意清扫现场,将设备表面的水和油渍擦拭干净。冬季停机后,为防止管道和机组内的积水结冰冻裂设备,应及时打开泵体下面的堵头,放空积水。做好机组和设备的保养工作,对一些在运行中无法处理的问题,要安排时间及时处理,使机组处于随时可以启动的良好状态。

2)水锤防治

高扬程泵站或管线很长的泵站扬程高,压力管道长,管中存水多,倒泄压力大,水锤危害尤其严重，压力管道外部受风雨侵蚀，内部受水流带动泥沙颗粒磨损而锈蚀，管壁逐渐变薄，管道受水锤的影响胀裂的几率更大，对水锤的防控措施更应周密可靠。

目前对水锤的防控措施较多。一般可选择空气罐、调压塔、缓闭阀、空气阀、水锤消除器、通气管等方式防护。

1.1.2　泵站经济运行方案的制订

1.1.2.1　泵站运行调度管理的一般规定

（1）排水泵站的来水过程线可通过调蓄演算确定。确定来水过程线后，可根据泵站的提排水能力、工程配套、历年水文资料、排涝实绩，预先制订各种雨情的排涝计划，然后依据天气预报的雨情，有计划蓄调。

（2）灌溉泵站的用水计划应根据灌区需求编制。灌区各种作物种植比例、灌水技术、灌溉制度以及农业技术措施都是逐年变化的，要求泵站提供的流量也是逐年变化的，泵站所能提供流量的大小受当时的水源水位、来水量、能源供应以及设备状况等条件的影响，须根据灌区实际需求和工程设施能力编制其用水计划，用水计划要有利于引导用水户节约用水、高效用水。

（3）供水泵站的供水计划应根据用水需求编制。

（4）宜根据工程及水泵配套的实际情况，测定水泵装置特性曲线。水泵装置特性曲线与水泵性能曲线的交点，就是水泵的工作点，确定工作点有利于在装置最高效率工况运行。没有条件测定时，可对照模型曲线换算。

（5）宜通过泵站性能参数和水文气象分析，建立泵站与其他相关水利工程联合运行的水力特性关系。建立泵站与其他相关工程联合运行的水力特性关系，可充分发挥泵站工程效益，还可节省能源。特别是排水泵站，与自排闸、调蓄湖泊联合运用，可做到高水高排，低水低排；适当抬高内河、内湖的蓄水位，不仅创造了更多的自流外排机会，减少了开机时间，还可降低泵站的提水扬程；当外江水位高于圩垸地面高程而不能自流外排时，尽量利用河湖汛期蓄水，汛后自排或抓住汛期外江水位短期回落时机进行自流抢排。

1.1.2.2　优化调度

灌溉排水计划是根据农业生产的需要和当时的水文、气象及电力供应等情况，确定开机时间、开机台数、开机顺序。对各台水泵还必须确定水泵的转速（对可调速的机组）、叶片角度（全调节机组）、水泵叶轮直径（对于具有数个直径不同的离心泵）。对于有数台并联运行的变压器，还应确定不同工况时变压器的运行台数。

多台机组运行的水泵在选择开机顺序时，应该尽可能对称运行，以减轻不对称水流的影响；并联管路的泵站，在部分机组运行时，应尽量使通过并联管路的流量等于或接近需要的流量。总之，通过各种可能实现的控制手段，使泵站在满足生产要求的前提下，达到节约能源，并能获得最大经济效益的目的。

1.1.2.3　多梯级灌溉泵站运行优化调度准则

水泵的工作性能可以通过改变叶轮外径（变径调节）和改变水泵转速（变速调节）获得，下面是景泰川梯级泵站调度准则：

（1）以梯级泵站系统水位平衡优先为准则。通过制订合理的运行调度方案，及时调节系统运行水位，保证泵站系统水位平衡。

(2)以满足灌溉用水计划优先为准则。根据灌溉用水计划，合理组合各泵站运行水泵的台数和编号，满足灌溉需求的总流量和各分流支口的流量。

(3)以水泵效率优先为准则。由于水泵转速和叶片角度是固定的，通过改变水泵单独运行或并联运行方式来改变水泵工况，合理控制泵站前池水位，使水泵运行在高效率区。

(4)以泵站效率最高为准则。在水泵转速和叶片角度不可变的条件下，与泵站效率有关的因素是扬程。在保证渠道及其建筑物安全、水泵安全运行的前提下，合理控制泵站前池水位，使泵站运行在最高效率区。

(5)以泵站能耗最少为准则。单位水量的耗电量与泵站效率、泵站净扬程有关，提高泵站效率是降低能耗的关键。按泵站效率最高调度，是降低泵站能耗的主要措施。

(6)事故、故障抢修优先准则。当遇到暴雨、电力跳闸、渠道及建筑物漏水等事故或故障时，及时调整运行流量或控制水位，预防事故或故障扩大，为抢修创造条件。

1.1.2.4　排涝泵站的运行方式选择

水泵的工作性能可以通过改变水泵转速(变速调节)、改变叶片安装角(变角调节)等措施进行改变，管路系统阻力曲线可以通过调整闸阀的开度改变，通过这些措施，能够将水泵的工作点在扬程发生变化之后移动到所需要的位置，从而达到满足提水流量，节约能源的目的。目前主要有以下几种运行方式。

1)水泵效率最高的方式

泵站效率由电动机、水泵、管路系统、传动、进出水池等部分构成，对于水泵选型配套以及管路系统设计合理的泵站，一般来说，水泵最高效率对应的工作点与泵站最高效率对应的工作点偏移很小，因此按照水泵效率最高的方式运行可以获得较高的泵站效率，从而减少能源单耗。但是对于那些水泵选型配套以及管路系统设计不够合理的泵站，电动机效率、管路系统效率以及进出水池的效率不一定会最高，这时泵站的效率也不一定会最高。

2)耗电量最少的方式

单位水量所消耗的用电量，不仅与泵站效率有关，同时也与扬程有关，只有在扬程一定的情况下，选择泵站效率最高的工况运行，才能使单位水量耗费的能量最小，由于排涝泵站的排出水位是经常变化的，低扬程工况运行即使泵站效率不高，但是单位水量消耗的能量较小，在制订泵站排水计划时，可以适当抬高内河、内湖的蓄水位，尽量利用河湖汛期蓄水，抓住汛期外江水位短期回落时机，打开闸门，创造更多的自流外排机会，自排是最经济的运行方式，单位排水量的耗电量为零。

即使要开机，也尽量争取在低扬程工况下运行。这种工况输出的功率不高，Q、H的乘积不大，同时也很难在高效率区运行，但是每千瓦时耗电所排出的水却比高扬程时要多。例如某一涝区一场暴雨产水量大约1 200万m^3，排水采用口径1 600 mm，比转速为1 000的轴流泵，如果按设计的3 m工况运行，装置效率可达0.648 5，但是每耗1 kWh的电，排水只有80 m^3，排干积水需要耗电150 000 kWh；利用退潮时的低水位排水，选择平均为0.743 m工况运行，则虽然装置效率仅0.33，但是每耗1 kWh的电却能排水163 m^3，算起来排干积水只要耗电 74 000 kWh 就够了,见表 7-1-1。

表 7-1-1　两种工况排水的装置效率、耗电量对比

扬程 (m)	流量 (m^3/s)	功率 (kW)	装置效率 (%)	每度电提水 ($m^3/(kWh)$)	总耗电 (kWh)
3	7.78	357.3	64.85	80	150 000
0.743	8.82	194.8	33	163	74 000

3)运行费用最低的方式

泵站的运行成本,除包括所耗费的电费外,还包括辅助设备的电费、大修折旧费、人员工资、行政管理费、维修费用等,这些费用的支出与泵站的运行时间有关,缩短运行时间,就可以降低这部分费用。另外,在实行峰谷电价的地方,尽量在电价低的时段运行,也会减少运行费用。

4)最大流量的运行方式

大暴雨后常常要求将涝水尽快排出,泵站应按满负荷时的最大流量运行,这时泵站效率可能不高,排水成本也不一定最低,但是按最大流量进行调度可以使排水区的损失最小,在这种特殊情况下,按流量最大的方式运行也是合理的。

但是在低扬程工况下运行,流量增加很多。有时会带来一些问题,由于流道的轴面速度增加,冲角减小,使作用在叶片某个截面的升力减小,甚至为负值,当负升力增加到大于水泵转轮的重量时,如果泵轴上没有安装反向推力轴承,可能会出现转轮被抬起的现象,这时轴流泵叶片与导叶间的距离很小,抬机后,叶轮与叶轮室上球面的边壁相碰撞,严重时会出现扫膛现象,使机组瘫痪。

1.1.3　调节水泵性能的方法

1.1.3.1　调节水泵性能的传统方法

为了扩大水泵的使用范围,可用下述方法改变水泵性能:

1)改变叶片安装角(变角调节)

大多数轴流泵及一些大型导叶式混流泵,都把叶片制成可调节的,并通过模型试验,绘制出叶片在不同安装角时的扬程、流量、功率、效率曲线。运行中,全调节泵可根据装置扬程的变化,在曲线图上查找最佳工况区的叶片角度,然后将叶片调整到该角度,即可获得水泵在最高效率、最大流量或单位能耗最低等运行工况;若是半调节泵,必须考虑到整个提水期内大部分时段的扬程,在运行前调整好叶片角度,这样可使水泵在运行期的大部分时间内都在高效率区运行。

2)改变水泵转速(变速调节)

水泵转速变化将引起水泵性能的变化,它们之间的关系称为比例定律(详见第 5 篇模块 1 式(5-1-4)、式(5-1-5)、式(5-1-6)。比例定律只适用于相似工况,不相似的工况不能用比例定律公式。

改变转速的目的是使水泵在设计工况点或设计工况点附近运行,提高泵站效率。改变转速的方法很多，如果是皮带传动的，可用改变皮带轮直径的方法；如果是变速箱传动的，可以改变传动比。变频调节，通过变频器改变电动机的转速来改变水泵转速，还可采用双速电机的方法。

如图 7-1-1 所示，图中曲线 1、2 分别为水泵转速为 n 和 n_1 时的性能曲线，曲线 3 为装置性能曲线。当水泵在转速 n 下运行时，其工作点为 A，对应的流量为 Q；转速减小为 n_1 后，工作点变为 A_1，流量、功率和效率也分别从原来的 Q、P、η 变为 Q_1、P_1、η_1。

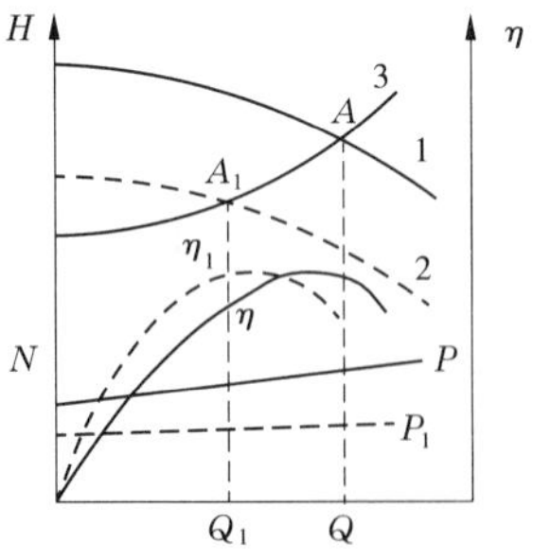

图 7-1-1　变速调节

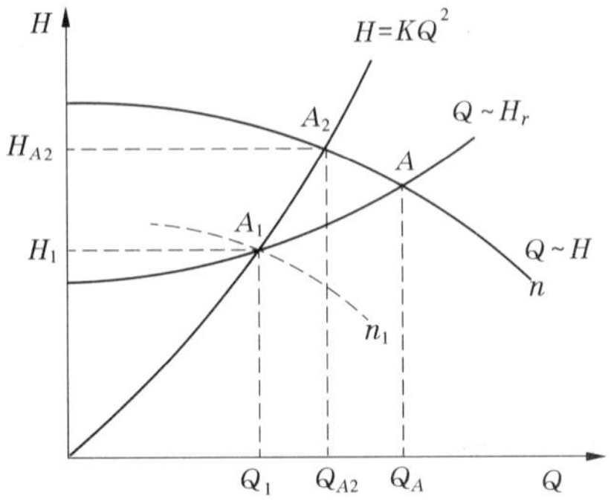

图 7-1-2　变速调节的转速确定

当需要进行调节时，已知水泵在额定转速为 n 的性能曲线和装置性能曲线 $H_r = H_{st} + SQ^2$，那么泵的工作点为 $A(Q_A, H_A)$，但实际所需流量 Q_1 对应的工作点 A_1 不在转速为 n 时的 $Q \sim H$ 曲线上，如图 7-1-2 所示。为了使水泵能在新的工作点 A_1 工作，必须求出所需的转速 n_1。

由水泵相似定律，流量、扬程和功率与转速的关系如下：

$$\begin{cases} \dfrac{Q}{Q_1} = \dfrac{n}{n_1} \\ \dfrac{H}{H_1} = \dfrac{n^2}{n_1^2} \\ \dfrac{P}{P_1} = \dfrac{n^3}{n_1^3} \end{cases}$$

应用相似定律就必须找到在转速为 n 时 $Q \sim H$ 曲线上与点 A_1 运动相似的点 A_2。通过相似抛物线找出这一交点，进行性能的换算，将所需流量 Q_1 值与 H_1 值代入相似抛物线方程，求出比例常数 K，并作出相似抛物线，该线通过点 A_1 并与转速为 n 时的 $Q \sim H$ 曲线相交于 A_2 点，得出 A_2 点的坐标 Q_{A2} 与 H_{A2}，如图 7-1-2 所示。由于 A_1 与 A_2 两点的工况相似，因此根据相似定律公式，即可求出 n_1 值。

$$n_1 = n \cdot \frac{Q_1}{Q_{A2}}$$

或用数解法求所需流量 Q_1 所对应水泵转速 n_1，计算步骤如下：

(1) 将 Q_1 代入装置扬程方程 $H_1 = H_{st} + SQ_1^2$，计算得到变速后工作点 A_1 的扬程 H_1；

(2) 计算过点 A_1 的相似工况抛物线上的 K 值：$K = \dfrac{H_1}{Q_1^2}$；

（3）联解相似工况抛物线方程和水泵在转速为 n 时的性能方程：

$$\begin{cases} H = KQ^2 \\ H = a_0 + a_1 Q + a_2 Q^2 \end{cases}$$

得到相似工况抛物线与转速为 n 的 $Q \sim H$ 曲线的交点 A_2 的流量 Q_{A2} 和扬程 H_{A2}；

（4）计算水泵的转速：$n_1 = n \cdot \dfrac{Q_1}{Q_{A2}}$。

进行扬程调节时，当需要水泵在最高效率下运行时，首先根据水泵额定转速 n_0 时的 $Q \sim H$ 曲线对应找到最高效率的点 $A_0(Q_0, H_0)$，如图 7-1-3 所示，作出相似抛物线 $H = KQ^2 = \dfrac{H_0}{Q_0^2}Q^2$，抛物线上的点对应的转速就是水泵的最佳转速。由此，只要画出不同静扬程下的装置性能曲线，得到它们与相似抛物线 $H = KQ^2 = \dfrac{H_0}{Q_0^2}Q^2$ 的各个交点 A_1、A_2 等，这些交点对应的转速就是相应于不同静扬程时的最佳转速。联解下列方程。

相似工况抛物线方程：$H = KQ^2 = \dfrac{H_0}{Q_0^2}Q^2$

装置性能方程：$H = H_{st} + SQ^2$

可得

$$Q = \sqrt{\frac{H_{st}}{K - S}} = Q_0 \sqrt{\frac{H_{st}}{H_0 - SQ_0^2}}$$

$$H = H_0 \frac{H_{st}}{H_0 - SQ_0^2}$$

将由上式求得的 Q、H 值代入比例率公式即可用数解法求得水泵的最佳转速：$n_{optimum} = n_0 \dfrac{Q}{Q_0}$。

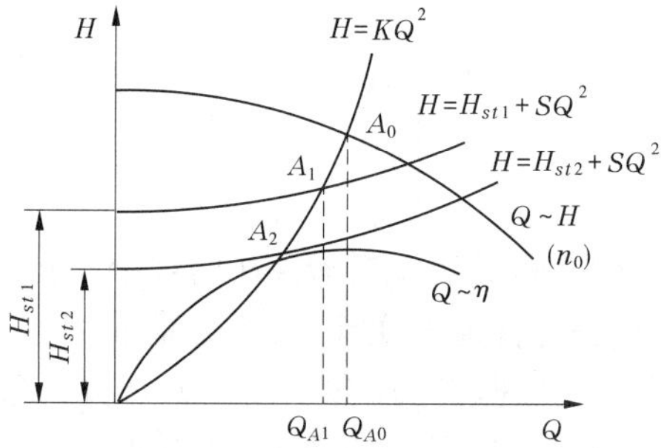

图 7-1-3　最佳转速确定

必须指出，提高转速不仅可能引起电动机过载，水泵发生汽蚀，而且会增加机械零件的应力。因此，在变速调节时一般是往降低转速的方向，提高转速时要经过复核，满足要求才能进行。

3）改变叶轮外径（变径调节）

在水泵设计工况与实际工况不一致时，把水泵叶轮外径车削小一些，移动水泵工作点，使其符合实际要求，是一种简单而又经济的方法，特别适宜于泵站扬程变化很小，但偏离额定扬程甚远的离心泵。由于离心泵的叶轮结构形式为封闭式或半封闭式，在一定范围内车削叶轮对效率影响不大。这种用车小叶轮外径改变水泵性能之间的关系称为切削定律（详见第5篇第1章式(5-1-1)、式(5-1-2)、式(5-1-3)）。

车削调节通常只适用于比转数不超过350的叶片泵，叶轮被车削后不能恢复原有的尺寸和性能，这是车削调节不如变速调节的地方。采用何种方法车削，车削后都必须对叶轮出口的端部进行修磨，以减少水力损失。

1.1.3.2　变频调速

因为异步电动机的转速 $n=60f(1-s)/p$（其中 f 为电源频率，p 为电机定子绕组的磁极对数，s 为转差率），故在转差率 s 变化不大时，n 基本上与频率 f 成正比。显然，只要改变频率 f，即可改变电动机的转速。变频调速的主要优点是调速范围大，调速的平滑性好，并有足够硬的机械特性。变频时，U_x（与运行频率 f_x 对应的电压）若按不同规律变化，则可以实现恒转矩或恒功率调速，以适应不同负载的要求。因此，变频调速是异步电动机最有发展前途的一种调速方法。变频调速的缺点是必须备有专用的变频电源，而且在恒转矩调速时，低速段电动机的过载系数大为降低，甚至不能带动负载。目前，变频电源均采用可控硅变频装置，造价较高。但随着半导体变流技术的不断发展，可以预料，一些简单可靠、性能优良、价格便宜的变预调速装置将不断出现。异步电动机的变频调速方法的应用将日益广泛，从而可以从根本上改变鼠笼型异步电动机的调速问题。

水泵的性能曲线与泵的转速有关，改变水泵的转速，可使水泵的性能曲线发生改变，以调节水泵工作点。变频调节是通过改变电源频率，调整电动机的同步转速，从而调节水泵性能的方法，其与变角调速一样，可以在较大的工况范围内保持水泵以较高的效率运行。变频调速范围宽、精度高、效率也较高，且能进行无级调速。近年来，国内变频调速设备的研制已取得突破性进展，技术上逐步成熟，可向用户提供性能可靠、价格便宜的变频产品，除调速外，还具有实现电动机软启动、软停机的功能。

在常见的两种方法中，变角调节对改变流量比较敏感，变速调节则对调节扬程有利，当转速改变时，最高效率点的扬程按照与转速平方成正比的规律变化，因此有着非常明显的调节扬程的能力。与变角调节相比，具有调节范围宽，调节效率高，调节方法简单以及可以简化水泵结构的优点。

以1600ZLB轴流泵为例，变角调节时，从+6°到-6°的调节范围，扬程为5～5.6 m，变幅为12%时，流量改变范围则为6.29～9.69 m^3/s，相差54%。这说明变角调节流量的效果明显，见表7-1-2。

表7-1-2　变角调节流量与叶片角度的对应关系

叶片角度	+6°	+4°	+2°	0°	-2°	-4°	-6°
扬程(m)	5.6	5.4	5.2	5	5.2	5.4	5.6
流量(m^3/s)	9.69	9.2	8.62	8.38	7.86	7.02	6.29

1.2　事故分析与处理

1.2.1　主机启动过程中常见的故障及处理办法

1.2.1.1　同步电动机启动的故障及处理方法

(1)启动电压太低,使电动机无法转动。其原因是:因为同步电动机采用异步启动方法,异步电动机的启动力矩与电压的平方成正比,因此电压低,启动力矩就小,主机很难启动。此时,可采用将转子顶起,让推力轴承与镜板接触面之间进油,增强润滑,减小启动力矩;全调节水泵可将叶片调到最大负角度。若仍无法启动,只有适当提高电压或在午夜电压高、频率正常时再启动。

(2)启动线圈断线。这是因为阻尼环和阻尼条在长期受热的情况下使焊缝松动。应检查出松动部位并重新焊牢。

(3)转子磁极线圈内所加入的灭磁电阻太小或磁极线圈短路。应检查灭磁电阻是否合乎要求。灭磁电阻一般为励磁线圈电阻的5~10倍。

(4)定子线圈短路。应修理或更换线圈。

(5)轴承不清洁,油内有杂质。应清洗轴承,更换润滑油。

(6)负载太大。应检查橡胶轴承是否抱死。

(7)阻尼环连接处启动时冒火花。若是螺栓螺母连接松动、接触不良引起的,拧紧螺母即可。

1.2.1.2　同步电动机牵入同步困难

(1)电压太低,启动力矩不够,特别是负载情况下,牵入同步更难。处理方法有:一是减小启动电阻,二是提高电压或夜间启动。

(2)灭磁电阻太大。一是接触不好,二是阻尼条断裂。

(3)励磁无电压。

(4)可控硅整流装置投励过早。

1.2.2　电动机轴瓦温度过高而烧瓦的原因及防止措施

大型立式同步电动机的轴瓦,一般采用锡基轴承合金浇铸而成,最高允许温度65 ℃,运行时温度控制在40~60 ℃。超过60 ℃即偏高,65 ℃时应发信号,到70 ℃应紧急事故停机。机组运行时,轴承与轴颈摩擦所产生的热量是靠油冷却器吸收带走的,油冷却器冷却了润滑油,使轴瓦摩擦面的温度始终稳定在轴承合金允许温度范围之内。

1.2.2.1　轴瓦温度过高而烧瓦的主要原因

(1)油位偏低或无油。电动机上、下油槽装有一定数量的透平油,上、下导轴瓦的一半浸入油中,推力轴瓦全部浸入油中,机组运行时,由于推力头的旋转,使透平油部分溅起,以润滑导轴瓦上面的一半,一旦油槽断油或油位太低,导轴瓦必然缺油,而产生高温导致烧瓦,断油或少油的主要原因是:①油冷却器损坏,使油进入油冷却器管道排至油槽外。不少泵站的技术供水,是将油冷却器的回水直接排入泵站的进水口,由于电动机油槽离泵站进水口高差较大，形成一个较大的落差，还有些泵站，将油冷却器回水直接排至供水泵的吸入口，这都会造成油冷却器供水过程中产生一定的负压，使油冷却器的使用寿命缩短，一旦损坏，机组停止，供水也停止，油槽内的油就会经损坏的油冷却器铜管吸入至泵站的进水口或供水泵的吸入口，造成油槽油位的降低或断油。②放油阀关闭不严或因机组振动而振松。

(2)油冷却器断水或供水量太少。油冷却器断水或供水量太少，带不走轴与轴承摩擦所产生的热量，造成油温逐渐或迅速升高。而油温升高又导致润滑油稀释，降低润滑性能。润滑性能降低，则摩擦系数增大，温度再升高，如此下去，最后使轴瓦烧熔。

(3)轴承绝缘损坏。轴承绝缘损坏，破坏了轴瓦与轴颈的油膜，使摩擦损耗增大。

(4)安装或检修质量不符合规定要求：①导轴瓦的间隙太小，形不成需要的油膜。②推力轴瓦的限位螺钉或挡块不当，使推力轴瓦灵活性受阻。③推力轴瓦受力不均匀，使轴向力集中在少数推力轴瓦上，超过推力轴瓦本身所能承担的负载。④轴瓦研刮的质量太差，未能达到技术要求。

1.2.2.2　防止温度过高的措施

(1)使用合格的透平油，牌号符合设计规定，并要经常化验验证。

(2)根据轴瓦温度调整油冷却器的供水压力，以得到合理的供水量。

(3)安装或检修中，严格按规范规定调整轴瓦间隙和推力轴瓦的受力。

(4)放油阀应关紧，手柄应设法固定，防止松动。

(5)技术供水系统应可靠，测温装置应有预告信号和事故报警装置，对油槽的油位除应装有明显的油位指示外，还应有信号装置。

(6)油冷却器管道(包括总水管滤水器)应定期检查、清洗、试压，防止淤积堵塞。

1.2.3　稀油筒式轴承产生高温烧坏瓦及防止措施

稀油筒式轴承是机组除橡胶轴承外的又一种常用的轴承，是用汽轮机油作为润滑剂，润滑轴颈和轴承，使得轴和轴承之间形成液体摩擦。润滑油能够自循环，油又将摩擦产生的热量带走，冷却后又重新来润滑轴和轴承。

1.2.3.1　筒式轴承温度升高或烧瓦的原因

(1)润滑油量不足或质量不高。①转动油盆或油箱的渗漏，使润滑油减少或中断。②由于毕托管方向偏移或折断，甩油量不足或不甩油，破坏了润滑油的自循环。③油导轴承进油孔堵塞，供油不足。④油导轴承内壁油槽的角度不对，或太浅，或被油污阻塞，使得轴与轴承之间不能形成油膜。⑤润滑油内侵入大量杂质，或进水，或时间太长，乳化，变质，承载能力降低。

(2)轴承间隙太小或太大。轴承间隙太小，润滑油膜极薄，会导致轴承的发热量大于轴承的散热量，这是因为轴承的发热量是与轴承间隙成正比的。间隙增大润滑油膜变厚，可降低轴承发热量。但间隙太大，不仅增大摆度，危及水导轴承的密封性，同时也影响润滑油上升的速度和数量，从而降低散热与润滑的效果，所以轴承间隙一是按厂家提供的数据，二是按规定的数据来定，方符合标准，不能任意加大或减小。

(3)巴氏合金浇铸质量太差，产生裂纹或脱壳而损坏。

（4）安装质量差，轴承本身不垂直，椭圆或轴线不正、摆动大，螺栓紧固不紧，松动损坏。

1.2.3.2　降低轴承温度及防止烧瓦的措施

（1）提高安装和检修的质量。①按标准规定的轴瓦间隙，调整好轴瓦的椭圆度、锥度和垂直度。②防止上油箱、转动油盆、轴承体的漏油、渗油。③注意毕托管的安装高程和进油口方位，不能碰撞和松动。④安装好密封，严防水进入油盆。

（2）选用合乎要求的牌号和洁净的气轮机油。

（3）对于轴瓦温度一直偏高的筒式轴承，可在上油箱增装油冷却器。

1.2.4　稀油筒式轴承密封漏水及防止措施

水泵机组采用稀油筒式轴承，其运行较为稳定可靠，但关键是油的润滑和散热性能，若一旦密封损坏，大量漏水，破坏了油的润滑和散热优势，轴承就可能因高温而损坏。所以，解决密封漏水问题，是安全运行的保证。

1.2.4.1　平面机械密封大量漏水的主要原因

（1）水泵的水导轴承承受水泵转轮径向力，为了使机组轴线运转稳定，水泵轴承安装位置越靠近转轮越好，但水泵轴承的密封应布置在水导轴承之下，这样，密封与轴承的布置产生了矛盾。从密封能发挥最好的作用来说，布置在轴上最为理想，因为这可使密封本身直径尺寸减小，但却将轴承位置抬高了，对机组运转的稳定性不利，为了既满足机组运行的稳定性，又能使密封性发挥作用，还要安装检修方便，所以目前采用油导轴承的机组，密封均安装在转轮上，这样加大直径（为主轴直径两倍多），旋转的线速度相应增加很大，因此平面间漏水面积也增大，途径加长。

（2）长时间停止运行的机组，运行前为了减小启动力矩和增大推力轴瓦的润滑，启动前均需顶起机组转动部分使推力轴瓦与镜板之间充油。这样顶起机组时密封动环应随机组上升，至于动环上的静环也应随着上升，当机组落下时，静环应能与动环同时自由下落，始终保持动、静环平面接触。因此，对于能上、下滑动而又不随机组转动的静环，必须增加径向密封装置。

1.2.4.2　平面机械密封防止漏水的措施

（1）密封的改造。有关制造厂和用户对平面机械密封的结构型式和材料进行了改造，使密封性能大为提高，使用寿命延长。新型密封的结构型式有：①选用新的耐磨材料作为静环。橡胶是一种耐磨材料，广泛用于水泵的轴承，水是橡胶的最好润滑剂。由于橡胶质软，富有弹性，水中的泥沙常嵌于橡胶中，减少了对动环的直接磨损。橡胶在一定的压力下能使平面均匀接触，密封性好，减少了平面的漏水，延长了使用寿命。②改变径向密封的结构型式。将原用O形径向密封圈改为J形径向密封圈，外部水压加在J形密封圈上，使密封更加可靠，也使静环上、下滑动更为方便。③固定座由铸铁件改为铸铜件，不易锈蚀，使静环易于自由滑动。④弹簧换成尼龙弹簧防止锈蚀。⑤从导叶体内接入润滑水管，通至耐磨橡胶内，使平面密封内充清水润滑，减少动、静环的磨损。⑥动环在可能的条件下，可以选用钨钢作材料，但加工困难。

（2）加强密封的排水。对于水导轴承的密封，应该允许一定量的漏水，最大的漏水量不超过导叶体排水管的最大排水量。设法增大排水量,就可以允许密封增加漏水量,这样通过两者间的调节,使密封在筒式轴承中更加可靠。①在导叶体内转子法兰外,安装 2 ~ 4 只毕托管,转轮旋转把密封漏水甩进毕托管,排出导叶体,增大导叶体排水管的自排水量。②在导叶体的排水管上,安装自吸泵,当密封漏水较多,超过警戒水位时,自吸泵自动投入运转,排除漏水,但必须完善水位信号计,做到自吸泵排水自动化。

1.2.5　水泵汽蚀的常见原因和防止减轻措施及汽蚀损坏部位修复

汽蚀破坏是一切水力机械的顽症,其产生的原因很复杂,难以归结于某一个因素。处理方法也仍在探求之中,目前还没有切实可行的防御措施。

汽蚀初期水利机械表面出现麻点、麻面,进而呈海绵状、蜂窝状,直至穿孔。汽蚀是客观存在的,不可完全避免,尽管有采用充气法以破坏负压产生,但收效甚微。所以,对待汽蚀也要做到“有病早治,无病早防”,这样才能减弱、延缓它的产生和发展。

对于抽引含泥沙较多水质的泵站,除汽蚀破坏外,还有泥沙磨损破坏,这就会更加加速过流部件的损坏。

1.2.5.1　水泵汽蚀的常见原因

(1)水泵吸水高度过大。随着水泵吸水高度增加,泵进口处的真空度增加,致使泵内压力降得过低。吸水高度增加的原因大多是水泵工作期间进水池水位下降过大。

(2)水泵进水条件较差。如果进水池产生旋涡使进入水泵的水存在预旋或将空气带入水泵,以及弯肘形进水流道在其出口处(叶轮进口处)所形成的流速、压力分布不均匀,都会导致汽化及汽蚀的产生。

(3)水泵偏离设计工况运行。在这种情况下叶片进口处将形成冲击入流,水流脱离叶面而出现低压。

(4)安装地点海拔高度过高或水泵抽送的水流温度过高。这是因为海拔越高,大气压力越低,相应地在泵吸入口的压力也就越低;而水温越高,汽化压力就越大,水流就越易汽化。

(5)水泵过流部件材料抗汽蚀能力较差。

(6)泵本身抗汽蚀性能较差。

(7)泵内水流经过狭窄的间隙。这时流经间隙的水流速度增大,使间隙处的压力下降形成汽化。

1.2.5.2　减轻和防止汽蚀的措施

水泵的汽蚀是由水泵本身的汽蚀性能和抽水装置的使用条件来决定的。为防止水泵汽蚀,一方面应提高水泵自身的抗汽蚀性能,另一方面则应合理布置水泵的吸水管路系统,使水泵合理地运行。一定程度的汽蚀往往总是发生,减轻和防止汽蚀的措施如下:

1)正确地确定水泵安装高程

在设计泵站时,要使装置汽蚀余量大于水泵的允许汽蚀余量,或者水泵进口处的吸上真空度小于水泵的允许吸上真空度。同时,应充分考虑抽水装置可能遇到的各种工作情况,以便正确地确定安装高程。

2)要有良好的进水条件

进水建筑物内的水流要平稳、均匀,不产生旋涡。

3)尽量减少进水管路水头损失

在设计泵站时,应尽量缩短进水管路的长度,减少管路的附件,管道内壁应光滑和适当加大进水管的直径。

4)提高汽蚀区的压强

在水泵进水管内,注入少量水或空气,可以缓和汽泡破灭时的冲击,并减小汽蚀区的真空度。但注入量必须控制,否则反而会使水泵工作性能变坏。将出水管的高压水引入泵的进口,可以提高叶轮进口的压强,从而提高泵的抗汽蚀性能。但减小了水泵的出水量,降低了水泵的效率。

5)降低工作水温,保持稳定运行

夏季气温较高,可掺井水混合或在引水渠、进水建筑物处加遮热晒措施,以减轻汽蚀现象的危害程度。水泵如果转速不稳,泵进口处真空度也会变化。在转速突然增高的一瞬间,泵进口处真空度升高,而进水管路中的水存在惯性,来不及补充突然出现的空间而产生气泡,导致汽蚀。机组如果转速不稳,也会产生振动,泵内水流也随之产生拉伸—压缩运动,导致水泵的汽蚀。因此,电动机或柴油机应保持稳定运转,水泵机组应安装牢固,避免产生转速不稳和振动现象。

6)提高泵本身的抗汽蚀性能

泵设计时,要充分考虑叶轮设计的合理性。要充分考虑叶轮进口直径、叶片进口宽度、叶轮盖板进口部分曲率半径、叶片进口边的位置和叶片进口部分的形状、叶片进口冲角、叶片进口厚度、平衡孔、光洁度等对水泵抗汽蚀能力的影响。

7)采用耐汽蚀材料和涂料

在发生汽蚀的部位涂一层环氧树脂,可以提高叶轮表面的抗汽蚀性能,减轻叶轮表面被汽蚀破坏的程度。在水泵过流部件表面喷镀耐汽蚀金属材料,形成一层表面硬膜,以抵抗汽蚀破坏,比采用贵重的合金钢要经济得多。此外,在水泵过流部件和已蚀坏部件上用聚合涂料(如以环氧树脂为基础的抗汽蚀耐磨材料及其他热塑性涂料等)进行覆盖和修补,比采用金属喷镀更为经济方便,其抗蚀耐磨效果也好。当已剥蚀的部件具有可焊性时,也可用不锈钢焊条补焊。多泥沙水源的泵站应留有更多的汽蚀余量。

1.2.5.3 汽蚀破坏部位的修复

转轮是水泵的核心部件,它的损坏会严重降低水泵的效率,破坏机组的稳定性,因此修复的目的是恢复工作能力。

对于叶片的汽蚀破坏,一般采用堆焊;对于转轮外壳的汽蚀破坏,可用环氧树脂粘接填补。整个工艺过程分清理、填充、磨平三个步骤。

叶片补焊需下列工具设备:直流电焊机、焊具、风铲、碳弧刨、砂轮机、探伤设备、加温和保温设备、测量工具和仪器等。

1)汽蚀破坏的测量

汽蚀破坏的测量,包括汽蚀区在叶片上的相对位置、汽蚀面积、汽蚀深度和失重等的测量。测量结果要作详尽记录,必要时拍照存档。

(1)汽蚀相对位置测量。用软尺测量汽蚀区轮廓至叶片轮廓线相对距离,以定出汽蚀区在叶片上分布的相对距离。

(2)汽蚀面积的测量。用稍厚白纸覆盖在汽蚀区上,然后用铅笔在白纸上涂抹,即显出黑白相间的汽蚀区表面轮廓;也可用涂色翻印法,即在汽蚀区周边薄口涂刷有色材料,如墨汁、红油等,将干时覆以白纸,稍加按摸即可印下,得出汽蚀区轮廓,再用求积仪或放在刻有 10 mm×10 mm 方格玻璃板下数格相加求得面积。

(3)汽蚀深度测量。用探针或大头针插入汽蚀孔内,用钢直尺量取;也可用改装的深度游标尺测量;还可用侵蚀深度测量器测量。将测得的深度取平均值,并记录最大深度。

(4)失重测量。用胶泥或腻子按叶片曲率涂抹在汽蚀区上,然后取下称重,按比例换算成金属重量。

所有这些测量,必须仔细认真进行,并作出详尽记录,作为汽蚀破坏评定的原始数据和检修工作的必备资料加以保存。

2)施焊前的清理

(1)清理的范围要大于实际汽蚀区,因为汽蚀区周围的金属组织也或多或少遭到疲劳损伤,同时也能使补焊层更加牢固。

(2)清理要求彻底削除汽蚀层,直到见到亮的金属基体。

(3)清理方法有砂轮打磨、风铲铲削或电弧刨刨削。若用电弧刨,最后还要用砂轮除去氧化渗碳层。处理深度要适当,过浅影响堆焊质量,过深增加堆焊工作量,同时也易引起变形。采用何种方法,应视条件而定。

3)焊条的选择

目前,国内研究了各种抗汽蚀性能的电焊条,经验证明,含铬为 12% 以上的不锈钢焊条,抗汽蚀性能较好,如铬 18、铬 25、镍 9、镍 20 等,但价格较高;质优价廉的如 D277、D276、D462 等,尤以 D277 为好,但含锰引起的烟雾大,对人体有害,施焊时必须注意通风或采取其他防护措施。

用于堆焊的焊条应保持干燥,不许掉皮。施焊前应在 30 ℃烘箱中烘烤 1 h 方可使用,以免堆焊中产生气孔。

4)施焊方法

现场堆焊,叶片难以进行热处理回火和校正变形,因而大面积堆焊叶片时要考虑采用合理的工艺,控制不均匀变形,减小内应力,避免裂纹。因此,堆焊前应对叶片进行预热,并采用分区换位焊法,尽可能使热量分散。分区尺寸无严格限制,一般分 200 mm×100 mm 的矩形,各矩形接头错开,换位时可间隔 1～2 个区域。堆焊时宜采用每层焊波交叉压焊,也可采用往返焊,每次堆焊量要少,防止叶片受热集中。

(1)对于汽蚀破坏深度大于 8 mm 的区域,可先用与叶片材质相近的 J426 或 J427 焊条堆焊打底,最后再用不锈钢焊条铺焊,这样可节省不锈钢焊条。

(2)对于叶片出现掉边的严重破坏,可采用整块镶补法镶补。

(3)对于汽蚀穿孔部位,要先用 J427 焊条填充或嵌入填板,并在周围分几次施焊,然后堆焊抗汽蚀表层。

实践证明,补焊后叶片型线准确、表面光滑、组织细密、抗汽蚀性能强。施焊处理后,要记下所用工日、焊条和其他材料消耗量，作为今后处理的依据。

5）焊补质量检查

叶片经焊补修复后要达到如下要求：

（1）经探伤检查，叶片的各部位均不得有裂纹、气孔等缺陷；

（2）叶片曲率变化均匀，表面光滑，不应有凸台凹坑之处；

（3）打磨后的补焊层不得有深度超过 5 mm、长度大于 50 mm 的沟槽和夹纹；

（4）抗汽蚀层不应小于 3 mm 厚度，若焊两层则不应小于 5 mm 厚度；

（5）叶片经修型处理，与样板的间隙应在 2 ~ 3 mm 以内，且间隙与间隙长度之比小于 2%；

（6）经堆焊处理的叶片，其表面粗糙度值 R_a 小于 0.8 μm；

（7）补焊后的叶片要作静平衡试验，以消除不平衡重量。

叶片堆焊是一种局部高温处理，必然存在残余热应力，可采用自然时效或人工时效处理。

模块2　电气设备运行

2.1　设备检查与操作

2.1.1　电气设备保护

2.1.1.1　电气设备保护的分类

泵站供电系统发生故障时会引起电流增大、电压降低以及电流与电压相位的变化等，因此绝大多数的保护装置是以反映这些物理量变化为基础，利用正常运行与故障时各物理量的差别来实现的。

(1)按被保护的对象分类。输电线路保护、变压器保护、电动机保护、母线保护、电容器保护等。

(2)按保护原理分类。根据所反映物理量的不同，可构成不同类型的保护。例如，反映电流变化的为电流保护，反映电压变化的为电压保护，既反映电流又反映相角改变的为过流方向保护。此外，还有距离保护、差动保护、零序保护等。

(3)按保护所反映故障类型分类。有相间短路保护、接地故障保护、匝间短路保护、断线保护、失步保护、失磁保护及过励磁保护等。

(4)按保护装置的实现技术分类。有机电型保护(如电磁型保护和感应型保护)、整流型保护和微机型保护等。

(5)按保护所起的作用分类。可分为主保护、后备保护(远后备保护、近后备保护)和辅助保护三种。

2.1.1.2　电气设备保护的基本原理

利用正常运行与区内外短路故障电气参数变化的特征构成保护判据，根据不同判据构成不同原理的保护。系统故障时电气参数变化的特征有以下几种：

(1)电流增加(过电流保护)。故障点与电源直接连接的电气设备上的电流会增大。

(2)电压降低(低电压保护)。各母线上的电压将在不同程度上有很大的降低，短路点的电压降低到零。

(3)电流电压间的相位角会发生变化(方向保护)。正常运行状态，系统电流与电压间的相位角为20°左右，当发生短路时系统电流与电压间的相位角为60°~85°。

(4)电流与电压的比值会发生变化(距离保护和阻抗保护)。系统正常运行时负荷阻抗，其值较大，系统短路时阻抗是保护安装处到短路点之间的阻抗，其值较小。

(5)电流差动保护(纵联差动保护和横联差动保护)。正常运行时通过元件的输入电流等于输出电流($I_{入}=I_{出}$)，当发生短路时输入电流不等于输出电流($I_{入}\neq I_{出}$)。

(6)分量保护。在发生不对称短路时出现负序电流分量I_2及零序电流分量I_0。

电气保护除能够对电气参数变化进行保护外，还有非电量的保护，如瓦斯保护、过热保护等。

2.1.1.3 保护整定值

对于泵站电气保护，其保护装置均已按设计安装好，运行人员的工作主要是对保护装置进行维护和保护整定值设定。

1）保护整定值的设定

泵站电气设备各种保护的整定值必须按电气设计时计算的整定值进行设定。设定操作时，应按保护装置的有关技术文件的规定进行。设定后，应进行必要的试验，以检验整定值设定的正确性。

2）整定值的修改

整定值一经按计算确定，不得随意修改。当情况发生变化，确需修改时，必须重新计算确定整定值，并按下列要求重新设定：

（1）整定值修改应有书面通知，且在通知书中有计算人、审核人、批准人签字。如果涉及内容与电力系统有关，整定值的修改应由供电部门提供，除有上述人员签字外，还得有供电继电保护部门或供电调度部门盖章；如果是泵站内部修改，只有在泵站技术部门或设计部门单位盖章后，修改值才能生效。整定值修改书字迹应清晰、内容不得涂改。

（2）接到整定值修改书，运行人员应现场核对修改书中的内容并查对现场设备一次值，确定无误后，才能修改。整定值修改的操作人员应有详细记录。

（3）整定值修改后，应进行必要的试验。

2.1.2 保护装置联合调试方法及技术要求

2.1.2.1 调试方法

1）传统的继电保护装置的调试

单个继电器在实验室的调试台调试好后，组装到控制保护屏上，投上控制保护电源，模拟机组正常运行时的突发事故，导致互感器二次侧电流或电压值变化达到或超过整定值，使得该类型保护回路上对应的设备动作，从而切除故障点。用这种方法检查该保护系统是否正常。如果保护装置动作，说明保护系统接线正确，装置工作正常并发出信号；否则，逐项检查排除故障，确保系统正常。

2）微机保护装置的调试

利用装置参数设定功能，设定好整定值。利用装置本身的自检功能，对装置自身进行功能检测，发现问题报警、显示和打印，如果检查正常，表明装置工作正常，不需要调试。对微机保护装置系统的检查与传统的继电保护装置系统的检查方法一样，仍然是模拟设备或系统发生某一类型故障时检查装置是否动作并发出信号。如果保护装置动作并发出信号，说明保护系统接线正确，装置工作正常；否则，逐项检查排除故障，确保系统正常。

3）调试中的检查

保护装置联合调试中，正常检查的内容包括以下几个方面：

（1）程序检查。对装置的程序进行检查，输入程序校验码，如果是正确的，即认为程序正确,装置的各种功能和逻辑正确。

(2)开关量输入检查。接入电源,将各反映各开关量的输入端子,模拟开关量接通与开断,能够正确显示开关量的输入情况,即视为装置正常。

(3)模拟量的输入检查。在装置的交流电压、电流的输入端加上额定值,正常显示时,按动“确认”键,在“设置”菜单的“刻度”下,查看输入值,显示值的误差在装置要求的范围内(参看说明书),说明正常;如果某一路误差较大,可以通过按“+”“-”(或者是按“↑”“↓”)键对该路进行“刻度”校准。

(4)继电器回路检查。在主菜单相应的选项下,输入正确校验码和通道号,按“确认”键就可以进行相应继电器出口回路的检查。按下“复归”键,将所指示的信号复归,说明继电器复归正常。

(5)相序检查。在装置的交流电压、电流输入端加上额定值,按动“确认”键,在“设置”菜单的“角度”下,查看各模拟量的相位角是否正确,如果某一路相位角误差过大,通过相应的键调整角度的大小来校准。

(6)整组试验。在各项检查确认无误后,模拟各种故障检查装置动作情况,确认所使用的装置完好。

同时还应对装置外观进行检查。用1 000 V摇表在弱电插件取出的情况下,对此相应的回路进行检查,其电阻值应大于1 MΩ。

2.1.2.2　调试技术要求

(1)插、拔插件。必须在电源(直流或交流)断开后,才允许插或拔出插件。不可在带电状态下插、拔插件。在插、拔插件时,还应先放电。在插拔芯片时,要注意手尽量不要接触印刷电路板及芯片的管脚。

(2)发现装置工作不正常,应仔细分析。判断故障原因及部位,不可轻易更换芯片。如确需更换应注意芯片插入的方向,且应保证芯片的所有引脚与插座接触良好。

(3)如需对插件板上某些焊点进行焊接,应将电烙铁电源关断后再进行焊接。

(4)存放程序的芯片窗口要用防紫外线的不干胶封死,以防日光照射芯片而使程序发生变化。

(5)试验接线应保证在模拟短路时,电压和电流变化的同时性。在检验屏内的配件及线路时,电压、电流应从屏上的端子排上输入。所有保护值试验必须在现场进行,而且试验时的保护状态应符合正式运行条件。

(6)若在交流电压(或电流)回路对地之间接有抗干扰的电容,且试验时所加的电压、电流为不对称量,则应将抗干扰的电容对地接点断开,以防止影响非故障相(在非故障相产生电压),从而造成装置的误动作。

(7)在运行状态下需断开电压、电流线时,应保证电压互感器二次线不短接或接地电流互感器二次线不开路。

(8)打印机在通电状态下,不能强行转动走纸旋钮,走纸可通过打印机按键操作或停电后进行。

2.2 事故分析与处理

2.2.1 电气设备系统事故预防预案

2.2.1.1 系统相序的检查

三相交流电源接入电机及励磁设备中，相序是否正常直接关系到设备能否安全运行，尤其是对不允许反转、且在其内部设有防抬装置的水泵机组。

泵站在设计时，已考虑配备有钳形电流、电压相序表。在设备未通电之前，在开关的上端头检测，确定系统三相电压的相序与设备旋转相序一致，接通线路。通常在工程安装时期，相序一旦确定，就不能更改(除非更改线路)。

在设备大修或拆装线头时，都必须核对相序，核对的方法是：用相序表配带的三相线与系统三相搭接，相序表顺时针旋转，相序正确，否则，需调整相序。

2.2.1.2 系统联合试运行方案

无论是新建、扩建、改建泵站，还是原有泵站在机组大修后，或控制系统维修后，都要进行机组联合试运行，以验证新安装或维修后机组质量，确保工程发挥作用。为保证机组联合试运行正常有序进行，确保设备不受损害，应编制联合试运行方案，方案中明确各方职责，确定各岗位任务，定好试机程序，确保整个工作有组织有计划有秩序进行，最终达到试机目的。

1)方案编制的内容

方案编制的内容包括以下几方面：

(1)明确编制依据、技术规范、设计文件、检修目的。

(2)系统设备检查及其技术要求。

(3)组织分工、人员到位、各司其职、各负其责。

(4)突发事件应急处理方案(安全措施)。

(5)启动运行程序。

(6)总结要点。

2)方案中的安全措施

在方案中应明确要求参试人员做到：

(1)制订科学的运行方案。

(2)机电设备安排专人监视且必须集中精力，一旦发现异常情况应立刻报告。

(3)启动过程执行操作票制。

(4)各项操作有两人进行，一人操作，一人监护，监护人员要熟悉操作。

(5)加强现场防火措施及保卫工作。

(6)采取必要的措施，确保工作程序正常进行。

3)方案中的注意事项

在方案中应注明机组运行中运行人员的注意事项：

(1)检查各仪表工作是否正常、稳定。特别要注意对应扬程下，电流表指示的电流数值是否与电机额定电流相符,电流过大过小都应立即停机。

(2)进、出口处水流情况是否正常,水位变化情况怎样。

(3)水泵填料处是否有润滑水或填料处是否发热冒烟等。

(4)机组运行响声与振动情况是否正常,若发现异常情况应立即汇报并作出相应的处理。

(5)轴承温升是否在允许范围内,变化速度是否很大。

(6)电机温升是否有异常情况。

(7)水泵管渗漏情况是否正常。

(8)励磁系统运行是否正常。

(9)直流控制系统运行是否正常等。

2.2.1.3　技术管理方案的编制

泵站的首要任务是确保工程安全,保证工程在满足设计工况的前提下,安全可靠运行,发挥效益,最大限度地减少或杜绝工程在运行中事故的发生以及在发生不可避免的事故时,把事故造成的影响缩小到最小范围,尽量减小事故所造成的损失。结合泵站实际,编写好机组运行调度方案、技术管理方案和事故处理方案,加强工程管理。

1)运行调度方案

根据泵站担负的任务及规划要求,按照优化准则,编制运行调度方案,主要内容有:

(1)机组开机条件。

(2)开机台数。

(3)机组启动顺序。

(4)机组工况的调节。

(5)与其他工程配合运用。

(6)供、排水调配计划。

(7)在满足技术要求时,运行最佳方式。

(8)人员安排。

(9)运行费用预算等。

2)技术管理方案

技术管理方案编制涉及的主要内容有:

(1)认真贯彻国家和地方的技术法律、法规、规范的内容。

(2)泵站所有机电设备、金属结构及水土建筑管理标准和要求。

(3)泵站设备水工建筑物等的运行、维护、维修标准及要求。

(4)新技术、新设备、新成果在泵站中的运用。

(5)按照泵站技术经济指标要求,实行目标管理,考核泵站管理工作。

(6)按照不同年份及阶段,编写好管理、运行、维修计划。

(7)整编好各种设备的技术档案,包括设备的技术文件、机组运行记录、试验数据、水工建筑物观测及检修等资料。

(8)认真处理和分析机电设备和水工建筑物的故障及事故。

(9)编写好加强职工技术培训计划等。

3)事故处理预案

根据泵站运行、管理实况,有针对性地编制好可能发生的事故及处理预案。预案编制应遵从以下原则:

(1)遵从相关法律、法规及规章制度。

(2)确保人身安全,减小设备损害程度,使给工程造成的损失最小。

(3)事故发生时,工作人员采取的紧急处理措施网络图应明确各种设备的操作步骤,尽量快速限制事故发展,消除事故根源,解除对人身和设备的危险。

(4)将事故尽量限制在最小范围内,确保未发生事故的设备继续运行。

(5)积极做好善后处理工作,并及时向上级汇报。

(6)发现调度命令直接威胁人身和设备安全时,预案应明确操作人员的处理程序(①拒绝执行;②主动汇报;③积极提出意见与建议等)。

(7)事故发生后,立即查明原因,及时处理并尽快抢修工程和设备,总结教训,形成材料归档并上报。

(8)组织体制等。

2.2.2 电力系统突发事故应急处理措施

"安全第一,预防为主"。做好安全用电管理工作,防范电气事故的发生是一项重要的基础性工作。杜绝重大电气事故发生,减少一般事故。为做好日常管理工作,应制订电气突发性事故应急处理预案,加强对突发性电气事故的防范工作。

首先,在机组正常运行情况下,泵站设备突发性事故的类型分为:第一类事故,系统突然停电,带来的突发性事故;第二类事故,泵站本身的电气设备突发事故。根据事故的不同类型,采取相应的应急处理措施,以保证水利工程、设备和人身安全。

第一类事故应急处理措施:①关闭出水闸门(或阀门),防止水倒流;②机组恢复到待开机状态;③分开所有开关;④复原信号、保护装置处于良好状态;⑤检查直流是否正常,是否受到冲击等,准备来电恢复运行。

第二类事故应急处理措施:①正确判断突发性电气事故,查看事故发生的现状,查找事故发生的部位及其原因,分析事故影响范围和后果。②将发生事故的设备与电气系统隔开,限制事故范围,消除事故对人身与其他设备的影响,最大限度地保障其他电气设备正常运行,防止事故扩大。同时也便于对事故设备的检修。③调整设备运行方式,根据泵站机组运行状态,适时调整设备运行方式,确保泵站效益发挥。

2.2.3 电力设备运行维护新技术及典型案例

2.2.3.1 在线监测

随着经济社会的的发展,泵站在抗灾减灾中所发挥的作用越来越明显,保证电力设备的安全运行显得越来越重要,因此迫切需要对电力设备运行状态进行实时或定时在线监测,及时反映设备绝缘的劣化程度,以便采取预防措施,避免停电事故发生。传统的方法是在停电状态下,按预防性试验规程对突发性事故进行试验的要求,对电力设备进行定期的试验、检修和维护。定期试验不能及时发现设备内部的故障隐患,而且停电试验试加的试验电压对某些缺陷反应也不够灵敏。随着电力电子技术、传感技术、信息处理技术、计算机和网络技术的快速发展，近十几年来，一门新的技术——在线监测技术得到了开发与应用。

所谓在线监测技术，就是利用传感、电子、计算机、信息处理等技术，通过对运行中电气设备的信号采集和传输、数据处理、逻辑判断来实现对电力设备运行状态的带电测试或不间断的实时监测和诊断。在线监测与预防性试验相比，采用更高灵敏度的传感器采集运行中设备绝缘劣化信息，再依赖软件支持的计算机网络对采集到的信息处理和识别，可以把一些预防性试验项目在线化，而且还可以引进一些新的更真实反映设备运行状态的特征量，从而实现对设备运行状态的综合诊断，推动了电力设备运行维护水平的提高，减少了维护人员的劳动强度，促进电力设备由定期试验向状态检修过渡的进程。

在线监测技术的开发与应用，提高了运行管理的智能化程度，加快了设备运行状态的信息反馈，缩短了故障判断和处理时间，提高了工作效率，减少了因未能及早发现故障而设备停运的损失，为实现泵站无人值守创造了条件。

在线监测对泵站来说几乎所有设备都可以实现。如电动机、电缆、变压器、互感器、电容器、绝缘子、开关设备、避雷器、母线及其接头等。

但在线监测技术也存在一些不足，如：在线监测工作缺乏统一管理，在线监测系统本身的运行可靠性还不尽如意，产品质量缺乏应有监督机制，后期服务跟不上以及运行人员缺乏操作管理水平等。系统本身功能也需进一步完善提高。

2.2.3.2　在线监测案例

用无线在线监测设备运行温度。

温度是考证一次设备正常运行的一个重要参数。

电力设备的连接部位，由于受气候冷热变化、设备基础变化、设备受到环境污染、严重超负荷运行等各种因素的影响，出现触点氧化、紧固螺栓松动、触点和母线排连接处老化等问题，造成接头处压接不紧、压力不够、触头接触部分发生变化，最终导致接触电阻增大，在电流通过时，温度升高，从而引起设备老化、绝缘下降，严重的还能触发电弧短路，烧坏设备或降低设备使用寿命，扩大设备损坏范围，甚至引起设备起火、爆炸，尤其是活动刀闸的动、静触头部分更加严重。电气设备的故障往往是引起设备事故高发的缘由，时刻威胁电力设备的安全运行。这些设备无论是高压设备还是低压设备，运行中都不便检测，传统的只能用石蜡片，绑着绝缘杆或点温仪、热像仪，定期或不定期对设备进行检测，但只能检测到设备当时的温度，不能实现对设备温度实时检测并及时告警。在巡检过程中，受巡检人员责任心、巡检时间的间隔以及巡检人员掌握技术水平的制约，测量的角度、测量部位都很难掌握，这样测量温度不准，误差很大，问题不能被及时发现和处理，往往只有等到问题扩大造成损伤时才能发现，结果已造成损失。

利用红外线实现在线监测设备运行温度，完全克服了传统巡测的不足，能及时将温度记录下来，并对温度及时进行分析，及时预警预告，适时切除故障点，减少事故发生，确保设备安全运行。但是，红外测温为非接触式测温，易受环境与电磁场干扰，另外，开关柜的空间也非常狭小，无法安装红外测温探头是其弱点。

另外，光纤测温是利用光纤的绝缘性能将光纤温度传感器直接安装到高压触点，利用光纤传输温度信号，能够准确测量高压触点运行温度，实现开关触点运行温度的在线监测。但是光纤可能会受到环境污染影响，导致沿光纤表面放电。

目前，使用无线测温实现在线监测是更先进的一种方法，采用电磁波传输信号，传感器直接安装在高压设备上，温度测量准确，既不受气候环境的影响，又能解决电气绝缘问题，可以通过连续监测高压开关柜内触点、母线接头、电缆接头等处的运行温度，确定触点和接头处的过热程度，当发生超温时，系统能够发出报警。同时无线测温系统安装的温度监测分析软件，在上位机上运行，可实现温度实时显示、历史数据记录和分析、报警状态记录等功能，帮助运行人员监测和分析触点处的过热情况，预测出故障发生部位，保证电气设备安全运行。

2.2.4 蓄电池运行及维护

2.2.4.1 防酸蓄电池组的运行及维护

1）防酸蓄电池组的运行方式及监视

（1）防酸蓄电池组在正常运行中均以浮充方式运行，浮充电压值一般控制为(2.15 ~ 2.17) V × N(N 为电池个数)。GFD 防酸蓄电池组浮充电压值可控制到 2.23 V × N。

（2）防酸蓄电池组在正常运行中主要监视端电压值、每只单体蓄电池的电压值、蓄电池液面的高度、电解液的比重、蓄电池内部的温度、蓄电池室的温度、浮充电流值的大小。

2）防酸蓄电池组的充电方式

（1）初充电：按制造厂家的使用说明书进行初充电。

（2）浮充电：防酸蓄电池组完成初充电后，以浮充电的方式投入正常运行，浮充电流的大小根据具体使用说明书的数据整定，使蓄电池组保持额定容量。

（3）均衡充电：防酸蓄电池组在长期浮充电运行中，个别蓄电池电解液密度下降，电压偏低，采用均衡充电方法，可使蓄电池消除硫化，恢复到良好的运行状态。

均衡充电的程序：先用 I_{10} 电流对蓄电池组进行恒流充电，当蓄电池端电压上升到 (2.30 ~ 2.33) V × N，将自动或手动转为恒压充电，当充电电流减小到 0.1I_{10}时，可认为蓄电池组已被充满，并自动或手动转为浮充电方式运行。

3）核对性放电

长期浮充电方式运行的防酸蓄电池，极板表面将逐渐产生硫酸铅结晶体（一般称为"硫化"），堵塞极板的微孔，阻碍电解液的渗透，从而增大了蓄电池的内电阻，降低了极板中活性物质的作用，蓄电池容量大为下降。核对性放电可使蓄电池得到活化、容量得到恢复、使用寿命延长，确保发电厂和变电站的安全运行。

核对性放电程序如下：

（1）一组防酸蓄电池：发电厂或变电所只有一组蓄电池组，不能退出运行，也不能作全核对性放电，只允许用 I_{10}电流放出其额定容量的 50%，在放电过程中，单体蓄电池电压还不能低于 1.9 V。放电后，应立即用 I_{10}电流进行恒流充电，在蓄电池组电压达到(2.30 ~ 2.33) V × N 时转为恒压充电，当充电电流下降到 0.1I_{10} 电流时，应转为浮充电运行，反复几次上述放电充电方式后，可认为蓄电池组得到了活化，容量得到了恢复。

（2）两组防酸蓄电池：变电所若具有两组蓄电池，则一组运行，另一组断开负荷，进行全核对性放电。放电电流为I_{10}恒流。当单体电压为终止电压1.8 V时,停止放电,放电过程中,记下蓄电池组的端电压、每个蓄电池端电压、电解液密度。若蓄电池组第一次核对性放电就放出了额定容量,不再放电,充满容量后便可投入运行。若放充三次均达不到额定容量的80%,可判此组蓄电池使用年限已到,并安排更换。

(3)防酸蓄电池核对性放电周期:新安装或大修中更换过电解液的防酸蓄电池组,第一年,每6个月进行一次核对性放电;运行1年以后的防酸蓄电池组,1~2年进行一次核对性放电。

4)运行维护

(1)对防酸蓄电池组,值班员每日应进行巡视,主要检查每只蓄电池的液面高度,看有无漏液,若液面低于下线,应补充蒸馏水,调整电解液的比重在合格范围内。

(2)防酸蓄电池单体电压和电解液的比重的测量,变电所每月测量一次,按记录表填好测量记录,并记下环境温度。

(3)个别落后的防酸蓄电池,应通过均衡充电方法进行处理,不允许长时间保留在蓄电池组中,运行若处理无效,应更换。

5)防酸蓄电池故障及处理

(1)防酸蓄电池内部极板短路或断路,应更换蓄电池。

(2)长期浮充电运行中的防酸蓄电池,极板表面逐渐产生白色的硫酸铅结晶体,通常称为"硫化"。处理方法:将蓄电池组退出运行,先用I_{10}电流进行恒流充电,当单体电压上升为2.5 V时,停充0.5 h,再用$0.5I_{10}$电流充电至冒大气后,又停0.5 h后再继续充电,直到电解液沸腾,单体电压上升到2.7~2.8 V停止充电1~2 h后,用I_{10}电流进行恒流放电,当单体蓄电池电压下降至1.8 V时,终止放电,并静置1~2 h,再用上述充电程序进行充电和放电,反复几次,极板白斑状的硫酸铅结晶体将消失,蓄电池容量将得到恢复。

(3)防酸蓄电池底部沉淀物过多,用吸管除去沉淀物,并补充配制的标准电解液。

(4)防酸蓄电池极板弯曲、龟裂或肿胀,若容量达不到80%以上,此蓄电池应更换。在运行中防止电解液的温度超过35 ℃。

(5)防酸蓄电池绝缘降低,当绝缘电阻值低于现场规定值时,将会发出接地信号,正对地或负对地均测到泄漏电压。处理方法:对蓄电池外壳和支架采用酒精清擦,改善蓄电池室外的通风条件,降低温度,绝缘将会提高。

(6)防酸蓄电池容量下降,更换电解液,用反复充电法,可使蓄电池的容量得到恢复。若进行了三次充电放电,其容量均达不到额定容量的80%以上,此组蓄电池应更换。

(7)防酸蓄电池的日常维护还应做到以下各点:蓄电池必须保持经常清洁,定期擦除蓄电池外部的酸痕迹和灰尘,注意电解液面高度,不能让极板和隔板露出液面,导线的连接必须安全可靠,长期备用搁置的蓄电池,应每月进行一次补充充电。

2.2.4.2　镉镍蓄电池组运行及维护

1)镉镍蓄电池组的运行方式及监视

(1)镉镍蓄电池主要分为两大类:高倍率镉镍蓄电池,瞬间放电电流是蓄电池额定容量的3~6倍;中倍率镉镍蓄电池瞬间放电电流是蓄电池额定容量的1~3倍。

(2)镉镍蓄电池组在正常运行中以浮充方式运行,高倍率镉镍蓄电池浮充电压值宜取(1.36～1.39) V×N、均衡充电压值宜取(1.47～1.48) V×N;中倍率镉镍蓄电池浮充电压值宜取(1.42～1.45)V×N、均衡充电压值宜取(1.52～1.55) V×N,浮充电流值宜取(2～5) mA×Ah。

(3)镉镍蓄电池组在运行中,主要监视端电压值、浮充电流值、每只单体蓄电池的电压值、蓄池液面高度、是否“爬碱”、电解液的比重、蓄电池内电解液的温度、运行环境温度等。

2)镉镍蓄电池组的充电制度

(1)正常充电:用 I_5 恒流对镉镍蓄电池进行的充电。蓄电池电压值逐渐上升到最高而稳定时,可认为蓄电池充满了容量,一般需要 5～7 h。

(2)快速充电:用 2.5I_5 恒流对镉镍蓄电池充电 2 h。

(3)浮充充电:在长期运行中,按浮充电压值进行的充电。

(4)不管采用何种充电方式,电解液的温度不得超过 35 ℃。

3)镉镍蓄电池组的放电制度

(1)正常放电:用 I_5 恒流连续放电,当蓄电池组的端电压下降至 1 V×N 时(其中一只镉镍蓄电池电压下降到 0.9 V 时),停止放电,放电时间若大于 5 h,说明该蓄电池组具有额定容量。

(2)事故放电:交流电源中断,二次负荷及事故照明负荷全由镉镍蓄电池组供电。若供电时间较长,蓄电池组端电压下降到 1.1 V×N 时,应自动或手动切断镉镍蓄电池组的供电,以免因过放使蓄电池组容量亏损过大,对恢复送电造成困难。

4)镉镍蓄电池组的核对性放电程序

(1)一组镉镍蓄电池:变电所中只有一组镉镍蓄电池,不能退出运行,不能作全核对性放电,只允许用 I_5 电流放出额定容量的 50%。在放电过程中, 每隔 0.5 h 记录蓄电池组端电压值, 若蓄电池组端电压值下降到 1.17 V×N,应停止放电, 并及时用 I_5 电流充电。反复 2～3 次,蓄电池组额定容量可以得到恢复。若用备用蓄电池组作为临时借用,此组镉镍蓄电池就可作全核对性放电。

(2)两组镉镍蓄电池:变电所中若有两组镉镍蓄电池,可先对其中一组蓄电池进行全核对性放电。用 I_5 恒流放电,终止电压为 1 V×N,在放电过程中每隔 0.5 h 记录蓄电池组端电压值,每隔 1 h,测一下每个镉镍蓄电池的电压值,若放充三次均达不到蓄电额定容量的 80% 以上,可认为此组蓄电池使用年限已到,并安排更换。

(3)镉镍蓄电池组核对性放电周期:镉镍蓄电池组以长期浮充电运行中,每年必须进行一次全核对性的容量试验。

5)镉镍蓄电池组的运行维护

(1)镉镍蓄电池液面低:每一个镉镍蓄电池,在侧面都有电解液高度的上下刻线、在浮充电运行中、液面高度应保持在中线,液面偏低的,应注入纯蒸馏水,使整组电池液面保持一致。每三年更换一次电解液。

(2)镉镍蓄电池“爬碱”:维护办法是将蓄电池组外壳上的正负极柱头的“爬碱”擦干净,或者更换为不会产生“爬碱”的新型镉镍蓄电池。

(3)镉镍蓄电池容量下降,放电电压低。维护办法是更换电解液,更换无法修复的电池组,用 I_5 电流进行 5 h 恒流充电后,将充电电流减到 0.5I_5 电流,继续过充电 3～4 h,停止充电 1 ~2 h 后，用 I_5 恒流放电至终止电压，再进行上述方法充电和放电，反复 3 ~5 次，电池组容量将得到恢复。

2.2.4.3　阀控蓄电池组的运行及维护

1）阀控蓄电池组的运行方式及监视

（1）阀控蓄电池分类：主要分贫液式和胶体式两类。

（2）运行方式及监视：阀控蓄电池组在正常运行中以浮充电方式运行，浮充电压值宜控制为（2.23 ~2.28）V × N，在运行中主要监视蓄电池组的端电压值、浮离电流值，每只蓄电池的电压值，蓄电池组及直流母线的对地电阻值和绝缘状态。

2）阀控蓄电池的充放电制度

（1）恒流限压充电：采用 I_{10} 电流进行恒流充电，当蓄电池组端电压上升到（2.30 ~2.35）V × N 限压值时，自动或手动转为恒压充电。

（2）恒压充电：在（2.30 ~2.35）V × N 的恒压充电下，I_{10} 充电电流逐渐减小，当充电电流减小至 0.1I_{10} 电流时，充电装置的倒计时开始启动，当整定的倒计时结束时，充电装置将自动或手动地转为正常的浮充电运行，浮充电压值宜控制为（2.23 ~2.28）V × N。

（3）补充充电：为了弥补运行中因浮充电流调整不当造成欠充，补偿阀控蓄电池自放电和爬电漏电所造成蓄电池容量的亏损，根据需要设定时间（一般为 3 个月），充电装置将自动地或手动进行一次恒流限压充电→恒压充电→浮充电过程，使蓄电池组随时具有满容量，确保运行安全可靠。

3）阀控蓄电池的核对性放电

长期使用限压限流的浮充电运行方式或只限压不限流的运行方式，无法判断阀控蓄电池的现有容量，内部是否失水或干裂。只有通过核对性放电，才能找出蓄电池存在的问题。

（1）一组阀控蓄电池。

变电所中只有一组电池，不能退出运行，也不能作全核对性放电，只能用 I_{10} 电流以恒流放出额定容量的 50%，在放电过程中，蓄电池组端电压不得低于 2 V × N。放电后应立即用 I_{10} 电流进行恒流限压充电→恒压充电→浮充电，反复放充 2 ~3 次，蓄电池组容量可得到恢复，蓄电池存在的缺陷也能找出和处理。若有备用阀控蓄电池组作临时代用，该组阀控蓄电池可作全核对性放电。

（2）两组蓄电池。

变电所中若具有两组阀控蓄电池组，可先对其中一组阀控蓄电池组进行全核对性放电，用 I_{10} 电流恒流放电，当蓄电池组端电压下降到 1.8 V × N 时，停止放电，隔 1 ~2 h 后，再用 I_{10} 电流进行恒流限压充电→恒压充电→浮充电。反复 2 ~3 次，蓄电池组存在的问题也能查出，容量也能得到恢复。若经过 3 次全核对性放充电，蓄电池组空量均达不到额定容量的 80% 以上，可认为此组阀控蓄电池使用年限已到，应安排更换。

（3）阀控蓄电池核对性放电周期。

新安装或大修后的阀控蓄电池组，应进行全核对性放电试验，以后每隔 2 ~3 年进行一次全核对性试验，运行了 6 年以后的阀控蓄电池，应每年作一次全核对性放电试验。

4) 阀控蓄电池的运行维护

(1) 阀控蓄电池组运行中的电压偏差值及放电终止电压值应符合表 7-2-1 的规定。

表 7-2-1　阀控蓄电池组运行中的电压偏差值及放电终止电压值

阀控蓄电池组在运行中电压偏差值及放电终止电压值的规定			
阀控式密封铅酸蓄电池	标称电压(V)		
	2	6	12
运行中的电压偏差值	±0.05	±0.15	±0.13
开路电压最小电压差值	0.03	0.04	0.06
放电终止电压值	1.08	5.40(1.80×3)	10.80(1.80×6)

(2) 在巡视中应检查蓄电池的单体电压值,连接片有无松动和腐蚀现象,壳体有无渗漏和变形,极位与安全阀周围是否有酸雾溢出,绝缘电阻是否下降,蓄电池温度是否过高等。

(3) 备用搁置的阀控蓄电池,每 3 个月进行一次补充充电。

(4) 阀控蓄电池的温度补偿系数受环境温度影响,基准温度为 25 ℃时,每下降 1 ℃,单体 2 V 阀控蓄电池浮充电压值应提高 3 ~5 mV。

(5) 根据现场实际情况,应定期对阀控蓄电池组作外壳清洁工作。

5) 阀控蓄电池的故障及处理

(1) 阀控蓄电池壳体异常。造成的原因:充电电流过高,充电电压超过了 2.4 V×N,内部有短路局部放电、温升超标、阀控失灵。处理方法:减小充电电流以后,降低充电电压,检查安全阀体是否堵死。

(2) 运行中浮充电压正常,但一放电,电压很快下降到终止电压值。原因是蓄电池内部失水干涸、电解物质变质。处理方法是更换蓄电池。

2.2.5　充电装置的运行及维护

2.2.5.1　充电装置基本参数及功能

1) 充电装置分类

(1) 磁放大型充电装置;

(2) 相控型充电装置;

(3) 高频开关电源型充电装置。

2) 充电装置的基本参数

(1) 交流输入额定电压和额定频率:交流额定电压为(380±10%) V、(220±10%) V,额定频率(50±2%) Hz。

(2) 直流标称电压:220 V、110 V、48 V。

(3) 直流输出额定电流: 5 A、10 A、15 A、20 A、30 A、40 A、50 A、60 A、80 A、100 A、160 A、200 A、250 A、315 A、400 A。

3）充电装置的精度、纹波因数、效率、噪声和均流不平衡度、运行控制值

充电装置的精度、纹波因数、效率、噪声和均流不平衡度、运行控制值见表7-2-2。

表7-2-2　充电装置的精度、纹波因数、效率、噪声和均流不平衡度、运行控制值

充电装置名称	稳流精度（%）	稳压精度（%）	纹波因数（%）	效率（%）	噪声 dB(A)	均流不平衡度（%）
磁放大型充电装置	≤±5	≤±2	≤2	≥70	≤60	—
相控型充电装置	≤±2	≤±1	≤1	≥80	≤55	—
高频开关电源型充电装置	≤±1	≤±0.5	≤0.5	≥90	≤55	≤±5

4）限流及短路保护

当直流输出电流超出设定的限流值时，应具有限流功能，限流值整定范围为直流输出额定值的50%～105%。当母线或出线支路上发生短路时，应具有短路保护功能，短路电流整定值为额定电流的115%。

5）抗干扰能力

高频开关电源型充电装置应具有三级振荡波和一级静电放电抗扰度试验的能力。

6）谐波要求

充电装置在运行中，返回交流输入端的各次谐波电流含有率，应不大于基波电流的30%。

7）充电装置的保护及声光报警功能

充电装置应具有过流、过压、欠压、绝缘监视、交流失压、交流缺相等保护及声光报警功能。继电保护整定值见表7-2-3。

表7-2-3　继电保护整定值

名称	整定值	
	额定直流电压110 V系统	额定直流电压220 V系统
过电压断电器	121 V	242 V
欠电压继电器	99 V	198 V
直流绝缘监视继电器	7 kΩ	25 kΩ

8）充电装置各元件极限温升值

充电装置各元件极限温升值见表7-2-4。

2.2.5.2　充运行监视及维护

1）充电装置运行参数监视

运行人员及专职维护人员，每天应对充电装置进行如下检查：三相交流电压是否平衡或缺相，运行噪声有无异常，各保护信号是否正常，交流输入电压值、直流输出电压值、直流输出电流值等各表计显示是否正确，正对地和负对地的绝缘状态是否良好。

表 7-2-4　充电装置各元件极限温升值

部件或器件	极限温升值(℃)
整流管外壳	70
晶闸管外壳	55
降压硅堆外壳	85
电阻发热元件	25(距外表 30 mm 处)
半导体器件的连接处	55
半导体器件连接处的塑料绝缘线	25
整流变压器、电抗器的 B 级绝缘绕组	80
铁芯表面温升	不损伤相接角的绝缘零件
铜与铜接头	50
铜搪锡与铜搪锡接头	60

2)充电装置运行操作

交流电源中断,蓄电池组将不间断地供出直流电,若无自动调压装置,应进行手动调压,确保母线电压的稳定,交流电源恢复送电中,应立即手动启动或自动启动充电装置,对蓄电池组进行恒流限压充电→恒压充电→浮充电(正常运行)。若充电装置内部故障跳闸,应及时启动备用充电装置代替故障充电装置,并及时调整好运行参数。

3)充电装置维护检修

运行维护人员每月应对充电装置进行一次清洁除尘工作。大修后,应将电子元件的控制板及硅整流元件断开或短接后,才能做绝缘和调压试验。若控制板工作不正常,应停机取下,换上备用板,充电装置调整好运行参数,投入正常运行。

2.2.6　直流电源装置中微机监控器的功能及运行维护

2.2.6.1　微机监控器的功能

1)监视功能

(1)监视三相交流输入电压值和是否缺相。

(2)监视直流母线的电压值是否正常。

(3)监视蓄电池进线、充电进线和浮充电的电流是否正常。

2)自诊断和显示功能

(1)微机监控器能诊断内部的电路故障和不正常的运行状态,并能发出声光报警。

(2)微机监控器能控制显示器,显示各种参数,通过整定输入键,可以整定或修改各种运行参数。

3)控制功能

(1)自动充电功能:微机监控器能控制充电装置自动进行恒流限压充电→恒压充电→浮充电(正常运行)。

(2)定期充电功能:根据整定时间,微机监控器将控制充电装置定期自动地对蓄电池组进行均衡充电，确保蓄电池组随时具有额定的容量。

(3)“三遥”功能：远方调度中心通过“三遥”接口，能控制直流电源装置的运行方式。

(4)抗干扰功能：微机监控器具有三级振荡波和一级静电放电抗扰度试验的能力。

2.2.6.2　微机监控器的运行及维护

1)运行中的操作和监视

微机监控器是根据直流电源装置中蓄电池组的端电压值，充电装置的交流输入电压值，直流输出的电流值和电压值等数据来进行控制的，运行人员可通过微机的键盘或按钮来整定和修改运行参数。在运行现场的直流柜上有微机监控器的液晶显示板或荧光屏，一切运行中的参数都能监视和进行控制，远方调度中心通过“三遥” 接口，在显示屏上同样能监视，通过键盘作同样能控制直流电源装置的运行方式。

2)运行及维护

(1)微机监控器直流电源装置一旦投入运行，只有通过显示按钮来检查各项参数，若均正常，就不能随意改动整定参数。

(2)微机监控器若在运行中控制不灵，可重新修改程序和重新整定，若都达不到需要的运行方式，就启动手动操作，调整到需要的运行方式，并将微机监控器退出运行，交专业人员检查修复后再投入运行。

模块3　泵站计算机监控系统

3.1　计算机监控系统软硬件要求与配置

3.1.1　硬件要求

(1)监控系统宜采用标准化、商业化、技术成熟、性价比优的设备,并具有良好的可替代性。

(2)设备应选择质量体系有严格保证、具有完善的服务支持网络的厂商,以满足客户服务急需、未来的需求。

(3)泵站计算机监控系统应根据不同设备的要求分类、分级别设置必要的防雷及过电压保护装置,参照《建筑物电子信息系统防雷技术规范》(GB 50343)进行专项设计。尤其对于通信接口以及安装在室外的信号电缆等薄弱环节要加强防护。

(4)泵站计算机监控系统应根据不同使用环境、性能要求选择自动化元器件。现场信号采集装置优先选用电流型或数字型传感器,条件允许时可选用带现场显示型传感器。泵站信号电源宜采用同一电压等级。

3.1.2　软件要求

(1)计算机监控系统软件采用 C/S 结构。

(2)系统软件、支持软件应具备成熟、可靠、开放的特点。

(3)数据库管理系统的规模应满足监控系统所有功能所需的全部数据,应具有良好的实时性、可靠性、可扩展性和适应性,并适合所需的各种数据类型。

(4)应用软件包含现地设备控制层应用软件与泵站监控层上位机应用软件。

①现地设备控制层应用软件包含可编程控制器或者智能控制器应用软件、人机对话应用软件等,应实时实现现地数据采集、控制、人机交互、输入与输出、状态显示与报警、网络通信等功能。

②泵站监控层上位机应用软件应满足系统功能要求和操作要求,支持交互式操作,实现与现地设备控制层单元通信,完成数据计算与处理、控制与调节、监视与报警处理等功能;可以满足泵站操作与安全管理的基本功能,同时必须具有操作员权限的登录及管理功能。

(5)计算机监控系统的设计应保证在操作系统可能升级的情况下,不至于严重中断系统的运行,系统的应用软件也不应随之进行修改。

3.1.3　通信方式及接口要求

(1)泵站的调度通信方式应根据泵站规模、系统要求、生产管理体制等因素统一规划。

(2)通信网络应优先选用公网,也可根据当地的实际情况考虑建设专网。通信网络可采用光纤传输,亦可采用无线通信(无线扩频、微波、移动通信等)传输。

系统专网建设宜使用光纤构建,将各泵站、远程调度中心或信息中心连成一体,光纤传输网可采用视频和多路数据复用技术,充分满足泵站群集中控制的可靠要求。

为实现相对分散泵站的现代化管理,可使用公共电话网 PSTN、全球移动通信网 GSM/GPRS、3G(TD－SCDMA 和 WCDMA)通信网相结合的通信系统建立数字网络远程监控系统。充分利用已有移动通信网络先进的 GPRS 分组交换技术、3G 技术,将各泵站计算机监控系统服务器数据信息传送至远程的泵站信息中心。具有投资较省、开放性好、扩展性强、易于维护等特点。

(3)泵站计算机网络以以太网为主,通信协议采用 TCP/IP 协议。现场设备可根据具体情况采用现场总线组网,协议采用成熟、开放、通用的标准协议。

现场总线形式包括 RS485/RS422、Profibus 等,标准协议可采用 Modbus 或以太网 TCP/IP 等。

3.1.4　系统性能指标

3.1.4.1　实时性

系统的实时性反映在系统的响应时间上,它们包括了主机处理、存储器存取、I/O 接口响应,通道传送和软件等的速度或效率。

1)数据采集时间

(1)电气模拟量采集周期≤1 s。

(2)非电气模拟量采集周期≤1 s。

(3)状态点采集周期≤1 s。

(4)报警点采集周期 1 s。

(5)事件顺序分辨率≤5 ms。

(6)脉冲量采集:连续无延迟脉冲计数累加。

2)控制响应时间

(1)控制命令回答响应时间 1 s。

(2)接收控制命令到执行控制的响应时间 1 s。

3)主控级的响应能力

主控级的响应能力满足系统数据采集、人机接口、控制功能和系统通信的时间要求。

(1)数据采集响应时间。

从任一个现地控制单元采集变化的状态点或报警点、模拟量以及带时间的混合信息数据到远程数据库内的时间不超过 2 s。从全部现地控制单元(LCU)采集可能出现最重负担的信息数据到实时数据库内的时间不超过 3 s。

(2)人机通信响应时间。

调用新画面的响应时间,全图形显示时间≤0.5 s (90% 画面)。

在已显示画面上动态数据刷新时间≤0.5 s。

操作员命令发出显示回答时间≤0.5 s。

报警或事件产生到画面字符显示和发出声响的时间 <2 s。

(3)控制功能的响应时间。

流量平衡控制执行周期时间 4 s;

自动经济运行功能处理周期时间 5 ~ 15 min;

自动控制指令执行响应时间≤2 s。

(4)通信的响应时间。主控级对调度系统数据采集和控制的响应时间满足调度要求。

(5)双机切换时间。保证实时任务不中断。

3.1.4.2　可靠性

1)平均无故障间隔时间

(1)计算机 >10 000 h。

(2)现地控制单元装置 >20 000 h。

(3)模件(处理器板、接口板、电源等) >30 000 h。

(4)系统网络设备 >50 000 h。

2)平均维修时间

MTTR≤0.5 h。

3.1.4.3　主机 CPU 负荷率

按本节所述信息规模及实时响应指标,在电力系统正常情况下,任意 30 min 内主机负荷率小于 40% 。在电力系统事故状态下,10 s 内小于 50% 。

3.1.4.4　可利用率

双机计算机监控系统可利用率(*Ap*) >99.97% 。

3.1.4.5　可维护性

(1)设备具有自诊断和寻找故障的程序,按照现场可更换部件水平确定故障点。

(2)软件故障检测可准确到任务级。

(3)具有便于试验和隔离故障的断开点。

(4)互换件和不可互换件有保证识别的措施。

(5)硬件具有代换能力。

(6)配置有合适的专用安装拆卸工具。

3.1.4.6　系统安全性

系统的安全性、容错性主要由系统全分布方式保证。由于各节点独立,每节点的退出不影响系统的其他部分,或者说对系统的影响最小。系统用户对图形、打印报表、操作票的格式内容均可在线修改、生成,但这种修改要求修改者有一定的用户级别并知道该级别的口令。

安全性包括以下三个方面:

1)操作安全性

(1)为系统每一功能和操作都提供检查和校核。

(2)当操作有误时能自动地闭锁并产生报警。

(3)任何自动及手动操作都可以记录、存贮并做出提示。

2)通信安全性

监控系统的设计可以保证信息中的一个错误不会导致系统关键性的故障。主控层和前置处理机的通信涉及控制信息时,能对响应有效信息或没有响应有效信息有明确肯定的指示,当通信失败时,考虑 2 ~5 次重复通信并发出报警信息。

3)硬件和软件的安全性

(1)具有电源故障保护和自动重新启动的功能。

(2)初始状态可以预置并进行重新预置。

(3)有自检能力,检测出故障时能自动报警。

(4)设备故障时可以自动切除和自动切换。

(5)系统任何地方单个元件的故障都不会造成生产设备的误动作。

3.1.4.7　可扩性

(1)I/O 数据备用点不少于现使用点设备的 20%。

(2)CPU 的负荷留有适当的裕度,在现有配置情况下,其最大负载率不超过 70%。

(3)磁盘的使用时间在正常情况下,任一 5 min 周期内,其平均使用率低于 40%。

(4)主控级计算机的内部存储器留有 40% 的区域给用户自用。

(5)大容量存储器留有 60% 的备用容量。

(6)系统具有一定的开放能力,在功能、配置、通信接口等方面均有一定的扩展能力。

(7)提供用户修改和扩充软件的功能。

(8)通道容量留有足够余度,期望的通道利用率小于 50%。

3.1.4.8　可变性

对泵站主控级和现地控制单元级装置中参数或结构配置能实现改变。

(1)点说明的改变。

(2)模拟点工程单位标度改变。

(3)模拟点限值改变。

(4)模拟点限制值死区改变。

(5)控制点参数改变。

3.1.4.9　环境的相容性

计算机监控系统设备应能适应泵站的特殊环境。温度、相对湿度、尘埃、振动、冲击、噪声及电磁干扰等指标应满足《水电厂计算机监控系统基本技术条件》的要求。

3.1.5　监控系统主要任务

计算机监控系统至少应完成以下任务:

(1)能在泵站站控级监视和操作整个泵站设备。

(2)汛期、非汛期以及枯水期运行方式的控制与切换。

(3)泵站提水量控制。

(4)经济运行方案确定。

(5)对包括事故在内的特殊情况的分析和处理。

(6)泵组的启动控制。

(7)泵组的停机控制。

(8)整个泵站设备运行统计资料并提供相应报告。

(9)运行管理。

(10)闸(阀)门监测与控制。

3.1.6 设计原则

(1)在中控室可遥控各水泵电机、辅助设备、清污机和运草机的运行状态,监视和控制闸门(阀门)的开度,监测和记录进、出水池水位及各种设备的运行参数等,并应具有事故分析和处理能力。

(2)系统应高度可靠,其本身的局部故障不应影响系统的正常运行,系统的 *MTBF*、*MTTR* 及各项可用性指标均应达到《水电厂计算机监控系统基本技术条件》的规定。

(3)系统配置和设备选型应充分利用计算机领域的先进技术,系统达到国内领先水平。

(4)系统为分层分布式开放系统,应具有以下特点:

①LCU 应能独立工作, LCU 应包含支持现地各种功能的应用软件。

②应用软件应为模块式。

③应用软件能同时运行(并行性)。

④计算机监控系统应便于功能的增加和规模的扩充。

⑤主要设备配置应考虑冗余。

⑥在正常和事故情况下计算机系统应提供可靠的操作环境和好的实时响应特性。

⑦人机接口界面友好、操作方便。

3.1.7 软件配置

3.1.7.1 监控系统软件分类

监控系统软件,是系统实现监控功能的计算机程序的集合。主要可分为两大类,即计算机系统软件和生产过程应用软件。

(1)计算机系统软件。计算机基础软件,用以提供用户软件的运行环境和开发应用软件的手段。主要有实时多任务操作系统、系统支持软件(包括编辑、编译、汇编、连接等开发支持软件和运行程序库、数据库等运行支持软件)、编程语言(通常是 C、C + +、VB、汇编语言)等。随着软件技术的发展,相继出现 Windows 2000、WindowsXP 等高级方便的系统软件。

(2)应用软件。用户编制或购置的软件,是实现泵站生产过程监控功能的计算机程序。程序以模块形式组成,每个模块完成一定的功能,可按需要选择模块组成各种应用软件(即组态软件),在实时操作系统环境下运行。应用软件按系统功能要求配置,用户可对之进行修改或增减其内容。

3.1.7.2　监控系统软件

监控系统软件包括系统软件、支持软件和应用软件三大类，细分为操作系统、支持软件和实用软件、数据库及接口软件、数据采集软件、人机接口软件、报表编辑及生成软件、系统通信软件、诊断软件、应用软件、语音报警软件、系统组态软件等。

1)泵站计算机监控系统提供的基本软件

泵站计算机监控系统提供的基本软件至少应包括：

(1)操作系统软件。

(2)监控软件。

(3)数据库软件：数据库软件应采用基于主流商用数据库(SQL SERVER、ORACLE等)结构。

(4)系统通信网络软件。

(5)诊断软件。

(6)培训仿真软件。

2)基本应用软件

应用软件应采用模块化设计，实现采集、控制和优化等功能，包括人机接口软件和通信软件等。各种软件均应具有良好的完整性、独立性、开放性和实时性。

(1)数据采集与处理软件。

(2)实时数据库管理软件。

(3)人机联系软件。

(4)历史数据库管理软件。

(5)通信软件。

3)基本工具软件

(1)数据库开发及调试软件。

(2)交互式图形开发软件。

(3)交互式报表生成软件。

(4)顺序控制程序软件。

(5)PLC 编程软件。

3.2　计算机监控系统软件

3.2.1　计算机监控软件特点

(1)采用面向对象的思想，提供对象组态工具，简化数据库生成，特别是一些具有共性的事件处理，综合量、二次量计算。做到一次定义，多次使用。

(2)画面生成支持按对象的连接，使得画面可按对象复制，并且画面可独立于实时库进行前景连接检查。可用鼠标点出设备对象操作菜单。

(3)数据处理采用事件驱动方式，当事件产生后，立即启动与此事件有关的处理，如确定事件性质、推出事故处理指导、启动顺控流程等。

(4)分布式智能报警。报警信息就地存放,可以减少网络信息,并且如果局部发生故障不会造成整体报警信息的丢失。报警信息可按对象、设备、级别、时间段查询,并可逐条或全部确认。

(5)控制调节采用简单易懂的流程图方式,支持在线调试、在线修改、离线仿真,并自动提供运行人员界面,反映流程执行情况。

(6)采用商用关系数据库系统,利用 ODBC 标准接口,收集存放实时数据和事件,进行各种典型统计。使用电子表格,较简单地生成各种丰富图形界面的统计图表。提供历史数据趋势查询,反映同一时段不同数据,或同一数据不同时段的变化情况。

(7)系统生成支持简单安装。提供友善的界面,引导监控软件的安装和配置。

3.2.2　操作系统

操作系统具有下列特点:

(1)提供了多用户、多进程、多线程、并发文件和记录操作,完善用户安全机制,并具有功能强大、方便的通信和联网能力。

(2)操作系统在所提供的硬件构造中应有实用成功的经验。

(3)具有很强的外围设备控制管理能力。

(4)支持多种高级语言软件开发平台。

(5)数据必须具有格式转换功能。

(6)执行诊断检查、自动切除故障和自动重新启动。

(7)对系统的启动、终止、监视、组态和其他联机活动将有交互式语言、命令程序支持。

(8)方便高效的多种通信功能。

(9)为系统生成提供服务。

(10)文件管理系统采用性能优良的层次文件结构和多重保护机制,提供文件控制功能,包括文件的打开、关闭、读出和记录的基本存取方法。

(11)操作系统具有错误检测和校正的标准程序。

(12)可伸缩性,支持集群和多 CPU 运行。

(13)网络管理软件:应提供 TCP/IP、FTP 等各种规约。

3.2.3　应用软件基本构成

3.2.3.1　数据采集与处理

数据采集与处理软件应具有以下功能:

(1)中断 SOE 处理、记录及报警处理。

(2)状态开关量处理、记录及报警处理。

(3)模拟量采集、处理及越限报警。

(4)温度量采集、处理及越限报警。

(5)脉冲量采集、计数及处理。

(6)BCD 数字量采集及处理。

(7)功能块及综合信息处理及运算。

(8)I/O 通道及模件、非法值处理及系统故障诊断。

(9)Watch - dog(看门狗)系统功能监视。

(10)历史数据库接口。

(11)数据库设备驱动接口。

3.2.3.2　人机接口软件

人机接口软件应具有以下功能:

(1)命令分析处理、语法检查、登录。

(2)系统控制方式设置、切换、闭锁。

(3)远方通信信息处理。

(4)系统控制权限管理。

(5)简报登录显示处理。

(6)报表登录、显示、打印处理。

(7)控制流程窗口、运行、闭锁处理。

(8)图形画面显示、刷新处理。

(9)数值输入处理。

(10)命令输入处理。

(11)语音报警软件。

3.2.3.3　网络管理、双机切换处理软件

网络管理、双机切换处理软件应具有以下功能:

(1)网络管理服务。

(2)双机切换控制。

(3)网络节点状态监视。

(4)I/O 故障检测。

(5)软件功能管理。

(6)软件自恢复功能。

3.2.3.4　设备驱动软件

设备驱动软件包含:

(1)PLC 驱动软件。

(2)其他设备驱动软件。

3.2.3.5　通信软件

通信软件。

3.2.3.6　历史数据库软件

历史数据库软件。

3.2.3.7　LCU 软件

LCU 软件应具有以下功能:

(1)实时数据加载。

(2)中断及实时时钟处理。

(3)操作命令处理。

(4)事故记录。

(5)模拟量数据采集和处理。

(6)开关量数据采集和处理。

(7)脉冲量计数和处理。

(8)BCD 码采集和处理。

(9)PID 调节。

(10)综合量处理。

(11)控制闭锁和操作处理。

(12)顺序控制流程解释与执行。

(13)辅助设备控制通信。

(14)网络通信。

(15)I/O 有效判别处理。

(16)现地人机图形接口。

3.2.3.8 GPS 时钟同步处理

GPS 时钟同步处理软件包含：

(1)网络对时软件。

(2)GPS 设备通信软件。

(3)LCU 模件分同步对时软件。

3.2.3.9 高级应用软件

高级应用软件:经济运行。

3.2.3.10 系统组态软件

系统组态软件包含：

(1)系统配置组态。

(2)I/O 数据库组态。

(3)对象数据库组态。

(4)图形组态。

(5)控制流程组态。

(6)历史数据库组态。

(7)报表组态。

3.2.4 常用的监控软件

3.2.4.1 监控系统运行平台

监控画面:以画面形式实时地表现各种遥测遥信数据的变化,并提供用户遥控操作接口,使设备运行状态一目了然。

事件报警:提供事件的实时报警和历史查询打印功能。报警类型包括报警、动作、操作、遥测越限、遥信变位等。不同的类型,显示颜色、提示音不同。历史事件查询可分为按时间段查询、按厂信息查询、按组信息查询、按类型查询或各方法组合使用。

报表及曲线：提供以报表和曲线的形式查询打印历史数据功能。报表有日报、月报、年报，每张报表都由报表编辑进行编辑，灵活方便；可以曲线形式查阅任何一遥测点的历史资料。

模块管理：主要功能用于管理保护器、PLC 及其他智能通信模块。查看各模块的类型、名称，查看、修改打印各模块定值，查看各模块的遥测、遥信数据，下发对时、复位模块等命令。

通信采集：通信模块的配置与现场需要有关，一般包括保护器通信模块、PLC 通信模块、调度通信模块及其他智能通信模块（如温度巡检仪、电度表、励磁模块等）。其接口比较相似，主要就是报文查看窗。

权限管理：提供操作口令的编辑、检验等功能。本系统中所有权限检查、校验都通过本模块实现。

语音短信息报警：在有事故或故障发生时，可通过语音实时播报，以便快速地发现并解决事故，并可通过手机短信实时详细地通知相关人士，使其快速地掌握现场信息并予以指导。

3.2.4.2　系统开发平台

监控画面制作：画面制作专用于制作监控画面，使用简单、操作方便。一般包括画面制作和热点定义。热点定义可将画面上的像素与某点数据关联起来进行设定的动作，模块提供了丰富的组态控件，包括电气、油、气、水、数据、事件等控件，可轻松灵活地完成系统组态。

报表制作：可制作各种报表，用于任意结构的历史数据查询。报表制作与监控画面制作相似，也分为两部分，即表格制作与热点定义。

信息编辑：用于建立数据厂、数据组，编辑各组的遥测、遥信、遥控和事件等数据信息，并为调度通信模块定义调度表。

3.2.5　监控系统软件构成

计算机监控系统可由下列软件组成：

（1）监控画面编制软件：现场修改主接线图、各种运行参数监控图表、流程图、各种电量以及非电量的棒图、曲线图等显示界面。

（2）报表制作软件：可实现现场制作和修改日报、月报、年报的输出格式。

（3）主控模块：负责系统中各模块的组织和协调。

（4）数据库管理模块：分层分布式应用数据库与实时数据库相结合，既保护数据的实时性又保护数据的通用性。

（5）报表生成和输出模块：从数据库中取出数据进行处理，并按用户定义的格式输出。

（6）报警生成和输出模块：即时以屏幕提示、报警音响等方式反映系统中各种报警信息，并作为系统历史事件存入数据库。

（7）系统历史事件查询模块：按用户选定时间、事件类型、单元名称等条件对数据库中的数据进行查询及显示。

（8）语音报警模块：完成实时语音报警。

（9）系统通信和数据处理模块：负责与单元控制层设备和调度系统进行通信，对系统中电量、非电量、故障、事故等信息进行采集、分配、传送、接收和处理。

（10）人机接口 GUI 模块：利用从系统中得到的信息以及各种图形、表格反映系统的各类运行参数，给操作人员提供提示信息，系统接收并执行操作人员的各种操作指令。操作人员按主菜单操作。

（11）数据采集。主要包括下列数据采集：

①模拟量采集（电气量、非电气量）；

②开关量采集（状态量周期性采集和报警量中断性采集）；

③脉冲量采集；

④数据采集和处理。

（12）机组控制功能：完成机组的自动开机、停机、紧急停机、机组保护等操作及相关数据、状态的显示。

（13）公用设备控制功能：完成油、气、水的测量与控制，完成阀门、闸门的控制，完成电站各断路器的控制，完成各种非电量的测量与显示。

（14）安全运行监视：监控系统监视泵站主要机电设备的运行情况，安全监视包括状态监视、越限监视、过程监视和监控系统故障监视。

①运行状态、越限监视；

②过程监视（人机对话）；

③监控系统异常监视。

（15）通信功能：

①系统时钟同步控制；

②保护信息接收处理；

③远方调度通信。

（16）系统故障诊断。系统设备硬件、软件故障诊断：对主用单元、外围设备、通信接口等设备和系统软件的运行情况进行在线或离线诊断。当诊断出主用单元故障时，能自动发出信号并切换到备用单元。当诊断出外围设备故障时，能自动切除此设备并发报警信号及显示。

3.2.6　泵站的 On – call 系统

On – Call 系统，如图 7-3-1 所示，是近年来人们逐渐发展起来的技术，它与泵站计算机监控系统相结合，利用无线寻呼技术、电话电信技术，将生产运行信息远传到相关人员的手机及固定电话上，并支持电话查询功能，从而克服了传输生产运行信息的时空限制，给泵站的“无人值班”（少人值守）、安全生产提供了有力的保证。

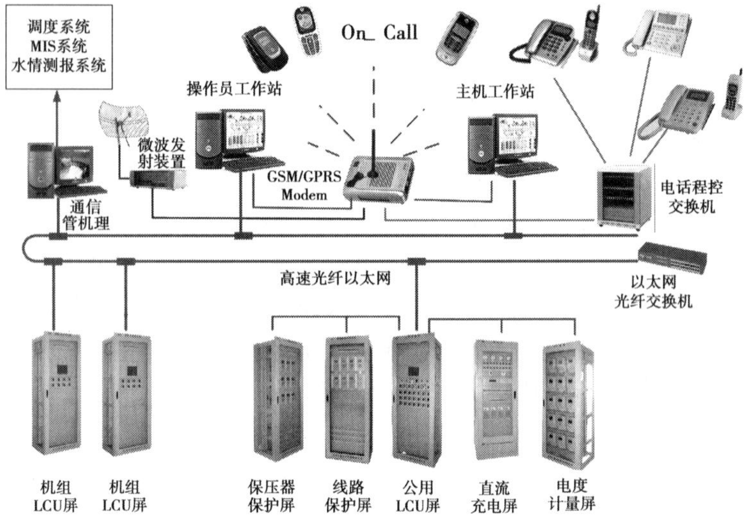

图 7-3-1　On－Call 系统示意图

3.2.7　组态软件简介

3.2.7.1　组态软件

“组态”的概念是伴随着火电厂集散型控制系统（Distributed Control System 简称 DCS）的出现才开始被广大的生产过程自动化技术人员所熟知的。

组态软件是指一些数据采集与过程控制的专用软件，它们是在自动控制系统监控层一级的软件平台和开发环境上，使用灵活的组态方式，为用户提供快速构建工业自动控制系统监控功能的、通用层次的软件工具。组态软件应该能支持各种工控设备和常见的通信协议，并且通常应提供分布式数据管理和网络功能。

对应于原有的 HMI（人机接口软件，Human Machine Interface）的概念，组态软件应该使用户能快速建立自己的 HMI 的软件工具或开发环境。

在组态软件出现之前，工控领域的用户通过手工或委托第三方编写 HMI 应用，开发时间长，效率低，可靠性差；或者购买专用的工控系统，通常是封闭的系统，选择余地小，往往不能满足需求，很难与外界进行数据交互，升级和增加功能都受到严重的限制。组态软件的出现把用户从这些困境中解脱出来，可以利用组态软件的功能，构建一套最适合自己的应用系统。

3.2.7.2　主要产品

组态软件的主要产品有：

Intellution ® 的 iFIX 及 FIX；

Wonderware 的 InTouch；

三维力控的力控；

北京亚控的组态王；

昆仑通态的 MCGS（Monitor and Control Generated System）。

3.3　工业电视系统

在泵站监控系统中,工业电视系统一般作为独立的子系统建设,有时也称视频监视系统,实现对现场关键设备的运行状态观察。视频监视对象一般应包括拦污栅、进出水池、主副厂房、高低压配电室、真空破坏室、溢流堰等重要水工建筑物及其他关键部位。

摄像机主要布置在泵站主厂房、电气副厂房、泵站进出水侧、办公区等重要区域及重要设备现场进行监视。室内监控点使用室内枪式和半球式摄像机;室外监控点为满足防尘、防雨、防雾、较大温差等工作环境要求,选用室外球形摄像机。以上三种摄像机均可伸缩镜头、调整焦距、上下左右旋转,可灵活选取合适的监控场景。

3.3.1　视频监视系统构成

视频监视系统,如图 7-3-2 所示,包括一体化球形摄像机(含变焦镜头、镜头、防护罩)、云台、安装支架、网络视频服务器、视频电缆、通信总线电缆、电源电缆等。

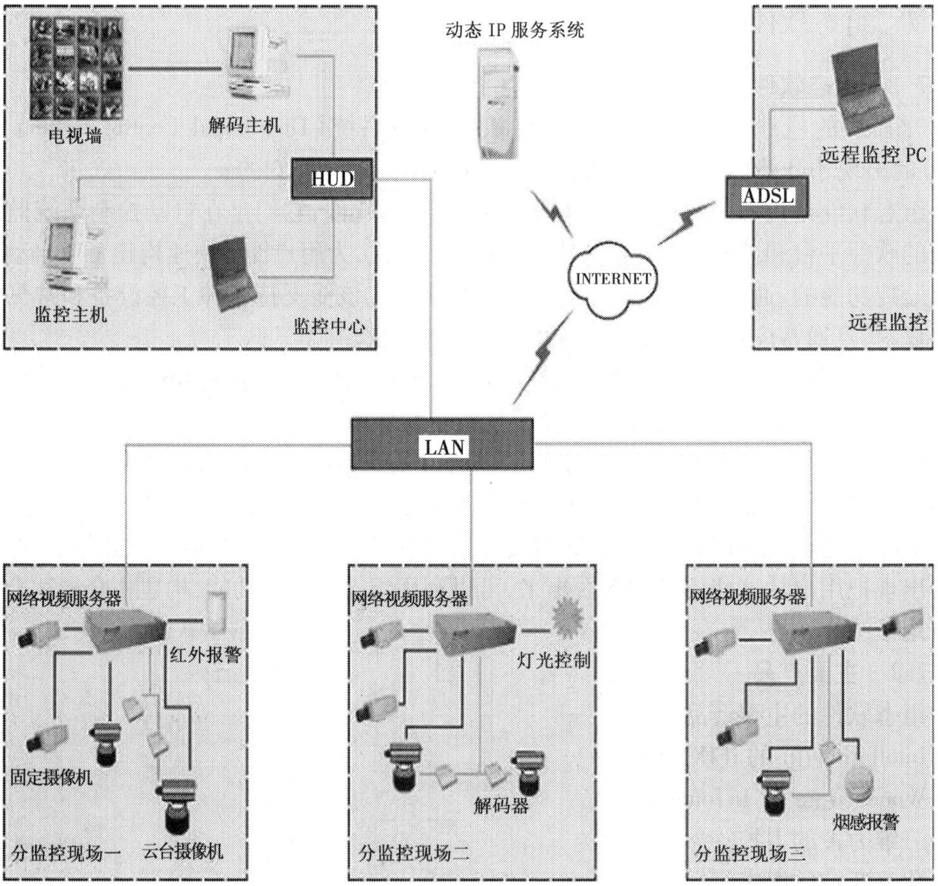

图 7-3-2　视频监视系统构成

前端设备由安装在泵站周围的高分辨率的彩色摄像机、全方位云台、室外专业防护设备等组成，负责图像和数据的采集及信号处理。

传输设备根据传输距离和图像质量的要求可选用各种不同的线缆、接口设备，负责将视频和数据信号传输到所需的地点，同时数据和视频信号也可经过压缩处理通过多种传输方式传输到所需要的地点。

集中控制设备负责完成前端设备和图像切换的控制、全方位云台的控制、系统可分区控制和分组同步控制，以及图像检索与处理等诸多功能。

显示和记录设备可根据不同的图像显示要求，选择不同的图像显示设备，有硬盘录像、监视器、显示器等。

视频监控系统的主要视频信号获取处理设备是“视频服务器”（早期使用视频控制切换矩阵装置），目前主流设备均使用嵌入式操作系统，稳定性好，适合用于无人值守的环境。采用最新 MPEG4/PART10 图像压缩方式，占用带宽低（128 kbps），图像清晰度高，通过 ADSL 线路上可以向远方传输 2 ~4 路实时图像。

使用软件进行画面分割/切换处理，减少了不必要的硬件设备，如视频分配器、矩阵等设备。与传统的工业电视监视系统相比，功能齐全，集成度高，具有完善的动态 IP 功能，还可通过互联网对服务器进行远程配置。有的视频服务器还可选配短信报警功能、红外/烟感报警功能等，具有语音双向对讲功能，即用一台电脑和一台视频服务器就可实现双向通话。

视频服务器具有完善的用户管理功能，系统管理员可以对任何一用户的权限进行配置。包括能观看哪些图像、允许何时登陆系统、云台镜头控制的级别或锁定某一通道的云镜控制权限、每一个用户的重要操作都会记录在案。

泵站计算机监控系统可通过以太网（TCP/IP）方式，同视频监视系统的服务器相连，通过视频监控软件实现工作场地或区域的远方监视，极大地丰富了生产信息，有助于加强管理。视频监视系统应能根据报警系统及预置的程序进行录像，或由手动操作实现即时录像。能对图像进行完整的保存与再现，满足运行监控、管理对信息的要求。

监控客户机安装视频客户端控件，利用 WEB 浏览器即可监控观看所需要的画面。监控用户首先登陆服务器，输入用户名密码，获得相应的授权后，即能访问到前端的摄像机，可以观看控制摄像机，同时利用网络视频软件的强大功能，可以在投影屏上同时显示出多个摄像机的画面，类似于电视墙的功能。

3.3.2　视频监视系统功能

3.3.2.1　图像自动切换和自动扫描

图像可根据系统预定的时间在设置好的显示终端设备上显示并能进行自动切换，显示不同监控点的图像，同时计算机可对监控点的镜头的变焦、聚焦、光圈，全方位云台的上、下、左、右进行控制和操作，且每个全方位像点的摄像机可以设定为自动扫描方式，即摄像机通过全方位云台进行上下左右来回扫描，及时掌握各监控点区域范围内的运行情况，并且具有音频监听功能。

3.3.2.2　图像手动切换

图像可由使用者自己控制在各监控点之间进行切换。

3.3.2.3　图形可控

系统可对摄像机的镜头的变焦、聚焦、光圈。全方位云台的上下左右任意组合的方向进行控制和操作，使用户能够得到自己满意的图像效果。

3.3.2.4　多画面分割

系统能够通过多画面分割器，可在计算机上对多个摄像点的图像同时进行观察，并任意组合以多画面方式显示。

3.3.2.5　图像存储和回放

视频监控系统通过系统应用软件自动把数字图像存储到硬盘上(图像格式为 MPG)，可通过系统播放软件将图像播放出来。同时由于该系统配置了硬盘录像，因此也可通过硬盘录像进行图像存储和回放。

3.3.2.6　多级口令设置及操作设置

在视频监控系统中提供三级安全和保密控制：一是一般查询功能；二是操作功能，能对系统进行操作，既可以进行查询，也可以进行控制；三是系统管理员，除具有操作员的一切功能外，还能对系统进行修改和扩充。为了保证系统安全性，各种登录都需要口令。

3.3.2.7　设备自身维护和检测

系统软硬件具备自动的通信监测和自我维护功能，对系统自身故障能及时予以告警和记录，同时误操作和部分故障不会导致系统崩溃。

视频监控系统可根据计算机监控系统所提供的报警信息，在生产设备事故或故障的情况下，自动开启各相应设备，及时自动地将摄像机的镜头对准其现场，对报警点按预定方案进行现场录像取证。在被监视设备操作的同时，镜头应能自动地转向该设备显示其画面，同时，提示运行人员是否录像。

3.3.2.8　系统可分区控制

视频监控系统可通过系统应用软件对业主的要求按权限进行分区控制及分组同步切换。

3.3.2.9　图像压缩传输

系统可将各监控点的图像进行压缩处理后，通过 LAN/WAN、ISDN、DDN 等方式传输到所需的远方任何一个地点。

3.3.2.10　浏览、控制功能

系统通过集线器与管理处办公室的计算机相连，可对摄像点的设备进行控制，经授权可浏览前端的图像。

3.3.2.11　历史资料查询

系统可对用户指定时限内的图像、数据信息进行记录，以便于查询和打印，数据库记录备份详细。

3.3.3　视频系统技术指标

视频系统技术指标为：

水平清晰度：≥380 TVLine。

信噪比：≥45 dB。

最低照度：≥3 Lux。

视频输出畅度：1 vp－p ±3 dB。

灰度等级：≥8。

实时性：从告警发生到有人值守的监控中心接到信息的时间不超过 1 s。图像传输带宽：128 K～2 M，在 512 K 以上可达 25 帧/s。视频传号制式：符合国家标准视频制式。

视频压缩标准：MPEG—1，MPEG—4。

3.3.4　视频监视系统举例

图 7-3-3 和图 7-3-4 是视频监视系统的应用实例，为了实现视频信号的远距离传输，可采用数字视频光端机。

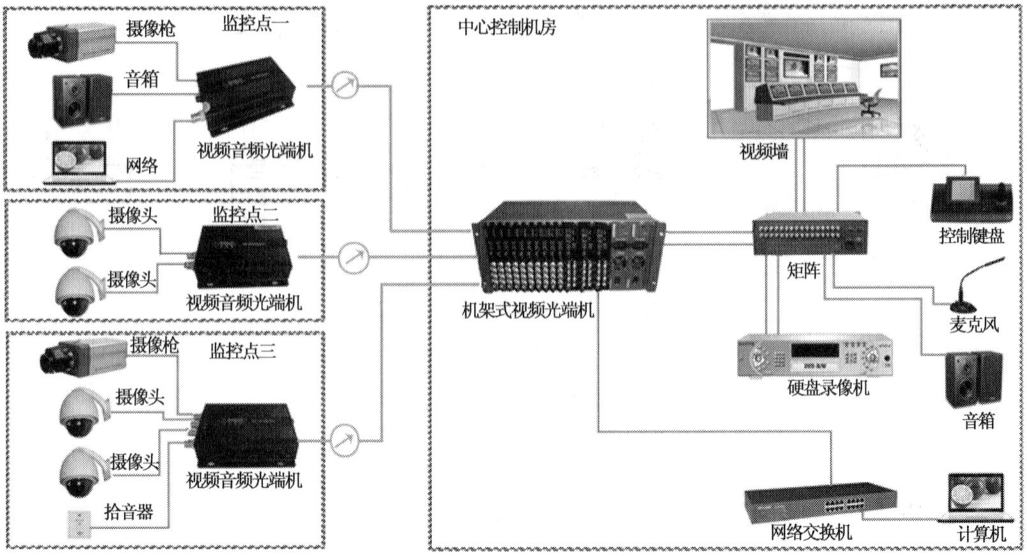

图 7-3-3　视频监视系统例一

3.3.5　DLP 大屏幕投影显示系统

DLP（Digital Light Procession 数字光处理）大屏幕投影显示系统，如图 7-3-5 所示，显示计算机网络画面及相关视频信号、计算机显示信号，可同时显示其中任何一个工作站或多个工作站应用程序的图形、文字、表格及视频图像等内容。

3.3.5.1　DLP 系统的组成模块

（1）原装 DLP 拼接单元；

（2）数字信号控制嵌入式大屏幕拼接控制器；

（3）数字信号控制 RGB 矩阵；

（4）数字信号控制视频矩阵；

（5）控制 PC；

（6）数字信号控制可编程中央控制系统。

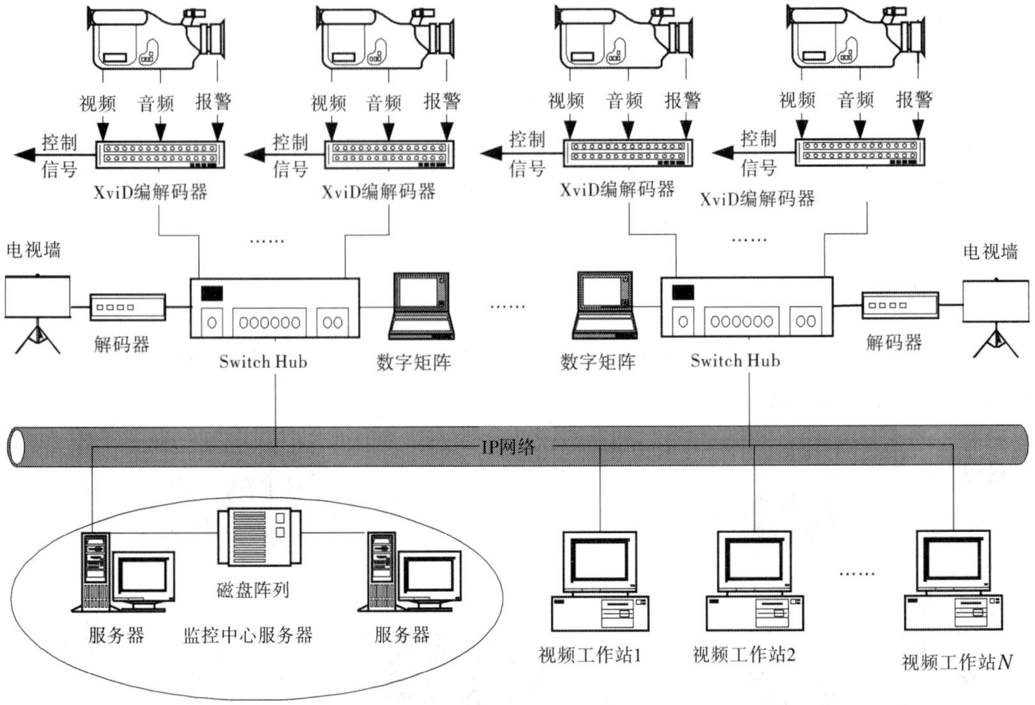

图 7-3-4　视频监视系统例二

2×4　60″大屏幕投影拼接墙系统

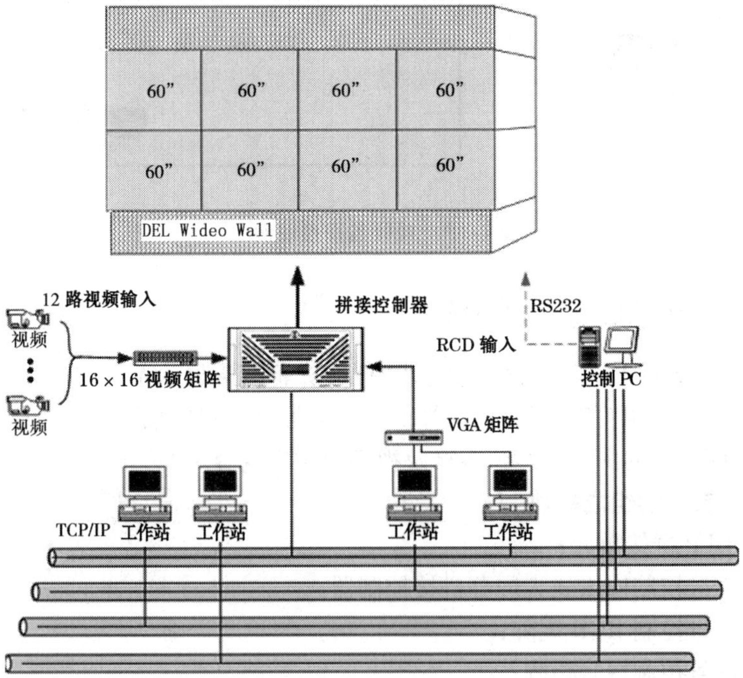

图 7-3-5　DLP 大屏幕投影显示系统

3.3.5.2　系统的功能概述

(1)RGB 信号显示用户 RGB(VGA)信号。通过 RGB 切换矩阵同时输出到大屏幕,通过内置控制器处理在大屏幕上做单屏、多屏、整屏等拼接显示方式。RGB 矩阵还可以输出到图形拼接控制器的 RGB 输入端口,并同时显示在大屏幕上实现放大、缩小、跨屏、平移、叠加等多种操作,不受物理拼缝的限制。

(2)网络信号显示工作站信号。通过图形拼接控制器实现各工作站信号在大屏幕上以超高分辨率的显示调用和任意放大、缩小、跨屏、平移、多层叠加等各种显示功能。

(3)视频信息显示视频信号通过视频矩阵处理后于各种不同通道输出,将视频以一分二方式,分一组直送组合屏,另一组接入图形拼接控制器,可将 24 路的视频信号的任一路或多路以任意大小、任意位置显示在组合屏上。

(4)混合显示方式。通过各种不同的途径显示 RGB 信号、网络信号、视频信号,使得视频信号的连接方式和显示方式更加灵活方便,可同时在大屏幕上混合显示。

3.4　可编程序控制器

3.4.1　可编程逻辑控制器定义

可编程序控制器(Programmble Controller)简称 PC 或 PLC。

常规继电器—接触器控制系统,如图 7-3-6 所示,由输入部分、逻辑部分、输出部分三个基本部分组成。其中,输入部分是指各种控制开关、行程开关等接点信息;逻辑部分是由若干继电器及其触点组成的有一定启动、停止、闭锁逻辑功能的控制电路;输出部分则是各种执行元件,如继电器、接触器、电磁阀、照明灯等。

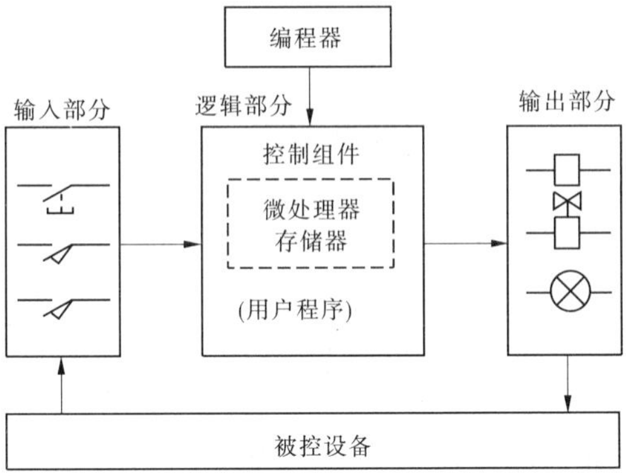

图 7-3-6　继电器—接触器控制系统

根据被控对象发出的开关信息或操作命令,逻辑电路就按规定的动作要求判断该做什么,然后驱动输出执行电器。由于逻辑部分是许多继电器按某种固定方式连接好的线路,因此程序不能灵活变更。

而可编程序控制器也具有输入、逻辑控制和输出部分,其中逻辑部分采用大规模集成电路的微处理器和存储器及存储的用户程序来代替继电器逻辑线路(大型 PLC 还具有数值运算、过程控制等复杂控制功能),通过编程,可以灵活地改变控制程序,就相当于改变了继电器控制线路的接线。这就是“可编程序控制器”名称的由来。

PLC 是在电器控制技术和计算机技术的基础上开发出来的,并逐渐发展成为以微处理器为核心,将自动化技术、计算机技术、通信技术融为一体的新型工业控制装置。

在工业生产过程中有大量的开关量顺序控制,它按照逻辑条件进行顺序动作,并按照逻辑关系进行连锁保护动作的控制及大量离散量的数据采集。传统上,这些功能是通过气动或电气控制系统来实现的。1968 年美国通用汽车公司提出取代继电气控制装置的要求,第二年,美国数字公司研制出了基于集成电路和电子技术的控制装置,首次采用程序化的手段应用于电气控制,这就是第一代可编程序控制器,称 Programmable Controller (PC)。

1987 年国际电工委员会(International Electrical Committee)颁布的 PLC 标准草案中对 PLC 作了如下定义:“PLC 是一种专门为在工业环境下应用而设计的数字运算操作的电子装置。它采用可以编制程序的存储器,用来在其内部存储执行逻辑运算、顺序运算、计时、计数和算术运算等操作的指令,并能通过数字式或模拟式的输入和输出,控制各种类型的机械或生产过程。PLC 及其有关的外围设备都应该按易于与工业控制系统形成一个整体,易于扩展其功能的原则而设计。”

个人计算机(简称 PC)发展起来后,为了方便,也为了反映可编程控制器的功能特点,可编程序控制器定名为 Programmable Logic Controller(PLC)。

PLC 程序既有生产厂家的系统程序,又有用户自己开发的应用程序,系统程序提供运行平台,同时,还为 PLC 程序可靠运行及信息与信息转换进行必要的公共处理。用户程序由用户按控制要求设计。

3.4.2　PLC 的分类

(1)小型 PLC 的 I/O 点数一般在 128 点以下,其特点是体积小、结构紧凑,整个硬件融为一体,除开关量 I/O 外,还可以连接模拟量 I/O 以及其他各种特殊功能模块。它能执行包括逻辑运算、计时、计数、算术运算、数据处理和传送、通信联网以及各种应用指令。

缺点:输入输出接口数是固定的,功能模块较少、通信功能差。不一定适合具体的控制现场的要求。

例如:三菱 FX2n 系列(见图 7-3-7)、欧姆龙 CPM2AH 系列(见图 7-3-8)、西门子 S7 - 200 系列。

(2)中型 PLC 采用模块化结构(见图 7-3-9),其 I/O 点数一般在 256 ~ 1024 点之间。I/O 的处理方式除采用一般 PLC 通用的扫描处理方式外,还能采用直接处理方式,即在扫描用户程序的过程中,直接读输入,刷新输出。它能连接各种特殊功能模块,通信联网功能更强,指令系统更丰富,内存容量更大,扫描速度更快。

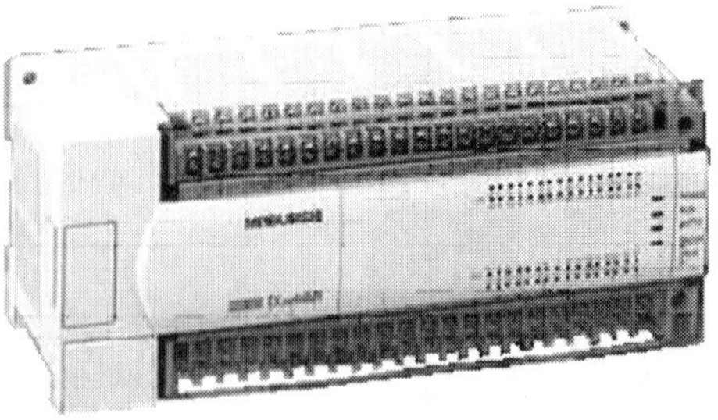

图 7-3-7　三菱 FX2n 系列

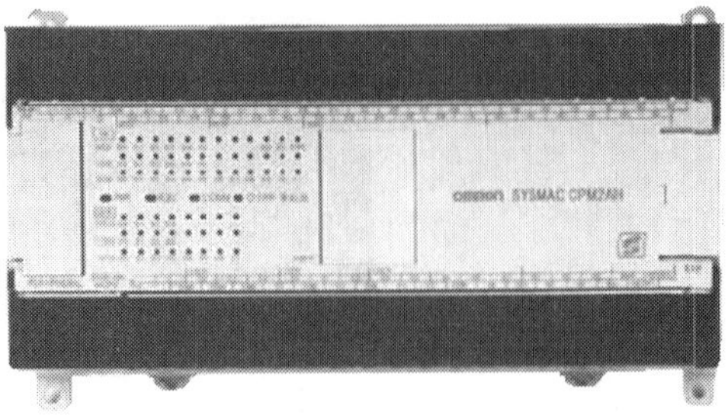

图 7-3-8　欧姆龙 CPM2AH 系列

(3)大型 PLC。一般 I/O 点数在 1 024 点以上的称为大型 PLC。大型 PLC 的软、硬件功能极强。具有极强的自诊断功能。通信联网功能强,有各种通信联网的模块,可以构成三级通信网,实现工厂生产管理自动化。大型 PLC 还可以采用三 CPU 构成表决式系统,使机器的可靠性更高。

模块式一般为中、大型机,例如三菱 A 系列及 Q 系列,欧姆龙 C200 系列及 CJ1 系列和 CS1 系列、GE Fanuc 90－30 系列,施耐德 Quantum、Premium 系列等。这些机器的功能模块的配置及通信功能都得到了很大的改善,但价格都相对要高些。

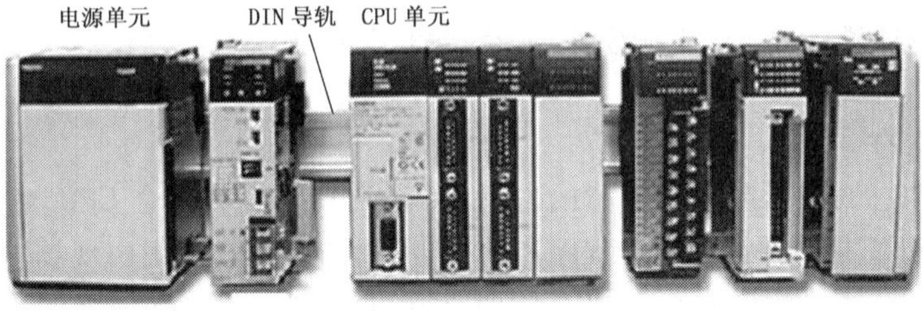

图 7-3-9　模块式 PLC 结构

模块式按具体的结构方式又分为底板型和无底板型,无底板型具有扩展方便的特点。以下是施耐德 Quantum 系列(见图 7-3-10)、GE90－30 系列(见图 7-3-11)(底板型)及欧姆龙 CJ1 系列(见图 7-3-12)(无底板型)。

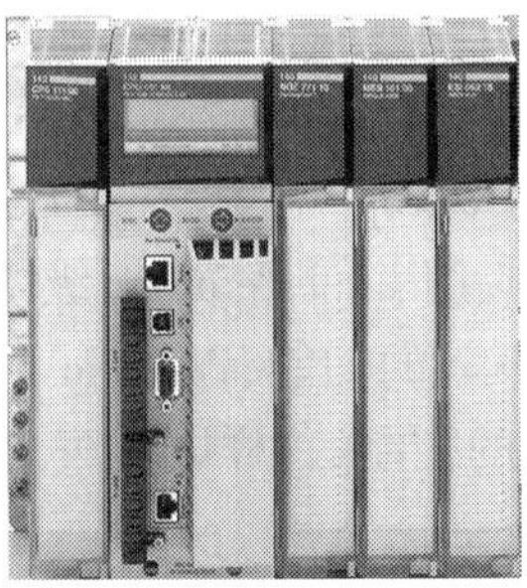

图 7-3-10　施耐德 Quantum 系列

图 7-3-11　施耐德 GE90－30 系列

如果按照 PLC 的 I/O 点数分类,可按表 7-3-1 进行分类。

图 7-3-12　欧姆龙 CJ1 系列

表 7-3-1　PLC 的 I/O 点数分类

超小型	小型	中型	大型	超大型
64 点以下	64 ~ 128 点	128 ~ 256 点	512 ~ 8 192 点	8 192 点以上

3.4.3　PLC 的组成结构

从结构上分，PLC 分为固定式和组合式（模块式）两种。固定式 PLC 包括 CPU 板、I/O 板、显示面板、内存块、电源等，这些元素组合成一个不可拆卸的整体。模块式 PLC 包括 CPU 模块、I/O 模块、内存、电源模块、底板或机架，这些模块可以按照一定规则组合配置。

3.4.3.1　CPU 的构成

CPU 是 PLC 的核心，起神经中枢的作用，每套 PLC 至少有一个 CPU，它按 PLC 的系统程序赋予的功能接收并存贮用户程序和数据，用扫描的方式采集由现场输入装置送来的状态或数据，并存入规定的寄存器中；同时诊断电源和 PLC 内部电路的工作状态和编程过程中的语法错误等。进入运行后，从用户程序存储器中逐条读取指令，经分析后再按指令规定的任务产生相应的控制信号，去指挥有关的控制电路。

CPU 模块的外部表现就是工作状态的各种显示、接口及设定或控制开关。一般来讲，CPU 模块有相应的状态指示灯，如电源显示、运行显示、故障显示、通信状态指示等。它的总线接口，用于接 I/O 模板或底板，有内存接口用于安装内存，有外设口用于接外部设备，有的还有通信口用于进行通信。CPU 模块上还有许多设定开关，用于对 PLC 作设定，如设定起始工作方式、内存区、设备地址等。

目前，小型 PLC 为单 CPU 系统，而中型及大型 PLC 则为双 CPU 甚至多 CPU 系统。当今的 PLC 越来越向工业用计算机的方向发展，已经出现了应用 Intel Pentium 级的 CPU 和顺控 CPU 组成的双 CPU 系统的 PLC，两个 CPU 分别负责不同的功能，Pentium CPU 主要负责数据的处理及通信的处理，而顺控 CPU 主要负责 PLC 的控制，这样既不失 PLC 的稳定性，又大大加强了 PLC 在通信和数据处理方面的能力。

模块式 PLC 把 CPU 作为一种模块，备有不同型号供用户选择。

存储器：PLC 的存储器分为只读存储器 ROM 和随机存储器 RAM。PLC 中存储器的功能与普通微机系统中的存储器功能相似，用来存储系统程序和用户的程序与数据。目前主要采用的系统程序存储器是指用来存放系统管理、用户指令解释及标准程序模块、系统调用等程序的存储器,常用 EPROM 构成。用户存储器用来存储用户编制的梯形图程序或用户数据。存储用户程序的叫用户程序存储器,常用 EPROM 或 EEPROM 构成。存储用户数据的叫用户数据存储器,常用 RAM 构成,为防止掉电时信息的丢失,有后备电池作保护。

CPU 速度和内存容量是 PLC 的重要参数,它们决定着 PLC 的工作速度、I/O 数量及软件容量等,因此限制着控制规模。

3.4.3.2　I/O 模块

PLC 与电气回路的接口,是通过输入输出部分(I/O,含义分别为 I——Input 输入,O——Output 输出)完成的。I/O 模块集成了 PLC 的 I/O 电路,其输入暂存器反映输入信号状态,输出点反映输出锁存器状态。输入模块将电信号变换成数字信号进入 PLC 系统,输出模块相反。I/O 分为开关量输入(DI——Digital Input)、开关量输出(DO——Digital Output)、模拟量输入(AI——Analog Input)、模拟量输出(AO——Analog Output)等模块。

常用的 I/O 分类如下:

开关量:按电压水平分,有 220VAC、110VAC、24VDC,常用的是 24VDC;按输出隔离方式分,有继电器隔离和晶体管隔离。

模拟量:按信号类型分,有电流型(4~20 mA、0~20 mA)、电压型(0~10 V、0~5 V、-10~10 V)等;按精度分,有 12 bit、14 bit、16 bit 等。现场模拟量一般推荐采用 4~20 mA 电流型信号。

除上述通用 I/O 外,还有特殊 I/O 模块,如热电阻、热电偶、脉冲等模块。

1)开关量输入 DI

输入方式有两种,一种是数字量输入(也称为开关量或接点输入),另一种是模拟量输入(也称为电平输入)。后者要经过模拟/数字变换部件才能进入 PLC。

开关量输入部件均带有光电耦合电路,其目的是把 PLC 与外部电路隔离开来,以提高 PLC 的抗干扰能力。为了与现场信号连接,输入部件上设有输入接线端子排。为了滤除信号的噪声和便于 PLC 内部对信号的处理,输入部件内部还有滤波、电平转换、信号锁存电路。

2)开关量输出 DO

开关量输出接口可分为继电器型、晶体管型、可控硅型三种。作用:把 PLC 内部的标准信号转换成现场执行机构所需的开关量信号。

输出部件也是 PLC 与现场设备之间的连接部件,其功能是控制现场设备进行工作(如电机的启、停、正/反转,阀门的开、关,设备的转动、移动、升降等)。对于 PLC,希望它能直接驱动执行元件,如电磁阀、微电机、接触器、灯和音响等,因此输出部件中的输出级常是一些大功率器件,如机械触点式继电器、无触点交流开关(如双向可控硅)及直流开关(如晶体三极管)等。

3.4.3.3　电源模块

PLC 电源用于为 PLC 各模块的集成电路提供工作电源。同时,有的还为输入电路提供 24 V 的工作电源。电源输入类型有交流电源(220VAC 或 110VAC)、直流电源(常用的为 24VDC)。

3.4.3.4 底板或机架

大多数模块式 PLC 使用底板或机架,其作用是:电气上实现各模块间的联系,使 CPU 能访问底板上的所有模块;机械上实现各模块间的连接,使各模块构成一个整体。有些场合也称此底板为总线板。

3.4.3.5 PLC 系统的其他设备

编程设备:编程器是 PLC 开发应用、监测运行、检查维护不可缺少的器件,用于编程、对系统作一些设定、监控 PLC 及 PLC 所控制的系统的工作状况,但它不直接参与现场控制运行。小编程器 PLC 一般有手持型编程器,目前一般由计算机(运行编程软件)充当编程器,也就是系统的上位机。

人机界面:最简单的人机界面是指示灯和按钮,目前液晶屏(或触摸屏)式的一体式操作员终端应用越来越广泛,由计算机(运行组态软件)充当人机界面非常普及。

外部存储设备:用于永久性地存储用户数据,使用户程序不丢失,如 SD 卡等。

3.4.4 PLC 的工作原理

最初研制生产的 PLC 主要用于代替传统的由继电器接触器构成的控制装置,但这两者的运行方式是不相同的:①继电器控制装置采用硬逻辑并行运行的方式,即如果这个继电器的线圈通电或断电,该继电器所有的触点(包括其常开或常闭触点)在继电器控制线路的那个位置上都会立即同时动作。②PLC 的 CPU 则采用顺序逻辑扫描用户程序的运行方式,即如果一个输出线圈或逻辑线圈被接通或断开,该线圈的所有触点(包括其常开或常闭触点)不会立即动作,必须等扫描到该触点时才会动作。

为了消除二者之间由于运行方式不同而造成的差异,考虑到继电器控制装置各类触点的动作时间一般在 100 ms 以上,而 PLC 扫描用户程序的时间一般小于 100 ms,并采用一种不同于一般微型计算机的运行方式——扫描技术。

3.4.4.1 扫描技术

当 PLC 投入运行后,其工作过程一般分为三个阶段,即输入采样、用户程序执行和输出刷新三个阶段。完成上述三个阶段称作一个扫描周期,如图 7-3-13 所示。在整个运行期间,PLC 的 CPU 以一定的扫描速度重复执行上述三个阶段。

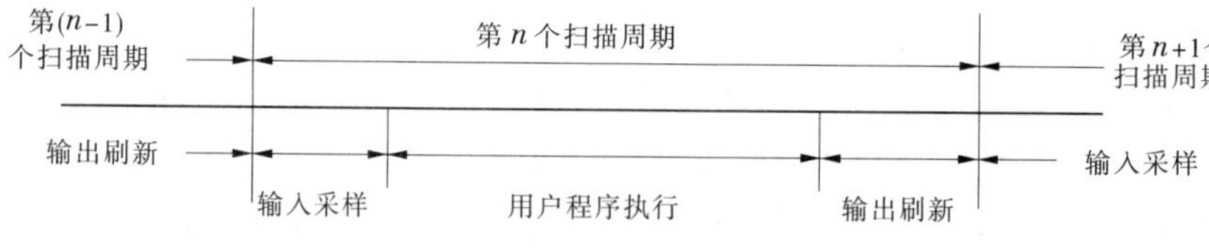

图 7-3-13 PLC 扫描周期

1)输入采样阶段

在输入采样阶段,PLC 以扫描方式依次读入所有输入状态和数据,并将它们存入 I/O 映象区中的相应单元内。输入采样结束后,转入用户程序执行和输出刷新阶段。在这两个阶段中,即使输入状态和数据发生变化,I/O 映象区中的相应单元的状态和数据也不会改变。因此,如果输入是脉冲信号,则该脉冲信号的宽度必须大于一个扫描周期,才能保证在任何情况下该输入均能被读入。

2)用户程序执行阶段

在用户程序执行阶段,PLC 总是按由上而下的顺序依次地扫描用户程序(梯形图)。在扫描每一条梯形图时,又总是先扫描梯形图左边的由各触点构成的控制线路,并按先左后右、先上后下的顺序对由触点构成的控制线路进行逻辑运算,然后根据逻辑运算的结果,刷新该逻辑线圈在系统 RAM 存储区中对应位的状态;或者刷新该输出线圈在 I/O 映象区中对应位的状态;或者确定是否要执行该梯形图所规定的特殊功能指令。即在用户程序执行过程中,只有输入点在 I/O 映象区内的状态和数据不会发生变化,而其他输出点和软设备在 I/O 映象区或系统 RAM 存储区内的状态和数据都有可能发生变化,而且排在上面的梯形图,其程序执行结果会对排在下面的凡是用到这些线圈或数据的梯形图起作用;相反,排在下面的梯形图,其被刷新的逻辑线圈的状态或数据只能到下一个扫描周期才能对排在其上面的程序起作用。

3)输出刷新阶段

当扫描用户程序结束后,PLC 就进入输出刷新阶段。在此期间,CPU 按照 I/O 映象区内对应的状态和数据刷新所有的输出锁存电路,再经输出电路驱动相应的外设。这时,才是 PLC 的真正输出。

PLC 的工作过程可以分为四个扫描阶段。

(1)一般处理扫描阶段。在此扫描阶段 PLC 复位 WDT,检查 I/O 总线和程序存储器。

(2)执行外设命令扫描阶段。在此阶段 PLC 执行编程器、图形编程器等外设输入的命令。

(3)执行用户程序扫描阶段。

(4)数据输入/输出扫描阶段。与大中型 PLC 的 I/O 服务阶段类似。

PLC 的 CPU 采用顺序逻辑扫描用户程序的运行方式,即如果一个输出线圈或逻辑线圈被接通或断开,该线圈的所有触点(包括常开或常闭触点)不会立即动作,而需等扫描到该点才会动作。

一般来说,PLC 的扫描周期包括自诊断、通信等,即一个扫描周期等于自诊断、通信、输入采样、用户程序执行、输出刷新等所有时间的总和。

3.4.4.2　PLC 的 I/O 响应时间

为了增强 PLC 的抗干扰能力,提高其可靠性,PLC 的每个开关量输入端都采用光电隔离等技术。为了能实现继电器控制线路的硬逻辑并行控制,PLC 采用了不同于一般微型计算机的运行方式(扫描技术)。以上两个主要原因,使得 PLC 的 I/O 响应比一般微型计算机构成的工业控制系统慢得多,其响应时间至少等于一个扫描周期,一般均大于一个扫描周期甚至更长。所谓 I/O 响应时间,指从 PLC 的某一输入信号变化开始到系统有关输出端信号的改变所需的时间。其最短的 I/O 响应时间与最长的 I/O 响应时间。

3.4.5　PLC 的通信联网

PLC 具有通信联网的功能,它使 PLC 与 PLC 之间、PLC 与上位计算机以及其他智能设备之间能够交换信息,形成一个统一的整体,实现分散集中控制。现在几乎所有的 PLC 新产品都有通信联网功能,它和计算机一样具有 RS－232 接口,部分中高端 PLC 还配有以太网通信口,可以通过双绞线、光缆等组网交换信息。

当然,PLC 之间的通信网络是各厂家专用的,PLC 与计算机之间的通信,一些生产厂家采用工业标准总线,并向标准通信协议靠拢,这将使不同机型的 PLC 之间、PLC 与计算机之间可以方便地进行通信与联网。下面简单介绍主要 PLC 厂家产品的通信介质和协议内容。

3.4.5.1　美式系列

(1)Rockwell AB(罗克威尔)。

Rockwell 的 PLC 主要包括 PLC2、PLC3、PLC5、SLC500、ControlLogix 等型号,PLC2 和 PLC3 是早期型号,现在用得比较多的小型 PLC 是 SLC500,中型的一般是 ControlLogix,大型的用 PLC5 系列。

DF1 协议是 Rockwell 各 PLC 都支持的通信协议,DF1 协议可以通过 232 或 422 等串口介质进行数据传输,也可以通过 DH、DH＋、DH485、ControlNet 等网络介质来传输。DF1 协议的具体内容可以在 AB 的资料库中下载。

AB 的 PLC 也提供了 OPC 和 DDE,其集成的软件 RSLogix 中就包含 DDE 和 OPC SERVER,可以通过上述软件来进行数据通信。RockwellAB 的中高档的 PLC 还提供了高级语言编程功能,用户还可以通过编程实现自己的通信协议。

(2)GE(通用电气)。

GE 现在在国内用得比较多的主要是 90－70 和 90－30 系列 PLC,这两款 PLC 都支持 SNP 协议,SNP 协议在其 PLC 手册中有协议的具体内容。

现在 GE 的 PLC 也可以通过以太网链接,GE 的以太网协议内容不对外公开,但 GE 提供了一个 SDK 开发包,可以基于该开发包通信。

3.4.5.2　欧洲系列

(1)SIEMENS(西门子)。

西门子系列 PLC 主要包括早期的 S5 和现在的 S7－200、S7－300、S7－400 等各型号 PLC,早期的 S5PLC 支持的是 3964R 协议,但是因为现在在国内应用较少,除极个别改造项目外,很少有与其进行数据通信的。

S7－200 是西门子小型 PLC,因为其低廉的价格在国内得到了大规模的应用,支持 MPI、PPI 和自由通信口协议。

西门子 300 的 PLC 支持 MPI,还可以通过 PROFIBUS 、工业以太网总线系统和计算机进行通信。如果要完成点对点通信,可以使用 CP340/341。

S7－400 作为西门子的大型 PLC,提供了相当完备的通信功能。可以通过 S7 标准的 MPI 进行通信,同时可以通过 C－总线、PROFIBUS 和工业以太网进行通信。如果要使用点对点通信,S7－400 需要通过 CP441 通信模块。

西门子的通信协议没有公开，包括紫金桥组态软件在内许多组态软件都支持MPI、PPI等通信方式，PROFIBUS和工业以太网一般通过西门子的软件进行数据通信。

(2)Schneider(施耐德)。

施耐德的PLC型号比较多，在国内应用也比较多。其通信方式主要是支持MODBUS和MODBUS PLUS两种通信协议。

MODBUS协议在工控行业得到了广泛的应用，已不仅仅是一个PLC的通信协议，在智能仪表、变频器等许多智能设备中都有相当广泛的应用。MODBUS经过进一步发展，现在又有了MODBUS TCP方式，通过以太网方式进行传输，通信速度更快。

MODBUS PLUS相对于MODBUS传送速度更快，距离更远，该通信方式需要在计算机上安装MODCON提供的SA85卡并需安装该卡的驱动才可以进行通信。

除上述两种方式外，莫迪康的PLC还支持如TCP/IP以太网、Unitelway、FIPWAY、FI-PIO、AS-I、Interbus-s等多种通信方式。

3.4.5.3　日式系列PLC

(1)OMRON(欧姆龙)。

欧姆龙系列PLC在中国推广的也比较多。在通信方式上，OMRON现在主要采用两种通信方式：Host Link协议是基于串口方式进行数据传输的通信方式。当PLC进入MONITOR方式时，上位机可以和欧姆龙PLC通信。在和欧姆龙通信时要注意，两次通信之间要留一定时间，如果通信速度过快容易造成PLC通信异常。

Control Link是欧姆龙PLC的一种快速通信方式。Control Link通过板卡进行数据通信，板卡之间有数据交换区，由板卡实现数据的交换从而完成数据采集功能。使用该方式通信需配置欧姆龙的驱动。

(2)MITSUBISHI(三菱)。

三菱PLC的小型PLC在国内的应用非常广泛。三菱的PLC型号也比较多，主要包括FX系列、A系列和Q系列。三菱系列PLC通信协议是比较多的，各系列都有自己的通信协议。如FX系列中就包括通过编程口或232BD通信，也可以通过485BD等方式通信。其A系列和Q系列可以通过以太网通信。当然，三菱的PLC还可以通过CC-LINK协议通信。

3.4.6　PLC编程

PLC软件系统由系统程序和用户程序两部分组成(见图7-3-14)。系统程序包括监控程序(或管理程序)、编译程序(或称解释程序)、诊断程序等，主要用于管理全机、将程序语言翻译成机器语言、诊断机器故障。系统软件由PLC厂家提供并已固化在EPROM中，不能直接存取和干预。用户程序是用户根据现场控制要求，用PLC的程序语言编制的应用程序(也就是逻辑控制)用来实现各种控制。

PLC的编程按IEC61131-3国际标准来分主要包括图形化编程语言和文本化编程语言。图形化编程语言包括梯形图(LD - Ladder Diagram)、功能块图(FBD - Functiong Block Diagram)、顺序功能图(SFC - Sequential Function Chart)。文本化编程语言包括指令表(IL - Instruction List)和结构化文本(ST - Structured Text)。这些语言是基于Windows

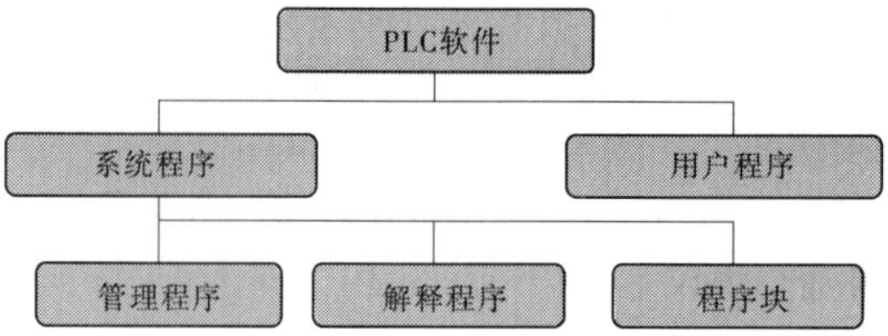

图 7-3-14　PLC 软件系统

操作系统的编程语言。

(1)各种编程语言也有其不同的特点:

LD:梯形图,适用于开关量控制和逻辑互锁程序;

ST:结构化文本(类似 Pascal 的高级语言),适用于复杂算法和数据处理;

SFC:顺序功能图,适用于批处理过程和机械控制;

FBD:功能块图,适用于过程控制;

IL:指令表,适用于代码优化。

高档的 PLC 还具有与计算机兼容的 C 语言、BASIC 语言、专用的高级语言(如西门子公司的 GRAPH5、三菱公司的 MELSAP),还有布尔逻辑语言、通用计算机兼容的汇编语言等。一般来说,各厂家的编程语言都只能适用于本厂的产品。

其中,梯形图语言是一种以图形符号及图形符号在图中的相互关系表示控制关系的编程语言。它是从继电器图演变过来的,来源于继电器逻辑控制系统的描述,是 PLC 编程中被广泛使用的一种图形化语言。由于梯形图类似于继电器控制的电器接线图,便于理解,因此许多编程人员和维护人员都选择了这一编程方式。

(2)标准语言梯形图语言有以下特点:

①梯形图中接点(触点)只有常开和常闭,接点可以是 PLC 输入点接的开关也可以是 PLC 内部继电器的接点或内部寄存器、计数器等的状态;

②梯形图中的接点可以任意串、并联,但线圈只能并联不能串联;

③内部继电器、计数器、寄存器等均不能直接控制外部负载,只能做中间结果供 CPU 内部使用。

常见的 PLC 梯形图编程元件分为八大类,X 为输入继电器、Y 为输出继电器、M 为辅助继电器、S 为状态继电器、T 为定时器、C 为计数器、D 为数据寄存器和指针(P、I、N)。梯形图中有常开、常闭触点,在其边上可标注 X、Y、M、S、T、C 以示不同的软器件。它最大的优点是:同一标记的触点在不同的梯级中,可以反复地出现。而继电器则无法达到这一目的。而线圈的使用是相同的,即不同的线圈只能出现一次。

PLC 是按循环扫描事件,沿梯形图先后顺序执行,在同一扫描周期中的结果留在输出状态暂存器中,所以输出点的值在用户程序中可以当作条件使用。

3.4.7　PLC 应用中需要注意的问题

PLC 是一种用于工业生产自动化控制的设备,一般不需要采取什么措施,就可以直接在工业环境中使用。然而,尽管有如上所述的可靠性较高、抗干扰能力较强的措施,但当生产环境过于恶劣,电磁干扰特别强烈,或安装使用不当,就可能造成程序错误或运算错误,从而产生误输入并引起误输出,这将会造成设备的失控和误动作,从而不能保证PLC的正常运行。要提高PLC控制系统可靠性,一方面要求PLC生产厂家提高设备的抗干扰能力;另一方面,要求设计、安装和使用维护中引起高度重视,多方配合才能完善解决问题,有效地增强系统的抗干扰性能。因此,在使用中应注意以下问题。

3.4.7.1　工作环境

(1)温度:PLC要求环境温度在0~55 ℃,安装时不能放在发热量大的元件下面,四周通风散热的空间应足够大。

(2)湿度:为了保证PLC的绝缘性能,空气的相对湿度应小于85%(无凝露)。

(3)震动:应使PLC远离强烈的震动源,防止震动频率为10~55 Hz的频繁或连续震动。当使用环境不可避免震动时,必须采取减震措施,如采用减震胶等。

(4)空气:避免有腐蚀和易燃的气体,例如氯化氢、硫化氢等。对于空气中有较多粉尘或腐蚀性气体的环境,可将PLC安装在封闭性较好的控制室或控制柜中。

(5)电源:PLC对于电源线带来的干扰具有一定的抵制能力。在可靠性要求很高或电源干扰特别严重的环境中,可以安装一台带屏蔽层的隔离变压器,以减少设备与地之间的干扰。一般PLC都有直流24 V输出提供给输入端,当输入端使用外接直流电源时,应选用直流稳压电源。因为普通的整流滤波电源由于纹波的影响,容易使PLC接收到错误信息。

3.4.7.2　控制系统中干扰及其来源

现场电磁干扰是PLC控制系统中最常见也是最易影响系统可靠性的因素之一。影响PLC控制系统的干扰源,大都产生在电流或电压剧烈变化的部位,其原因是电流改变产生磁场,对设备产生电磁辐射;磁场改变产生电流,电磁高速产生电磁波。通常电磁干扰按干扰模式不同,分为共模干扰和差模干扰。共模干扰是信号对地的电位差,主要由电网串入、地电位差及空间电磁辐射在信号线上感应的共态(同方向)电压叠加所形成。共模电压通过不对称电路可转换成差模电压,直接影响测控信号,造成元器件损坏(这就是一些系统I/O模件损坏率较高的主要原因),这种共模干扰可为直流,亦可为交流。差模干扰是指作用于信号两极间的干扰电压,主要由空间电磁场在信号间耦合感应及由不平衡电路转换共模干扰所形成的电压,这种干扰叠加在信号上,直接影响测量与控制精度。

3.4.7.3　PLC系统中干扰的主要来源及途径

(1)强电干扰:PLC系统的正常供电电源均由电网供电,由于电网覆盖范围广,它将受到所有空间电磁干扰而在线路上感应电压。尤其是电网内部的变化,刀开关操作浪涌、大型电力设备启停、交直流传动装置引起的谐波、电网短路暂态冲击等,都通过输电线路传到电源原边。

(2)柜内干扰:控制柜内的高压电器、大的电感性负载、混乱的布线都容易对PLC造成一定程度的干扰。

(3)来自信号线引入的干扰:与PLC控制系统连接的各类信号传输线,除传输有效的各类信息外,总会有外部干扰信号侵入。此干扰主要有两种途径:一是通过变送器供电电源或共用信号仪表的供电电源串入的电网干扰,这往往被忽视;二是信号线受空间电磁辐射感应的干扰,即信号线上的外部感应干扰,这是很严重的。由信号引入干扰会引起 I/O 信号工作异常和测量精度大大降低,严重时将引起元器件损伤。

(4)来自接地系统混乱时的干扰:接地是提高电子设备电磁兼容性(EMC)的有效手段之一,正确的接地,既能抑制电磁干扰的影响,又能抑制设备向外发出干扰;而错误的接地,反而会引入严重的干扰信号,使 PLC 系统无法正常工作。尤其注意需严格区分电源系统的接地与通信等弱电系统的接地。

(5)来自 PLC 系统内部的干扰:主要由系统内部元器件及电路间的相互电磁辐射产生,如逻辑电路相互辐射及其对模拟电路的影响、模拟地与逻辑地的相互影响及元器件间的相互不匹配使用等。

(6)变频器干扰:一是变频器启动及运行过程中产生谐波对电网产生传导干扰,引起电网电压畸变,影响电网的供电质量;二是变频器的输出会产生较强的电磁辐射干扰,影响周边设备的正常工作。

3.4.7.4　主要抗干扰措施

动力线、控制线以及 PLC 的电源线和 I/O 线应分别配线,隔离变压器与 PLC 和 I/O 之间应采用双绞线连接。将 PLC 的 I/O 线和大功率线分开走线,如必须在同一线槽内,分开捆扎交流线、直流线,若条件允许,分槽走线最好,这不仅能使其有尽可能大的空间距离,并能将干扰降到最低限度。

PLC 应远离强干扰源如电焊机、大功率硅整流装置和大型动力设备,不能与高压电器安装在同一个开关柜内。在柜内 PLC 应远离动力线(二者之间距离应大于 200 mm)。与 PLC 装在同一个柜子内的电感性负载,如功率较大的继电器、接触器的线圈,应并联 RC 消弧电路。

PLC 的输入与输出最好分开走线,开关量与模拟量也要分开敷设。模拟量信号的传送应采用屏蔽线,屏蔽层应一端或两端接地,接地电阻应小于屏蔽层电阻的 1/10。

交流输出线和直流输出线不要用同一根电缆,输出线应尽量远离高压线和动力线,避免并行。

I/O 端的接线:①输入接线一般不要太长。但如果环境干扰较小,电压降不大,输入接线可适当长些,还应考虑接线距离与线径大小的匹配,对于较长的输入信号线,其截面面积建议不小于 1.5 mm^2;②输入/输出线不能用同一根电缆,输入/输出线要分开。

3.4.7.5　其他使用注意事项

(1)通信网络受外部干扰的可能性大,外部环境是造成通信外部设备故障的最大因素之一,应使用屏蔽双绞线电缆来降低外界干扰,有条件的话也可使用光纤传输。

(2)PLC 薄弱环节在 I/O 端口,应严格按照 PLC 的输入回路、输出回路应用规范使用。PLC 的开入回路信号电源电压不应超出范围,外部提供的必须是无源空接点信号;PLC 的开出点驱动能力有限,一个开出点不能直接驱动多个小型直流 24 V 中间继电器,如需同一指令控制多个回路或对象,也应使用 PLC 的复用软指令来驱动多个继电器开出。为防止断开继电器时继电器线圈的自感电动势的影响,各开出继电器线圈两端应并联续流二极管。

(3)机组或辅机 LCU 控制系统最容易发生故障的地点在现场,常见的有以下几种情况：

第一类故障点(也是故障最多的地点)在继电器、接触器。PLC 控制系统的日常维护中，电气备件消耗量最大的为各类继电器或接触器。除产品本身质量、使用寿命外，主要原因是现场环境比较恶劣，接触器触点易打火或氧化(尤其注意不应用接点额定电压为交流 220 V 的继电器直接驱动交流 380 V 的用电设备)，然后发热变形直至不能使用。应用时现场控制箱或控制屏应选用密闭性较好的盘柜，尽量选用高性能继电器，改善元器件使用环境，以减少其对系统运行的影响。对于大容量的交流接触器，可考虑在线圈两端并联阻容过电压吸收回路。

第二类故障多发点在阀门这一类的设备上，因为这类设备的关键执行部位，相对的位移一般较大，或者要经过电气转换等几个步骤才能完成阀门的位置转换，或者利用电动执行机构推拉阀门的位置转换，机械、电气、液压等各环节稍有不到位就会产生误差或故障。长期使用缺乏维护，机械、电气失灵是故障产生的主要原因，因此在系统运行时要加强对此类设备的巡检，经常检查阀门是否变形，执行机构是否灵活可用，控制器是否有效等，发现问题及时处理，以保证整个控制系统的有效性。

第三类故障点可能发生在行程开关、极限位置、安全保护和现场操作上的一些元件或设备上，其原因可能是因为长期磨损，也可能是长期不用而锈蚀老化或机构动作不灵敏而导致接点接通不良。对于这类设备故障的处理主要体现在定期维护，使设备时刻处于完好状态。

3.5　泵站信息化系统建设

根据水利部《关于做好大型灌溉排水泵站信息化建设试点工作的通知》的要求，泵站信息化建设全部内容包括 3 个方面。

3.5.1　计算机监控系统

计算机监控系统主要包括主机组检测和控制系统、辅机及公用设备检测和控制系统、水力检测系统、泵站变电站电气保护测控系统。

3.5.2　视频监视系统

视频监视系统主要包括拦污栅、进出水池、主副厂房、高低压配电室、真空破坏室、溢流堰等重要水工建筑物及关键部位的视频监控。

3.5.3　信息管理系统

(1)运行调度系统。

(2)灌排计划与执行管理。

(3)水费征收系统。

(4)信息公开发布系统。

(5)泵站检修及操作票管理系统。

(6)泵站日常事务管理。

(7)工程安全检测系统。

(8)水雨情检测及采集系统。

(9)地理信息采集系统。

虽然各灌溉排水泵站所在灌排区的自然、地理、经济、社会等情况不同,但泵站信息化系统基本包括以下三个方面的主要内容——计算机监控系统、视频监视系统和信息管理系统(含网络及通信系统、运行调度系统和最主要的业务应用系统)。

泵站计算机监控系统和泵站视频监视系统是信息化建设的基础。按照分步实施的原则,建设并完善泵站计算机监控系统和泵站视频监视系统后,可根据规划要求、具体情况再进行泵站信息化系统的建设。

从网络信息体系建设的全局考虑,通过系统集成技术,全面实现泵站信息中心内部联网计算机资源共享、提供文件共享、应用软件及打印资源共享、各泵站实时与统计数据信息共享等网络服务,提供无纸化办公的环境。泵站信息化系统的建设涉及运行调度系统、业务应用及管理信息系统,借助网络及信息技术来提高泵站运行和管理效率以及泵站的现代化管理水平。

3.6　监控系统常见故障分析与处理方法

3.6.1　工业电视监视系统

视频图像系统无图像显示的故障可以用排除法解决。

首先确定是哪一路视频信号出现故障,把那一路的视频线插到光端机的图像正常的那一路的接口。

(1)如果图像正常,说明是视频主机的视频设置被修改了,可以参考其他有视频信号的设置进行修改或查看《视频监视系统操作说明书》进行修改。

(2)如果图像不正常或无显示,说明是视频摄像头设备到光端的电源回路或视频线回路出现了故障,如图 7-3-15 所示。

(3)视频电源的检查:视频摄像头一般都配有视频接线盒,在盒子里有一个视频电源适配器,检查电源适配器输出是否正常,不正常,更换一个视频正常的电源适配器接上后,如果图像正常,说明电源适配器出现故障需更换。

(4)视频线回路的检查:把视频线的同轴电缆的两端拔出,把一端的屏蔽层和同轴电缆的插头的中心针短接,在另一端用万用表的通断挡测量电阻,如果电阻比较小,说明同轴电缆是好的,如果电阻很大或无穷大,说明电缆有问题,需更换同轴电缆。

(5)如果图像正常,有一些摄像头可以控制的,即摄像头可以调节的,如果图像不能调节,说明控制部分出现了故障。

首先查看通信线是否正常,检验的办法和同轴电缆的方法一样。如果通信线正常,那可能就是视频摄像头的通信部分有问题,如果装有视频三合一的防雷器,直接把防雷器上的通信线与摄像头的通信线短接,如果调节控制正常,说明是视频三合一的防雷器出现故

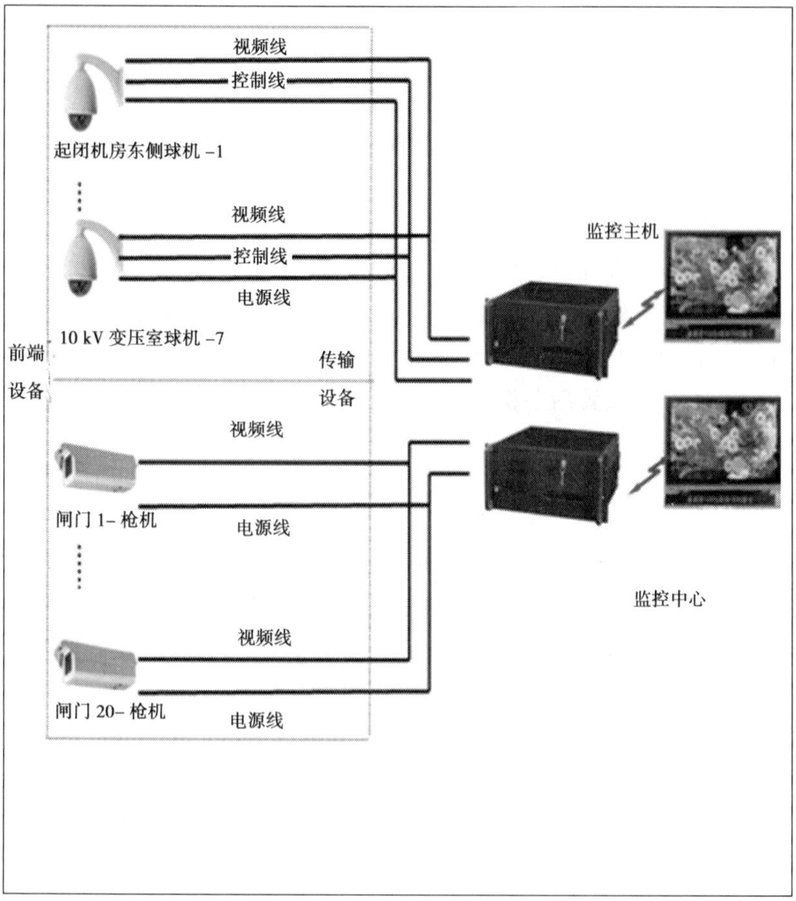

图7-3-15　监控系统示意图

障需更换;如果不能调节控制,说明是视频摄像头的通信部分出现故障,需把摄像头寄回厂家维修。

3.6.2　监控软件损坏的原因分析及处理办法

(1)人为的不小心操作删除了监控软件的某些文件,引起监控软件不能正常运行,因此要提醒运行人员对电脑操作不熟悉的人员不要进入监控软件的目录文件夹查看东西及点击查看某些内容。

(2)人为的不小心修改了监控软件的某些文档的命名及类型,引起监控软件不能正常运行,因此要提醒运行人员对电脑操作不熟悉的人员不要进入监控软件的目录文件夹查看东西及点击查看某些内容。

(3)在监控程序运行的过程中,非法关机或突然失电的情况下,引起监控软件某些文件破坏,因此运行人员要按正常的退出程序步骤进行,不要强行关机或断电关机,电脑要配置不间断 UPS 电源或逆变电源。

(4)当监控软件破坏程序不能正常运行时,一般的监控设备厂家都在该电脑的其他盘符里有备份,只要把备份的监控软件的整个文件复制到运行的盘符下,便能解决不能正常运行的问题。

3.6.3　多台计算机组网通信应注意的问题

操作系统一般为 Windows2000（Win2000profession 或 Win2000Server 均可）、WindowsXP 及以上版本；安装过程中，要为本机命名，指定 IP 地址（也可安装后指定）；安装后"本地连接属性"（鼠标右键单击"网络邻居"，选择"属性"；右键单击"本地连接"，选择"属性"）中应至少包含下列项目：要为本机命名，指定 IP 地址（也可安装后指定）；安装后"本地连接属性"（鼠标右键单击"网络邻居"，选择"属性"；在"Internet 协议（TCP/IP）"的属性中指定 IP 地址（如 192.168.0.x），各机 IP 地址不可重复，各机应属于一个工作组（如都属于 WorkGroup）；设置后各机可通过"网络邻居"互相访问。为了设置的简化，每台计算机最好用同一用户名登录。

3.6.4　监控流程中的安全隐患分析与处理

现在泵站都采用自动化控制设备（如 PLC 进行控制与监视），在现地单元一般配有触摸屏，触摸屏上有开关量的遥信及各种报警显示；运行人员可以根据遥信的开关位置信号及报警显示检查。如没有配置触摸屏，可以通过监控系统进行监视，在监视系统里有详细的各开关量信号、模拟量信号、电气量信号显示。还有当出现各种故障或事件时，都会弹出窗口报警，并自动保存在数据库中，以便查阅和分析。

（1）如果在开机的过程中，有些故障信号会影响开机流程，这时程序不会继续下去，停留在此，不会对机组造成影响，这时可以根据遥信开关位置及报警窗口进行检查，解决故障后，流程才能正常进行，如果排除不了故障，就停机进行检查，不会对设备造成安全隐患。

（2）如果在运行过程中出现故障信号，查看开关量信号及故障报警，能排除最好，有些故障对设备会造成一定的影响，但不会造成大的影响，如果故障继续扩大，达到事故的动作条件时，自动化设备会自动事故停机和动作相应的出口，保证设备的安全。

（3）如果在停机过程中出现了故障信号，致使机组或其他设备不能按正常步骤动作，这时可以先查看各开关量信号、模拟量信号及电气量信号，然后手动按照相关流程把设备该运行的运行，该停止的停止，不会对设备造成什么安全隐患。

（4）但是在出现故障信号后，在第二次开机或运行前必须把各种故障信号排除，以免故障信号扩大，达到事故的情况。

模块 4　培训与指导

4.1　培训

4.1.1　专题报告的写作知识

4.1.1.1　概述

1)报告的概念

报告适用于向上级机关汇报工作、反映情况、提出意见或者建议,答复上级机关的询问。报告属上行文,一般产生于事后和事情过程中。

2)报告的种类

(1)综合性报告。是将全面工作或一个阶段许多方面的工作综合起来写成的报告。它在内容上具有综合性、广泛性,写作难度较大,要求较高。

(2)专题性报告。是针对某项工作、某一问题、某一事件或某一活动写成的报告,在内容上具有专一性。

(3)回复报告。是根据上级机关或领导人的查询、提问做出的报告。

4.1.1.2　报告的写法

1)综合性报告的写法

综合性报告标题命名,常见的有两种情况:事由加文种,如《关于 2010 年工作情况的报告》;报告单位、事由加文种,如《耀江排灌站关于 2010 年度汛期工作情况的报告》。

书写正文应把握好三个关键点:

(1)开头,概括说明全文主旨,开门见山,起名立意。将一定时间内各方面工作的总情况,如根据、目的,对整个工作的估计、评价等作概述,以点明主旨。

(2)主体,内容要丰富充实。作为正文的核心,将工作的主要情况、主要做法,取得的经验、效果等,分段加以表述,要以数据和材料说话,内容力求既翔实又概括。

(3)结尾,要具体切实。写工作上存在的问题,提出下步工作具体意见。最后可写"请审阅"或"特此报告"等语作结。

2)专题报告的写法

专题报告标题命名,由事由和文种组成,如《关于招标工作有关政策的报告》。有的报告标题也可标明发文机关。标题要明显反映报告专题事由,突出其专一性。

正文通常可采用"三段式"结构法。以反映情况为主的专题工作报告主要写情况、存在的问题、今后的打算和意见;以总结经验为主的专题工作报告主要写情况、经验,有的还可以略写不足之处和改进措施;因工作失误向上级写的检查报告,主要写明错误的事实、产生错误的主客观原因、造成错误的责任、处理意见及改进措施等。结尾通常以"请审核”、“请审示”等语作结。

3)回复报告的写法

回复报告的标题与前两种报告大体相同。

正文根据上级机关或领导的查询、提问,有针对性地写出报告,要突出专一性、时效性。

4.1.1.3 报告的写作要求

(1)写综合报告应注意抓住重点,突出主要矛盾和矛盾的主要方面。在此基础上列出若干观点,分层次阐述。说明观点的材料要详略得当,以观点统领材料。

(2)专题报告,要一事一报,体现其专一性,切忌在同一专题报告中反映几件各不相干的事项和问题。

(3)切忌将报告提出的建议或意见当作请示,要求上级指示或批准。

4.1.1.4 专题性的论文

技术工人所写的论文,不同于一般的工作总结,属于专题性的论文。它只着重借鉴一个问题,而不需泛泛而谈。把在生产实践中所遇到的问题、现象经过去粗取精,去伪存真,由此及彼、由表及里地加工整理,找出带有规律、对今后工作有指导性的东西。用所学到的专业知识,进行理论上的分析,上升到一定理论高度,用书面形式表达出来。所以,论文撰写是个人专业的一次具体运用,是理论与实践结合的重要实践。对技术工人来说,技术实践是有一定技术含量的比较复杂的工作,为了说明某个技术问题,既要有文字处理,又要有图形和数字的表述。但在技术实践的过程中,不少资料、数据、图表等往往比较分散,有的记在几个本子上,有的没有记录,只记在心上,有的甚至散落在不同地方,工作完了,这些资料也就完了。经验得不到及时总结,取得的成果未能推广应用,这可是一种浪费。

4.1.1.5 专题调查研究报告

专题调研报告写作要点包括调查报告的含义、调查报告的特点、调查报告的类型、调查报告的写法。

1)调查报告的含义

调查报告又叫调查研究报告,应该说后者是它更准确的名称。因为它不仅是调查的产物,更是研究的产物。调查报告主要功能是搜集情况,并通过对调查所得情况的深入研究,提出一定的见解。因此,调查报告是根据某一特定目的,运用辩证唯物论的观点,对某一事务或某一问题进行深入、细致、周密的调查研究和综合分析后,将这些调查和分析的结果系统地、如实地整理成书面文字的一种文体。考察报告、调研报告及××调查等都是常见的调查报告体裁。

2)调查报告的特点

(1)真实性。真实性是调查报告首要的、最大的特点。所谓真实性,就是尊重客观事实,靠事实说话。这一特点要求调研人员必须树立严谨的科学态度、认真求实的精神,彻底抛弃“假大空”的虚伪作风,不仅报喜,还要报忧,不仅要充分肯定工作成绩,还要准确反映工作中存在的问题。只有严谨的科学态度,才能写出真实可靠、对工作具有指导意义的调查报告。

(2)针对性。这是调查报告所具有的第二个显著特点,这是由具有很强的工作针对性所决定的。一般来说一项调查研究工作,特别是大型调查研究,要花费较长的时间、较大的人力和物力,不是随意组织进行的,而是针对一些较为迫切的实际情况,解决某些实际问题而进行的。因此,调查研究就具有很强的针对性,在调查报告的写作上,必须中心突出,明确提出所针对的问题,明确交待这一问题所获得的事实材料,分析出问题的症结所在,提出具体可行的建议和对策。

(3)典型性。典型性是指在调查报告的写作过程中所采用的事实材料要具有代表性,以及所揭示的问题带有普遍性。这种典型特点在总结经验和反映典型事件的典型调查中表现得尤为突出。

(4)系统性。调查报告的系统性或完整性是指由调查材料所得出的结论,必须具有说服力,把被调查的情况完整地、系统地交待清楚。不能只摆出结论,而疏漏交待事实过程和必需的环节。因为这样的疏忽势必造成不严密、根据不足以及不足以令人信服的印象。这里所说的系统性和完整性,并不是要求在调查报告的写作过程中,事无巨细,面面俱到,而是抓住事物的本质和主要方面,写出结论的推理过程。

总的来说,调查报告就是论证系统,逻辑严密,摆事实,讲道理,具有强烈的说服力,从而使之成为科学决策的可靠资料。

3)调查报告的类型

从内容性质分,调查报告有以下六种:

(1)专题调查报告。专题调查报告,就是侧重某个问题进行较深入的调查后形成的报告,这类报告一般在标题上反映出来。它能及时揭露现实生活中的矛盾,反映群众的意见和要求,研究急需解决的具体的实际问题,并根据调查的结果提出处理意见,或者对策,或是建议。

(2)综合型调查报告。它是以综合调查众多的对象及其基本情况为内容,作全面系统的调查和反映的报告。具有全面、系统、深入和篇幅较长的特点。它与专题调查报告的主要区别点就在于它的综合性。它使读者可以从报告中看到事物的相对完整的“鸟瞰图”。

(3)理论研究型调查报告。这是以学术研究为目的而撰写的报告,它以收集、分类、整理资料并提出问题、报告结论为特点,大多发表在学术刊物上,或载于学术著作中。

(4)实际建议调查报告。这是由于实际工作需要而写的调查报告,其主要内容是为预测、决策、制定政策、处理问题等进行调查所获得的材料及有关的建议。

(5)历史情况调查报告。这是根据需要以历史情况为对象进行调查而形成的调查报告。它可以供人们了解某一事物或问题的历史资料和历史真相。

(6)现实情况调查报告。它是以正在发生、发展的一些现实生活为对象进行调查后所形成的调查报告。人们可以通过它了解和认识某些事物和问题的客观现实情况,以作为认识其他活动的依据或参考。

另外,有些调查报告可以是以上几种类型的结合形式。

4)调查报告的写法

不同类型的调查报告,具体内容有所不同,但基本写法是相通的。调查报告的写作方法,一是熟悉调查报告的结构特点;二要把握调查报告的写作程序。

(1)调查报告的结构。一般来说,调查报告的内容大体有标题、导语、概况介绍、资料统计、理性分析、总结和结论或对策、建议,以及所附的材料等。由此形成的调查报告结构,就包括标题、导语、正文、结尾和落款等五个部分。

①标题。调查报告的标题有单标题和双标题两类。所谓单标题,就是一个标题。其中又有公文式标题和文章式标题两种。公文标题为"事由 + 文种"构成,如《××省中小型泵站工程情况的调查报告》。文章式标题,如《××市的××机电灌排站》;其二,是标明作者通过调查所得到的观点的标题,如《调整扶贫政策,增加扶贫投入》。所谓双标题,就是两个标题,即一个正题、一个副题。如《为了造福子孙后代——××县封山育林调查报告》。

②导语:又称引言。它是调查报告的前言,简洁明了地介绍有关调查的情况,或提出全文的引子,为正文写作做好铺垫。常见的导语有:①简介式导语。对调查的课题、对象、时间、地点、方式、经过等作简明的介绍。②概括式导语。对调查报告的内容(包括课题、对象、调查内容、调查结果和分析的结论等)作概括的说明。③交代式导语。即对课题产生的由来作出简明的介绍和说明。

③正文:正文是调查报告的主体。它对调查得来的事实和有关材料进行叙述,对所做出的分析、综合进行议论,对调查研究的结果和结论进行说明。正文的结构有不同的框架。

根据逻辑关系安排材料的框架有纵式结构、横式结构、纵横式结构。这三种结构,以纵横式结构较为常用。

按照内容表达的层次组成的框架有:"情况—成果—问题—建议"式结构,多用于反映基本情况的调查报告;"成果—具体做法—经验"式结构,多用于介绍经验的调查报告;"问题—原因—意见或建议"式结构,多用于揭露问题的调查报告;"事件过程—事件性质结论—处理意见"式结构,多用于揭示案件是非的调查报告。

④结尾。内容大多是调查者对问题的看法和建议,这是分析问题和解决问题的必然结果。调查报告的结尾方式主要有补充式、深化式、建议式、激发式等。

⑤落款。调查报告的落款要写明调查者——单位名称和个人姓名,以及完稿时间。如果标题下面已注明调查者,则落款时可省略。

(2)调查报告的写作程序。调查报告写作要经过以下五个程序:

①确定主题。主题是调查报告的灵魂,对调查报告写作的成败具有决定性的意义。因此,确定主题要注意:报告的主题应与调查主题一致;要根据调查和分析的结果,重新确定主题;主题宜小,且宜集中;与标题协调一致,避免文题不符。

②取舍材料。对经过统计分析与理论分析所得到的系统的完整的"调查资料",在组织调查报告时仍需精心选择,不可能也不必都写上报告,要注意取舍。

选取与主题有关的材料,去掉无关的、关系不大的、次要的、非本质的材料,使主题集中、鲜明、突出。

注意材料点与面的结合,材料不仅要支持报告中某个观点,而且要相互支持,形成面上的"大气"。

在现有有用的材料中,要比较、鉴别、精选材料,选择最好的材料来支持主题,使每一材料以一当十。

③布局和拟定提纲。这是调查报告构思中的一个关键环节。布局就是指调查报告的表现形式,它反映在提纲上就是文章的"骨架"。拟定提纲的过程实际上就是把调查材料进一步分类、构架的过程。构架的原则是:"围绕主题,层层进逼,环环相扣"。提纲或骨架的特点是它的内在的逻辑性,要求必须纲目分明,层次分明。

调查报告的提纲有两种,一种是观点式提纲,即将调查者在调查研究中形成的观点按逻辑关系一一地列写出来。另一种是条目式提纲,即按层次意义表达上的章、节、目,逐一逐条地写成提纲,也可以将这两种提纲结合起来制作提纲。

④起草报告。这是调查报告写作的行文阶段。要根据已经确定的主题、选好的材料和写作提纲,有条不紊地行文。写作过程中,要从实际需要出发选用语言,灵活地划分段落。

在行文时要注意:结构合理(标题、导语、正文、结尾、落款);报告文字规范,具有审美性与可读性。如:"制定优惠政策,引进急需人才""运用竞争机制,盘活现有人才"。通俗易懂。注意对数字、图表、专业名词术语的使用,做到深入浅出,语言具有表现力,准确、鲜明、生动、朴实。

⑤修改报告。报告起草好以后,要认真修改。主要是对报告的主题、材料、结构、语言文字和标点符号进行检查,加以增、删、改、调等处理。在完成这些工作之后,才能定稿向上报送或发表。

4.1.2　国内外机电排灌事业的发展概况

自19世纪末柴油机发明后,机械提水开始代替人畜和自然能提水。其后,随着科学技术的进步,在水泵结构设计、配套动力机及传动装置以及运行自动化等方面都取得了很大进展,水泵机组朝着大容量、高速化、高效率、低噪声及自动化等方面迅速发展。

4.1.2.1　国外机电排灌事业的发展概况

(1)美国西北部的哥伦比亚河大古力泵站是世界有名的提灌工程,其设计流量为460 m^3/s,扬程94 m,计划安装12台水泵,灌溉干旱高原农田41.7万 hm^2。1949~1951年首期安装了6台立式混流泵,单泵流量为45 m^3/s,配套电动机功率47 807 kW;1973年加装了两台抽水蓄能机组,单机抽水能力为48 m^3/s。全站现有抽水能力366 m^3/s,配套电动机总功率 38×10^4 kW。该站是从大古力水库内抽水,扬至高原上一座调节水库,有效库容 94×10^7 m^3。在灌水季节抽水蓄入高原水库,待供电峰荷期再放回大古力水库发电。所以,后期的6台水泵为抽水蓄能机组。

(2)日本全国排灌设备的总提排水能力为 1.1×10^4 m^3/s,其中排水流量为9 400 m^3/s,提灌流量为1 600 m^3/s,全国共有排灌泵站7 200多座,其中,中、小型泵站占93%。如1973年建成的新川水系的25座泵站群中,只有新川河口是大型泵站。该站共装有6台口径为4 200 mm的贯流式水泵,扬程2.6 m,单泵流量40 m^3/s,电动机功率7 800 kW,总排水量240 m^3/s,控制集水面积2.8万 hm^2,排水受益面积2万 hm^2。该站的水泵与其他设备均由中央控制室远距离操纵。为保证新川河内的水位稳定在设计范围内,泵站采用了自动调节水泵叶片角度和自动选择运转台数的控制机构,并根据内外水位差发出开启自流排水闸的信号。该站其他辅助设备和自动清污装置也均由中央控制室操纵。另外，1975 年建成的三乡排水站，装有口径为 4 600 mm 的混流泵，单泵流量为 50 m^3/s，设计扬程 6.3 m，配套动力为 4 560 kW 的柴油机。

（3）荷兰地势低平，全国有 1/3 ~ 1/2 的土地在海平面以下，加之大规模围海造田和部分地区开垦沼泽地等，排水问题十分突出，因此机电提水排灌比较发达。泵站的特点是扬程低、流量大。如 1973 年在北海运河入海处修建的爱茅顿排水站，装有大型贯流式水泵 4 台，采用低频、低速异步电动机驱动，将 50 Hz 的电源经过变频器变为 16.5 Hz，以适应水泵低速运转，最大扬程 2.3 m，单泵流量 37.5 m^3/s。该站排水能力为 150 m^3/s，将来可能扩大至 350 ~ 400 m^3/s。荷兰目前已建成的大型泵站有 600 多座，安装口径 1.2 m 以上的大型水泵机组 2 400 多台（荷兰泵的转速高，其口径 1.2 m 相当于我国口径 1.8 m 以上的大泵），其泵站的数量和大泵的台数都在我国的 3 倍以上。在水泵设计及装置配套方面，荷兰有世界著名的水力机械实验室，可对水泵装置进行性能测试、水锤计算、模型试验等；在机械方面，广泛利用计算机，从计算机辅助选型（CAS）、计算机辅助设计（CAD）到计算机辅助制造（CAM）；从水力、结构优化设计到叶片、导叶加工的严格控制，全程使用计算机，使产品在高度先进的设计和工艺基础上制造出来。荷兰的研究机构齐全，科研力量很强，设施完善，对水泵及其进、出水流道均有比较系统的研究。

（4）从泵站设备、泵站运行管理等方面来看，国外泵站工程具有以下三方面的特点：

水泵机组综合性能好。国外大型水泵一般具有转速高、体积小、重量轻等优点，其流量是我国同口径水泵流量的 1.5 ~ 2 倍。如荷兰 1.8 m 的水泵与我国 2.8 m 水泵的性能基本相同，但前者的质量为 23.1 t，后者的质量却是 48 t，两者相差一倍多。另外，采用齿轮传动，大大减小了电动机的体积和质量。如荷兰口径 3.6 m 的贯流泵，采用齿轮变速传动的结构设计后，与其配套的高速电机直径仅 1.2 m，电机和齿轮箱的总质量是 15 t。如果将这台泵改用我国常见的直接传动，其电机直径将由原来的 1.2 m 增加到 6.1 m，质量由 15 t 增加到 49 t。由此可见，国外水泵机组采用高速化的设计理念后，不仅使机组的体积减小、质量变轻，而且还可大幅降低泵房和土建投资。另外，水泵材质好，加工精密，水泵的内外表面平整光滑，叶片表面加工质量高，这样就确保了水泵符合泵站的使用要求，不仅效率高、空化性能好，而且大大地延长了水泵的使用寿命，减少了事故的发生。

泵站自动化程度高。美国加州调水工程于 1964 ~ 1974 年安装了计算机自动控制系统，该系统可对 17 座泵站和电厂，71 座节制闸的 198 个闸门和其他各种设备、设施实行计算机通信、监控、检测和调度。日本现已完成 20 世纪六七十年代兴建的水利工程的设备改造和扩建，并安装了新的计算机监控系统。监控系统大都采用集中管理的分层分布式结构，即在一个水系上设有中央管理站，采用计算机和遥测、遥控装置对各种泵站、水工建筑物、渠道等进行集中监控，以达到水资源综合利用的目的。例如，新川河口排水站的 6 台贯流式轴流泵及其他设备均由中央控制室远距离操作。为保证新川河口的水位稳定在设计范围内，采用了自动调节水泵叶片安装角和自动选择运转台数的控制机构，并根据内外水位差的变化，可发出开启自动排水闸的信号。该站的其他辅助设备和自动清污装置，也均由中央控制室操作。荷兰、奥地利的一些泵站，基本上都实现了全自动监控。荷兰泵站采用的自动化仪表多为智能型，这种仪表很先进，如功率表、水位表、水位计等能长期进行自动记录。

运行管理人员少、素质好、分工严密。国外泵站一般雇用懂专业、有经验的管理人员，运行、管理人员普遍具有较高的专业技能，在泵站运行中，可以及时发现问题，并能正确地处理突发事件。运行管理人员总数只相当于我国的 1/10 左右，但运行管理有条不紊，长期保持正常运转。以荷兰为例，水泵制造厂不仅负责核心部件的生产和总装，还负责机组的大修，泵站的管理人员只负责值班运行、小规模的检修和大规模的检查。

4.1.2.2　我国机电排灌事业概况

新中国成立以来，特别是近些年来，国家制定出台了一系列关于农田水利建设的政策和措施，把农田水利建设作为农业基础设施建设的重点，不断加大投入和建设力度。《全国重点中型灌区节水配套改造规划》、《全国小型农田水利建设规划（2006～2015 年）》有力推进了泵站工程的建设，为我国农业抗御自然灾害、提高农业综合生产能力、保障国家粮食安全和人民财产安全发挥了重要作用。

据统计，至 2010 年，全国机电灌排泵站装机 2 447.4 万 kW，共有灌排泵站 44.65 万座，其中大型灌排泵站 450 座装机功率 560 多万 kW；中型泵站约 5 000 座装机功率 600 万 kW。全国机电灌排泵站有效灌排面积 1 580 亿 hm^2，占全国机电灌排总面积 4 000 hm^2 的 40.0%，有力地提高了各地抗御自然灾害的能力，为我国国民经济持续、稳定、健康发展提供了强有力的保障。在我国大型泵站比较集中的省份，已初步形成了以大型泵站为骨干，重点中型泵站为主体，小型泵站为补充的灌溉、排涝工程体系。但是我国机电排灌泵站管理水平相对较低，从整体而言，经济欠发达地区的泵站相对经济发达地区的泵站，农业灌排泵站相对工业、城镇供排水泵站，管理水平、管理手段差距明显，与现代化管理的要求相差甚远。

从 1990 年开始，机电灌排工作重点是实现农村机电灌排的改革。同时，面对 20 世纪六七十年代建设的大量泵站严重老化状况，各级政府加大力度，结合我国大型灌区改造，对部分大型泵站工程进行了更新改造工作。

近年来，由于潜水电泵在密封、绝缘、冷却和监控等技术方面有了长足进展，同时还成功地实现了水泵和出水管道的自动耦合，从而使大口径潜水电泵推广应用速度明显加快。目前我国不仅生产和安装了大口径 900 mm 以下的轴流泵和混流泵，也有了口径 1.4 m 和 1.6 m 的大型潜水电泵的系列产品。由于潜水电泵不怕水淹，又具有快速拆除和安装等机动性好、节省工程投资、改善运行条件、显著提高设备的可靠性和使用寿命的优点，特别是大型潜水电泵的问世，为潜水电泵站的技术推广打下了良好基础。

4.1.2.3　国内外泵站工程比较及发展趋势

国外泵站在运行、管理方面自动化程度高，监控系统完善。这样，既提高了泵站运行的安全性、可靠性和经济性，又节约了人力资源，为工程的维护提供了可靠依据。许多国家还把泵站工程建设列为优先考虑的重点。其中，泵站在运行、管理方面自动化程度高的有美国、日本、英国、荷兰等，这些国家的发展速度较快，技术更先进，管理更完善，有许多东西值得我们借鉴和学习。

国内建于 20 世纪六七十年代的泵站，设备陈旧，自动化程度低，往往采用经验管理和定期大修的办法。这样，大大地影响了泵站经济，增加了管理开支，造成经济上不必要的损失。泵站的更新改造任务越来越艰巨,中小型泵站的更新改造迫在眉睫,泵站的建设更加注重工程质量和自动化监控,朝着现代化建设与管理的方向前进。

通过对泵站的更新改造,提高泵站机电设备技术水平,实现计算机监控和优化运行,消除工程安全隐患,达到安全、高效、低耗,并通过机组适度增容,适当增加排涝流量,提高泵站防洪、排涝、灌溉标准,全面提高抗御特大自然灾害的能力,改善灌排条件。中小型泵站工程,在巩固、扩大灌排区受益保护范围,保证粮食高产稳产,促进当地国民经济持续、高速发展的过程中,所发挥的作用越来越大。

4.2　技术指导与管理

4.2.1　泵站安全鉴定内容及程序

泵站是我国国民经济基础设施的重要组成部分,对防洪、排涝、灌溉、供水、环保和航运等方面均具有十分重要的作用。但是,我国现有固定排灌泵站中,有约 2/3 为 20 世纪 80 年代以前兴建,至今已运行 30 年以上,这些泵站已相继进入更新改造周期。由于历史原因,许多泵站存在着严重问题,机电设备和水工建筑物都已处于不同程度的老化状态,严重威胁泵站的安全运行,影响泵站工程效益发挥。做好泵站更新改造前的安全鉴定工作,是保证泵站更新改造工作有序进行的重要环节。为使这一工作规范化,水利部于 2004 年发布了《泵站安全鉴定规程》(SL 316—2004)。由于我国各地泵站管理的部门和方式不尽一致,泵站建设和更新改造的资金来源渠道不同,为保证泵站安全鉴定工作的实施,部分省、自治区、直辖市水利(水务)厅(局)根据该规程制定了相应的实施细则。

由于我国地域辽阔,泵站形式多样,除固定泵站外,移动泵站(浮船、缆车、流动泵车、塔吊旋转式泵站等)及其他形式的泵站亦可参照《泵站安全鉴定规程》(SL 316—2004)的规定进行安全鉴定。

4.2.1.1　泵站安全鉴定的范围和内容

泵站加固、维修、技术改造或更新改造的主要对象是泵站本身的水工建筑物和机电设备,故泵站安全鉴定的范围包括:泵房及进水侧、出水侧工作桥,进水、出水建筑物,主机组、电气设备、辅助设备、金属结构、压力管道、计算机监控系统和属于泵站管理的变电、配电设备等。泵站进、出水建筑物中的涵闸除可按最新《泵站安全鉴定规程》(SL 316—2004)进行安全鉴定外,也可按《水闸安全鉴定规定》(SL 214—98)的有关规定进行专项安全鉴定。泵站管理范围内的进、出水侧河道或交通桥、渠道、堤防,渠系建筑物,输电线路和管理、生活用房和梯级泵站之间的水工建筑物均不属安全鉴定的范围, 如需进行安全鉴定,应另行组织。

4.2.1.2　泵站安全鉴定周期

泵站在投入运行 25 年后或在进行更新改造前应进行一次全面安全鉴定。泵站管理单位可根据泵站建筑物和机电设备的技术状态和实际运行状况,提出提前进行安全鉴定。主机组及重要的机电设备和泵房达到折旧年限,应适时进行安全鉴定。对影响泵站安全运行的单项工程、主要设备,规划的水情、工况发生变化,泵站遭遇超标准设计洪水、强烈地震或运行中发生建筑物和机电设备重大事故后，应及时组织专项安全鉴定。泵站安全鉴定周期是根据泵站主机组及主要机电设备的使用寿命确定的。泵站在投入运行25年后，主机组及主要机电设备经历多次大修，已开始进入老化期，为加强安全运行管理，规定应进行一次全面的安全鉴定。我国20世纪80年代以前的泵站由于历史的原因，质量普遍较差，机电设备老化严重，至今已运行25年以上，在更新改造前，应按《泵站安全鉴定规程》（SL 316—2004）的要求进行安全鉴定。20世纪80年代及以后所建设的泵站，建筑物和机电设备质量相对要好得多，规定在投入运行25年后再进行安全鉴定是比较合适的。以后再继续使用，属于“超期服役”，应每隔5～10年，根据泵站的状态，进行定期或不定期的安全鉴定。有些泵站，由于水情的变化，建成后运行时间较少，对于这类泵站中的设备，考虑到自然老化的因素，仍应按要求进行安全鉴定。对于少数泵站，由于某种原因施工期拖延而造成设备自然老化或泵站中采用了早期的或已使用过的机电设备，虽然运行时间还不到规定的安全鉴定周期，可根据设备老化状况和运行状况提早进行安全鉴定。专项安全鉴定是指泵站在遭遇超标准设计洪水、强烈地震、重大事故后所进行的安全鉴定。专项安全鉴定的现场安全检测项目和安全评价，可针对泵站所暴露的问题参照泵站正常安全鉴定程序及内容进行。

4.2.1.3　泵站鉴定程序

泵站的安全鉴定工作，应按下列程序进行：①现状调查分析；②现场安全检测；③工程复核计算分析；④安全评价；⑤安全鉴定工作总结。

（1）泵站安全鉴定工作程序，是总结多年来我国部分省份大、中型泵站技术改造前所开展的安全鉴定工作实践而制定的。其工作过程为：由泵站管理单位通过对泵站现状的调查分析，较系统地反映泵站建筑物和机电设备所存在的问题，再经有资质的单位进行现场安全检测和复核计算，最后由专家组作出综合评价鉴定，提出安全鉴定结论意见。小型泵站或临时泵站工程的安全鉴定程序可根据泵站规模和类型，适当简化。

（2）泵站工程是按照泵站规模和灌排区范围的大小，实行分级管理。加强对泵站工程的管理以确保泵站安全运行，是泵站上级主管部门的职责。泵站上级主管部门可根据泵站的具体情况，下达安全鉴定任务。

（3）鉴定工作涉及面广，参与单位较多，泵站管理单位应在事前作好周密的计划安排。对需要进行现场安全检测和复核计算工作的，应在现状调查分析后，进行充分分析，根据泵站建筑物和机电设备的具体状况，拟定检测和复核计算项目。

（4）现场安全检测和工程复核计算工作，是安全鉴定工作的重要环节，承担工作的单位对检测和复核计算的结论负有责任。大、中型泵站主要建筑物和机电设备，如泵房、主机组的检测单位和工程复核计算单位应是经省级（含省级）以上质量技术监督部门认证具有相应资质的单位，对于一些尚未建立泵站检测机构或虽已建立但某种设备的检测资质尚未获得省级技术监督部门认证的省（自治区），可由经省级水行政主管部门认可且具备相应检测条件和复核计算能力的检测、设计单位进行鉴定。上述规定主要是根据我国各省、自治区、直辖市泵站检测机构不健全情况而做出的。同时泵站内各种设备类型多，在当前全部要求由专门检测机构进行检测也不可能。

相应资质的单位是指具有检测水工建筑物，水泵，电动机，高、低压电气设备，金属结构等设备能力的单位,或者是指具有根据检测结果进行复核、验算能力的单位。

泵站的特种设备和设施按国家质量技术监督局颁布的《特种设备质量监督与安全监察规定》中第二条规定,主要是指因设备本身和外在因素的影响容易发生事故,并且一旦发生事故会造成人身伤亡及重大经济损失的危险性较大的设备。大型泵站中主要包括起重主行车、电梯、防爆电气设备、压力容器和贮油设施等,应由当地质量技术监督部门的特种设备安全监察机构进行现场安全检测。在当地缺少相应机构时,可由具有相应检测能力的单位进行。

小型泵站规模较小,设备也较简单,且机电设备多为低压,因此现场安全检测和复核计算单位的资质可由泵站所在市、县水行政主管部门认可。对一些20世纪六七十年代修建的地方性临时泵站工程,可相应降低复核单位的资质等级。

(5)泵站安全鉴定工作技术性很强,涉及水工、水机、电气、金属结构等多种专业。为切实保证安全鉴定工作质量,得出准确的鉴定结果,以便做出大修、加固、技术改造或更新改造等方面的决策,应组织具有较高理论水平与实践经验的专家来进行鉴定。专家组人数及高级职称人数比例,是参考已经进行过安全鉴定的泵站实例综合研究确定的。在进行安全鉴定时,专家的具体人数和专业门类可按照泵站安全鉴定的具体内容确定。对于不同鉴定内容的泵站,专家的专业门类应有所侧重。对于小型泵站,专家组人员可减少至5~7人。

(6)泵站安全分析评价是泵站安全鉴定的结论阶段,宜以专家鉴定的形式进行。《泵站安全鉴定规程》(SL 316—2004)明确了泵站安全鉴定专家组的职责。

(7)安全鉴定工作结束后,泵站管理单位应将泵站安全鉴定报告书、安全鉴定工作总结与现状调查分析报告、现场安全检测报告、工程复核分析报告等材料按顺序整理装订成册后,按分级管理的原则,报泵站上级主管部门。

4.2.2　泵站运行成本核算方法

4.2.2.1　成本管理

所谓成本是泵站在生产经营过程中所发生的各项费用的总和,也是在生产经营过程中用价值形式表现的人力和物力消耗的总和。成本是反映泵站管理水平的综合性经济指标。泵站生产经营活动中各方面管理工作的好坏,都将通过成本反映出来。成本管理是泵站经营管理的一项重要内容。因此,加强成本管理具有重要意义。

1)供排成本的核算项目

供排成本的项目一般分为六项,六项费用总和为供排总成本。

(1)耗电费、燃油费:指供排作业所耗用的电费、柴油费。

(2)维修费:指供排作业的小修理费及维护保养用的辅助材料和小型工具。如更换零配件的费用、修理费和修理时的耗材费。

(3)固定资产折旧费:指用于供排作业的固定资产的折旧费。

(4)大修理费:指用于供排作业的固定资产的大修理提存。

(5)工资福利费:指直接从事供排作业人员的工资福利费,它取决于劳动组织与定员指标及职工的平均工资水平。

(6)管理费:管理费又称间接费用,它是为生产所发生的不属于以上5项的其他费用。如:办公费、水电费、会议费、差旅费,以及办公室、宿舍、仓库的折旧费和修理费。

泵站进行综合经营时,管理费应按供排作业直接费和综合经营直接费的比例分摊,分别计入供排作业和综合经营成本。如从事供排作业的工人在非供排季节从事综合经营,这部分工人的工资福利费也应按工作时间分摊。

2)供排成本计算

供排成本有三种计算法,即按单位面积、单位水量和按 kt · m 核算。(具体按本书第二篇基础知识第9章泵站管理知识9.2.5供排水成本中式(2-9-5a)、式(2-9-5b)、式(2-9-5c)计算)

4.2.2.2　成本分析

成本分析的目的是分析引起成本变化的原因,找出泵站在经营管理中存在的问题,不断提高经营管理水平,更好地为农田灌溉和排水、城乡给排水提供服务。供排作业成本分析的方法有两种:

(1)比较法:将供排成本与以往成本对比,与先进单位对比。同时算出六项成本在总成本中的比例,即可找出造成成本升降的原因,从而明确降低成本的方向及降低成本所应采取的技术措施。

(2)因素分析法:影响成本的因素很多,如气候变化引起开机时间的差异、油价、电价的调整、工资的调整、扬程、机组效率、渠系水利用系数、受益面积的变化、各种作物播种面积的变化等。因素分析法是假定其他因素不变,逐个计算某一因素对成本引起的差异。例如:为了和上一年的成本相比,先假定其他因素和上一年一样,仅开机小时数不同,计算开机时间对成本的影响;再假定其他因素不变,仅调整电价,计算电价对成本的影响;又假定其他因素不变,计算工资调整对成本的影响等。对各种因素逐个进行计算,就能看出主要成绩在哪里,主要问题在哪里。这样,可对当年的经营管理水平作出正确的评价,并明确今后努力的方向。

4.2.2.3　水费的计算和征收

供排作业成本是确定水费标准的依据。为了保证泵站维持正常的运行和维护,应按照"保本自给,略有盈余"的原则确定水费的标准。

1)水费的计算

对于供水泵站,水费的计算必须贯彻多用水多负担、少用少负担的原则;对于排水泵站,应按受益面积的多少合理负担。通常有如下两种计算方法。

(1)把水费分为固定费和计时费两部分。固定费包括工资福利费、管理费以及泵站建筑物等固定资产的折旧和大修理费提存,固定费按实际受益面积分摊;计时费包括电费(或燃油费)、维修费、机电设备等固定资产的折旧和大修理费提存。计时费按供水时间或用水量或受益面积均摊。这种方法既能保证泵站正常开支,又能贯彻合理负担的政策。

(2)将总成本除以开机台时数,算出每台时数的水费,按台时数收费;或根据提每立方米水的成本,按水量收费。

2)水费的征收

为了保证泵站的正常生产,必须做好水费的征收工作。水费可由泵站管理单位直接向受益单位收取,也可由村或乡镇和街道等部门代收。

为了加强科学管理和经济管理,《泵站技术管理规程》(2010 报批稿)规定了八项技术经济指标作为对泵站的考核标准和衡量泵站管理好坏的主要依据,这八项指标具体内容在本书基础知识模块 9 中也有叙述。

4.2.2.4　泵站技术经济指标

泵站技术经济指标考核结果可按表 7-4-1 的内容和格式填写。

表 7-4-1　泵站技术经济指标考核表(________年)

泵站管理单位(盖章):　　　　　　　　考核时间:________年________月________日

<table>
<tr><th>序号</th><th colspan="2">考核项目</th><th>单位</th><th>要求指标</th><th>实际指标</th></tr>
<tr><td>1</td><td colspan="2">建筑物完好率</td><td>%</td><td></td><td></td></tr>
<tr><td>2</td><td colspan="2">设备完好率</td><td>%</td><td></td><td></td></tr>
<tr><td>3</td><td colspan="2">泵站效率</td><td>%</td><td></td><td></td></tr>
<tr><td rowspan="2">4</td><td rowspan="2">能源单耗</td><td>电力泵站</td><td>kWh/(kt · m)</td><td></td><td></td></tr>
<tr><td>内燃机泵站</td><td>kg/(kt · m)</td><td></td><td></td></tr>
<tr><td rowspan="2">5</td><td rowspan="2">供排水量</td><td>灌溉或城镇供水量</td><td>m^3/a</td><td></td><td></td></tr>
<tr><td>排水量</td><td>m^3/a</td><td></td><td></td></tr>
<tr><td rowspan="3">6</td><td rowspan="3">供排水成本</td><td>按千吨米核算</td><td>元/(kt · m)</td><td></td><td></td></tr>
<tr><td>按水量核算</td><td>元/m^3</td><td></td><td></td></tr>
<tr><td>按面积核算</td><td>元/(亩 · a)</td><td></td><td></td></tr>
<tr><td>7</td><td colspan="2">安全运行率</td><td>%</td><td></td><td></td></tr>
<tr><td>8</td><td colspan="2">财务收支平衡率</td><td>%</td><td></td><td></td></tr>
<tr><td rowspan="4">基本情况</td><td colspan="2">装机台套与装机功率(台套/kW):</td><td colspan="3">最高泵站扬程(m):</td></tr>
<tr><td colspan="2">实际灌排面积(万亩):</td><td colspan="3">最低泵站扬程(m):</td></tr>
<tr><td colspan="2">水泵型号:</td><td colspan="3">平均泵站扬程(m):</td></tr>
<tr><td colspan="2">实际运行台时:</td><td colspan="3">同时运行的水泵(台)数:</td></tr>
</table>

4.2.3　综合技术性能分析与评价

4.2.3.1　设备综合技术性能分析与评价

设备(包括机电设备和金属结构)评级结果是考核泵站设备完好率的重要依据。泵站主管部门每年应组织技术人员、技术工人和管理干部对泵站各类设备进行全面的检查评级。检查中应根据《泵站技术管理规程》(SL 255—2000)或《泵站安全鉴定规程》(SL 316—2004)的规定,对设备进行分类定级。

按照《泵站技术管理规程》(SL 255—2000)的规定,设备完好率不应低于 90%,其中与水泵机组安全运行密切相关的设备评级不应低于规程规定的二类设备标准。根据设备

的完好程度,《泵站安全鉴定规程》(SL 316—2004)将泵站设备分为以下四个安全类别:

一类设备:零部件完好齐全,主要参数满足设计要求,技术状态良好,能保证安全运行。

二类设备:零部件齐全,主要参数基本满足设计要求,技术状态基本完好,设备虽存在一定缺陷,但不影响安全运行。

三类设备:设备的主要部件有损坏,主要参数达不到设计要求,技术状态较差,存在影响运行的缺陷或事故隐患,但经大修或更换元器件能保证安全运行。

四类设备:技术状态差,设备严重损坏,存在影响安全运行的重大缺陷或事故隐患,零部件不全,经大修或更换元器件也不能保证安全运行以及需要报废或淘汰的设备。

4.2.3.2　泵站建筑物综合技术性能分析与评价

建筑物评级结果是考核泵站工程完好率的重要依据。泵站管理部门每年应组织工程技术人员、技术工人和管理干部对泵站各类建筑物进行全面的检查评级。检查中应根据《泵站技术管理规程》(SL 255—2000)或《泵站安全鉴定规程》(SL 316—2004)的有关规定,对建筑物进行分类定级。

按照《泵站技术管理规程》(SL 255—2000)的规定,建筑物完好率应达到85%以上,其中主要建筑物的评级应不低于二类建筑物标准。根据建筑物的完好程度,《泵站安全鉴定规程》(SL 316—2004)将泵站建筑物分为以下四个安全类别:

一类建筑物:结构完整,运用指标达到设计标准,技术状态完好,无影响安全运行的缺陷,满足安全运用的要求;

二类建筑物:运用指标基本达到设计标准,结构基本完整,技术状态基本完好,建筑物虽存在一定损坏,但不影响安全运用;

三类建筑物:运用指标达不到设计标准,建筑物存在严重损坏,但经加固改造能保证安全运用;

四类建筑物:运用指标无法达到设计标准,技术状态差,建筑物存在严重安全问题,经加固改造也不能保证安全运用以及需降低标准运用或报废重建。

4.2.4　泵站运行管理

4.2.4.1　机电设备运行管理

在泵站建筑物建设和机电设备安装等基本完成以后,泵站机组准备投入运行之前,应对所有的机电设备进行编号,并将序号固定在明显位置,旋转机械还应有明显的旋转方向标志,以便于对各机电设备的运行监视、养护维修和设备管理。

新泵站建成后或老泵站改造完成后,应进行启动试运转,借以对泵站工程建设进行全面质量检查,同时对设备进行必要的调整试验,以便及时发现问题进行处理。启动试运转完成后泵站才能正式投入运行。

上次运行后长期停用和大修后的机组,投入正式运行前也应进行试运行,以检验设备的技术状态是否完好,确保泵站安全运行。

1)试运行

试运行前首先拟定启动试运行程序,运行人员应有明确分工,接受统一指挥。试运行过程必须注意安全,严格按试运行程序进行操作,并定时、全面系统地做好记录,以作为正常运行的依据。

试运行分启动前的检查与试验、空载启动、带负荷启动三个步骤,其具体程序应根据泵站规模、设计要求、自动化程度和机电设备的特点拟定。

(1)启动前的检查和试验。

机组启动前除应按照《泵站设备安装及验收规范》(SL/T 317—2004)规定的内容和要求对泵站主机组及其他机电设备进行检查和试验外,还应对引水渠,前池,进水池及进、出水流道进行检查,以保证运行过程中没有可能损坏或堵塞水泵的杂物进入泵内。

(2)空载启动。

空载启动的主要目的是检查机组各部分的运转情况;测量机组振动与摆度;监视轴承运行情况并记录轴承温度;记录定子电流、有功功率、功率因数(或无功功率)、转子电压与电流等参数;检查油槽油面上升情况及外油管摆度等。空载试验应在进、出水流道无水的情况下进行。由于离心泵、部分金属蜗壳式混流泵和水泵导轴承无外供润滑水的轴流泵不允许在泵内无水的状态下运行,故一般不进行空载启动试验。

(3)机组带负荷启动。

2)正式运行

机组试运行合格后泵站即可投入正式运行。泵站正式运行的内容和启动、停机步骤与试运行基本相同。根据《泵站技术管理规程》(SL 225—2000)的要求,泵站机电设备在正式运行中还应符合以下规定:

(1)机电设备的操作应严格按规定的操作程序进行。

(2)机电设备启动和运行过程中应监听设备的声音及振动,并注意其他异常情况。

(3)测量运行设备运行参数的仪表至少应每 1 ~ 2 h 记录一次,并应定期对运行设备进行巡视检查。

(4)机组运行的台数和运行中的工况调节应严格按调度命令执行。

(5)机组运行过程中可能发生这样或那样的故障,但是一种故障的发生和扩大往往是多种原因造成的。因此,在分析和判断一种故障时,不能孤立静止地、就事论事地看待,而应进行全面的分析,找出发生故障的原因,这样才能及时准确地排除故障。

4.2.4.2 机电设备检修管理

机电设备检修管理是泵站机电设备保持完好技术状态、确保泵站安全、经济运行的重要保证措施。根据《泵站技术管理规程》(SL 225—2000),机电设备的检修管理应符合以下规定:

(1)泵站管理单位应根据设备的使用情况和技术状态,编报年度检修计划。年度检修计划包括站内机电设备,即主、辅机系统的大、小修和工程设施的大、小修两大部分。检修计划的主要内容一般包括检修项目、经费和材料及检修时间安排等。

(2)对运行中发生的设备缺陷,应及时处理。对易磨损部件的清洗检查、维护管理、更换调试等应适时进行。

(3)按照有关技术规定对主机组进行大修时,应对主水泵进行全面解体,主电动机应吊出转子,对其轴承等部件进行检修、更换或调试。

(4)严寒地区的泵站每年冬季对其机电设备、管道阀件以及金属结构等均应进行防冻维护保养。

4.2.4.3　**建筑物管理**

泵站建筑物的正常运用、维护和检修是建筑物管理的主要内容。泵站建筑物管理应符合以下规定：

(1)泵站建筑物管理应有明确的法定管理范围。

(2)泵站建筑物应按设计标准运用，当不得不超标准运用时应经过技术论证并采取可靠的安全应急措施。

(3)泵站建筑物应有防汛、防震措施。

(4)严禁在建筑物周边兴建危及泵站安全的其他工程或进行其他施工作业。

(5)应根据各泵站的特点合理确定工程观测项目。泵站工程的观测设施和仪表应有专人负责检查和保养，并对工程观测资料进行整理分析，以预测可能发生的工程事故，提早进行处理，避免事故发生。

(6)严寒地区的泵站建筑物应根据当地的具体情况，采取有效的防冻和防冰措施。

(7)泵站建筑物除做好正常维护外，还应根据运用情况进行必要的岁修和大修。

4.2.4.4　**调度管理**

优化调度是泵站实现经济运行的重要保证。优化调度方案的制订应在以下工作的基础上进行：

(1)供水泵站应根据用户或灌区的用水要求推求用水过程线，并编制用水计划；排水泵站应根据排水区的实际情况，通过调蓄演算，推求出不同降雨量、雨型的来水过程线，使泵站获得水文预报数据以作出泵站运行调度的决策。

(2)各类泵站宜通过现场试验获取水泵装置特性曲线。

(3)应通过监测系统获取泵站运行的主要参数和水文气象资料。

(4)应分析和建立泵站与其他相关工程联合运行的水力特性关系。

(5)泵站的运行调度应符合以下准则的规定：

①应充分、合理利用泵站设备和工程设施，按照供排水计划进行调度。各泵站可根据具体情况选定提水流量最大或成本最低，或装置效率最高等为目标进行优化调度。

②排水泵站抢排期间应按泵站最大排水流量运行进行调度。

③扬程变化幅度大的泵站，应充分利用低扬程工况，按提水成本最低进行调度。

④扬程相对稳定的泵站，应在满足供、排水计划的前提下按机组装置效率最高运行进行调度。

⑤梯级泵站联合运行应按站(级)间流量和水位配合最优进行调度。

⑥若水泵运行发生汽蚀和振动，应按改善水泵汽蚀性能和降低振幅的要求进行调度。

⑦当流域(或区域)遇到超标准洪、涝或旱灾时，在确保工程安全的前提下，泵站管理单位应根据上级主管部门的要求进行调度，并有确保工程安全运用的应急措施。

4.2.4.5　**安全管理**

健全的安全管理组织是确保工作人员、设施设备安全的重要保障。各泵站管理单位应在各层组织建立安全管理网络，将安全管理真正落实到每个部门、班组和各个生产环节，并制定行之有效的安全管理制度。泵站的安全管理制度一般应包括运行值班制度、交接班制度、巡回检查制度、安全防火制度、设备与工程维护管理制度、泵站建筑物观测制度、安全保卫制度、安全技术教育与考核制度、事故应急处理制度、事故调查与处理制度、泵房清洁卫生制度等。

为确保运行和维（检）修安全，泵站主要设备的操作、现场检修、安装和试验应严格执行操作票制度，操作人员必须严格安装操作票上规定的操作内容和顺序进行操作。

泵站事故的处理应符合以下规定：

（1）尽快限制事故发展，消除事故根源，并解除对人身和设备的危险。

（2）将事故限制在最小范围内，确保未发生事故的设备继续运行。

（3）发生危及人身安全或严重的工程设备事故时，工作人员可采取紧急措施，操作有关设备，事后当事人必须及时向上级报告。

（4）根据现场情况，如调度命令直接威胁人身和设备安全，值班人员可拒绝执行，并申诉理由，同时向上级管理部门报告。

（5）泵站事故发生后的处理应按以下规定执行：

①工程设施和机电设备发生一般事故，泵站管理单位应立即查明原因，及时处理。

②工程设施和机电设备发生重大事故，泵站管理单位应及时报告上级主管部门，并协同调查处理，抢修工程和设备。

③发生人身伤亡事故时，泵站管理单位应及时报告上级主管部门，并保护好现场，由上级单位组织有关人员进行事故调查并作处理。

（6）事故发生后应填写事故报告，并报上级主管部门。

模块 5　技术改造与实验

5.1　设备与工艺改进

5.1.1　泵站更新改造原则

根据《泵站更新改造技术规范》(GB/T 50510—2009)的规定，泵站更新改造应遵循下列原则：

(1)确保安全可靠运行，充分发挥效益，注重提高装置效率，达到安全、高效、经济运行的目的；

(2)协调受益区的国民经济和社会发展规划及水利总体规划，科学合理地确定更新改造的规模、方案和技术经济指标；

(3)充分利用泵站原有的设施、设备，优先选用国家推荐的最新系列的高效、节能产品，积极采用经过试验和鉴定的新技术、新材料、新工艺、新设备；

(4)根据泵站实际运行需要和泵站的规模、地位，采用计算机监控技术，实现泵站综合自动化，积极推行信息化。

5.1.2　泵站电气设备改造概述

5.1.2.1　改造遵循的基本原则

电气设备是否进行更新改造一般遵循以下基本原则：

(1)在泵站安全鉴定时，被评定为三类或四类电气设备的必须进行改造；

(2)列入国家或部门淘汰产品名单的产品、对环境产生有害影响的产品、高能耗产品、三无产品等电气设备应淘汰更新；

(3)需实现计算机监控而必须进行改造的老式电气设备等。

5.1.2.2　改造目标

《泵站更新改造技术规范》(GB/T 50510—2009)规定：泵站自动化和信息化系统设计应力求技术先进、经济合理；其系统结构、技术性能和指标要求应与泵站规模及其在防洪、排涝、灌溉、调水、供水中的地位相适应，与当地经济发展和投入水平相适应。

应根据泵站的规模、重要性、运行方式等因素选用以下控制方式：①就地(分散)值班控制方式；②少人值班控制方式；③无人值班(少人值守)控制方式。

泵站电气改造以实现泵站的安全、可靠、经济运行为基本出发点，保持对泵站运行参数(水力量、电气参数、机械量、开关设备等)的监视。同时，必须与泵站运行管理方式、自动化的分层控制，以及泵站自动化水平等一系列问题相互关联。

5.1.2.3　改造总体要求

泵站电气设备改造总体要求如下：

(1)应选用可靠性高、维护工作量少的设备。

(2)应考虑在无人值班条件下的某些特殊要求，如防火、防盗、保安电源等。

(3)应满足泵站的某些运行要求。如备用电源自动投入、无功功率和电压的调节等，尽量考虑由泵站的自动装置完成。

(4)应考虑提高控制系统的可靠性，增强泵站自动化系统处理故障能力和自动化系统自身管理能力。

5.1.2.4　改造步骤

(1)进行可行性研究、规划及技术条件的论证，对管理方式和管理制度的定位，进行效益分析；

(2)电气设备改造总体设计；

(3)确定控制方式和管理方式；

(4)确定实施泵站改造的技术装备，包括一次设备、二次设备、监控设备、调度自动化和通信设备等。

泵站电气及监控改造设计，除应按照总体方案中所确定的原则外，还必须考虑与电网的配合，继电保护、自动装置、直流(操作和控制)回路、一次设备等必须满足运行方式的要求。

5.1.3　泵站电气设备改造内容

在进行泵站电气改造时，对能满足泵站运行要求的接线方式一般不进行改变。如果接线存在缺陷，应予以完善，以满足运行要求。电气设备改造包括一次设备改造、二次设备改造、计算机监控系统改造等。电气设备改造内容包含以下几个方面：

5.1.3.1　主变压器及高压配电装置

泵站主变压器及高压配电装置的选型，除应遵守国家及行业相关的技术标准外，还必须进一步考虑在泵站内的运行维护要求。

(1)应选用可靠性高、维护工作量小、有成熟的运行经验，且通过鉴定的定型产品。

(2)主变压器的台数和容量，除满足地区供电要求、负荷性质、用电容量和运行方式等条件外，还应考虑本泵站及相关泵站自动装置切换负荷时不致发生过负荷而损坏主变压器。

(3)泵站主变压器的选择，原则上应采用有载调压，其中性点接地开关一般应采用电动操动机构的单相隔离开关，其有载调压分接开关位置必须实现远传并遥控。

(4)泵站变电所一般按半户内或全户内式布置、设计，高压配电装置必须户内安装。如果环境条件许可，在满足安全运行要求的前提下，其高压配电装置可以采用户外布置。

(5)采用有载调压主变压器的泵站，应装设电力电容器无功补偿装置，其容量按主变容量的10%～30%配置，以实现无功的就地平衡，减轻输电线路的无功大量输送，实现电网的经济运行。

(6)对于大量采用电缆馈线的泵站，当中性点不接地时，必须计算并实测其电容电流值,当超过标准(10 A 及以上)时,必须装设自动跟踪补偿消弧线圈。

(7)装设有载调压主变压器和无功补偿电力电容器的泵站,必须装设电压—无功自动联调装置,以实现有载调压变压器的分接开关与无功补偿电力电容器经济、合理地联合自动调整。

5.1.3.2　继电保护及安全自动装置

(1)泵站的继电保护和安全自动装置,应满足电网运行方式及可靠安全供电的要求。

(2)继电保护和安全自动装置应选用有成熟运行经验、质量可靠、售后服务优良、抗干扰能力强的微机型保护及自动化装置。继电保护装置及安全自动装置,除应完成与站内通信网的接口外,还要将动作信号送至调度中心,实现远方电动复归。

(3)当主变压器高压侧采用高压熔断器时,其低压馈线保护必须与高压熔断器的安—秒特性相配合。

5.1.3.3　站用电源及操作电源

(1)对装有两台及以上主变压器的大型泵站,宜装设两台容量相同互为备用的站用变压器。对 35 kV 泵站,其中一台站用变压器宜装于 35 kV 电源进线的线路侧,其低压侧负荷应具有自动投切电源的装置。直流操作电源的选型应满足以下要求:直流操作电源的容量应满足 2 ~3 台断路器同时合闸的要求,特别是对采用电磁操动机构的断路器,在合闸过程中,合闸线圈两端的电压应满足《高压交流断路器订货技术条件》(DL 402—2007)的要求;当采用交流整流浮充的直流操作电源时,其充电装置输出直流电流、电压的变动及其纹波系数均能满足继电保护及自动装置的要求;直流系统接线应满足可靠性要求;蓄电池应选用性能先进可靠的免维护蓄电池产品。

(2)泵站用电及直流操作电源对保护及控制的要求高于有人值班,其主要运行工况和异常信号应传送至远方控制中心。

(3)泵站应装设不间断电源(UPS)。不间断电源的容量根据继电保护、远动设备、通信设备的要求设定,且维持不间断供电时间不少于 2 h。

(4)对采用了交流操作的高压开关设备,其操作电源不应因供电范围内线路和设备发生短路而受到影响造成开关设备拒动。对于站内的自动装置、通信装置,应专门设置小容量的直流操作电源,以满足其可靠、不间断工作的要求。

5.1.3.4　其他

应有完善的泵站消防、温感、烟感和防盗系统,并实现信号量的远传。

5.1.4　泵站电气设备改造措施

5.1.4.1　电气接线

电气主接线是泵站电气部分设计的首要部分。主接线的确定与泵站运行的可靠性、灵活性和经济性有着直接的关系,对电气设备的选择、配电装置的布置、继电保护及控制方式的拟订都有很大的影响。泵站电气主接线应根据泵站在电网中的地位、出线回路数、设备特点等条件确定,应满足供电可靠、运行灵活、操作检修方便、便于扩建、利于远方监控和节约投资等要求。

5.1.4.2　电气一次设备改造

1)主变压器改造

主变压器是泵站的心脏,对泵站实施改造后影响最大。

(1)油浸风冷式变压器的风扇电机保护改造。

110 kV 及以下泵站大都采用油浸自然循环吹风冷却的变压器,当风扇全停或部分停止运行后,变压器的允许长期运行容量将降低 1/3。因此,风扇电动机运行的好坏对保证变压器的出力至关重要。造成风扇电动机损坏的主要原因是电动机保护回路不完善。采用三个单相熔断器保护风扇电动机,常因一相熔断器熔断使电动机非全相运行而烧坏。无人值班改造时应将单相熔断器改为三相联动的自动空气断路器,任何一相过电流都将使自动空气断路器跳闸,防止电动机出现非全相运行而烧毁。冷却装置总电源开关改为自动空气断路器,开关跳闸发遥信信号。

(2)变压器的温控装置及温度监视装置改造。

变压器的上层油温是一个重要的运行数据。测量变压器上层油温的温控器是带电触点的压力式信号温度计,其触点动作后启动中间继电器控制变压器风冷却器,使冷却器按预定温度投入和退出。变压器油温通过电阻温度计和装于室内的桥式电路比率计在控制室显示。这种温度计不能遥测变压器上层油温。要实现遥测变压器油温可采用以下方法:①保留原有带电触点压力式温度计及其冷控装置,将变压器电阻温度计改为电阻测温探头(Pt100 铂电阻或 Cu100 铜电阻),通过温度变送器对变压器上层油温遥测。②变压器油箱中如果没有测温插孔可利用,可将压力式温度计装置更新,采用功能齐全、测温准确的温度装置代替。

(3)变压器的防爆筒改造。

采用普通玻璃防爆隔膜不能调整运行所需要的爆破压力,且防爆筒运行性能不稳定的变压器在改造时宜用压力释放阀取代安全防爆筒,既有利于变压器本体保护,方便防爆压力的调整和测试,又有利于提高变压器的密封性能。使用带报警触点的压力释放器,可以提供断路器跳闸触点和发遥信触点,在使用时,一般只用其中的一对触点发遥信信号。

(4)变压器中性点接地开关改造。

为防止变压器在充电过程中中性点产生过电压,按规程要求,中性点直接接地系统的变压器中性点必须接地,才能进行变压器断路器合闸操作。变压器在运行中因为运行方式的变动及电网经济运行等多方面的需要,为适应调度室在远方灵活地调整变压器中性点接地方式的需要,中性点接地开关应改用电动操动机构,实现能就地和远方操作的功能。老泵站大多采用手动操动机构的 GW8 - 60 型隔离开关,改造时可选用带电动操动机构的单极接地开关,如 GW13 - 60/400 型隔离开关。为便于调度室掌握变压器中性点的运行状态,接地开关应有位置遥信。

变压器中性点过电压保护多采用阀型避雷器。为限制变压器中性点过电压,进行无人值班改造时,有必要采取降低过电压的措施,以防止发生中性点击穿事故。对于中性点绝缘水平按 35 ~40 kV 设计制造的 110 kV 变压器,更应加强中性点的过电压保护。改造时将原有的阀型避雷器更换为氧化锌避雷器,并保证避雷器的残压水平符合有关规程要求。

(5)变压器有载调压分接开关控制方式的改造。

变压器有载调压分接开关的运行挡位是泵站监控人员必须了解的,通过遥控调压分接开关,使母线电压满足对用户供电电压质量要求。老泵站一般采用手动调压,没有遥控和挡位遥信。改造时,应加装变压器电压分接开关挡位控制及挡位信号传送装置。实现有载调压分接开关的上述功能可采取以下方式。①对于没有装设无功补偿装置、对低压母线电压质量要求不高的泵站,可采用普通的变压器挡位变送器方案。②对于安装有无功补偿装置,对电压质量要求较高的泵站,有载调压挡位信号传送和有载调压分接开关的遥控,可结合采用无功、电压综合自动控制装置来实现。

2)高压开关柜设备的改造

泵站的高压开关柜型式很多,使用最多、运行时间最长的多为半封闭式高压开关柜。早期产品 GG－1A 型高压开关柜在运行的开关柜中占有很大的比例。这种类型高压开关柜的特点是母线和有些隔离开关等设备无金属外壳封闭断路器、互感器等设备安装在接地金属壳内。对开关柜内设备故障或误操作所产生的电弧,没有阻止其燃烧以及防止扩大燃烧范围的措施,外壳的防护等级较低。从 20 世纪 90 年代起,使用金属封闭式高压开关柜设备越来越多,如 KYN 型铠装型移开式金属封闭高压开关柜、JYN 间隔型移开式金属封闭高压开关柜和 XGN 型箱式固定金属封闭高压开关柜等。这些高压开关柜随着使用年代的不同、生产厂家的不同,技术性能相差很大。早期产品由于对高压开关柜发生事故、扩大事故的机理缺乏研究,工厂生产技术水平不高等,高压开关设备存在的问题较多,主要是以下几个方面的问题:

(1)没有防止电弧燃烧殃及相邻高压开关柜的措施(指间隔式和箱式),或虽有措施,但不十分有效。早期的金属高压开关柜,其母线室是互相连通的,没有相应的隔离措施。如有的金属封闭式高压开关柜,虽采用了隔离措施,但隔离材料不阻燃,材料的绝缘强度达不到相应工况的要求,有的隔离材料还具有吸潮性和结露性。由于高压开关柜结构的问题,当内部设备损坏产生电弧时,可能引起高压开关柜的“火烧连营”事故,不仅使事故开关柜被烧坏,还可能殃及相邻的开关柜,甚至严重危及整个 10 kV 高压配电装置的安全。

金属封闭式高压开关柜,如与相邻柜没有采取隔离设施,应加装机械强度满足要求、绝缘强度高的 SMC、DMC 材料穿墙套管隔离母线室,以防止母线电流在钢板中产生涡流。

早期手车式金属封闭开关柜,其静触头绝缘盒是采用非耐火材料制成的,改造时应采用耐火、防电弧能力强的静触头绝缘盒替换。

(2)高压开关柜中设备及其支持绝缘件(纯瓷及有机绝缘件)的外绝缘爬电比距较小,容易引起对地及相间闪络。

(3)电流互感器稳定度不够问题。高压开关柜内所配置的设备中,抗峰值和短时耐受电流能力较弱的是电流互感器,开关柜中安装的电流互感器大部分达不到开关柜铭牌容量。配电线路故障断路器拒动时,由于电流互感器承受短路电流峰值的能力满足不了要求,往往将泵站局部故障(或泵站外事故)发展为泵站的严重事故,并引起电流互感器烧损和开关柜大面积损坏。近年来,这类事故不断增加。由于电网的不断发展,系统短路容量不断增大,以前在设计时满足要求的电流互感器,现在已满足不了要求了。

(4)高压开关柜中设备带电导体相间空气净距及导体对地之间空气净距偏小引起空气间隔放电。

3)6～35 kV过电压保护设备的改造

为提高6～35 kV配电装置耐受过电压的水平,防止过电压引起设备损坏,应改用性能较好的避雷器,降低避雷器的残压。

金属氧化锌避雷器与带间隙的阀型避雷器相比,具有优异的线性伏安特性,可以不需要串联间隙。泵站改造时,可以结合具体情况,将一些使用运行年久的阀型避雷器更新为氧化锌避雷器,既能限制过电压,又能减少维护工作量。

选用氧化锌避雷器时,应注意以下问题:

(1)生产氧化锌避雷器的工厂很多,其质量也有差异,因此应选用生产能力强、技术力量雄厚的工厂生产的,并有运行经验的产品。

(2)应根据系统中性点接地方式和系统运行情况,按规定选用密封性能优越的氧化锌避雷器。

(3)为减少运行维护工作量,应采用不锈钢连接件。

(4)对使用在户内以及用于污秽地区的避雷器,应尽量选用抗爆能力强、憎水性强、抗污秽能力和抗腐能力强的高强度合成橡胶软体绝缘材料的氧化锌避雷器。

4)户内6～35 kV断路器的改造

国内6～35 kV配电装置采用少油断路器已有很长的历史,随着断路器制造技术特别是新产品的发展,少油断路器与新型的断路器相比,存在的问题更为明显,尤其是渗漏油难以根除,运行维护工作量大,开断短路电流能力随着电网的飞速发展越来越难以满足要求。我国正在普遍推广配电设备无油化,12 kV级真空断路器采取了许多新技术,使国产真空断路器性能赶上或接近了世界先进水平。

对于有条件的泵站,最好选用一体化结构的真空断路器进行改造。

5.1.4.3　电气二次回路改造

泵站实施改造时,二次回路改造将会遇到许多需要解决的技术问题,断路器控制接线的改造就是其中很重要的需要研究解决的技术问题之一。很多工程技术人员都在研究探讨既能满足规程要求和实际需要,又要使接线简单、改造工作量小、改造费用低的技术方案。泵站利用远动装置的执行继电器触点,很容易实现对断路器的遥控操作,但是对断路器控制接线中的一些相关技术问题也需要解决,这些问题是:①远动操作如何保持断路器位置对应问题;②远方对控制回路断线的监视功能如何实现问题;③远方分闸如何解决启动后加速问题。

1)灯光监视断路器控制回路的改造

110 kV及以下电压等级的有人值班泵站,一般采用控制开关具有固定位置的不对应接线,跳、合闸回路监视采用双灯制接线的灯光监视方式,用红、绿灯作位置指示灯。故障跳闸时,绿灯闪光,并向控制室或值班室发出声、光信号。断路器的灯光监视控制回路接线方式,因断路器所采用的操动机构不同而有所区别,但其公共部分基本相同。

2)音响监视断路器控制回路的改造

音响监视断路器控制回路一般用于较高电压等级、回路较多的220 kV泵站。110 kV

电压等级的泵站很少用,35 kV 泵站不用。在 110 kV 泵站中,只用于 110 kV 电压等级的断路器控制回路。

3)信号回路的改造

(1)设备单元事故及预告信号的改造。110 kV 泵站有变压器、10 ~ 110 kV 线路、补偿电容器设备单元,在设备发生事故和故障时,相关的保护装置动作,发出相应的事故或预告报警信号以提醒值班员进行相应的处理。事故及预告信号通过事故音响、预告音响、光字牌显示等多种手段发出。泵站无人值班后,泵站的这些事故、预告报警信号不能发挥作用,而相应地要将其信号转发至远方调度室和基地站,通过遥信让调度、基地站值班管理人员及时发现泵站的设备事故,并判断故障地点、性质,以便进行及时处理。

(2)中央事故、预告信号接线改造。中央事故、预告信号接线,无人值班改造时主要考虑三个方面的问题:其一,保护装置动作断路跳闸后,事故信号遥信判断泵站是否发生设备跳闸事故,以泵站出现中央事故信号的同时,是否同时出现设备的保护动作信号来判断,如果只有断路器跳闸,没有中央事故信号出现,将不判断为事故。其二,在泵站无人值班时,能人为解除中央事故音响电笛和告警电铃,而有人在泵站进行检修时,能恢复中央事故音响电笛和警铃。其三,能够实现远方对已动作的保护信号进行复归。

5.1.4.4　直流电源改造

1)泵站直流电源改造的必要性

直流电源是泵站控制、保护等系统的工作电源,一旦失去,将造成严重后果。泵站直流电源系统由直流充电设备、蓄电池组(储能电容器组)和直流系统接线三部分组成。

(1)充电设备功能不完善。直流充电设备除保证对正常的经常性直流负荷供电外,还要补偿蓄电池组的自放电损耗,蓄电池组在泵站发生事故时放电后,应能及时快速地给予补充充电,使蓄电池组在较短的时间内恢复至额定容量。

(2)镉镍蓄电池直流装置存在的问题。从 20 世纪 80 年代初,为改造硅整流、电容储能等装置,完善泵站直流系统,开始使用从军工转向民用市场的国产镉镍蓄电池。因该产品与当时的其他产品相比较,具有体积小、不需专门的蓄电池室、过充过放能力强、不污染环境、维护工作量少以及优越的高倍率的放电特性,受到设计部门及供电企业的欢迎,在 110 kV 及以下电压等级的泵站得到广泛应用。但是,经过短短几年的运行实践,镉镍蓄电池直流装置就暴露了自身的不足,存在的问题主要有:①浮充电机噪声大,铁芯温度高;②充电机不能代替浮充机工作;③电池组浮充容量保持值低;④电池损坏率高;⑤备用通道可靠性差,部分回路参数配合不合理。

2)直流电源系统改造

(1)直流电源系统接线改造。直流电源系统接线简化有利于安全供电,但对系统中的蓄电池组,充电设备在数量上应有必要的冗余。直流电源系统的改造主要是取消闪光小母线及相应的闪光装置,取消蓄电池组的尾电池及其相应的浮充电装置,对断路器使用气动、液压、弹簧操动机构的泵站,因断路器合闸电流很小(一般小于 2.5 A),不单独设置合闸母线,合闸与控制母线合一,并采用双充电机、单电池组的直流电源系统接线。

(2)镉镍蓄电池直流屏的改进。鉴于镉镍蓄电池直流屏实际使用中弊多利少,在泵站的更新产品中不再选用,对运行中的装置应予以改造。

5.1.4.5　站用交流电源改造

(1)站用变压器的配置及电源接线。泵站装设两台容量相同的干式变压器供给站用电源。站用电源接线采取下述几种方案:①泵站装有两台主变压器,且高压侧电源进线有两个及以上回路时,两台站用变压器分别接入分段的6~35 kV单母线上。②泵站只装有一台主变压器,或者虽装有两台主变压器但高压电源进线只有一回时,站用变压器一台接在主变压器的6~35 kV母线上,另一台应接入外来的6~35 kV线路上;对于35 kV泵站,也可接到35 kV电源进线的线路侧。

(2)对泵站的重要负荷,应分别由两段低压母线引入电源,必要时应设计为能遥控或者装设自动投入的装置,以便在一段母线的电源故障时,能实现自动切换。

(3)断路器操动机构电机采用交流供电的,有条件时应改为直流供电,以提高可靠性。

(4)对站用电源系统进行必要的改造,主要有各母线段电压的遥测电源故障、备用电源自投、重要回路开关跳闸及预告信号的遥信。必要时,对个别开关能进行遥控操作。

(5)对使用年久、技术性能达不到要求的低压屏进行更新,用技术水平高、接线清晰、功能齐全、运行维护方便的新型低压屏代替。

5.1.5　国内外泵站自动化控制技术发展动态

国外泵站在运行、管理方面自动化程度高,监控系统完善。这样,既提高了泵站运行的安全性、可靠性和经济性,又节约了人力资源,为工程的维护提供了可靠依据。其中,泵站在运行、管理方面自动化程度高的有美国、日本、英国、荷兰等。

5.1.5.1　美国西部泵站的运行、管理及自动化

美国西部调水工程的建设和管理经验表明,对系统实行集中统一调度具有许多优越性。

(1)加州的调水工程由水资源部统一管理运行,并于1964~1974年安装了控制系统,包括计算机、通信和电子设备。该系统可对17座泵站和电厂、71座节制闸的198个闸门和其他各种设备、设施实行计算机通信、监控、检测和调度。

为便于工程的控制和运用,除在萨克拉门托市设置中央控制室外,还在奥洛维尔、三角洲、圣路易斯、圣华金和南加州等5个区域设置分控制中心。中央控制室负责所有工程的管理和协调,同时也兼作其各分控制中心的备用。整个控制系统的投资为1 350万美元,其中中央控制系统为260万美元。

中央控制系统主要由计算机系统、CRT系统、调度控制台、模拟屏、打印系统和通信系统组成。其中,模拟屏高3 m,长16 m,带有警铃装置。一旦出现事故或非常情况,警铃会自动报警。

(2)中央亚利桑那工程的集中控制系统称程序可控的主监控系统。控制系统包括主控制站(该站配有2台高级计算机和用于联机控制及新程序开发的软件)、遥控终端单元(该单元设在泵站、控制建筑物和分水口等地方)、通信系统、遥控终端屏蔽室、备用电源、闸门控制和传感器、泵站控制器等。调水工程管理不仅是调配水量,而且还对区域内总的水资源(包括地下水、地表水及外来水等)实行统一管理。比如对地下水的抽取,一般规

定超采量不准超过可开采量的 10%，否则要及时地进行人工回灌，这些均要纳入供水计划。

5.1.5.2　**日本水管理和泵站工程自动化**

日本水管理几乎全部实现了自动化。工程设施和自动化设备均有明确的使用期限，一般规定 10 ~ 20 年更新一次。所以，20 世纪六七十年代兴建的水利工程和安装的设备，现已完成改造、扩建和安装新的计算机系统。监控系统大都采用集中管理的分层分布式结构，即在一个水系上设有中央管理站，采用计算机和遥测、遥控装置对各种泵站、水工建筑物、渠道等进行集中监控，以达到水资源综合利用的目的。各分站和中央管理站之间采用无线电进行联系，也有采用国家专用电话线进行联系的，七八十年代新装的设备大多采用微波通信。

水管理系统的监控设备随着 CRT 的高密度化，辅助存储器的小型化、大容量化以及微型计算机的普及和个性化等，大大地提高了工程的自动化水平。

大型泵站由于设备比较集中，易于实现自动化。例如，新川河口排水站装有 6 台贯流式轴流泵，扬程 2.6 m，单台泵流量 40 m^3/s，该站的水泵及其他设备均由中央控制室远距离操作。为保证新川河口的水位稳定在设计范围内，采用自动调节水泵叶片安装角和自动选择运转台数的控制机构，并根据内外水位差的变化，可发出开启自动排水闸的信号。该站的其他辅助设备和自动清污装置，也均由中央控制室操作。

5.1.5.3　**欧洲泵站工程自动化**

(1) 罗马尼亚提水灌区的自动化。1971 ~ 1978 年英国乔治 · 温比(George Wimpy)公司为罗马尼亚奥尔特 · 卡尔马齐提水灌区设计了用计算机控制的自动化系统。该灌区是欧洲最大的自动化灌区，它自多瑙河提水，一级泵站采用浮动式泵房，安装 5 台立式轴流泵，提水流量 36 m^3/s；二级泵站和三级泵站安装若干台立式离心泵，然后通过 34 个小型加压泵站，送入田间喷灌系统，灌溉 47 万 hm^2 农田。

(2) 荷兰、奥地利、法国泵站的自动化。在欧洲，泵站自动化程度较高。荷兰、奥地利的一些泵站基本上都实现了全自动监控。荷兰泵站采用的自动化仪表多为智能型，这种仪表很先进，如功率表、水位表、水位计等，它本身能长期进行自动记录，一般数据不存档。

5.1.5.4　**国内外泵站技术发展比较**

国外水泵的性能指标明显优于国内，机组的结构、配套和传动方式也丰富多彩。国外大型水泵生产企业制造出来的泵，一般具有转速高、体积小、重量轻等优点，其流量是我国同口径水泵流量的 1.5 ~ 2 倍。如荷兰 1.8 m 的水泵与我国 2.8 m 的水泵性能相同，但前者的质量为 23.1 t，后者的质量却是 48 t，两者相差一倍以上。另外，采用齿轮传动，可以大幅度地减小电动机的体积和质量。如荷兰口径 3.6 m 的贯流泵，采用齿轮变速传动的结构设计后，与其配套的高速电机直径仅 1.2 m，电机和齿轮箱的总质量是 15 t。如果将这台泵改用我国的直接传动，其电机直径将由原来的 1.2 m 增加到 6.1 m，质量由 15 t 增加到 49 t。由此可见，国外机组的高速化，不仅使机组的体积减小、重量变轻，而且还使厂房和土建投资大幅度降低，特别是考虑不同机组的装置形式(立、卧、斜式)对泵房结构的影响后，这种效果更明显。

国外水利工程建设，十分注意严把质量关。如荷兰的水泵生产和泵站管理，两者在业务上的关系要比我国密切得多,水泵厂的设计人员对泵站的运行管理非常熟悉,他们与泵站管理单位在设计、生产、制造、试验、安装、调试、运行和检修等各个环节上配合默契,协调一致。水泵的内外表面平整光滑,叶片表面加工光洁度高。这样就确保了水泵符合泵站的使用要求,不仅效率高,空化性能好,而且大大地延长了水泵的使用寿命,减少了事故的发生。

而国内的泵站质量是令人置疑的。如某些泵站,运行一段时间后就发生地基下陷和建筑物开裂。国内水泵品种规格较少、结构形式单一、制造质量普遍较差,价格方面甚至低于与其配套的电动机。泵站设计时,只能选用性能差不多的那么几种定型产品,这样不但降低了泵站效率,而且还留下了许多安全隐患。

国外泵站的自动化程度较高,对泵站运行的各种指标长期跟踪、监测和记录,随时发现问题可随时加以解决。同时,记录下来的数据也将成为水泵开发和性能完善的依据。另外,自动化大大减少了事故的发生,也减少了泵站的管理工作人员。如美国,几十千米的输水干线上,只有几个工作人员。国内泵站一般建于20世纪六七十年代,设备陈旧,自动化程度低,往往采用经验管理和定期大修的办法。这样,大大地影响了泵站经济,增加了管理开支,造成经济上不必要的损失。

5.2 实验和研究

泵站更新改造前,应按《泵站安全鉴定规程》(SL 316—2004)及《泵站设计规范》(GB 50265—2010)、《泵站更新改造技术规程》(GB/T 50510—2009)等泵站相关技术标准的有关规定,做好安全鉴定工作。应正确处理改造与更新、除险加固与拆除重建的关系。对存在重大技术问题,且一直未能很好解决的泵站,应事先做好专题研究。

5.2.1 泵站效率与能耗计算

5.2.1.1 电力泵站效率计算

泵站效率η(%),即动力机效率$\eta_{电}$、传动效率$\eta_{传}$、水泵效率$\eta_{泵}$、管道效率$\eta_{管}$、进出水池效率$\eta_{池}$的乘积,其表达式为

$$\eta_{站} = \eta_{电}\eta_{泵}\eta_{传}\eta_{管}\eta_{池} \quad (\%) \tag{7-5-1}$$

式中若不计入进出水池效率,即表示为装置效率。在进水池和出水池本身池内水位跌差不大或相对于泵站扬程可忽略不计时,进出水池的效率可近似认为100%,这时装置效率即可视为泵站效率,也可称之为泵站装置效率。公式中的各分部效率要求在现场逐个测定具有一定难度。因此,实际上泵站效率可用泵站的有效功率与动力机输入功率之比的百分数来表示。当动力机为电动机时,其计算公式为

$$\eta_{站} = \frac{\rho Q H_a}{102 P_{入}} \times 100\% \tag{7-5-2}$$

式中 ρ——水的密度(纯水$\rho = 1\ 000\ kg/m^3$);

Q——实测泵站平均流量,m^3/s;

H_a——泵站平均净扬程,m;

$P_{入}$——电动机输入功率，kW。

5.2.1.2　电力泵站能源单耗计算

（1）根据运行记录计算能源单耗。

能源单耗基本公式为

$$e = \frac{1\,000E}{GH_a} \tag{7-5-3}$$

式中　e——能源单耗，kWh/(kt · m)；

E——泵站在某时段内消耗的电能，kWh；

G——与 E 相应的时段内的提水总质量，t；

H_a——与 E 相应的时段内的平均净扬程。

由于泵站的提水量常以水泵流量（m^3/s）来表示，在 t 时段内的提水体积为 $V = 3\,600\,Qt$（m^3）。若水的密度为 ρ（kg/m^3），则 $G = 3.6\rho Qt$，将 G 代入上式，即得能源单耗的另一种表达式为

$$e = \frac{1\,000E}{3.6\rho QH_a t} \tag{7-5-4}$$

由式(7-5-4)可见，为了求得能源单耗，可根据运行记录上的各个时段 t_1、t_2、…、t_n 的相应流量 Q_1、Q_2、…、Q_n，净扬程 H_{a1}、H_{a2}、…、H_{an}，求得加权平均流量和净扬程后，代入式(7-5-4)计算能源单耗 e 值。

加权平均流量 $\overline{Q}$ 按式计算：

$$\overline{Q} = \frac{Q_1 t_1 + Q_2 t_2 + \cdots + Q_n t_n}{t_1 + t_2 + \cdots + t_n} \tag{7-5-5}$$

加权平均净扬程 $\overline{H}_a$ 按下式计算：

$$\overline{H}_a = \frac{H_{a1} t_1 + H_{a2} t_2 + \cdots + H_{an} t_n}{t_1 + t_2 + \cdots + t_n} \tag{7-5-6}$$

（2）根据泵站效率计算能源单耗。

如果泵站运行记录没有流量和扬程的记录，则可根据实测泵站效率推算能源单耗，但测试时必须利用渠道中的节制闸把净扬程控制在排灌期的平均值上。

泵站效率与能源单耗之间存在如下式的关系：

$$e = \frac{e_T}{\eta_{站}} \tag{7-5-7}$$

式中　e_T——理论能源单耗，即泵站效率为 100% 时提水每 1 kt · m 的耗电量为 2.72 kWh。

5.2.1.3　柴油机泵站效率计算

在测定以柴油机为动力的泵站效率和能源单耗时，为测试和计算方便，常以测定水泵流量 Q、净扬程 H_a、柴油消耗量 G 和运行时间 t 后按下式先计算能源单耗 e，然后再计算泵站效率。

$$e = \frac{1\,000G}{3.6\rho QH_a t} \tag{7-5-8}$$

式中　G——对应于某一时段 t 内柴油消耗量，kg。

泵站效率根据能源单耗 e 可按下式计算得

$$\eta_{站} = \frac{e_T}{e} \quad (7\text{-}5\text{-}9)$$

式中　e_T——理论能源单耗，即理论上（假定泵站效率为100%）每1 kt · m 提水量的柴油消耗量，kg，根据《泵站现场测试规程》建议 e_T 采用0.74 kg。

由上式可见，若已测得泵站效率，同样可求得能源单耗 e。

油耗量的测定方法目前在泵站的现场测试中，除常用的重量法和体积法外，还可以采用油耗自动测量仪即数字式油耗仪和转速自动测量仪测量，根据重量法原理测量油耗，同时测出柴油机输出功率，按下式计算耗油率：

$$g_e = \frac{3\,600G}{tP_{出}} \quad (7\text{-}5\text{-}10)$$

式中　g_e——油耗率[kg/(马力 · h)]；

G——在计量时间 t 内柴油消耗量，kg；

t——计量时间，s；

$P_{出}$——输出功率，马力。

5.2.2　泵站技术改造的途径

5.2.2.1　泵站技术改造的原则

中小型泵站规模虽然不大，但一般基础条件较差，牵涉面广，而且需要改造的项目较多，牵涉的因素也比较复杂。在技术上，特别是低扬程泵站难度较大。泵站改造所需投入资金多以自筹为主。因此，对中小型泵站的技术改造必须认真对待，慎重处理。在技术改造时，应遵循下列原则进行。

1）全面规划，分期实施的原则

泵站技术改造涉及面广，技术性强。对一个地区或排灌区而言，必须在调查研究的基础上，制订一个切实可行的整体规划和分期实施计划，作为今后技术改造的指导性文件。对那些泵站效率过低、排灌矛盾突出、花费资金不多即可取得明显效果的泵站，要优先安排改造。

2）因地制宜，从实际出发、讲究实效的原则

泵站技术改造要从实际出发，必须坚持因地或因站制宜，讲究经济实效。技术改造是在原有泵站工程和设施的基础上进行改造，一般情况下不要推倒重建。在恢复工程设计效益和机组设计效率的原则下，做到在土建工程基本不作大的变动情况下，适当增加泵站容量，提高抽水能力。

3）更新改造与设备更新相结合，保证技术先进，经济合理的原则

技术改造不是简单的修复，而应尽可能采用机电排灌以及与泵和泵站相关的新技术、新工艺、新材料和采用国内先进的主机泵、成熟的控制设备，对泵站进行综合性技术改造。在技术改造中，要提高高新技术的含量，以提高技术改造的经济效益，延长大修周期，降低改造后泵站的年运行管理费用。技术改造中充分利用先进技术的同时，又要做到经济合理。因此，对泵站技术改造方案必须进行技术经济分析，选择技术上可行、经济上合理的

最佳方案。

4)技术改造与改善运行条件相结合的原则

在中小型泵站技术改造中,要注意改善运行条件和环境,降噪、降温,改善水质,绿化环境,美化站容、站貌等,有利于技术管理水平的提高,以适应当前泵站管理工作"规范化、科学化、制度化、现代化"的要求。

5)技术经济论证的原则

中小型泵站技术改造要做好可行性研究和充分的技术经济论证。进行多方案比选,并以最少的投资获取最大的经济效果。

6)技术改造不影响正常效益的原则

中小型泵站的更新改造应以不影响正常运用为原则,采用边改造、边施工、边使用的方式。对规模较大或者改造工作量较大的中型泵站,可以采用一次设计、分期建设的方式,利用当年汛后检修期开工建设,抢在翌年汛前完成阶段改造任务,确保改造机组与未改造机组汛期同时运行,及时发挥工程效益。

5.2.2.2　技术改造的目标

泵站技术改造后应达到以下目标:

(1)提水流量达到或超过设计要求的灌排标准。

(2)达到泵站八项技术经济指标。

(3)实行经济运行、安全运行和优化调度。

(4)机泵设备完好率应达到 95% 以上。

(5)改造后泵站的主要技术经济指标应达到下列要求:

①提水流量达到或超过设计灌(排)标准。

②泵站效率应根据泵型、泵站设计扬程或平均净扬程以及水源的含沙量情况,符合表 7-5-1 的规定。

表 7-5-1　泵站效率规定值

泵站类别		泵站效率(%)
轴流泵站或导叶式混流泵站	净扬程小于 3 m	≥55
	净扬程为 3 ~5 m	≥60
	净扬程为 5 ~7 m	≥64
	净扬程 7 m 以上	≥68
离心泵站或蜗壳式混流泵站	输送清水	≥60
	输送含沙水	≥55

注:泵站效率为泵站输出的有效功率与泵站输入功率的比值。

小型混流泵、轴流泵站的泵站效率可按表 7-5-1 的规定降低 3% ~5% 考核。

③泵站能源单耗应分别符合下列规定:

对于电力泵站、净扬程小于 3 m 的轴流泵站或导叶式混流泵站和输送含沙水的离心泵站或蜗壳式混流泵,能源单耗不应大于 4.95 kWh/(kt · m),其他泵站不应大于 4.53

kWh/(kt · m);

对于内燃机泵站,能源单耗不应大于 1.28 kg/(kt · m);

对于长距离管道输水的泵站,能源单耗考核标准可在上述规定的基础上适当降低。

④改造站所在灌区要全面规划,提高渠系及建筑物的配套水平,因地制宜地采取防渗防漏措施,提高渠系水利用系数,渠系水利用系数一般应达到下列要求:大型灌区 $\eta_{渠系} \geq 0.55$;中型灌区 $\eta_{渠系} \geq 0.65$;小型灌区 $\eta_{渠系} \geq 0.75$;北方缺水地区,应当要求更高些。

技术改造中提高泵站装置效率是一项重要指标,但不是唯一的指标。对年运行时间大于1 000 h 的单台泵站应当重点考虑装置效率的高低,以降低能耗,取得较大的经济效益。但对年运行小时不足500 h 的单台泵站,甚至多年不开机的排涝或抗旱型泵站,应当以提高运行可靠性为主。在改造中不应单纯地以降速、降低流量来提高装置效率,要充分考虑到降速后由于流量的下降带来泵站效益下降的影响。

泵站技术改造要充分应用泵站工程中的先进技术,对现有泵站进行综合技术改造,并以最少的投资,取得最好的经济效果。

5.2.3 泵站改造的技术措施

5.2.3.1 提高动力机效率

1)电动机

(1)机泵合理配套,避免大马拉小车。电动机的效率与负载有关,接近满载时效率最高。负载越轻,效率越低。电动机的负载率一般应大于 0.7 才较经济。在负载率低于 0.5 时,应按配套要求进行调整或更换。对绕线式异步电动机采用同步化运行时其最大允许负载率为 0.85。因此,电动机不要配得太大,应与实际负载相适应。

(2)清理电动机内的灰尘积垢,改善通风,减小温升。因为电机线圈温度增高,电阻增大,电能损耗增多。经常对电动机进行日常维护,润滑轴承,减少摩擦,提高电动机的效率。

(3)异步电动机采用变极、变转差率和变频等方法,可实现变速调节,从而达到调节水泵运行工况、实现经济运行的目的。但由于这些技术所需费用较多,因此在技术改造时要进行经济论证。

(4)为了节省能源消耗,还要注意变压器容量不要配得太大;一般应按经济容量选配,其负载率大于 0.5。当负载率小于 0.5 时,要进行技术经济比较,确定其调整或留用。非排灌季节应将主变压器停用,为了照明和多种经营需要,可另装小变压器。这样,可减少变压器的铁损,减少电费支出。

2)柴油机

(1)机泵合理配套,避免大马拉小车,柴油机的效率也与负载有关。当柴油机负载率偏低时,可根据柴油机性能曲线,充分利用柴油机的调速性能或采用齿轮和皮带等传动机构,进行降速运行。柴油机也不要配得太大,应与实际负载相适应。

(2)选用油耗低、性能好的柴油机。

(3)加强柴油机的维护检修,如保持适当的活塞间隙、气门间隙,喷油角度要适当,喷油不宜太早或太迟,要求燃油雾化良好、润滑良好等。

(4)加强油务管理,杜绝漏油。

5.2.3.2　**提高传动效率**

(1)选择好传动方式。泵站机组的传动方式通常有联轴器直联、三角皮带传动、平皮带传动,当动力机的转速能满足水泵运行工况的情况下,应把间接传动改为直接传动。反之,在水泵工况改变较大、动力机又无法调速时,在保证泵站效率不降低的前提下,应将直接传动改为间接传动。

(2)提高机泵安装精度。两轴要平行,两皮带轮宽度的中心线要在同一条直线上。联轴器传动时要对准轴心。

(3)两皮带轮直径和两轮中心距离都要适当,三角皮带轮的槽形要正确。

(4)皮带传动时,应使皮带的松边在上,紧边在下。皮带松紧适度,经常加皮带蜡防止皮带打滑。

5.2.3.3　**提高水泵效率**

(1)合理选择泵型。水泵在一定工作范围内效率较高。选用水泵时,要选用额定扬程接近实际需要扬程(包括损失扬程)的水泵。

(2)改变水泵转速。如果水泵额定扬程远高于泵站实际扬程,可使水泵降速运行。水泵转速降低后,流量也相应减小,但由于效率提高,水泵轴功率降低更多,因此能源单耗降低,但降低转速也是有一定限度的,一般不宜低于额定转速的60%,否则效率降低较多。

(3)车削叶轮直径。如果水泵额定扬程高于实际需要扬程很多,而水泵和电动机又是直联的,不能降速运行,可以车削叶轮直径,改变水泵工作性能,使水泵在高效区运行。叶轮车削,只适用于离心泵,不适用于比转速大于350的混流泵或轴流泵。而且车削量也是有限度的,车削限度视比转速而异。叶轮车削后,水泵效率略有降低。

(4)改变叶片安装角,从轴流泵特性曲线可以看到,在一定的扬程时,叶片安装角度不同,水泵效率不同。因此,正确调整轴流泵叶片安装角,可以提高水泵效率。

(5)改造水泵。当水泵的实际工况与额定工况相差较大,用上述变速、变径、变角仍然难以提高水泵效率时,可以对水泵进行较大的改造,如更换叶片、导叶体等换件改造。

(6)加强水泵维修,处理缺陷,以提高水泵效率。水泵解体后重装时,要注意安装精度。如叶轮与口环之间的密封间隙、叶片与泵壳之间的安装间隙及轴孔的同心度等,都要符合规定。要经常保持填料函松紧适度,防止填料漏气,降低水泵效率。水泵使用年久或水泵抽吸的水源含沙量较大时,往往叶轮磨损,口环间隙增大,使水泵效率降低。应根据情况及时更换口环。此外,提高叶轮或泵壳内壁的光洁度,也能提高水泵效率。

(7)改善进水流态。水泵进水要有足够淹没深度,防止水泵进气。进水管喇叭口到底板应有足够的悬空高度,防止发生回流。水泵进水口应尽量避免直接与弯头连接,以免进入叶轮的水流紊乱,影响效率。进水池应尽量使水流平稳,流速均匀,避免池内发生回流,影响水泵的效率。

(8)当水泵安装高程超过允许吸上高度而产生汽蚀,影响效率时,就应适当降低水泵安装高程。

5.2.3.4　提高管道效率

(1)选用经济管径,优化管道设计,调整主机组与管道的联合工作特性,使配套管道满足经济管径的要求。

(2)调整安装型式,取消不必要的附件(如闸阀、底阀、逆止阀、各种异形管等),根据条件缩短管长,提高管径内壁光洁度,减少管道的阻力损失。

(3)正确安装管道,保证管道不漏水,不漏气。虹吸式出水管的驼峰部分不能存气。

(4)采用出口扩管,降低出口流速。改进拍门,增大拍门开角,减少管道出口损失。

5.2.3.5　提高进出水池效率

(1)改善轴流泵站和混流泵站进、出水流态,减少水力损失。对于因进、出水池的形状、尺寸设计不当,导致池内发生旋涡、回流等情况的,应优化进水池设计参数,进行进、出水池的技术改造。

(2)为改善进、出水流态,减少水力损失,可根据具体情况在进、出水池中设置必要的导流装置,必要时应进行模型试验。

(3)进、出水池水流应平稳,衔接顺畅。入池水流的方向和流速不应发生急剧的变化。

(4)保证进、出水池中水泵吸水管口和进水流道管口有足够的淹没深度,防止发生有害的旋涡。必要时采取有效的防涡措施。

(5)应采取有效措施,防止出水池水位壅高。

(6)将高射炮出流改为淹没出流,也可改装成虹吸式出流,但必须装设一个破坏真空的装置,防止停机时水体倒流。

(7)清理拦污栅,防止因杂物阻塞而使进水池水位降低。

(8)因浑水容重大,耗能多,所以改善水质也可降低能源消耗。在多泥沙地区,可在进水池内设沉沙池,或建堰槛,挡住底层泥沙,让含沙量较少的上层水进入水泵,但堰槛高度要适当,不要因此降低进水池水位,影响装置效率。

5.2.4　技术改造中设备更新的原则

泵站技术改造不是简单的设备更新,要根据设备使用年限、技术状态、经济效益、资金能力等因素综合考虑。

(1)凡在技术改造中需要更新或淘汰的设备,都必须进行性能测试和充分论证。

(2)下列设备可以考虑更新:①20 世纪六七十年代不符合技术标准且质量低劣的设备;②对超过使用年限,损坏严重,性能达不到设计要求的设备;③老化严重,老化指标超标以及故障较多、危及安全的设备;④属于淘汰产品,确认无法修复的设备;⑤对于粗制滥造、质量低劣的设备,经测试证明其技术状态较差,而通过修复来改善其性能耗资较大,经济上不合算的设备;⑥对选型不当,配套不合理的机泵,如果经调节和其他改造措施仍不能满足要求,装置效率仍达不到部颁标准,能源单耗仍超标者应予更新;⑦对于一些性能较差的设备,因效率低、能耗大,在两三年内浪费的能源和运行费用超过设备更新费用的应更新。

(3)对使用年限较短或日历时间虽然很长,但实际运行时间不多的设备,尽管性能有所下降或效率较低,不要急于全部更新。一般宜采用局部更新或改造的方式,如水泵采用更换叶轮、导叶体的方法,电动机采用更换线圈的方法等来恢复和改进设备原有的性能。

(4)对于技术性能较差,修复后不能满足排灌需要和安全运行的设备,应考虑更新。但对于性能下降,经修复后仍可以使用的机泵,不要急于更新,可以修中有改,或更新个别零部件。对于选型不当、配套不合理的机泵,经调节虽能恢复其技术性能,但仍不能满足该站的实际使用要求的设备,应进行设备调整。

(5)凡是用于更新的泵型和设备,应尽量选用国家最新标准系列中的节能产品。在更新改造中,一般不应以旧型号原性能的新泵型和设备去代替老设备,应根据改造泵站的实际情况,选用性能指标较好,或重新设计的优质产品,去更新陈旧落后的老设备,并使改造泵站的配套合理,多年平均的泵站装置效率最高。

(6)对于较大的中型轴流泵站和混流泵站的更新改造,应通过现场测试或模型试验取得依据,经充分论证后,报主管部门批准后进行。一般宜采用局部改造的方式,如重新设计新的转轮、叶片或导叶等。更新改造后的主泵,既要保证较高的效率,又要有较好的抗汽蚀性能。应保证3 000 h以上的安全运行周期,必要时应采用可靠的抗汽蚀预保护措施。

(7)更新改造后的设备,应符合环境保护的要求,降温、降噪、无污染。

(8)报废的老设备不允许转移使用,并从固定资产中注销。

5.2.5 自动化和信息化系统更新

5.2.5.1 大中型泵站监控系统

(1)大中型泵站可采用全计算机监控系统,也可以采用以计算机为主、常规设备为辅,或以计算机为辅、常规设备为主的监控系统。

(2)大型泵站计算机监控系统宜设现场级和站控级,根据运行调度和指挥的需要也可设远程控制级。

5.2.5.2 泵站的计算机监控系统

泵站的计算机监控系统一般应包括以下内容:

(1)电流、电压、功率、功率因数等电量参数,以及温度、振动、摆度、压力等非电量参数的测量;

(2)主水泵、主电机、励磁、辅机、断流装置的监控;

(3)叶片角度、防洪闸门及重要控制闸门的开度和远控;

(4)主电动机、主变压器(属泵站管辖)、站用变压器、母线的电气保护;

(5)水力监测系统;

(6)建筑物观测系统;

(7)视频监视系统;

(8)火灾报警系统。

水力监测系统应根据泵站要求和机组类型,确定监测项目和安装地点。监测参数宜包括进出水池水位、水泵进出口压力、流量、闸门运行状态、拦污栅前后水位差等,并根据有关检测参数,由计算机输出水泵扬程、流量、装置效率等实时数据。

5.2.5.3　**安全保障**

（1）泵站的信息系统建设应根据运行调度要求、工程及所在地区的通信现状和发展规划，确定信息传输方式和系统组成，以满足泵站与调度中心、上级部门及相关部门之间各类信息传输的需要。

（2）应采取相应的措施，保障计算机系统的安全和正常运行。

参 考 文 献

[1] 雍家树.机械基础知识[M].郑州:黄河水利出版社,1996.
[2] 刘跃南.机械基础[M].北京:高等教育出版社,2005.
[3] 徐泽林.电工基础知识[M].郑州:黄河水利出版社,1996.
[4] 罗挺前.电工与电子技术[M].北京:高等教育出版社,2008.
[5] 吴中贻.水力学与水文测验基础知识[M].郑州:黄河水利出版社,1996.
[6] 徐跃增.工程制图[M].北京:中国劳动社会保障出版社,2004.
[7] 陈瑛.职业道德国家职业资格培训教程[M].北京:中央广播电视大学出版社,2007.
[8] 吴陵庆.质量管理体系基础教程[M].北京:北京理工大学出版社,2007.
[9] 徐泽林,雍家树.泵站机电设备维修工与泵站运行工[M].郑州:黄河水利出版社,1998.
[10] 徐跃增.泵站与小型水电站[M].北京:中国水利水电出版社,2005.
[11] 刘竹溪,刘景植.水泵及水泵站[M].北京:中国水利水电出版社,2006.
[12] 王韵京.闸门运行工[M].郑州:黄河水利出版社,2002.
[13] 孙桂林.起重机械安全技术手册[M].北京:中国劳动社会保障出版社,2008.
[14] 丰继林,李军.计算机基础知识[M].北京:北京交通大学出版社,2005.
[15] 杨云勇,穆肇南.计算机应用基础[M].北京:北京理工大学出版社,2011.
[16] 李江全.计算机控制技术[M].北京:机械工业出版社,2007.
[17] 谢云敏.水电站计算机监控技术[M].北京:中国水利水电出版社,2006.
[18] 中国灌溉排水发展中心.泵站更新改造实用指南[M].北京:中国水利水电出版社,2009.
[19] 中华人民共和国人力资源和社会保障部.泵站运行工[M].北京:中国劳动社会保障出版社,2009.
[20] 中华人民共和国水利部. GB/T 50510—2009 泵站更新改造技术规范[S].北京:中国计划出版社,2010.
[21] 中华人民共和国水利部. SL 583—2012 泵站计算机监控与信息系统技术导则[S].北京:中国水利水电出版社,2012.
[22] 中华人民共和国水利部. SL 255—2000 泵站技术管理规程[S].北京:中国水利水电出版社,2000.
[23] 中华人民共和国水利部. SL/T 316—2004 泵站安全鉴定规程[S].北京:中国水利水电出版社,2004.
[24] 中华人民共和国水利部. SL/T 317—2004 泵站设备安装及验收规范[S].北京:中国水利水电出版社,2004.

附录 1　泵站运行工国家职业技能标准

1　职业概况

1.1　职业名称

泵站运行工。

1.2　职业定义

从事泵站机械设备、电气设备、金属结构及计算机监控系统等的检查、操作、巡视，处理运行中出现的各种情况和问题的人员。

1.3　职业等级

本职业共设五个等级，分别为：初级（国家职业资格五级）、中级（国家职业资格四级）、高级（国家职业资格三级）、技师（国家职业资格二级）、高级技师（国家职业资格一级）。

1.4　职业环境

室内、外，常温。

1.5　职业能力特征

思维敏捷，四肢灵活，嗅觉、视觉、听觉正常；具有观察理解、学习计算、判断交流、组织协调能力；具有从事一定劳动强度工作的能力。

1.6　基本文化程度

高中毕业（或同等学历）。

1.7　培训要求

1.7.1　培训期限

全日制职业学校教育，根据其培养目标和教学计划确定。晋级培训期限：初级不少于 500 标准学时；中级不少于 400 标准学时；高级不少于 300 标准学时；技师不少于 200 标准学时；高级技师不少于 180 标准学时。

1.7.2　培训教师

培训初、中、高级人员的教师应具有本职业技师及以上职业资格证书或本专业（相关专业）中级及以上专业技术职务任职资格；培训技师的教师应具有本职业高级技师职业资格证书或本专业高级专业技术职务任职资格；培训高级技师的教师应具有本专业高级技师职业资格证书 2 年以上或本专业高级专业技术职务任职资格。

1.7.3　培训场地设备

理论培训场地应具有可容纳 30 名以上学员的标准教室，并配备计算机、投影仪及绘图仪器等。实际操作培训场所应在具有 1 000 m^2 以上能满足培训要求的场地，且配备相应的泵站机电设备、仪器仪表及必要的工具、量具和器具等，通风条件良好，光线充足，安全设施完善。

1.8　鉴定要求

1.8.1　适用对象

从事或准备从事本职业的人员。

1.8.2　申报条件

——初级(具备以下条件之一者)

(1)经本职业初级正规培训达规定标准学时数,并取得结业证书。

(2)在本职业连续见习工作2年以上。

(3)本职业学徒期满。

——中级(具备以下条件之一者)

(1)取得本职业初级职业资格证书后,连续从事本职业工作3年以上,经本职业中级正规培训达规定标准学时数,并取得结业证书。

(2)取得本职业初级职业资格证书后,连续从事本职业工作5年以上。

(3)连续从事本职业工作7年以上。

(4)取得经人力资源和社会保障行政部门审核认定的、以中级技能为培养目标的中等以上职业学校本职业(专业)毕业证书。

——高级(具备以下条件之一者)

(1)取得本职业中级职业资格证书后,连续从事本职业工作4年以上,经本职业高级正规培训达规定标准学时数,并取得结业证书。

(2)取得本职业中级职业资格证书后,连续从事本职业工作6年以上。

(3)取得高级技工学校或经人力资源和社会保障行政部门审核认定的、以高级技能为培养目标的高等职业学校本职业(专业)毕业证书。

(4)取得本职业中级职业资格证书的大专以上本专业或相关专业毕业生,连续从事本职业工作2年以上。

——技师(具备以下条件之一者)

(1)取得本职业高级职业资格证书后,连续从事本职业工作5年以上,经本职业技师正规培训达规定标准学时数,并取得毕结业证书。

(2)取得本职业高级职业资格证书后,连续从事本职业工作7年以上。

(3)取得本职业高级职业资格证书的高级技工学校本职业(专业)毕业生和大专以上本专业或相关专业的毕业生,连续从事本职业工作2年以上。

——高级技师(具备以下条件之一者)

(1)取得本职业技师职业资格证书后,连续从事本职业工作3年以上,经本职业高级技师正规培训达规定标准学时数,并取得毕结业证书。

(2)取得本职业技师职业资格证书后,连续从事本职业工作5年以上。

1.8.3　鉴定方式

分为理论知识考试和技能操作考核。理论知识考试采用闭卷笔试等方式,技能操作考核采用现场实际操作、模拟和口试等方式。理论知识考试和技能操作考核均实行百分制,成绩皆达60分及以上者为合格。技师和高级技师还须进行综合评审。

1.8.4 考评人员与考生配比

理论知识考试考评人员与考生配比为1∶20,每个标准教室不少于2名考评员;技能操作考核考评员与考生配比为1∶5,且不少于3名考评人员;综合评审委员不少于5人。

1.8.5 鉴定时间

理论知识考试时间不少于90 min;技能操作考核时间不少于90 min;综合评审时间不少于30 min。

1.8.6 鉴定场所设备

理论知识考试在标准教室进行。技能操作考核在具有能满足考核要求的设备、仪器仪表及必要的工器具,通风条件良好,光线充足和安全措施完善的大中型泵站进行。

2 基本要求

2.1 职业道德

2.1.1 职业道德基本知识

2.1.2 职业守则

(1)遵守法律、法规和有关规定。

(2)爱岗敬业,忠于职守,自觉履行各项职责。

(3)工作认真负责,严于律己。

(4)刻苦学习,钻研业务,努力提高思想和科学文化素质。

(5)谦虚谨慎,团结协作,主动配合。

(6)严格执行规程,保证安全运行。

(7)坚持献身、负责、求实的水利行业精神。

(8)重视安全、环保,坚持文明生产。

2.2 基础知识

2.2.1 机械工程基本知识

(1)常用机械零件种类和用途。

(2)机械传动的种类和用途。

(3)润滑油(脂)的牌号、性能。

(4)常用机械测量工具的名称、规格、用途和使用方法。

(5)常用维修工器具的用途和使用方法。

2.2.2 水工、机械和电气识图

(1)公差配合及标注方法。

(2)识读泵站建筑物纵横断面、平面布置、结构图的方法。

(3)识读简单机械零件图和装配图的方法。

(4)识读电气一次结线图、简单二次结线图的方法。

2.2.3 工程常用材料

(1)泵站工程常用金属材料的种类、牌号、性能与应用。

(2)泵站工程常用非金属材料的种类、牌号、性能与应用。

2.2.4 电工基础知识

(1)直流电路基本概念。

(2)复杂直流电路分析。

(3)交流电路及正弦交流电路的基本概念。

(4)正弦交流电路的复数计算及三相电路的计算。

(5)电磁感应的基本概念。

2.2.5 电气设备基本知识

(1)泵站常用电气设备的名称、型号、性能参数及用途。

(2)电动机的用途及类型。

(3)电动机的型号、结构。

(4)常用电工仪表的名称、型号及用途。

2.2.6 水泵基本知识

(1)水泵的用途及类型。

(2)离心泵、轴流泵、混流泵的型号及结构。

(3)水泵的性能参数。

(4)水泵比转数的基本概念。

(5)水泵空化的基本概念。

2.2.7 泵站工程基本知识

(1)泵装置的组成。

(2)泵站流量、扬程、功率等基本参数。

(3)泵房的基本型式。

(4)泵站建筑物的组成及功能。

(5)泵站金属结构的类型及用途。

(6)泵站断流方式的种类及工作原理。

(7)泵站辅助设备的分类及用途。

(8)泵站计算机监控系统的组成。

2.2.8 泵站维护知识

(1)泵站设备的维护内容。

(2)泵站设备的除尘、清洁及日常维护方法。

2.2.9 泵站管理知识

(1)泵站技术管理的基本内容。

(2)运行维修资料的整理和归档。

(3)泵站八项技术经济指标的基本概念。

2.2.10 安全生产与环境保护知识

(1)安全操作规程。

(2)工程设施、设备安全使用知识。

(3)安全用电常识。

(4)安全用具的种类及使用方法。

(5)触电及现场救护的知识。

(6)起重安全基本知识。

(7)安全防火与灭火知识。

(8)紧急事故的安全防范及应急处理知识。

(9)水质及环境保护的相关知识。

2.2.11　质量管理知识

(1)质量管理的性质与特点。

(2)质量管理的基本方法。

2.2.12　法律法规知识

(1)《中华人民共和国水法》相关知识。

(2)《中华人民共和国防洪法》相关知识。

(3)《中华人民共和国河道管理条例》相关知识。

(4)《中华人民共和国防汛条例》相关知识。

(5)《中华人民共和国水污染防治法》相关知识。

(6)《取水许可和水资源费征收管理条例》相关知识。

(7)《中华人民共和国劳动法》相关知识。

(8)《中华人民共和国合同法》相关知识。

(9)《中华人民共和国消费者权益保护法》相关知识。

3　工作要求

本标准对初级、中级、高级、技师和高级技师的技能要求依次递进,高级别涵盖低级别的要求。

3.1　初级

职业功能	工作内容	技能要求	相关知识
一、机械设备运行	(一)设备检查	1.能清理主机组及辅助设备周围的场地和悬挂标示牌 2.能清除流道(管道)内的异物,并能检查其内部表面平滑情况 3.能检查主机组及辅助设备的螺栓螺母及止锁片有无松动、脱落 4.能检查电动机线槽有无异物 5.能检查电动机油盆和水泵轴承油位 6.能对主机组及辅助设备检查结果进行记录	1.水泵工作原理 2.电动机的工作原理 3.空气压缩机、油泵、真空泵的名称、型号及用途 4.阀门的名称、型号及用途 5.主机组及辅助设备检查技术要求 6.主机组及辅助设备检查记录方法和格式
	(二)设备操作	1.能在主机组开机前、停机后打开或关闭油、气、水、抽真空系统的各阀门 2.能进行打开和关闭水泵进人孔作业 3.能记录主机组及辅机设备开启、停止的操作状态	1.辅机系统的布置型式 2.主机组及辅助设备闸阀操作程序及技术要求 3.主机组及辅助设备操作记录方法和格式

续表

职业功能	工作内容	技能要求	相关知识
一、机械设备运行	(三)工况巡视	1. 能运用温度表监视主机组各部位温度 2. 能运用压力表、示流器监视主机组油压、气压及技术供水压力及水流状态 3. 能监视主机组和压力油系统各部位油位 4. 能监视辅助设备的润滑油、冷却水、润滑水的状态 5. 能监视辅助设备是否漏油、漏水、漏气 6. 能记录主机组及辅助设备监视仪表数据及运行状况	1. 水泵、电动机的技术参数 2. 空气压缩机、油泵、真空泵等设备的技术参数 3. 主机组及辅助设备运行技术要求 4. 常用温度表计、压力表计、真空表计、液位计、示流器的型号、用途和使用方法 5. 主机组及辅助设备运行记录方法和格式
	(四)设备维护	1. 能紧固主机组及辅助设备的螺栓螺母 2. 能对主机组及辅助设备、阀门等进行注油或涂抹润滑油脂	1. 主机组及辅助设备日常养护内容及技术要求 2. 螺栓螺母的防松措施 3. 机械润滑相关知识 4. 润滑油脂的型号及用途
二、电气设备运行	(一)设备检查	1. 能检查油断路器、互感器的油位、油温、油色 2. 能检查蓄电池液位 3. 能检查母线有无变形、母线试温腊片有无融化 4. 能检查绝缘子有无放电、灼痕、裂纹现象 5. 能检查配电系统隔离开关、断路器、接地刀闸、转换开关、操作机构的位置 6. 能检查配电柜、直流柜、励磁柜、微机保护柜内有无异物 7. 能对电气设备的检查结果进行记录	1. 高低开关柜和直流柜、励磁柜、微机保护柜的名称、型号、结构和用途 2. 蓄电池使用基本知识 3. 电气设备检查技术要求 4. 电气设备检查记录方法和格式
	(二)设备操作	1. 能进行站用变压器的户外跌落式熔断器、隔离开关和断路器的分、合闸操作 2. 能进行低压系统配电柜开关的分、合闸操作 3. 能进行真空泵控制开关的分、合闸操作 4. 能进行供排水泵控制开关的分、合闸操作 5. 能进行空压机控制开关的分、合闸操作 6. 能进行液压油泵控制开关的分、合闸操作 7. 能进行主电动机低压空气开关的分、合闸操作	1. 泵站电气设备主接线图 2. 电气设备的操作程序及技术要求 3.《电业安全工作规程(发电厂和变电所电气部分)》(DL 408—91)有关知识;国家电网公司安全生产规程规定(变电所和发电厂电气部分)(试行)有关知识 4. 绝缘手套、绝缘靴、令克棒等绝缘工具的使用方法

续表

职业功能	工作内容	技能要求	相关知识
二、电气设备运行	(三)工况巡视	1. 能读出并记录电压表、电流表、瓦特表、功率因数表、绝缘监测仪、温度巡检仪的数值 2. 能检查电气设备各导电部分接点接触部位有无发热、发红、氧化现象 3. 能检查电气设备的穿墙套管、瓷柱、瓷瓶有无裂纹、放电痕迹 4. 能检查电气设备有无渗油、漏油、喷油现象，油位、油温指示是否正常 5. 能检查电容器有无鼓肚、破裂现象	1. 电气设备的结构与原理 2 常用电气仪表的运行参数和技术要求 3. 电气设备的运行参数和技术要求 4. 电容器的用途与技术要求
	(四)设备维护	1. 能进行电气设备及母线排、电缆外部的除尘、清扫和螺栓螺母紧固 2. 能进行低压开关柜内部和二次回路的除尘、清扫和紧固接线 3. 能养护绝缘用具	1. 电气设备日常养护内容及技术要求 2. 电气一、二次部分的基本组成 3. 绝缘用具的保养常识 4. 高压验电器的使用方法
三、金属结构设备运行	(一)设备检查	1. 能检查卷扬启闭机的钢丝绳是否断丝 2. 能检查闸门槽有无障碍 3. 能检查拦污栅有无弯曲变形 4. 能对金属结构设备检查结果进行记录	1. 钢丝绳的结构、作用及特点 2. 闸门槽的结构、用途及型式特点 3. 拦污栅的结构、用途及型式特点 4. 金属结构设备检查记录方法和格式
	(二)设备操作	1. 能用螺杆启闭机或固定卷扬式启闭机启闭闸门 2. 能运用清污机进行清除杂物作业 3. 能放空压力管道的余水	1. 固定卷扬式启闭机、螺杆启闭机结构 2. 固定卷扬式启闭机、螺杆启闭机操作程序及技术要求 3. 清污机操作程序及技术要求 4. 压力钢管的放水方法
	(三)工况巡视	1. 能检查闸门、拍门附近有无异物 2. 能检查液压启闭机系统外部有无漏油 3. 能检查拦污栅有无堵塞	1. 金属结构设备运行技术要求 2. 液压启闭机系统组成 3. 防止拦污栅堵塞的措施
	(四)设备维护	1. 能清除附着在金属结构表面的杂物 2. 能清理在闸门槽和拍门周边的块石和其他杂物 3. 能清洗、润滑钢丝绳或螺杆	金属结构设备日常养护的内容及技术要求

3.2　中级

职业功能	工作内容	技能要求	相关知识
一、机械设备运行	(一)设备检查	1. 能运用抽真空进行真空破坏阀、水泵填料函的密封性检查 2. 能对主机组进行盘车,判断其灵活性 3. 能检查油、气、水和抽真空设备外部有无漏水、漏油、漏气和缺损 4. 能检查油、气、水和抽真空系统阀门的开启或关闭状态 5. 能检查油系统油压槽、回油箱及贮油槽油位 6. 能检查电动机通风盖板和挡风板的密闭性、完好性	1. 抽真空检查的方法及技术要求 2. 主机组的盘车检查方法 3. 电动机通风系统的结构及技术要求
	(二)设备操作	1. 能进行全调节水泵叶片角度的调节 2. 能进行主机组停机时的手动制动操作 3. 能使用液压设备或千斤顶进行顶起主机组转子作业	1. 全调节水泵叶片调节装置的类型及操作方法 2. 主机组刹车制动装置工作原理及技术要求 3. 主机组顶转子方法及顶转子装置工作原理 4. 常用手动、电动液压设备的使用方法
	(三)工况巡视	1. 能运用摆度测量仪测量主机组轴线摆度 2. 能根据触摸感觉主机组及辅助设备外壳温度,并能根据感觉到的温度判断设备是否运行正常 3. 能通过调整水泵填料函压紧螺栓排除填料函温度过高或滴水不正常现象 4. 能整理主机组及辅助设备运行记录	1. 摆度测量仪的使用方法 2. 运行中触摸设备外壳的方法及注意事项 3. 水泵填料函及填料的作用
	(四)设备养护	1. 能更换温度表计、压力表计、真空表计、 2. 能对主机组和油系统用油进行取样、送检 3. 能处理油、气、水管道接头、阀门的渗漏 4. 能对电动机碳刷、绝缘件进行清洁、打磨或更换 5. 能更换水泵密封函填料	1. 常用温度表计、压力表计、真空表计、工作原理及校验方法 2. 汽轮机油的劣化和净化处理

续表

职业功能	工作内容	技能要求	相关知识
二、电气设备运行	(一)设备检查	1. 能使用兆欧表测量电动机、互感器、电力电缆、直流系统的绝缘电阻及吸收比 2. 能检查紧固电动机接线 3. 能检查二次回路端子、设备接线有无松动和接线错误 4. 能检查电气设备及电力电缆、控制电缆的外壳(外表)接地或接零线有无松动和断开 5. 能检查电压、电流是否正常	1. 兆欧表的型号、规格和使用方法 2. 变压器、电动机、互感器、电力电缆等绝缘电阻判定标准 3. 电动机的控制接线原理和技术要求 4. 二次回路接线图 5. 接地装置的种类、型式和技术要求 6.《接地装置特性参数测量导则》(DL/T 475—2006) 7. 常用电气仪表的名称、规格、用途、使用方法
	(二)设备操作	1. 能填写主机组开、停机操作票 2. 能进行高压电容器柜隔离开关和断路器的分、合闸操作 3. 能进行高压互感器柜隔离开关和断路器的分、合闸操作 4. 能进行高压避雷器柜隔离开关和断路器的分、合闸操作 5. 能进行主电动机高压开关柜隔离开关和断路器的分、合闸操作	1. 操作票的填写格式与要求 2. 高压电器设备的操作程序和技术要求
	(三)工况巡视	1. 能对电气设备渗油、漏油、喷油的现象进行处理 2. 能对油位指示、油温指示、表计指示不正常现象进行处理 3. 能根据声、光报警信号判断设备故障原因和故障点,并进行处理 4. 能根据系统线电压、相电压、绝缘监测仪表数值的变化,判断系统运行是否正常 5. 能检查电气设备运行时有无异常声音 6. 能对电气设备的异常运行现象进行描述 7. 能整理电气设备运行记录	1. 电动机、变压器的工作原理 2. 常用电气仪表的工作原理和使用要求 3. 电气设备运行中常见故障的处理方法 4. 万用表、钳形电流表、直流电阻测试仪等检测设备、仪器仪表的使用方法 5. 避雷器、电压互感器、电流互感器的工作要求

续表

职业功能	工作内容	技能要求	相关知识
二、电气设备运行	(四)设备养护	1. 能进行停电、验电、装设接地线、悬挂标示牌和装设遮拦作业 2. 能更换二次回路端子排、连线和熔断器 3. 能对蓄电池进行充、放电活化 4. 能对电气设备各导电部分接点接触发热、发红、氧化等现象进行处理 5. 能对电气设备的穿墙套管、瓷柱、瓷瓶裂纹、放电等现象进行处理 6. 能对变压器、电压互感器、电流互感器呼吸器中的硅胶颜色不正常等现象进行处理	1. 电气设备日常养护内容及技术要求 2. 电气设备检修安全技术措施 3. 二次保护回路设备维护知识 4. 蓄电池的工作原理 5.《电力变压器检修导则》(DL/T 573—95) 6. 电压互感器、电流互感器、避雷器工作原理
三、金属结构设备运行	(一)设备检查	1. 能检查闸门充水、止水装置,吊耳和吊杆是否牢靠 2. 能检查真空破坏阀打开、关闭是否灵活 3. 能检查清污机转动是否灵活 4. 能检查闸门是否变形、开裂 5. 能检查压力钢管是否凹陷、变形	1. 闸门的类型和结构 2. 闸门止水的型式 3. 真空破坏阀的结构和工作原理 4. 清污机的结构和使用方法 5. 压力钢管布置的型式
	(二)设备操作	1. 能运用移动式启闭机启闭闸门 2. 能运用液压启闭机启闭闸门、拍门 2. 能调节闸门、拍门的开启度 3. 能进行拦污栅人工排冰 4. 能在发生事故停机时打开真空破坏阀 5. 能投入、退出水锤消除器 6. 能在发生事故停机时关闭快速闸门、拍门	1. 移动式启闭机的结构和工作原理 2. 移动式启闭机的操作程序及技术要求 3. 液压启闭机的结构和工作原理 4. 液压启闭机的操作程序及技术要求 5. 紧急打开真空破坏阀的方法 6. 水锤消除器的结构、工作原理 7. 快速闸门的工作原理、操作程序及技术要求
	(三)工况巡视	1. 能检查闸门的位置有无变化和有无倾斜、跑偏现象 2. 能检查拍门的位置有无变化和浮动情况 3. 能判断拦污栅前后的水位差是否正常	进水池运行水位参数

续表

职业功能	工作内容	技能要求	相关知识
三、金属结构设备运行	(四)设备养护	1. 能对金属结构进行除锈涂漆 2. 能清洗、润滑闸门的滚轮、滑块、拍门铰、吊耳及铰座 3. 能对螺杆启闭机或固定卷扬式启闭机的齿轮箱、丝杆、钢丝绳进行注油或涂抹润滑油脂 4. 能检查并紧固闸门、拍门止水橡皮压紧螺栓	1. 金属结构防腐知识 3. 丝杆、钢丝绳的养护方法 2. 闸门、拍门止水橡皮压紧螺栓紧固方法

3.3 高级

职业功能	工作内容	技能要求	相关知识
一、机械设备运行	(一)设备检查与操作	1. 能检查电动机碳刷与集电环接触的密合性 2. 能通水检查电动机冷却器的密封性 3. 能对主机组刹车制动系统的灵活性、可靠性、复位等进行检查 4. 能检查、调整水泵机械密封	1. 电动机碳刷与集电环装置的构造及技术要求 2. 主机组刹车制动系统的结构及技术要求 3. 水泵机械密封的结构及技术要求
	(二)工况巡视	1. 能判断辅助设备运行中温度升高、振动加剧、声音异常的原因 2. 能根据泵站进出水池水位的变化分析水泵是否在经济工况或安全状态下运行 3. 能分辨出主机组及辅助设备转动中软硬件相碰、金属摩擦声音,并能根据分辨出的声音判断设备运行是否正常 4. 能分辨出主机组及辅助设备运行时的橡胶味、胶木味、油漆味,并能根据分辨出的气味判断设备是否运行正常 5. 能分析运行记录,整理运行技术档案	1. 机械原理相关知识 2. 水力学相关知识 3. 泵装置相关知识 4. 主机组运行中常见故障的预防与处理 5. 辅助设备运行中常见故障的预防与处理 6. 技术档案管理相关知识
	(三)事故分析与处理	1. 能排除技术供水突然中断和压力过高、过低的故障 2. 能排除低压气系统压力过高、过低的故障 3. 能排除压力油系统压力和油位过高、过低的故障 4. 能排除真空泵开机后不能抽真空故障 5. 能编写辅助设备常见故障分析处理报告	1. 油、气、水系统常见故障原因及处理方法 2. 真空泵故障原因及处理方法 3. 故障、事故分析处理报告编写方法

续表

职业功能	工作内容	技能要求	相关知识
二、电气设备运行	(一)设备检查与操作	1. 能测量电动机绕组、互感器绕组、合闸线圈、跳闸线圈的直流电阻 2. 能测量泵房接地系统的接地电阻 3. 能检查电气设备维修养护时所做的安全技术措施是否完全拆除 4. 能根据现场检查结果判断泵站电气设备是否具备投运条件 5. 能复核主机组开、停机操作票 6. 能监护高压电气设备的分、合闸操作 7. 能进行同步电动机励磁系统投运、停运操作 8. 能进行直流系统投运、停运操作	1. 电气设备的技术参数、性能及使用要求 2. 电气一、二次回路的工作原理 3. 直流电阻测试仪表的使用方法和要求 4. 电气设备直流电阻的判定标准 5. 接地系统电阻的判定标准 6. 直流系统、励磁系统基本构成和工作原理
	(二)工况巡视	1. 能检查站用变压器、高低压开关柜、控制柜、直流系统、励磁系统的运行状态 2. 能根据电气设备运行中的声音、气味和监测数值变化判断设备是否运行正常 3. 能排除电气一次设备过热故障 4. 能查找低压系统单相接地,缺相运行,分、合闸回路无电压,二次保护回路断路、短路,电流、电压表不稳定故障,并进行处理 5. 能根据系统运行电压的高低确定是否投运和停运电容补偿装置	1. 电气设备运行事故预防知识 2.《微机继电保护装置通用技术条件》(DL/T 587—2007) 3. 电气设备运行常见故障的处理方法 4. 电力系统电容补偿原理和运行方式
	(三)事故分析与处理	1. 能分析电动机过负荷、速断、事故跳闸的原因,并能排除 2. 能分析隔离刀闸、断路器放电和操作机构失灵的故障原因,并能排除 3. 能分析直流系统接地故障的原因,并能排除	1. 泵站电气设备继电保护的类型与工作原理 2. 控制保护回路潜在故障诊断方法与技巧 3. 断路器、操作机构、互感器等电气设备潜在故障分析与处理方法 4.《互感器检修导则》(DL/T 727—2000) 5. 电力设备局部放电现场测量知识

续表

职业功能	工作内容	技能要求	相关知识
三、金属结构设备运行	(一)设备检查与操作	1. 能检查钢丝绳锈蚀、磨损、断丝情况,并判断是否安全可靠 2. 能检查启闭机的行走支承机构是否灵活,锁定和限位机构是否正常 3. 能检查启闭机的螺杆是否弯曲 4. 能检查拍门有无变形、柱销是否牢固、螺栓有无断裂 5. 能检查埋件的锈蚀、变形、空化和磨损情况 6. 能检查压力钢管道焊缝、表面裂纹及缺陷 7. 能调节水锤消除器平衡锤的配重	1. 钢丝绳的拉力计算 2. 水锤消除器平衡锤的工作原理 3. 压力钢管焊缝及缺陷的检查方法
	(二)事故分析与处理	1. 能分析螺杆启闭机的螺杆弯曲原因 2. 能分析拦污栅变形扭曲的原因 3. 能分析清污机卡死的原因,并能排除	1. 螺杆受力分析的相关知识 2. 拦污栅结构设计的相关知识 3. 清污机常见故障的处理
四、监控系统运行	(一)系统检查	1. 能检查、排除监控系统操作员工作站及通信工作站计算机失电、有电源不能启动、启动后死机故障 2. 能检查、排除监控系统主机组及公用系统的现地控制单元失电、有电源不能启动、启动后死机故障 3. 能检查、排除视频图像系统无图像显示的故障 4. 能检查监控系统的励磁装置、油、水、气压力变送器,液位变送器、示流变送器、流量开关等自动化元件是否有信息传输	1. 监控系统功能和工作原理 2. 监控系统使用说明书 3. 监控系统检查程序与方法 4. 自动化设备及元件类型和技术参数 5. 监控系统日常维护知识 6. 计算机知识
	(二)系统操作	1. 能在监控系统操作员工作站计算机上进行主机组、闸门和辅助设备的开、停机操作 2. 能运用监控系统操作员工作站计算机进行运行工况的监视和历史记录查询、打印 3. 能在视频系统计算机上进行监视画面切换	监控系统操作程序及技术要求

3.4　技师

职业功能	工作内容	技能要求	相关知识
一、机械设备运行	(一)设备检查、操作与工况巡视	1. 能制订主机组及辅机设备检查方案 2. 能调整主机组各部电接点温度表的动作整定值 3. 能调整油、气、水和抽真空系统电接点压力表、液位计的动作整定值 4. 能排除主机组启动过程中的碳刷冒火花、阻尼环连接处冒火花故障 5. 能判断主机组运行中的异常振动、噪声,并能判别其部位、找出原因,进行相应处理	1. 设备检查技术方案编写知识 2. 电接点温度表、压力表、液位计整定值调整方法 3. 主机组启动、运行中的紧急情况及处理措施 4. 主机组振动、噪声产生的原因及处理措施
	(二)事故分析与处理	1. 能分析水泵橡胶轴瓦烧瓦故障原因 2. 能分析全调节水泵受油器铜套烧损故障原因 3. 能分析电动机轴瓦烧瓦故障原因 4. 能分析电动机轴承甩油故障原因 5. 能分析电动机油盆油位突然升高或降低故障原因 6. 能编写主机组故障分析处理报告	1. 水泵橡胶轴承烧损的原因及处理方法 2. 受油器铜套烧损的原因及防止措施 3. 电动机轴瓦烧坏的原因及防止措施 4. 电动机轴承甩油故障原因及处理方法 5. 电动机油冷却器的漏水及处理方法
二、电气设备运行	(一)设备检查、操作与工况巡视	1. 能制订电气设备检查方案 2. 能检查电动机接线相序 3. 能调整电气设备保护整定值 4. 能检测、调整隔离开关、断路器导电杆行程和三相同期性 5. 能排除直流系统、励磁系统运行中参数不稳定故障	1. 电动机相序的检查方法 2. 电气设备保护整定值的调整方法 3. 高压隔离开关、断路器的结构和工作原理 5. 电气设备故障的诊断技术
	(二)事故分析与处理	1. 能分析直流系统失压、励磁系统失磁、互感器高低压侧熔断器熔断的故障原因,并能排除 2. 能分析电动机短路跳闸事故原因 3. 能分析高压断路器合闸线圈烧毁故障,并能排除 4. 能对电流互感器二次开路故障进行分析和处理 5. 能分析电动机转子一点接地故障原因,并能排除	1. 泵站电气设备设计原理图 2. 可控硅、励磁控制程序知识 3. 电气设备系统事故短路类型 4. 电动机转子一点接地故障原因及处理方法

续表

职业功能	工作内容	技能要求	相关知识
三、金属结构设备运行	(一)设备检查与操作	1. 能制订金属设备检查方案 2. 能制订金属结构防腐处理方案 3. 能根据压力钢管道焊缝、表面裂纹及缺陷的检查结果判断压力钢管道能否运行 4. 能调节螺杆启闭机、卷扬启闭机过载保护装置 5. 能调整快速闸门快速关闭速度	1. 金属结构检查的注意事项 2. 压力钢管焊缝类型 3. 金属结构防腐处理知识 4. 启闭机过载保护装置调整方法 5. 快速闸门限速装置调整方法
	(二)事故分析与处理	1. 能编写金属结构设备事故分析报告 2. 能分析清污机断销的原因,并提出处理方案 3. 能分析运草机皮带偏移、打滑、不转的原因 4. 能分析启闭机制动器失灵、闸门下滑原因,并能排除 5. 能排除螺杆启闭机限位和压力保护装置的故障 6. 能排除快速闸门限速装置故障	1. 清污机及运草机维修保养知识 2. 螺杆启闭机安全保护装置的类型和工作原理 3. 启闭机制动器的类型和工作原理
四、计算机监控系统运行	(一)系统检查	1. 能根据检查结果判断监控系统传输的自动化元件测量数据是否正确 2. 能检查、排除信号传输通道故障 3. 能检查监控系统现地控制单元故障	1. 监控系统信息传输相关知识 2. 泵站自动化设备及元件的结构与工作原理
	(二)系统操作	1. 能在监控系统操作员工作站计算机上进行叶片角度、闸门开度的调节 2. 能查询监控保护单元整定值,并能判断是否正确 3. 能对监控系统采集的流量、压力、温度、电流、电压等参数进行修正 4. 能调整监控系统采集信号的周期 5. 能进行监控系统程序和数据的备份	1. 数据采集与传输相关知识 2. 自动化设备及元件的安装调试技术
	(三)故障分析与处理	1. 能恢复由于操作不当而丢失的数据或程序 2. 能对监控系统故障部件进行隔离检查处理 3. 能更换监控系统现地控制单元的故障模块	监控系统图纸及相关资料

续表

职业功能	工作内容	技能要求	相关知识
五、培训与指导	(一)培训	1. 能制订本工种初、中、高级工培训计划 2. 能编写本工种初、中、高级工培训讲义	1. 培训计划编制知识 2. 培训讲义编写知识 3. 泵站机电设备安装、运行、维修养护技术
	(二)技术指导与管理	1. 能指导本工种初、中、高级工的实际操作 2. 能制订泵站安全运行方案,进行泵站安全运行管理 3. 能制订电气设备修理预试验方案 4. 能按技术文件要求进行泵站维修质量监督、检查、考核 5. 能撰写技术总结	1. 泵站安全运行与技术管理知识 2. 质量管理体系相关知识及标准 3. 技术总结写作知识
六、技术改造与实验	(一)设备、工艺改进	1. 能对泵站运行提出改进意见 2. 能对泵站机电设备局部结构进行改进	1. 泵站运行管理技术 2. 泵站机电设备设计相关知识
	(二)实验和研究	1. 能通过实验和研究对辅机设备、金属结构提出技术改造意见 2. 能进行水泵抗磨蚀实验和研究	1. 与泵站辅机设备、金属结构设备相关的技术规范、规程 2.《泵站技术改造规程》(SL 254—2000) 3. 水泵抗磨蚀的相关知识

3.5　高级技师

职业功能	工作内容	技能要求	相关知识
一、机械设备运行	(一)设备检查与操作	1. 能制订泵站经济运行方案 2. 能检查、排除水泵启动后开阀不出水故障 3. 能检查、排除运行过程中水突然中断或减少、消耗功率过大故障	1.《泵站技术管理规程》(SL 255—2004) 2. 泵站经济运行知识 3. 水泵性能调节的方法
	(二)事故分析与处理	1. 能制订主机组轴瓦烧坏、定子线圈短路事故的处理方案 2. 能分析、处理水泵稀油筒式轴承产生高温烧瓦故障 3. 能分析水泵稀油筒式轴承密封漏水故障原因 4. 能分析水泵汽蚀、泥沙磨损的原因,并能提出相应的预防措施	1. 主机组轴瓦烧坏、定子线圈短路事故的处理方法 2. 水泵稀油筒式轴承烧坏、密封漏水的原因及防止措施 3. 水泵汽蚀、泥沙磨损形成机理及消除或减轻措施

续表

职业功能	工作内容	技能要求	相关知识
二、电气设备运行	(一)设备检查与操作	1. 能对电气设备保护回路的整定值进行计算和修改 2. 能对电气设备保护回路进行联合调试	1. 电气控制保护设计知识 2. 电气设备保护联合调试方法及技术要求
	(二)事故分析与处理	1. 能编制电气设备事故的预防预案和应急处理预案 2. 能分析励磁系统全开放、投励不适时的故障原因,并能排除 3. 能对蓄电池强充和浮充电压、电流不平衡现象进行分析,并能排除故障 4. 能分析变频调速装置跳闸故障,并能排除	1. 电气设备系统事故预防预案知识;电力系统突发事故应急处理措施与电力设备运行维护新技术及典型案例 2.《电力系统用蓄电池直流电源装置运行与维护技术规程》(DL/T 724—2000) 3. 变频调速装置在泵站的应用知识及故障处理方法
三、监控系统运行	(一)系统检查	1. 能检查监控系统计算机系统软件、应用软件、控制软件是否受破坏 2. 能根据监控系统的显示信息判断机电设备运行是否正常	监控系统计算机系统软件、应用软件、控制软件相关知识
	(二)系统操作	1. 能在计算机上做规定的统计操作 2. 能在计算机上做泵站装置效率、管道效率、水泵效率的测量和计算 3. 能在通信工作站计算机上与上级调度系统进行通信 4. 能在计算机上进行报表等简单应用程序开发	工业电视系统原理和系统设计知识
	(三)故障分析与处理	1. 能分析监控系统自动化元件故障原因 2. 能分析监控系统软件破坏原因 3. 能分析、消除监控流程中的安全隐患	1. 监控系统常见故障分析与处理方法 2. 可编程控制器使用手册
四、培训与指导	(一)培训	1. 能够编制本工种综合培训计划 2. 能够编写本工种综合培训讲义 3. 能进行新技术、新设备、新材料、新工艺的专题讲座	1. 专题报告的写作知识 2. 国内外有关泵站工程方面的新技术、新设备、新材料、新工艺的知识 3. 国内外泵站技术发展动态

续表

职业功能	工作内容	技能要求	相关知识
四、培训与指导	(二)技术指导与管理	1. 能指导本工种技师的实际操作 2. 能对机电设备运行参数、运行状况、运行资料、检修资料等进行综合技术性能分析,评价设备等级,编写安全评价报告 3. 能进行泵站运行成本核算	1.《泵站安全鉴定规程(附条文说明)》(SL 316—2004) 2. 泵站运行成本核算方法
五、技术改造与实验	(一)设备与工艺改进	1. 能对泵站电气一次接线、二次接线进行改进 2. 能对泵站自动化系统提出改进意见	1. 泵站电气一次接线、二次接线设计相关知识 2. 国内外泵站自动化控制技术发展动态
	(二)实验和研究	1. 能进行泵站节能实验和研究 2. 能通过实验和研究对主机组、电气设备提出技术改造意见	1. 泵站节能技术 2. 实验和研究方法与管理知识

4　比重表

4.1　理论知识

项目		初级(%)	中级(%)	高级(%)	技师(%)	高级技师(%)
基本要求	职业道德	5	5	5	5	5
	基本要求	35	30	25	10	5
相关知识	机械设备操作与维护	25	25	20	15	15
	电气设备操作与维护	25	25	20	15	15
	金属结构设备操作与维护	10	15	15	10	—
	监控系统操作与维护	—	—	15	15	20
	培训与指导	—	—	—	15	20
	技术改造与实验	—	—	—	15	20
合计		100	100	100	100	100

4.2 技能操作

项目		初级(%)	中级(%)	高级(%)	技师(%)	高级技师(%)
技能要求	机械设备操作与维护	45	40	30	20	15
	电气设备操作与维护	45	40	30	20	15
	金属结构设备操作与维护	10	20	25	15	—
	监控系统操作与维护	—	—	15	15	20
	培训与指导	—	—	—	15	25
	技术改造与实验	—	—	—	15	25
合计		100	100	100	100	100

注:比重表中“—”为不配分。

附录2　泵站运行工国家职业技能鉴定理论知识模拟试卷(高级工)

注意事项

1. 考试时间:120分钟。(注:各职业考核时间不同,应按国家职业标准要求确定)
2. 请首先按要求在试卷的标封处填写您的姓名、准考试号和所在单位的名称。
3. 请仔细阅读各种题目的回答要求,在规定的位置填写您的答案。
4. 不要在试卷上乱写乱画,不要在标封区填写与考试无关的内容。

	一	二	三	四	五	六	总分	统分人
得分								

一、单项选择题(共50小题,每小题0.5分,计25分)

1. 职业道德的"五个要求"既包含基础性的要求也有较高的要求。其中最基本要求是(　　)。

(A)爱岗敬业　　(B)诚实守信

(C)服务群众　　(D)办事公道

2. 下列关于职业化的说法中,不正确的是(　　)。

(A)职业化也称为"专业化",是一种自律性的工作态度

(B)职业化的核心层是职业化技能

(C)职业化要求从业人员在道德、态度、知识等方面都符合职业规范和标准

(D)职业化中包含积极的职业精神,也是一种管理成果

3. 下列关于德才兼备的说法不正确的是(　　)。

(A)按照职业道德的准则行动,是德才兼备的一个基本尺度

(B)德才兼备的人应当对职业有热情,参与服从各种规章制度

(C)德才兼备的才能包括专业和素质两个主要方面

(D)德才兼备中才能具有决定性的作用

4. 下列说法,正确的是(　　)。

(A)职业道德素质差的人,也可能具有较高的职业技能,因此职业技能与职业道德没有什么关系

(B)相对于职业技能,职业道德居次要地位

(C)一个人事业要获得成功,关键是职业技能

(D)职业道德对职业技能的提高具有促进作用

5. 要想立足社会并成就一番事业,从业人员除要刻苦学习现代专业知识和技能外,还需要(　　)。

(A)搞好人际关系　(B)得到领导的赏识

(C)加强职业道德修养　(D)建立自己的小集团

6. 下列关于敬业精神的说法不正确的是(　　)。

(A)在职业活动中,敬业是人们对从业人员的最根本、最核心的要求

(B)敬业是职业活动的灵魂,是从业人员的安身立命之本

(C)敬业是一个人做好工作、取得事业成功的保证

(D)对从业人员来说,敬业一般意味着将会失去很多工作和生活的乐趣

7. 在水利工程图样中反映建筑物高度的视图,称为(　　)。

(A)立面图　(B)左视图

(C)俯视图　(D)平面图

8. 泵站能源单耗计算式中的 Q_{zi} 是表示(　　)。

(A)水泵第 i 时段抽水流量

(B)泵站第 i 时段运行时的总流量

(C)水泵第 i 时段的水量

(D)泵站第 i 时段运行时的总水量

9. 钢丝绳在卷筒上缠绕时,应满足(　　)。

(A)逐圈紧密地排列整齐,不应错叠或离缝

(B)逐圈紧密地排列整齐,但可错叠或离缝

(C)逐圈排列,不可以错叠但可离缝

(D)没有特别要求

10. 凡在有可能坠落的高度进行施工作业,当坠落高度距离基准面(　　)时,该项作业即称为高处作业。

(A)2 m　(B)3 m

(C)3.5 m　(D)4 m

11. 采取拍门断流的机组,停机前应将(　　),并关闭压力表、真空表,然后再停机。

(A)进水闸门打开　(B)通气管闸阀打开

(C)通气管闸阀关闭　(D)出水闸门关闭

12. 供水泵站的供水计划应根据(　　)编制。

(A)灌区需求　(B)用水需求

(C)调蓄演算　(D)工程预测

13. 水泵装置特性曲线与水泵性能曲线的交点,就是水泵的工作点,确定工作点有利于在装置(　　)工况运行。

(A)安全效率　(B)平均效率

(C)最高效率　(D)设定效率

14. 泵站工作人员进入现场检修、安装和试验应执行(　　)。

(A)专人负责制　(B)工作票制度

(C)班长负责制　(D)领导负责制

15. 适当(　　)的蓄水位,不仅创造更多的自流外排机会,减少开机时间,还可降低泵站的提水扬程。

(A)抬高内河、内湖　　(B)降低内河、内湖

(C)抬高内河、降低内湖　　(D)降低内河、抬高内湖

16. 排水泵站抢排涝(渍)水期间应按泵站(　　)进行调度。

(A)日常灌排流量　　(B)平均排水流量

(C)最小排水流量　　(D)最大排水流量

17. 灌溉、供水泵站长期保证在(　　)下运行,虽然耗能减少,但有可能会导致频繁更换易损部件,加大维修费用,使泵站运行费用加大。

(A)装置效率最高、能耗最高　　(B)装置效率最高、能耗最低

(C)装置效率最低、能耗最高　　(D)装置效率最低、能耗最低

18. 当流域(或区域)遭遇超标准的洪涝或旱灾时,在确保工程安全的前提下,泵站管理单位应根据(　　)的要求进行调度。

(A)地方行政领导　　(B)站长

(C)上级主管部门　　(D)群众要求

19. 当电源电压和负载有功功率一定时,功率因数越高,线路的压降(　　)。

(A)越大　　(B)越小

(C)不变　　(D)成倍减小

20. 3CT50/600 中的"50"表示(　　)。

(A)额定正向平均电流为 50 A

(B)正向阻断值电压为 50 V

(C)最大正向电流为 50 A

(D)频率为 50 Hz

21. 正弦交流电的最大值和有效值的大小与(　　)。

(A)频率、相位有关　　(B)频率、相位无关

(C)只与频率有关　　(D)只与相位有关

22. 变压器负载试验时,变压器的二次线圈短路,一次线圈分头应放在(　　)位置。

(A)最大　　(B)额定

(C)最小　　(D)任意

23. 有两只电容器 A、B,电容量 $C_A > C_B$。如果它们两端的电压相等,则电荷量 Q_A(　　)。

(A) $>Q_B$　　(B) $=Q_B$

(C) $<Q_B$　　(D)无法判断

24. 若把 $C_1 = 20\ \mu F$、耐压 120 V 和 $C_2 = 30\ \mu F$、、耐压 100 V 的两个电容器串联在 220 V 电源上,则结果是(　　)。

(A) C_1 先击穿 C_2 后击穿　　(B) C_2 先击穿 C_1 后击穿

(C) C_1、C_2 同时击穿　　(D) C_1、C_2 正常工作

25. 在全波桥式整流电路中,二极管的整流电流应是负载直流电流的(　　)。

(A)一半　　(B)2 倍

(C)平方　　(D)倒数

26. 断路器最常产生的故障就是远距离操作时断路器(　　)。

(A)不能合闸　　(B)不能分闸

(C)不能跳闸　　(D)自动跳闸

27. 换向磁极的作用是减小电枢绕组在电流换向时产生的(　　)。

(A)火花　　(B)压力

(C)摩擦　　(D)磁通

28. 根据基尔霍夫第一定律,可列出任意一个(　　)的电流方程。

(A)支路　　(B)节点

(C)回路　　(D)网孔

29. 数字数据通信过程中可使用(　　)和 CRC 循环冗余校验法,检查所接收到的数据是否是正确的。

(A)整体重发　　(B)自动重发请求

(C)全面检查　　(D)奇偶校验法

30. 泵站计算机监控系统的现场设备可根据具体情况采用(　　)。

(A)总线组网　　(B)环形组网

(C)星形组网　　(D)树形组网

31. 泵站计算机网络以以太网为主,通信协议采用(　　)协议。

(A)NETBEUI　　(B)IPX/SPX

(C)TCP/IP　　(D)OSI/RM

32. 多台计算机组网后,每一台计算机必须(　　)。

(A)是相同型号的　　(B)是不同型号的

(C)设置相同的 IP 地址　　(D)设置不同的 IP 地址

33. 模拟信号如语音信号要在数字线路上传输,必须将语音信号转换成数字信号,其转换过程需经历 3 个过程:(　　)、量化、编码等。

(A)压缩　　(B)采样

(C)A/D　　(D)调制

34. 计算机监控系统的实时性反映在系统的响应时间上,画面的数据刷新时间在(　　)内。

(A)2 s　　(B)1.5 s

(C)1 s　　(D)0.5 s

35. 目前,接入因特网时,不受时空限制,方便的接入方式是(　　)。

(A)拨号接入　　(B)LAN 接入

(C)无线接入　　(D)ISDN

36. PLC 的编程中,适用于开关量控制和逻辑互锁程序,以图形符号及图形符号在图中的相互关系表示控制关系的的编程语言是(　　)。

(A)功能块图　　(B)梯形图

(C)顺序功能图　　(D)指令表

37. 二类建筑物:基本达到设计标准,结构基本完整,(　　),建筑物虽存在一定损坏,但不影响安全运用。

(A)技术状态完好　　(B)技术状态基本完好

(C)技术状态较差　　(D)技术状态差

38. 按照《泵站技术管理规程》的规定,设备完好率,对于内燃机泵站不应低于(　　)。

(A)80%　　(B)85%

(C)90%　　(D)95%

39. 四类设备:(　　),设备严重损坏,存在影响安全运行的重大缺陷或事故隐患,零部件不全,经大修或更换元器件也不能保证安全运行以及需要报废或淘汰的设备。

(A)技术状态差　　(B)技术状态较差

(C)技术状态基本完好　　(D)技术状态良好

40. 水泵机组朝着大容量、(　　)、高效率、低噪声及自动化等方面迅速发展。

(A)中速化　　(B)规模化

(C)高速化　　(D)系统化

41. 国外泵站在运行、管理方面自动化程度高,(　　)完善。

(A)运行机制　　(B)技术含量高

(C)监控系统　　(D)管理体制

42.《泵站技术管理规程》规定了(　　)指标作为对泵站的考核标准和衡量泵站管理好坏的主要依据。

(A)六项技术经济　　(B)七项技术经济

(C)八项技术经济　　(D)财务结算

43. 泵站主要设备的操作,操作人员必须严格按照(　　)上规定的操作内容和顺序进行操作。

(A)操作规程　　(B)操作票

(C)安全制度　　(D)用电安全制度

44. 电动机是泵站的主要设备之一,作为水泵配套动力机均选择(　　)电动机。

(A)单相交流　　(B)单相直流

(C)三相直流　　(D)三相交流

45. 考虑机电产品更新换代速度快的特点,更新改造应尽量采用(　　)、先进的新设备、新材料和新工艺。

(A)价格高　　(B)价格低

(C)技术上成熟　　(D)经济实惠

46. 摆动液压缸可实现小于(　　)角的往复摆动运动。

(A)90°　　(B)180°

(C)360°　　(D)270°

47. 泵站技术改造的目标之一要达到泵站(　　)。

(A)七项技术经济指标　(B)八项技术经济指标

(C)八项技术指标　(D)六项技术要求

48. 水泵在一定工作范围内，效率较高。选用水泵时，要选用(　　)接近实际需要扬程(包括损失扬程)的水泵。

(A)压水扬程　(B)最大扬程

(C)最低扬程　(D)额定扬程

49. 更新改造后的设备，应符合(　　)的要求，降温、降噪、无污染。

(A)消防安全部门　(B)政府部门规定

(C)环境保护　(D)最新标准

50. 泵站更新改造消防设计，应贯彻(　　)的消防工作方针，积极采用先进的防火技术，做到保障安全，使用方便，经济合理。

(A)"以管为主、管防结合"　(B)"宣传为主、管防结合"

(C)"预防为主、防消结合"　(D)"动员为主、防消结合"

二、多项选择题(共15题，每小题1分，计15分)

1. 三视图表达的是同一物体，而且是物体在同一位置分别向三投影面所作的投影。所以，三视图间必然具有以下所述的投影规律：(　　)。

(A)主视图和俯视图长对正　(B)主视图和左视图高平齐

(C)俯视图和左视图宽相等　(D)主视图和左视图长相等

(E)主视图和左视图长对正

2. 平面的空间位置可以由下列哪几种方法确定：(　　)。

(A)不在同一直线上的三点　(B)一直线和直线外的一点

(C)两相交直线　(D)两平行直线

(E)任意平面图形(平面的有限部分图形)

3.《泵站技术管理规程》规定处理事故应遵守以下规定：(　　)。

(A)限制事故扩大，消除事故根源，解除对人身和设备的威胁

(B)在不致事故扩大的原则下，确保未发生事故的设备安全运行

(C)事故处理，现场优先

(D)事故发生后值班人员应及时向调度或泵站负责人报告

(E)事故发生前值班人员应及时向调度或泵站负责人通报

4. 为了扩大水泵的使用范围，调节水泵性能的传统方法包括：(　　)。

(A)改变叶片安装角(变角调节)　(B)改变水泵转速(变速调节)

(C)变电压(变压调节)　(D)变频调速(变频调节)

(E)改变叶轮外径(变径调节)。

5. 所谓静态工作点指(　　)在三极管输出特性上所在的位置。

(A)I_a　(B)I_b

(C)I_c　(D)I_{ceo}

(E)U_{ce}

6. 污水泵站集水池的容积应大于(　　)一台水泵流量的容积。
(A)最小　　(B)最大
(C)30 s　　(D)5 min
(E)2 min
7. 计算机监控系统可以采集的信号包括(　　)等。
(A)电气模拟量　　(B)开关量
(C)电机转速　　(D)脉冲量
(E)温度量
8. 泵站计算机监控系统的基本性能指标包括以下:(　　)和安全性。
(A)实时响应性　　(B)可靠性
(C)适应性(或可扩充性)　　(D)速动性
(E)可维护性
9. PLC 工作过程一般分为三个阶段:(　　)。
(A)输入采样　　(B)输出采样
(C)用户程序执行　　(D)输出刷新
(E)打印输出
10. 调查报告的写作程序一般包括:(　　)。
(A)确定主题　　(B)取舍材料
(C)布局和拟定提纲　　(D)起草报告
(E)修改报告
11. 泵站技术管理的内容应包括:根据国家有关规定制定泵站(　　)等规程及规章制度。
(A)运行　　(B)维护检修
(C)调度　　(D)安全
(E)信息
12. 考核泵站技术管理工作技术经济指标的依据包括:建筑物完好率;设备完好率;能源单耗;(　　)。
(A)泵站效率　　(B)供排水成本
(C)供排水量　　(D)安全运行率
(E)财务收支平衡率
13. 泵站更新改造时电动机选型主要考虑电动机类型、安装形式、(　　)等。
(A)电压等级　　(B)造型新颖
(C)电机转速　　(D)电机启动方式
(E)能效限定值
14. 液压传动系统中的控制元件是各种液压阀,阀的作用是控制油压的(　　)。
(A)运动　　(B)压力
(C)流量　　(D)方向
(E)行程

15. 泵站更新改造应以(　　)和提供优质服务为目的。

(A)运行安全　　(B)节能高效

(C)防灾减灾　　(D)满足生产需要

(E)领导要求

三、判断题(共40小题,每小题0.5分,计20分)

1. 在没有法律规定时,民事活动应当遵守国家政策。　(　　)

2. 任何人员只要实施了对社会有危害性的行为,就构成犯罪。　(　　)

3. 职业道德修养是将外在的道德要求转化为内在的道德信念,又将内在的道德信念转化为实际的职业行为的过程。　(　　)

4. 职业纪律只具有道德自控性,不具有法规强制性。　(　　)

5. 水平仪测量前,应认真清洗测量面并擦干,检查测量表面是否有划伤、锈蚀、毛刺等缺陷。　(　　)

6. 扳手选用原则:优先选用套筒扳手,其次为梅花扳手,再次活动扳手,最后选开口扳手。　(　　)

7. 水泵装置特性曲线与水泵性能曲线的最高点,就是水泵的最佳工作点,确定工作点有利于在装置最高效率工况运行。　(　　)

8. 灌溉排水计划是根据农业生产的需要和当时的水文、气象及电力供应等情况,确定开机时间、开机台数、开机顺序。　(　　)

9. 在保证渠道及其建筑物安全、水泵安全运行的前提下,合理控制泵站前池水位,使泵站运行在最高效率区。　(　　)

10. 变频调节是通过改变电源电压,调整电动机的同步转速,从而调节水泵性能的方法,与变角调速一样,可以在较大的工况范围内保持水泵以较高的效率运行。　(　　)

11. 发生危及人身安全或严重的工程及设备事故时,工作人员可采取紧急措施,操作有关设备,事后当事人必须及时向上级部门报告。　(　　)

12. 按泵站效率最高调度,是降低泵站能耗的主要措施。　(　　)

13. 大暴雨后常常要求将涝水尽快排出,按满负荷时的最大流量运行,这时泵站效率可能不高,排水成本也不一定最低,按最大流量进行调度使排水区的损失也最大。　(　　)

14. 变频调节是通过改变电源频率,调整电动机的同步转速,从而调节水泵性能的方法,可以在较大的工况范围内保持水泵以较高的效率运行。　(　　)

15. 如误把电流表与负载并联,电流表将烧坏。　(　　)

16. 电容器的电容数值等于它所容纳的电量。　(　　)

17. 交流电的有效值实质上是交流电压或交流电流的平均值。　(　　)

18. 电流互感器的额定电压是指电流互感器一次线圈的绝缘水平。　(　　)

19. 平均负荷就是电力负荷在一定时间内平均消耗的功率。　(　　)

20. 变压器接入负载后,不论电源电压和频率怎样变化,其主磁通始终不变。　(　　)

21. 泵站计算机监控系统软件一般采用C/S客户机/服务器结构,根据实际情况也可

混合采用 B/S 浏览器/服务器方式的结构。（　　）

22. 泵站计算机监控系统监控软件采用事件驱动方式，当事件产生后，立即启动与此事件有关的处理，如确定事件性质、推出事故处理指导、自动启动顺控流程等。（　　）

23. 计算机监控系统除能直接采集温度、水位、压力等非电量，电压、电流等电量外，还可采集开关位置信号等开关量，但不能采集电度脉冲等脉冲量信号。（　　）

24. PLC 只有 AI 模拟量输入模块，没有 AO 模拟量输出模块。（　　）

25. PLC 有采集直接采集热电阻、热电偶等信号的模块，可以采用变送器的方式将上述信号转为直流模拟量信号进行采集，也可直接接入相应的传感器进行数据的采集与分析。（　　）

26. 在视频监控系统中对于查询功能、操作功能需提供安全和保密控制；系统管理员，除具有操作员的一切功能外，还能对系统进行修改和扩充。为了保证系统安全性，各种登录都需要口令。（　　）

27. 装置效率，即抽水装置输出功率与输入功率的比值，是反映泵站运行的技术经济性指标。（　　）

28. 按照《泵站技术管理规程》的规定，对于电力泵站设备完好率，不应低于 95%。（　　）

29. 专题性报告，是将全面工作或一个阶段许多方面的工作综合起来写成的报告。它在内容上具有综合性、广泛性，写作难度较大，要求较高。（　　）

30. 调查报告的典型性是指在写作过程中所采用的事实材料要具有普遍性，以及所揭示的问题带有代表性。（　　）

31. 做好泵站更新改造前的安全鉴定工作，是泵站更新改造工作的基本形式。（　　）

32. 不同时期安装或不同生产厂家的设备，应根据安装时间和设备型号的差异适当增加检测数量，每种型号和每个厂家的设备不宜少于 1 台。（　　）

33. 齿轮箱的现场安全检测内容不包括外观检查，齿轮磨损、点蚀，箱体漏油，油温及噪声等。（　　）

34. 经安全鉴定为四类、基本参数无法满足泵站运行要求、指标水平明显落后的，主水泵应以改造为主。（　　）

35. 列入淘汰产品目录的老系列电动机必须进行更新。（　　）

36. 在电机更新改造选型时必须满足电动机的能效限定值。（　　）

37. 液压系统出现故障时容易找出故障原因，使用和维修技术要求不高。（　　）

38. 滚动轴承内外圈有裂纹，滚球破碎时应修理再用。（　　）

39. 平皮带传动时，张紧轮应安放在平皮带松边的外侧，并要靠近小带轮处，这样可增大小带轮上的包角。（　　）

40.《泵站更新改造技术规范》规定更新改造后泵站的工程完好率应大于等于 90%、设备完好率对于以电动机为动力的泵站应大于等于 95%。（　　）

四、计算题(每小题 5 分,共 10 分)

1. 某台水泵工作流量为 186 L/s,扬程 36 m,水泵的效率为 84%,试求水泵的轴功率。

2. 某个泵站监控系统具有 840 个摄像头,要求使用 2CIF@12.5fps 的视频图像连续存储 30 d,并具有 20% 的冗余。使用的服务器与磁盘阵列采用 DAS 结构,每个服务器可以同时最多连接 4 个磁盘阵列,每个磁盘阵列都采用 RAID5 技术以保证数据的冗余备份,每个磁盘阵列都具有 10 个 500 G 的硬盘。

根据以上要求,请问应该配置多少个流媒体服务器? 多少个磁盘阵列?

常用的视频码流的码率经验值:

	25fps(kbit/s)	12.5fps(kbit/s)	8.3fps(kbit/s)
CIF	512	256	171
2CIF	1 024	512	341
4CIF/D1	2 048	1 024	683

五、简答题(每小题 5 分,共 10 分)

1. 简述水泵汽蚀的常见原因(回答其中 5 点就可以得满分)。

2. 试述泵站计算机监控系统软件的种类,并列举说明各类软件(每项 2 种)。

六、论述题(每小题10分,共20分)

1. 根据泵型、平均装置扬程和水源含沙量的不同,抽水装置效率应分别满足哪些规定?

2. 泵站技术改造后应达到的目标。

泵站运行工国家职业技能鉴定理论知识模拟试卷(高级工)答案

一、单项选择题

1.A　2.B　3.D　4.D　5.C　6.D　7.A　8.B　9.A　10.A
11.B　12.B　13.C　14.B　15.A　16.D　17.B　18.C　19.B　20.A
21.B　22.B　23.A　24.A　25.A　26.A　27.A　28.B　29.D　30.A
31.C　32.D　33.B　34.D　35.C　36.B　37.B　38.A　39.A　40.C
41.C　42.C　43.B　44.D　45.C　46.C　47.B　48.D　49.C　50.C

二、多项选择题

1.ABC　2.ABCDE　3.ABCD　4.ABE　5.BCE　6.BD　7.ABCDE
8.ABCE　9.ACD　10.ABCDE　11.ABCD　12.ABCDE　13.ACDE　14.BCD
15.ABCD

三、判断题

1.√　2×　3.√　4.×　5.√　6.×　7.×　8.√　9.√　10.×
11.√　12.√　13.×　14.√　15.√　16.×　17.×　18.×　19.√　20.√
21.√　22.√　23.×　24.×　25.√　26.√　27.√　28.×　29.×　30.×
31.×　32.√　33.×　34.×　35.√　36.√　37.×　38.×　39.√　40.√

四、计算题

1.解:$N_{效}=\frac{HQ}{102}=[(1\ kg/L)\times(36\ m)\times(186\ L/s)]/(102\ kg\cdot m\cdot s/kW)$

$=65.6\ kW$

此水泵的有效功率为65.6 kW。

$$N = N_{效}/n = 65.6\ kW/0.84 = 78.1\ kW$$

此泵的轴功率为78.1 kW。

2.解:每小时的存储容量为　$512\ K\times60\times60/8/1\ 024=225\ M$

30 d的容量再加上20%的冗余为　$225\times24\times30\times1.2/1\ 024=190\ G$

每个磁盘阵列用于存储视频流的容量为　$10\times500\ G=5\ 000\ G$

每个服务器连接4个磁盘阵列,可以管理录像资料为　$5\ 000\ G\times4=20\ 000\ G$

每个服务器可以管理的摄像机数量　$20\ 000/190=105.26$ 取整为105。

所需要的流媒体服务器为$840/105=8$个,磁盘阵列为$8\times4=32$个。

五、简答题

1.答:水泵汽蚀的常见原因包括:

(1)水泵吸水高度过大。随着水泵吸水高度增加,泵进口处的真空度增加,致使泵内压力降得过低。造成吸水高度增加的原因大多是水泵工作期间进水池水位下降过大。

(2)水泵进水条件较差。如果进水池产生旋涡使进入水泵的水存在预旋或将空气带入水泵,以及弯肘形进水流道在其出口处(叶轮进口处)所形成的流速、压力分布不均匀,都会导致汽化及汽蚀的产生。

(3)水泵偏离设计工况运行。在这种情况下叶片进口处将形成冲击入流,水流脱离叶面而出现低压。

(4)安装地点海拔高程过高或水泵抽送的水流温度过高。这是因为海拔越高,大气压力越低,相应地在泵吸入口的压力也就越低;而水温越高,汽化压力就越大,水流就越易汽化。

(5)水泵过流部件材料抗汽蚀能力较差。

(6)泵本身汽蚀性能较差。

(7)泵内水流经过狭窄的间隙。这时流经间隙的水流速度增大,使间隙处的压力下降形成汽化。

2. 答:监控系统软件包括系统软件、支持软件和应用软件三大类。

系统软件:操作系统,如 Windows XP、Unix 等。

支持软件:开发支持软件和运行程序库、数据库等运行支持软件,如

(1)数据库开发及调试软件。

(2)PLC 编程软件。

(3)交互式图形开发软件。

(4)交互式报表生成软件。

应用软件:是实现泵站生产过程监控功能的计算机程序,如

(1)数据采集与处理软件。

(2)通信软件。

(3)历史数据库管理软件。

(4)实时数据库管理软件。

(5)人机联系软件。

六、论述题

1. 答:(要点)

(1)装置扬程在 3 m 以上的大、中型轴流泵站与混流泵站的装置效率不宜低于 65%;装置扬程低于 3 m 的泵站不宜低于 60%;在抽吸浑水(含沙水流)时,其装置效率不宜低于 55%。

(2)离心泵站,在抽清水时,其装置效率不宜低于 60%,在抽吸浑水(含沙水流)时,其装置效率不宜低于 55%。

2. 答:(要点)

(1)提水流量达到或超过设计要求的灌排标准。

(2)达到泵站八项技术经济指标。

(3)实行经济运行、安全运行和优化调度。

(4)机泵设备完好率应达到 95% 以上。

(5)改造后泵站的主要技术经济指标,应达到相应要求。

附录3　泵站运行工国家职业技能鉴定理论知识模拟试卷(技师)

注意事项

1. 考试时间:120分钟。(注:各职业考核时间不同,应按国家职业标准要求确定)
2. 请首先按要求在试卷的标封处填写您的姓名、准考试号和所在单位的名称。
3. 请仔细阅读各种题目的回答要求,在规定的位置填写您的答案。
4. 不要在试卷上乱写乱画,不要在标封区填写与考试无关的内容。

	一	二	三	四	五	六	总分	统分人
得分								

一、单项选择题(每小题0.5分,共60题,计30分)

1. 语言规范是(　　)职业道德规范的基本要求。

(A)爱岗敬业　(B)办事公道

(C)文明礼貌　(D)诚实守信

2. 提高职业技能是(　　)职业道德规范的基本要求。

(A)文明礼貌　(B)爱岗敬业

(C)勤俭节约　(D)诚实守信

3. 社会主义职业道德的核心是(　　)。

(A)集体主义　(B)共产主义

(C)全心全意依靠工人阶级　(D)全心全意为人民服务

4. 与法律相比,道德在调节人与人、个人与社会以及人与自然之间的各种关系时,它的(　　)。

(A)时效性差　(B)作用力弱

(C)操作性强　(D)适用范围大

5. 水利行业精神是“(　　)、负责、求实”。

(A)创新　(B)献身

(C)奉献　(D)超越

6. 与法律相比,道德(　　)。

(A)产生的时间晚　(B)适用范围更广

(C)内容上显得十分笼统　(D)评价标准难以确定

7. 最小极限尺寸减其基本尺寸所得的代数差叫(　　)。

(A)实际偏差　(B)公差

(C)上偏差　(D)下偏差

8. ϕ65H7 表示圆柱零件,基本尺寸为 65 mm,(　　)。
(A)基本偏差代号 H,公差等级为 7 级的孔
(B)上偏差为 7 mm
(C)下偏差为 7 mm
(D)基本偏差为 H 的 7 级轴

9. 标准公差是国家标准表格中列出的用以确定公差带大小的系列数值,GB 1800—79 把标准公差分为(　　)级。
(A)18　(B)20
(C)24　(D)26

10. 几何公差中的形位公差是指零件的实际形状和实际位置对理想形状和理想位置所允许的(　　)变动量。
(A)最大　(B)最小
(C)不定　(D)正常

11. 表面粗糙度在基本评定参数中,标准优先选用(　　)值。
(A)Ra　(B)R
(C)Rz　(D)Ry

12. 建筑结构图是在(　　)阶段绘制的。
(A)规划设计　(B)施工设计
(C)技术设计　(D)勘测设计

13. 表达水工建筑物形状、大小、构造、材料等内容的图样是(　　)。
(A)枢纽布置图　(B)施工导流图
(C)施工组织设计图　(D)建筑物结构图

14. 在水工图中,将视向顺水流方向所得到的立面图称为(　　)。
(A)上游立面图　(B)下游立面图
(C)合成视图　(D)纵剖视图

15. 考核泵站(　　)工作应以技术经济指标为依据。
(A)安全管理　(B)技术管理
(C)财产管理　(D)人事管理

16. (　　)应根据泵型、泵站设计扬程或平均净扬程以及水源的含沙量情况,并符合《泵站技术管理规程》有关规定。
(A)泵站效率　(B)额定效率
(C)经济效率　(D)泵站功率

17. 离心泵运行前宜盘车检查水泵转动应灵活、无异常(　　)。
(A)颤抖　(B)振动
(C)气味　(D)声音

18. 泵站供变压器和互感器使用的变压器油,一般应采用(　　)两种。
(A)22 号和 30 号　(B)10 号和 25 号
(C)30 号和 40 号　(D)40 号和 45 号

19. 动态间隙变化值的大小,取决于转轮的同轴度偏差的大小、水导间隙的大小和(　　)的大小。

(A)直线度　(B)平行度

(C)主轴摆度　(D)垂直度

20. 电接点双金属温度计应用于生产现场对温度需自动控制和报警的场合。可以直接测量各种生产过程中的(　　)范围内液体、蒸汽和气体介质温度。

(A) −20 ~ +100 ℃　(B) −80 ~ +500 ℃

(C) −80 ~ +80 ℃　(D) −80 ~ +100 ℃

21. UHZ −52 型系列磁性浮子液位计由现场指示部分及其辅助装置(液位控制开关和液位远传变送器)二部分组成,用户也可以单独选用(　　)。

(A)控制开关　(B)辅助装置

(C)液位远传变送器　(D)现场指示部分

22. 振动的测量单位统一为(　　),单位为 mm/s。

(A)振动值　(B)振幅值

(C)振动速度有效值　(D)有效速度

23. 日常检查就是要发现那些可以(　　)的隐患。

(A)修复　(B)预防

(C)修理　(D)回避

24. 电动机轴承的温度,滚动轴承上限温度为 90 ℃,滑动轴承上限温度为(　　)。

(A)70 ℃　(B)80 ℃

(C)90 ℃　(D)100 ℃

25. 真空断路器用于(　　)V 以上高压电路的正常开合。

(A)1 000　(B)600

(C)10 000　(D)35 000

26. 磁感应强度的单位是(　　),用字母“T”表示。

(A)焦耳　(B)特斯拉

(C)韦伯　(D)伏安秒

27. 根据用户和负荷的重要程度,可将电力负荷分为(　　)。

(A)四级　(B)三级

(C)二级　(D)一级

28. 电气设备的金属外壳与大地作良好的连接称为(　　)。

(A)重复接地　(B)保护接地

(C)保护接零　(D)工作接地

29. 导体电阻的大小与(　　)无关。

(A)导体的长度　(B)导体的材料

(C)导体中流过的电流　(D)导体的截面

30. 泵站内进出水闸门的启动应采用(　　)线路。

(A)正反转控制　(B)点动控制

(C)全压控制　　(D)自锁控制

31. 在使用兆欧表前,应先检查兆欧表的(　　)。

(A)电压等级　　(B)电流等级

(C)电阻等级　　(D)绝缘等级

32. 在万用表的标度盘上标有"AC"的标度尺为测量(　　)时用的。

(A)直流电压　　(B)直流电流

(C)直流　　(D)交流

33. (　　)是线圈通过单位电流时能够产生自感磁链的物理量。

(A)自感　　(B)互感

(C)自感系数　　(D)自感电动势

34. 恒流直流电是指(　　)都不随时间变化的电动势。

(A)大小和方向　　(B)电流和电压

(C)电流和电阻　　(D)电压和电阻

35. 卷扬式启闭机的荷载限制器为过负荷切断装置,也叫(　　)。

(A)保险器　　(B)减速器

(C)重量限制器　　(D)限位器

36. 清污机的驱动装置由链条张紧机构、(　　)等组成。

(A)监控装置　　(B)过载保护机构

(C)扩力装置　　(D)皮带张紧装置

37. 启闭机(　　),也叫高度指示器、行程指示器,用来指示闸门的升降位置,并通过行程开关使闸门不超越上下极限位置。

(A)行程限制器　　(B)手动开关

(C)指示开关　　(D)复位开关

38. 超越摩擦片式安全联轴器,由两部分组成:一部分是(　　),也叫定向离合器,另一部分是片式摩擦联轴器。

(A)弹性联轴器　　(B)超越离合器

(C)齿轮离合器　　(D)刚性离合器

39. 现场信号采集装置应优先选择电流型或者(　　)传感器。

(A)有源型　　(B)无源型

(C)模拟型　　(D)数字型

40. 在视频监视系统中,一般将视频通过(　　)压缩后进行处理和传输。

(A)BMP　　(B)JPEG

(C)MPEG　　(D)MIDI

41. 因特网接入技术包括(　　)的确定。

(A)拨号接入　　(B)评价

(C)方案　　(D)成本

42. 计算机监控系统的可靠性中,平均维修时间应小于(　　)。

(A)0.5 h　　(B)1 h

(C)1.5 h　(D)2 h

43. 计算机监控系统通信接口通常采用(　　)、电动机。

(A)ADSL　(B)RJ45

(C)RS485　(D)ATM

44. 为了防止在突然失电的情况下,引起的监控软件某些文件破坏,一般需要对计算机(　　)。

(A)从供电部门引出专用电线　(B)配备稳压器

(C)配备 UPS　(D)配备发电机组

45. 泵站计算机网络以以太网为主,通信协议采用(　　)协议。

(A)NETBEUI　(B)IPX/SPX

(C)TCP/IP　(D)OSI/RM

46. 数字数据通信过程中可使用(　　)和 CRC 循环冗余校验法,检查所接收到的数据是否是正确的。

(A)整体重发　(B)自动重发请求

(C)全面检查　(D)奇偶校验法

47. 监控过程中,数据处理采用的是(　　)方式。

(A)问题驱动　(B)故障驱动

(C)设备驱动　(D)事件驱动

48. 组态软件是指一些(　　)与过程控制的专用软件

(A)数据监视　(B)数据输出

(C)数据存储　(D)数据采集

49. 培训计划需要充分考虑人才培养的(　　)及培训结果的不确定性。

(A)可预见性　(B)确定性

(C)超前性　(D)可靠性

50. 长期培训计划一般指时间跨度为(　　)以上的培训计划。

(A)1 ~2 年　(B)2 ~3 年

(C)3 ~5 年　(D)5 年以上

51. 全面质量管理与传统质量管理的差异:强调系统管理、强调预防为主、(　　)、强调满足顾客需要。

(A)强调管理为主　(B)强调不断改进

(C)强调维护为主　(D)强调修理为主

52. 标准体制主要包括(　　)和标准性质两方面内容。

(A)标准类别　(B)标准分级

(C)标准层次　(D)标准规范

53. 泵站管理单位应配备(　　)负责信息管理,可设置信息管理机构。

(A)职工　(B)干部

(C)专业技术人员　(D)专职人员

54. 泵站办公自动化信息管理应符合的要求包括:(　　)积累的文档,整理行政办

公指引图,指导行政办公。

(A)替换、销毁　　(B)整理、归档

(C)定期分析　　(D)编码、排序

55. 电动机是泵站的主要设备之一,作为水泵配套动力机均选择(　　)电动机。

(A)单相交流　　(B)单相直流

(C)三相直流　　(D)三相交流

56. 考虑机电产品更新换代速度快的特点,更新改造应尽量采用技术上成熟、先进的新设备、(　　)。

(A)价格高　　(B)价格低

(C)新材料和新工艺　　(D)经济实惠

57. (　　)的闸门启闭机宜采用电动操作方式。

(A)3 t 以下　　(B)3 t 以上

(C)4 t 以上　　(D)5 t 以上

58. 更新改造中主水泵的泵型,应根据(　　)的结果,从多种选型方案中优化产生。

(A)效益　　(B)效率

(C)性能参数　　(D)泵站参数复核

59. 当水泵采用叶片全调节方式而需要在电动机主轴内开孔时,应复核(　　)的强度和刚度。

(A)轴承　　(B)联轴器

(C)电动机主轴　　(D)水泵主轴

60. 拍门的更新改造,应符合运行(　　)、闭门撞击力小、维护管理方便、造价低的原则。

(A)闭门灵活　　(B)开启角合理

(C)开启角度大　　(D)闭门安全

二、多项选择题(每小题1分,共15分)

1. 渐开线齿轮失效的形式有(　　)

(A)齿面点蚀　　(B)齿面磨损

(C)齿面胶合　　(D)齿面塑性变形

(E)轮齿折断

2. 根据中华人民共和国河道管理条例规定,在河道管理范围内禁止(　　)。

(A)禁止堆放、倾倒、排放污染水体的物体

(B)禁止在河道内清洗装贮过油类的车辆容器

(C)禁止在河道内清洗装贮过有毒污染物的车辆容器

(D)禁止围湖造田,确需围湖造田的,经省级以上政府批准

(E)禁止围垦河道,确需围垦的,经市级以上政府批准

3. 电接点双金属温度计的特点:(　　)。

(A)现场显示温度,直观方便　　(B)具有自动切断电源

(C)报警功能　(D)安全可靠,使用寿命长

(E)多种结构形式,可满足不同要求

4. 泵站事故发生后的处理应按以下规定执行:(　　)。

(A)工程设施和机电设备发生一般事故,泵站管理单位应立即查明原因,及时处理

(B)工程设施和机电设备发生重大事故,泵站管理单位应及时报告上级主管部门,并协同调查处理,抢修工程和设备

(C)发生人身伤亡事故时,泵站管理单位应及时报告上级主管部门,并保护好现场,由上级单位组织有关人员进行事故调查并作处理

(D)事故发生后应提交事故分析处理报告,并报上级主管部门

(E)及时追究值班人员责任

5. 高频开关直流电源系统由(　　)等组成。

(A)高频开关电源模块　(B)监控模块

(C)电源变压器　(D)绝缘监测装置

(E)阀控式免维护铅酸蓄电池

6. 接触式温度传感器,有(　　)等。

(A)光电高温传感器　(B)气体温度计

(C)玻璃制水银温度计　(D)Pt100 铂电阻

(E)热敏电阻

7. 阀门的检查内容及质量要求包括:(　　)

(A)防腐按《水工金属结构防腐蚀规范》(SL 105—2007)的要求进行检查

(B)焊接按《水工金属结构焊接通用技术条件》(SL 36—2006)的要求进行检查

(C)阀杆、阀板的移动、转动部件动作是否灵活,密封是否良好

(D)阀体内是否清洁,有无杂物

(E)密封检查有无泄漏

8. 流量传感器有(　　)。

(A)差压式　(B)电磁式

(C)热敏式　(D)超声波式

(E)机械式

9. 信号通过光纤传输,常用到以下设备:(　　)。

(A)收发器　(B)模式转换器

(C)路由器　(D)光端机

(E)电缆

10. 目前数字数据通信可使用的通信介质包括以下几种(　　)。

(A)同轴电缆 COX　(B)GPRS

(C)屏蔽双绞线 STP　(D)非屏蔽双绞线 UTP

(E)光纤

11. 泵站运行工培训的专业基础知识内容包括:机械工程基础知识;电工基础知识;(　　);水泵基本知识。

(A)泵站工程基本知识　(B)安全生产与环境保护知识
(C)工程识图基本知识　(D)电气设备基本知识
(E)质量管理知识和法律法规知识

12. 全面质量管理与传统质量管理的差异:(　　)需要。
(A)强调系统管理　(B)强调预防为主
(C)强调不断改进　(D)强调经济效益
(E)强调满足顾客

13. 更新改造后机组试运行验收,应使每台主机组(　　),并通过考核。对执行有困难的,应报上级主管部门研究决定。
(A)累计运行24 h　(B)连续运行6 h
(C)累计运行48 h　(D)连续运行8 h
(E)开停机不少于3次

14. 泵站更新改造时电动机选型主要考虑电动机类型、安装形式、(　　)等。
(A)电压等级　(B)造型新颖
(C)电机转速　(D)电机启动方式
(E)能效限定值

15. 液压传动系统中的控制元件是各种液压阀,阀的作用是控制油压的(　　)。
(A)运动　(B)压力
(C)流量　(D)方向
(E)行程

三、判断题(每小题0.5分,共40小题,计20分)

1. 职业道德修养是将外在的道德要求转化为内在的道德信念,又将内在的道德信念转化为实际的职业行为的过程。(　　)
2. 道德和法律同是人们行为的规范,所以两者是没有区别的。(　　)
3. 职业就是本职工作。(　　)
4. 职业纪律只具有道德自控性,不具有法规强制性。(　　)
5. 按轴的外部形状不同,可分为心轴、传动轴和转轴三种。(　　)
6. 滑动轴承安装要保证轴颈在轴承孔内转动灵活、准确、平稳。(　　)
7. 整体式滑动轴承损坏时,一般都采用修复的方法。(　　)
8. 滑动轴承和滚动轴承相比有能承受很大载荷、旋转精度高等优点。(　　)
9. 导向平键连接和滑键连接都适用于轴上零件轴向移动量较大的场合。(　　)
10. 连接两根轴,运动时随时可以离合两轴的部件是联轴器。(　　)
11. 制动器可以使正在运转的零部件迅速停止运转。(　　)
12. 挠性联轴器可以补偿两轴之间的偏移。(　　)
13. 采用双金属温度计与热电偶/热电阻一体的方式,既满足现场测温需求,亦满足远距离传输需求。(　　)
14. 运行正确性是衡量水泵机组工作性能的重要指标。(　　)
15. 转轮间隙不等会使主轴产生径向窜动。(　　)

16. 橡胶轴承高热烧坏时，应立即向轴承浇水，以免轴颈不锈钢淬冷而产生裂纹。 (　　)

17. 汽蚀是水流形成的，而水流紊乱又与流道、叶片形状、角度、淹没深度等有关，而与扬程无关。 (　　)

18. 泵站发生事故应根据现场情况，如调度命令直接威胁人身和设备安全，值班人员可拒绝执行，并申诉理由，同时向上级管理部门报告。 (　　)

19. 泵站中用三相电度表来测量所消耗的电能。 (　　)

20. 用万用表判断法可判别三相异步电动机定子绕组的首、尾端。 (　　)

21. 在泵站集水池中都安装有液位仪，用于测量格栅前、后的液位。 (　　)

22. 行灯应使用 220 V 的电压。 (　　)

23. 电气设备可任意作保护接地和保护接零。 (　　)

24. 电压表从电流互感器中接出。 (　　)

25. 如果清污机的安全销在使用过程中频繁剪断，说明柱销的剪切面直径设计偏小，或者是设计标准偏低，应增加截面面积。 (　　)

26. 机组以及管路特性决定了快速闸门的启闭速度，应按快速关闭闸门的时间确定下降速度，并应采取措施控制接近全关闭时的速度。 (　　)

27. 清污机是泵站辅助设施，保养维护没有明确要求。 (　　)

28. 涂料防腐与阴极保护的同时使用称为联合保护。联合保护是目前地下管线，金属构筑物防腐的重要方法之一。 (　　)

29. 采用 RS－485 方式组建现场总线网络时，其网络可支持 32 个节点，而网络拓扑一般采用终端匹配的总线型结构，不支持环形或星形网络。 (　　)

30. 泵站内计算机监控系统防雷设计应依据《建筑物电子信息系统防雷技术规范》(GB 50343)及《电子计算机场地通用规范》(GB 2887)等。 (　　)

31. PLC 只有 AI 模拟量输入模块，没有 AO 模拟量输出模块。 (　　)

32. 计算机监控系统除能直接采集温度、水位、压力等非电量，电压、电流等电量外，还可采集开关位置信号等开关量，但不能采集电度脉冲等脉冲量信号。 (　　)

33. 培训计划需要充分考虑人才培养的超前性及培训结果的确定性。 (　　)

34. 长期培训计划一般指时间跨度为 1～3 年以上的培训计划。 (　　)

35. 质量控制点是指在质量活动过程中需要重点进行控制的对象或实体。 (　　)

36. 质量改进的原理：质量改进是通过改进过程来实现的。 (　　)

37. 经安全鉴定为四类、基本参数无法满足泵站运行要求、指标水平明显落后的，主水泵应以改造为主。 (　　)

38. 列入淘汰产品目录的老系列电动机必须进行更新。 (　　)

39. 在电机更新改造选型时必须满足电动机的能效限定值。 (　　)

40. 液压系统出现故障时容易找出故障原因，使用和维修技术要求不高。 (　　)

四、计算题(每小题 5 分，共 10 分)

1. 如图 1 所示为卷扬机的传动系统，末端为蜗杆传动。已知：$Z_1=18$，$Z_2=36$，$Z_3=20$，$Z_4=40$，$Z_5=2$，$Z_6=50$，轮毂直径 $D=200$ mm，$n_1=1\ 000$ r/min。试求蜗轮的转速 n_6

和重物 G 的移动速度 v，并确定提升重物时 n_1 的回转方向。

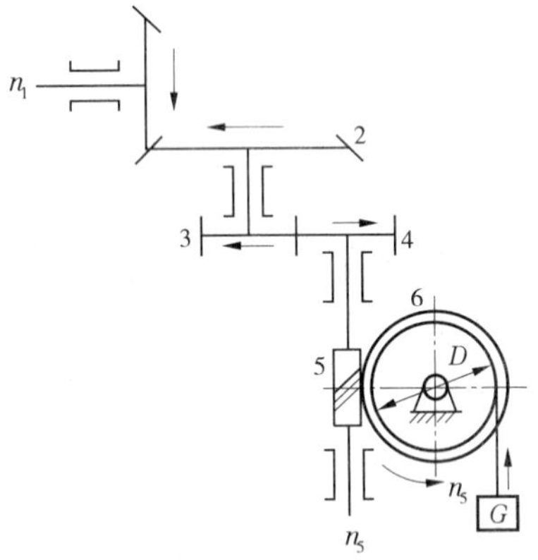

图 1　卷扬机传动系统示意图

2. 压缩卡的视频压缩标准如下表所示，某泵站使用 H－264 的压缩卡来做监控，主机 12 路，每天录像 12 h，若录像 15 d 则需要多大的硬盘容量？

视频压缩方式	分辨率	每路每小时需要存储容量
MJPEG	325×288	1 GB
小波算法	325×288	350 MB
MPEG－4	325×288	120 MB
H－264	325×288	120 MB

五、简答题（每小题 5 分，共 10 分）

1. 简述泵站事故分析处理报告的内容。

2. 简述保护接零的含义。

六、论述题(第 1 小题 7 分,第 2 小题 8 分,共 15 分)

1. 试述泵站管理技术档案的内容。

2. 试述辅助设备更新改造的基本原则。

泵站运行工国家职业技能鉴定理论知识模拟试卷(技师)答案

一、单项选择题

1. C	2. B	3. D	4. D	5. B	6. B	7. D	8. A	9. B	10. A
11. A	12. C	13. D	14. A	15. B	16. A	17. A	18. B	19. C	20. B
21. D	22. C	23. B	24. D	25. C	26. B	27. B	28. B	29. C	30. A
31. A	32. D	33. C	34. A	35. C	36. B	37. A	38. B	39. D	40. C
41. C	42. A	43. C	44. C	45. C	46. D	47. D	48. D	49. C	50. C
51. B	52. B	53. C	54. C	55. D	56. C	57. B	58. D	59. C	60. B

二、多项选择题

1. ABCDE	2. ABC	3. ABCDE	4. ABCD	5. ABDE	6. BCDE
7. ABCDE	8. ABD	9. ABD	10. ABCDE	11. ABCDE	12. ABCE
13. ABE	14. ACDE	15. BCD			

三、判断题

1. √	2. ×	3. ×	4. ×	5. ×	6. √	7. ×	8. √	9. ×	10. ×
11. √	12. √	13. √	14. ×	15. ×	16. ×	17. ×	18. √	19. √	20. √
21. √	22. √	23. ×	24. ×	25. √	26. √	27. ×	28. √	29. √	30. √
31. ×	32. ×	33. ×	34. ×	35. √	36. √	37. ×	38. √	39. √	40. ×

四、计算题

1. 解:因为

$$\frac{n_6}{n_1} = \frac{z_1z_3z_5}{z_2z_4z_6}$$

所以

$$n_6 = n_1\frac{z_1z_3z_5}{z_2z_4z_6} = 1\ 000 \times \frac{18 \times 20 \times 2}{36 \times 40 \times 50} = 10(\mathrm{r/min})$$

$$v = \frac{\pi D n_6}{1\ 000 \times 60} = \frac{3.14 \times 200 \times 10}{1\ 000 \times 60} = 0.105(\mathrm{m/s})$$

由重物 G 提升可以确定蜗轮回转方向,根据蜗杆为右旋,可以确定蜗杆的回转方向,即可确定 n_1 的回转方向。

2. 解:计算公式 $G = H \times N \times T \times X/1\ 024$

其中,G 就是最后算出的硬盘的容量;H 代表每天录像的时间;T 代表想录像的天数;X 代表上面的4种压缩模式;

$$G = H \times N \times T \times X/1\ 024 = 12 \times 12 \times 15 \times 120 \div 1\ 024 = 253.125(\mathrm{G})$$

答:需要253.125 G 的硬盘容量。

五、简答题

1. 答:事故分析处理报告的内容包括:①事故调查的原始资料、测试数据。②事故原因分析、论证。③事故处理依据。④事故处理方案、方法及技术措施。⑤检查复验记录。⑥事故处理结论等。

2. 答:保护接零是将电气设备在正常情况下不带电的金属或构架与供电系统的零线连接,适用于三相四线制中线直接接地系统中的电气设备。

六、论述题

1. 答:泵站管理技术档案应包括以下内容:

(1)泵站管理相关的标准。

(2)设备管理技术档案,主要包括设备台账、运行分析报告、巡视、保养及维修记录、主机组及主变压器大修报告、电气设备预防性试验记录、设备异常运行情况及事故记录、两票分析报告、备品备件分析报告、设备更新及技术改造等技术文件及资料。

(3)建筑物管理技术档案,主要包括建筑物、水文、气象等观测试验资料,建筑物保养、岁修、大修、技术改造等技术文件和资料。

(4)调度管理技术档案,主要包括调度值班日志、调度指令、交接班信息、历史数据,供(排)水计划、能源计划、检修计划,月度及年度分析报告,调度预案,水文资料等。

(5)信息管理技术档案,主要包括信息系统程序修改或版本更新记录,信息系统运行数据等。

2. 答:辅助设备更新改造一般应遵循下列基本原则和要求:

(1)应根据泵站安全鉴定的结论和复核结果,确定其更新改造方案。

(2)存在下列情形之一的辅助设备及设施应直接淘汰更新:一是列入国家有关部委公布淘汰产品名单的;二是无生产厂家、无生产许可证、无检验合格证的(目前暂未实行生产许可证制度的除外)。

(3)考虑机电产品更新换代速度快的特点,更新改造应尽量采用技术上成熟、先进的新设备、新材料和新工艺。

(4)更新改造的设施、设备,应与继续留用的设施、设备在性能和结构参数上合理衔接,与主机组的性能、结构相协调。

(5)辅助设备的选型及更新改造,应根据需要,满足泵站计算机的监控要求。